李建然

審計學

第三版

東華書局

國家圖書館出版品預行編目資料

審計學 / 李建然著. -- 3 版. -- 臺北市：臺灣東華書局
　　股份有限公司, 2022.09
　　760 面；19x26 公分

　　ISBN 978-626-7130-22-3（平裝）

　　1.CST: 審計學

495.9　　　　　　　　　　　　　　　111013535

審計學

著　　者	李建然
特約編輯	鄧秀琴、余欣怡
發 行 人	蔡彥卿
出 版 者	臺灣東華書局股份有限公司
地　　址	臺北市重慶南路一段一四七號四樓
電　　話	(02) 2311-4027
傳　　眞	(02) 2311-6615
劃撥帳號	00064813
網　　址	www.tunghua.com.tw
讀者服務	service@tunghua.com.tw
出版日期	2025 年 8 月 3 版 4 刷

ISBN　978-626-7130-22-3

版權所有 ・ 翻印必究　　　　　　圖片來源：www.shutterstock.com

作者簡介

李建然　博士

現職
國立臺北大學會計系教授

學歷
國立政治大學會計學博士
國立政治大學會計學碩士
國立中興大學會計學學士
國立臺北商業專科學校五專部銀行保險科畢業

經歷
審計準則委員會委員
會計師懲戒委員會委員
會計師公會全國聯合會專業責任鑑定委員會委員
會計師公會全國聯合會會計師業務評鑑委員會委員
會計師公會全國聯合會會計及審計委員會委員
臺灣省會計師公會會計及審計委員會委員
臺北市會計師公會會計及審計委員會委員
上市公司獨立董事、審計委員會及薪酬委員會召集人

研究領域
審計及公司治理之實證研究
資本市場基礎之實證研究

其他專書
事件研究法──會計及財務實證研究必備
中小企業國際財務報導準則

三版序

　　本書第二版自 2019 年 8 月改版以來，承蒙許多師長採用作為上課的教材，期間許多師生對本書的疏漏提供指正及建議，後學不勝感荷，在此先致上萬分的謝意。

　　雖然從上次改版至今尚未滿三年，然而台灣這一、兩年來審計準則卻有相當大的變化，使後學不得對本書做較廣泛性的改寫。最大的變化主要來自於 2021 年 12 月我國審計準則委員對原先的審計準則公報，參考國際審計及確信準則委員會 (IAASB) 所發布準則的分類及編碼進行重大變革。此外，另一個較重要的改變則來自 2021 年至 2022 年間審計準則委員會修訂 (或正在修訂) 數號重要的審計準則，該等準則主要有審計準則 315 號「辨認並評估重大不實表達風險」、審計準則 240 號「查核財務報表對舞弊之責任」、審計準則 540 號「會計估計與相關揭露之查核」及品質管理準則 1 號「會計師事務所品質管理」(以新的分類及編碼命名)。其中又以審計準則 315 號的修訂影響最為廣泛，因為審計準則 315 號涉及風險基礎查核方法論的規範，其修改也連帶影響了許多審計準則的修訂。最後，本次改版亦將其他新發布的審計準則一併納入。具體而言，本次改版納入下列新修訂 (或正在修訂) 之準則及總綱：

1. 審計準則委員會所發布規範會計師服務案件準則總綱
2. 品質管理準則 1 號「會計師事務所品質管理」
3. 審計準則 240 號「查核財務報表對舞弊之責任」
4. 審計準則 315 號「辨認並評估重大不實表達風險」
5. 審計準則 540 號「會計估計與相關揭露之查核」
6. 審計準則 610 號「採用內部稽核人員之工作」

　　誠如前述，本次改版所修改的範圍較為廣泛，惟限於個人所學之限制，儘管經多次校對，內容或有疏漏之處，懇請先進不吝指正，以使本書更臻完善。本書的修訂得助於許多的師長及學生，後學在此一併致上最高的謝意。

　　謹識

2022 年 4 月

　　轉眼間教授審計學的時間已過了二十五個年頭,雖然深知審計學與各國的法律環境及審計實務息息相關,但一直認為很難找到一本能讓學生容易吸收的本土審計教材,因此過去教學上仍一直使用以美國的教科書為主,再輔以我國審計準則公報作為補充教材。十多年前加入審計準則委員會後,知道我國審計準則公報將改以國際審計準則為藍本時,心中即已動念自行寫一本適合台灣本土環境的審計教材,希望對學生學習審計學能提供一些幫助,但知道撰寫審計教材工程浩大且難度頗高,故一直躊躇不前。

　　直到審計準則公報第四十八號「瞭解受查者及其環境以辨認並評估重大不實表達風險」的發布,及後續發布的審計準則公報,讓我深刻的體認到美國教科書的章節安排及內容已開始與我國審計準則的規範有些根本上的差異,因而開始著手撰寫審計教材,惟雜事纏身一直寫寫停停。於民國104年初金管會要求審計準則委員會依國際審計準則新式查核報告,修訂我國相關之審計準則公報(審計準則公報第五十七號至審計準則公報第六十一號),由於新式查核報告與舊式查核報告有許多根本上的差異,此一改變更進一步大幅降低了美國教材在台灣的適用性,因而促使我加快撰寫的腳步。

　　撰寫本書時,係以我國的審計準則公報及相關法規為依據。雖然我國審計準則委員會於修訂審計準則公報時,原則上係以國際審計準則公報為藍本,但我國審計準則委員會仍會依我國的法規及審計實務略做修改,有時甚至改採美國的審計準則公報(審計準則公報第五十四號的修訂即以美國的審計準則公報為藍本)。此外,我國許多審計準則公報尚未依國際審計準則公報加以修訂;且許多國際審計準則公報因國內法規及審計實務與其他國家不同,其適用性或重要性並不高,我國審計準則委員會不一定會將該等審計準則公報納入我國的審計準則公報。畢竟我國會計師於執行相關工作時,必須遵循的是我國相關法規及審計準則;而學生參加國內審計考試,仍須依我國相關法規及審計準則作答。故本書的撰寫,主要係以我國的審計準則公報及相關法規為依據,必時再補充國際審計準則公報的相關規定。

　　在多年審計學的教學當中,深知學生學習審計學的困擾,學生總是很難掌握審計學的架構,學習過程中常迷失在字裡行間,見樹不見林,多流於背誦及記憶。因此,我總在學生第一次上課時,強調審計學不可用死背記憶的方式學習,因為會計師的訓練首在

培養其專業判斷的能力，死背記憶的學習方式無法培養會計師應具備的專業判斷能力，掌握審計學的邏輯及架構，才能將審計學學好，培養其專業判斷能力，也才能因應未來審計環境及審計準則不斷地變化及修訂。

個人覺得學生學習審計學的困擾來自兩方面，一為缺乏會計與審計工作實務方面的經驗，使其無法深切感受審計教材的內容；另一則為審計學的架構不易掌握，不同審計教科書在章節的安排及內容的說明，不像會計學的教科書般相當一致或類似，其間的差異性頗大，此一現象其實正是反映審計學架構不易掌握的問題。這兩個困擾也點出撰寫審計學教材的重點及挑戰，較理想的審計教材必須與國內審計實務密切結合，且架構必須清晰，用詞應淺顯易懂，這正是我在撰寫本書時，試圖努力的方向及重點。

個人認為審計學的學習可以分為三個層面，一為審計環境的瞭解。此外，如同會計學一樣，會計可分為兩部分，一為將交易記錄及彙整（製造過程），另一則為編製財務報表（最終產品）。審計學也類似，包括查核程序的規劃與執行（製造過程）及查核報告（產品）。因此，審計學另外兩個層面即為查核程序的規劃與執行及查核報告。

審計環境的瞭解，旨在讓學生除了瞭解審計的意義及性質外，更重要的是要讓學生瞭解會計師在經濟社會中能創造什麼樣的經濟價值（即為什麼需要審計）、會計師須具備什麼樣的核心能力，以及維持及提升會計師核心能力的機制。本書的第一、二、四章即屬於此一層面的討論。學生對上述議題的瞭解非常重要，將影響其將來從事會計師相關工作的行為及態度，並避免做出傷害會計師專業的行為。

查核報告，旨在說明審計工作最後的產品及其特徵。本書在撰寫時，將會計師查核財務報表所出具之查核報告置於第三章，其目的係在讓初學者瞭解審計最終的產品是什麼？有何特徵？個人認為先讓初學者先瞭解產品的特性，或許有助於其瞭解後續的製造過程（查核程序的規劃與執行），也有助於會計師職業道德及法律責任的探討（第四章的內容）。其他確信服務及代編服務所出具的確信報告及代編報告，則置於本書的最後一章——第十九章。

查核程序的規劃與執行，旨在說明查核工作的規劃與執行，是占本書最多章節的層面，包第五章至第十八章。第五章至第十一章主要在探討查核的方法論及規劃；第十二章至第十八章則探討將前述查核的方法論及規劃，運用於各交易循環的查核，屬於舉例說明的性質，意在使學生對查核工作有較具體的感受。

此外，本書另一個值得一提的特色在於審計抽樣（第九章及第十章），審計抽樣一直是學生非常頭痛的議題，尤其是在統計抽樣方面。然而，現行的教科書在這方面的內容並不完整，且多以非統計抽樣為主，學生不易瞭解。雖然在實務上多以非統計抽樣為主，但非統計及統計抽樣所需的專業判斷能力是一樣的，對統計抽樣的邏輯不瞭解，培養非統計抽樣的專業判斷能力根本是不可能的。更何況大型會計師事務所多以電腦工作底稿

系統協助查核工作的規劃及執行（包括抽樣），統計抽樣的運用已漸趨普及。本書在審計抽樣方面做了完整及詳細的介紹，希望對學生在這方面的學習有所幫助。但惟恐造成學生學習上的壓力，本書將介紹各種統計抽樣方法統計特性的說明，置於各章的附錄中，以方便有興趣想進一步瞭解的學生閱讀。

　　本書的完成需要感謝許多人，首先感謝薛富井校長及王秀枝老師時時敦促本書的完成，沒有他們的鼓勵，本書的完成可能遙遙無期。此外，亦非常感謝王秀枝老師、陳信吉老師、碩士班學生蘇育德及郭怡貞同學在初稿的試閱及校正，校稿是非常辛苦的，個人感謝之情，語言難以表達。最後，本書的完成亦須感謝東華書局謝松沅總經理、張振楓先生、鄧秀琴小姐及其他工作人員，在校稿、排版及封面設計上的協助。

　　本書初次付梓，個人雖已力求盡善盡美，惟仍可能有疏漏之處，尚請讀者先進不吝賜教，以匡不逮。

李建然　謹識

2017 年 6 月

Chapter 1　審計學緒論　　1

1.1	前言	1
1.2	審計的定義	1
1.3	審計的類型	3
1.4	財務報表審計的性質及其與財務會計的關係	6
1.5	財務報表審計需求的原因	7
1.6	會計師須具備之核心價值——審計品質	12
1.7	維護及提升會計師核心價值的機制	13
1.8	財務報表審計的先天上的限制	22
1.9	其他確信服務的發展	23
1.10	會計師事務所及其業務	24
1.11	與會計師專業相關的組織	26
	本章習題	29

Chapter 2　專業準則　　33

2.1	前言	33
2.2	審計準則委員會所發布準則之分類	34
2.3	審計準則委員會所發布準則之效力	36
2.4	準則的編碼架構及遵循審計準則執行審計之基本原則	36
2.5	審計準則之組成要素	46
	本章習題	49

Chapter 3　財務報表審計之查核報告　51

3.1	前言	51
3.2	查核意見的種類及會計師如何判斷應出具何種查核意見	52
3.3	無保留意見查核報告	55
3.4	保留意見查核報告	72
3.5	否定意見查核報告	76
3.6	無法表示意見之查核報告	78
3.8	較複雜情況下的查核報告	86
3.9	查核報告與財務報表併同表達之補充資訊	94
附錄	審計準則公報第三十三號的查核報告的釋例	96
	本章習題	105

Chapter 4　會計師法律責任與職業道德　111

4.1	前言	111
4.2	我國會計師法律責任	111
4.3	我國會計師職業道德	121
附錄	中華民國會計師職業道德規範公報	136
	本章習題	156

Chapter 5　查核證據的蒐集及評估　163

5.1	前言	163
5.2	查核證據的定義及性質	163
5.3	蒐集查核證據的方法論	164
5.4	查核程序的種類	173
5.5	查核證據的種類	186
5.6	查核證據足夠性及適切性的評估	189
5.7	採用他人工作作為查核證據之考量	195
5.8	以交易循環法規劃查核工作	204
	本章習題	207

Chapter 6　財務報表查核委託前之評估及查核規劃概論　213

6.1	前言	213
6.2	承接客戶前之步驟	214
6.3	集團財務報表查核承接或續任之特別考量	221
6.4	財務報表審計查核規劃概論	225
6.5	查核工作底稿	229
	本章習題	238

Chapter 7　重大性及財務報表重大不實表達風險之考量及因應　243

7.1	前言	243
7.2	重大性	244
7.3	辨認並評估重大不實表達風險	253
7.4	查核人員對所評估重大不實表達風險之因應	281
7.5	內部控制缺失的溝通	296
	本章習題	303

Chapter 8　查核財務報表對舞弊、會計估計、關係人交易及集團財務報表查核之考量　309

8.1	前言	309
8.2	舞弊之考量	309
8.3	會計估計與相關揭露的查核	325
8.4	關係人及關係人交易之查核	338
8.5	集團財務報表查核之特別考量	346
附錄一	舞弊風險因子例示	367
附錄二	集團查核團隊應瞭解事項之例示	371
附錄三	顯示集團財務報表可能存有重大不實表達風險之情況及事項例示	373
	本章習題	374

Chapter 9　控制測試抽樣──屬性抽樣　379

9.1	前言	379
9.2	統計抽樣與非統計抽樣及其相關之風險	380
9.3	屬性抽樣的步驟	381
9.4	顯現抽樣	399
附錄	屬性抽樣的統計特性	402
	本章習題	408

Chapter 10　科目餘額證實程序的抽樣方法──變量抽樣　413

10.1	前言	413
10.2	變量抽樣的步驟	414
10.3	機率與金額大小成比率抽樣法	415
10.4	傳統變量抽樣	421
附錄一	以帕松分配作為推論依據之 PPS	429
附錄二	傳統變量抽樣的統計特性	434
	本章習題	438

Chapter 11　資訊科技對查核工作的影響　443

11.1	前言	443
11.2	資訊科技環境及使用資訊科技對查核工作的影響	444
11.3	在複雜 IT 環境下辨認並評估重大不實表達風險時額外之考量	447
11.4	在複雜 IT 環境下對執行進一步查核程序的影響	459
	本章習題	466

Chapter 12　銷貨收入與收款循環的查核　471

12.1	前言	471
12.2	銷貨與收款循環相關的會計科目、主要風險及查核策略	472
12.3	銷貨與收款循環相關的查核目標	473
12.4	銷貨與收款循環相關的風險評估程序	474
12.5	銷貨與收款循環相關的進一步查核程序──內部控制測試之規劃	479
12.6	銷貨與收款循環相關的進一步查核程序──證實程序之規劃	487
	本章習題	497

Chapter 13 採購與付款循環的查核 503

13.1	前言	503
13.2	採購與付款循環相關的會計科目、主要風險及查核策略	503
13.3	採購與付款循環相關的查核目標	505
13.4	採購與付款循環相關的風險評估程序	505
13.5	採購與付款循環相關的進一步查核程序——內部控制測試	510
13.6	採購與付款循環相關的進一步查核程序——證實程序之規劃	518
	本章習題	533

Chapter 14 生產與加工循環的查核 539

14.1	前言	539
14.2	生產與加工循環相關的會計科目、主要風險及查核策略	540
14.3	生產與加工循環相關的查核目標	541
14.4	生產與加工循環相關的風險評估程序	542
14.5	生產與加工循環相關的進一步查核程序——內部控制測試之規劃	545
14.6	生產與加工循環相關的進一步查核程序——證實程序之規劃	550
	本章習題	562

Chapter 15 人事與薪工循環的查核 567

15.1	前言	567
15.2	人事與薪工循環相關的會計科目、主要風險及查核策略	568
15.3	人事與薪工循環相關的查核目標	569
15.4	人事與薪工循環相關的風險評估程序	570
15.5	人事與薪工循環相關的進一步查核程序——內部控制測試之規劃	573
15.6	人事與薪工循環相關的進一步查核程序——證實程序之規劃	581
	本章習題	584

Chapter 16 籌資與投資循環的查核 589

16.1	前言	589
16.2	籌資與投資循環相關的會計科目、主要風險及查核策略	590
16.3	籌資與投資循環相關的查核目標	592
16.4	籌資與投資循環相關的風險評估程序	593

16.5	籌資與投資循環相關的進一步查核程序──證實程序之規劃	598
	本章習題	610

Chapter 17　現金的查核　615

17.1	前言	615
17.2	現金的組成項目、與各交易循環間的關聯性、主要風險及查核策略	616
17.3	現金相關的查核目標	619
17.4	現金餘額的風險評估程序	620
17.5	現金餘額相關的進一步查核程序──證實程序之規劃	622
	本章習題	632

Chapter 18　完成查核工作　639

18.1	前言	639
18.2	受查者繼續經營之評估	639
18.3	負債準備及或有負債之查核	646
18.4	期後事項之查核及相關責任	648
18.5	書面聲明之取得	654
18.6	最後階段分析性程序的執行	659
18.7	閱讀與財務報表併同表達之補充資訊及其他資訊	660
18.8	法令遵循之考量	662
18.9	最後查核結果的評估	666
	本章習題	677

Chapter 19　其他確信服務及財務資訊代編服務　683

19.1	前言	683
19.2	確信服務的定義、性質及類型	684
19.3	歷史性財務資訊之其他確信服務	687
19.4	非歷史性財務資訊之其他確信服務	708
19.5	財務資訊之代編	731
	本章習題	735

索引　739

審計學緒論

1.1 前言

對審計學的初學者而言,首先必須先瞭解審計學的定義,從審計學的定義中我們可以瞭解審計的基本要素及各種不同種類的審計工作。因此,本章 1.2 節及 1.3 節首先探討審計的定義及類型。

雖然審計的種類有許多種,對會計師而言,財務報表審計是最重要的審計工作,也是本書介紹的重心,為了讓讀者對財務報表審計有初步的瞭解,1.4 節及 1.5 節將分別介紹財務報表審計的性質及與財務會計的關係,以及財務報表審計需求的原因。

然而,會計師要能符合財務報表審計的需求並非一蹴可幾,其重點在取得社會大眾的信賴,因此如何提升及維持社會大眾對會計師的公信力非常關鍵。故 1.6 節及 1.7 節將進一步探究會計師的核心價值及維護會計師的核心價值的機制。對有志從事會計師行業的讀者,這些的認知及瞭解是非常重要的。

此外,固然財務報表審計對經濟的發展扮演非常重要的角色,但會計師於財務報表的查核上,仍受到許多先天上的限制,只能對財務報表未存有導因於舞弊或錯誤的重大不實表達做合理的確信,而非絕對的保證,故 1.8 節將說明財務報表審計所面臨的先天上的限制。

最後,隨著經濟的發展,會計師所提供的服務,越來越多樣化,故 1.9 節及 1.10 節將概述會計師所提供之其他確信服務 (assurance services) 及非確信服務的業務。有些組織對會計師專業的發展有重大的影響,有心從事會計師行業的人亦應有所瞭解,故 1.11 節將說明與會計師專業相關的組織。

1.2 審計的定義

根據美國會計學會 (American Accounting Association) 對審計 (auditing) 所下定義為[1]:
「審計乃針對管理階層有關經濟活動及事項所作之聲明 (assertions),客觀地蒐集及評估

---

[1] 參閱 AAA 於 1973 年所發布之基本審計觀念公報 (statement of basic auditing concepts)。

相關證據的系統化程序，以確認各項聲明符合某既定標準（準則）(established criteria)，並將所獲結果傳達給利害關係人 (interested users)。」

從上述的定義不難看出，審計包括兩大部分，一為蒐集及評估證據程序，另一則為傳達或報導。針對這兩大部分進一步說明如下：

1. 蒐集及評估證據程序

(1) 有關經濟活動及事項所作之聲明，查核人員 (auditor) 蒐集的證據主要係與受查者 (auditee) 所主張之經濟活動及事項聲明有關，表彰經濟活動及事項之資訊可能是財務報表、所得稅申報書表、績效報告或其他資訊等。

(2) 既定標準（準則）係指查核人員於查核過程中，蒐集之證據類型、評估該證據是否足夠及適當與編製經濟活動及事項之依據（即既定標準或準則）息息相關。例如，查核人員於查核上市櫃公司財務報表時，主要在確認該公司是否依國際財務報導準則 (IFRS) 編製及報導；如果查核的財務資訊為所得稅結算申報書，則主要在確認所得稅結算申報書是否依稅法編製及報導。財務資訊編製的依據不同，將重大地影響蒐集及評估證據的程序，查核人員於判斷該財務資訊是否允當或正確時也才有依據。因此，是否存有既定標準（準則）為查核程序能否進行的重要前提之一。

(3) 為系統化程序，程序必須符合邏輯、結構嚴謹、講求效率及效果才能稱之為具系統化。查核工作必須符合成本效益，即查核所付出之成本，不能超過其產生之經濟效益，且查核工作通常有時間限制（例如財務報表的查核工作須於公布前完成）。在這些限制下，查核人員應於執行查核工作前進行詳細及妥善的規劃，包括查核程序的性質、時間及範圍（即查核的方法、執行的時間及所需證據的數量）皆須詳加規劃，以期在有限的成本及時間內，有效率及效果地完成查核工作。

2. 傳達或報導

經濟活動及事項的資訊使用人包括外部使用人（如外部股東、債權人、政府機關及資訊媒介者）及內部使用人（如管理階層、公司治理單位）兩大類，這些資訊會影響使用者之經濟決策，進而影響其財富。查核人員在蒐集及評估證據後，最終仍須將經濟活動及事項的資訊是否符合既定標準（準則）報導及表達的判斷，以書面（即查核報告或其他確信報告）的方式傳達給資訊使用人。然而，資訊使用者對於表彰經濟活動及事項的資訊及既定標準可能並不熟悉（例如一般投資大眾並不熟悉 IFRS)，對查核工作的性質亦可能不甚瞭解，對查核人員而言，在報導查核結論時，其最大的挑戰將是如何使用報導用語（避免使用專業術語），讓不具專業知識（如會計及審計）的資訊使用者能夠瞭解查核人員所要傳達的查核結論，這往往也是查核人員需要注意的地方。

1.3 審計的類型

從審計的定義可知，審計工作的類型涵蓋的範圍非常廣，依照不同的分類標準，審計工作的類型可分類如下：

1. **依既定標準（準則）區分**

    (1) 財務報表審計 (financial statement audit)，此類審計工作主要係蒐集足夠適切的證據，據以確認財務報表是否符合特定之財務報導編製準則，如 IFRS、企業會計準則、稅法或其他綜合會計基礎等（文後統稱為受查者所適用之財務報導架構）。實務上，常將依 IFRS 或企業會計準則編製之財務報表所進行的查核稱財務簽證，而將依稅法編製之財務報表所進行的查核稱為稅務簽證。本書的重點將著重於財務報表審計（即財務簽證）。

    (2) 作業審計 (operational audit)，此類審計工作主要係蒐集足夠適切的證據，據以確認受查者是否達成其所訂的作業流程或經營的績效目標，進而出具改善經營效率及效果建議的報告。因此作業審計有時亦被稱之為績效審計 (performance audit)。作業審計通常由受查者之內部稽核人員來執行，而且此類的查核工作較其他種類的查核工作，查核人員需要更多的主觀判斷。

    (3) 遵循審計 (compliance audit)，此類審計工作主要係蒐集足夠適切的證據，據以確認受查者是否依循某一特定的法規、作業規範或契約條件等。例如環保署查核公司是否依環保法令處理及申報廢棄物或污水排放；貸款銀行查核借款公司是否有遵守貸款契約中的條款等。

2. **依查核人員區分**

    (1) 外部審計 (external audit)，此類審計工作的執行係由受查者以外的第三者執行，以會計師為代表。該類查核人員以獨立、公正客觀的態度執行查核工作及出具報告。外部審計是本書探討的重點。

    (2) 內部審計 (internal audit)，實務上常稱為內部稽核，此類審計工作的執行係由受查者內部人員執行，以內部稽核人員為代表。其目的在確保管理控制制度及管理資訊系統之有效運作、法規的遵循及報導的可靠，並避免舞弊及錯誤之發生，評估各部門經營績效，提供改進建議，以利營運目標的達成。雖說內部稽核人員無法與受查者維持獨立性，但為了讓內部審計發揮應有的功能，內部稽核人員在受查者的組織架構上的位階應盡可能讓其較具客觀性。台灣目前的法規即要求上市（櫃）公司的內部稽核人員應隸屬於董事會，以確保其能以較客觀地執行職權。

    (3) 政府審計 (governmental audit)，此類審計工作的執行係由政府單位所屬之單位人員

執行。依現行法規，台灣的政府單位之財務報表，或受政府補助之民間單位所提報之資料皆須經監察院審計部進行查核。審計部亦可進行其他種類之審計工作，例如作業(績效)審計及遵循審計等。因此，政府審計人員除了應具備審計相關技能外，亦應熟悉政府會審法規及相關法令才能勝任此工作。

3. 依確信的程度區分

誠如前述，審計包含兩大部分，一為蒐集及評估證據，一為傳達或報導。然而蒐集證據的深度及廣度，將影響查核人員確信的程度或結論的可靠度。我國審計準則委員所發布之準則主要涵蓋下列幾項確信服務及相關服務案件：

(1) 財務報表之查核 (audit of financial statements)，財務報表查核之目的，在使會計師對財務報表是否按受查者適用之財務報導架構編製，並基於重大性之考量，對財務報表是否允當表達表示其意見。

(2) 專案審查 (examination)，專案審查之目的，係會計師根據某既定準則或規定，對受查者之聲明(該資訊為非屬歷史性財務資訊)，基於重大性之考量，是否允當表達表示其意見。

(3) 財務報表之核閱 (review of financial statements)，財務報表核閱之目的，在使會計師根據核閱程序執行之結果，說明是否未發現財務報表有違反既定準則或規定而須作重大修正之情事。其他財務資訊之核閱與財務報表之核閱相似。

(4) 協議程序 (agreed-upon procedures)，協議程序執行之目的，在使會計師根據其與委任人及相關第三者所協議之程序執行，並報導所發現之事實。會計師僅於報告中陳述所執行之程序及所發現之事實，以供報告收受者自行作成結論。為避免未參與協議者對執行該等程序之原因產生誤解，會計師執行協議程序出具之報告僅供參與協議者使用(即協議程序報告會限制使用對象)。

(5) 財務資訊之代編 (compilation of financial information)，係會計師受託以其會計知識蒐集、分類及彙總財務資訊，而非以其查核知識查核財務報表。因此，財務資訊之代編非屬確信服務的範疇。

專案審查 (examination) 與查核 (audit) 最大的差異，通常在於查核的標的資訊，被查核標的資訊如屬於歷史性財務資訊，由於查核的邏輯類似，通常其查核的規範會訂在審計準則公報；而審查 (examination) 的查核標的通常為非歷史性財務資訊，例如未來財務預測、內部控制、網路及系統可靠度的審查，由於其查核的邏輯與歷史性財務資訊的查核有非常大的差異，許多國家(如美國)，會將審查相關的規範訂在另一套準則公報(如美國 AICPA 所發布的簽證準則公報)，國際審計及確信準則委員會 (International Auditing and Assurance Standards Board, IAASB) 所發布的準則，其架構亦將專案審查的規範另訂一系列的準則(容後再詳述)。我國審計準則委員會亦於民國 104 年 6 月 9 日發布確信準

則 3000 號「非屬歷史性財務資訊查核或核閱之確信案件」，提供查核人員執行非屬歷史性財務資訊確信服務 (包括審查及核閱) 時一些原則性指引。

但儘管專案審查 (examination) 與查核 (audit) 的查核標的不一樣，但皆要求查核人員蒐集足夠及適切的證據，以作為出具意見基礎，因此其提供的確信程度較高。

核閱 (review) 與查核 (audit) 最大的差異在於蒐集證據的深度及廣度，核閱僅執行若干特定的查核程序以蒐集證據，主要為查詢及分析性程序作為出具結論的基礎。因為核閱程序所蒐集的證據不似查核足夠及適切，故其提供的確信程度較低。

至於協議程序，查核人員係依委任人及特定資訊使用者所約定之程序執行查核工作，並將所發現之事實於報告中陳述。不過，由於協議程序僅涉及參與協議的特定關係人，其報告須限定使用對象，以免誤導未參與協議的人士。

專案審查 (examination)、查核 (audit)、核閱 (review) 與協議程序皆屬確信服務 (assurance services) 的範疇，皆旨在提升資訊的可靠性及品質，理論上皆要求查核人員須具有獨立性，惟考量協議程序僅涉及少數特定關係人，如關係人同意查核人員與受查者間可不具獨立性，並在所出具之報告中說明此一事實，則查核人員得不具獨立性。

而財務資訊之代編，會計師並未對財務資訊相關之證據執行蒐集及評估的程序，僅以委託人提供之資料運用其會計知識代為編製相關之財務資訊，並不屬確信服務的範疇，也不要求會計師與委任人間須具獨立性。

IAASB 所發布的準則架構會將上述服務應遵循的工作準則，分別訂定於不同的專業準則中 (美國也類似)，過去我國的審計準則公報的架構並沒有做這樣的區分，將上述五種服務的工作準則，全部彙整在審計準則公報中 (僅在民國 104 年另外發布確信準則公報第一號)。惟自民國 111 年起我國審計委員會已參考 IAASB 所發布之準則架構，重新分類適用於各類服務案件之專業準則。茲將上述五種審計及相關服務的差異簡要彙整於圖表 1.1。

審計是社會經濟活動的一環，隨著經濟環境的改變，審計服務的種類亦可能隨之改變，舉例而言，隨著近幾年來許多大型上市 (櫃) 公司發生舞弊案件，造成投資大眾遭受重大的損失，亦引起許多法律的爭訟，相關責任的歸屬，在訴訟過程中必須加以釐清。因此，近幾年來逐漸將審計的技術與司法結合，用以偵測及防治行動，並作為司法上的證據，進而發展出鑑識審計 (forensic audit)。此外，雖然電子商務蓬勃發展，但對網路消費者而言，網路交易有其風險，為說服消費者安心地透過網路進行交易，有些業者開始委託會計師進行網路認證的工作。近幾年來，隨著許多上市 (櫃) 公司編製企業社會責任報告 (或永續報告)，委託會計師對企業社會責任報告 (或永續報告) 進行確信服務亦成為許多會計師事務所積極拓展的新型服務。

儘管審計服務的種類非常多，不過，本書未來各章節討論的重點將集中於會計師所

圖表 1.1　會計師提供審計及相關服務之比較

服務種類	財務報表之查核	專案審查	財務報表核閱	協議程序之執行	財務資訊之代編
確信程度	高度但非絕對確信	高度但非絕對確信	中度確信	不對整體作確信，但對特定事項所提供的確信程度，視協議程序所蒐集證據的程度而變動	不作確信
報告形式	對財務報表之聲明以積極確信之文字表達	對受查者之聲明以積極確信之文字表達	對財務報表之聲明以消極確信之文字表達	僅陳述所執行之程序及所發現之事實	僅敘明代編之事實
獨立性之要求	須具獨立性	須具獨立性	須具獨立性	須具獨立性。惟關係人同意查核人員無須獨立性，且於報告中揭露此一事實，則查核人員得不具獨立	無須獨立性

執行之財務報表查核。然而瞭解財務報表查核的觀念、邏輯及技術，仍可將其運用到其他類型之查核工作，如內部稽核、政府審計等。

1.4　財務報表審計的性質及其與財務會計的關係

　　近代財務報表審計及財務會計的發展與資本市場的形成有密不可分的關係，審計與財務會計更是息息相關。在說明之前，首先將財務會計及審計的關係以圖表 1.2 加以表達。

　　所謂的會計即是將一個組織或個體的經濟活動及事項，由其管理階層(編製者)根據相關憑證及所適用之財務報導架構之規定(既定之準則)加以記錄、分類及彙整，並將最後彙整的報告(即財務報表)報導給利害關係人的過程。簡言之，會計與審計一樣可分為兩大部分，一為對經濟活動及事項加以記錄，另一則為傳達及報導；換言之，會計的定義即為圖表 1.2 左半邊圖形所表達的流程。

　　而財務報表審計的定義，則為查核人員對該組織或個體所發生的經濟活動與事項，以及管理階層編製財務報表時所依據之憑證及判斷蒐集證據，並加以評估，判斷財務報表所傳達的聲明是否與編製財務報表的準則一致，並將其結論出具查核報告傳達予利害關係人；換言之，財務報表審計的定義即為圖表 1.2 右半邊圖形所表達的流程。

　　從圖表 1.2 即可清楚地瞭解，從事財務報表審計的查核人員，不但要具備審計的相關專業技能外，也要精通財務會計相關的規定及邏輯，否則查核人員如何能判斷財務報表是否已允當反映相關之經濟活動及事項呢？因此，審計學主要在研討如何驗證會計財

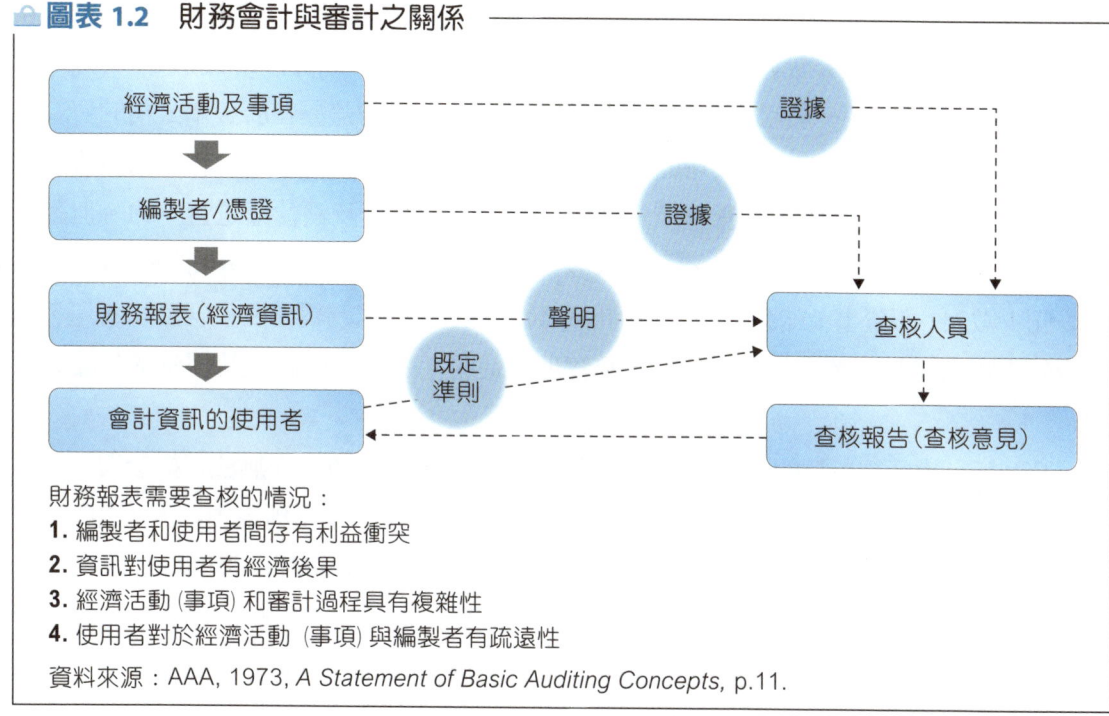

圖表 1.2　財務會計與審計之關係

財務報表需要查核的情況：
1. 編製者和使用者間存有利益衝突
2. 資訊對使用者有經濟後果
3. 經濟活動(事項)和審計過程具有複雜性
4. 使用者對於經濟活動(事項)與編製者有疏遠性

資料來源：AAA, 1973, *A Statement of Basic Auditing Concepts*, p.11.

務資訊以便表示專業意見，審計學是會計學學習至進階程度後，才會開始研習的高階課程。

　　瞭解財務報表審計及財務會計的關聯性後，圖表1.2卻延伸出幾個非常重要的問題，這些問題的瞭解對審計學的學習是非常關鍵的，也才能瞭解會計師的核心價值為何及確保其核心價值的機制，讀者務必加以注意及理解。相關的問題為：

1. 會計資訊的使用者可以直接閱讀會計資訊，為什麼財務報表須先經過會計師查核呢？(財務報表審計需求的原因)
2. 財務報表經過會計師查核後，會計師須具備那些核心價值，會計資訊的使用者才會信賴經會計師查核之財務報表呢？(會計師須具備之核心價值)
3. 如何說服會計資訊的使用者相信會計師具有上述的核心價值？(維護及提升會計師核心價值的機制)

以下三節將分別針對上述三個問題作進一步的說明。

1.5　財務報表審計需求的原因

　　誠如前述，近代財務會計的發展與資本市場的形成有密切關係，財務會計所產生之財務報表主要是供企業外部使用者使用，因此財務會計又稱為外部會計 (external accounting)[2]。到資本市場(包括股票市場及債券市場)募集資金的公司稱之為公眾公司(public company)，又稱之為上市(櫃)公司。公眾公司與一般私有公司(private company)(在此將獨資、合夥及一般私人公司統稱為私有公司)最大的差異在於公眾公司的資金係向一般社會大眾募集，而私有公司的資金則是向特定資本主募集。對私有公司而言，通常誰出資，誰就會負責公司的營運及管理，即公司的所有權及經營權是合一的。但對公眾公司而言，出資者為社會大眾，人數眾多，無法每一個人親自參與公司的經營權，只好委託少數人(即董事、監察人、公司治理單位及經理人)代為經營及監督公司營運，即多數的出資人委託少數人代為經營公司及管理，進而產生公司所有權及經營權分離的現象。

公司所有權及經營權的分離，造成多數所有權人(稱為外部人)無法直接參與公司日常的經營管理及接觸公司的資訊，因而造成外部人及有經營權者(稱為內部人)之間有資訊不對稱的現象。此外，人是追求經濟利益最大化的動物，擁有經營權的內部人在追求其經濟利益最大化時，很可能會傷害所有權人之利益；換言之，所有權與經營權分離會造成企業內部人及外部人間產生利害衝突及資訊不對稱的問題。利害衝突及資訊不對稱的問題將會使企業產生代理成本及資訊成本。

何謂代理成本呢？當公司所有權與經營權分離時，代表所有權人(主理人)委託內部人(受託人)經營管理公司業務，然而內部人在追求最大利益時，很可能會傷害外部人的利益(企業的價值)，因此造成企業價值的減損即為代理成本。舉一簡單的例子加以說明，公司現在想要購買公務車供總經理使用，假設您是獨資企業的總經理，公司100%是由您出資的，您會購買什麼價位的公務車？但如果您是一家公眾公司的總經理，持股只有5%，您會買什麼價位的公務車？很多人會說當然不會一樣，公眾公司的總經理通常會購買價位更高的公務車，甚至購買超過公司所需價位的公務車(造成公司價值的減損)。相同的決策，卻可能因所有權與經營權是否分離而有所不同，而對公司價值產生不同的影響。內部人損害公司利益而成就自己利益的方式很多，實際案例亦不少見，造成外部人重大損失的個案亦不勝枚舉。至此你可能馬上會說，代理成本不就是外部人要承擔的嗎？事實上並不然，投資人是理性的，他們也知道所有權與經營權分離時，有上述的風險，如果內部人無法提出有效的機制，降低所有權與經營權分離所造成的代理成本，外部人會將代理成本從公司的價值中減除後，再評估公司價值，甚至不願投資或借款給該公司，代理成本將由內部人全部承擔。因此，內部人有誘因設置若干機制說服外部人，他們不會因代理問題而做出傷害外部人的利益，這些機制可能包括建立良好的公司治理機制、主動公布財務報表及提升揭露品質等(但由於資訊不對稱的關係，幾乎沒有一種機制可

---

[2] 相對地管理會計所產生之會計資訊主要係供內部人使用，故管理會計又稱為內部會計(internal accounting)。

以完全消除外部人的疑慮)³。

而所謂資訊成本，係指買賣雙方對於所要的交易的商品勞務有資訊不對稱的問題(賣方對商品勞務品質的瞭解較買方多)，又因為賣方希望將商品勞務賣得高價，買方希望買得低價，故雙方也有利益衝突。在資訊不對稱的情況下，買方會合理的猜測賣方的出價應會高於商品勞務價值真正的價值(即使賣方的出價並未高於真正的價值)，進而造成商品勞務價值的減損，甚至造成交易無法成交。在資訊不對稱的情況下，究竟對賣方比較不利？還是對買方不利？Akerlof (1970)的檸檬車理論提供了精闢的分析。所謂的檸檬車係指品質不佳的二手車，二手車由於被使用過，無法像新車一樣可用品牌判斷車子的品質，然而賣方對二車手的品質很瞭解，買方則瞭解有限。此時如果賣方不願將二車手的品質加以揭露，並使買方相信該資訊，降低雙方對該二手車資訊不對稱的程度，後果會是如何？因為在資訊不對稱的情況下，買方會預期賣方所出的價格一定會超過該二手車品質的真實價格，故除非價格低到買方認為即使買到檸檬車也值得的價格才會成交，甚至通常造成交易無法成交。那賣方要如何才能將車子以公允的價格賣出呢？降低資訊不對稱可能是賣方的首要之務，因此賣方應盡可能讓買方瞭解二手車的品質，包括出廠資料、鼓勵買方試開該二手車，甚至提供售後服務保證，更有些二手車商額外花錢找聲譽卓越的二手車認證公司「認證」該二手車的品質(如證明該車為非泡水及事故車)。賣方花這些成本無非是想讓買方相信這輛二手車的品質，以較公平的價格成交，免得該二手車的價格被買方打折，甚至無法出售。公眾公司想要將股票或債券出售給社會大眾以募集資金，可是企業內部人對企業的價值相對外部人有更多的瞭解，如果企業不願降低資訊不對稱，外部人(買方)勢必將股票及債券的價格予以打折，甚至不會購買該企業的股票及債券；換言之，公眾公司有強烈的誘因揭露有關公司價值的資訊，並說服外部人相信這些資訊的可靠性。

公眾公司為了降低代理成本及資訊成本的衝擊，避免企業的價值受到傷害，因而有強烈的經濟誘因揭露與公司價值攸關的資訊，其中最重要的資訊就是財務報表，而且是外部人可以信賴的財務報表。因此，需要一套公認的「標準」——如 IFRS 或企業會計準則，來說服外部人財務報表不是可以任由內部人隨意操縱的(否則有法律責任或其他懲處)，甚至為了提升外部人對公司所提供財務報表的信賴度，自願付費聘請會計師對財務報表查核後才公告財務報表。由於目前各國法規皆規定公眾公司須定期公布會計師查核過之財務報表，許多人誤以為公開發行公司之所以會定期發布會計師查核過之財務報表是法規的要求，否則公開發行公司是不會主動公布財務報表，更不會主動花錢請會計師找「查」。實不知早在 1929 年經濟大恐慌之前，美國資本市場在沒有法令及主管

---

³ 有關代理成本的分析，有興趣的讀者可進一步參閱 Jensen and Meckling, 1976, Theory of the firm: Managerial Behavior, Agency Costs and Ownership Structure, *Journal of Financial Economics* 3 (Oct.): 305-360 的論述。

機關強制的規範下,這些上市公司已自願地將其財務報表定期公布在媒體上,而且根據1926年的統計資料,在紐約證券交易所掛牌的公司,在沒有強制財務報表須被會計師查核的情況下,84%的上市公司就已自願地聘請會計師對財務報表進行查核 (Watts and Zimmerman, 1983)[4]。因公司主動地公布財務報表並請會計師查核,其實與二手車車商一樣,為二手車提供售後服務保證,甚至花錢找二手車認證公司認證,都是為了極大化自己的經濟利益,而非外部人的利益。有關代理成本及資訊成本的討論點出一個重要的觀念,審計服務與一般商品一樣,消費者購買任何的商品勞務都是為了自身的經濟利益 (效用),而非他人的利益。許多人誤認為,財務報表審計是違反經濟理論的服務,為公司花錢聘請會計師查核財務報表,是為了維護外部人的經濟利益。殊不知如果公眾公司想要永續經營,並希望取得合理成本之外部資金,維持公司透明度,降低資訊不對稱是非常重要的前提。

從上述的分析,我們即不難理解在下列情況下,公司的財務報表有審計的需求:

1. **報表編製者及使用者有利害衝突 (conflict of interest between preparer and users)**,因經營權與所有權分離,使得公眾公司內部人及外部人產生代理成本及資訊不對稱,進而使得報表編製者及使用者間有利害衝突。一般私有企業,財務報表的使用者也是報表的編製者,幾無利害衝突的存在,故較無財務報表審計的需求。

2. **對報表使用者有經濟後果 (consequence of information to users)**,會計資訊旨在協助報表使用者作經濟決策,而該經濟決策將影響使用者的財富。如果會計資訊不會影響使用者的財富 (無經濟後果),使用者即不會在意該會計資訊,更無財務報表審計的需求。

3. **經濟活動及審計的過程過於複雜 (complexity of subject matters and audit process)**,即使有前述兩項情況 (利害衝突及經濟後果) 的存在,外部使用者仍可自行去瞭解及查核財務報表,然而會計所衡量之經濟活動及審計是相當複雜的專業,多數外部使用者並無法完全瞭解會計及審計的事項及過程。

4. **報表使用者對經濟活動及報表編製者有疏離性 (remoteness of users from subject matter and preparer)**,如果使用者具備會計及審計的專業知識,仍可自行判斷財務報表是否符合適用之財務報導架構,然而外部使用者平常無法參與公眾公司的營運及接觸內部人 (具疏離性),故無法親自確認財務報表是否符合適用之財務報導架構。

當財務報表存有上述情況時,財務資訊對使用者而言就會產生資訊風險 (information risk),因該資訊如存有偏誤及遺漏 (即不實表達),將誤導使用者之決策,進而造成其經濟利益的損失。

---

[4] Watts and Zimmerman, 1983, Agency Problems, Auditing and the Theory of the Firm: Some Evidences, *Journal of Law and Economics* 26: 613-633.

此外，由於會計師對財務報表查核負有法律上的責任，如會計師因過失或故意導致應發現之財務報表重大不實表達 (misstatement of financial statements) 而未被發現或報導，會計師事務所及會計師，將負有行政責任、民事賠償責任，甚至有刑事責任。因此，當財務報表對財務報表外部使用者有資訊風險時，受查公司為了降低財務報表的資訊風險，提升財務報表使用者對財務報表的信心，故委任會計師對財務報表進行查核，意在告訴財務報表使用者，如果會計師因過失或故意導致應發現之財務報表重大不實表達而未被發現或報導，可向其請求賠償，會計師扮演的角色類似保險公司的角色。這種現象就如同許多廠商為了增加消費者對其產品的信心及銷售，宣稱其產品有投保意外險，如因產品瑕疵而導致消費者權益受損，將由保險公司負責應有之賠償。不過，值得強調的是，會計師所扮演的保險公司的角色與各國法律環境賦予會計師的責任密切相關。例如，美國賦予會計師的法律責任是相當重的，被訴訟並被要求鉅額求償的例子屢見不鮮，稱會計師事務所像保險公司並不為過。然而，有些國家 (尤其是大陸法系的國家)，會計師被求償的案例不易成立，即使成立，賠償的金額亦不大，在此情況下，會計師扮演保險公司的程度可能就微不足道了。

綜合上述的論述可知，審計文獻上認為受查公司需要財務報表審計的理論有三種[5]：

1. **代理假說** (agency hypothesis)
2. **資訊假說** (information hypothesis)
3. **保險假說** (insurance hypothesis)

這三種理論都有一個共通的特點是，不論財務報表扮演的功能 (降低代理成本、降低資訊成本) 為何，財務報表審計皆在降低財務報表的資訊風險，降低該風險對受查公司所造成的經濟損害；換言之，受查公司委任會計師進行財務報表審計係為了增加自身的經濟利益 (與一般的商品勞務是一樣的)。這點認知很重要，因為對受查公司而言，絕不可能接受為財務報表審計所付出的成本超過其所帶來的效益，換言之，財務報表審計必會受到成本效益原則的限制。此外，各會計師事務所所提供的審計服務其品質並非完全一樣的，受查公司可考慮其資訊風險的大小及財務報表審計的效益，選擇最適合的會計師事務所提供審計服務。

最後，值得強調的是，如果審計功能無法真正創造受查公司的經濟利益 (例如受查者原本就不需要財務報表被審計，但卻被法令強制其財務報表必須被審計)，經濟學理論告訴我們，在完全競爭市場中，會計師所能收取的查核公費將等於受查公司的因財務報表審計所帶來的邊際經濟利益，查核公費應不會太高。

---

[5] 可參閱 Wallace, W. A., 1987, "The economic role of the audit in free and regulated markets: a review", *Research in Accounting Regulation*, pp. 7-34。

1.6 會計師須具備之核心價值──審計品質 (audit quality)

前一節的討論可知，受查者之所以需要財務報表審計的主要原因在於財務報表對使用者有資訊風險，如不降低資訊風險，其經濟利益將受損。然而，財務報表經過會計師查核後，為什麼會計資訊的使用者就要相信財務報表呢？因為畢竟誤信不該信任的財務報表，自己也會受害呀！那麼會計師須具備那些核心價值，會計資訊的使用者才會信賴經會計師查核的財務報表呢？

審計文獻上認為會計師必須同時具備下列兩項核心能力：

1. 「可以」發現財務報表重大不實表達的能力──專業能力 (competency)
2. 「真實」報導財務報表重大不實表達的能力──獨立性 (independence)

根據 Watts 與 Zimmerman (1983)[6] 及 DeAngelo[7] (1981) 的定義，審計品質是會計師是否「可以」發現及「真實」報導財務報表重大不實表達的聯合機率。

所謂的專業能力 (competency) 係由專業學識 (knowledge) 及專業經驗 (experience) 所構成。專業學識通常係指會計師應具有從事會計師工作的專業教育，並通過會計師資格考試，而且在從事會計師工作之過程仍必須持續不斷地接受在職進修，以獲取最新的專業學識。嚴格而言，一個稱職的會計師除了應具有會計及審計的專業學識外，對於稅法、產業知識、法令規範，甚至於溝通及表達能力亦應有相當的素養。此外，會計師如要做出適當的專業判斷，除了紮實的專業學識外，尚須有豐富的專業經驗，就如同醫師、律師及建築師一樣，根據現行法令，會計師須有兩年相關工作經驗才可以取得查核簽證的資格。

而所謂的獨立性 (independence) 係指會計師執行查核程序、評估查核證據及出具查核結論時，在心態上必須公正不偏 [實質上的獨立 (independence in fact)]，而且確保從財務報表使用者的角度，讓他們相信會計師能公正不偏 [形式上的獨立 (independence in appearance)]。獨立性是審計的基石，許多不同的財務報表使用者，即使其間有利害衝突亦願意依賴會計師的簽證，乃基於他們預期會計師會採取公正不偏的立場執行其查核工作。

儘管已瞭解會計師應具備的核心能力，但要說服財務報表使用者相信會計師具有這兩個核心能力卻是一件不容易的事，其挑戰來自兩方面：一為專業能力及獨立性是不可觀察的，對財務報表使用者而言，會計師是否具備的專業能力及獨立性是無法直接觀察

---

[6] Watts, R. L., and J. L. Zimmerman. 1983. Agent problems, auditing, and the theory of the firm: Some evidence. *Journal of Law and Economics* 26 (October): 613-633.

[7] DeAngelo, L. E. 1981. Audit size and audit quality. *Journal of Accounting and Economics* 3: 183-199.

的，尤其是獨立性；另一則為多數財務報表使用者為一般社會大眾，他們根本不認識某一會計師，更遑論去判斷某一會計師是否具備專業能力及獨立性。因此，如何去克服這兩方面的困難，以說服財務報表使用者相信會計師具有這兩個核心能力就顯得格外重要了。

解決這兩方面困難的方法便是會計師必須要打團體戰，其意為會計師整個專業團體必須做到「讓社會大眾相信，不管會計師是誰，只要是會計師，他就具有會計師的核心價值」。會計師整個專業的成員必須共同努力達成此一目標，每一個會計師對會計師的專業都有一份責任，因為會計師這個行業會因少數違反專業要求的成員，壞了一鍋粥，使得社會大眾對會計師這個行業失去信心，降低會計師的經濟價值 (無法有效降低資訊風險)。然而，要做到「讓社會大眾相信，不管會計師是誰，只要是會計師，他就具有會計師的核心價值」並不能只是口號，必須要有一套具體的機制。下一節將進一步討論維護及提升會計師核心價值的機制。

1.7 維護及提升會計師核心價值的機制

會計師整個專業團體要維護及提升會計師核心價值並不是一件容易的事，必須要有一套具體的機制協助社會大眾建立並提升對會計師的公信力。圖表 1.3 為主要維護及提升會計師核心價值的機制，茲分別說明如下：

1. 會計師考試

要從事會計師工作，第一個最基本門檻就是取得會計師執照。會計師考試通常由權威機構舉辦，有些國家由政府單位舉辦 (如台灣及中國大陸)，有些國家則由會計師公會舉辦 (如美國)，藉以獲得社會大眾的信心。會計師考試規則通常亦會規定報考人應畢業於大專會計相關科系或修畢若干核心課程，這些規定旨在要求會計師必須經由正統的專業教育並通過考試，證明考生具有從事會計師工作應具有之專業學識 (knowledge)。除考

圖表 1.3 維護及提升會計師核心價值的機制

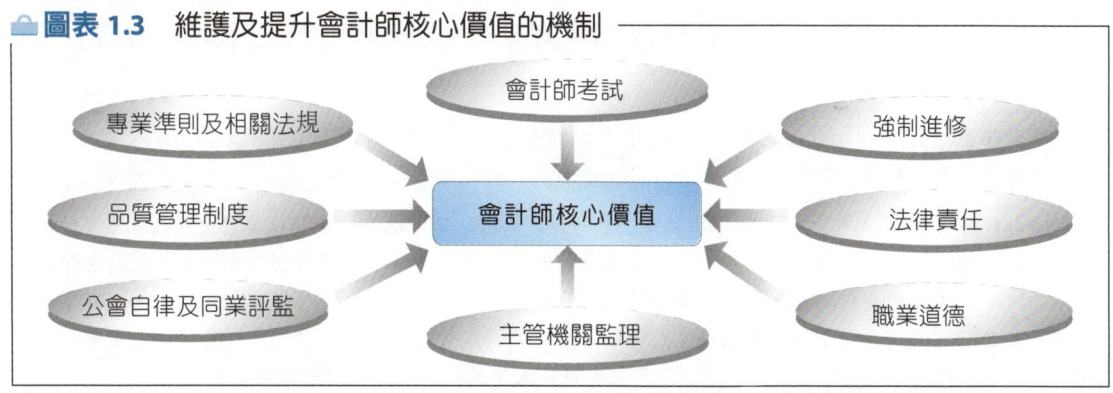

取會計師證照外，仍應具有會計師事務所簽證工作二年以上經驗者，以獲取相關專業經驗，始得向主管機關申請執業登記。由此可知，取得會計師執照僅是從事會計師工作的最低門檻[8]。

2. 強制進修

　　會計師考試合格後，法規仍會強制要求會計師必須不斷地接受在職進修。會計、審計、稅法、產業知識及相關專業知識因應環境的變化日新月異，為了提升會計師的專業能力，我國會計師法對會計師持續專業進修最低時數、科目、辦理機構、收費、違反規定之處理程序及其他相關事項皆有明確的規定[9]。有關我國會計師持續進修的詳細規定可參閱會計師職前訓練及持續專業進修辦法第10條至第15條之規定。除了會計師外，為確保協助查核工作的助理人員具備應有之專業能力，會計師事務所亦會為助理人員安排相關的在職進修，畢竟會計師事務所最重要的資產為人力資源，會計師應妥善規劃及督導在職教育訓練計畫，才能使得助理人員具備應有之專業技能，提升服務品質，進而擴展會計師事務所的業務。

3. 專業準則及相關法規

　　為了取得社會大眾的信賴，會計師於提供專業服務時，必須遵循執行該專業服務所適用之專業準則，以確保其工作品質。專業準則的遵循，其實也在向社會大眾宣示會計師的工作都是有所依據的，並不是隨便做做就可以了事的，其工作品質係可依賴的。目前，會計師服務案件所適用之專業準則及會計師事務所確保其工作品質之準則係由財團法人中華民國會計研究發展基金會審計準則委員會(簡稱審計準則委員會)所發布。就財務報表審計而言，會計師所須遵循的專業準則即為審計準則，也是本書主要介紹的範圍，由於審計準則公報已詳細規範查核人員應遵守的規定，一旦違反相關規定，會計師可能會被判定有過失(甚至是詐欺)，而負有法律責任(包括行政責任)，因此審計準則公報可視為查核人員於執行財務報表查核工作應遵循之最低標準。本書將於第二章詳述審計準則委員會所發布的專業準則及審計準則。

　　除了審計準則外，有時政府主管機關也會因其主管的事務，以法規的形式制定相關的查核規範，例如我國金融監督管理委員會訂有「會計師查核簽證財務報表規則」，用

---

[8] 根據會計師法第12條第1款之規定：「領有會計師證書者，應具會計師事務所簽證工作助理人員二年以上經驗，始得向主管機關申請執業登記。」

[9] 根據會計師法第13條之規定：「取得執業登記之會計師應持續專業進修；其持續專業進修最低進修時數、科目、辦理機構、收費、違反規定之處理程序及其他相關事項之辦法，由全國聯合會擬訂，報請主管機關訂定發布。取得執業登記之會計師持續專業進修科目或最低進修時數不符前項辦法之規定者，全國聯合會應通知其於三個月內完成補修，屆期未完成補修者，應報請主管機關停止其執行會計師業務；自停止之日起一年內已依規定完成補修者，得洽請全國聯合會報請主管機關回復其執行會計師業務。」

以規範會計師查核公開發行公司財務報表之依據，不過該規則大體上與審計準則之規定大同小異，主要係針對特定查核事項，作出較明確的規範；此外，金融監督管理委員會亦有頒布「會計師查核簽證金融業財務報表規則」，用以規範會計師查核金融業財務報表之依據。該等法規形式的查核規範可能因受查者之主管機關不同而有所，因此，會計師除了應遵循審計準則外，尚應遵循適用於受查者與查核攸關之法規。

4. 法律責任

會計師在提供專業服務時，有盡合理專業上注意之責任，若會計師因過失，甚至是故意，導致其他利害關係人遭受損失，會計師將負有法律責任及其相關的民事賠償。絕大多數的國家，民事賠償係由會計師事務所承擔，即無論是那一位主辦會計師的過失或故意，而導致其他利害關係人遭受損失，會計師事務所的合夥人皆須負連帶賠償責任，這種「連坐」式的法律責任對會計師是非常沉重的。然而，這種制度上的設計無非是告訴財務報表的使用者，會計師的工作是可信賴的，因為如果會計師未盡專業上應有之注意，他們將承擔重大的法律責任及其後果。民事法律責任由會計師事務所負責另有其他深層的意義，由於會計師事務所合夥人間互負連帶賠償責任，將促使合夥人相互監督其工作品質，進而提升其工作品質（會計師事務所品質管理制度容後再述）；此外，如果法律賠償由主辦會計師個人承擔，其他利害關係人亦可能擔心受會計師個人的財務能力的限制，實質上根本無法負起應有的賠償責任，進而降低對會計師專業服務的信賴，會計師降低資訊風險的功能便會下降，其經濟附加價值亦將隨之減少，導致會計師審計公費亦將降低。本書將專章進一步說明會計師的法律責任。

5. 職業道德

職業道德屬會計師專業團體的自律規範，不像法律責任屬他律的規範，因此，會計師職業道德規範多由會計師公會制定及執行。職業道德的存在對會計師整體產業而言是非常重要的，它要求會計師要有高於法律要求的行為標準，這些行為標準雖然表面上限制了會計師的行為或業務，然而其目的就在向社會大眾傳達會計師是一群可以信賴的專業人士。因此，長期而言，職業道德是用以增加會計師專業價值的機制。前曾提及會計師的核心價值在於專業能力及獨立性（包括正直與客觀），但要社會大眾去判斷某個會計師是否具有這些核心能力根本是不可能的，因此會計師公會必須建立一套職業道德約束其成員，使社會大眾相信具有會計師資格的人士，皆具有這些核心價值，是可以信賴的。如果少數個別會計師的行為被社會大眾認為違反了會計師的核心價值，很可能造成對整個會計師專業的不信賴，會計師專業價值便會減損。因此，每一位會計師對會計師整個專業都負有守護會計師核心價值的義務，千萬不可因自身短期的私利，而傷害會計師長遠的經濟利益。上述的道理就如同某一個人可能因說謊或不正直而獲取短期的利益，但

其周遭的父母、師長、兄弟姊妹、同事及朋友知道他經常說謊或不正直，那麼他要與周遭的人進行有效的溝通就會非常的困難，最後受害的就是他自己。常有人說：「道德知道很容易，做起來並不容易」，即「知易行難」，認為道德是要犧牲小我，完成大我。殊不知遵守職業道德其實是在追求自身利益的最大化，如果真正瞭解職業道德的真諦，您還會認為「知易行難」嗎？恐怕「知」還是比較難吧！本章亦將另設專章討論會計師應遵守的職業道德。

6. 主管機關監理

除會計師法律責任外，會計師亦受相關主管機關的監督與管理。例如，金管會規定公開發行公司財務報表的查核必須由經其核准之聯合會計師事務所執行；換言之，不是每一家會計師事務所皆可執行公開發行公司財務報表審計，必須經其核准的聯合會計師事務所(獨資及合署之會計師事務所被排除在外)才可以。金管會可對被核准之聯合會計師事務所進行檢查，也會要求這些會計師事務所定期(至少每五年)接受同業評鑑(peer review)，如發現會計師事務所有違失，可要求改善，甚至進行行政懲罰。美國亦有類似的做法，目前規定執行有關公眾公司財務報表審計的會計師事務所必須先向公眾公司會計監督委員會(Public Company Accounting Oversight Board, PCAOB)註冊，並定期接受其檢查。

其他政府機構亦可因其所主管之業務，而對會計師具有監督的權力，例如經濟部對非公開發行公司財務報表審計有監督的責任；財政部對企業稅務簽證具有監督的責任等。主管機關的監理與其他他律的機制一樣，皆在試圖確保社會大眾對會計師的信賴。

7. 品質管理制度

自 2002 年發生安隆案後，事務所品質管理制度受到主管機關的高度重視，也是其監理的重點之一。會計師事務所一致地提供具品質的案件服務並非口號，事務所必須有一套具體的政策及程序。所謂政策係為達成目標所訂之基本方針，而程序係為落實政策及追蹤考核其遵循情形所訂之具體做法。我國審計準則委員會參考 IAASB 制定之國際品質管理準則 (International Standards on Quality Management，簡稱 ISQM)[10] 制定我國的品質管理準則 (Standards on Quality Management，簡稱 TWSQM)，以協助事務所建立事務所層級之品質管理 (規範於 TWSQM1) 及案件層級之品質管理 (規範於 TWSQM2[11])。本單元將對事務所層級之品質管理制度做簡要的說明，至於案件層級 (財務報表查核案件) 之品質管理則待第十八章再做說明。

---

[10] 國際品質管理準則 (International Standards on Quality Management，簡稱 ISQM) 以前稱為國際品質控制準則 (International Standards on Quality Control，簡稱 ISQC)。

[11] TWSQM2「案件品質複核」係規範案件品質複核人員之指派與資格，以及案件品質複核之執行與書面紀錄。

事務所層級之品質管理制度係規範於 TWSQM 1 中，品質管理制度之設計、付諸實行及執行，其目的係在確保事務所於執行歷史性財務資訊之查核或核閱案件、其他確信案件或其他相關服務案件 (本書將於第二章中詳細該說明等案件之性質) 時，合理確信已達成下列目標：

1. 事務所及事務所人員依專業準則及適用之法令規定履行其責任，並依該等準則及規定執行案件。
2. 事務所或主辦會計師能於當時情況下出具適當之報告。

品質管理制度係以持續及反覆修正之方式執行，並應反映事務所及案件之性質及情況之變動。TWSQM 1 規定事務所建立之品質管理制度應涵蓋下列八項組成要素：

1. 事務所之風險評估流程。
2. 治理及領導階層。
3. 攸關職業道德規範
4. 客戶關係及案件之承接與續任。
5. 案件之執行。
6. 資源。
7. 資訊及溝通。
8. 監督及改正流程。

TWSQM 1 並規定事務所針對上述八大組成要素設計、付諸實行及執行品質管理制度時，應採用風險基礎方法 (risk-based approach) 以相互連結及協調各組成要素，俾使事務所能主動管理其所執行案件之品質。就品質管理而言，所謂風險基礎方法係指，事務所應先設計並執行風險評估流程，建立其他七項組成要素之品質目標 (包括 TWSQM 1 所明定之品質目標及事務所認為必要之額外品質目標)；接著進一步辨認並評估達成該等品質目標之風險 (簡稱品質風險)；最後，再根據已評估品質風險所依據之理由，設計並執行因應對策。因品質管理制度須能因應環境的變動，並考量其成本效益，故事務所於應用風險基礎方法時須考量事務所及案件之性質及情況之變動，例如，為多種受查者執行不同類型案件 (包括上市 (櫃) 公司財務報表之查核) 之事務所，相較於僅執行財務報表之複核或代編財務資訊案件之事務所，將需更加複雜且正式化之品質管理制度及佐證文件。因此，事務所品質管理制度之設計 (特別是該制度之複雜性及正式化程度) 將因各事務所及其所執行案件之性質及情況有所同，應運用專業判斷以建立當時情況下適當之品質管理制度。

為使品質管理制度得以落實，事務所應指派下列人員承擔其責任，以建立其課責性 (accountability)，並確認該等人員具備適當之經驗、知識、影響力、權限及足夠時間以履行其被指派之責任，並瞭解其被指派之職務及履行該等職務之責任：

1. 事務所之執行長或所長 (或相當層級之人員)，或經營委員會 (或相當層級之單位) 對品質管理制度承擔最終責任及課責性。
2. 承擔品質管理制度運作責任之人員。
3. 承擔品質管理制度特定層面運作責任之人員，該等特定層面包括：遵循獨立性規範及監督及改正流程。

　　誠如前述，品質管理制度之設計、付諸實行及執行應採用風險基礎方法，該方法係要求事務所應設計並付諸實行風險評估流程，以建立品質目標、辨認並評估品質風險，以及對該等品質風險設計並付諸實行之因應對策。因此，事務所之風險評估流程之設計及執行為品質管理制度的第一個要素。事務所於設計及執行風險評估流程時，應瞭解下列事項：

1. 對達成品質目標可能有負面影響之情勢、事件、作為或不作為取得瞭解。就事務所性質及情況而言，可能攸關事項包括：事務所之複雜性、業務性質、策略、營運決策、作為、營運流程及營運模式；領導階層之特質及管理風格；事務所之資源，包括服務機構所提供之資源；法令、專業準則及事務所之營運環境；事務所隸屬於聯盟時，聯盟規範及聯盟服務 (如有時) 之性質及範圍。就所執行案件之性質及情況而言，可能攸關事項包括：所執行之案件類型及出具之報告；所承接案件之企業類型。
2. 上述情勢、事件、作為或不作為對達成品質目標可能如何產生負面影響及其影響程度。

　　事務所應建立品質管理制度其他七個要素之品質目標，該等品質目標除了 TWSQM1 所明定之品質目標外，事務所仍可依事務所或案件之性質及情況之變動，而決定額外 (或修正) 其品質目標。茲將 TWSQM1 所明定其他七個要素之品質目標彙整於圖表 1.4。

　　事務所根據表 1.4 所列之品質目標 (或經其額外增加或修正之品質目標)，進一步依事務所及其案件之性質及情況辨認並評估每一品質目標之品質風險，並針對每一品質風險採取適當之因應對策。品質風險之辨認與評估及因應對策之設計，每一事務所應依其狀況進行專業判斷。不過，TWSQM1 對較重要的品質風險有明訂若干的因應對策，茲將該等強制性的因應對策臚列如下：

1. 事務所就下列事項訂定政策或程序：
   (1) 辨認、評估並因應對遵循攸關職業道德規範之威脅。
   (2) 辨認、溝通、評估並報告任何違反攸關職業道德規範之情事，並及時且適當地因應該情事之原因及後果。
2. 事務所自須依攸關職業道德規範維持獨立性之所有事務所人員，取得已遵循獨立性規範之書面聲明，且每年至少一次。
3. 事務所就抱怨與指控之獲悉、調查及解決訂定政策或程序，該等抱怨與指控係與未能依專業準則及適用之法令規定執行工作，或未遵循事務所依本準則所訂定之政策或程

圖表 1.4　品質管理制度其他七個要素之品質目標

品質要素	品 質 目 標
治理及領導階層	事務所應建立下列品質目標，以建立支持品質管理制度環境： 1. 事務所經由其文化展現對品質之承諾，該文化肯定並強化下列事項： 　(1) 事務所經由一致執行具品質之案件以扮演服務公眾利益之角色。 　(2) 職業道德、價值與態度之重要性。 　(3) 所有事務所人員對與執行案件或品質管理制度作業有關之品質負責，以及其應有之行為。 　(4) 品質對事務所之策略性決策及作為(包括事務所對財務及營運優先順序之考量)之重要性。 2. 領導階層對品質承擔責任及課責性。 3. 領導階層透過其行動及行為展現對品質之承諾。 4. 具有適當組織架構，並對職務、責任與權限作適當指派，俾使事務所品質管理制度得以設計、付諸實行及執行。 5. 就事務所對品質之承諾規劃資源需求(包括財務資源需求)，且資源取得、分配或指派之方式與事務所對品質之承諾一致。
攸關職業道德規範	1. 事務所及事務所人員： 　(1) 瞭解事務所及案件應遵循之攸關職業道德規範。 　(2) 履行與事務所及案件應遵循之攸關職業道德規範有關之責任。 2. 應遵循規範事務所及案件之攸關職業道德規範之其他人員或組織(包括聯盟、聯盟事務所、聯盟或聯盟事務所之人員，或服務機構)： 　(1) 瞭解其所適用之攸關職業道德規範。 　(2) 履行與其所適用之攸關職業道德規範有關之責任。
客戶關係及案件之承接與續任	1. 事務所基於下列事項，對客戶關係及案件之承接或續任之判斷係屬適當： 　(1) 所取得有關案件性質與情況及有關客戶(包括其管理階層，如適當時，亦包括其治理單位)誠信與道德觀之資訊足以佐證該等判斷。 　(2) 事務所依專業準則及適用之法令規定執行案件之能力。 2. 事務所對財務及營運優先順序之考量不會導致對客戶關係及案件之承接或續任作出不適當之判斷。
案件之執行	1. 案件服務團隊瞭解並履行與案件有關之責任，包括主辦會計師對管理並達成案件品質及案件執行過程中充分且適當參與之整體責任。 2. 基於案件性質及情況，以及被指派予案件服務團隊(或其可取得)之資源，對案件服務團隊之指導、監督及對所執行工作複核之性質、時間及範圍係屬適當，且案件服務團隊中較有經驗成員能指導、監督及複核較無經驗成員所執行之工作。 3. 案件服務團隊運用適當之專業判斷(如案件之類型適用時，亦運用適當之專業懷疑)。 4. 對困難或具爭議性事項進行諮詢，並付諸實行所達成之結論。 5. 事務所應注意並解決案件服務團隊成員間、案件服務團隊與案件品質複核人員間，或案件服務團隊與事務所品質管理制度執行作業之人員間之歧見。 6. 於案件報告日後及時彙整及歸檔案件書面紀錄，並適當維護及保存案件書面紀錄，以符合事務所之需要，並遵循法規、攸關職業道德規範及專業準則。

圖表 1.4　品質管理制度其他七個要素之品質目標（續）

品質要素	品 質 目 標
資源	事務所應就及時且適當地取得、發展、使用、維護、分配及分派資源建立下列品質目標： **人力資源** 1. 招聘、培養及留用具備專業能力及適任能力之事務所人員，以： 　(1) 一致執行具品質之案件，包括具備與事務所所執行案件攸關之知識及經驗。 　(2) 執行與事務所品質管理制度運作有關之作業或履行與事務所品質管理該制度運作有關之責任。 2. 事務所人員透過其行動及行為展現對品質之承諾，並發展及維持適當專業能力及適任能力以履行其職務。藉由及時評估、獎酬、升遷及其他激勵措施對事務所人員予以課責或肯定。 3. 當事務所不具足夠或適當之事務所人員以執行事務所品質管理制度或案件時，應自外部來源（即聯盟、其他聯盟事務所或服務機構）取得。 4. 對案件指派具備適當專業能力及適任能力（包括具備足夠時間）之案件服務團隊成員（包括主辦會計師），以一致執行具品質之案件。 5. 指派具備適當專業能力及適任能力（包括具備足夠時間）之人員，以執行品質管理制度之作業。 **技術資源** 6. 取得（或發展）、執行、維護及使用適當之技術資源，俾使事務所品質管理制度及案件得以執行。 **智慧資源** 7. 取得（或發展）、執行、維護及使用適當之智慧資源，俾使事務所品質管理制度得以執行，並使事務所能一致執行具品質之案件，且該等智慧資源符合專業準則及適用之法令規定（如適用時）。 **服務機構** 8. 考量第 4 項至第 7 項之品質目標後，來自服務機構之人力、技術或智慧資源係適當使用於事務所品質管理制度及案件之執行。
資訊及溝通	事務所應就取得、產生或使用品質管理制度相關資訊，以及於事務所內及與外部單位溝通該等資訊建立下列品質目標： 1. 資訊系統對支持品質管理制度之可靠且攸關之資訊進行辨認、擷取、處理及維護，無論該等資訊係內部或外部來源。 2. 事務所文化肯定並強化事務所人員與事務所間及事務所人員間交換資訊之責任。 3. 於事務所內及與案件服務團隊交換攸關且可靠之資訊，包括： 　(1) 向事務所人員及案件服務團隊溝通資訊，且該資訊之性質、時間及範圍足以使其瞭解並履行與執行品質管理制度作業或案件有關之責任。 　(2) 事務所人員及案件服務團隊於執行品質管理制度作業或案件時，向事務所溝通資訊。 4. 向外部單位溝通攸關且可靠之資訊，包括： 　(1) 事務所向事務所聯盟或於事務所聯盟內或是向服務機構（如有時）溝通資訊，俾使聯盟或服務機構能履行與聯盟規範或聯盟服務或是其所提供資源有關之責任。 　(2) 依法令或專業準則之規定或為增進外部單位對品質管理制度之瞭解，對外溝通資訊。
監督及改正流程	1. 就有關品質管理制度之設計、付諸實行及執行，提供攸關、可靠及時之資訊。 2. 採取適當措施以因應所辨認之缺失，俾及時改正該等缺失。

序有關。
4. 事務所就下列情況訂定政策或程序：
   (1) 事務所於承接或續任客戶關係及案件之後始獲悉之資訊，而該資訊如於承接或續任客戶關係及案件之前獲悉，事務所將拒絕接受委任。
   (2) 事務所因法令而對承接客戶關係及案件負有義務。
5. 事務所就下列事項訂定政策或程序：
   (1) 於執行上市(櫃)公司財務報表之查核案件時，須與治理單位溝通品質管理制度如何支持具品質查核案件之一致執行。
   (2) 與外部單位溝通事務所品質管理制度係屬適當之情況。
   (3) 依(1)及(2)之規定與外部溝通時，應提供之資訊(包括溝通之性質、時間及範圍與適當形式)。
6. 事務所依 TWSQM2 之規定，就案件品質複核訂定政策或程序，並對下列案件執行案件品質複核：
   (1) 上市(櫃)公司財務報表之查核案件。
   (2) 法令要求須對某些查核案件或其他案件執行案件品質複核者。
   (3) 事務所為因應某些查核案件或其他案件之一項或多項品質風險，而決定執行案件品質複核為適當之因應對策者。

　　有關事務所層級之品質管理制度涉及許多設計及執行上的細節，限於篇幅，本單元僅做重點的說明，TWSQM1 提供許多實務上運用的指引，讀者若有興趣可進一步參閱該準則。

8. 會計師公會的自律及同業評鑑

　　前曾提及會計師這個行業是需要打團體戰的行業，通過會計師考試，並不能馬上執行會計師的工作，執行會計師業務的先決條件之一為須加入會計師公會。我國會計師法第 8 條即規定：「領有會計師證書者，應設立或加入會計師事務所，並向主管機關申請執業登記及至少加入主(或分)會計師事務所所在地之省(市)會計師公會為執業會員後，始得於全國執行會計師業務；會計師公會不得拒絕其加入。」會計師一旦加入會計師公會成為會員後，自當受會計師公會所訂之自律規範所限制，包括職業道德的遵守及持續性的在職進修等，其中亦包括同業評鑑。

　　目前會計師公會全國聯合會設有會計師業務評鑑委員會辦理同業評鑑業務，該委員會係由會計師及教授會計審計相關之大學教授所組成，主要評鑑的重點分成兩部分：一為會計師事務所整體品質管理制度的評鑑，此部分檢視的重點即為會計師事務所是否已依 TWSQM1「會計師事務所之品質管理」建立適當的品質管理制度，並確實遵循。另一部分則為抽選個案，檢視個案的工作底稿，評估會計師事務所是否已依專業準則或法規

(如審計準則公報及會計師查核簽證財務報表規則等)之規定執行相關之程序。

從本小節的討論可以深切的體認，要確保會計師的核心價值，建立社會大眾對會計師的信賴是非常不容易的，需要許多的配套措施，及所有會計師正確的認知與努力。

1.8　財務報表審計的先天上的限制

儘管會計師的工作有許多的機制確保其工作品質，但查核人員對於財務報表查核工作，僅為提供高度但非絕對確信程度之專業服務，即會計師蒐集並評估相關證據後，認為財務報表並無重大不實表達，但事實上財務報表仍存有重大不實表達的可能性 [即查核風險 (audit risk)]。其主要原因如下：

1. 成本及時間的限制

如前所述，審計服務亦是一種商品勞務，即為審計所支付的成本不可能超過其所產生之經濟效益。此外，財務報表的查核報告通常在決算日後數個月內就要提出 (目前非金控公司之公開發行公司須在財務報表結束日後三個月內公告)[12]。基於查核成本及時間上的限制，使得許多查核工作僅能對會計紀錄和相關資訊採抽查的方式進行，而不能採取百分之百的查核，以至於財務報表中仍有重大不實表達的存在，但查核人員卻未能查出的可能性。

2. 會計準則上的限制

由於所適用之財務報導架構本身即容許許多不同的會計政策的選擇，基於主觀判斷下會採用不同的會計處理方法。此外，會計估計亦是無可避免的，需要管理階層的主觀判斷。管理階層有意或無意的偏頗可能會嚴重影響財務報表的允當性，查核人員可能沒有足夠的資訊判斷管理階層所做的主觀判斷或假設是否不適當，而使得財務報表仍存有重大不實表達。自 2013 年以來，台灣公開發行公司開始採用 IFRS 編製財務報表，IFRS 為原則基礎的會計準則，並大量採用公允價值模式，相較以往，給予管理階層在會計政策及會計估計上更大的裁量空間，從財務報表審計的角度，會計師的查核風險將變大。

---

[12] 依證券交易法第 36 條規定：「已依本法發行有價證券之公司，除情形特殊，經主管機關另予規定者外，應依下列規定公告並向主管機關申報：

一、於每會計年度終了後三個月內，公告並申報由董事長、經理人及會計主管簽名或蓋章，並經會計師查核簽證、董事會通過及監察人承認之年度財務報告。

二、於每會計年度第一季、第二季及第三季終了後四十五日內，公告並申報由董事長、經理人及會計主管簽名或蓋章，並經會計師核閱及提報董事會之財務報告。

三、於每月十日以前，公告並申報上月份營運情形。」

3. 查核程序上的限制

在蒐集查核相關證據時，許多的證據需要由受查者管理階層及人員提供，證據的可靠性及真實性有時查核人員不易判定，即使查核人員對這些證據有懷疑時，向第三者求證，也可能因查核人員不具有如司法調查人員的公權力或地理上的限制等，使得證據的蒐集遭遇困難。實務上常發生受查者管理階層串通第三者精心安排虛假交易企圖操縱財務報表，即使查核人員盡了專業上應有之注意，亦可能不易發現這些財務報表舞弊。

4. 人為疏忽、錯誤及誤解

查核人員於查核過程中，可能因為專業訓練不足、疏忽及誤解等情形，導致財務報表之重大不實表達未能被偵出。不過，在此情況下，會計師可能就負有法律責任及其他相關的後果 (如遭受行政懲戒或聲譽上的損失)。故查核人員應藉由遵守審計準則、盡專業上應有之注意，妥善地規劃、督導與實施查核工作之品質管理等，以減少不必要的人為疏忽及錯誤，惟仍可能無法完全避免上述情形。

綜合上述之原因，查核人員對於財務報表查核工作僅能提供高度但非絕對之確信程度。

1.9　其他確信服務的發展

會計師可執行的業務種類[13]可分為四大類：**確信服務 (assurance services)、稅務服務、會計服務及管理諮詢服務**。所謂的確信服務係指「**為決策者所需之資訊，提升其資訊品質的 (具獨立性) 專業服務**」(An independent professional service that improves the quality of information for decision makers)，財務報表審計為確信服務的一種，也是會計師最主要的業務，由於財務報表審計乃證券交易法或其他法令要求公司須申報經會計師查核簽證之財務報表，故該項業務亦是專屬於會計師的業務，非會計師執行不可。

隨著經濟的發展，需要確信 (實務上常稱為認證) 的資訊或事項越來越多，由於會計師長久以來已取得社會大眾的信賴，若需要確信的資訊或事項是會計師專業所能支應的，會計師便可能發展其他形態的確信服務。近數十年來，會計師的發展之確信服務，以確信的標的區分，大體上可分為歷史性財務資訊的確信及非歷史性財務資訊的確信。

---

[13] 依會計師法第 39 條之規定：「會計師得執行下列業務：一、財務報告或其他財務資訊之簽證。二、關於會計之制度設計、管理或稅務諮詢、稽核、調查、整理、清算、鑑定、財務分析、資產估價或財產信託等事項。三、充任檢查人、清算人、破產管理人、仲裁人、遺囑執行人、重整人、重整監督人或其他受託人。四、稅務案件代理人或營利事業所得稅相關申報之簽證。五、充任工商登記或商標註冊及其有關事件之代理人。六、前五款業務之訴願或依行政訴訟法規定擔任稅務行政訴訟之代理人。七、持續查核、系統可靠性認證、投資績效認證等認證業務。八、其他與會計、審計或稅務有關之事項。」

歷史性財務資訊的確信除了財務報表審計為最主要業務外，亦包括財務報表的核閱、對特殊目的財務報表所執行之查核或核閱；而非歷史性財務資訊的確信則更是多樣化，例如，與財務報導相關內部控制專案審查 (Examination of internal control over financial reporing)、財務預測之核閱、績效評估、報章雜誌發行量認證、網路認證、系統認證、企業社會責任報告的認證等。美國 AICPA 及國際審計及確信準則委員會 (IAASB) 亦對若干較重要之非歷史性財務資訊的確信訂定準則，以作為執業人員 (不稱作會計師) 執行該確信工作之指引。各國的經濟環境不盡相同，可能會發展出不同形態的非歷史性財務資訊的確信的需求，台灣目前除了與財務報導相關內部控制專案審查、財務預測之核閱及企業社會責任報告 (或永續報告) 之確信外，其他型態之非歷史性財務資訊的確信尚在萌芽階段，在實務上並不常見。若干較重要之其他確信服務，本書將另於第十九章專章介紹會計師所提供之其他確信服務。

1.10 會計師事務所及其業務

誠如 1.9 節所述，會計師事務所除了提供確信服務以外，其他主要的業務尚包括稅務服務、管理諮詢服務、會計帳務服務。茲分別說明如下：

1. *稅務服務* (tax services)

會計師事務所除了提供企業或個人申報所得稅服務外，亦提供租稅規劃、財產稅、遺產稅、贈與稅及其他各類型之稅務諮詢服務，甚至亦提供客戶有關租稅方面行政救濟的服務。絕大多數的會計師事務所均提供稅務服務，但對區域性小中型會計師事務所而言，由於在上市 (櫃) 公司財務報表審計及其他確信服務的競爭優勢不如國際型會計師事務所，對於租稅服務更為重視，此類業務的比重通常更高。

2. *管理諮詢服務* (management consulting services)

客戶在經營管理上常會面臨許多的問題，由於會計師事務所擁有豐富的資源、專業知識及經驗，自然成為客戶尋求協助的對象。這些管理諮詢服務的範圍，包含客戶會計制度與內部控制的改進建議、風險管理、資訊系統和電子商務系統設計及建置、併購的諮詢及審查、鑑價，以及退休金精算等。大部分的會計師事務所均提供管理顧問諮詢服務，以協助提升客戶經營管理上的效率及效果。許多國際性大型的會計師事務都單獨設立管理諮詢部門提供服務，在 1990 年代管理諮詢部門的收入占事務所總收入的比重顯著地遞增，到了 2000 年美國五大會計師事務所來自管理諮詢部門收入的比重超過 50%，成為其最大的收入來源。然而，這樣的發展卻也衝擊會計師確信服務的基石──會計師的獨立性，因為許多管理諮詢服務的性質使得會計師扮演類似客戶管理階層的角色，這樣

的角色可能會使會計師於執行確信服務時喪失獨立性，因而資本市場主管機關 [如美國證管會 (SEC)] 開始限制會計師事務所對上市 (櫃) 公司之審計客戶，同時提供可能會影響獨立性的非確信服務 (包括管理諮詢服務)。為因應此一變化，許多大型事務所不是將管理顧問業務出售，就是將該部門從原會計師事務所分割出來成為一單獨的管理顧問公司，這樣切割的安排，一部分的原因是基於獨立性的考量及事務所在管理顧問業務上所受的限制。

3. 會計帳務服務 (accounting and bookkeeping services)

許多小型企業由於規模較小，交易較為單純，可能基於成本考量而未聘任專職的會計人員，故委託會計師事務所提供的代客記帳服務，並協助編製財務報表。惟會計師事務所並未對記帳之憑證及財務報表進行任何的查核工作，因此會計師並未對該財務報表提供確信服務。許多會計師事務所亦多提供會計帳務服務，尤其是對區域型的小型會計師事務所，該服務的收入多占有相當的比重。

會計師事務所為了因應前述的四大類業務——確信服務、稅務服務、管理諮詢服務及會計帳務服務，通常會將會計師事務所的組織結構做如圖表 1.5 的規劃。圖表 1.5 係以聯合會計師事務所 (即合夥組織) 為例，並僅顯示與業務相關之組織結構，未包括後勤支援部門 (如人力資源、行政管理等)，各會計師事務所組織結構可能因事務所規模及業務性質而略有不同。

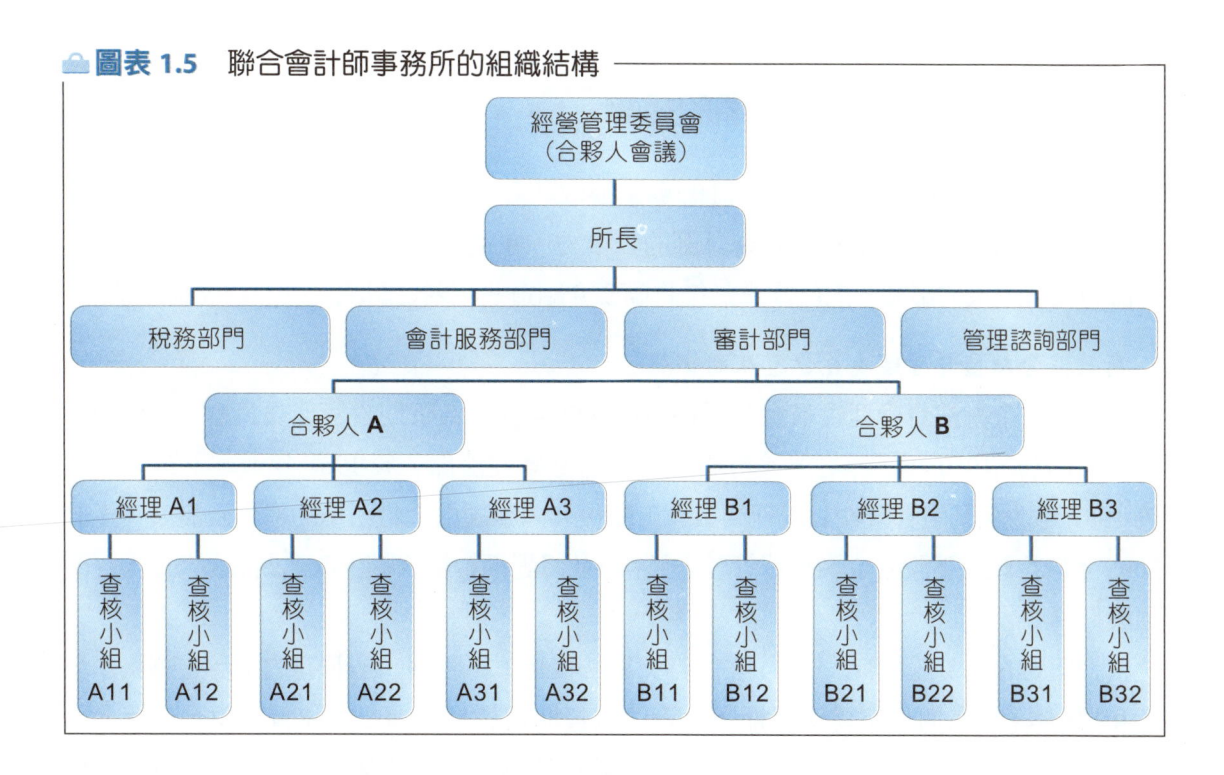

圖表 1.5　聯合會計師事務所的組織結構

```
                    經營管理委員會
                    （合夥人會議）
                          │
                         所長
        ┌─────────┬──────────┴──────────┬─────────┐
      稅務部門   會計服務部門          審計部門   管理諮詢部門
                                  ┌──────┴──────┐
                                合夥人 A      合夥人 B
                              ┌───┼───┐    ┌───┼───┐
                           經理A1 經理A2 經理A3 經理B1 經理B2 經理B3
                            │ │  │ │  │ │  │ │  │ │  │ │
                           查 查 查 查 查 查 查 查 查 查 查 查
                           核 核 核 核 核 核 核 核 核 核 核 核
                           小 小 小 小 小 小 小 小 小 小 小 小
                           組 組 組 組 組 組 組 組 組 組 組 組
                          A11 A12 A21 A22 A31 A32 B11 B12 B21 B22 B31 B32
```

由於本書的重心在財務報表審計，故將審計部門的組織結構做更詳細的解構，做此解構的原因，主要是因為會計師提供確信服務時需要維持獨立性，但針對特定確信委任案 (包括財務報表審計) 而言，會計師事務所中那些人員必須與客戶維持獨立性呢？為方便讀者瞭解此一議題，必須對審計部門的組織結構做更詳細的解構。

一般而言，會計師事務所確信服務的執行通常由特定合夥人 (或特定一組合夥人，文中一律稱為合夥人) 帶領若干的經理，而每一經理又負責帶領若干查核小組 (audit team) 負責執行查核工作。查核小組由一名高級查帳員 (senior auditor or in-charge auditor) 及數名初級查帳員 (staff auditor) 所組成，查核小組負責特定委任案主要查核工作的規劃及執行，經理則負責指導與監督其所帶領的各查核小組，而合夥人則負責指導與監督其所帶領的各經理及查核小組。以圖表 1.5 為例，假設查核小組 A11 負責甲公司財務報表的查核委任案，依現行會計師職業道德規範，會計師事務所中那些人員必須與甲公司維持獨立性呢？由於查核小組 A11 實際負責甲公司的查核，而經理 A1 及合夥人 A 負責該委任案的監督及管理，故查核小組 A11 所有的查核人員、經理 A1 及合夥人 A 皆應受獨立性的限制。此外，由於合夥組織各合夥人互負連帶責任，故會計師事務所的每一合夥人亦受獨立性的限制。除此之外，其他經理及查核小組的成員因未涉及甲公司查核工作的執行、監督及管理，可不受獨立性的限制。許多國際型會計師事務非常重視獨立性的要求，對事務所人員獨立性的要求有時比會計師職業道德規範的規定更加嚴格。有關會計師獨立性的要求，本書另於第四章中加以討論。

1.11 與會計師專業相關的組織

誠如 1.7 節中所述，為協助會計師專業獲取社會大眾的信賴，必須要有一套具體的機制協助社會大眾建立並提升對會計師的公信力。在這套機制下，有些組織的工作對會計師專業有重大的影響，因此本章最後將簡要介紹這些相關之組織。

1. 行政院金融監督管理委員會證券期貨局

行政院金融監督管理委員會證券期貨局的前身為證券暨期貨管理委員會 (簡稱證期會)，成立於 1960 年，原名為證券管理委員會隸屬經濟部，於 1981 年改隸財政部，並於 1997 年改名為證券暨期貨管理委員會。隨後為因應國內金融環境的變化及發展，遂於 2005 年於行政院下設立金融監督管理委員會，並將證期會納入轄下改名為證券期貨局 (簡稱證期局)。

證期局的主要任務有二：(1) 在證券交易法授權下，管理、監督有價證券之募集、發行和買賣；(2) 在期貨交易法授權下，管理監督期貨交易。因此其監督對象，包括上市 (櫃) 公司、公開發行公司、證券商、台灣證券交易所等股份有限公司，財團法人中華民

國櫃檯買賣中心,以及期貨交易所、期貨商、槓桿交易商、期貨服務事業、期貨結算機構等。

證期局為期有效健全受監督公司的公司治理制度及會計制度等,以保障公眾利益,近年來制定或修訂了許多相關規定,其中也包括了與會計及審計相關的規定,例如,「證券發行人財務報告編製準則」、「公開發行公司建立內部控制制度處理準則」和「會計師查核簽證財務報表規則」。此外,證期局對所轄下公司所使用之會計準則及審計準則的政策方向具有主導權,2013年我國正式與IFRS接軌,正是在證期局的決策下所推動的。近年來我國審計準則改以國際審計準則為藍本,亦是由其所做的決策。

此外,在監管會計師業務和責任方面,如會計師於查核或核閱財務報告時,如有過失或疏漏之處,涉案會計師可能會受新台幣12萬元以上120萬元以下罰鍰、警告、申誡、停止執行業務二個月以上二年以下或除名之懲戒。根據會計法規定,會計師應付懲戒者,由會計師懲戒委員會處理之,而會計師懲戒委員會由金融監督管理委員會(主要由證期局主導)依會計師法之規定籌組(主要由證期局主導)。由此可知,會計師專業發展和行政院金融監督管理委員會證期局息息相關。

2. 中華民國會計師公會(包括各地方及全國聯合公會)

我國會計師法第8條即規定:「領有會計師證書者,應設立或加入會計師事務所,並向主管機關申請執業登記及加入主(或分)會計師事務所所在地之省(市)會計師公會為執業會員後,始得於全國執行會計師業務;會計師公會不得拒絕其加入。」中華民國會計師公會的宗旨,係以闡揚會計審計學術,發揮會計師功能,促進會計師制度,並協助國家社會財經建設,增進國際間會計審計學術之交流,共謀發展會計師事業為宗旨,組織會計師紀律委員會,以維持會員風紀。

會計師公會所屬職業道德研究委員會發布職業道德規範公報,以作為從業人員立身處己的方針,對於促使會員保持專業態度、加強職業風紀,貢獻卓著。此外,各公會亦設置查核業務評鑑、稅制稅務、專業教育、編譯出版、企業輔導、公共關係、國際事務、會審準則等委員會等,藉以提升會計師專業服務的品質,具體落實會計師公會的宗旨。

3. 中華民國會計研究發展基金會

中華民國會計研究發展基金會(簡稱會研基金會)成立於1984年,係由會計師界、工商界共同捐款成立之財團法人,其宗旨為提高我國會計水準、促進會計、審計暨評價準則之持續發展、協助工商企業健全的會計制度及培養企業財會人才。會研基金會下設有審計準則委員會、台灣財務報導準則委員會、企業會計準則委員會及評價準則委員會,負責審計、會計及評價相關準則的訂定及修訂。此外,亦設有XBRL (eXtensible Business Reporting Language)委員會負責推廣XBRL的應用。其公布之台灣財務報導準則(TIFRS)、企業會計準則、審計準則及評價準則皆與會計師專業工作密不可分。

4. 國際審計與確信準則理事會

國際審計與確信準則理事會 (International Auditing and Assurance Standards Board, IAASB) 隸屬於國際會計師聯盟 (International Federation of Accountants, IFAC)，其前身為國際審計實務委員會 (International Auditing Practices Committee, IAPC)，成立於 1978 年，IAPC 發布之實務指引，於 1991 年被重新編撰成國際審計準則 (International Standards on Auditing, ISAs)，於 2002 年 IAPC 重新改組而成為 IAASB。

IAASB 雖不是國內之組織，但與我國會計師的確信服務卻息息相關。前曾提及，近年來我國審計準則公報 (由會研基金會審計準則委員會所發布)，雖未全面與 ISAs 接軌，但於增定或修定審計準則公報時，主要還是以 ISAs 為藍本。我國審計準則委員會未全面與 ISAs 接軌的原因，主要是考慮審計準則公報仍須考量各國特有之法規環境及會計師執業環境，ISAs 並無法考量各國的特有環境，因此，ISAs 仍可能須加以調整或修改，才能適用於台灣的環境，故未採全面與 ISAs 接軌的方式。例如，修訂審計準則 600 號「集團財務報表查核之特別考量」時，原以 ISA 600「Special Considerations-Audits of Group Financial Statements (Including the Work of Component Auditors)」為藍本，對外徵詢意見後卻引發許多的爭議。在幾經折衝後，我國審計準則委員會改以 AICPA 所發布的 AU-C 600「Special Considerations-Audits of Group Financial Statements (Including the Work of Component Auditors)」為藍本。

換言之，在此情況下，國內現有之審計準則公報並不完整，因此有些事務所，尤其是大型的事務所，於執行查核工作時，如國內現有審計準則公報並未規範或規範不清楚，仍會參考 IAASB 所發布之相關 ISAs。有關 IAASB 所發布之審計及其他確信準則的架構，將於第二章中做進一步的說明。

本章習題

選擇題

1. 會計師受託對馬克公司是否符合借款契約中有關流動比率之約定進行查核。此種審計之類型為何？
   (A) 財務報表審計
   (B) 作業審計
   (C) 特殊目的審計
   (D) 遵循審計

2. 以下何者非為委託會計師獨立查核財務報表之理由？
   (A) 財務報表相當複雜
   (B) 報表使用者對報表編製者的會計紀錄有距離
   (C) 投資者與會計師之間有利益衝突
   (D) 財務報表為使用者制定決策的重要資訊來源

3. 下列有關審計機關辦理績效審計之敘述，那幾項是適當的？①績效審計通常為事後審計 ②績效審計不必考慮受查單位內部控制制度之良窳 ③績效審計重心包括經濟性、效率性及效益性 ④績效審計可以質疑行政部門之政策 ⑤績效審計執行過程應與受查單位人員保持良好溝通
   (A) ①②③
   (B) ②③④
   (C) ①③⑤
   (D) ①④⑤

4. 下列有關政府財務報表審計與績效審計之敘述，何者錯誤？
   (A) 政府績效審計之工作範圍，與財務報表審計相仿
   (B) 政府績效審計之發展，相較政府財務報表審計為晚
   (C) 政府績效審計相較財務報表審計，較缺乏客觀之衡量標準
   (D) 政府績效審計相較財務報表審計，需要較多元化的審計人力背景，始能辦理

5. 在執行作業審計時，比較不會廣泛使用的證據型態為：
   (A) 書面文件及詢問
   (B) 觀察及實體的查驗
   (C) 函證及再執行 (reperformance)
   (D) 分析性測試及詢問

6. 下列何項審計服務主要在調查企業之詐欺、舞弊或涉訟事件，以提供資料評估其對財務報表的影響或所涉及之法律責任？
   (A) 財務報表審計
   (B) 遵循審計
   (C) 作業審計
   (D) 鑑識審計

7. 下列何者通常不是政府審計人員執行計畫審計 (program audit) 的目的？
   (A) 確認計畫完成法規所設定目標的程度
   (B) 確認計畫執行沒有效率的原因
   (C) 確定計畫執行的效果
   (D) 確認執行計畫之個體是否遵行相關法規

8. 有關財務報表審計與作業審計的比較，下列敘述何者錯誤？
   (A) 財務報表審計著重過去，作業審計關切未來的績效
   (B) 無須限制財務報表審計的報告使用者，但須限制作業審計的報告使用者
   (C) 財務報表審計執行控制測試的目的，在於決定內部控制制度的有效性；作業審計執行控制測試的目的，在於決定內部控制制度的效率及效果
   (D) 內部稽核人員不可執行財務報表審計，但可執行作業審計

9. 下列那一項會計師服務提供之確信程度最高？
   (A) 財務報表核閱
   (B) 專案審查
   (C) 協議程序之執行
   (D) 代編財務報表

10. 企業委託會計師查核財務報表之主要原因為：
    (A) 企業可能在編製財務報表時不夠客觀中立
    (B) 若無會計師高度的專業協助，企業常難以編製允當之財務報表
    (C) 提升財務報表的可靠性，以降低公司的代理成本及交易成本
    (D) 為了保障投資大眾的利益

11. 甲公司內部稽核人員稽查生產線主管是否按照公司所訂「原物料過期報廢處理辦法」處理過期原料，此為何種審計類型？
    (A) 財務報表審計
    (B) 作業審計
    (C) 遵循審計
    (D) 特殊目的審計

12. 查核人員即使已依照審計準則規劃及執行查核工作，仍可能存有無法偵出重大不實表達之風險的主要原因為何？
    (A) 查核之先天限制
    (B) 查核人員僅執行證實程序
    (C) 查核人員未向第三方取得函證
    (D) 受查者於當期與關係人進行交易

13. 下列有關會計師提供財務資訊確信程度之敘述，何者正確？
    (A) 專案審查，在提供高度且絕對的確信
    (B) 財務報表之核閱，提供高度確信
    (C) 財務資訊之代編，提供低度確信
    (D) 協議程序之執行，其目的不是在對整體是否允當作確信

14. 下列有關作業審計的敘述，何者錯誤？
    (A) 評估組織作業程序的效率及效果
    (B) 審計範圍僅限於會計作業
    (C) 報告的使用者通常為管理階層
    (D) 內部稽核人員亦可執行

15. 銀行局因人手不足，委託會計師查核甲銀行貸予關係企業之款項是否超過法定上限。試問會計師之工作屬於何種業務？
    (A) 財務審計
    (B) 作業審計
    (C) 遵循審計
    (D) 外部審計

16. 會計師提供下列何種審計及相關服務可出具消極確信之報告？
    (A) 財務報表之核閱
    (B) 專案審查
    (C) 財務報表之查核
    (D) 協議程序之執行

17. 會計師受託對甲公司是否符合借款契約中有關流動比例之約定進行查核，此種審計之類型為何？
    (A) 財務報表審計
    (B) 作業審計
    (C) 遵循審計
    (D) 特殊目的審計

18. 會計師事務所對股票上市(櫃)公司財務報表之查核案件，均會指定案件品質管制複核人員，下列敘述何者正確？
    (A) 案件品質管制複核人員應由主辦會計師選擇以利合作配合
    (B) 案件品質管制複核人員應參與案件之執行以掌握案件之進度
    (C) 案件品質管制複核人員應為案件服務團隊作決定以提高查核品質
    (D) 案件品質管制複核人員應於查核報告日前完成品質管制複核以利出具報告

19. 下列何種確信服務的報告，係以消極確信的文字表達？
    (A) 財務報表代編報告
    (B) 財務報表查核報告
    (C) 財務報表核閱報告
    (D) 協議程序的確信報告

20. 財務報表由獨立會計師執行審計工作可以降低及控制：
    (A) 財務報表的複雜度
    (B) 投資人之資訊風險
    (C) 投資人之商業風險
    (D) 財務報表的及時性

問答題

1. 請就下列 5 個構面比較作業審計 (operational auditing) 與財務審計 (financial auditing) 的差異：
   (1) 審計的目的，
   (2) 審計報告的使用者，

(3) 審計報告的格式,

(4) 是否涉及非財務領域,

(5) 可提供服務的審計人員類型。

請依下列格式組織您的答案,並將答案填寫於試卷上,否則不予計分。

構面	作業審計	財務審計
(1) 審計的目的		
(2) 審計報告的使用者		
(3) 審計報告的格式		
(4) 是否涉及非財務領域		
(5) 可提供服務的審計人員類型		

2. 請就審計之目的、報告對象、公費來源、進行查核之時間、查核人員之選任方式、查核結果之效力等 6 個層面,列表比較企業審計與政府審計之不同。此外,在其他層面尚有差異,請再指明其中 1 項,並加說明。

3. 在什麼情況下,會產生財務報表需要查核的需求?

4. 在審計文獻上認為受查公司需要財務報表審計的理論有那三種?

5. 會計師必須同時具備下列兩項核心能力,才能發揮財務報表審計的經濟價值?

6. 請簡略說明主要維護及提升會計師核心價值的機制?

7. 依品質管理準則 1 號「會計師事務所之品質管理制度」之規定,會計師事務所之品質管理制度應包含那一些要素?

8. 查核人員對於財務報表查核工作,僅為提供高度但非絕對確信程度之專業服務,其理由為何?

9. 會計師執行之業務大致上可分為那四大類?

10. 沙賓法 (Sarbanes-Oxley Act) 是由美國參議員 Paul Sarbanes 與眾議員 Michael Oxley 共同起草,2002 年 7 月 30 日由布希總統簽署成法律。

    (1) 美國即依沙賓法成立,試說明 PCAOB (Public Company Accounting Oversight Board) 該機構之組織定位、職責、資金來源,以及其資金來源與落實其功能間之關係。

    (2) PCAOB 之組織方式是否可供我國借鏡?我國如要引進設立類似機構,是否需修正?應注意那些因素?

Chapter 2 專業準則

2.1 前言

　　第一章曾討論維護及提升會計師核心價值的機制，以獲取社會大眾對會計師工作的信賴。這些機制其中之一即要求會計師的工作必須依賴專業準則的要求執行，對財務報表審計而言，其所必須遵循的主要專業準則即為審計準則。實務上，常將之稱為一般公認審計準則 (General Accepted Auditing Standards)。

　　審計準則則係由財團法人中華民國會計研究發展基金會審計準則委員會 (以下簡稱審計準則委員會) 所制定，該委員會除了制定審計準則外，也制定與其他會計師服務案件應依循之專業準則。過去除確信準則公報第一號「非屬歷史性財務資訊查核或核閱之確信案件」外，其他會計師服務案件應依循之專業準則亦包括在審計準則公報中；換言之，現行的審計準則公報其實包括了若干非屬歷史性財務資訊審計及非確信服務應依循的專業準則。此外，過去審計準則公報的編碼係依據發布時間的先後依序編號的，造成先前發布但被取代或失效的審計準則公報，其編號變成空號，亦使得各審計準則公報間的邏輯關係並不明確，易造成審計準則公報理解上的困擾。

　　為了解決上述的問題及困擾，審計準則委員會於民國 110 年參考 IAASB 所發布之準則架構及編碼方式，重新對其所發布之準則進行重新分類及編碼，並發布了「**審計準則委員會所發布規範會計師服務案件準則總綱**」草案，說明此一重大變革，該總綱一旦正式發布，現行「審計準則公報制定之目的與架構」及審計準則公報第一號「一般公認審計準則總綱」即不再適用。該變革預計將於民國 111 年 12 月 15 日開始適用，本書將以此一新的變革，介紹審計準則委員會所發布的準則。

　　雖然本章的重點主要在介紹審計準則 (以後不用使用審計準則「公報」的名稱)，但為了讓讀者對審計準則委員會所發布的準則有一完整的瞭解，首先將於本章的 2.2 至 2.4 節分別介紹審計準則委員會發布準則之分類、審計準則委員會所發布準則之效力，以及準則的編碼架構與遵循審計準則執行審計之基本原則。最後再於 2.5 節介紹審計準則內容的組成要素。

2.2 審計準則委員會所發布準則之分類

審計準則委員會發布準則之分類與會計師所提供之服務案件類型有關，該委員會參照 IAASB 的分類方式，其所發布準則之規範，係依會計師所提供之服務進行分類，其所提供服務類型可分為確信服務案件及非屬確信服務案件之其他相關服務案件。屬確信服務案件者，會因受確信之標的是否屬歷史性財務資訊而有重大差異，因其所依循之基準及查核人員所使用之確信程序並不相同，故又將屬確信服務區分為歷史性財務資訊查核及核閱案件，以及非屬歷史性財務資訊查核或核閱之確信案件。

所謂確信案件，係指執業人員之目的在於取得足夠及適切之證據以作成結論之案件，該結論係用以提升預期使用者對依基準衡量或評估標的之結果之信賴水準。亦即，凡是用以提升資訊使用者對受查資訊信賴水準之具有獨立性之專業服務，即為確信服務。有關構成確信案件應包括的要素、類型 (認證案件與直接案件)、確信程度 (合理確信及有限確信) 等議題，待讀者學習過財務報表審計後，方能有較清楚的理解，在此說明恐徒增讀者困擾，本書將於第十九章再做詳細說明。而前述所稱之歷史性財務資訊係指有關特定企業於過去期間發生之經濟事項或過去時點之經濟狀況或情況之資訊，該等資訊主要由該企業之資訊系統產生，而以財務會計之用語表達。而非屬歷史性的財務資訊則包括非屬歷史性的財務資訊 [如財務預測 (financial forecast)、財務計劃 (financial projection)] 或歷史性非財務資訊 [如企業社會責任 (永續) 報告、與財務報導攸關內部控制之效果、績效評估等]。至於非屬確信之服務案件，主要包括代編財務資訊案件及對資訊採用協議程序之案件。審計委員會除了依照前述會計師所提供之服務分類，分別制定專業準則外，亦制定品質管理準則。品制管理準則之目的，在於使會計師事務所 (如適用時，亦包含非會計師之其他執業人員所隸屬之組織) 所提供的各項服務，能達到一定的品質標準。因此，審計委員會所發布之專業準則共分為下列五大類，茲將品質管理準則及各類準則與其所適用之服務案件說明如下：

1. 品質管理準則：係規範會計師事務所 (如適用時，亦包含非會計師之其他執業人員所隸屬之組織) 對前述會計師服務案件建立及維持品質管理制度之責任。本準則系列英文名稱為 Standards of Quality management，簡稱 TWSQM (品質管理準則先前稱為品質管制準則)。

2. 審計準則：適用於歷史性財務資訊之查核案件。本準則系列英文名稱為 Standards on Auditing，簡稱 TWSA。

3. 核閱準則：適用於歷史性財務資訊之核閱案件。本準則系列英文名稱為 Standards on Review Engagements，簡稱 TWSRE。

4. 確信準則：適用於非屬歷史性財務資訊查核或核閱之確信案件。本準則系列英文名稱

為 Standards on Assurance Engagements，簡稱 TWSAE。
5. **其他相關服務準則**：適用於代編財務資訊案件、對資訊採用協議程序之案件及審計委員會明定之其他相關服務案件。本準則系列英文名稱為 Standards on Related Services，簡稱 TWSRS。

茲將上述各類準則與服務案件之關係及架構彙整於圖表 2.1。

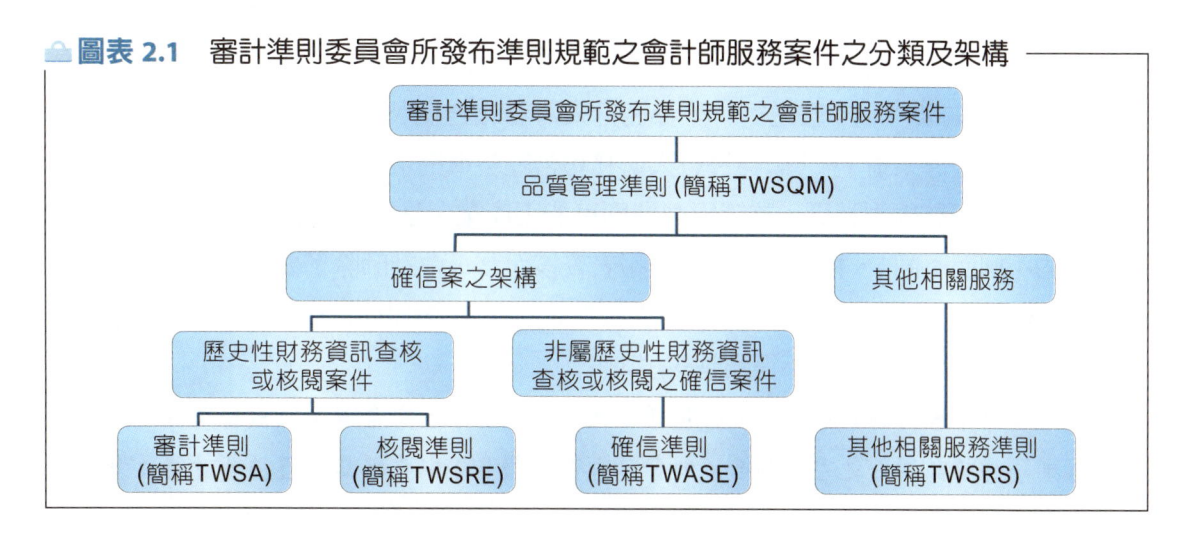

圖表 2.1 審計準則委員會所發布準則規範之會計師服務案件之分類及架構

```
                審計準則委員會所發布準則規範之會計師服務案件
                              │
                      品質管理準則 (簡稱TWSQM)
                        │              │
                  確信案之架構        其他相關服務
                  │         │              │
          歷史性財務資訊查核   非屬歷史性財務資訊
          或核閱案件         查核或核閱之確信案件
          │       │              │              │
      審計準則  核閱準則      確信準則      其他相關服務準則
     (簡稱TWSA)(簡稱TWSRE)  (簡稱TWASE)    (簡稱TWSRS)
```

　　審計準則、核閱準則、確信準則及其他相關服務準則統稱為會計師服務案件準則，會計師於決定所承接之服務案件所適用準則時，應運用專業判斷。由此可知，審計準則委員會所發布之準則，並沒有涵蓋會計師所有的業務範圍，例如管理顧問諮詢及稅務規劃等案件。非屬上述準則規範之會計師服務案件，並不適用會計師服務案件準則，惟會計師於承接該等服務案件時，仍應考量是否影響已承接或將承接上述準則所規範之會計師服務案件，以及對品質管理準則之遵循，例如，獨立性之遵循。此外，值得進一步說明的是，上述各類會計師服務案件，並非全部都屬會計師法定專屬業務，例如代編財務資訊案件及許多非屬歷史性財務資訊的確信案件 [如企業社會責任 (永續) 報告之確信]，非會計師專業人員亦可能執行此類之服務案件，因此非會計師之其他執業人員亦可適用相關之準則，惟該等執業人員並沒有被強制須遵循相關準則。實務上，由於上述準則對案件服務品質有較高之要求，多數非會計師之其他執業人員於執行相關案件時，並非採用會計師服務案件準則。

　　最後，從上述準則之分類可知，IAASB 及我國審計準則委員會將對資訊採用協議程序之案件納入其他相關服務準則之範圍，似乎是將協議程序視為非確信案件。雖然協議程序並非對資訊整體做確信，但執行協議程序之目的仍在提升資訊使用者對資訊之信賴水準，且原則上會計師仍應具獨立性 (如關係人同意會計師無須獨立性，且於報告中揭露此一事實，則會計師得不具獨立性)，故就學理而言，將協議程序視為確信服務的一種應較為合理。

2.3 審計準則委員會所發布準則之效力

審計準則委員會所發布準則之規定，並不踰越我國法令及規範，當會計師服務案件所適用準則中之某些規定，與我國對該等服務案件之法令及規範有所不同或牴觸時，會計師 (如適用時，亦包含非會計師之其他執業人員) 應優先依我國法令及規範執行該等服務案件。我國與許多大陸法系的國家一樣，常會在專業準則之上再架構一層或更多層的法規加以監管，以財務會計準則為例，對公開發行公司而言，於編製財務報表時除依應遵循 TIFRS 編製外，亦應遵循「證券發行人財務報告編製準則」(合稱為公開發行公司適用之財務報導架構)。「證券發行人財務報告編製準則」的法律位階高於 TIFRS，故 TIFRS 不得牴觸該編製準則 (該等編製準則可能因產業、是否屬營利組織及企業個體主管機關的不同而不同)。相同的，對財務報表查核而言，會計師除了要遵循審計準則外，依目前的法規，主要尚須遵循「會計師查核簽證財務報表規則」，該規則的法律位階亦高於審計準則，故審計準則不得踰越該規則。

此外，除非會計師 (適用時，亦包括其他執業人員) 已完全遵循該服務案件所適用準則，否則不得於該案件之書面報告 (如會計師查核報告) 中聲稱其已遵循審計委員會所發布之準則。

最後，審計委員會所發布準則對其適用範圍、實施日及特定限制，均會於個別準則中敘明。除非個別準則另有規定，會計師得於該準則所明定之實施日前提前適用該準則。

2.4 準則的編碼架構及遵循審計準則執行審計之基本原則

誠如前言所述，先前的審計準則公報係按照各準則發布時間的先後依序編碼，而且幾乎將各類服務案件適用之準則全部稱為「審計準則公報」，這樣的方式造成許多的困擾。在本次的變革中，審計準則委員會亦參考 IAASB 所發布準則編碼之架構，重新對其所發布之準則進行編號。依 IAASB 準則編碼之架構，各準則之編碼如下：

1. 品質管理準則之編號係從 1 至 99 號。
2. 審計準則之編號係從 100 至 999 號。
3. 核閱準則係從 2000 至 2699 號。
4. 確信準則係從 3000 至 3699 號。
5. 其他相關服務準則係從 4000 至 4699 號。

從圖表 2.1 的架構圖可以推測上述準則的編碼邏輯，大概係照特定準則的位階及相關服務案件對會計師的重要性編排。例如，品質管理準則主要係在規範會計師事務所能

合理確保各類會計師服務案件品質之準則，較屬事務所層級(非案件層級)之規範，故其編號最前面。至於會計師服務案件的類型中，對會計師業務影響的重要性，依序為審計準則、核閱準則、確信準則及其他相關服務準則，故其編號依序編碼。

讀者可能發現，從各服務準則間的編號有不連續的情況，這是因為IAASB除了訂定這四類的專業準則外，也可能會針對這四類的準則訂定實務註記(practice note)。該等實務註記不具權威性(non-authoritative)，並不構成IAASB發布準則的一部分，旨在提供相關實務上的指引。這些實務註記的編碼即在相關準則編號之後，即國際審計實務註記 (International Auditing Practice Notes, IAPNs) 的編製介於1000至1999號，國際核閱實務註記 (International Review Practice Notes, IRPNs) 的編製介於2700至2999號，國際確信實務註記 (International Assurance Engagement Practice Notes，IAEPNs) 的編製介於3700至3999號，國際相關服務實務註記 (International Related Services Practice Notes, IRSPNs) 的編製則介於4700至5000號。不過我國審計準則委員會截至目前為止，並未發布該等實務註記。

誠如第一章所述，本書的重點著重於財務報表審計，故從第三章至第十八章的內容皆在介紹與審計準則相關的規範，至於其他確信服務及相關服務則將於第十九章介紹。基於此原因，本書將進一步說明審計準則編碼的細節，以方便讀者學習。

審計準則的號碼介於100至999號，IAASB係依照審計的主題對各審計準則進行編碼的，編碼的架構主要是依據「遵循一般公認審計準則執行審計之基本原則 (Principles Underlying an Audit in Accordance with Generally Accepted Auditing Standards)」(容後再述)，這樣的編碼方式較具系統化，亦較能讓人瞭解各審計準則在整個審計流程中的角色及功能。各主題及其編碼的範圍分述如下：

1. 簡介：100至199號，主要在介紹國際審計準則之架構，但我國審計準則並未訂定相關準則，故未有100至199號的審計準則。
2. 一般原則與責任：200至299號。主要規範與查核工作有關之一般性原則及與查核人員責任攸關之事項，其相關審計準則編入200號系列。
3. 風險評估與對所評估風險之因應：300至499號。主要規範風險基礎查核之規劃及如何因應等主題。相關準則將納入300號及400號系列。該系列的審計準則是查核程序方法論的核心，讀者應詳細瞭解其內容。
4. 查核證據：500至599號。主要規範與查核證據或對某一事項證據之蒐集之相關規定，相關準則將納入500號系列。
5. 採用其他方之工作：600至699號。當會計師採用他人(如其他會計師、內部稽核人員、查核人員專家)之工作作為查核證據時，其相關議題之規範將納入600號系列的審計準則。

6. 查核結論及查核報告：700 至 799 號。與會計師對一般用途 (general purpose) 財務報表出具查核報告相關之規範，將納入 700 號系列的審計準則。
7. 特殊議題：800 至 899 號。前述主題以外之審計議題將納入 800 號系列的審計準則，此系列之國際審計準則主要與特殊用途財務報表查核有關之議題。

　　近二十多年來，審計準則委員會對審計準則 (其中部分審計準則其實不屬於審計準則的範圍) 的制定，雖然主要係參考 IAASB 所發布之國際準則 (包括品質管理準則、審計準則、核閱準則、確信準則及其他相關服務準則)，由於實務的考量，有些編號之國際準則國內並沒有相對應的審計準則，或者即使有對應的國際審計準則，但對應之國際審計準則並非是現行生效的版本，甚至仍有少數幾號較早期的審計準則係參考美國的準則，但國際審計準則並沒有相關規定者，審計準則委員會將於該等準則之編號後加註「A」，以示區別。為了方便讀者對照變革前、後各審計準則公報重新分類及編碼，以及相對應之國際準則，茲將相關之對照彙整於圖表 2.2。

圖表 2.2　變革前後審計準則重新分類與編碼，以及與國際準則對照表

修訂總綱後之準則名稱及簡稱		對應之國際準則及生效日		修訂總綱前之公報名稱
品質管理準則 (TWSQM)		國際品質管理準則 (ISQMs)		
品質管理準則 1 號「會計師事務所之品質管理」	TWSQM1	ISQM1 (2022 年 12 月 15 日生效)	Quality Management for Firms that Perform Audits or Reviews of Financial Statements or Other Assurance or Related Services Engagements	審計準則公報第四十六號「會計師事務所之品質管制」
審計準則 (TWSA)		國際審計準則 (ISA)		
TWSA200~299 一般原則與責任		ISA200~299 一般原則與責任		
審計準則 201A 號「繼任會計師與前任會計師間之連繫」	TWSA201A			審計準則公報第十七號「繼任會計師與前任會計師間之連繫」
審計準則 210 號「查核案件條款之協議」	TWSA210	ISA210 (2009 年 12 月 15 日生效)	Agreeing the Terms of Audit Engagements	審計準則公報第六十四號「查核案件條款之協議」
審計準則 220 號「查核歷史性財務資訊之品質管制」	TWSA220	ISA220 (2005 年 6 月 15 日生效)	Quality Control for Audits of Historical Financial Information	審計準則公報第四十四號「查核歷史性財務資訊之品質管制」

圖表 2.2　變革前後審計準則重新分類與編碼，以及與國際準則對照表（續）

修訂總綱後之準則名稱及簡稱		對應之國際準則及生效日		修訂總綱前之公報名稱
審計準則230號「查核工作底稿準則」	TWSA230	ISA230 (2009年12月15日生效)	Audit Documentation	審計準則公報第四十五號「查核工作底稿準則」
審計準則240號「查核財務報表對舞弊之責任」	TWSA240	ISA240 (2009年12月15日生效)	The Auditor's Responsibilities Relating to Fraud in an Audit of Financial Statements	審計準則公報第七十四號「查核財務報表對舞弊之責任」
審計準則250號「查核財務報表對法令遵循之考量」	TWSA250	ISA250 (2017年12月15日生效)	Consideration of Laws and Regulations in an Audit of Financial Statements	審計準則公報第七十二號「查核財務報表對法令遵循之考量」
審計準則260號「與受查者治理單位之溝通」	TWSA260	ISA260 (2016年12月15日生效)	Communication with Those Charged with Governance	審計準則公報第六十二號「與受查者治理單位之溝通」
審計準則265號「內部控制缺失之溝通」	TWSA265	ISA265 (2009年12月15日生效)	Communicating Deficiencies in Internal Control to Those Charged with Governance and Management	審計準則公報第六十八號「內部控制缺失之溝通」
TWSA300~499 風險評估與對所評估風險之因應		ISA300~499 風險評估與對所評估風險之因應		
審計準則300號「財務報表查核之規劃」	TWSA300	ISA300 (2009年12月15日生效)	Planning an Audit of Financial Statements	審計準則公報第四十七號「財務報表查核之規劃」
審計準則315號「辨認並評估重大不實表達風險」	TWSA315	ISA315 (2021年12月15日生效)	Identifying and Assessing the Risks of Material Misstatement	審計準則公報第七十五號「辨認並評估重大不實表達風險」(取代審計準則公報第四十八號)
審計準則320號「查核規劃及執行之重大性」	TWSA320	ISA320 (2009年12月15日生效)	Materiality in Planning and Performing an Audit	審計準則公報第五十一號「查核規劃及執行之重大性」

圖表 2.2 變革前後審計準則重新分類與編碼，以及與國際準則對照表（續）

修訂總綱後之準則名稱及簡稱		對應之國際準則及生效日		修訂總綱前之公報名稱
審計準則 330 號「查核人員對所評估風險之因應」	TWSA330	ISA330 (2009 年 12 月 15 日生效)	The Auditor's Responses to Assessed Risks	審計準則公報第四十九號「查核人員對所評估風險之因應」
審計準則 450 號「查核過程中所辨認不實表達之評估」	TWSA450	ISA450 (2009 年 12 月 15 日生效)	Evaluation of Misstatements Identified during the Audit	審計準則公報第五十二號「查核過程中所辨認不實表達之評估」
TWSA500~599 查核證據		ISA500~599 查核證據		
審計準則 500 號「查核證據」	TWSA500	ISA500 (2009 年 12 月 15 日生效)	Audit Evidence	審計準則公報第五十三號「查核證據」
審計準則 501 號「查核證據—對存貨、訴訟與索賠及營運部門資訊之特別考量」	TWSA501	ISA501 (2009 年 12 月 15 日生效)	Audit Evidence — Specific Considerations for Selected Items	審計準則公報第七十號「查核證據—對存貨、訴訟與索賠及營運部門資訊之特別考量」
審計準則 505 號「外部函證」	TWSA505	ISA505 (2009 年 12 月 15 日生效)	External Confirmations	審計準則公報第六十九號「外部函證」
審計準則 510 號「首次受託查核案件—期初餘額」	TWSA510	ISA510 (2009 年 12 月 15 日生效)	Initial Audit Engagements — Opening Balances	審計準則公報第六十三號「首次受託查核案件—期初餘額」
審計準則 520 號「分析性程序」	TWSA520	ISA520 (2009 年 12 月 15 日生效)	Analytical Procedures	審計準則公報第五十號「分析性程序」
審計準則 531A 號「審計抽樣」	TWSA531A			審計準則公報第二十六號「審計抽樣」
審計準則 540 號「會計估計與相關揭露之查核」	TWSA540	ISA540 (2009 年 12 月 15 日生效)	Auditing Accounting Estimates, Including Fair Value Accounting Estimates, and Related Disclosures	審計準則公報第五十六號「會計估計與相關揭露之查核」
審計準則 550 號「關係人」	TWSA550	ISA550 (2009 年 12 月 15 日生效)	Related Parties	審計準則公報第六十七號「關係人」
審計準則 560 號「期後事項」	TWSA560	ISA560 (2009 年 12 月 15 日生效)	Subsequent Events	審計準則公報第五十五號「期後事項」

圖表 2.2 變革前後審計準則重新分類與編碼，以及與國際準則對照表（續）

修訂總綱後之準則名稱及簡稱		對應之國際準則及生效日		修訂總綱前之公報名稱
審計準則570號「繼續經營」	TWSA570	ISA570 (2016年12月15日生效)	Going Concern	審計準則公報第六十一號「繼續經營」
審計準則580號「書面聲明」	TWSA580	ISA580 (2009年12月15日生效)	Written Representations	審計準則公報第六十六號「書面聲明」
TWSA600~699 採用其他之工作		ISA600~699 採用其他之工作		
審計準則600號「集團財務報表查核之特別考量」	TWSA600	ISA600 (2016年12月15日生效)[1]	Special Considerations — Audits of Group Financial Statements (Including the Work of Component Auditors)	審計準則公報第五十四號「集團財務報表查核之特別考量」
審計準則610號「採用內部稽核人員之工作」	TWSA610	ISA610 (2014年12月15日生效)	Using the work of Internal Anditors	審計準則公報第七十三號「採用內部稽核人員之工作」
審計準則620號「採用查核人員專家之工作」	TWSA620	ISA620 (2009年12月15日生效)	Using the Work of an Auditor's Expert	審計準則公報第七十一號「採用查核人員專家之工作」
TWSA700~799 查核結論及查核報告		ISA700~799 查核結論及查核報告		
審計準則700號「財務報表查核報告」	TWSA700	ISA700 (2016年12月15日生效)	Forming an Opinion and Reporting on Financial Statements	審計準則公報第五十七號「財務報表查核報告」
審計準則701號「查核報告中關鍵查核事項之溝通」	TWSA701	ISA701 (2016年12月15日生效)	Communicating Key Audit Matters in the Independent Auditor's Report	審計準則公報第五十八號「查核報告中關鍵查核事項之溝通」
審計準則705號「修正式意見之查核報告」	TWSA705	ISA705 (2016年12月15日生效)	Modifications to the Opinion in the Independent Auditor's Report	審計準則公報第五十九號「修正式意見之查核報告」
審計準則706號「查核報告中之強調事項段及其他事項段」	TWSA706	ISA706 (2016年12月15日生效)	Emphasis of Matter Paragraphs and Other Matter Paragraphs in the Independent Auditor's Report	審計準則公報第六十號「查核報告中之強調事項段及其他事項段」

圖表 2.2　變革前後審計準則重新分類與編碼，以及與國際準則對照表（續）

修訂總綱後之準則名稱及簡稱		對應之國際準則及生效日		修訂總綱前之公報名稱
審計準則 720 號「其他資訊之閱讀與考量」	TWSA720	ISA720 [2]	The Auditor's Responsibilities Relating to Other Information	審計準則公報第四十號「其他資訊之閱讀與考量」
TWSA800~899 特殊議題		ISA800~899 特殊議題		
審計準則 801A 號「特殊目的查核報告」	TWSA801			審計準則公報第二十八號「特殊目的查核報告」
核閱準則 (TWSREs)		國際核閱案件準則 (ISREs)		
核閱案件準則 2410 號「財務報表之核閱」	TWSRE2410	ISRE2410 (2006 年 12 月 15 日生效)	Review of Interim Financial Information Performed by the Independent Auditor of the Entity	審計準則公報第六十五號「財務報表之核閱」
確信準則 (TWSAEs)		國際確信案件準則 (ISAEs)		
確信準則 3000 號「非屬歷史性財務資訊查核或核閱之確信案件」	TWSAE3000	ISAE3000 (2015 年 12 月 15 日生效)	Assurance Engagements Other than Audits or Reviews of Historical Financial Information	確信準則公報第一號「非屬歷史性財務資訊查核或核閱之確信案件」
確信準則 3401A 號「財務預測核閱要點」	TWSAE3401A			審計準則公報第十九號「財務預測核閱要點」
其他相關服務準則 (TWSRSs)		國際相關服務準則 (ISRSs)		
其他相關服務準則 4400 號「財務資訊協議程序之執行」	TWSRS4400	ISRS4400 [2,3]	Engagements to Perform Agreed-upon Procedures Regarding Financial Information	審計準則公報第三十四號「財務資訊協議程序之執行」
其他相關服務準則 4410 號「財務資訊之代編」	TWSRS4410	ISRS4410 [2,4]	Engagements to Compile Financial Information	審計準則公報第三十五號「財務資訊之代編」

[1] 基於國內實務考量，審計準則 600 號係同時參考 ISA600 及美國會計師協會 (American Institute of Certified Public Accountants, AICPA) 發布之第 600 號公報 (AU-C Section 600) 之部分規定訂定。

[2] 本委員會訂定此準則時所參考之國際準則並未訂定生效日期。

[3] 即先前之 ISA920。

[4] 即先前之 ISA930。

本書後續各章於引述特定審計準則時,將以簡稱的方式索引(例如,TWSA700「財務報表查核報告」),不再使用現行審計準則公報的稱法(例如審計準則公報第五十七號「財務報表查核報告」)。

前曾提及上述審計準則的編碼架構主要「遵循一般公認審計準則執行之基本原則」(以下簡稱基本原則)。該基本原則係國際會計師聯合會 (IFAC) 及美國會計師協會 (AICPA) 於 2009 年聯手推動澄清專案 (clarity project of ISAs) 時(參見下一節的說明),也進行有關審計準則編碼 (codification of auditing standards) 架構的修訂,不再遵循之前的一般公認審計總綱(類似於失效之審計準公報第一號「一般公認審計準則總綱」)。雖然審計準則委員會並未再訂新的一般公認審計準則總綱取代審計準則公報第一號,但對基本原則的瞭解對學習審計仍有其重要性。基本原則不具權威性及強制性,其目的除提供審計準則編碼的架構之外,亦提供會計師執行財務報表審計時,達成下列目標的一套架構性及理想性的指引(類似憲法):

1. 對財務報表係依照適用之財務報導架構編製,在所有重大方面未存有導因於舞弊或錯誤之不實表達並允當表達,取得合理確信。
2. 依照審計準則對財務報表報導會計師的發現。

基本原則的內容分為下列四個部分,並彙整於圖表 2.3:

1. 查核的目的。
2. 責任(會計師之責任),類似於先前一般公認審計準則總綱之「一般準則」。
3. 執行(執行查核時會計師之行動),類似於先前一般公認審計準則總綱之「外勤工作準則」。
4. 報導,類似於先前一般公認審計準則總綱之「報告準則」。

針對基本原則的四個部分說明如下:

1. 查核的目的

查核的目的係對財務報表使用者提供「財務報表是否依適用之財務報導架構編製,在所有重大方面未存有導因於舞弊或錯誤之不實表達並允當表達」出具意見,而該意見能提升使用者對財務報表中資訊的信心。查核工作的基礎主要建立在管理階層有依照適用之財務報導架構編製允當表達之財務報表,且維持與財務報表編製有關之必要內部控制,以確保財務報表未存有導因於舞弊或錯誤之重大不實表達之責任,並假設管理階層願意讓查核人員接觸與編製財務報表攸關之資訊及人員。

2. 責任

此部分主要在提供身為查核人員應具備之條件及其應承擔之責任的指引,與此部分

圖表 2.3　遵循審計準則執行審計之基本原則

```
┌─────────────────────────────────┐
│           查核的目的              │
│      為財務報表表示查核意見       │
└─────────────────────────────────┘
                ▼
┌─────────────────────────────────┐
│         責任 (Responsibility)    │
│ • 具有適切的專業能力 (competence) 及適任能力 (capability) │
│ • 遵循攸關之職業道德              │
│ • 維持專業懷疑的態度及運用專業上的判斷 │
└─────────────────────────────────┘
                ▼
┌─────────────────────────────────┐
│         執行 (Performance)       │
│ • 對財務報表是否有重大不實表達取得合理確信 (capability) │
│ • 規劃工作並監督助理人員          │
│ • 決定並運用重大性水準 (materiality level or levels) │
│ • 藉由瞭解受查者及其環境（包括內部控制），辨認及評估重大不實表達風險 │
│ • 取得足夠及適切之查核證據        │
└─────────────────────────────────┘
                ▼
┌─────────────────────────────────┐
│          報導 (Reporting)        │
│ • 以書面報告對財務報表表示意見    │
│ • 財務報表是否遵循所適用之財務報導架構允當表達 │
└─────────────────────────────────┘
```

相關之審計準則為 200 號系列之審計準則。此部分有三個原則：

(1) 具有適切之專業能力 (competence) 及適任能力 (capabilities)。專業能力與查核人員專家專門知識之性質及程度有關，一般解讀為查核人員應受會計審計的正規教育、足夠相關實務經驗及持續的專業進修。而所謂的適任能力係指能讓查核人員發揮其專業能力有關之因素，影響適任能力之因素可能包括查核人員及可用之時間與資源等。在任何情況下，當會計師事務所不具備專業能力及適任能力時，應拒絕接受委任。

(2) 遵循攸關之職業道德，尤其是獨立性。誠如第一章所述，遵循職業道德係取得社會大眾信賴非重要的機制之一。因此，查核人員有遵循攸關之職業道德的責任，其中又以獨立性尤為重要。本書將於第四章進一步說明會計師職業道德相關規範。

(3) 維持專業懷疑 (professional skepticism) 及運用專業判斷 (professional judgment)。會計師於規劃及執行查核工作時有責任維持專業懷疑的態度並運用專業判斷。專業懷

疑係要求會計師有責任持續質疑所取得之資訊及查核證據，是否顯示存有導因於舞弊及錯誤之重大不實表達，包括考量作為查核證據之可靠性及於控制作業組成要素中所辨認對該資訊之編製及維護之控制 (如有時)。而專業判斷係指於判斷財務報表是否存不實表達時，會計師有責任運用相關的訓練、知識及經驗，並盡專業上應有之謹慎及注意，判斷在當時情況下，是否採取了適當之因應措施或做成適當之結論。

3. 執行

此部分主要在提供查核人員規劃及執行證據蒐集程序 (實務上稱為外勤工作) 的指引，也是構成審計準則最大一部分的指引，涉及的審計準則包括 300 號、400 號、500 號及 600 號系列的審計準則。此部分有四個原則：

(1) 對財務報表是否存有重大不實表達取得合理確信，當查核人員取得足夠及適切之查核證據，以降低查核風險 (即當財務報表存有重大不實表達時，查核人員表示不適當意見之風險) 至可接受之水準時，查核人員即可對財務報表有無重大不實表達取得合理確信。即會計師對財務報表示意見時，其所取得查核證據之品質及數量，應能達到合理確信的程度。

(2) 充分規劃及監督，由於查核工作受到成本及時間的限制，因此會計師應充分規劃查核工作，且查核工作的一大部分係由較無經驗的助理人執行，故會計師應對助理人員善加督導。

(3) 決定及運用重大性水準，由於會計師查核財務報表之目的，係對財務報表整體是否存有導因於舞弊或錯誤之重大不實表達表示意見。從審計的角度而言，所謂重大性係指不實表達 (misstatements)(包含遺漏) 之個別金額或彙總數，可合理預期將影響財務報表使用者所作之經濟決策，則被認為具有重大性。因此，會計師應於規劃及執行查核程序中決定及運用重大性水準，本書將於第七章進一步說明重大性水準之決定及運用。

(4) 重大不實表達風險之評估及因應，由於查核工作受到成本及時間的限制，對財務報表執行全面性的詳細查核，在審計實務上幾乎是不可行的。因此，現代審計的查核方法係採用風險基礎查核方法 (risk-based audit methodology)。所謂風險基礎查核方法係指，查核人員於決定蒐集查核證據之程序 [進一步查核程序 (further audit procedures)] 之前，會先辨認及評估財務報表相關之重大不實表達風險 [辨認及評估財務報表之重大不實表達風險之程序，即為風險評估程序 (risk assessment procedures)]，再根據相關風險的高低，決定進一步查核程序的性質、時間及範圍 [即用什麼查核程序、何時執行，以及查核的程度 (通常是指證據數量)]，以利將有限的成本及時間，發揮最大的查核效率及效果。本書將於第七章進一步說明查核人員

如何規劃及執行風險評估程序，以及如何依據風險評估程序的結果，規劃進一步查核程序。值得提醒的是，對風險基礎查核方法的架構有全面的瞭解是非常重要的，讀者應詳讀並瞭解第七章之內容。
(5) 取得足夠及適切之查核證據，會計師查核工作的價值係建立在社會大眾的信賴上，因此會計師所作的任何結論，皆須取得足夠及適切的查核證據。足夠係指證據數量，而適切則係指證據的品質，本書有關蒐集查核證據的方法、查核證據的種類及如何判斷查核證據足夠性及適切性的討論，將於第五章中說明。

4. 報導
(1) 以書面報告對財務報表表示意見，本原則要求會計師應透過書面報告明確對財務報表表示查核意見，而不得以口頭方式表示查核意見。
(2) 對財務報表是否遵循其所適用之財務報導架構表示意見，本原則要求會計師應依其所取得之查核證據及發現，對受查者是否依照其適用之財務報導架構編製財務報表表示意見。有關會計師查核意見的類型、如何決定查核意見類型及各類型查核報告的撰寫，本書主要於第三章中做詳細的說明。

從上述有關基本原則的說明可知，基本原則主要是對會計師的責任、執行及報導提供一般性且廣泛性的目標，並未提供具體的指引，因此不具強制力，旨在提供查核人員應追求的理想性目標。因此，為了具體的落實該等基本原則，審計準則係針對個別基本原則作進一步的說明及規範，並提供具體的指引，所以審計準則可說是基本原則的解釋，為一套具權威性及強制性的專業準則。惟值得提醒的是，也因為審計準則提供了具體的指引 (規定查核人員「應該」或「不應該」怎麼做)，審計準則變成查核人員於執行財務報表查核時應遵循之「最低標準」了。

2.5 審計準則之組成要素

IAASB 及 AICPA 有鑑於過去審計準則的內容結構複雜、內容冗長、語言表達不清晰、專業用語不一致，不但讀者不容易閱讀，亦常造成對審計準則有不同的解讀，遂於 2009 年聯手推動審計準則公報的澄清專案 (Clarity project of ISAs)，試圖改善過去審計準則的缺點。澄清專案所修訂或增修的審計準則的架構如圖表 2.4，其組成項目包括目的、基本準則，以及解釋及應用，其設計用以支持查核人員取得合理確信，並要求查核人員於規劃及執行查核時運用專業判斷及專業懷疑。除前述項目外，亦可能包含為適當瞭解準則提供必要說明及彙整準則主要觀念之前言、準則用語之定義及說明準則發布、修訂 (如適用時) 及實施之日期之附則。茲針對各組成要素說明如下：

圖表 2.4　審計準則之架構

```
前言 (Introduction)
    ↓
目的 (Objectives)
    ↓
定義 (Definitions)
    ↓
基本準則 (Requirement)
    ↓
應用及解釋
(Application and Other EXplanatory Material)
```

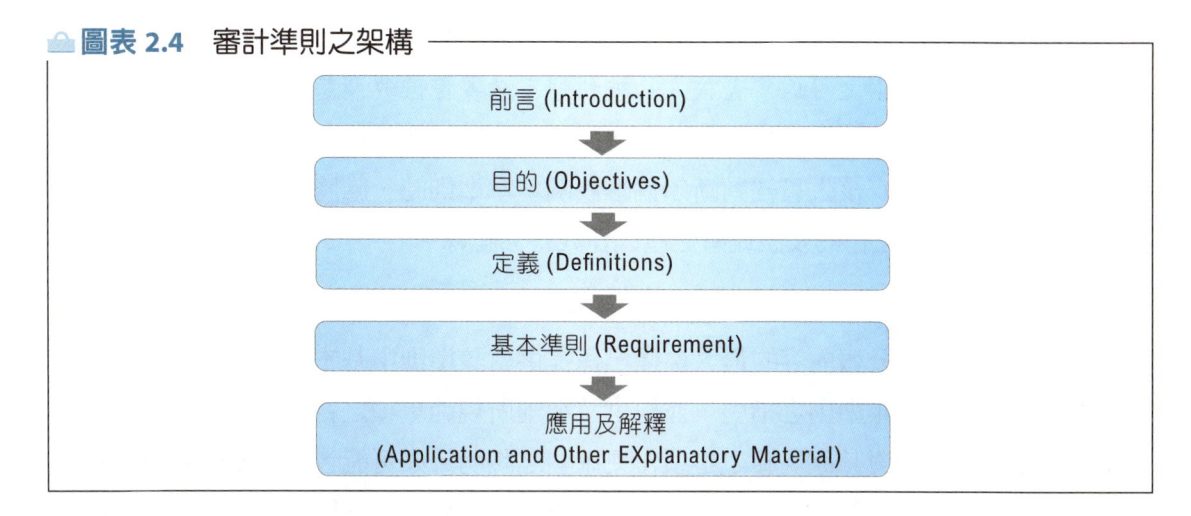

前言

可能包括對下列事項之說明，該審計準則制定之宗旨、主要觀念及範圍 (包括該準則與其他審計準則間之連結)、該準則規範之事項、查核人員及與該準則規範事項有關之他人各自之責任，以及該準則制定之緣由。

目的

每一審計準則可能包含一個以上之目的，該等目的係提供該準則之基本準則與查核人員執行財務報表查核之整體目的間之連結。為達成查核人員執行財務報表查核之整體目的，查核人員於規劃及執行查核時應使用攸關審計準則中明定之目的，並考量各準則間之相互關聯，以確認查核人員為達成該等準則之目的是否尚須執行額外查核程序，以及評估是否已取得足夠及適切之查核證據。查核人員未達成或無法達成個別攸關審計準則之目的時，應評估此是否使其無法達成查核人員執行財務報表查核之整體目的，而使會計師須出具修正式意見之查核報告或須終止委任 (如法令允許時)。

定義

其條文係用以敘明該準則中所使用之某些用語之定義。此等定義係為協助對審計準則一致之適用與解讀，其目的並非踰越法令或其他組織就其他目的而對該等用語所建立之定義。除非另有說明，該等用語於所有審計準則中將具有相同之意義。如特定準則中無專業術語之使用，則該準則將沒有定義這一部分。

基本準則

此一部分為準則的主幹，基本準則皆使用「應」一詞表達。除有下列情況之一者外，查核人員均應遵循審計準則中與查核攸關之基本準則：

1. 該審計準則與查核並不攸關。
2. 該基本準則之適用有附帶條件，而該條件並不存在。

於特殊情況下，查核人員可能決定偏離攸關之基本準則，但仍須經由執行替代查核程序以達成該基本準則之目的。查核人員被預期有必要偏離攸關基本準則之情況，僅發生於該基本準則規定執行某一特定程序，而於特定情況下執行該程序將無法有效達成該基本準則之目的時。查核人員經判斷須偏離攸關基本準則時，應將所執行替代查核程序如何達成該基本準則之目的及該偏離之原因作成書面紀錄。

應用及解釋

此一部分通常占公報內容的最大篇幅，係提供對該準則中基本準則之進一步說明，以及如何執行該等基本準則之指引，並提供該準則所規範事項之背景資訊。其可能包括對基本準則之解釋或對其欲規範之事項作更確切之說明，亦可能包括於當時情況下係屬適當之查核程序例示。儘管此等指引並非基本準則，但其與基本準則之適用係屬攸關。

附錄屬解釋及應用的一部分，附錄之目的及預定用途，可能於相關審計準則之本文或於附錄本身之標題及引言中說明。某些審計準則包含對小規模受查者 [或較不複雜個體 (less complexity entity)] 或可擴縮性 (scalability) 之考量，此考量係說明審計準則之基本準則，無論企業的性質及情況複雜與否，皆適用於所有企業之查核，僅可能於執行之方式或程度上有所不同，而其相關解釋及應用可能包括對複雜程度或規模不同之企業之額外考量 (如適當時)，該等額外考量，並不限制或降低查核人員適用及遵循審計準則之責任。

附則

係規範該準則發布、修訂 (如適用時) 及實施之日期，亦包含某些審計準則因新準則之發布而不再適用之說明。

誠如前述，由於現行某些審計準則係參考澄清專案前之國際審計準則，該等審計準則並未明確區分基本準則與解釋及應用等組成項目，而係混合編列。於此情況下，查核人員應考量該準則之全文，運用專業判斷執行必要程序以取得足夠及適切之查核證據。

其實不只審計準則，IAASB 目前發布之其他專業準則都與審計準則有相同的架構及組成要素，故對其他專業準則之組成要素不再贅述。最後，值得進一步說明的是，雖然現行的審計準則中常有對較不複雜個體查核額外的考量 (即可擴縮性考量)，但不可否認的是，現行審計準則主要係針對具有公共利益個體 (public interest entity, PIE) 財務報表之查核，對不是 PIE 財務報表的查核如依現行審計準則執行，可能有不符成本效益的問題。故 IAASB 於 2017 年接受許多國家會計師專業團體之建議，研議較不複雜個體財務報表查核之審計準則 (International Standard on Auditing for Audits of Financial Statements of Less Complex Entity, ISA for LCE)，並已於 2021 年發布草案向外界徵詢意見。因此，在可見的未來審計準則分流將會是國際趨勢，至於我國是否會分流及如何分流可能尚待進一步討論。

本章習題

選擇題

1. 下列有關一般用途財務報表查核之敘述，何者錯誤？
   (A) 查核目的，在對財務報表是否允當表達表示意見
   (B) 查核意見無法保證受查者未來能夠永續經營
   (C) 查核報告僅陳述查核程序及所發現之事實
   (D) 查核工作進行時，應保持超然獨立之精神及公正的態度

2. 我國審計準則的制定機構，目前為那一個單位？
   (A) 審計部
   (B) 中華會計教育學會
   (C) 中華民國會計師公會全國聯合會
   (D) 財團法人中華民國會計研究發展基金會

3. 制定審計準則之目的，不是在：
   (A) 規範會計師查核財務報表之品質
   (B) 訂定查核程序之指引
   (C) 作為查核人員作成查核判斷之依據
   (D) 制定會計師行為守則之依據

4. 下列有關審計工作酬金之敘述，何項正確？
   (A) 我國會計師公會訂有酬金下限
   (B) 審計委任書中應納入酬金金額
   (C) 酬金不是會計師與客戶間之商業機密，會計師不必保密
   (D) 會計師公會應訂有酬金的計算標準，以減少會計師間之惡性競爭

5. 會計師查核歷史性財務資訊時，應遵循下列何種準則？
   (A) 審計準則
   (B) 核閱準則
   (C) 確信準則
   (D) 其他相關服務準則

6. 下列那一項敘述最能適切表達審計準則之主要目的？
   (A) 界定查核人員責任的性質及範圍
   (B) 查核程序執行績效及品質衡量的標準資訊
   (C) 為查核歷史性財務資訊案件之規劃、執行及查核報告的撰寫提供指引
   (D) 確保財務報表允當表達的依據

7. 會計師執行上市公司期中財務報表核閱時，應依據下列那種準則？
   (A) 審計準則
   (B) 核閱準則
   (C) 確信準則
   (D) 其他相關服務準則

8. 會計師受託查核金融機構是否有遵循洗錢防治法，其所應依循之準則為何？
   (A) 審計準則　　(B) 核閱準則　　(C) 確信準則　　(D) 品質管制準則

9. 為善盡專業應有之注意，查核人員應：
   (A) 在專業經驗與學識間取得適當平衡
   (B) 規劃可偵測出所有非法事件之查核工作
   (C) 仔細複核查核工作中所作之所有專業判斷
   (D) 檢查所有可以支持管理當局之輔助性證據

10. 就專業執業人員而言，試指出下列何者是專屬於會計師查核工作的特性？
    (A) 國際性　　　(B) 獨立性　　　(C) 複雜性　　　(D) 適任性

11. 會計師受託複核公司所編製之預測性財務報表時，其所應遵循之準則為何？
    (A) 審計準則　　　　　　　　(B) 核閱準則
    (C) 確信準則　　　　　　　　(D) 其他相關服務準則

12. 審計準則編號 700 系列之準則，其涉及的查核主題與何者有關？
    (A) 查核人員的責任　　　　　(B) 查核規劃
    (C) 查核證據　　　　　　　　(D) 查核結論與報告

13. 審計準則編號 600 系列之準則，其涉及的查核主題與何者有關？
    (A) 查核人員的責任　　　　　(B) 查核規劃
    (C) 使用他人之工作作為查核證據　(D) 查核風險的因應

14. 查核人員在規劃並執行查核工作時，對於受查者經營環境中，可能存有導致財務報表重大不實表達之情事，據此，審計準則要求查核人員應保持下列何者之態度？
    (A) 客觀判斷　　　(B) 獨立正直　　　(C) 專業懷疑　　　(D) 公正保守

15. 下列有關審計準則的敘述是錯誤的？
    (A) 執行特殊用途財務報表的查核，亦適用審計準則
    (B) 執行歷史性財務報表的查核時，查核人員應遵循每一號審計準則
    (C) 除非會計師已完全遵循所適用之審計準則，否則不得於查核報告中聲稱其已遵循審計準則
    (D) 新發布或修訂之審計準則，即使尚未實施，會計師亦可提前通用，除非該準則明定不得提前通用。

問答題：

1. 依據審計委員準則會所發布規範會計師服務案件準則總綱規定，財團法人中華民國會計研究發展基金會審計準則委員會所發布之準則，可區分為那五大類？請寫下中文與英文名稱。

2. 請說明審計準則、核閱準則、確信準則及其他相關服務準則其所適用之服務案件為何？

3. 審計準則中的基本準則是準則中的骨幹，對查核人員而言其具有何種意義？

Chapter 3 財務報表審計之查核報告

3.1 前言

　　根據審計的定義,審計包括兩大部分,一為查核證據的蒐集與評估,另一為查核結論的報導。雖然會計師應先進行查核證據的蒐集與評估,才能撰寫查核報告,但為了讓讀者瞭解未來後續各章有關查核證據的蒐集與評估的介紹,先介紹會計師查核後的產品──即查核報告,可能是必要的,因此本書將有關查核報告的撰寫先行介紹。另由於本書的重點在於財務報表審計,故本章僅介紹財務報表審計查核報告之撰寫,其他確信服務及相關服務之報告,則另於第十九章介紹。

　　會計師於撰寫查核報告時,首先必須判斷在什麼情況下應出具何種意見之查核報告,才能進一步決定查核報告的內容。因此,3.2 節將首先介紹會計師如何判斷應出具何種意見,後續各節再陸續介紹各種意見查核報告的撰寫。3.3 節將首先介紹無保留意見查核報告的架構及內容,此種查核報告是會計師最常出具的查核報告,其他查核意見的查核報告,多以無保留意見查核報告為藍本再予以修改而成。因此,本章首先介紹無保留意見查核報告,以作為後續各節討論其他查核意見查核報告之基礎。3.4 節至 3.6 節則分別介紹保留意見、否定意見及無法表示意見之查核報告。3.7 節則介紹可能須於查核報告中額外增加段落的情況。3.8 節則介紹若較複雜情況下會計師所出具的查核報告。最後,3.9 節則介紹會計師對與財務報表併同表達之補充資訊之責任,以及會計師於查核報中如何表達該等補充資訊。

　　有關查核報告的撰寫,原來主要是根據我國審計準則公報第三十三號「財務報表查核報告」,但我國審計準則委員會已依照新修定之國際審計準則有關查核報告公報制定新的審計準則 TWSA700「財務報表查核報告」,並於民國 107 年 7 月 1 日起取代審計準則公報第三十三號 (亦可提前適用)。故本章內容將以國際審計準則相關規定介紹查核報告的架構及內容。審計準則公報第三十三號的查核報告的釋例則置於本章的附錄。

　　在此值得先提醒的是,讀者應牢記查核報告的使用者與財務報表的使用者為同一群人,這些使用者可能未具有審計的專業知識,為讓使用者真正瞭解會計師於查核報告中所要傳達的意思,查核報告中的遣詞用字應盡可能避免使用專業術語,以專業術語與非

專業人士溝通,是專業人士常犯的缺失,甚至有時連審計準則公報也會忽略此一重點。此外,讀者宜深入體會撰寫查核報告之邏輯,不要流於背誦及死記,實務上影響會計師查核報告撰寫的情況千變萬化,審計準則公報不可能提供各種查核報告的範例,惟有掌握撰寫查核報告之邏輯,才能培養出足以因應各種情況撰寫查核報告之專業能力。

3.2 查核意見的種類及會計師如何判斷應出具何種查核意見

首先再回顧一下審計的定義,審計是有系統地去蒐集經濟活動跟經濟事項的證據,以評估經濟事項的聲明與既定之準則相符的程度,並將所獲結果傳達給利害關係人。從這個定義即不難發現財務報表審計之查核報告將涉及兩個層面,第一個層面是查核報告中應描述財務報表的聲明與受查者所適用之財務報導架構相符的程度(查核意見),第二個層面則為影響會計師查核意見的原因。

就第一個層面而言,最精確的描述方式就是以百分比描述財務報表的聲明與適用之財務報導架構相符的程度(如財務報表與適用之財務報導架構 100% 相符或 80% 相符等),但受到財務會計及查核工作先天上的限制,會計師要作這樣的結論幾乎是不可能的。因此,會計師係以質性的方式描述財務報表與適用之財務報導架構相符的程度。根據 TWSA700「財務報表查核報告」之規定,對於財務報表之查核委任,會計師應根據查核結果,提出下列之一的財務報表查核報告:

1. 無保留意見 (unqualified opinion or unmodified opinion)
2. 保留意見 (qualified opinion)
3. 否定意見 (adverse opinion)
4. 無法表示意見 (disclaimer)

其中保留意見、否定意見及無法表示意見又合稱為修正式意見 (modified opinion),相對於修正式意見,無保留意見亦稱之為未修正式意見 (unmodified opinion)。

無保留意見意指會計師認為,有足夠及適切的查核證據支持財務報表整體與適用之財務報導架構相符,並無重大不實表達。對上市(櫃)公司之財務報表審計而言,絕大多數的查核報告為無保留意見,因為上市(櫃)公司之財務報表如被會計師出具修正式意見,恐有被主管機關勒令下市之虞,因此在實務上,上市(櫃)公司之財務報表鮮少被出具保留意見、否定意見及無法表示意見。

保留意見係指會計師認為財務報表中的某一部分,因缺乏足夠及適切的證據而無法確認該部分是否符合適用之財務報導架構,或有足夠及適切的證據證明該部分與適用之財務報導架構不相符,除此之外,財務報表的其他部分則證據支持其仍符合適用之財務報導架構。

否定意見 (有時實務上亦稱為相反意見)，其意義與無保留意見剛好相反，意指會計師認為，有足夠及適切的查核證據支持財務報表整體與適用之財務報導架構並不相符，而存有廣泛 (pervasive) 之不實表達。

無法表示意見 (實務上有時亦稱為拒絕表示意見) 意指會計師並沒有取得足夠適切的查核證據以支持財務報表整體是否與適用之財務報導架構相符，或會計師根本就不具表示意見的資格，如會計師缺乏獨立性。

至於影響會計師出具查核意見的原因則分為兩大類，一為會計師蒐集查核證據的問題，本書將其稱為審計問題，另一則為受查者財務報表是否符合適用之財務報導架構 (包括財務報表是否已充分揭露) 的問題，本書將其稱為會計問題。

如發生審計問題，將影響會計師是否能取得足夠適切的查核證據。造成審計問題主要有兩個原因，一為會計師的查核範圍受限 (scope limitation)，另一則為會計師缺乏獨立性。不過，實務上因會計師缺乏獨立性而影響查核報告的情況幾乎不可能發生，因為會計師於接受財務報表查核委任之前，即應評估會計師是否具備獨立性。一旦會計師不具獨立性，不論其情節是否重大，且無法用其他方法消除獨立性的疑慮，會計師即不可接受委任，通常不會拖延至要撰寫查核報告才表示會計師缺乏獨立性，以免產生不必要的爭議，甚至法律責任，故本章不討論因會計師缺乏獨立性對查核報告的影響。

至於會計問題則須進一步說明，由於各國會計準則多走向分流的趨勢，即不同的企業型態適用不同的財務報導架構，從財務報表使用者的角度分類，如果某一財務報導架構係為符合廣大使用者對一般財務資訊之需求所設計之財務報導架構，則此架構即稱之為一般用途 (general purpose) 財務報導架構；反之，如果某一財務報導架構係為符合特定使用者對財務資訊之需求所設計之財務報導架構，則此架構即稱之為特殊用途 (special purpose) 財務報導架構。

從財務報導架構是否追求財報報導應反映企業經營經濟實質的目標，則財務報導架構又可分為允當表達 (fair presentation) 架構及遵循 (compliance) 架構。所謂的允當表達架構，係指一財務報導架構，除要求遵循該架構之規定外，並明示或隱含為達成財務報表之允當表達，管理階層可能須提供超出該架構所明訂之揭露，甚至明示為達成財務報表之允當表達，管理階層在極罕見情況下可能須偏離該架構之規定；換言之，允當表達架構追求的財報報導目標係允當表達企業經營的經濟實質，該架構對交易處理及財務報導的相關規範可視為為達成允當表達的最低要求[1]。而所謂的遵循架構，係指一財務報導架

---

[1] 美國相關的訴訟判決顯示，會計師在判斷財務報表使用者是否可能被誤導時，會計師應負的責任，已經不能僅判斷財務報表是否已依適用之財務報導架構編製，而須進一步評估財務報表是否已反映相關之經濟實質。儘管如此，要求會計師主張財務報表已依適用之財務報導架構編製，並評估是否允當反映相關之經濟實質，此涉及主觀判斷，挑戰性相當高，故實務上絕大多數的會計師仍以財務報表是否依照適用之財務報導架構編製，作為該財務報表是否屬允當表達的依據。

構，僅要求財務報導遵循該架構之規定，但不包括允當表達架構明示或隱含的要求（如稅法）。會計師對依允當表達架構及遵循架構所編製財務報表之查核，其查核責任並不完全相同。在允當表達架構下，查核人員不僅要蒐集證據確認受查者財務報表（包括附註），已依該架構處理、分類及表達，更應進一步評估財務報表（包括附註）是否能允當表達經濟實質。但在遵循架構下，查核人員僅須蒐集證據確認受查者財務報表（包括附註）已依該架構處理、分類及表達即可。此外，會計師對依允當表達架構及遵循架構所編製財務報表之查核，在查核報告中的查核結論用語也會略有不同。目前我國公開發行公司應遵循經由金融監督管理委員會認可之國際財務報導準則 (IFRS)，以及非公開發行公司得遵循之企業會計準則，皆屬於一般用途及允當表達財務報導架構。因此，本章僅探討會計師對依一般用途及允當表達財務報導架構所編製財務報表查核所出具之查核報告，特殊用途財務報表查核所出具的查核報告（特殊目的查核報告）將於第十九章討論。

　　至於會計師如何判斷於何種情況應出具何種查核意見，讀者只要掌握一個原則即可，即「知之為知之，不知為不知；有幾分證據，講幾分話」。誠如第一章所述，會計師的價值係建立在社會大眾的信賴，如其結論無所本，如何取得社會大眾的信賴？因此，會計師何時方可出具無保留意見？當會計師沒有（或不重大）查核範圍受限（即查核人員能取得足夠適切的查核證據），且查核證據支持受查者財務報表整體係符合適用之財務報導架構（或違反適用之財務報導架構之處不具重大性）時，即可出具無保留意見。相反的，當會計師沒有（或不重大的）查核範圍受限，且有足夠及適切的查核證據支持受查者財務報表整體廣泛性 (pervasive) 地違反適用之財務報導架構時，會計師就僅能出具否定意見，會計師不可假裝他沒有查核證據而出具無法表示意見的查核報告。所謂的廣泛性係指其影響不侷限於財務報表之特定要素或項目，或者其影響如侷限於財務報表之特定要素或項目，其占（或可能占）財務報表之比例非常重大；如涉及財務報表揭露，廣泛性係指該揭露對財務報表使用者瞭解財務報表係屬重要。此外，如果會計師因情況特殊，使得其查核範圍受到廣泛性的限制，代表其根本無法取得足夠及適切的查核證據，以支持財務報表整體是否符合適用之財務報導架構，故僅能出具無法表示意見。至於構成會計師出具的保留意見原因則有兩種，因保留意見係指會計師認為財務報表中的某一部分，因缺乏證據或有證據證明該部分與適用之財務報導架構不相符，財務報表的其他部分則仍符合適用之財務報導架構。因此，當會計師的查核範圍受到重大的（但未達廣泛性）限制，或有證據顯示財務報表有重大的（但未達廣泛性）違反適用之財務報導架構時，會計師則應出具保留意見。至於判斷查核範圍受限或違反適用之財務報導架構的程度，是否不重大、重大或具廣泛性則屬會計師的專業判斷，無法訂出明確的量化標準，有關重大性的考量，本書將另闢專章討論。

為了讓讀者更清楚地瞭解本節所討論的重點，茲將會計師查核意見的類型及影響會計師出具各類查核意見之原因彙整於圖表 3.1。

圖表 3.1　查核意見之類型及影響查核意見之原因

查核意見的類型 \ 影響查核意見之原因	審計問題 查核範圍受限	審計問題 有無違反獨立性	會計問題 不符合適用之財務報導架構
無保留意見	無或不重大	無	無或不重大
保留意見	重大	無	重大
否定意見	無或不重大	無	廣泛性
無法表示意見	廣泛性	不重大或重大或廣泛性	不適用

不過，誠如前述，雖然查核意見的類型有四種，但實務最常出現的查核意見為無保留意見，而其他類型查核意見之查核報告，主要係以無保留意見查核報告為範本再進行修改及延伸的，故本章下節將先介紹無保留意見查核報告的撰寫，後續各節再依序介紹其他類型查核報告的撰寫。

3.3　無保留意見查核報告

當會計師已取得足夠及適切之查核證據，支持受查者財務報表依據其所適用之財務報導架構並無重大不實表達時，會計師即可出具無保留意見之查核報告。

我國審計準則委員會於民國 104 年 9 月 22 日發布 TWSA700「財務報表查核報告」(文後稱為新式查核報告)[自民國 107 年 7 月 1 日起實施，亦得提前適用。但金融監督管理委員會要求上市(櫃)公司及其他具公眾利益之公司(如未上市之金融、保險、共同基金等)於 105 年度財務報表之查核提前適用]，取代行之多年的審計準則公報第三十三號，作為會計師撰寫無保留意見查核報告的依據(文後稱為舊式查核報告)。

相較於審計準則公報第三十三號，TWSA700 有下列幾項主要的不同：

1. 查核報告的格式及內容，針對不同的企業組織分流處理。過去無論企業組織型態為何，舊式查核報告的撰寫並無差異。因查核上市(櫃)與非上市(櫃)公司財務報表的目的及成本效益不同，故新式查核報告對上市(櫃)公司與非上市(櫃)公司查核報告的撰寫，有不同的要求，主要差異在「關鍵查核事項」的說明。

2. 查核意見的分類。過去審計準則公報第三十三號將查核意見分為無保留意見、修正式無保留意見、保留意見、否定意見及無法表示意見，但新式查核報告並沒有修正

式無保留意見的分類，又將保留意見、否定意見及無法表示意見合稱為修正式意見 (modified opinion)。在國際審計準則中無保留意見的英文為 unmodified opinion，相對應於修正式意見，嚴格而言，應翻譯為未修正式意見。但鑑於無保留意見一詞已使用多年，且許多法規都用無保留意見一辭，事涉修法層面，故我國審計準則委員仍沿用無保留意見一詞。

3. 重新定義「允當表達」。過去的觀念只要財務報表按特定準則編製 (如 IFRS 或稅法)，會計師即可作出財務報表「允當表達」的結論，但根據 TWSA700 的規定，「允當表達」係指實質上的允當表達，並非僅指財務報表已按特定準則編製。

4. 查核報告的架構及內容。

    (1) 段落的數目及順序：新式查核報告的段落較多，但對段落的順序原則上係要求依照段落的相對重要性排列，除了第一段 (查核意見段) 及第二段 (查核意見之基礎段) 外 (第一段及第二段對財務報表使用者是最重要的)，其他段落的排列順序並沒有硬性的規定。

    (2) 更詳細敘述管理階層對財務報表的責任：新式查核報告要求詳細敘述管理階層對財務報表編製的責任，不像過去僅說明財務報表編製係管理階層之責任。

    (3) 更詳細敘述會計師對查核財務報表的責任：新式查核報告要求更詳細敘述會計師對財務報表查核的責任，不像過去僅說明會計師之責任為根據查核結果對財務報表表示意見。

    (4) 新增關鍵查核事項段：關鍵查核事項段的增加應是新式查核報告的亮點，也是會計師撰寫新式查核報告時最大的挑戰。TWSA701「查核報告中關鍵查核事項之溝通」要求會計師依個別查核案件之狀況，量身撰寫查核報告的內容，以提升財務報表使用者對財務報表及查核工作內容的瞭解。

    (5) 將舊式修正式無保留意見所增加之說明段或文字修正：分類為「繼續經營有關之重大不確定性段」、「強調事項段」及「其他事項段」，且「強調事項段」及「其他事項段」所敘述的事項係由會計師決定，使查核報告的撰寫更具彈性。

TWSA700「財務報表查核報告」為了協助會計師撰寫出讓查核報告使用者易於瞭解之查核報告，針對無保留意見查核報告之架構及內容提供許多範例供會計師參考，因此實務上，會計師通常亦會依該準則所提供的範例撰寫查核報告。故首先依 TWSA700「財務報表查核報告」之規定，將無保留意見之查核報告之範例列示於圖表 3.2。

惟誠如前述，TWSA700 對不同的企業組織查核報告撰寫的規定並不完全相同。因上市 (櫃) 公司涉及公眾利益，故對上市 (櫃) 公司財務報表查核報告的規範較為嚴格。為方便說明，本範例係以查核上市 (櫃) 公司 (依 IFRS 編製財務報表，故其適用之財務報導架構為一般用途允當表達架構) 為對象，並假設受查者並無繼續經營不確定之情況，

圖表 3.2　上市(櫃)公司標準式無保留意見之查核報告之釋例

<div align="center">**會計師查核報告**</div>	報告名稱
甲公司(或其他適當之報告收受者)公鑒：	報告收受者
查核意見 　　甲公司民國×2年十二月三十一日及民國×1年十二月三十一日之資產負債表，暨民國×2年一月一日至十二月三十一日及民國×1年一月一日至十二月三十一日之綜合損益表、權益變動表、現金流量表，以及財務報表附註(包括重大會計政策彙總)，業經本會計師查核竣事。 　　依本會計師之意見，上開財務報表在所有重大方面係依照證券發行人財務報告編製準則暨經金融監督管理委員會認可並發布生效之國際財務報導準則、國際會計準則、解釋及解釋公告編製，足以允當表達甲公司民國×2年十二月三十一日及民國×1年十二月三十一日之財務狀況，暨民國×2年一月一日至十二月三十一日及民國×1年一月一日至十二月三十一日之財務績效及現金流量。	查核意見段
查核意見之基礎 　　本會計師係依照會計師查核簽證財務報表規則及審計準則執行查核工作。本會計師於該等準則下之責任將於會計師查核財務報表之責任段進一步說明。本會計師所隸屬事務所受獨立性規範之人員已依會計師職業道德規範，與甲公司保持超然獨立，並履行該規範之其他責任。本會計師相信已取得足夠及適切之查核證據，以作為表示查核意見之基礎。	查核意見之基礎段
關鍵查核事項 　　關鍵查核事項係指依本會計師之專業判斷，對甲公司民國×2年度財務報表之查核最為重要之事項。該等事項已於查核財務報表整體及形成查核意見之過程中予以因應，本會計師並不對該等事項單獨表示意見。本會計師決定下列事項為關鍵查核事項： 1. 發貨倉銷貨之收入截止 　　**事項說明** 　　　　收入認列會計政策請詳合併財務報告附註四(三十三)。 　　　　甲公司之銷貨型態主要分為工廠直接出貨及發貨倉銷貨收入兩類。其中，發貨倉銷貨收入於客戶提貨時(移轉風險與報酬)始認列收入。甲公司主要依發貨倉保管人所提供報表或其他資訊，以發貨倉之存貨異動情形作為認列收入之依據。因發貨倉遍布全世界許多地區，保管人眾多，各保管人所提供資訊之頻率與報表內容亦有所不同，故此等認列收入流程通常涉及許多人工作業，易造成收入認列時點不適當或存貨保管實體與帳載數量不一致之情形。	關鍵查核事項段

由於甲公司每日發貨倉銷貨交易量龐大，且財務報表結束日前後之交易理額對財務報表之影響至為重大，因此，本會計師將發貨倉銷貨之收入截止列為查核最為重要事項之一。

因應之查核程序

本會計師已執行之查核程序如下：

(1) 評估及驗證管理階層針對期末截止日前後一定期間之發貨倉銷貨收入交易截止控制之適當性，包含核對發貨倉保管人之佐證文件，以及帳載存貨異動與銷貨成本結轉已記錄於適當期間。

(2) 針對發貨倉之庫存數量已執行發函詢證或實地盤點觀察，以及核對帳載庫存數量。

2. 備抵存貨評價損失之評估

事項說明

存貨評價之會計政策，請詳合併財務報告附註四（十三）；存貨評價之會計估計及假設之不確定性，請詳合併財務報告附註五（二）；存貨會計科目說明，請詳合併財務報告附註六（六），民國 107 年 12 月 31 日存貨成本及備抵存貨評價損失餘額分別為新台幣 ××× 仟元及新台幣 ××× 仟元。

甲公司主要製造並銷售 3C 電子產品，該等存貨因科技快速變遷，生命週期短且易受市場價格波動，產生存貨跌價損失或過時陳舊之風險較高。甲公司對正常出售存貨係以成本與淨變現價值孰低者衡量；對於超過一定期間貨齡之存貨及個別辨認有過時陳舊存貨項目，其淨變現價值係依據處理過時存貨之歷史經驗推算而得。上開備抵存貨評價損失主要來自超過一定期間貨齡之存貨及個別辨認有過時或毀損存貨項目。

由於甲公司存貨理額重大，項目眾多，且個別辨認過時或毀損存貨項目淨變現價值常涉及管理階層主觀判斷，亦屬查核中須進行判斷之領域，因此本會計師對甲公司之備抵存貨評價損失之評估列為查核最為重要事項之一。

因應之查核程序

本會計師對於超過一定期間貨齡之存貨及個別有過時與毀損存貨之備抵存貨評價損失已執行之查核程序如下：

(1) 比較財務報表期間對備抵存貨評價損失之提列政策係一致採用，且評估其提列政策亦屬合理。

(2) 驗證管理階層用以評價之存貨貨齡報表系統邏輯之適當性，以確認超過一定貨齡之過時存貨項目已列入該報表。
(3) 評估管理階層所個別辨認之過時或毀損存貨項目之合理性及相關佐證文件，並與觀察存貨盤點所獲得資訊核對。
(4) 就超過一定期間貨齡之存貨及個別有過時與毀損之存貨項目所評估淨變現價值，與管理階層討論並取得佐證文件，並加以計算。

管理階層 (與治理單位) 對財務報表之責任 | 管理階層 (與治理單位) 對財務報表之責任段

管理階層之責任係依照證券發行人財務報告編製準則暨經金融監督管理委員會認可並發布生效之國際財務報導準則、國際會計準則、解釋及解釋公告編製允當表達之財務報表，且維持與財務報表編製有關之必要內部控制，以確保財務報表未存有導因於舞弊或錯誤之重大不實表達。

於編製財務報表時，管理階層之責任亦包括評估甲公司繼續經營之能力、相關事項之揭露，以及繼續經營會計基礎之採用，除非管理階層意圖清算甲公司或停止營業，或除清算或停業外別無實際可行之其他方案。

甲公司之治理單位 (含審計委員會或監察人) 負有監督財務報導流程之責任。

會計師查核財務報表之責任 | 會計師查核財務報表之責任段

本會計師查核財務報表之目的，係對財務報表整體是否存有導因於舞弊或錯誤之重大不實表達取得合理確信，並出具查核報告。合理確信係高度確信，惟依照審計準則執行之查核工作無法保證必能偵出財務報表存有之重大不實表達。不實表達可能導因於舞弊或錯誤。如不實表達之個別金額或彙總數可合理預期將影響財務報表使用者所作之經濟決策，則被認為具有重大性。

本會計師依照審計準則查核時，運用專業判斷並保持專業上之懷疑。本會計師亦執行下列工作：

1. 辨認並評估財務報表導因於舞弊或錯誤之重大不實表達風險；對所評估之風險設計及執行適當之因應對策；並取得足夠及適切之查核證據以作為查核意見之基礎。因舞弊可能涉及共謀、偽造、故意遺漏、不實聲明或踰越內部控制，故未偵出導因於舞弊之重大不實表達之風險高於導因於錯誤者。
2. 對與查核攸關之內部控制取得必要之瞭解，以設計當時情況下適當之查核程序，惟其目的非對甲公司內部控制之有效性表示意見。

3. 評估管理階層所採用會計政策之適當性，及其所作會計估計與相關揭露之合理性。
4. 依據所取得之查核證據，對管理階層採用繼續經營會計基礎之適當性，以及使甲公司繼續經營之能力可能產生重大疑慮之事件或情況是否存在重大不確定性，做出結論。本會計師若認為該等事件或情況存在重大不確定性，則須於查核報告中提醒財務報表使用者注意財務報表之相關揭露，或於該等揭露係屬不適當時修正查核意見。本會計師之結論係以截至查核報告日所取得之查核證據為基礎。惟未來事件或情況可能導致甲公司不再具有繼續經營之能力。
5. 評估財務報表(包括相關附註)之整體表達、結構及內容，以及財務報表是否允當表達相關交易及事件。

　　本會計師與治理單位溝通之事項，包括所規劃之查核範圍及時間，以及重大查核發現(包括於查核過程中所辨認之內部控制顯著缺失)。

　　本會計師亦向治理單位提供本會計師所隸屬事務所受獨立性規範之人員已遵循會計師職業道德規範中有關獨立性之聲明，並與治理單位溝通所有可能被認為會影響會計師獨立性之關係及其他事項(包括相關防護措施)。

　　本會計師從與治理單位溝通之事項中，決定對甲公司民國×2年度財務報表查核之關鍵查核事項。本會計師於查核報告中敘明該等事項，除非法令不允許公開揭露特定事項，或在極罕見情況下，本會計師決定不於查核報告中溝通特定事項，因可合理預期此溝通所產生之負面影響大於所增進之公眾利益。

××會計師事務所	會計師事務所之名稱及地址
會計師：(簽名及蓋章)	
會計師：(簽名及蓋章)	會計師之簽名及蓋章
××會計師事務所地址：	
中華民國×3年2月25日	查核報告日

且會計師認為沒有需要特別強調或其他說明之情況。此種無保留意見之查核報告，本書仍沿用過去實務上之名稱，將之稱為「標準式無保留意見」(請注意，依目前 TWSA700 的規定，並無標準式無保留意見的名詞，亦沒有修正式無保留意見的名詞)。至於非上市(櫃)公司標準式無保留意見之查核報告，則是由圖表 3.2 之釋例予以簡化而來，本書將其列示於圖表 3.3。

　　從圖表 3.2 可知，標準式無保留意見查核報告通常包括如下之基本要素：

1. 報告名稱，名稱應為「會計師查核報告」。

2. 報告收受者，應依案件之情況 (依法令或委任條款) 載明報告收受者。
3. 查核意見 [段 (section)]。
4. 查核意見之基礎 (段)。
5. 關鍵查核事項 (段)，如有必要時。
6. 管理階層對財務報表之責任 (段)。
7. 會計師查核財務報表之責任 (段)。
8. 會計師事務所之名稱及地址，應載明會計師事務所之名稱及地址。
9. 會計師之簽名及蓋章，應有主辦會計師之簽名及蓋章。
10. 查核報告日。

以下針對上開各項基本要素之內容說明如下：

1. 報告名稱

審計準則規定查核報告名稱應標明為「會計師查核報告」，以有別於會計師以外人員所出具之報告。此外，美國及國際審計準則另要求在會計師查核報告之前加上「獨立」兩字，以強調此一查核工作是公正客觀無偏頗的。

2. 報告收受者

應依案件之情況 (依法令或委任條款) 載明報告收受者。

3. 查核意見段

依 TSWA700 之規定，本段一定是查核報告之首段，且其標題為「查核意見」[2]。本段有二個小段 (paragraph)，第一個小段旨在說明下列幾項重點：

(1) 受查者。
(2) 財務報表之各報表名稱，並提及附註 (包括重大會計政策彙總)，以及各報表之日期或所涵蓋之期間。為了向財務報表使用者強調附註為財務報表的一部分，而非財務報表的補充資料，新式查核報告特別於查核報告中提及附註 (包括重大會計政策彙總)。
(3) 財務報表業經查核。此有強調會計師工作的性質為查核，並已完成查核工作之意。

第二個小段則在陳述會計師依其查核結果所做成的查核結論。當會計師作成無保留意見時，其用詞例示如下：「依本會計師之意見，上開財務報表在所有重大方面係依照 [適用之財務報導架構] 編製，足以允當表達……(報導之標的)。」在本釋例中因受查者為上市 (櫃) 公司，故其所 [適用之財務報導架構] 為 [證券發行人財務報告編製準則暨經

---

[2] 雖然審計準則公報中規定本段之標題為「查核意見」，但會計師出具修正式意見時，本段卻用各種修正意見為標題，如「保留意見」、「否定意見」，或「無法表示意見」，似有不一致之處。故本段標題改為「無保留意見」，個人認為似乎亦無不可。

金融監督管理委員會認可並發布生效之國際財務報導準則、國際會計準則、解釋及解釋公告]。因該架構為允當表達架構，故結論中會包括「足以允當表達⋯⋯(報導之標的)」的用語，此處所謂的報導之標的係指依所適用之財務報導架構所編製之財務報表所要表達的經濟狀況，以國際財務報導準則為例，係指受查者於資產負債表日之財務狀況及報導期間之財務績效與現金流量。另外，值得注意的是，查核意見係會計師基於專業判斷而作成的，而非陳述絕對事實或保證的報告，因此，該小段一開始便使用「依本會計師之意見」的用語，即隱含著雖是經過查核的財務報表，但仍然可能存有重大不實表達的風險。

如果會計師對依照遵循架構編製之財務報表出具無保留意見之查核報告時，則上述的用詞，則不應包括「足以允當表達⋯⋯(報導之標的)」的用語，其用詞例示如下：「依本會計師之意見，上開財務報表在所有重大方面係依照[適用之財務報導架構]編製」。

4. 查核意見之基礎段

依 TWSA700 之規定，本段應緊接於查核意見段之後，其標題為「查核意見之基礎」[3]。本段應敘明下列事項：

(1) 查核工作係依照審計準則執行，查核工作如依據某項法令規定辦理者，則亦應敘明所依據法令之名稱。依我國現行法規，會計師執行財務報表審計時[不論受查者是否為上市(櫃)公司]，除了應依照審計準則外，尚應依據會計師查核簽證財務報表規則執行其查核工作。

(2) 提及會計師依法令及審計準則查核財務報表之責任，將於會計師查核財務報表之責任段進一步說明。

(3) 會計師遵循會計師職業道德規範，說明會計師所隸屬事務所受獨立性規範之人員已依會計師職業道德規範，與受查者保持超然獨立，並履行該規範之其他責任。

(4) 會計師是否相信其已取得足夠及適切之查核證據，以作為表示查核意見之基礎。

5. 關鍵查核事項 (key audit matter) 段

新式查核報告與舊式查核報告最大的不同，即在增加了關鍵查核事項段，該段的標題應為「關鍵查核事項」，但該段排列的順序並沒有硬性的規定。不過，使該段盡可能接近查核意見段，可突顯該等資訊對財務報表使用者的價值。為了提供會計師撰寫關鍵查核事項進一步的指引，我國審計準則委員會參考了 ISA 701 (Communicating key audit matters in the independent auditor's report) 訂定 TWSA701「查核報告中關鍵查核事項之溝通」作為遵循的依據。

所謂關鍵查核事項係指在查核人員專業判斷下，對本期財務報表之查核最為重要之

---

[3] 參見註2之說明，如查核意見段標題改為「無保留意見」，則本段標題亦應跟著改為「無保留意見之基礎」。

事項。增加關鍵查核事項的說明，旨在協助財務報表使用者：(1) 瞭解在查核人員專業判斷下，對本期財務報表之查核最為重要之事項。(2) 瞭解財務報表中管理階層之重要判斷項目。(3) 就有關受查者、經查核之財務報表或所執行查核，與管理階層及治理單位進一步溝通。

根據 TWSA700 之規定，並不是每一個財務報表審計委任案之查核報告皆須說明關鍵查核事項，僅在查核上市 (櫃) 公司整份一般用途財務報表、法令規定或會計師自行決定於查核報告中溝通關鍵查核事項時，才需要在查核報告中增加關鍵查核事項段。除了查核上市 (櫃) 公司以外，一般而言，法令通常會規定會計師應就某些涉及公眾利益之非上市 (櫃) 之個體 (例如，銀行、保險公司及共同基金) 之查核案件，溝通關鍵查核事項。除上市 (櫃) 公司及法令規定之受查者外，會計師經考量受查者之業務性質與規模，認為涉及眾多且廣泛利害關係人之利益者，亦可能決定溝通關鍵查核事項。

有關關鍵查核事項的決定，關鍵查核事項主要來自兩方面：一為從與治理單位溝通之事項中選出須高度關注 (significant auditor attention) 之事項，再從須高度關注之事項中決定對本期查核最為重要之事項，此類的關鍵查核事項須於關鍵查核事項段中加以說明，除非會計師認為不妥 (詳見後述)。查核人員在判斷特定事項是否為須高度關注之事項時，應考量下列因素：

(1) 所評估之重大不實表達風險較高或具顯著風險 (significant risk) 之領域。有關重大不實表達風險及顯著風險之討論，請參閱第七章重大性及財務報表重大不實表達風險之考量及因應。

(2) 財務報表中涉及重大管理階層判斷之領域，例如具高度不確定性之會計估計 (包括公允價值之會計估計)。

(3) 財務報導期間所發生重大事件或交易對查核之影響，例如受查者當年建置或更新電腦化之會計資訊系統、重大購併、重大非常規交易等。

嚴格而言，上述三項因素本質上皆為重大不實表達風險較高的事項，也是查核人員必須投入較多查核資源及時間的領域。

另一則為導致會計師出具修正式意見 (保留意見或相反意見，但不包括無法表示意見) 之事項，或使受查者繼續經營能力具不確定性之事項。因為導致會計師出具修正式意見的事項，或造成受查者繼續經營能力不確定之事項，皆應為受查核人員非常關注的查核事項，其本質上就是關鍵查核事項。惟此類關鍵查核事項不得於「關鍵查核事項段」說明，應分別於「查核意見之基礎段」及「繼續經營有關之重大不確定性段」加以說明，僅於「關鍵查核事項段」之前言加以索引即可。

如果受查者因規模較小或交易較為單純，經查核人員的判斷，查核人員亦可能決定沒有關鍵查核事項。惟對上市 (櫃) 公司或其他具公眾利益之非上市 (櫃) 之個體而言，

查核人員認為當期查核工作並無關鍵查核事項應不常見。

有關關鍵查核事項的溝通，會計師於查核報告關鍵查核事項段說明每一「個別關鍵查核事項」之前，應先加一前言，敘明關鍵查核事項的意義及性質。讓財務報表使用者先瞭解關鍵查核事項的意義及性質後，再逐一敘明每一「個別關鍵查核事項」。關鍵查核事項段之前言應敘明：

(1) 關鍵查核事項為在查核人員專業判斷下，對「本期」財務報表之查核最為重要之事項。
(2) 該等事項已於查核財務報表整體及形成查核意見過程中予以因應，會計師並不對該等事項單獨表示意見。

會計師於說明「個別關鍵查核事項」時，個別關鍵查核事項之表達順序，係一專業判斷，並沒有硬性的規定。例如，會計師可依其相對的重要性或該等關鍵查核事項於財務報表中揭露之順序相對應等方式排序。個別關鍵查核事項之說明應遵循下列相關之規定：

(1) 每一「個別關鍵查核事項」，應使用適當之「次標題」，其說明應包括財務報表中相關揭露之索引(如有時)，並應強調：①為何該事項為查核中最為重要事項之一，及決定該事項係關鍵查核事項之理由。②查核人員如何因應該事項。會計師於溝通個別關鍵查核事項時，應掌握下列幾項原則：
　①連結至受查者特定資訊與特定層面，避免採用標準版本或通用性敘述(即客製化，非標準化)。
　②敘述力求簡潔與平衡，且易懂，避免專業術語。
　③不可暗示尚未因應，避免假設性用語。
　④與財務報表揭露要一致，但不宜僅重複敘述(如適用時)。
　⑤宜有量化資訊(如有時)。
　⑥不能提供受查者原始資訊(原始資訊係指尚未對外公開或財務報表未揭露之資訊)。
　⑦不可對財務報表之個別要素表示意見。

(2) 當會計師因某事項而須表示修正式意見時，或存有使受查者繼續經營能力具不確定性之事項時，不應於該段中溝通該事項。僅須於本段之前言中索引至保留(或否定)意見之基礎段或有關繼續經營之重大不確定性段之說明。有關保留及否定意見之基礎段或有關繼續經營之重大不確定性段之說明，參見本章後續相關各節的介紹。由於導致會計師出具保留或否定意見或受查者繼續經營之重大不確定性的查核事項，通常備受財務報表使用者所關注，此項規定的原因，除了讓使用者更能注意該等事

項外,亦在防止會計師藉由僅將此等事項寫在關鍵查核事項段,而規避應出具保留(或否定)意見之查核報告或增加繼續經營之重大不確定性段之說明之責任。

(3) 如法令不允許溝通關鍵查核事項,或會計師認為溝通該事項所產生之負面影響大於所增進之公眾利益(通常極為罕見),則會計師可不溝通該關鍵查核事項。例如,主管機關認為溝通特定關鍵查核事項可能會妨礙後續的調查,而命令會計師不得溝通該關鍵查核事項。至於會計師自行決定不溝通的關鍵查核事項,其前提為溝通該事項所產生之負面影響大於所增進之公眾利益,但若受查者已揭露該事項,則此理由即不適用。不過,揭露關鍵查核事項本質上即在增進公眾利益,溝通關鍵查核事項反而弊大於利的情況應極為罕見才對,會計師不應濫用此一規定去規避關鍵查核事項之溝通。如真有此情況發生,會計師亦應於工作底稿中詳細說明不溝通特定關鍵查核事項的理由及證據。

(4) 如查核人員認為未存有須溝通之關鍵查核事項,或僅有導致表示修正式意見(或繼續經營能力疑慮)之事項,查核人員仍應於該段說明之。

由於關鍵查核事項主要向財務報表使用者說明在本期查核工作最關鍵的事項,因此,由上述的說明可知,關鍵查核事項之溝通,其前提為會計師已對財務報表整體表示意見(因此,當會計師因查核範圍受到廣泛性的限制,而出具無法表示意見時,即不可有關鍵查核事項段,以免造成誤解),且其說明的性質並非取代:

(1) 管理階層應於財務報表中所作之揭露,或為達允當表達所作之揭露。
(2) 導致修正意見時,對導致修正意見之事項所應作之說明。
(3) 受查者繼續經營能力不確定性之說明。
(4) 對個別事項單獨表示意見。

此外,查核報告所決定之關鍵查核事項或認為未存有須溝通之關鍵查核事項之判斷皆應與受查者治理單位進行溝通,並於工作底稿中記錄下列事項:

(1) 決定須高度關注之事項,及決定每一事項是否為關鍵查核事項的理由。
(2) 如認為未有須溝通之關鍵查核事項,其理由。
(3) 如有查核人員認為不需於查核報告中溝通之關鍵查核事項,其理由。

關鍵查核事項的決定及溝通涉及許多的專業判斷,必須針對每個委任案件量身訂作,不宜使用標準的用語,或每年度的關鍵查核事項千篇一律,否則便失去溝通關鍵查核事項的意義。因應關鍵查核事項的溝通,查核人員除了對查核方法論的邏輯必須有完整的瞭解外,尚須面對來自受查者的壓力及如何使用精準與簡潔的用語(並避免使用專業相關的術語)描述關鍵查核事項的挑戰。有關溝通關鍵查核事項更詳細的指引,有興趣的讀者可進一步參閱 TWSA701 的規定。

6. 管理階層對財務報表之責任段

在舊式的查核報告中，僅在查核報告之前言段簡單的提及「財務報表之編製係管理階層之責任」。然而，實務上許多受查者管理階層或財務報表使用者，對管理階層編製財務報表應負的責任，其認知並不完全正確。因此，在新式的查核報告特別增加管理階層對財務報表之責任段，更詳細地說明管理階層對財務報表之責任，俾使查核報告使用者及管理階層瞭解執行查核工作之前提。由於管理階層對財務報表之責任，不會因會計師出具何種查核意見而有所不同，故本段的說明，不會因會計師出具何種查核意見而改變。

該段的標題為「管理階層對財務報表之責任」。如受查者有負責監督財務報導流程者(如審計委員會或監察人)，而其職責與管理階層編製財務報表應履行之責任不同，會計師應辨認負責監督財務報導流程者，並於本段標題提及「治理單位」，即本段之標題可以改為「管理階層與治理單位對財務報表之責任」。

本段之說明應敘明管理階層對下列事項負有責任：

(1) 依照適用之財務報導架構編製財務報表，且維持與財務報表編製有關之必要內部控制，以確保財務報表未存有導因於舞弊或錯誤之重大不實表達。
(2) 評估企業繼續經營之能力、繼續經營會計基礎之採用是否適當，以及相關事項之揭露(如適用時)。對管理階層評估責任之說明，應包括採用繼續經營會計基礎係屬適當之情況。
(3) 當財務報表係依照允當表達架構編製時，應敘明管理階層對財務報表之編製及允當表達負責。(換言之，當財務報表係依照遵循架構編製時，本事項應予刪除。)

此外，誠如前述，當負責監督財務報導流程者與應履行上述責任者不同時，會計師應辨認負責監督財務報導流程者，除於本段標題提及「治理單位」外，本段亦應敘明治理單位(含審計委員會)負有監督財務報導流程之責任。

7. 會計師查核財務報表之責任段

如同管理階層對財務報表的責任，在舊式的查核報告中，僅在查核報告之前言段簡單的提及「會計師之責任則為根據查核結果對財務報表表示意見」。為了讓查核報告使用者更清楚地瞭解會計師在查核財務報表所應負的責任，新式查核報告中增加會計師查核財務報表責任段之說明，大幅增加有關會計師查核財務報表責任之說明，期使查核報告使用者更能瞭解會計師查核工作的性質及重點。讀者亦可從本段的說明明確地瞭解查核工作的重點及輪廓，協助連結本書後續各章節有關查核工作規劃及執行的討論。

該段的標題為「會計師查核財務報表之責任」，本段所要說明的事項相當多，其主要的重點如下：

(1) 會計師查核財務報表的目的

本重點在說明會計師查核財務報表之目的係「對財務報表整體是否存有導因於舞弊或錯誤之重大不實表達取得合理確信，並出具查核報告。」並進一步闡述下列用語之意義，期使查核報告使用者更能瞭解上述說明所隱含的意義：

① 合理確信：合理確信係高度確信，惟依照審計準則執行之查核工作無法保證必能偵出財務報表存有之重大不實表達。

② 不實表達：不實表達可能導因於舞弊或錯誤。

③ 重大性：如不實表達之個別金額或彙總數可合理預期將影響財務報表使用者所作之經濟決策，則被認為具有重大性。

(2) 會計師依照審計準則查核時，會運用專業判斷並保持專業上之懷疑，並說明下列執行查核工作的重點：

① 辨認並評估財務報表導因於舞弊或錯誤之重大不實表達風險；對所評估之風險設計及執行適當之因應對策；並取得足夠及適切之查核證據以作為查核意見之基礎。因舞弊可能涉及共謀、偽造、故意遺漏、不實聲明或踰越內部控制，故未偵出導因於舞弊之重大不實表達之風險高於導因於錯誤者。

② 對與查核攸關之內部控制取得必要之瞭解，以設計當時情況下適當之查核程序，惟其目的非對受查者內部控制之有效性表示意見。

③ 評估管理階層所採用會計政策之適當性，及其所作會計估計與相關揭露之合理性。

④ 依據所取得之查核證據，對管理階層採用繼續經營會計基礎之適當性，以及使受查者繼續經營之能力可能產生重大疑慮之事件或情況是否存在重大不確定性，做出結論。會計師若認為該等事件或情況存在重大不確定性，則須於查核報告中提醒財務報表使用者注意財務報表之相關揭露，或於該等揭露係屬不適當時修正查核意見。會計師之結論係以截至查核報告日所取得之查核證據為基礎。惟未來事件或情況可能導致受查者不再具有繼續經營之能力。

⑤ 當財務報表係依照允當表達架構編製時，評估財務報表 (包括相關附註) 之整體表達、結構及內容，以及財務報表是否允當表達相關交易及事件。

⑥ 當集團企業部分組成個體財務報表由其他組成個體會計師查核時 (即適用 TWSA600「集團財務報表查核之特別考量」時)，另應額外增加下列之說明：會計師對集團查核案件之責任如下：(a) 會計師之責任係對集團內之組成個體之財務資訊取得足夠及適切之查核證據，俾對集團財務報表表示意見；(b) 會計師負責集團查核案件之指導、監督及執行；(c) 會計師負責形成集團查核意見。

(3) 與公司治理單位的溝通

敘明會計師與治理單位溝通之事項，包括所規劃之查核範圍及時間，以及重大查核發現 (包括於查核過程中所辨認之內部控制顯著缺失)。此外，於下列特定情況下，會計師尚須說明與公司治理單位溝通下列事項：

① 於查核上市 (櫃) 公司之財務報表時，應敘明會計師向治理單位提供會計師所隸屬事務所受獨立性規範之人員已遵循會計師職業道德規範中有關獨立性之聲明，並與治理單位溝通所有可能被認為會影響會計師獨立性之關係及其他事項 (包括相關防護措施)。

② 於查核報告中溝通關鍵查核事項時 [即於查核上市 (櫃) 公司、依法令或會計師自行決定溝通關鍵查核事項者之財務報表時]，應敘明會計師從與治理單位溝通之事項中，決定對本期財務報表之查核最為重要之事項，亦即關鍵查核事項。會計師應於查核報告中敘明該等事項，除非法令不允許公開揭露特定事項，或在極罕見情況下，會計師決定不於查核報告中溝通特定事項，因可合理預期此溝通所產生之負面影響大於所增進之公眾利益。

當會計師對財務報表表示意見，不論是無保留意見、保留意見或否定意見，會計師查核財務報表的責任皆相同，故本段皆須說明上述事項。但當會計師因查核範圍受到廣泛限制 (實質上等同於未查核)，而出具無法表示意見之查核報告時，本段的說明即必須做大幅度的修改，主要的修改係將上 (2) 及 (3) 的說明予以刪除，以符合事實。

8. 會計師之簽名及蓋章，應有主辦會計師之簽名及蓋章

查核報告應有負責查核會計師之簽名及蓋章，簽名蓋章之會計師即代表執行該查核案件之主辦會計師。美國之審計準則並未規定主辦會計師必須在查核報告上具名簽署，主要是向社會大眾宣示，不論主辦會計師是誰，會計師事務所對於查核品質負起法律及專業上的責任，以提升社會大眾的信賴。台灣過去有關會計師的民事賠償的訴訟案例多以會計師個人為求償對象，而非會計師事務所，因此，導致要求主辦會計師須具名簽署的規定。不過，歐盟為了加強會計師個人的責任，在民事責任仍由會計師事務所承擔的前提下，亦已要求查核報告上應有主辦會計師個人的簽名 (主辦會計師可能有兩人或兩人以上)，藉以強化會計師個人的責任。此外，依據我國會計師辦理公開發行公司財務報告查核簽證核准準則第 2 條規定：「公開發行公司之財務報告，應由依會計師法第十五條規定之聯合或法人會計師事務所之執業會計師二人以上共同查核簽證」。因此，公開發行公司之查核報告，至少有二位主辦會計師具名簽署。只是台灣的實務上，公開發行公司之查核報告皆由二位主辦會計師具名簽署，此即所謂的會計師雙簽制度。

9. 會計師事務所之名稱及地址

查核報告應載明會計師事務所名稱、地址及電話號碼，這代表該事務所對於查核品質能否符合專業準則負有法律及專業的責任。

10. 查核報告日

查核報告之日期，通常指外勤工作完成之日。外勤工作完成日係指查核人員取得足夠及適切查核證據之日期，足夠及適切之查核證據包括有權通過財務報表者(單位或個人)，確認財務報表(包含相關附註)均已編製並聲明對財務報表負有責任[4]。因此，查核報告日不得早於財務報表核准日。我國自 2013 年全面接軌 IFRS，依其規定財務報表應載明董事會通過財務報表的日期，因此查核報告日不會早於董事會通過受查財務報表日。查核報告日對於財務報表使用者而言相當重要，因為這個日期代表資產負債表日以後，查核人員負責對重大事件加以複核的最終日。在圖表 3.2 的釋例中，資產負債表的日期為 ×2 年 12 月 31 日，而審計報告的日期則為 ×3 年 2 月 25 日，這代表查核人員以蒐集截止到 ×3 年 2 月 25 日以前所有重要的查核證據為基礎，以對 ×2 及 ×1 年度的財務報表表示查核意見。查核報告日會受到期後事件之影響，詳細規範可進一步參閱 TWSA560「期後事項」之相關規定，本書亦將於第十八章中進行相關之探討。

最後，誠如前述，TWSA700 對非上市(櫃)公司查核報告之規定不像對上市(櫃)公司查核報告嚴格，但其查核報告係由上市(櫃)公司查核報告簡化而來，其主要的差異如下：

1. **所適用之財務報導架構可能不同**。會計師應判斷受查者所適用之財務報導架構為何，依我國目前的規定，非公開發行公司所適用之財務報導架構為「商業會計法中與財務報表編製有關之規定、商業會計處理準則暨中華民國會計研究發展基金會所發布之企業會計準則公報」(非公開發行公司亦可選用與公開發行公司一樣之財務報導架構)。會計師宜注意受查者可能因其性質或其主管機關的規定，其所適用之財務報導架構可能有所不同。
2. **無關鍵查核事項段**，除非法令要求或會計師自行決定要溝通關鍵查核事項。
3. **會計師查核財務報表之責任段中，與上市(櫃)公司財務報表查核有關之說明應予刪除**，如會計師向治理單位提供會計師已遵循會計師職業道德規範(包括獨立性)之聲明，以及會計師從與治理單位溝通之事項中，決定關鍵查核事項的說明(除非法令要求或會計師自行決定要溝通關鍵查核事項)。

---

[4] 如法令規定財務報表須由股東會(或類似單位)承認，該承認並非查核人員作成已取得足夠及適切查核證據結論之必要條件。就審計準則而言，財務報表核准日為有權通過財務報表者(單位或個人)確認財務報表(包含相關附註)均已編製並聲明對財務報表負有責任之日期，該日期早於股東會(或類似單位)承認財務報表之日期。

4. 未強制須由二位會計師具名簽署 [公開發行但未上市 (櫃) 公司之查報核告仍須由二位會計師具名簽署]。

　　茲將對非公開發行公司依照允當表達架構編製財務報表所出具之標準無保留意見之釋例，列示於圖表 3.3。

圖表 3.3　非公開發行公司標準無保留意見之釋例

會計師查核報告	報告名稱
甲公司 (或其他適當之報告收受者) 公鑒：	報告收受者
查核意見 　　甲公司民國 ×2 年十二月三十一日及民國 ×1 年十二月三十一日之資產負債表，暨民國 ×2 年一月一日至十二月三十一日及民國 ×1 年一月一日至十二月三十一日之綜合損益表、權益變動表、現金流量表，以及財務報表附註 (包括重大會計政策彙總)，業經本會計師查核竣事。 　　依本會計師之意見，上開財務報表在所有重大方面係依照商業會計法中與財務報表編製有關之規定、商業會計處理準則暨中華民國會計研究發展基金會所發布之企業會計準則公報編製，足以允當表達甲公司民國 ×2 年十二月三十一日及民國 ×1 年十二月三十一日之財務狀況，暨民國 ×2 年一月一日至十二月三十一日及民國 ×1 年一月一日至十二月三十一日之財務績效及現金流量。	查核意見段
查核意見之基礎 　　本會計師係依照會計師查核簽證財務報表規則及審計準則執行查核工作。本會計師於該等準則下之責任將於會計師查核財務報表之責任段進一步說明。本會計師所隸屬事務所受獨立性規範之人員已依會計師職業道德規範，與甲公司保持超然獨立，並履行該規範之其他責任。本會計師相信已取得足夠及適切之查核證據，以作為表示查核意見之基礎。	查核意見之基礎段
管理階層對財務報表之責任 　　管理階層之責任係依照商業會計法中與財務報表編製有關之規定、商業會計處理準則暨中華民國會計研究發展基金會所發布之企業會計準則公報編製允當表達之財務報表，且維持與財務報表編製有關之必要內部控制，以確保財務報表未存有導因於舞弊或錯誤之重大不實表達。 　　於編製財務報表時，管理階層之責任亦包括評估甲公司繼續經營之能力、相關事項之揭露，以及繼續經營會計基礎之採用，除非管理階層意圖清算甲公司或停止營業，或除清算或停業外別無實際可行之其他方案。	關鍵查核事項段

會計師查核財務報表之責任

　　本會計師查核財務報表之目的,係對財務報表整體是否存有導因於舞弊或錯誤之重大不實表達取得合理確信,並出具查核報告。合理確信係高度確信,惟依照審計準則執行之查核工作無法保證必能偵出財務報表存有之重大不實表達。不實表達可能導因於舞弊或錯誤。如不實表達之個別金額或彙總數可合理預期將影響財務報表使用者所作之經濟決策,則被認為具有重大性。

　　本會計師依照審計準則查核時,運用專業判斷並保持專業上之懷疑。本會計師亦執行下列工作:

1. 辨認並評估財務報表導因於舞弊或錯誤之重大不實表達風險;對所評估之風險設計及執行適當之因應對策;並取得足夠及適切之查核證據以作為查核意見之基礎。因舞弊可能涉及共謀、偽造、故意遺漏、不實聲明或踰越內部控制,故未偵出導因於舞弊之重大不實表達之風險高於導因於錯誤者。
2. 對與查核攸關之內部控制取得必要之瞭解,以設計當時情況下適當之查核程序,惟其目的非對甲公司內部控制之有效性表示意見。
3. 評估管理階層所採用會計政策之適當性,及其所作會計估計與相關揭露之合理性。
4. 依據所取得之查核證據,對管理階層採用繼續經營會計基礎之適當性,以及使甲公司繼續經營之能力可能產生重大疑慮之事件或情況是否存在重大不確定性,作出結論。本會計師若認為該等事件或情況存在重大不確定性,則須於查核報告中提醒財務報表使用者注意財務報表之相關揭露,或於該等揭露係屬不適當時修正查核意見。本會計師之結論係以截至查核報告日所取得之查核證據為基礎。惟未來事件或情況可能導致甲公司不再具有繼續經營之能力。
5. 評估財務報表(包括相關附註)之整體表達、結構及內容,以及財務報表是否允當表達相關交易及事件。

　　本會計師與治理單位溝通之事項,包括所規劃之查核範圍及時間,以及重大查核發現(包括於查核過程中所辨認之內部控制顯著缺失)。

××會計師事務所
會計師:(簽名及蓋章)
××會計師事務所地址:
中華民國×3年2月25日

側欄註記
會計師查核財務報表之責任段
會計師事務所之名稱及地址
會計師之簽名及蓋章
查核報告日

為了方便說明，後續有關查核報告的釋例，將全部以對上市(櫃)公司依允當表達架構編製財務報表所出具之查核報告為例。

3.4 保留意見查核報告

誠如 3.2 節中所討論，在下列情況下，會計師將出具保留意見：

1. 會計師無法取得足夠及適切之查核證據(即查核範圍受到重大但未達廣泛性的限制)，以作成財務報表整體未存有重大不實表達之結論。
2. 會計師已取得足夠及適切之查核證據(即沒有查核範圍受限或不重大之查核範圍受限)，並認為不實表達(就個別或彙總數而言)對財務報表之影響係屬重大但非廣泛。

當會計師決定出具保留意見係屬適當時，相較於標準式無保留意見查核報告之格式及內容，應作下列之修改：

1. **查核意見段**
   (1) 該段之標題應改為「保留意見」。
   (2) 由於保留意見係指財務報表部分因查核範圍受限，而無法取得足夠及適切之查核證據，或有足夠及適切之查核證據支持該部分存有重大不實表達，但財務報表其他部分仍有足夠及適切之查核證據支持未存有重大不實表達。故會計師於保留意見段陳述會計查核意見時，會出現一個「除……外」的關鍵字，「除……外」之內容將索引至造成保留意見之事項的說明(位於查核意見之基礎段中)。例如，在依允當表達架構報導時，會計師查核意見之說明應改為「依本會計師之意見，除保留意見之基礎段所述事項之(可能)影響外[5]，上開財務報表在所有重大方面係依照[適用之財務報導架構]編製，足以允當表達……」(如依遵循架構報導時，其說明則須將「足以允當表達……」之用語刪除)。

2. **查核意見之基礎段**
   (1) 該段之標題應改為「保留意見之基礎」。
   (2) 說明導致保留意見之事項(原因)及影響程度，該說明應盡可能說明其影響或可能影響之程度(除非實務上不可行。另因查核範圍受限，查核人員對該事項無法取得足夠適切的證據，無法精確評估其影響程度，故說明其影響時，應加「可能」二字)。例如，如存有與財務報表中特定金額有關之(可能)不實表達，會計師應說明該(可能)不實表達及對財務報表中之影響(可能)金額。如存有與敘述性揭露有關之重

---

[5] 當查核人員發現有重大不實表達而出具保留意見時，應用「影響」。但保留意見如導因於查核範圍受限時，因查核人員未取得相關之證據，應用「可能影響」，而非「影響」。

大不實表達，會計師應解釋為何該揭露存有重大不實表達。如存有與該揭露但未揭露之資訊有關之重大不實表達，會計師應說明遺漏資訊之性質。

(3) 標準無保留查核報告之用語「本會計師相信已取得足夠及適切之查核證據，以作為表示查核意見之基礎」，應修改為「本會計師相信已取得足夠及適切之查核證據，以作為表示保留意見之基礎。」

3. 關鍵查核事項段

因造成保留意見之事項本質上為關鍵查核事項，故前言須索引至保留意見之基礎段，故增加「除保留意見之基礎段所述之事項外」之說明文字。

以下針對上述兩種情況分別討論會計師所出具之保留意見。

3.4.1 因查核範圍受到重大但未達廣泛性的限制

會計師於接受委任後，始察覺受查者財務報表之查核範圍受到限制，且認為該限制可能導致須出具保留意見之查核報告。該限制可能導因於受查者無法控制之情況、與查核工作之性質和時間有關之限制、或管理階層之限制。如該限制來自於管理階層，則查核人員應先要求管理階層解除該限制，如管理階層拒絕解除該限制，查核人員應與治理單位溝通該事項，會計師可能須重新評估舞弊風險及是否繼續接受委任。

查核範圍受到限制時，查核人員應確定是否可執行其他替代程序以取得足夠及適切之查核證據，如果查核人員可藉由執行替代程序而取得足夠適切之證據時，即使無法執行特定程序亦未構成查核範圍受限。如無法執行替代程序或執行替代程序後，仍無法取得足夠及適切之查核證據，會計師如認為未偵出可能之不實表達對財務報表可能影響係屬重大但並非廣泛者，應表示保留意見。圖表 3.4 列示因查核範圍受限所出具之保留意見查核報告，為突顯保留意見與標準無保留意見之差異，與標準無保留意見相同之用語將予省略，修改用語之處則以粗體字加以標示。

3.4.2 因財務報表存有重大但未達廣泛性不實表達所出具之保留意見查核報告

當查核人員取得足夠及適切的查核證據支持財務報表中存有重大不實表達時，會計師應出具保留意見之查核報表。惟值得提醒的是，在允當表達架構下，所謂的不實表達，除了財務報表數字及揭露與所適用之財務報導架構有重大的差異外，查核人員如認為受查者所選用的會計政策或所作之會計估計無法允當表達其經濟實質，亦屬於不實表達的範疇。依前述修改的原則，圖表 3.5 列示因財務報表存有重大但未達廣泛性不實表達所出具之保留意見查核報表。

圖表 3.4　因查核範圍受限所出具之保留意見查核報告

會計師查核報告

甲公司 (或其他適當之報告收受者) 公鑒：

保留意見

　　甲公司及其子公司 (甲集團)……，業經本會計師查核竣事 (同標準無保留意見)。

　　依本會計師之意見，除保留意見之基礎段所述事項之可能影響外，……(其餘用語同標準無保留意見)。

保留意見之基礎

　　甲集團於民國 ×1 年度取得採權益法處理之關聯企業投資 (乙公司)，該投資於民國 ×2 年十二月三十一日及民國 ×1 年十二月三十一日之帳面金額分別為新台幣 ××× 元及新台幣 ××× 元，民國 ×2 年度及民國 ×1 年度採權益法認列之關聯企業利益之份額分別為新台幣 ××× 元及新台幣 ××× 元。本會計師未能接觸乙公司之財務資訊、管理階層及其查核人員，致無法對該等金額取得足夠及適切之查核證據，因此本會計師無法判斷是否須對該等金額做必要之調整。

　　本會計師係依照會計師查核簽證財務報表規則及審計準則執行查核工作。……(其餘用語同標準無保留意見)。本會計師相信已取得足夠及適切之查核證據，以作為表示**保留意見之基礎**。

關鍵查核事項

　　關鍵查核事項係指依本會計師之專業判斷，對甲公司民國 ×2 年度財務報表之查核最為重要之事項。該等事項已於查核財務報表整體及形成查核意見之過程中予以因應，本會計師並不對該等事項單獨表示意見。除保留意見之基礎段所述之事項外，本會計師決定下列事項為關鍵查核事項：

　　[依 TWSA701 之規定，逐一敘明個別關鍵查核事項]

管理階層 (與治理單位) 對財務報表之責任

　　(同標準無保留意見)

會計師查核財務報表之責任

　　(同標準無保留意見)

×× 會計師事務所
會計師：(簽名及蓋章)
會計師：(簽名及蓋章)
×× 會計師事務所地址：
中華民國 ×3 年 2 月 25 日

圖表 3.5　因財務報表存有重大但未達廣泛性之不實表達所出具之保留意見查核報表

會計師查核報告

甲公司 (或其他適當之報告收受者) 公鑒：

保留意見

　　甲公司及其子公司 (甲集團) ……，業經本會計師查核竣事 (同標準無保留意見)。

　　依本會計師之意見，除保留意見之基礎段所述事項之影響外，…… (其餘用語同標準無保留意見)。

保留意見之基礎

　　如財務報表附註 × 所述，甲公司民國 ×2 年度及民國 ×1 年度廠房及設備並未提列折舊，與「適用之財務報導架構」不符。若廠房及設備以平均法計算折舊，則民國 ×2 年底及民國 ×1 年底廠房及設備之帳面價值應分別減少新台幣 ××× 元及新台幣 ××× 元，保留盈餘應分別減少新台幣 ××× 元及新台幣 ××× 元，民國 ×2 年度及民國 ×1 年度稅後純益應分別減少新台幣 ××× 元及新台幣 ××× 元。

　　本會計師係依照會計師查核簽證財務報表規則及審計準則執行查核工作。…… (其餘用語同標準無保留意見)。本會計師相信已取得足夠及適切之查核證據，以作為表示**保留意見之基礎**。

關鍵查核事項

　　關鍵查核事項係指依本會計師之專業判斷，對甲公司民國 ×2 年度財務報表之查核最為重要之事項。該等事項已於查核財務報表整體及形成查核意見之過程中予以因應，本會計師並不對該等事項單獨表示意見。除保留意見之基礎段所述之事項外，本會計師決定下列事項為關鍵查核事項：

　　[依 TWSA701 之規定，逐一敘明個別關鍵查核事項]

管理階層 (與治理單位) 對財務報表之責任

　　(同標準無保留意見)

會計師查核財務報表之責任

　　(同標準無保留意見)

×× 會計師事務所
會計師：(簽名及蓋章)
會計師：(簽名及蓋章)
×× 會計師事務所地址：
中華民國 ×3 年 2 月 25 日

3.5 否定意見查核報告

根據 3.2 節的討論，當查核人員取得足夠及適切的查核證據，並認為受查者財務報表存有廣泛的不實表達時，會計師即應出具否定意見。如同保留意見一樣，與標準無保留意見最大的差異在於，須於查核意見之基礎段中另加一小段說明財務報表之廣泛不實表達的情況及影響程度。當會計師決定出具否定意見時，相較於標準式無保留意見查核報告之格式及內容，應作下列之修改：

1. **查核意見段**
   (1) 該段之標題應改為「否定意見」。
   (2) 由於否定意見係指會計師認為財務報表並未依照所適用之財務報導架構編製，財務報表並不允當表達。此外，會計師須於否定意見之基礎段陳述導致否定意見之項目及其影響程度，因此在依允當表達架構報導時，會計師查核意見之說明應改為「依本會計師之意見，因否定意見之基礎段所述事項之影響重大，上開財務報表未依照〔適用之財務報導架構〕編製，致無法允當表達……」(如依遵循架構報導時，其說明則須將「致無法允當表達……」之用語刪除)。

2. **查核意見之基礎段**
   (1) 該段之標題應改為「否定意見之基礎」。
   (2) 說明導致否定意見之事項(原因)及影響程度，該說明應盡可能說明其影響之程度(除非實務上不可行)。例如，如存有與財務報表中特定金額有關之不實表達，會計師應說明該不實表達及對財務報表中之影響金額。如存有與敘述性揭露有關重大不實表達，會計師應解釋為何該揭露存有重大不實表達。如存有與該揭露但未揭露之資訊有關之重大不實表達，會計師應說明遺漏資訊之性質。
   (3) 標準無保留查核報告之用語「本會計師相信已取得足夠及適切之查核證據，以作為表示查核意見之基礎」，應修改為「本會計師相信已取得足夠及適切之查核證據，以作為表示否定意見之基礎。」

3. **關鍵查核事項段**
   因造成否定意見之事項，本質上為關鍵查核事項，故前言須索引至否定意見之基礎段，須增加「除否定意見之基礎段所述之事項外」之說明文字。

茲將因財務報表存有重大且廣泛之不實表達，而出具否定意見之查核報告釋例列示於圖表 3.6。

此外，根據 TWSA705「修正式意見之查核報告」規定，當會計師認為須對財務報表整體出具否定意見或無法表示意見之查核報告時，查核報告不應同時包含對單一財務

圖表 3.6　因財務報表存有重大且廣泛之不實表達而出具否定意見之查核報告

會計師查核報告

甲公司 (或其他適當之報告收受者) 公鑒：

否定意見

　　甲公司及其子公司 (甲集團) ……，業經本會計師查核竣事 (同標準無保留意見)。

　　依本會計師之意見，因否定意見之基礎段所述事項之影響重大，上開財務報表未依照證券發行人財務報告編製準則暨經金融監督管理委員會認可並發布生效之國際財務報導準則、國際會計準則、解釋及解釋公告編製，致無法允當表達甲集團民國 ×2 年十二月三十一日及民國 ×1 年十二月三十一日之財務狀況，暨民國 ×2 年一月一日至十二月三十一日及民國 ×1 年一月一日至十二月三十一日之財務績效及現金流量。

否定意見之基礎

　　如財務報表附註 × 所述，甲公司民國 ×1 年購入長期股權投資未依一般公認會計原則採權益法評價，如依權益法評價，則民國 ×1 及 ×2 年底長期股權投資之帳面價值應分別減少新台幣 ××× 元及 ××× 元，保留盈餘應分別減少新台幣 ××× 元及 ××× 元，稅後純益應分別減少新台幣 ××× 元及 ××× 元。

　　本會計師係依照會計師查核簽證財務報表規則及審計準則執行查核工作。…… (其餘用語同標準無保留意見)。本會計師相信已取得足夠及適切之查核證據，以作為表示否定意見之基礎。

關鍵查核事項

　　關鍵查核事項係指依本會計師之專業判斷，對甲公司民國 ×2 年度財務報表之查核最為重要之事項。該等事項已於查核財務報表整體及形成查核意見之過程中予以因應，本會計師並不對該等事項單獨表示意見。除否定意見之基礎段所述之事項外，本會計師決定下列事項為關鍵查核事項：

　　[依 TWSA701 之規定，逐一敘明個別關鍵查核事項]

管理階層 (與治理單位) 對財務報表之責任

　　(同標準無保留意見)

會計師查核財務報表之責任

　　(同標準無保留意見)

×× 會計師事務所
會計師：(簽名及蓋章)
會計師：(簽名及蓋章)
×× 會計師事務所地址：
中華民國 ×3 年 2 月 25 日

報表或對財務報表之特定要素或項目單獨表示之無保留意見 [又稱為片斷意見 (piecemeal opinion)] (但會計師可以對同一年度不同財務報表表示不同查核意見)。因為，於否定意

見或無法表示意見之查核報告中，提及單一財務報表或對財務報表之特定要素或項目係允當表達(或已依遵循架構編製)，將與會計師對財務報表整體所表示之否定意見或無法表示意見相互矛盾。換言之，現行審計準則禁止會計師出具片斷意見。

最後，會計師即使出具否定意見之查核報告，如辨認出會導致修正式意見之其他事項，仍應於查核意見之基礎段敘明該等其他事項之原因及影響。

3.6 無法表示意見之查核報告

根據 3.2 節的討論，當查核人員因查核範圍受到重大且廣泛的限制，致無法取得足夠及適切之查核證據時，應出具無法表示意見之查核報告。此外，根據 TWSA705 第 9 條之規定：「在罕見情況下，儘管查核人員已對多項不確定性中之每一個別不確定性取得足夠及適切之查核證據，但會計師因該等不確定性之潛在相互影響與對財務報表之可能累積影響，而無法對財務報表形成查核意見時，亦應出具無法表示意見之查核報告。」例如，當受查者同時存在資金短缺、負債即將到期及營運績效不佳的狀況，會計師可能認為因該等不確定性之潛在相互影響與對財務報表之可能累積影響，使得受查者是否能繼續經營的不確定性過高，而無法對財務報表形成查核意見。不過，在實務上，會計師很少因受查者存有多項使其繼續經營之能力可能產生重大疑慮之事件或情況存在重大不確定性而出具無法表示意見，而是仍出具無保留意見，只是在查核報告中增加「繼續經營有關之重大不確定性段」，說明繼續經營有關之事項或情況，相關討論詳見 3.7 節。

當查核人員因查核範圍受到廣泛的限制時，致無法取得足夠及適切之查核證據，實質上即代表查核人員未執行必要之查核程序，故查核報告的用語應避免讓財務報表使用者誤解查核人員已完成查核工作。當會計師決定出具無法表示意見之查核報告時，相較於標準式無保留意見查核報告之格式及內容，應作下列之修改，相關釋例列示於圖表 3.7。

1. 查核意見段
   (1) 該段之標題應改為「無法表示意見」。
   (2) 第一小段末「業經本會計師查核竣事」之用語應刪除，改於該小段前說明「本會計師受委任查核財務報表。」
   (3) 於第二小段說明會計師對上開財務報表無法表示意見，並敘明由於無法表示意見之基礎段所述事項之情節重大，會計師無法取得足夠及適切之查核證據，以作為表示查核意見之基礎。

2. 查核意見之基礎段
   (1) 該段之標題應改為「無法表示意見之基礎」。

圖表 3.7　因查核範圍受到廣泛的限制所出具無法表示意見之查核報告

會計師查核報告

甲公司 (或其他適當之報告收受者) 公鑒：

無法表示意見

本會計師受委任查核甲公司民國 ×2 年十二月三十一日及民國 ×1 年十二月三十一日之資產負債表，暨民國 ×2 年一月一日至十二月三十一日及民國 ×1 年一月一日至十二月三十一日之綜合損益表、權益變動表、現金流量表，以及財務報表附註 (包括重大會計政策彙總)。

本會計師對上開財務報表無法表示意見。由於無法表示意見之基礎段所述事項之情節極為重大，本會計師無法取得足夠及適切之查核證據，以作為表示查核意見之基礎。

無法表示意見之基礎

甲公司未對民國 ×2 年度及民國 ×1 年度之期末存貨進行盤點，金額分別為新台幣 ××× 元及新台幣 ××× 元。另甲公司民國 ×1 年十二月三十一日以前購買之廠房及設備成本計新台幣 ××× 元，已無原始憑證可供查核。由於甲公司之會計紀錄不完備，本會計師無法對存貨、廠房及設備採用其他查核程序獲得足夠及適切之證據。因上述事項，本會計師無法判斷是否須對存貨及廠房及設備相關之帳面金額暨綜合損益表、權益變動表及現金流量表作必要之調整。

管理階層（與治理單位）對財務報表之責任

(同標準無保留意見)

會計師查核財務報表之責任

本會計師之責任係依照會計師查核簽證財務報表規則及審計準則執行查核工作，並出具查核報告。惟由於無法表示意見之基礎段所述事項之情節極為重大，本會計師無法取得足夠及適切之查核證據，以作為表示查核意見之基礎。

本會計師所隸屬事務所受獨立性規範之人員已依會計師職業道德規範，與甲公司保持超然獨立，並履行該規範之其他責任。

×× 會計師事務所
會計師：(簽名及蓋章)
會計師：(簽名及蓋章)
×× 會計師事務所地址：
中華民國 ×3 年 2 月 25 日

(2) 敘明無法取得足夠及適切查核證據之原因。

(3) 不應提及會計師查核財務報表之責任段，亦不應敘明已依審計準則取得足夠及適切之查核證據，以作為表示查核意見之基礎，以避免財務報表使用者誤認為查核人員已執行查核程序。

3. **關鍵查核事項段**

除非法令另有規定 (台灣相關法令目前並沒有這樣的規定)，否則關鍵查核事項段應

刪除。關鍵查核事項之溝通，其前提為查核人員已執行查核程序，如溝通關鍵查核事項，可能暗示財務報表中與該等事項有關之部分可被信賴，而與對財務報表整體無法表示意見不一致，造成財務報表使用者不必要的誤解。因此，除非法令另有規定，會計師出具無法表示意見之查核報告時，查核報告不應包括關鍵查核事項段。

4. 會計師查核財務報表之責任段

該段有關查核工作的說明應予刪除，修改為僅敘明：

(1) 會計師之責任依照審計準則執行查核工作，並出具查核報告。惟由於無法表示意見之基礎段所述事項之情節極為重大，會計師無法取得足夠及適切之查核證據，以作為表示查核意見之基礎。

(2) 會計師所隸屬事務所受獨立性規範之人員已依會計師職業道德規範，與受查者保持超然獨立，並履行該規範之其他責任。(原寫在查核意見的基礎段，因相關小段的說明已被刪除，故在會計師查核財務報表之責任段補加相關的說明。)

最後，會計師即使出具無法表示意見之查核報告，如辨認出會導致修正式意見之其他事項之原因及影響，仍應於查核意見之基礎段敘明該等其他事項之原因及影響。

3.7 於查核報告中增加繼續經營有關之重大不確定性段、強調事項段及其他事項段

3.3 節至 3.6 節已分別對各種查核意見之查核報告的架構及內容加以討論。不論會計師出具何種查核報告，有時在特定的情況下，或會計師認為有必要於查核報告中溝通額外的事項，提醒財務報表使用者注意，以提升查核報告的效益。這些額外溝通的事項類似過去審計準則公報第三十三號中導致會計師出具修正式無保留意見之事項，只是該等事項不僅可能於無保留查核報告中出現，亦可能於其他查核意見之查核報告中出現，這也是現行審計準則未有「修正式無保留意見」此種分類的原因。

依現行相關審計準則(TWSA700、TWSA706 及 TWSA570)之規定，可能於查核報告溝通的額外事項分為三類，分別為：

1. 與受查者繼續經營能力不確定的事項，一般而言，編製財務報表時之基本假設之一係假設企業將繼續經營，如果該假設一旦被推翻，財務報表即需以清算會計編製，並不適用一般財務報導架構(如 IFRS 或企業會計準則)。當受查者發生與繼續經營能力有關之事項存有重大不確定時，例如，持續發生重大的營業損失，或營運資金的匱乏，可能導致資金周轉不靈；企業並無能力履行其到期的債務或義務；因訴訟案件等可能導致企業營運瀕於困境；因法規之變動，對企業之營運產生重大衝擊；喪失主要客戶，

造成企業之營收銳減等。會計師應於查核報告增加「繼續經營有關之重大不確定性段」，說明相關事項以提醒財務報表使用者注意。嚴格而言，與受查者繼續經營能力不確定的事項，管理階層應於財務報表中作充分揭露，其本質上亦屬強調事項(參見下段之討論)；對查核人員而言，也是非常重要的查核事項，故其本質上亦屬關鍵查核事項。只是該等事項對財務報表使用者特別重要，故將其說明置於「繼續經營有關之重大不確定性段」中，以突顯其重要性。

2. 強調事項，係指已於財務報表表達或揭露之事項中，但會計師認為對財務報表使用者瞭解財務報表係屬重要者。強調事項皆屬於已於財務報表表達或揭露之事項，不可以是財務報表應揭露而未揭露之事項(應揭露而未揭露之事項可能會導致會計師修正意見，此種事件應於查核意見之基礎段說明)，會計師純粹只是提醒財務報表使用者注意。會計師可於查核報告中增加「強調事項段」(emphasis of matter paragraph)加以說明。

3. 其他事項，係指未於財務報表表達或揭露之事項中(非屬管理階層應揭露之事項)，但會計師認為對財務報表使用者瞭解查核工作、會計師查核財務報表之責任或查核報告係屬攸關者。會計師可於查核報告中增加「其他事項段」(other matter paragraph)加以說明。

換言之，如果受查者有上述三種額外要溝通之事項，會計師所出具之查核報告除了原先各種應有之各段外，尚會包括「繼續經營有關之重大不確定性段」、「強調事項段」及「其他事項段」。在各段的排列順序上，相關審計準則僅規定「查核意見段」及「查核意見之基礎段」一定要為查核報告中的第一段及第二段，其他各段的排列順序，會計師應依其專業判斷，依照各段對財務報表使用者相對的重要性及性質(如讓整體查核報告表達的邏輯更順暢)排序，並沒有硬性的規定。

此外，會計師如擬於查核報告中納入「繼續經營有關之重大不確定性段」、「強調事項段」或「其他事項段」時，應就該事項及其內容與治理單位溝通。此等溝通有助於治理單位瞭解上述事項之性質，亦提供治理單位於必要時作進一步釐清之機會。包含於查核報告中其他事項段之特定事項如係於每一續任之查核案件重複發生，除非法令另有規定，會計師可能決定無須與治理單位重複溝通此事項。最後，值得強調的是，在這三段中所說明的事項，皆不得為會使會計師出具修正式查核報告的事項。

以下各小節將分別介紹會計師於查核報告中溝通上述三種額外事項的相關規定。

3.7.1 與受查者繼續經營能力不確定的事項

除非受查者管理階層意圖或被迫清算或停止營業，一般用途財務報表係採用繼續經營會計基礎編製。依據適用之一般用途財務報導架構，管理階層應負責評估企業繼續經

營之能力、繼續經營會計基礎之採用是否適當，以及相關事項之揭露（如適用時）。而查核人員之責任係執行適當之查核程序，取得足夠及適切之查核證據，俾對管理階層採用繼續經營會計基礎編製財務報表之適當性，及受查者繼續經營之能力是否存在重大不確定性，做出結論。惟查核人員對此結論所作之評估常涉及可能導致受查者不再具有繼續經營能力之未來事件或情況，受先天限制之潛在影響較大。因此，會計師於查核報告中未提及受查者繼續經營之能力存在重大不確定性，並無法作為對受查者繼續經營能力之保證。

當查核人員依據所蒐集之證據，可能得到下列結論之一，其對查核報告之影響分述如下：

1. 採用繼續經營會計基礎係屬適當，且未存在重大不確定性。在此情況下，會計師於查核報告中無須增加「繼續經營有關之重大不確定性段」。
2. 採用繼續經營會計基礎係屬適當，惟存在重大不確定性。在此情況下，查核人員應進一步依所適用之財務報導架構評估管理階層是否已於財務報表作充分之揭露：
   (1) 如果管理階層已於財務報表作充分之揭露，會計師應出具無保留意見（假設財務報表無重大不實表達），並於查核報告中增加「繼續經營有關之重大不確定性段」溝通繼續經營有關之重大不確定事項。
   (2) 如果管理階層未於財務報表作充分之揭露，則屬於財務報表存有重大或廣泛性之不實表達，會計師應視案件之情況出具保留意見或否定意見。會計師應於查核報告之「保留（或否定）意見之基礎段」，敘明存有使受查者繼續經營之能力可能產生重大不確定性之事項或情況，惟財務報表未充分揭露此事實，不可增加「繼續經營有關之重大不確定性段」，因為相關說明已於保留（或否定）意見之基礎段加以說明。
3. 採用繼續經營會計基礎係屬不適當。由於其對財務報表影響層面非常廣泛，在此情況下，會計師只有出具否定意見一途了。會計師應於查核報告之「否定意見之基礎段」，敘明受查者採用繼續經營會計基礎係屬不適當之理由，不可增加「繼續經營有關之重大不確定性段」。

值得再次提醒的是，有關繼續經營有關之事項，不論會計師決定於查核報告中增加「繼續經營有關之重大不確定性段」，或是導致其修正查核意見（保留或否定意見），該等事項本質上亦屬關鍵查核事項。誠如於3.3節中對「關鍵查核事項段」之討論，不應於該段中溝通該事項，僅須於本段的前言中索引至「有關繼續經營之重大不確定性段」或「保留（或否定）意見之基礎段」之說明。

當會計師決定於查核報告增加「繼續經營之重大不確定性段」說明相關事項時（代表會計師認為管理階層採用繼續經營會計基礎係屬適當，並已於財務報表作充分之揭

露)，該段標題應為「繼續經營之重大不確定性」，並說明：

1. 索引至財務報表中相關之附註揭露，提醒使用者注意。由於附註揭露已說明相關資訊，會計師不必要再詳述。
2. 敘明該等事件或情況顯示存在使受查者繼續經營之能力可能產生重大疑慮之重大不確定性，且<u>並未因此而修正查核意見</u>。

　　圖表 3.8 及圖表 3.9 分別列示上市 (櫃) 公司因存在重大不確定性且財務報表揭露係屬適當及未充分揭露時，出具無保留意見及保留意見之查核報告。

　　使受查者繼續經營能力可能產生重大疑慮之事件或情況 (就個別或彙總而言) 非常廣泛，例如，在財務面，負債總額大於資產總額、預期可能無法清償或展延即將到期之借款、債權人有抽回銀根之跡象、重大營運損失、無法遵循借款合約條款、開發必要之新產品或其他必要投資所需之資金無法獲得。在營運面，管理階層意圖清算或停止營業、喪失主要市場 (主要客戶、特許權或主要供應商)、主要管理階層離職而未予遞補、人力短缺、重要原料缺貨、具高度競爭力之對手出現等。在其他方面，未遵循有關法令之規定、未決訴訟案件之不利判決非受查者所能負擔、未投保或保額不足之重大資產發生損毀或滅失等。會計師於評估該等事項或情況對受查者繼續經營是否有重大不確定時，尚應考量管理階層未來因應措施的可行性及是否足以解決該等事項或情況所造成的不利影響。

　　至於會計師對受查者繼續經營之評估及查核程序之因應，TWSA570「繼續經營」提供詳細之指引，讀者可進一步參閱相關規定，本書亦將於第十八章做進一步的說明。

3.7.2　強調事項

　　誠如先前對強調事項所下的定義，會計師認為有必要提醒財務報表使用者注意已於財務報表表達或揭露之事項中，對使用者瞭解財務報表係屬重要者。惟會計師亦應注意，如過度使用強調事項段，可能降低溝通該等事項之有效性 (詳細規定請參閱 TWSA706「查核報告中之強調事項段及其他事項段」)。

　　此外，為防止會計師濫用強調事項段，以規避導致修正查核意見事項及關鍵查核事項之溝通。強調事項除了要符合已於財務報表表達或揭露之條件外，尚須符合下列二項條件：

1. 會計師不因該事項而須表示修正式意見。
2. 該事項未被決定為關鍵查核事項。會計師不得以強調事項取代個別關鍵查核事項之說明。

圖表 3.8　繼續經營之能力存在重大不確定性，財務報表已充分揭露之無保留意見查核報告

會計師查核報告

甲公司(或其他適當之報告收受者)公鑒：

查核意見

（同標準無保留意見）

查核意見之基礎

（同標準無保留意見）

繼續經營有關之重大不確定性

甲公司民國×2年度財務報表附註六說明，甲公司民國×2年一月一日至十二月三十一日淨損失新台幣×××元，且民國×2年十二月三十一日之流動負債超過其資產總額×××元。如附註六所述，該等事件或情況及附註六所列示之其他事項，顯示存在使甲公司繼續經營之能力可能產生重大疑慮之重大不確定性。本會計師並未針對該等事項修正查核意見。

關鍵查核事項

關鍵查核事項係指依本會計師之專業判斷，對甲公司民國×2年度財務報表之查核最為重要之事項。該等事項已於查核財務報表整體及形成查核意見之過程中予以因應，本會計師並不對該等事項單獨表示意見。除繼續經營有關之重大不確定性段所述之事項外，本會計師決定下列事項為關鍵查核事項：

（逐一敘明其他個別關鍵查核事項）

管理階層與治理單位對財務報表之責任

（同標準無保留意見）

會計師查核財務報表之責任

（同標準無保留意見）

××會計師事務所
會計師：(簽名及蓋章)
會計師：(簽名及蓋章)
××會計師事務所地址：
中華民國×3年2月25日

一旦會計師認為有需要溝通強調事項，則應於查核報告中增加「強調事項段」，並於該段中溝通該等事項。會計師可能認為須於「強調事項段」溝通之事項列舉如下：

1. 會計政策變動或會計報導個體變動，對比較財務報表一致性造成影響。
2. 重大訴訟或監管措施未來結果之不確定性。
3. 財務報導期間結束日後至查核報告日間發生之重大期後事項。
4. 會計師於查核報告日後始獲悉某事實並修改查核報告或出具更新之查核報告。

圖表 3.9 繼續經營之能力存在重大不確定性，財務報表未充分揭露之保留意見查核報告

會計師查核報告

甲公司 (或其他適當之報告收受者) 公鑒：

保留意見

甲公司……(用語同標準無保留意見)，業經本會計師查核竣事。

依本會計師之意見，除保留意見之基礎段所述之資訊揭露不完整外，……(其他用語同標準無保留意見) 依本會計師之意見，……之財務績效及現金流量 (同標準無保留意見)。

保留意見之基礎

如附註 × 所述，甲公司之融資協議將到期且應於民國 ×3 年三月十九日支付流通在外之金額。甲公司未能再協商或借新還舊，該等情況顯示使甲公司繼續經營之能力可能產生重大疑慮之重大不確定性存在。此事項未於財務報表中予以揭露。

本會計師係依照會計師查核簽證財務報表規則及審計準則執行查核工作……(其他用語同標準無保留意見)，以作為表示保留意見之基礎。

關鍵查核事項

關鍵查核事項係指依本會計師之專業判斷，對甲公司民國 ×2 年度財務報表之查核最為重要之事項。該等事項已於查核財務報表整體及形成查核意見之過程中予以因應，本會計師並不對該等事項單獨表示意見。除保留意見之基礎段所述之事項外，本會計師決定下列事項為關鍵查核事項：

(逐一敘明其他個別關鍵查核事項)

管理階層與治理單位對財務報表之責任

(同標準無保留意見)

會計師查核財務報表之責任

(同標準無保留意見)

×× 會計師事務所
會計師：(簽名及蓋章)
會計師：(簽名及蓋章)
×× 會計師事務所地址：
中華民國 ×3 年 2 月 25 日

5. 提前適用對財務報表具重大影響之新會計準則 (如得提前適用)。
6. 對受查者財務狀況或財務績效具重大影響之災害等。

當會計師於查核報告中納入強調事項段時，該段應：

1. 單獨表達，且其標題為「強調事項」。此外，根據 TWSA706 第 22 條之規定，會計師於查核報告中溝通關鍵查核事項時，可於強調事項段之標題增加小標題 (例如，「強

調事項──期後事項」)，以明確區分強調事項段與關鍵查核事項段所述之個別事項。
2. 將該強調事項索引至財務報表相關揭露。因強調事項為已於財務報表表達或揭露之事項，該段僅可索引至表達或揭露，無須重複說明相關揭露之事項。
3. 敘明未因該強調事項而修正查核意見。

3.7.3 其他事項

有些事項雖然未於財務報表表達或揭露 (即該事項非屬管理階層應提供之資訊)，但會計師認為該等事項之溝通，有助於財務報表使用者瞭解查核工作、會計師查核財務報表之責任或查核報告，如法令未禁止溝通該等事項，且非屬關鍵查核事項 (其理由與強調事件相同)，該等事項即為其他事項。

一旦會計師認為有需要溝通其他事項，則應於查核報告中增加「其他事項段」，並於該段中溝通該等事項。會計師可能認為須於「其他事項段」溝通之事項列舉如下：

1. 查核規劃及範圍有關之事項 (例如，重大性之應用或查核範圍)。
2. 前期財務報表係由其他會計師查核。
3. 集團財務報表部分組成個體由其他會計師查核，而集團主辦會計師欲區分責任。
4. 限制查核報告分送或使用。特定用途 (special purpose) 之財務報表可能依一般用途 (general purpose) 架構編製，由於其查核報告係供特定使用者使用，會計師可能認為有必要於查核報告中敘明查核報告僅供特定使用者使用，且不得作為其他用途。

會計師於「其他事項段」溝通其他事項時，該段應單獨表達，且其標題應為「其他事項」。此外，根據TWSA706第22條之規定，會計師於查核報告中溝通關鍵查核事項時，可於其他事項段之標題增加小標題 (例如，「其他事項──查核範圍」)，以明確區分其他事項段與關鍵查核事項段所述之個別事項。最後，值得提醒的是，因其他事項非屬管理階層應於財務報表達或揭露之事項，故不應增加「未因該其他事項而修正查核意見」的文字。

為了讓讀者更具體瞭解會計師如何於查核報告中溝通強調事項及其他事項，圖表3.10 列示上市 (櫃) 公司無保留意見，包括「強調事項段」及「其他事項段」之查核報告。

3.8 較複雜情況下的查核報告

前述各節所討論之查核報告基本上是假設同一會計師對兩年度比較財務報表出具相同的查核意見。但實務上，兩年度比較財務報表可能由不同會計師 (指不同會計師事務所之會計師) 查核 (當受查者更換會計師事務所查核就會發生此種情況)，或同一會計師

圖表 3.10　包括「強調事項段」及「其他事項段」之無保留意見查核報告

會計師查核報告

甲公司(或其他適當之報告收受者)公鑒：

查核意見

　　甲公司民國 ×2 年十二月三十一日之資產負債表，暨民國 ×2 年一月一日至十二月三十一日之綜合損益表、權益變動表、現金流量表，以及財務報表附註(包括重大會計政策彙總)，業經本會計師查核竣事。

　　依本會計師之意見，上開財務報表在所有重大方面係依照證券發行人財務報告編製準則暨經金融監督管理委員會認可並發布生效之國際財務報導準則、國際會計準則、解釋及解釋公告編製，足以允當表達甲公司民國 ×2 年十二月三十一日之財務狀況，暨民國 ×2 年一月一日至十二月三十一日之財務績效及現金流量。

查核意見之基礎

　　本會計師係依照會計師查核簽證財務報表規則及審計準則執行查核工作。本會計師於該等準則下之責任將於會計師查核財務報表之責任段進一步說明。本會計師所隸屬事務所受獨立性規範之人員已依會計師職業道德規範，與甲公司保持超然獨立，並履行該規範之其他責任。本會計師相信已取得足夠及適切之查核證據，以作為表示查核意見之基礎。

強調事項

　　甲公司之生產設施於民國 ×3 年二月一日遭逢火災，其影響請參閱財務報表附註 ×。本會計師未因該強調事項而修正查核意見。

關鍵查核事項

　　(同標準無保留意見)

其他事項

　　甲公司民國 ×1 年度之財務報表係由其他會計師查核，並於民國 ×2 年三月三十一日出具無保留意見之查核報告。

管理階層與治理單位對財務報表之責任

　　(同標準無保留意見)

會計師查核財務報表之責任

　　(同標準無保留意見)

××會計師事務所
會計師：(簽名及蓋章)
會計師：(簽名及蓋章)
××會計師事務所地址：
中華民國 ×3 年 2 月 25 日

也可能對兩年度的財務報表分別出具不同的查核意見，甚至也可能對同一年度不同的財務報表(資產負債表、綜合損益表、權益變動表及現金流量表)出具不同的查核意見。實務上各種情況都可能發生，審計準則不可能提供各種情況下查核報告的範例，惟有靠讀者體會現行審計準則規範查核報告撰寫的邏輯，方能培養出因應於各種情況下，撰寫出妥適之查核報告的專業能力。

一般而言，如果同一會計師對不同年度表示不同的查核意見，查核報告中的查核意見段及查核意見之基礎段的標題會以各年度之查核意見作為標題，如「無保留意見及保留意見」及「無保留意見及保留意見之基礎」，再於各段中依財務報表年度分別敘明會計師所出具的查核意見及查核意見的基礎，至於「關鍵查核事項段」及「會計師查核財務報表之責任段」則配合各年度所出具的查核意見，依3.3節至3.6節所討論之規定進行修改。甚至可利用3.7節強調事項段及其他事項段達到補充說明所面對的複雜情況。

本節列舉數例，以說明上述原則的運用，圖表3.11列示甲公司兩年度分別由不同會計師查核，且皆出具無保留意見的查核報告。而圖表3.12列示甲公司兩年度分別由不同會計師查核，但現任會計師出具無法表示意見，而前任會計師出具無保留意見之查核報告。[再提醒一次，所有的釋例皆假設係對上市(櫃)公司依允當表達架構編製財務報表所出具之查核報告。]

在圖表3.11的釋例中，會計師可利用「其他事項段」說明前期財務報表係由其他會計師查核，並出具無保留意見之事實(包括查核報告日)。而在查核意見段明確地說明現任會計師只查核×2年之財務報表，理所當然，查核意見自然只能說明會計師僅對×2年之財務報表表示意見，財務報表使用者自然也很清楚的瞭解「查核意見段之基礎段」、「關鍵查核事項段」及「會計師查核財務報表之責任」所指的是現任會計師查核×2年財務報表之查核意見之基礎、關鍵查核事項及所負的責任。

在圖表3.12的釋例中，會計師仍可利用「其他事項段」說明前期財務報表係由其他會計師查核，並出具無保留意見之事實(包括查核報告日)。由於現任會計師對×2年出具無法表示意見，故×2年之查核報告之架構及內容則可套用前述無法表示意見查核報告之架構及內容，即修改「查核意見段」及「查核意見之基礎段」之標題及內容、刪除「關鍵查核事項段」、「會計師查核財務報表之責任」僅能提及：1.會計師之責任依照審計準則執行查核工作，並出具查核報告。惟由於無法表示意見之基礎段所述事項之情節極為重大，會計師無法取得足夠及適切之查核證據，以作為表示查核意見之基礎。以及2.會計師所隸屬事務所受獨立性規範之人員已依會計師職業道德規範，與受查者保持超然獨立，並履行該規範之其他責任。

圖表3.13列示甲公司兩年度由同一會計師查核，對×1年決定出具無保留意見，但對×2年財務報表之查核，因查核範圍受到重大且廣泛的限制，會計師決定出具無法表

圖表 3.11　兩年度分別由不同會計師查核，且皆出具無保留意見的查核報告

會計師查核報告

甲公司 (或其他適當之報告收受者) 公鑒：

查核意見

　　甲公司民國 ×2 年十二月三十一日之資產負債表，暨民國 ×2 年一月一日至十二月三十一日之綜合損益表、權益變動表、現金流量表，以及財務報表附註 (包括重大會計政策彙總)，業經本會計師查核竣事。

　　依本會計師之意見，上開財務報表在所有重大方面係依照證券發行人財務報告編製準則暨經金融監督管理委員會認可並發布生效之國際財務報導準則、國際會計準則、解釋及解釋公告編製，足以允當表達甲公司民國 ×2 年十二月三十一日之財務狀況，暨民國 ×2 年一月一日至十二月三十一日之財務績效及現金流量。

查核意見之基礎

　　本會計師係依照會計師查核簽證財務報表規則及審計準則執行查核工作。本會計師於該等準則下之責任將於會計師查核財務報表之責任段進一步說明。本會計師所隸屬事務所受獨立性規範之人員已依會計師職業道德規範，與甲公司保持超然獨立，並履行該規範之其他責任。本會計師相信已取得足夠及適切之查核證據，以作為表示查核意見之基礎。

其他事項

　　甲公司民國 ×1 年度之財務報表係由其他會計師查核，並於民國 ×2 年三月三十一日出具無保留意見之查核報告。

關鍵查核事項

　　關鍵查核事項係指依本會計師之專業判斷，對甲公司民國 ×2 年度財務報表之查核最為重要之事項。該等事項已於查核財務報表整體及形成查核意見之過程中予以因應，本會計師並不對該等事項單獨表示意見。本會計師決定下列事項為關鍵查核事項：

　　[依 TWSA701 之規定，逐一敘明關鍵查核事項]

管理階層（與治理單位）對財務報表之責任

　　(同標準無保留意見)

會計師查核財務報表之責任

　　(同標準無保留意見)

×× 會計師事務所
會計師：(簽名及蓋章)
會計師：(簽名及蓋章)
×× 會計師事務所地址：
中華民國 ×3 年 2 月 25 日

圖表 3.12　兩年度分別由不同會計師查核，但現任會計師出具無法表示意見，而前任會計師出具無保留意見之查核報告

會計師查核報告

甲公司(或其他適當之報告收受者)公鑒：

無法表示意見

　　本會計師受委任查核甲公司民國×2年十二月三十一日之資產負債表，暨民國×2年一月一日至十二月三十一日之綜合損益表、權益變動表、現金流量表，以及財務報表附註(包括重大會計政策彙總)。

　　本會計師對上開財務報表無法表示意見。由於無法表示意見之基礎段所述事項之情節重大，本會計師無法取得足夠及適切之查核證據，以作為表示查核意見之基礎。

無法表示意見之基礎

　　本會計師於民國×2年十二月三十一日後方接受委任，致無法觀察甲公司民國×2年初及年底實體存貨之盤點，亦無法以替代方法確定其存貨數量，民國×2年十二月三十一日存貨之帳面金額為新台幣×××元。此外，甲公司於民國×2年九月新採用之應收帳款系統產生許多錯誤。截至查核報告日，管理階層仍在修正系統缺失及更正錯誤中。本會計師無法以替代方法確認或驗證民國×2年十二月三十一日應收帳款之帳面金額新台幣×××元。因上述事項，本會計師無法判斷是否須對存貨及應收帳款之帳面金額暨綜合損益表、權益變動表及現金流量表作必要之調整。

其他事項

　　甲公司民國×1年度之財務報表係由其他會計師查核，並於民國×2年三月三十一日出具無保留意見之查核報告。

管理階層與治理單位對財務報表之責任

　　(同標準無保留意見)

會計師查核財務報表之責任

　　本會計師之責任係依照會計師查核簽證財務報表規則及審計準則執行查核工作，並出具查核報告。惟由於無法表示意見之基礎段所述事項之情節極為重大，本會計師無法取得足夠及適切之查核證據，以作為表示查核意見之基礎。

　　本會計師所隸屬事務所受獨立性規範之人員已依會計師職業道德規範，與甲公司保持超然獨立，並履行該規範之其他責任

　　　　　　　　　　　　　　　　　　　　　××會計師事務所
　　　　　　　　　　　　　　　　　　　　　會計師：(簽名及蓋章)
　　　　　　　　　　　　　　　　　　　　　會計師：(簽名及蓋章)
　　　　　　　　　　　　　　　　　　　　　××會計師事務所地址：
　　　　　　　　　　　　　　　　　　　　　中華民國×3年2月25日

圖表 3.13　對 ×2 年度財務報表出具無法表示意見，但對 ×1 年表示無保留意見之查核報告

會計師查核報告

甲公司 (或其他適當之報告收受者) 公鑒：

無法表示意見與無保留意見

對民國 ×2 年度財務報表無法表示意見

本會計師受委任查核甲公司民國 ×2 年十二月三十一日之資產負債表，暨民國 ×2 年一月一日至十二月三十一日之綜合損益表、權益變動表、現金流量表，以及財務報表附註 (包括重大會計政策彙總)。

本會計師對上開財務報表無法表示意見。由於無法表示意見之基礎段所述事項之情節重大，本會計師無法取得足夠及適切之查核證據，以作為表示查核意見之基礎。

對民國 ×1 年度財務報表表示無保留意見

甲公司民國 ×1 年十二月三十一日之資產負債表，暨民國 ×1 年一月一日至十二月三十一日之綜合損益表、權益變動表、現金流量表，以及財務報表附註 (包括重大會計政策彙總)，業經本會計師查核竣事。

依本會計師之意見，上開財務報表在所有重大方面係依照證券發行人財務報告編製準則暨經金融監督管理委員會認可並發布生效之國際財務報導準則、國際會計準則、解釋及解釋公告編製，足以允當表達甲公司民國 ×1 年十二月三十一日之財務狀況，暨民國 ×1 年一月一日至十二月三十一日之財務績效及現金流量。

無法表示意見與無保留意見之基礎

對民國 ×2 年度財務報表無法表示意見之基礎

甲公司採用權益法處理之合資企業投資 (乙公司) 於民國 ×2 年十二月三十一日之帳面金額為新台幣 ××× 元，該金額占甲公司民國 ×2 年十二月三十一日權益之 90%。甲公司民國 ×2 年度採權益法認列之損益份額為新台幣 ××× 元。本會計師未能接觸乙公司之財務資訊、管理階層及查核人員，致無法對該等金額取得足夠及適切之查核證據，因此本會計師無法判斷是否須對該等金額及權益變動表與現金流量表作必要之調整。

對民國 ×1 年度財務報表表示無保留意見之基礎

本會計師係依照會計師查核簽證財務報表規則及審計準則執行查核工作。本會計師於該等準則下之責任將於會計師查核財務報表之責任段進一步說明。本會計師所隸屬事務所受獨立性規範之人員已依會計師職業道德規範，與甲公司保持超然獨立，並履行該規範之其他責任。本會計師相信已取得足夠及適切之查核證據，以作為表示查核意見之基礎。

管理階層與治理單位對財務報表之責任

(同標準無保留意見)

會計師查核財務報表之責任

會計師查核民國 ×2 年度財務報表之責任

　　本會計師之責任係依照會計師查核簽證財務報表規則及審計準則執行查核工作，並出具查核報告。惟由於無法表示意見之基礎段所述事項之情節極為重大，本會計師無法取得足夠及適切之查核證據，以作為表示查核意見之基礎。

　　本會計師所隸屬事務所受獨立性規範之人員已依會計師職業道德規範，與甲公司保持超然獨立，並履行該規範之其他責任。

會計師查核民國 ×1 年度財務報表之責任

　　（同標準無保留意見）

×× 會計師事務所
會計師：（簽名及蓋章）
會計師：（簽名及蓋章）
×× 會計師事務所地址：
中華民國 ×3 年 2 月 25 日

示意見。

　　在圖表 3.13 釋例中，因會計師對不同年度財務報表表示不同意見，故「查核意見段」及「查核意見之基礎段」之標題應改為「無法表示意見與無保留意見」及「無法表示意見與無保留意見之基礎」，惟這兩段及「會計師查核財務報表之責任」之內容，則依各年財務報表所出具的意見，分別套用 3.3 節至 3.6 節所討論之規定進行修改（不再贅述）。此外，由於「關鍵查核事項段」僅用以說明「本期」（即 ×2 年）查核之關鍵查核事項，但因本釋例會計師對 ×2 年度財務報表表示無法表示意見，依規定「關鍵查核事項段」應予刪除，故本釋例並無「關鍵查核事項段」。

　　在圖表 3.14 釋例中，由於會計師對 ×1 年及 ×2 年之財務報表分別表示無保留意見及否定意見，因此，「查核意見段」及「查核意見之基礎段」之標題須修改為「否定意見及無保留意見」及「否定意見及無保留意見之基礎」，惟這兩段的內容，則依各年財務報表所出具的意見，分別套用 3.3 節至 3.6 節所討論之規定進行修改（不再贅述）。因會計師對 ×1 年及 ×2 年之財務報表皆執行應有之查核程序，故「會計師查核財務報表之責任」之內容比照無保留意見之內容，無須修改。另雖然本釋例會計師決定 ×2 年之查核，除了否定意見之基礎段所述之事項外，未有須於查核報告中溝通之其他關鍵查核事項，但依審計準則第五十八號第 15 條之規定，仍應於查核報告中關鍵查核事項段說明之，故「關鍵查核事段項」不可刪除。

圖表 3.14 對 ×2 年度財務報表出具否定意見，但對 ×1 年表示無保留意見之查核報告

會計師查核報告

甲公司(或其他適當之報告收受者)公鑒：

否定意見與無保留意見

甲公司及其子公司(甲集團)民國 ×2 年十二月三十一日及民國 ×1 年十二月三十一日之合併資產負債表，暨民國 ×2 年一月一日至十二月三十一日及民國 ×1 年一月一日至十二月三十一日之合併綜合損益表、合併權益變動表、合併現金流量表，以及合併財務報表附註(包括重大會計政策彙總)，業經本會計師查核竣事。

對民國 ×2 年度合併財務報表表示否定意見

依本會計師之意見，因否定意見之基礎段所述事項之影響極為重大，甲集團民國 ×2 年度之合併財務報表未依照證券發行人財務報告編製準則暨經金融監督管理委員會認可並發布生效之國際財務報導準則、國際會計準則、解釋及解釋公告編製，致無法允當表達甲集團民國 ×2 年十二月三十一日之合併財務狀況，暨民國 ×2 年一月一日至十二月三十一日之合併財務績效及合併現金流量。

對民國 ×1 年度合併財務報表表示無保留意見

依本會計師之意見，甲集團民國 ×1 年度之合併財務報表在所有重大方面係依照證券發行人財務報告編製準則暨經金融監督管理委員會認可並發布生效之國際財務報導準則、國際會計準則、解釋及解釋公告編製，足以允當表達甲集團民國 ×1 年十二月三十一日之合併財務狀況，暨民國 ×1 年一月一日至十二月三十一日之合併財務績效及合併現金流量。

否定意見與無保留意見之基礎

如甲集團合併財務報表附註 × 所述，甲集團未將民國 ×2 年度取得之子公司(乙公司)依適當基礎納入合併財務報表，而將該投資按收購成本列示，致重大影響民國 ×2 年度合併財務報表之多項要素，該等影響金額無法確定。

本會計師係依照會計師查核簽證財務報表規則及審計準則執行查核工作。本會計師於該等準則下之責任將於會計師查核合併財務報表之責任段進一步說明。本會計師所隸屬事務所受獨立性規範之人員已依會計師職業道德規範，與甲集團保持超然獨立，並履行該規範之其他責任。本會計師相信已取得足夠及適切之查核證據，以作為對甲集團民國 ×2 年度及 ×1 年度之合併財務報表分別表示否定意見及無保留意見之基礎。

關鍵查核事項

關鍵查核事項係指依本會計師之專業判斷，對甲公司民國 ×2 年度財務報表之查核最為重要之事項。該等事項已於查核財務報表整體及形成查核意見之過程中予以因應，本會計師並不對該等事項單獨表示意見。除否定意見之基礎段所述之事項外，本會計師決定未有須於查核報告中溝通之其他關鍵查核事項。

管理階層與治理單位對合併財務報表之責任
　　（同標準無保留意見）

會計師查核合併財務報表之責任
　　（同標準無保留意見）

　　　　　　　　　　　　　　　　　　　　　××會計師事務所
　　　　　　　　　　　　　　　　　　　　　會計師：（簽名及蓋章）
　　　　　　　　　　　　　　　　　　　　　會計師：（簽名及蓋章）
　　　　　　　　　　　　　　　　　　　　　××會計師事務所地址：
　　　　　　　　　　　　　　　　　　　　　中華民國×3年2月25日

3.9　查核報告與財務報表併同表達之補充資訊

　　受查者可能因法令規定，或自願將適用之財務報導架構未規定之補充資訊與財務報表併同表達，會計師應依其專業判斷，評估該等補充資訊是否因其性質或表達方式而視為財務報表之一部分。若該等補充資訊為財務報表之一部分，則查核人員應對該等補充資訊執行適當之查核程序，查核意見亦應涵蓋該等資訊。若該等補充資訊非為財務報表之一部分，則查核人員無須對該等補充資訊執行查核程序，僅須閱讀該等補充資訊，檢視是否與財務報表的資訊一致，查核意見無須涵蓋該等資訊（依審計準則公報第四十號「其他資訊之閱讀與考量」之規定處理）。例如，當財務報表附註包括財務報表遵循另一財務報導架構之說明或調節時，會計師可能認為該等補充資訊無法與財務報表明確區分，而將該等附註視為財務報表之一部分，於此情況下，查核意見應涵蓋財務報表之相關附註或補充附表，查核報告中亦無須特別提及查核意見所涵蓋之補充資訊（因屬於財務報表的一部分）。又如受查者財務報表中對特定支出揭露其明細，並作為財務報表之附件時，會計師可能認為該等補充資訊可與財務報表可明確區分，而將該等附件不視為財務報表之一部分，於此情況下，查核意見無須涵蓋該等附件。

　　若有財務報導架構未規定之補充資訊，且經判斷非屬經查核財務報表之一部分，會計師應先評估該等補充資訊之表達方式，是否能使其與經查核之財務報表明確區分，若未能明確區分，會計師應要求管理階層變更該等未經查核補充資訊之表達方式。管理階層若拒絕變更，會計師應於查核報告中說明該等補充資訊未經查核。

　　如未經查核之補充資訊可能被誤解為查核意見所涵蓋之資訊，則查核人員可要求管理階層變更該等補充資訊之表達方式，例如：

1. 刪除財務報表與未經查核之補充附表（或未經查核之附註）間之索引。因為，該等索

引易使財務報表使用者誤以為該等未經查核之補充附表為財務報表之一部分,並經查核完畢。
2. 將未經查核之補充資訊置於財務報表之外,若實務上不可行,至少應將未經查核之附註置於財務報表必要附註之後,並清楚標示該等附註「未經查核」。因為未經查核之附註若與經查核之附註相互交錯,則該等附註易被誤解為業經查核。

附錄　審計準則公報第三十三號的查核報告的釋例

雖然審計準則公報第三十三號「財務報表查核報告」於民國 107 年 7 月 1 日正式被 TWSA700、TWSA701、TWSA705 及 TWSA706 所取代，但有些其他查核報告之架構及內容仍依循第三十三號三段式的架構，例如審計準則公報第二十八號「特殊目的查核報告」，未來才有可能會陸續加以修訂；甚至新修訂的 TWSRE2400「財務報表核閱」，其所規定之核閱報告仍採用三段式的架構。因此讀者仍應對審計準則公報第三十三號有基本的瞭解，本附錄將簡要介紹第三十三號三段式查核報告的架構及內容。

根據審計準則公報第三十三號之規定，財務報表查核報告 (文後統稱為舊式查核報告) 分為下列幾種意見 (會計師決定出具何種查核意見的邏輯與圖表 3.1 完全一樣)：

1. 無保留意見 (unqualified opinion)，實務上亦稱為標準式無保留意見。
2. 修正式無保留意見 (modified unqualified opinion)。
3. 保留意見 (qualified opinion)。
4. 否定意見 (adverse opinion)。
5. 無法表示意見 (disclaimer)。

附錄 3.1　無保留意見查核報告

首先將舊式標準式無保留意見查核報告之範例列示於圖表 3.15，其中包括如下之基本內容：

1. 報告名稱。
2. 報告收受者。
3. 前言段 (introductory paragraph)。
4. 範圍段 (scope paragraph)。
5. 意見段 (opinion paragraph)。
6. 會計師事務所之名稱及地址。
7. 會計師之簽名及蓋章。
8. 查核報告日。

從圖表 3.15 可知，舊式的標準式無保留意見的本文只有三段，分別為前言段、範圍段及意見段。其中前言段主要在說明三項重點：

1. 工作的性質，說明本報告係查核或核閱或其他性質之服務；
2. 查核的標的，說明所查核財務報表之名稱、日期及所涵蓋之期間；

圖表 3.15　標準式無保留意見之查核報告

會計師查核報告	報告名稱
甲公司公鑒：	報告收受者
甲公司民國 ×2 年十二月三十一日及民國 ×1 年十二月三十一日之資產負債表，暨民國 ×2 年一月一日至十二月三十一日及民國 ×1 年一月一日至十二月三十一日之綜合損益表、權益變動表及現金流量表，業經本會計師查核竣事。上開財務報表之編製係管理階層之責任，本會計師之責任則為根據查核結果對上開財務報表表示意見。	前言段
本會計師係依照審計準則規劃並執行查核工作，以合理確信財務報表有無重大不實表達。此項查核工作包括以抽查方式獲取財務報表所列金額及所揭露事項之查核證據，評估管理階層編製財務報表所採用之會計原則及所作之重大會計估計，暨評估財務報表整體之表達。本會計師相信此項查核工作可對所表示之意見提供合理之依據。	範圍段
依本會計師之意見，第一段所述財務報表在所有重大方面，依係照適用之財務報導架構編製，足以允當表達甲公司民國 ×2 年十二月三十一日及民國 ×1 年十二月三十一日之財務狀況，暨民國 ×2 年一月一日至十二月三十一日及民國 ×1 年一月一日至十二月三十一日之經營成果與現金流量。	意見段
××會計師事務所 　　　　　　　　　　地址： 　　　　　　　　　　會計師：（簽名及蓋章） 　　　　　　　　　　中華民國 ×3 年 2 月 25 日	會計師事務所之名稱及地址 會計師之簽名及蓋章 查核報告日

3. 責任的劃分，敘明財務報表之編製係受查者管理階層之責任，而會計師之責任則為查核該等財務報表並根據查核結果對財務報表表示意見。

　　範圍段乃在說明查核工作之規劃及執行，係依照審計準則及相關法令 (例如，公開發行公司之財務簽證，須另依據會計師查核簽證財務報表規則)，並說明查核工作係基於「合理確信」財務報表有無「重大」不實表達的基礎上，執行查核人員依據情況所需，所執行之必要查核程序。

　　意見段係陳述查核人員依其查核結果所作成的查核結論。查核報告應對財務報表在所有重大方面，是否依照適用之財務報導架構編製及是否允當表達，明確表示意見。

　　其他的要素與新式查核報告相同不再贅述。其他類型查核報告則以標準式無保留意見的架構及用語為基礎，再依查核意見及特定情況修改相關用語或增加額外之說明段。

附錄 3.2　修正式無保留意見查核報告

　　有時會計師已蒐集足夠適切的查核證據，支持財務報表已依一般公認會計原則編製及揭露，應該出具無保留意見，但也認為有些情況需要加以說明，標準式無保留意見的內容及用詞並無法滿足當時的情況。此時，會計師就會出具修正式無保留意見。

　　根據審計準則公報第三十三號之規定，會計師遇有下列情況之一時，應於無保留意見查核報告中加一說明段或其他修改其說明文字：

1. 會計師所表示之意見，部分係採用其他會計師之查核報告且欲區分查核責任。
2. 對受查者之繼續經營假設存有重大疑慮。
3. 受查者所採用之會計原則變動且對財務報表有重大影響。
4. 對前期財務報表所表示之意見與原來所表示者不同。
5. 前期財務報表由其他會計師查核。
6. 欲強調某一重大事項。

　　其實上述情況，在新式查核報告中將其分為三大類，即 3.7 節中所討論的，於查核報告中增加繼續經營有關之重大不確定性事項、強調事項及其他事項之說明，只是在新式報告中，除了繼續經營有關之重大不確定性，強調事項及其他事項包括的範圍更廣，由會計師依專業判斷自行決定之。

　　會計師於撰寫修正式無保留意見查核報告時，可掌握以下原則：

1. 以標準式無保留意見查核報告的三段式無保留意見為最初的藍本。
2. 如果額外想要說明的事項，與標準式無保留意見之三段相關，僅針對這三段文字逕行修改即可。例如，受查公司合併財務報表中，某些子公司為其他會計師事務所所查核，會計師僅依賴其他會計師之查核報告及自己所查核的證據對合併財務報表，會計師欲在查核報告說明此事時，因此事件涉及到查核的標的，與「前言段」有關，故須對「前言段」加以修改，至於範圍段及意見段文字只要略作修改呼應此一情況即可。
3. 如果額外想要說明的事項，與標準式無保留意見之三段無關，則須加「說明段」加以說明，而且一段「說明段」僅說明一件事。至於「說明段」擺放的位置，原則上會置於「意見段」之後，因為修正式無保留意見還是意味會計師認為財務報表係允當表達，如果將「說明段」置於「意見段」之前，可能會引起查核報告使用者認為會計師在講財務報表是允當表達之前又說明其他事項，好像對財務報表「語多保留」，而可能引起不必要的誤解。故建議會計師先在「意見段」說明財務報表是允當表達的，接著再利用「說明段」陳述額外所要說明的事項。
4. 然而，查核報告畢竟是技術性報告，遣詞用字必須精確，邏輯的連結性更是重要。有時將

「說明段」置於意見段之後,可能會造成邏輯上的矛盾或順暢性,在不得已的情況下,就須將「說明段」置於「意見段」之前了。

運用上述撰寫原則,圖表 3.16 至圖表 3.21 列示了上述六種情況所出具之修正式無保留意見查核報告。

📎 圖表 3.16　區分查核責任之修正式無保留意見查核報告

會計師查核報告

甲公司公鑒:

　　甲公司及其子公司民國 ×2 年十二月三十一日及民國 ×1 年十二月三十一日之合併資產負債表,暨民國 ×2 年一月一日至十二月三十一日及民國 ×1 年一月一日至十二月三十一日之合併綜合損益表、合併權益變動表及合併現金流量表,業經本會計師查核竣事。上開合併財務報表之編製係管理階層之責任,本會計師之責任則為根據查核結果對上開合併財務報表表示意見。列入上開合併財務報表之子公司中,有關乙公司之財務報表未經本會計師查核,而係由其他會計師查核。因此,本會計師對上開財務報表所表示之意見中,有關乙公司財務報表所列之金額,係依據其他會計師之查核報告。乙公司民國 ×2 年十二月三十一日及民國 ×1 年十二月三十一日之資產總額分別占合併資產總額之 ××% 及 ××%,民國 ×2 年一月一日至十二月三十一日及民國 ×1 年一月一日至十二月三十一日之營業收入分別占合併營業收入之 ××% 及 ××%。

　　本會計師係依照審計準則規劃並執行查核工作 (與標準式無保留意見同) ……,本會計師相信此項查核工作<u>及其他會計師之查核報告</u>可對所表示之意見提供合理之依據。

　　依本會計師之意見,<u>基於本會計師之查核結果及其他會計師之查核報告</u>,……(與標準式無保留意見同)。

📎 圖表 3.17　繼續經營假設疑慮所出具之修正式無保留意見查核報告

會計師查核報告

甲公司公鑒:

　　(前言段、範圍段及意見段同標準式無保留意見)

　　甲公司民國 ×2 年度發生虧損新台幣 ××× 元,同年底其流動負債超過流動資產達新台幣 ××× 元,負債總額亦已超過資產總額達新台幣 ××× 元,管理階層雖於財務報表附註 × 說明所欲採行之對策,惟繼續經營能力仍存有重大疑慮,第一段所述民國 ×2 年度財務報表係依據繼續經營假設編製,並未因繼續經營假設之重大疑慮而有所調整。

圖表 3.18　因會計原則變動而出具修正式無保留意見查核報告

會計師查核報告

甲公司公鑒：

（前言段、範圍段及意見段同標準式無保留意見）

如財務報表附註 × 所述，甲公司自民國 ×2 年一月一日起，將折舊方法由平均法改為定率遞減法。

圖表 3.19　對前期財務報表所表示之意見與原來所表示者不同之查核報告

會計師查核報告

甲公司公鑒：

（前言段及範圍段同標準式無保留意見）

本會計師曾於民國 ×3 年三月一日對甲公司民國 ×2 年度之財務報表因違反一般公認會計原則，而出具保留意見之查核報告，保留項目包括：以市價作為廠房及設備之評價基礎，並據以提列折舊；未對稅前財務所得與課稅所得之差異認列遞延所得稅。如財務報表附註 × 所述，甲公司已依照適用之財務報導架構修正前述項目之會計處理，並重編民國 ×2 年度之財務報表。因此，本會計師於本報告中對甲公司民國 ×2 年度之財務報表所表示之意見已予更新，且與前期所表示者不同。

（意見段同標準式無保留意見）

圖表 3.20　前任會計師若出具標準式無保留意見之查核報告，繼任會計師出具無保留意見之查核報告

會計師查核報告

甲公司公鑒：

甲公司民國 ×2 年十二月三十一日之資產負債表，暨民國 ×2 年一月一日至十二月三十一日之綜合損益表、股東權益變動表及現金流量表，業經本會計師查核竣事。上開財務報表之編製係管理階層之責任，本會計師之責任則為根據查核結果對上開財務報表表示意見。甲公司民國 ×1 年度之財務報表係由其他會計師查核，並於民國 ×2 年三月三十一日出具無保留意見之查核報告。

（範圍段同標準式無保留意見）

依本會計師之意見，第一段所述民國 ×2 年度財務報表在所有重大方面係依照一般公認會計原則編製，足以允當表達甲公司民國 ×2 年十二月三十一日之財務狀況，暨民國 ×2 年一月一日至十二月三十一日之經營成果與現金流量。

圖表 3.21　強調某一重大事項之查核報告

會計師查核報告

甲公司公鑒：

（前言段、範圍段及意見段同標準式無保留意見）

甲公司已另行編製 ×2 年及 ×1 年之合併財務報表，並經本會計師出具無保留意見及修正式無保留意見查核報告在案，備供參考。

甲公司 ×2 年度財務報表重要會計科目明細表，主要係供補充分析之用，亦經本會計師採用第二段所述之程序予以查核。依本會計師之意見，該等會計科目明細表在重大性方面與第一段所述財務報表相關資訊一致。

附錄 3.3　保留意見查核報告

由於保留意見的意思係指會計師認為財務報表某一部分，因違反一般公認會計原則或查核範圍受到限制，認為該部分不允當表達，或無足夠及適切之證據以判斷是否允當表達，但財務報表的其他部分仍有證據支持係允當表達。因此，無論何種情況所出具之保留意見，其查核報告皆有下列兩項特徵：

1. 「意見段」一定會出現「除……外」之用語，以說明會計師認為財務報表某一部分不允當表達，或無足夠及適切之證據以判斷是否允當表達，但其他部分仍係允當表達之意。
2. 需要加「說明段」說明財務報表某一部分，因違反適用之財務報導架構或查核範圍受到限制的情況及其可能的影響。為了呼應「意見段」將會出現「除……外」之用語，該「說明段」一定會置於「意見段」之前 (讀者是否已體會，修正式無保留意見的「說明段」，原則上會置於「意見段」之後的精神)。

圖表 3.22 及圖表 3.23 分別列示因重大之不實表達及查核範圍受重大限制所出具之保留意見查核報告。

圖表 3.22　因重大之不實表達而出具保留意見之查核報告

會計師查核報告

甲公司公鑒：

（前言段、範圍段同標準式無保留意見）

　　如財務報表附註 × 所述，甲公司民國 ×2 年度及民國 ×1 年度廠房及設備並未提列折舊，與適用之財務報導架構不符。若廠房及設備以平均法計算折舊，則民國 ×2 年底及民國 ×1 年底廠房及設備之帳面價值應分別減少新台幣 ××× 元及新台幣 ××× 元，保留盈餘應分別減少新台幣 ××× 元及新台幣 ××× 元，民國 ×2 年度及民國 ×1 年度稅後純益應分別減少新台幣 ××× 元及新台幣 ××× 元。

　　依本會計師之意見，除上段所述廠房及設備未提列折舊對財務報表之影響外，第一段所述財務報表在所有重大方面係依照適用之財務報導架構編製，足以允當表達甲公司民國 ×2 年十二月三十一日及民國 ×1 年十二月三十一日之財務狀況，暨民國 ×2 年一月一日至十二月三十一日及民國 ×1 年一月一日至十二月三十一日之經營成果與現金流量。

圖表 3.23　因查核範圍受到重大限制而出具保留意見之查核報告

會計師查核報告

甲公司公鑒：

（前言段同標準式無保留意見）

　　除下段所述者外，本會計師係依照審計準則規劃並執行查核工作，以合理確信財務報表有無重大不實表達。此項查核工作包括以抽查方式獲取財務報表所列金額及所揭露事項之查核證據、評估管理階層編製財務報表所採用之會計原則及所作之重大會計估計，暨評估財務報表整體之表達。本會計師相信此項查核工作可對所表示之意見提供合理之依據。

　　甲公司民國 ×2 年十二月三十一日之應收帳款計新台幣 ××× 元占資產總額百分之十，本會計師未能函證，且無法採用其他查核程序獲得足夠及適切之證據。

　　依本會計師之意見，除上段所述民國 ×2 年十二月三十一日之應收帳款如能函證，則民國 ×2 年度財務報表可能有所調整之影響外，第一段所述財務報表在所有重大方面係依照適用之財務報導架構編製，足以允當表達甲公司民國 ×2 年十二月三十一日及民國 ×1 年十二月三十一日之財務狀況，暨民國 ×2 年一月一日至十二月三十一日及民國 ×1 年一月一日至十二月三十一日之經營成果與現金流量。

附錄 3.4　否定意見查核報告

當財務報表存有重大且廣泛重大之不實表達時，因該情況不影響標準「前言段」及「範圍段」的用語，故否定意見查核報告的內容應保留標準「前言段」及「範圍段」的用語，第三段則為「說明段」用以說明財務報表非常重大地違反適用之財務報導架構之處及其可能的影響，藉以作為會計師於「意見段」表達財務報表不允當表達的基礎，圖表 3.24 列示該情況之否定意見查核報告。

圖表 3.24　存有重大且廣泛重大之不實表達之否定意見查核報告

會計師查核報告

甲公司公鑒：

（前言段、範圍段同標準式無保留意見）

如財務報表附註 × 所述，甲公司民國 ×1 年購入長期股權投資未依一般公認會計原則採權益法評價，如依權益法評價，則民國 ×1 及 ×2 年底長期股權投資之帳面價值應分別減少新台幣 ××× 元及 ××× 元，保留盈餘應分別減少新台幣 ××× 元及 ××× 元，稅後純益應分別減少新台幣 ××× 元及 ××× 元。

依本會計師之意見，由於上段所述長期股權投資未依權益法評價之影響極為重大，故第一段所述民國 ×2 及 ×1 年度財務報表無法允當表達甲公司民國 ×2 年十二月三十一日及民國 ×1 年十二月三十一日之財務狀況，暨民國 ×2 年一月一日至十二月三十一日及民國 ×1 年一月一日至十二月三十一日之經營成果與現金流量。

附錄 3.5　無法表示意見查核報告

無法表示意見係因查核範圍受到廣泛的限制，無法對財務報表整體是否允當表達表示其意見。因其實質上等同未執行查核程序。對標準式無保留意見三段所陳述的內容皆有重大的影響，故皆需較大幅度的修改才能符合無法表示意見之需。

就「前言段」而言，因會計師實質上並未執行查核程序，故不能說財務報表業經本會計師查核竣事，自然亦不能提及會計師之責任。就「範圍段」而言，因會計師未執行查核程序，故「範圍段」應整段刪除。接著，以「說明段」說明查核範圍受到非常重大的限制及其影響，藉以作後續「意見段」說明無法表示意見的基礎。故其查核報告只有三段，茲將其範例列示於圖表 3.25：

圖表 3.25　因查核範圍受到重大且廣泛的限制而出具無法表示意見之查核報告

會計師查核報告

甲公司公鑒：

　　甲公司民國 ×2 年十二月三十一日及民國 ×1 年十二月三十一日之資產負債表，暨民國 ×2 年一月一日至十二月三十一日及民國 ×1 年一月一日至十二月三十一日之綜合損益表、股東權益變動表及現金流量表，業經委託本會計師查核。上開財務報表之編製係管理階層之責任。

　　（標準範圍段應予省略）

　　甲公司未對民國 ×2 年度及民國 ×1 年度之期末存貨進行盤點，金額分別為新台幣 ××× 元及新台幣 ××× 元。另甲公司民國 ×1 年十二月三十一日以前購買之廠房及設備成本計新台幣 ××× 元，已無原始憑證可供查核。由於甲公司之會計紀錄不完備，本會計師無法對存貨、廠房及設備採用其他查核程序獲得足夠及適切之證據。

　　由於甲公司未對民國 ×2 年度及民國 ×1 年度之期末存貨進行盤點，且本會計師無法對存貨數量、廠房及設備成本採用其他查核程序，查核範圍顯有不足，無法提供合理之依據以表示意見，因此本會計師對第一段所述財務報表無法表示意見。

本章習題

選擇題

1. 當會計師遇有下列何種情況時,即視為其查核範圍受到限制?
   (A) 對受查者財務報表之查核,部分係基於其他會計師之查核報告
   (B) 受查者進行會計估計時,所依據之假設不合理
   (C) 受查者未將某一子公司納入合併報表之範圍
   (D) 受查者拒絕對必要事項作成聲明

2. 某財經雜誌於 ×2 年初報導甲公司自 ×1 年度以來經營管理不當,有諸多弊端,甲公司則登報指出該報導與事實多有出入,同時,主管機關及檢調單位刻在積極調查中。假設會計師查核甲公司 ×1 年度財務報表,截至查核報告日止,並未發現有不法或異常情事,則對甲公司 ×1 年度財務報表,會計師最可能出具何種類型之查核報告?
   (A) 無保留意見查核報告　　　　　　(B) 否定意見查核報告
   (C) 保留意見查核報告　　　　　　　(D) 無法表示意見查核報告

3. 甲會計師受託查核台北公司 ×1 年度 (×1 年 1 月 1 日至 12 月 31 日) 財務報表,甲會計師於 ×2 年 3 月 1 日結束外勤工作返回事務所,並於 ×2 年 3 月 15 日完成查核報告草稿,×2 年 3 月 25 日將查核報告交付台北公司。查核報告之日期為何?
   (A) ×1 年 12 月 31 日　　　　　　(B) ×2 年 3 月 1 日
   (C) ×2 年 3 月 15 日　　　　　　(D) ×2 年 3 月 25 日

4. 會計師查核報告之部分內容如下:
   「甲公司為籌資擴建廠房,於民國 ×1 年 12 月 1 日發行總額新台幣 5,000 萬元之公司債。依發行公司債之協議書規定,民國 ×1 年 12 月 31 日之未分配盈餘不得發放現金股利,該項限制未於財務報表中予以揭露。
   依本會計師之意見,除上段所述之限制未於民國 ×1 年度財務報表揭露外,第一段所述財務報表在所有重大方面係依照證券發行人財務報告編製準則及暨經金融監督管理委員會認可並發布生效之國際財務報導準則、國際會計準則、解釋及解釋公告編製,足以允當表達甲公司民國 ×1 年 12 月 31 日之財務狀況,暨民國 ×1 年 1 月 1 日至 12 月 31 日之經營成果與現金流量。」試問此查核報告之類型為何?
   (A) 保留意見　　(B) 無保留意見　　(C) 無法表示意見　　(D) 否定意見

5. 會計師於受託查核財務報表時,前期財務報表如未經會計師查核,該會計師應如何處理?
   (A) 於本期查核報告敘明前期財務報表未經查核之事實
   (B) 要求受查者不得將前期財務報表與本期併列

(C) 對前期財務報表出具無法表示意見之查核報告

(D) 對前期財務報表進行核閱

6. 甲會計師受託查核台北公司×1年度(×1年1月1日至12月31日)財務報表，於×2年3月1日結束外勤工作，返回事務所。在撰寫查核報告期間，台北公司之客戶高雄公司於×3年3月8日發生倒閉，導致台北公司之應收帳款無法收回，因此，甲會計師乃重新評估台北公司×2年12月31日之應收帳款備抵壞帳是否提列足額，並於×2年3月20日完成查核程序，再於同月25日完成查核報告草稿，3月31日台北公司財務報表經董事會通過。以下何日期最可能作為查核報告之日期？

(A) ×2年3月31日　　　　　　　(B) ×2年3月1日
(C) ×2年3月20日　　　　　　　(D) ×2年3月25日

7. 甲公司因於×1年度受到行業不景氣之影響，致當年度發生嚴重虧損，使當年底之股東權益成為負數。甲公司已於×1年度財務報表附註說明其擬減資、彌補虧損並再增資之計畫。假設甲公司×1年度財務報表，除前述事項外，並無其他異常情事，則會計師最可能出具何種類型之查核報告？

(A) 無保留意見查核報告　　　　(B) 否定保留意見查核報告
(C) 保留意見查核報告　　　　　(D) 無法表示意見查核報告

8. 受查者之前期財務報表違反適用之財務報導架構，會計師因而出具保留意見之查核報告，惟受查者已於本期依適用之財務報導架構重編。會計師針對本期與前期之比較財務報表出具查核報告時，應如何處理？

(A) 對重編後之財務報表表示保留意見，並指出本次意見與前次不同

(B) 對重編後之財務報表表示無保留意見，至於是否指出二次之意見有所不同，則由查核人員自行判斷，再作決定

(C) 指明該前期財務報表已經重編，並對重編後之財務報表表示保留意見

(D) 指明該前期財務報表已經重編，並對重編後之前期財務報表表示無保留意見及指出二次之意見不同

9. 下列何種情況可能不屬於查核範圍受限？

(A) 受查者部分帳簿憑證因保管不慎而遺失

(B) 主查會計師無法親自查核受查者之國外子公司，而委由當地會計師查核

(C) 受查者表示無法配合提供某些資料，致部分查核程序無法進行

(D) 受查者因採用電子化的程度頗深，部分交易未能保留足夠之交易軌跡

10. 在下列何種情況，會計師應簽發保留意見？

(A) 會計師不獨立，但仍執行所有之必要查核程序

(B) 內部控制制度不健全
(C) 會計師之查核範圍受客觀環境限制
(D) 企業在報表中揭示會計準則規定之補充性資訊

11. 會計師對比較財務報表之查核報告，下列何者的敘述正確？
    (A) 如果對本期的資產負債表表示無保留意見，不能對本期的損益表表示否定意見
    (B) 如果對本期的資產負債表表示無保留意見，不能對前期的損益表表示否定意見
    (C) 如果對本期的損益表表示無保留意見，不能對前期的資產負債表表示否定意見
    (D) 對不同期的損益表或同期的損益表與資產負債表，可以給不同的查核意見

12. 會計師若確定受查者繼續經營假設與實際情況不符，而受查者財務報表已依清算價值評價或分類。為強調此一事實，會計師應出具何種查核報告？
    (A) 無保留意見   (B) 否定留意見   (C) 保留意見   (D) 無法表示意見

13. 興台公司變更機器設備耐用年限，由原估計之 10 年變更為 20 年，但會計師並不認同此項變更，該變更之影響屬重大，但未達廣泛之程度。在此情況下，會計師應出具何種類型之查核報告？
    (A) 無保留意見   (B) 否定意見   (C) 保留意見   (D) 無法表示意見

14. 關係人交易之揭露未能符合適用之財務報導準則架構時，會計師應：
    (A) 出具無保留意見之查核報告   (B) 出具保留意見或否定意見之查核報告
    (C) 終止委任合約   (D) 出具無法表示意見之查核報告

15. 客戶未在財務報表中將一項金額重大的租賃給予資本化，會計師發現後並考量違反適用之財務報導架構的嚴重程度時，則會計師可以選擇的報告型態有：
    (A) 無保留或無法表示意見   (B) 無保留或保留意見
    (C) 無保留意見加強調事項段 (D) 保留意見或否定意見

16. 當查核人查核範圍受到限制時，其受限情況可能為不重大、重大或非常重大(pervasiveness)，在查核範圍受到限制的情況下，會計師不可能出具何種查核意見？
    (A) 無保留意見   (B) 保留意見   (C) 否定意見   (D) 無法表示意見

17. 查核人員於 ×2 年 3 月 5 日結束甲上市公司 ×1 年年度財務報告審計之外勤工作，甲公司董事會於 ×2 年 3 月 14 日核准通過發布該財務報告，於 ×2 年 3 月 26 日上傳該財務報告至公開資訊觀測站，並於 ×2 年 5 月 2 日股東會承認該財務報告。審計人員對該財務報告所出具查核報告之日期不得早於：
    (A) ×2 年 3 月 5 日   (B) ×2 年 3 月 14 日
    (C) ×2 年 3 月 26 日   (D) ×2 年 5 月 2 日

18. 查核人員對發生在那個時段的期後事項,應執行必要的查核程序以查明其均已於財務報表調整或揭露?
    (A) 資產負債表日至查核報告日間
    (B) 資產負債表日至查核報告交付日間
    (C) 查核報告日至查核報告交付日間
    (D) 查核報告交付日後

19. 當會計師簽發保留意見之查核報告時,其意涵為:
    (A) 會計師不確定財務報表是否允當表達
    (B) 會計師不相信財務報表能允當表達
    (C) 會計師認為財務報表能允當表達
    (D) 除了特定方面外,會計師認為財務報表能允當表達

20. 下列那種情況會計師不宜出具保留意見之查核報告?
    (A) 由於查核範圍受限制,無法執行某項重要查核程序
    (B) 查核報告提及其他專家報告
    (C) 會計師與受查者有直接財務利益
    (D) 財務報表未揭露關係人交易

21. 會計師對關係人及關係人交易無法獲取足夠及適切之證據時,應出具何種類型之查核報告?
    (A) 修正式無保留意見,敘明欲強調此一重大事項
    (B) 保留或無法表示意見
    (C) 不出具報告並解除委任合約
    (D) 保留或否定意見

22. 在以下何種情況下,會計師可出具否定之查核意見?
    (A) 部分財務報表內容有重大誤述
    (B) 會計師所表示之意見,部分係採用其他會計師之查核報告且欲區分查核責任
    (C) 會計師不具有獨立性
    (D) 會計師對管理階層在會計政策之選擇或財務報表之揭露認為有所不當且情節極為重大

23. 當主查會計師採用其他會計師之查核報告,惟其對其他會計師之查核工作無法信賴,亦無法執行其他查核程序時,主查會計師應出具何種類型之查核報告?
    (A) 修正式無保留意見,敘明欲強調此一重大事項
    (B) 保留或無法表示意見
    (C) 不出具報告並解除委任合約
    (D) 保留或否定意見

24. 某會計師首次受託查核甲公司本期財務報表，對重大之存貨期初餘額之數量與狀況無法獲得足夠證據，但存貨期末餘額已依審計準則執行查核並確信符合適用之財務報導架構允當表達。若無其他相關情況，根據我國審計準則，該會計師對甲公司本期財務報表可能簽發下列何種查核意見？
    (A) 對資產負債表、損益表、股東權益變動表與現金流量表均出具否定意見
    (B) 對資產負債表出具無保留意見，損益表、股東權益變動表與現金流量表出具無法表示意見
    (C) 對資產負債表、現金流量表出具無保留意見，損益表、股東權益變動表出具無法表示意見
    (D) 對資產負債表、損益表、股東權益變動表與現金流量表均出具修正式無保留意見

25. 根據審計準則 700 號之規定，新式查核報的首段為
    (A) 管理階層對財務報表之責任
    (B) 查核意見之基礎
    (C) 查核意見
    (D) 會計師查核財務報表之責任

26. 下列何項與審計準則 700 號相關之敘述有誤：
    (A) 修正式意見包括保留意見、相反意見及無法表示意見。
    (B) 對上市(櫃)公司財務報表的核查，查核報告中一定要包含關鍵查核事項段。
    (C) 查核報告中不一定要包含繼續經營有關之重大不確定性段
    (D) 每一個別關鍵查核事項一定要在關鍵查核事項段說明。

27. 有關會計師查核財務報表之責任何者敘述有誤：
    (A) 會計師應依照審計準則查核，運用專業判斷並保持專業上之懷疑。
    (B) 對與查核攸關之內部控制制度取得必要之瞭解，以設計當時情況下適當之查核程序，並對受查者內部控制制度之有效性表示意見。
    (C) 評估管理階層所採用會計政策之適當性，及其所作會計估計與相關揭露之合理性。
    (D) 當財務報表係依照允當表達架構編製時，應評估財務報表(包括相關附註)是否允當表達。

問答題

1. 根據審計準則 700 號之規定，一般用途之財務報導架構可分為允當表達架構及遵循架構。何謂允當表達架構及遵循架構？並請說明，允當表達架構及遵循架構對會計師於查核報告中說明查核意見之影響。

2. 會計師與何種情況下會出具無保留意見之查核報告？

3. 會計師與何種情況下會出具保留意見之查核報告？

4. 會計師與何種情況下會出具否定意見之查核報告？

5. 會計師與何種情況下會出具無法表示意見之查核報告？

6. 請列出會計師對上市(櫃)公司與非上市(櫃)公司出具之無保留意見查核報告可能有那些差異？

7. 在那些情況下，會計師會於查核報告中溝通關鍵查核事項？

8. 何謂關鍵查核事項？查核人員如何決定關鍵查核事項？

9. 會計師於查核報告關鍵查核事項段說明個別關鍵查核事項時，其說明的重點應包括那些？

10. 在何種情況下，會計師於可查核報告關鍵查核事項段中不溝通關鍵查核事項？

11. 會計師出具無法表示意見之查核報告時，會計師是否可於查核報告中溝通關鍵查核事項？其理由為何？

12. 會計師出具無法表示意見之查核報告時，其「會計師查核財務報表之責任段」之內容與出具無保留意見時有何不同？

13. 何謂「強調事項」及「其他事項」？並分別例舉會計師可能於查核報告溝通之強調事項及其他事項。

14. 王會計師受託查核(B)公司財務報表，請針對下列各種獨立情況判斷，應出具何種類型之查核報告？

項目	情況
1	該公司某大客戶在期後宣告倒閉，但公司只願意在財務報表附註揭露，而不願意提足該筆極可能無法收回之壞帳。
2	該公司之某一重大子公司係由其他會計師查核，且該子公司經該其他會計師查核後，因繼續經營假設有疑慮而出具修正式無保留意見之查核報告。
3	該公司某項機器設備之耐用年限，經本年度重新評估，由原估計之10年變更為5年，但會計師並不認同此項變更。
4	該公司嘉義廠在期後發生火災，遭受嚴重焚毀，財產損失雖可得到全額保險賠償，但修復期間因營業中斷而發生之損失未在理賠範圍內，且其金額無法估計。
5	該公司於本年度遭競爭對手甲公司控告涉嫌侵犯其專利權，並要求賠償2億美元，金額重大，且已經二審判決敗訴，刻正上訴三審中，但管理階層認為最終結果尚待法院判決，不應估計入帳，僅於附註揭露。

15. 假設受查公司之財務報表係基於繼續經營之假設所編製。會計師評估繼續經營假設之合理性後，可能出具的查核報告意見類型及其相關條件為何？

Chapter 4 會計師法律責任與職業道德

4.1 前言

　　第一章曾提及會計師之核心價值為：獨立公正客觀及專業能力。然而，這些核心價值卻無法被財務報表使用者或其他利害關係人所觀察。會計師整個專業團體要做到「讓社會大眾相信，不管會計師是誰，只要是會計師，他就具有會計師的核心能力」並不是一件容易的事，必須要有一套具體的機制協助社會大眾建立並提升對會計師的公信力。圖表 1.3 為主要維護及提升會計師核心價值的機制，其中會計師法律責任及職業道德便是兩種非常重要的機制。

　　法律責任及職業道德，前者為會計師「他律」的機制，旨在遏止會計師未遵照專業準則及法規執行其業務，為一消極底線。而後者則為會計師「自律」的機制，係會計師向社會大眾承諾其行為將符合較高的標準，為一積極作為。誠如前述，會計師查核工作的價值建立在社會大眾的信賴，會計師法律責任固然能有效遏止會計師做出違反核心價值的行為，但遵循法規只是對會計師行為的最低要求，尚不足藉以獲取社會大眾對會計師應有的公信力，會計師尚應提升職業道德的水準及遵循方能積極獲取社會大眾的信賴。

　　職業道德及法律責任表面看起來賦予會計師相當多的限制及壓力，然而大家不妨試想，如果會計師的行為毫無道德可言，而且不願承擔應有之法律責任，要如何說服社會大眾信賴其工作？會計師的工作便沒有任何的經濟效益，會計師便無法獲得應有之報酬，會計師專業亦將會消失。因此，長期而言，會計師恪遵職業道德，並勇於承擔應有之法律責任，其實是符合會計師的經濟利益，亦攸關整個會計師專業的榮枯，有志從事會計師專業的讀者，應對會計師法律責任及職業道德做深入的瞭解，並恪遵相關的規範。本章 4.2 及 4.3 節將分別針對我國會計師法律責任及職業道德進行相關之說明。

4.2 我國會計師法律責任

　　會計師法律責任雖然是維護及提升會計師核心價值的消極性機制，但不可否認的，對一個國家會計師專業的發展，包括專業準則的制定、會計師公費、職業道德以及會計

師工作品質等，卻有重大的影響，尤其是涉及到公眾利益之財務報表查核業務的發展。

自恩隆 (Enron) 案爆發以來，世界各國無不致力於強化財務會計相關之法律責任，以提高企業資訊的可信度，例如：美國國會於 2002 年 7 月所通過之「沙賓法案」(Sarbanes-Oxley Act of 2002)，即將會計師的業務規範、監理機制、審計準則的制定以及如何提高對違法行為的處罰，列為改革的重要內容。於我國亦發生博達、皇統、力霸集團等公司涉及以虛增營收、造假應收帳款、捏造現金額度等方式美化公司財務報表，甚至掏空公司資產，造成投資大眾重大損失，重創我國的資本市場。於上開財報不實的案件中，簽證會計師往往遭受波及，使會計師背負相當沉重的行政、民事及刑事責任。因此，會計師如何於日新月異的金融監理法制下為所當為，明瞭自身義務及權利，即成為一刻不容緩的課題。

會計師涉及之法律責任可能包括三種：行政責任、民事責任及刑事責任。會計師承辦客戶委託之事務，於執行工作過程中，如有未盡專業上應有注意，即有過失時，則須負起廢弛職務之專業責任，各業務事件主管機關或會計師公會全國聯合會，得列舉事證報請會計師懲戒委員會進行懲戒，此即為會計師之行政責任。若會計師之過失行為造成利害關係人財務上的損失，利害關係人可透過民事訴訟，向會計師請求損失之賠償，此為會計師之民事責任。此外，若會計師廢弛職務之行為，如為故意之行為，可能被視為詐欺行為，利害關係人除可透過民事訴訟向會計師請求賠償外，尚可對會計師提起刑事訴訟，而被處以有期徒刑之處分，此為會計師之刑事責任。由上之說明可知，會計師廢弛職務之行為是否屬故意，是判定會計師是否須負刑事責任的關鍵。

在判斷會計師是否有法律責任之前，應先瞭解在現行法規之下，會計師有何義務，才能判斷其行為是否為過失或故意的行為。因此，本節將首先彙整我國現行法規之下，會計師之義務為何，再進一步分別針對會計師之行政責任、民事責任及刑事責任進一步說明。

4.2.1 會計師的義務

依我國現行相關法規之規定，有關會計師之義務彙整如下：

1. 依法規及專業準則執行職務的義務

1.7 節曾提及，維護及提升會計師核心價值的機制之一，為會計師執行業務 (尤其是確信服務) 時，皆會有法規及專業準則作為依據。因此，會計師有依法規及專業準則 (包括會計師職業道德) 執行職務的義務。目前實務引發之會計師法律責任案件最多之原因，即屬違反此一義務所引起之案件。相關法規彙整如下：

(1) 會計師執行業務事件，應分別依業務事件主管機關法規之規定辦理 (會計師法第 11 條第 1 項)。

(2) 會計師受託查核簽證財務報告，除其他法律另有規定者外，依主管機關所定之查核簽證規則辦理 (會計師法第 11 條第 2 項)。

(3) 會計師受託查核簽證財務報表，除其他業務事件主管機關另有規定者外，悉依本規則辦理，本規則未規定者，依「財團法人中華民國會計研究發展基金會」所發布之「審計準則」辦理 (會計師查核簽證財務報表規則第 2 條第 1 項)。

綜合上述法規之規定，會計師執行財務報表審計工作時，應依循之法規有「會計師查核簽證財務報表規則」，上述法規未規定者，則依「財團法人中華民國會計研究發展基金會」所發布之「審計準則」辦理。雖然會計師執行財務報表審計工作時，除了應遵循審計準則外，仍須遵循上述法規，但該等法規有關查核工作之規範基本上與審計準則類似，惟在權威性上法規優先於審計準則公報，法規上有強制性規定之處，會計師宜特別注意。故會計師及查核人員應熟讀相關法規及審計準則公報，避免違反相關規定。

2. 應設立或加入會計師事務所，並加入會計師公會始得執行業務之義務

依會計師法第 8 條之規定，領有會計師證書者，應設立或加入會計師事務所，並向主管機關申請執業登記及加入會計師公會為執業會員後，始得執行會計師業務。

3. 會計師之忠誠義務

依會計師法第 41 條之規定，會計師執行業務不得有不正當行為或違反或廢弛其業務上應盡之義務。且會計師法第 42 條第 1 項亦規定，會計師因前條情事致指定人、委託人、受查人或利害關係人受有損害者，負賠償責任。所謂忠誠義務即專業上應有注意，會計師執行業務時，固然需遵循相關法規及專業準則，惟仍需要由會計師做許多的專業判斷，會計師做專業判斷時必須以謹慎的態度，盡應有之注意為之。所謂「會計師執行業務不正當行為或違反業務上應盡之義務」可解釋為會計師執行業務時未遵循相關法規及專業準則。而所謂「會計師廢弛其業務上應盡之義務 (即應有之注意)」，依大法官釋字第 432 號解釋，係指：「應為而不為，及所為未達會計師應有之水準而言。」

4. 會計師之管理監督義務

依會計師法第 40 條第 2 項之規定，會計師對於協助其執行簽證工作之助理人員，應善盡管理監督之責任。換言之，會計師對其助理人員之過失或故意之行為亦負有法律責任。

5. 會計師不得為有辱專業形象的行為

會計師的專業價值建立在社會大眾的信賴，其核心能力為專業能力及獨立公正客觀，然該等核心能力卻無法被社會大眾所觀察。因此，會計師必須藉由會計師整體產業向社會大眾證明只要是會計師皆具有上述的核心能力。故每一會計師皆有義務維護及提升社

會大眾對會計師的公信心，不得做出有辱會計師專業形象的行為。會計師法第 46 條羅列下列幾項會計師不得為之的行為：

(1) 同意他人使用本人名義執行業務。
(2) 使用其他會計師名義執行業務。
(3) 受未具會計師資格之人僱用，執行會計師業務。
(4) 利用會計師地位，在工商業上為不正當之競爭。
(5) 對與其本人有利害關係之事件執行業務。
(6) 用會計師名義為會計師業務外之保證人。
(7) 收買業務上所管理之動產或不動產。
(8) 要求、期約或收受不法之利益或報酬。
(9) 以不正當方法招攬業務。
(10) 為開業、遷移、合併、受客戶委託、會計師事務所介紹以外之宣傳性廣告。
(11) 未得指定機關、委託人或受查人之許可，洩漏業務上之秘密。
(12) 其他主管機關所認定足以影響會計師信譽之行為。

6. 持續專業進修之義務

依會計師查核簽證財務報表規則第 5 條第 2 項之規定，會計師應持續專業進修，並督促助理人員持續進修。

7. 競業禁止之義務

依會計師法第 9 條之規定，會計師事務所之執業會計師，不得同時為其他會計師事務所之合署執業者、合夥人、股東或受雇人。

8. 旋轉門條款之義務

依會計師法第 45 條之規定，公務員於離職前二年所任職務，與會計師法第 39 條第 1 款、第 4 款或第 5 款事項有關者[1]，於離職後在任所所在地區執行會計師業務時，自離職之日起二年內，不得辦理各該事項之業務。

---

[1] 會計師法第 39 條條文如下，會計師得執行下列業務：
  一、財務報告或其他財務資訊之簽證。
  二、關於會計之制度設計、管理或稅務諮詢、稽核、調查、整理、清算、鑑定、財務分析、資產估價或財產信託等事項。
  三、充任檢查人、清算人、破產管理人、仲裁人、遺囑執行人、重整人、重整監督人或其他受託人。
  四、稅務案件代理人或營利事業所得稅相關申報之簽證。
  五、充任工商登記或商標註冊及其有關事件之代理人。
  六、前五款業務之訴願或依行政訴訟法規定擔任稅務行政訴訟之代理人。
  七、持續查核、系統可靠性認證、投資績效認證等認證業務。
  八、其他與會計、審計或稅務有關之事項。

4.2.2 會計師的行政責任

有關我國會計師行政責任的規範,主要規範於會計師法、證券交易法、所得稅法、商業會計法及公司法等,各法相關規定彙整如下:

1. 會計師法

根據會計師法第 61 條規定,會計師有下列情事之一者,應付懲戒:
(1) 有犯罪行為受刑之宣告確定,依其罪名足認有損會計師信譽。
(2) 逃漏或幫助、教唆他人逃漏稅捐,經稅捐稽徵機關處分有案,情節重大。
(3) 對財務報告或營利事業所得稅相關申報之簽證發生錯誤或疏漏,情節重大。
(4) 違反其他有關法令,受有行政處分,情節重大,足以影響會計師信譽。
(5) 違背會計師公會章程之規定,情節重大。
(6) 其他違反本法規定,情節重大。

2. 證券交易法

根據證券交易法第 37 條第三項規定,會計師辦理公開發行公司財務報告之查核簽證,發生錯誤或疏漏者,主管機關得視情節之輕重,為下列處分:
(1) 警告。
(2) 停止其二年以內辦理本法所定之簽證。
(3) 撤銷簽證之核准。

3. 所得稅法

根據所得稅法第 118 條規定:會計師為納稅義務人代辦有關應行估計、報告、申報、申請複查、訴願、行政訴訟,證明帳目內容及其他有關稅務事項,違反本法有關規定時,得由該管稽徵機關層報財政部依法懲處。

4. 商業會計法

根據商業會計法第 80 條規定,會計師或依法取得代他人處理會計事務資格之人,有違反本法第七十六條、第七十八條及第七十九條各款之規定情事之一者,應依各該條規定處罰。有關商業會計法第七十六條、第七十八條及第七十九條相關條文如下:
(1) 第七十六條:代表商業之負責人、經理人、主辦及經辦會計人員,有下列各款情事之一者,處新臺幣六萬元以上三十萬元以下罰鍰:
① 違反第二十三條規定,未設置會計帳簿。但依規定免設者,不在此限。
② 違反第二十四條規定,毀損會計帳簿頁數,或毀滅審計軌跡。
③ 未依第三十八條規定期限保存會計帳簿、報表或憑證。
④ 未依第六十五條規定如期辦理決算。

⑤違反第六章、第七章規定，編製內容顯不確實之決算報表。
(2) 第七十八條：代表商業之負責人、經理人、主辦及經辦會計人員，有下列各款情事之一者，處新臺幣三萬元以上十五萬元以下罰鍰：
①違反第九條第一項規定。
②違反第十四條規定，不取得原始憑證或給予他人憑證。
③違反第三十四條規定，不按時記帳。
④未依第三十六條規定裝訂或保管會計憑證。
⑤違反第六十六條第一項規定，不編製報表。
⑥違反第六十九條規定，不將決算報表備置於本機構或無正當理由拒絕利害關係人查閱。
(3) 第七十九條：代表商業之負責人、經理人、主辦及經辦會計人員，有下列各款情事之一者，處新臺幣一萬元以上五萬元以下罰鍰：
①未依第七條或第八條規定記帳。
②違反第二十五條規定，不設置應備之會計帳簿目錄。
③未依第三十五條規定簽名或蓋章。
④未依第六十六條第三項規定簽名或蓋章。
⑤未依第六十八條第一項規定期限提請承認。
⑥規避、妨礙或拒絕依第七十條所規定之檢查。

5. **公司法**

公司法為我國公司據以組織、登記、成立的法律。許多會計師確信服務的需求源自公司法。其中涉及會計師業務者如下，會計師執行下列業務時如有過失，仍應負行政責任：

(1) 驗資，公司的設立、變更、合併、解散等登記，均得由會計師代理申請。在設立或增資時，公司應收的股款實際上是否全部收足，也須由會計師驗資。
(2) 查核簽證
① 資本額達中央主管機關所訂一定金額以上(目前為新臺幣 3,000 萬元)或公開發行的公司，其年度決算報表須先經會計師查核簽證。
② 發行公司債時會計師須先查核簽證。
③ 發行新股時須會計師查核簽證。
(3) 接受監察人委託調查公司業務財務狀況、查核簿冊文件和審核董事會編造提出於股東會的各種表冊。

會計師如涉有上述各法之過失或詐欺時，各業務事件主管機關或會計師公會全國聯合會得列舉事實，並提出證據，報請會計師懲戒委員會進行懲戒。此外，利害關係人如

發現會計師有應懲戒之情事時，亦得列舉事實，並提出證據，報請業務事件主管機關或會計師公會全國聯合會，核轉會計師懲戒委員會進行懲戒。

　　會計師懲戒委員會隸屬金融監督管理委員會，委員會成員包括相關業務事件主管機關代表、會計師公會代表及具法律會計專長之公正人士，其比例各為三分之一。根據會計師法第 62 條規定，會計師懲戒處分有下幾種方式：

1. 新臺幣十二萬元以上一百二十萬元以下罰鍰。
2. 警告。
3. 申誡。
4. 停止執行業務二個月以上二年以下。
5. 除名。

　　被懲戒會計師如不服會計師懲戒委員會之決議者，得於決議書送達之次日起二十日內，向會計師懲戒覆審委員會請求覆審。會計師懲戒覆審委員會亦隸屬於金融監督管理委員會，委員會成員組成結構與會計師懲戒委員會類似。被懲戒會計師如再不服會計師懲戒覆審委員會之決議者，則可再循行政訴訟一途以求救濟。

　　會計師懲戒處分確定後，會計師懲戒委員會及會計師懲戒覆審委員會得將決議結果公開，並將決議書刊登政府公報。目前實務上，當會計師一旦遭受懲戒，除了罰鍰外，許多主管機關或會計師查核報告使用者 (如銀行) 可能會不再接受該會計師所出具之查核報告，因而可能對會計師的業務造成重大的影響 (此外，對會計師的聲譽亦會造成傷害，而產生聲譽成本)。換言之，對受懲戒會計師處以罰鍰之懲戒算是懲戒處分中最輕的處罰。

4.2.3　會計師的民事責任

　　有關我國會計師民事責任的規定，主要規範於民法、會計師法、證券交易法等，各法相關規定彙整如下：

1. 民法

　　民法乃在規範私人在法律上應享有的權利 (包括財產權)，適用於個人間或組織與個人間私權間發生訴訟的情況。就民法而言，可能產生的責任主要有兩種，一為會計師違反契約，另一則為侵害他人權利。

　　會計師接受客戶委任時，通常以書面訂定委任契約，契約中常會訂明雙方之權利義務，客戶如認為會計師有違反契約之約定，即可能引用民法對會計師提起民事訴訟，要求賠償。根據民法第 544 條之規定，受任人 (會計師) 因處理委任事務有過失，或因逾越權限之行為所生之損害，對於委任人應負賠償之責。

如果有些利害關係人與會計師並無契約關係,但認為會計師的行為損害其利益,該等利害關係人則可能主張會計師有侵權行為,應負賠償之責而提起民事訴訟。根據民法第 184 條之規定,因故意或過失,不法侵害他人之權利者,負損害賠償責任。故意以背於善良風俗之方法,加損害於他人者亦同。違反保護他人之法律,致生損害於他人者,負賠償責任。但能證明其行為無過失者,不在此限。例如,銀行或債權人可能主張因信賴會計師查核之財務報表而授信給受查者,事後卻發現會計師因過失或故意,未發現財務報表中之重大不實表達,致其貸款無法收回,而提起民事訴訟請求賠償。

2. 會計師法

會計師法主要針對會計師業務行為及違反忠誠義務訂定相關之民事責任。根據會計師法第 40 條規定,會計師對於承辦業務所為之行為,負法律上責任。會計師對於協助其執行簽證工作之助理人員,應善盡管理監督之責任。此外,根據會計師法第 41 條規定,會計師執行業務不得有不正當行為或違反或廢弛其業務上應盡之義務。會計師法第 42 條進一步規定:

會計師因前條情事致指定人、委託人、受查人或利害關係人受有損害者,負賠償責任。(第一項)

會計師因過失致前項所生之損害賠償責任,除辦理公開發行公司簽證業務對外,以對同一指定人、委託人或受查人當年度所取得公費總額十倍為限。(第二項)

法人會計師事務所之股東有第一項情形者,由該股東與法人會計師事務所負連帶賠償責任。(第三項)

法人會計師事務所未依主管機關規定投保業務責任保險者,法人會計師事務所之全體股東應就投保不足部分,與法人會計師事務所負連帶賠償責任。(第四項)

法人會計師事務所依第三項規定為賠償者,對該股東有求償權。(第五項)

3. 證券交易法

證券交易法主要係針對證券詐欺、資訊不實、公開說明書內容虛偽不實等事項,規範會計師對有價證券投資人之民事責任。

在證券詐欺方面,根據證券交易法第 20 條第一項之規定,有價證券之募集、發行、私募或買賣,不得有虛偽、詐欺或其他足致他人誤信之行為。第 20 條第三項則進一步規定,違反第一項規定者,對於該有價證券之善意取得人或出賣人因而所受之損害,應負賠償責任。

在資訊不實方面,根據證券交易法第 20 條第二項之規定,發行人依本法規定申報或公告之財務報告及財務業務文件,其內容不得有虛偽或隱匿之情事。又證券交易法第 20-1 條第三項規定,會計師辦理第一項財務報告或財務業務文件之簽證,有不正當行為

或違反或廢弛其業務上應盡之義務，致第一項之損害發生者，負賠償責任。換言之，發行人依本法規定申報或公告之財務報告及財務業務文件，其內容有虛偽或隱匿之情事，且可歸責於會計師者，會計師對於該有價證券之善意取得人或出賣人因而所受之損害，應負賠償責任。

在公開說明書內容虛偽不實方面，證券交易法第 32 條規定，「公開說明書」應記載之主要內容有虛偽隱匿之情事者，下列各款之人，對於善意之相對人，因而所受之損害，應就其所應負責部分與公司負連帶賠償責任：……四、會計師、律師、工程師或其他專門職業或技術人員，曾在公開說明書上簽章，以證實其所載內容之全部或一部，或陳述意見者。

從上述各法的說明可以看出，我國會計師民事賠償責任有些特點值得提醒。一為除了法人會計師事務所外，民事求償的對象以會計師個人為對象，即使該會計師隸屬於聯合會計師事務所，此與歐美各國民事求償的對象以會計師事務所為對象迥異。根據審計需求的理論，此一差異可能會降低審計(確信服務)的經濟效益，進而也會影響審計公費。另一特點則為對非公開發行公司簽證業務之民事賠償金定出上限，賠償上限為當年收取公費總額的十倍。從經濟分析的角度而言，該項規定可能降低非公開發行公司簽證業務的查核品質，也可能加劇非公開發行公司簽證業務的惡性價格競爭。最後，我國會計師民事責任係採責任百分比制，即當其他關係人(如指定人、委託人)有與有過失[2]者，會計師依其過失比例負責賠償責任。

4.2.4 會計師的刑事責任

前曾提及，若會計師廢弛職務之行為，如為故意之行為，可能被視為詐欺行為，利害關係人除可透過民事訴訟向會計師請求賠償外，尚可對會計師提起刑事訴訟。有關我國會計師刑事責任的規定，主要規範於刑法、會計師法、證券交易法、稅捐稽徵法及商業會計法等，各法相關規定彙整如下：

1. 刑法

會計師業務可能涉及刑事責任的罪行主要有下列四種：使公務員登載不實罪、業務上登載不實罪、背信罪及洩漏業務上知悉他人秘密罪。相關條文彙整如下：

(1) 使公務員登載不實罪，刑法第 214 條規定，明知為不實之事項，而使公務員登載於職務上所掌之公文書，足以生損害於公眾或他人者，處三年以下有期徒刑、拘役或一萬五千元以下罰金。例如，會計師對公司設立驗資不實，至主管機關對公司資本額登載不實。

---

[2] 所謂與有過失 (contributory negligence) 係指造成被告的過失的原因，有部分可歸責於其他利害關係人。

(2) 業務上登載不實罪，刑法第 215 條規定，從事業務之人，明知為不實之事項，而登載於其業務上作成之文書，足以生損害於公眾或他人者，處三年以下有期徒刑、拘役或一萬五千元以下罰金。例如，會計師從事財務報表簽證業務，明知財務報表內含重大的虛構銷貨及應收帳款，卻出具無保留意見之查核報告，造成投資大眾的重大損失。

(3) 背信罪，刑法第 342 條規定，為他人處理事務，意圖為自己或第三人不法之利益，或損害本人之利益，而為違背其任務之行為，致生損害於本人之財產或其他利益者，處五年以下有期徒刑、拘役或科或併科五十萬元以下罰金。前項之未遂犯罰之。例如，會計師違背其職務，協助客戶逃漏稅捐。

(4) 洩漏業務上知悉他人秘密罪，刑法第 316 條規定，醫師、藥師、藥商、助產士、心理師、宗教師、律師、辯護人、公證人、會計師或其業務上佐理人，或曾任此等職務之人，無故洩漏因業務知悉或持有之他人秘密者，處一年以下有期徒刑、拘役或五萬元以下罰金。例如，會計師違背會計師職業道德相關之規定，未經客戶同意，故意洩漏因業務知悉之資訊。

2. 會計師法

在會計師法中所提到之刑事責任，主要為會計師將會計師章證或事務所標識出借者(實務上稱為借牌)之處罰。根據會計師法第 70 條規定，會計師將會計師章證或事務所標識出借與未取得會計師資格之人使用者，處新臺幣六十萬元以上三百萬元以下罰鍰，並限期命其停止行為；屆期不停止其行為，或停止後再為違反行為者，處三年以下有期徒刑、拘役或科或併科新臺幣六十萬元以上三百萬元以下罰金。

3. 證券交易法

在證券交易法中提到之刑事責任，主要為會計師對公開發行公司財務報表簽證不實之處罰。根據證券交易法第 174 條第二項第二款之規定，有下列情事之一者，處五年以下有期徒刑，得科或併科新臺幣一千五百萬元以下罰金：……二、會計師對公司、外國公司申報或公告之財務報告、文件或資料有重大虛偽不實或錯誤情事，未善盡查核責任而出具虛偽不實報告或意見；或會計師對於內容存有重大虛偽不實或錯誤情事之公司、外國公司之財務報告，未依有關法規規定、「審計準則」查核，致未予敘明者。

4. 稅捐稽徵法

在稅捐稽徵法中提及會計師刑事責任部分，主要是有關會計師協助他人逃漏稅捐之處罰。根據稅捐稽徵法第 43 條第一項規定，教唆或幫助他人以詐術或不正當方法逃漏稅捐者，教唆幫助犯處三年以下有期徒刑、併科新臺幣一百萬元以下罰金，執業之會計師加重其刑至二分之一。

5. 商業會計法

在商業會計法中提及會計師刑事責任部分，主要是有關會計師受託處理會計事務違失的處罰。根據商業會計法第 71 條規定，會計師受託代商業處理會計事務而有下列情事之一者，處五年以下有期徒刑、拘役或科或併科六十萬元以下罰金：

(1) 以明知為不實之事項，而填製會計憑證或記入帳冊。
(2) 故意使應保存之會計憑證、會計帳簿報表滅失毀損。
(3) 偽造或變造會計憑證、會計帳簿報表內容或毀損其頁數。
(4) 故意遺漏會計事項不為記錄，致使財務報表發生不實之結果。
(5) 其他利用不正當方法，致使會計事項或財務報表發生不實之結果。

4.3 我國會計師職業道德

會計師的價值在於取得社會大眾的信賴，該信賴源自會計師的核心能力：專業能力及獨立正直客觀。然而，要取得社會大眾的信賴，不能僅靠會計師個人的努力，必須由全體會計師一起努力才能辦得到。說服社會大眾會計師的工作是可信賴的，除了一些他律的機制外〔如，法律責任、依法規及專業準則執行工作、須取得會計師執照 (須經認證) 等〕，會計師更須向社會大眾宣示，會計師整體會要求其成員的行為，不僅符合他律的最低標準，更會追求高道德層次的行為標準，該等自律的要求最重要的機制便是會計師職業道德的規範。會計師職業道德規範表面上看起來對會計師的行為多加限制，甚至影響會計師短期的經濟利益，但長期而言，其實是維護會計師的經濟利益。試想，如果會計師無法得到社會大眾的信賴，財務報表經會計師查核就無法降低財務資訊的風險，受查者就不會需要會計師的查核服務，會計師何來經濟利益？因此，每一個會計師皆應極力恪遵職業道德的規範，更應該體認到個人不當或違反職業道德的行為，可能衝擊社會大眾對會計師整體的公信力。常有人說：「道德是知易行難」，經過上述的討論，您還認這句話是對的嗎？有這種認知的人恐怕是未真正瞭解道德真正的意涵吧！

4.3.1 我國會計師職業道德規範

我國會計師職業道德規範之研擬與發布，係由中華民國會計師公會全國聯合會之職業道德委員會研擬，並經理事會通過後發布。自民國 72 年修訂公布「中華民國會計師職業道德規範」公報第一號後，後續陸續發布職業道德規範公報至第九號。直至美國「恩隆」案發生，各界對於會計師之要求更為嚴謹，因此，為因應政府與社會發展需求，於 91 年至 92 年間全面檢討修訂已發布之各號職業道德規範公報，並新制定第十號規範公

報取代第二號規範公報,達成此階段性任務。有關我國會計師職業道德規範公報名稱及其修訂日期彙整如圖表 4.1。

圖表 4.1　我國會計師職業道德規範公報

會計師職業道德規範公報名稱		發布日	修訂日
第一號	中華民國會計師職業道德規範	72.10.05	92.03.20
第二號	誠實、公正及獨立性	76.02.25	廢止,由第十號取代
第三號	廣告、宣傳及業務延攬	76.02.25	92.05.16
第四號	專業知識技能	76.07.15	92.05.16
第五號	保密	77.06.16	92.05.16
第六號	接任他會計師查核案件	78.03.21	92.05.16
第七號	酬金與佣金	78.06.04	92.05.16
第八號	應客戶要求保管錢財	82.07.06	92.05.16
第九號	在委託人商品或服務之廣告宣傳中公開認證	89.09.01	92.05.16
第十號	正直、公正客觀及獨立性	92.05.16	取代第二號公報

從圖表 4.1 可知,距上次修訂會計師職業道德規範公報已有相當長的時日,有些規定並沒有隨著國際潮流進行修改,因此許多大型會計師事務所除了遵循我國會計師職業道德規範公報外,亦會遵循其國際聯盟會計師事務所會計師職業道德相關之規範,尤其是有關會計師獨立性方面的規範。

職業道德規範公報第一號「中華民國會計師職業道德規範」,其目的除了指出會計師義務之五大原則,以作為相關會計師職業道德規範公報制定的指引外,亦大略規劃出與會計師專業行為相關之規範,其他職業道德規範公報則進一步對相關之專業行為作較詳細的規定。職業道德規範公報第一號的角色類似審計準則總綱,係作為審計準則公報制定的最高指引,其中第二條指出,會計師提供專業服務時應遵循本規範,其基本原則如下:

1. 正直。
2. 公正客觀。
3. 專業能力及專業上應有之注意。
4. 保密。
5. 專業態度。

基本原則的目的在於提供會計師追求更高層次道德行為的理想,並作為其他職業道德規範公報的指引,但因沒有具體做法的規定,故沒有強制力。有關上述五大基本原則

與其他職業道德規範公報間的關聯性則彙整如圖表 4.2[3]。

此外，從第三號至第十號公報的內容可知，該等公報規範的範圍可大分類為兩類，一為與正直、公正客觀及獨立性有關，另一類則與會計師專業行為有關。故以下兩小節將針對這兩類的規範進行說明，相關職業道德規範公報的條文則置於附錄一供讀者參考。值得提醒的是，該等公報一旦詳細規定會計師的道德行為規範，便具有強制力，但也因為如此，該等公報便成為會計師職業道德行為的最低標準。因此，會計師不該僅追求遵循該等公報之規定，而應朝向追求更高層次的職業道德行為。

圖表 4.2　會計師職業道德基本原則與各職業道德規範公報間的關聯

基本原則	相關之職業道德規範公報
正直	第十號：正直、公正客觀及獨立性
公正客觀	
專業能力及專業上應有之注意	第四號：專業知識技能
保密	第五號：保密
	第六號：接任他會計師查核案件
專業態度	第三號：廣告、宣傳及業務延攬
	第七號：酬金與佣金
	第八號：應客戶要求保管錢財
	第九號：在委託人商品或服務之廣告宣傳中公開認證

4.3.2　正直、公正客觀及獨立性

所謂「正直」(integrity) 係指會計師應以正直嚴謹之態度，執行專業之服務。正直乃會計師之執行業務心態，不僅是誠實誠信之內心修為，而且必須真實的 (truthfulness) 及公正的處理 (fair dealing)。所謂「公正客觀」(objectivity) 係指會計師於執行專業服務時，應維持公正客觀的態度，不偏不倚 (impartiality) 並盡專業上應有之注意。會計師執行任何業務時，不論是否為確信服務或非確信服務，皆應保持正直、公正客觀的態度。

而獨立性是建構在正直、公正客觀的態度上，並與客戶間應避免利益上之衝突 (conflicts of interest)。誠如前述，獨立性是所有確信服務的基石，確信服務多涉及公眾利益，為獲取社會大眾的信賴，會計師於執行確信服務 (如財務報表之查核、核閱、複核或專案審查) 時應維持獨立性 (執行非確信服務時，會計師無須維持獨立性，但仍應保持正直、公正客觀的態度)。嚴格而言，獨立性的本質還是正直及公正客觀，只是正直及公正客觀是會計師的「心理狀態」，社會大眾 (或第三者) 是無法觀察的。因此，會計師應

---

[3] 各職業道德規範公報的內容有相互的關聯性，故圖表 4.2 所呈現之關聯性僅為參考，不是精確的分類。

進一步做到「從社會大眾的觀點，相信會計師是正直及公正客觀的」。前者「心理狀態的正直及公正客觀」即所謂的「實質上的獨立」(independence in fact)，而後者「社會大眾（或第三者）相信會計師是正直及公正客觀」即所謂的「形式上的獨立」(independence in appearance)。會計師執行確信服務時，維持形式上的獨立性的重要性，並不亞於維持實質上的獨立。為何會計師除要維持實質上的獨立性外，更要維持形式上的獨立性？其道理很簡單，舉一例說明即可瞭解。當會計師查核財務報表時，如果受查者管理階層與會計師有親屬關係（如父子、配偶）、有共同投資或借貸的行為，即使會計師的心理狀態真的仍能維持正直及公正客觀的態度，但財務報表的外部使用者會相信會計師是正直及公正客觀嗎？答案顯然是否定的。如果財務報表的外部使用者不相信會計師是正直及公正客觀的，財務報表查核就沒有任何意義與價值。

此外，就美國相關之規定（我國會計師職業道德規範公報並無明確的規定），正直、公正客觀與獨立性還有一點差異，即解決正直、公正客觀的疑慮可用「揭露」的方式加以緩解，但解決獨立性的疑慮無法用「揭露」的方式加以緩解。舉例而言，會計師提供受查者財務報表查核的服務（需要獨立性），介紹受查者產品而收受佣金，即使會計師揭露收受佣金的事實，財務報表使用者仍會質疑會計師的獨立性。如果會計師受託提供客戶 ERP 建置及執行的管理諮詢服務（無需要獨立性，但仍需正直及公正客觀的態度），因介紹 ERP 系統給客戶而收受佣金，將使客戶質疑會計師的正直及公正客觀，但如果會計師將收受佣金的事實揭露予客戶，則會計師並未違反正直及公正客觀的規定。

由於現實環境的複雜，涉及獨立性相關的層面相當廣泛，單靠法規及職業道德公報的規範，亦不可能鉅細靡遺地加以規範。會計師面對獨立性判斷時，應該從維護及提升社會公信力的角度，站在第三者的立場，判斷特定情況或事件對獨立性的影響。以下針對應受獨立性約束的對象、評估獨立性所考量之因素及可能威脅獨立性之情況、存有威脅獨立性情況或事件之因應措施等議題做進一步的說明。

1. 受獨立性約束的對象

當會計師提供確信服務時，會計師固然須受獨立性的約束，但還有那些人也需要受到獨立性的約束是一個重要的議題，未澄清此一議題，會計師獨立性將無法落實。根據會計師職業道德規範公報第十號之規定，須受獨立性約束之人員包括：簽證會計師、確信服務小組成員、其職務上對案件具有直接影響力之人員（如執行案件品質管制之人員）、事務所之其他共同執業會計師、會計師事務所及會計師事務所之關係企業。前四者為自然人，而後兩者則屬組織，由於自然人會有親屬關係，因此，受獨立性限制之對象亦包括該等自然人之親屬。由於會計師職業道德規範公報第十號相關條文相當繁瑣，茲將相關規定彙整於圖表 4.3。

圖表 4.3　受獨立性約束對象相關規定之彙整

受獨立性約束的對象				定義說明
簽證會計師	主辦會計師本人			簽證會計師：即審計案件之主辦會計師，其有權對所執行之審計案件簽發確信報告之會計師。
	親屬	家屬	配偶（同居人）	家屬：係指會計師之配偶(同居人)及未成年子女。
			未成年子女	
		近親	直系血親	近親：係指會計師之直系血親、直系姻親、兄弟姊妹等人。
			直系姻親	親屬：即包括家屬與近親等人。
			兄弟姊妹	
確信服務小組成員	包括小組成員本人及其親屬(家屬與近親)			確信服務小組成員，包括參與該確信案件之主辦會計師及查核人員。
其職務上對案件具有直接影響力之人員	包括該人員本人及其親屬(家屬與近親)			對該確信案件查核結果有直接影響之事務所內其他專業人員，可能包括： 1. 薪酬核決人員。 2. 績效考核人員。 3. 事務所所長、執行長與相當職務之資深管理人員。(含董事會或經營委員會成員) 4. 提供該審計案件有關專業層面、行業特性、交易或相關事項之諮詢人員。 5. 執行事務所查核品質管制人員。 6. 事務所關係企業提供該確信案件專業服務之執行人員。
事務所之其他共同執業會計師	包括本人及家屬(未包括近親)			事務所之其他共同執業會計師：係指同一會計師事務所經登錄為事務所會計師者。
會計師事務所				會計師事務所：係指簽證會計師所登錄之會計師事務所。例如，會計師事務所或其退休基金不得投資其受查者之股票。
會計師事務所之關係企業				事務所關係企業：係指簽證會計師所屬事務所有下列情況之一之公司或機構者： 1. 同所會計師持股超過 50% 者。 2. 同所會計師取得過半數董事席次者。 3. 簽證會計師所屬事務所之對外發布或刊印資料中，列為關係企業或機構者。

2. 評估獨立性所考量之因素及可能威脅獨立性之情況

可能影響會計師獨立性的情況或事件相當多且複雜，有時並非是是非題，或像黑白那麼容易判斷，因此，會計師必須培養獨立性是否受影響之能力。職業道德規範公報第

十號提供可能影響會計師獨立性之五大要素，作為會計師評估獨立性是否受影響之指引。該五大要素分別說明如下：

(1) **自我利益** (self-interest)，係指經由審計客戶獲取財務利益，或因其他利害關係而與審計客戶發生利益上之衝突。可能產生此類影響之情況，列舉如下：
①與審計客戶間有直接或重大間接財務利益關係。
②事務所過度依賴單一客戶之酬金來源。
③與審計客戶間有重大密切之商業關係。
④考量客戶流失之可能性。
⑤與審計客戶間有潛在之僱傭關係。
⑥與查核案件有關之或有公費。
⑦發現事務所其他成員先前已提供之專業服務報告，存有重大錯誤情況。

(2) **自我評估** (self-review)，係指會計師執行非確信服務案件所出具之報告或所作之判斷，於執行確信服務(如財務資訊之查核或核閱)過程中作為確信結論之重要依據；或審計服務小組成員曾擔任審計客戶之董監事，或擔任直接並有重大影響該審計案件之職務。可能產生此類影響之情況，列舉如下：
①事務所出具所設計或協助執行財務資訊系統有效運作之確信服務報告。
②事務所編製之原始文件用於確信服務案件之重大或重要的事項。
③審計服務小組成員目前或最近二年內擔任審計客戶之董監事、經理人或對審計案件有重大影響之職務。
④對審計客戶所提供之非審計服務將直接影響審計案件之重要項目。

(3) **辯護** (advocacy)，係指審計服務小組成員成為審計客戶立場或意見之辯護者，導致其客觀性受到質疑。可能產生此類影響之情況，列舉如下：
①宣傳或仲介審計客戶所發行之股票或其他證券。
②除依法規許可之業務外，代表審計客戶與第三者法律案件或其他爭議事項所為之辯護。

(4) **熟悉度** (familiarity)，係指藉由與審計客戶、董監事、經理人之密切關係，使得會計師或確信服務小組成員過度關注或同情客戶之利益。可能產生此類影響之情況，列舉如下：
①審計服務小組成員與審計客戶之董監事、經理人或對審計案件有重大影響職務之人員有親屬關係。
②卸任一年以內之共同執業會計師擔任審計客戶董監事、經理人或對審計案件有重大影響之職務。
③收受審計客戶或其董監事、經理人或主要股東價值重大之禮物餽贈或特別優惠。

(5) **脅迫** (intimidation)，係指審計服務小組成員承受或感受到來自客戶之恫嚇，使其無法保持客觀性及澄清專業上之懷疑。可能產生此類影響之情況，列舉如下：
① 客戶威脅提起法律訴訟。
② 威脅撤銷非審計案件之委任，強迫事務所接受某特定交易事項選擇不當之會計處理政策。
③ 威脅解除審計案件之委任或續任。
④ 為降低公費，對會計師施加壓力，使其不當的減少應執行之查核工作。
⑤ 客戶人員以專家姿態壓迫查核人員接受某爭議事項之專業判斷。
⑥ 會計師要求審計服務小組成員接受管理階層在會計政策上之不當選擇或財務報表上之不當揭露，否則不予升遷。

此外，職業道德規範公報第十號亦針對數項可能影響會計師獨立性之情況或事件做出較明確的規定(屬列舉性質，並非涵蓋所有情況)，茲將該等情況或事件，及其對獨立性造成威脅的說明彙整如圖表4.4。

圖表 4.4 可能威脅會計師獨立性之情況或事件，及其原因之說明

威脅會計師獨立性之可能情況或事件	對獨立性可能造成威脅之說明
1. 與客戶間的財務利益 與審計客戶間有「直接財務利益」及「重大間接財務利益」。	與審計客戶間有「直接財務利益(不論是否重大)」或「重大間接財務利益」時，將產生「自我利益」之影響。
2. 與客戶間的融資及保證 融資及保證屬直接財務利益的一種，故違反獨立性。但與金融機構間正常商業行為之融資及保證不在此限。	與「非金融機構之審計客戶」間有融資或保證事項或者與「金融機構之審計客戶」間有「非屬正常商業行為」下之融資或保證時，將產生「自我利益」之影響。
3. 與審計客戶間之密切商業關係 與審計客戶、或其董監事、經理人間有密切商業關係事項(如共同投資事業、營利之策略聯盟、商品之搭配行銷推廣等等)，亦屬直接財務利益[4]。	與審計客戶或其董監事、經理人、重要股東之間，有密切之商業關係，因涉及商業利益；或者與審計客戶之董監事、經理人或對審計案件有重大影響職務之人員間有親屬關係等，可能產生「自我利益」、「熟悉度」與「脅迫」之影響。
4. 受聘或擔任審計客戶之職務 擔任下列職務將影響獨立性[5]： (1) 簽證會計師目前或最近二年內擔任審計客戶之董監事、經理人，或對審計工作有重大影響之職務，或職員。 (2) 擔任審計客戶之董監事、經理人，或對審計工作有重大影響之職務。	擔任或於審計期間內曾任審計客戶之董監事、經理人或者對審計工作有直接且重大影響之職務，以及其確定於未來期間將擔任前列職務時，可能產生「自我利益」、「脅迫」及「熟悉度」之影響。

[4] 在正常商業行為下，審計客戶出售商品或提供勞務，應無獨立性之影響。

[5] 審計服務小組成員之親屬擔任審計客戶無關於審計工作且無影響力之職務，應無獨立性之影響。

圖表 4.4　可能威脅會計師獨立性之情況或事件，及其原因之說明（續）

威脅會計師獨立性之可能情況或事件	對獨立性可能造成威脅之說明
(3) 於審計期間內曾擔任審計客戶之董監事、經理人，或對審計工作有重大影響之職務。 (4) 確定於未來期間將擔任審計客戶之董監事、經理人，或對審計工作有重大影響之職務。 (5) 擔任審計客戶具有控制能力之他公司之董監事。 (6) 為審計客戶，提供董監事、經理人或相當職務之服務。 (7) 受委託人或受查者之聘僱擔任經常工作，支領固定薪給。	
5. 非審計業務事項 提供下列非審計服務將影響獨立性[6]： (1) 評價服務事項：為審計客戶提供屬財務報表之一部分(不論是否重大)之評價服務事項。 (2) 記帳服務：提供不符職業道德規範要求之記帳服務[7]。 (3) 內部稽核服務：協助或承辦非依審計準則規範所執行之內部稽核服務，或與企業之營運面有關之內部稽核服務事項。 (4) 短期人員派遣服務：派遣內部員工，協助審計客戶執行有關管理決策、契約文書核准或簽署、代管財務簽署票據之工作事務等。 (5) 招募高階管理人員：代審計客戶招募對財務報表或審計案件有直接且重大影響職務之高階管理人員者。	(1) 為審計客戶提供有關於資產負債項目或企業整體價值等計價或評價等服務事項，其結果將形成為財務報表之一部分，可能產生「自我評估」之影響。 (2) 若為審計客戶提供記帳服務，該項記帳服務涉及有「替客戶確認會計紀錄並負其責任」或「參與其管理營運決策」時，其執行該項審計服務，可能產生「自我評估」之影響。 (3) 為審計客戶執行非為依審計準則上之財務報表查核目的所需之內部稽核相關工作外之內部稽核服務時，可能產生「自我評估」之影響。 (4) 指派遣事務所或事務所關係企業內部員工，協助審計客戶執行有關於客戶之管理決策、代客戶核簽合約書或類似文書、行使客戶職權之工作事項，可能會產生「自我評估」之影響。 (5) 代審計客戶招募對審計案件有直接且重大影響職務之高階管理人員，可能於目前或未來產生「自我評估」、「熟悉度」、「脅迫」之影響。

---

[6] 對審計客戶同時提供稅務諮詢、稅務規劃、查核申報及協助審計客戶處理與稅捐機關之爭議或訴訟等服務，應無獨立性之影響。

[7] 對非公開發行公司且符合下列各項規定事項對審計客戶提供記帳服務者，應無獨立性之影響：
(1) 客戶確認會計紀錄為其責任。
(2) 未參與客戶管理營運決策。
(3) 執行審計時已執行必要之審計程序。

圖表 4.4 可能威脅會計師獨立性之情況或事件，及其原因之說明（續）

威脅會計師獨立性之可能情況或事件	對獨立性可能造成威脅之說明
(6) 公司理財服務：為審計客戶推銷、宣傳或買賣審計客戶所發行之股票或其他證券；擔任代審計客戶與第三者進行交易或承諾交易條件；協助審計客戶發展企業策略；媒介審計客戶所需資金之來源；對審計客戶之交易內容提供結構性之建議及協助其分析會計面之影響。	(6) 為審計客戶提供推銷或買賣審計客戶所發行之股票或其他證券、代審計客戶承諾交易條件或完成交易、或協助審計客戶發展企業策略、媒介客戶資金之來源、對交易內容提供結構性之建議或協助其分析會計面之影響等工作，將產生「**自我評估**」、「**辯護**」之影響。

6. **其他事項**
下列情況將影響獨立性：

(1) 饋贈及禮物：收受審計客戶或其董監事、經理人價值重大之饋贈或禮物。	(1) 收受審計客戶或其董監事、經理人等價值重大之饋贈或禮物時，可能因此密切關係而過度關注或同情審計客戶之利益等之「**熟悉度**」之影響。
(2) 酬金及佣金：與審計客戶簽訂與查核案件之或有公費事項；要求、期約或收受規定外之任何酬金。	(2) 與審計客戶簽訂與查核案件有關之「或有公費」或者要求、期約或收受審計工作規定外之任何酬金受「**自我利益**」之影響。
(3) 業務延攬：連續七年度接受上市上櫃公司之委任擔任查核簽證會計師。	(3) 係依審計準則之規定，上市(櫃)公司之簽證會計師若連續七年者，可能受「**熟悉度**」之影響，故應予輪調。
(4) 專業行為及玷辱專業信譽事項：收買業務上所管理之動產或不動產事項；利用會計師地位，在工商業上為不正當之競爭；代審計客戶協調與其他第三人之衝突、辯護或索債工作。	(4) 該項有玷辱會計師專業形象與尊嚴事務，並影響及簽證會計師之「**自我利益**」或者「**辯護**」等事務。

3. *存有威脅獨立性情況或事件之因應措施*

　　會計師之獨立性是確信服務的基石，在工商發達及錯綜複雜之社會中，會計師難免遭遇到各種可能威脅獨立性情況或事件。因此，會計師及所有受獨立性規範之個人或組織有責任在接受委託之前，消弭或降低獨立性的威脅，甚至有時獨立性的威脅並無法消弭或降低至可接受水準，會計師亦應果斷地做出正確的決策。

　　當會計師或會計師事務所辨認出存有威脅獨立性之情況或事件，且認為該等情況或事件可採取適當之措施消弭該項影響因素，或將其降低至可接受程度，會計師或會計師事務所即應採取適當之措施，消弭該項威脅或將其降低至可接受程度，方可接受委任，並將該項消弭或降低之措施及結論記錄於工作底稿上。該等適當之措施，列舉如下：

(1) 處分全部直接財務利益或間接財務利益。
(2) 處分部分間接財務利益，使所剩餘之間接財務利益不具有重大影響力。

(3) 終止與審計客戶或其關係人之商業關係，或將其利益或商業關係降低至可接受程度。
(4) 調整確信服務小組成員使其擔任非確信服務工作。
(5) 考量修改查核計畫之適切性或必要性，增加第二意見 (second opinions) 專業評估、複核或諮詢、品質控制複核等來消弭或降低其至對獨立性影響至可接受程度。

如果會計師或事務所未採取任何措施，或所採取之因應措施無法有效消弭此項影響，或無法有效將威脅降低至可接受之程度時，會計師應拒絕該確信案件之委任，以維持其獨立性。

4.3.3 會計師專業行為相關規範

職業道德規範公報第三號至第九號主要是對會計師專業行為相關之議題進行規範，加以彙整後大致上可歸納為下列幾項議題，本小節將逐一加以說明：

1. 廣告、宣傳與業務延攬。
2. 酬金與佣金。
3. 專業知識技能與持續進修。
4. 保密。
5. 接任他會計師查核案件與同業關係。
6. 應客戶要求保管錢財。
7. 專業行為與玷辱事項。

此外，上述各項議題我國相關規定可能與美國相關之規定不同，若有不同時，本節亦將一併說明。

1. 廣告、宣傳與業務延攬

廣告係指以各種傳播方式，對大眾報導會計師個人或其事務所之名稱、服務項目或能力，以爭取業務為目的者。宣傳則係指以各種傳播方式，對大眾報導有關會計師個人或其事務所之各項事實者。而所謂的業務延攬係指與非客戶接觸以爭取業務者。

有關廣告、宣傳與業務延攬之基本規範如下：
(1) 除「開業、變更組織及遷移之啟事」與「會計師公會為有關會計師業務功能等活動項目所為之統一宣傳」外，不得利用廣告媒體刊登宣傳性廣告。(職一、13；職三、3)[8]
(2) 不得以不實或誇張之宣傳、詆毀同業或其他不正常方法延攬業務。(職一、14；職三、4)

---

[8] 職一、13 代表職業道德規範公報第一號第 13 條。

從上述基本規範中可以看出，在會計師這個行業跟其他行業的不同之處在於會計師不能像大多數行業得自由地從事廣告及宣傳，即使在可以廣告及宣傳的情況下，亦只能對會計師或會計師事務所作事實性的介紹，不得以不實或誇張的手法進行宣傳，更不能以詆毀同業的手段進行廣告及宣傳。誠如第一章所述，會計師的價值係建立在社會大眾的公信力上，但要建立並提升社會大眾的公信力，不能單靠會計師個人，必須靠會計師所有的成員一起努力，而且單一會計師不當的行為，即可能衝擊社會大眾對會計師整體的信賴。因此，每一個會計師對會計師整體的發展負有責任。廣告及宣傳會影響社會大眾對會計師整體的觀感，長期以來會計師界認為會計師的專業是無法透過廣告及宣傳讓社會大眾瞭解的，而且如果像其他行業對廣告及宣傳不加以限制，尤其是誇大不實的廣告，可能會傳達會計師與一般營利事業一樣，反而可能會使社會大眾質疑會計師的公正及客觀性，故多加以限制。即使是在委託人商業活動之廣告宣傳中，對該商品或服務之價格、品質及其未來性，亦不得接受委託予以公開認證(但對於商業活動確定之事實，予以認證，不在此限)。(職九、3)[9]

在得為廣告及宣傳的情況下，「開業、變更組織及遷移之啟事」與「會計師公會為有關會計師業務功能等活動項目所為之統一宣傳」，其各項宣傳亦不得有虛偽、欺騙或令人誤解之內容，且不得強調會計師或事務所之優越性，以及應維持專業尊嚴及高尚格調等精神(職三、8)外，會計師個人或其會計師事務所依職業道德規範公報第三號第7條規定，得為下列事項：

(1) 在各項媒體報導有關事務所開業、變更組織或遷移啟事。
(2) 刊登招考新職員之啟事。
(3) 接受客戶委託代為刊登招考職員或其他委辦事項之啟事。
(4) 贈送下列刊物給客戶
　①事務所簡介，其內容包括事務所名稱及地址、執業會計師姓名及學歷、服務項目及組織編制等。
　②有關會計師專業之刊物。
　上述刊物不得主動贈送給非客戶，但應其要求時，不在此限。
(5) 事務所信封、信紙等之文具用品，得列出事務所名稱、標誌、地址及信箱號碼、執業會計師姓名暨電話、電子郵件及傳真號碼。
(6) 發表著作時，得列出作者會計師之姓名及學經歷。
(7) 舉辦訓練或座談會時，不得利用訓練教材或其他文件為會計師或其事務所作不正常

---

[9] 此外，會計師對於社會公益性質之活動，於不涉及「營利行為或性質」，不違反會計師法及政府之法規事項，並取得書面協議或委託書，且經評估活動性質不會損及會計師職業尊嚴，主辦活動單位之社會形象良好，其制度運作情形，能有效管理及公正表達時，得公開列名為其認證。(職九、4)

之宣傳。訓練班或座談會之舉辦，原則上以客戶職員為限，但非客戶主動請求參加者，不在此限。

不過，在 1990 年代，美國聯邦貿易委員會認為禁止會計師廣告及宣傳違反反托拉斯法 (Anti-trust Law)(類似我國公平交易法)，有妨礙自由競爭之嫌。故美國目前會計師職業道德規範允許會計師廣告及宣傳，惟廣告及宣傳的內容不得誇大不實、以欺騙誤導的方式延攬客戶。

2. **酬金與佣金**

有關酬金及佣金之基本規定如下：

(1) 會計師收受酬金，應參考會計師公會所訂酬金規範 (因公平交易委員會認為會計師公會訂酬金規範違反公平交易法，故該規範目前停用)，並不得採取不正當之抑價方式，延攬業務。(職七、3)

(2) 會計師間互相介紹業務或由業外人介紹業務，不得收受或支付佣金、手續費或其他報酬。(職七、4)

(3) 後任會計師對於接任之查核案件，其酬金以不低於前任會計師之酬金為原則。(職六、9)

(4) 會計師不得要求、期約或收受規定外之任何酬金或「或有公費」。(職十、8)

會計師執行業務之酬金或費率，得估量下列事項來決定：所需之專業知識與技能、所需人員之專業訓練與經驗，以及所需投入之人力與時間。其酬金若按日或按時計算時，應以委辦事項在正常規劃、監督及管理下進行為原則，來決定其酬金金額。此外，執行業務時，會計師常須替客戶墊付費用，諸如規費、差旅費、郵電費、印刷費等，得於約定酬金外，另行收取。酬金的約定，宜事先與委任人以書面方式為之，訂明酬金金額或費率及付款方式等。不當的抑低酬金，或要求、期約、收受規定外之任何酬金或「或有公費」，會影響會計師的獨立性，故應予禁止。所謂「或有公費」係指酬金之支付與否，或酬金之多寡，以達成某種發現或結果為條件。

此外，會計師間互相介紹業務或由業外人介紹業務，收受或支付佣金、手續費或其他報酬，可能會影響會計師的獨立性、正直及公正客觀性，故予以禁止。不過誠如前述，美國目前職業道德認為解決正直、公正客觀的疑慮可用「揭露」的方式加以緩解，但解決獨立性的疑慮無法用「揭露」的方式加以緩解。換言之，在美國目前的規定下，對提供確信服務的客戶 (需要獨立性)，介紹業務是不可以收受或支付佣金 (手續費或其他報酬) 的。但對非確信服務客戶介紹非確信服務 (不需要獨立性，但仍需維持正直及公正客觀性)，是可以收受或支付佣金 (手續費或其他報酬) 的，惟應將收受或支付佣金 (手續費或其他報酬) 之事實揭露予關係人知悉。若未揭露，仍不得收受或支付佣金 (手續費或其他報酬)。

3. 專業知識技能與持續進修

會計師的核心能力之一即為專業能力，經濟及產業環境日益複雜，相關法規、會計及審計準則不斷地增修以因應環境的變化，會計師及相關人員應持續進修相關之專業知識技能。有關專業知識技能與持續進修之基本原則如下：

(1) 會計師應不斷增進其專業知識，對於不能勝任之委辦事項，不宜接受。(職一、11；職四、3)

(2) 會計師應持續進修、砥礪新知以增進其專業之服務。(職一、4)

根據會計師公會全國聯合會所訂定之「會計師職前訓練及持續專業進修辦法」第11條規定，會計師持續專業進修，採進修小時法，由全國聯合會專業教育委員會設檔登記管理。最低進修小時規定如下：

(1) 年進修小時：自每年一月一日起至十二月三十一日止，每年不得低於十二小時，其中第十條第一、二款之進修小時不得低於六小時[10]。

(2) 連續兩年總進修小時不得低於二十四小時，其中第十條第一、二款之進修小時不得低於十二小時。

(3) 連續三年總進修小時不得低於五十小時，其中第十條第一、二款之進修小時不得低於二十小時。

承辦公開發行公司財務簽證之會計師，其年進修小時及總進修小時加倍計算。

此外，值得提醒的是，會計師並非萬能什麼都懂，會計師的專業技能與其能承擔的專業責任要相當，對於專業知識不能勝任之委辦事項，不宜接受，以免不但傷害社會大眾對會計師的公信力，也可能為自己帶來不必要的法律風險。

4. 保密

會計師執行業務時，難免會接觸客戶相關的文件或機密，如果未經客戶同意，即將該等文件或機密洩露予他人，勢必造成客戶對會計師的不信賴，進而影響客戶真實提供資訊及文件的義務，最終亦將影響會計師業務的執行。因此，「保密」義務是會計師責無旁貸的義務。有關保密之基本原則如下：

(1) 會計師不得違反與委託人間應有之信守，即使雙方之業務關係終止，保密性的責任仍應繼續。(職五、3)

(2) 會計師對於委辦事項，應予保密，非經委託人之同意或依法令規定者外，不得洩露。並應約束其聘用人員，共同遵守公報所規定之保密義務。(職一、9，職五、4)

---

[10] 第十條第一、二款之條文如下：

會計師持續專業進修之辦理機構及範圍如下：

一、全國聯合會專業教育委員會所舉辦之授課型講習會或研討型座談會。

二、擔任前款授課型講習會或研討型座談會之講師、主講者、與談人或主持者。

(3) 會計師不得藉其業務上獲知之秘密,對委託人或第三者有不良之企圖。(職一、10,職五、5)

然而,畢竟會計師也有確保公眾利益的責任與使命。因此,依法規規定或主管機關要求之說明或調閱時,會計師仍應依法或主管機關之要求辦理,並通知委託人(職五、6)。例如,會計師應法院之傳喚作證,或應主管機關調查之需要調閱工作底稿,會計師在通知客戶後,不論客戶同不同意,皆應據實作證或呈交相關資料。

5. 接任他會計師查核案件與同業關係

誠如前述,會計師專業需要所有會計師共同努力以獲取社會大眾的信賴,無法單靠個別會計師達成。因此,每一位會計師對維護整體職業的榮譽都有無法推卸的責任及義務。有關接任他會計師查核案件與同業關係之基本原則如下:

(1) 會計師同業應敦睦關係,共同維護職業榮譽,不得為不正當之競爭。(職一、3;職六、3)
(2) 會計師接任他會計師查核案件時,應有正當理由,並不得蓄意侵害他會計師之業務。(職六、4)
(3) 前後任會計師對於查核案件之交接,應保持同業間良好之關係。(職六、5)
(4) 會計師不得妨礙或侵犯其他會計師之業務;但由其他會計師之複委託及經委託人之委託或加聘者,不在此限。(職一、23)
(5) 會計師接受其他會計師複委託業務時,非經複委託人同意,不得擴展其複委託範圍以外之業務。(職一、24)
(6) 會計師如聘僱他會計師之現職人員,應徵詢他會計師之意見。(職一、25)

不過,上述若干條文似乎有妨礙自由競爭之嫌,因此,美國聯邦貿易委員會於1990年代要求AICPA刪除類似的規範。

6. 應客戶要求保管錢財

許多中小型企業或小規模外商公司,為節省人力,可能將其會計、財務及出納的工作外包給會計師事務所處理。因此,有時會計師可能應客戶要求代其保管錢財。職業道德規範公報第八號「應客戶要求保管錢財」旨在針對相關業務處理進行規範。嚴格而言,該公報比較像工作準則(如審計準則),較不像道德層級的規範。有關應客戶要求保管錢財之基本要求如下:

(1) 會計師因執行業務之必要,在不違反有關法令規定時得保管客戶錢財;但明知客戶錢財係取之或用之於不正當活動,則會計師不應代為保管。(職八、3)
(2) 會計師如有代客戶保管錢財時,應拒絕其審計案件之委任。(職八、3)
(3) 會計師受託保管客戶錢財時應遵守下列原則:

①收到客戶錢財時,應出具收據或保管條予客戶。
②客戶與會計師之錢財應劃分清楚。
③客戶錢財應依客戶指定之用途使用。
④客戶錢財之保管及使用應隨時保持適當之紀錄。(職八、4)

7. 專業行為與玷辱事項

前文即不斷地提及,每一位會計師對維護整體職業的榮譽都有無法推卸的責任及義務,然而,少數會計師個人不當的行為,卻可能嚴重傷害社會大眾對會計師整體的信賴感。因此每一位會計師皆不應做出有辱專業形象的行為。有關玷辱行為基本原則如下:

(1) 會計師應保持職業尊嚴,不得有玷辱職業信譽之任何行為。(職一、7)
(2) 會計師不得使他人假用本人名義執行業務,或假用其他會計師名義來執行業務。(職一、18)
(3) 會計師不得與非會計師共同組織聯合會計師事務所。(職一、18)
(4) 會計師設立分事務所,應由會計師親自主持,不得委任助理員或其他人變相主持。(職一、22)

嚴格而言,上述(2)、(3)、(4)點的規定,在會計師法中亦有相似的規定(會計師法第46條),比較不像道德層次的要求。至於第(1)點所稱之有玷辱職業信譽之行為究竟所指為何,則沒有明確的說明。會計師判斷特定行為是否為玷辱行為時,不妨站在社會大眾的立場思考,如果社會大眾認為該行為會對會計師核心能力,專業能力與獨立正直客觀,產生負面的評價,該行為即可能是玷辱行為。例如,與客戶有爭執時,扣留客戶之帳冊;會計師本身逃漏稅行為等。

4.3.4 違反會計師職業道德之處分

會計師職業道德係屬會計師團體自律的規範,然徒法不足以自行,仍應對違反職業道德的成員有制裁的權力,方能收職業道德之效。

台灣省會計師公會章程第37條之1規定:「會員應遵守中華民國會計師公會全國聯合會發布之職業道德規範公報及本會發布之紀律通報。」此外,第37條規定:「會員風紀維持由紀律委員會負責處理。」第38條則規定:「會員違反風紀維持方法之規定,其情節輕微者紀律委員會應以本會名義作成糾正書通知被糾正會員,糾正無效或情節重大者,理事會依本會章程第十一條第一項第一款(函請主管機關交付懲戒)之規定辦理。」台北市會計師公會章程亦有類似之規定。換言之,當會計師違反職業道德規範時,會由各地方會計師公會之紀律委員會調查審議,如違紀事件情節輕微者,將以書面糾正違紀會員。如違紀事件情節重大,或經糾正後無效者,將函請會計師公會全國聯合會移送會計師懲戒委員會進行懲戒(參見本章有關會計師行政責任之討論)。

附錄　中華民國會計師職業道德規範公報

職業道德規範公報第一號　中華民國會計師職業道德規範

壹、總則

第一條　會計師為發揚崇高品德，增進專業技能，配合經濟發展，以加強會計師信譽及功能起見，特訂定本職業道德規範 (以下簡稱本規範) 以供遵循。

會計師所屬之會計師事務所亦有相當之義務及責任，遵循本規範。

第二條　會計師應以正直、公正客觀之立場，保持超然獨立精神，服務社會，以促進公共利益與維護經濟活動之正常秩序。

會計師提供專業服務時應遵循本規範，其基本原則如下：

1. 正直。
2. 公正客觀。
3. 專業能力及專業上應有之注意。
4. 保密。
5. 專業態度。

第三條　會計師同業間應敦睦關係，共同維護職業榮譽，不得為不正當之競爭。

第四條　會計師應持續進修，砥礪新知，以增進其專業之服務。

第五條　會計師應稟於職業之尊嚴及任務之重要，對於社會及國家之經濟發展有深遠影響，應一致信守本規範，並加以發揚。

當會計師或其會計師事務所察覺可能有牴觸本規範之疑慮，若採取因應措施仍無法有效消弭或將疑慮降低至可接受之程度時，會計師與會計師事務所應拒絕該案件之服務或受任。

貳、職業守則

第六條　會計師、會計師事務所及同事務所之其他共同執業會計師對於委辦之簽證業務事項有直接利害關係時，均應予迴避，不得承辦。

第七條　會計師應保持職業尊嚴，不得有玷辱職業信譽之任何行為。

第八條　會計師不得違反與委託人間應有之信守。

第九條　會計師對於委辦事項，應予保密，非經委託人之同意、依專業準則或依法規規定者外，不得洩露。

第十條　會計師不得藉其業務上獲知之秘密，對委託人或第三者有任何不良之企圖。

參、技術守則

第十一條　會計師對於不能勝任之委辦事項，不宜接受。會計師或會計師事務所於案件承接或續任時，應評估有無牴觸本規範。

第十二條　財務報表或其他會計資訊，非經必要之查核、核閱、複核或審查程序，不得為之簽證、表示意見，或作成任何證明文件。

肆、業務延攬

第十三條　會計師之宣傳性廣告，應依會計師法規定及中華民國會計師公會全國聯合會所規範之事項辦理之。

第十四條　會計師不得以不實或誇張之宣傳、詆毀同業或其他不正當方法延攬業務。

第十五條　會計師不得直接或間接暗示某種關係或以利誘方式招攬業務。

第十六條　會計師收取酬金，應參考會計師公會所訂之酬金規範，並不得以不正當之抑價方式，延攬業務。

第十七條　會計師相互間介紹業務或由業外人介紹業務，不得收受或支付佣金、手續費或其他報酬。

伍、業務執行

第十八條　會計師不得使他人假用本人名義執行業務，或假用其他會計師名義執行業務，或受未具會計師執業資格之人僱用執行會計師業務，亦不得與非會計師共同組織聯合會計師事務所。

第十九條　會計師事務所名稱不得與已登錄之事務所名稱相同。

第二十條　會計師承辦專業服務業務，應維持必要之獨立性立場，公正表示其意見。

第廿一條　會計師有關業務之任何對外文件，皆應由會計師簽名或蓋章。

第廿二條　會計師設立分事務所，應由會計師親自主持，不得委任助理員或其他人變相主持。

第廿三條　會計師不得妨害或侵犯其他會計師之業務，但由其他會計師之複委託及經委託人之委託或加聘者不在此限。

第廿四條　會計師接受其他會計師複委託業務時，非經複委託人同意，不得擴展其複委託範圍以外之業務。

第廿五條　會計師如聘僱他會計師之現職人員，應徵詢他會計師之意見。

第廿六條　會計師對其聘用人員，應予適當之指導及監督。

第廿七條　會計師執行業務，必須恪遵會計師法及有關法規、會計師職業道德規範公報與會計師公會訂定之各項規章。

陸、附則

第廿八條　本規範僅說明會計師職業道德標準之綱要，其補充解釋另以公報行之。

第廿九條　凡違背本規範之約束者，由所屬公會處理之。

第三十條　本規範經理事會通過後公布實施，修正時亦同。

職業道德規範公報第三號　廣告、宣傳及業務延攬

壹、前言

第一條　本公報係申述廣告、宣傳及業務延攬之補充解釋。

第二條　本公報依「中華民國會計師職業道德規範」第一號公報第廿八條之規定訂定。

貳、基本原則

第三條　會計師或會計師事務所(含分事務所，下同)除開業、遷移、合併、變更組織、受客戶委託、會計師事務所介紹及會計師公會為會計師有關業務、功能活動項目所為之統一宣傳等外，不得為宣傳性廣告。

第四條　會計師不得以不實或誇張之宣傳，詆毀同業或其他不正當方法延攬業務。

第五條　會計師相互間介紹業務或由業外人介紹業務，不得收受或支付佣金、手續費或其他報酬。

參、定義

第六條　本公報用語之定義如下：

　　　　廣　　告：係以各種傳播方式，對大眾報導會計師個人或其事務所之名稱、服務項目或能力，以爭取業務為目的者。

　　　　宣　　傳：係以各種傳播方式，對大眾報導有關會計師個人或其事務所之各項事實者。

　　　　業務延攬：係指與非客戶接觸以爭取業務者。

肆、說明

第七條　會計師或其事務所從事之廣告或宣傳，應以下列事項為限，並應符合第八條之規定。

　　　　1. 在各項媒體報導有關事務所開業、遷移、合併、變更組織啟事。

　　　　2. 刊登招考新職員之啟事。

　　　　3. 受客戶委託代為刊登之事項：

　　　　　(1) 招考職員。

　　　　　(2) 客戶權益事項之聲明。但該代為聲明事項，會計師應予查證或聲明未經查證。

　　　　4. 會計師事務所之介紹內容：

　　　　　(1) 事務所之名稱、標識、地址、電話、傳真、網址及電子信箱。

　　　　　(2) 事務所執業會計師姓名、照片、所屬公會會籍號碼、電話、傳真及電子信箱。

　　　　　(3) 事務所之服務事項。

5. 贈送下列刊物給客戶：
   (1) 事務所簡介，其內容包括事務所名稱、地址、執業會計師姓名、學歷、服務事項、員工活動及組織編制等。
   (2) 有關會計師專業之刊物。
   上述刊物不得主動贈送給非客戶，但應其要求時，不在此限。
6. 事務所信封、信紙等文具用品，得列出事務所名稱、標識、地址、信箱號碼、執業會計師姓名暨電話、電子信箱及傳真號碼。
7. 發表著作時，得列出作者會計師之姓名及學經歷。
8. 舉辦訓練或座談會時，不得利用訓練教材或其他文件為會計師或其事務所作不正當之宣傳。

第八條　各項廣告或宣傳，均應符合下列精神：
1. 不得有虛偽、欺騙或令人誤解之內容。
2. 不得強調會計師或會計師事務所之優越性。
3. 應維持專業尊嚴及高尚格調。

第九條　會計師不得直接或間接暗示某種關係或以利誘方式延攬業務。

第十條　會計師不得以不正當之抑價方式延攬業務。

伍、實施

第十一條　本公報經中華民國會計師公會全國聯合會理事會通過後公布實施，修正時亦同。

職業道德規範公報第四號　專業知識技能

壹、前言

第一條　本公報係申述會計師專業知識技能之補充解釋。

第二條　本公報依「中華民國會計師職業道德規範」第一號公報第廿八條之規定訂定。

貳、基本原則

第三條　會計師應不斷增進其專業知識技能，對於不能勝任之委辦事項，不宜接受。

參、說明

第四條　會計師在其執業期間，應維持足夠之專業知識技能。

第五條　會計師接受委辦事項，應善用其知識技能與經驗提供服務，並善盡專業上應有之注意。

第六條　會計師專業知識技能之培養，可分為下列兩個階段：
1. 專業知識技能之養成
   專業知識技能之養成，應有相關之專業教育與訓練，及適當之工作經驗。

2. 專業知識技能之維持及增進
　　(1) 會計師應經常注意最新公布之會計、審計及其他有關資料，以及最新之有關法規規章等。
　　(2) 會計師應持續進修，其助理人員並應接受專業訓練。
第七條　有關會計師及其助理人員之專業教育及訓練，除會計師自行辦理外，由會計師公會協助推行。
第八條　會計師事務所應有品質管制之政策及程序，以維持其專業服務之品質。
第九條　會計師對委辦之事項為維持服務品質，如有部分工作非其專業知識技能所能處理者，得尋求其他專家之協助。

肆、實施
第十條　本公報經中華民國會計師公會全國聯合會理事會通過後公布實施，修正時亦同。

職業道德規範公報第五號　保密

壹、前言
第一條　本公報係申述保密之補充解釋。
第二條　本公報依「中華民國會計師職業道德規範」第一號公報第廿八條之規定訂定。

貳、基本原則
第三條　會計師不得違反與委託人間應有之信守。即使雙方的關係已告終止，保密性的責任仍應繼續。
第四條　會計師對於委辦事項，應予保密，非經委託人之同意或因法規規定者外，不得洩露，並應約束其聘用人員，共同遵守公報所規定之保密義務。
第五條　會計師不得藉其業務上獲知之秘密，對委託人或第三者有任何不良之企圖。

參、說明
第六條　會計師承辦之案件，主管機關認有必要，向會計師查詢或取閱有關資料時，會計師應依法辦理，並通知委託人。
第七條　會計師對於承辦之案件，不得為其個人或第三者之利益，而利用其經辦業務所獲之資料，對委託人或第三者有任何不良之企圖；除因法規(如個人資料保護法)或專業準則規定處理外，不得任意散播。

肆、實施
第八條　本公報經中華民國會計師公會全國聯合會理事會通過後公布實施，修正時亦同。

職業道德規範公報第六號　接任他會計師查核案件

壹、前言
第一條　本公報係申述接任他會計師之查核案件時應注意之事項。
第二條　本公報依「中華民國會計師職業道德規範」第一號公報第廿八條之規定訂定。

貳、基本說明
第三條　會計師同業間應敦睦關係，共同維護職業榮譽，不得為不正當之競爭。
第四條　會計師接任他會計師查核案件時，應有正當理由，並不得蓄意侵害他會計師之業務。
第五條　前後任會計師對於查核案件之交接，應保持同業間良好之關係。
第六條　前後任會計師應本於超然獨立之精神，對其查核案件，公正表示意見。

參、說明
第七條　接任他會計師查核案件前，後任會計師應向前任會計師徵詢意見，前任會計師應本專業之立場據實以告。
第八條　後任會計師對於接任之查核案件，於取得委託人同意後，視事實需要，得向前任會計師商酌借閱工作底稿。
第九條　後任會計師對於接任之查核案件，其酬金以不低於前任會計師之酬金為原則。

肆、實施
第十條　本公報經中華民國會計師公會全國聯合會理事會通過後公布實施，修正時亦同。

職業道德規範公報第七號　酬金與佣金

壹、前言
第一條　本公報係申述酬金與佣金之補充解釋。
第二條　本公報依「中華民國會計師職業道德規範」第一號公報第十六條、第十七條及第廿八條之規定訂定。

貳、基本原則
第三條　會計師收受酬金，應參考會計師公會所訂酬金規範，並不得採取不正當之抑價方式，延攬業務。
第四條　會計師相互間介紹業務或由業外人介紹業務，不得收受或支付佣金、手續費或其他報酬。

參、說明
第五條　在決定酬金之金額或費率時，會計師得估量：
　　　　1. 委辦事項所需之專業知識與技能。

第六條　酬金按時或按日計算時，其金額之決定，應以委辦事項在正常之規劃、監督及管理下進行為原則。

2. 委辦事項所需人員之專業訓練與經驗。

3. 委辦事項所需投入之人力與時間。

第七條　會計師承辦業務，宜事先與委任人約定酬金，最好以書面方式為之，訂明酬金金額或費率及付款方式等。

第八條　會計師承辦財務報表查核簽證或核閱業務，不得簽訂下列或有酬金之合約：

1. 酬金之支付與否，以達成某種發現或結果為條件者。

2. 酬金之多寡，以達成某種發現或結果為條件者。

但酬金由法院或政府機關決定者，不在此限。

第九條　會計師因承辦案件所發生之墊付費用與酬金不同。可直接歸屬委辦事項之墊付費用，諸如規費、差旅費、郵電費、印刷費等，得於約定酬金外另行收取。

第十條　會計師因其他會計師退休、停止執業或亡故，概括承受其全部或部分業務時，對其他會計師或其繼承人所為之給付，不視為違反本公報第四條之規定。

肆、實施

第十一條　本公報經中華民國會計師公會全國聯合會理事會通過後公布實施，修正時亦同。

職業道德規範公報第八號　應客戶要求保管錢財

壹、前言

第一條　本公報係申述會計師代客戶保管錢財時應注意之事項。

第二條　本公報依「中華民國會計師職業道德規範」第一號公報第廿八條之規定訂定。

貳、基本原則

第三條　會計師因執行業務之必要，在不違反有關法規規定時，得保管客戶錢財；但明知客戶錢財係取之或用之於不正當活動，則會計師不應代為保管。

　會計師如有代客戶保管錢財時，應拒絕其審計案件之委任。

第四條　會計師受託保管客戶錢財時應遵守下列原則：

1. 收到客戶錢財時，應出具收據或保管條予客戶。

2. 客戶與會計師之錢財應劃分清楚。

3. 客戶錢財應依客戶指定之用途使用。

4. 客戶錢財之保管及使用應隨時保持適當之紀錄。

參、定義

第五條　本公報用語之定義如下：

1. 客戶錢財：係指會計師自客戶收取，並依其指示持有或支付之任何錢財，包括現金及匯票、本票、債券等可轉換成現金之權證。
2. 客戶帳戶：係指以會計師或其事務所名義開設專為處理客戶錢財之銀行帳戶。

肆、說明

第六條　會計師應設置專為處理客戶錢財之銀行帳戶。

第七條　會計師收到客戶之現金時，應盡速存入客戶帳戶；收到匯票、本票、債券等可轉換成現金之權證時，應善加保管。

第八條　客戶帳戶之提取及支用，除依授權範圍辦理者外，應經客戶同意始得為之。

第九條　客戶應付受託會計師之各項費用，經客戶同意後得由客戶帳戶中提付。

第十條　客戶錢財預期將存放較長時間時，會計師應經客戶同意後將其存入可孳息之帳戶。

第十一條　客戶錢財所生之孳息扣除有關稅捐後之餘額歸客戶所有。

第十二條　會計師應對客戶帳戶之存提情形做成紀錄，以便隨時表達所有及個別客戶錢財之狀況。客戶錢財存提明細表每年至少應提供給客戶一次。

伍、實施

第十三條　本公會經中華民國會計師公會全國聯合會理事會通過後公布實施，修正時亦同。

職業道德規範公報第九號　在委託人商品或服務之廣告宣傳中公開認證

壹、前言

第一條　本公報係規範會計師在委託人商品或服務事項之廣告宣傳中，予以公開認證應注意或禁止之事項。

第二條　本公報依「中華民國會計師職業道德規範」第一號公報第二條、第七條、第十一條及第廿八條之規定訂定。

貳、基本原則

第三條　會計師於委託人商業活動之廣告宣傳中，對該商品或服務之價格、品質及其未來性，不得接受委託，予以公開認證，但對於商業活動確定之事實，予以認證，不在此限。

第四條　會計師對於社會公益性質之活動，於不涉及營利行為或性質，不違反會計師法及政府之法規事項，並取得書面協議或委託書，且經評估活動性質不會損及會計師職業尊嚴，主辦活動單位之社會形象良好，其制度運作情形，能有效管理及公正表達時，得公開列名為其認證。

參、定義

第五條　本公報用語之定義如下：

　　　　認　　證：係指在廣告宣傳活動中，予以具名監證、推薦等行為，以利於其活動之進行。

　　　　商業活動：係指企業或團體所進行之有形或無形營利等活動，包括：抽獎、摸彩、促銷、贈獎、週年慶等活動。

　　　　公益性質活動：係指非營利性且具公益性之活動，包括：義賣、義演、募款……等，以籌集款項或相對資助之活動事項。

　　　　廣告宣傳：係指委託人以任何媒體(包括電視、廣播、電腦網路、電子布告欄、手機簡訊、報章、雜誌、海報及其他文宣品等)，對特定人或不特定人進行訊息之傳遞或表達。

肆、說明

第六條　會計師在委託人商品或服務之廣告宣傳中，以其名義公開具名或列名表示予以進行認證行為時，由於會計師具有社會公正形象，為避免社會大眾產生過大期待與信賴而造成誤導作用，應本於超然獨立及本公報之精神，審慎評估其可能之影響。

第七條　會計師對於委託人之商業活動進行認證，應就其內容評估，且應不涉及價格、品質或未來性之認證，但對於商業活動確定之事實予以認證者除外。若發現委託人違背或超出委任內容，應即予制止，若委託人仍繼續者，應中止其認證之受任，並將中止受任之意思公告，以維護本身之超然獨立精神。

第八條　會計師於委託人之廣告宣傳中公開認證，並同時受託查核財務報表，委託人商品或服務事項廣告宣傳中，如列註財務報表係由該會計師簽證，會計師應予制止。

第九條　本公報於會計師事務所名義所為之認證時，亦適用之。

伍、實施

第十條　本公報經中華民國會計師公會全國聯合會理事會通過後公布實施，修正時亦同。

職業道德規範公報第十號　「正直、公正客觀及獨立性」

壹、前言

第一條　本公報係申述正直、公正客觀及獨立性之補充解釋。

第二條　本公報依「中華民國會計師職業道德規範」第一號公報第二十八條之規定訂定。

貳、基本原則

第三條　會計師對於委辦事項與其本身有直接或重大間接利害關係而影響其公正及獨立性時，應予迴避，不得承辦。

第四條　會計師提供財務報表之查核、核閱、複核或專案審查並作成意見書，除維持實質上之獨立性外，亦應維持形式上之獨立性。因此，審計服務小組成員、其他共同執業

會計師或法人會計師事務所股東、會計師事務所、事務所關係企業及聯盟事務所，須對審計客戶維持獨立性。

參、說明

第五條　會計師應以正直、公正客觀之立場，保持獨立性精神，服務社會。

　　　　1. 正直：

　　　　　　會計師應以正直嚴謹之態度，執行專業之服務。會計師在專業及業務關係上，應真誠坦然及公正信實。

　　　　2. 公正客觀：

　　　　　　會計師於執行專業服務時，應維持公正客觀立場，亦應避免偏見、利益衝突或利害關係而影響專業判斷。公正客觀立場包括應於資訊提供與使用者間，不偏不倚，並盡專業上應有之注意。

　　　　3. 獨立性：

　　　　　　會計師於執行財務報表之查核、核閱、複核或專案審查並作成意見書，應於形式上及實質上維持獨立性立場，公正表示其意見。

　　　　　　實質上之獨立性係內在要求，必須以正直及公正客觀之精神，並盡專業上應有之注意，會計師除維持實質上之獨立性外，亦應維持形式上之獨立性。因此，審計服務小組成員、其他共同執業會計師或法人會計師事務所股東、會計師事務所、事務所關係企業及聯盟事務所，須對審計客戶維持獨立性，亦即就其係在客觀第三者之觀感而言，合理且可接受之程度下，維持公正客觀之獨立性。

第六條　獨立性與正直、公正客觀相關聯，如缺乏或喪失獨立性，將影響正直及公正客觀之立場。

第七條　獨立性可能受到自我利益、自我評估、辯護、熟悉度及脅迫等因素而有所影響。

第八條　獨立性受自我利益之影響，係指經由審計客戶獲取財務利益，或因其他利害關係而與審計客戶發生利益上之衝突。可能產生此類影響之情況，通常包括：

　　　　1. 與審計客戶間有直接或重大間接財務利益關係。

　　　　2. 事務所過度依賴單一客戶之酬金來源。

　　　　3. 與審計客戶間有重大密切之商業關係。

　　　　4. 考量客戶流失之可能性。

　　　　5. 與審計客戶間有潛在之僱傭關係。

　　　　6. 與查核案件有關之或有公費。

　　　　7. 發現事務所其他成員先前已提供之專業服務報告，存有重大錯誤情況。

第九條　獨立性受自我評估之影響，係指會計師執行非審計服務案件所出具之報告或所作之判斷，於執行財務資訊之查核或核閱過程中作為查核結論之重要依據；或審計服務

小組成員曾擔任審計客戶之董監事，或擔任直接並有重大影響該審計案件之職務。可能產生此類影響之情況，通常包括：

1. 事務所出具所設計或協助執行財務資訊系統有效運作之確信服務報告。
2. 事務所編製之原始文件用於確信服務案件之重大或重要的事項。
3. 審計服務小組成員目前或最近二年內擔任審計客戶之董監事、經理人或對審計案件有重大影響之職務。
4. 對審計客戶所提供之非審計服務將直接影響審計案件之重要項目。

第十條 獨立性受辯護之影響，係指審計服務小組成員成為審計客戶立場或意見之辯護者，導致其客觀性受到質疑。可能產生此類影響之情況，通常包括：

1. 宣傳或仲介審計客戶所發行之股票或其他證券。
2. 除依法規許可之業務外，代表審計客戶與第三者法律案件或其他爭議事項之辯護。

第十一條 熟悉度對獨立性之影響，係指藉由與審計客戶董監事、經理人之密切關係，使得會計師或審計服務小組成員過度關注或同情審計客戶之利益。可能產生此類影響之情況，通常包括：

1. 審計服務小組成員與審計客戶之董監事、經理人或對審計案件有重大影響職務之人員有親屬關係。
2. 卸任一年以內之共同執業會計師擔任審計客戶董監事、經理人或對審計案件有重大影響之職務。
3. 收受審計客戶或其董監事、經理人或主要股東價值重大之禮物餽贈或特別優惠。

第十二條 脅迫對獨立性之影響，係指審計服務小組成員承受或感受到來自審計客戶之恫嚇，使其無法保持客觀性及澄清專業上之懷疑。可能產生此類影響之情況，通常包括：

1. 客戶威脅提起法律訴訟。
2. 威脅撤銷非審計案件之委任，強迫事務所接受某特定交易事項選擇不當之會計處理政策。
3. 威脅解除審計案件之委任或續任。
4. 為降低公費，對會計師施加壓力，使其不當的減少應執行之查核工作。
5. 客戶人員以專家姿態壓迫查核人員接受某爭議事項之專業判斷。
6. 會計師要求審計服務小組成員接受管理階層在會計政策上之不當選擇或財務報表上之不當揭露，否則不予升遷。

第十三條 事務所及審計服務小組成員有責任維護獨立性，維持獨立性時應考量所執行之工

第十四條　當確認對獨立性之影響為重大時，事務所及審計服務小組成員應採用適當及有效的措施，以消弭該項影響或將其降低至可接受之程度，並記錄該項結論。

第十五條　會計師或會計師事務所如未採取任何措施，或所採用之措施無法有效消弭對獨立性之影響或將其降低至可接受之程度，會計師應拒絕執行該審計案件，以維持其獨立性。

肆、實施

第十六條　本公報之施行細則詳附錄。

第十七條　本公報生效後，原職業道德規範公報第二號「誠實、公正及獨立性」不再適用。

第十八條　本公報經中華民國會計師公會全國聯合會理事會通過後公布實施，修正時亦同。

附錄：施行細則

　　本附錄之目的係為補充說明職業道德規範公報第十號「正直、公正客觀及獨立性」之內容，以提供審計服務小組成員、其他共同執業會計師或法人會計師事務所股東、會計師事務所、事務所關係企業及聯盟事務所等，在特定情況下應考量獨立性之情形及得採用之措施。惟會計師職業道德規範公報於會計師專業實務與執業環境上，因所執行之案件性質、客戶規模與公共利益影響程度、事務所規模組織，及牴觸或衝突之事實情況，於會計審計實務上無法將各特定情況一一臚列說明或規範，故必須藉助觀念性架構原則來進行審酌。當事務所或會計師與其審計服務小組成員於辨識可能存有牴觸或衝突之質疑時，即應採取有關措施來因應或防衛，將衝突或牴觸事項加以消弭或將其降低至可接受之程度。

　　本附錄共分為二部分，第一部分提供名詞定義及說明。第二部分則針對特定情況可能危害獨立性加以說明，並說明得採用之措施以消弭對獨立性之影響或降低至可接受之程度(係例釋性質且不以此為限)。

第一部分、名詞定義及說明

第二部分、特定情況之說明

一、財務利益

二、融資及保證

三、與審計客戶間之密切商業關係

四、家庭與個人關係

五、受聘於審計客戶

六、為審計客戶提供董監事、經理人或相當等職務之服務

六之一、重大之禮物餽贈及特別優惠

六之二、同一會計師長期持續提供上市(櫃)公司審計案件之服務

七、非審計業務：
- (一) 記帳服務
- (二) 評價服務
- (三) 稅務服務
- (四) 內部稽核服務
- (五) 短期人員派遣服務
- (六) 招募高階管理人員
- (七) 公司理財服務

第一部分、名詞定義及說明

一、審計客戶

委託會計師執行審計案件之企業。如為股票上市(櫃)公司，則本公報所稱之審計客戶應包括該企業之關係人。

二、審計案件

係指依審計準則執行查核或核閱程序，以對財務資訊提供高度或中度但非絕對之確信之確認性服務。

三、審計服務小組成員

審計服務小組其成員包括下列人員：

(一) 參與特定審計案件之主辦會計師及專業人員。

(二) 事務所內其他專業人員，其所執行之工作，將直接影響審計案件之結果者，包括：
1. 有權建議或決定審計案件會計師之薪資、酬勞、或考核審計案件會計師績效之人員，通常包括資深管理人員至事務所之所長或相當職務人員。
2. 提供與審計案件有關之專業層面、行業特性、交易或相關事項之諮詢人員。
3. 執行審計案件品質控制之人員。

(三) 事務所關係企業之專業人員，其所執行之工作，將直接影響該審計案件之結果者。

於整體審計實務領域之專屬業務服務人員，泛稱為確信服務小組；依其個別服務案件性質，可區分如審計案件、核閱案件、稅務查核簽證案件，或其他確信服務案件，區分不同服務小組。

四、審計期間

審計期間亦稱之審計服務期間。事務所及審計服務小組成員，於執行審計案件之期間應維持其獨立性。審計期間通常始於審計服務小組成員開始執行審計服務，並結束於審計報告發出日。若審計案件具有循環性，循環期間皆屬於審計期間。

五、可接受之程度

係指理性且瞭解會計師專業實務之客觀第三者，於評估會計師及審計服務小組成員在當時情況下，所採取因應措施是否足以消弭或降低衝突至可接受程度，且對應遵循之各項基本規範未予妥協而言。

六、財務利益

係指權益證券或其他證券、公司債、貸款或其他債務工具，或利害關係，包括其權利及衍生之利益、義務等在內。

七、直接財務利益

(一)由個人或企業、事務所直接持有或有控制能力之財務利益。
(二)個人或企業、事務所藉由與他人共同投資所獲取之財務利益，而個人或企業、事務所對該共同投資具有控制能力。

八、間接財務利益

個人或企業、事務所藉由與他人共同投資所獲取之財務利益，而個人或企業、事務所對該共同投資並無控制能力。

九、家屬

係指配偶(同居人)及未成年子女。

十、近親

係指直系血親、直系姻親及兄弟姐妹。

十一、親屬

係指配偶(同居人)、直系血親、直系姻親及兄弟姊妹。

十二、主辦會計師

係指有權對所執行之審計案件簽發審計報告之會計師，即為該案件之主辦會計師。

十三、事務所關係企業

係指簽證會計師所屬事務所之會計師持股超過50%，或取得過半數董事席次者，或主辦會計師所屬事務所對外發布或刊印之資料中，列為關係企業之公司或機構，或者事務所所屬聯盟及其聯盟事務所。

十四、案件品質管制複核

於報告前執行之程序，用以客觀評估案件服務團隊(案件服務小組)所作之重大判斷及報告所依據之結果的複核程序。

第二部分、特定情況之說明

一、財務利益

與審計客戶間有直接或重大間接財務利益,將產生自我利益之影響。其對獨立性之影響,說明如下:

(一) 審計服務小組成員及其家屬

審計服務小組成員及其家屬,與該審計案件之受查客戶間有直接財務利益或重大間接財務利益時,只有在採取下列任一項措施方得消弭或使其降低至可接受程度:

1. 處分直接財務利益。
2. 處分全部間接財務利益或部分間接財務利益,使所剩餘之財務利益不具重大影響力。
3. 不得擔任審計服務小組之成員。

(二) 其他共同執業會計師及其家屬

其他共同執業會計師及其家屬,與事務所審計客戶間有直接財務利益或重大間接財務利益時,所產生自我利益之影響,只有在採取下列任一措施方得消弭或使其降低至可接受程度:

1. 處分直接財務利益。
2. 處分全部間接財務利益或部分間接財務利益,使所剩餘之財務利益不具重大影響力。

(三) 事務所及事務所關係企業

1. 事務所及事務所關係企業,與審計客戶間有直接財務利益時,將無任何措施可消弭自我利益對獨立性之影響。因此,事務所及事務所關係企業不應與其審計客戶間有直接財務利益之關係。
2. 事務所及事務所關係企業,與審計客戶間有重大間接財務利益,或對其審計客戶具有控制能力之他公司間有重大財務利益時,為消弭或降低對獨立性之影響至可接受程度,應採取處分全部或部分財務利益,使所剩餘之財務利益不具重大影響力。否則,應拒絕該審計案件之委任,以維持獨立性。

二、融資及保證

1. 金融機構對擔任審計工作之會計師事務所或事務所關係企業之融資或保證,係於正常商業行為下進行時,此一融資或保證事項應不致構成對獨立性之影響。
2. 金融機構對審計服務小組成員及其家屬,所提供之融資或保證,係依據正常商業行為時,此一融資或保證事項應不致構成對獨立性之影響。
3. 事務所、事務所關係企業及審計服務小組成員存放於其查核金融機構之存款,係於正常商業行為下所為之者,則此一存款應不致構成對獨立性之影響。
4. 事務所、事務所關係企業及審計服務小組成員,與非金融機構之審計客戶間有相互融資或保證行為時,其獨立性將受自我利益之影響,且無其他措施可使其降低至可接受程度。

三、與審計客戶間之密切商業關係

1. 事務所、事務所關係企業及審計服務小組成員與審計客戶或其董監事、經理人間,有密切之商業關係,因涉及商業利益,可能會對獨立性產生自我利益及脅迫之影響。此類關係例如:
   (1) 與審計客戶或其具控制力之股東、董監事或經理人間有重大利益之策略聯盟。
   (2) 事務所或事務所關係企業將其服務項目或產品,與其審計客戶所提供之服務項目及產品結盟,並同時對外行銷者。
   (3) 事務所或事務所關係企業與其審計客戶間,相互為其產品或服務,擔任推廣或行銷之工作,而取得利益者。

   除了前述利益及其商業關係並不重大而不影響其獨立性外,應採取下列措施消弭對獨立性之影響降低至可接受程度:
   (1) 終止與審計客戶間之商業關係。
   (2) 降低與審計客戶間之關係,使其利益或商業關係之影響降至最低程度。
   (3) 拒絕審計案件之委任。

2. 審計服務小組成員與其審計客戶間,因密切之商業關係產生重大之利益時,則該成員不應參與審計案件之執行。

3. 審計客戶在正常商業行為下,出售商品或提供勞務予事務所、事務所關係企業或審計服務小組成員,通常不會對其獨立性產生影響。但某些交易因性質或重要性而產生自我利益之影響時,除非該項影響並不重大,否則,應採取下列措施使其降低至可接受程度:
   (1) 消除或降低交易之重要性。
   (2) 不得擔任審計服務小組之成員。

四、家庭與個人關係

1. 審計服務小組成員之家屬擔任審計客戶之董監事、經理人或對審計工作有直接且重大影響之職務,或於審計期間曾任前述職務者,則該成員不應參與此審計案件之執行。

2. 審計服務小組成員之近親擔任審計客戶之董監事、經理人或對審計工作有直接且重大影響之職務,或於審計期間曾任前述職務者,其影響獨立性之程度視下列因素而定:
   (1) 該近親所擔任之職務。
   (2) 該名審計服務小組成員,於此案件中所擔任職務之程度。

   事務所及審計服務小組應評估此項影響之重大性,除非其影響明顯不重大,否則,應採取下列措施使其降低至可接受程度:
   (1) 該成員不應參與此一審計案件之執行。
   (2) 調整審計服務小組成員之工作劃分,使該成員無法查核由其近親所負責之工作。

五、受聘於審計客戶
1. 事務所或審計服務小組成員擔任審計客戶之董監事、經理人或對審計工作有直接且重大影響之職務，將使其獨立性受到自我利益、熟悉度及脅迫之影響。如審計服務小組成員，確定於未來期間將擔任審計客戶之前述職務時，則其獨立性亦將受到影響。
2. 審計服務小組成員、會計師或事務所卸任會計師，受聘於審計客戶時，其影響獨立性之程度，視下列因素而定：
   (1) 於審計客戶中所擔任之職務。
   (2) 自事務所離職後至受聘於審計客戶之期間長短。
   (3) 過去於事務所中所擔任職務之重要性。
3. 對自我利益、熟悉度及脅迫影響之情況應加以評估，除非經評估其影響明顯不重大，否則應採取下列措施以使其降低至可接受程度：
   (1) 考量修改查核計畫之適切性或必要性。
   (2) 由獨立於審計服務小組以外之會計師或專業人員，評估所執行之查核工作或提供必要之諮詢。
   (3) 對該審計案件客戶執行品質控制之複核。
4. 當已知審計服務小組成員，將於未來期間受聘於審計客戶時，該成員不應再參與該審計案件之執行。

六、為審計客戶提供董監事、經理人或相當職務之服務

　　會計師事務所、事務所關係企業之會計師或員工，提供審計客戶董監事、經理人或相當職務之服務時，對自我利益及自我評估之影響將會是重大且無法採用任何措施，消弭其對獨立性之影響或降低至可接受程度，唯有拒絕該審計案件之委任。

六之一、禮物餽贈及特別優惠

　　審計服務小組成員收受審計客戶之禮物餽贈或接受審計客戶之特別優惠時，可能產生自我利益、熟悉度及脅迫之獨立性立場影響；但其係屬正常社交禮俗或商業習慣之行為，且價值並非重大及無任何動機或意圖影響專業決策或獲取屬保密之資訊時，可視為係屬可接受之程度。於評估有重大影響時，應採取因應之措施，將可能衝突情況消弭或降低至可接受之程度：
1. 該成員不應再參與此一服務案件之執行。
2. 由事務所指派更高層級專業人員複核該審計服務小組成員所執行之查核工作。
3. 對該審計客戶案件執行案件品質管制複核之程序。
4. 與公司治理單位討論並取得認同。
5. 終止或解除該案件之委任。

六之二、同一會計師長期持續提供上市(櫃)公司審計案件之服務

會計師長期間持續擔任同一上市(櫃)公司之審計案件主辦會計師，可能造成熟悉度之獨立性衝突情況。除非情況特殊經業務主管機關核准者外，應符合相關準則規定。

七、非審計業務
1. 對審計客戶提供非審計服務，可能影響事務所、事務所關係企業或審計服務小組成員之獨立性。因此，提供非審計服務時，更需要評估對獨立性之影響。
2. 對審計客戶提供非審計服務，如有下列情事，通常會增加自我利益、自我評估、辯護或脅迫之重大影響，應拒絕接受審計案件之委任：
   (1) 提供服務之過程中，會計師可自行核准、執行或完成一項交易，或代客戶授權或直接擁有執行之權限。
   (2) 會計師逕行為客戶作重大決策。
   (3) 以客戶管理者之角色，向客戶董事會報告。
   (4) 監管客戶之資產。
   (5) 複核客戶職員日常職務並評估其績效。
   (6) 代客戶編製原始文件或資料，例如：採購單、銷售訂單等，以證實交易之發生。

(一) 記帳服務
1. 同時提供審計服務及記帳服務，除下列所述情況外，可能產生自我評估之重大影響，應拒絕接受審計案件之委任：
   (1) 客戶確認會計紀錄為其責任。
   (2) 未參予客戶管理營運決策。
   (3) 執行審計時已執行必要審計程序。
2. 事務所或事務所關係企業不應對公開發行股票公司同時提供審計及記帳服務。

(二) 評價服務
1. 評價服務包括設定基本假設、應用方法及技術，以計算部分資產負債項目或企業整體之價值。
2. 事務所或事務所關係企業為其審計客戶提供評價服務，且此項評價之結果將形成財務報表之一部分時，則可能產生自我評估之影響。
3. 評價之結果對財務報表之影響重大，且該項評估具高度主觀性時，應拒絕提供評價服務或審計服務之其中一項。
4. 評價結果對財務報表之影響並不重大，或不具高度主觀性時，所產生之自我評估之影響，可採用下列措施，使其降低至可接受程度：
   (1) 採用獨立於審計服務小組以外之專業人員，複核該服務之結果。
   (2) 確認審計客戶瞭解此項評估之基本假設及所採用之方法，並取得客戶同意將該項結果

　　　　使用於財務報表上。

　　(3) 執行評估工作之人員不應為審計服務小組成員。

㈢ 稅務服務

　　　稅務服務範圍，包括稅務諮詢、稅務規劃、稅務代理申報及協助審計客戶處理與稅捐機關之爭議等，並不會影響獨立性。

㈣ 內部稽核服務

1. 內部稽核服務，係指與內部會計控制、財務系統或財務報表有關之內部稽核服務，不包括與營運面有關之部分。
2. 事務所或事務所關係企業協助或承接審計客戶內部稽核服務，可能產生自我評估之影響。
3. 依審計準則規範，為財務報表查核目的所執行之內部稽核相關工作，不會影響會計師之獨立性。
4. 提供與內部稽核服務有關之服務，應採取下列必要之措施，以使自我評估之影響降低至可接受程度：

　　(1) 確認審計客戶瞭解內部稽核工作為其職責，且瞭解須負起建立、維護及監督內部控制系統之責任。

　　(2) 確認審計客戶指派適任人員負責內部稽核工作。

　　(3) 確認會計師所提供之建議可被審計客戶採納或執行。

　　(4) 確認審計客戶之內部稽核執行程序之適切性。

　　(5) 確認內部稽核之發現或建議，已適當的向董事會或監察人報告。

㈤ 短期人員派遣服務

1. 事務所或事務所關係企業派遣內部員工，協助審計客戶執行工作，可能會產生自我評估之影響，故所派遣之人員不應涉及下列事務：

　　(1) 客戶之管理決策。

　　(2) 代客戶核准或簽署合約書或其他類似文件。

　　(3) 得任意行使客戶職權，包括代客戶簽署支票。

2. 提供短期人員派遣服務時，應審慎分析及確認是否將影響獨立性。當提供審計客戶此一服務時，應執行下列措施，以降低自我評估之影響至可接受程度：

　　(1) 對任何於派遣期間所執行之職務，不得由該名成員執行任何審計程序。

　　(2) 審計客戶應負責指導或監督其工作。

㈥ 招募高階管理人員

1. 代審計客戶招募對審計案件有直接且重大影響職務之高階管理人員，可能於目前或未來產生自我利益、熟悉度及脅迫之影響。
2. 事務所或事務所關係企業應評估此項影響之重大性，除非其影響明顯不重大，否則，應採

取必要之措施以消弭該影響或使其降低至可接受程度。不論所採取之措施為何，事務所或事務所關係企業均不得為客戶作管理決策，包括不得代審計客戶決定最終聘僱之人選。

(七) 公司理財服務

1. 提供公司理財服務予審計客戶可能產生辯護及自我評估之影響。
2. 事務所或事務所關係企業提供下列服務予審計客戶，所產生辯護及自我評估對獨立性之影響，可能會重大至無任何措施可使其降低至可接受程度：
   (1) 推銷或買賣審計客戶發行之股票。
   (2) 代審計客戶承諾交易條件或代表客戶完成交易。
3. 事務所或事務所關係企業提供下列服務予審計客戶，所產生辯護及自我評估對獨立性之影響，可藉由採取適當之措施使其降低至可接受程度，例如：
   (1) 協助客戶發展企業策略。
   (2) 媒介客戶所須資金之來源。
   (3) 對交易內容提供結構性之建議及協助其分析會計面之影響。

   可採用之措施包括：
   (1) 制定內部政策及程序，禁止代客戶做出管理決策。
   (2) 提供服務之人員不應為審計服務小組成員。
   (3) 確認事務所並未承諾客戶交易條件或代表客戶完成交易。

本章習題

選擇題

1. 有關會計師對委託人商業活動之廣告宣傳，下列敘述何者正確？
   (A) 會計師於委託人之商品廣告宣傳中，得對該商品之價格予以公開認證
   (B) 會計師受託查核財務報表，並同時於委託人之廣告中公開認證，委託人得於廣告中指明其財務報表係由該會計師簽證
   (C) 當會計師發現委託人之商業活動違背經其認證之廣告的內容時，經制止委託人無效，會計師應中止此項受任
   (D) 會計師是否於委託人商業活動之廣告宣傳中出現，只須評估對會計師未來業務收入之可能影響

2. 台北會計師事務所之甲會計師，目前擔任台中公司之獨立董事，有關會計師之獨立性，依我國職業道德規範，下列何者正確？
   ① 台中公司財務報表之簽證會計師，為台北會計師事務所之甲會計師
   ② 台中公司財務報表之簽證會計師，為台北會計師事務所之乙會計師
   ③ 台中公司財務報表之簽證會計師，為高雄會計師事務所之丙會計師
   (A) ① 和 ② 違反會計師獨立性，③ 不違反會計師獨立性
   (B) ② 和 ③ 違反會計師獨立性，① 不違反會計師獨立性
   (C) ① 和 ② 不違反會計師獨立性，③ 違反會計師獨立性
   (D) ② 和 ③ 不違反會計師獨立性，① 違反會計師獨立性

3. 依我國職業道德規範，在下列那一情況下，查核會計師仍被視為具有獨立性？
   (A) 受查者為金融機構，查核會計師在該金融機構開立支票存款帳戶
   (B) 查核會計師同時具有律師資格，也同時擔任受查者的法律顧問
   (C) 受查者連續兩年積欠會計師查核公費
   (D) 查核人員向受查者大量購買其生產的商品，並享特別優惠

4. 根據會計師職業道德規範，下列何項行為是被禁止的？
   (A) 為非查核客戶代購記帳軟體
   (B) 為媒體專欄「稅務幫手」寫稿，並集結出書
   (C) 和會計軟體發展公司訂有契約，向其收取推薦查核客戶軟體售價 4% 的佣金
   (D) 為非查核客戶從事稅務規劃業務，並收取或有酬金

5. 下列有關會計師保密義務的陳述，何者錯誤？
   (A) 即使會計師不再繼續受託查核，其對原受查者之保密義務仍應繼續

(B) 前任會計師無論如何不得向繼任會計師透露客戶之資料，以免違反保密義務
(C) 會計師在取得委託人同意後，得對外透露委辦案件之相關資料
(D) 主管機關向會計師查閱其承辦案件之有關資料時，會計師應先通知客戶，然後才提供資料

6. 根據我國會計師職業道德規範公報，下列敘述何者錯誤？
   (A) 會計師經由業外人士介紹業務時，不得支付佣金、手續費或其他報酬
   (B) 會計師承辦財務報表查核業務時，其簽訂之合約不得以達成某種結果為條件
   (C) 會計師不得以不正當的抑價方式延攬業務
   (D) 會計師因其他會計師退休而概括承受其業務時，不得對其他會計師為任何給付

7. 下列所述情況，何者仍可接受該客戶之審計委任？
   (A) 代客戶保管錢財
   (B) 會計師或同事務所之其他共同執業會計師擁有客戶之股票
   (C) 代客戶編製原始文件或資料，例如：採購單、銷售訂單等，以證實交易之發生
   (D) 提供客戶稅務服務

8. 下列那項為會計師職業道德規範對於業務執行相關規定？
   (A) 會計師接受其他會計師複委託業務時，如複委託人同意，得擴展複委託範圍以外之業務
   (B) 會計師設立分事務所，得委任資深經理主持業務
   (C) 會計師可以與非會計師共同組織聯合會計師事務所
   (D) 會計師有關業務之對外文件，在某些情況下可授權資深經理蓋章

9. 下列那一項敘述，最能適當說明會計師專業為何需要頒布及遵守職業道德準則？
   (A) 代表會計師接受對社會大眾的責任，並致力於提升社會大眾對會計師的公信力
   (B) 可使會計師產生自我保護的功能，可降低法律責任
   (C) 強調會計師對客戶及同業的責任
   (D) 維持會計師適當的品質控制

10. 一位獨立執業的會計師購買受查客戶的股票，並以信託的方式成立未成年子女的教育基金。已交付信託的股票占會計師個人財富淨值的百分比並不重大，但占未成年子女財富淨值的百分比卻是重大。試問會計師對客戶的獨立性是否受損？
    (A) 是，因為股票屬於會計師之直接財務利益
    (B) 是，因為股票對會計師未成年子女之財富淨值係屬重大，屬於會計師之間接財務利益
    (C) 否，因為會計師與客戶之間並無直接財務利益關係
    (D) 否，因為會計師與客戶之間並無重大間接財務利益關係

11. 關於會計師事務所品質管理，下列敘述何者正確？
    (A) 會計師事務所須至少每年一次向全事務所人員取得已遵循獨立性政策及程序之聲明書
    (B) 會計師事務所於承接或續任案件時，如發現有潛在之利益衝突，則應拒絕接受委任
    (C) 會計師事務所於接受委任後，始獲知先前不知之資訊，而該資訊若於受委任前獲悉，事務所將拒絕接受委任。此時會計師事務所應終止該案件之委任
    (D) 同一客戶之確信服務案件，得長期由相同資深人員執行，不一定須輪調

12. 依我國職業道德規範，下列那些情況對會計師獨立性影響最少？① 張三會計師簽證某金融機構財務報表，張三會計師在該金融機構開立薪資存款帳戶　② 丁會計師介紹某證券承銷商給審計客戶，而丁會計師擔任該證券承銷商的獨立董事　③ 戊會計師同時具有律師資格，同時擔任臺中公司的簽證會計師與法律顧問　④ 甲會計師擔任乙公司之獨立董事，簽證丙公司財務報表，但乙、丙公司互為母子公司　⑤ 李四會計師協助審計客戶處理與稅務機關之爭議，不另收諮詢公費
    (A) 僅①②　　　(B) 僅③④⑤　　　(C) 僅①⑤　　　(D) 僅②③④

13. 下列何種情形下，會計師事務所有關其服務公費之決定違反了我國「職業道德規範」規定？
    (A) 按照查核性質與執行查核程序所需時間決定公費金額
    (B) 擔任清算人之公費金額可由法院決定
    (C) 審計公費以會計師查核報告能否使委任人股票順利上市交易為收費依據
    (D) 參考委任人前任會計師所收之公費為計算標準

14. 與審計客戶間的財務利益可能對會計師的獨立性產生影響，下列敘述何者錯誤？
    (A) 審計服務小組成員與審計客戶間有直接財務利益時，將影響獨立性
    (B) 其他共同執業會計師與審計客戶間有重大間接財務利益，將影響獨立性
    (C) 事務所與審計客戶間有不重大的直接財務利益時，將不影響獨立性
    (D) 事務所之關係企業與審計客戶間有不重大的間接財務利益時，將不影響獨立性

15. 下列那一種情況，對會計師之獨立性影響最少？
    (A) 會計師與審計客戶間有直接或間接之財務利益
    (B) 查核財務報表之會計師同時對審計客戶出具資產減損報告，且出具資產減損報告所計收之公費甚高
    (C) 受查者為降低公費，對會計師施壓，使其不當減少應執行之查核程序
    (D) 協助審計客戶處理與稅捐稽徵機關之爭議，且不另外計收諮詢公費

16. 下列何者應投保業務責任保險？
    (A) 個人會計師事務所
    (B) 合署會計師事務所
    (C) 聯合會計師事務所
    (D) 法人會計師事務所

17. 法人會計師事務所之股東執行簽證業務時，應由誰簽章？
    (A) 由法人會計師事務所蓋章，並由執行該簽證業務之會計師簽名或蓋章
    (B) 由法人會計師事務所蓋章即可
    (C) 由執行該簽證業務之會計師簽名或蓋章
    (D) 由法人會計師事務所蓋章及法人會計師事務所負責人簽章即可

18. 下列何者非我國會計師之行政懲戒處分項目？
    (A) 新臺幣十二萬元以上一百二十萬元以下罰鍰
    (B) 停止執行業務二個月以上三年以下
    (C) 除名
    (D) 申誡

19. 熟悉度對獨立性之影響，係指藉由與審計客戶、董監事、經理人之密切關係，使得會計師或審計服務小組成員過度關注或同情審計客戶之利益。可能產生此類影響之情況通常不包括：
    (A) 與審計客戶之董監事、經理人或對審計案件有重大影響職務之人員有親屬關係
    (B) 卸任一年以內之共同執業會計師擔任審計客戶董監事、經理人或對審計案件有重大影響之職務
    (C) 擔任審計客戶之辯護人，或代表審計客戶協調與其他第三人間發生之衝突
    (D) 收受審計客戶或其董監事、經理人價值重大之餽贈或禮物

20. 下列何者非會計師之法律責任？
    (A) 行政責任
    (B) 民事責任
    (C) 刑事責任
    (D) 道義責任

21. 下列何者為財務報表需要獨立會計師查核之最佳理由？
    (A) 公司可能發生管理階層舞弊，而會計師比較可能發現此種舞弊
    (B) 內部控制制度的設計及執行很可能無效
    (C) 財務報表之科目餘額可能存有錯誤，而會計師比較可能發現此種錯誤
    (D) 財務報表使用者及編製者間存有資訊不對稱及利益衝突

22. 依我國會計師職業道德規範公報之規定，會計師不得利用廣告媒體刊登宣傳性廣告，下列何者違反此項規定：
    (A) 會計師事務所開業廣告
    (B) 與其他會計師事務所合併成功的廣告

(C) 與其他廠商共同恭賀所輔導之公司上市成功的廣告

(D) 會計師公會統一刊登之廣告

23. 以下敘述何者錯誤？

(A) 會計師除開業、變更組織及遷移啟事，以及會計師公會為有關會計師業務、功能等活動項目所為之統一宣傳以外，不得利用廣告媒體刊登宣傳性廣告

(B) 會計師相互間介紹業務或由業外人士介紹業務，不得收受或支付佣金、手續費或其他報酬

(C) 會計師酬金之多寡，應以達成某種發現或結果為計算基礎

(D) 會計師不得以不實或誇張之宣傳，詆毀同業或其他不正當方法延攬業務

問答題

1. 近年來國內外財務報表舞弊頻傳，會計師的超然獨立性備受關注，會計師不僅須在「實質」上保持超然獨立，亦須在「形式」上維持超然獨立。試問：

   (1) 何謂「實質」及「形式」上之超然獨立？

   (2) 請判斷下列情況，會計師是否違反超然獨立，並說明其理由：

   a. 吳大偉為甲會計師事務所新竹分所查核部門的經理，吳大偉購買了 A 公司 2,000 股的股票，A 公司是甲會計師事務所的審計客戶，但吳大偉並沒有參與 A 公司的審計及非審計工作。

   b. 張學文會計師已開始 B 公司當年度的審計工作，然而由於 B 公司去年財務狀況並不佳，至今尚未支付張會計師去年的審計公費。

   c. 李習斌會計師是 C 公司的財務報表審計的主辦會計師，兩週前，C 公司管理階層認為李會計師去年的查核工作有過失，造成公司發生若干的損失，進而對李會計師提起民事求償訴訟。

2. 天天企業民國 99 年度之財務報表委任地地聯合會計師事務所進行查核，趙會計師為簽證會計師。以下 (1) ~ (7) 為查核過程中存在之各項獨立重大狀況：

   (1) 錢會計師為地地聯合會計師事務所之合夥會計師，但並未參與天天企業民國 99 年度之財務報表查核，錢會計師個人出資持股 100% 成立錢錢顧問公司。在無擔保品的情形下，錢錢顧問公司提供天天企業 1,000 萬元之信用融資，天天企業非為金融機構。

   (2) 孫會計師為地地聯合會計師事務所之退休合夥會計師，迄今已卸任 11 個月。孫會計師於退休後立即應天天企業之邀，擔任會計長工作，惟孫會計師並無天天企業之任何持股。

   (3) 天天企業為合法經營存放款業務之金融機構。趙會計師因購置新屋所需，以其配偶名

義向天天企業申辦 30 年期，利率 5% 之優惠房屋貸款 1,000 萬元，並已獲核貸。

(4) 地地聯合會計師事務所同時亦為天天企業提供記帳服務。天天企業已確認會計紀錄為其責任，且地地聯合會計師事務所並未參與天天企業之管理營運決策。趙會計師已執行必要之審計程序。

(5) 天天企業正辦理現金增資中，承銷券商為小小證券公司，而地地聯合會計師事務所握有小小證券公司 2/3 之董事席次。

(6) 天天企業擁有一項占總資產價值 1/3 的專利權。此專利權係向其他公司購買而得，之前並經地地聯合會計師事務所評定其此專利權價值後，始行簽約購買。

(7) 地地聯合會計師事務所同時為天天企業提供內部稽核服務。在地地聯合會計師事務所的服務下，天天企業充分瞭解內部稽核為其職責，設立了相當適切的內部稽核執行程序，並指派適任人員負責內部稽核工作，且瞭解須負起建立、維護及監督內部控制制度之責任。此外，地地聯合會計師事務所在內部稽核方面之發現與建議，均獲天天企業採納或執行，並已適當的向其董事會與監察人報告。

根據我國職業道德規範公報第 10 號「正直、公正客觀及獨立性」第 7 條，影響查核會計師獨立性的因素有五項。請針對以上七項狀況，依照我國職業道德規範公報第 10 號「正直、公正客觀及獨立性」之規定，說明在此項天天企業民國 99 年度財務報表之查核委任中，獨立性是否受到影響，並簡述理由。且就獨立性受影響之狀況，須註明係受五項因素中何者因素之影響；就獨立性未受影響者之狀況，則註明「無」。

3. 丙公司是一家生產重型機械的上市公司，由頂尖會計師事務所提供查核服務，頂尖會計師事務所共有八個合夥人，其中何會計師作為丙公司的主辦會計師達十年，非常熟悉該公司的管理和營運。近日，丙公司營運長要求何會計師於現任財務長申請產假期間尋找適當之代理人，何會計師決定推薦他的弟弟擔任此代理人。由於何會計師與丙公司之長期查核簽證關係，公司董事們已和何會計師成為好朋友，他們總是招待何會計師每年一同赴海外度假，因此何會計師已享受多年之海外免費旅遊。丙公司年度審計費用每年不斷增加，並已於近兩年占頂尖會計師事務所總收入超過 40%。審計費用包括評價服務 (10%)、理財服務 (25%) 及查核服務 (65%)。

試問：就上述狀況，分析頂尖會計師事務所或何會計師獨立性受到何種因素的影響？並提出頂尖會計師事務所應採行那些措施，以利降低該項影響至可接受程度？請依下列格式回答：

影響因素	狀況	可採取之措施

Chapter 5 查核證據的蒐集及評估

5.1 前言

從本章開始將進入查核外勤工作之介紹，在介紹外勤工作之前，為方便後續各章內容之瞭解，本章的重點將著重於介紹有關蒐集查核證據之方法論及查核證據足夠性及適切性的評估。

本章將首先於 5.2 節介紹查核證據的定義及性質，以便讓讀者瞭解審計學所稱之證據與其他領域所稱的證據有所差異，以建立讀者對查核證據基本的認知。由於查核證據的蒐集需要運用查核人員的主觀判斷，查核人員的專業判斷扮演非常重要的角色。因此，本章 5.3 節將進一步簡介查核證據查核方法論 (methodology) 的架構，讓讀者先對查核方法之完整輪廓有一初步的瞭解，避免對後續的討論見樹不見林。值得再次提醒，請讀者務必對查核方法論的架構做徹底的瞭解，此一瞭解對審計學的學習將具有關鍵性。本章 5.4 節及 5.5 節則分別討論蒐集證據的查核程序種類及其所蒐集查核證據種類。查核人員於查核過程中，判斷是否已取得足夠及適切的查核證據，以支持其查核結論係非常關鍵的專業能力。因此，5.6 節將進一步討論查核人員如何去考量查核證據的質與量的問題，提供其判斷查核證據足夠性及適切性的指引。最後，5.7 節則說明近代查核的方法論，多以交易循環法 (transaction cycle approach)，而非依個別會計科目，規劃查核工作，以提升查核規劃的效率及效果。

5.2 查核證據的定義及性質

查核證據係指查核人員用來決定所查核之資訊，是否符合既定標準的資料；即所有被查核人員用來達成結論，並作為查核意見依據的資訊。對財務報表審計而言，查核證據除了包括 (1) 財務報表所根據的會計資料外，尚包括 (2) 其他與會計資料連結，並佐證查核人員對於財務報表允當表達之邏輯推理的資訊。

會計資料一般包括分錄、帳冊及佐證資料，例如：日記簿、總分類帳及明細分類帳、支持成本分攤計算和調節的工作底稿及分析表的紀錄、支票和電子資金轉移的紀錄、發

票、合約等。會計資料中的分錄可以電子的形式被啟始、記錄、運作和報導，會計資料也可以作為整合系統 (如 ERP) 中的一部分，分享資料以支援企業個體的財務報導、營運和法規遵循之需求。

查核人員用來作為查核證據的其他與會計資料連結之資訊，可能包括：會議紀錄、內部管理報告、來自於第三人的函證、內部控制手冊、同業競爭者的比較性資料 (指標)、其他專家之意見、查核人員經由邏輯推理發展出來 的資訊、分析師的報告等。實務上，有時最重要的證據並不存在於會計資料中，而是存在於其他資訊中，查核人員不可輕忽來自此類資訊的證據。

查核證據在本質上是累積而成的，除了包括在當期查核過程中執行查核程序時所獲得的查核證據外，亦可能包括前期查核所獲取之證據，或前任會計師事務所對於新承接客戶所提供之資訊。

第一章曾提及財務報表審計有許多先天上的限制，即使會計師已盡專業上應有之注意，查核證據雖然支持財務報表符合適用之財務報導架構，然而實際上財務報表仍可能存有重大不實表達。因此，查核證據僅能提供合理的確信，而非絕對的保證。這樣的特質與其他領域所謂的證據有很大的差異，例如，自然科學領域所謂的證據，通常係透過不斷重複實驗所得到的結果，較不受成本、時間及實證者主觀判斷的影響，其證據幾乎可以提供確定的結論。在審計準則公報中，時常要求查核人員需取得足夠及適切的查核證據，作為其結論的依據，然而對於何謂「足夠及適切」並無法提供明確的判斷依據，僅提供許多原則性的考量因素。換言之，查核證據的足夠性及適切性端賴查核人員的主觀判斷，關鍵在於查核人員的專業判斷。

5.3　蒐集查核證據的方法論 (methodology)

規劃及執行查核工作，蒐集足夠及適切的查核證據，以作為會計師表示查核意見的基礎，是會計師執行財務報表審計的目的。但如何規劃及執行查核程序卻相當的複雜，為了避免讀者在閱讀後續各章節可能會發生無法清楚地掌握架構，而迷失在繁雜的文字敘述中。因此，本節將先行簡要說明查核方法論的架構，以方便讀者與後續相關各章節作連結。

誠如前述，查核證據受到查核時間及成本的限制，現代審計學的查核方法論係以風險為基礎的查核方法 (risk-based audit methodology)，風險基礎的查核方法與財務報表所傳達的聲明息息相關。因此，5.3.1 節將首先介紹於財務報表中所傳達的管理階層五大聲明。就財務報表審計的意義，即在確認財務報表所傳達的聲明是否符合所適用之財務報導架構，因此，5.3.2 節將再進一步說明由財務報表五大聲明所推展出來的個別項目聲明

[有些教科書將個別項目聲明稱為查核目標 (audit objectives)]，以及查核人員如何根據個別項目聲明 (即各查核目標) 的風險去規劃進一步查核程序，以因應個別項目聲明之重大不實表達風險。

5.3.1 財務報表中管理階層之聲明

首先回憶一下審計 (auditing) 的定義：「審計乃針對管理階層有關經濟活動及事項所作之聲明 (assertions)，客觀地蒐集及評估相關證據的系統化程序，以確認各項聲明符合某既定標準 (準則)(established criteria) 的程序，並將所獲結果傳達給利害關係人」。對財務報表審計而言，即查核人員針對管理階層在財務報表主張之聲明，客觀地蒐集及評估相關證據，以確認各項聲明是否符合其適用之財務報表編製準則。因此，查核人員所蒐集的查核證據與財務報表中所包含之管理階層聲明密不可分，這些管理階層聲明將引導查核人員：(1) 辨識及評估財務報表重大不實表達風險，以及 (2) 針對各項聲明所評估之重大不實表達風險，規劃及執行進一步查核程序，以蒐集查核證據，俾作成確證或反駁的意見。

財務報表中包含了管理階層對財務報表中之交易類型、相關項目及揭露所為之明示 (explicit) 或暗示 (implicit) 之表達 (多數情形為暗示)。根據審計準則公報之規定，財務報表中每一會計科目，皆傳達五大類之管理階層聲明，該等聲明分述如下：

1. **存在或發生 (existence or occurrence)**

係指財務報表中所列之資產、負債及權益於財務報表日確實存在，以及該會計期間所發生的交易已確實記錄。該聲明主要關心的重點在於向財務報表使用者傳達，財務報表所列會計科目並無虛列的情況。

2. **完整性 (completeness)**

係指所有應在財務報表中表達之交易、資產、負債及權益科目皆已包含在財務報表內。該聲明主要關心的重點恰與存在及發生相反，其重點在於向財務報表使用者傳達，財務報表所列會計科目並無漏列的情況。由於財務報表漏列交易或會計科目金額，通常不會出現在帳冊或無交易憑證，因此查核人員對該聲明之查核最具挑戰性，也最具困難度。

3. **權利與義務 (rights and obligations)**

係指在資產負債表日，業主或股東對包含於財務報表中之資產具有所有權，對負債負有償付的義務。此處所稱之所有權及義務之認定，應依適用之財務報導架構之定義判斷，例如，以 IFRS 及企業會計準則為例，融資租賃之資產，在法律上之所有權雖屬出租人所有，但依該等財務報導架構之規定，該資產之所有權屬承租人所有，故承租人於財

務報表上,應同時認列該資產及相關之租賃負債,而出租人應將該租賃資產除列,並同時認列應收租賃款。

4. 評價或分攤 (valuation or allocation)

係指包含於財務報表中各會計科目的金額係屬適當的,即其衡量 (measurement)[包括原始衡量 (initial measurement) 及續後衡量 (subsequent measurement)] 係依適用之財務報導架構之規定衡量。

5. 表達與揭露 (presentation and disclosure)

係指財務報表之組成要素,已依照適用之財務報導架構予以適當分類、揭露及說明。

茲以存貨為例,將其傳達五大管理階層聲明列示如圖表 5.1。就查核人員而言,有關存貨之查核程序之規劃及執行,必須取得支持或反駁存貨的每一項聲明已依照適用之財務報導架構處理之足夠及適切的證據,才能稱存貨有完整的查核程序。當財務報表中每一會計科目的每一聲明,查核人員皆能取得足夠及適切的證據支持每一會計科目皆已依照適用之財務報導架構處理,會計師方能做出財務報表整體已依照適用之財務報導架構編製允當表達的結論。

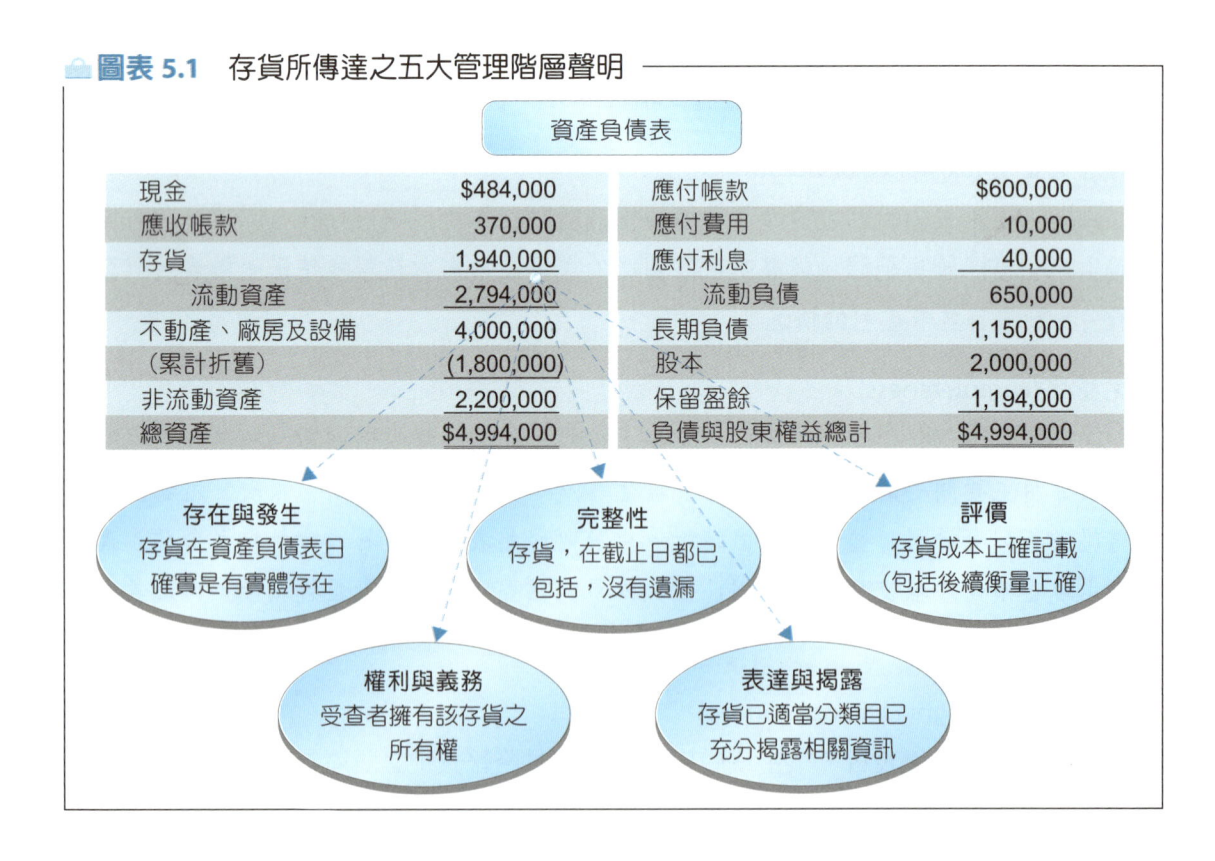

圖表 5.1　存貨所傳達之五大管理階層聲明

資產負債表			
現金	$484,000	應付帳款	$600,000
應收帳款	370,000	應付費用	10,000
存貨	1,940,000	應付利息	40,000
流動資產	2,794,000	流動負債	650,000
不動產、廠房及設備	4,000,000	長期負債	1,150,000
（累計折舊）	(1,800,000)	股本	2,000,000
非流動資產	2,200,000	保留盈餘	1,194,000
總資產	$4,994,000	負債與股東權益總計	$4,994,000

- **存在與發生**：存貨在資產負債表日確實是有實體存在
- **完整性**：存貨,在截止日都已包括,沒有遺漏
- **評價**：存貨成本正確記載（包括後續衡量正確）
- **權利與義務**：受查者擁有該存貨之所有權
- **表達與揭露**：存貨已適當分類且已充分揭露相關資訊

5.3.2　管理階層聲明、個別項目聲明、與查核程序間之關聯性

雖然財務報表係由財務報表會計科目餘額及附註揭露所構成，然而，帳戶餘額與揭露的正確性及適當性與各交易循環(如收入及收款循環、採購及支出循環、倉儲循環、人事薪資循環等)發生不實表達的風險息息相關，尤其是交易循環內部控制作業(internal control activities)之良窳。因此，查核人員查核財務報表時，不能僅著重於帳戶餘額與揭露的查核，尚須考量各交易循環的內部控制之良窳，是否可以確保交易的授權及處理的適當性及正確性。故查核人員規劃及執行查核程序時，仍須瞭解各項聲明相關之內部控制作業，甚至可能執行查核程序(即控制測試)以評估該等內部控制作業執行的有效性。因此，查核目標亦應包括交易類別相關之查核目標。

考量各交易循環的內部控制作業的理由為，在某些情況下，查核人員無法僅憑查核科目餘額及附註揭露就能獲取足夠及適切的查核證據以支持其查核結論，透過查核確保交易的正確性及完整性的做法，可能是唯一的做法。例如，當公司的資訊系統高度電腦化後(如採用複雜的 ERP 系統)，交易的軌跡將變得不明顯，交易的過程大多由電腦系統控制，鮮少留下書面憑證備供查核，查核人員無法僅憑查核電腦系統所產生之餘額及揭露，即判定財務報表有無重大不實表達。此時查核人員不得不測試相關電腦化內部控制作業的有效性，方能判斷電腦系統所產生資訊的正確性及可靠性。此外，當受查者財務報表之關鍵會計政策，涉及主觀之會計估計，例如銀行業之壞帳之估計、保險業之賠償準備負債之估計、營建業長期工程完工百分比之估計等，除非查核人員評估有關重大會計估計相關內部控制作業是有效的，否則查核人員將很難判斷相關之會計估計是否存有重大不實。再者，在某些情況下，雖然查核人員可透過查核餘額及附註揭露，就能獲取足夠及適切的查核證據，以支持其查核結論，但基於成本效率的考量，查核人員仍可能藉由測試內部控制作業的有效性，以減少查核餘額及附註揭露的查核程序，以提升查核效率。

因此，為了更明確引導查核人員規劃及執行查核程序，以確認財務報表中每一會計科目聲明是否依照適用之財務報導架構，AICPA 審計準則委員會及國際審計與確信委員會 (IAASB) 共同合作發展出一套架構，該架構依五大管理階層聲明為基礎，將五大管理階層聲明進一步發展出二大類的聲明(查核目標)：與交易類別、事件及相關揭露事項有關之聲明 (assertions about classes of transaction and events and related disclosures)，以及與科目餘額及相關揭露事項有關之聲明 (assertions about account balances and related disclosures)。根據 TWSA315「辨認並評估重大不實表達風險」之規定，查核人員考量可能發生潛在不實表達之不同類型時，可進一步將上述二大類聲明分成下列各種個別項目聲明：

1. **與交易類別、事件及相關揭露事項有關之聲明**
   (1) 發生：所記錄或揭露之交易及事件均已發生且該等交易及事件與受查者有關。
   (2) 完整性：所有應記錄之交易及事件均已記錄，且所有應於財務報表揭露之事項均已揭露。
   (3) 正確性：與所記錄交易及事件有關之金額及其他資料均已適當記錄，且相關揭露事項已適當衡量及敘述。
   (4) 截止：交易及事件已記錄於正確會計期間。
   (5) 分類：交易及事件已記錄於適當科目。
   (6) 表達：就適用之財務報導架構而言，交易及事件已適當彙總或細分並清楚敘述，且相關揭露事項係屬攸關及可瞭解。

2. **與科目餘額及相關揭露事項有關之聲明**
   (1) 存在：資產、負債及權益確實存在。
   (2) 權利與義務：受查者擁有或控制對資產之權利；負債係受查者之義務。
   (3) 完整性：所有應記錄之資產、負債及權益均已記錄且所有應於財務報表揭露之事項均已揭露。
   (4) 正確性、評價及分攤：資產、負債及權益均以適當金額列示於財務報表，其所產生評價或分攤之調整亦已適當記錄且相關揭露事項已適當衡量及敘述。
   (5) 分類：資產、負債及權益已記錄於適當科目。
   (6) 表達：就適用之財務報導架構而言，資產、負債及權益已適當彙總或細分並清楚敘述，且相關揭露事項係屬攸關及可瞭解。

惟查核人員於辨認並評估重大不實表達風險時，可能使用上述之聲明種類或其他分類方式。如使用其他分類方式，則該方式須涵蓋上述之各項聲明。查核人員可選擇將與交易類別、事件及相關揭露事項有關之聲明，以及與科目餘額及相關揭露事項有關之聲明兩者加以合併使用。目前許多審計學教科書對上述二大類的聲明之分類，不一定與TWSA315的分類完全相同。

更具體而言，與交易類別、事件及相關揭露事項有關之個別項目聲明之重大不實表達風險，將用以引導查核人員有關控制測試的規劃，而與科目餘額及相關揭露事項有關之聲明，將用以引導查核人員有關證實程序的規劃，控制測試與證實程序合稱為進一步查核程序 (further audit procedures)。有關進一步查核程序的詳細說明將於5.4節中說明。

為方便讀者瞭解管理階層聲明及個別項目聲明(即查核目標)之間的關聯性，茲以收入及收款循環為例，將財務報表管理階層五大聲明，與上述二大類聲明之對應彙整於圖表5.2。

圖表 5.2　管理階層聲明與查核目標聲明之關聯性

管理階層聲明	查核目標		與收入及收款循環相關之問題
	交易類別、事件與揭露相關之聲明	帳戶餘額與揭露相關之聲明	
存在或發生	發生	存在	記載之銷貨交易是否確實發生？ 帳載之相關資產(如應收帳款)是否真的存在？
完整性	完整性 截止	完整性	財務報表已完整包含當期所有銷貨交易及相關之資產？ 銷貨及相關資產歸屬的會計期間是否恰當？
權利與義務		權利與義務	公司真的擁有該相關之資產嗎？ 相關之法律責任是否已辨識？
評價或分攤	正確性	正確性、評價及分攤	相關帳戶的金額是屬正確衡量？ 相關費用是否分攤於適當期間
表達與揭露	分類 表達	分類 表達	所有的交易是否記錄於正確的會計科目？ 相關之揭露對財務報表使用者是否可瞭解？

　　誠如前述，按照個別項目聲明區分的主要理由，在於方便查核人員辨認及評估財務報表重大不實表達風險，根據個別項目聲明之重大不實表達風險設計及執行進一步的查核程序以因應所評估之風險。例如，查核人員於評估有關銷貨的控制作業時，發現公司並未落實客戶的信用調查，此一控制缺失將導致應收帳款回收性有較高的風險(即與交易類別相關正確性不實表達風險較高)，在應收帳款的評價及分攤既定的查核風險下，與科目餘額相關之正確性、評價及分攤之可接受不實表達風險則應設定在較低的水準，此時查核人員就應針對應收帳款壞帳提列之適當性，設計並執行更嚴格的查核程序。此外，每一個別項目聲明的測試也會影響查核人員的查核程序，例如，如果要測試應收帳款的存在性，查核人員可執行向客戶函證的查核程序(該程序也可達成測試應收帳款所有權的目的)，但是函證的查核程序並無法達成測試完整性、評價或分攤等查核目標。有時單一聲明需要執行多種查核程序，方能取得足夠及適切的查核證據，有時執行單一查核程序則可測試多個聲明。但無論如何，每一會計科目的每一聲明皆須取得足夠及適切的查核證據，才能稱為對該會計科目取得足夠及適切的查核證據。

　　茲以銷貨收入為例，將上述的觀念列示如圖表 5.3。圖表 5.3 僅為舉例性質，每一個個別項目聲明的測試可能有多種的查核程序可達成(可能包括控制測，但為表達方便，圖表 5.3 所列示之查核程序僅為證實程序)，且涉及查核程序執行的時機及其所欲蒐集查核證據的數量(即查核的性質、時間及範圍)，但在查核成本與時間的限制下，查核人員

圖表 5.3　查核目標及查核程序之關聯性——以銷貨收入及收款循環為例

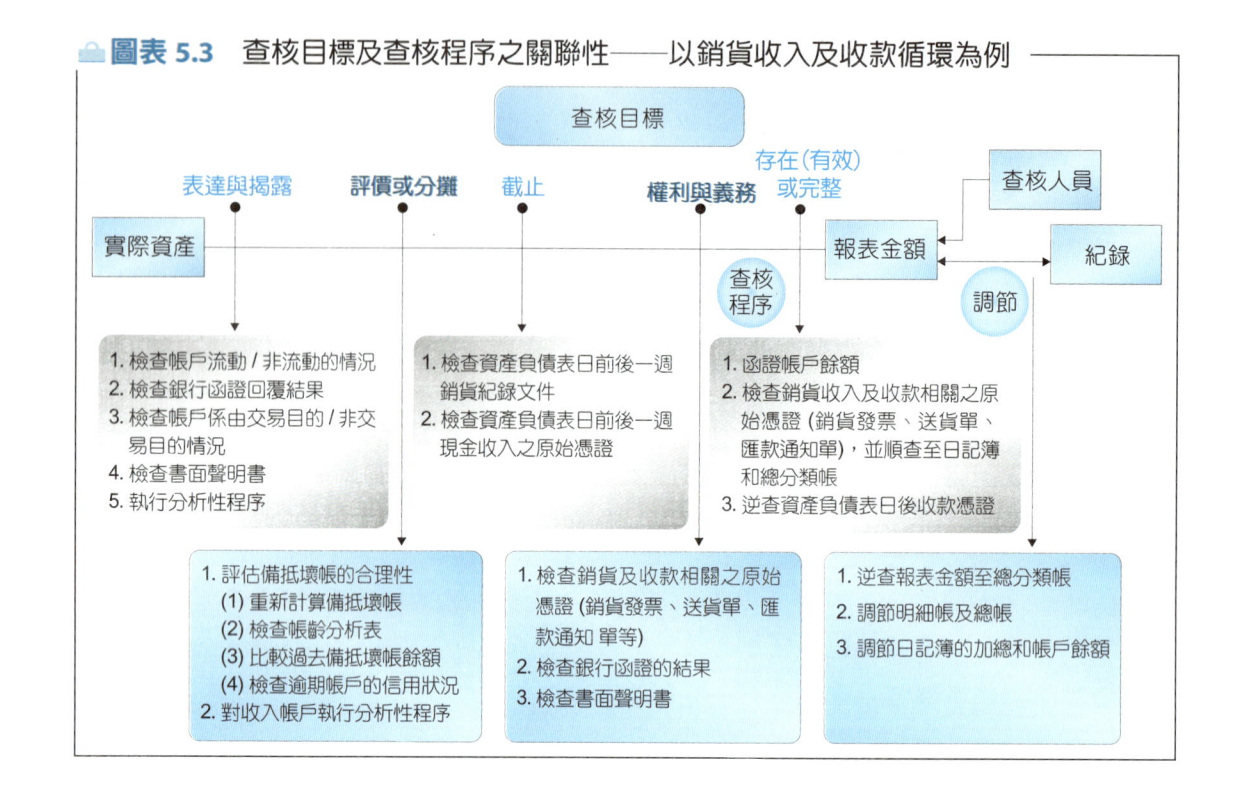

```
                              查核目標

  表達與揭露    評價或分攤    截止    權利與義務   存在(有效)         查核人員
                                                  或完整
  實際資產 ──────────────────────────────────  報表金額          紀錄
                                               查核
                                               程序              調節

1. 檢查帳戶流動/非流動的情況   1. 檢查資產負債表日前後一週    1. 函證帳戶餘額
2. 檢查銀行函證回覆結果           銷貨紀錄文件              2. 檢查銷貨收入及收款相關之原
3. 檢查帳係由交易目的/非交     2. 檢查資產負債表日前後一週      始憑證(銷貨發票、送貨單、
   易目的情況                    現金收入之原始憑證           匯款通知單)，並順查至日記簿
4. 檢查書面聲明書                                              和總分類帳
5. 執行分析性程序                                           3. 逆查資產負債表日後收款憑證

         1. 評估備抵壞帳的合理性      1. 檢查銷貨及收款相關之原始    1. 逆查報表金額至總分類帳
            (1) 重新計算備抵壞帳        憑證(銷貨發票、送貨單、匯   2. 調節明細帳及總帳
            (2) 檢查帳齡分析表          款通知單等)               3. 調節日記簿的加總和帳戶餘額
            (3) 比較過去備抵壞帳餘額  2. 檢查銀行函證的結果
            (4) 檢查逾期帳戶的信用狀況 3. 檢查書面聲明書
         2. 對收入帳戶執行分析性程序
```

應依照該個別項目聲明發生重大不實表達的風險，選擇適當之查核程序、執行的時機及所需之證據數量(即規劃查核的性質、時間及範圍)。不同的聲明可能需要不同的查核程序所蒐集的證據加以支持，而且個別項目聲明間發生重大不實表達的風險不一定一樣，查核人員應對每一個個別項目聲明規劃適當的查核的性質、時間及範圍。當特定會計科目的每一個別項目聲明皆有適當之查核規劃，該會計科目之查核規劃方稱完備。

此外，從圖表 5.3 可以發現，除了測試各項目聲明之查核程序外，查核人員尚須執行該會計科目在財務報表數字與帳冊數字是否一致的查核程序，例如，在本釋例中，查核人員尚應逆查財務報表應收帳款的金額，是否與應收帳款總分類帳的金額一致；調節應收帳款總分類帳及明細分類帳是否一致；驗算日記簿與應收帳款的數字是否相符等。審計準則將這些程序稱為「與結算及財務報表編製過程有關之證實程序」，該等查核程序主要係達成與帳戶餘額相關之查核目標，亦屬證實程序的一部分。

> **重要提醒**
>
> 於設計特定會計科目之查核計畫時，查核人員腦海中應先浮現該會計科目之所有個別項目聲明，再針對每一個別項目聲明設計可以達成該聲明查核目標的查核程序，如此便能有系統且完整地完成該會計科目之查核計畫。因此，為培養查核人員查核規劃的能力，讀者宜時時思考特定查核程序所蒐集之證據，可用以支持那些個別項目聲明，方能有系統地培養提升查核規劃的專業能力。

有關個別項目聲明查核程序的規劃，於第二章曾提及「遵循審計準則執行之基本原則」中有關「執行」的第四點規定「會計師應充分瞭解受查者及其環境、適用之財務報導架構及內部控制制度，以辨認並評估財務報表因錯誤或舞弊所導致之重大不實表達風險，並藉以設計進一步查核程序之性質、時間及範圍。」由此可知，個別項目聲明查核程序之規劃受到財務報表發生重大不實表達風險程度的影響，至於財務報表發生不實表達風險程度如何影響個別項目聲明查核程序之規劃，將於本書第七章中進一步詳述。但從該規定看出，進一步查核程序 (further audit procedures) 的規劃涉及三個層面：即查核程序之性質、時間及範圍。所謂進一步查核程序係指蒐集支持個別項目聲明是否符合所適用之財務報導架構的程序。以下針對這三個層面說明如下：

1. 進一步查核程序之性質

進一步查核程序之性質係指查核程序之目的 (即經由控制測試或證實程序達成查核目標) 及類型 (即檢查、觀察、查詢、函證、驗算、重新執行或分析性程序)。

所謂的控制測試 (tests of controls) 係指對預防或偵出並改正個別項目聲明 (與交易類別、事件及揭露相關之查核目標) 重大不實表達之控制，設計用以評估該等控制，是否有效執行之查核程序。而證實程序 (substantive procedure)（實務上亦稱為證實測試）係指設計用以偵出個別項目聲明 (與帳戶餘額及揭露相關之查核目標) 重大不實表達之查核程序。證實程序包含：(1) 細項測試 (test of detail) (包括交易類型、科目餘額及揭露事項之細項測試)；(2) 證實分析性程序 (substantive analytical procedure)。所謂細項測試係泛指運用檢查、觀察、查詢、函證、驗算、重新執行等查檢方法的查核程序，其查核的程序通常較為詳細。而證實分析性程序係指經由分析財務資料間或與非財務資料間之可能關係，藉以評估個別項目聲明是否重大不實表達之查核程序。細項測試及證實分析性程序將於下節再進一步說明。

前曾提及，在某些情況下，如受查者資訊系統已高度電腦化，查核人員認為唯有執行控制測試，方能有效因應對特定聲明所評估之重大不實表達風險。然而，在有些情況下，如因查核人員之風險評估程序未對該特定聲明辨認出任何有效之控制，查核人員可能認為對特定聲明完全依賴證實程序方屬適當。在許多情況下，查核人員為提升查核的效率及效果，也可能採用控制測試及證實程序併用之方式進行查核。但因為控制測試之目的，不在偵出個別項目聲明重大不實表達，查核人員無法僅憑控制測試的結果，即做出該個別項目聲明是否存有重大不實表達的結論。故不論查核人員所選擇之方式為何，不管其所評估之重大不實表達風險的程序為何，皆應對每一重大交易類型、科目餘額及揭露事項，設計及執行證實程序。

在考慮是否依賴控制測試的結果後，查核人員應進一步規劃，應執行那些類型之細項測試 (如檢查、觀察、查詢、函證、驗算、重新執行) 及證實分析性程序，以因應所評

估之個別項目聲明重大不實表達風險。一般而言，細項測試相較於證實分析性程序，須花費較多的查核成本及時間，但其取得的證據通常品質較佳。因此，在適當的情況下，對重大不實表達風險較低的聲明，查核人員可能傾向採用證實分析性程序；反之，對重大不實表達風險較高的聲明，查核人員則會採用細項測試因應。

2. 進一步查核程序之時間

查核程序之時間係指何時執行，或查核證據所屬之期間或日期。就台灣的情況而言，上市(櫃)公司多採曆年制，經查核年度財務報表的公告集中在次年的三月份。查核人員的查核工作若於財務報表結束日後才開始，工作集中於短短的兩、三個月中，查核時間將過於緊迫，可能會影響查核的品質。因此，查核人員可以考量若干查核程序提前至財務報表結束日之前執行，即期中查核，除了可以舒緩期末查核人員的壓力外，亦可提升查核品質。惟一般而言，因期中至財務報表結束日尚可能發生交易，故期中查核所取得之查核證據品質較差。查核人員會考量重大不實表達風險的程度，決定那些查核程序將於期中執行，那些查核程序將於期末執行。原則上，重大不實表達風險越高，查核人員越可能認為，於期末或接近期末，而非於期中執行查核程序，或不事先通知或於非預期之時間執行查核程序(例如，對所選擇之據點以不事先通知之方式執行查核程序，較為有效)。

3. 進一步查核程序之範圍

查核程序之範圍係指所執行查核之數量，例如樣本量或觀察某一控制作業之次數。一般而言，查核證據的數量越多，證據的說服力越高。在其他條件不變的情況下，個別項目聲明重大不實表達的風險越高，查核人員所需要的查核證據數量就越多。此外，查核人員所需要的查核證據數量亦受重大性及欲取得之確信程度的影響。

查核人員於執行風險評估程序後，除了可能辨認出個別項目聲明重大不實表達風險外，亦可能辨認出同時影響多個會計科目、多個個別項目聲明，對整體財務報表不實表達有重大影響的風險。例如，查核人員認為管理階層誠信有疑慮、管理階層有逾越內部控制的現象或有許多不符常規之關係人交易等，我們將此等風險稱之為「整體財務報表層級的重大不實表達風險」。此時，查核人員應對這些財務報表層級的重大不實表達風險，制定整體查核對策以因應所評估之整體財務報表層級的風險。整體查核對策的重點旨在決定查核所需運用之資源、資源配置、查核時機及查核資源之管理、運用及監督。整體查核對策將於第六章及第七章中進一步說明。

5.4 查核程序的種類

於前節說明查核方法論時，雖有約略提及許多查核程序，但並未詳細說明其意義，在對查核方法論的架構有基本的瞭解後，本節將更進一步詳細地介紹為了達成查核目標經常會使用之查核程序。

誠如「遵循審計準則執行之基本原則」中有關「執行」的第四點所規定：「會計師應充分瞭解受查者及其環境、適用之財務報導架構及內部控制制度，以辨認並評估財務報表因錯誤或舞弊所導致之重大不實表達風險，並藉以設計進一步查核程序之性質、時間及範圍」。查核人員用以瞭解受查者及其環境、適用之財務報導架構及內部控制制度，以辨認並評估其財務報表重大不實表達風險之程序，稱之為風險評估程序。用以蒐集財務報表是否有重大不實表達的查核證據之程序，則稱之為進一步查核程序。由此可知，審計準則將查核程序大分類為二類：一為風險評估程序，另一則為進一步查核程序。

然而，具體而言，風險評估程序及進一步查核程序的執行，主要係由下列幾種類型的查核程序所構成，除了分析性程序外，其他的查核程序又統稱為細項測試：

1. 檢查 (inspection)

檢查係指對紀錄及文件(無論來自受查者內部或外部，為紙本、電子或其他媒介)之審查，或對資產之實體檢視。

對紀錄及文件之檢查所提供之查核證據，依其性質及來源，具不同程度之可靠性。就受查者內部紀錄及文件而言，檢查所提供的查核證據之可靠性，取決於產生紀錄及文件的相關內部控制之有效性。檢查某些文件可作為資產存在之直接證據，例如檢查股票或債券，即可視為金融工具存在之證明文件，惟檢查此等文件，未必可提供有關所有權及價值之查核證據。此外，檢查已履行之合約，可能提供與受查者所採用之會計政策(如收入認列)攸關之查核證據。

有形資產之檢查可對該等資產之存在提供可靠之查核證據，惟未必可對受查者之權利與義務，或資產之評價提供可靠之查核證據。

由於查核人員檢查紀錄及文件時，經常會沿著交易軌跡，檢視相關的紀錄及文件，如果查核人員先從交易的起始，開始檢視至財務報表的金額及表達相關之紀錄及文件，即從交易所產生之原始憑證開始檢視，接著檢視在日記帳、分類帳及財務報表上相關的紀錄及文件，此種檢視文件的順序，審計上稱之為順查 (tracing)；反之，從財務報表回溯至原始憑證的檢視方式則稱為逆查 (vouching)。

查核人員對特定會計科目高估或低估的懷疑，將會影響查核人員使用順查或逆查的方式檢視文件。當查核人員懷疑有低估情況(交易有發生，但未呈現於財務報表上)時，則應採用順查的方式進行檢查，才有可能發現漏列的交易。因此，順查是獲取用以支持

完整性聲明查核證據的重要程序。反之，當查核人員懷疑有高估情況（呈現於財務報表上，但交易並沒有發生）時，則應採用逆查的方式進行檢查，才有可能發現虛列的交易。因此，逆查是獲取用以支持存在及發生聲明查核證據的重要程序。茲將順查及逆查的差異及功能以圖示列於圖表 5.4。

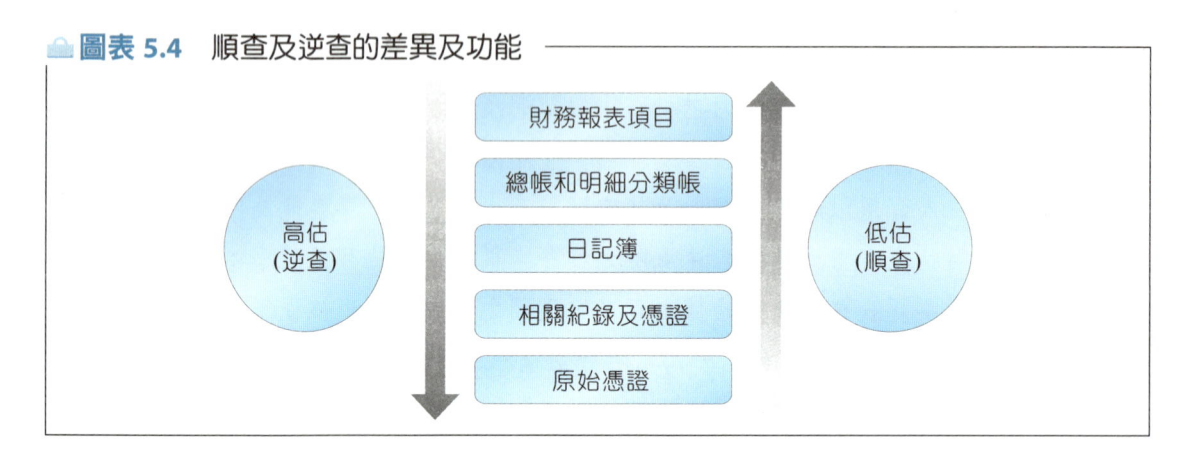

圖表 5.4　順查及逆查的差異及功能

高估（逆查）　←　財務報表項目／總帳和明細分類帳／日記簿／相關紀錄及憑證／原始憑證　→　低估（順查）

最後，也因為查核人員經常會沿著交易軌跡，檢視相關的紀錄及文件，這樣的查核方式，通常可以取得內部控制程序，是否已被遵循（控制測試之目的），以及相關金額及揭露是否允當（細項測試之目的）的查核證據，在審計學上，將這種可以同時完成控制測試及證實程序目的的查核方式，稱之為「雙重目的測試」（dual-purpose test）。換言之，檢查文件是最可能成為雙重目的測試的查核方法。

2. 觀察 (observation)

觀察係察視由他人執行之流程或程序，例如查核人員對受查者人員盤點存貨或執行控制活動之觀察。

觀察雖可提供有關流程或程序執行之查核證據，惟查核人員宜注意，觀察所取得之查核證據，僅限於進行觀察之時點，且受觀察者對流程或程序之執行情形，可能因被查核人員觀察而受影響。

3. 外部函證 (external confirmation)

外部函證係指第三者（受函證者）直接以書面形式（紙本、電子或其他媒介）回覆查核人員以取查核證據之程序。外部函證的相關規定主要規範於 TWSA505「外部函證」。有關訴訟與索賠之函詢，則規範於 TWSA501「查核證據——對存貨、訴訟與索賠及營運部門資訊之特別考量」。

查核人員對與科目餘額及其組成要素有關之個別項目聲明執行查核時，外部函證程序常屬攸關。由於函證來自獨立的第三方、由查核人員直接取得及屬書面形式之證據，故具高度的可靠性。而函證之攸關性則因不同之個別聲明而異，例如，應收帳款之函證，

可提供在特定日期存在之證據，但通常無法提供與評價聲明有關之證據，因函證無法要求債務人提供其是否有能力清償債務之詳細資訊。另如寄銷之函證，可提供其存在及權利與義務聲明之證據，但無法提供與評價聲明有關之證據。由於函證的證據力較佳（如適用時），外部函證程序通常可協助查核人員取得為因應顯著風險（不論係導因於舞弊或錯誤）所須取得可靠性較高之查核證據。惟函證範圍不限於科目餘額。例如，查核人員可能對受查者與第三者之協議或交易之條件，要求回函；詢證函之內容，可能設計為詢問協議是否經修改及修改之攸關細節。外部函證程序亦可用以取得未存有特定限制條件之查核證據，例如，是否存有可能影響收入認列之「附屬協議」。

一般而言，函證通常可用於下列會計科目或事項之查核：

(1) 金融機構往來（與金融機構往來的詢證函，範例列示於圖表 5.5）。
(2) 應收款項。
(3) 寄銷及儲存於受查者場所以外之存貨（如保稅倉庫）。
(4) 質押之有價證券。
(5) 預付款項。
(6) 存出保證金。
(7) 應付款項。
(8) 預收款項。
(9) 擔保、抵押及或有損失事項。
(10) 長期股權投資對方，已發行股票總額及股利配發情形。
(11) 由律師或金融機構保管之財產權利證書。
(12) 已購入但截至資產負債表日仍未交割或交付之股票或權利證書。
(13) 與第三者簽訂之契約或交易條件。

依 TWSA505 之規定，函證的方式有兩種，積極式 (positive) 函證及消極式 (negative) 函證。積極式函證係指受函證者被要求直接回覆查核人員詢證函所要求之資訊或其是否同意詢證函所記載之資訊。而消極式函證係指受函證者僅被要求於不同意詢證函所記載之資訊時，方須直接回覆查核人員。積極式函證之函復，通常能提供較可靠之查核證據，但仍有受函證者未加查證資訊是否正確即予回函之風險。查核人員通常無法偵測上述風險之情況是否發生，但可藉由空白式詢證函不填寫金額或其他資訊（如詳細的交易日期、發票號碼等），而要求受函證者填寫並回函以降低此種風險，惟採用空白式詢證函可能降低受函證者回函的意願。至於消極式函證，在未收到消極式函證回函之情況下，查核人員無法確定受函證者是否收到詢證函，並驗證其內容之正確性。因此，消極式函證所提供證據之可靠性通常較積極式函證低很多。茲將應收（付）款積極式及消極式函證的範例分別列示圖表 5.6 及圖表 5.7。

圖表 5.5　金融機構往來詢證函範例

金融機構往來詢證函

銀行　公鑒：　　　　　　　　　　　　　　　　　　詢證函編號：

本公司民國　年　月　日至　年　月　日之財務報表經委由　　　會計師（事務所）查核，茲為核對往來事項，請就下列本公司截至　年　月　日止　貴行之各項往來餘額及事項詳予填列，並將正本套入所附回函信封，於　年　月　日前儘速逕函該會計師（事務所）（地址：……）為荷。

公司名稱：
營利事業統一編號：
原留印鑑：　　　　　　　　敬啟　年　月　日

填表說明：
1. 請確定　貴行與本公司之各項往來事項業已全部詳列（包括存款之受限制、債務之抵（質）押情形及衍生性金融商品交易等所有相關交易資訊）。
2. 若無下表所列事項者，請填「無」。
3. 本表須經授權主管複核並簽章。
4. 各欄如無數填寫，請於本表相關欄位敘明，另附詳細資料，並請於該資料上簽章。
5. 本詢證函適用於銀行、郵局、農漁會、信用合作社等，但不適用於證券公司、證券投資信託公司及期貨公司。

依本行紀錄，截至　年　月　日止　　　公司與本行之各項往來餘額及事項如下：

1. 存款：

存款別	帳號	餘額	提款之限制（自　年　月　日至回函日止）	付息方式及其他必要說明事項	到期日	年利率（固定／機動）	利息付至（年、月、日）
支票存款			無□ 有□（限制情形：　　）				
活期存款			無□ 有□（限制情形：　　）				
定期存款			無□ 有□（限制情形：　　）				
外幣存款			無□ 有□（限制情形：　　）				
其他（請列明性質）			無□ 有□（限制情形：　　）				

2. 貼現及放款（不含應收帳款承購）：

放款別	餘額	有無保證人	擔保品、還本付息方式及其他必要說明事項	放款日	到期日	年利率（固定／機動）	利息付至（年、月、日）
貼現		無□ 有□					
透支　擔保		無□ 有□					
無擔保		無□ 有□					
短期放款　擔保		無□ 有□					
無擔保		無□ 有□					
中、長期放款　擔保		無□ 有□					
無擔保		無□ 有□					
墊付國內票款		無□ 有□					

3. 應收帳款承購：

本行有無追索權	尚未收回餘額	原始轉讓金額	已付預支價金金額	尚未退回公司應收帳款餘額	有無簽發本票	預支價金有無收取利息	其他限制或必要說明事項
無□ 有□					無□ 有□，金額	無□ 有□	

4. 已開立信用狀（未使用餘額）：

信用狀幣別	餘額	保證金餘額	有無保證人	擔保品及其他必要說明事項
遠期信用狀			無□ 有□	
即期信用狀			無□ 有□	

5. 承兌及保證：

項目	餘額	發票日	到期日	必要說明事項
匯票承兌				
商業本票保證				
關稅、貨物稅記帳保證				
公司債保證				
保證函（L/G）及擔保信用狀				
其他（請列明性質）				

6. 衍生性金融商品：

項目	訂約日	到期日	名目本金	履約匯率／價格	公平價值	擔保品及其他必要說明事項
遠期外匯合約						
選擇權						
其他（請列明性質）						

7. 其他項目：

項目	名稱及數量／金額	必要說明事項
供副擔保而代保管之有價證券		
供副擔保而代保管之票據		
代收票據		
信託		
其他（請列明性質）		

依本行紀錄，該公司截至民國　年　月　日止，與本行之各項往來事項（包括存款之受限制、債務之抵（質）押情形及衍生性金融商品交易等所有相關交易資訊）業已全部詳列，敬請查照為荷。

此　致
　　　　會計師（事務所）

銀行名稱：
主管簽章：
　　　　　年　月　日
（本行聯絡人及電話：　　　）

圖表 5.6　積極式應收(應付)款項詢證函範例

××公司　公鑒：

依據本公司帳載紀錄，截至　　年　　月　　日止，貴公司尚有應付/收、本公司之款項，計新臺幣_____元。茲應本公司所聘會計師查核需要，檢附詢證回函如下，請惠予核對，無論是否相符(不符時請說明原因)，均請簽章後，依虛線截下套入所附「回函信封」逕寄××會計師事務所(地址……)。請查照提前惠辦為荷。
(「本詢證函僅供核對帳目之用，不作其他用途」)

　　　　　　　　　　　　　　　　　　　　　　　　　　××公司　敬啟
　　　　　　　　　　　　　　　　　　　　　　　　　　　年　　月　　日

------------------------(請沿虛線截下，套入回函信封投郵)↓------------------------

　　　　　　　　　　　　　詢　　證　　回　　函
　　　　　　　　　　　　　　　　　　　　　　　　　　　　詢證函編號

××會計師(事務所)　公鑒：

關於××公司函詢其與本公司之往來款項是否相符一節，茲將核對結果列示如下：

□ 核對相符：截至　　年　　月　　日止，本公司應付/收該公司之款項，計新臺幣_____元。
□ 經核不符：截至　　年　　月　　日止，本公司應付/收該公司之款項，計幣臺幣_____元。

不符原因：

　　　　　　　　　　　　　　　　　　　　　　　　　　　　公司：_____

圖表 5.7　消極式應收(應付)款項詢證函範例

××公司　公鑒：

依據本公司帳載紀錄，截至　　年　　月　　日止，貴公司尚有應付/收本公司之款項，計新臺幣_____元。茲應本公司所聘會計師查核需要，檢附詢證回函如下，請惠予核對。金額相符可不必回函；如逾十日未獲回函，即視為相符。金額不符時，請說明原因簽章後，依虛線截下套入所附之「回函信封」，逕寄××會計師事務所(地址……)。
請查照提前惠辦為荷。
(「本詢證函僅供核對帳目之用，不作其他用途」)

　　　　　　　　　　　　　　　　　　　　　　　　　　××公司　敬啟
　　　　　　　　　　　　　　　　　　　　　　　　　　　年　　月　　日

------------------------(請沿虛線截下，套入回函信封投郵)↓------------------------

　　　　　　　　　　　　　詢　　證　　回　　函
　　　　　　　　　　　　　　　　　　　　　　　　　　　　詢證函編號

××會計師(事務所)　公鑒：

關於××公司函詢其與本公司之往來款項是否相符一節，經核不符；截至　　年　　月　　日止，本公司應付/收該公司之款項，計新臺幣_____元。

不符原因：

　　　　　　　　　　　　　　　　　　　　　　　　　　　　公司：_____

查核人員實施函證時，應以積極式為原則，TWSA505規定，除非符合下列所有條件，查核人員不應採用消極式函證作為唯一證實程序，以因應所評估個別項目聲明之重大不實表達風險：

(1) 查核人員評估重大不實表達風險為低，並已對與該聲明攸關之控制執行有效性取得足夠及適切之查核證據。
(2) 採用消極式函證之項目，其母體包含大量小額且同質性高之帳戶餘額或交易。
(3) 預期回函不符比率相當低。
(4) 查核人員並未獲悉可能造成受函證者忽略消極式詢證函之情況。

TWSA505亦規定採用外部函證程序時，查核人員應：

(1) 決定須確認或要求之資訊。外部函證程序經常用於確認或要求有關科目餘額及其組成要素之資訊，其亦可能用於確認受查者與第三者之協議或交易之條件，或確認未存有特定限制條件(例如附屬協議)。
(2) 選定適當之受函證者。查核人員寄發詢證函予對須確認之資訊具相當瞭解之受函證者時，其回函提供較攸關且可靠之查核證據，故應選定適當的受函證者。
(3) 設計詢證函內容，包括使用積極式或消極式函證，如使用積極式函證，則是否要使用空白式函證？亦包括寄發前驗證地址之正確性及確保回函可直接寄達查核人員，而非經受查者轉交。詢證函內容之設計可能直接影響回函率及所取得查核證據之攸關性及可靠性。設計時宜考量之因素包括：
  ① 所因應之聲明。
  ② 已辨認之攸關重大不實表達風險。
  ③ 詢證函之格式與表達。
  ④ 以往查核或類似案件之經驗。
  ⑤ 溝通之方式(例如紙本、電子或其他媒介)。
  ⑥ 管理階層對受函證者回覆查核人員之授權或鼓勵。受函證者可能僅願意回覆經管理階層授權之詢證函。
  ⑦ 受函證者能否確認或提供所要求之資訊(例如個別發票金額或彙總金額)。
(4) 寄發詢證函予受函證者，並於必要時予以追蹤。查核人員未於合理期間內取得回函時，可再次寄發詢證函。

查核人員於收到回函後，首先應評估回函之可靠性。查核人員如辨認出回函可靠性存有疑慮之因素[例如，回函由查核人員間接取得、有跡象顯示回函可能非來自受函證者、以電子形式(例如，傳真或電子郵件)回函有可靠性風險等]，應取得進一步查核證據以消除該等疑慮。例如，當受函證者以電子郵件回覆時，查核人員可以電話聯繫受函證者以確定其確實寄回該回函。查核人員間接取得回函時(例如，因受函證者誤將回函

寄送予受查者而非查核人員)，可能要求受函證者直接以書面確認受函證者以驗證回函之來源及內容。如疑慮仍無法消除，查核人員應評估先前的不實表達風險是否仍適當，決定是否修改或增加查核程序。

如有未回函的情況，查核人員對所有未回函之情況應執行替代查核程序，以取得攸關且可靠之查核證據。例如，未回函之應收帳款餘額，可藉由查核期後收款、送貨單及接近期末之銷貨等程序取得相關之查核證據。值得提醒的是，未回函之情況亦可能顯示存有先前未辨認之重大不實表達風險。於此情況下，查核人員可能須修正所評估個別項目聲明之重大不實表達風險，並修改擬執行之查核程序。例如，回函率高於或低於預期可能顯示存在先前未辨認之舞弊風險因子，因此查核人員須辨認並評估導因於舞弊之重大不實表達風險。

最後，查核人員應查明所有回函不符之原因，以判斷其是否存有不實表達。回函不符不必然代表不實表達，例如回函所顯示之差異係導因於時間或衡量之差異而已。當查核人員辨認出不實表達時，應評估其是否導因於舞弊。回函不符可能提醒查核人員注意類似受函證者(或類似科目)回函之品質，亦可能顯示受查者與編製財務報表有關之內部控制存有缺失。總之查核人員對函證結果之評估(包括執行其他查核程序之結果)可協助其判斷是否已取得足夠及適切之查核證據，或是否尚須取得進一步查核證據。

4. 驗算 (recomputation or recalculation)

驗算係指透過人工或電子方式，核算文件或紀錄中數字之正確性。例如，查核人員重新計算受查者人員編製之銀行調節表、折舊費用計算表、成本分攤表上數字的正確性。

5. 重新執行 (reperformance)

重新執行係指查核人員獨立執行受查者已執行之內部控制程序。例如，查核人員為了確認對某一內部控制作業流程的瞭解是否正確，獨立執行受查者已執行之內部控制程序 [即穿透測試 (walk-through test)]。

6. 查詢 (inquiry)

查詢係指向受查者內部或外部具有相關知識之人士，詢求有關財務及非財務之資訊。

於查核過程中，查詢經常被廣泛採用，以作為其他查核程序之輔助。查詢之方式可能為書面或口頭查詢，對查詢之回應加以評估，係查詢過程中不可或缺之一部分。雖然查詢可能提供重要之查核證據，甚至提供不實表達之證據，**惟僅使用查詢通常無法對個別項目聲明未存有重大不實表達及控制執行之有效性提供足夠之查核證據。**

查詢之回應可能提供查核人員具驗證性之查核證據，或先前未取得之資訊。查詢之回應亦可能提供與查核人員已取得其他資訊間存有重大差異之資訊(例如有關管理階層可能踰越控制之資訊)。於某些情況下，查詢之回應提供，查核人員修改或執行額外查核

程序之依據。

　　透過查詢所取得之證據，其可驗證性通常非常重要，尤其對有關管理階層意圖之查詢而言，可用以支持其查詢結果之資訊可能有限。於此等情況下，查核人員可以透過瞭解管理階層過去對所聲稱意圖之實際執行情形、選擇特定作為所持之理由及執行特定作為之能力，以驗證透過查詢所取得有關管理階層意圖之證據。

　　針對某些事項，查核人員可能認為有必要取得管理階層(如適當時，亦包括治理單位)之書面聲明(實務上稱為客戶聲明書)，以確認受查者對口頭查詢之回應。取得書面聲明係用以補充查核程序，但不能取代其他必要之查核程序。會計師於出具查核報告前，應向受查者取得書面聲明。有關書面聲明之詳細規範，請參見 TWSA580「書面聲明」，本書亦將於第十八章詳細討論書面聲明的詳細規定。

7. 分析性程序 (analytical procedures)

　　分析性程序係指經由分析財務資料間或與非財務資料間之可能關係，藉以評估財務資訊的查核程序。分析性程序亦包括基於下列原因所作之必要調查：

(1) 已辨認之變動或關係與其他攸關資訊不一致。

(2) 已辨認之變動或關係與預期值間存有重大差異。

分析性程序包括從簡單的比較分析到涉及複雜的數學或統計模型皆有可能，依其目的的不同，可運用於下列三個時機：

(1) 辨認及評估財務報表重大不實表達風險階段，分析性程序係風險評估程序必須被執行的程序之一，其目的在於規劃及執行查核工作前，協助查核人員辨認財務報表整體及個別項目聲明潛在重大不實表達風險，以利後續查核工作的規劃及執行。例如，查核人員透過比較當年應收帳款及銷貨收入的成長率發現，應收帳款成長率明顯高於銷貨收入成長率，查核人員可能就應注意受查者虛增銷貨收入的風險增加(涉及銷貨收入及應收帳款發生、存在及權利的聲明)，或可能受查者放寬授信條件以增加銷貨收入，可能導致應收帳款回收性下降的風險增加(涉及應收帳款評價及分攤的聲明)。

(2) 執行證實程序階段，查核人員於蒐集會計科目餘額及交易類別有關聲明證據時，亦經常用採用分析性程序(但查核人員不一定會使用)，此時所採用之分析性程序即稱為證實分析性程序。一般而言，證實分析性程序通常被運用於重大不實表達風險及重要性較小的聲明。例如，查核人員可能計算當期利率費用占舉債之比率，並與借款合約比較，作為支持當期利息費用正確性之查核證據。

(3) 在做出查核結論階段，查核人員於查核工作即將結束前，仍必須執行分析性程序，俾協助其對財務報表作成整體查核結論。此階段所執行之分析性程序，旨在提醒查核人員其他證據是否與分析性程序的結果一致，以及是否仍有分析性程序的結果是

查核人員無法解釋。如有與分析性程序的結果不一致，或仍有查核人員無法解釋的分析性程序結果存在，即可能意味著查核人員尚未取得足夠及適切的證據，應進一步瞭解其原因，方能對財務報表查核做出結論。

不論那一階段所執行之分析性程序，其執行之步驟皆類似，茲將執行分析性程序之步驟列示於圖表 5.8，並說明如下：

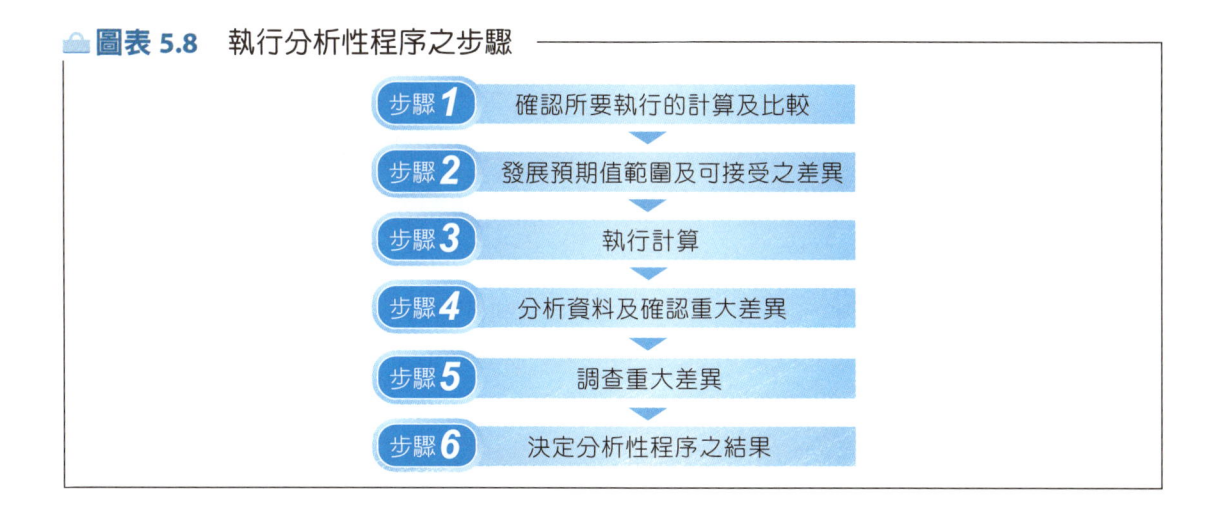

圖表 5.8　執行分析性程序之步驟

步驟 1　確認所要執行的計算及比較
步驟 2　發展預期值範圍及可接受之差異
步驟 3　執行計算
步驟 4　分析資料及確認重大差異
步驟 5　調查重大差異
步驟 6　決定分析性程序之結果

步驟 1：確認所要執行的計算及比較

計算及比較之類型通常有下列各種類型之選擇，視分析性程序的精細程度、客戶的大小、複雜性、資料的可取得性，以及查核人員的專業判斷而定：

(1) 絕對資料的比較：例如將當期特定會計科目的餘額和預期金額 (如受查者之預算) 相比較。

(2) 財務比率的比較：管理階層和財務分析師經常會計算各種比率，如流動性、償債能力、效率及獲利比率等，並和預期比率相比較。查核人員亦可依其實際之需要，計算相關之財務比率，再與預期之標準比較，藉以辨認可能的潛在不實表達風險，或所查核之聲明是否有異常的現象。

(3) 趨勢分析比較：趨勢分析係比較二期以上的特定資料 (絕對值、或比率) 以辨認當期的重大波動是否合理。例如，透過比較前期的毛利率、壞帳比率等，用以評估當期毛利率及壞帳的提列是否合理。

(4) 與相關非財務資訊比較，許多非財務資訊與財務結果息息相關，因此具有重要性。非財務資料，如員工數量、賣場大小及生產數量，常可用以估計相關帳戶之餘額是否合理，如薪資費用、銷貨收入及製成品成本。這類資訊如能與同業，或同業中之標竿企業的標準作比較，將更可提升其有用性。

步驟2：發展預期值範圍及可接受之差異

應用分析性程序基本假設是，除非有反證，否則資料之間將被預期保持一定的關係。因此，不論查核人員計畫以何種比較方式，皆須發展預期標準的範圍，以便作為與實際資訊比較的基礎。發展預期標準的資料，包括受查者歷史及未來預測的內部資料及外部的產業資料。

於設定帳載金額或比率之預期值時，應先評估所依據資料之可靠性，並評估此預期值是否足夠精確，以辨認某項不實表達風險或不實表達。資料之可靠性評估，應考量可取得資訊之來源、可比較性、性質、攸關性及資訊編製之控制。

一般而言，查核人員可將當期帳載金額或比率，與下列預期標準進行比較：

(1) 前期之可比較資訊：例如受查者過去五年來的毛利率在25%至26%之間，而今年卻為23%，若不是在預期之內，此種毛利率下降的情況，將引起查核人員的注意。毛利率下降可能係經濟狀況改變所造成，不過也可能係因財務報表不實表達所造成，如進銷貨截止日期錯誤、漏記銷貨收入、高估應付帳款或存貨成本錯誤。毛利率下降可能導致相關影響毛利率之帳戶查核證據的增加。因此，查核人員應確認毛利率下降的原因，以確認財務報表無重大不實表達。

(2) 受查者之預期結果：如預算或財務預測。許多公司會依其營運及財務結果編製預算，由於預算代表委託人對該期的預期，故調查預計與實際結果間之重大差異，可能可以辨認出潛在的不實表達風險或金額。在比較委託人實際與預計的結果時，應注意兩個問題。第一，查核人員應評估預算是否為實際可行的計畫。有些受查者預算的編製，既不謹慎也不務實，這種預算資訊對查核人員並沒有什麼價值。第二，受查者可能修改當期的財務資訊以符合預算，在此情況下，就算財務報表有重大不實表達，查核人員在比較時，也找不到任何重大差異。與受查者職員共同探討預算編製程序、評估內部控制的效果，以及對實際資料做詳細的查核，可降低上述兩個問題發生的可能性。

(3) 查核人員之預期值：查核人員具有會計領域的專業知識，又可能累積受查者多年之查核經驗，對受查者之財務資訊可以發展自己的預期值，以作為比較的標準。例如，查核人員可將月底的應付票據餘額和平均月利率相乘，推算出應有的利息費用，基於利息費用與應付票據之關係所推算出的利息費用，用以測試帳載利息費用之合理性。又如查核人員可利用過去平均折舊費用占折舊性資產總額的比率，乘以當年度折舊性資產總額，用以測試當年度折舊費用之合理性。

(4) 類似產業資訊：查核人員除了可與受查者內部資料所產生之標準比較外，亦可與產業資料比較。與同業比較最大的好處，在於其有助於查核人員瞭解受查者的業務，並可指出其財務失靈的可能性。不過，使用同業比率作為比較標準亦有其缺點，其

缺點在於受查者本身的性質與同業中各組成分子性質間的差異，由於同業資料為各組成分子的平均值，易使比較變得較沒有意義，因而使得與同業比較無法協助查核人員確認潛在的不實表達。產業資訊有許多資料庫機構提供，如聯合徵信中心、標準普爾 (Standard and Poor's)、鄧白氏 (Dun & Bradstreet) 等機關。

查核人員除了須發展預期值外，尚須決定可接受之差異金額，作為當帳載金額與預期值不同時，而無須進行進一步調查之基礎。查核人員決定可接受差異時，應考量下列因素：

(1) 重大性標準。
(2) 欲達成之確信程度。
(3) 發生不實表達之可能性。

步驟 3：執行計算

此步驟包括累積資料以計算今年度和以前年度差異的絕對值、財務比率分析等。因為執行此步驟時，有時實際的年底資料尚不可得 (尤其是在風險評估階段)，所以通常使用截至當時為止可得之資料，或是預計的年底資料 (包括蒐集產業資料以供比較之用)。實務上通常會使用電腦軟體執行計算及比較，在執行趨勢分析時，實務上多採用可以在以後年度續用的表格 (carry-forward schedules)，此表可列入工作底稿的永久檔案中，並於每年加入新的資料，以免重複編製以前年度的資料。

步驟 4：分析資料及確認重大差異

對計算及比較的結果加以分析，可加深查核人員對公司的瞭解。舉例來說，適當的資料比率分析有助於評估公司相對於以前年度，或是相對於其他公司的償債能力、效率及獲利能力。同樣地，比較公司前後年度的資料，有助於瞭解重大事件及決策對財務報表的影響。此一步驟的主要目的是欲確認是否有不尋常或非預期的波動，而導致不實表達或風險的增加。波動的程度若重大，則需額外調查。

雖然有些會計師事務所會使用統計模型來發展預期值範圍，並決定特定項目差異是否大到足以進行進一步調查，然而大多數的會計師事務所則使用「經驗法則」來發展預期值範圍，即當差異超過 (1) 預定金額，(2) 一定比率，(3) 以上二者兼採時，即進行額外的調查。查核人員須注意，帳戶餘額很大時，例如銷貨收入，其很小比例的變動，即可能會對淨利造成很高比例的影響。同時，即使費用帳戶的變動百分比很大，但由於金額很小，使得絕對差異小到對淨利幾無影響。最後，差異是否重大係取決於判斷及重大性原則。

步驟 5：調查重大差異

針對重大差異或未預期差異，查核人員應提高警覺，並考慮進行額外的調查。於風

險評估階段,查核人員對於該未預期之變數,應考慮其可能的原因,並於查核規劃時,考量如何設計查核計畫,以因應該等風險。於執行證實程序及作出查核結論階段時,查核人員則採取其他必要調查:(1)已辨認之變動或關係,是否與其他攸關資訊不一致。(2)已辨認之變動或關係,與預期值間是否存有重大差異。這個步驟包括重新考慮估計預期值時所使用的方法及因素,並應詢問管理階層。有時候新資訊的出現,會改變預期值而使得差異變得不重大。此外,管理階層的回答須和其他輔助證據相佐證,以決定因應之道。

步驟6:決定分析性程序之結果

在風險評估階段,不能解釋的重大差異或未預期的變動,通常被視為相關帳戶不實表達風險增加的指標。在此種狀況下,查核人員通常會規劃更多詳細的測試、傾向於期末查帳及擴大查核的樣本。分析性程序通常亦可提供查核人員判斷帳戶是否較有可能高估或低估之線索,藉著執行分析性程序指出高風險之所在,可使查核更具效率及效果。

在執行證實程序階段,查核人員可利用細項測試、證實分析性程序或結合二者,對個別項目聲明執行證實程序,通常對於較不重大及重大不實表達風險較低的個別項目聲明,查核人員會僅利用證實分析性程序查核該個別項目聲明,只要分析性程序之結果與預期標準間沒有出現重大的差異,查核人員即可能認為該個別項目聲明之查核,已取得足夠及適切的查核證據。但如果出現重大的差異,則查核人員可經由對受查者及其經營環境之瞭解,以及於查核過程中所取得之其他查核證據,以評估管理階層對分析性程序結果之回應。如管理階層無法提供解釋,或查核人員於考量攸關之查核證據後,認為管理階層之解釋並不適切時,則必須執行其他查核程序,最後再根據其他查核程序之結果做出查核結論。做出查核結論階段之做法與執行證實程序階段類似,故不再贅述。

儘管分析性程序為一有效率的查核方法,但其效果則受到許多因素的影響。因此,查核人員於決定是否採用分析性程序時,仍應評估其有效性。查核人員在考量分析性程序有效性時,應考量下列因素:

(1) 聲明的性質:證實分析性程序較適用於量化,且其變動可推估之交易與餘額相關之聲明,對於質性相關的聲明(如表達與揭露)則較不適合。此外,某一分析性程序可直接用以測試某一項聲明相關,但某一分析性程序則不易直接用以測試特定聲明,例如,將薪資總額與員工的人數作比較,可以顯示出薪資支付是否有未經授權支付的情況(即發生),但查核人員將當期的總毛利與過去年度的總毛利相比較,則不容易將此項比較與特定聲明相連結。最後,特定聲明的重大不實表達風險亦會影響分析性程序的妥適性,例如,銷貨訂單處理流程之控制若存有缺失,則關於應收帳款之聲明,查核人員可能較依賴細項測試,而非證實分析性程序。在實務上,對同一聲明併同執行細項測試及分析性程序非常普遍,也可能是較為妥適之查核程

序。例如，取得與應收帳款餘額之評價聲明有關之查核證據時，查核人員除對期後收款執行細項測試外，亦可能對帳齡執行分析性程序，以判斷應收帳款之收現性。

(2) 關係的合理性及可預測性：應用分析性程序的基本假設為預期資料之間將保持一定的關係(除非有反證)。因此，如果比率或金額間的比較關係並不合理或不穩定(可預測性低)，自然較不適合使用分析性程序。例如，若受查者於某一期間內，對已知人數之員工，按固定薪資率支付薪資，則查核人員得以此資料準確估計該期間內之總薪資成本，進而提供此項目之查核證據，且降低對薪資執行細項測試之必要性。反之，如受查者並非以固定薪資率支付薪資，則將影響上述比較分析的效果。

(3) 資料的可取得性及可靠性：分析性程序需要的資料，可能來自受查者內部或外部的資訊，查核人員如無法取得所需的資料，自然無法執行分析性程序。此外，即使查核人員可取得所需的資料，但資料的可靠度，也是一重要關鍵因素。資料的可靠性受資訊之來源(例如，取自受查者外部獨立來源之資訊可能較為可靠)、可比較性(例如，對於生產並銷售特殊產品之受查者，查核人員可能須參考產業之數據，以進行比較)、性質與攸關性(例如，所編製之預算應係預期可合理達到之結果，而非任意設定之目標)，及資訊編製之控制良窳的影響(例如，對預算之編製、複核及更新所設計之控制)。

(4) 預期值之準確度：查核人員所發展預期值模式的精確性，亦會影響分析性程序的有效性。因此，查核人員應評估預期值是否足夠精確，以辨認某項不實表達。會計科目的性質可能會影響預期值之準確度，例如，各期銷貨毛利率之比較，相較於各期裁量性費用(如研究費或廣告費)之比較，通常前者具較高之準確性。此外，資訊可細分之程度，亦會影響預期值之準確度，例如，證實分析性程序用於個別部門之財務資訊，或集團企業組成個體之財務報表時，較用於企業整體財務報表時更為有效。

為了讓讀者對 5.3 節及 5.4 節所討論的內容有清楚的架構，茲將財務報表查核目標及各種查核程序間的關聯性彙整於圖表 5.9。

圖表 5.9 查核目標與查核程序間的關聯性

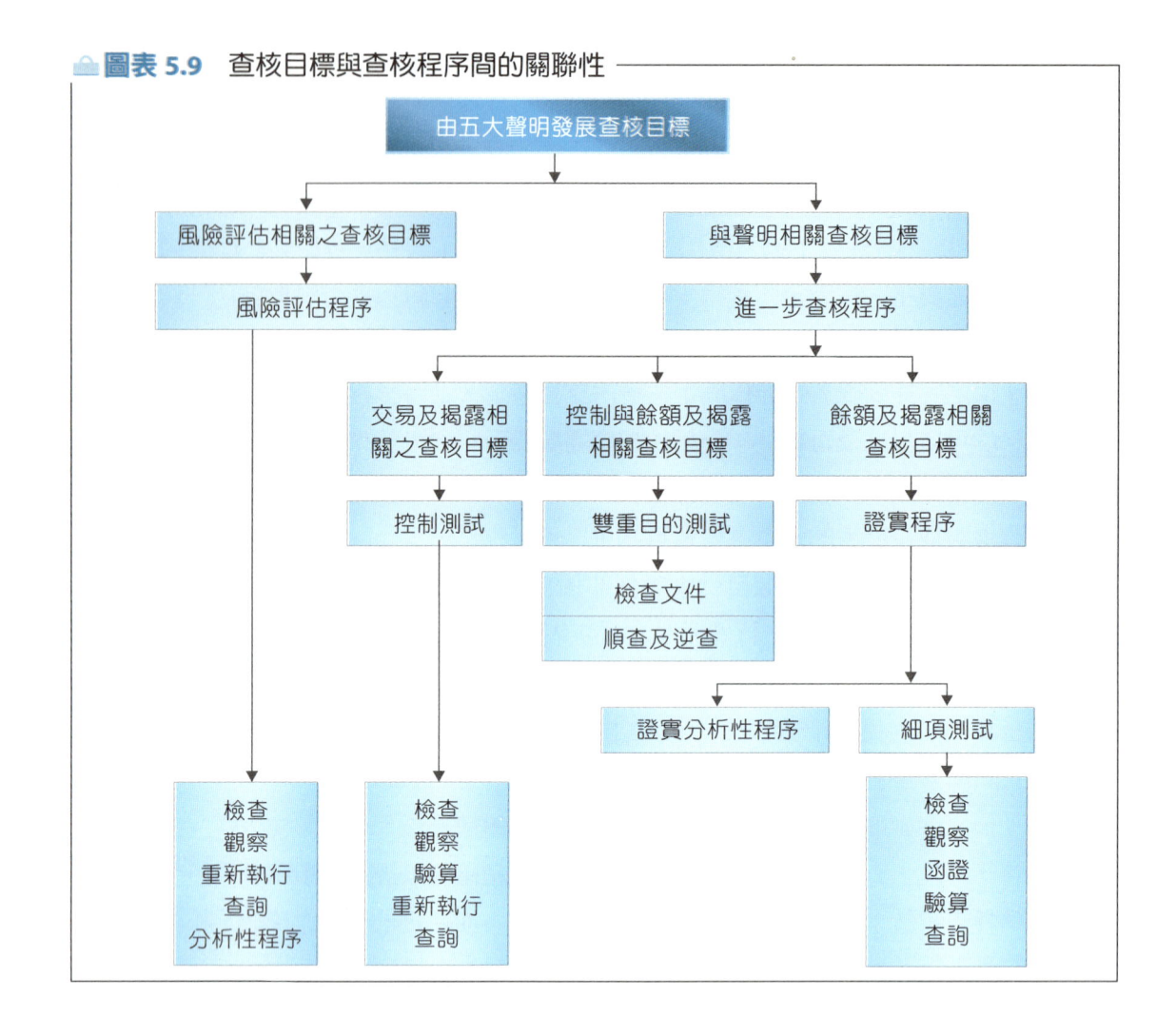

```
                    由五大聲明發展查核目標
                    ┌──────────┴──────────┐
          風險評估相關之查核目標          與聲明相關查核目標
                    │                          │
                風險評估程序                進一步查核程序
                    │              ┌───────────┼───────────┐
                    │        交易及揭露相   控制與餘額及揭露   餘額及揭露相關
                    │        關之查核目標   相關查核目標      查核目標
                    │              │              │              │
                    │          控制測試        雙重目的測試      證實程序
                    │                              │              │
                    │                          檢查文件           │
                    │                          順查及逆查         │
                    │                              └──────┬──────┘
                    │                              證實分析性程序  細項測試
                    │                                              │
            檢查              檢查                              檢查
            觀察              觀察                              觀察
            重新執行          驗算                              函證
            查詢              重新執行                          驗算
            分析性程序        查詢                              查詢
```

5.5 查核證據的種類

查核人員所採用的查核程序與所能獲取之查核證據的類型有密切相關，查核人員所蒐集之查核證據種類主要有下列八種，茲分別說明如下：

1. 文書憑證 (documentation)

文書憑證是查核人員為證實財務報表中之資訊，檢查 (inspect) 受查者之文件及紀錄所取得之查核證據。由於在正常情況下，受查者組織中各項交易至少會有一份文件佐證，所以有大量的此種證據可供採用。文書憑證可能以書面、電子資料或其他媒體形式存在。例如，委託人常會保留每一銷貨收入交易的顧客訂單、出貨單和銷貨發票複本，這些文件是查核人員驗證委託人銷貨收入之交易紀錄正確性的有用證據。因此該類證據為查核人員所憑藉的各類證據中，最普遍亦最重要的查核證據。文書證據廣泛地應用在查核上，多因其可取得性高，而且成本較低，有時它甚至是合理可用的唯一證據。

文書憑證有無充作憑證的價值，可能須視其來源而定，一般而言，文書憑證的來源越是獨立於受查者之外部第三者，其文書憑證的可靠性越高。依文書憑證來源，可分成下列三類：

(1) 直接遞交查核人員的外來憑證：係指受查機構以外的獨立個體所出具，且未經受查者經手，而直接遞交查核人員的文書憑證。例如，驗證應收帳款時，受查者要求顧客直接向查核人員證實所積欠的款項，也就是經由函證而取得的證據。

(2) 留存受查者之外來憑證：係指受查機構以外的獨立個體所出具，但留存受查者手中之文書憑證。查核人員在決定可否信賴該等文書憑證時，應考慮其是否極易被人偽造或竄改。在接受業經塗改的任何文件為憑證時，宜注意塗改處有無發文機構的簽章證明。

(3) 受查者自製並存留的憑證：係指受查者內部自行編製，並留存於手中的文書憑證。此類憑證有可能會經外部獨立第三者加以驗證（如經銀行簽收之送款簿及所得稅結算稅額繳款書收據、經當事人雙方簽章的契約、經收貨人簽收的送貨回條等），或純粹只是流通於受查者內部（如統一發票存根聯、驗收報告、會計帳冊等）。查核人員對於自製並存留的文件的信賴程度，端視憑據本身是否易於被竄改或偽造、受查者內部控制是否健全，以及管理階層的操守等條件。

2. 實體證據 (physical evidence)

查核人員對資產之實體檢查，可獲取實體證據。該證據提供了證明資產實體確實存在的最佳證據。例如，庫存現金餘額可用點數驗證，檢視存貨、財產、廠房和設備亦得用實地檢視方法，以確定是否存在。但實體證據對於所有權及評價等聲明的證據力，則比較不具攸關性，如存貨之實體檢視，不一定能證明該存貨即屬受查者所有（所有權），亦不一定能證明該存貨已依成本與淨變現價值孰低法做適當之續後衡量（評價）。此外，由於實體檢視對象的種類別十分廣泛，如珠寶、半導體、電腦程式、礦產等，故資產之實體檢視時，如資產性質特殊，查核人員可能須安排具獨立性之專家，俾作必要的諮商或協助。

3. 會計紀錄

查核人員意圖驗證財務報表中各會計科目金額時，常循著會計軌跡，透過總分類帳逆查至日記簿，然後據以查證原始憑單等基本文書憑證。在設有良好內部控制下之電腦化會計資訊系統，或人工處理的分類帳和日記簿，會計紀錄本身就可構成極具價值和可靠性的證據。除日記簿、分類帳外，會計紀錄中，如銷貨收入彙總表、試算表、期中財務報表、成本明細表，以及專供管理階層用以管理業務之資訊等會計紀錄，皆是重要的查核證據。

4. 分析性證據

分析性證據係指經由分析性程序所取得的分析性結果。誠如前述，分析性程序被廣泛地運用於風險評估階段、執行證實程序階段及查核工作結束前等階段，在查核證據中扮演十分重要的角色。前節已對分析性程序做詳細的討論，在此不再贅述。

5. 計算證據

計算證據係指查核人員以驗算之查核程序，自行計算的數值證據，證明受查者紀錄中計算之正確性。計算證據不同於分析性程序，後者包括財務數據間關係，是否合理的分析，而計算證據只是單純地驗證演算步驟及正確性。例如，驗算銷貨收入日記簿或分類帳某欄中數字的加總，以證明每欄總金額的正確性。驗算可證明受查者所作計算(如每股盈餘、折舊費用、備抵壞帳、按完工百分比法認列收益等)有無錯誤。自行計算的證據，可信度高、成本低，在佐證評價或分攤的聲明上尤具價值。

6. 專家證據

專家 (specialists) 證據係指除會計及審計外，具有某方面專門技術和經驗的個人或組織所提供之證據，如律師、精算師、鑑價師 (appraisers)、工程師、地質學家等。這些專家可能由會計師事務所或受查者管理階層所聘僱，他們對受查者某特定事項所表示的意見，所做評估或所作聲明、判斷，即為專家報告，或稱專家證據。決定是否採用專家證據時，查核人員宜考慮受查項目對財務報表整體的影響程度、性質、複雜程度、發生重大不實表達的可能性，以及其他攸關的查核證據。

會計師如欲採用專家報告，應先評估該專長之獨立性及適任性，並針對工作之目的和範圍、可能利用的紀錄和檔案、所用方法與假設及其前後的一致性、希望專家報告中對特定項目的說明、充作會計師查核證據所必要的資訊或文件等事項，與該專家進行溝通，使專家對工作的概況有所瞭解。

會計師若憑藉專家報告而表示無保留意見，通常不會在查核報告中提及，以免他人懷疑會計師在分攤責任，或誤解為保留意見之查核報告。如因專家報告而出具無保留意見以外的報告，就宜適當地說明理由或所發現的事實，必要時(在專家同意下)提及專家的身分、參與程度和專家報告內容。有關查核人員使用專家證據之相關規範，可參見審計準則公報第二十號「專家報告之採用」之規定。

7. 口頭證據

口頭證據係指查核人員利用查詢的查核程序，向受查者的主管或適當人員詢問有關與財務報表查核相關問題，而所獲得之口頭回答。在整個查核過程中，查核人員常須向受查者的管理階層或職員查詢許多問題，諸如紀錄和文件的存放地點、採用特別會計政策的理由、重大會計估計的決策、逾期應收帳款之收現可能性、重大期後事項等，查詢

的範圍十分廣泛。惟經由查詢所得到的口頭證據，雖亦屬查核證據的一種，但一般而言，口頭證據本身的證據力較低，查核人員通常須輔以其他查核證據，方能支持其查核結論，但口頭證據的確有助於查核人員發掘需要深入查核的情況，或確認其他形式證據的需求。

8. 書面聲明 (written representation)

書面聲明（實務上常稱為客戶聲明書）係指管理階層提供予查核人員，以確認某些事項或支持其他查核證據之聲明。財務報表、財務報表聲明或佐證帳冊與紀錄非屬此處所稱之書面聲明。於外勤工作完成時，查核人員會向受查者管理階層取得書面聲明，彙述管理階層對查核人員有關財務報表允當表達問題的口頭答覆，並以文件證明管理階層對財務報表所負的責任，此即為書面聲明。書面聲明應由受查機構負責人和會計主管簽章，簽發日期通常就是查核報告日（外勤工作完成日）。

取具書面聲明書為補充性查核程序，不能取代其他必要之查核程序。因為財務報表本身就是受查者管理階層的一種書面聲明，書面聲明書除再度陳述原主張（聲明）無誤外，無其他作用。但書面聲明雖不可取代其他必要的查核程序，但確能達成許多重要的目的，如：

(1) 提醒受查者管理階層對於財務報表負有主要的責任。
(2) 將受查者於查核期間所做的重大口頭答覆，作成書面證明。
(3) 管理階層的聲明書可能是管理階層表達未來意願的唯一憑證。例如，到期負債究竟應列作流動或長期負債，端視管理階層有無再融資的能力和意願而定。
(4) 提供查核人員就聲明內容和已取得查核證據相互印證的機會。
(5) 簽署聲明書表示管理階層願意和查核人員坦誠合作的心態，管理階層如拒絕出具書面聲明書，可視為查核範圍受到重大的限制，而使得會計師出具保留意見，甚至是無法表示意見的查核報告。

查核人員通常於接近完成查核工作階段向管理階層（必要時，亦包括治理單位）取得書面聲明，本書將於第十八章「完成查核工作」中再作進一步的探討。

5.6 查核證據足夠性及適切性的評估

查核工作受到許多先天上的限制，常使得查核人員須面對如何在有限的時間內，以合理的成本取得足夠及適切證據的問題。「遵循審計準則執行之基本原則」中有關「執行」之第5點即規定：「會計師應取得足夠及適切之證據，以作為對所查核財務報表表示意見之合理依據」。所謂查核證據的足夠性 (sufficiency)，係指查核證據的數量；而所謂查核證據的適切性 (appropriateness)，則與查核證據的品質有關。換言之，會計師對財務報表表示查核意見時，取得之查核證據在「量」與「質」上，必須足以支持其結論。

會計師對財務報表所表示之意見，係一項合理確信，而非絕對的保證。當查核人員取得足夠及適切之查核證據，以降低查核風險（即當財務報表存有重大不實表達時，查核人員表示不適當意見之風險）至可接受之水準時，查核人員即可對財務報表有無重大不實表達取得合理確信。一般而言，查核人員會發現他們需要依賴的是，具有說服力的查核證據，而少有直接帶著結論的查核證據。當查核人員對查核證據的說服力無法感到滿意時，便無法做出合理的確信。然而，每一財務報表查核委任案的情況都不會完全一樣，TWSA500「查核證據」第5條規定：「查核人員應視情況設計及執行適當之查核程序，以取得足夠及適切之查核證據。」換言之，查核證據在「量」與「質」的決定，完全須靠查核人員的專業判斷。

查核證據之足夠性及適切性二者相互關聯。所需查核證據之數量，受查核人員對不實表達風險之評估（所評估之風險越高，所需之查核證據數量越多）及查核證據之品質（品質越高，所需之查核證據數量越少）所影響。惟取得較多之查核證據，可能無法彌補查核證據品質不佳之缺陷。查核人員對是否已取得足夠及適切之查核證據，做出專業判斷時，應考量下列攸關因素：

1. 查核程序之性質

誠如5.4節所述，查核人員可依情況採用檢查、觀察、函證、驗算、重新執行、分析性程序及查詢之查核程序（通常多個查核程序併用），以執行風險評估程序、控制測試或證實程序，取得使其作成合理之結論，並據以表示查核意見之查核證據。每一種查核程序所獲取之查核證據，其說服力並不完全相同。因此，查核人員應視個案，依其重大不實表達風險程度，採用適當的查核程序。此外，某些資訊可能僅以電子形式存在，或僅能於某時間點或某期間取得，則可能影響查核程序之性質及時間。例如，當受查者採用電子商務之經營模式時，原始文件（如請購單及發票）可能僅以電子形式存在；或當受查者採用影像處理系統儲存資訊時，原始文件可能於掃描後銷毀。

2. 財務報導之及時性

查核後財務報表的公布皆有一定的期限，查核人員必須於一定的期限內完成查核工作，時間的緊迫性，通常亦會影響其蒐集證據的足夠性及適切性。

3. 成本與效益之權衡

查核工作本身即為一種經濟活動，必須符合成本效益原則，增加查核時間和成本必須小於所換取證據說服力上所能產生的利益。因此，查核人員考量查核證據的足夠性及適切性時，會權衡成本效益。但若是省略一項不可替代的查核程序，則成本絕對不是唯一考慮的因素。本節將探討查核人員如何判斷，其所需查核證據的足夠性及適切性。

5.6.1　查核證據的足夠性

查核人員考量所需查核證據的數量時，通常受到下列幾項因素的影響：

1. 重大性 (materiality)

重大性意指財務報表的交易類型、科目餘額和揭露相關的聲明如果發生遺漏或不實表達時，將影響財務報表使用者之決策。簡言之，重大性可解釋為，在不影響財務報表使用者決策的情況下，其「最大可忍受的不實表達」。一般而言，對財務報表使用者越重要的項目，其「最大可忍受的不實表達 (即重大性水準)」就越低，對用以支持交易類型、科目餘額和揭露個別項目聲明，所需的證據數量就會越多。例如，對於最重要交易之內部控制，查核人員於執行控制測試時，通常會設定較低的「最大可容忍偏差率」(tolerable deviation rate) (假設其他條件相同時)；對於較重要的會計科目餘額，查核人員於執行細項查核時，通常會設定較小的「最大可容忍誤述」(tolerable misstatement) (假設其他條件相同時)，如此將導致查核人員抽取較大的樣本量，以支持所要驗證的聲明。

2. 重大不實表達的風險

財務報表重大不實表達風險，係由固有風險 (inherent risk) 及控制風險 (control risk) 所構成。所謂固有風險係指，在未考量相關之內部控制下，因相關交易類別、科目餘額或揭露事項之特性，而產生重大不實表達之可能性。而所謂控制風險係指，在考量相關之內部控制後，交易類別、科目餘額或揭露之聲明產生重大不實表達之可能性。特定聲明之固有風險及控制風險越高，該聲明的重大不實表達風險就越高，查核人員就需要蒐集更具說服力的查核證據，以使查核風險 (audit risk) 降到可接受的程度。在其他條件不變下，查核人員所需的證據數量就會越多 (有關重大不實表達風險的詳細討論參見第七章)。例如，銷貨收入與應收帳款之發生及存在，其固有風險通常高於的機器設備之發生及存在，故驗證應收帳款發生及存在所需之查核證據數量，將大於驗證機器設備。此外，一家內部控制不良的受查者，比一家具有健全內部控制受查者，需要較多的查核證據。

3. 母體的大小及特性

母體的大小意指所要查核項目所含樣本單位的數量；而母體的特性則是指母體含樣本單位的同質性程度，以統計的術語稱之即為變異數 (variance)。一般而言，在其他條件不變的情況下，母體越大所需的證據數量就越多；母體的變異數越大，所需的證據數量就越多。例如，如果查核人員想從應收帳款明細帳中，抽出一個樣本進行函證，一家擁有 1,000 個應收帳款明細帳的受查者，查核人員所抽出的明細帳數量 (樣本量)，將大於一家擁有 500 個應收帳款明細帳的受查者；又如，同樣擁有 1,000 個應收帳款明細帳的二家受查者，但其中一家各明細帳的餘額都相當接近 (變異數較小)，一家則變化很大 (變

異數較大)，則後者所需的樣本量將大於前者。

查核人員設計控制測試及細項測試時，除了決定查核證據的數量外，尚應決定選取受測項目之方法，以有效達成查核程序之目的。根據 TWSA500 第 62 條至第 66 條之規定，選取受測項目之方法有三種，包括：選取全部項目 (即全查)、選取特定項目及審計抽樣。查核人員視特定情況 (例如與所測試聲明相關之重大不實表達風險) 及不同方法之可行性與效率，而採用前述任何一種方法或併用多種方法。茲將上述三種選取受測項目方法說明如下：

(1) 選取全部項目

查核人員可能認為檢查某交易類別或科目餘額之母體 (或母體內某一分層) 全部項目最為適當，可能適合檢查全部項目之情況列舉如下：

① 母體由少數大額項目所構成。

② 存有顯著風險 (significant risk)，且其他方法無法提供足夠及適切之查核證據。顯著風險係指查核人員於評估受查者財務報表重大不實表達風險時，依其判斷，須作特殊查核考量之已辨認之重大不實表達風險 (於第七章再做進一步說明)。例如，對管理階層的誠信有疑慮、管理階層逾越內部控制、財務報表必須做重大會計估計、存有許多非常規交易之關係人交易等。

③ 資訊系統自動執行之計算，或其他程序，因具重複性質，而符合成本效益者。例如，財產明細帳以電子檔案形態記錄，查核人員可利用電腦軟體重新驗算每一筆折舊性資產的折舊費用，以驗證受查者所提列的折舊金額是否正確。

對財務報表查核而言，內部控制的有效性，不是最終的查核目的，因此查核人員較不會對控制測試針對全部項目進行查核。惟於細項測試中，對全部項目進行查核則較為常見。

(2) 選取特定項目

查核人員可能決定自母體中，選取特定項目較為適合，查核人員常用以選取之特定項目之依據可能有：

① 高金額或特殊之項目：查核人員可能決定於母體內，選取高金額或具其他特性 (例如可疑、不尋常、特別具風險傾向或過去曾發生錯誤) 之特定項目。

② 超過某一金額之全部項目：查核人員可能決定查核帳載金額超過某一金額之全部項目，以驗證交易類別或科目餘額相當比例之金額。

③ 為取得特定資訊所選取之項目：查核人員可能檢查某些具有特定性質之項目作為查核對象，以取得所需資訊。例如，選取具關係人性質之交易，或選取當年度新增前十大銷售客戶之交易等。

雖然自交易類別或科目餘額選取特定受測項目，通常係取得查核證據之有效率方

法，但該種方法非屬審計抽樣。故對依該種方法所選取之項目執行查核程序之結果，無法推估至母體。因此，對所選取特定項目之查核，無法對母體中剩餘之項目提供查核證據。選取特定項目之判斷受非抽樣風險影響，查核人員考量是否採用選取特定項目之因素可能包括：

① 查核人員對受查者之瞭解。
② 所評估之重大不實表達風險。
③ 受測母體之特性。

(3) 審計抽樣 (選樣)

審計抽樣之目的係以測試自母體選出樣本之結果為依據，俾對母體做出合理的結論。審計抽樣的重點在於自母體中選取具有代表性的樣本，俾對母體推測出合理的結果。本書將於第九章及第十章再詳細討論審計選樣的細節。

5.6.2 查核證據的適切性

適切性是對於查核證據品質的衡量，所謂查核證據的品質係指查核證據之攸關性 (relevance) 及可靠性 (reliability)，除非證據具有攸關性及可靠性，否則不能作為查核證據。茲分別對查核證據的攸關性及可靠性說明如下：

1. 查核證據的攸關性

查核證據的攸關性係指該證據必須能用以支持查核人員所要查核之財務報表聲明。舉例而言，查核人員函證應收帳款餘額所獲取之證據，可以支持應收帳款的發生及存在與所有權，但無法支持應收帳款的評價及分攤、完整性與表達及揭露，因為漏列的應收帳款明細帳，無法完全藉由函證程序查出 (即完整性)，而函證也只能證實客戶的欠款確實存在，卻無法證實客戶實際上能償還多少 (即評價及分攤)。最後，函證亦無法證實應收帳款是否有質押借款的情形。換言之，函證應收帳款餘額所獲取之證據，對應收帳款的存在及發生與所有權具有攸關性，對應收帳款的完整性則攸關性較低，對應收帳款的評價及分攤與表達及揭露則不具攸關性。又如，查核人員要檢視存貨的存在，他們可以藉由觀察客戶盤點存貨來獲取證據，然而，這樣的證據可能無法證實存貨是否屬於該客戶 (權利與義務)，或是它們的成本是否適當 (評價與分攤)。

從上述例子可知，與特定聲明有關的證據，不一定能用來支持另一項聲明。因此，查核人員必須充分瞭解證據與聲明之間的關係，包括證據如何描述各聲明背後的經濟實質，查核人員若是獲取不相關的證據或是不完全瞭解證據背後所呈現的經濟實質，不但會浪費了不必要的時間和成本，查核品質亦將大受影響。

2. 查核證據之可靠性

查核證據常蒐集自受查者內部，甚至來自受查者管理階層及職員之意圖、預測等主觀判斷。因此，查核證據除了必須具有攸關外，查核人員尚必須確認其所取得之查核證據是值得信賴的，即其可靠性。影響證據的可靠性有許多因素，茲分別說明如下：

(1) 證據提供者的獨立性：一般而言，來自獨立於受查者之外部第三者(如顧客或銀行)之證據，其可靠性優於來自受查者內部(如管理階層)之證據。就書面憑證而言，直接遞交查核人員的外來憑證的可靠性最佳，留存受查者之外來憑證次之，而受查者自製並存留的憑證則較差。

(2) 是否由查核人員直接取得：通常直接由查核人員取得之證據，其可靠性優於查核人員間接或經由推論取得之證據。例如查核人員直接觀察內部控制應用所取得之查核證據，其可靠性優於採用查詢內部控制應用所取得之查核證據。

(3) 內部控制的良窳：許多查核證據來自受查者內部，而內部控制的主要功能之一，即在防止錯誤及舞弊的發生，此類查核證據的可靠性，受到受查者內部控制的良窳的影響。受查者相關內部控制(包括對其財務報表編製及維護之控制)之運作越有效，則由受查者內部所產生的證據就越可靠。

(4) 書面或口頭形式之證據：一般而言，書面的證據(不論係紙本、電子或其他媒介)其可靠性優於口頭形式之證據。例如，會議紀錄較事後對討論事項之口頭聲明更為可靠。在實務上，查核人員對於重要的口頭查詢所取得之證據，通常會再將其書面化，並請受查詢者確認簽章，避免事後口說無憑之爭議。

(5) 原始或影印(傳真)：由於影印或傳真的查核證據容易被塗改或偽造，因此，以原始文件形式存在的證據，其可靠性優於以複印或傳真形式存在的證據。

(6) 不同來源所取得證據之一致性：不同來源或不同性質之查核證據間，如有不一致情形，可能代表所獲取之查核證據可靠性較差。例如，管理階層、內部稽核及其他人員，對詢問之回應不一致；查核人員為佐證管理階層對詢問之回應，而詢問受查者治理單位，但治理單位對詢問之回應，與管理階層之回應不一致。此時，查核人員應對擬作為查核證據資訊之可靠性存疑，並應決定是否須修改或增加查核程序，並考量該情況對其他查核工作層面之影響。

為使查核人員取得可靠之查核證據，執行查核程序時，所採用之受查者所產生之資訊，應足夠完整及正確。查核人員採用受查者所產生之資訊時，應於必要時，執行下列程序，以評估就查核目的而言，該資訊是否足夠可靠：

(1) 取得有關查核資訊正確性及完整性之查核證據。
(2) 就查核目的而言，評估該資訊是否足夠精確及詳盡。

例如，查核人員擬採用管理階層聘僱或委任之專家[簡稱管理階層專家

(management's expert)] 所編製之資訊作為查核證據時，應考量專家工作就查核目的而言之重要性，並於必要範圍內執行下列程序：(詳細規範詳見TWSA500「查核證據」之規定)

(1) 評估該專家之專業能力、適任能力及客觀性。
(2) 取得對該專家工作之瞭解。
(3) 評估採用該專家工作，作為攸關聲明之查核證據是否適切。

5.7 採用他人工作作為查核證據之考量

前述各節主要是探討查核人員於查核財務報表過程序中，使用自身所擁有會計或審計的專門知識，以蒐集查核證據並作成查核結論的查核程序方法及種類。然而，於某些情況下，查核人員可能會採用他人的工作作為查核證據。根據我國審計準則，目前會計師可能採用他人之工作有下列三種情況：

1. 查核集團財務報表時，集團主辦會計師採用組成個體查核人員之工作，TWSA600「集團財務報表查核之特別考量」訂有相關規範。
2. 採用查核人員專家工作，TWSA620「採用查核人員專家之工作」訂有相關規範。
3. 採用受查者內部稽核人員之工作，TWSA610「採用內部稽核人員之工作」訂有相關規範。

由於情況1涉及的層面廣泛且複雜，本書另於第八章8.5節說明，在本節中將介紹情況2及3的相關規範。

5.7.1 採用查核人員專家工作作為查核證據之考量

查核人員擁有會計及審計的專門知識，並據以蒐集查核證據並作成查核結論。然而，有時財務報表的編製可能涉及會計或審計領域以外的專門知識，例如，複雜金融工具、不動產、設備、珠寶、藝術品、古董、無形資產、企業合併所取得之資產及所承擔之負債，以及可能已減損資產之評價；保險合約或員工福利計畫相關負債之精算；石油及天然氣蘊藏量之估計；環境負債及土地清理成本之評價；合約及法令之解釋；複雜或不尋常稅務議題之分析等。此時，查核人員查核財務報表時，即可能涉及會計或審計領域以外之專門知識。在此情況下，查核人員可能必須考量是否應採用具有會計或審計領域以外專門知識之個人或組織[即查核人員專家(auditor's expert)]之工作，以取得足夠及適切的查核證據。所謂查核人員專家係指，查核人員聘僱或委任具有會計或審計領域以外專門知識之個人或組織，以取得足夠及適切之查核證據。查核人員專家包括查核人員內部專家(查核人員所隸屬事務所或聯盟事務所之專業人員)或外部專家。惟值得事先提醒的是，

儘管會計師得採用查核人員專家之發現或結論作為適切之查核證據，但因會計師對所表示之意見負完全的責任，故其責任不因採用專家之工作而減輕。以下各小節將分別針對相關議題加以說明。

5.7.1.1 決定是否採用查核人員專家之工作

如會計或審計領域以外之專門知識對取得足夠及適切之查核證據係屬必要，查核人員應決定是否採用查核人員專家之工作。

查核人員於執行查核工作的各個階段（包括執行風險評估程序，以辨認並評估重大不實表達風險；設計及執行整體查核對策及查核計畫，以因應整體財務報表及個別項目聲明之風險；評估所取得查核證據之足夠性及適切性，對財務報表形成查核意見），皆可能須查核人員專家之協助。有時，儘管查核人員在會計或審計以外之某一領域非屬專家，其仍可能對特定事項取得足夠之瞭解（例如，查核人員先前查核財務報表時已獲取特定領域之經驗、查核人員已接受特定領域之教育或專業發展、或透過與執行過類似案件之查核人員討論），並在無專家協助之情況下執行查核工作。但於其他情況下，查核人員可能認為有必要或選擇採用查核人員專家之工作，以協助其對特定事項取得足夠及適切之查核證據。查核人員於決定是否採用查核人員專家之工作時，可能考量之因素包括：

1. 管理階層於編製財務報表時是否採用管理階層專家之工作。所謂管理階層專家係指，管理階層聘僱或委任具有會計或審計領域以外專門知識之個人或組織，以協助其編製財務報表。管理階層需要管理階層專家之協助以編製財務報表時，重大不實表達風險可能增加，因其可能顯示財務報表之編製具複雜性，或管理階層未具有該領域之專門知識。在此情況下，查核人員於決定是否採用查核人員專家之工作時，可能受下列因素影響：(TWSA500「查核證據」，就管理階層專家之專業能力、適任能力及客觀性對查核證據可靠性之影響予以規範，並提供更詳細指引。)
   (1) 管理階層專家工作之性質、範圍及目的。
   (2) 提供攸關服務之管理階層專家係由受查者聘僱，或由受查者委任。
   (3) 管理階層專家之工作受管理階層控制或影響之程度。
   (4) 管理階層專家之專業能力及適任能力。
   (5) 管理階層專家是否依照專業準則、其他專門職業或產業規範執行其工作。
   (6) 受查者對管理階層專家之工作所執行之控制。
2. 該事項之性質及重要性，包括其複雜程度。
3. 該事項之重大不實表達風險。
4. 為因應所辨認之風險擬執行程序之性質，包括查核人員對與該事項有關之專家工作之瞭解及經驗，以及替代查核證據之可取得性。

5.7.1.2　採用查核人員專家工作之查核程序

查核人員決定採用查核人員專家工作時，因會計師對所表示之意見負完全責任，其責任不因採用專家之工作而減輕，故應執行下列四項查核程序：

1. 評估查核人員專家之專業能力、適任能力及客觀性

查核人員評估查核人員專家之工作就查核目的而言是否適當時，應考量查核人員專家之專業能力、適任能力及客觀性。專業能力與查核人員專家專門知識之性質及程度有關。適任能力與查核人員專家於案件情況下能否發揮其專業能力有關，影響適任能力之因素可能包括查核人員專家所在之地理區域及可用之時間與資源。客觀性則與查核人員專家之偏頗、利益衝突或其他可能影響其專業或商業判斷之因素有關。評估查核人員外部專家之客觀性時，應包括查詢對該外部專家之客觀性可能產生威脅之利益及關係。TWSA620 對評估查核人員專家之專業能力、適任能力及客觀性之資訊來源及其他細節提供更多的指引，在此不一一詳述，有興趣者可參閱該準則第 29 條至第 34 條之規定。

2. 取得對查核人員專家專門知識領域之瞭解

查核人員應對查核人員專家之專門知識領域取得足夠之瞭解，才能就查核目的，決定專家工作之性質、範圍及目的，以及評估專家工作之適當性。查核人員可能藉由與查核人員專家討論或其他方式 (例如，查核人員先前查核財務報表時已所獲取特定領域之經驗、查核人員接受特定領域之教育或專業發展、或透過與執行過類似案件之查核人員討論)，取得對該專家專門知識領域之瞭解。其瞭解的領域可能包括：

(1) 該專家之特定專長是否與查核攸關。
(2) 是否適用任何專門職業或其他準則及相關法令。
(3) 該專家所採用之假設及方法 (如適用時，包括模型)、該等假設及方法於該專家領域內是否被普遍接受，以及對財務報導目的而言是否適當。
(4) 該專家所使用內部及外部資訊之性質。

3. 與查核人員專家之協議

當查核人員決定採用查核人員專家之工作時，不論查核人員專家係外部或內部專家，查核人員應與查核人員專家就下列事項達成協議 (如適當時，以書面方式)：

(1) 專家工作之性質、範圍及目的。
(2) 查核人員及專家各自之角色及責任。
(3) 查核人員與專家間溝通之性質、時間及範圍，包括專家所出具報告之格式。
(4) 專家須遵守之保密規範。

上述協議的形式及詳細程度 (包括是否採書面形式)，可能受下列因素之影響：

(1) 該專家可能接觸受查者具敏感性或機密性之資訊。

(2) 查核人員及該專家各自之角色或責任與一般所預期者不同。

(3) 涉及多國之法令。

(4) 與該專家工作有關之事項具高度複雜性。

(5) 查核人員未曾採用該專家之工作。

(6) 該專家之工作對查核之重要性較高。

　　一般而言，查核人員與查核人員外部專家間之協議通常採委任書之形式。如果查核人員與查核人員專家間未簽訂書面協議時，查核人員可能須將協議之證據顯示於下列文件或紀錄中：

(1) 規劃備忘錄或相關工作底稿(例如查核程式)。

(2) 查核人員所隸屬事務所之政策及程序。當查核人員專家為內部專家時，該專家所遵循之政策及程序可能包括與其工作有關之特定政策及程序。查核人員於工作底稿作成紀錄之詳細程度取決於該等政策及程序之性質。例如，當事務所對專家工作之採用已有詳細規定時，查核人員可能無須於工作底稿作成紀錄。

4. 評估查核人員專家工作之適當性

　　查核人員應就查核目的評估查核人員專家工作之適當性，評估的事項包括：

(1) 專家之發現或結論之攸關性及合理性，以及與其他查核證據之一致性。

(2) 如專家工作涉及重要假設及方法之採用，該等假設及方法於當時情況下之攸關性及合理性。

(3) 如專家採用對其工作係屬重要之原始資料，該等原始資料之攸關性、完整性及正確性。

　　查核人員如認為查核人員專家之工作就查核目的而言並不適當，應與該專家協議其應額外執行工作之性質及範圍，或執行於當時情況下適當之額外查核程序。至於執行額外查核程序的性質、時間及範圍則視情況不同而有所差異，查核人員做此決策時，應考量之因素包括：

(1) 與專家工作有關事項之性質。

(2) 與專家工作有關事項之重大不實表達風險。

(3) 專家工作之重要程度。

(4) 對該專家先前所執行工作之瞭解及以往採用該專家工作之經驗。

(5) 該專家是否須遵循查核人員所隸屬事務所之品質管理政策及程序。

　　舉例而言，下列情況可能使查核人員有必要執行不同或更廣泛之查核程序：

(1) 查核人員專家之工作與涉及主觀及複雜判斷之重大事項有關。

(2) 查核人員未曾採用查核人員專家之工作，亦不瞭解其專業能力、適任能力及客觀性。

(3) 查核人員專家執行之程序對查核而言係不可或缺，而非僅就個別事項被諮詢以提供建議。
(4) 查核人員專家係外部專家，因此未受查核人員所隸屬事務所之品質管理政策及程序規範。

5.7.1.3 於查核報告中提及查核人員專家

由於會計師對其所出具的責任負責，故會計師不得於無保留意見之查核報告中提及查核人員專家之工作，以避免令查核報告使用者誤解該專家承擔一部分會計師的責任。

於某些情況下，會計師於修正式意見之查核報告中，為協助使用者瞭解導致修正式意見之事項，可能提及查核人員專家之工作 (通常於查核意見之基礎段說明)，可能係屬適當。於該等情況下，會計師應於查核報告中指出，提及專家之工作並未減輕會計師對財務報表所表示查核意見之責任。為避免提及查核人員專家工作可能產生之爭議，查核人員可能須事先取得該專家之同意。

5.7.2 採用內部稽核人員之工作作為查核證據之考量

所謂內部稽核職能係屬企業之職能，該職能執行確信及諮詢工作，以評估並改善企業之治理、風險管理及內部控制流程之有效性。內部稽核之部分職能可能與會計師查核財務報表之工作密切相關，因此，當受查者設有內部稽核職能時，會計師基於查核效率及時效之考量，在符合特定條件下，可能採用內部稽核人員之工作作為查核證據。判斷受查者是否設有內部稽核職能時，執行該職能之名稱為何 (如稱為風險控管部門或董事長室)，或者是否由第三方執行並非是查核人員考量的因素。查核人員須考量之因素包括工作之性質、內部稽核職能於組織中之定位及相關政策與程序支持內部稽核人員客觀性之程度、專業能力，以及該職能是否應用系統化且嚴謹之方法 (包含品質管制政策及程序)。有些受查者 (尤其是所有者兼管理者之受查者)，常由具營運及管理職責之人員執行部分內部稽核職能，該等人員通常面臨客觀性之威脅，對查核人員而言，該等人員所執行之職能不應被視為內部稽核職能之一部分，而是屬控制作業之一部分。

依 TWSA610 之規定，查核人員採用內部稽核人員工作作為查核證據之方式有兩種，分別為：

1. 採用內部稽核職能依其稽核計畫所執行之工作 (以下簡稱採用內部稽核工作)。
2. 採用由內部稽核人員於查核人員之指導、監督及複核下提供之直接協助 (以下簡稱採用直接協助)。

值得再次提醒的是，會計師對所表示之查核意見負責，且該責任不因採用內部稽核

工作或採用直接協助而降低。

以下兩小節將針對上述兩種採用內部稽核人員工作之方式，有關查核人員應負之責任做進一步的說明。

5.7.2.1　採用內部稽核工作

並非受查者設有內部稽核職，會計師即可採用其工作作為查核證據，主要須考量內部稽核職之客觀性及工作品質。因此，查核人員首先應評估是否可採用內部稽核工作，如決定採用，則須進一步決定採用之領域與程度。此外，會計師雖可採用內部稽核工作作為查核證據的一部分，但仍應對所表示之查核意見負全責，故對採用之內部稽核工作作為查核證據有執行相關查核程序的責任。以下針對上述之議題做進一步的說明。

5.7.2.1.1　評估是否採用內部稽核工作及採用之領域與程度

查核人員應就查核目的評估下列事項，以確定是否可採用內部稽核工作：

1. **內部稽核職能於組織中之定位及相關政策與程序支持內部稽核人員客觀性之程度。** 客觀性係指於執行工作時不使偏頗、利益衝突或他人之不當影響損及專業判斷之能力。查核人員於評估內部稽核職能客觀性時，通常會考量內部稽核職能 (包括該職能之權責) 於組織中之定位、是否負有不相容之職責、治理單位是否監督與內部稽核職能有關之聘僱決策、管理階層或治理單位是否以明文或慣例限制內部稽核職能，以及內部稽核人員是否為相關專門職業團體之會員，致其有義務遵循與客觀性有關之專業準則等因素。

2. **內部稽核職能之專業能力。** 專業能力係指使其能依適用之專業準則嚴謹執行工作，所須取得並維持之知識及技能。查核人員於評估內部稽核職能專業能力時，通常會考量內部稽核職能是否獲得足夠及適當之資源 (依受查者之規模及營運性質)，以及對內部稽核人員之招聘與訓練及工作指派是否訂定政策、是否經專業訓練且具備足夠之稽核能力、是否具備與受查者之財務報導及適用之財務報導架構有關之知識、是否為相關專門職業團體之會員等因素。

3. **內部稽核職能是否應用系統化且嚴謹之方法 (包含品質管制政策及程序)。** 查核人員於評估內部稽核職能是否應用系統化且嚴謹之方法時，通常會考量內部稽核職能是否針對特定領域 (例如風險評估、稽核程式、書面紀錄及報告) 適當使用書面化內部稽核程序或指引，且其性質及程度與受查者之規模及情況相稱，以及內部稽核職能是否有適當之品質管制政策及程序。

查核人員經評估後，如判斷受查者內部稽核職能缺乏客觀性、或專業能力或應用系統化且嚴謹之方法 (只要其中一項成立)，即不得採用內部稽核工作。此外，當查核團隊

所隸屬之事務所亦同時向受查者提供內部稽核服務，如於查核中採用該等服務之結果時，將產生自我評估的威脅，在此情況下，查核人員不得採用內部稽核工作。

　　經評估後，會計師如決定採用內部稽核工作，則須進一步決定採用內部稽核工作之性質及程度。查核人員做此決定時，應考量內部稽核職能已執行或計劃執行工作之性質及範圍，以及該等工作與查核人員之整體查核策略及查核計畫之攸關性。一般而言，內部稽核職能所執行與查核攸關之工作如控制執行有效性之測試、涉及有限判斷之證實程序、觀察存貨盤點、經由與財務報導攸關之資訊系統追蹤交易流程、法令遵循之測試、非重要組成個體財務資訊之查核或核閱等，可能是查核人考量採用之內部稽核工作。

　　於查核案件中，查核人員應避免不當採用內部稽核工作，於下列情況下，查核人員應規劃採用較少之內部稽核工作，並自行執行較多之工作：

1. 於規劃與執行攸關查核程序及評估查核證據時涉及**較多判斷**。例如，對下列事項所做之判斷：重大不實表達風險、所執行之測試是否足夠、管理階層所採用之繼續經營會計基礎是否適當、重大會計估計、財務報表揭露之適當性及影響查核報告之其他事項。
2. 個別項目聲明之**重大不實表達風險較高**，尤其是存有須作特殊考量之顯著風險。當所評估之重大不實表達風險非屬低度時，僅採用內部稽核工作不太可能將查核風險降低至可接受之水準。
3. 內部稽核職能於組織中之定位及相關政策與程序支持內部稽核人員**客觀性之程度較低**。
4. 內部稽核職能之**專業能力較為不足**。

　　由於會計師對所表示之查核意見負責，查核人員經考量上述事項並規劃採用內部稽核工作之程度後，最後仍應評估其於查核案件中是否仍有足夠之參與。**查核人員如規劃採用內部稽核工作，因該規劃係整體查核策略不可或缺之一部分，查核人員應就該規劃與治理單位溝通。**

5.7.2.1.2　採用內部稽核工作作為查核證據之查核程序

　　查核人員如規劃採用內部稽核工作，即應與內部稽核職能討論所規劃內部稽核工作之採用，俾作為協調各自作業之基礎。雙方可能討論之事項可能包括：工作之時點、工作之性質、工作之範圍、財務報表整體重大性(如適用時，特定交易類別、科目餘額或揭露事項之重大性)及執行重大性、預計選取項目之方法及樣本量、對所執行工作作成之書面紀錄及複核，以及報告之程序等。此外，查核人員亦須留意雙協調的有效性，例如，於案件執行過程中是否按適當之時間間隔進行討論；查核人員是否已告知內部稽核職能可能影響該職能之重大事項；內部稽核職能是否告知且提供查核人員攸關之內部稽

核報告，並告知其所獲悉可能影響查核人員工作之重大事項，俾使查核人員能考量該等事項對查核案件之影響。

查核人員首先應閱讀與所規劃採用之內部稽核工作有關之內部稽核報告，俾對內部稽核職能所執行稽核程序之性質及範圍與相關發現取得瞭解。為確定所規劃採用之內部稽核工作就查核目的而言係屬適當，查核人員亦應執行足夠之查核程序，包括評估下列事項：

1. 內部稽核工作是否已適當規劃、執行、監督、複核及記錄。
2. 內部稽核職能是否已取得足夠及適切之證據以作成合理之結論。
3. 所達成之結論是否適當，以及內部稽核報告是否與所執行工作之結果一致。

對上述事項所執行之查核程序，可作為評估內部稽核工作整體品質及內部稽核人員客觀性之基礎。查核人員除對部分內部稽核工作予以重新執行外(重新執行係指查核人員獨立執行程序以驗證內部稽核職能所達成之結論，其目的可藉由檢查內部稽核職能已檢查之項目而達成，或於無法執行前述檢查時，藉由檢查足夠之未經內部稽核職能檢查之其他類似項目而達成)，於評估內部稽核職能所執行工作及所達成結論之品質時，可執行之查核程序包括：查詢內部稽核職能之適當人員、觀察內部稽核職能執行之程序及複核內部稽核職能之稽核程式及工作底稿。一般而言，涉及之判斷越多、所評估之重大不實表達風險越高、內部稽核職能客觀性程度越低、內部稽核職能專業能力越不足，則查核人員須對內部稽核工作整體執行更多之查核程序，方能支持其於取得足夠及適切之查核證據時採用內部稽核工作之決定。對於判斷愈多、所評估之重大不實表達風險越高、內部稽核職能客觀性程度越低、內部稽核職能專業能力愈不足之領域，查核人員應對部分規劃採用之內部稽核工作予以重新執行。

最後，於查核工作結束前，查核人員應再評估下列判斷是否仍屬適當：

1. 先前對是否採用內部稽核職能所作評估(有關客觀性、專業能力及系統化且嚴謹之方法的評估)之結論。
2. 先前對內部稽核工作採用之性質與程度及查核案件中已足夠參與所作之決定。

5.7.2.2 採用直接協助

與前述採用內部稽核工作類似，以下將對評估是否採用直接協助及採用之領域與程度，以及採用直接協助作為查核證據相關之查核程序做進一步說明。

5.7.2.2.1 評估是否採用直接協助及採用之領域與程度

查核人員於評估是否採用由內部稽核人員對查核案件提供之直接協助時，應評估是

否存有對該等內部稽核人員客觀性之重大威脅，以及該等內部稽核人員之專業能力。查核人員於評估是否存有對該等內部稽核人員客觀性之重大威脅時，應向其查詢可能對其客觀性產生重大威脅之利益及關係。於判斷客觀性是否受到重大威脅時，下列因素可能係屬攸關：

1. 內部稽核職能於組織中之定位及相關政策與程序支持內部稽核人員客觀性之程度。
2. 與預計工作有關之部門之關聯（包括家庭或個人關係）。
3. 對受查者之重大財務利益，但依一般行情支付之薪酬除外。

於某些情況下，不論採取任何防護措施可能皆無法將對內部稽核人員客觀性之重大威脅降低至可接受之水準（如所涉及之工作產生自我評估威脅）。防護措施是否適當受內部稽核人員所提供之直接協助於查核中之重要性所影響。至於個別內部稽核人員之專業能力之評估時，5.7.2.1.1 小節有關評估內部稽核職能專業能力時所考量之相關因素亦可能攸關，在此不再贅述，惟於考量該等因素時，宜依個別內部稽核人員之情況及其可能被指派之工作酌予調整。

經上述評估後，查核人判斷內部稽核人員之客觀性受重大威脅，或者缺乏足夠之專業能力以執行預計之工作，即不得採用直接協助。查核人員如判斷可採用直接協助，則須進一步確定可指派予內部稽核人員工作之性質與程度。

查核人員於確定可指派予提供直接協助之內部稽核人員工作之性質與程度，以及於當時情況下係屬適當之指導、監督及複核之性質、時間及範圍時，應考量下列因素：

1. 於規劃與執行攸關查核程序及評估查核證據時涉及判斷之程度。
2. 所評估之重大不實表達風險。
3. 對內部稽核人員客觀性重大威脅及專業能力之評估結果。

於確定可指派予內部稽核人員工作之性質時，查核人員應注意該等工作應限於適合被指派之領域。某些領域並不適合由內部稽核人員提供直接協助，如舞弊風險之討論（惟查核人員可能向內部稽核人員查詢受查者之舞弊風險）及讓受查者無法預期之查核程序的決定等。此外，儘管查核人員對指派予內部稽核人員工作已執行指導、監督及複核程序，查核人員仍應注意過度採用直接協助，可能影響查核人員於該查核案件形式上之獨立性。最後，TWSA610 第 26 條明確地規定與下列事項有關之程序，不得採用由內部稽核人員提供之直接協助：

1. 於查核中須作重大判斷。
2. 較高之重大不實表達風險（因於執行攸關查核程序或評估查核證據時涉及較多之判斷）。

3. 內部稽核人員已參與，且已(或將)向管理階層或治理單位報告之工作。
4. 對內部稽核職能之評估。
5. 與內部稽核工作或直接協助之採用有關之決定。

查核人員經適當評估後，如決定採用直接協助，應於與治理單位溝通所規劃查核範圍及時間之概要時(依 TWSA260「與受查者治理單位之溝通」之規定)，溝通所規劃採用內部稽核人員提供直接協助之性質及程度，並達成於當時案件情況下查核人員未過度採用該等直接協助之共識。

5.7.2.2.2 採用直接協助作為查核證據之查核程序

採用由內部稽核人員提供之直接協助前，查核人員應取得下列書面協議：

1. 受查者之有權限者允許提供直接協助之內部稽核人員依照查核人員之指示執行工作，且受查者不加以干預。
2. 提供直接協助之內部稽核人員同意其將依查核人員之指示對特定事項保密，並告知對其客觀性之任何威脅。

對內部稽核人員於查核案件所執行之工作，查核人員仍應依 TWSA220「查核歷史性財務資訊之品質管制」之規定，予以指導、監督及複核。所執行之指導、監督及複核之性質、時間及範圍應反映其對內部稽核人客觀性及專業能力之評估結果，以及該等人員不具獨立性之認知。由於內部稽核職能之人員無須遵循適用於查核人員之獨立性規範，相較於對查核團隊成員所執行之工作，查核人員對內部稽核人員所執行工作之指導、監督及複核，其性質通常不同且更為廣泛，亦應對先前內部稽核人員之客觀性及專業能力所作之評估已不再適當之跡象保持警覺。此外，查核人員所執行之複核程序應包括檢查部分由內部稽核人員於執行工作時取得之查核證據。總之，前述指導、監督及複核應足以使查核人員確認內部稽核人員已取得足夠及適切之查核證據，以支持其結論。

5.8 以交易循環法規劃查核工作

將財務報表分割成較小的單元，可以使得查核工作更易於掌握，並且有助於分派工作給不同的查核團隊成員執行。早期的審計學常將財務報表上每個會計科目視為一個單元，然而這樣的劃分並不是很有效率。因為在雙式簿記下，許多會計科目是密切相關的；此外，企業為避免交易發生錯誤或舞弊，通常會根據其交易循環，例如銷貨收入與收款循環 (sales and collection cycle)、採購與付款循環 (acquisition and payment cycle)、生產與加工循環 (production and conversion cycle)、投資與籌資循環 (investment and financing cycle)，建立相關之內部控制作業 (internal control activities)，以防止、發現及更正可能的錯誤或舞弊。每一交易循環都會涉及到許多相關的會計科目，某一交易循環的控制作業的良窳，將會影響相關會計科目聲明的控制風險，進而影響各相關會計科目個別聲明重大不實表達的風險。因此，現代審計學較常見也較有效率的劃分方式，係將關係密切的交易類型 (classes of transactions) 與科目餘額劃分成同一單元，此法稱為交易循環法 (transaction cycle approach)。例如，將銷貨收入、銷貨退回、帳款收現、沖銷壞帳四類交易類型歸類為銷貨收入與收款循環，銷貨與收款循環所影響的會計科目通常將涵蓋現金、應收帳款、銷貨收入、銷貨退回與折讓及壞帳費用等項目。評估銷貨與收款循環的內部控制作業時，即可同時評估上述相關會計科目個別聲明之控制風險，有效率地協助查核人員規劃相關會計科目的詳細查核計畫。

企業通常會視其營業特質及各類交易的重要性，建立相關的交易循環，本書就以銷貨收入與收款循環、採購與付款循環、生產與加工循環、投資與籌資循環為例，將各交易循環所涵蓋的會計科目彙整於圖表 5.10。本書將於後續針對上述各主要交易循環之查核，設專章加以討論。不過，值得提醒的是，這些交易循環查核的介紹，皆屬舉例性質，旨在使讀者瞭解如何運用本書所介紹之查核邏輯於各交易循環的查核，查核人員仍應依實際查核個案的情況進行調整。

從圖表 5.10 可以發現，有些會計科目其實同時與兩個或兩個以上的交易循環相關，尤其是現金項目，現金項目的查核受到所有交易循環的影響。其實，不論企業如何劃分其交易循環，各交易循環還是有密切的關係。一家公司的成立，通常先從取得資金 (通常為現金) 開始 (籌資循環)。在製造業中，現金被用來購進原物料、不動產、廠房及設備，乃至於生產存貨及銷管的勞務 (採購與付款循環、投資循環)，而採購與付款循環又與生產與加工循環連接。隨後存貨出售產生應收帳款及帳款收現 (銷貨收入與收款循環) 所產生的現金，又被用來發放股利與利息及債務 (資金取得與融資循環)，如此周而復始。交易循環法對查核工作的安排是非常重要的方法，雖然在執行查核時，必須注意各個循環之間的關聯，但在大部分的時間裡，查核人員還是會分別單獨處理各個循環，以便於有效地管理複雜的查核工作。

最後，值得再提醒的是，企業通常會視其營業特質，各類交易的重要性建立相關的交易循環。例如，買賣業就不會有生產與加工循環，但取而代之可能為存貨及倉儲循環 (inventory and warehousing cycles)；在服務業中，可能就沒有存貨採購相關的循環；如果企業認為對員工薪資的支出及控管很重要，很可能於採購與付款循環外，另外建立薪工與人事循環 (payroll and personnel cycle)；此外，如果企業投資及籌資活動非常頻繁，很可能分別對投資及籌資建立交易循環。

圖表 5.10　主要交易循環與其相關之各會計科目

甲公司試算表
12/31/20×1

銷貨收入與收款循環
　　採購與付款循環
　　　　生產與加工循環
　　　　　　投資與籌資循環

銷貨	採購	生產	投資	科目	借方	貸方
✓	✓	✓	✓	現金	$ 484,000	
✓				應收帳款	400,000	
✓				備抵壞帳		$ 30,000
✓				銷貨收入		8,500,000
✓				銷貨退回	400,000	
✓				壞帳費用	50,000	
✓	✓	✓		存貨	1,940,000	
	✓			不動產、廠房及設備	4,000,000	
	✓			累計折舊		1,800,000
	✓			應付帳款		600,000
	✓			應計費用		10,000
	✓			一般費用	1,955,000	
		✓		銷貨成本	5,265,000	
		✓		折舊費用	300,000	
			✓	銀行借款		750,000
			✓	長期票據		400,000
			✓	應計利息		40,000
			✓	普通股股本		2,000,000
			✓	保留盈餘		900,000
			✓	股利發放	0	
			✓	利息費用	40,000	
			✓	應付所得稅	196,000	
					$ 15,030,000	$ 15,030,000

本章習題

選擇題

1. 函證為證實查核程序之一種。如某大額之應收帳款經二次函證後，仍未回函。此時，查核人員應如何因應較為適宜？
   (A) 再做第三次函證
   (B) 查核期後收款及銷貨相關文件，並以電話向對方查詢
   (C) 放棄該樣本，並重新選樣
   (D) 以傳真方式函證

2. 函證是查核人員獲取查核證據方法之一，惟在查核下列那一科目時，函證並非必要之查核程序？
   (A) 銀行存款　　　　　　　　(B) 銀行借款
   (C) 應收帳款　　　　　　　　(D) 應付帳款

3. 下列有關證據之敘述，何者有誤？
   (A) 查核證據之可靠性，包括考量產生及維護該資訊之相關控制
   (B) 查核人員所取得之大部分查核證據，其性質通常具說服力及結論性
   (C) 面對共謀之舞弊，查核人員可能相信具說服力，但事實上卻屬虛構之證據
   (D) 查核人員應質疑所取得之資訊及查核證據是否可能有因舞弊而導致之重大不實表達

4. 查核人員執行銷貨之截止測試，其主要目的為何？
   (A) 驗證年底應收帳款之金額是否正確　(B) 查明是否有當年度未入帳之銷貨
   (C) 判斷銷貨退回是否經過適當核准　　(D) 決定備抵壞帳之提列數是否適當

5. 在查核不尋常或非預期關係之交易事項時，可運用之查核方法很多，但最常用的方法是：
   (A) 面談與詢問　　　　　　　　(B) 取得受查者之書面聲明
   (C) 對舞弊風險因子之風險評估　(D) 分析性複核

6. 從費用科目的借方餘額追查 (trace) 到驗收報告 (receiving report) 及進貨單 (purchase order)，可以為下列何項提供證據？
   (A) 所有收到的商品都適當地記錄
   (B) 與已認列的費用有關的商品都已經收到，而且經過適當地核准
   (C) 所有的賣方發票都已經適當地記錄費用和應付帳款
   (D) 費用並未低估

7. 查核人員懷疑受查公司有偽造的銷貨紀錄。以下何項分析性複核程序 (analytical procedures) 的結果最可能指出有偽造的銷貨紀錄之情事？
   (A) 銷貨金額增加 10%，應收帳款餘額增加 10%，壞帳沖銷的金額也增加 10%
   (B) 銷貨毛利率由 40% 降到 35%
   (C) 應收帳款收回天數由 64 天降到 38 天
   (D) 應收帳款週轉率由 7.1 降到 4.3

8. 下列那一個查核程序與查核未認列負債無關？
   (A) 查核資產負債表日後數週的現金支出，並核對外部憑證發出的日期
   (B) 查核資產負債表日前數週發出的驗收單，是否取得供應商發票並已入帳
   (C) 對經常往來供應商，但期末無應付帳款餘額者，發出應付帳款函證
   (D) 核對期末應付帳款明細與供應商發票是否相符

9. 下列那一項是影響查核人員判斷查核證據是否足夠與適切之因素？
   (A) 某特定帳項發生錯誤可能性之高低   (B) 進行查核程序之時間
   (C) 受查者規模之大小   (D) 受查者股權分散之程度

10. 下列何者係最具攸關性之查核證據？
    (A) 查核人員決定實體檢查有價證券以代替函證
    (B) 除函證應收帳款外，查核人員執行應收帳款之帳齡分析，以評估應收帳款收現性
    (C) 內部控制制度較差之下，查核人員之應收帳款詢證函寄發數量多於去年 2 倍
    (D) 年底有大量交易，查核人員決定應收帳款之函證於期末執行而非期中

11. 以下有關查核證據之敘述何者錯誤？
    (A) 查核人員所評估之風險越高，所需之查核證據數量可能越多
    (B) 查核證據的品質越高，所需之查核證據數量可能越少
    (C) 由受查者所提供之查核證據，可靠性低於查核人員所自行獲得者
    (D) 由查核人員口頭詢問而來之查核證據，可靠性高於書面文件之證據

12. 關於查核證據，下列敘述何者正確？
    (A) 大部分查核證據通常僅具說服力而不具結論性
    (B) 審計人員須對作為查核證據之文件辨認其真實性
    (C) 對客戶承接與續任之品質管理程序非為查核證據之可能來源
    (D) 審計人員自母體中選取特定受測項目作為查核證據之方法稱為審計抽樣

13. 查核人員決定可接受之差異金額，作為當帳載金額與預期值不同而無須進行進一步調查之基礎時，下列何項非其主要的考量？
    (A) 重大性標準   (B) 欲達成之確信程度

(C) 發生不實表達之可能性　　　　　(D) 可取得資訊之性質與攸關性

14. 順查通常用來測試下列那一項聲明：
    (A) 存在或發生　　　　　　　　　(B) 完整性
    (C) 分類　　　　　　　　　　　　(D) 評價或分攤

15. 下列那一項是影響查核人員判斷查核證據是否足夠與適切之因素？
    (A) 某特定帳項發生錯誤可能性之高低　(B) 進行查核程序之時間
    (C) 受查者規模之大小　　　　　　　　(D) 受查者股權分散之程度

16. 證實分析性程序之主要目的為何？
    (A) 評估受查公司發生財務報表不實表達風險
    (B) 印證查核結論
    (C) 規劃其他證實查核程序之範圍
    (D) 蒐集查核證據

17. 逆查 (vouching) 通常用於查核：
    (A) 存在或發生之聲明　　　　　　(B) 評價或分配之聲明
    (C) 完整性之聲明　　　　　　　　(D) 表達與揭露之聲明

18. 下列那一項查核程序最能合理測試應收帳款評價聲明？
    (A) 逆查明細帳金額至銷貨相關文件　(B) 函證應收帳款客戶
    (C) 詢問管理階層應收帳款有無質押　(D) 評估帳齡分析表之合理性

19. 有關查核證據之敘述，下列何者正確？①查核證據之足夠性係指查核證據品質之衡量　②查核證據之適切性係指會計紀錄　③查核證據係指查核人員做成查核結論時所使用之資訊　④查核證據之適切性係為查核人員做成查核結論時，所使用查核證據之攸關性及可靠性　⑤查核證據必須足夠及適切，此兩項特質可以相互替代
    (A) 僅①②⑤　　(B) 僅③④　　(C) 僅③⑤　　(D) 僅②④

20. 根據我國審計準則 520 號規定，查核人員為設計證實分析性程序而判斷資料是否可靠時，應考量下列那些因素？①可取得資訊之來源　②資訊可細分之程度　③可取得資訊之性質及攸關性　④財務及非財務資訊之可取得性　⑤可取得資訊之比較性
    (A) 僅①③⑤　　(B) 僅②③⑤　　(C) 僅①②⑤　　(D) 僅①③④

21. 會計師觀察受查者存貨盤點的主要目的，為：
    (A) 獲得存貨確實存在，且已適當清點的證據
    (B) 在實地盤點日提供存貨品質的評估
    (C) 觀察受查者已盤點重要的存貨

(D) 觀察受查者收發貨程序的適當性

22. 有關函證之敘述，下列何者正確？
    (A) 如評估受查者固有風險與控制風險很高時，函證得兼採用消極式
    (B) 消極式函證要求受函證者於受函證內容相符時方須函覆
    (C) 積極式函證之函覆，通常能提供較可靠之查核證據，故使用此查核證據即無查核風險
    (D) 積極式函證要求受函證者在任何情況下，均須函覆受函證內容是否相符

23. 查核人員決定是否採用分析性程序作為證實測試，其主要考量因素為：
    (A) 與分析性程序的效率及效果有關之因素
    (B) 可取得高度整合之證據
    (C) 查核人員對受查者之所屬產業較熟悉
    (D) 執行測試的時間通常在資產負債表日之前實施

24. 有關審計行為與財務報表聲明 (assertions) 之關係，下列何者正確？
    (A) 查核人員發函詢證受查客戶的應收帳款是否發生，屬查核其完整性
    (B) 查核人員選出期末前後數天的出貨單與銷貨發票，測試銷貨交易的入帳期間是否適當，屬查核其有效性
    (C) 查核人員根據受查客戶過去壞帳的經驗，測試備抵壞帳的提列是否合理，屬查核其評價
    (D) 查核人員查核受查客戶的寄售商品是否列為資產，屬查核其存在性

25. 下列何項屬於查核權利與義務聲明的證實性程序？
    (A) 評估管理當局對於減損損失之估計
    (B) 檢查所有權狀
    (C) 重新計算攤銷費用之金額
    (D) 詢問管理當局那些資產屬於閒置狀態

問答題

1. 財務報表之五大主要聲明為何？試以存貨為例，加以說明，並各設計二項查核程序。

2. 依審計準則 505 號之規定，查核人員於設計外部函證時，考量那些因素？

3. 請依據審計準則 500 號「查核證據」，回答下列問題：
   (1) 查核人員設計及執行查核程序時，應考量擬作為查核證據資訊之攸關性及可靠性。試問查核人員若擬採用管理階層專家工作所編製之資訊作為查核證據，應考量專家工作就查核目的而言之重要性，並於必要範圍內執行那些程序？

(2) 查核人員採用受查者所產生之資訊時，應於必要時執行那些程序，以評估就查核目的而言，該資訊是否足夠可靠？

4. 受查公司持有大量的投資性不動產，並採用公允價值模式衡量，會計師規劃聘任甲鑑價公司協助有關投資性不動產公允價值相關事項之查核。請回答下列相關問題：
(1) 會計師在決定是否採用甲鑑價公司之工作之前，應執行那些程序？
(2) 甲鑑價公司之工作完成後，查核人員應就查核目的評估查核人員專家工作之適當性，於評估時應執行那些程序？
(3) 會計師根據自行蒐集之查核證據及查核人員專家工作之採用，決定出具無保留意見之查核報告。試問會計師是否可以在其查核報告中提及查核人員專家工作之採用？並請說明其理由。

Chapter 6 財務報表查核委託前之評估及查核規劃概論

6.1 前言

　　財務報表查核工作在執行之前,首先必須先取得客戶的委任,然而會計師於接受委任之前,應謹慎評估其潛在的客戶。委任前之評估非常重要,良好的評估可以大幅降低未來的查核風險,減少會計師的法律風險及聲譽上的損失。TASQM1「會計師事務所之品質管理」所規定的品質管理八大要素,即包括客戶關係及案件之承接與續任,該公報規定會計師事務所對於案件之承接與續任應訂定政策及程序,以合理確信於符合下列條件時,事務所方能承接或續任案件:

1. 無資訊顯示客戶缺乏誠信。
2. 具備足夠之能力、時間及人力,以勝任案件之執行。
3. 符合會計師職業道德規範(尤其是獨立性)。

　　顯見會計師事務所於承接新客戶及續任現有案件前之評估,對財務報表審計的重要性。

　　第一章曾討論因成本及時間的限制、會計準則上的限制、查核程序上的限制及人為疏忽、錯誤及誤解等因素,使財務報表審計具先天上的限制,查核人員對於財務報表查核工作,僅為提供高度但非絕對確信之專業服務;即會計師蒐集並評估相關證據後,認為財務報表並無重大不實表達,但事實上財務報表,仍存有重大不實表達的可能性(即查核風險)。

　　由於會計師蒐集查核證據時,多依賴受查者的配合,證據的可靠性也與其內部控制的有效性息息相關,受查者如缺乏誠信,尤其當管理階層有蓄意舞弊時,會計師被蒙蔽而無法取得足夠及適切查核證據的可能性將為大增。因此,受查客戶管理階層的誠信,對會計師的查核風險是最重要的影響因素,如果客戶誠信有疑慮,會計師將難以控制其查核風險。

　　除了客戶的誠信外,審計品質亦受到獨立性及專業能力的影響。獨立性乃所有確信服務的基石,絲毫不可受損,因此於接受財務報表審計委任前,會計師必須依會計師職

業道德或法令中有關獨立性之規範，評估其獨立性，在確認無違反獨立性之下，方能考慮接受委任。此外，會計師並非萬事通，其專業能力都有其限制，如缺乏特定產業知識或相關法規之瞭解，可能使其發現財務報表重大不實表達的能力下降。最後，會計師是否有足夠的人力及時間執行查核工作，亦是影響會計師是否能取得足夠及適切查核證據的重要因素。

查核風險幾乎於接受客戶時，即已大致底定，會計師不應盲目追求業績的成長，做好委任前之評估，慎選客戶，才是會計師執業風險控管的關鍵。如果會計師未盡妥適委任前的評估，終將損及會計師的社會公信力，也給自己帶來不必要的法律及聲譽成本。

本章的重點首先將介紹會計師承接客戶前應做的評估工作，接著介紹會計師決定接受客戶委任後，如何進行查核規劃。由於查核規劃涉及的議題相當廣泛且複雜，本章僅對財務報表審計查核規劃做概括性的討論，查核規劃的細節將進一步於第七章及第八章探討。最後，有鑑於查核工作底稿乃是記錄會計師接受委任、查核規劃與執行，以及達成查核結論過程的紀錄，本章最後將一併介紹查核工作底稿相關的議題。

6.2　承接客戶前之步驟

在詳細說明委任或續任前之評估，本節先將承接或續任客戶前之步驟，及各步驟考量之因素做一概述，後續再進一步針對每一步驟進行詳細的說明。茲將承接或續任客戶前之步驟及考量因素表達於圖表 6.1。

誠如圖表 6.1 所示，承接或續任客戶前大概須經過評估管理階層之誠信、辨認潛在受查者特殊情況與異常風險、評估查核所需之專業能力、評估獨立性、決定是否接受委任，以及準備委任書六個主要步驟。這些步驟並不意味各步驟有一定先後順序之別，有些步驟是可以同時進行的，依圖表 6.1 所示各步驟之順序分別說明如下：

1. 評估管理階層之誠信

管理階層的誠信對會計師的查核風險，具有關鍵性的影響。管理階層不誠信則較可能從事串通舞弊，內部控制的效果亦會下降，會計師較可能無法發現財務報表中的重大不實表達，而且受查者所提供之證據亦較不可靠，因而使得查核風險大為增加。因此，在決定接受委任前，對未來潛在客戶管理階層誠信度的評估非常重要。一般而言，會計師可以透過下列方式評估管理階層之誠信：

(1) 與前任會計師溝通，對初次委任的新客戶，如果先前曾委任其他會計師進行財務報表審計，則繼任會計師應與前任會計師溝通(可採口頭或書面為之)。根據 TWSA201A「繼任會計師與前任會計師間之連繫」第五條之規定：「繼任會計師，應向前任會計師查詢有關委任人之資訊，供作是否接受委任之參考。查詢事項通常

圖表 6.1　承接或續任客戶前之步驟及其考量因素

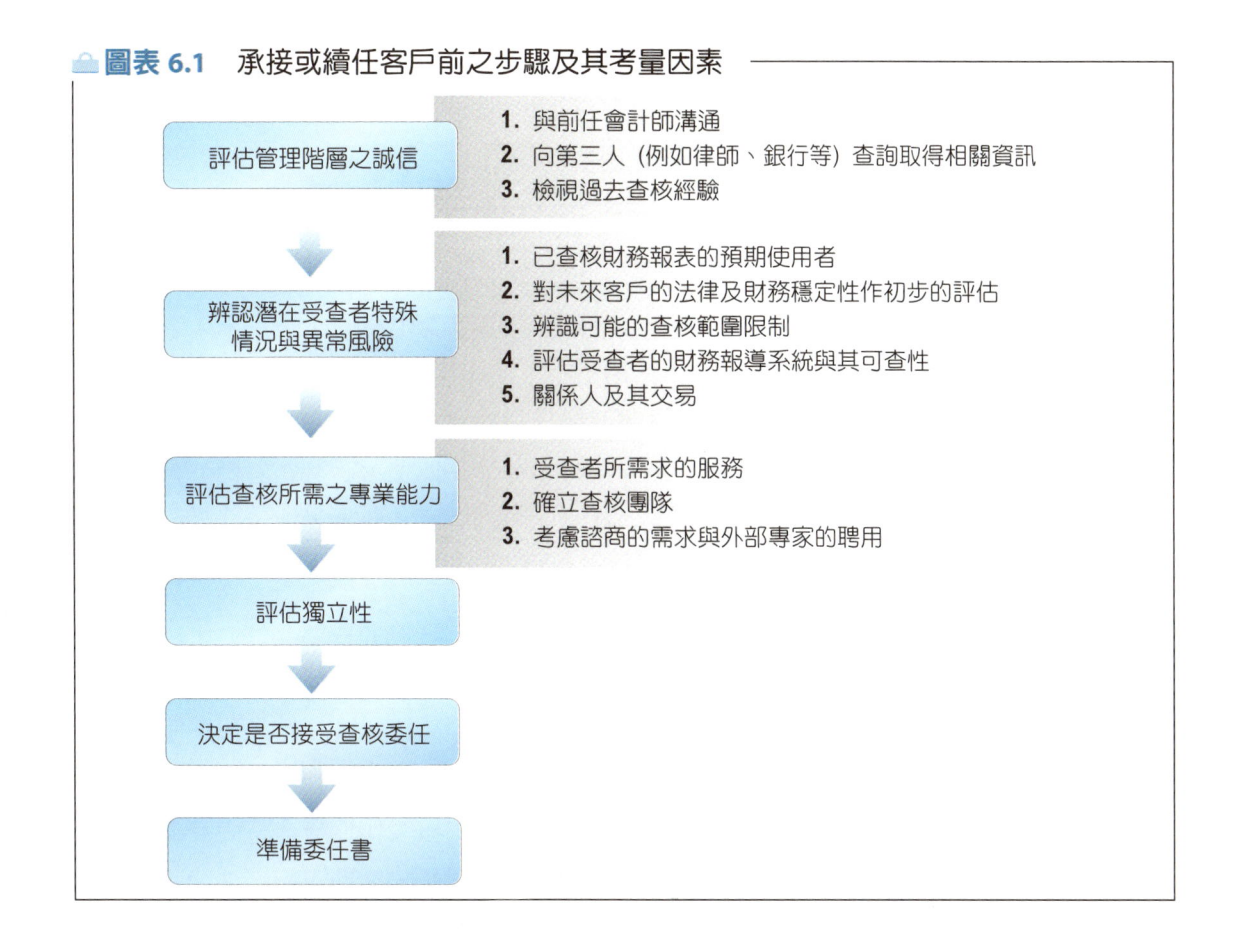

評估管理階層之誠信
1. 與前任會計師溝通
2. 向第三人（例如律師、銀行等）查詢取得相關資訊
3. 檢視過去查核經驗

辨認潛在受查者特殊情況與異常風險
1. 已查核財務報表的預期使用者
2. 對未來客戶的法律及財務穩定性作初步的評估
3. 辨識可能的查核範圍限制
4. 評估受查者的財務報導系統與其可查性
5. 關係人及其交易

評估查核所需之專業能力
1. 受查者所需求的服務
2. 確立查核團隊
3. 考慮諮商的需求與外部專家的聘用

評估獨立性

決定是否接受查核委任

準備委任書

包括：a. 管理階層之品德；b. 前任會計師與管理階層間，對通用之財務報導架構、查核程序及其他有關重要事項，是否存有歧見；c. 委任人更換會計師之原因。」而前任會計師對繼任會計師合理之詢問，應就其所知悉之事實，儘速詳細答覆繼任會計師。如因特殊情況前任會計師未作詳細答覆時，繼任會計師應考慮其所隱含之意義，以決定是否接受委任。

(2) 向第三人查詢取得相關資訊，有關初次委任客戶管理階層的資料 (包括誠信)，可以藉由詢問社會上與管理階層有往來，或接觸之第三人取得。如律師、銀行家及其他在財務或業務和潛在客戶有往來的人。有時候向當地的商會組織詢問亦有幫助，其他可能資料來源尚包括：檢視有關高層管理階層改組的消息、網路搜尋相關訊息等。

(3) 檢視過去查核經驗，對舊有客戶於決定是否續任其查核委任前，會計師應謹慎地回顧以往和委任客戶管理階層接觸的經驗。檢視過去查核經驗，可提供有關評估管理階層誠信之資訊。例如，會計師可考慮以往查核時，所發現的重大錯誤、舞弊及不法行為；對內部控制的重視程度，以及管理階層根據會計師建議修訂其內部控制缺失的意願；詢問管理階層有關或有事項的存在；管理階層提供查核證據的完整性；

會計政策是否被遵循；重大會計估計的適當性等事項。在評估管理階層的誠信時，應謹慎地考慮以往查核中，管理階層回答問題的真實性。

2. 辨認潛在受查者特殊情況與異常風險

查核風險與財務報表重大不實表達之風險密不可分，如果未來潛在客戶存有特殊情況與異常風險，導致財務報表重大不實表達的風險增加，會計師應盡可能於接受委任前，辨認該等特殊情況與異常風險，以便評估會計師是否可承受相關的風險及未來查核的因應。此步驟通常包括辨認下列潛在客戶之事項：

(1) 已查核財務報表的預期使用者。查核人員的法律責任，會隨著預期財務報表使用者的不同而有所不同。因此，查核人員在接受委任前，必須考慮其負有潛在責任的已知利害關係人，或其他預期之第三者。此外，查核人員亦應考慮所查核的財務報表是否是要供不同財務報表使用者使用之一般用途財務報表，或只是一份供特定使用者使用之特殊用途財務報表 (例如，借款契約約束借款公司負債比率，不得超過一定百分比，否則借款利率將予提高，借款銀行要求借款公司，每年必須聘請會計師針對財務報表的負債比率進行查核，並出具查核報告)。一般而言，預期使用者如為社會大眾，或受查公司涉及公眾利益，會計師的法律責任就會越重，進而影響會計師查核工作所願承受之查核風險，並進一步影響查核工作性質、時間及範圍。

(2) 對未來客戶的法律及財務穩定性作初步的評估。如果未來客戶正經歷法律困境，訴訟纏身，尤其是涉及與財務報表舞弊有關的訴訟，即使會計師已依應有之專業態度，執行工作並無過失，但被視為具有「深口袋」的會計師，通常非常容易被牽扯在訴訟中，因而可能付出重大的法律成本，甚至聲譽成本。因此，查核人員應嘗試辨認並拒絕有高度訴訟風險的客戶，包括當公司的營運或主要產品受到有關當局的調查，或是處於重大訴訟案件中，而事件的結果可能會嚴重衝擊公司生存能力的客戶。此外，未來客戶有財務困境 (例如，將遭遇債務無法償債，或無法籌措所需資金)，以及財務處於不穩定狀態，都可能使其管理階層從事財務報表操縱 (甚至舞弊) 的機率大幅增加，發生法律訴訟的可能性，亦隨之增加。審計實務上有句俗諺：「會計師永遠不要跟有法律訴訟及財務危機的客戶發生關聯。」可見會計師接受委任前，對未來客戶的法律及財務穩定性進行評估是非常重要的。查核人員可採取的程序包括詢問管理階層、核閱貸款機構的報告、分析最近發布的已查核或未查核的財務報表，以及先前呈交主管機關之資料或檔案等。

(3) 辨認可能的查核範圍限制。當考慮是否接受委任合約時，查核人員應先評估任何可能的查核範圍的限制，是否會增加無法出具無保留意見的風險。TWSA210「查核案件條款之協議」第 6 條即規定，「如管理階層於查核案件條款之草案中對查核範圍加以限制，致查核人員認為該限制將導致會計師出具無法表示意見之查核報告

時，不得承接此查核案件」。因此，會計師於接受委任前，應考慮管理階層是否對查核程序之執行加諸任何限制，例如管理階層拒絕查核人員參訪重要處所、限制與顧客或供應商接觸，查核人員需考慮這些限制，是否會造成無法出具無保留意見。此外，查核人員可能在年底之後才接受委任、其他時間限制使得某些必要的查核程序無法執行，或前任會計師拒絕現任會計師對其工作底稿進行複核 (使得瞭解期初已查核餘額的細節有所困難)，這些都可能對接受委任與否造成影響，會計師應一併考量。

(4) 評估受查者財務報導系統的可查性 (auditablity)。不是每一企業的財務報表皆具可查性，實務上許多情況都可能會造成財務報表不具可查性。這些情況包括重要會計帳冊及憑證不完整，或品質不佳致缺乏足夠的審計軌跡，或是受查者缺乏良好的內部控制；當公司高度仰賴電子資料處理其會計交易時，查核人員更需考慮是否存在書面的佐證證據，或重要證據是否僅以電子形式保存。因此，在接受委任之前，查核人員必須評估是否存有影響未來客戶財務報表可查性之情況。若查核人員對受查者財務報導系統的可查性存有疑慮，則應拒絕接受委任，或徹底地瞭解上述情況對查核報告的可能影響後，再作進一步的決定。

(5) 關係人及其交易。未來客戶關係人的多寡及複雜程度，對會計師查核風險有重大的影響。關係人交易並不一定代表不好，但不可否認的，實務上許多財務報表舞弊是透過關係人交易達成的，而關係人及關係人交易資訊的提供，多仰賴管理階層的提供，如果管理階層蓄意欺騙或隱瞞，查核人員對關係人交易資訊的查核，將不易取得足夠及適切的證據。因此，會計師於接受委任前，應評估未來客戶關係人及其交易的複雜性及重大性對查核風險的影響。

3. 評估查核所需之專業能力

中華民國會計師職業道德公報第一號第十條亦規定：「會計師對於不能勝任的委辦事項不宜接任。」所謂勝任係指查核人員具有依專業準則及相關法令執行查核工作，並出具適當查核報告之能力。因此，會計師在接受查核委任之前，查核人員須先衡量本身的專業能力，是否足以完成審計準則及相關法令的要求。會計師於評估查核所需之專業能力時，通常涉及下列事項：

(1) 受查者所需求的服務。執行財務報表審計時，會計師需要對未來客戶之產業知識、法規及報導系統等有深入的瞭解，才能執行適切的查核程序。例如，金融保險業產業特性及法規環境迥異於其他產業，且其財務報導系統多已高度電腦化，如果會計師對金融保險業產業特性及法規不熟悉，又不具備電腦審計之能力，應無法勝任其查核工作。此外，大多數需要財務報表查核服務的客戶，通常也需要其他服務，如小型企業可能沒有會計人員，而需要會計師提供各種會計服務 (如要求查核人員執

行重要會計工作、編製日記簿分錄，或代編財務報表)；客戶也可能希望會計師為公司、業主，或經理代編所得稅申報書等；客戶也可能在績效衡量制度或改進內部控制方面，尋求查核人員的協助。針對未來客戶所需求的服務，會計師應一併考慮其是否有能力執行查核契約所要求的服務。

(2) 確立查核團隊。除非會計師事務所規模很小，實務上會計師不會親自執行查核程序，而是規劃及監督查核團隊的查核工作。指派適任之查核團隊成員，是會計師事務所整體品質控制人力資源要素中的重要一環。此項要素的目的，即在於確定查核工作團隊的技術、經驗及時間，足以因應該查核委任的需求。在指派人員時，亦應考慮須提供督導的性質及範圍。一般而言，查核團隊通常包括下列人員：

① 負有本次查核全部和最後責任的主辦會計師。
② 具備重要產業知識、協調和監督查核程式進行的經(協)理。
③ 擬訂查核程式並隨時就地監督、複核初級查帳人員工作的領組或高級查核員。
④ 執行大部分規劃查核程序的初級查核人員。
⑤ 其他協助人員，可能包括電腦技術人員、統計抽樣人員、熟悉稅法或證交法人員、工業工程人員等支援小組，俾隨時提供必要的協助和解決現場所發生的問題。

在接受委任之前，會計師事務所必須先確認查核工作小組的主要成員，以確保他們可派上用場。此外，當一個未來的客戶要求會計師事務所提出欲獲得查核委任合約的計畫書時，陳述查核小組主要成員的簡歷是實務上常見的。如此未來客戶才可確認，負責執行委任之查核人員的可信度。

(3) 考慮諮商的需求與外部專家的聘用。我們不能期望查核人員同時具有其他行業(非屬會計審計領域)的專門知識。查核時，某些特定事件可能須使用外部專家之協助。例如，資產(如土地、建築物、機器設備、藝術品等)公允價值估計之鑑價專家、評估礦產蘊藏數量的工程師、估計退休金計畫會計處理所適用金額的精算師、評估未決訴訟可能結果之律師，及環境影響評估之環保顧問等。因此，會計師在決定是否接受委任時，應先考慮使用顧問及查核人員專家協助執行查核的需要。第五章5.7.1節已說明查核人員採用查核人員專家工作之相關規範，在此不再贅述。

4. 評估獨立性

獨立性是會計師執行所有確信服務的基石，會計師職業道德規範及會計師事務所整體品質控制，亦一再強調維持獨立性的重要性，並要求會計師事務所訂定具體的程序，以確保應受獨立性約束之人員，能確實遵循獨立性的規範。

此外，若委任客戶為公開發行公司，依規定必須向主管機關申報已查核之財務報表，主管機關通常對會計師獨立性有更嚴格的要求，因此查核人員亦須遵循主管機關有關超

然獨立之規定。有許多大型會計師事務所對獨立性的要求，甚至超過會計師職業道德規範及法規的要求。因此，在接受新客戶之前，會計師必須先依獨立性相關規定及會計師事務所品質管理制度，評估是否有任何會損及獨立性的情況存在。如有損及獨立性的情況，應採取行動消除損及獨立性的情況，若仍無法消除該情況，則應拒絕接受委任。除此之外，事務所須確定接受新客戶不會與其他客戶產生利益上的衝突。

5. 決定是否接受查核委任

在決定接受或拒絕查核時，會計師事務所會管理自身的經營風險，在考量前述四項步驟之後，會依自身所考量的經營風險決定是否接受委任。拒絕接受查核客戶的常見原因通常包括，對管理階層之正直性的疑慮、未來客戶存有特殊風險、對受查者財務報表的可查性之疑慮、不具取得查核必要之專業能力、無足夠時間及人力執行查核工作、缺乏獨立性或查核公費偏低等問題。

此外，根據TWSA210「查核案件之條款之協議」規定，查核人員僅於經由下列事項，對執行查核案件之基礎達成協議時，始得承接或續任該案件：

(1) 查核先決條件已存在。
(2) 查核人員與管理階層對於查核案件條款具有共識。

所謂查核之先決條件係指查核人員應：

(1) 判斷編製財務報表所適用之財務報導架構是否可接受。前曾提及，財務會計準則分流已是國際趨勢，有時甚至法令會為特定行業，訂定其適用之財務報導架構。例如，我國僅要求公開發行公司編製財務報表應依IFRS，非公開發行公司則可不適用IFRS，而可依企業會計準則編製財務報表財務報導架構。因此，查核人員首先應判斷受查者編製財務報表所依循之財務報導架構是否恰當。

(2) 就管理階層已認知並瞭解其下列責任，取得其同意：

① 依照適用之財務報導架構編製財務報表，包括財務報表之允當表達。

② 維持與財務報表編製有關之必要內部控制，以確保財務報表未存有導因於舞弊或錯誤之重大不實表達。

③ 使查核人員得以：

　(a) 接觸管理階層所知悉與財務報表編製攸關之所有資訊，例如，紀錄、文件及其他事項。

　(b) 基於查核目的，而向管理階層要求之額外資訊。

　(c) 接觸受查者之內部人員以取得查核證據，且該接觸未受限制。

如上述查核先決條件不存在，查核人員應與管理階層討論該事項，經討論後仍不存在時，則查核人員不得承接該查核案件。

除查核先決條件已存在外，查核人員亦應與受查者管理階層(如適當時，亦包括治

理單位)，就查核案件之條款達成協議，並將已達成協議之查核案件條款，記載於查核委任書或其他適當形式之書面協議。如受查者管理階層或治理單位，擬於查核案件條款中，對查核人員之工作範圍加以限制，致查核人員認為該限制將導致主辦會計師，對財務報表出具無法表示意見之查核報告時，查核人員不得接受此一受限制之查核案件。換言之，會計師決定接受或拒絕查核時，除了考量前述四個步驟所評估之結果外，亦須判斷查核之先決條件是否已存在，並與管理階層(如適當時，亦包括治理單位)間對於查核案件之條款具有共識，才能決定是否接受客戶的委任。

6. 準備委任書

當會計師決定接受委任時，會計師準備委任書是委任階段的最後步驟。委任書的格式及內容，雖然會因委任客戶的不同而有所差異，但根據TWSA210第八條之規定，至少應包含下列各項[1]：

(1) 財務報表查核之目的及範圍。
(2) 查核人員之責任。
(3) 受查者管理階層之責任。
(4) 辨認編製財務報表所適用之財務報導架構。
(5) 會計師擬出具報告之格式及內容，並敘明於某些情況下所出具報告之格式及內容可能與預期者不同。

此外，會計師可視實際情況之需要，於委任書中提及下列項目：

(1) 查核範圍之詳細描述，包括適用之法令規定、審計準則公報及會計師職業道德規範。
(2) 其他就查核結果所作溝通之形式。
(3) 會計師依照TWSA701「查核報告中關鍵查核事項之溝通」，於查核報告中溝通關鍵查核事項(如適用時)。
(4) 即使查核工作已依審計準則適當規劃及執行，惟因查核及內部控制受有先天限制，故仍無法避免存有某些重大不實表達可能無法偵出之風險。
(5) 查核規劃及執行之安排，包括查核團隊之組成。
(6) 管理階層將同意出具書面聲明。
(7) 管理階層同意提供查核人員其所知悉與財務報表編製攸關之所有資訊 [實務上稱為 PBC (Provided By Client)]。
(8) 管理階層同意及時提供查核人員自結財務報表(包括與編製及揭露攸關之所有資訊，不論其是否來自總分類帳及明細分類帳)，俾使查核人員能依預計時程完成查核。

---

[1] 如這些查核案件條款已於法令中詳細規定，查核人員則無須將該等條款記載於委任書中，惟仍應記載適用之法令，及管理階層已認知並瞭解其責任之事實。

(9) 酬金之計算基礎及收款方式。
(10) 查核人員要求管理階層承認已取得查核委任書，並同意委任書中所列之條款。
(11) 查核工作採用其他查核人員及外部專家工作時之安排。
(12) 採用受查者之內部稽核人員及其他員工工作結果之安排。
(13) 對於首次受託查核之案件，若有前任會計師時，與前任會計師聯繫之安排。
(14) 查核人員責任之可能限制 (例如，查核人員於執行查核工作時，發生重大過失或洩漏受查者營業機密，導致受查者蒙受損害時，賠償金額最高為審計公費的十倍)。
(15) 查核人員與受查者間任何進一步之協議事項。
(16) 提供查核工作底稿予第三者之義務。

茲將查核委任書之範例列示於圖表 6.2。就續任案件而言，查核人員應就續任查核案件評估相關情況，是否導致應修訂該案件之原條款，以及是否須提醒受查者現行之查核案件條款。而且查核人員不得在無合理正當理由之情況下，接受查核案件條款之修改。如查核案件條款有所修改，查核人員及受查者管理階層應就新委任條款達成共識，並於委任書或其他適當形式之書面協議中記錄之。如查核人員不同意查核案件條款之修改，且受查者管理階層不同意繼續原查核案件時，則查核人員應終止該查核案件 (如法令允許)，並確認是否有契約或其他義務，而須向第三者 (例如治理單位、股東或主管機關) 報告此情況。此外，如查核人員於完成查核案件前，被要求將查核案件改為確信程度較低之委任 (如核閱)，查核人員應確認此改變是否有正當之理由。

6.3 集團財務報表查核承接或續任之特別考量

如果會計師擬查核的對象為集團的財務報表，又為集團主辦會計師時，於考量是否接受委任時，除了考量 6.2 節所討論的步驟外，尚須考量額外的因素。

所謂集團財務報表係指財務報表包含二個以上組成個體之財務資訊者。集團財務報表亦包括以權益法或成本法認列之長期股權投資、彙總無母公司但處於共同控制下組成個體財務資訊之結合財務報表 (combined financial statement)。

集團主辦會計師於考量集團財務報表查核之承接或續任時，須額外考量下列事項：

1. 瞭解合併流程及組成個體之財務資訊 (包括其環境)

針對合併流程及組成個體之財務資訊，判斷是否可合理預期能取得足夠及適切之查核證據，並據以表示集團查核意見。為達此目的，集團查核團隊應對集團、組成個體及其環境取得足夠瞭解，俾辨認可能之重要組成個體。所謂合併流程係指，藉由合併、比例合併，或權益法或成本法之會計處理，於集團財務報表中，依組成個體財務資訊，加

圖表 6.2　查核委任書範例

甲公司公鑒：

[查核之目的及範圍]

　　本事務所受託查核貴公司之財務報表，包括民國××年十二月三十一日之資產負債表，暨民國××年一月一日至十二月三十一日之綜合損益表、權益變動表、現金流量表，以及財務報表附註(包括重大會計政策彙總)。本事務所藉此委任書確認對本查核案件之承接及瞭解。

　　本事務所查核財務報表之目的，係對財務報表整體是否存有導因於舞弊或錯誤之重大不實表達取得合理確信，並出具查核報告。合理確信係高度確信，惟依照審計準則執行之查核工作無法保證必能偵出財務報表存有之重大不實表達。不實表達可能導因於舞弊或錯誤。如不實表達之個別金額或彙總數可合理預期將影響財務報表使用者所作之經濟決策，則被認為具有重大性。

[會計師查核財務報表之責任]

　　本事務所將依照審計準則執行查核工作，並遵循會計師職業道德規範。本事務所依照審計準則查核時，運用專業判斷並保持專業上之懷疑。本事務所亦執行下列工作：

1. 辨認並評估財務報表導因於舞弊或錯誤之重大不實表達風險；對所評估之風險設計及執行適當之因應對策；並取得足夠及適切之查核證據以作為查核意見之基礎。因舞弊可能涉及共謀、偽造、故意遺漏、不實聲明或踰越內部控制，故未偵出導因於舞弊之重大不實表達之風險高於導因於錯誤者。
2. 對與查核攸關之內部控制取得必要之瞭解，以設計當時情況下適當之查核程序，惟其目的非對甲公司內部控制之有效性表示意見。本事務所將對查核過程中所辨認與財務報表查核攸關內部控制之顯著缺失，以書面形式與貴公司溝通。
3. 評估管理階層所採用會計政策之適當性，及其所作會計估計與相關揭露之合理性。
4. 依據所取得之查核證據，對管理階層採用繼續經營會計基礎之適當性，以及使甲公司繼續經營之能力可能產生重大疑慮之事件或情況是否存在重大不確定性，作出結論。本事務所若認為該等事件或情況存在重大不確定性，則須於查核報告中提醒財務報表使用者注意財務報表之相關揭露，或於該等揭露係屬不適當時修正查核意見。

　　本事務所之結論係以截至查核報告日所取得之查核證據為基礎。惟未來事件或情況可能導致甲公司不再具有繼續經營之能力。
5. 評估財務報表(包括相關附註)之整體表達、結構及內容，以及財務報表是否允當表達相關交易及事件。

　　即使本事務所已依審計準則適當規劃及執行查核，惟因查核及內部控制均受先天限制，故仍存有無法偵出某些重大不實表達之風險。

[管理階層之責任及適用之財務報導架構]

　　本事務所之查核係以貴公司管理階層認知並瞭解其所負下列責任為基礎：

1. 依照 [適用之財務報導架構] 編製允當表達之財務報表。
2. 維持與財務報表編製有關之必要內部控制，以確保財務報表未存有導因於舞弊或錯誤之重大不實表達。
3. 使本事務所得以：
   (1) 接觸貴公司管理階層所知悉與財務報表編製攸關之所有資訊 (例如紀錄、文件及其他事項)。
   (2) 基於查核目的而向貴公司管理階層要求額外資訊。
   (3) 接觸貴公司適當人員以取得必要之查核證據，且該接觸未受限制。

　　本事務所將要求貴公司管理階層就查核攸關事項所作之聲明提出書面聲明，此係查核工作之一部分。

　　本事務所期待貴公司人員於查核過程中充分配合。

[期後事項]

　　貴公司管理階層同意就查核報告日後至財務報表發布日前所獲悉可能影響財務報表之事實，告知本事務所。

[其他攸關資訊]

(例如，公費協議、付款方式及其他特定條款)

[報告]

　　本事務所預期依照 [TWSA700「財務報表查核報告」附錄一情況 ×] 之格式及內容出具查核報告，惟該報告之格式及內容可能須根據查核結果作部分修改。

　　本委任書壹式兩份，如貴公司已瞭解並同意本事務所對財務報表查核之安排 (包括雙方各自之責任)，敬請於本委任書簽章後將其中壹份寄回本事務所。

　　　　　　　　　　　　　　　　　　　　　　　　××會計師事務所
　　　　　　　　　　　　　　　　　　　　　　　　會計師：(簽名及蓋章)
　　　　　　　　　　　　　　　　　　　　　　　　中華民國××年×月×日

茲同意本委任書所述內容，特簽還壹份。
此致
○○會計師事務所
○○會計師

　　　　　　　　　　　　　　　　　　　　　　　　甲公司
　　　　　　　　　　　　　　　　　　　　　　　　代表人：
　　　　　　　　　　　　　　　　　　　　　　　　中華民國××年×月×日

以認列、衡量、表達及揭露之流程；或者就無母公司但處於共同控制下組成個體之財務資訊，加以彙總為結合財務報表的流程。

集團查核團隊於承接或續任階段，須瞭解之事項通常包括：
(1) 集團架構，包括法律及組織架構(即集團財務報導系統之建構方式)。
(2) 對集團具重要性之組成個體營業活動，包括產業及與該等活動有關之規範、經濟與政治環境。
(3) 專業服務機構之採用，包括共用之服務中心。
(4) 集團層級控制之敘述。
(5) 合併流程之複雜程度。
(6) 是否有集團主辦會計師所屬事務所，或聯盟以外之組成個體查核人員，對組成個體財務資訊執行工作，以及集團管理階層委任，不同事務所或聯盟之理由。
(7) 集團查核團隊
　①與集團治理單位及管理階層、組成個體治理單位及管理階層、組成個體資訊，以及組成個體查核人員(包括集團查核團隊要求提供之攸關查核工作底稿)之接觸是否受限。
　②是否能對組成個體之財務資訊執行必要之工作。

2. 評估是否可取得足夠及適切查核證據

集團主辦會計師應評估集團查核團隊，是否能透過集團查核團隊之工作，或採用組成個體查核人員之工作，達可取得足夠及適切查核證據之程度。

評估可取得足夠及適切查核證據之程度時，亦須考量下列因素：
(1) 集團查核團隊將承擔責任之組成個體，其個別財務重要性。
(2) 集團查核團隊將承擔責任之組成個體，其存有導致集團財務報表重大不實表達顯著風險之程度。
(3) 集團查核團隊對集團財務報表整體之瞭解程度。

3. 查核範圍是否有受集團管理階層之限制

集團查核團隊是否因受集團管理階層之限制，而無法透過集團查核團隊之工作，或採用組成個體查核人員之工作，取得足夠及適切之查核證據，致無法對集團財務報表表示意見。如有上述情況，於承接新案件之情況下，應拒絕委任；於續任案件之情況下，如法令允許終止委任，則應終止委任。

集團管理階層如限制集團查核團隊，或組成個體查核人員接觸重要組成個體之資訊，則集團查核團隊將無法取得足夠及適切之查核證據。如集團管理階層所作之限制與非重要組成個體有關時，集團查核團隊雖可能取得足夠及適切之查核證據，惟所作之限制仍可能影響集團查核意見。

6.4 財務報表審計查核規劃概論

在會計師事務所決定接受客戶的委任後,接下來的工作便是查核工作的規劃。財務報表審計工作受到時間及成本的限制,惟有於查核工作執行前妥為規劃,方能有效地執行查核工作。至於查核規劃的一般性規定,則規範於TWSA300「財務報表查核之規劃」。

此外,誠如第二章及第五章中所述,現代審計學有關查核的方法論,已朝向風險導向的查核方法論 (risk-based audit methodology) 發展,因此查核規劃與財務報表發生重大不實表達風險的程度息息相關,故許多更詳細之規範規定於TWSA315「辨認並評估重大不實表達風險」、TWSA330「查核人員對所評估風險之因應」及TWSA320「查核規劃及執行之重大性」等審計準則。本章對查核規劃僅做概念上的介紹,至於會計師因應財務報表重大不實表達風險所做的查核規劃,將進一步於第七章及第八章中做詳細的介紹。

查核規劃係由主辦會計師及查核團隊之其他主要成員參與,並不要求查核團隊每一成員皆須參與,主辦會計師可依查核團隊成員之經驗及專業知識指派參與查核規劃的成員,以提升規劃之效率及效果。

6.4.1 查核規劃之功能

於查核工作執行前妥為規劃,對查核工作執行的效率及效果有重大的影響。妥適之查核規劃有下列幾項功能:

1. 使查核人員集中注意力於查核案件之重要項目。
2. 使查核人員及時辨認及解決可能存在之問題。
3. 使查核人員適當安排及管理查核案件,俾能以有效率及有效果之方法執行查核工作。
4. 有助於選任具備適當專業能力之查核團隊成員,以因應預期風險及適當指派工作予查核團隊成員。
5. 有助於指導與監督查核團隊成員,並複核其工作內容。
6. 有助於與受查集團客戶組成個體之查核人員或專家間工作之協調 (如有時)。

6.4.2 查核規劃之時機

查核規劃係屬持續及適時修正之過程,通常於前期查核完成後開始,並持續至當期查核案件完成為止。查核規劃始於查核工作執行前,故查核規劃僅能依賴受查者過去的查核經驗及對當期情況的預期下進行規劃,惟實際執行查核工作所獲取之查核證據,可能顯示與先前規劃時假設的情況不同,查核人員即應考量其對查核規劃是否有重大的影響,如有重大的影響,查核人員即應修改原先之查核規劃。例如,查核人員根據過去的經驗,受查者的內部控制良好,於是查核人員根據過去的經驗規劃查核工作,但於實際

執行控制測試時,卻發現由於某些原因,受查者之內部控制功能不再像過去般良好,此時查核人員即應修改原先之查核規劃。上述情況可能於查核期間發生多次,因此查核規劃的修正可能是持續性的,直至當期查核案件完成為止。

一般而言,查核人員得與受查者之管理階層討論規劃之項目,以利查核案件之執行及管理。例如,查核人員就擬執行之查核程序與受查者協調其須配合之相關事項。惟查核人員仍須對整體查核策略及查核計畫負責,並注意是否影響查核之有效性。例如,與管理階層討論詳細查核程序之性質及時間,可能導致查核程序因可被管理階層預測到,而影響查核之有效性。

至於查核人員考量規劃作業之性質及範圍時,通常受到下列因素的影響:

1. 受查者之規模與複雜度。
2. 查核團隊主要成員對受查者之查核經驗。
3. 查核期間有關情況之改變。

6.4.3 查核規劃作業

查核規劃與財務報表發生重大不實表達風險息息相關,規劃工作包括為查核案件訂定整體查核策略及查核計畫。查核人員於評估財務報表重大不實表達風險時,應辨認並評估兩個層級的重大不實表達風險:整體財務報表層級及個別項目聲明層級之重大不實表達風險(詳細的邏輯說明詳見第五章及第七章的討論),再根據所評估之整體財務報表及個別項目聲明層級之重大不實表達風險,分別訂定整體查核策略及查核計畫因應。

整體查核策略係於考量整體財務報表層級之重大不實表達風險後,以決定查核範圍、時間及方向,並據以擬訂查核計畫。其目的旨在決定查核所需運用之資源、資源配置、查核時機及查核資源之管理、運用及監督。查核人員於訂定整體查核策略時,應執行下列程序:

1. 辨認查核案件之特性以決定查核範圍。
2. 確定查核案件之報導目的,以規劃查核之時間及溝通之內容與方式。
3. 依專業判斷考量重要因素,以指引查核團隊之查核方向。
4. 考量執行查核案件開始前,有關續任及遵循職業道德程序之結果,以及主辦會計師為同一客戶執行其他案件所取得之資訊,與該查核案件是否攸關。
5. 確認執行查核案件所需資源之性質、時間及範圍。

一般而言,整體查核策略可能包括:

1. 查核特定項目所應運用之資源,例如,指派具備適當經驗之團隊成員,負責高風險項目或由專家參與較複雜事項。

2. 查核特定項目所應配置資源之多寡，例如，觀察重要據點之存貨盤點時，所須指派團隊成員之人數、對於查核集團客戶之其他會計師工作所須複核之範圍，或對高風險項目所擬投入之查核時數。
3. 使用查核資源之時機，例如分配資源於期中查核階段，或相關之主要截止日期。
4. 查核資源之管理、運用及監督，例如，團隊會議擬舉行之時機、主辦會計師及經理執行複核之地點（是否於外勤場所進行），以及是否須執行案件品質管制複核。
5. 選擇進一步查核程序時，是否應融入更多受查者無法預期之因素。
6. 改變查核程序之性質、時間或範圍。例如，於期末而非於期中執行證實程序；或改變查核程序之性質，以取得更具說服力之查核證據。

　　查核人員訂定整體查核策略後，須進一步訂定更詳細的查核計畫，以引導查核工作的執行，查核計畫主要涵蓋風險評估程序及進一步查核程序的規劃，包含查核團隊成員擬執行上述兩種查核程序之性質、時間及範圍。所謂程序的性質、時間及範圍係指獲取查核證據的程序的方法（性質）、執行的時機（時間，即於期中或期末查核）及證據的數量（範圍），查核計畫應包括下列事項：

1. 擬執行風險評估程序之性質、時間及範圍。所謂風險評估程序係指，經由對受查者及其環境，適用之財務報導架構及內部控制制度之瞭解，以辨認並評估導因於舞弊或錯誤之整體財務報表及個別項目聲明之重大不實表達風險，所執行之查核程序。查核人員將依所評估之個別項目聲明重大不實表達風險作為基礎，據以規劃進一步查核程序，對財務報表是否符合其適用之財務報導架構，進行查核證據的蒐集，並作為表示查核意見之基礎。
2. 對個別項目聲明所規劃進一步查核程序之性質、時間及範圍。財務報表每一會計科目皆傳達（明示或暗示）管理階層之五大聲明 (assertions)，即存在與發生 (existence and occurrence)、權利與義務 (right and obligation)、完整性 (completeness)、評價及分攤 (valuation and allocation)、表達與揭露 (presentation and disclosure)（有關管理階層五大聲明詳見第五章的說明）。當某一會計科目的每一聲明，查核人員皆能取得足夠且適切的查核證據，支持該會計科目之每一聲明皆符合適用之財務報導架構的規定，查核人員方能做出該會計科目係符合適用之財務報導架構的結論。而當每一會計科目的五大聲明，查核人員皆能取得足夠且適切的查核證據，支持每一會計科目的五大聲明皆符合其適用之財務報導架構的規定，查核人員才能作出財務報表整體已依其適用之財務報導架構允當表達的結論。為蒐集每一項聲明是否符合適用之財務報導架構的證據，查核人員可能須使用不同的查核方法，因此，聲明的種類將影響查核方法，查核人員應就各聲明考量其可能發生之潛在重大不實表達風險，規劃其查核的性質、時間及範圍。

3. 為使案件之執行遵循審計準則，而規劃之其他必要查核程序。

另外，值得提醒的是，查核規劃應於整個查核過程中持續進行，尤其是在查核過程中所取得之資訊，與先前規劃時所取得之資訊有重大差異時，不論是整體查核策略或是查核計畫，皆應及時做適當的修訂。

此外，為查核小規模受查者所訂定之整體查核策略無須過於複雜或耗時，可依據受查者之規模、查核之複雜度，以及查核團隊之大小而有所不同。例如，根據前期工作底稿之複核及已辨認重要議題所作之備忘錄，於考量當期與受查者之討論並予以更新後，如該更新之當期備忘錄已包含前述所規定之事項，即可作為當期之整體查核對策。查核工作如全部由主辦會計師執行，則無指導及監督查核團隊成員，以及複核其工作之問題。（當會計師個人負責執行所有查核工作，且該查核案件包含特別複雜或特殊之問題時，可考慮諮詢其他事務所具有適當經驗之查核人員或其他專業機構。）

6.4.4 書面紀錄

查核人員應將下列事項作成書面紀錄：

1. 整體查核策略。
2. 查核計畫。
3. 於查核期間對整體查核策略或查核計畫所作之重大改變，及其理由。

會計師為證明其查核工作已依審計準則及相關法規執行，並善盡應有之注意，故應將其工作予以書面化。整體查核策略之書面紀錄，係記錄查核規劃及查核團隊間所溝通重要事項的主要結論；查核計畫之書面紀錄，係記錄查核程序已妥當規劃的紀錄，且於執行前經高階查核人員及主辦會計師複核及核准。實務上，會計師事務所多訂定標準查核程式或案件完成檢查表，查核人員可依特定案件之需要，使用事務所訂定之標準查核程式或案件完成檢查表予以修改，以因應特定案件之需求。

6.4.5 首次受託查核案件之額外考量

對於首次受託查核案件而言，因查核人員對該受查者，通常不像規劃續任案件，有先前之經驗可供參考。故首次受託查核時，查核人員對於訂定整體查核策略及查核計畫，可能須額外考量之事項包括：

1. 如受查者更換會計師，繼任會計師應依 TWSA201A「繼任會計師與前任會計師間之連繫」之規定，與前任會計師取得連繫，例如，借閱其工作底稿。
2. 與管理階層討論之主要事項（包括會計政策或審計準則之採用）、與治理單位人員溝通該事項，以及該等事項對整體查核策略及查核計畫之影響。

3. 為獲得足夠及適切之證據，以驗證項目之期初餘額，所應採取之必要查核程序 (應依 TWSA510「首次受託查核案件──期初餘額」之規定執行)。
4. 事務所之品質管理制度，對首次受託查核案件所要求之其他程序，例如，事務所之品質管制制度可能要求另一位會計師或資深人員，於開始執行重要查核程序前，須複核整體查核策略，或於出具查核報告前執行複核。

6.5 查核工作底稿

第五章討論過蒐集證據的方法論及查核程序，本章也對查核規劃概要做了簡要的介紹，由於查核工作底稿乃在記錄會計師接受委任、查核規劃與執行，以及達成查核結論之過程的紀錄，因此，在本章最後一節中，將介紹有關查核工作底稿的相關規定。

有關查核工作底稿的詳細規範，則進一步規定於 TWSA230「查核工作底稿準則」。另外，TWSQM1「會計師事務所之品質管理」中，對會計師事務所針對工作底稿有關檔案彙整及歸檔，保密、保管、完整、存取、調閱等，亦有詳盡之規範。

6.5.1 工作底稿的意義、編製目的及功能

查核工作底稿係指，查核人員對所執行查核程序、所獲取查核證據及所達成查核結論之紀錄。財務報表查核的主要價值，建立在社會大眾的信賴，會計師必須證明其結論是有所依據的。因此，查核人員編製查核工作底稿之主要目的有二：

1. 提供足夠及適切之紀錄，作為出具查核報告之依據。
2. 證實查核工作已依照審計準則及相關法令規定規劃與執行。

為了達成上述兩個主要目的，查核工作底稿必須能發揮下列的功能：

1. 協助查核團隊規劃及執行查核工作。
2. 協助對查核工作負有督導責任之查核人員，指導及監督查核工作之進行，以履行其依 TWSA220「查核歷史性財務資訊之品質管制」規定應盡之複核責任。
3. 促使查核團隊對其查核工作負責。
4. 保存對未來查核工作具有重要延續性意義事項之紀錄。
5. 提供有經驗之查核人員能依會計師事務所品質管理制度，執行複核及檢查。
6. 提供外部人員或機關能依相關法令規定，執行查核工作品質之檢查 (如同業評鑑或主管機關之檢查)。

6.5.2 查核工作底稿的格式、內容及範圍

TWSA230「查核工作底稿準則」對於查核工作底稿的格式、內容及範圍，並沒有詳細及硬性的規定，僅作原則性的規範，畢竟工作底稿的格式、內容及範圍，受到下列個別委任案件特質之影響，必須保持一定的彈性，方能務實地應用於查核工作上：

1. 受查者之規模與複雜程度。
2. 所執行查核程序之性質。
3. 已辨認之重大不實表達風險。
4. 所獲取查核證據之重要性。
5. 已辨認錯誤或例外之性質及範圍。
6. 查核結論作成書面紀錄之必要性；如查核結論不易直接由所執行之查核程序，或所獲取之查核證據推論而得時，將其查核結論基礎作成書面紀錄應屬必要。
7. 所採用之查核方法及工具。

茲將 TWSA230 有關工作底稿編製之原則彙整如下：

1. 應及時編製工作底稿

執行查核時即編製之查核工作底稿，通常較查核後一段時間始編製者更為精確。及時編製查核工作底稿，亦有助於提升查核工作之品質，並使查核證據與查核結論之複核及評估更能有效執行。因此，查核人員應及時編製工作底稿。

2. 工作底稿的格式

審計準則公報對工作底稿的格式並沒有詳細的規定，僅要求每一查核案件應單獨建立查核檔案，且工作底稿須具備可瞭解性。查核工作底稿可以紙本、電子檔或其他方式記錄，不論以何種方式記錄查核人員所編製之查核工作底稿，應使有經驗之查核人員縱未參與該查核案件，亦能瞭解下列事項：

(1) 為符合審計準則及相關法令規定，所執行查核程序之性質、時間及範圍。
(2) 執行查核程序之結果及所獲取之查核證據。
(3) 查核時所發現之重大事項及其所達成之結論，暨達成該等結論所作之重大專業判斷。

所謂有經驗之查核人員係指，對查核過程、審計準則公報及相關法令規定、受查者事業、與受查者所屬產業有關之特殊查核及財務報導事項適度瞭解，並具有相當查核經驗之會計師事務所內部或外部人員。

3. 工作底稿記錄的內容及範圍

工作底稿應記錄的內容及範圍應包括下列幾大類：

(1) 記錄所執行之查核程序及所獲取之查核證據，主要記錄的事項如下：
   ① 為符合審計準則及相關法令規定，所執行查核程序之性質、時間及範圍。
   ② 執行查核程序之結果及所獲取之查核證據。
   ③ 查核時所發現之重大事項及其所達成之結論，以及達成該等結論所作之重大專業判斷。
   ④ 查核人員與受查者管理階層、治理單位及其他人員，對重大事項之討論(包括討論之時間及對象)。
   ⑤ 查核人員對與重大事項最終查核結論有不一致之資訊，應記錄該不一致之處理情形(如有此情況時)。
   ⑥ 執行及複核查核工作之人員及工作之日期。
(2) 無法採用相關規定之說明(如有此情況時)。在特殊情況下，查核人員經判斷無法採用審計準則公報所規範之相關準則或查核程序時，應記錄所執行之替代查核程序如何達成該規範之目的，以及無法採用之原因。
(3) 查核報告日後發生之事項(如有此情況時)。於查核報告日後，如發生查核人員須增加查核程序，或達成新查核結論之特殊情況，查核人員應記錄下列相關事項：
   ① 所發生之情況。
   ② 新增之查核程序、取得之查核證據、達成之查核結論，以及對查核報告之影響。
   ③ 執行及複核之人員及日期。

雖然 TWSA230 僅做原則性的規範，且會計師事務所可能有自己編製及組織工作底稿的方式，但在受查者規模較大或其業務性質較複雜時，其查核工作底稿往往相當的龐雜，為讓讀者對查核工作底稿內容有較具體的概念，以下將介紹實務上常見工作底稿的內容及架構。

一般而言，會計師事務所常將工作底稿分成兩大部分：永久性檔案(permanent files)及當期檔案(current files)。永久性檔案包括預期在未來的委任契約中，對查核工作會繼續使用的資料；而當期檔案則只包含與當期所執行之查核工作有關的資訊。

通常包括於永久性檔案中的文件或資訊列舉如下：

1. 公司章程的副本。
2. 會計科目表與程序手冊。
3. 公司組織圖。
4. 廠房設置、製造過程及主要產品。
5. 股本及公司債發行條件。
6. 長期合約影本，如租賃、退休金計畫及利潤分紅合約。
7. 長期負債與廠房資產折舊之攤銷表。

8. 委託人所採用會計政策之彙總說明。
9. 過去對內部控制瞭解及評估相關之資料。

　　當期檔案所包含的內容相當龐雜，須做有系統的組織及編排，才能有效率的發揮工作底稿的功能。一般而言，當期檔案的架構如圖表 6.3 所示。

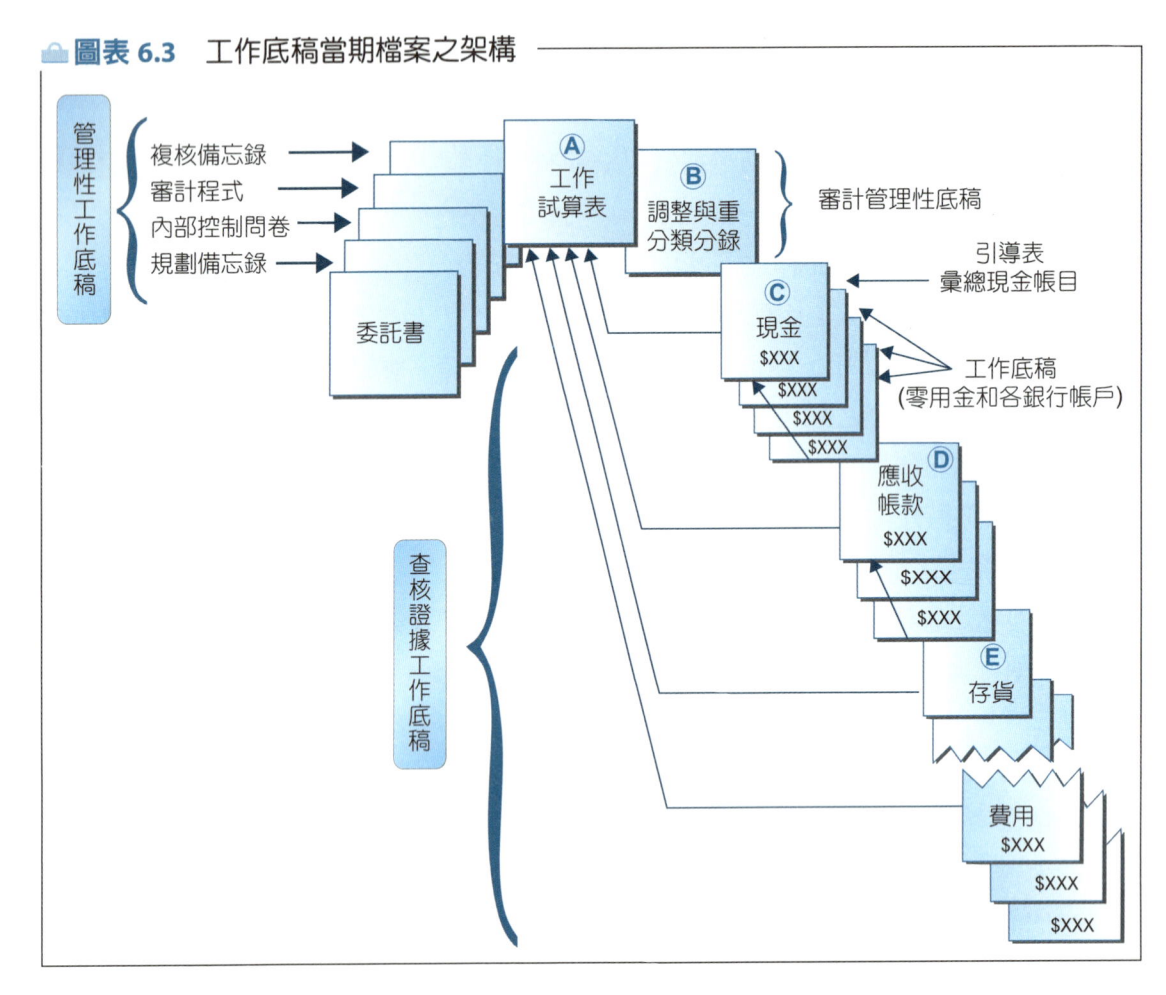

圖表 6.3　工作底稿當期檔案之架構

管理性工作底稿：複核備忘錄、審計程式、內部控制問卷、規劃備忘錄、委託書

Ⓐ 工作試算表
Ⓑ 調整與重分類分錄
審計管理性底稿

Ⓒ 現金 $XXX
引導表　彙總現金帳目
工作底稿（零用金和各銀行帳戶）

Ⓓ 應收帳款 $XXX

Ⓔ 存貨

費用 $XXX

查核證據工作底稿

　　從圖表 6.3 可知，當期檔案又可分成管理性工作底稿 (administrative working papers) 及查核證據工作底稿 (audit evidence working papers)。茲分別說明如下：

1. 管理性工作底稿

　　管理性工作底稿旨在協助查核人員用以規劃和管理查核工作之用。該工作底稿通常會包括委任書、指派人員參加查核工作小組通知、和委任人管理階層及公司治理單位討論摘要、初步分析性結論摘要、初步風險評估、初步重要性評估、查核規劃重點摘要、時間預算、內部控制問卷和控制分析、查核程式、查核工作複核重點摘要等。

2. 查核證據工作底稿

　　查核證據工作底稿旨在，用以記錄查核人員所蒐集之各會計科目的查核證據，一般

而言,該工作底稿包括下列表單:

(1) 工作試算表 (working trial balance)

工作試算表的目的,在於彙整總分類帳和查核後,所做的調整或重分類分錄,使每一會計科目餘額與其財務報表相符合。工作試算表在工作底稿中非常重要,因為它可作為總分類帳帳戶,與財務報表中各會計科目的連結、可作為控制所有個別查核證據工作底稿的基礎,以及引導各個財務報表會計科目紀錄,其查核證據在工作底稿中的位置,是整套查核證據工作底稿的中樞。圖表 6.4 列示部分工作試算表的樣式。

(2) 調整分錄及重分類分錄

除了受查者自行作的調整分錄外,查核人員於查核過程中可能發現,財務報表和會計紀錄中的金額不正確或遺漏交易,為了更正這種發現的錯誤或遺漏,查核人員會草擬相關之調整分錄 (Adjusting Journal Entries, AJE),並建議受查者入帳。

有時某些會計科目帳冊記載金額雖然正確,但為求財務報表允當表達,查核人員可能會建議將該等會計科目重分類,並作成重分類分錄 (Reclassification Journal Entries, RJE) 以作為備忘錄。例如,將某用途受限之銀行帳戶餘額,從流動資產重分類至非流動資產。重分類分錄不必記入帳冊中,僅影響財務報表的表達,查核人員僅會在查核工作底稿中,工作試算表記錄相關的重分類。

(3) 引導表 (lead schedules)

工作試算表中所列示的會計科目可能是由數個類似會計科目合併而成,例如,工作試算表中的現金可能是由庫存現金、零用金及數個銀行存款帳戶所合併而成。各會計科目之引導表旨在進一步說明各會計科目係由那些類似會計科目所合併而成。

(4) 附表 (supporting schedules)

附表的主要目的在進一步說明,查核人員對各項目引導表中各組成會計科目所執行查核程序的結果,附表的種類很多,視查核人員所執行查核程序而定。

圖表 6.4　部分工作試算表樣式

底稿編號	會計科目	上期決算 12/31/×0	帳上餘額 12/31/×1	調整	重分類	本期決算數
	資產					
	流動資產					
C	現金	15,630	18,630	(300)		18,330
D	有價證券	450,000	480,000			480,000
E	應收款項	560,000	650,000	10,000		660,000

(5) 驗證性文件或佐證文件 (corroborating documents)

財務報表上的數字，查核人員除了須查核會計帳冊、試算表、分析表、調節表等數字加以確認，常常亦需要純屬說明性的資訊，佐證財務報表數字及揭露的正確性及適當性，例如：公司章程、證照、議事錄、函證、客戶聲明書、外界人士聲明書、重要合約(包括公司債契約、抵押契約)等。查核人員於查核過程中，所蒐集的這些純屬說明性的資訊，即稱之為驗證性文件或佐證文件，該等文件通常會置於附表之後，作為佐證附表資訊的證據。

為了讓讀者更清楚瞭解上述各查核證據工作底稿表單的關聯性，茲以現金項目為例，將上述各查核證據工作底稿表單的關聯圖彙整於圖表 6.5。

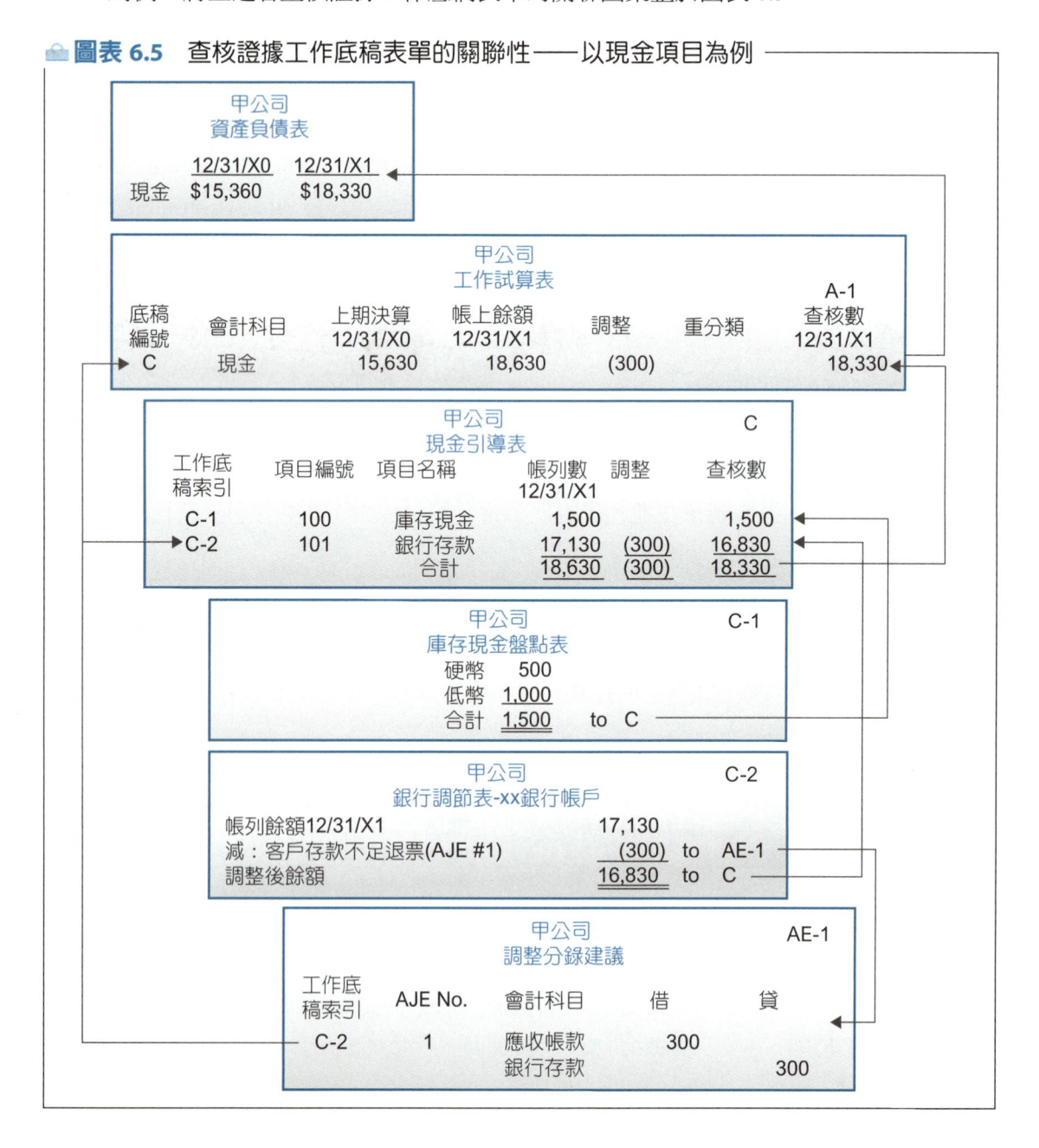

圖表 6.5 查核證據工作底稿表單的關聯性——以現金項目為例

甲公司 資產負債表

	12/31/X0	12/31/X1
現金	$15,360	$18,330

甲公司 工作試算表　　　　　　　　　　　　　　　　A-1

底稿編號	會計科目	上期決算 12/31/X0	帳上餘額 12/31/X1	調整	重分類	查核數 12/31/X1
C	現金	15,630	18,630	(300)		18,330

甲公司 現金引導表　　　　　　　　　　　　　　　C

工作底稿索引	項目編號	項目名稱	帳列數 12/31/X1	調整	查核數
C-1	100	庫存現金	1,500		1,500
C-2	101	銀行存款	17,130	(300)	16,830
		合計	18,630	(300)	18,330

甲公司 庫存現金盤點表　　　　　　　　　　　C-1

硬幣	500
低幣	1,000
合計	1,500　to　C

甲公司 銀行調節表-xx銀行帳戶　　　　　　　C-2

帳列餘額12/31/X1	17,130	
減：客戶存款不足退票(AJE #1)	(300)	to　AE-1
調整後餘額	16,830	to　C

甲公司 調整分錄建議　　　　　　　　　　　　AE-1

工作底稿索引	AJE No.	會計科目	借	貸
C-2	1	應收帳款	300	
		銀行存款		300

6.5.3 檔案之彙整及歸檔

查核工作完成後，查核人員通常需要將查核工作底稿加以整理並歸檔，例如，刪除或銷毀被更新之文件；對查核工作底稿作分類、核對或交叉索引；完成與檔案彙整相關之檢查表並簽名；整理查核人員於查核報告日前取得，且已與查核團隊成員相關之討論，並達成共識之查核證據，作成更清楚之紀錄。查核工作底稿之檔案彙整，係屬會計師事務所行政管理程序，並不涉及查核程序之增加或作成新查核結論。會計師事務所若能及時完成檔案彙整，將使事務所內部之行政管理更有效率。因此，事務所應訂定政策及程序，規定案件查核團隊應於查核報告日後，及時完成查核工作底稿之檔案彙整及歸檔。一般而言，除法令另有規定外，通常於查核報告日後六十天內完成檔案之彙整及歸檔。惟近幾年來，大型事務所多已自行訂定更短的歸檔期限，如 15 天。

事務所對相同資訊，如出具兩種或兩種以上不同之報告，有關工作底稿檔案彙整及歸檔時限之政策及程序，應將視每一種報告為一獨立案件。例如，為聯屬公司合併目的，對某一被合併個體之財務報表出具查核報告，日後又為其他法定目的，而對相同財務報表出具查核報告時，有關工作底稿檔案彙整及歸檔時限之規定，將視每一種報告為一獨立案件，分別控管。

除非於查核報告日後，發生查核人員須增加查核程序，或達成新查核結論之特殊情況外，查核人員於完成查核工作底稿之檔案彙整後，查核人員不可修改或新增現有查核工作底稿，但如須修改或新增現有查核工作底稿時，查核人員應記錄下列事項：

1. 執行及複核修改或新增工作底稿之人員及日期。
2. 修改或新增之原因。

6.5.4 工作底稿的保管及所有權

會計師事務所應訂定政策及程序，規定工作底稿之保管年限，且該年限須符合法令之規定及事務所之需要，於保管期限屆滿前，工作底稿不得予以刪除或銷毀，若屬主管機關檢查或司法機關調查中之案件，工作底稿應繼續保存。

會計師事務所保管工作底稿之需要及保管年限，隨案件之性質及事務所之情況而異，如工作底稿對未來工作是否具有重要延續性意義，或發生爭訟的案件。保管年限也可能受其他因素影響，如法令對某些類型之案件訂有保管年限。一般而言，若法令或會計師事務所未明訂保管年限之案件，其查核工作底稿之保管年限，自查核報告日起算，不得短於五年，但如聯屬公司合併報表之查核報告日較晚，則自聯屬公司合併報表之查核報告日起算。

至於查核工作底稿的所有權，根據 TWSA230 第 16 條第一款之規定：「查核工作底

稿之所有權，除法令或會計師事務所內部契約另有規定者外，屬於會計師事務所。」其實根據國際審計準則 230 (ISA230)「查核工作底稿」(Audit Documentation) 之規定，工作底稿的所有權屬於會計師事務所。我國審計準則另加入「除法令或會計師事務所內部契約另有規定者外」的用語，係為考量我國審計實務而加的。由於國內會計師的行政責任及法律民事賠償責任，皆以會計師個人為對象，而非像歐美主要國家以會計師事務所為對象，造成會計師的業務往往被視為個人的業務，而非會計師事務所的業務。因此，聯合會計師事務所之合夥人於拆夥時，常將其客戶及工作底稿一併帶走，並併入另一家聯合會計師事務所。然而這樣的實務卻與國際的慣例有很大的差異，近幾年來也引發不少的爭議及困擾。為了釐清相關的爭議，亦考量國際的趨勢，我國審計準則委員會依據 ISA230 修訂 TWSA230「查核工作底稿準則」有關工作底稿所有權時，額外加入「除法令或會計師事務所內部契約另有規定者外」的用語，以避免不必要的紛爭。

由於新修正之會計師法規定，會計師事務所之型態可為個人、合署、聯合及法人事務所等四種型態，個人及合署會計師事務所有關查核工作底稿之所有權不會有太大爭議，但為避免聯合及法人會計師事務所因工作底稿所有權之歸屬不明產生紛爭，聯合會計師事務所宜於合夥契約、法人事務所應於公司章程 (台灣目前尚未有法人組織之會計師事務所)，載明工作底稿之所有權，若未訂明，則回歸公報之規定，屬會計師事務所所有。

6.5.5 查核工作底稿之保密、保管、完整、存取及調閱

根據 TWSA230「查核工作底稿準則」之規定，事務所應訂定政策及程序，以控管工作底稿之保密、保管、完整、存取及調閱。

在保密責任方面，依會計師職業道德規範要求，除經客戶同意、法令或專業準則要求揭露資訊者外，事務所及其人員對工作底稿之資訊，應隨時盡保密之義務。事務所及其人員依法須對客戶之機密盡保密義務，特別是涉及個人之資訊。

在保管責任方面，工作底稿無論係以紙本、電子檔或其他形式呈現，如可能遺失或毀損，或在事務所不知情的情況下被更改、增刪，則可能危及所載資訊之完整、存取或調閱。因此，事務所需設計嚴密的控管機制並確實執行，以防止工作底稿因未經授權而被變更或遺失之情事發生。事務所設計及執行，防止工作底稿因未經授權而被變更或遺失之控制，可包括下列事項：

1. 確定工作底稿於何時、由誰編製、變更或複核。
2. 於案件之所有階段保護資訊之完整，尤其當資訊須提供給案件服務團隊共用，或經由網際網路傳送給他人時。
3. 防止工作底稿在未經授權之情況下被變更。
4. 允許案件服務團隊及其他經授權之必要人員，存取工作底稿，以適當執行其職責。

實務上，原始紙本工作底稿可能經電子掃描後歸入案件檔案。在這種情況下，事務所可要求查核團隊做到：掃描之影本應含有紙本，工作底稿之全部內容(包括簽名、交叉索引及註解)、將掃描影本歸入案件檔案(包括索引及必要時，於掃描影本簽名)、必要時掃描影本，可被調閱並印出等事項。此外，基於法令或其他理由，會計師事務所於掃描後，可能仍須保存原始紙本工作底稿。

本章習題

選擇題

1. 如果會計師對於管理階層的誠信有疑問，則下列何者不是適當的行動？
   (A) 拒絕接受委任
   (B) 針對書面聲明中重要的事項增加查核程序，以取得從外界而來，且可加以驗證的證據
   (C) 提高查帳公費，以補償該查帳合約所增加的風險，但是不須規劃任何額外的查核程序
   (D) 抱持更高程度的懷疑來規劃查核程序，包括能有效揭發管理階層舞弊的特定查核程序

2. 下列何者非屬規劃查核工作之項目？
   (A) 瞭解受查者之事業
   (B) 評估查核風險
   (C) 評估受查者繼續經營之假設是否成立
   (D) 訂定重大性標準

3. 有關查核工作底稿之敘述，下列何者正確？
   (A) 會計師對於查核工作底稿，應盡保密及善良保管之責任，故無論在何種情形下，外界皆不得調閱
   (B) 會計師係由受查公司所聘任，故受查公司如欲借閱查核工作底稿，會計師均不得拒絕
   (C) 基於查核合併財務報表之需要，子公司查核會計師經子公司通知後，應允許母公司之查核會計師借閱子公司之查核工作底稿
   (D) 受查公司之股東為保障其權益，得向該公司之簽證會計師借閱查核工作底稿，會計師不得拒絕

4. 會計師首次接受委任查核委任人之財務報表，應向前任會計師查詢有關委任人之資訊，供作是否接受委任之參考。查詢事項通常不包括：
   (A) 管理階層之品德
   (B) 前任會計師與管理階層間對於會計原則、查核程序及其他有關重要事項是否存有歧見
   (C) 委任人更換會計師之原因
   (D) 繼任會計師向前任會計師借閱工作底稿的條件

5. 當繼任會計師接受邀請實施初次審計時，常常要求前任會計師提供各項資料，據以協助決定：
   (A) 前任會計師的工作底稿應否利用
   (B) 公司是否沿用輪調會計人員的方針
   (C) 前任會計師是否瞭解內部控制制度的弱點
   (D) 應否接受委任

6. 下列何項需列為查核工作底稿？
   (A) 初步或不完整看法之註記
   (B) 更正錯誤前之文稿及重複之文件
   (C) 作廢之工作底稿及財務報表草稿
   (D) 查核人員與受查者管理階層、治理單位及其他人員對重大事項之討論

7. 查核工作底稿之檔案彙整及歸檔應及時為之，通常於查核報告日後〔甲〕天內完成。查核工作底稿之保管年限，自查核報告日起算不短於〔乙〕年，但如聯屬公司合併報表之查核報告日較晚，則自聯屬公司合併報表之查核報告日起算。上項敘述中，〔甲〕與〔乙〕應為：
   (A) 十；一　　　(B) 二十；二　　　(C) 三十；三　　　(D) 六十；五

8. 依據審計準則 300 號「財務報表查核之規劃」，下列敘述何者錯誤？
   (A) 查核團隊主要成員對受查者之查核經驗影響查核工作規劃
   (B) 規劃作業之性質及範圍取決於受查者之規模與複雜度
   (C) 查核規劃係屬持續及適時修正之過程，通常於本期查核開始，並持續至當期查核案件完成為止
   (D) 瞭解與溝通查核案件委任之內容，為查核人員應於查核案件開始前執行的程序之一

9. 下列敘述何者正確？
   (A) 會計師應就所有與財務報表查核有關或無關之治理事項與治理單位溝通
   (B) 會計師應事先就需溝通事項之性質，與治理單位商訂溝通時機
   (C) 會計師應將治理事項先與治理單位溝通後，才能與管理階層溝通
   (D) 會計師應特別為確認與查核財務報表相關之治理事項而設計查核程式

10. 繼任會計師詢問前任會計師之事項，最可能與下列何者有關？
    (A) 客戶所屬行業之特殊會計原則
    (B) 客戶內部稽核之適任性
    (C) 管理階層與前任會計師對查核程序之不同意見
    (D) 由抽樣結果推測母體之不確定性

11. 查核工作底稿所有權歸下列何者？
    (A) 委託人
    (B) 查核會計師
    (C) 除法令或會計師事務所內部契約另有規定者外歸會計師事務所
    (D) 主管機關

12. 根據我國審計準則，會計師首次受託查核財務報表評估存貨期初餘額是否適當時，下列何者非為其得採行之查核程序？
    (A) 藉由查核存貨之本期交易得知
    (B) 核閱上期存貨盤點紀錄與文件
    (C) 參閱前任會計師查核之工作底稿
    (D) 運用毛利百分比法分析比較

13. 新的查核策略稱為風險基礎審計 (risk-based audit)，與傳統查核方式比較下，新的查核策略有何特徵？
    (A) 強調證實測試
    (B) 強調對受查者要有充分瞭解
    (C) 查核工作由合夥人在旁持續監督
    (D) 查核工作有期間上之明顯劃分

14. 以下關於繼任會計師與前任會計師間聯繫之敘述，何者正確？
    (A) 繼任會計師應主動與前任會計師聯繫
    (B) 繼任會計師為維持獨立性，得不經委任人同意逕與前任會計師聯繫
    (C) 為維護職業道德，繼任會計師不得詢問委任人更換會計師之原因
    (D) 繼任會計師若最後未接受委任，則無保密之責任

15. 會計師首次受託查核財務報表，有關期初餘額之查核，其範圍不包括下列何項？
    (A) 前期結轉本期之金額
    (B) 受查者前期所採用之會計原則
    (C) 前期期末已存在之或有事項及承諾
    (D) 前期損益表之金額

16. 若查核人員認為管理階層是正直的、科目餘額誤述的風險很低，以及受查客戶的資訊系統是可靠的，則下列與「是否需執行帳戶餘額之直接測試」有關的結論中，查核人員可以作成者，有：
    (A) 須直接測試的範圍，以重大的帳戶餘額為限；測試的程度須能支持查核人員所評估的低風險
    (B) 不須直接測試帳戶之餘額
    (C) 如果審計風險訂在較低的水準，則須執行帳戶餘額的直接測試；反之，若訂在較高的水準，則不須執行
    (D) 對所有的科目餘額均應執行直接測試，以便獨立驗證財務報表是否允當

17. 管理階層具有責任依照適用之財務報導架構編製財務報表且維持與財務報表編製有關之必要控制。下列何者為查核人員對此管理階層責任須有之作為？①於承接案件前確認管理階層已認知並瞭解此責任　②於查核案件條款之書面協議中記載與管理階層對此責任所達成之協議　③於查核報告日前要求管理階層提出確認已履行此責任之書面聲明　④於查核報告中說明此責任
    (A) 僅①②③
    (B) 僅①③④
    (C) 僅②③④
    (D) ①②③④

問答題

1. 臺北公司 ×1 年度財務報表原係由嘉義會計師事務所甲會計師簽證，但其 ×2 年度財務報表之查核簽證已更換為南投會計師事務所乙會計師辦理。請問：乙會計師於受託查核本案件時，依審計準則 300 號規定，對於訂定整體查核策略及查核計畫可能須額外考量那些事項？

2. 甲會計師首次受乙公司委託進行財務報表查核工作，試回答以下問題：
   (1) 試述乙公司更換會計師的可能原因包括那些？
   (2) 首次受託時期初餘額之查核範圍包括那些？
   (3) 查核人員於決定是否接受委任時，應向前任會計師查詢有關委任人之資料，查詢事項通常包括那些？
   (4) 查核人員對受查者事業所需瞭解的事項通常包括那些？

3. 查核規劃與財務報表發生重大不實表達風險息息相關，規劃工作包括為查核案件訂定整體查核對策及查核計畫。請說明整體查核對策及查核計畫的財務報表重大不實表達風險的關聯性，及其目的為何？

4. 根據審計準則 210 號「查核案件條款之協議」之規定，查核人員僅於查核先決條件已存在，以及查核人員與管理階層對於查核案件條款具有共識時，始得承接或續任財務報表查核案件。試述「查核先決條件」之意涵為何？如管理階層於案件條款之草案中對查核範圍予以限制，致會計師認為將導致無法表示意見時，會計師應如何處理？

Chapter 7 重大性及財務報表重大不實表達風險之考量及因應

7.1 前言

　　查核人員執行財務報表查核之目的，在於合理確信財務報表整體有無導因於舞弊或錯誤之重大不實表達，使查核人員可對財務報表在所有重大方面是否依照編製財務報表所適用之財務報導架構編製表示意見。查核人員經由獲取足夠及適切之查核證據取得合理確信，以降低查核風險至可接受之水準。查核風險受重大不實表達風險及偵查風險之影響，於整個查核過程中，查核人員應考量重大性及查核風險。對查核人員而言，規劃及執行查核工作、評估所辨認不實表達對查核之影響、評估未更正不實表達對財務報表之影響，以及形成查核意見的階段皆須使用重大性的觀念。

　　於查核規劃階段，6.4 節中已對查核規劃之目的、時機、規劃作業及將規劃作業書面化的相關議題做了概括性的介紹，從這些介紹中不難看出影響整體查核對策及查核計畫的關鍵因素在於財務報表發生重大不實表達風險。因此，本章及第八章的重點將著重於查核規劃時，對重大性及財務報表重大不實表達風險 (包括舞弊風險、會計估計、關係人交易及集團財務報表查核等) 之考量及因應。值得強調的是，本章是審計學的重心，讀者務必詳細閱讀並瞭解其邏輯，方能培養自身的專業判斷能力。

　　雖然財務報表發生重大不實表達風險是查核規劃的關鍵因素，但探討該風險時，卻須先瞭解何謂「重大」，才能進一步探討其「風險」。因此，本章首先將介紹查核規劃時，如何考量重大性 (materiality)，相關的詳細規範則規定於 TWSA320「查核規劃及執行之重大性」。此外，為了方便讀者瞭解查核人員於實際執行查核程序後，所發現或推論之不實表達與規劃階段之重大性門檻做比較，本章亦將查核過程中所辨認不實表達一併介紹，相關規範則規定於 TWSA450「查核過程中所辨認不實表達之評估」。

　　隨後本章將進一步介紹查核人員如何辨認及評估財務報表發生重大不實表達風險，以及於查核規劃時如何因應所辨認之風險。此等議題之相關規範則規定於 TWSA315「辨認並評估重大不實表達風險」及 TWSA330「查核人員對所評估風險之因應」。

　　此外，2001 年發生一連串的重大財務報表舞弊後，如恩隆、世界通訊等，舞弊對財務報表影響的議題引起證券主管機關及審計準則制定機構的高度重視，雖然財務報表審

計的目的不在發現舞弊，但也開始強調查核人員於查核規劃時，應將舞弊風險的因素納入考量；換言之，查核規劃時，查核人員對舞弊風險之考量亦是考量財務報表重大不實表達風險的一環。而會計估計及關係人交易亦常是管理階層從事財務報表舞弊或操縱的工具。最後，當會計師查核集團公司財務報表時，該集團之組成個體可能委由其他會計師事務所查核，集團主辦會計師於查核工作的規劃及執行應另作額外之考量。惟受到本章篇幅的限制，本書將於第八章另行探討查核人員於查核財務報表時，對舞弊風險、會計估計、及關係人交易及查核集團財務報表時，查核規劃及執行應做的額外考量做進一步的說明。

7.2 重大性

重大性的判斷非常依賴查核人員的專業判斷，為協助查核人員於查核規劃、執行查核及作成查核結論時，能妥善運用重大性觀念，我國審計準則委員會參考 ISA No.320「Materiality in Planning and Performing an Audit」的相關規定，於民國 100 年 9 月 13 日發布 TWSA320「查核規劃及執行之重大性」。本節將依據 TWSA320 之規定逐一介紹相關的議題。

7.2.1 重大性的定義及決定重大性所考量的因素

會計學為運用科學，必須考量成本效益的問題，因此，編製財務報表所適用之財務報導架構，如 IFRS、企業會計準則，通常會將重大性觀念納入考量，對不重大的項目允許用較簡便的會計方式處理或報導。審計學所討論的重大性其實與財務會計所稱的重大性是一樣的，只是對查核人員而言，對不重大的項目之查核，對其查核證據的說服力要求較低，進而影響查核的性質、時間及範圍。

所謂的重大性係指：不實表達 (misstatements)(包含遺漏) 之個別金額或彙總數，可合理預期將影響財務報表使用者所作之經濟決策，則被認為具有重大性 (misstatement 在我國審計準則中一律翻譯成不實表達，有些教科書則稱為誤述)。而不實表達則指所報導財務報表項目之金額、分類、表達或揭露，與該項目依編製財務報表所適用之財務報導架構應有之金額、分類、表達或揭露，二者間之差異。不實表達可能導因於錯誤或舞弊，前者為非蓄意的行為，後者則為蓄意的行為。簡言之，重大性係指不實表達對財務報表使用者的決策具攸關性。從上述定義可知，查核人員考量重大性決策時，必須站在財務報表使用者的立場，而非查核人員的立場。

查核人員對重大性之判斷，除了須考量不實表達金額外，仍應將其性質列入考慮，金額不大之不實表達，仍可能對財務報表使用者的決策產生重大影響。例如，金額不大

之違法交易，若可能導致重大之或有損失，或金額不大的不實表達可能會影響契約雙方之權利義務(如將違反債務契約，或是否能取得銀行之貸款等)，均屬重大。因此，適用於某受查者之重大性標準未必適用於另一受查者；對同一受查者而言，上期之重大性標準未必適用於本期的查核。

前述有關重大性的定義指出，重大性應站在財務報表使用者的立場考量。然而，使用者那麼多種類，有些屬有受過會計或商學訓練的專業使用者，有些則為完全未受相關專業訓練者，對財務資訊的認知可能完全不同，那麼查核人員應站在那一種使用者的立場考量呢？根據 TWSA320 第 4 條的規定，查核人員可合理假設財務報表使用者：

1. 對商業與經濟活動及會計具有合理認知，並願意用心研讀財務報表資訊。
2. 瞭解財務報表之編製、表達及查核均隱含對重大性之考量。
3. 瞭解某些財務報表金額之衡量因使用估計、判斷及對未來事件之考量而存有先天之不確定性。
4. 能以財務報表資訊作成適當之經濟決策。

綜合上述的說明不難理解，查核人員對重大性之決定，係屬專業判斷，查核人員應依每一查核個案之情況決定重大性，審計準則很難訂出很具體而重大性標準。重大性的決定難免受到查核人員主觀意識的影響，在此情況下，查核人員於工作底稿中記錄其決定重大性的基礎及理由，就顯得格外重要。

7.2.2 於規劃查核工作時重大性之決定

查核人員於規劃查核工作時，對不實表達重大性之決定，是進行下列工作之基礎：

1. 辨認及評估重大不實表達風險。查核工作受到時間及成本的限制，如果某一項目不具重大性，那麼去評估該項目發生不實表達的風險就沒有意義，查核人員應將查核的重心放在具重大性的項目發生不實表達風險的辨認及評估。
2. 決定風險評估程序之性質、時間及範圍。對於具有重大性的項目，其重大性越高的項目，查核人員投入評估其不實表達風險的心力就越多，進而影響風險評估程序所使用之查核程序的方法、實施的時間及評估的範圍。
3. 決定進一步查核程序之性質、時間及範圍。在執行個別項目聲明的查核時，重要性越高(代表可容忍的不實表達越小，即重大性水準越小)的聲明，查核人員查核時，將傾向使用細項測試，而非證實分析性程序(查核程序之性質)；傾向於接近財務報表結束日或在結束日之後執行查核程序(查核程序之時間)；需要蒐集較多之查核證據(查核程序之範圍)。

查核人員於查核規劃階段，必須決定三個重大性門檻：財務報表整體重大性、執行重大性 (performance materiality) 及顯然微小 (clearly trivial) 不實表達。茲分別說明如下：

1. 決定財務報表整體重大性

財務報表查核之整體目的，在於合理確信財務報表整體有無因舞弊或錯誤所導致之重大不實表達。因此，查核人員首先應決定當財務報表整體發生超過多少不實表達時，將影響財務報表使用者的決策，此一不實表達門檻即為財務報表整體重大性。

財務報表整體重大性的決定，對查核人員訂定整體查核策略有重大的影響。不過，值得一再提醒，重大性仍應考慮質性因素，如於特定情況下，即使受查者之一項或多項特定交易類別、科目餘額或揭露事項之不實表達金額，低於財務報表整體重大性，查核人員仍可合理預期該等不實表達將影響財務報表使用者所作之經濟決策，則查核人員亦應為該等特定交易類別、科目餘額或揭露事項決定適用之重大性。查核人員與治理單位及管理階層溝通，瞭解其看法及預期，可能有助於考量受查者是否存有前述之交易類別、科目餘額或揭露事項。最後，有時受查者係新成立或變更其財務報導期間，導致財務報表之報導期間可能短於或長於十二個月，此時整體重大性亦應根據該財務報導期間之財務報表做適當的調整。

查核人員通常會選用某一基準 (benchmarks)，例如淨利、毛利、銷貨收入、總資產、股東權益等之百分比作為決定財務報表整體重大性的決定。基準及百分比的選擇，取決於查核人員的專業判斷。茲將基準及百分比選擇的基本原則分述如下：

(1) 財務報表整體重大性基準的決定

誠如前述，重大性的決定應站在財務報表使用者的立場判斷，各種不同財務報表使用者 (如股東、債權人等) 所關心財務資料的重點不一定完全一樣，如股東可能較注重公司長期的獲利能力、長期債權人可能較注重公司的長期償債能力、短期債權人可能較注重公司短期的流動性等。因此，查核人員選定基準時應考量下列因素：

① 財務報表要素。例如資產、負債、權益、收益及費損。

② 受查者財務報表之使用者是否有較為注重之項目。例如，為評估財務績效，使用者可能較注重利潤、收入或淨資產。

③ 受查者之性質、所處之生命週期階段，以及所處產業與經濟環境。

④ 受查者之股權結構及籌資方式。例如，受查者若僅以負債而未以權益籌資，使用者將更注重資產及對該等資產之請求權，而非受查者之盈餘。

⑤ 基準之相對波動性。

由於查核規劃通常於年度結束前進行，當年度財務報表的數字尚未產生，故對於所選用之基準攸關之財務資料，通常包括以前期間及截至目前之財務績效與財務狀況，以及當期預算或預測。惟查核人員於使用該等資訊時，應考量受查者情況之重

大變動 (例如重大之業務收購)，及其所處產業或經濟環境之攸關變動。查核人員可依受查者之情況不同，選擇適當之基準，例如所報導淨利之組成項目 (如收入總額、銷貨毛利、費用總額及稅前淨利)、權益總額或淨資產價值等。實務上，多數的會計師事務所有關重大性的政策，通常以繼續營業單位稅前淨利，作為營利事業受查者之基準。惟繼續營業單位稅前淨利之波動過大，則其他基準可能較為適當，例如改以過去結果所算出之常態化繼續營業單位稅前淨利、銷貨毛利或收入總額可能較為適當。此外，對規模較小的受查者，其繼續營業單位稅前淨利可能因所有者兼管理者以稅前淨利之大部分作為其酬勞而持續偏低，此時，可選擇以減除酬勞前之稅前淨利作為基準可能較為適當。

(2) 財務報表整體重大性基準百分比的決定

百分比之決定與所選用之基準間存有密切的關聯性，其基本原則為選用基準的金額越大，其適用之百分比通常就越低。例如，適用於繼續營業單位稅前淨利之百分比通常高於適用於收入總額之百分比。對以營利為目的從事製造之受查者，查核人員可能認為以繼續營業單位稅前淨利之 5% 為適當；對非以營利為目的之受查者，查核人員可能認為以收入總額或費用總額之 1% 為適當。百分比的決定，查核人員應依不同情況，進行專業判斷。

2. 決定執行重大性

所謂的執行重大性係指：查核人員所設定低於財務報表整體重大性之單一或多個金額，使未更正及未偵出不實表達之彙總數超過財務報表整體重大性之可能性降低至一適當水準。執行重大性於某些情況下亦指查核人員所設定低於特定交易類別、科目餘額或揭露事項重大性之單一或多個金額。

實際執行查核程序以偵測財務報表不實表達時，查核人員係由偵測個別重大不實表達開始，但查核規劃如僅欲偵出個別重大不實表達，將忽略個別不重大不實表達之彙總數可能導致財務報表產生重大不實表達，且未考量可能未偵出之不實表達之影響。查核個別會計科目餘額時，有些會計科目，如現金，查核人員會採用全查的方式進行，有些會計科目，如應收款項、存貨、應付款項等，則可能會採用抽樣的方式進行。對採全查方式的會計科目而言，查核人員所偵出之不實表達，就是該會計科目之不實表達 (即稱為實際不實表達)；然而，對採抽樣方式的會計科目而言，查核人員所偵出之不實表達，僅為樣本的不實表達，並非該會計科目的實際不實表達，所以查核人員須依樣本結果去推估該會計科目的不實表達 (即稱為推估不實表達)。此外，查核人員於查核過程中，可能發現管理階層對會計估計所作之判斷不合理、會計政策之選擇或應用不適當，所產生之不實表達 (即稱為判斷性不實表達)。有關不實表達的分類詳見 7.2.5 節有關「查核過程中所辨認不實表達之評估」之討論。茲舉一例說明之 (為舉例方便，本釋例假設判斷

性不實表達為 $0)，假設查核人員於本次查核中發現現金、應收帳款及存貨，各有如圖表 7.1 的不實表達，現金採全查方式，應收帳款及存貨則採抽查方式。

圖表 7.1　各會計科目不實表達之累計釋例

會計科目	偵出之不實表達	不實表達之點估計	抽樣風險限額	實際或推估之不實表達
現金	$ 3,000	NA	NA	$ 3,000
應收帳款	10,000	$100,000	$25,000	125,000
存貨	25,000	175,000	46,000	221,000
合計	$38,000	$275,000	$71,000	$349,000

　　現金因採全查，故查核人員偵出之錯誤，即為現金項目實際之不實表達。假設應收帳款總額 $10,000,000，查核人員抽出若干明細帳共計 $1,000,000 進行函證，函證結果偵出 $10,000 的不實表達，因函證的金額為母體金額的十分之一 (1,000,000/10,000,000)，故對應收帳款不實表達的點估計為 $100,000 ($10,000×10)。然而，就抽樣而言，我們仍無法確定未函證的 $9,000,000，是否有與已函證之 $1,000,000 完全一樣的錯誤，故會加上一個抽樣風險限額 (allowance for sampling risk)，於統計抽樣時，該限額可用機率模型估算出，故應收帳款推估不實表達上限為 $125,000 (= $100,000 + $25,000)(審計抽樣將另闢專章討論)。存貨的推估方式與應收帳款類似，不再贅述。

　　查核人員會要求受查者更正實際發現的不實表達，受查者可能更正相關不實表達，或基於某種原因而未更正，至於推估出來的不實表達，是無法要求更正的，因為不知實際上要更正那些明細帳。假設本例受查者並未更正實際偵出之不實表達，且查核人員設定之財務報表整體重大性門檻為 $500,000，則會計師應如何判斷所查核之財務報表是否有重大不實表達？

　　目前審計學的教材有兩種做法，一為美國教科書的做法，即將各會計科目實際不實表達、推估不實表達及判斷性不實表達加總，再與財務報表整體重大性門檻進行比較。在此例中各會計科目實際不實表達或推估不實表達加總數為 $349,000，小於查核人員所設定之財務報表整體重大性門檻為 $500,000，故會計師應可做出所查核之財務報表並無重大不實表達的結論。

　　在此種方法下，不需要設定執行重大性，但這種做法，實務上會遭遇一些困擾，主要原因在於抽樣風險限額的估算，除非有電腦審計軟體的協助，實務上查核人員多使用非統計抽樣進行抽樣，導致查核人員很難估算抽樣風險限額。此外，判斷性不實表達純粹是查核人員的主觀判斷，查核人員很難提出明確的查核證據支持該不實表達的確切金額。上述這些困擾，導致查核人員在加總各會計科目實際不實表達、推估不實表達及判斷性不實表達時產生不確定性，因此產生另一種做法。

另一做法為將財務報表整體重大性打折(本例假設為50%),作為執行重大性,查核人員再將各會計科目偵出之未更正不實表達加總,並與執行重大性加以比較,如各會計科目實際偵出之不實表達加總,小於執行重大性,會計師就會推論各會計科目實際不實表達、推估不實表達及判斷性不實表達加總數將小於財務報表整體重大性,而做出所查核之財務報表並無重大不實表達的結論。在此例中各會計科目偵出之不實表達加總數$38,000,小於查核人員所設定之執行重大性門檻為$250,000,故會計師應可做出所查核之財務報表並無重大不實表達的結論。本釋例僅為實務上做法的一種,各會計師事務所對執行重大性多訂有相關的政策(如執行重大性為財務報表整體重大性的70%至90%),這種做法的關鍵,在於決定執行財務報表整體重大性要打幾折以作為執行重大性,折數的決定全賴查核人員的專業判斷,<u>查核人員應考量在查核過程中如何彙總實際不實表達、推估不實表達及判斷性不實表達,彙總過程中是否包括點估計、抽樣風險限額及判斷性不實表達,對折數的決定至為關鍵,執行重大性之決定非僅為單純之公式化計算</u>。此外,查核人員對受查者之瞭解(隨風險評估程序之執行而更新)、以往查核所辨認不實表達之性質與範圍及查核人員對當期不實表達之預期,均影響執行重大性之決定。

嚴格而言,上述兩種做法的邏輯並沒有衝突,只是考量實務上的可行性而已。據筆者向許多大型事務所詢問其實際的做法,實務上全採用第二種做法,只是詳細的做法仍有一些差異。

前曾提及,在決定財務報表整體重大性時,於特定情況下,即使受查者之一項或多項特定交易類別、科目餘額或揭露事項之不實表達金額,低於財務報表整體重大性,查核人員仍可合理預期該等不實表達將影響財務報表使用者所作之經濟決策,則查核人員亦應為該等特定交易類別、科目餘額或揭露事項決定適用之重大性,在此情況下,查核人員亦可能為該等特定交易類別、科目餘額或揭露事項決定執行重大性。因此,在此情況下執行重大性亦指查核人員所設定低於特定交易類別、科目餘額或揭露事項重大性之單一或多個金額。

3. 決定顯然微小 (clearly trivial) 不實表達門檻

查核規劃時,查核人員通常亦會設定一顯然微小之門檻,並將金額低於該門檻之不實表達視為顯然微小,於實際執行查核工作時,若發現之不實表達屬顯然微小者,則無須加以累計。因查核人員預期該等不實表達之累計數明顯不會對財務報表有重大影響。<u>「顯然微小」不等同於「不重大」</u>,顯然微小之事項與依TWSA320「查核規劃及執行之重大性」所決定之重大性屬全然不同之層次,且不論從個別金額或彙總數考量,或從金額大小、性質或情況之任何標準判斷,均顯然微不足道。當查核人員不確定一個或多個項目是否屬顯然微小時,則不應被視為顯然微小。設定顯然微小之門檻之主要目的在於告訴查核人員,於實際執行查核所發現之那些重大不實表達無須加以累計,必要時亦可

將該顯然微小之門檻告知管理階層 (必要時包括治理單位)，避免與管理階層溝通時，管理階層自認為不重要之事項或交易，而未告知查核人員。

7.2.3 查核過程對重大性之修正

第六章即提及查核規劃係屬持續及適時修正之過程，通常於前期查核完成後開始，並持續至當期查核案件完成為止。查核人員可能因查核過程中情況發生變動 (例如受查者決定處分其主要業務)、發現新資訊或因執行進一步查核程序而改變對受查者及其營運之瞭解，而須修正財務報表整體重大性。如適用時，亦應修正特定交易類別、科目餘額或揭露事項之重大性。例如，查核人員於查核過程中發現實際財務績效與原用以決定財務報表整體重大性之預期財務績效存有重大差異，則須修正該重大性。

查核人員如認為財務報表整體重大性 (如適用時，特定交易類別、科目餘額或揭露事項之重大性) 應向下修正，使其低於初始決定之整體重大性。查核人員並應進一步決定，執行重大性是否須修正 (如適用時，特定交易類別、科目餘額或揭露事項之執行重大性)，以及進一步查核程序之性質、時間及範圍是否仍為適當。

7.2.4 有關重大性之書面紀錄

查核人員應將下列有關重大性金額之決定，以及決定該等金額時所考量之因素，作成書面紀錄：

1. 財務報表整體重大性。
2. 如適用時，特定交易類別、科目餘額或揭露事項之重大性。
3. 執行重大性 (如適用時，特定交易類別、科目餘額或揭露事項之執行重大性)。
4. 所設定顯然微小之門檻。
5. 查核過程中對上述金額所作之任何修正及其理由。

7.2.5 查核過程中所辨認不實表達之評估

本小節將說明查核人員於查核過程中所辨認不實表達，雖然此部分非屬查核規劃，但與查核規劃時重大性之決定密不可分，且因為會計師於形成查核意見時，對於財務報表整體有無重大不實表達，是否已取得合理確信，負有作成結論之責任，故本章在此一併討論。與本小節討論相關之審計準則為 TWSA450「查核過程中所辨認不實表達之評估」。

將不實表達分類為實際不實表達 (factual misstatements)、判斷性不實表達 (judgmental misstatements) 及推估不實表達 (projected misstatements)，將有助於查核人員評估查核過程中所累計不實表達之影響，以及與管理階層及治理單位溝通該等不實表達。那一類不

實表達須加以累計，視會計師對執行重大性的運用方式而定，參見 7.2.2 節有關執行重大性之討論。上述三種不實表達之定義如下：

1. 實際不實表達：係指明確之不實表達。
2. 判斷性不實表達：係指查核人員認為管理階層對會計估計所作之判斷不合理、會計政策之選擇或應用不適當，所產生之差異。
3. 推估不實表達：係指查核人員依樣本中所辨認之不實表達，所推估母體中存在不實表達之最佳估計數。一般而言，不實表達的最佳估計數係指由樣本不實表達所推估的點估計。

查核人員應累計查核過程中所辨認之不實表達，除非該不實表達屬顯然微小者，「顯然微小」不等同於「不重大」，顯然微小之事項不論從個別金額或彙總數考量，或從金額大小、性質或情況之任何標準判斷，均顯然微不足道。惟當一個或多個項目不確定是否顯然微小時，則不應被視為顯然微小。換言之，查核人員應累計查核過程中所辨認重大及不重大之不實表達。

查核人員應根據查核過程中所辨認之不實表達，評估是否須修正整體查核策略及查核計畫。通常有下列情況之一時，查核人員會決定修正整體查核策略及查核計畫：

1. 所辨認不實表達之性質及其發生之情況，顯示其他不實表達可能存在，且該等不實表達與查核過程中所累計之不實表達併同考量，可能重大。查核人員所辨認之不實表達可能非為獨立事件，例如內部控制失效、管理階層舞弊、受查者廣泛採用之假設或評價方法不適當等，皆顯示可能存在其他不實表達之情況。
2. 查核過程中所累計不實表達之彙總數，接近前述於查核規劃所決定之重大性。

此外，查核人員應及時與適當層級之管理階層溝通查核過程中所累計之所有不實表達（除非法令禁止），並要求管理階層更正該等不實表達。一般而言，適當層級之管理階層，係指對評估不實表達及採取必要行動負有權責者。查核人員及時與適當層級之管理階層溝通不實表達極為重要，因其能使管理階層評估該等項目是否屬不實表達，於有不同意見時告知查核人員，並於必要時採取行動。管理階層更正所有不實表達（包括已由查核人員溝通者），能使其維持正確之會計帳簿及紀錄，並降低以前期間不重大且未更正不實表達之累計影響對未來財務報表產生重大不實表達之風險。

與適當層級之管理階層溝通時，查核人員可視情況需要（例如，查核人員依樣本中所辨認之不實表達推估母體中存在之不實表達時），要求管理階層檢查某一交易類別、科目餘額或揭露事項。該要求可使管理階層：

1. 瞭解查核人員所辨認不實表達發生之原因。

2. 執行程序以確定該交易類別、科目餘額或揭露事項之實際不實表達金額。
3. 對財務報表作適當調整。

惟即使管理階層已依查核人員之要求檢查某一交易類別、科目餘額或揭露事項,並更正所偵出之不實表達,查核人員仍應執行額外查核程序,以查明是否仍存有不實表達。

若管理階層拒絕更正查核人員與其溝通之某些或所有不實表達,查核人員應瞭解管理階層拒絕更正之理由,並於評估財務報表整體有無重大不實表達時,將其納入考量。於評估未更正不實表達對財務報表之影響前,查核人員應重新評估前述查核規劃時所決定之重大性,以確定該等重大性於受查者之實際財務結果下是否仍然適當(查核規劃時尚不知當期實際財務結果)。查核人員於判斷未更正不實表達(個別金額或彙總數)是否重大時,應考量下列事項:

1. 經考量特定交易類別、科目餘額或揭露事項及財務報表整體後,不實表達之金額大小及性質。
2. 不實表達發生之特定情況。
3. 以前期間未更正不實表達對當期攸關交易類別、科目餘額或揭露事項及財務報表整體之影響。

值得進一步說明的是,查核人員於評估未更正不實表達(個別金額或彙總數)對財務報表之影響時,若個別不實表達經判斷為重大,則其不太可能被其他不實表達所抵銷。例如,若收入被重大高估,即使此不實表達對盈餘之影響完全被一相同金額之費用高估所抵銷,財務報表整體仍存在重大不實表達。同一科目餘額或交易類別內高估及低估之不實表達互抵可能係屬適當,惟查核人員於做出不實表達(即使不重大)互抵係屬適當之結論前,仍應考量未偵出不實表達可能存在之風險(例如,對同一科目餘額或交易類別辨認出多筆不重大之不實表達,查核人員可能須重新評估該科目餘額或交易類別之重大不實表達風險)。

此外,查核人員應與治理單位溝通未更正不實表達及其個別金額或彙總數可能對查核意見之影響(包括以前期間未更正不實表達對當期攸關交易類別、科目餘額或揭露事項及財務報表整體之影響),除法令禁止外。查核人員應與治理單位溝通每一個別「重大」之未更正不實表達,並應透過治理單位要求管理階層更正查核過程所累計之所有未更正不實表達。

最後,財務報表中仍存有未更正不實表達時,查核人員應要求管理階層(如適當時,亦包括治理單位)對其認為未更正不實表達(個別金額或彙總數)對財務報表整體之影響是否重大一事,列入書面聲明(即客戶聲明書),該等未更正不實表達之彙總表應包括或附加於書面聲明。在某些情況下,管理階層(如適當時,亦包括治理單位)可能不認為某

些未更正不實表達係不實表達，此時書面聲明中可能註明其不同意之理由。惟取得此種書面聲明並不能解除查核人員須對未更正不實表達之影響做出結論之責任。

對查核人員而言，為證明其已遵循相關審計準則之要求，應於工作底稿中將下列事項做成書面紀錄：

1. 所設定顯然微小之門檻。
2. 查核過程中所累計之所有不實表達，以及是否已更正。
3. 查核人員對未更正不實表達 (個別金額或彙總數) 是否重大所作成之結論，以及作成該結論之基礎。

7.3 辨認並評估重大不實表達風險

在介紹完重大性觀念後，本節進一步介紹查核人員如何於查核規劃階段辨認及評估財務報表發生重大不實表達風險，以作為決定進一步查核程序性質、時間及範圍之基礎。辨認及評估財務報表發生重大不實表達風險之相關規範主要規定於 TWSA315「辨認並評估重大不實表達風險」。

7.3.1 各種風險之定義及查核風險模式

由於 TWSA315 的規定相當龐雜，初學者不易掌握其中的邏輯架構，為使讀者易於理解該審計準則的內容，本節將先介紹查核風險模式，查核風險模式提供一個有關個別項目聲明不實表達風險評估的架構，可協助讀者掌握整體的輪廓。

在介紹查核風險模式之前，首先須瞭解各種風險的定義，方能適當地運用查核風險模式。雖然本書之前各章已陸續出現各種風險定義的說明，但為讓讀者對各種風險的關聯性有系統性的瞭解，本小節再一次彙整與查核風險模式相關之風險及其定義，茲分別說明如下：

1. 查核風險 (audit risk)：係指財務報表存有重大不實表達時，會計師出具不適當查核報告之風險。
2. 重大不實表達風險 (risk of material misstatement)：係指財務報表於查核前即存有之重大不實表達風險。個別項目聲明之重大不實表達風險係由固有風險及控制風險所構成。
3. 固有風險 (inherent risk)：係指在考量相關內部控制前，交易類別、科目餘額或揭露事項之個別項目聲明可能存在不實表達，且該不實表達 (或與其他不實表達合併考量時) 可能為重大之風險。
4. 控制風險 (control risk)：係指交易類別、科目餘額或揭露事項可能發生不實表達，且該

不實表達 (或與其他不實表達合併考量時) 可能為重大，但未能透過受查者之內部控制及時預防或偵出並改正之風險。

5. **偵查風險 (detection risk)**：查核人員為降低查核風險至可接受之水準而執行查核程序，惟未能偵出已存在且可能重大之不實表達風險。

儘管審計準則並未提及查核風險模式，但查核風險模式為考慮重大不實表達風險時，協助瞭解上述各項風險要素間關聯性的工具。在查核風險模式中，查核風險係由重大不實表達風險及偵查風險所構成，而重大不實表達風險又由固有風險及控制風險所構成；換言之，查核風險係由固有風險、控制風險及偵查風險所構成，其間的關係如圖表 7.2 所示。

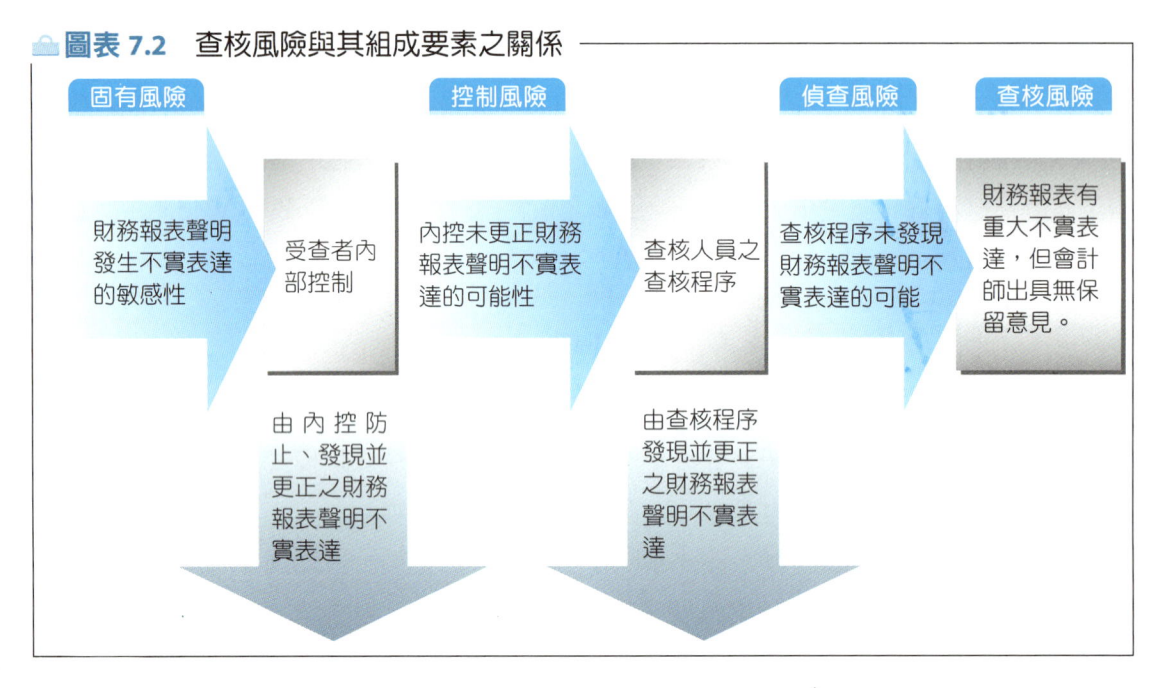

圖表 7.2　查核風險與其組成要素之關係

固有風險	控制風險	偵查風險	查核風險
財務報表聲明發生不實表達的敏感性	受查者內部控制→內控未更正財務報表聲明不實表達的可能性	查核人員之查核程序→查核程序未發現財務報表聲明不實表達的可能	財務報表有重大不實表達，但會計師出具無保留意見。
	由內控防止、發現並更正之財務報表聲明不實表達	由查核程序發現並更正之財務報表聲明不實表達	

固有風險為在沒有內部控制制度的情況下，財務報表發生重大不實表達的敏感性 (先天上的風險)，但受查者通常會設置內部控制制度，以預防、偵測及改正重大不實表達，因此有若干不實表達將被內部控制制度防止、發現並更正。然而，內部控制制度有其先天上的限制，並無法完全防止、偵測並改正所有重大不實表達，因此財務報表仍有可能存有重大不實表達，此一可能性即為財務報表重大不實表達風險。此時，由查核人員接著執行查核工作，因而有可能會發現若干存在於財務報表之重大不實表達。而查核工作因有其先天上的限制，仍有可能無法發現所有的重大不實表達，進而造成會計師出具不適當之查核報告，此即為查核風險。

從上述的描述可知，如果可以將各風險予以量化，則可以下式表達各風險要素之關係：

$$\text{查核風險 (AR)} = \text{固有風險 (IR)} \times \text{控制風險 (CR)} \times \text{偵查風險 (DR)}$$
$$= \text{不實表達風險 (MMR)} \times \text{偵查風險 (DR)}$$

對查核人員而言，當其接受委任時，會考量當時的情況，決定一個他可以接受的查核風險，此一風險通常會維持在相當低的水準。而其組成要素中，固有風險與受查者所處產業及其本身的特質有關；內部控制風險則主要與受查者內部控制的良窳有關，兩者主要與受查者有關，非查核人員所能控制，唯有偵查風險為查核人員所能控制。因此，查核人員運用上述風險模式時，通常會將上述風險模式做如下的調整：

$$DR = AR/(IR \times CR) = AR/MMR$$

上列之風險模式意謂在既定的查核風險下，對特定個別聲明而言，如果查核人員所辨認及評估之重大不實表達風險越大，查核人員就必須調降偵查風險加以因應，以維持既定的查核風險水準。而較低的偵查風險，代表查核人員必須蒐集更具說服力的查核證據，對查核證據的質與量有更高的要求，俾作為查核結論的基礎，才能維持既定的查核風險，因而影響證實程序的性質、時間及範圍。偵查風險的高低與證實程序的性質、時間及範圍概略的關聯性如圖表 7.3。

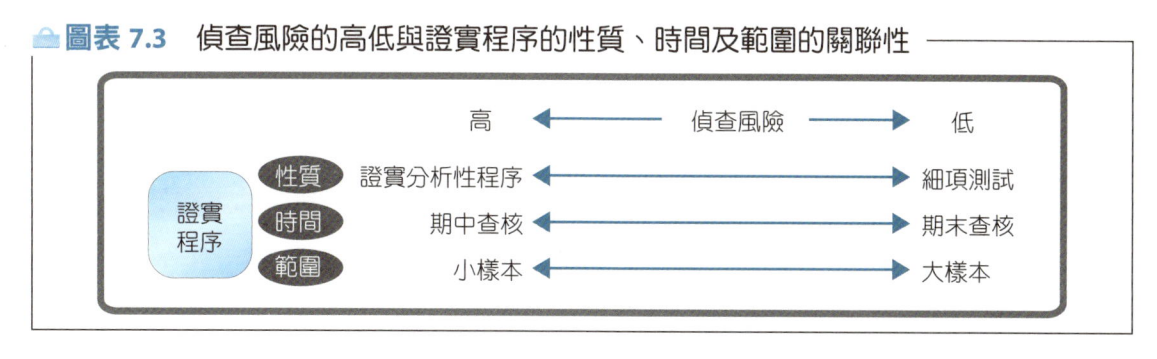

圖表 7.3　偵查風險的高低與證實程序的性質、時間及範圍的關聯性

證實程序	高 ← 偵查風險 → 低
性質	證實分析性程序 ←——→ 細項測試
時間	期中查核 ←——→ 期末查核
範圍	小樣本 ←——→ 大樣本

由於固有風險的評估涉及的層面非常廣泛，早期的審計，實務查核人員多將固有風險設置為 100%，以省略評估固有風險的程序，而將重心放在控制風險的評估。但這樣的做法卻很可能使查核人員忽略了本應注意的風險，造成查核上的失敗。因此，TWSA315 要求查核人員應分別辨認及評估固有風險及控制風險，將其合併成為重大不實表達風險。

誠如前述，會計師接受委任時，會考量當時的情況，先決定一個他可以接受的查核風險。一般而言，查核人員通常會考量下列因素：

1. 財務報表外部使用者對財務報表的依賴程度

當報表被依賴的程度越高時，如果財務報表仍存有尚未偵出的重大不實表達，對財務報表外部使用者所造成的傷害就會越嚴重，查核人員會被課以較重的法律成本，對會計師的聲譽衝擊會較大，查核人員即應降低可接受查核風險。一般而言，外部使用者對財務報表的依賴程度通常與受查者的規模、所有權分散的情況及負債的性質與金額有關。

例如,受查者的營運規模越大,則報表的使用者通常越廣泛;股權分散的上市(櫃)公司的報表使用者要比非上市(櫃)公司為多,與前者有利害關係的個體包括證券市場主管機關(如金管會、證券交易所等)、財務分析師及社會大眾;負債較高的受查者其報表有較多的實際或潛在的債權人,公司債比私有債務有較多的外部使用者。

2. 受查者發生財務困難的可能性

一般而言,受查者發生財務困難可能性越高,從事財務報表操縱或舞弊的可能性會越大。此外,如果受查者在財務報表查核完竣後,發生財務困難,甚至被迫宣告破產,因受查者破產或股價下跌而遭受損失的人,很可會對會計師提出控訴請求賠償,則查核人員很有可能被迫須為其查核品質做辯護,以避免相關之法律責任。若查核人員評估受查者發生財務困難的可能性越高,可接受查核風險即應越低。

3. 管理當局的正直性

如第六章所述,查核人員對管理當局正直性的評估,乃是評估是否接受委任或續任查核委託的重要事項之一。正直性差的管理階層常會做出傷害其他利害關係人的行為,而引發爭訟。查核證據常須由受查者內部提供,管理階層的正直性將影響其所提供查核證據的品質。這些問題都會提高查核人員的法律成本及聲譽成本。因此,查核人員對受查者管理階層的正直誠信的疑慮越高,可接受查核風險即應越低。

查核人員考量上述因素,決定其可接受查核風險後,接下來便是藉由瞭解受查者及其環境、所適用之財務報導架構及內部控制制度以辨認並評估個別項目聲明重大不實表達風險。最後,再依個別項目聲明所辨認之重大不實表達風險,決定其可接受之偵查風險,並據以規劃進一步查核程序的性質、時間及範圍。

在實務上,查核人員很難將查核風險模式中各個風險要素量化,對其所評估的可接受查核風險、固有風險、控制風險及規劃偵查風險都非常主觀,此為應用查核風險模式時最主要的一項限制,但藉由查核風險模式卻可協助查核人員考量各種風險對查核工作規劃與執行的影響。

為了彌補這個衡量的問題,查核人員通常會使用「低」、「中」、「高」這類主觀及模糊的名詞來衡量各風險。圖表7.4列示以「低」、「中」、「高」這類主觀及模糊的名詞來衡量各風險及查核證據說服力的關聯性。例如,在情況1,查核人員對查核目標決定接受「低」查核風險,並推判財務報表有「低」固有風險,且內部控制設計且運作良好,控制風險亦為「低」,因此將規劃之偵查風險定為「高」,此時所需的證據說服力則為「低」。但情況3,則剛好相反,如果固有及控制風險均為「高」,且查核人員希望有「低」的查核風險,則所需的證據說服力便須為「高」。其他三種情況是介於此兩種極端情況之間。

圖表 7.4　風險及查核證據說服力的關聯性

情況	可接受查核風險	固有風險	控制風險	規劃之偵查風險	所需證據之說服力
1	低	低	低	高	低
2	低	低	中	中	中
3	低	高	高	低	高
4	中	中	中	中	中
5	高	低	中	中	中

儘管如此，在既定的偵查風險下，查核人員如何決定規劃及執行進一步查核程序以取得所需說服力的查核證據，卻不是一件容易的事。因為為了使偵查風險降低到預設水準的查核計畫，通常都是由好幾個查核程序結合而成，且須針對不同的查核目標（即個別項目聲明）取得不同種類的證據，最後仍須依賴查核人員的專業判斷。

本節其餘的各小節將開始介紹有關查核人員對受查者財務報表重大不實表達風險的辨認與評估。

7.3.2 風險評估程序及相關作業

誠如第五章所述，風險基礎的查核方法首先即是要求查核人員應先辨認並評估財務報表發生重大不實表達風險的程度，再根據所評估之風險設計並執行查核程序。而為了辨認並評估導因於舞弊或錯誤之整體財務報表及個別項目聲明之重大不實表達風險，所設計及執行之查核程序即為風險評估程序。TWSA315 第 12 條即規定：「查核人員應設計及執行風險評估程序以取得查核證據俾提供下列事項之適當基礎：

1. 辨認並評估導因於舞弊或錯誤之整體財務報表及個別項目聲明之重大不實表達風險。
2. 依 TWSA330「查核人員對所評估風險之因應」之規定，設計及執行進一步查核程序」。

並要求查核人員於設計及執行風險評估程序時，應以不偏頗之方式取得查核證據（即不偏向取得可支持或可反駁之查核證據）。從此規定可知，風險評估程序是財務報表查核必要的程序，是不可省略的。但查核人員不可僅執行風險評估程序，而未執行進一步查核程序，就做出查核結論，畢竟風險評估程序僅在辨認及評估財務報表發生重大不實表達的可能性，財務報表是否存有重大不實表達，則尚未可知。

具體而言，風險評估程序乃設計並執行查核程序，藉由瞭解受查者及其環境、適用之財務報導架構及內部控制制度 (system of internal control)，以辨認並評估整體財務報表及個別項目聲明之重大不實表達風險。對受查者及其環境、適用之財務報導架構取得瞭解，主要在辨認並評估財務報表的固有風險；而對受查者內部控制制度的設計並付諸實行取得瞭解（不包括運作的有效性），係為辨認並評估控制風險做準備。一般而言，於風險評估程序中應執行之查核方法主要有下列幾種（必要時，亦可能包括其他查核方法，

如重新執行等)：

1. **查詢**，主要係透過查詢受查者管理階層，以及查核人員認為可能知悉有助於辨認重大不實表達風險相關資訊之其他人員所獲取之資訊。其他人員可能包括如治理單位、內部稽核人員、參與複雜或不尋常交易之職員、內部法務人員、行銷或業務人員。例如，向治理單位查詢，有助於瞭解受查者財務報表編製之環境；向內部稽核人員查詢，可取得當年度已對受查者內部控制制度設計及有效性所執行之內部稽核程序，以及管理階層對內部稽核所發現事項之回應是否適當之相關資訊；向參與複雜或不尋常交易之發生、處理或記錄之職員查詢，有助於評估受查者特定會計政策選擇及應用之適當性；向內部法務人員查詢，可取得受查者訴訟、法令遵循、舞弊或疑似舞弊、產品售後保證、與策略夥伴間之協議(如合資協議)及其他合約條款內容等相關資訊；向行銷或業務人員查詢，可取得受查者行銷策略改變、銷售趨勢或與客戶之合約協議等相關資訊。如必要時，亦可向外部第三者(如監理機關、受查者聘任之外部法律顧問或評價專家)查詢相關資訊。

2. **分析性程序**，為風險評估而執行之分析性程序，可辨認出未經查核人員察覺之面向，並可協助辨認並評估重大不實表達風險。為風險評估而執行分析性程序所使用之資料，如屬大項目之彙整者，該等分析性程序之結果僅提供是否可能存有重大不實表達之概括性初步指標。在此情況下，將辨認重大不實表達風險時所蒐集之其他資訊，與分析性程序之結果一併考量，有助於查核人員瞭解並評估分析性程序之結果。某些小規模受查者可能未編製可用於分析性程序之期中財務資訊。在此情況下，查核人員雖可執行有限度之分析性程序以進行查核規劃，或經由查詢取得若干資訊，但查核人員仍須於可取得受查者財務報表自結數時，規劃執行分析性程序，以辨認及評估重大不實表達風險。

3. **觀察及檢查**，查核人員可透過觀察及檢查驗證對管理階層及其他人員所作查詢之結果，並可提供有關受查者及其環境、適用之財務報導架構及內部控制制度之資訊，透過觀察或檢查之項目例舉如下：受查者之營運狀況、書面文件(例如營運計畫及策略)、紀錄及內部控制手冊、管理階層編製之報告(例如各季管理報告與期中財務報表)及治理單位提供之相關報告(例如董事會議事錄)、受查者之辦公處所及廠房設施。

除了可以藉由執行上述查核程序作為風險評估程序外，查核人員於取得風險評估程序之查核證據時，應考量自下列其他來源所取得之資訊：

1. 自客戶關係及查核案件之承接或續任程序。
2. 主辦會計師為受查者所執行之其他案件(如適用時)。
3. 以往對受查者之經驗及執行查核程序所取得之資訊(如適用時)，惟查核人員應評估該

等資訊作為本期查核證據是否仍屬攸關及可靠。

此外，由於查核工作是需要分工合作的團隊工作，風險評估程序通常需要查核團隊相互討論，方能較為周延。因此，主辦會計師與查核團隊其他主要成員 (無須每一位成員皆參與討論，惟當有查核團隊成員未參與查核團隊討論時，主辦會計師應決定必須與該等成員溝通之事項) 應對受查者適用之財務報導架構之應用，以及其財務報表易發生重大不實表達之可能性進行討論。查核團隊成員間討論有助於下列事項：

1. 較具經驗之查核團隊成員 (包括主辦會計師) 可根據其對受查者之瞭解，分享獨到見解。
2. 使查核團隊可就受查者所面臨之營業風險、固有風險因子 (參見後續的說明) 如何影響交易類別、科目餘額及揭露事項易發生不實表達之可能性以及對財務報表易發生導因於舞弊或錯誤之重大不實表達之可能方式及項目，交換相關資訊。
3. 查核團隊成員更深入瞭解所負責之財務報表特定項目發生重大不實表達之可能性，以及瞭解所執行查核程序之結果將如何影響其他查核層面，包括進一步查核程序之性質、時間及範圍之決定。該討論尤其有助於查核團隊成員就每一成員本身對受查者性質及情況之瞭解，進一步考量與該等瞭解矛盾之資訊。
4. 查核團隊成員得以溝通及分享查核中所取得之新資訊，該等資訊可能影響重大不實表達風險之評估或因應該等風險所執行之查核程序。
5. 可能使查核人員辨認出特別須運用專業懷疑之特定查核領域，而因此指派查核團隊中較具經驗及適當技能之成員參與執行與該等領域相關之查核程序。

7.3.3　對受查者及其環境、適用之財務報導架構取得瞭解

查核人員對受查者及環境、適用之財務報導架構進行瞭解，主要目的即在辨認及評估固有風險。誠如前述，辨認及評估固有風險所涉及的層面相當廣泛，查核人員應執行風險評估程序，以取得對下列事項之瞭解：

1. 受查者及其環境之相關層面：
   (1) 受查者之組織架構、所有權結構、治理架構及營運模式，包括其營運模式整合資訊科技之程度。
   (2) 產業、法令及其他外部因素。
   (3) 用以評估受查者財務績效之內部及外部衡量指標。
2. 受查者適用之財務報導架構 (包括採用之會計政策與會計政策變動之原因)。
3. 基於上述所取得之瞭解，受查者依適用之財務報導架構編製財務報表時，固有風險因子如何影響聲明易發生不實表達之可能性及其影響程度。

此外，查核人員亦應評估受查者之會計政策是否適當，以及其與適用之財務報導架構是否一致。

所謂**固有風險因子**係指某些事件或狀況之特性，其於考量控制前可能影響個別項目聲明易發生導因於舞弊或錯誤不實表達之可能性。固有風險因子主要包括複雜性、主觀性、變動、不確定性，以及導因於管理階層偏頗或其他舞弊風險因子(在其影響固有風險之範圍內)。有關管理階層偏頗或舞弊風險因子之說明請參見第八章有關會計估計查核與舞弊之考量相關議題之討論。

對受查者及環境、適用之財務報導架構瞭解的層面相當廣泛，茲將各層面可能考量的事項彙整於圖表 7.5。

圖表 7.5　瞭解受查者及其環境、適用之財務報導架構瞭解相關層面可能考量之事項

	與受查者及其環境相關層面可能考量之事項
受查者之組織架構及所有權結構	1. 組織架構之複雜性。 2. 所有權結構及所有權人與他人或其他企業之關係，包括關係人(此瞭解可能有助於確認關係人交易是否已於財務報表中適當辨認、處理及揭露)。 3. 所有權人、治理單位及管理階層之區分。 4. 受查者資訊科技環境之架構及複雜性。
治理架構	1. 治理單位之成員是否負有管理責任及其範圍。 2. 治理單位是否設有非執行業務董事會，以及其是否獨立於執行業務之管理階層。 3. 治理單位成員是否擔任受查者法律架構中不可或缺之職位(例如董事)。 4. 治理單位是否設有功能性委員會(例如審計委員會)，以及該委員會之責任。 5. 治理單位是否負有監督財務報導之責任，包括財務報表之核准。
營運模式	1. 產業之發展，例如缺乏專業人才或技能以因應產業變化。 2. 新產品及服務可能導致產品責任增加。 3. 受查者事業擴張及市場需求無法被精確估計。 4. 對新會計規範之施行不完整或不適當。 5. 法令規範導致法律暴險增加。 6. 現行及即將生效之融資條款規定，例如，受查者未能符合條款規定將無法取得融資。 7. 資訊科技之使用，例如，新資訊科技系統之導入，將影響營運及財務報導。 8. 執行某項策略之影響，特別是該影響將導致適用新會計規範者。
產業	產業因素包括競爭環境、供應商關係、客戶關係及技術發展等產業情況。查核人員宜考量之事項包括： 1. 市場及競爭，包括需求、產能及價格競爭。 2. 產業活動之週期性或季節性。 3. 與受查者產品有關之技術。 4. 能源之供給及成本。 5. 所處之產業可能因業務性質或受法令規範之程度而產生特定重大不實表達風險。如營建業、金融保險業等。

圖表 7.5　瞭解受查者及其環境、適用之財務報導架構瞭解相關層面可能考量之事項（續）

與受查者及其環境相關層面可能考量之事項	
法令	相關法令因素包括法令環境。法令環境包括適用之財務報導架構、法令及政治環境與任何相關變動。查核人員宜考量之事項包括： 1. 對受管制產業之法令架構，例如，金融服務業之監理規定（包括相關揭露）。 2. 重大影響受查者營運之法令，例如，勞動相關法令。 3. 稅務法令。 4. 現行影響受查者事業營運之政府政策。例如，貨幣（包括外匯管制）、財政、財務獎勵（例如政府輔助計畫）及關稅或貿易限制等政策。 5. 影響產業及受查者事業之環保法令。
其他外部因素	可能包括整體經濟情況、利率、資金之取得、通貨膨脹或幣值變動等。
管理階層用以評估受查者財務績效之衡量指標	用以評估財務績效之重要指標可能包括： 1. 重要績效指標（財務及非財務）、重要比率、趨勢及營運統計數據。 2. 各期財務績效分析。 3. 預算、預測、差異分析、部門資訊及其他不同層級單位等之績效報告。 4. 員工績效衡量及獎酬政策。 5. 受查者與其競爭者績效之比較。 外部機構亦可能複核及分析受查者之財務績效，特別是對公開財務資訊之受查者。查核人員可能考量公開資訊，以協助其進一步瞭解受查者之業務或辨認矛盾之資訊，公開資訊之來源可能來自分析師或信用評等機構、新聞或其他媒體（包括社群媒體）、稅捐機關、主管機關、商業公會、資金提供者。
與適用之財務報導架構相關層面可能考量之事項	
	1. 受查者依適用之財務報導架構之財務報導實務，例如： 　(1) 財務報導準則及產業特殊會計實務，包括該產業特有之主要交易類別、科目餘額及揭露事項（例如：銀行業之放款及投資、製藥業之研發，主要交易類別、科目餘額及揭露事項之定義請參閱 7.3.5 節之說明）。 　(2) 收入認列。 　(3) 金融工具之會計處理，包括相關信用損失。 　(4) 外幣資產、負債及其交易。 　(5) 不尋常或複雜交易之會計處理，包括具爭議性或新興領域之議題（例如加密貨幣之會計處理）。 2. 對受查者會計政策選擇及應用（包括會計政策之變動及原因之瞭解）。例如： 　(1) 受查者用以認列、衡量、表達及揭露重大及不尋常交易之方法。 　(2) 具爭議性或新興領域之重大會計政策，因缺乏權威性指引或共識所產生之影響。 　(3) 環境之變動，例如，適用之財務報導架構或租稅法令之變動而可能須改變受查者之會計政策。 　(4) 新發布之財務報導準則及法令，以及受查者何時及如何採用或遵循該等準則及法令之規定。

誠如前述，查核人員除了須瞭解受查者及其環境、適用之財務報導架構瞭解相關層面之事項外，**應進一步評估固有風險因子如何影響聲明易發生重大不實表達之可能性及其影響程度，以評估個別項目聲明之固有風險**。為讓讀者較具體地瞭解固有風險因子與相關層面的事項的關係，圖表 7.6 彙整依風險因子例示上述各層面可能顯示存有個別項目聲明之重大不實表達風險之事件或情況。

圖表 7.6 受查者及其環境、適用之財務報導架構各層面與固有風險因子關係之釋例

固有風險因子	可能顯示存有個別項目聲明之重大不實表達風險之事件或狀況例示
複雜性	法令：所營事業受高度複雜之法令管制。 營運模式：存有複雜之聯盟及合資關係。 適用之財務報導架構：涉及複雜流程之會計衡量。 交易：使用資產負債表外融資、特殊目的個體或其他複雜之融資安排。
主觀性	適用之財務報導架構：會計估計涉及多種可能衡量基準。例如，管理階層對折舊或建造收益及費損之認列；管理階層對非流動資產(例如投資性不動產)之評價技術或模型之選擇。
變動	經濟情況：營運所在之地區經濟不穩定，例如貨幣重大貶值或高度通貨膨脹之國家。 市場：營運暴露於價格波動大之市場，例如期貨交易。 客戶流失：繼續經營及流動性之疑慮，包括流失重要客戶。 產業模式：受查者所處產業之變動。 營運模式：供應鏈之變動；開發或提供新產品或服務，或跨入新事業。 營業地區：拓展新營業據點。 受查者組織架構：受查者個體之變動，例如大型收購、重組或其他不尋常事件；營運個體或部門可能被出售。 人力資源之專業能力：主要員工之變動，包括重要主管離職。 資訊科技：資訊科技環境之變動；導入與財務報導有關之重要新資訊科技應用系統。 適用之財務報導架構：新發布財務報導準則之適用。 資本：取得資本及融資之新限制。 法令：政府或主管機關開始調查受查者之營運或財務結果；與環境保護相關新法令之影響。
不確定性	報導：涉及具高度衡量不確定性之事件或交易，包括會計估計及相關揭露；未決之訴訟及或有負債，例如產品保固、財務保證及環境負債。
導因於管理階層偏頗或其他舞弊風險因子	報導：管理階層及員工從事財務報導舞弊之機會，包括於財務報表揭露中漏列或模糊重大資訊。 交易：與關係人之重大交易；金額重大之非例行性或非由系統自動處理之交易，包括集團企業間之交易及於期末認列大額收入之交易；依管理階層意圖所記錄之交易，例如債務再融資、待出售資產及有價證券之分類。

7.3.4 對受查者內部控制制度取得瞭解

在風險評估程序中,查核人員應對受查者內部控制制度 (system of internal control) 進行瞭解,主要在於瞭解其內部控制制度的設計及是否付諸實行,並不包括評估內部控制制度運作的效果 (運作效果的評估須透過控制測試結果的評估),其目的即在為評估控制風險作準備。不過,在探討查核人員對受查者內部控制制度進行瞭解之前,必須先對內部控制制度的定義、目標與限制,以及構成要素等進行說明,才能使讀者瞭解查核人員對內部控制應做的必要瞭解。故以下各小節將對前述議題進行說明。

7.3.4.1 內部控制制度的定義、目標與限制

所謂內部控制制度係指,由治理單位、管理階層及其他人員所設計、付諸實行及維持之制度,以對企業達成可靠之財務報導、有效率及有效果之營運及相關法令之遵循等目標提供合理確信。雖然內部控制制度之設計、付諸實行及維持是企業全體人員的責任,但管理階層還是要承擔主要的責任。由上述的定義可知,內部控制制度之目的係合理確信下列目標之達成:

1. **可靠之財務報導**。編製財務報表以滿足投資人、債權人及其他使用人士之需求,乃管理階層之責任。管理階層對於確保財務報導係依據所適用之報導架構 (如 IFRS、企業會計準則或其他財務報導準則) 允當表達,負有法律與專業上之責任。財務報導內部控制 (internal control over financial reporting)(TWSA315 稱為「財務報導內部控制」,有些審計準則稱為「與財務報導有關之內部控制」) 旨在協助管理階層履行此項財務報導責任。更明確地說,財務報導內部控制包含下列政策與程序:(1) 公司的交易及資產處分,能正確及允當地反映於紀錄上;(2) 對符合所適用之財務報導架構之交易能確實記錄以提供確信,而且每筆收入及支出皆為管理階層所授權核准;(3) 對企業財務報表有重大影響之未經授權購併及資產之使用或處分,可以提供有效預防或及時偵測的合理確信。

2. **有效率及有效果之營運**。促使資源被有效率及效果的配置及運用,是企業經營成敗的重要因素之一。內部控制制度的目標之一,乃是達成資源配置及運用最適化。因此,為協助釐定資源配置及運用最適化決策,建立健全及適當內部控制制度是非常重要的。

3. **相關法令之遵循**。企業的經營必須遵循相關法規,如環保法規、食品安全相關法規、證券交易相關法規 (統稱為企業應遵循之法令架構),有些法規與財務報導直接相關,有些則僅有間接相關 (通常於違反該等法規時,才對財務報導造成影響)。法規的遵循對企業的經營非常重要,企業違反相關法規,輕則警告罰鍰,重則勒令停業。然而,

企業要遵循之法規可能多如牛毛，尤其是具有公眾責任的企業，如何確保企業遵循相關之法規 (包括法規修改之掌握及因應) 必須要有一套控管的機制，亦是內部控制的主要目標之一。

雖然內部控制制度的目標有三個，惟會計師於執行財務報表查核時，對內部控制制度瞭解的範圍乃著重於財務報導內部控制 (與營運效率和效果，以及法令遵循目標相關之內部控制中，有些內部控制也可能對財務報導具有重大影響)，小於管理階層對內部控制制度所關注之範圍。因此，除非有特別的說明，本書所述之內部控制制度係指財務報導內部控制。實務上，常有許多人對內部控制制度有所誤解，認為內部控制是會計人員的責任，在推動公司內部控制制度的建置時，常常交由會計部門推動，殊不知內部控制制度涉及的層面不只會計，而是與公司每一部門及人員有關，必須由公司最高管理階層負責推動及協調，否則內部控制制度的建置及運作幾乎難有成效。

雖然內部控制制度是企業為了達成三個目標的管理過程，但因內部控制制度有其先天上的限制，通常僅能對目標的達成提供合理的確信 (reasonable assurance)，包括確保可靠財務報導目標的達成，無法百分之百防止、偵出及更正所有的導因於舞弊或錯誤之重大不實表達。其限制主要源自下列幾項因素：

1. **成本效益的考慮**，內部控制制度與會計及審計一樣，皆屬運用科學，一定需要考量成本效益；即為了防止、偵出及更正某項舞弊或錯誤的控制程序，其成本一定要小於防止該項舞弊或錯誤的效益，否則該控制程序將不具意義，也沒有執行的必要性。因此，管理階層於設計控制及將其付諸實行時，可能對其所選擇之控制與承擔相關風險二者之性質及範圍進行權衡；換言之，管理階層於設計內部控制制定時，在考量成本效益下，並不會追求一個能百分之百防止所有舞弊及錯誤的內部控制制度。

2. **管理當局的踰越**，受查者管理階層對內部控制制度的設計及執行負最終責任，往往也是交易事件的授權者。管理階層如想要踰越內部控制，除非公司的公司治理機制非常健全，否則公司內部通常沒有足夠的力量去防止管理當局踰越控制。實務上，重大的舞弊案件多由管理當局踰越控制所造成，此種舞弊不但金額重大，通常亦比較不易被發現。這也是為什麼從評估是否接受委任、查核規劃，以及查核工作執行時，一直強調管理階層誠信的重要性的原因之一。TWSA240「查核財務報表對舞弊之責任」規定查核人員應假設每一財務報表查核委任案，皆存有管理階層踰越控制的風險，只是在程度上有所差別而已。

3. **串通**，內部控制作業有一個很重要的原則是職能分工，層層節制，即後面的人去監督前面的人是否按照公司的制度及規範執行相關的程序。例如，保管現金及資產的人，通常不可同時從事現金及資產的記帳工作，否則非常容易出現舞弊的行為。然而，從

事不同職能的員工可能會串通，使得良好的控制亦會失去其效用。
4. **控制之設計或變動可能不適當**，內部控制制度其實跟人所穿的衣服一樣，須量身訂作。管理階層於設計內部控制制度時，未充分考量企業的狀況或狀況的變動，導致控制之設計或變動並不適當。
5. **控制之執行可能並非有效**，控制還是須由人執行，很多的控制的執行需要依賴人為的判斷，而人為判斷可能會因人員專業知識不足、疏忽或是情緒不好，而做出不當的判斷。將一個專業知識不足，或對相關業務不熟悉的員工放在特定職位上時，很可能會因發生人為誤判，導致控制之執行可能並非有效。

由於小規模受查者之員工人數較少，通常在職能分工之程度受到先天上的限制，但如果其所有者兼管理者能親自介入各項交易並進行監督，仍能彌補職能分工之不足，而發揮有效的控制機制。但是，另一方面，如果其所有者兼管理者蓄意從事舞弊，因內部控制制度較為簡易，內部控制也可能完全失效。因此，對小規模之受查者，查核人員辨認導因於舞弊之重大不實表達風險時，更不可輕忽所有者兼管理者的誠信，以及其介入各項交易與監督的情況。

7.3.4.2 對內部控制制度的組成要素取得瞭解

對內部控制制度的定義、目標及限制有所瞭解後，查核人員對受查者內部控制制度必要之瞭解主要係針對構成內部控制制度之五大要素進行瞭解。惟值得事先提醒的是，查核人員對內部控制制度之五大要素進行瞭解後，即使認為受查者內部控制制度五大要素品質良好，亦只能將個別項目聲明之控制風險訂為最高的水準(即 100%)，因為內部控制制度設計良好，不代表受查者已確實執行其所設計之內部控制制度。查核人員如欲信賴查核攸關之內部控制(即將控制風險訂低於 100%)藉以減少相關之證實程序，則須進一步執行控制測試，以取得擬信賴之內部控制制度是否確實執行的查核證據。**瞭解內部控制之設計與付諸實行為風險評估程序的一部分，是查核人員必須執行的程序**；至於測試內部控制運作之有效性(即執行控制測試)，查核人員則得視情況決定是否執行控制測試。

根據 TWSA315「辨認並評估重大不實表達風險」之規定，內部控制制度包括下列五大要素：

1. **控制環境** (control environment)。
2. **受查者之風險評估流程** (the entity's risk assessment process)。
3. **受查者監督內部控制制度之流程** (the entity's process to monitor the system of internal control)。
4. **資訊系統及溝通** (information system and communication)。

5. 控制作業 (control activities)。

此外，企業為了達成各組成要素所欲達成之目標，仍須建立相關之政策或程序，TWSA315 將該等政策或程序稱為「控制 (control)」。政策係指企業內部為使控制有效執行，就應作為或不應作為所作之規範 (該等規範可能為書面化，或於溝通中作明確敘述，抑或隱含於行動或決策中)；而程序係指將政策付諸實行之具體行動。嵌入內部控制制度組成要素中之控制可分為直接控制 (direct control) 或間接控制 (indirect control)，直接控制係指足夠精確以因應個別項目聲明重大不實表達風險之控制，而間接控制係指能支持直接控制之控制 (即該等控制本身不夠精確足以因應個別項目聲明重大不實表達風險)。

以下針對內部控制各組成要素做進一步說明。惟受查者內部控制制度設計及運作可能會使用資訊科技 (information technology，簡稱 IT)，故內部控制各組成要素之控制亦會涉及使用 IT 相關層面的議題，該等議題涉及的層面相當廣泛，為不干擾說明內部控制各組成要素架構的清晰度，有關 IT 運用對查核工作的影響，本書將於第十一章中再做進一步的討論。

1. 控制環境 (control environment)

控制環境係指，管理階層及治理單位對於內部控制制度及其重要性之態度、認知及作為。控制環境塑造受查者是否重視內部控制制度的組織文化，進而影響組織成員對控制之重視，並對受查者其他內部控制制度組成要素之執行提供整體基礎。查核人員瞭解控制環境時應評估，管理階層在治理單位之監督下，是否已建立並維持誠信文化，以及控制環境之各項優點，整體而言，是否提供其他內部控制制度組成要素之適當基礎，如有缺失，是否不損及其他組成要素之效果。

控制環境包含下列要素，惟各要素之適當性因受查者之規模、組織架構之複雜性及營運活動之性質而有不同。查核人員瞭解控制環境時宜考量該等要素：

(1) 操守及道德觀之溝通與落實。最高管理階層對內部控制之設計、管理及監督有效性負最終責性，其操守及道德觀，以及將其對操守及道德觀的重視傳達予組織的成員，並加以落實，對內部控制的影響極為重要。具體而言，查核人員可以透過管理階層及其他人員的訪談、檢視受查者所訂定之道德及行為準則、傳達及宣導道德及行為準則，以及獎懲制度是否考量道德及行為準則等，瞭解管理階層操守與道德觀，以及其溝通與落實的情況。

(2) 受查者治理單位之參與。當治理單位與管理階層有所區分時，治理單位如何展現其獨立性並對受查者內部控制制度執行監督，會影響受查者對控制之重視程度。查核人員應考量受查者治理單位之獨立性、經驗及聲望、作為之適當性等，包括治理單位是否向管理階層提出具挑戰性之問題，並進行追蹤之程度，以及其與內部稽核及外部查核人員之互動，及其參與之範圍、獲取之資訊及對特定作業之調查等重要情

事。
(3) 職權及責任的指派。良好的內部控制制度,必須權責相符,建立明確的課責性。查核人員所考量之事項可能包括:職權及責任之主要範圍,以及適當之呈報體系;與營運實務、主要負責人員之知識及經驗、履行職責所需資源等有關之政策;確保所有員工瞭解受查者之目標、瞭解其個人作為如何與目標產生關聯及對目標之貢獻,以及認知其為何及如何承擔責任所執行之政策與溝通。
(4) 人力資源政策及實務。受查者如何延攬、培養及留用具有能力之人才以符合其目標達成之需求。查核人員所考量之事項可能包括:招募適任員工之標準(包括重視教育背景、工作經驗、過去之成就及誠信與道德行為之證據);向員工溝通其應扮演角色及所承擔責任之訓練政策;如何做定期績效評估作為晉升之依據,以促使員工承擔更高層級責任之承諾。
(5) 如何要求各級人員為內部控制制度目標之達成承擔責任。查核人員所考量之事項可能包括:溝通及要求各級人員承擔其執行控制及必要改正措施責任之機制;對負責內部控制制度之人員建立績效衡量指標、誘因及獎勵措施(包括如何評估該衡量指標並維持其攸關性);與達成控制目標有關之壓力如何影響各級人員之責任及績效衡量指標;如何對各級人員進行必要約束。

具體而言,查核人員應透過執行風險評估程序,對下列事項進行瞭解及評估:
(1) 瞭解與下列事項有關之控制、流程及架構:
   ① 管理階層如何履行監督責任,包括受查者之文化及管理階層對誠信及道德觀之承諾。
   ② 當治理單位與管理階層有所區分時,治理單位之獨立性及其對受查者內部控制制度之監督。
   ③ 受查者對職權及責任之指派。
   ④ 受查者如何延攬、培養及留用具有能力之人才。
   ⑤ 受查者如何要求各級人員為內部控制制度目標之達成承擔責任。
(2) 評估下列事項:
   ① 管理階層在治理單位之監督下,是否已建立並維持誠信及道德行為之文化。
   ② 考量受查者之性質及複雜性,控制環境是否提供其他內部控制制度組成要素之適當基礎。
   ③ 所辨認控制環境之內部控制缺失是否損及其他內部控制制度組成要素。

由於控制環境係反映受查者管理階層(適當時亦包括治理單位)對內部控制制度的重視程度,管理階層不重視內部控制制度,即不可能有良好的內部控制效果。故**控制環境本身雖無法直接預防或偵出並改正重大不實表達,但卻是其他控制要素的基礎,可能影**

響查核人員對其他控制組成要素之有效性，進而亦影響查核人員對重大不實表達風險之評估，而且某些控制環境要素對評估重大不實表達風險有廣泛之影響，例如，治理單位對受查者內部控制制度被重視之程度有重大影響，因其能對管理階層可能因市場需求或獎酬制度而作不實財務報導之壓力予以制衡。又如，積極且獨立之董事會，較可影響高階管理階層之經營理念及風格，相較於其他控制環境要素對高階管理階層之影響可能更為廣泛。

2. 受查者之風險評估流程

受查者之風險評估流程係為達成受查者之目標，反覆辨認及分析攸關風險之流程，且係管理階層或治理單位用以決定何種風險應受管理之基礎。就財務報導之目的而言，查核人員應瞭解管理階層如何：

(1) 辨認與依適用之財務報導架構編製財務報表攸關之營業風險。

(2) 估計該等風險之顯著程度及評估風險發生之可能性。

(3) 決定管理該等風險與其結果之措施。

與可靠財務報導攸關之風險，包括可能發生某些內部或外部事件、交易或情況而對受查者啟動、記錄、處理及報導財務資訊之能力產生不利影響。該等事件、交易或情況可能包括：經營環境之改變；人員異動；新建立或大幅修改後之資訊系統；快速成長；新科技、新營運模式、新產品或新營運活動的導入；公司重組；國外營運的擴展；新發布之財務報導準則；資訊科技之使用等。管理階層可能擬定計畫、步驟或行動以因應特定風險，亦可因成本效益或其他考量而決定承擔某項風險。

具體而言，查核人員應透過執行風險評估程序，對下列事項進行瞭解及評估：

(1) 瞭解下列受查者之流程：

　①辨認與財務報導目標攸關之營業風險。

　②評估該等風險之顯著程度，包括風險發生之可能性。

　③因應該等風險。

(2) 評估受查者之風險評估流程，就受查者之情況考量其性質及複雜性而言是否適當。

此外，查核人員如辨認出管理階層未辨認之重大不實表達風險，亦應評估是否尚存有預期受查者風險評估流程應辨認出卻未辨認之風險。如有此情形時，查核人員應進一步瞭解受查者風險評估流程何以未能辨認出該風險，並評估該流程對受查者而言是否適當，或確認受查者與風險評估流程有關之控制，是否存有顯著缺失 (內部控制顯著缺失之討論參見 7.5 節之說明)。

3. 受查者監督內部控制制度之流程

受查者監督內部控制制度之流程係用以評估受查者內部控制制度有效性與及時採取

必要改正行動之持續性流程。受查者監督內部控制制度之流程可能包括持續性作業、個別評估 (定期執行) 或二者之結合。持續性監督作業通常被納入受查者之經常性活動中，其內容包含一般之管理及監督作業，前述流程可能因其對風險之評估，而於範圍及頻率上有所差異。一般而言，受查者監督內部控制制度之流程通常與下列事項有關：

(1) 內部稽核職能，內部稽核職能之目標及範圍通常包括用以評估或監督受查者內部控制制度有效性之作業，例如內部稽核人員評估管理階層是否複核定期編製銀行調節表、銷售人員是否遵循公司政策訂定銷售合約之條款、法務部門監督員工是否遵循道德或商業實務政策等。

(2) 自動化作業程序，受查者監督內部控制制度流程之控制可能採用自動化作業、人工作業或二者之結合。例如，受查者可能對某些資訊科技環境之存取活動使用自動化之監督控制，並自動產生存取異常報告予管理階層，再由管理階層以人工調查所辨認之異常情況。

(3) 區分監督作業及與資訊系統有關之控制，與資訊系統有關之控制係為因應特定風險，而監督作業之目的則係評估受查者內部控制制度五大組成要素中之控制是否如預期執行。故查核人員應考量該等作業之細節，以區分該等作業係屬監督作業及與資訊系統有關之控制，特別是當該監督作業涉及某些層級之監督性複核時。例如，每月完整性控制之執行目的係為偵出並改正錯誤，而監督作業則係詢問錯誤發生之原因，並指派管理階層負責修正流程以預防未來錯誤。

(4) 監督作業是否使用來自外部溝通之資訊，管理階層執行監督作業時，亦可能將來自外部對有關內部控制制度之溝通納入考量。例如，受查者經由顧客支付帳款或投訴帳單金額而間接驗證其帳單資料；主管機關 (如金融主管機關檢查之溝通) 可能與受查者溝通影響內部控制制度運作之相關議題。

具體而言，查核人員應透過執行風險評估程序，對下列事項進行瞭解及評估：
(1) 瞭解下列受查者流程之層面：
① 為監督控制之有效性及內部控制缺失之辨認與改正，所執行之持續性評估及個別評估。
② 受查者之內部稽核職能 (如有時)，包括其性質、職責及工作。
(2) 瞭解受查者於監督內部控制制度之流程中所使用資訊之來源，以及管理階層認為該等資訊係屬足夠可靠之基礎。
(3) 評估受查者監督內部控制制度之流程，就受查者之情況 (考量其性質及複雜性) 而言是否適當。

4. 資訊系統及溝通

與財務報表編製攸關之資訊系統係指，為達成下列目的所設計與建立之系統 (包含

作業、政策與會計及佐證紀錄)：
(1) 啟動、記錄及處理所發生之交易，並對相關資產、負債及權益建立其課責性。
(2) 解決不正確之交易處理，包括自動暫存檔案並及時清除暫存項目之程序。
(3) 處理系統踰越或迴避控制之情況，並確認其責任歸屬。
(4) 將交易處理之資訊併入總帳(例如，自明細帳拋轉以累計交易資訊)。
(5) 擷取、處理及揭露與非交易事項及狀況有關之資訊，例如資產之折舊、攤銷以及資產可回收性之變動。
(6) 確定依適用之財務報導架構所須揭露之資訊，已累計、記錄、處理及彙總並於財務報表中適當報導。

資訊系統的設計與建立與企業的營運流程(實務上常稱為交易循環)有密切相關，受查者之營運流程通常包括為下列事項而設計之作業，營運流程所產生之交易，經由資訊系統加以記錄、處理及報導：
(1) 研發、採購、生產、銷售產品及提供勞務。
(2) 確保法令之遵循。
(3) 記錄資訊，包括會計及財務報導之資訊。

而溝通係指，為使員工瞭解其於內部控制制度中所扮演與財務報導攸關之角色及責任所進行之溝通。溝通事項之範圍可能包括使員工瞭解其於資訊系統中之作業如何與他人之工作產生關聯，以及向適當較高層級人員報告例外事項之方法。受查者可能以書面形式(例如，政策手冊、會計及財務報導手冊、備忘錄)或以電子、口頭形式或其他管理作為與員工進行溝通。

具體而言，查核人員應透過執行風險評估程序，對下列事項進行瞭解及評估：
(1) 瞭解受查者之資訊處理作業，包括受查者之資料及資訊、該等作業所使用之資源，以及對主要交易類別、科目餘額及揭露事項(相關定義請參見7.3.5節的說明)所訂定之政策：
　① 資訊如何於受查者資訊系統中流動，包括：如何啟動交易，如何對交易資訊進行記錄、處理、必要之更正、併入總帳及於財務報表中報導；以及如何對與非交易事項及狀況有關之資訊進行擷取、處理及於財務報表中揭露。
　② 資訊系統中與資訊流有關之會計紀錄、財務報表中之特定會計科目及其他佐證紀錄。
　③ 受查者財務報表(包括揭露)之編製流程。
　④ 與前述攸關之受查者資源，包括資訊科技環境。
(2) 瞭解受查者於資訊系統及其他內部控制制度組成要素中，如何溝通支持財務報表編製與相關報導責任之重大事項。該等溝通包括：

①受查者內部人員間之溝通，包括相關人員就其在財務報導所扮演之角色及責任進行溝通。

②管理階層與治理單位間之溝通。

③與外部之溝通，例如與主管機關之溝通。

(3) 評估受查者之資訊系統及溝通是否適當支持財務報表係依適用之財務報導架構編製。

5. 控制作業

控制作業係指協助管理階層確保其指令已被執行之政策或程序。查核人員無須瞭解所有與各重大交易類別、科目餘額及揭露事項，暨其相關聲明有關之控制，而是應依其判斷就與查核攸關之控制為必要之瞭解，以評估個別項目聲明之重大不實表達風險，及因應所評估風險而設計進一步查核程序。何謂與查核攸關之控制呢？由於查核人員於蒐集有財務報表有關交易、餘額及揭露事項相關查核證據時，在某些情況下，僅須藉由證實程序，無須依賴某特定控制即可滿足查核目標，此時，該控制即為與查核不攸關之控制作業。

嵌入控制作業中之控制，其類型主要包括：

(1) 授權及核准。授權係指有權限者(管理階層或治理單位)允許企業依預先決定之基準進行特定交易。核准係指有權限者因企業所進行之交易符合授權基準而予以認可。授權通常係透過允許較高層級管理階層依預先決定之基準核准或以其他驗證之方式，以確認交易的有效性。

(2) 調節。係指將兩項或多項以上之資料作比較。如辨認出差異，則採取行動以使該等資料一致。調節通常係用以確認所處理交易之完整性及正確性。

(3) 驗證。係指將兩個或多個以上之項目相互比較，或將某一項目與政策作比較。當兩項目不相符或某項目與政策不一致時，可能將採取追蹤措施。驗證通常係用以確認所處理交易之完整性、正確性及有效性。

(4) 實體或邏輯控制。係指用以確保資產及資料安全之控制，使資產免於未經授權之存取、取得、使用或處分。該等控制包含：

①資產之實體安全維護，包括適當之防護措施(例如對於接觸資產或紀錄之安全設施)。

②電腦程式及資料檔案之存取授權(亦即邏輯存取)。

③定期盤點並與控制紀錄上之數額比較(例如將現金、證券及存貨之盤點結果與會計紀錄比較)。

用以防止資產被竊取之實體控制與財務報表編製可靠性之攸關程度，取決於資產是否容易被挪用而定。

(5) 職能分工。係指派不同人員負責交易之授權、交易之記錄及資產之保管，其目的在於減少員工利用其職權從事並隱匿錯誤或舞弊之機會。例如，授權賒銷之經理不負責維護應收帳款紀錄或處理現金收款。如由一人單獨執行前述所有作業，則該人員可設計不被偵出之虛假銷貨交易。同理，銷售人員亦不應具有修改已核准之產品價格檔案或佣金比率之權限。於某些情況下，職能分工可能不符合成本效益或不可行。例如，較小規模之受查者可能缺乏足夠資源以達成理想之職能分工，且聘僱額外員工之成本可能不被許可。於此情況下，管理階層可能制定替代性控制。如銷售人員能修改已核准之產品價格檔案，則可能須執行偵查性之控制作業，使與銷售職能無關之人員定期複核銷售人員是否修改價格，以及於何種情況下修改。

上述的某些控制可能依賴管理階層或治理單位所訂之較高層級政策。例如，例行性交易之授權控制可能藉由已制定之指引(例如由治理單位所訂定之投資準則)予以執行；非例行性交易(如重大收購或投資處分)可能須經特定之高層核准或股東會通過。此外，上述控制之性質可能為人工作業或自動化作業，亦可將該等控制區分為 IT 一般控制(IT general control，簡稱為一般控制)及資訊處理控制(information processing control)。所謂的一般控制係指，對企業資訊科技流程之控制，該等控制支持企業資訊科技環境之持續適當運作，包括企業資訊系統中資訊處理控制之持續有效執行及資訊之完整性、正確性及有效性。而所謂的資訊處理控制(以前稱為應用控制，application control)係指，於企業資訊系統中，與資訊科技應用系統或人工資訊流程之資訊處理有關之控制，該等控制直接因應與交易及其他資訊之完整性、正確性及有效性有關之風險。管理階層對財務報導使用並依賴自動化控制或涉及自動化層面之控制之程度愈高，受查者執行一般控制可能愈重要，因一般控制係用以確保資訊處理控制之自動化層面能持續運作的基礎。

具體而言，查核人員應透過執行風險評估程序對下列事項進行辨認及評估：
(1) 辨認下列於控制作業中因應個別項目聲明重大不實表達風險之控制：
   ① 因應經決定為顯著風險之控制(顯著風險係指所評估之固有風險程度位於頂端風險，查核人員須對該風險作特殊查核考量，詳見 7.3.5 節之說明)。
   ② 對會計分錄之控制，包括對非標準之會計分錄之控制，此等分錄係用以記錄非經常發生、不尋常之交易或調整。
   ③ 查核人員規劃測試執行有效性之控制，以決定證實程序之性質、時間及範圍，該等控制應包括因應僅執行證實程序無法取得足夠及適切查核證據之風險之控制。
   ④ 依查核人員之專業判斷認為適當的其他控制，俾使其能達成該等個別項目聲明之重大不實表達風險之辨認、評估及因應等目的。

(2) 基於前述所辨認之控制，辨認受使用資訊科技風險影響之應用系統及資訊科技環境之其他層面。

(3) 對於所辨認之應用系統及資訊科技環境之其他層面，辨認使用資訊科技之相關風險及受查者因應此等風險之一般控制。

(4) 對於上述所辨認之控制：

①評估該控制之設計是否有效，以因應個別項目聲明之重大不實表達風險或支持其他控制之執行。

②除向受查者有關人員查詢外，應執行其他程序以確認控制是否付諸實行。

對內部控制制度五大組成要素的內容及相關控制有所瞭解後，不難發現嵌入控制環境、受查者之風險評估流程及受查者監督內部控制制度之流程三項組成要素中之控制，主要為間接控制 (當然，某些控制亦可能為直接控制)，而嵌入資訊系統及溝通與控制作業二項組成要素中之控制，主要為直接控制。換言之，控制環境、受查者之風險評估流程及受查者監督內部控制制度之流程係構成內部控制制度的基礎，該等要素之缺失較有可能廣泛影響財務報表之編製。因此，查核人員對此三項組成要素之瞭解，較可能影響整體財務報表重大不實表達風險之辨認及評估 (惟整體財務報表重大不實表達風險亦可能進一步影響個別項目聲明重大不實表達風險之辨認及評估)。反之，查核人員對受查者資訊系統及溝通與控制作業二項組成要素之瞭解，較可能影響個別項目聲明重大不實表達風險之辨認及評估。

7.3.5 辨認並評估重大不實表達風險

經由瞭解受查者及其環境、適用之財務報導架構及其內部控制制度後，查核人員進一步即應辨認整體財務報表層級及交易類別、科目餘額及揭露事項之個別項目聲明層級之重大不實表達風險，以分別作為設計及執行整體查核策略及進一步查核程序之基礎，並應決定攸關聲明 (relevant assertions) 及相關之主要交易類別、科目餘額及揭露事項 (significant classes of transactions, account balances and disclosures)。根據 TWSA315 的定義，所謂的攸關聲明係指，被辨認出存有重大固有風險之交易類別、科目餘額或揭露事項之聲明。而所謂主要交易類別、科目餘額及揭露事項則係指，具有一項或多項攸關聲明之交易類別、科目餘額或揭露事項。讀者宜注意這兩個專有名詞的定義，以便瞭解本節之討論並避免不必要的誤解。以下針對整體財務報表層級及交易類別、科目餘額及揭露事項之個別項目聲明層級之重大不實表達風險之評估分別做進一步的說明。

7.3.5.1 辨認並評估整體財務報表之重大不實表達風險

整體財務報表之重大不實表達風險的辨認所考量之因素及情況相當廣泛，端賴查核

人員的專業判斷。惟值得強調的是，查核人員於瞭解受查者及其環境、適用之財務報導架構及其內部控制制度後，如發現受查者存有導因於舞弊之重大不實表達風險，查核人員通常會認為該舞弊風險對整體財務報表重大不實表達風險之考量特別攸關。此外，誠如前述，查核人員於瞭解受查者內部控制制度之後，特別是對控制環境、受查者之風險評估流程及受查者監督內部控制制度之流程之瞭解與評估，如辨認出重大缺失，查核人員於辨認整體財務報表重大不實表達風險時，通常亦會將該等缺失列入考量。甚至有時查核人員對控制環境及其他內部控制制度組成要素取得瞭解後(包括相關評估)，可能使其對取得查核證據以作為表示查核意見基礎之能力產生懷疑，或可能成為終止委任之原因(如法令允許終止委任)。

查核人員一旦辨認出整體財務報表之重大不實表達風險，則應進一步評估該等風險並：

1. 決定其是否影響個別項目聲明風險之評估。
2. 評估其對財務報表具有廣泛影響之性質及範圍。

整體財務報表之重大不實表達風險係指與整體財務報表有廣泛關聯，且可能影響許多聲明之風險(例如管理階層踰越控制之風險)。查核人員對所辨認風險是否與財務報表有廣泛關聯之評估，係用以支持其對整體財務報表之重大不實表達風險之評估。有些此類風險未必可被辨認出與交易類別、科目餘額或揭露事項之特定聲明有關，然而該等風險卻顯示可能廣泛增加所有個別項目聲明之重大不實表達風險之情況。例如，受查者面臨營運損失及流動性問題，且無穩定之資金來源，於此情況下，查核人員可能認為受查者採用繼續經營會計基礎將導致整體財務報表之重大不實表達風險，而可能須採用清算基礎，因此可能廣泛影響所有聲明。然而，有些整體財務報表之重大不實表達風險可能被辨認出與數個聲明重大不實表達風險有關聯，可能因而影響查核人員對個別項目聲明重大不實表達風險之辨認及評估。例如，受查者關係人複雜且交易頻繁，查核人員可能認為該整體財務報表之重大不實表達風險僅影響與關係人交易相關之交易類別、科目餘額或揭露事項之特定聲明。因此，整體財務報表之重大不實表達風險的評估不但影響會查核人員整體查核對策之設計及執行外，亦有可能影響查核人員進一步查核程序的設計及執行。

7.3.5.2 評估個別項目聲明之重大不實表達風險

誠如 7.3.1 節有關查核風險模式之討論，個別項目聲明之重大不實表達風險係由該聲明之固有風險及控制風險所組成，故個別項目聲明之重大不實表達風險之評估應分別針對個別項目聲明之固有風險及控制風險進行評估。因此，本小節將分別針對個別項目聲明之固有風險及控制風險之評估進行探討。

7.3.5.2.1 評估固有風險 (包括顯著風險)

誠如 7.3.3 節所述，固有風險的辨認及評估，係藉由查核人員對受查者及環境、適用之財務報導架構各個層面進行瞭解後，辨認個別項目聲明重大不實表達的情況或事項，並進一步評估固有風險因子對個別項目聲明重大不實表達發生之可能性及其影響程度，以決定個別項目聲明固有風險的程度。固有風險的程度在 TWSA315 中將其稱為固有風險光譜 (spectrum of inherent risk)；換言之，決定個別聲明固有風險光譜的位置 (從低到高)，須合併評估不實表達發生之可能性及發生時潛在不實表達之重大程度 (重大程度須考量質性及量化層面)，兩者組合之顯著程度 (TWSA315 雖未明確規定兩者如何合併評估，但本書認為讀者可以用期望值的觀念思考) 可用以決定所辨認風險處於固有風險光譜之位置。此外，如 7.3.5.1 小節所討論，查核人員所辨認出之整體財務報表之重大不實表達風險，亦可能影響個別項目聲明重大不實表達風險，因此，查核人員亦應一併考量該等個別項目聲明之固有風險光譜的位置。簡言之，查核人員對所辨認之個別項目聲明之重大不實表達風險，應藉由評估不實表達發生之可能性及重大程度以評估固有風險。此時，查核人員應考量下列事項：

1. 固有風險因子如何影響攸關聲明易發生不實表達之可能性及其影響程度。
2. 整體財務報表之重大不實表達風險如何影響個別項目聲明之固有風險評估及其影響程度。

從上述的說明可知，查核人員對與某一特定個別項目聲明固有風險所作之評估，係指其對該風險處於固有風險光譜區間 (從低到高) 所作之判斷，惟該判斷係屬查核人員的專業判斷。查核人員對所評估固有風險於該光譜區間所處位置之判斷，可能因受查者之性質、規模及複雜性而異，並考量所評估不實表達發生之可能性及重大程度與固有風險因子。重大不實表達發生之可能性及重大程度於固有風險光譜之交會點，將決定所評估固有風險係處於固有風險光譜較高或較低之位置。如某風險被評估為處於固有風險光譜較高之位置，並不表示發生之可能性及重大程度二者皆須被評估為高。較高之固有風險評估亦可能源自於可能性及重大程度之不同組合 (例如可能性較低但重大程度非常高之組合)。由於固有風險難以客觀地量化，實務上會計師事務所為訂定適當之策略以因應重大不實表達風險，可依據對固有風險之評估，指定重大不實表達風險在固有風險光譜內之分類 (如高、中、低等)，該等分類可以不同方式敘述。不論使用何種分類方法，當查核人員對所辨認個別項目聲明之重大不實表達風險設計及執行之進一步查核程序，能適當因應對固有風險之評估及該評估之理由時，則查核人員對固有風險之評估就屬適當。

此外，查核人員於評估所辨認個別項目聲明之重大不實表達風險時，亦可能認為某些重大不實表達風險與整體財務報表有較廣泛關聯，且可能影響許多聲明，於此情況下，

查核人員可能須更新對整體財務報表之重大不實表達風險之辨認。

　　查核人員進行前述評估後，應進一步決定所評估之重大不實表達風險是否為下列兩種風險：

1. **顯著風險**

　　所謂顯著風險係指，所評估固有風險已接近固有風險光譜頂端之風險及依審計準則之規定，視為顯著風險者。嚴格而言，審計準則明定為顯著風險者，在查核實務上就是那些固有風險已接近固有風險光譜頂端之風險，例如與財務報導舞弊有關之事項、管理階層踰越控制、重大非常規關係人交易、銷貨收入認列等，審計準則甚至要求查核人員要事先假設銷貨收入認列存舞弊及每一委任案皆存有管理階層踰越控制之風險（兩者皆明定為顯著風險）。決定那些所評估之重大不實表達風險接近固有風險光譜頂端而被評估為顯著風險，係屬查核人員之專業判斷事項，除非該風險係審計準則明定為顯著風險者。一般而言，查核人員於判斷某項風險是否為顯著風險時，至少應考量下列事項：

(1) 該風險是否為舞弊風險。
(2) 該風險是否與最近之重大經濟、會計或其他事件有關，而須特別關注（如購併、資訊系統的更新等）。
(3) 交易之複雜程度。
(4) 該風險是否與重大之關係人交易有關。
(5) 與該風險有關之財務資訊衡量之主觀程度，特別是不確定性較高之衡量。例如公允價值之判斷，所需之判斷可能較為主觀、複雜或需要對未來事件之影響提出假設。
(6) 與該風險有關之重大交易是否屬非正常營運或不尋常之交易。該類的風險如管理階層介入會計處理之程度較高、人工介入資料蒐集及處理之程度較高、複雜之計算或會計準則及非例行性交易之性質可能使受查者難以對風險執行有效之控制。

　　查核人員須決定所評估之重大不實表達風險是否為顯著風險之原因，係因依 TWSA330「查核人員對所評估風險之因應」之規定，查核人員須對具顯著風險之個別項目聲明作特殊查核考量以因應該風險。查核人員透過執行某些必要之因應對策，使其更加集中注意具顯著風險聲明之查核，*該等必要之因應對策包括*：

(1) 查核人員應辨認因應顯著風險之控制，並評估該等控制之設計是否有效並付諸實行。
(2) 當查核人員欲信賴因應顯著風險控制之執行有效性時，應於當期測試該等控制，並規劃及執行特定證實程序以因應所辨認之顯著風險。
(3) 查核人員所評估之風險越高，越須取得更具說服力之查核證據。
(4) 查核人員應與治理單位溝通所辨認之顯著風險。
(5) 當查核人員決定高度關注之事項（該等事項可能為關鍵查核事項）時，應考量顯著

風險。

(6) 主辦會計師於適當查核階段及時複核查核工作底稿,可使重大事項(包括顯著風險)能於查核報告日前獲得及時且滿意之解決。

(7) 在集團主辦會計為組成個體查核人員之工作承擔責任時,如顯著風險與集團查核中之組成個體有關,集團主辦會計師應有更多參與,且集團查核團隊應指導組成個體查核人員對該組成個體執行必要之查核工作(相關討論,參閱第八章 8.5 節集團財務報表查核之特別考量)。

2. 僅執行證實程序是否無法取得足夠及適切查核證據之風險

於某些情況下,對特定個別項目聲明之查核,查核人員無法僅依賴執行證實程序就能取得足夠及適切查核證據,尚須測試相關控制執行之有效性。查核人員應辨認此種風險,因其將影響查核人員為因應該等聲明重大不實表達風險之進一步查核程序之設計及執行。例如,當受查者大部分資訊之啟動、處理、記錄或報導僅採用電子形式儲存於資訊系統中,且該資訊系統涉及應用系統間之高度整合時;此外,如財務報導涉及重大會計估計(銀行業壞帳的估計、保險業賠償準備的估計、營建業長期工程合約收入的估計等)亦可能涉及僅執行證實程序無法取得足夠及適切查核證據之風險。

7.3.5.2.2 評估控制風險

首先再次提醒,查核人員如規劃測試控制執行之有效性,應評估控制風險。如未規劃測試控制執行之有效性,查核人員對重大不實表達風險之評估即等同於固有風險之評估(因控制風險只能設為 100%)。查核人員如規劃測試控制執行之有效性,係基於對該等控制係有效執行之預期,且此預期將成為查核人員評估控制風險之基礎。查核人員基於對控制作業中所辨認控制之設計的評估及對其付諸實行之確認,建立對控制執行有效性之初步預期,再依據 TWSA330 之規定測試該等控制執行之有效性,以確認對該等控制執行有效性之初步預期。如該等控制未如預期有效執行,則查核人員須修正對控制風險之評估。換言之,為了規劃控制測試以評估控制風險,查核人員除了應辨認於評估固有風險時,有關因應顯著風險及僅執行證實程序是否無法取得足夠及適切查核證據之風險相關控制外,尚須辨認為了提升查核效率打算信賴之控制(查核人員對該等控制執行控制測試並評估控制風險,並據以決定相關證實程序之性質、時間及範圍),以因應個別項目聲重大不實表達風險。

如查核人員規劃測試控制執行之有效性,則可能須測試控制之組合(直接及間接控制,包括一般控制),以確認對該等控制係有效執行之預期。此時於評估控制風險時,須考量該等控制組合查核人員之預期有效性。此外,當查核人員規劃測試自動化控制執行之有效性時,亦可能規劃測試與該控制攸關之一般控制之執行有效性,此一般控制係支

持該自動化控制之持續運作,以因應使用資訊科技之風險,並為查核人員對該自動化控制於受查期間係有效執行之預期提供基礎。當查核人員預期相關之一般控制無效時,一般而言,查核人可能做出不信賴資處理控制之決定,因而將影響其對控制風險的評估,且影響因應使用資訊科技之風險之進一步查核程序,甚至造成查核人員無法取得足夠適切之查核證據的情況。

7.3.5.3 評估自風險評估程序所取得之查核證據及修正

查核人員應評估自風險評估程序所取得之所有查核證據(無論該等查核證據係可驗證或可反駁管理階層所作之聲明),是否對重大不實表達風險之辨認及評估提供適當基礎。做此評估時應運專業懷疑,宜考量是否已對受查者及其環境、適用之財務報導架構及受查者之內部控制制度取得足夠瞭解以辨認重大不實表達風險,如無法提供適當基礎,查核人員應執行額外風險評估程序,直至所取得之查核證據可提供該基礎。

此外,查核人員對未被決定為主要交易類別、科目餘額或揭露事項 (significant classes of transactions, accounts and disclosures) 之重大交易類別、科目餘額或揭露事項 (material classes of transactions, accounts and disclosures),應評估其決定是否仍屬適當(注意兩者之差異)。所謂重大交易類別、科目餘額或揭露事項係指,如漏列、誤述或模糊該等交易類別、科目餘額或揭露事項之資訊,可被合理預期將影響使用者以財務報表整體為基礎所作之經濟決策,則該等交易類別、科目餘額或揭露事項係屬重大交易類別、科目餘額或揭露事項。有時受查者可能存有重大但並未被查核人員決定為主要之交易類別、科目餘額或揭露事項(即未具有已被辨認出之攸關聲明),例如查核人員認為受查者高階主管薪酬之揭露具有重大性,惟查核人可能未辨認出重大不實表達風險。此一評估之目的在於要求查核人員再次確認對受查者之重大交易類別、科目餘額或揭露事項所設計及執行之進一步查程序係屬適當。

最後,誠如第六章所述,查核規劃係屬持續及適時修正的過程。因此,如查核人員取得之新資訊,與其原先據以辨認或評估重大不實表達風險之查核證據不一致時,應修正對重大不實表達風險之辨認或評估。例如,查核人員之風險評估可能以某些控制係有效執行之預期為基礎,惟於執行控制測試後,取得該等控制於受查期間並未有效執行之查核證據;此外,查核人員於執行證實程序時,亦可能偵出不實表達之金額或頻率高於查核人員原先之風險評估結果。於此情況下,原先之風險評估可能無法適當反映受查者之真實情況,所規劃之進一步查核程序亦可能無法有效偵出重大不實表達。此時,查核人員即應修正對重大不實表達風險之辨認或評估,並修正進一步查核程序。

7.3.5.4 有關風險評估程序之書面紀錄

為證明查核人員已依相關審計準則適當規劃及執行風險評估程序,查核人員應列入

查核工作底稿之事項包括：

1. 查核團隊所進行之討論及所達成之重大決定。
2. 查核人員對受查者及其環境與適用之財務報導架構、內部控制制度之控制環境、受查者之風險評估流程、受查者監督內部控制制度之流程、資訊系統及溝通所取得瞭解 (包含相關評估) 之主要內容及其資訊來源，以及所執行之風險評估程序。
3. 查核人員對控制作業所辨認控制之設計所作之評估，以及確認該等控制是否付諸實行。
4. 所辨認及評估之整體財務報表及個別項目聲明之重大不實表達風險，包括顯著風險及僅執行證實程序無法取得足夠及適切查核證據之風險以及作成該等重大判斷之理由。

　　如何將上述事項適當地記錄於工作底稿中，一直是查核實務上的一大挑戰，查核人員可能無法以單一方式記錄上述事項，應運用專業判斷，其基本原則是該等書面紀錄可使有經驗之查核人員縱未參與該查核案件，亦能瞭解所執行查核程序之性質、時間及範圍。查核人員可能無法於查核工作底稿中，單獨記錄某一查核過程已運用之專業判斷及專業懷疑，惟查核工作底稿仍可提供其已運用專業判斷及專業懷疑之證據。例如當執行風險評估程序同時取得可驗證及可反駁管理階層聲明之證據時，查核工作底稿記錄查核人員如何評估該等證據 (包括評估查核證據是否對重大不實表達風險之辨認及評估)，即可能提供判斷查核人員是否已做適當專業判斷及專業懷疑之基礎。此外，為支持查核人員所作困難判斷之理由，可能須有更詳細之書面紀錄。對於續任查核案件，某些工作底稿可持續使用，惟於必要時應予以更新，以反映當期受查者營運或流程之改變。

　　實務上，查核人員對內部控制制度五大要素瞭解之紀錄，常混合使用文字敘述 (narrative description)、流程圖 (flowchart) 及控制問卷 (internal control questionnaire) 等方式記錄。茲舉例並說明如下：

1. 文字敘述 (narrative description)，乃指查核人員對受查者之內部控制所做的書面敘述。文字敘述廣泛用於非流程性質之內部控制要素的說明 (如控制環境)、文件和紀錄的來源 (如說明客戶訂單來自何處，以及銷貨發票如何產生) 處理過程 [如說明銷貨金額係由電腦程式自動產生 (將出貨數量乘上價格主檔中之標準價格)]、處置文件和紀錄 (如說明憑證之歸檔、寄交客戶或銷毀等) 攸關控制風險評量的控制說明 (如說明相關控制之職能分工、授權和核准、複核作業等) 等。
2. 流程圖 (flowchart)，乃是以符號或圖形來表達受查者之憑證及動作在組織中之流程，通常使用於描述作業流程。流程圖之優點在其可以提供受查者作業流程之概觀，並作為查核人員評估之分析工具。編製完整之流程圖可清晰地顯示作業流程之運作過程，亦有助於確認系統中存在的弱點，相較於文字敘述，流程圖較易閱讀且便於更新。流

程圖中所使用符號或圖形都有一定的定義,且全世界都通用,圖表 7.7 例示受查者現金收款之作業流程,圖表 7.8 則列示若干常用於流程圖中圖形之意義。

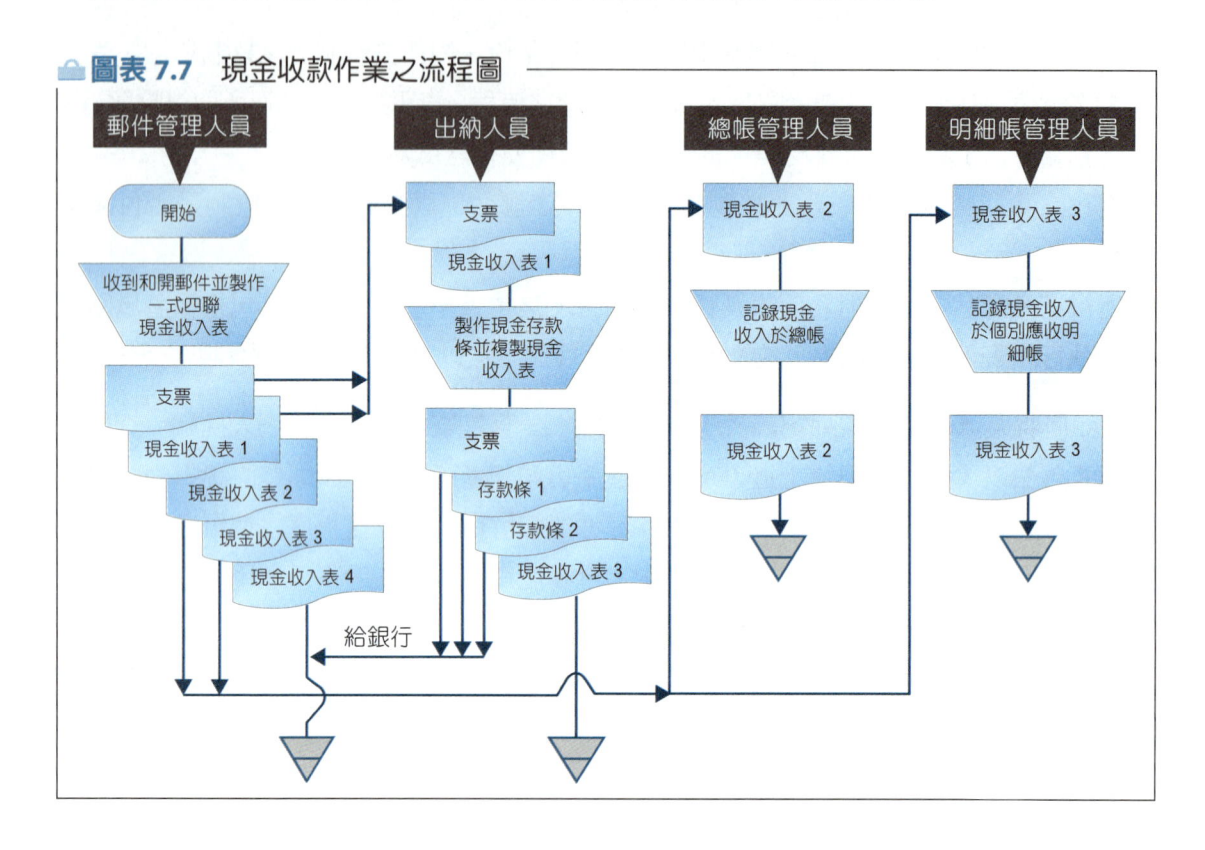

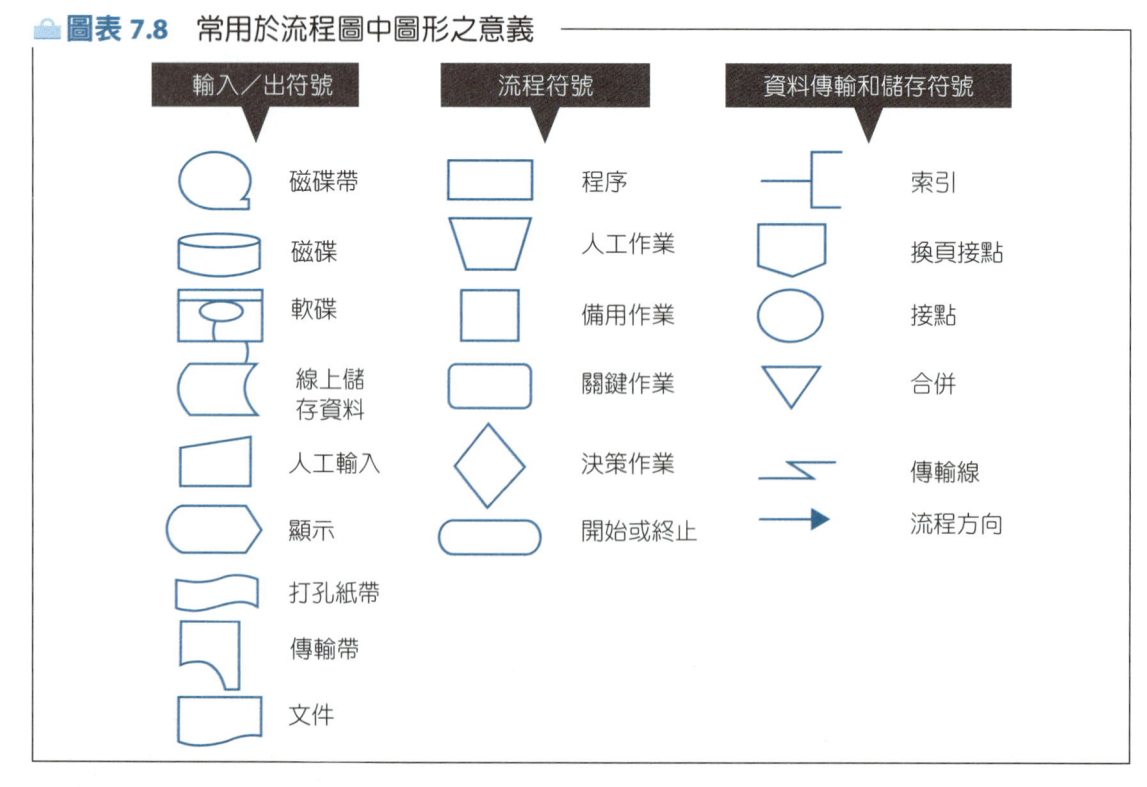

圖表 7.7　現金收款作業之流程圖

郵件管理人員	出納人員	總帳管理人員	明細帳管理人員
開始	支票	現金收入表 2	現金收入表 3
收到和開郵件並製作一式四聯現金收入表	現金收入表 1	記錄現金收入於總帳	記錄現金收入於個別應收明細帳
支票	製作現金存款條並複製現金收入表	現金收入表 2	現金收入表 3
現金收入表 1	支票		
現金收入表 2	存款條 1		
現金收入表 3	存款條 2		
現金收入表 4	現金收入表 3		
	給銀行		

圖表 7.8　常用於流程圖中圖形之意義

輸入/出符號	流程符號	資料傳輸和儲存符號
磁碟帶	程序	索引
磁碟	人工作業	換頁接點
軟碟	備用作業	接點
線上儲存資料	關鍵作業	合併
人工輸入	決策作業	傳輸線
顯示	開始或終止	流程方向
打孔紙帶		
傳輸帶		
文件		

3. 控制問卷 (internal control questionnaire)，內部控制問卷係針對每一個查核議題之相關控制，提出一系列問題由受查者相關人員填答，藉此提供查核人員辨認可能存在之內部控制缺失。大部分問卷之設計均要求填答者以「是」、「否」或「不適用」回答，問卷設計時通常刻意設計成若受測者回答「否」時，即表示可能存有內部控制缺點。控制問卷之優點在於可以迅速地點出所查核領域內部控制的弱點，其缺點則為僅提供受查公司系統之片斷，而未能提供整體輪廓。此外，由於每一受查者之內部控制不完全一樣，標準式控制問卷往往不適用於所有的受查者。由於流程圖可以提供系統整體輪廓，而問卷則提供特定控制程序的檢查表，因此，同時採用控制問卷與流程圖對於瞭解受查公司內部控制之設計，以及確認內部控制之缺點極有助益。圖表 7.9 以銷貨及收款循環為例，列示部分相關之控制問卷。

由於 7.3 節各小節所討論之內容相當龐雜，為讓讀者更能掌握辨認並評估重大不實表達的架構及流程，茲將風險評估程序之流程圖彙整於圖表 7.10。

7.4 查核人員對所評估重大不實表達風險之因應

查核人員執行風險評估程序後，應辨認及評估整體財務報表及個別項目聲明二個層級之重大不實表達風險，並應針對這二個層級的風險分別設計及執行整體查核對策及進一步查核程序之查核計畫以為因應。本節將針對查核人員如何依所評估之整體財務報表及個別項目聲明之重大不實表達風險，規劃及執行整體查核對策及進一步查核程序之查核計畫進行探討，相關規範主要規定於 TWSA330「查核人員對所評估風險之因應」及 TWSA300「財務報表查核之規劃」。

7.4.1 規劃整體查核對策以因應所評估整體財務報表之重大不實表達風險

查核人員應設計及執行整體查核對策，以因應所評估整體財務報表之重大不實表達風險。整體查核對策的目的，旨在協助查核人員規劃查核所需運用之資源、資源配置、查核時機及查核資源之管理、運用及監督。

具體的整體查核對策通常包括下列事項：

1. 查核特定項目所應運用之資源，例如指派具備適當經驗之團隊成員負責高風險項目，或由專家參與較複雜事項。
2. 查核特定項目所應配置資源之多寡，例如觀察重要據點之存貨盤點時，所須指派團隊成員之人數、對於查核集團客戶之其他會計師工作所須複核之範圍、或對高風險項目所擬投入之查核時數。
3. 使用查核資源之時機，例如分配資源於期中查核階段或相關之主要截止日期。

圖表 7.9　銷貨及收款循環之內部控制問卷（部分）

委託人：甲公司	查核日期：20×1 年 12 月 31 日
查核人員：張三	編製日期：20×1 年 09 月 30 日
複核人員：李四	複核日期：20×1 年 10 月 01 日

目標與問題	是	否	N/A	說明
銷貨				
A. 帳列銷貨均屬已運交實際存在客戶之出貨				
1. 對客戶的授信核准是否由專人負責，且對信用額度主檔之存取是否有所管制？	✓			由授信部門經理負責
2. 帳列銷貨是否有已授權之出貨單及已核准之客戶訂單。	✓			由 A 負責
3. 請款、記帳銷貨以及現金收入之處理是否有適當職能區分？	✓			
4. 所有銷貨發票是否預先編號及事後清點？		✓		有預先編號，但未事後清點，需執行額外證實測試
B. 本期所有已發生之銷貨交易皆已入帳				
1. 是否設置出貨紀錄？	✓			
2. 出貨單是否用已確認有出貨均已開立帳單？	✓			由 B 執行，由 C 複核
3. 所有出貨單是否預先編號及事後清點？	✓			由應收帳款管理員負責
C. 帳列銷貨已正確開單與入帳				
1. 是否獨立比較出貨單與銷貨發票上之數量？	✓			由 E 執行
2. 是否有已核准之價目表可供使用，且價格主檔之變更受到管制？	✓			由總經理負責
3. 是否按月寄交客戶對帳單？	✓			由應收帳款管理員負責
D. 帳列銷貨交易已適當分類				
1. 是否獨立比較帳列銷貨與會計科目表？			✓	所有銷貨均為賒銷且只有一銷貨科目
E. 銷貨交易已於正確日期入帳				
1. 是否獨立比較出貨單與帳列銷貨日期？		✓		每週複核是否有日期不符與未入帳之出貨
F. 銷貨交易已正確地列入應收帳款主檔並經正確地彙總				
1. 電腦是否自動將交易過帳至應收帳款主檔及總帳？	✓			
2. 應收帳款主檔是否按月與帳相調節？	✓			由會計主管執行

圖表 7.10　風險評估程序流程圖

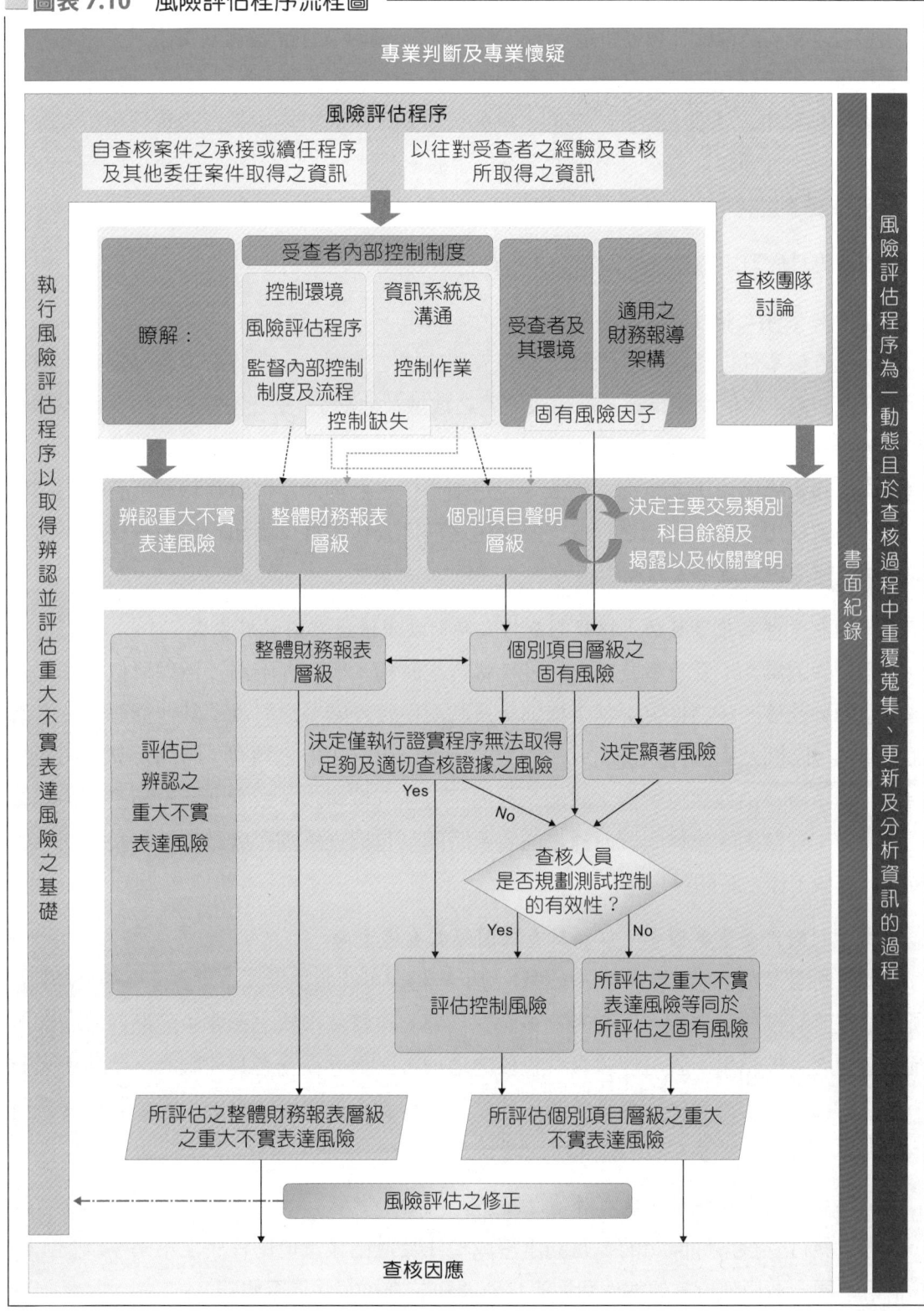

專業判斷及專業懷疑

風險評估程序

- 自查核案件之承接或續任程序及其他委任案件取得之資訊
- 以往對受查者之經驗及查核所取得之資訊

瞭解：

受查者內部控制制度
- 控制環境
- 風險評估程序
- 監督內部控制制度及流程
- 資訊系統及溝通
- 控制作業
- 控制缺失

- 受查者及其環境
- 適用之財務報導架構
- 固有風險因子

查核團隊討論

執行風險評估程序以取得辨認並評估重大不實表達風險之基礎

- 辨認重大不實表達風險
- 整體財務報表層級
- 個別項目聲明層級
- 決定主要交易類別科目餘額及揭露以及攸關聲明

- 整體財務報表層級
- 個別項目層級之固有風險

- 決定僅執行證實程序無法取得足夠及適切查核證據之風險
  - Yes / No
- 決定顯著風險

查核人員是否規劃測試控制的有效性？
- Yes → 評估控制風險
- No → 所評估之重大不實表達風險等同於所評估之固有風險

評估已辨認之重大不實表達風險

- 所評估之整體財務報表層級之重大不實表達風險
- 所評估個別項目層級之重大不實表達風險

風險評估之修正

查核因應

書面紀錄

風險評估程序為一動態且於查核過程中重覆蒐集、更新及分析資訊的過程

4. 查核資源之管理、運用及監督，例如團隊會議擬舉行之時機、主辦會計師及經理執行複核之地點(是否於外勤場所進行)，以及是否須執行案件品質管制複核。
5. 選擇進一步查核程序時，應融入更多受查者無法預期之因素。
6. 改變查核程序之性質、時間或範圍。例如，於期末而非於期中執行證實程序；或改變查核程序之性質以取得更具說服力之查核證據。
7. 向查核團隊強調應保持專業上之懷疑。

查核人員於訂定整體查核對策時，應執行下列程序：

1. 辨認查核案件之特性以決定查核範圍

考量查核案件之特性如：編製財務報表所依據之準則；產業特有之報導規定；擬執行查核之對象(包括受查集團客戶組成個體之數量及地點)；受查集團客戶與其組成個體間之控制關係；由其他會計師所查核受查集團客戶組成個體之程度；受查核營運部門之性質；財務報導所使用之幣別；依法令規定須查核之個別及合併財務報表；有無內部稽核工作可資採用及其可信賴之程度；擬採用之前期查核證據；資訊科技對查核程序之影響；可資運用之受查者人員及資料等。

2. 確定查核案件之報導目的，以規劃查核之時間及須溝通之內容與方式

考量的因素如：受查者要求出具查核報告之時程；與管理階層及治理單位會議之安排，以討論查核工作之性質；就查核進度及狀況與管理階層之討論；其他擬與第三者溝通之事項、時間及範圍；以書面或口頭方式，就擬出具報告之類型、時間及其他溝通事項與管理階層及治理單位所作之討論，其內容包括查核報告、致管理階層函及與治理單位之溝通；查核團隊成員間擬溝通之內容及時間，包括查核團隊會議之性質及時間，以及複核查核工作之時間等。

3. 依專業判斷考量重要因素，以指引查核團隊之查核方向

考量的因素如：決定適當之重大性；初步辨認較可能發生重大不實表達風險之項目；所評估整體財務報表之重大不實表達風險對指導、監督及複核之影響；前期對於內部控制有效性之查核結果；就可能會影響查核之事項，與提供受查者其他服務之事務所人員所作之討論；內部控制對受查者營運成效之重要程度；重要產業發展；編製財務報表所依據準則之重要改變等。

4. 考量案件承接或續任時所做之評估

考量執行查核案件開始前，有關承接或續任及遵循職業道德程序之結果，以及主辦會計師為同一客戶執行其他案件所取得之資訊與該查核案件是否攸關。

5. 確認執行查核案件所需資源之性質、時間及範圍

考量的因素如：查核團隊成員(某些情況下亦包括案件品質管制複核人員)之挑選及

其工作之分派；案件預算，包括查核較可能發生重大不實表達風險項目所需之時間。

此外，查核人員於規劃整體查核對策時，尤應考量受查者控制環境之影響。有效之控制環境可使查核人員對受查者之內部控制，以及來自受查者內部之查核證據之可靠性較有信心，而使查核人員得於期中而非於期末執行某些查核程序。控制環境如有缺失則產生相反效果。對無效之控制環境，查核人員可能採取下列對策：

1. 於期末而非於期中執行較多查核程序。
2. 經由證實程序取得更多之查核證據。
3. 將更多受查者據點納入查核範圍。

7.4.2 規劃進一步查核程序之查核計畫以因應個別項目聲明重大不實表達風險

誠如在 5.3 節有關蒐集查核證據的方法論中所討論，財務報表審計即查核人員針對管理階層在財務報表主張之聲明，客觀地蒐集及評估相關證據，以確認各項聲明是否符合其適用之財務報導架構編製。為了達到此一查核目的，查核人員又將管理階層之五大聲明(存在或發生、完整性、權利與義務、評價或分攤、表達與揭露)，進一步區分為「與各類交易、事件及相關揭露有關之聲明」及「與期末科目餘額及相關揭露有關之聲明」二大類別(參見圖表 5.2 管理階層聲明與查核目標聲明之關聯性)，藉以引導進一步查核程序的規劃與執行。

查核人員執行風險評估程序，對前述交易類別、科目餘額及揭露事項之個別聲明，辨認及評估重大不實表達風險後，設計及執行進一步查核程序涉及三個層面，即查核的性質、時間及範圍。進一步查核程序包括控制測試 (test of control) 及證實程序 (substantive procedure)，查核人員所設計及執行之進一步查核程序，須與所評估之個別項目風險間有清楚的連結，且其性質、時間及範圍須足以因應所評估個別項目聲明之重大不實表達風險。以下將針對這三個層面分別說明。

1. 進一步查核程序的性質

進一步查核程序之性質係指查核程序之目的(即經由控制測試或證實程序達成)及類型(即檢查、觀察、查詢、函證、驗算、重新執行或分析性程序)，為因應所評估之個別項目聲明風險，最須考量者即為查核程序之性質。換言之，在此層面查核人員要決定之兩個重點如下：一為查核人員必須決定特定聲明之查核，是否要併用控制測試及證實程序 [TWSA330 將此方式稱之為併用方式 (combined approach)]，或僅依賴證實程序 [TWSA330 將此方式稱之為證實方式 (substantive approach)] 所蒐集之查核證據作為查核結論之基礎；二則為在執行控制測試及證實程序蒐集之查核證據時，應該使用那些查核方法(即檢查、觀察、查詢、函證、驗算、重新執行或分析性程序)去蒐集查核證據。

在查核程序之目的方面,當查核人員決定採用併用方式時,查核人員就必須執行控制測試,取得攸關控制有效性的證據,併同證實程序所取得之證據,一起作為查核結論的基礎。如果查核人員決定採用證實方式時,則對與該聲明相關之控制,無須執行控制測試,僅依由證實程序所蒐集之證據,作為查核結論的基礎。至於對特定聲明,查核人員決定採用併用方式或證實方式時,通常會考慮下列因素 (即決定是否須執行控制測試的情況):

(1) 對個別項目聲明重大不實表達風險之評估,包含對控制係有效執行之預期;即查核人員欲信賴控制執行之有效性,以決定證實程序之性質、時間及範圍。

查核人員執行風險評估程序時,可能判斷某特定聲明之查核,併用方式比證實方式更有效率,並預期受查者將有效執行相關控制。此時,查核人員即必須執行相關控制測試,取得相關控制有效執行的證據,再併同執行證實程序所獲取之證據,作為查核結論的依據。一般而言,執行相關控制測試,取得控制有效性查核證據的說服力越佳,查核人員可降低經由證實程序所取得證據之說服力,只是查核人員不能僅依控制測試的結果,即作為該聲明查核結論的依據,因為控制測試的結果僅能呈現該個別項目聲明發生不實表達的可能性,無法作成是否有不實表達的結論。

(2) 對個別項目聲明僅執行證實程序無法提供足夠及適切之查核證據,必須併同取得相關內部控制有效運作的證據。

於某些情況下,查核人員可能判斷無法僅藉由執行證實程序,即可對個別項目聲明取得足夠及適切之查核證據。例如,受查者以資訊科技系統處理其營運,且除透過 IT 系統外,未對交易產生或留下書面紀錄,在此情況下,查核人員可能無法僅經由證實程序,而必須測試相關 IT 之控制能完整及正確地處理所有的交易,才能對個別項目聲明取得足夠及適切之查核證據。此外,如受查者主要會計政策涉及重大的會計估計,一般而言,查核人員通常亦無法僅執行證實程序即可取得足夠及適切之查核證據。例如,銀行業壞帳的估計、保險業對賠償準備的估計、營建業對完工百分比的估計 (全部完工總成本的估計) 等,查核人員如未測試與這些重大會計估計相關內部控制的效果,將不太可能僅依執行證實程序即取得足夠及適切之查核證據,以作為查核結論的依據。

換言之,在符合上述兩種情況之一時,查核人員就必須執行控制測試,查核人員若未執行控制測試,則控制風險僅能評估為最大值,即 100%。有關控制測試之探討,將於 7.4.3 節中介紹。

執行控制測試及證實程序蒐集之查核證據時,應該使用那些查核方法?本書於第五章曾介紹各種蒐集查核證據的查核方法,如檢查、觀察、查詢、函證、驗算、重新執行或分析性程序等,每一種查核方法所獲取之查核證據,其說服力及所耗費之人力與成本

並不完全相同，查核人員應依個別項目不實表達風險的程度及併同內部控制證據的程度，選擇適當之查核方法。對於重大不實表達風險較高之聲明，如適當時查核人員應考量是否執行外部函證程序，以作為證實程序。例如，當所評估之風險較高時，查核人員除檢查文件外，尚可能須透過函證，向交易對方確認契約條款之完整性；此外，特定查核程序可能較適用於某些聲明，例如就收入而言，控制測試可能最能因應完整性聲明之重大不實表達風險，而證實程序則可能最能因應發生聲明之重大不實表達風險。

查核人員所評估之重大不實表達風險不論為何，均應對每一重大交易類別、科目餘額及揭露事項(包括主要交易類別、科目餘額及揭露事項)，設計及執行證實程序，不可僅依執行控制測試之結果作為查核結論之依據。因為查核人員對風險之評估畢竟屬於判斷性質，可能無法辨認出所有重大不實表達風險；再者，內部控制存有先天之限制(包括管理階層踰越控制)，無法完全保證財務報表免於重大不實表達。有關證實程序之探討，將於 7.4.4 節中介紹。

2. 進一步查核程序的時間

查核程序之時間係指何時執行，或查核證據所屬之期間或日期。查核人員可於期中或期末執行控制測試或證實程序，重大不實表達風險越高，查核人員越可能認為於期末或接近期末而非於期中執行控制測試及證實程序，或不事先通知或於非預期之時間執行查核程序(例如，對所選擇之據點以不事先通知之方式執行查核程序)較為有效。查核人員於考量如何因應舞弊之風險時，前述方式尤為攸關，例如當已辨認出故意不實表達或竄改之風險時，查核人員可能推論，將期中查核結論延伸至期末而須執行之查核程序非屬有效。惟於期中執行查核程序，可協助查核人員於查核階段初期即辨認出重大事項，進而藉由管理階層之協助或設計有效之查核方式加以解決。

除此之外，影響查核人員考量何時執行查核程序之其他攸關因素，可能尚包括：

(1) 查核程序的性質，某些查核程序僅能於期末或期末之後執行。例如，核對財務報表至相關會計紀錄；檢查於財務報表編製期間所作之調整；為因應受查者可能於期末簽訂不當銷售合約，或交易可能於期末仍未完結等風險，而須執行之程序等。
(2) 控制環境，控制環境越差，期中查核至期末之間發生重大不實表達的可能性越高(尤其是管理階層踰越內部控制)，期中查核結果的攸關性就越差，查核人員應傾向於期末查核。
(3) 何時可取得攸關資訊。例如，電子檔內容續後可能因更新而被覆蓋，或擬觀察之程序可能僅於特定時間發生。
(4) 風險之性質。例如，若存有受查者為達成預期盈餘，而於期後藉由創造虛偽銷售協議以虛增收入之風險，查核人員可能希望於期末檢查當日已有之合約。
(5) 與查核證據相關之期間或日期。

3. 進一步查核程序的範圍

查核程序之範圍係指所執行查核之數量，例如樣本量或觀察某一控制作業之次數。查核人員以重大性、所評估之風險及欲取得之確信程度，作為決定查核程序範圍之判斷依據（另將於審計抽樣相關章節中討論）。當其他條件不變時，查核程序之範圍，通常隨重大不實表達風險之增加而增加。例如，查核人員為因應所評估導因於舞弊之重大不實表達風險，宜適當增加樣本量或執行更詳細之證實分析性程序，惟僅於查核程序本身與特定風險攸關時，增加查核程序之範圍方屬有效。此外，前曾提及，某特定查核目的可能須執行數個查核程序方能達成，在此情況下，每一查核程序之範圍應予以單獨考量。

由於 IT 科技的普及，許多受查者的資訊系統已高度電腦化，交易及會計檔案皆以電子媒介儲存，查核人員如採用電腦輔助查核技術 (computer-assisted audit techniques) 查核，可對電子交易及會計檔案作更廣泛之測試，該等技術可用於自主要電子檔案選取樣本、對具特定特徵之交易進行搜尋或對整個母體而非樣本進行測試。因此，電腦輔助查核技術的採用亦會影響查核人員查核範圍的決策。

7.4.3　控制測試

控制測試係指對預防或偵出並改正個別項目聲明重大不實表達之控制，設計用以評估該等控制是否有效執行之查核程序。前曾提及，於下列情況下，查核人員應設計及執行控制測試，俾對攸關控制執行之有效性取得足夠及適切之查核證據：

1. 對個別項目聲明重大不實表達風險之評估，包含對控制係有效執行之預期（即查核人員欲信賴控制執行之有效性，以決定證實程序之性質、時間及範圍）。
2. 對個別項目聲明僅執行證實程序無法提供足夠及適切之查核證據。

查核人員於設計及執行控制測試時，其基本原則為：如對控制執行有效性擬予信賴之程度越高（如在僅藉由證實程序無法取得足夠及適切查核證據，以及查核人員擬信賴與顯著風險攸關之內部控制的情況下），查核人員越須取得更具說服力之查核證據（同時可降低證實程序所蒐集證據的說服力）。

對控制執行有效性之測試，與取得對控制之瞭解暨對其設計及是否付諸實行之評估（即相關之風險評估程序）不同，惟二者均採用相同類型之查核程序。因此，某些風險評估程序雖非為控制測試而設計，惟仍可能提供有關控制執行有效性之查核證據，而可作為控制測試之一部分。例如，查核人員之風險評估程序可能包括：查詢管理階層有關預算之使用、觀察管理階層對每月預算及實際支出之比較，以及檢查有關預算與實際金額差異之調查報告。而該等查核程序不但可提供查核人員對受查者預算政策之設計及其是否已付諸實行之瞭解，亦能提供可用以預防或偵出費用分類相關重大不實表達之預算政

策，是否有效執行之查核證據。一般而言，查核人員可能認為於評估控制之設計及確認其是否已付諸實行時，同時測試其執行之有效性，較有效率。

此外，查核人員亦可對同一交易相關之聲明設計同時執行證實程序及控制測試之查核方式，此即為第五章曾提及的雙重目的測試 (dual-purpose test)（通常屬於檢查相關文書憑證的查核方法）。雖然執行控制測試與證實程序之目的不同，但有時同一交易相關聲明之查核可藉由對執行控制測試及證實程序而同時完成，例如，查核人員可設計對發票之檢查以確定其是否經核准，其查核結果除可確認該控制作業是否確實執行外，其檢查結果亦可同時為該筆交易提供證實查核證據，如交易金額的確認。

由於規劃的層面包括查核程序的性質、時間及範圍，故分別針對這三個層面說明如下：

1. 控制測試的性質

為取得控制是否有效執行之查核證據所須採取查核程序之類型，受特定控制性質之影響。例如，若書面紀錄可提供控制執行有效性之證據，則查核人員可決定檢查該等書面紀錄以取得執行有效性之查核證據。然而，對某些控制而言，書面紀錄可能無法取得或不具攸關性。例如，控制環境中之某些因素（如權責劃分）或某些類型之控制作業（如由電腦執行之控制作業），可能未存有書面紀錄，於此情況下，查核人員可結合查詢及其他查核程序（如觀察或採用電腦輔助查核技術），以取得執行有效性之查核證據。

一般而言，查詢是控制測試中最常用的查核方法，但僅憑查詢卻通常不足以測試控制執行之有效性。因此，查核人員通常須結合查詢與其他查核程序，以取得有關控制執行有效性之查核證據，例如，查詢時結合檢查或重新執行，或查詢時結合觀察。一般而言，查詢結合檢查或重新執行，較結合觀察能提供更高之確信程度，因觀察僅能代表執行觀察當時之情況。

2. 控制測試的時間

查核人員欲信賴特定時點或期間之控制，應測試相關控制以取得能否信賴之適當基礎。至於執行控制測試的時間，則可依查核人員的判斷於期中或期末執行，一般而言，查核人員如無特殊考量，通常希望於期中執行控制測試，以分散期末查核工作的負荷。有關控制測試的時間仍有下列兩項重要相關的事項須進一步說明：

(1) 採用期中取得之查核證據

儘管實務上許多控制測試是在期中執行的，但與財務報導攸關之內部控制卻涵蓋整個會計期間。因此，查核人員即使已於期中取得有關控制執行有效性之查核證據，仍應再執行下列程序：

① 取得該等控制於該期間後是否發生重大改變之查核證據。

②決定對剩餘期間尚須取得之額外查核證據。應取得何種額外查核證據，查核人員須考量之因素包括：
  (a) 所評估個別項目聲明重大不實表達風險之顯著程度。
  (b) 於期中測試之特定控制及測試後該等控制所發生之重大改變，包括資訊系統、流程及人員之改變。
  (c) 期中對該等控制執行有效性所取得查核證據之程度。
  (d) 剩餘期間之長短。
  (e) 查核人員基於對控制之信賴而欲減少證實程序之範圍。
  (f) 控制環境。

(2) 採用以往查核所取得之查核證據

由於內部控制之設計及執行通常具有穩定性，於某些情況下，查核人員可執行適當之查核程序，俾對以往查核所取得之查核證據建立其持續攸關性，使以往查核所取得之查核證據可作為當期之查核證據。例如，在以往查核時，查核人員如已確定自動化控制係依其規劃運作，則可透過查詢管理階層及檢查電腦日誌等方式取得查核證據，以確定該自動化控制是否發生改變致影響其持續有效運作。因此，目前審計準則允許查核人員在某些前提下，可採用以往執行控制測試所取得之查核證據作為本期之查核證據。

查核人員如計劃採用以往查核所取得對特定控制執行有效性之查核證據時，應取得該等控制於以往查核後是否發生重大改變之查核證據，俾對以往查核所取得之查核證據建立其持續攸關性。並應遵循下列規定：

①以往查核後控制發生改變：如發生之改變，將影響以往查核所取得查核證據之持續攸關性，查核人員應於當期查核時測試該等控制。如某一改變會造成資料按不同方式累計或計算，則將影響以往查核所取得查核證據之持續攸關性。

②以往查核後控制未發生改變：如未發生前述改變，查核人員仍應至少每三年測試該等控制一次，且應於每年查核時測試部分控制，以避免某一年測試所有欲信賴之控制，而於後續二年未測試任何控制。

③是否屬顯著風險之攸關控制：查核人員對經其判斷為顯著風險之相關控制，如計劃予以信賴時，應於當期測試該等控制，不可採用以往查核所取得查核證據。

一旦查核人員決定採用以往查核所取得對控制執行有效性之查核證據，作為本期之查核證據時，則須進一步決定重新測試該等控制之間隔(至少每三年應測試一次)。一般而言，查核人員所評估之重大不實表達風險越高，或對控制之信賴程度越高，則重新測試控制之間隔應越短。其考量之因素通常包括：

①內部控制制度其他要素(包括控制環境、控制之監督及風險評估流程)之有效性。

②因控制之特性(包括人工或自動化)而產生之風險。
③資訊系統一般控制之有效性。
④控制及其執行之有效性,包括以往查核所發現控制執行偏差之性質及範圍,以及對控制執行有重大影響之人事異動。
⑤是否因情況變更,卻未變更特定控制而產生風險。
⑥重大不實表達之風險及對控制擬予信賴之程度。

最後,查核人員如對許多控制欲信賴以往查核所取得之查核證據時,則仍應於每次查核時,測試部分該等控制,不可某年度完全依賴以往查核證據。要求每次查核應測試部分該等控制的做法,可為控制環境之持續有效提供驗證性資訊,此作法亦可協助查核人員決定是否信賴以往查核所取得之查核證據。

3. 控制測試的範圍

實務上,為合理確信某特定個別項目聲明免於發生重大不實表達,受查者常會設計及執行主要直接控制,並輔以相關之間接控制。因此,查核人員決定控制測試範圍時,仍應考量欲測試之控制是否須仰賴其他間接控制;若是,則應進一步考量是否須取得支持該等間接控制係有效執行之查核證據。例如,當查核人員決定測試受查者是否複核詳列銷售額超出授信額度之例外報告時,該人員之複核及相關之追蹤即屬直接控制,而對例外報告中資訊正確性之控制,則為間接控制。

基本上,查核人員欲從控制測試取得更具說服力之查核證據,即應增加控制測試之範圍(包括樣本量)。查核人員於決定控制測試之範圍時,須考量之事項包括:(有關控制測試樣本量的決定,將於第九章控制測試抽樣——屬性抽樣中做進一步討論。)

(1) 對控制執行有效性擬予信賴之程度。
(2) 受查者於特定期間內執行控制之頻率。
(3) 查核人員於受查期間內,信賴控制執行有效性期間之長短。
(4) 控制之預期偏差率。
(5) 對個別項目聲明之控制執行是否有效,所擬取得查核證據之攸關性及可靠性。
(6) 對個別項目聲明執行其他相關控制測試時,所取得查核證據之數量。

由於資訊科技之處理流程先天上具一致性,故可能無須對自動化控制增加測試範圍,除非自動化控制程式(包括資料表、檔案或其他永久性資料)被修改,查核人員可預期該等控制之運作均為一致。因此,查核人員確定該資訊科技控制係持續有效地運作是非常重要的,確定該資訊科技控制是否持續有效地運作,查核人員可執行相關測試,以確定下列事項:

(1) 任何程式修改均經適當之程式修改控制。
(2) 使用經核准之程式作交易處理。

(3) 其他攸關之一般控制係屬有效。

在查核人員規劃控制測試之性質、時間及範圍後,便會執行所規劃之控制測試,由於控制測試多以抽樣方式查核,本書將於第九章控制測試抽樣——屬性抽樣中再予以詳細說明。本小節僅概述執行控制測試後,查核人員應注意的重點。

查核人員對欲信賴之控制偵出偏差,該等偏差可能會影響控制執行之有效性,查核人員應作特定之查詢,以瞭解該等偏差及其潛在影響,並決定下列事項:
(1) 已執行之控制測試是否對控制之信賴提供適當之基礎。一般而言,偵出之偏差率如較預期偏差率為高時,可能顯示該控制無法將個別項目聲明之風險降低至查核人員所擬信賴之風險水準。
(2) 是否有必要執行額外之控制測試。
(3) 不實表達之潛在風險是否須以證實程序因應。

如果查核人員經由查核程序偵出之重大不實表達,通常被視為內部控制存有顯著缺失之有力指標。

此外,前曾提及,查核規劃係一持續的過程,查核人員評估攸關控制執行之有效性時,仍應考量並評估後續執行證實程序所偵出之不實表達是否係顯示該等控制未有效執行。惟為某一個別項目聲明執行證實程序時未偵出不實表達,並不能作為與該聲明相關之控制係有效執行之查核證據。

7.4.4 證實程序

證實程序係指設計用以偵出個別項目聲明重大不實表達之查核程序,證實程序包含細項測試及證實分析性程序。所謂細項測試,係泛指運用檢查、觀察、查詢、函證、驗算、重新執行等方法的查核程序,其查核的程序通常較為詳細 (相對於證實分析性程序而言);而證實分析性程序,係指經由分析財務資料間或與非財務資料間之可能關係,藉以評估個別項目聲明是否重大不實表達之查核程序。有關各種查核方法的介紹請參閱第五章的介紹。

不論查核人員所評估之重大不實表達風險為何,均應對每一重大交易類別、科目餘額及揭露事項,設計及執行證實程序。原則上,重大不實表達風險較低的聲明傾向使用證實分析性程序查核,重大不實表達風險較高的聲明傾向使用細項測試查核,尤其是經查核人員判斷具有顯著風險之個別項目聲明,因應此風險之證實程序至少應包括細項測試。此外,對於風險較高的聲明,如適當時查核人員應考量是否執行外部函證程序,以作為證實程序。

此外,第五章亦曾提及 (參見圖表 5.3),除了測試各聲明之查核程序外,查核人員尚須執行財務報表數字與帳冊數字是否一致的調節程序,例如,逆查財務報表應收帳款的金額是否與應收帳款總分類帳的金額一致、調節應收帳款總分類帳及明細分類帳是否一

致等。此類之查核程序在 TWSA330 將之稱為「與結算及財務報表編製過程有關之證實程序」，亦屬證實程序的一部分。具體而言，此類有關之查核程序如下：

1. 將財務報表與相關會計紀錄核對或調節。
2. 檢查重大之日記簿分錄及於編製財務報表過程中所作之其他調整。

與控制測試的規劃類似，證實程序規劃的層面亦包括查核程序的性質、時間及範圍，故分別針對這三個層面說明如下：

1. 證實程序的性質

首先，查核人員應決定個別項目聲明究竟應使用證實分析性程序、細項測試或併用前述兩種測試方法。查核人員可依其專業判斷視情況決定下列事項：

(1) 僅執行證實分析性程序即可將查核風險降低至可接受之水準。例如，當查核人員執行控制測試所取得之查核證據支持特定個別項目聲明重大不實表達風險較低，其可接受之偵查風險 (detection risk) 較高時，查核人員可能判斷僅執行證實分析性程序即可將查核風險降低至可接受之水準。

(2) 僅執行細項測試即屬適當。反之，當查核人員執行控制測試所取得之查核證據支持特定個別項目聲明重大不實表達風險偏高，其可接受之偵查風險較低時，查核人員可能判斷執行細項測試才能將查核風險降低至可接受之水準。

(3) 結合證實分析性程序及細項測試係對所評估風險之最佳對策。介在上述兩者之間的情況，查核人員可能判斷在可接受的偵測風險下，結合證實分析性程序及細項測試的查核對策較有效率。

儘管證實分析性程序為一有效率的查核方法，但其效果則受到許多因素的影響。因此，查核人員於決定是否採用分析性程序時，仍應評估其有效性。查核人員在考量證實分析性程序有效性時，應考量下列因素：

(1) 聲明的性質，證實分析性程序較適用於量大，且其變動可推估之交易，與金額相關之聲明較適合使用，對於質性相關的聲明 (如表達與揭露) 則較不適合。此外，某一分析性程序可直接用以測試某一項聲明相關，但某一分析性程序則不易直接用以測試特定聲明，例如，將薪資總額與員工的人數作比較，可以顯示出薪資支付是否有未經授權支付的情況 (即發生)，但查核人員將當期的總毛利與過去年度的總毛利相比較，則不容易將此項比較與特定聲明相連結。最後，特定聲明的重大不實表達風險亦會影響分析性程序的妥適性，例如，銷貨訂單處理流程之控制若存有缺失，則關於應收帳款之聲明，查核人員可能較依賴細項測試，而非證實分析性程序。在實務上，對同一聲明併同執行細項測試及證實分析性程序非常普遍，也可能是較為妥適之查核程序。例如，取得與應收帳款餘額之評價聲明有關之查核證據時，查

核人員除對期後收款執行細項測試外，亦可能對帳齡執行證實分析性程序，以判斷應收帳款之收現性。

(2) 關係的合理性及可預測性，應用證實分析性程序基本假設為預期資料之間將保持一定的關係(除非有反證)。因此，當比率或金額間的比較關係並不合理或不穩定(可預測性低)時，自然較不適合證實分析性程序。例如，若受查者於某一期間內對已知人數之員工，按固定薪資率支付薪資，則查核人員得以此資料準確估計該期間內之總薪資成本，進而提供此項目之查核證據，且降低對薪資執行細項測試之必要性。反之，如受查者並非以固定薪資率支付薪資，則將影響上述比較分析的效果。

(3) 資料的可取得性及可靠性，分析性程序需要的資料可能來自受查者內部或外部的資訊，查核人員如無法取得所需的資料，自然無法執行證實分析性程序。此外，即使查核人員可取得所需的資料，但資料的可靠度，也是一重要關鍵因素。資料的可靠性受資訊之來源(例如，取自受查者外部獨立來源之資訊可能較為可靠)、可比較性(例如，對於生產並銷售特殊產品之受查者，查核人員可能須參考產業之數據，以進行比較)、性質與攸關性(例如，所編製之預算應係預期可合理達到之結果，而非任意設定之目標)及資訊編製之控制良窳的影響(例如，對預算之編製、複核及更新所設計之控制)。

(4) 預期值之準確度，查核人員所發展預期值模式的精確性亦會影響證實分析性程序的有效性。因此，查核人員應評估預期值是否足夠精確，以辨認某項不實表達。會計科目的性質可能會影響預期值之準確度，例如，各期銷貨毛利率之比較，相較於各期裁量性費用(如研究費或廣告費)之比較，通常前者具較高之準確性。此外，資訊可細分之程度，亦會影響預期值之準確度，例如，證實分析性程序用於個別部門之財務資訊或集團企業組成個體之財務報表時，較用於企業整體財務報表時更為有效。

至於細項測試之設計，則主要受到個別項目聲明的性質與風險的影響。例如，與存在或發生聲明有關之細項測試，可能涉及自組成財務報表金額之項目中選取受測項目，並取得攸關之查核證據。在另一方面，與完整性聲明有關之細項測試，則可能涉及自預期包含於相關財務報表金額中選取受測項目，並調查該等項目是否已包含在財務報表金額內。在風險方面，當特定聲明重大不實表達風險越高時，查核人員就須運用能蒐集較具說明力的查核方法，如外部函證(外部函證之討論請參閱第五章)，或併用多種細項測試方法。

2. 證實程序的時間

有關證實程序執行時間的決定，除了考量個別聲明的性質外，其基本原則即是重大不實表達風險越高的聲明，傾向於期末查核；反之，重大不實表達風險較低的聲明，則

傾向於期中查核。

查核人員如於期中執行證實程序，仍應對剩餘期間執行適當程序，以提供延伸期中查核結論至期末之合理基礎。一般而言，查核人員所執行之適當程序，可依其專業判斷，對剩餘期間同時執行證實程序及控制測試，或者僅執行證實程序(如查核人員判斷此種方式即已足夠)。

不像控制測試，於大多數情況下，以往查核時經由證實程序所取得之查核證據，對當期通常僅能提供甚少或無法提供任何查核證據。因此，證實程序鮮少採用以往查核所獲取之查核證據作為當期的查核證據。惟亦存有例外之情況，例如證券化之結構若未發生改變，則以往查核所取得之法律意見可能對當期而言仍屬攸關，於此情況下，如以往查核時經由證實程序所取得有關該事項之查核證據，基本上並未改變，且當期已執行查核程序以建立其持續攸關性，則於當期採用該等查核證據，仍屬適當。

值得提醒的是，查核人員於期中偵出於評估重大不實表達風險時未預期之不實表達，應評估是否須修改對相關風險之評估，以及對剩餘期間規劃執行證實程序之性質、時間及範圍。

3. 證實程序的範圍

於設計細項測試時，測試之範圍通常係指樣本量，惟其他事項亦可能與測試之範圍攸關，包括採用較為有效之選取受測項目之方法等。有關樣本量的決定，其基本原則為重大不實表達風險越高的聲明，其所需的樣本量越大。選取受測項目之方法包括：

(1) 取全部項目。
(2) 取特定項目。
(3) 審計抽樣。有關證實程序之抽樣，本書將於第十章科目餘額證實程序的抽樣方法－變量抽樣中專章介紹。

7.4.5 書面紀錄

有關查核人員對所評估之重大不實表達風險所做之因應，應記錄於工作底稿，列入查核工作底稿之事項應包括：

1. 對所評估整體財務報表重大不實表達風險之整體查核對策，以及所執行進一步查核程序之性質、時間及範圍之查核計畫。
2. 進一步查核程序與所評估個別項目聲明重大不實表達風險間之連結。
3. 執行查核程序之結果，包括如不易直接由所執行之查核程序或所獲取之查核證據推論而得時，所作成之查核結論及其基礎。
4. 查核人員如計劃採用以往查核所取得對特定控制執行有效性之查核證據，應將其信賴該等控制之結論列入查核工作底稿。

7.5 內部控制缺失的溝通

設計和維護有效的內部控制係屬管理階層的職責，財務報表查核的目的雖不在對內部控制的有效性作合理確信，但不可否認的，對與財務報導相關內部控制的瞭解及測試，卻與財務報表查核息息相關。查核人員經由風險評估程序及進一步查核程序可能會發現若干與財務報導相關內部控制的缺失，若能將這些缺失與受查者之管理階層與治理單位溝通，甚至提供改善建議，應能對受查者與財務報導相關內部控制缺失的改進有所助益。TWSA265「內部控制缺失之溝通」即在規範查核人員依其專業判斷，於財務報表查核過程中辨認之內部控制缺失中何者須與治理單位及管理階層溝通。

此外，查核人員執行查核程序時，也有可能發現其他有關營運效率效果及法規遵循之內控缺失，雖然審計準則或法規並未強制查核人員必須與受查者溝通，但實務上，查核人員經常透過致管理階層函或致經理人函 (management letters)，傳達所發現的缺失，並提供建議。致管理階層函是財務報表查核工作所產生的副產品，對受查者非常具有價值。雖然該等內部控制缺失之溝通，與本章所探討之風險評估與因應無直接關係，但會計師有責任於控制風險評估過程中，將所發現之內部控制缺失與治理單位及管理階層溝通，故在此一併介紹。以下分別針對與財務報導相關內部控制缺失之溝通及致管理階層函進行說明。

7.5.1 與財務報導相關內部控制缺失之溝通

查核人員應依據所執行之查核工作，判斷是否已辨認出一項或多項內部控制缺失。所謂的控制缺失係指符合下列情況之一者：

1. 控制之設計、付諸實行或運作之方式，無法及時預防或偵出並改正財務報表之不實表達。
2. 缺乏用以及時預防或偵出並改正財務報表不實表達之必要控制。

查核人員於判斷是否已辨認出一項或多項內部控制缺失時，可與適當層級之管理階層討論其發現之事實及情況。此討論可使查核人員及時提醒管理階層其先前可能未知悉之控制缺失。適當層級之管理階層係指熟悉相關內部控制，並有權對所辨認之內部控制缺失採取改正行動者。上述的討論，有時亦可使查核人員取得其他攸關資訊以作進一步考量。例如，管理階層對缺失之實際或疑似原因之瞭解、由管理階層可能已注意之缺失所造成之偏差 (例如，資訊科技控制未能預防之不實表達) 及管理階層對查核人員之發現所作之初步回應。惟查核人員應注意的是，於某些情況下，查核人員與管理階層逕行討論其發現可能非屬適當，例如其發現係與管理階層之誠信或專業能力有關之缺失。

依 TWSA265 之規定，將與財務報導相關內部控制之缺失分為下列兩種[1]：

---

[1] 美國 AU-C 265「Communicating Internal Control Related Matters Identified in an Audit」將內部控制之缺失分為三類：重大弱點 (material weakness)、顯著缺失 (significant deficiency) 及其他缺失 (other deficienty)，分類方式與 TWSA265 不一樣。

1. 內部控制顯著缺失 (significant deficiency in internal control)，所謂內部控制顯著缺失，係指依查核人員之專業判斷，認為須提醒治理單位注意之一項內部控制缺失或經合併考量之多項內部控制缺失。
2. 內部控制其他缺失 (other deficiency in internal control)，則指非屬內部控制顯著缺失之內部控制缺失。

不同的內部控制之缺失，查核人員的溝通對象及責任並不完全一樣。因此，當查核人員辨認出一項或多項內部控制缺失，應進一步判斷該等內部控制缺失 (個別或與其他缺失合併考量) 是否構成顯著缺失。

查核人員於判斷內部控制缺失是否顯著時，不僅取決於不實表達是否已實際發生，亦取決於不實表達發生之可能性及其潛在影響金額。因此，即使查核人員未於查核過程中辨認出不實表達，顯著缺失仍可能存在。換言之，會計師判斷特定內部控制缺失為內部控制顯著缺失或內部控制其他缺失的主要依據為該缺失發生的可能性及一旦發生所造成的潛在影響金額，我們可將該判斷依據以圖表 7.11 表示之。當特定內部控制缺失或經合併考量之多項內部控制缺失其發生的可能性較高，且其潛在不實表達金額較大時，會計師越可能將其判定為內部控制顯著缺失；如果該缺失僅可能性較高或僅其潛在不實表達金額較大，則會計師較可能將其判定為內部控制其他缺失。只是 TWSA265 並未訂出明確的量化標準，係交由會計師作專業判斷。

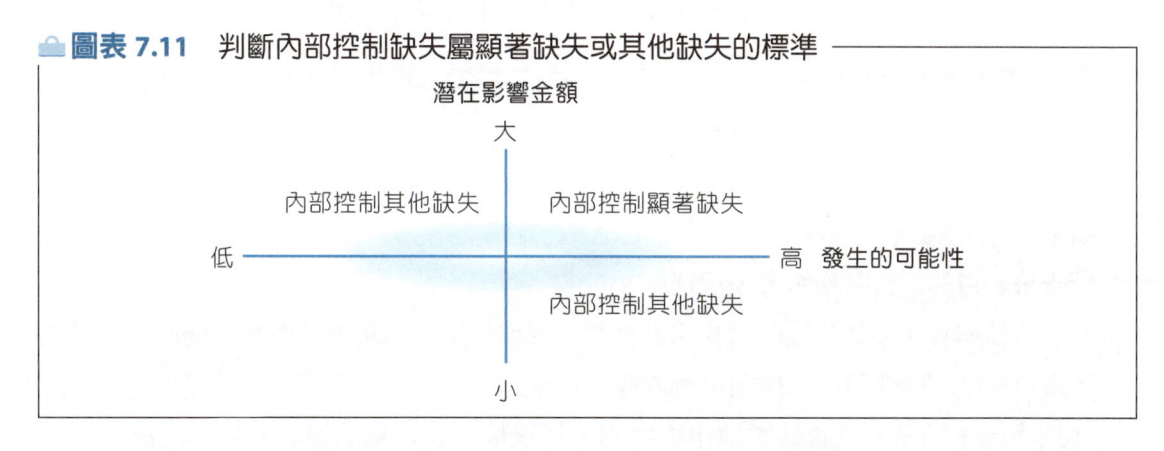

圖表 7.11　判斷內部控制缺失屬顯著缺失或其他缺失的標準

	潛在影響金額大	
低　　內部控制其他缺失		內部控制顯著缺失　　高　發生的可能性
	內部控制其他缺失	
	小	

一般而言，受查者內部控制存有顯著缺失通常是有跡可循的，查核人員通常可加以注意的跡象列舉如下：

1. 控制環境無效之證據，例如：
   (1) 與管理階層財務利益相關之重大交易，未經治理單位適當審查。
   (2) 辨認出受查者內部控制制度未能預防之管理階層舞弊 (無論是否重大)。
   (3) 管理階層未對先前所溝通之顯著缺失採行適當之改正行動。

2. 受查者未建立風險評估流程。
3. 受查者風險評估流程無效之證據，例如管理階層未辨認出查核人員認為其應辨認出之重大不實表達風險。
4. 對所辨認之顯著風險未能作出有效因應之證據(例如對該風險缺乏控制)。
5. 查核人員偵出未能由受查者之內部控制預防或偵出並改正之不實表達。
6. 重編先前發布之財務報表，以更正導因於錯誤或舞弊之重大不實表達。
7. 管理階層對財務報表之編製未有效監督之證據。

惟值得提醒的是，誠如前述，控制可能被設計為個別運作或與其他控制共同運作，以有效預防或偵出並改正不實表達(例如，對應收帳款之控制可能包括自動化控制與人工控制，該二種控制係設計為共同運作以預防或偵出並改正科目餘額之不實表達)。因此，內部控制之某一項缺失本身可能不足以構成顯著缺失，可能須與其他共同運作之控制是否存有控制缺失併同考量。然而，影響相同會計科目餘額或揭露、攸關聲明或內部控制組成要素之多項缺失，可能增加不實表達之風險，而構成顯著缺失。

當查核人員判斷受查者存有內部控制顯著缺失時，查核人員即應以書面及時與治理單位及適當層級之管理階層溝通(除非與管理階層逕行溝通非屬適當，例如某些已辨認之內部控制顯著缺失可能使查核人員質疑管理階層之誠信或專業能力。此外，對內部控制顯著缺失而言，適當層級之管理階層可能為總經理或會計主管(或相當職級)，因該等缺失亦須與治理單位溝通)。該書面溝通至少應包括下列兩類說明：

1. 對該等缺失及其潛在影響之說明。查核人員於解釋顯著缺失之潛在影響時無須予以量化，於適當時，顯著缺失可予以彙總俾利溝通。
2. 使治理單位及管理階層瞭解溝通之緣由。為避免公司治理單位及管理階層誤解，查核人員應特別敘明下列事項：
   (1) 查核之目的係對財務報表表示意見。
   (2) 於查核過程中考量與編製財務報表相關之內部控制，係為設計於當時情況下適當之查核程序，而非對內部控制之有效性表示意見。
   (3) 所溝通事項僅限於查核過程中所辨認，且查核人員認為須提醒治理單位注意之缺失。

除了上述兩類說明外，查核人員亦可視情況考慮將下列說明列入該書面溝通：

1. 查核人員對缺失改正行動之建議。
2. 管理階層實際或擬採行之回應，
3. 就管理階層之回應有無付諸實行，以及查核人員是否加以驗證之說明。
4. 查核人員如對內部控制執行較廣泛之查核程序，則可能辨認出更多可報導之缺失。

5. 此溝通係供治理單位使用，可能不適用於其他目的。

圖表 7.12 列示會計師於財務報表查核時，對具有內部控制顯著缺失之書面溝通（實務上常稱為內部控制建議書）。此外，在此順便一提，圖表 7.13 則列示會計師依據證期局規定之「公開發行公司建立內部控制制度處理準則」執行內部控制專案審查時，所出具之內部控制制度建議書。

圖表 7.12　會計師內部控制顯著缺失之書面溝通釋例

×××會計師事務所

發文日期：×3 年 3 月 20 日
受文者：甲公司
地址：台北市………

甲公司公鑒：

　　本會計師受託查核貴公司民國 ×2 年十二月三十一日之資產負債表，暨民國 ×2 年一月一日至十二月三十一日之綜合損益表、權益變動表、現金流量表，以及財務報表附註（包括重大會計政策彙總）。本會計師審計準則規劃及執行查核工作時，考量與編製財務報表有關之內部控制，以設計於當時情況下適當之查核程序，其目的係對上開財務報表表示意見，而非對內部控制之有效性表示意見。因此，本會計師不對內部控制之有效性表示意見。

　　本會計師對內部控制之考量係基於前段所述之目的，而非用以辨認出所有內部控制顯著缺失。本會計師如對內部控制執行較廣泛之查核程序，則可能辨認出較多顯著缺失。

　　內部控制缺失係指控制之設計、付諸實行或運作無法及時預防或偵出並改正財務報表之不實表達，或缺乏用以及時預防或偵出並改正財務報表不實表達之必要控制。內部控制顯著缺失係指依本會計師之專業判斷，認為須提醒治理單位注意之一項內部控制缺失或經合併考量之多項內部控制缺失。本會計師於查核過程中辨認出下列內部控制顯著缺失：

［所辨認出之顯著缺失及其潛在影響之說明］

此溝通係供管理階層及治理單位使用，可能不適用於其他目的。

×× 會計師事務所
×× 會計師：（簽名及蓋章）

圖表 7.13　會計師專案審查內部控制制度建議書

第　　頁（共　　頁）

內部控制制度重大缺失	與受查公司之經理人討論結果	對達成控制目標之重大影響	改進建議

註：會計師受託專案審查公司內部控制制度所發現之重大缺失，應據實列入本建議書，建議公司改善。

以書面與治理單位溝通顯著缺失可彰顯其重要性，並協助治理單位履行其監督責任。於判斷何時出具書面溝通時，查核人員宜考量該等溝通是否係治理單位履行其監督責任之重要因素。不論何時出具顯著缺失之書面溝通，查核人員宜儘早以口頭與管理階層（如適當時，亦包括治理單位）溝通顯著缺失，以協助其及時採行改正行動以降低重大不實表達風險。惟此做法並無法解除查核人員以書面溝通顯著缺失之責任。

前述書面溝通係查核工作底稿之一部分，因此應於查核工作底稿之檔案彙整及歸檔前完成。顯著缺失溝通之詳細程度係查核人員之專業判斷，查核人員作此判斷時，可能考量之因素例舉如下：

1. 受查者之性質。例如，對具公眾利益之企業之溝通可能與對未具公眾利益之企業不同。
2. 受查者之規模與複雜程度。例如，對業務複雜之企業之溝通可能與對業務單純之企業不同。
3. 查核人員所辨認顯著缺失之性質。
4. 受查者治理單位之組成。例如，當治理單位成員缺乏對企業所屬產業或相關領域之知識時，則可能需要更詳細之溝通。

有時管理階層及治理單位可能已知悉查核人員於查核過程中所辨認之內部控制顯著缺失，惟可能因成本或其他考量而未改正該等缺失。對採行改正行動之成本與效益之評估係屬管理階層及治理單位之責任，因此不論管理階層及治理單位是否採行改正行動，查核人員仍應以書面溝通該等顯著缺失。

此外，查核人員如已於以往查核與治理單位及管理階層溝通顯著缺失，但其未採行改正行動，則查核人員應持續溝通該等顯著缺失。於此情況下，查核人員可重複或索引至先前之溝通。查核人員宜詢問管理階層（如適當時，亦包括治理單位）顯著缺失尚未改正之原因。如缺乏合理之解釋，未採行改正行動即構成另一項內部控制顯著缺失。

當查核人員未辨認出內部控制顯著缺失時，有時受查者管理階層或治理單位可能要求查核人員提供未辨認出內部控制顯著缺失之書面溝通。此時，查核人員是可以提供未辨認出顯著缺失之書面溝通，相關釋例列示如圖表 7.14。該書面溝通應至少包括下列說明：

1. 內部控制顯著缺失之定義。
2. 使治理單位及管理階層充分瞭解溝通之緣由。查核人員應特別敘明下列事項：
    (1) 查核之目的係對財務報表表示意見。
    (2) 於查核過程中考量與編製財務報表相關之內部控制，係為設計於當時情況下適當之查核程序，而非對內部控制之有效性表示意見。
    (3) 所溝通事項僅限於查核過程中所辨認且查核人員須提醒治理單位注意之缺失。

圖表 7.14　會計師未辨認出內部控制顯著缺失之書面溝通釋例

×××會計師事務所

發文日期：×3 年 3 月 20 日
受文者：甲公司

甲公司公鑒：

　　本會計師受託查核貴公司民國 ×2 年十二月三十一日之資產負債表，暨民國 ×2 年一月一日至十二月三十一日之綜合損益表、權益變動表、現金流量表，以及財務報表附註（包括重大會計政策彙總）。本會計師依審計準則規劃及執行查核工作時，考量與編製財務報表有關之內部控制，以設計於當時情況下適當之查核程序，其目的係對上開財務報表表示意見，而非對內部控制之有效性表示意見。因此，本會計師不對內部控制之有效性表示意見。

　　本會計師對內部控制之考量係基於前段所述之目的，且非用以辨認出所有內部控制顯著缺失。基於此目的，本會計師於查核過程中並未辨認出內部控制顯著缺失。惟貴公司仍可能存有未被辨認之顯著缺失。本會計師如對內部控制執行較廣泛之查核程序，則可能辨認出顯著缺失。

　　內部控制缺失係指控制之設計、付諸實行或運作無法及時預防或偵出並改正財務報表之不實表達，或缺乏用以及時預防或偵出並改正財務報表不實表達之必要控制。內部控制顯著缺失係指依本會計師之專業判斷，認為須提醒治理單位注意之一項內部控制缺失或經合併考量之多項內部控制缺失。

　　此溝通係供管理階層及治理單位使用，可能不適用於其他目的。

××會計師事務所
××會計師：（簽名及蓋章）

　　前述的討論主要係討論查核人員對內部控制顯著缺失的判斷及溝通責任。至於內部控制其他缺失，查核人員仍應與適當層級之管理階層溝通其認為之內部控制其他缺失 [除非已由其他方（如內部稽核人員、主管機關）溝通者]，只是 TWSA265 不要求查核人員一定要用書面方式溝通，以口頭溝通亦可。如查核人員已就其發現與管理階層討論攸關事實與情況，即可視為已與管理階層口頭溝通該等缺失。對內部控制其他缺失而言，適當層級之管理階層可能為更直接參與該等控制及對採行適當改正行動負有權責者。

　　查核人員如於前期曾與管理階層溝通內部控制其他缺失，而管理階層因成本或其他考量未予以改正，則查核人員無須於當期重複溝通。如其他方（例如內部稽核人員或主管機關）曾與管理階層溝通該等缺失，查核人員無須重複溝通。惟管理階層有所異動，或有新資訊出現致查核人員與管理階層先前對該等缺失之瞭解有所改變時，查核人員與管理階層重新溝通該等缺失可能係屬適當。然而，管理階層未能改正先前已溝通之其他缺失，可能構成一項顯著缺失而須與治理單位溝通。

　　雖然 TWSA265 未強制查核人員一定要與治理單位溝通內部控制其他缺失，但如果治理單位認為獲悉查核人員已與管理階層溝通之內部控制其他缺失之細節或性質係屬必

要，或查核人員認為將已與管理階層溝通之內部控制其他缺失告知治理單位係屬適當，則查核人員亦可與治理單位進行前述的溝通，溝通的方式可選擇以口頭或書面為之。

此外，當查核人員未辨認出內部控制其他缺失時，查核人員不得出具未辨認出內部控制其他缺失之書面溝通，因為此等書面溝通可能造成誤解或誤用。

7.5.2 致管理階層函

致管理階層函常為查核人員向管理階層傳達與財務報導有關內部控制缺失以外的控制缺失，如有關受查者營運效率效果或法令遵循攸關之控制缺失，該函雖由查核人員出具，但常結合會計師事務所中各種專家的意見，如管理專家、稅務專家、電腦專家、法律或證券顧問等，能提供許多提升受查者經營管理效能的建議，對受查者有很大助益，為審計服務的副產品，但非審計準則公報強制要求的溝通。致管理階層函的釋例列示如圖表 7.15。

圖表 7.15　致管理階層函

×××會計師事務所

發文日期：民國 100 年 3 月 20 日
受文者：甲公司管理階層
地址：台北市………

　　本會計師查核　貴公司民國 100 年度財務報表，並於民國 ×1 年 2 月 12 日提出查核報告在案。財務報表查核旨在對財務報表表示允當性的意見，而非在調查和評估內部控制的整體效率、效果或研討管理經營是否具經濟效益。但於本次查核過程中，下列事項引起本會計師注意，認為宜提出相關改善建議，供　貴公司參考：

1. 貴公司最近一次股東會之議案討論並未採取逐案表決的方式進行。考量公司治理首要原則為保障股東行使股東權益（包括投票權），為使股東會資訊充分揭露及透明，先進國家多明文規定上市公司應採行「股東會逐案票決」(voting by poll)；我國上市(櫃)公司治理實務守則亦於民國 100 年 3 月 1 日增訂第 7 條第 2 項條文，鼓勵上市(櫃)公司採行「股東會逐案票決」及揭露表決結果，以符國際潮流，並進一步保障外部股東參與公司治理之權利。
建議：　貴公司於召開股東會時應採逐案表決方式進行，並於會議紀錄中載明採表決方式及通過表決的權數與權數比例。如有選舉事項，亦應載明當選人得票數及權數。
2. ……

本函所建議之事項，僅限於知會管理階層與董事會，亦僅供管理階層與董事會使用。
本事務所不提供予其他人士使用，其他人士亦不得使用。

　　　　　　　　　　　　　　　　　　　　　　××會計師事務所
　　　　　　　　　　　　　　　　　　　　　　××會計師

本章習題

選擇題

1. 有關重大性標準之觀念，下列何者錯誤？
   (A) 重大性標準之金額與查核風險存有反向關係
   (B) 重大性標準之金額與各科目的可容忍誤述存有正向關係
   (C) 重大性標準之金額與所需之審計證據數量存有正向關係
   (D) 重大性標準之金額通常與公司規模存有正向關係

2. 重大性標準之金額與所需查核之證據存有(甲)關係，而重大性標準之金額與可容忍之查核風險間存有(乙)關係，下列有關(甲)及(乙)關係之描述何者正確？

	(甲)關係	(乙)關係
(A)	正向	正向
(B)	正向	反向
(C)	反向	正向
(D)	反向	反向

3. 重大性、查核風險以及查核證據之說明，下列敘述何者為正確？
   (A) 固有風險與規劃的偵查風險成正比，與查核證據數量成正比
   (B) 可接受查核風險與規劃的偵查風險成反比，與查核證據數量成反比
   (C) 重大性標準之金額，與查核風險水準成反向關係
   (D) 重大性標準之金額，與查核證據數量成正比

4. 重大性原則在查核人員決定下列何種決策時，是最不重要的？
   (A) 揭露特定事件或交易的需要
   (B) 決定使用積極式或消極式函證時
   (C) 決定使用分析性程序或詳細查核程序時
   (D) 判斷與客戶間之直接財務利益是否會影響會計師之獨立性

5. 有關重大性之敘述，下列何者最正確？
   (A) 重大性取決於帳戶之性質而非金額
   (B) 重大性標準之金額與查核風險存有正向關係
   (C) 重大性乃屬查核人員之專業判斷
   (D) 查核人員於規劃查核工作與評估查核結果時，重大性標準應維持不變

6. 審計人員在決定以下事項時，重大性原則對那一項目而言是最不重要的？
   (A) 揭露特定事件或交易之需要
   (B) 有關各帳戶查核程序之範圍
   (C) 與客戶有直接財務利益對會計師獨立之影響
   (D) 應複核的交易

7. 查核人員對甲公司執行民國 103 年度財務報表查核，其決定整體財務報表重大性為 $1,200,000，顯然微小門檻金額為 $100,000，下列敘述何者錯誤？
   (A) 查核人員發現某單一銷貨收入 $1,500,000 截止錯誤，毛利為 $150,000，因損益淨影響數未超過財報表整體重大性，而判斷此項不實表達非屬重大
   (B) 查核人員發現某單一差旅費計 $50,000 未入帳，可不列入未更正不實表達之累計
   (C) 查核人員發現某單一筆流動與非流動資產之分類不實表達 $1,000,000，將影響甲公司債務承諾之流動比率，故此分類不實表達為重大
   (D) 查核人員發現某單一筆營業費用之分類不實表達 $1,300,000，經判斷不影響財務報表之關鍵比率，仍可認為此分類不實表達非屬重大

8. 關於重大性及執行重大性之敘述，下列何者正確？
   (A) 於特定情況下，查核人員可能為特定交易類別、科目餘額或揭露事項決定適用之重大性
   (B) 所決定之重大性金額不應再作任何修正
   (C) 為使查核更有效率，執行重大性金額不應低於整體重大性
   (D) 查核人員採用財務報表整體重大性來決定進一步查核程序之性質、時間及範圍

9. 執行重大性可協助查核人員決定：
   (A) 所需查核證據的程度
   (B) 應執行何種特定的分析性程序
   (C) 應執行何種特定的證實性程序
   (D) 控制風險之評估水準

10. 會計師在瞭解 (A) 公司之內部控制制度時，發現該公司授與員工之權力與其擔負之責任顯不相當，表示該公司最可能無效的內部控制組成要素是那一項？
    (A) 控制環境
    (B) 風險評估
    (C) 資訊與溝通
    (D) 監督

11. 以下何項是公司內部控制環境的重大缺失？
    (A) 內部稽核的職能外包給非執行該公司財務報表查核工作的會計師事務所
    (B) 公司給管理階層的獎酬中，大約有 50% 為認股權，但管理階層不得在 5 年內行使該等認股權
    (C) 管理階層的監督控制主要是仰賴外部審計

(D) 審計委員會定期和會計師及內部稽核開會，惟不准財務長參加這些會議

12. 會計師發現財務比率有以下的變動：存貨週轉率由前期的 4.2 增加為本期的 7.3；應收帳款週轉率由前期的 7.3 降為本期的 2.8；銷貨收入成長率由前期的 8% 增加為本期的 15%。下列何者不是會計師應該根據這些資訊所作的有關偵測風險 (detection risk) 之結論？
    (A) 可能是因為強調銷貨成長，所以庫存減少
    (B) 可能是銷貨量增加而導致應收帳款成長
    (C) 可能是應收帳款的帳齡變大，且收現之可能性降低
    (D) 應收帳款的帳齡變大，可能係因促銷所致，與其收現性無關

13. 對中小企業而言，常因員工人數較少，難以做到適當之職能分工，下列何者通常是提升內部控制制度之最佳策略？
    (A) 經營者介入重要之營運活動及會計紀錄工作
    (B) 委託會計師進行內部控制制度之查核
    (C) 要求會計及出納人員覓妥保證人
    (D) 經營者隨時監控員工之行為

14. 下列何者通常不是管理階層在設計有效內部控制制度時最關心的議題？
    (A) 提升財務報導可靠性
    (B) 提升公司營運的效率及效果
    (C) 遵循相關之法規
    (D) 追求效果最佳的內部控制制度

15. 下列那一項有關將受查者內部控制制度書面化的敘述是正確的？
    (A) 書面文件必須包括流程圖
    (B) 書面文件必須包括內部控制流程的文字說明
    (C) 內部控制制度書面化並非必要
    (D) 書面化的形式並沒有一定，記載的範圍也是視情況而定

16. 中小型企業由於沒有足夠的員工進行職能分工，以提升內部控制制度的效果。下列那一種方法可以提升中小型企業的內部控制制度效果？
    (A) 僱用臨時人員協助職能分工
    (B) 業主直接參與交易與會計紀錄的工作
    (C) 委託會計師從事每個月的簿記工作
    (D) 將每一職能完全且清楚地指派給每一位員工

17. 為提升內部控制，每月編製銀行調節表的工作，最好在下列何者的督導下進行？
    (A) 財務主管
    (B) 信用部門經理
    (C) 會計主管
    (D) 出納

18. 有關內部控制制度組成要素「受查者監督內部控制制度之流程」之敘述，下列何者錯誤？
    (A) 監督是評估內部控制制度執行品質之過程
    (B) 持續監督通常由外部稽核人員負責
    (C) 個別監督係由內部稽核人員或提供類似功能之人士執行
    (D) 監督可採用外界之資訊如顧客的抱怨

19. 審計人員在查核財務報表時，對公司內部控制制度取得瞭解之目的何在？
    (A) 決定查核程序的性質、時間與範圍
    (B) 對公司的管理當局作建議
    (C) 取得足夠與適切的證據作為報告結論的合理基礎
    (D) 決定公司是否變更了會計原則

20. 查核人員應如何因應所評估整體財務報表之重大不實表達風險？
    (A) 設定較低之重大性
    (B) 設定較低之執行重大性
    (C) 設計與執行整體查核策略
    (D) 設計與執行進一步查核程序

21. 查核人員於瞭解受查者內部控制制度後，決定不再執行額外的控制測試，在此情況下，查核人員最可能作出下列那一項結論？
    (A) 內部控制制度已適當設計，且查核人員擬信賴該內部控制制度
    (B) 進一步降低控制風險所執行之額外控制測試，不符合成本效益
    (C) 經由執行額外控制測試並無法支持增加之控制風險
    (D) 固有風險的水準超過控制風險的水準

22. 查核人員執行分析性複核時發現本期折舊率偏高，下列何者較可能造成此現象？
    (A) 固定資產報廢交易未入帳
    (B) 固定資產耐用年限高估
    (C) 將資本支出列為當期費用
    (D) 將所有修繕費列為固定資產

23. 重大不實表達風險係指：
    (A) 控制風險與可接受查核風險
    (B) 固有風險
    (C) 固有風險與控制風險
    (D) 固有風險與查核風險

24. 根據所收集到的證據，查核人員評估控制風險比原先預期的還要更高一些。為達到與當初預估之可接受查核風險水準，查核人員應：
    (A) 提高重大性水準
    (B) 降低偵查風險水準
    (C) 減少證實性程序
    (D) 提高固有風險水準

25. 法令遵循是公司內部控制制度中重要的一環。會計師如認為最高管理階層或董事長涉及未遵循法令事項或知悉而未採取必要之改正行動時，不論該事項對財務報表之影響是否重大，下列何項是最佳的處理方式？
    (A) 考量是否終止委任
    (B) 考量由內部稽核負責法令遵循之稽核
    (C) 考量出具保留或否定意見之查核報告
    (D) 考量證據不足對查核報告所產生之影響

問答題

1. 查核人員執行財務報導查核之際，應擬定重大性，以作為評估證據收集數量多寡等事項之依據。請依我國審計準則 320 號「查核規劃及執行之重大性」之規範，回答下列問題：
   (1) 何謂重大性？
   (2) 何謂執行重大性 (Performance Materiality)？

2. 查核人員須評估所辨認不實表達對查核之影響，以及未更正不實表達對財務報表之影響。請依序回答下列問題：
   (1) 將不實表達分類為實際不實表達 (Factual misstatements)、判斷性不實表達 (Judgemental misstatements) 及推估不實表達 (Projected misstatements)，可能有助於查核人員評估查核過程中所累計不實表達之影響及與管理階層及治理單位溝通該等不實表達。請分別說明實際不實表達、判斷性不實表達及推估不實表達之意義。
   (2) 查核人員應決定未更正不實表達(個別金額或彙總數)是否重大。查核人員作此決定時，應考量那些事項？

3. 查核人員判斷可能會影響到查核管理階層有關財務報表聲明之風險因素，可區分為：1. 固有風險、2. 證實分析性程序風險、3. 控制風險，與 4. 細項測試風險。請依據上述四項風險因素類型，判斷下列十個各自獨立的事件所直接影響之風險因素，並按後附格式寫出該風險因素類型的代碼 (如 1.、2.、3. 或 4.)，否則不予計分。
   (1) 公司將製造設備租賃給顧客，並依顧客的不同需求，調整租約或條款之內容。
   (2) 公司對於收現及將所收到的現金存入銀行帳戶之相關控制不佳。
   (3) 公司總經理面臨達成年度營業收入必須成長 20% 的嚴峻壓力。
   (4) 查核人員基於可取得的外部非財務資訊與公司營業收入金額間具有高度相關性，致使查核人員相信採用分析性程序來確定公司營業收入金額是否存有重大不實表達，乃為有效的查核方法。
   (5) 公司管理階層的流動率很高。

(6) 查核人員決定於資產負債表日後，而非於期中，執行應收帳款之函證程序。

(7) 公司的行政人員因超時工作，導致其因過度疲累及疏忽而使得會計資訊之處理發生許多錯誤。

(8) 公司似乎面臨營運資金不足之困境。

(9) 為了確保查核風險能維持在較低水準下，查核人員預計將多採用科目餘額之細項測試。

(10) 公司的主要營業活動屬於基因與生物工程方面之領域。

4. 請依我國審計準則 265 號「內部控制缺失之溝通」之規定回答下列問題：

(1) 查核人員執行查核工作時，如辨認出一項或多項內部控制缺失，應進一步判斷該等內部控制缺失 (個別或與其他之缺失合併考量) 是否構成內部控制顯著缺失。請問判斷是否為內部控制顯著缺失所考量的因素為何？

(2) 管理階層及治理單位先前即已知悉查核人員於查核過程中所辨認之內部控制顯著缺失，惟因成本或其他考量而未予以改正。會計師如認為管理階層及治理單位未改正內部控制顯著缺失之理由係屬合理，會計師是否即可不用以書面方式與管理階層及治理單位溝通內部控制顯著缺失？並請說明其理由。

(3) 查核人員以書面溝通內部控制顯著缺失時，其內容至少應包括那些資訊？

(4) 查核人員於查核過程中如未辨認出內部控制其他缺失，查核人員是否可以出具敘明其於查核過程中未辨認出內部控制其他缺失之書面溝通？並請說明其理由。

5. 由於受查者控制之設計及執行通常具有穩定性，因此審計準則 330 號「查核人員對所評估風險之因應」規定，於某些情況下，查核人員可以採用以往控制測試所取得之查核證據作為當期之控制測試查核證據。惟查核人員當期如計劃採用以往查核所取得對特定控制執行有效性之查核證據時，應遵循那些規範？

Chapter 8 查核財務報表對舞弊、會計估計、關係人交易及集團財務報表查核之考量

8.1 前言

　　第七章旨在針對風險導向查核規劃及執行做一般性的介紹，並未針對特定財務報表重大不實表達風險較高的項目或領域的查核規劃及執行做額外的考量。第七章曾提及，自從 2001 年發生恩隆、世界通訊等重大會計醜聞後，財務報表舞弊再度受到各國主管機關的關注，此一關注也反映在要求會計師於規劃及執行財務報表查核時，對舞弊之影響必須審慎考量。此外，會計估計及關係人交易通常是財務報表重大不實表達風險較高的項目，甚至也常是管理階層從事舞弊的工具。最後，當會計師查核集團公司財務報表時，該集團之組成個體係委由其他會計師事務所查核，集團主辦會計師於查核工作的規劃及執行應另作額外之考量。因此，本章將進一步探討會計師於財務報表查核時，對舞弊、會計估計、關係人交易及查核集團財務報表的查核規劃及執行應做的額外考量做進一步的說明。

　　首先，本章 8.2 節，將介紹查核人員於查核財務報表時，對舞弊之考量。8.3 節則介紹對會計估計的查核規劃及因應。8.4 節則介紹對關係人交易的查核規劃及因應。最後，8.5 節則針對查核集團財務報表時，查核人員應額外考量的查核規劃及因應。

8.2 舞弊之考量

　　財務報表相關的舞弊常造成投資人蒙受重大的損失，是備受各國資本市場主管機關關注的問題。雖然會計師執行財務報表查核的目的不在於偵測受查者財務報表是否存有舞弊，但審計準則皆要求會計師於財務報表查核的規劃及執行時考量舞弊的風險，應盡專業上的注意並保持專業懷疑的態度。我國於民國 109 年 9 月 29 日發布 TWSA240「查核財務報導對舞弊之責任」提供相關之指引。

　　本節首先將介紹舞弊的定義、性質、類型及造成舞弊發生之因素 (舞弊三角)，讓讀者先對舞弊及其成因有初步的瞭解。接著 8.2.2 節探討受查者管理階層與查核人員對舞弊所承擔之責任，以釐清受查者及查核人員對所承擔責任上的差異。8.2.3 節則探討舞弊相

關風險評估程序及舞弊之重大不實表達風險之評估。8.2.4 節則探討則討論查核人員如何因應所評估之舞弊風險。8.2.5 節則說明評估查核證據及就舞弊相關事項應進行之溝通。最後，8.2.6 節則說明查核人員應將舞弊風險評估、因應及相關溝通記錄於工作底稿的事項。

8.2.1 舞弊的定義、性質、類型及造成舞弊發生之因子（舞弊三角）

舞弊雖係一廣泛的法律概念，惟就財務報表查核而言，查核人員應關注於會導致財務報表重大不實表達之舞弊。前幾章曾不斷提及，財務報表之不實表達可能係導因於舞弊 (fraud) 或錯誤 (error)。舞弊係指管理階層、治理單位或員工中之一人或一人以上，故意使用欺騙等方法以獲取不當或非法利益之行為；而錯誤係指非因故意而導致財務報表不實表達；換言之，舞弊與錯誤之區分，在於導致財務報表不實表達之動機是否係屬故意。

如以從事舞弊行為人的身分劃分，舞弊又可分為管理舞弊 (management fraud) 及員工舞弊 (employee fraud)。所謂管理舞弊係指管理階層或治理單位成員所涉入之舞弊；員工舞弊則係指僅有受查者員工所涉入之舞弊。這二種舞弊行為，可能僅由受查者內部人員所為，亦可能由受查者內部人員與外部第三人共同為之。一般而言，管理舞弊所造成之財務報表重大不實表達通常會遠大於員工舞弊所造成之影響。

由於查核人員所須關注之舞弊行為，僅在於會造成財務報表重大不實表達之舞弊，因此如以與財務報表查核有關之故意不實表達舞弊劃分，其型態可分為下列兩種：

1. **財務報導舞弊 (fraudulent financial reporting)**：係指在財務報表上故意之不實表達（包括財務報表金額故意誤列、漏列或疏於揭露），以欺騙財務報表使用者之行為。此類的舞弊不涉及受查者資產實質的損失，其意圖在於管理階層為欺騙財務報表使用者對受查者績效及獲利之認知，從事盈餘操縱而導致財務報導舞弊。此類的行為如偽造或竄改會計紀錄或相關文件；故意作不實之聲明或故意漏列交易、事件或其他重大資訊；故意誤用與評價、分類、表達或揭露有關之會計政策等。財務報導舞弊通常涉及管理階層踰越某些表面上看似有效運作之內部控制，因此管理階層的誠信正直顯得格外重要。

2. **挪用資產 (misappropriation of assets)**：係指以虛偽或誤導他人之紀錄或文件，掩飾資產已失竊或未經適當授權情況下被抵（質）押之事實。一般而言，由員工所為者，通常其金額相對較不重大；由管理階層所為者，通常其金額較為重大，且其偽造或掩飾之方式可能較難被發現，例如國內近幾年發生的康友、樂陞、力霸及博達案，皆涉及管理階層盜用公司資產，造成公司重大損失，甚至導致公司破產。此類的行為如：盜用現金、挪用已收取之貨款或已沖銷壞帳之收回款、偷竊商品以供個人使用或銷售、偷

竊廢料以供銷售、付款給虛構之供應商、供應商提高價格後付回扣給採購人員、付款給虛構之員工、以企業資產作為個人借款之擔保品等。

然而，無論那一類舞弊，受查者不會無緣無故的發生舞弊，一定有內外部因素造成舞弊的發生，TWSA240 指出發生舞弊（包括財務報導舞弊及挪用資產）的因子分為三類：誘因或壓力 (incentives/pressures)、機會 (opportunities) 及態度或行為合理化 (attitudes/rationalization)。一般將此三類因子稱之為舞弊三角 (fraud triangle)。對查核人員而言，舞弊三角亦是辨認及評估舞弊風險時所應考量的因素。圖表 8.1 描繪舞弊三角的三類因子，並分別說明如下：

1. **誘因或壓力**：舞弊的形成第一個要件就是行為人有誘因或壓力從事舞弊，因此查核人員首先即必須評估受查者是否存有管理階層或員工有從事舞弊行為的誘因或壓力的情況或事件。
2. **機會**：即使管理階層或員工有從事舞弊行為的誘因或壓力，但不一定真的會發生舞弊，尚須有機會讓他們付諸實行。因此，查核人員尚須評估受查者的環境是否存有管理階層或是員工進行舞弊的機會。
3. **態度或行為合理化**：管理階層或員工的偏差態度、人格特質或道德觀，可能會影響行為人是否做出舞弊的行為；或是受查者所處的環境給予他們許多壓力，使他們合理化自身舞弊的行為。因此，查核人員亦須評估相關人員的態度及受查者組織文化是否存有合理化不誠信或舞弊行為的氛圍。

為使讀者更具體地瞭解有關財務報導舞弊及挪用資產可能之舞弊風險因子（情況或事件），本章之附錄一列示財務報導舞弊及挪用資產之舞弊風險因子。

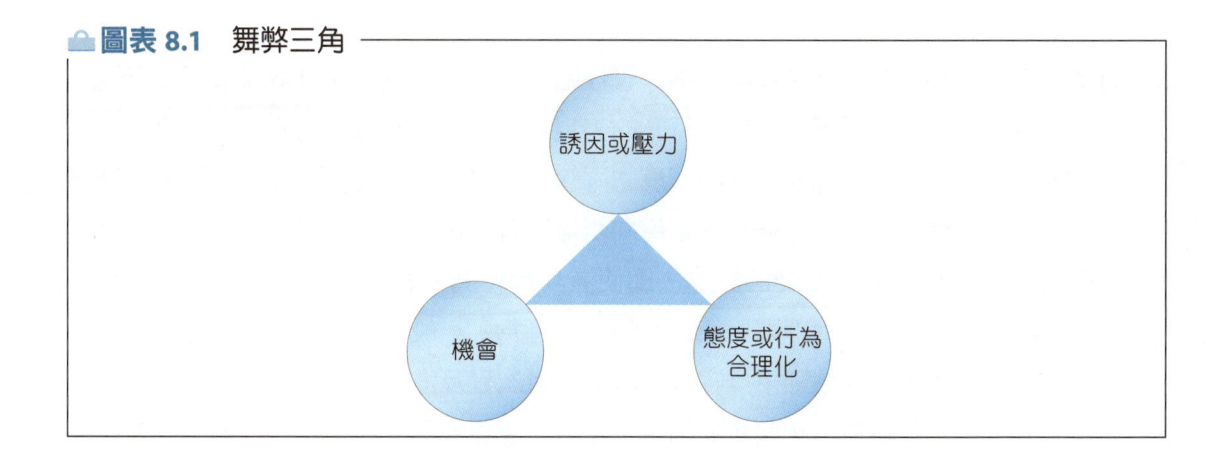

圖表 8.1　舞弊三角

8.2.2 管理階層（包括治理單位）與查核人員對舞弊所承擔之責任

儘管查核人員於規劃財務報表查核時，應評估與財務報表重大不實表達相關之舞弊風險，並做出適當之查核因應，但防止及偵查舞弊主要還是受查者管理階層與治理單位之責任。以下分別詳細說明受查者管理階層與治理單位及查核人員對於舞弊所應承擔之責任。

8.2.2.1 受查者管理階層及治理單位之責任

管理階層必須負責完成公司治理和控制程序的建置，以使舞弊發生的可能性最小化。舞弊風險必須透過結合預防和偵測的方法才能降低舞弊的風險，由於許多舞弊 (如共謀) 很難加以偵測，因此，管理階層為事先預防舞弊所執行的程序通常是較有效果且成本較低的方式，可以有效降低舞弊發生的機會。除此之外，管理階層仍應建置程序偵測可能的舞弊，因為偵測的程序意在告訴相關人員，他們最好不要舞弊，因為舞弊被發現後，必須受到相關的懲罰，且被發現的機率是相當高的。

美國會計師公會 (AICPA) 曾提供企業如何預防及偵測舞弊的三項基本指引[1]：分別為建立誠實及高道德的企業文化、建立管理階層評估舞弊風險之責任、審計委員會 (或治理單位) 的監督。茲分別說明如下：

1. 建立誠實及高道德的企業文化

誠如控制環境，是其他四個內部控制要素的基礎，誠實及高道德的企業文化則是預防及偵測舞弊的基礎，也是最有效的方法。許多研究顯示，以誠實及高道德為企業核心價值之一的企業，將會營造一個環境，使得員工瞭解什麼樣的行為是可以被接受的，以及企業對他們行為的預期為何，是防範舞弊於未然的最重要方法。欲建立誠實及高道德的企業文化的具體做法，主要有下列幾項重點：

(1) 管理階層與治理單位必須以身作則：管理階層與治理單位不能自身從事舞弊行為，卻要求企業其他的人不能有舞弊行為的表現。最高管理階層認同的核心價值，必須透過其以身作則，才能真正說服下屬認同管理階層所認定之核心價值。管理階層經由自身行為作則，並透過適當的管道向組織所有成員充分地傳達，不誠實與不道德的行為是不被組織所接受的訊息，即使該舞弊行為的結果可以使公司獲利。為了讓組織成員具體瞭解管理階層所認同的道德行為，一般而言，企業多會進一步訂定「員工職業道德行為準則」以宣揚管理階層對誠實及道德的重視。

(2) 創造正面的工作環境，相關研究指出，當員工感覺他們受到不公平待遇、受威脅或是不被重視時，犯錯的機率會提高。在正面的工作環境下，員工的士氣會受到鼓

---

[1] 參閱 AICPA, "CPA's Handbook of Fraud and Commercial Crime Prevention."

舞，因而降低舞弊行為的發生。因此，管理階層應藉由建置相關程序及致力於提升員工士氣，鼓勵員工努力為公司貢獻，並支持企業的價值和道德規範，以塑造良好且正面的工作環境。此外，當員工在面對有關法律或是道德層面的問題時，管理階層亦應協助其由組織內部獲得建議，以幫助其做出正確的決策。例如許多組織都設有「吹哨者」(whistle-blowing) 或「熱線通話」(telephone hotline) 制度，提供員工回報已發生或懷疑的錯誤，或是違反道德規範或政策的潛在事件，並設專責單位或人員進一步處理所回報的事件。

(3) 聘任和升任適當的員工：員工是企業最大的資產，而且舞弊皆為人為，故欲有效地防範舞弊，僱用和升任具誠信之員工是非常重要的，尤其是任用執掌需要被高度信任職位的人員。有效的聘用和升任政策包含對晉用人員的背景調查，調查的範圍通常包括他們的教育背景、僱用歷史、個性和誠信，以及其他個人資訊 (如持續地評估其遵守組織的價值和道德規範的情形) 等。運作良好的篩選制度可以有效降低舞弊發生的可能性。

(4) 舞弊認知訓練：所有的員工，尤其是新進員工，都必須接受舞弊認知訓練，使其瞭解企業對於道德行為的要求，並告知其有責任傳達已發生或可能發生的舞弊 (包括透過那些適當的管道傳達)。舞弊認知的訓練必須依員工工作屬性的不同而異，例如採購部門、銷售部門及財務部門其舞弊的方式不盡相同，應針對其工作屬性設計不同的舞弊認知訓練課程。

(5) 遵循的確認：企業須定期地確認其員工是否遵循企業道德準則的責任。確認的方式可由員工本身進行自我評鑑，自我評鑑要求員工陳述企業對於道德準則遵守的預期，且聲明已遵守該行為標準。這個程序對於防止員工從事或協助他人從事舞弊有正面的助益。多數員工並不會希望在正式自我評鑑文件上做出虛偽不實的陳述，因而有可能將他們知道的舞弊或疑似舞弊做完整或部分的陳述。藉由內部稽核人員和其他人員對這些陳述的後續追蹤，有時可以發現一些重大的舞弊情事。

(6) 紀律：無論對那一個層級的員工，員工應瞭解他們必須對違反企業道德標準負責。透過對所有違反情事的調查，並執行適當且一致的懲戒，可以有效防止舞弊的發生。

2. 建立管理階層評估舞弊風險之責任

管理階層有責任建置辨認和評估舞弊風險的政策及程序，並針對已辨認的風險採取必要的控制程序，且監督內部控制防範及偵測舞弊的有效性。以下針對這三個層面說明之：

(1) 辨認和評估舞弊風險。有效的舞弊監督始於管理者清楚地認知舞弊是可能發生的，沒有這樣的認知，管理階層便無從預防或偵測舞弊。因此，管理階層必須承擔辨認

和評估舞弊風險的責任。例如：管理階層可能因企業的性質，其主要重大會計政策涉及主觀的會計估計(如公允價值的估計、壞帳估計及賠償準備等)，而辨認出企業很容易透過會計估計的裁量去操縱財務報表；或因企業持有大量價高且流動性佳的存貨，而辨認出有較高員工盜賣存貨的風險。有些性質較特殊，且規模較大的企業，如金融保險業，甚至成立專責單位(如風險管理部門)，持續進行辨認及評估潛在風險的工作(包括舞弊風險)。

(2) 建立降低舞弊風險之控制作業。管理階層一旦辨認出潛在舞弊風險後，即必須負責設計及執行公司治理的程序，以及防止與偵測舞弊的內部控制程序，以降低舞弊風險。例如，管理階層如認為壞帳估計對財務報導影響很重大(如銀行)，則必須負責建立估計壞帳的控管程序，避免利用壞帳估計進行財務報導舞弊。又如管理階層如辨認出存貨有被盜賣的風險，則必須建立防止存貨被盜賣的控管程序。

(3) 舞弊預防相關控制作業之監督。管理階層設計及執行防止與偵測舞弊的內部控制程序後，管理階層仍必須承擔起定期評估相關控制作業已被確實執行並且有效地運作的責任。內部稽核人員在確保相關控制作業被有效執行上，扮演相當重要的角色，藉由檢查和評估可降低舞弊風險的內部控制執行情況，作為偵測舞弊的手法。

3. 治理單位的監督

由於管理階層可能踰越相關之內部控制，因此，尚需要強而有力的公司治理單位(如董事會、審計委員會或監察人等)以監督管理階層的活動。這幾年來，我國金管會積極推動審計委員會制度，即在強化公司治理的職能。審計委員會(或類似的公司治理單位)的主要責任在監督公司財務報導和內部控制的過程，它會考量管理階層踰越內部控制的可能性，並監督管理階層評估舞弊風險、預防舞弊相關內部控制活動的執行，也會有效地幫助企業營造管理階層以身作則的文化，強調誠信和道德行為的重要性，以及任何舞弊皆是無法被允許的信念，審計委員會在舞弊風險監督上扮演非常重要的角色。

8.2.2.2 查核人員之責任

查核人員執行財務報表查核時，其責任在於應依審計準則執行查核工作，以合理確信財務報表整體並無因舞弊或錯誤所導致之重大不實表達。查核人員為獲致上述合理之確信，在整個查核過程中應運用專業上之懷疑，考量管理階層踰越控制之可能，並認知能有效偵查錯誤之查核程序，不一定能有效偵查因舞弊而導致之重大不實表達。換言之，查核人員之責任並不在偵測受查者是否有舞弊，其責任在於規劃及執行查核程序時，應運用專業上之懷疑，考量受查者發生與財務報表相關舞弊的風險，並於予適當之因應。

而所謂運用專業懷疑，係要求查核人員持續質疑所取得之資訊及查核證據，是否顯示存有導因於舞弊之重大不實表達，包括考量作為查核證據之資訊的可靠性及於控制作

業組成要素中所辨認對該資訊之編製及維護之控制（如有時）。依 TWSA240 之規定，因環境可能隨時變遷，財務報表可能環境變遷而存有導因於舞弊之重大不實表達，故即使查核人員依過去經驗認為管理階層及治理單位係屬誠實及正直，查核人員仍應於整個查核過程中運用專業懷疑。惟查核人員依審計準則執行查核時，甚少涉及辨認文件之真實性，亦未受此訓練，因此不被預期成為辨認文件真實性之專家。但查核人員如察覺文件可能有虛假或有內容遭修改之情事且未被受查者告知時，仍有採取進一步調查程序的責任。一般而言，該等程序通常包括：

1. 直接向第三方確認。
2. 採用專家工作以評估文件之真實性。

此外，查核人員如發現管理階層或治理單位對其查詢所作之回應有不一致時，亦應特別提高警覺，並調查該不一致之情形。

值得一提的是，即使查核人員已依審計準則規劃及執行查核程序，並運用專業上之懷疑，但基於下列先天上之限制，查核人員仍可能無法偵測出受查者已存在之與財務報表相關的舞弊：

1. 舞弊可能被經過複雜且詳細之設計所隱匿。例如，受查者偽造紀錄、蓄意漏列交易或故意提供查核人員錯誤之資訊，致使查核人員未能偵出因舞弊而導致重大不實表達之風險。
2. 共謀之舞弊。舞弊有時係由受查者內部人員相互串通，或與外部勾結進行。一般而言，共謀之舞弊比由個人從事之舞弊更難偵查，因查核人員可能相信證據具說服力，但事實上卻屬虛偽的查核證據。例如，受查者與外部人員勾結，從事虛偽的銷貨交易，在此情況下，應收帳款及銷貨金額的函證，亦無法偵測此項舞弊行為。
3. 舞弊可能藉由主觀裁量進行。例如，財務報導舞弊可能係藉由重大會計估計達成。查核人員雖可能辨認出發生舞弊之潛在機會，卻很難認定與管理階層判斷有關之不實表達係導因於舞弊或錯誤。因此，受查者之會計估計對財務報表有重大影響時，查核人員通常會認為在會計估計上存有顯著風險。
4. 管理舞弊。管理階層因其職位通常較有機會直接或間接竄改會計紀錄及報導不實之財務資訊，致使查核人員不易偵出因管理舞弊而導致重大不實表達之風險。

8.2.3 舞弊相關風險評估程序及舞弊重大不實表達風險之評估

於第七章討論風險評估程序時，要求查核團隊成員應先進行團體討論，以及主辦會計師應決定必須與未參與討論之查核團隊成員溝通之事項。為使查核團隊中較具經驗之成員，有機會與其他成員分享其對財務報表易發生導因於舞弊之重大不實表達之可能方

式及項目之相關見解、及早因應易發生導因於舞弊之重大不實表達(包括人員之指派)、與查核團隊分享查核程序之執行結果,以及如何處理任何可能引起查核人員注意對舞弊之指控。因此,團體的討論應著重於受查者財務報表易發生導因於舞弊之重大不實表達之可能方式及項目。惟值得提醒的,TWSA240要求進行團體討論時,不應考量其以往對管理階層及治理單位係屬誠實及正直之認知。具體的團隊討論事項可能包括:

1. 受查者易發生導因於舞弊之重大不實表達(包括報表及揭露)之可能方式及項目。
2. 是否有跡象顯示有盈餘操縱而導致財務報導舞弊之情事,以及管理階層為達此目的而採用之方法。
3. 考量已知影響舞弊發生之內外部因素(即舞弊三角之因子)。
4. 管理階層如何監督有機會接觸現金(或易被挪用資產)之員工。
5. 已引起查核團隊注意之管理階層或員工,在行為或生活形式上有任何不尋常或無法解釋之改變。
6. 考量當某些情況出現時,係顯示舞弊可能發生。
7. 如何將受查者無法預期之因素,融入查核程序之性質、時間及範圍。
8. 考量管理階層踰越控制之風險。
9. 已引起查核人員注意之任何對舞弊之指控。

依TWSA240之規定,就財務報表導因於舞弊之重大不實表達風險,查核人員所應執行之風險評估程序,將涵蓋下列四層面:

1. 查詢管理階層及受查者之其他適當人員

查核人員應向管理階層查詢下列事項:

(1) 管理階層對財務報表可能導因於舞弊之重大不實表達風險之評估,包括該等評估之性質、範圍及頻率。當管理階層未對舞弊風險執行評估時,可能顯示管理階層較不重視內部控制。
(2) 管理階層辨認及因應舞弊風險之流程,包括管理階層已辨認或已注意之特定舞弊風險,或可能存在舞弊風險之交易類別、科目餘額或揭露事項。
(3) 管理階層就其辨認及因應舞弊風險之流程與治理單位之溝通。
(4) 管理階層就其對有關商業實務及道德行為之觀點與員工之溝通。

此外,查核人員亦應查詢管理階層及受查者之其他適當人員,以確認其是否知悉任何影響受查者已發生、疑似或被指控之舞弊。其他適當人員可能包括未直接參與財務報導流程之人員、不同授權層級之員工、內部法務人員、負責督導員工行為操守之主管、對舞弊指控負責處理之人員,以及參與啟動、處理及記錄複雜或不尋常交易之員工,以及負責監管該等員工之主管。

最後，如受查者設有內部稽核職能者，查核人員尚應查詢內部稽核職能之適當人員，以確認其是否知悉任何影響受查者之已發生、疑似或被指控之舞弊 (包括管理階層是否已對前述之發現，提出合理之回應)，並取得其對舞弊風險之看法。

2. 瞭解及查詢治理單位

除非所有治理單位成員均參與受查者之管理，查核人員應瞭解治理單位如何監督管理階層辨認及因應舞弊風險之流程，以及管理階層為降低舞弊風險所建立之控制。此外，查核人員亦應查詢治理單位，以確認其是否知悉任何影響受查者之已發生、疑似或被指控之舞弊，此等查詢亦可用以驗證管理階層對查詢之回應。

3. 辨認不尋常或非預期之關係

查核人員應評估藉由分析性程序 (包括與收入科目相關者) 所辨認不尋常或非預期之關係，是否顯示存有導因於舞弊之重大不實表達風險。

4. 評估舞弊風險因子 (舞弊三角之風險因子)

查核人員應評估於執行其他風險評估程序及相關作業時所取得之資訊，是否顯示存有一項或多項舞弊風險因子。存有舞弊風險因子不必然顯示舞弊已發生，但如舞弊已發生，舞弊風險因子通常存在。因此，當受查者存在舞弊風險因子時，可能顯示存有導因於舞弊之重大不實表達風險。舞弊風險因子之重要性因受查者而異，並無一定之排序，查核人員於確認舞弊風險因子是否存在及該等風險因子是否導致重大不實表達風險時，應運用專業判斷。

查核人員除考量上述風險評估程序所取得之證據外，尚應考量其所取得之其他資訊，是否顯示存有導因於舞弊之重大不實表達風險。該等其他資訊之來源，可能來自團隊成員之討論、於客戶承接或續任之過程中所取得之資訊、為該受查者執行其他案件之經驗 (例如，期中財務報表之核閱、其他非審計服務案件) 及報章媒體之報導等。

查核人員於執行上述風險評估程序後，應將導因於舞弊之重大不實表達風險視為顯著風險。因此，查核人員應辨認受查者因應該等風險之控制，並評估該等控制之設計，並確認其是否付諸實行 (無須考量該等控制之執行效果)。管理階層可能考量該等控制之成本效益，而對選擇付諸實行該等控制，或者選擇承擔相關舞弊之風險 (即不設置相關控制)。查核人員應瞭解管理階層上述決策之考量，因該瞭解所獲得之資訊，可能有助於辨認舞弊風險因子，亦可能影響查核人員對財務報表是否存有導因於舞弊之重大不實表達風險之評估。

此外，根據 COSO (Committee of Sponsoring Organizations) 所做的研究發現，超過一半以上的財務報表舞弊涉及了收入 (應收帳款) 的虛增、提早認列或銷貨退回及折扣的操縱。其主要原因為收入對損益的影響最大，只要虛增或操縱幾筆銷貨收入即可能對損益

有重大的影響，國內的統計資料亦有相同的現象。為了因應此一現象，各國審計準則對銷貨收入舞弊風險的評估都特別加以注重，我國亦不例外。根據 TWSA240 第 26 條規定：「查核人員於辨認並評估導因於舞弊之重大不實表達風險時，應預先假設收入認列存有舞弊風險，並評估何種收入、交易或聲明之類型可能產生舞弊風險。當查核人員作出前述假設不適用於該查核案件之結論時，應將其理由記錄於查核工作底稿」。長期以來，由於財務報表審計受先天上的限制，查核工作的規劃及執行皆建立在「財務報表是沒有舞弊的假設上」，但第 26 條的規定卻打破此一長期以來的假設，要求查核人員事先假設收入認列存有舞弊風險，並規定該風險即屬顯著風險。因此收入認列的查核常被會計師認定為關鍵查核事項，並於查核報告中進行溝通。

一旦預先假設收入認列存有舞弊風險且為顯著風險時，意味著查核人員必須做出相關的因應，如查核人員應評估銷貨收入相關控制之設計，並於蒐集收入認列相關證據時，該等證據須足以支持收入認列未存有舞弊，其要求的證據說服力將高於其他事項的查核證據。當查核人員作出前述假設不適用於該查核案件之結論時(此時查核人員所設計及執行之進一步查核程序將較於寬鬆)，應將其理由記錄於查核工作底稿，如果未將其理由記錄於查核工作底稿或其理由並不合理，會計師則可能被認為對收入認列所執行之進一步查核程序，無法取得足夠及適切之查核證據。

8.2.4 因應所評估之舞弊風險

誠如第七章所述，執行上述有關舞弊之風險評估程序後，查核人員應辨認並評估導因於舞弊之整體財務報表及個別項目聲明(包括交易類別、科目餘額及揭露事項)之重大不實表達風險。整體財務報表舞弊之重大不實表達風險將影響整體查核對策，而個別項目聲明舞弊之重大不實表達風險將影響進一步查核程序性質、時間及範圍之規劃及執行。此外，在特殊情況下，會計師於風險評估後可能認為無法繼續執查核工作，終止委任可能是較佳的因應方式。故以下針對整體查核對策、進一步查核程序及終止委任之因應做進一步的說明。

8.2.4.1 整體查核對策之因應

於決定整體查核對策以因應導因於舞弊之整體財務報表重大不實表達之風險時，查核人員應：

1. 於指派及督導查核團隊成員時，考量所需之專門知識、技術及能力，以及導因於舞弊之重大不實表達風險之評估結果。例如，會計師可藉由額外指派具有專業技術及知識者(如舞弊鑑識或資訊科技專家)或有豐富經驗者，以因應所辨認導因於舞弊之重大不實表達風險。此外，查核團隊之督導範圍應能反映所評估導因於舞弊之重大不實表

達風險，以及查核團隊成員執行工作之專業能力。
2. 評估受查者會計政策之選擇及應用(特別是涉及主觀衡量及複雜交易者)，是否顯示管理階層藉此操縱盈餘而導致財務報導舞弊。
3. 於選擇查核程序之性質、時間及範圍時，融入受查者無法預期之因素。受查者內部對查核程序熟稔者，較可能躲避查核人員之查核而隱匿財務報表舞弊。因此，查核人員於選擇查核程序之性質、時間及範圍時，融入受查者無法預期之因素，係屬重要。例如：對通常不執行查核之較不重大或風險較低之科目餘額或特定聲明執行證實程序；使用不同之選樣方法；對不同受查據點或對未告知之據點執行查核程序；調整查核程序之時間，有別於受查者預期之安排等。

8.2.4.2 進一步查核程序之因應

依 TWSA330 之規定，查核人員應設計及執行進一步之查核程序，該等查核程序之性質、時間及範圍，須足以因應對所評估導因於舞弊之個別項目聲明重大不實表達風險。故基本原則為查核人員透過改變進一步查核程序之性質、時間及範圍，以因應所評估導因於舞弊之個別項目聲明重大不實表達風險。其改變方式分別說明如下：

1. 改變執行查核程序之性質。藉由改變所執行查核程序之類型或組合以取得更可靠且攸關之查核證據。例如：(1) 對特定資產之實體觀察或檢查可能變得更為重要；(2) 對重要科目或電子交易檔案資料，查核人員可藉由電腦輔助查核技術，以取得更多查核證據；(3) 查核人員之函證範圍除應收帳款餘額外，尚可包括銷售合約之細節，如銷貨日期、交貨條件及退貨權利等。此外，查核人員亦可向受查者內部之非會計人員查詢有關銷售合約及交貨條件有無任何更改，以補強外部函證之證據力；(4) 如查核人員所辨認導因於舞弊之重大不實表達風險可能影響存貨數量，事先檢查受查者之存貨紀錄，將有助於查核人員於觀察存貨盤點時或盤點後，辨認須特別注意之存貨項目或地點。
2. 改變證實程序之時間。查核人員通常認為，於期末或接近期末時執行證實程序，更能因應導因於舞弊之重大不實表達風險。基於所評估故意不實表達或操縱盈餘之風險，查核人員可能認為，將期中證實程序之查核結論延伸至期末而執行之查核程序非屬有效。查核人員如認為故意之不實表達(例如不當認列收入)可能於期中即已發生，則亦可能選擇對期中或整個報導期間發生之交易，執行證實程序。
3. 擴大所採用查核程序之範圍。藉由增加樣本量或執行更詳細之分析性程序，以反映導因於舞弊之重大不實表達風險之評估。查核人員亦可使用電腦輔助查核技術，以擴大對電子交易及科目檔案之測試，此查核技術可自主要電子檔案中選取交易樣本，或就交易之特定條件將交易加以排序或分類，或對特定交易選取全部項目執行測試，而非抽樣測試。

除了改變進一步查核程序之性質、時間及範圍，以因應所評估個別項目聲明舞弊之重大不實表達風險外，由於管理階層因其職位通常較有機會踰越形式上有效運作之控制，以偽造或操弄會計紀錄並編製不實之財務報表，且其舞弊金額通常具有重大性，甚至具廣泛性。因此，TWSA240 規定，雖然管理階層踰越控制之風險程度隨受查者而異，但此風險存在於所有受查者中，且由於管理階層可能以各種無法預期之方式踰越控制，此風險為導因於舞弊之重大不實表達風險，故將其視為顯著風險（即與收入認列一樣，管理階層踰越控制被預先假設為具有舞弊風險）。TWSA240 進一步規定，不論查核人員對管理階層踰越控制之風險評估結果為何，均應對下列三個事項設計及執行查核程序：

1. **測試會計分錄及編製財務報表所作其他調整之適當性**

導因於舞弊之財務報表重大不實表達，通常透過於整個報導期間或期末登載不當或未經授權之會計分錄，或管理階層未經由會計分錄而直接調整財務報表金額（例如，透過合併調整或重分類），以操弄財務報導流程。故測試會計分錄及其他調整之適當性係屬重要。

查核人員設計及執行該等測試之查核程序時，應執行下列程序：

(1) 向負責編製財務報表之員工，查詢其於處理會計分錄或其他調整時，有無不適當或不尋常之情況，包括考量與不當踰越會計分錄之控制有關之重大不實表達風險。

(2) 選擇於報導期間結束日登載之會計分錄及其他調整。查核人員於辨認及選擇擬測試之會計分錄及其他調整，以及對所選取項目決定適當之檢查方法時，下列事項係屬攸關：

① 對導因於舞弊之重大不實表達風險之辨認與評估。已存在之舞弊風險因子，以及查核人員於執行舞弊相關之風險評估程序時所取得之其他相關資訊，可協助查核人員辨認擬測試特定類型之會計分錄及其他調整。

② 對會計分錄及其他調整已付諸實行之控制。相關控制如經查核人員測試其執行有效性，可減少必要證實測試之範圍。

③ 受查者財務報導之流程及所能取得證據之性質。會計分錄及其他調整之處理，亦可能結合人工及自動化之控制，當於財務報導流程中使用資訊科技時，會計分錄及其他調整可能僅以電子形式儲存，查核人員可能須以電腦輔助工具執行查核。

④ 舞弊之會計分錄或其他調整之特徵。查核人員通常會聚焦於具有不當特徵之會計分錄或其他調整的測試，例如使用不相關、不尋常或甚少使用之會計科目；由非通常負責處理會計分錄之人員登載；於期末或結帳後始登載，且僅有簡單之說明或無說明；於期後立即迴轉；會計分錄性質異常，如借記資產科目，貸記費用科目等。

⑤科目之性質及複雜性。不當之會計分錄或其他調整較可能存在於性質特殊及複雜性之科目，例如，涉及複雜或性質不尋常之交易；涉及重大估計及期末調整；過去常發生不實表達者；涉及集團企業間之交易等。

⑥非於企業正常營運流程中處理之會計分錄或其他調整。非標準之會計分錄(例如，企業合併或處分之分錄；非經常性估計之分錄，如資產減損等)可能不受與登載例行性交易分錄(例如，每月銷貨收入、採購及現金支出)相同性質及範圍之控制所影響。

(3) 考量是否須測試整個報導期間之會計分錄及其他調整。查核人員如認為導因於舞弊之重大不實表達可能於整個報導期間發生，且會被刻意隱匿而不易被發覺，則查核人員亦應考量是否須測試整個報導期間之會計分錄及其他調整。

2. 複核管理階層作會計估計時是否偏頗，並評估造成該偏頗之情況是否顯示存有導因於舞弊之重大不實表達風險

財務報導舞弊通常藉由故意不實之會計估計而達成，故查核人員應複核管理階層作會計估計時是否存有故意之偏頗(即舞弊)。具體的查核程序可藉由瞭解受查者及其環境、所適用之財務報導架構，以及追溯複核前一年度管理階層所作重大會計估計判斷及假設，以評估管理階層作會計估計時是否存有故意之偏頗。

3. 查核人員就其所辨認之不尋常或非正常營運之重大交易，評估交易之動機及合理性是否顯示該等交易之進行係用以從事財務報導舞弊或掩飾挪用資產

受查者經常利用不尋常或非正常營運之重大交易，從事財務報導舞弊或掩飾被挪用之資產，故查核人員應評估該等交易之動機及合理性。該等交易通常具有若干特徵，例如交易之形式顯得過度複雜；管理階層未與治理單位討論交易之性質及會計處理，以及缺乏適當之交易文件；管理階層忽略交易之經濟實質，僅強調交易須作某一特定會計處理；與不須納入合併報表個體之關係人(包括特殊目的個體)間進行交易，而未經治理單位適當複核或核准；交易之對象為先前未辨認之關係人、虛設之企業或如無受查者財務支援即無法達成交易之企業。

惟須提醒的是，由於舞弊的情況及態樣可能非常多樣且複雜，會計師仍應判斷執行上述三大類查核程序後，是否以足以因應所評估管理階層踰越控制之風險；如不足，仍應額外執行額外之查核程序。

最後，由於財務報表舞弊查核受到較大的先天上限制，亦須受查者管理階層及治理單位的配合，故於接近查核完成階段，查核人員亦應向管理階層(如適當時，亦包括治理單位)取得包括下列事項之書面聲明：

1. 管理階層認知維持與財務報表編製有關之必要內部控制，以確保財務報表未存有導因

於舞弊或錯誤之重大不實表達之責任。
2. 管理階層已告知其對財務報表可能因舞弊而產生重大不實表達風險之評估結果。
3. 管理階層已告知涉及下列人員之已知或疑似舞弊事項：
   (1) 管理階層。
   (2) 內部控制中扮演重要角色之員工。
   (3) 其他人員，而其舞弊對財務報表有重大影響者。
4. 管理階層已告知由現任員工、離職員工、分析師、主管機關或其他人員所提供任何影響財務報表之被指控或疑似舞弊之資訊。

8.2.4.3 無法繼續執行查核之因應

在特殊情況下，例如，受查者未對舞弊採取查核人員認為於當時情況下必要之作為；查核人員對導因於舞弊之重大不實表達風險之考量及其查核結果，顯示存有重大且廣泛之舞弊之顯著風險；查核人員對管理階層或治理單位之專業能力或誠信存有重大疑慮，查核人員可能認為因舞弊或疑似舞弊所導致之不實表達風險，而產生能否繼續執行查核之質疑時，則應採行下列因應措施：

1. 判斷適用於該等情況之相關專業及法律責任，包括查核人員是否須向委任人報告等。
2. 考量終止委任是否適當 (如法令允許終止委任)。
3. 如終止委任，查核人員應：
   (1) 與適當管理階層及治理單位討論，說明終止委任及其原因。
   (2) 判斷是否有專業或法律上之需要，向委任人報告終止委任及其原因，或於某些情況下須副知主管機關。

上述因應措施有時會涉及複雜的專業及法律上的責任，於必要時，會計師可考量是否尋求法律專家之意見。

8.2.5 評估查核證據及就舞弊相關事項應進行之溝通

查核人員在執行進一步查核程序後，下一步驟便是評估所取得之查核證據。此外，TWSA240 亦規定會計師應就查核過程中所發現之舞弊或疑似舞弊與管理階層及治理單位進行溝通，甚至有向適當之權責機關報告舞弊或疑似舞弊的責任。本小節將針對這兩個議題進行說明。

於第七章曾提及，查核人員應依據所執行之查核程序及所取得之查核證據，於完成查核工作前，須再一次評估先前所評估之個別項目聲明重大不實表達風險是否仍屬適當。此評估係屬查核人員基於專業判斷之質性事項，其有助於進一步瞭解導因於舞弊之重大

不實表達風險,以及是否須執行額外之查核程序。

　　首先,查核人員應就於對財務報表作成整體結論時所執行之分析性程序,評估其結果是否顯示存有先前未察覺之導因於舞弊之重大不實表達風險。查核人員應以專業判斷辨認可能顯示存有導因於舞弊之重大不實表達風險之異常趨勢及關係,尤其是涉及期末認列收益之不尋常關係。此等情形可能包括於報導期間最後數週記錄大額之非常規收益、不尋常之交易或與營業活動現金流量趨勢不符之收益等。

　　再者,查核人員如於查核過程中辨認出不實表達,應評估該不實表達是否顯示存有舞弊。如顯示存有舞弊,由於舞弊可能非單一事件,查核人員應評估該不實表達對其他查核層面之影響,特別是對管理階層書面聲明可靠性之影響。查核人員如有理由相信該不實表達可能係舞弊所致,且涉及管理階層(特別是高階管理階層),無論該不實表達是否重大,應重新評估導因於舞弊之重大不實表達風險,並考量該風險評估結果對查核程序之性質、時間及範圍之影響。當查核人員重新考量所取得證據之可靠性時,亦應考量該不實表達之情況是否顯示存有員工、管理階層或第三方涉及共謀舞弊之可能性。

　　最後,會計師如確認財務報表係因舞弊而導致重大不實表達,或無法對此作出結論時,應評估該不實表達對查核之影響,依第三章之討論出具修正式意見之查核報告。

　　此外,查核人員如已辨認出舞弊(即使該等情事可能並不重大),或所取得之資訊顯示可能存有舞弊,除法令禁止外,應就此等事項及時與適當層級之管理階層溝通,俾使對舞弊之預防及偵出承擔主要責任之人員被告知前述舞弊。因受共謀舞弊之可能性及疑似舞弊之性質與重大程度等因素之影響,適當層級管理階層之決定係屬查核人員之專業判斷事項,一般而言,適當層級之管理階層係指比可能涉及疑似舞弊者至少高一層級之人員。

　　另外,除非所有治理單位成員均參與受查者之管理,查核人員如發現舞弊或疑似舞弊涉及下列人員時,應及時與治理單位溝通該等情事:

1. 管理階層。
2. 內部控制中扮演重要角色之員工。
3. 其他人員,其舞弊將導致財務報表之重大不實表達。

此外,除法令禁止外,查核人員如懷疑舞弊可能涉及管理階層,除應將此等懷疑與治理單位溝通外,並應與其討論為完成查核之必要查核程序之性質、時間及範圍。至於溝通的方式,查核人員得以口頭或書面方式與治理單位溝通。惟舞弊如涉及高階管理階層或導致財務報表重大不實表達,查核人員應及時向治理單位報告外,並考量是否以書面方式為之。在某些情況下,查核人員於察覺舞弊涉及上述三類人員以外之員工,而該舞弊未導致財務報表重大不實表達時,亦可能認為與治理單位溝通係屬適當。同理,治理單

位亦可能希望查核人員與其溝通該等情況。如查核人員於查核階段初期就該等溝通之性質及範圍與治理單位達成共識，將有助於溝通流程之建立。於特殊情況下，查核人員對管理階層或治理單位之正直或誠實存有疑慮，此時應考量是否取得法律專家之意見，以協助其判斷於該情況下之適當作為。

最後，TWSA240亦要求查核人員如辨認出舞弊或疑似舞弊，應確認法令或相關職業道德規範是否規定：

1. 會計師應向適當之權責機關報告。
2. 於向適當之權責機關報告係屬適當時，係會計師應履行之責任。

就目前我國法令及會計師職業道德之規定，除非受查者之舞弊或疑似舞弊涉及洗錢防制法，否則會計師並沒有向權責機關報告的責任或義務。惟應注意的是，目前IFAC所發布之國際會計師職業道德準則 (International Code of Ethics for Professional Accountants) 逐漸朝向會計師可能基於公眾利益之考量，會計師不再受保密義務之限制，而建議其向權責機關報告可能係屬適當之趨勢。

8.2.6　書面紀錄

當受查者發生財務報表舞弊，而會計師卻未發現，雖然會計師不一定有過失，但實務上，會計師常常會被捲入相關的爭訟中，如何證明其於查核過程中已依審計準則執行查核工作，避免不必要之法律責任及聲譽損失，將查核舞弊所執行之相關程序及所做之重大判斷，適當且完整地記錄於工作底稿，便顯得格外的重要。依據前述各小節之討論，查核人員應記錄之事項主要有三大類：即風險評估程序、對所評估風險之因應及就舞弊事項所進行之溝通或報告。具體而言，查核人員應將下列內容列入查核工作底稿：

1. 與重大不實表達風險之辨認並評估相關之事項
   (1) 對易發生導因於舞弊之重大不實表達之可能性，查核團隊於討論時所作之重大決策。
   (2) 查核人員所辨認並評估整體財務報表及個別項目聲明導因於舞弊之重大不實表達風險。
   (3) 查核人員所辨認控制作業組成要素中用以因應導因於舞弊之重大不實表達風險 (屬顯著風險) 之控制。

2. 與因應所評估重大不實表達風險之查核對策相關之事項
   (1) 就導因於舞弊之整體財務報表及個別項目聲明重大不實表達風險之評估結果，所設計之整體查核對策與進一步查核程序之性質、時間及範圍。

(2) 前述程序與所評估導因於舞弊之個別項目聲明重大不實表達風險間之連結。

(3) 查核程序之執行結果，包括對管理階層踰越控制之風險所採行特定查核程序之執行結果。

3. 與所發現舞弊或疑似舞弊所進行之溝通有關

查核人員應將與治理單位、管理階層、主管機關及其他人員對舞弊之溝通，列入查核工作底稿。

此外，誠如前述，查核人員於評估收入認列存有導因於舞弊之重大不實表達風險之預先假設後，如作出此假設不適用於該查核案件之結論，亦應將不適用之理由記錄於查核工作底稿。

8.3 會計估計與相關揭露的查核

當受查者的主要會計政策涉及到重大會計估計 (包括公允價值會計估計) 時，有關會計估計的查核往往是查核工作上的一大挑戰。其原因為會計估計多涉及受查者管理階層的主觀判斷，不像其他交易都有留下可驗證或較可靠的查核證據及交易軌跡，亦常是管理階層操縱財務報表甚至是舞弊的工具。因此，當受查者財務報表涉及重大會計估計時，會計估計通常會被會計師判定為顯著風險，甚至是關鍵查核事項，而須於查核報告中進一步說明。

會計師有關會計估計與相關揭露查核的規範，主要規定於 TSA540「會計估計與相關揭露之查核」，該準則旨在為查核人員就財務報表中會計估計 (包括公允價值會計估計) 的認列及揭露，依第七章所述之風險評估程序及進一步查核程序之因應做深入之規範及指引。因此，本節除了首先說明會計估計之性質外，將依循第七章的架構，依序介紹有關會計估計與相關揭露之風險評估程序、對所評估重大不實表達風險之因應 (進一步查核程序，包括因應顯著風險之額外證實程序)、對所取得查核證據之整體評估、取得客戶聲明書、與治理單位及管理階層或其他機關之溝通，以及書面紀錄等。

8.3.1 會計估計之性質

會計估計係指根據適用之財務報導架構衡量貨幣金額時受估計不確定性影響，在無精確衡量方法之情況下所作之貨幣金額概算 (包括存有估計不確定性之公允價值衡量及其他估計之金額)。依 IFRS 或企業會計準則編製財務報表時，須作會計估計之情況比比皆是，例如預期信用損失負債準備、存貨跌價損失、保固義務、不動產、廠房及設備之折舊、金融工具之評價、長期合約之收入認列、未決訴訟之結果、保險合約負債之評價、

員工退休福利負債、股份基礎給付、長期性資產或待處分之不動產或設備之減損、獨立個體間非貨幣性資產或負債之交換及企業合併中所取得資產或負債 (包括商譽及無形資產) 公允價值之決定等。

編製財務報表時，當貨幣金額無法直接衡量或觀察時，即須由管理階層作會計估計。然而，因知識或資料之先天限制，該等貨幣金額之衡量受估計不確定性所影響，進而導致會計估計之主觀性及估計結果之變異性。此外，做會計估計之流程涉及方法 (包括所採用之假設及資料) 之選擇及應用，可能具複雜性且須由管理階層作出判斷。最後，管理階層對會計估計作出判斷時，可能存有非故意或故意之偏頗 (*所謂管理階層偏頗係指管理階層於編製資訊時缺乏中立性，若管理階層有誤導之意圖，則管理階層之偏頗本質上即為舞弊*)。前述的不確定性、主觀性、複雜性或其他固有風險因子 (如管理階層偏頗) 造成不同程度的會計估計不確定性，因而影響貨幣金額衡量及相關揭露發生不實表達之可能性。

會計估計之性質差異甚大，不同會計估計受估計不確定性影響之程度明顯不同，因此各*會計估計之風險評估程序及進一步查核程序之性質、時間及範圍，將因估計不確定性及相關重大不實表達風險之評估結果而異*。某些會計估計之估計不確定性、或作估計時所涉及之複雜性及主觀性可能非常低，對此等會計估計而言，查核人員規劃及執行之風險評估程序及進一步查核程序預期將不廣泛。然而，某些會計估計之估計不確定性、複雜性或主觀性可能非常高，前述程序預期將更加廣泛。

由於會計估計的不確定性一大部分源自與管理階層作會計估計時所採用之方法、假設及資料，也是查核人員測試管理階層如何作會計估的重點。為方便後續各小節的討論，故以下針對會計估計之方法、假設及資料做進一步說明。

1. 方法

方法係管理階層依規定之衡量基礎作會計估計時所採用之衡量技術。例如，對股份基礎給付交易作有關之會計估計時，Black-Scholes 選擇權定價公式係一種被普遍接受用以決定選擇權價格之方法。方法之應用涉及計算工具或流程 (有時稱為模型) 之使用，以及假設與資料之應用 (包括考量其關聯性)。

2. 假設

假設涉及依據可取得之資訊，對某些事項 (例如，利率、折現率之選擇或對未來狀況或事件之預期) 所作之判斷。管理階層之假設可能由管理階層自各種替代方案中選出，亦可能由管理階層專家協助作成或辨認再由管理階層予以採用。

3. 資料

對會計估計而言，資料係指可透過直接觀察或自企業外部來源取得之資訊。對資料

應用具公認理論基礎之分析性或詮釋性技術所產生之資訊稱為導出資料 (derived data)，資料或導出資料以外之資訊僅係一種假設。資料可取自不同來源，如企業的內部或外部來源、總帳或明細帳之系統、合約或法令規範。該等資料如市場之交易價格、機器之運轉時間或產出數量、合約中所包含之價格或其他條款、自外部資訊來源所取得之前瞻性資訊 (例如經濟或盈餘預測)、依遠期利率採用插補法估算之未來利率 (導出資料) 等。

8.3.2 與會計估計相關之風險評估程序及相關作業

首先，會計師應決定查核團隊是否具備專業技術或知識以執行風險評估程序、辨認及評估重大不實表達風險、設計及執行查核程序以因應該等風險及評估所取得之查核證據。會計師做此判斷時，通常會考量受查者產業的特性、估計不確定的程度、所採用方法 (或模型) 之複雜性、適用之財務報導架構中與會計估計攸關規定之複雜性、為因應所評估重大不實表達風險擬採行之查核程序、選擇資料及假設須作主觀判斷之程度及作會計估計所採用資訊科技之複雜性及採用程度等因素。有時會計估計可能涉及會計與審計領域外之專業門技術或知識 (例如評價技術)，會計師可能尚須考量聘僱或委任查核人員專家。

依 TSA315「辨認並評估重大不實表達風險」之規定，就個別項目聲明重大不實表達風險而言，查核人員應分別評估其固有風險及控制風險。個別項目聲明固有風險之評估取決於固有風險因子對不實表達發生之可能性及重大程度之影響，進而決定其在固有風險光譜的位置。對特定會計估計而言，可能受其估計不確定性、複雜性、主觀性或其他固有風險因子，以及該等因子間之相互關聯所影響，某些個別項目聲明之固有風險較其他個別項目聲明高。此外，查核人員對專業懷疑之運用受其對固有風險因子之考量所影響，當固有風險因子 (估計不確定性、複雜性及主觀性或管理階層偏頗或其他舞弊因子) 之影響程度較高時，專業懷疑之運用就更為重要。在瞭解受查者內部控制制度方面 (為控制風險評估作準備)，查核人員則應著重於辨認因應與會計估計攸關顯著風險及其規劃執行控制測試之控制 (包括因應僅執行證實程序無法取得足夠及適切查核證據之風險之控制)。

以下分別就查核人員對受查者及其環境、適用之財務報導架構取得瞭解 (固有風險之辨認) 及內部控制制度瞭解時，與會計估計相關部分進行說明：

1. **對受查者及其環境、適用之財務報導架構取得瞭解**
   (1) 財務報表中可能須作 (或須改變) 會計估計或揭露之交易、事件或狀況。例如，受查者從事新類型交易、交易條款改變、發生新事件或狀況。
   (2) 適用之財務報導架構中有關會計估計之規定 (包括認列條件、衡量基礎、相關表達與揭露)，以及受查者就其性質及情況如何適用該等規定 (包括固有風險因子如何

影響個別項目聲明易發生不實表達之可能性)。此一瞭解的事項可能包括：會計估計之認列條件或衡量方法、應按或得按公允價值衡量之條件、應揭露或建議揭露之事項(包括與會計估計有關判斷、假設或其他估計不確定性來源之揭露)，以及當適用之財務報導架構之規定有變動時，受查者是否須改變與會計估計有關之會計政策。

(3) 與會計估計攸關之法令因素(如適用時，包括與金融服務業有關之法令架構)。此一瞭解可協助查核人員辨認適用之法令架構(例如，由銀行或保險業之主管機關建立之法令架構)，以及判斷此等法令架構是否規定下列事項：
①規定會計估計認列之狀況或衡量方法，或提供相關指引。
②明定或提供有關適用之財務報導架構規定以外之揭露指引。
③指出為符合法規可能存有潛在管理階層偏頗跡象之領域。
④基於監理目的，法令架構與適用之財務報表架構不一致之規定可能顯示存有潛在重大不實表達風險。例如，「銀行資產評估損失準備提列及逾期放款催收款呆帳處理辦法」規範銀行對備抵損失之最低提列比例所產生之金額可能超出適用之財務報導架構之規定。

(4) 基於對前述之瞭解，查核人員預期將納入受查者財務報表中之會計估計與相關揭露之性質。

2. 對內部控制制度取得瞭解

(1) 受查者對與會計估計攸關財務報導流程之監督及治理之性質及程度。查核人員可能瞭解與治理單位有關之事項可能包括：治理單位是否具備與會計估計相關之專業技術(或知識)及獨立性，以瞭解作會計估計之特定方法(或模型)之特性或會計估計相關之風險，以及管理階層是否依適用之財務報導架構作會計估計，並能及時適當地執行監督作業，以偵出並改正與會計估計有關之控制缺失。此外，當受查者之會計估計具有高度的主觀性、不確定性、複雜性並涉及重大假設時，查核人員對治理單位之監督取得瞭解更屬重要。

(2) 管理階層如何辨認對會計估計相關專業技術(或知識)之需求，以及如何應用該專業技術或知識(包括決定是否須採用管理階層專家之工作)。

(3) 受查者之風險評估流程如何辨認及因應與會計估計有關之風險。做此瞭解時，尤應瞭解管理階層作會計估計時如何辨認及因應導因於管理階層偏頗或舞弊之風險及因應。

(4) 受查者與會計估計有關之資訊系統，包括：
①主要交易類別、科目餘額或揭露事項(請參見第七章相關定義)中與會計估計及相關揭露有關之資訊，如何於受查者之資訊系統中流動。做此瞭解時，宜考量

會計估計係因例行性及經常發生之交易所產生，抑或因非經常發生或不尋常之交易所產生，以及資訊系統如何因應會計估計及相關揭露之完整性，尤其是與負債有關之會計估計。

②對該等會計估計及相關揭露，管理階層如何：依適用之財務報導架構辨認適當之方法、假設及資料來源，以及是否須改變前期採用之方法、假設或資料來源；瞭解估計不確定性之程度(包括考量可能衡量結果之區間)；因應估計不確定性(包括選擇納入財務報表中之管理階層單一金額估計及相關揭露)。

(5) 主要交易類別、科目餘額或揭露事項中，與會計估計流程中所辨認控制作業之控制。做此瞭解時，查核人員通常會考量下列事項：

①管理階層如何決定作會計估計所採用資料之適當性(包括於管理階層採用總帳及明細帳以外之外部資訊來源)。

②會計估計(包括所採用之假設及輸入值)由適當層級之管理階層(如適當時，亦包括治理單位)複核及核准。

③作會計估計及涉及相關交易人員間之職能分工及其適當性。

④控制設計之有效性。一般而言，管理階層於設計有效防止、或偵出並改正重大不實表達之控制時，設計因應主觀性及估計不確定性之控制，相較於設計因應複雜性之控制困難。

(6) 管理階層如何複核前期會計估計之最終結果及其對該複核結果之因應。

查核人員除了執行風險評估程序做上述相關之瞭解外，為協助當期重大不實表達風險之辨認及評估，尚應複核前期會計估計最終結果或續後重新估計(如適用時)。所謂會計估計最終結果係指會計估計之相關交易、事件或狀況最終產生之實際貨幣金額。追溯複核之目的並非懷疑查核人員基於當時可取得資訊所作適當會計估計之專業判斷，其目的在藉由追溯複核取得下列資訊：

1. 有關管理階層前期估計程序有效性之資訊(查核人員可藉此取得管理階層當期估計程序可能有效之查核證據)。
2. 可能須於財務報表中揭露事項(例如變動之原因)之查核證據。
3. 有關會計估計之複雜性或估計不確定性之資訊。
4. 有關會計估計發生管理階層偏頗之可能性，或顯示可能存在管理階層偏頗跡象之資訊。

進行追溯複核時，查核人員可能就前一期財務報表所作之會計估計追溯複核，或可能就前數期或較短期間(例如每半年或每季)追溯複核。於某些情況下，當會計估計之最終結果於較長期間方能確定時，就前數期作追溯複核可能係屬適當。查核人員於決定追溯複核之性質及範圍應考量會計估計之特性，例如依據查核人員先前對重大不實表達風

險之評估，如因一項或多項因素而評估固有風險較高，查核人員可能認為須執行更詳細之追溯複核。執行複核時，查核人員可特別注意前期會計估計所採用資料及重大假設之影響(於可行時)。反之，查核人員可能認為對例行性及經常發生之交易所產生之會計估計，採用分析性程序作為風險評估程序，即已達複核之目的。

8.3.3 與會計估計相關之重大不實表達風險之辨認及評估

查核人員對受查者及其環境、適用之財務報導架構及內部控制制度取得瞭解後，應進一步辨認並評估與會計估計及相關揭露有關之個別項目聲明相關之重大不實表達風險。此時查核人員應考量下列事項：

1. 會計估計受估計不確定性影響之程度。作此評估時，查核人員宜考量下列事項：
   (1) 適用之財務報導架構是否對先天上具高度估計不確定性之會計估計，規定使用特定方法、假設及相關揭露。
   (2) 營運環境。受查者可能處於動盪(例如貨幣匯率巨幅變動)或不活絡市場之營運環境，因此其會計估計可能須仰賴不易觀察之資料。
   (3) 管理階層(或依適用之財務報導架構)是否可能對過去交易之未來實現價格(例如未來須支付之或有合約條款金額)，或對未來事件及狀況之發生或影響(例如未來信用損失金額，或將清償之保險理賠金額及清償時點)，作精確且可靠之預測。以及管理階層是否能對現狀取得精確且完整之資訊(例如，用以建立公允價值估計之評價屬性資訊，該等資訊反映市場參與者於財務報表日之觀點)。

   值得提醒的是，由於會計估計金額可能被低估，查核人員不能僅根據財務報表中認列或揭露之會計估計金額大小判斷其發生不實表達風險之高低。此外，於某些情況下，估計不確定性可能過高而導致無法作合理之會計估計，適用之財務報導架構可能不允許將該項目認列於財務報表或按公允價值衡量，此時適用之財務報導架構可能規定須揭露該等會計估計及相關之估計不確定性，相關揭露存在重大不實表達風險通常較高。

2. 管理階層選擇及應用作會計估計之方法、假設及資料，以及選擇納入財務報表中之單一金額估計及相關揭露，受固有風險因子(複雜性、主觀性及管理階層偏頗或其他舞弊風險因子)影響之程度。

查核人員於辨認並評估與會計估計及相關揭露有關之個別項目聲明之重大不實表達風險後，應進一步決定所辨認及評估之重大不實表達風險是否為顯著風險。如為顯著風險，查核人員應辨認因應該風險之控制，並評估該等控制是否已有效設計並付諸實行(但不一定要執行控制測試)。當因應某一顯著風險之進一步查核程序僅為證實程序時，該等程序至少應包括細項測試。

8.3.4 對所評估重大不實表達風險之因應

誠如此第七章所述，就個別項目聲明而言，查核人員於設計及執行進一步查核程序時，其性質、時間及範圍須足以因應所評估個別項目聲明之重大不實表達風險。對會計估計及其相關揭露而言，查核人員之進一步查核程序應包括下列一項或多項測試方式 (如採用管理階層專家工作，相關測試方式亦可協助查核人員評估採用該專家之工作以作為攸關聲明之查核證據是否適切)：

1. 自截至查核報告日所發生之事項取得查核證據。
2. 測試管理階層如何作會計估計
3. 建立查核人員之單一金額估計或金額區間估計

以下針對每一項測試方式做進一步的說明：

1. 自截至查核報告日所發生之事項取得查核證據

當進一步查核程序包含自截至查核報告日所發生之事項取得查核證據時，查核人員應評估以所取得之查核證據因應與會計估計有關之重大不實表達風險是否足夠及適切。因於某些情況下，截至查核報告日所發生之事項取得查核證據，即可提供足夠及適切之查核證據，以因應重大不實表達風險。例如，過時之產品於財務報導期間結束日後短期內全數出售，即可提供於財務報導期間結束日有關其淨變現價值估計足夠及適切之查核證據。然而對某些會計估計而言，截至查核報告日發生之事項可能無法對該等會計估計提供攸關之查核證據。例如，就公允價值會計估計之衡量目的而言，財務報導期間結束日後之資訊可能無法反映該日所存在之事件或狀況，因此與公允價值會計估計之衡量並非攸關。在其他情況下，兼採其他測試方式可能係屬必要。

2. 測試管理階層如何作會計估計

一般而言，在下列情況下，測試管理階層如何作會計估計可能係屬適當之方式：
(1) 查核人員複核前期之類似會計估計後，認為管理階層當期之會計估計程序係屬適當。
(2) 會計估計係依據大量性質類似，但個別金額不重大項目之母體所作成。
(3) 適用之財務報導架構已規定管理階層應如何作會計估計。例如預期信用損失負債準備。
(4) 會計估計係由例行性資料處理所產生。

當查核人員決定測試管理階層如何作會計估計時，應對管理階層作會計估計所選擇之方法、重大假設、資訊，以及單一金額估計及與估計不確定性有關之揭露，設計及執行進一步查核程序，以取得足夠及適切之查核證據。以下針對查核管理階層作會計估計

所使用之方法、重大假設、資訊及單一金額估計及與估計不確定性有關之揭露分別說明之：

(1) 就所選擇之估計方法而言，查核人員應對下列事項設計及執行進一步查核程序：
① 就適用之財務報導架構而言，所選擇之方法是否適當。與前期比較，方法如有變動，其變動是否適當。
② 選擇方法時所作之判斷，是否存有管理階層偏頗跡象。
③ 依該方法所作之計算是否正確無誤。
④ 當該方法涉及複雜模型時，管理階層所作之判斷是否一致，且模型之設計是否符合適用之財務報導架構之衡量目的，且於當時情況下係屬適當。與前期比較，模型之變動於當時情況下是否適當(如適用時)。此外，對模型輸出值之調整是否與適用之財務報導架構之衡量目的一致，且於當時情況下係屬適當(如適用時)。
⑤ 於應用該方法時，管理階層是否確保重大假設及資料之完整性、正確性及有效性。

(2) 就所選擇之重大假設而言，查核人員應對下列事項設計及執行進一步查核程序：
① 就適用之財務報導架構而言，所選擇之重大假設是否適當。查核的重點在於與前期比較，重大假設如有變動，其變動是否適當；以及選擇重大假設時所作之判斷是否存有管理階層偏頗跡象。
② 根據查核人員於查核中所知悉之資訊，該等重大假設是否與同一會計估計之其他重大假設，以及其他會計估計與其他營運活動採用之相關重大假設一致。
③ 管理階層是否有採行特定作為之意圖及執行能力(如適用時)。

(3) 就所就選擇之資料而言，查核人員應對下列事項設計及執行進一步查核程序：
① 就適用之財務報導架構而言，所選擇之資料是否適當。與前期比較，資料如有變動，其變動是否適當。
② 選擇資料時所作之判斷是否存有管理階層偏頗跡象。
③ 該等資料於當時情況下，是否攸關及可靠。
④ 管理階層是否能適當瞭解或解釋該等資料，包括與合約條款相關之資料。

(4) 就所就選擇之選擇單一金額估計及與估計不確定性有關之揭露而言，查核人員應對下列事項設計及執行進一步查核程序，以判斷管理階層是否已依適用之財務報導架構就下列事項採取適當措施：
① 瞭解估計不確定性。
② 藉由選擇適當之單一金額估計及擬定與估計不確定性有關之揭露，以因應估計不確定性。

基於所取得之查核證據，查核人員如判斷管理階層未採取適當措施以瞭解或因應估計不確定性時，則應採取下列因應措施：

①要求管理階層執行下列一項或多項措施，並依上述之規定評估管理階層之回應：
　(a) 執行額外程序以瞭解估計不確定性。
　(b) 重新評估管理階層單一金額估計之選擇。
　(c) 考量提供與估計不確定性有關之額外揭露。

②於判斷管理階層對前項要求之回應不足以因應估計不確定性時，在可行範圍內建立查核人員單一金額估計或金額區間估計(參見下列相關討論)。

③評估內部控制是否存有缺失，如有時，查核人員應 TWSA260「內部控制缺失之溝通」之規定進行溝通。

3. 建立查核人員之單一金額估計或金額區間估計

一般而言，當會計估計存有較高重大不實表達風險(包括顯著風險)時，查核人員建立單一金額估計或金額區間估計以評估管理階層單一金額估計及與估計不確定性有關之揭露，係屬適當之因應方式。該等情況例舉如下：

(1) 查核人員於複核前期類似會計估計後，認為管理階層當期之會計估計流程預期可能無效。
(2) 受查者對會計估計流程之控制未妥善設計並付諸實行。
(3) 就財務報導期間結束日後至查核報告日間發生之事項或交易，管理階層宜考量而未適當考量，且該事項或交易似與管理階層之單一金額估計矛盾。
(4) 有適當之其他替代假設或攸關之資料來源，以建立查核人員單一金額估計或金額區間估計。
(5) 管理階層未採取適當措施以瞭解或因應估計不確定性。

查核人員如擬建立單一金額估計或金額區間估計，以評估管理階層單一金額估計及與估計不確定性有關之揭露時，所執行之進一步查核程序應包含評估其所採用之方法、假設或資料就適用之財務報導架構而言是否適當。在此情況下，查核人員無論採用管理階層或查核人員之方法、假設或資料，仍應對管理階層作會計估計所選擇之方法、假設或資料設計及執行進一步查核程序。

此外，查核人員於建立金額區間估計時，應：

(1) 確定該金額區間僅包含有足夠及適切之查核證據佐證，且依衡量目的及適用之財務報導架構之其他規定評估為合理之金額。
(2) 設計及執行進一步查核程序，以對與估計不確定性有關揭露之所評估重大不實表達風險，取得足夠及適切之查核證據。

除上述與估計不確定性有關之揭露外，查核人員尚應對其他與會計估計有關之揭露

所評估重大不實表達風險，設計及執行進一步查核程序以取得足夠及適切之查核證據。

此外，依 TWSA330「查核人員對所評估風險之因應」之規定，查核人員設計及執行進一步查核程序之性質時，可採用併用方式 (combined approach) 或證實方式 (substantive approach)。當有下列情況之一時，查核人員應設計及執行控制測試 (即採用併用方式)，俾對控制執行之有效性取得足夠及適切之查核證據：

1. 對個別項目聲明重大不實表達風險之評估，包含對控制係有效執行之預期。例如，當查核人員因會計估計受高度複雜性影響，而評估其固有風險處於固有風險光譜較高之位置 (包括顯著風險) 時，測試控制執行之有效性可能係屬適當。然而，當會計估計受高度主觀性影響，而須由管理階層作重大判斷時，查核人員考量相關控制設計之有效性受到先天限制較大，因此其進一步查核程序可能更著重於執行證實程序。

2. 對個別項目聲明僅執行證實程序無法提供足夠及適切之查核證據。例如某些產業 (例如金融服務業) 其業務經營廣泛採用資訊科技。此外，就某些個別項目聲明而言，該等聲明須執行控制以降低與資訊 (非自總帳或明細帳取得者) 之啟動、記錄、處理或報導有關之風險，或支持該等聲明之資訊係由電腦自動啟動、記錄、處理或報導。因此，就某些會計估計而言，較可能存有僅執行證實程序無法提供足夠及適切查核證據之風險。

查核人員對有關會計估計如採用併用方式，其所執行之控制測試應反映作成重大不實表達風險評估結論所依據之理由。於設計及執行控制測試時，如對控制執行之有效性擬予信賴之程度越高，越須取得更具說服力之查核證據。此外，查核人員擬信賴與會計估計有關顯著風險之攸關控制時，應於當期測試該等控制，不可採用前期所取得之查核證據。如對某一顯著風險之因應方式僅為證實程序時 (即採用證實方式)，該等程序至少應包括細項測試 (例如，檢查合約以驗證條款或假設，或驗證模型中數字之正確性)。

查核人員於執行進一步查核程序時，應評估管理階層所作會計估計之判斷及決定是否存有管理階層偏頗跡象 (即使個別會計估計之判斷及決定係屬合理)。於辨認出管理階層偏頗跡象時，查核人員應評估其對查核之影響，如管理階層有誤導之意圖，則管理階層偏頗本質上即為舞弊。查核人員於評估管理階層偏頗時，可能較難於個別會計估計項目層級偵出，通常於考量多個會計估計、所有會計估計之彙總影響數、或觀察數個會計期間後才較易辨認。例如，管理階層單一金額估計總是偏向查核人員金額區間估計中對管理階層較有利之一端，此類情況即可能顯示管理階層偏頗。當查核人員辨認出此等跡象，應判斷該偏頗是否顯示存有導因於舞弊之重大不實表達。由於財務報導舞弊通常藉由會計估計之故意重大不實表達而達成 (包括故意低估或高估會計估計)，因此管理階層偏頗之跡象亦可能為舞弊風險因子，其可能導致查核人員重新評估其風險評估 (特別是

舞弊風險之評估)及相關因應對策是否仍屬適當。

8.3.5 對所取得查核證據之整體評估

查核人員於執行 8.3.4 節所討論之查核程序後，應基於所取得之查核證據，評估下列事項：

1. 對先前所評估之個別項目聲明重大不實表達風險評估是否仍屬適當，尤其是已辨認出管理階層偏頗跡象時。就會計估計而言，查核人員經由執行程序取得查核證據時，可能察覺某些資訊與風險評估所依據之資訊間存有重大差異，因而可能須執行額外進一步查核程序以取得額外之查核證據。

2. 管理階層對財務報表中與會計估計之認列、衡量、表達及揭露有關之決定，是否符合所適用之財務報導架構。對於未認列之會計估計，查核人員之評估重點可能在於其是否符合適用之財務報導架構之認列條件。當查核人員作出未認列會計估計係屬適當之結論時，因某些財務報導架構仍可能規定須於財務報表附註中揭露此情況，查核人員仍應評估相關揭露是否符合適用之財務報導架。

對於已認列及揭露之會計估計，查核人員則應確定會計估計與相關揭露是否合理或存有不實表達。對認列之會計估計金額而言，查核人員於評估未更正不實表達對財務報表之影響時，TWSA450「查核過程中所辨認不實表達之評估」提供相關指引，讀者可參閱第七章 7.2.5 節中，有關實際、判斷性或推估不實表達之討論。例舉而言，查核證據所支持之單一金額估計(即查核人員單一金額估計)不同於管理階層單一金額估計時，兩者之差異即成構成不實表達；如管理階層單一金額估計未落於證據所支持之金額區間(即查核人員金額區間估計)內時，不實表達係管理階層單一金額估計與查核人員金額區間估計之兩端(最接近點)之差異(依此方式計算出來的不實表達通常是低估的，故在累計未更正不實表達後通常會與執行重大性比較，以判斷未更正及未偵出不實表達彙整數是否超過財務報表整體重大性)。對會計估計之相關揭露是否存有不實表達而言，查核人員則應評估：

(1) 就允當表達架構而言，管理階層是否已納入使財務報表整體允當表達之必要揭露(如適用時，包括超出架構所明訂者)。查核人員於評估財務報表是否允當表達時，應考量財務報表之整體表達、結構及內容，以及財務報表(包括相關附註)是否允當表達交易及事件。例如，當會計估計受高度估計不確定性之影響，查核人員可能決定為達成允當表達，額外揭露係屬必要，如管理階層並未包括此等額外揭露，查核人員可能作成財務報表存有重大不實表達之結論。

(2) 就遵循架構而言，管理階層是否已納入避免財務報表誤導之必要揭露。

3. 是否已取得足夠及適切之查核證據。作此評估時，應考量所有取得之攸關查核證據，

不論查核證據可驗證或可反駁管理階層聲明。如查核人員無法取得足夠及適切之查核證據，應評估其對查核或查核意見之影響。

8.3.6 取得與會計估計及相關揭露之相關書面聲明

查核人員應要求管理階層(於適當時，亦包括治理單位)，就其作會計估計所採用之方法、重大假設、資料及相關揭露是否適當(就適用之財務報導架構所規定之認列、衡量或揭露而言)，提供書面聲明。查核人員亦應考量是否對特定會計估計(包括所採用之方法、重大假設或資料)取得書面聲明。對特定會計估計取得書面聲明之例子如下：

1. 管理階層作會計估計時所作之重大判斷，已將其所獲悉之攸關資訊納入考量。
2. 管理階層作會計估計所採用之方法、假設及資料之選擇或應用之一致性及適當性。
3. 與會計估計及揭露攸關之假設，已適當反映管理階層採行特定作為之意圖及其執行能力。
4. 與會計估計有關之揭露(包括敘述估計不確定性之揭露)就適用之財務報導架構而言，係屬完整及合理。
5. 於作會計估計時，已應用適當之專門技術或知識。
6. 與會計估計有關之重大期後事項，均已於財務報表中調整或揭露。
7. 依適用之財務報導架構之規定，當管理階層決定不於財務報表中認列或揭露之會計估計，該決定係屬適當之理由。

8.3.7 與治理單位、管理階層或其他攸關機關之溝通

依 TESA260「與受查者治理單位之溝通」及 TWSA265「內部控制缺失之溝通」之規定，查核人員應與治理單位或管理階層溝通受查者會計實務重大質性層面及內部控制缺失。就有關會計估計及相關揭露之會計實務重大質性層面而言，查核人員可能與治理單位溝通之事項，例舉如下：

1. 管理階層如何辨認可能導致須作(或須改變)會計估計及相關揭露之交易、事件及狀況。
2. 重大不實表達風險。
3. 會計估計相對於財務報表整體之重大性。
4. 管理階層對會計估計性質及範圍，以及相關風險之瞭解(或缺乏瞭解)。
5. 管理階層是否應用適當之專業門技術或知識，或委任適當專家。
6. 查核人員對查核人員單一金額估計或金額區間估計與管理階層單一金額估計差異之看法。

7. 查核人員對所選擇與會計估計及其於財務報表中之表達有關之會計政策適當性之看法。
8. 管理階層偏頗之跡象。
9. 與前期比較,作會計估計之方法是否已改變,或應改變而未改變。
10. 管理階層作會計估計所採用之方法(包括所使用之模型),就衡量目的、性質、條件及狀況,以及適用之財務報導架構之其他規定而言,是否係屬適當。
12. 會計估計所採用重大假設之性質及影響,以及主觀性涉及假設建立之程度。
13. 重大假設是否與同一會計估計、其他會計估計,或與其他營運活動之相關重大下列假設一致。

就查核人員所辨認與會計估計及其揭露之內部控制顯著缺失而言,此類顯著缺失可能包括對下列事項之相關控制之缺失,包括:

1. 重大會計政策之選擇及應用,以及方法、假設與資料之選擇及應用。
2. 風險管理及相關資訊系統。
3. 資料之正確性、一致性與及完整性,包括資料自外部資訊來源取得時。
4. 模型之使用、建立及驗證,包括自外部提供者取得之模型,以及可能之必要調整。

此外,於某些情況下,法令可能要求查核人員就特定會計估計事項與其他攸關機關溝通。例如,金融機構主管機關可能尋求查核人員分享資訊,包括對金融工具業務控制之執行及應用、對預期信用損失、保險業之責任準備金及不活絡市場之金融工具評價之挑戰;而其他主管機關亦可能想瞭解查核人員對受查者營運重大層面(包括其成本估計)之看法。

8.3.8 書面紀錄

就會計估計及相關揭露之查核,查核人員應列入查核工作底稿之事項包括:

1. 對受查者及其環境所取得瞭解之關鍵要素,包括與會計估計有關之內部控制制度。
2. 於考量對個別項目聲明之重大不實表達風險作成評估結論所依據之理由(無論與固有風險或控制風險相關)後,*查核人員之進一步查核程序與該等風險間之連結*。該等理由可能與一個或多個固有風險因子或查核人員對控制風險之評估有關。然而,查核人員於辨認及評估與個別會計估計有關之重大不實表達風險時,不須就每一固有風險因子如何納入考量作成書面紀錄。
3. 如管理階層未採取適當措施以瞭解及因應估計不確定性,查核人員之因應對策。
4. 查核人員所辨認出與會計估計有關之管理階層偏頗跡象(如有時),以及就該跡象對查

核之影響所作之評估。
5. 依適用之財務報導架構確定會計估計與相關揭露是否合理或存有不實表達時，所作之重大判斷。

此外，查核人員亦宜考量將下列事項予以書面化：

1. 當管理階層應用之方法涉及複雜模型時，其所作之判斷是否一致應用，以及模型之設計是否符合適用之財務報導架構之衡量目的(如適用時)。
2. 當方法、重大假設或資料之選擇及應用受複雜性之影響程度較高時，查核人員於決定是否須採用專業門技術或知識以執行風險評估程序、設計及執行因應該等風險之程序，或評估所取得之查核證據時，所作之判斷。於該等情況下，書面紀錄亦可能包括其如何應用所需之專業技術或知識。

8.4 關係人及關係人交易之查核

由於關係人間缺乏獨立性，因此受查者所適用之財務報導架構對關係人之關係、交易及餘額之會計處理或揭露訂有特別規範，俾使財務報表使用者瞭解其性質及對財務報表之實際或潛在影響。企業於正常營運下之關係人交易，相較於與非關係人之類似交易，可能並不存有較高之重大不實表達風險。惟於某些情況下，關係人之關係及交易之性質，的確可能導致較高之重大不實表達風險。因此查核人員之責任為執行查核程序，以辨認、評估及因應受查者可能未依該所適用之財務報導架構適當處理或揭露關係人之關係、交易或餘額之重大不實表達風險。

TWSA550「關係人」即在對關係人相關之風險評估程序及其因應(包括舞弊之因應)，提供查核人員進一步的規範及指引。本節將針對下列幾項重點做進一步說明：關係人之關係及交易之性質、相關之風險評估程序及作業、辨認並評估與關係人之關係及交易有關之重大不實表達風險及其因應、對所辨認關係人之關係及交易之會計處理及揭露之評估、與治理單位之溝通及相關之書面紀錄。

8.4.1 關係人及關係人交易之性質

TWSA550所稱之關係人，係指受查者所適用之財務報導架構所稱之關係人。依我國IFRS及企業會計準則之定義，所謂的關係人係指與編製財務報表之企業(以下稱為「報導個體」)有關係之個人或個體。

1. 個人若有下列情況，則該個人或該個人之近親與報導個體有關係：
(1) 對該報導個體具控制或聯合控制。

(2) 對該報導個體具重大影響。

(3) 為報導個體或其母公司主要管理人員之成員。

2. 個體若符合下列情況之一，則其與報導個體有關係：

(1) 該個體與報導個體為同一集團之成員 (意指彼此具有母公司、子公司及兄弟公司間之關係)。

(2) 一個體為另一個體之關聯企業或合資，或為另一個體所屬集團中成員之關聯企業或合資。

(3) 兩個體同為第三方之合資。

(4) 一個體為第三方之合資，且另一個體為該第三方之關聯企業。

(5) 該個體受前目所列舉之個人控制或聯合控制。

(6) 於前目第一子目所列舉之個人對該個體具重大影響或為該個體 (或該個體之母公司) 主要管理人員之成員。

　　上述關係人之定義中，關聯企業包括該關聯企業之子公司；合資包括該合資之子公司。

　　企業於正常營運下，有時與關係人進行交易是必要的，如該等交易與非關係人之類似交易，並不一定會增加財務報表重大不實表達的風險。然而，不可否認的是，於某些情況下，關係人之關係及交易之性質可能導致較高之重大不實表達風險。例如：

1. 關係人間可能透過廣泛且複雜之關係及結構進行交易，而增加交易之複雜度。
2. 資訊系統可能無法有效辨認或彙總受查者與其關係人間之交易及餘額。
3. 關係人交易可能未依一般公平交易之條件進行。例如，某些關係人交易可能不涉及對價之支付。所謂的公平交易之條款及條件係指：(1) 買賣雙方非為關係人且各自獨立運作。(2) 買賣雙方均有成交意願。(3) 買賣雙方於協商交易之條款及條件時各自追求自身最佳利益。
4. 進行關係人交易之動機可能係為進行財務報導舞弊或掩飾被挪用之資產。

　　因此，查核人員之責任為執行查核程序，以辨認、評估及因應受查者可能未依該等規範適當處理或揭露關係人之關係、交易或餘額之重大不實表達風險。由於透過關係人較易進行舞弊，查核人員除了應依 TWSA240 之規定，評估是否存在舞弊風險因子時，應瞭解受查者與關係人之關係及交易。此外，由於關係人之關係可能給予管理階層共謀、隱匿及操縱之更佳機會，以及管理階層亦可能未知悉所有關係人之關係及交易之存在，因此查核人員偵出相關重大不實表達之能力，受先天限制之潛在影響更大。最後，受查者之關係人之關係及交易可能未揭露，因此查核人員於規劃及執行查核工作時，更應保持專業上之懷疑。

8.4.2 相關之風險評估程序及作業

針對受查者與關係人之關係及交易，查核人員於執行風險評估程序及相關作業時，應依 TWSA315 及 TWSA240 之規定，以取得攸關資訊俾辨認與關係人之關係及交易有關之重大不實表達風險。TWSA550 對相關之風險評估程序，特別針對下列三個層面提供更詳細的指引：

1. 瞭解受查者與關係人之關係及交易。
2. 複核紀錄或文件時對關係人資訊保持警覺。
3. 與查核團隊成員分享關係人資訊。

以下針對該等層面分別做進一步說明。

1. 瞭解受查者與關係人之關係及交易

首先，查核人員應先進行查核團隊的討論，討論有關因關係人之關係及交易而導致重大不實表達之各種可能情況。查核團隊討論之相關事項通常包括：

(1) 受查者與關係人之關係及交易之性質及程度。
(2) 強調於查核過程中，對與關係人之關係及交易有關之重大不實表達風險保持專業上懷疑之重要性。
(3) 顯示可能存在管理階層未辨認或未告知查核人員之關係人關係或交易之情況或狀況 (例如，複雜之組織架構、不適當之資訊系統或使用特殊目的個體進行資產負債表外交易)。
(4) 顯示可能存在關係人之關係或交易之紀錄或文件。
(5) 管理階層及治理單位是否重視對關係人之關係及交易之辨認、處理及揭露，以及管理階層踰越攸關控制之風險。
(6) 關係人涉及舞弊之各種可能方式，例如，透過管理階層所控制之特殊目的個體進行盈餘管理；與管理階層主要成員之已知商業夥伴進行交易以挪用受查者資產。

此外，查核人員應向管理階層查詢下列事項：

(1) 受查者對關係人之辨認，包括與前期比較之變動。一般而言，受查者之資訊系統須能記錄、處理及彙總關係人之關係及交易，以符合適用之財務報導架構之特別規範。因此，管理階層應有關係人之完整名單及與前期比較之變動。於續任案件之情況下，查核人員對該名單及其變動之查詢，可作為比較管理階層所提供資訊與以往查核所蒐集關係人紀錄之基礎。相關查詢通常可取得與股權與治理結構、目前進行與計畫投資之類型，以及組成結構與籌資方式相關之資訊。
(2) 受查者與關係人間關係之性質。

(3) 受查者是否於當期與關係人進行交易。如有時，該等交易之類型及目的。

最後，由於防止、偵出並改正因關係人之關係及交易所導致之重大不實表達風險，內部控制扮演極為關鍵的角色。因此，查核人員尚應向管理階層及其他人員查詢下列事項，以取得相關內部控制 (如有時) 之瞭解：

(1) 依適用之財務報導架構辨認、處理及揭露關係人之關係及交易。
(2) 與關係人間重大交易及安排之授權及核准。
(3) 非正常營運之重大交易及安排之授權及核准。

可能知悉關係人之關係及交易，以及相關內部控制之其他人員可能包括：治理單位；負責重大且非正常營運之關係人交易之發生、處理或記錄之人員，以及監督前述人員者；內部稽核人員；內部法務人員；負責監督員工是否遵循行為準則之主管；負責監督受查者是否遵循法規之主管。惟值得提醒的是，查核人員瞭解相關內部控制後，有時可能會發現受查者對關係人關係及交易之內部控制存有重大缺失或不存在，在此情況下，查核人員可能無法對關係人之關係及交易取得足夠及適切之查核證據。此外，財務報導舞弊通常涉及管理階層踰越形式上有效運作之控制，當管理階層如對與受查者有業務往來之企業具控制或重大影響，則踰越控制之風險較高，因該等關係可能給予管理階層更大之誘因或機會以進舞弊，此時，查核人員則應對該等交易的性質及條件提高警覺。

就小規模受查者而言，其控制作業可能較不正式，且其對關係人關係及交易之處理可能未書面化，當所有者兼管理者積極參與該等交易時，可能因而降低或提高與關係人交易有關之風險。查核人員可能透過向管理階層查詢並結合其他程序 (例如，觀察管理階層之監督及複核作業，以及檢查可取得之攸關文件)，以對關係人之關係及交易 (包括可能存在之內部控制) 取得瞭解。

2. 複核紀錄或文件時對關係人資訊保持警覺

查核人員於查核過程中檢查紀錄或文件時，應對顯示可能存在管理階層先前未辨認或未告知查核人員之關係人關係或交易之安排或資訊保持警覺。具體而言，查核人員應檢查下列紀錄或文件，以辨認該等安排或資訊：

(1) 查核時所取得之銀行函證及律師函證。
(2) 股東會及治理單位之會議紀錄。
(3) 經考量受查者之情況後，查核人員認為必要之其他紀錄或文件。該等紀錄或文件可能包括：查核人員向第三方取得之函證、營利事業所得稅申報書、向主管機關申報之資訊、股東名冊、管理階層或治理單位成員所簽署有關利益衝突之聲明、受查者及其退休金計畫之投資紀錄、與主要管理階層或治理單位成員簽訂之合約及協議、非屬正常營運之重大合約及協議、來自受查者之專業顧問之帳單及往來文件、受查者於本期重新協商之重要合約、內部稽核報告。

當查核人員執行上述程序或其他查核程序後，辨認出非正常營運之重大交易時（如複雜之股權交易、與法治規範薄弱之國家或地區之公司進行之交易、無償出借辦公處所或提供管理服務、導致異常重大之折讓或退回之銷貨交易、附買回承諾之銷貨、依據期限屆滿前更改條款之合約所進行之交易），應向管理階層進一步查詢該等交易之性質及其是否涉及關係人。

3. 與查核團隊成員分享關係人資訊

查核人員應與查核團隊之其他成員分享所取得與關係人攸關之資訊，查核團隊成員間可能分享之資訊如：受查者對關係人之辨認、關係人之關係及交易之性質，以及可能須作特殊查核考量之重大或複雜之關係人關係或交易，特別是涉及管理階層或治理單位成員財務利益之交易。

8.4.3 辨認並評估與關係人之關係及交易有關之重大不實表達風險及其因應

為符合TWSA315「瞭解受查者及其環境以辨認並評估重大不實表達風險」辨認並評估重大不實表達風險之規定，查核人員應辨認並評估與關係人之關係及交易有關之重大不實表達風險，並判斷其是否為顯著風險。當查核人員辨認出非正常營運之重大關係人交易時應將其視為顯著風險。

此外，查核人員如辨認出關係人之關係及交易存在舞弊風險因子（包括存在具支配性影響之關係人之情況），應於依TWSA240「查核財務報表對舞弊之考量」之規定（即8.2節之討論），於辨認並評估導因於舞弊之重大不實表達風險時，考量該等風險因子。由單一個人或少數人支配管理階層且無補償性控制，可能為舞弊風險因子。關係人具支配性影響之跡象包括：

1. 關係人否決管理階層或治理單位所作之重大營運決策。
2. 重大交易由關係人作最終核准。
3. 關係人所提出之營運方案甚少或未經管理階層及治理單位討論。
4. 涉及關係人或其近親之交易甚少經獨立複核及核准。

顯示可能存有相關舞弊之其他風險因子如：

1. 高階管理階層或專業顧問有異常之高流動率，可能意謂受查者為關係人之利益進行不正當之營運。
2. 藉由中介者進行無商業正當性之重大交易，可能意謂關係人透過對中介者之控制謀取不當利益。

3. 關係人過度參與或關注會計政策之選擇或重大估計之決定，可能意謂存在財務報導舞弊。

　　為因應所評估與關係人之關係及交易有關之重大不實表達風險，查核人員選擇之進一步查核程序之性質、時間及範圍，取決於該等風險之性質及受查者之情況。依據執行風險評估程序之結果，查核人員可能認為僅執行證實程序，而不對與關係人之關係及交易有關之控制執行測試，即可取得足夠及適切之查核證據（即證實方法）。然而於某些情況下，查核人員可能認為僅執行證實程序可能無法取得足夠及適切之查核證據，查核人員即應另對與關係人之關係及交易之紀錄完整性及正確性有關之控制執行測試，俾對該控制執行之有效性取得足夠及適切之查核證據（即併用方法）。例如，當受查者與其組成個體間之交易頻繁，且與該等交易有關之大量資訊係於整合性系統中由電腦自動產生、處理、記錄及報導時，查核人員可能認為僅執行證實程序無法將與該等交易有關之重大不實表達風險降低至可接受之水準時，查核人員即應採用併用方法。

　　此外，TWSA550 亦針對下列三種情況之查核程序提供進一步指引：

1. 先前未辨認或未告知之關係人或重大關係人交易。
2. 非正常營運之重大關係人交易。
3. 關係人交易之條款係與公平交易之條款是否相當。

　　以下針對上述三種情況之查核程序加以說明。

1. 先前未辨認或未告知之關係人或重大關係人交易

　　查核人員如辨認出管理階層先前未辨認或未告知查核人員之關係人或重大關係人交易，應執行下列程序：

(1) 將該攸關資訊儘速告知查核團隊之其他成員。如此將有助於查核團隊決定該等資訊是否影響所執行風險評估程序之結果及所作成之結論，包括是否須重新評估重大不實表達風險。

(2) 要求管理階層辨認與新辨認之關係人間之所有交易，以供查核人員作進一步評估。

(3) 查詢受查者對關係人之關係及交易之內部控制為何失效，致未能辨認或告知該等關係或交易。

(4) 對新辨認之關係人或重大關係人交易執行適當之證實程序。例如，查詢受查者與新辨認之關係人間關係之性質，包括向第三方查詢；對與新辨認之關係人間交易之會計紀錄進行分析；確認新辨認之重大關係人交易之條款及條件，並評估該等交易是否已依適用之財務報導架構適當處理及揭露。

(5) 重新評估是否尚有先前未辨認或未告知查核人員之其他關係人或重大關係人交易，

並執行必要之額外查核程序。
(6) 如管理階層係故意未告知查核人員（因而顯示存有導因於舞弊之重大不實表達風險），評估其對查核之影響。

2. 非正常營運之重大關係人交易

　　查核人員如辨認出受查者有非正常營運之重大關係人交易，首先應評估該等交易的動機及合理性，交易動機之瞭解，有助於查核人員更加瞭解交易之經濟實質及其發生之原因。評估時，查核人員可能考量下列事項：

(1) 交易是否：
　①過於複雜（例如，可能涉及集團內之多個關係人）。
　②有不尋常之交易條款（例如，不尋常之價格、利率、保證及償還期限）。
　③缺乏明顯合理之商業理由。
　④涉及先前未辨認之關係人。
　⑤以不尋常之方式進行。
(2) 管理階層是否已與治理單位討論交易之性質及會計處理。
(3) 管理階層是否強調須作某一特定會計處理，而忽略交易之經濟實質。

　　此外，查核人員應對該等非正常營運之重大關係人交易執行下列程序：

(1) 檢查相關合約（如有時），並評估：
　①交易動機是否顯示合約之簽訂係用以進行財務報導舞弊或掩飾被挪用之資產。
　②交易之條款是否與管理階層之解釋一致。
　③交易是否已依適用之財務報導架構適當處理及揭露。
(2) 取得交易業經適當授權及核准之查核證據。該等交易如經管理階層或治理單位授權及核准，即可能對該等交易業經適當層級之有權限者充分考量，且其條款及條件業已反映於財務報表，提供查核證據。如非正常營運之重大關係人交易未經授權及核准，且管理階層或治理單位無法提供合理之解釋，則可能顯示存有導因於舞弊或錯誤之重大不實表達風險。於此情況下，查核人員可能須對類似交易保持警覺。惟授權及核准本身可能不足以使查核人員作出未存有導因於舞弊之重大不實表達風險之結論，因受查者如與關係人共謀或受具支配性影響之關係人控制，則授權及核准可能不具實質效力。

3. 關係人交易之條款係與公平交易之條款是否相當

　　管理階層如於財務報表中聲明關係人交易之條款係與公平交易之條款相當，查核人員應對該聲明取得足夠及適切之查核證據。儘管關係人交易與類似公平交易間價格比較

之查核證據較易取得，惟實務上，有些交易之其他條款 (如授信期間、或有事項及特定費用) 之比較難取得查核證據。因此，管理階層對關係人交易之條款係與公平交易之條款相當之聲明，仍可能存有重大不實表達風險。管理階層對該聲明之佐證可能包括：

(1) 將關係人交易之條款與相同或類似之非關係人交易之條款相比較。
(2) 委任外部專家決定交易之公平市場價值，並確認其市場條款及條件。
(3) 將交易之條款與公開市場類似交易之條款相比較。

就前述之佐證，查核人員之評估程序可能包括：

(1) 考量管理階層佐證該聲明之流程是否適當。
(2) 驗證用以佐證該聲明之內外部資料之來源，並測試該等資料是否正確、完整及攸關。
(3) 評估該聲明所依據之重大假設是否合理。

由於關係人之關係及關係人交易之查核，管理階層的誠實地提供資訊相當重要，因此在查核的最後階段，查核人員應就下列事項取得管理階層之書面聲明：

1. 受查者已告知查核人員其關係人之名稱及已知與所有關係人之關係及交易。
2. 受查者已依適用之財務報導架構適當處理及揭露該等關係及交易。

此外，查核人員亦可視情況，對管理階層所作之特定聲明取得書面聲明，例如，對管理階層聲明特定關係人交易未存有未揭露之附屬協議取得書面聲明。

最後，如適當時，查核人員亦可向治理單位取得書面聲明，向治理單位取得書面聲明可能係屬適當之情況，列舉如下：

(1) 治理單位成員已就某些關係人交易之特定層面向查核人員作口頭聲明。
(2) 治理單位成員於關係人交易中具直接或間接之財務或其他利益。

8.4.4 對所辨認關係人之關係及交易之會計處理及揭露之評估

查核人員於執行 8.4.3 節之進一步查核程序後，會計師應根據所取得之查核證據評估下列事項：

1. 所辨認關係人之關係及交易是否已依適用之財務報導架構適當處理及揭露。
2. 關係人之關係及交易是否導致財務報表無法允當表達。

TWSA450「查核過程中所辨認不實表達之評估」要求查核人員於評估不實表達是否重大時，應考量不實表達之金額大小及性質與不實表達發生之特定情況。交易對財務報表使用者之重要性不僅取決於交易之金額大小，亦可能取決於其他質性因素 (例如，關

係人關係之性質)。

　　查核人員評估受查者關係人之關係及交易之揭露時,應考量相關事實及情況是否已適當彙總及表達,使該等揭露具可瞭解性。如果相關揭露有下列情況,關係人交易之揭露可能即不具可瞭解性:

1. 交易之動機及交易對財務報表之影響不明確或可能造成誤導。
2. 交易之主要條款、條件或其他重要要素未適當揭露。

8.4.5　與治理單位之溝通

　　查核人員與治理單位溝通查核時所發現與關係人有關之重大事項,有助於查核人員與治理單位對該等事項之性質及解決方式建立共識。因此,除非所有治理單位成員均參與受查者之管理,查核人員應與治理單位溝通查核時所發現之關係人有關之重大事項。溝通之相關事項列舉如下:

1. 管理階層未告知查核人員之關係人或重大關係人交易(無論是否故意),對此事項之溝通可提醒治理單位注意是否尚有其先前未知悉之關係人或重大關係人交易。
2. 所辨認未經適當授權及核准之重大關係人交易,此交易可能導因於舞弊。
3. 就重大關係人交易之會計處理及揭露,查核人員與管理階層間之歧見。
4. 未遵循禁止或限制特定類型關係人交易之法令。
5. 辨認受查者之最終控制者時所遭遇之困難。

8.4.6　相關之書面紀錄

　　查核人員除了應將關係人之關係及交易所執行之風險評估程序及進一步查核程序所取得證據及結論記載於工作底稿外,亦應將所辨認之關係人名稱及關係人關係之性質記載於查核工作底稿中。

8.5　集團財務報表查核之特別考量

　　本書曾於第六章 6.3 節中討論集團財務報表查核承接或續任之特別考量,本節將進一步探討有關集團財務報表查核的規劃、執行及查核報告的相關議題,相關規範主要規定於 TWSA600「集團財務報表查核特別之考量」。該公報主要係規範集團財務報表查核之特別考量,尤其是涉及組成個體查核人員者。查核人員於查核非集團財務報表時,如涉及其他查核人員,亦可於依實際情況作適當修改後採用該公報。例如,查核人員委託其他查核人員於偏遠地區觀察存貨盤點或檢查固定資產時。

為了方便本節的說明，本節首先將於 8.5.1 節先定義本節所使用之名詞定義。由於集團主辦會計師是否決定為集團某一組成個體查核人員之工作承擔責任，對集團主辦會計師的查核規劃、執行及查核報告有重大的影響。因此，集團主辦會計師首先應決定是否對每一組成個體查核人員之工作承擔責任，如決定為某一組成個體查核人員之工作承擔責任，則須參與該組成個體查核人員之工作達可對集團財務報表表示意見之程度；如決定不為某一組成個體查核人員之工作承擔責任，則須於集團查核報告中提及該組成個體查核人員之查核。故本節將於 8.5.2 節及 8.5.3 節分別針對集團主辦會計師不承擔及承擔組成個體查核人員之工作責任之查核規劃、執行及查核報告的規範。

8.5.1 名詞定義

為方便讀者瞭解本節所探討的議題，本小節將本節所使用之專有名詞的定義彙整如下：

1. 集團 (group)：財務資訊包含於集團財務報表之所有組成個體。集團應有二個以上之組成個體。
2. 組成個體 (component)：係一企業或一營業活動，且集團或組成個體之管理階層為其編製之財務資訊應包含於集團財務報表。
3. 集團財務報表 (group financial statement)：財務報表包含二個以上組成個體之財務資訊者。「集團財務報表」亦包括彙總無母公司但處於共同控制下組成個體之財務資訊之合併財務報表 (combined financial statement)。
4. 集團查核 (group audit)：對集團財務報表所執行之查核。
5. 集團查核意見 (group audit opinion)：對集團財務報表所表示之查核意見。
6. 集團主辦會計師 (group engagement auditor)：事務所內負責及執行集團查核案件，且對集團財務報表出具查核報告之會計師。
7. 集團查核團隊 (group audit team)：係指會計師 (包括集團主辦會計師) 及職員，該等人員負責訂定整體集團查核策略、與組成個體查核人員溝通、執行與合併流程有關之查核工作及評估查核證據所得出之結論，以作為形成集團查核意見之基礎。
8. 組成個體查核人員 (component auditor)：係指對組成個體財務資訊所執行之工作將作為集團查核之查核證據之查核人員。組成個體查核人員可能係集團主辦會計師所屬事務所之其他查核人員、聯盟事務所或其他事務所。
9. 集團管理階層 (group management)：負責編製集團財務報表之管理階層。
10. 組成個體管理階層 (component management)：負責編製組成個體財務資訊之管理階層。
11. 重要組成個體 (significant component)：集團查核團隊所辨認出組成個體符合下列條件之一者：

(1) 對集團而言，具有個別財務重要性。
(2) 因其特殊性質或情況，可能存有導致集團財務報表重大不實表達之顯著風險。
12. 組成個體重大性 (component materiality)：由集團查核團隊為組成個體所決定之重大性。
13. 集團層級控制 (internal control of group level)：對集團財務報導所設計、付諸實行及維持之控制。
14. 合併流程：係指下列二者之一——
    (1) 藉由合併、比例合併、或權益法或成本法之會計處理，於集團財務報表中就組成個體財務資訊加以認列、衡量、表達及揭露。
    (2) 就無母公司但處於共同控制下組成個體之財務資訊加以彙總為合併財務報表。

8.5.2 集團主辦會計師不為集團組成個體查核人員之工作承擔責任

集團主辦會計師應於對每一組成個體查核人員取得瞭解後，決定是否於集團查核報告中提及組成個體查核人員之查核 (實務上，此種查核報告稱為責任分攤式查核報告)。在我國審計實務上，集團主辦會計師出具責任分攤式查核報告相當普遍。

然而，TWSA600 (取代原先的審計準則公報第十五號「採用其他會計師之查核工作」) 對責任分攤式查核報告的使用做了若干的限制，規定會計師僅於符合下列所有條件時，始得於查核報告中提及組成個體查核人員之查核：

1. 集團主辦會計師確定組成個體查核人員已依我國審計準則之攸關規定查核組成個體財務報表。
2. 組成個體之主辦會計師已對組成個體財務報表出具查核報告，且該報告之用途不受限制。前述財務報表係指依組成個體編製財務報表所依據之準則所編製者。

此外，由於集團編製財務報表所適用之財務報導架構可能不同 (例如組成個體之財務報表係依美國財務會計準則編製)，如組成個體與集團編製財務報表所依據之準則不同，除符合下列所有條件外，集團主辦會計師不應於集團查核報告中提及組成個體查核人員之查核：

1. 組成個體與集團編製財務報表所依據之準則間對於所有重大項目之衡量、認列、表達及揭露之規定類似。一般而言，組成個體與集團編製財務報表所依據之準則間對於所有重大項目之衡量、認列、表達及揭露之規定，若差異項目越多或差異重要性越大，則此兩種準則之類似程度越低。
2. 集團查核團隊無須為組成個體查核人員承擔責任並參與其工作，即已取得足夠及適切之查核證據，以評估準則轉換調整之適當性。做此評估時，集團查核團隊應評估組成

個體財務資訊是否已作適當之準則轉換調整，以利集團財務報表之編製及表達。

如果集團主辦會計師經評估後，集團查核皆符合上述條件，且決定於集團查核報告中提及組成個體查核人員之查核 (即出具責任分攤式查核報告)，則集團主辦會計師應依 8.5.2 節所討論之程序，進行查核工之規劃與執行，並閱讀該等組成個體之財務報表及組成個體查核人員之查核報告，以辨認重要之發現及問題 (必要時，與組成個體查核人員溝通)，以及出具查核報告。以下各小節將針對集團主辦會計師決定於集團查核報告中提及組成個體查核人員之查核的前提下，有關集團主辦會計師在重大性考量、風險評估程序、瞭解組成個體查核人員、所評估風險之因應、評估所取得查核證據之足夠性及適切性、與集團管理階層及集團治理單位之溝通、書面紀錄及查核報告的出具等議題特別須做的考量，做進一步的說明。

8.5.2.1　重大性之考量

集團查核的規劃在重大性的考量，基本上與第七章討論查核非集團財務報表的考量是類似的，通常須訂定三個重大性門檻：財務報表整體的重大性、執行重大性及顯然微小之門檻。集團查核團隊對有關集團查核重大性應做的特別考量說明如下：

1. 於訂定集團整體查核策略時，應決定集團財務報表整體重大性 (包括執行重大性)。
2. 於特定情況下，即使集團財務報表之特定交易類別、科目餘額或揭露事項之不實表達金額低於集團財務報表整體重大性，惟查核人員可合理預期此不實表達將影響集團財務報表使用者所作之經濟決策時，應為該等特定交易類別、科目餘額或揭露事項決定適用之重大性 (適當時，亦包括其執行重大性)。
3. 無論是否於集團查核報告中提及組成個體查核人員之查核，組成個體重大性之決定應考量所有組成個體。為使集團財務報表中，未更正及未偵出不實表達之彙總數超過集團財務報表整體重大性之可能性降低至一適當水準，組成個體財務報表整體重大性應低於集團財務報表整體重大性，且組成個體執行重大性亦應低於集團執行重大性。有時組成個體因法令、規章或其他理由而須查核 (例如組成個體亦為一家上市公司) 時，通常可預期組成個體查核人員所使用之重大性會低於集團財務報表整體重大性。因此，基於集團查核之目的，集團查核團隊可接受組成個體查核人員所採用之重大性。針對採權益法之投資，被投資者規模可能大於投資者，在此情況下，被投資者之查核人員所採用之重大性可能超過投資者之查核人員所採用之重大性。因此，集團查核團隊在決定被投資者之查核人員所使用之組成個體重大性對於集團財務報表查核是否適當時，可能須將集團持股比例及投資損益份額列入考量。
4. 顯然微小之門檻。超過此門檻之不實表達，不得推定其對集團財務報表之影響顯然微小。

8.5.2.2　相關風險評估程序

對集團查核而言，集團查核團隊仍須按照第七章有關風險評估程序的討論，藉由瞭解受查者之相關產業、規範及其他外部因素 (包括編製財務報表所依據之準則)、受查者之性質、目標、策略及相關營業風險 (包括集團層級控制)，以及財務績效之衡量及考核等，辨認及評估集團財務報表重大不實表達風險。針對與集團查核相關之風險評估程序，集團查核團隊應對下列事項取得足夠的瞭解，俾以確認或修改原辨認之重要組成個體，以及評估可能導因於舞弊或錯誤之集團財務報表重大不實表達風險：

1. 對集團、組成個體及其環境取得足夠瞭解，俾辨認可能之重要組成個體。
2. 取得對合併流程 (包括集團管理階層給予組成個體之指示) 之瞭解。

針對上述兩事項，集團查核團隊對集團可特別瞭解之詳細事項 (包含合併流程)，例示如本章附錄二。惟值得提醒的是，集團查核團隊於執行風險評估程序時，仍應依本章8.2 節的討論，辨認並評估財務報表因舞弊而導致之重大不實表達風險，顯示集團財務報表可能存有重大不實表達風險之情況及事項例示，請參見本章附錄三。用以辨認該等風險之資訊可能包括：

1. 集團管理階層對集團財務報表可能因舞弊而導致重大不實表達風險之評估。
2. 集團管理階層用以辨認與因應舞弊風險之流程。前述風險包括集團管理階層已辨認之特定舞弊風險，以及可能存在於交易類別、科目餘額或揭露事項之舞弊風險。
3. 是否有特定組成個體可能存在舞弊風險。
4. 集團治理單位如何監督：
   (1) 集團管理階層辨認與因應舞弊風險之流程。
   (2) 集團管理階層為降低舞弊風險所建立之控制。
5. 集團查核團隊查詢是否知悉任何已發生、疑似或傳聞且影響某一組成個體或集團之舞弊時，集團治理單位、集團管理階層及內部稽核 (如適當時，亦應包括組成個體之管理階層、查核人員及其他人員) 所作之回應。

8.5.2.3　瞭解組成個體查核人員

對集團查核而言，集團查核團隊除了對集團進行風險評估外，因集團主辦會計師之查核意見，將會使用組成個體查核人員之查核的結論，因此無論集團查核報告是否提及組成個體查核人員之查核，集團查核團隊應對組成個體查核人員下列事項取得瞭解 (惟集團查核團隊如計劃僅自行對組成個體執行分析性程序時，則不須對該等組成個體之查核人員取得瞭解)：

1. 組成個體查核人員是否瞭解並遵循與集團查核攸關之會計師職業道德規範，特別是獨立性規範。
2. 組成個體查核人員之專業能力。
3. 集團查核團隊能參與組成個體查核人員工作之程度。
4. 集團查核團隊是否能自組成個體查核人員取得影響合併流程之資訊。
5. 組成個體查核人員所處之法規環境是否積極監督查核人員。

　　組成個體查核人員如未符合與集團查核攸關之獨立性規範，或集團查核團隊對組成個體查核人員對會計師職業道德規範(特別是獨立性規範)之遵循及專業能力有重大疑慮，則集團查核團隊不得採用該組成個體查核人員之工作，而應自行對組成個體財務資訊取得足夠及適切之查核證據，集團主辦會計師亦不得於集團查核報告中提及組成個體查核人員之查核。

　　組成個體查核人員如缺乏獨立性，則集團查核團隊即使藉由參與組成個體查核人員之工作、對組成個體查核人員已查核之財務資訊執行額外風險評估或進一步查核程序，或於集團查核報告中提及組成個體查核人員之查核等方式，亦無法予以克服。集團查核團隊如對組成個體查核人員專業能力存有疑慮(惟該疑慮非屬重大，例如組成個體查核人員缺乏產業專門知識)，或組成個體查核人員所處之規範環境未積極監督查核人員時，集團查核團隊仍可藉由參與組成個體查核人員之工作，或藉由對組成個體查核人員已查核之財務資訊執行額外風險評估或進一步查核程序予以克服。

　　集團查核團隊對組成個體查核人員取得瞭解時，其程序之性質、時間及範圍，受與組成個體查核人員之共事經驗、對組成個體查核人員之認知，以及集團查核團隊及組成個體查核人員採用共同政策及程序之程度等因素所影響。例如：

1. 集團查核團隊與組成個體查核人員是否採用：
   (1) 共同之案件執行政策及程序(如查核方法)。
   (2) 共同之品質管理政策及程序。
   (3) 共同之追蹤考核政策及程序。
2. 下列項目之一致性或相似性：
   (1) 法令規章或法律體系。
   (2) 專業監督、紀律及外部品質確信。
   (3) 教育訓練。
   (4) 專業組織及準則。
   (5) 語言及文化。

8.5.2.4 對所評估風險之因應

集團查核團隊對所評估風險之因應仍應依第七章之討論，針對集團財務報表層級及個別項目聲明層級之重大不實表達風險，分別訂定集團整體查核策略及集團查核計畫予以因應，並由集團主辦會計師加以複核計畫。

訂定集團查核計畫時，集團查核團隊應評估採用組成個體查核人員工作之程度，以及是否須於集團查核報告中提及組成個體查核人員之查核。就集團查核而言，對於所辨認個別項項目聲明之重大不實表達風險，集團查核團隊得自行採取適當之因應（即進一步查核程序），而不須組成個體查核人員之參與。以下針對下列有關集團查核額外之進一步查核程序之規劃加以說明。

1. 進一步查核程序性質（併用方式或證實方式之採用）

與先前討論查核人員採用併用方式或證實方式，以取得足夠適切查核證據所考量之因素類似，於符合下列情況之一時，集團查核團隊應自行或要求組成個體查核人員，測試集團層級控制之執行有效性（即採併用方式）：

(1) 集團查核團隊對合併流程或組成個體財務資訊擬執行工作之性質、時間及範圍，係以集團層級控制為有效執行之預期為基礎。
(2) 僅經由證實程序無法對個別項目聲明取得足夠及適切之查核證據。

2. 合併流程

集團查核團隊應對合併流程設計並執行進一步查核程序，以因應所評估因合併流程所產生之集團財務報表重大不實表達風險。此項進一步查核程序應包含對所有組成個體是否均已納入集團財務報表之評估。

此外，合併流程中可能需要對集團財務報表之金額作調整或重分類，此項調整並不是透過一般交易處理系統，且合併流程所適用之內部控制可能與其他財務資訊所適用者不同。因此，集團查核團隊應對該等調整之適當性、完整性及正確性進行評估，該等評估程序可能包括：

(1) 評估重大調整是否適當反映所發生之事件及交易。
(2) 判斷重大調整是否已正確計算及處理，並經集團管理階層核准（於適用時，亦經組成個體管理階層核准）。
(3) 判斷重大調整是否有適當之佐證並作成足夠之書面紀錄。
(4) 檢查集團內交易（包括未實現損益）及其相關科目餘額之調節及沖銷。
(5) 與組成個體查核人員溝通（無論集團查核報告是否提及組成個體查核人員之查核）。

最後，集團查核團隊應視下列情況，採取必要的因應程序：

(1) 組成個體之財務資訊如未採用與集團財務報表相同之會計政策編製，集團查核團隊

應評估該組成個體之財務資訊是否已作適當之調整,以利集團財務報表之編製與表達。

(2) 集團財務報表如包括財務報導期間結束日與集團不同之組成個體財務報表,集團查核團隊應評估該等財務報表是否已依編製集團財務報表所依據之準則作適當之調整。

3. 期後事項

集團查核團隊或組成個體查核人員對組成個體之財務資訊執行查核時,應執行適當程序以辨認組成個體於其財務資訊報導期間結束日後至集團財務報表查核報告日間,所發生可能須於集團財務報表中調整或揭露之事項。

當集團查核報告提及組成個體查核人員之查核時,集團查核團隊設計用以辨認組成個體查核報告日與集團查核報告日間期後事項之程序可能包括:

(1) 瞭解集團管理階層是否已建立用以確保期後事項均已辨認之程序。
(2) 要求組成個體查核人員,將辨認期後事項之程序執行至集團查核報告日。
(3) 要求組成個體管理階層對期後事項出具聲明書。
(4) 閱讀組成個體期後之期中財務資訊及查詢集團管理階層。
(5) 閱讀財務報導期間結束日後治理單位或任何其他監督管理階層單位之會議紀錄。
(6) 閱讀次年度之資本及營運預算。
(7) 向集團管理階層查詢預期對財務狀況或經營結果具有重大影響之已知事實、決策或情況。
(8) 集團查核團隊無法對期後事項取得足夠及適切之查核證據時,須考量其對集團查核報告之影響。

4. 與組成個體查核人員之溝通

在執行進一步程序之過程中,集團查核團隊應及時與組成個體查核人員溝通其要求。該溝通應包括下列項目:

(1) 在組成個體查核人員瞭解集團查核團隊將採用其工作之情況下,要求組成個體查核人員確認將與集團查核團隊配合。
(2) 與集團查核攸關之會計師職業道德規範,特別是獨立性規範。
(3) 集團管理階層編製之關係人名單,以及集團查核團隊已知之其他關係人。集團查核團隊應要求組成個體查核人員及時告知集團管理階層或集團查核團隊先前未辨認出之關係人;集團查核團隊應決定是否將該等額外關係人告知其他組成個體查核人員。
(4) 所辨認因舞弊或錯誤而導致集團財務報表重大不實表達之顯著風險與組成個體查核

人員之工作攸關者。

此外，集團查核團隊尚應要求組成個體查核人員針對與集團查核團隊查核結論攸關之事項進行溝通。該溝通應包括下列項目：
(1) 組成個體查核人員是否已遵循與集團查核相關之會計師職業道德規範，包括獨立性及專業能力。
(2) 組成個體查核人員對組成個體財務資訊之確認。
(3) 組成個體查核人員之發現、結論或意見。

8.5.2.5 評估所取得查核證據之足夠性及適切性

查核人員應取得足夠及適切之查核證據，以降低查核風險至可接受之水準，俾作出合理之結論，並據以表示查核意見。對集團查核而言，集團查核團隊仍應依第五章及第七章的討論，評估所取得查核證據之足夠性及適切性。本小節僅針對下列額外與集團相關之議題進一步加以說明。

1. 評估組成個體查核人員之溝通及其工作之適當性

8.5.2.4 節曾提及，在執行進一步程序之過程中，集團查核團隊應及時與組成個體查核人員進行溝通。因此，集團查核團隊應額外評估與組成個體查核人員所作之溝通，並應針對該等評估所發現之重大事項，與組成個體查核人員、組成個體管理階層或集團管理階層討論。

2. 查核證據之足夠性及適切性

集團查核團隊應評估是否已藉由下列工作取得足夠及適切之查核證據，並據以表示集團查核意見：
(1) 對合併流程所執行之查核程序。
(2) 集團查核團隊及組成個體查核人員對組成個體財務資訊所執行之工作。
(3) 未更正之不實表達 (無論係由集團查核團隊所辨認或由組成個體查核人員所溝通者) 及無法取得足夠及適切查核證據之情況，對集團查核意見之影響。

集團查核團隊如認為尚未取得足夠及適切之查核證據以表示集團查核意見時，應自行或要求組成個體查核人員對組成個體之財務資訊執行額外程序。

8.5.2.6 與集團管理階層及集團治理單位之溝通

集團查核與非集團查核類似，集團查核團隊應與管理階層及治理單位溝通於查核過程中所發現之內部控制缺失、舞弊 (或疑似舞弊) 及其他重要事項。本小節僅就集團查核有關須與管理階層及治理單位額外溝通之事項進行說明。

1. 與集團管理階層之溝通

在內部控制缺失方面，集團查核團隊應對所辨認之內部控制缺失，決定何者應與集團治理單位及集團管理階層溝通。集團查核團隊作此決定時，應考量：

(1) 集團查核團隊已辨認之集團層級內部控制缺失。
(2) 集團查核團隊已辨認之組成個體內部控制缺失。
(3) 組成個體查核人員已向集團查核團隊溝通之內部控制缺失。

在舞弊方面，集團查核團隊如已辨認出舞弊或組成個體查核人員已告知舞弊之存在，或有資訊顯示可能存有舞弊，則集團查核團隊應就前述舞弊及時與集團適當層級之管理階層溝通，俾使對舞弊之預防及偵出負主要責任之人員得以被告知前述舞弊。

此外，組成個體查核人員可能因法令、規章或其他理由，而須對組成個體之財務報表表示查核意見。於此情況下，集團查核團隊應要求集團管理階層將集團查核團隊已獲悉，且對組成個體之財務報表可能重要，但組成個體管理階層可能未察覺之事項，告知組成個體管理階層。集團管理階層如拒絕與組成個體管理階層溝通該等事項，則集團查核團隊應與集團治理單位討論之。若該等事項持續未解決，則集團查核團隊應於考量法律及專業保密規範後，決定是否建議組成個體查核人員於該等事項獲得解決前，不對組成個體財務報表出具查核報告。

2. 與集團治理單位之溝通

集團查核團隊除應遵循TWSA570「與受查者治理單位溝通」及其他審計準則之相關規定外，應額外與集團治理單位溝通下列事項：

(1) 對組成個體財務資訊擬執行工作類型之概述，包括於集團查核報告中提及組成個體查核人員查核之決定基礎。
(2) 就組成個體查核人員對重要組成個體之財務資訊擬執行之工作，集團查核團隊計劃參與該工作之概述。
(3) 集團查核團隊評估組成個體查核人員之工作後，對其工作品質產生疑慮之情況。
(4) 集團查核所受之限制，例如集團查核團隊對查核所需資訊之接觸受到限制。
(5) 涉及集團管理階層、組成個體管理階層或集團層級控制中扮演重要角色員工之舞弊或疑似舞弊，以及其他導致集團財務報表重大不實表達之舞弊。

上述應溝通事項，於集團查核期間，集團查核團隊得於不同時點與集團治理單位溝通，例如，對上述事項(1)及(2)，得於集團查核團隊決定對組成個體財務資訊擬執行之工作後溝通；而事項(3)則得於查核結束時溝通，至於事項(4)及(5)得於該事項發生時溝通。

此外，集團查核團隊與集團治理單位之溝通，尚可能包括組成個體查核人員提醒集團查核團隊加以注意，且經集團查核團隊判斷對集團治理單位之職責而言屬重大之事項。

8.5.2.7 書面紀錄

當集團主辦會計師決定不為組成個體查核人員之工作承擔責任時,集團查核團隊之工作底稿應包括下列額外與集團查核攸關之事項:

1. 組成個體之分析,並敘明何者為重要組成個體,以及對各組成個體之財務資訊已執行工作之類型。
2. 針對集團查核團隊所要求事項,集團查核團隊與組成個體查核人員間之書面溝通。
3. 當集團查核報告提及組成個體查核人員時,則尚須包括:
    (1) 該等組成個體之財務報表及其查核報告。
    (2) 若組成個體查核報告未敘明係依我國審計準則執行查核,尚應包括集團主辦會計師確定組成個體查核人員所執行之查核符合我國審計準則攸關規定之基礎。

8.5.2.8 責任分攤式查核報告的出具

當集團主辦會計師決定不為組成個體查核人員之工作承擔責任時,集團主辦會計師即應於集團查核報告之查核意見段及查核意見之基礎段中提及組成個體查核人員之查核,並應於其他事項段中敘明:

1. 該組成個體之財務報表未經集團查核團隊查核,而係由組成個體查核人員查核。
2. 集團財務報表由組成個體查核人員查核之百分比。集團查核報告中有關組成個體查核人員查核比重之說明,可採用一個或多個項目之百分比,如資產總額、營業收入或其他適當項目 (可更清楚表達組成個體查核人員之查核比重者)。當二個以上組成個體查核人員參與查核,可以組成個體查核人員查核百分比之合計數表達。

集團查核報告中提及查核之一部分係由組成個體查核人員所執行者非屬保留意見,其目的在於說明集團查核團隊不為組成個體查核人員之工作承擔責任,以及部分查核證據係來自所提及組成個體查核人員之查核。該等說明係在表明集團主辦會計師與組成個體查核人員對集團財務報表查核責任之劃分,故依 TWSA706「查核報告中之強調事項及其他事項」之規定,係屬其他事項,故應於查核報告中增加「其他事項段」加以說明。圖表 8.2 列示以上市公司為對象,並假設組成個體與集團適用之財務報導架構相同,且組成個體財務報表之查核係依照我國適用之法令及審計準則執行時,集團主辦會計師所出具無保留意見之查核報告。圖表中文字有陰影之處,係因提及組成個體查核人員之查核而修改或增加之文字。

此外,如果組成個體與集團編製財務報表所依據之準則不同時,集團主辦會計師尚應於集團查核報告中敘明集團查核團隊負有評估財務報導架構轉換調整適當性之責任。圖表 8.3 列示此種情況下,集團主辦會計師所出具無保留意見之查核報告 (其他條件與圖

圖表 8.2　組成個體與集團適用之財務報導架構相同，且組成個體財務報表之查核係依照我國適用之法令及審計準則執行時，集團主辦會計師所出具無保留意見之查核報告

會計師查核報告

甲公司(或其他適當之報告收受者)公鑒：

查核意見

　　甲公司及其子公司(甲集團)民國×2年十二月三十一日及民國×1年十二月三十一日之合併資產負債表，暨民國×2年一月一日至十二月三十一日及民國×1年一月一日至十二月三十一日之合併綜合損益表、合併權益變動表及合併現金流量表，以及合併財務報表附註(包括重大會計政策彙總)，業經本會計師查核竣事。

　　依本會計師之意見，基於本會計師之查核結果及其他會計師之查核報告(請參閱其他事項段)，上開合併財務報表在所有重大方面係依照證券發行人財務報告編製準則暨經金融監督管理委員會認可並發布生效之國際財務報導準則、國際會計準則、解釋及解釋公告編製，足以允當表達甲集團民國×2年十二月三十一日及民國×1年十二月三十一日之合併財務狀況，暨民國×2年一月一日至十二月三十一日及民國×1年一月一日至十二月三十一日之合併財務績效及合併現金流量。

查核意見之基礎

　　本會計師係依照會計師查核簽證財務報表規則及審計準則執行查核工作。本會計師於該等準則下之責任將於會計師查核合併財務報表之責任段進一步說明。本會計師所隸屬事務所受獨立性規範之人員已依會計師職業道德規範，與甲集團保持超然獨立，並履行該規範之其他責任。基於本會計師之查核結果及其他會計師之查核報告，本會計師相信已取得足夠及適切之查核證據，以作為表示查核意見之基礎。

關鍵查核事項

　　關鍵查核事項係指依本會計師之專業判斷，對甲集團民國×2年度合併財務報表之查核最為重要之事項。該等事項已於查核合併財務報表整體及形成查核意見之過程中予以因應，本會計師並不對該等事項單獨表示意見。

　　[依TWSA701「查核報告中關鍵查核事項之溝通」之規定，逐一敘明個別關鍵查核事項]

其他事項

　　列入甲集團合併財務報表之子公司中，有關乙公司之財務報表未經本會計師查核，而係由其他會計師查核。因此，本會計師對上開合併財務報表所表示之意見中，有關乙公司財務報表所列之金額，係依據其他會計師之查核報告。乙公司民國×2年十二月三十一日及民國×1年十二月三十一日之資產總額分別占合併資產總額之×××％及×××％，民國×2年一月一日至十二月三十一日及民國×1年一月一日至十二月三十一日之營業收入分別占合併營業收入之×××％及×××％。

管理階層與治理單位對合併財務報表之責任

　　[本段請參見第三章圖表3.2上市(櫃)公司標準式無保留意見查核報告之例示]

會計師查核合併財務報表之責任

[本段請參見第三章圖表 3.2 上市 (櫃) 公司標準式無保留意見查核報告之例示]

××會計師事務所
會計師：(簽名及蓋章)
會計師：(簽名及蓋章)
××會計師事務所地址：
中華民國 ×3 年 2 月 25 日

圖表 8.3　組成個體與集團適用之財務報導架構不同，但組成個體財務報表之查核係依照我國適用之法令及審計準則執行時，集團主辦會計師所出具無保留意見之查核報告

會計師查核報告

甲公司 (或其他適當之報告收受者) 公鑒：

查核意見

　　[本段同圖表 8.2 之例示]

查核意見之基礎

　　[本段同圖表 8.2 之例示]

關鍵查核事項

　　[本段同圖表 8.2 之例示]

其他事項

　　列入甲集團合併財務報表之子公司中，有關乙公司依照不同之財務報導架構編製之財務報表未經本會計師查核，而係由其他會計師查核。乙公司財務報表轉換為依證券發行人財務報告編製準則暨經金融監督管理委員會認可並發布生效之國際財務報導準則、國際會計準則、解釋及解釋公告編製所作之調整，本會計師業已執行必要之查核程序。因此，本會計師對上開合併財務報表所表示之意見中，有關乙公司調整前財務報表所列之金額，係依據其他會計師之查核報告。乙公司民國 ×2 年十二月三十一日及民國 ×1 年十二月三十一日之資產總額分別占合併資產總額之 ××% 及 ××%，民國 ×2 年一月一日至十二月三十一日及民國 ×1 年一月一日至十二月三十一日之營業收入分別占合併營業收入之 ××% 及 ××%。

管理階層與治理單位對合併財務報表之責任

　　[本段同圖表 8.2 之例示]

會計師查核合併財務報表之責任

　　[本段同圖表 8.2 之例示]

表 8.2 相同，例示中會計師之署名予以省略)。

　　如果組成個體查核人員於查核報告中如未敘明組成個體財務報表之查核係依照我國審計準則執行，且集團主辦會計師確定組成個體查核人員已執行額外查核程序以符合我國審計準則中之攸關規定時，集團查核報告中應敘明組成個體查核人員所遵循之審計準則，以及其為符合我國審計準則之攸關規定已執行額外查核程序。圖表 8.4 列示此種情況下，集團主辦會計師所出具無保留意見之查核報告(其他條件與圖表 8.2 相同)。

　　如果組成個體之主辦會計師對組成個體財務報表出具修正式意見之查核報告，或於查核報告中納入強調事項段或其他事項段，集團查核團隊應評估該等事項對集團查核報告之可能影響。集團主辦會計師應依其專業判斷，於適當時，出具修正式意見之集團查核報告，或於集團查核報告中納入強調事項段或其他事項段(可參見本書第三章之討論)。

圖表 8.4　組成個體與集團適用之財務報導架構相同，但組成個體財務報表之查核非依照我國適用之法令及審計準則執行時，集團主辦會計師所出具無保留意見之查核報告

會計師查核報告

甲公司(或其他適當之報告收受者)公鑒：

查核意見
　　[本段同圖表 8.2 之例示]

查核意見之基礎
　　[本段同圖表 8.2 之例示]

關鍵查核事項
　　[本段同圖表 8.2 之例示]

其他事項
　　列入甲集團合併財務報表之子公司中，有關乙公司之財務報表未經本會計師查核，而係由其他會計師依照不同之審計準則查核。因此，本會計師對上開合併財務報表所表示之意見中，有關乙公司財務報表所列之金額，係依據其他會計師之查核報告及其為符合會計師查核簽證財務報表規則及我國審計準則攸關規定所執行額外查核程序之結果。乙公司民國 ×2 年十二月三十一日及民國 ×1 年十二月三十一日之資產總額分別占合併資產總額之 ××% 及 ××%，民國 ×2 年一月一日至十二月三十一日及民國 ×1 年一月一日至十二月三十一日之營業收入分別占合併營業收入之 ××% 及 ××%。

管理階層與治理單位對合併財務報表之責任
　　[本段同圖表 8.2 之例示]

會計師查核合併財務報表之責任
　　[本段同圖表 8.2 之例示]

最後，值得提醒的是，當集團主辦會計師決定於集團查核報告中提及組成個體查核人員之查核，則應通知組成個體查核人員。如果集團主辦會計師擬於集團查核報告中指明組成個體主辦會計師之姓名或所屬事務所，則應取得其同意，且該組成個體之查核報告須與集團查核報告一併列報。

8.5.3　集團主辦會計師為集團組成個體查核人員之工作承擔責任時應額外遵循之規定

8.5.2 節係假設集團主辦會計師不為集團組成個體查核人員之工作承擔責任（即集團查核報告應提及組成個體查核人員之工作）時，集團查核團隊所應遵循之查核工作之規劃、執行及查核報告的出具。然而，當集團主辦會計師擬為集團組成個體查核人員之工作承擔責任（即集團查核報告不得提及組成個體查核人員之工作）時，誠如前述，集團查核團隊則須參與組成個體查核人員之工作達可對集團財務報表表示意見之程度。此時，集團查核團隊雖仍應遵循 8.5.2 節有關查核工作之規劃與執行的規定，但這樣參與組成個體查核人員之工作的程度卻無法達到由集團主辦會計師單獨對集團財務報表表示意見之程度。故本節將探討集團主辦會計師為集團組成個體查核人員之工作承擔責任時，應額外遵循之規定。

為了凸顯集團主辦會計師為集團組成個體查核人員之工作承擔責任時，相對於不為集團組成個體查核人員之工作承擔責任，須額外須遵循之規定，本節各議題之討論則比照 8.5.2 節之編排（雖然有些議題須額外遵循的規定可能不多）。

不過，由於構成集團財務報表的各組成個體之財務資訊並不一定皆具有重要性，當集團查核團隊如為組成個體查核人員之工作承擔責任時，首先即應先決定集團查核團隊或組成個體查核人員對該等組成個體財務資訊應執行工作之類型（查核、核閱或僅執行特定程序），集團查核團隊才能進一步決定其對該等組成個體查核人員工作參與之性質、時間及範圍。因此，在說明集團主辦會計師為集團組成個體查核人員之工作承擔責任時，應額外遵循之規定之前。本節將先介紹如何決定對組成個體財務資訊擬執行工作之類型。

8.5.3.1　決定對組成個體財務資訊擬執行工作之類型

當集團查核團隊如為組成個體查核人員之工作承擔責任時，其首先即應先辨認那些是重要組成個體及非重要組成個體。

所謂的重要組成個體 (significant component)，係指集團查核團隊所辨認出組成個體符合下列條件之一者：

1. 對集團而言，具有個別財務重要性。
2. 因其特殊性質或情況，可能存有導致集團財務報表重大不實表達之顯著風險。

而不符上述條件之一者，即為非重要組成個體。

根據 TWSA600 之規定 (第 53 條至 56 條)，決定對組成個體財務資訊擬執行工作之類型之規定如下：

1. 對具有個別財務重要性之重要組成個體，集團查核團隊或組成個體查核人員應對該等組成個體之財務資訊執行查核。
2. 因組成個體之特殊性質或情況 (而非因其個別財務重要性)，可能存有導致集團財務報表重大不實表達之顯著風險時，集團查核團隊或該等組成個體查核人員應執行下列至少一項之查核工作：
   (1) 對組成個體財務資訊執行查核。
   (2) 對與集團財務報表重大不實表達之顯著風險相關之交易類別、科目餘額或揭露事項執行查核。
   (3) 對組成個體財務資訊執行特定查核程序，以因應集團財務報表重大不實表達之顯著風險。
3. 集團查核團隊對非重要組成個體之財務資訊應執行分析性程序。

集團查核團隊應評估依上述規定規劃之範圍，是否可取得足夠及適切之查核證據，以作為表示集團查核意見之依據。如果認為無法取得足夠及適切之查核證據，應自行或要求組成個體查核人員對所選擇之個別非重要組成個體之財務資訊，執行下列至少一項之工作：

1. 採用組成個體重大性，對組成個體財務資訊執行查核。
2. 對一項或多項交易類別、科目餘額或揭露事項執行查核。
3. 採用組成個體重大性，對組成個體財務資訊執行核閱。
4. 執行特定程序。

集團查核團隊為使某一重要組成個體經查核之財務資訊能符合其特定需求，可能要求組成個體查核人員：

1. 採用組成個體重大性 (由集團查核團隊決定)，並依我國適用之法令及審計準則執行查核。
2. 依集團查核團隊要求之方式，溝通查核結果。

一般而言，集團查核團隊於決定對組成個體財務資訊擬執行工作之類型及其對組成個體查核人員工作之參與時，受下列因素影響：

1. 組成個體之重要性。

2. 所辨認集團財務報表重大不實表達之顯著風險。
3. 集團查核團隊對集團層級控制之設計所作之評估，以及對其是否付諸實行之判斷。
4. 集團查核團隊對組成個體查核人員之瞭解。

為讓讀者對組成個體之重要性，如何影響集團查核團隊對組成個體財務資訊擬執行工作類型之決定，有更清楚的概念，茲將上述的討論以流程圖的方式列示於圖表 8.5。

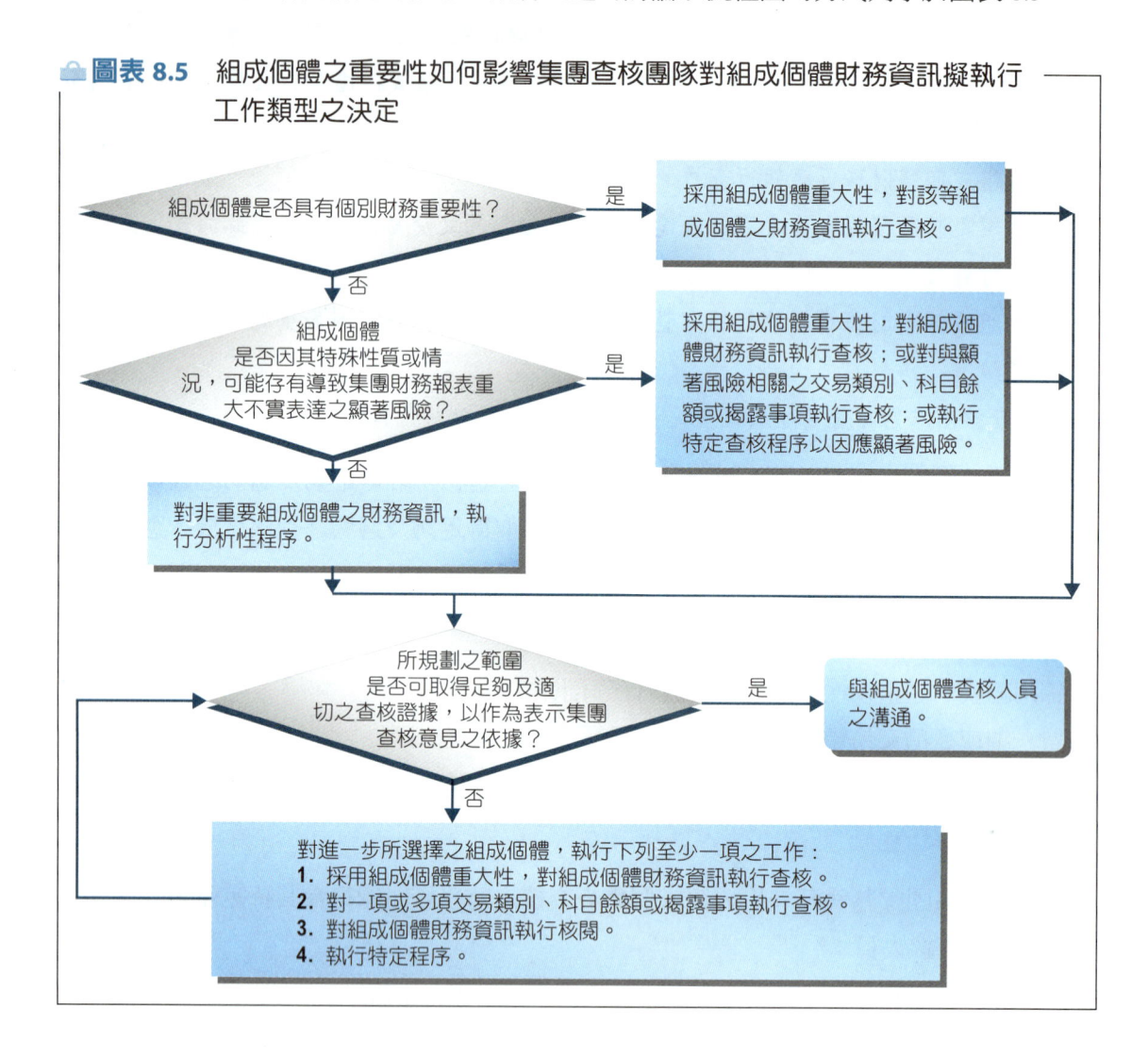

圖表 8.5 組成個體之重要性如何影響集團查核團隊對組成個體財務資訊擬執行工作類型之決定

```
組成個體是否具有個別財務重要性？ ──是──► 採用組成個體重大性，對該等組成個體之財務資訊執行查核。
         │否
         ▼
組成個體是否因其特殊性質或情況，可能存有導致集團財務報表重大不實表達之顯著風險？ ──是──► 採用組成個體重大性，對組成個體財務資訊執行查核；或對與顯著風險相關之交易類別、科目餘額或揭露事項執行查核；或執行特定查核程序以因應顯著風險。
         │否
         ▼
對非重要組成個體之財務資訊，執行分析性程序。
         │
         ▼
所規劃之範圍是否可取得足夠及適切之查核證據，以作為表示集團查核意見之依據？ ──是──► 與組成個體查核人員之溝通。
         │否
         ▼
對進一步所選擇之組成個體，執行下列至少一項之工作：
1. 採用組成個體重大性，對組成個體財務資訊執行查核。
2. 對一項或多項交易類別、科目餘額或揭露事項執行查核。
3. 對組成個體財務資訊執行核閱。
4. 執行特定程序。
```

8.5.3.2 重大性之額外考量

集團主辦會計師為集團組成個體查核人員之工作承擔責任時，在重大性的考量方面，除了應遵循 8.5.2.1 節的規定外，誠如 8.5.3.1 節所述，集團查核團隊應為該等組成個體決定重大性，並告知組成個體查核人員，再評估組成個體查核人員所決定執行重大性之適當性 (組成個體之執行重大性可能亦由集團查核團隊決定)。

雖然組成個體財務資料由組成個體查核人員查核或核閱，組成個體重大性仍應由集

團查核團隊決定，並告知組成個體查核人員，再以該組成個體重大性作為組成個體查核人員評估個別未更正不實表達或其彙總數是否重大的依據。

在組成個體執行重大性的決定方面，就組成個體財務資訊之查核而言，為評估組成個體財務資訊重大不實表達風險，並設計因應所評估風險之進一步查核程序，組成個體之執行重大性可由組成個體查核人員或集團查核團隊決定，以使組成個體財務資訊中，未更正及未偵出不實表達之彙總數超過組成個體重大性之可能性降低至一適當水準。實務上，集團查核團隊可能以此較低之執行重大性作為組成個體重大性。在此情況下，組成個體查核人員以組成個體重大性執行下列事項：

1. 評估組成個體財務資訊重大不實表達風險。
2. 設計因應所評估風險之進一步查核程序。
3. 評估個別已偵出不實表達或其彙總數是否重大。

8.5.3.3 相關風險評估程序之額外考量

集團主辦會計師為集團組成個體查核人員之工作承擔責任時，在相關風險評估程序方面，集團查核團隊除了應遵循 8.5.2.2 節的規定外，若「重要組成個體」之財務資訊係由組成個體查核人員執行查核，則集團查核團隊應參與組成個體查核人員之風險評估，以辨認集團財務報表重大不實表達之「顯著風險」。至於集團查核團隊對該參與之性質、時間及範圍之考量，受集團查核團隊對組成個體查核人員之瞭解所影響，如組成個體之重要性、所辨認集團財務報表重大不實表達之顯著風險及集團查核團隊對組成個體查核人員之瞭解。其參與之方式至少應包括：

1. 與組成個體查核人員或組成個體管理階層討論對集團具重大性之組成個體的營業活動。
2. 與組成個體查核人員討論組成個體財務資訊易因舞弊或錯誤而導致重大不實表達之各種情況。
3. 複核組成個體查核人員對所辨認集團財務報表重大不實表達之顯著風險所作之書面紀錄。此書面紀錄可能以備忘錄形式記載組成個體查核人員對所辨認顯著風險之結論。

此外，集團查核團隊參與之方式尚可能包括：

1. 與組成個體管理階層或組成個體查核人員討論，以對組成個體及其環境取得瞭解。
2. 複核組成個體查核人員之整體查核策略及查核計畫。
3. 對組成個體執行風險評估程序，以辨認並評估重大不實表達風險。該風險評估程序可由集團查核團隊執行或與組成個體查核人員共同執行。

對於非重要組成個體，集團查核團隊對組成個體查核人員工作參與之性質、時間及範圍，則依集團查核團隊對該等查核人員之瞭解而定，此時組成個體為非重要組成個體之事實則為次要。例如，即使某一組成個體為非重要組成個體，集團查核團隊仍可能因對組成個體查核人員專業能力存有疑慮(惟該疑慮非屬重大，例如組成個體查核人員缺乏產業專門知識)，或組成個體查核人員所處之規範環境未積極監督查核人員，而決定參與組成個體查核人員之風險評估程序。

8.5.3.4 對所評估風險之因應之額外考量

集團主辦會計師為集團組成個體查核人員之工作承擔責任時，在對所評估風險之因應方面，集團查核團隊除了應遵循 8.5.2.4 節的規定外，以下針對各項議題額外之考量做進一步的說明。

1. 進一步查核程序之額外考量

如組成個體被辨認出集團財務報表重大不實表達之顯著風險，集團查核團隊應評估組成個體查核人員因應該顯著風險擬執行進一步查核程序之適當性。集團查核團隊應根據其對組成個體查核人員之瞭解，決定是否須參與該等進一步查核程序之執行。

集團查核團隊根據其對組成個體查核人員之瞭解，其參與該等進一步查核程序的方式尚可能包括下列方式：

(1) 設計並執行進一步查核程序。該進一步查核程序可由集團查核團隊設計並執行或與組成個體查核人員共同設計並執行。
(2) 參加組成個體查核人員與組成個體管理階層間之查核後會議或其他重要會議。
(3) 複核組成個體查核人員查核工作底稿之其他攸關部分。

2. 期後事項之額外考量

組成個體查核人員因集團查核團隊之要求，而對組成個體財務資訊執行查核以外之工作時(如核閱)，集團查核團隊應要求組成個體查核人員於獲悉可能須於集團財務報表中調整或揭露之期後事項時，通知集團查核團隊。

3. 與組成個體查核人員溝通之額外考量

集團查核團隊為組成個體查核人員之工作承擔責任時，除應遵循 8.5.2.4 節有關與組成個體查核人員溝通之規定外，與組成個體查核人員之溝通尚須包括應執行之工作，以及組成個體查核人員與集團查核團隊溝通之形式及內容。對組成個體財務資訊執行查核或核閱時，該溝通亦應包括組成個體之重大性(於某些情況下，特定交易類別、科目餘額或揭露事項之重大性)及對集團財務報表顯然微小之門檻。一般而言，集團查核團隊要求組成個體查核人員進行之溝通尚須包括下列項目：

Chapter 8　查核財務報表對舞弊、會計估計、關係人交易及集團財務報表查核之考量

(1) 組成個體查核人員是否已遵循集團查核團隊之要求。
(2) 可能導致集團財務報表重大不實表達之未遵循法令事項。
(3) 組成個體查核人員所辨認因舞弊或錯誤而導致集團財務報表重大不實表達之顯著風險，以及組成個體查核人員對該等風險之因應。集團查核團隊亦應要求組成個體查核人員及時溝通該等顯著風險。
(4) 組成個體財務資訊中未更正不實表達之清單 (不含未達顯然微小之門檻者)。
(5) 與會計估計及會計原則應用有關之管理階層偏頗之跡象。
(6) 於組成個體所辨認之內部控制顯著缺失。
(7) 組成個體查核人員與組成個體治理單位已溝通或擬溝通之其他重大事項，包括涉及組成個體管理階層或組成個體內部控制中扮演重要角色員工之舞弊或疑似舞弊，以及其他導致組成個體財務資訊重大不實表達之舞弊。
(8) 與集團查核攸關或組成個體查核人員認為集團查核團隊應注意之其他事項，包括組成個體管理階層於客戶聲明書中敘明之例外事項。

8.5.3.5　評估所取得查核證據足夠性及適切性之額外考量

集團主辦會計師為集團組成個體查核人員之工作承擔責任時，在對所評估所取得查核證據之足夠性及適切性方面，集團查核團隊除了應遵循 8.5.2.5 節的規定外，尚須針對下列事項作額外之考量：

1. 集團查核團隊應依與組成個體查核人員溝通結果之評估，決定是否須複核組成個體查核人員查核工作底稿之其他攸關部分。工作底稿中與集團查核攸關之部分，端視不同情況而異。一般而言，集團查核團隊複核之重點在於查核工作底稿中，**與集團財務報表重大不實表達之顯著風險攸關者**。集團查核團隊複核之程度則受組成個體查核人員所屬事務所已執行之複核程序所影響。
2. 集團查核團隊如認為組成個體查核人員之工作並不足夠，應決定須執行之額外程序，以及該等程序由組成個體查核人員或由集團查核團隊執行。

8.5.3.6　與集團管理階層及集團治理單位之溝通之額外考量

集團查核團隊為組成個體查核人員之工作承擔責任時，在與集團管理階層及集團治理單位之溝通方面，集團查核團隊除了應遵循 8.5.2.6 節的規定外，尚應決定組成個體查核人員所溝通之組成個體內部控制缺失中，何者應與集團治理單位及集團管理階層溝通。

8.5.3.7　書面紀錄之額外考量

集團查核團隊為組成個體查核人員之工作承擔責任時，在書面紀錄方面，集團查核團隊除了應遵循 8.5.2.7 節的規定外，就組成個體查核人員對重要組成個體已執行之工

作，集團查核團隊之工作底稿尚應包括集團查核團隊參與該工作之性質、時間及範圍(於適用時，亦包括集團查核團隊對組成個體查核人員查核工作底稿攸關部分之複核及其結論)。

8.5.3.8　集團查核報告之出具

如集團主辦會計師決定為組成個體查核人員之工作承擔責任，則不應於集團查核報告中提及組成個體查核人員之查核。相關範例讀者可參閱第三章之各種查核意見之查核報告。

附錄一　舞弊風險因子例示

造成財務報導舞弊及挪用資產之風險因子非常多，常與經濟情況、法規環境、產業特性、公司特性相關，無法完全一一詳列。以下所列各舞弊風險因子為舉例性質，但卻是查核人員經常遭遇之情況。

與導因於財務報導舞弊之不實表達有關之風險因子：

一、誘因或壓力

1. 受查者財務穩定性或獲利能力受經濟、產業或其營運狀況之影響，例如：
   (1) 高度競爭或市場飽和導致毛利下滑。
   (2) 易受科技快速變動、產品陳舊過時，或利率變動之影響。
   (3) 產業或整體景氣衰退，導致客戶需求大幅縮減或廠商倒閉者增加。
   (4) 營運嚴重虧損而面臨破產、抵押品被沒收或被強制收購等之威脅。
   (5) 財務報表顯示獲利或獲利成長，但卻經常發生營業活動淨現金流出或無法自營業活動產生淨現金流入。
   (6) 與同業相較，營收快速成長或獲利不尋常。
   (7) 新發布之會計準則或法令之要求。

2. 管理階層為滿足第三方之要求或預期，而存有過度之壓力，例如：
   (1) 證券分析師、機構投資者、主要債權人對獲利或趨勢之預期(特別是過度樂觀或不合理之預期)，包括管理階層透過年報、法人說明會或媒體發布過度樂觀之預期。
   (2) 為維持競爭力須額外借款或增資，包括對重要研究與發展支出或資本支出之籌資。
   (3) 為符合上市(櫃)之規定或償還借款或其他債務條款之要求。
   (4) 不佳之財務績效將影響重大未決交易，例如企業合併或合約獎勵。

3. 管理階層或治理單位之個人財務狀況，可能因下列因素而受到受查者財務績效之影響：
   (1) 對受查者享有重大財務利益。
   (2) 報酬之主要部分(例如獎金、紅利及股票選擇權)係依受查者之股價、經營成果、財務狀況或現金流量等是否達到某特定目標而定。
   (3) 個人對受查者之負債作保證。

4. 管理階層或員工為達受查者訂定之財務目標，例如銷售或獲利目標，而存有過度壓力。

二、機會

1. 下列之產業性質或受查者營運情況，較易提供受查者從事財務報導舞弊之機會：
   (1) 非正常營運之重大關係人交易，或與財務報表未經查核或經其他會計師查核之關係人進行重大交易。

(2) 財務狀況或能力足以主導某一產業，使其能對供應商或客戶要求交易條件，而可能導致不適當或非公平之交易。
(3) 資產、負債、收入或費用之重大估計涉及不易驗證之主觀判斷或不確定性。
(4) 重大、不尋常或高度複雜之交易，尤其是於期末發生，且涉及經濟實質重於法律形式之困難判斷者。
(5) 於不同商業環境及文化之國家或地區，從事重大營運活動或跨國之重大交易。
(6) 利用第三地紙上公司為交易中介者。
(7) 於租稅天堂設立子公司、分公司或開立重大銀行存款帳戶。

2. 因下列因素而導致對管理階層之監督無效：
(1) 經營管理係由單一個人或少數人所主導而無適當之補償性控制。
(2) 治理單位對財務報導流程及內部控制之監督無效。

3. 組織架構複雜或不穩定，例如：
(1) 實質控制受查者之組織或個人不易辨認。
(2) 涉及不尋常之法律個體或授權管理體系過度複雜之組織架構。
(3) 受查者高階主管、法務人員或治理單位成員之流動率高。

4. 內部控制存有缺失，其原因如下：
(1) 受查者之內部控制制度之監督流程不足。
(2) 會計人員、資訊科技人員或內部稽核人員之流動率高，或內部稽核職能無效。
(3) 會計及資訊系統無效，包括存有內部控制顯著缺失之情況。

三、態度或行為合理化

1. 管理階層對受查者價值觀或道德標準之支持、溝通、施行或落實之成效不佳，或傳遞不當之價值觀或道德標準。
2. 非經管財務之管理階層過度參與，或過度關注會計政策之選擇或重大估計之決定。
3. 受查者曾違反證券相關法規或其他法令或被索賠；其高階管理階層或治理單位人員被指控舞弊或違反法令。
4. 管理階層過度關心股價或獲利趨勢。
5. 管理階層對證券分析師、債權人或其他第三方承諾能達成過度樂觀或不合理之預測。
6. 管理階層未及時改進已知之內部控制顯著缺失。
7. 管理階層為稅負之考量，而以不當方式降低盈餘。
8. 高階主管士氣普遍低落，不願積極任事。
9. 所有者兼管理者未區分個人與企業之交易。
10. 股權集中於少數人之企業，其主要股東間存有爭執。
11. 管理階層屢次利用重大性，試圖為不適當之會計處理作合理化之辯解。

12. 管理階層與現任或前任會計師間之關係緊張,例如:
   (1) 與現任或前任會計師對會計、審計或財務報導事項常有爭執。
   (2) 對查核人員作不合理之要求,例如對查核工作之完成或查核報告之出具,提出不合理之時間限制。
   (3) 對查核人員所作之限制,例如不當限制查核人員接觸某些人員或資訊,或阻撓其與治理單位之有效溝通。
   (4) 管理階層與查核人員往來時,其行為獨斷,尤其是試圖影響查核工作之範圍、查核人員或其諮詢人員之指派或選擇。

與導因於挪用資產之不實表達有關之風險因子:

一、誘因或壓力

1. 經管現金或其他易被挪用資產之管理階層或員工,可能因個人之債務壓力而挪用該等資產。
2. 經管現金或其他易被挪用資產之管理階層或員工,如與受查者間存有對立關係,可能使其有動機挪用資產。產生對立關係之可能原因如下:
   (1) 已知或預期未來將有裁員計畫。
   (2) 最近或預期對薪資報酬或福利計畫有所改變。
   (3) 晉升、報酬或其他獎勵與預期不一致。

二、機會

1. 某些資產之特性或情況可能增加其被挪用之機會:
   (1) 庫存或經手之大量現金。
   (2) 體積小、價值高或需求大之存貨。
   (3) 容易變現之資產,如無記名債券、鑽石或電腦晶片。
   (4) 體積小、具市場性或無法明確辨認所有權之固定資產。
2. 對資產之控制不足,可能增加其被挪用之機會,例如:
   (1) 職能分工不當或獨立檢查不足。
   (2) 對高階主管支出(例如差旅費及其他報支)之監管不足。
   (3) 管理階層對負責資產管理之員工監管不足,例如對偏遠地區員工之監管不足。
   (4) 聘用經管易被挪用資產之員工時,未作適當審查。
   (5) 資產之紀錄不全。
   (6) 交易(如採購)之授權及核准制度不適當。
   (7) 現金、有價證券、存貨或固定資產之保管及安全措施不足。
   (8) 對資產之實體與帳載紀錄,缺乏完整與及時之調節。

(9) 未及時取得或缺乏適當之交易憑證。

(10) 負責主要控制職能之員工未強制休假。

(11) 管理階層對資訊科技之瞭解不足,使資訊人員得以挪用資產。

(12) 對資訊系統產生紀錄之存取控制不足,例如對電腦系統日誌之控制及複核不足。

三、態度或行為合理化

1. 忽視監督或降低挪用資產風險之必要性。
2. 忽視有關防止挪用資產之控制,例如踰越控制或對已知之內部控制缺失未採取適當之改正行動。
3. 員工之行為顯示其對受查者不滿。
4. 員工行為或生活方式改變,顯示資產可能已被挪用。
5. 容忍挪用小額公款。

附錄二　集團查核團隊應瞭解事項之例示

本附錄對集團查核團隊應瞭解之事項提供例示，但未必完整。本例示提供之事項並非完全適用於每一集團查核案件。

集團層級控制

集團層級控制可能包括下列各項之組合：

1. 集團及組成個體管理階層間討論業務發展及績效考核之定期會議。
2. 組成個體之營運及財務結果之監督(包括例行之定期報導)，使集團管理階層得以監督組成個體與預算相較之績效並採取適當行動。
3. 集團管理階層之風險評估流程，即辨認、分析及管理可能導致集團財務報表重大不實表達之營業風險(包括舞弊風險)之流程。
4. 集團內交易(包括未實現損益)及其相關科目餘額之監督、控制、調節及沖銷。
5. 對來自組成個體之財務資訊，監督其時效性並評估其正確性及完整性之流程。
6. 全部或部分組成個體使用中央資訊科技系統，且該系統係於相同資訊科技系統一般控制下運作。
7. 全部或部分組成個體共享資訊科技系統中之控制作業。
8. 控制之監督，包括內部稽核及自我評估作業。
9. 一致之政策及程序，包括集團財務報導程序手冊。
10. 集團層級規範，如行為準則及舞弊預防規範。
11. 組成個體管理階層權責之授予。

內部稽核可能被視為集團層級控制之一部分，例如內部稽核工作由集團負責時。集團查核團隊如擬採用內部稽核人員之工作時，應依 TWSA610「採用內部稽核人員之工作」，對其專業能力及客觀性進行評估。

合併流程

集團查核團隊對合併流程之瞭解可能包括下列事項：

一、與編製財務報表所依據之準則有關之事項

1. 組成個體管理階層瞭解編製財務報表所依據準則之程度。
2. 依編製財務報表所依據之準則辨認組成個體及相關會計處理之程序。
3. 依編製財務報表所依據之準則辨認應報導部門之程序。
4. 依編製財務報表所依據之準則辨認關係人之關係及關係人交易之程序。

5. 集團財務報表所採用之會計政策、會計政策之變動，以及編製財務報表所依據準則之新訂定或修訂。
6. 組成個體財務報導期間結束日與集團財務報導期間結束日不同時之處理程序。

二、與合併流程有關之事項

1. 為集團財務報表之目的，集團管理階層瞭解組成個體所採用之會計政策之流程，以及於辨認出組成個體採用不同會計政策時，針對其差異予以調整之流程。採用與集團相同之會計政策可使組成個體對類似交易作出一致之會計處理。該等政策通常係敘明於集團管理階層提供之財務報導程序手冊及報導資料。
2. 集團管理階層確保組成個體為集團財務報表之目的所作財務報導之完整性、正確性與時效性之流程。
3. 將國外組成個體之財務資訊換算為集團財務報表表達貨幣之流程。
4. 資訊科技系統如何應用於合併流程，包括人工及自動化階段之合併流程，以及不同階段之合併流程中所採用之人工及自動化控制。
5. 集團管理階層取得期後事項資訊之流程。

三、與合併調整有關之事項

1. 記錄合併調整之程序，包括相關分錄之編製、核准及處理，與負責編製合併財務報表人員之經驗。
2. 依編製財務報表所依據之準則所需之合併調整。
3. 導致合併調整之事件或交易之合理性。
4. 組成個體間交易之頻率、性質及規模。
5. 監督、控制、調節及沖銷集團內交易(包括未實現損益)及其相關科目餘額之程序。
6. 依編製財務報表所依據之準則，為取得所收購資產及所承擔負債之公允價值所採取之步驟，以及商譽減損測試之程序。
7. 控制權益或非控制權益承擔組成個體損失之協議。

附錄三　顯示集團財務報表可能存有重大不實表達風險之情況及事項例示

本附錄列舉顯示集團財務報表可能存有重大不實表達風險之情況及事項，但未必完整。本例示提供之情況或事項並非完全適用於每一集團查核案件。

1. 複雜集團架構，特別是經常發生收購、處分或重組者。
2. 公司治理不佳，包括決策過程不透明。
3. 集團層級控制不存在或無效，包括集團監督組成個體之營運及其結果之資訊不足或不適切。
4. 於不同國家或地區營運之組成個體中，可能受政府對貿易及財政政策之不正常干預、資金及股利匯入匯出之管制與匯率之波動等因素所影響者。
5. 組成個體營業活動涉及高風險者，如長期合約、新型態或複雜金融工具之交易。
6. 依編製財務報表所依據之準則，對於某些組成個體財務資訊是否須包含於集團財務報表具不確定性，例如特殊目的個體或紙上公司是否須包含於集團財務報表。
7. 不尋常之關係人及關係人交易。
8. 集團內交易所產生之科目餘額，於先前編製合併報表時曾無法調節者。
9. 存有涉及二個以上組成個體之複雜交易。
10. 組成個體與集團所採用之會計政策不同。
11. 組成個體間之財務報導期間結束日不同，而可能被利用以操縱交易時點。
12. 先前之合併調整曾未經授權或不完整者。
13. 集團內進行過度之稅務規劃，或與註冊於租稅天堂之企業進行大額現金交易。
14. 經常變更組成個體查核人員。

本章習題

選擇題

1. 下列有關錯誤與舞弊之敘述，何者正確？
   (A) 錯誤或舞弊可以藉內部控制制度之設計及執行而完全排除
   (B) 會計師查核財務報表之工作，係專為發現所有的舞弊而設計
   (C) 管理階層應負防止或發現錯誤與舞弊之責任
   (D) 會計師進行查核工作，定能發現所有的錯誤與舞弊

2. 若有證據顯示受查者之出納盜用小額公款，對此舞弊行為，查核人員最適宜採取之措施為何？
   (A) 與適當的管理階層溝通該舞弊情事
   (B) 儘速告知該出納，其舞弊行為應擔負之法律責任
   (C) 與會計人員討論，該出納之舞弊行為是否已對財務報表造成影響
   (D) 查核人員並非查核舞弊之專家，不應與受查單位的任何人員溝通舞弊相關情事

3. 下列那一項因素最可能加深查核人員對於財務報導舞弊風險之關切？
   (A) 受查公司持有之易變現流動資產金額頗鉅
   (B) 和同產業的其他公司比較，受查公司之成長與獲利能力都較低
   (C) 受查公司之財務主管參與會計原則之選擇
   (D) 受查公司之組織結構過度複雜，權力結構不尋常

4. 下列何者不是財務報導舞弊 (fraudulent financial reporting)？
   (A) 將公司資產挪作私人使用　　　　(B) 偽造或竄改會計紀錄或相關文件
   (C) 故意漏列或虛列交易事項　　　　(D) 蓄意誤用會計原則

5. 下列何者乃會計師最容易經由查核程序查出舞弊行為之會計事項？
   (A) 為他人 (公司) 背書保證
   (B) 提供不動產，供他人作為借款之擔保品
   (C) 從事衍生性金融商品交易
   (D) 提供無記名可轉讓定存單，供他人借款之擔保品

6. 會計師考量舞弊對財務報表查核之影響時，下列何者不屬會計師應考量之事項？
   (A) 公司高階主管是否經常進出股市，從事股票交易
   (B) 採購主管是否住豪宅、開名車及戴名錶
   (C) 各項表單是否為經辦人本人親自簽名而非蓋章
   (D) 高階主管是否擔任公司借款之保證人

7. 下列那一項僅屬於「財務報導舞弊」而非「挪用資產之舞弊」？
   (A) 一位員工偷走了公司的一批存貨，並將該批存貨的減少記錄為「銷貨成本」
   (B) 財務主管將客戶支付公司應收帳款之貨款，轉移用來償還他私人的債務，並且借記某個費用科目，以隱藏這項行為
   (C) 公司管理階層更改存貨盤點標籤 (inventory tags) 並高估期末存貨，同時低估銷貨成本
   (D) 一位員工從公司偷拿了小工具並且沒有歸還，相關的成本則以「其他營業費用」來記錄

8. 下列有關媒體之報導，何者最可能使公司查帳會計師懷疑其董事長有舞弊的動機？
   (A) 公司董事長私人投資房地產慘遭套牢
   (B) 公司董事長與影星出遊，傳出緋聞
   (C) 公司董事長酒醉駕車，遭警方處罰
   (D) 公司董事長當選執政黨中央常務委員

9. 下列有關遏止員工間串通舞弊之敘述，何者最為正確？
   (A) 將管理資產與記錄交易之職能分開，即可遏止串通舞弊
   (B) 將授權交易與記錄交易之職能分開，即可遏止串通舞弊
   (C) 將管理資產、授權交易與記錄交易之職能分開，即可遏止串通舞弊
   (D) 任何方式的分工皆無法完全遏止串通舞弊之發生

10. 下列那一項特徵最有可能會加深查核人員對「有心操弄財務報表」之風險的懷疑？
    (A) 高階會計人員的流動率很低
    (B) 公司內部員工最近購買公司之股票
    (C) 管理階層相當強調要達成盈餘預測
    (D) 該公司所處產業的變化速度緩慢

11. 當查核人員發現客戶之管理階層牽涉到非重大之財務性舞弊時，其責任為何？
    (A) 向受查者治理單位報告舞弊情事
    (B) 向金管會證期局報告舞弊情事
    (C) 向比牽涉到舞弊的人員至少低一階的管理階層報告舞弊情事
    (D) 如果舞弊涉及的金額並不重大，查核人員不須向任何單位或人員報告

12. 下列有關關係人交易之敘述，何者正確？
    (A) 關係人交易並未存有較非關係人交易為高之重大不實表達風險
    (B) 查核人員須將辨認出之非正常營運之重大關係人交易視為顯著風險
    (C) 管理階層須於財務報表中聲明關係人交易之條款係與公平交易之條款相當
    (D) 查核人員須對所有與關係人交易有關之控制執行控制測試，並執行證實程序，始能取得足夠及適切之查核證據

13. 力霸公司財報舞弊主要的手法之一為頻繁的關係人交易，試問充分而適切揭露關係人之關係及其交易係下列何者之責？
    (A) 受查者獨立董事
    (B) 受查者管理階層

(C) 內部稽核人員　　　　　　　　　　(D) 外部稽核人員

14. 有關查核財務報表對舞弊之考量，下列何項敘述錯誤？
    (A) 財務報表之不實表達可能係導因於舞弊或錯誤
    (B) 偽造或竄改會計紀錄或相關文件係財務報導舞弊之可能方式之一
    (C) 防止及偵查舞弊主要係受查者治理單位與管理階層之責任
    (D) 舞弊係一廣泛法律概念，查核人員對於舞弊是否確實發生須負法律判定之責任

15. 在查核財務報表時，查核人員應對舞弊進行考量。以下有關舞弊之敘述何者正確？
    (A) 審計學上所謂之管理舞弊係指企業資產被員工侵占或偷竊
    (B) 查核人員經常接觸文件，因此被預期為辨認文件真實性之專家
    (C) 舞弊三角指：意識到壓力 (pressure)、意識到機會 (opportunity) 與行為合理化 (rationalization)
    (D) 審計準則規定會計師應對發現舞弊負責

16. 彩運公司因接獲客訴，發現已完賽且早已停止下注之大二元彩券仍可購得，經查發現公司作業管理部督導甲君在得知運動賽事結果時，進入系統重啟已停售之賽事投注，並委託第三人為其下注，藉此不法獲得巨額獎金。試問，下列何項控制作業之執行最難及時遏止上述之舞弊行為？
    (A) 賽事開打後，立即執行「關閉彩池」程序，並經高階主管確認
    (B) 對於開賣、停賣與派彩程序，均安排不同人負責，並經過雙人核可
    (C) 採用控制程序限制未經授權之人不得使用電腦程式
    (D) 定期複核所有資料之修改

17. 依我國審計準則之規定，因應管理階層踰越控制之查核程序包含：①測試收入之認列　②測試普通日記簿分錄及其他調整　③複核可能導致重大不實表達之會計估計　④瞭解不尋常交易或非正常營運之重大交易，其交易動機及合理性
    (A) ①②③④　　(B) 僅①③④　　(C) 僅②③④　　(D) 僅①②

18. 管理階層針對所持有之未上市(櫃)公司股票之公允價值作成單一金額估計，並於財務報表認列為 450 千元，而查核人員依據所取得之查核證據，建立金額區間估計為 200 千元到 300 千元之間。下列何者最不可能為不實表達之金額？
    (A) 100 千元　　(B) 150 千元　　(C) 200 千元　　(D) 250 千元

19. 下列有關錯誤及舞弊的敘述何者正確？
    (A) 錯誤及舞弊可藉由內部控制制度完全排除
    (B) 會計師查核財務報表之工作，旨在發現財務報表上的錯誤及舞弊
    (C) 管理階層應負防止及發現錯誤與舞弊之責

(D) 會計師進行查核工作，定能發現所有的錯誤及舞弊

20. 依據我國審計準則 600 號「集團財務報表查核之特別考量」規定，有關重大性之敘述，下列何者錯誤？
    A) 無論是否於集團查核報告中提及組成個體查核人員之查核，組成個體重大性之決定應考量所有組成個體
    (B) 組成個體重大性應低於集團財務報表整體重大性，且組成個體執行重大性應低於集團執行重大性
    (C) 集團查核團隊可能為不同組成個體訂出不同組成個體重大性，所有組成個體重大性不應超過集團財務報表整體重大性
    (D) 組成個體財務資訊中所辨認之個別未更正不實表達如超過顯然微小之門檻，則組成個體查核人員應與集團查核團隊溝通

問答題

1. 有鑑於管理階層常藉由踰越控制，從事重大的舞弊行為，造成重大的財務報表不實表達。因此，審計準則 240 號「查核財務報表對舞弊之責任」規定，查核人員除了應規劃整體查核對策及個別項目聲明之查核計畫以因應所評估之舞弊風險外，查核人員尚應針對管理階層踰越控制之風險，對那些事項設計並執行查核程序。

2. 受查者各部門管理階層之報酬，包括底薪及年終的紅利。查核人員發現紅利是發給營運的管理階層和部門的主管，通常大於底薪，而且是依照各部門之收入單獨計算；且一個部門經理如成功的話，通常會被晉升到規模更大的部門。
   (1) 舞弊發生的可能性為何？請加以評估。
   (2) 假設查核人員做出「舞弊風險存在」的結論，則須執行那些特定的查核程序？

3. (1) 依據審計準則 550 號之規定，何謂關係人？
   (2) 相較於與非關係人之類似交易，企業於正常營運下之關係人交易，是否一定存有較高之重大不實表達風險？
   (3) 請舉出三個常見的非正常營運之交易？
   (4) 何種情況下，關係人之關係及交易之性質可能導致較高之重大不實表達風險？
   (5) 查核人員對關係人之關係及交易之查核責任為何？

4. 集團查核團隊擬為組成個體查核人員之工作承擔查核責任，依據審計準則 600 號之規定，集團查核團隊應參與組成個體查核人員之工作，請就下列小題逐一回答：
   (1) 集團查核團隊組成個體查核人員工作之參與，可能受那些因素影響，請列舉 3 項。
   (2) 對於重要組成個體或所辨認之顯著風險，集團查核團隊應執行那些參與程序？

Chapter 9 控制測試抽樣——屬性抽樣

9.1 前言

　　第七章曾提及查核人員於執行風險評估程序後,規劃進一步查核程序之性質時,可能採取併用方式 (combined approach) 規劃其查核程序,即併用內部控制測試及證實程序以達成查核目標。採用併用方式的原因,是因為查核人員經執行風險評估程序後,認為某些個別項目聲明無法僅藉由執行證實程序達成其查核目標,或基於成本效率的考量,併用方式比證實方式 (substantive approach) 更有效率 (即查核人員欲信賴控制執行之有效性,以決定證實程序之性質、時間及範圍)。

　　當查核人員決定採用併用方式時,查核人員即必須執行控制測試,取得控制作業有效性的證據,併同證實程序所取得之證據,一起作為查核結論的基礎。一般而言,查核人員執行控制測試時,多以抽樣的方式為之,本章將進一步探討運用於控制測試的抽樣方法——屬性抽樣 (attribute sampling)。

　　所謂屬性抽樣係指,用以推論母體中具有某種特性之比率的抽樣方法。對控制測試而言,係指用以推論某一期間內特定控制作業的規定未被遵循比率 (即失控的比率) 的抽樣方法。某一交易不論其交易金額的大小,只要該交易未按照特定控制作業的規定執行,即視為失控,因此,屬性抽樣的目並不在推論特定會計科目餘額不實表達的金額。

　　查核人員執行控制測試時,可使用統計抽樣 (statistical sampling) 或非統計抽樣 (non-statistical sampling),不論是統計抽樣或非統計抽樣,皆可能遭遇抽樣風險。因此,本章 9.2 節將首先介紹統計抽樣及非統計抽樣的定義及差異,並說明執行屬性抽樣時,可能發生的相關風險。由於統計抽樣及非統計抽樣執行的步驟及邏輯類似,且皆須依賴查核人員的專業判斷,雖然實務上,查核人員多用非統計抽樣執行屬性抽樣,但如果查核人員對統計抽樣的邏輯不瞭解,查核人員即不易具備執行非統計抽樣的專業判斷。此外,目前許多大型會計師事務所多已發展電腦化之審計軟體,該等審計軟體亦多以統計抽樣的方式建構控制測試的抽樣。故 9.3 節將主要介紹統計抽樣的執行步驟及邏輯,其中亦會論及非統計抽樣與統計抽樣有所差異的部分。最後,9.4 節亦將一併討論適用於特殊情況下之屬性抽樣——顯現抽樣 (discovery sampling)。

9.2 統計抽樣與非統計抽樣及其相關之風險

對財務報表審計而言，控制測試多以抽樣的方式進行，少有全部查核的情況。而審計準則公報並未強制規定查核人員一定要使用統計抽樣或非統計抽樣執行控制測試。

所謂的統計抽樣係指，於樣本量的決定及從樣本結果推論至母體的過程中，完全係依賴機率理論的邏輯決定及推論。由於統計抽樣建立在機率理論上，因此，影響樣本量及推論過程中之因素，就必須全部加以量化，否則無法透過機率模型加以運算。相反地，非統計抽樣則是依查核人員之主觀信念 (belief)，認定當時情況下最適當的樣本，並依樣本結果以主觀的方式對母體作成推論。基於這個原因，非統計抽樣通常稱為判斷抽樣 (judgmental sampling)。實務上，查核人員多用非統計抽樣的方式執行屬性抽樣，其主要原因為，影響樣本量及推論過程中之因素，實務上難以全部加以量化。然而，當會計師事務所利用審計軟體進行審計抽樣時，該等軟體便會將那些質性的因素 (如風險的高、中、低)，藉由內建的模組轉換成量化的因素，最後再透過機率模型決定樣本量及母體的推論。

當查核人員從母體中抽取樣本時，不論是採用統計抽樣或非統計抽樣，其目標就是希望能夠取得具代表性的樣本 (representative sample)，藉以推論母體 (population) 的特性。所謂代表性樣本，係指查核人員所取得之樣本，其所具有之特性 (characteristics) 與母體的特性類似；換言之，母體中被抽出的資料與未被抽出的資料有著相似的特性。然而為了取得具代表性的樣本，雖然對樣本選取 (sample selection) 的方法有嚴格的要求 (尤其是採用統計抽樣時)，但畢竟查核人員僅抽出部分的資料查核，即使查核程序執行及解釋的方式正確，仍有可能抽出不具代表性的樣本，導致從樣本推論到母體的結論產生重大的偏差，這種風險即稱為抽樣風險 (sampling risk)。抽樣風險隨著查核人員抽出的樣本量越大，樣本不具代表性的機率就越低，即抽樣風險越低。如果查核人員採全查的方式查核，則抽樣風險將為 0。

相對於抽樣風險，非抽樣風險 (nonsampling risk) 係指，因查核人員使用不當 (沒有效果) 的查核程序或解釋查核結果不恰當，導致其查核結論不恰當的可能性。非抽樣風險與查核人員僅查核部分資料間並不相關，即使查核人員採全查的方式查核，仍可能無法將非抽樣風險完全消除。降低非抽樣風險較有效的方法，為提升查核人員的專業能力，並規劃較有效果的查核程序。

此外，於屬性抽樣中，查核人員從樣本結果推論至母體時，可能會發生兩種錯誤的風險：過度信賴風險 (risk of overreliance) 或信賴不足風險 (risk of underreliance)[1]。所謂過

---

[1] 有些英文教科書將「risk of over-reliance」稱為「risk of assessing control risk too low」，而將「risk of under-reliance」稱為「risk of assessing control risk too high」。

度信賴風險係指，查核人員根據樣本查核的結果，推論其可以接受原先決定要依賴的內部控制有效程度 [即 1 – 最大可容忍偏差率 (tolerable deviation rate)，最大可容忍偏差率容後再詳述]，然而實際上，內部控制可依賴程度低於查核人員其原先決定要依賴的內部控制有效程度，即查核人員將控制風險評估的太低。在此情況下，查核人員所規劃之偵出風險將被高估 (參見第七章有關查核風險模式之討論)，使得查核人員可能規劃出較為寬鬆的證實程序，可能導致原本應被偵出之財務報表重大不實表達而未偵出，影響了查核人員的查核效果 (effectiveness)，進而造成會計師出具不適當之查核意見。過度信賴風險即為統計學上所稱之型二錯誤 (type II error) 風險或 β 風險 (β risk)。

相反地，相對於過度信賴風險，信賴不足風險係指，查核人員根據樣本查核的結果，推論其不可以接受原先決定要依賴的內部控制有效程度，然而實際上，內部控制可依賴程度高於查核人員原先決定要依賴的內部控制有效程度，即查核人員將控制風險評估的太高。在此情況下，查核人員所規劃之偵出風險將被低估，使得查核人員規劃出較嚴格的證實程序，導致查核人員額外執行不必要或過於嚴格的查核程序 (包括執行之時間及範圍)，影響了查核人員的查核效率 (efficiency)。信賴不足風險即為統計學上所稱之型一錯誤 (type I error) 風險或 α 風險 (α risk)。

9.3 屬性抽樣的步驟

屬性抽樣係運用於控制測試的抽樣方法，在討論屬性抽樣前，我們再回憶一下什麼是控制測試，以便瞭解整個屬性抽樣的步驟。所謂的控制測試係指，對預防或偵出並改正個別項目聲明重大不實表達之控制，設計用以評估該等控制是否有效執行之查核程序。依此一定義可知，控制測試係針對「個別項目聲明」相關之控制作業進行測試的。

一般而言，不論查核人員使用統計抽樣或非統計抽樣，屬性抽樣須執行如圖表 9.1 所示之七大步驟。為了讓讀者更具體地瞭解各步驟的意義，本節將以銷貨交易相關的控制作業為例，並於各小節中逐一解釋各步驟的意義。雖然實務上查核人員多以非統計抽樣為主，但為了協助讀者建立正確的屬性抽樣的專業判斷能力，各小節的步驟的說明多以統計抽樣為主，如非統計抽樣與統計抽樣在該步驟有所差異時，再補充加以說明。

由於執行控制測試時，選取的每一筆交易，其查核的結果僅有兩種結果，即不是「控制中」，就是「失控」，就像統計學中常舉的例子，擲一枚銅板時，出現的結果不是「頭」，就是「尾」。因此，屬性抽樣的機率分配屬於二項分配 (binominal distribution)。嚴格而言，查核人員要培養有關審計抽樣 (無論是統計抽樣及非統計抽樣) 方面的專業判斷能力，應該對屬性抽樣的統計特性有所瞭解，才能培養出應有的專業判斷。為了不中斷上述各步驟的順序，本章將屬性抽樣的統計特性於本章的附錄中做概要性的說明，想要進一步瞭解的讀者可自行參閱。

圖表 9.1　屬性抽樣的步驟

- **步驟 1**　決定控制測試的目的
  - (1) 辨認所欲測試特定控制之屬性及相關聲明。
  - (2) 定義失控的情況。
- **步驟 2**　定義母體 (population) 及樣本單位 (sample unit)
- **步驟 3**　樣本量之決定
- **步驟 4**　樣本之選取
- **步驟 5**　樣本之查核
- **步驟 6**　評估樣本所代表的證據
- **步驟 7**　以樣本結果為基礎，做出下列相關事項之結論：
  - (1) 評估個別項目聲明內部控制風險。
  - (2) 擬定或修正個別項目聲明證實程序之方法、時間及範圍。
  - (3) 應與受查者溝通之內部控制缺失。

9.3.1　步驟 1：決定控制測試的目的

由於控制測試係對預防或偵出並改正「個別項目聲明」重大不實表達之控制，設計用以評估該等控制是否有效執行之查核程序。因此，屬性抽樣的第一個步驟，查核人員就必須先辨認所欲測試控制作業的目的及其攸關的聲明。此外，辨認出所欲測試之控制作業的目的後，查核人員才能定義出「何謂失控」。

以銷貨交易相關控制作業為例，查核人員可能辨認出該控制作業有九項控制屬性，以及與各屬性相關之聲明。相關之控制屬性及其相關之聲明列示如圖表 9.2。

從圖表 9.2 所列之九項控制屬性，查核人員即可辨認出與每一項控制屬性相關會計科目之財務報表聲明。控制屬性與財務報表聲明的連結非常重要，因為受查者的每一項控制屬性的重要性及其執行的有效程度不一定相同，即每一項控制屬性查核人員所欲接受的控制風險不一定相同，導致與每一項控制屬性相關之財務報表聲明規劃之偵出風險亦不一定相同，進而影響每一財務報表聲明證實程序的性質、時間及範圍。

此外，從圖表 9.2 所列之九項控制屬性的描述中，亦可協助查核人員於執行各項控制屬性控制測試時，明確地定義出「何謂失控」。例如，以控制屬性 1 為例，所謂的失控係指，銷貨單未事先編號，或未按照序號加以控制；以控制屬性 2 為例，所謂的失控係指，銷貨單未經信用部門的核准；以控制屬性 3 為例，所謂的失控係指運送單未事先編號，或未有經核准之銷貨單作為依據。

圖表 9.2　銷貨交易相關之內部控制作業屬性及相關的財務報表聲明

控制屬性	控制屬性之說明及相關的財務報表聲明
1.	每筆銷貨的銷貨單須事先編號，並依序號控制。(完整性)
2.	在銷貨交易完成前，每筆銷貨單須經過信用部門主管的核准。(評價)
3.	運送單須事先編號，且必須要有經核准的銷貨單為依據。(存在/發生)
4.	從銷貨部門收到已核准的銷貨單才可以開立發票。(存在/發生)
5.	銷貨部門的監督人員應該對發票的金額和相關文件進行複核，以及確定單價及金額計算的正確性。(評價)
6.	出貨部門應該收到已核可運送文件副本才可授權運送貨物。(存在/發生)
7.	在將發票寄送至客戶前，帳單部門應該檢查每筆銷貨發票金額、數量和還款期限的正確。(完整性、評價、揭露)
8.	應收帳款部門須每天編製應收帳款彙總表，並與每日開出的發票核對，以便控制每天入帳之應收帳款是否與開出發票相符。(完整性、揭露)
9.	預先編號之運送單和每筆交易的副本應該和商品一起送交客戶。(完整性、存在/發生)

9.3.2　步驟 2：定義母體及樣本單位

抽樣前查核人員必須先辨別出要從什麼資料中抽出所要測試的資料，即辨認母體及樣本單位。母體及樣本單位與查核人員所要測試的控制屬性息息相關，因為查核人員辨認出特定控制屬性後，才能判斷欲抽樣的母體及樣本單位。以圖表 9.2 所列之控制屬性為例，測試各控制屬性之母體及樣本單位如圖表 9.3 所示。

9.3.3　步驟 3：樣本量之決定

一旦母體及樣本單位確定後，查核人員接下來的步驟就是要決定每一控制屬性的樣本量。就統計抽樣而言，樣本量的大小係依據機率理論來決定的，由於屬性抽樣的機率分配為二項分配，其計算較為不易 (其樣本的計算請參閱本章的附錄)，故查核人員多利用查表的方式決定樣本量。

根據屬性抽樣的性質，決定樣本量的因素主要有四個：母體的大小 (population size)、接受的過度信賴風險 (acceptable risk of overreliance, *ARO*)、預期母體偏差率 (expected population deviation rate, *EPDR*) 及最大可容忍偏差率 (tolerable deviation rate, *TDR*)。

不過，由於二項分配要求特定屬性被抽到的機率要具獨立性，即某屬性被抽到的機率，不受到其他樣本單位是否被抽到的影響 (即機率的獨立，亦即抽取每一筆交易時，抽到失控交易的機率是固定的。如同丟擲銅板時，出現「頭」的機率，不受之前已出現

圖表 9.3　各控制屬性之母體及樣本單位

控制屬性	控制屬性之說明及相關的財務報表聲明	母體	樣本單位
1.	每筆銷貨的銷貨單須事先編號，並依序號控制。	測試期間所有的銷貨單	銷貨單
2.	在銷貨交易完成前，每筆銷貨單須經過信用部門主管的核准。	測試期間所有的銷貨單	銷貨單
3.	運送單須事先編號，且必須要有經核准的銷貨單為依據。	測試期間所有的運送單	運送單
4.	從銷貨部門收到已核准的銷貨單才可以開立發票。	測試期間所開立的發票	發票
5.	銷貨部門的監督人員應該對發票的金額和相關文件進行複核，以及確定單價及金額計算的正確性。	測試期間所開立的發票及相關文件	發票及相關文件
6.	出貨部門應該收到已核可運送文件副本才可授權運送貨物。	測試期間所有核可運送文件副本	運送文件副本
7.	在將發票寄送至客戶前，帳單部門應該檢查每個銷貨發票金額、數量和還款期限的正確。	測試期間所有證明帳單部門檢查的文件	帳單部門檢查的文件
8.	應收帳款部門須每天編製應收帳款彙總表，並與每日開出的發票核對，以便控制每天入帳之應收帳款是否與開出發票相符。	測試期間每天的應收帳款及發票彙總表	應收帳款及發票彙總表
9.	預先編號之運送單和每筆交易的副本應該和商品一起送交客戶。	測試期間所有客戶的簽收單	客戶的簽收單

幾次「頭」的影響)，故通常假設母體非常大，於是忽略母體大小的因素。如果實際上母體不是很大，查核人員可透過抽出再放回的選樣方式選取樣本。因為在抽出再放回的選樣方式下，母體就等同於無限大，可確保特定屬性被抽到的機率是固定的，不會受到先前抽樣結果的影響。例如，一個箱子只有十個球(母體)，其中九個為白球(控制中)，一個為黑球(失控)，第一球抽出黑球的機率為 10%，如果抽出第一個再放回箱子中，第二球抽出黑球的機率仍為 10%；換言之，只要使用抽出再放回的選樣方式，不論抽出第幾球，其抽出黑球的機率皆為 10%。但如果抽出不放回，那麼抽第二球抽到黑球的機率，即須視第一球抽到黑球還是白球而定，抽第三球抽到黑球的機率，則須視前面二球抽到黑球還是白球而定，這樣的機率分配不是二項分配，而是超幾何分配。

然而抽出不放回對機率獨立性的影響，會隨著母體越大，而逐漸變小，當母體大到一定程度後，就幾乎沒有影響了。讀者可試想一下，如果箱子有十萬個球，其中九萬個為白球，一萬個為黑球，然而抽出不放回對機率獨立性的影響就微乎其微了。

接受的過度信賴風險 (ARO) 有些審計教科書亦稱為「可接受的將內部控制風險評估太低的風險」(acceptable risk of assessing control risk too low)，所謂 ARO 係指查核人員依

樣本查核結果，推論其原先欲信賴內部控制的程度 (即 1-TDR) 是可以被支持的，而實際上該內部控制可被信賴的程度低於原先欲信賴內部控制程度的風險；從 TDR 的角度思考，ARO 即查核人員將 TDR 評估太低的風險。前曾提及 ARO 將影響審計的效果，故查核人員應運用專業判斷，謹慎決定其可接受之 ARO。一般而言，查核人員通常會將 ARO 訂在一相對較低的風險，傳統常使用的風險水準為 1%、5% 及 10%。ARO 的決定因素，查核人員通常會考量先前執行風險評估程序的結果，如受查者是否為上市 (櫃) 公司、所測試控制屬性相關會計科目的重要性、欲依賴該控制的程度、舞弊的風險等。就 ARO 對樣本量的影響而言，ARO 會隨著樣本量的增加降低；換言之，查核人員如要降低 ARO，就必須增加樣本量。當查核人員對母體進行全查時，ARO 就會等於 0。

討論預期母體偏差率 (EPDR) 與最大可容忍偏差率 (TDR) 對樣本量影響時，必須將 EPDR 與 TDR 一併考量，不能分開考量。所謂 EPDR，係指查核人員於抽樣前對特定控制屬性發生失控機率的預期，該預期可能來自過去查核經驗 (如前一年)，並考量當期查核所發現之資訊而加以調整。若無過去查核經驗的資料或過去查核資訊不足以信賴，查核人員可以利用先抽一個小樣本加以查核，初步推估當年的 EPDR。而所謂的 TDR 即為查核風險模式 [DR = AR/(IR×CR)] 中的控制風險 (CR)，當查核人員欲信賴特定控制屬性的程度越高 (即欲依賴證實程序越低) 時，TDR (CR) 就要訂得越低。就邏輯上而言，查核人員欲信賴特定控制屬性，才會決定去執行控制測試，即代表查核人員預期 EPDR 小於 TDR，否則查核人員不會信賴該控制屬性，而會採用證實方式 (substantive approach) 而非採併用方式 (combined approach)，蒐集查核證據。因此，當查核人員決定採用屬性抽樣時，TDR 一定會大於 EPDR。

TDR 與 EPDR 之間的差異稱為規劃的抽樣精確度 (planned sampling precision) 或規劃的抽樣誤差限額 (planned allowance for sampling error)。規劃的抽樣誤差限額越小，代表查核人員需要做較精確的估計，自然就需要更大的樣本量。在 EPDR 不變的情況下，TDR 越大，規劃的抽樣誤差限額就越大，所需的樣本量即越小。同理，在 TDR 不變的情況下，EPDR 越大，規劃的抽樣誤差限額就越小，所需的樣本量即越大。當 TDR 與 EPDR 相同時，規劃的抽樣誤差限額即為 0，那麼查核人員就只有全查一途了。

前曾提及，由於二項分配的計算較為不易，故查核人員多利用查表的方式決定樣本量，圖表 9.5 至圖表 9.7 分別列示 ARO 為 10%、5% 及 1% 的情況下，各種 EPDR 及 TDR 組合下所需的樣本量。接續圖表 9.2 的釋例，茲將各控制屬性樣本量的決定彙整於圖表 9.4。

當查核人員使用非統計抽樣時，雖然無法利用機率模型或查表的方式決定樣本量，卻可採用主觀的方式判斷其所需的樣本量。但查核人員在判斷所需的樣本量時，其考量的因素還是與統計抽樣所考慮的因素一樣，即母體大小 (幾乎可不考慮)、可接受的過度

信賴風險、預期母體偏差率及最大可容忍偏差率。茲將上述四個因素與樣本量的關係彙整於圖表 9.8。

圖表 9.4　各控制屬性樣本量的決定

控制屬性	可接受之過度信賴風險 (ARO)	預期母體偏差率 (EPDR)	最大可容忍偏差率 (TDR)	樣本量
1. 預先編號銷貨單。	0.05	2.5%	5%	240
2. 每筆銷貨單要經過信用部門的核准。	0.01	1.0%	4%	260
3. 事先編號的運送單必須以經核准之銷貨單為基準。	0.05	2.5%	5%	240
4. 從銷貨部門收到已核准的銷貨單才可開立支票。	0.05	2.5%	5%	240
5. 銷貨部門的監督人員應該對發票的金額和相關文件進行複核。	0.01	1.5%	4%	360
6. 運送部門應該收到核可運送文件副本才可授權運送貨物。	0.01	2.0%	5%	300
7. 在將發票送至客戶前，帳單部門應該檢查每個銷貨發票的正確金額、數量和延展期。	0.01	1.5%	4%	360
8. 應收帳款部門須每天編製應收帳款彙總表，以便控制是否與開出發票相符。	0.01	0	0	260*
9. 預先編號運送單和每筆交易之副本應和所有商品一起運送給客戶。	0.10	2.5%	5%	160

* 因 $TDR = EPDR$，所以整個母體都要查核。在這個例子中，一年中共有 260 筆交易，所以母體數量為 260。

圖表 9.5　ARO 為 10%，各種 EPDR 及 TDR 組合下所需的樣本量

預期母體偏差率 (EPDR)	1	2	3	4	5	6	7	8	9	10	12	14	16	18	20	25	30	35	40	45	50
0		114	76	57	45	38	32	28	25	22	22	15	15	11	11	10	10	10	10	10	10
.25	400	200	140	100	80	70	60	50	50	40	40	30	30	20	20	20	20	10	10	10	10
.5	800	200	140	100	80	70	60	50	50	40	40	30	30	30	20	20	20	10	10	10	10
1.0		400	180	100	80	70	60	50	50	40	40	30	30	30	20	20	20	10	10	10	10
1.5			320	180	120	90	60	50	50	40	40	30	30	30	20	20	20	10	10	10	10
2.0			•	600	200	140	90	80	50	50	40	40	30	30	30	20	20	10	10	10	10
2.5				•	360	160	120	80	70	60	40	40	30	30	30	20	20	20	10	10	10
3.0					800	260	160	100	90	60	60	50	30	30	30	20	20	20	10	10	10
3.5					•	400	200	140	100	80	70	50	40	40	30	20	20	20	10	10	10
4.0						900	300	200	100	90	70	50	40	40	30	20	20	20	10	10	10
4.5						•	550	220	160	120	80	60	40	40	30	20	20	10	10	10	10
5.0						•	320	160	120	80	60	40	40	30	20	20	20	10	10	10	10
5.5						•	600	280	160	120	70	50	40	30	30	20	20	10	10	10	10
6.0							•	380	200	160	80	50	40	30	30	20	20	10	10	10	10
6.5							•	600	260	180	90	60	40	30	30	20	20	10	10	10	10
7.0								•	400	200	100	70	40	40	40	20	20	10	10	10	10
7.5									800	290	120	80	40	40	40	20	20	10	10	10	10
8.0									•	460	160	100	50	50	40	20	20	10	10	10	10
8.5									•	800	200	100	70	50	40	20	20	10	10	10	10
9.0										•	260	100	80	50	40	20	20	10	10	10	10
9.5										•	380	160	80	50	40	20	20	10	10	10	10
10.0											500	160	80	50	40	20	20	10	10	10	10
11.0											•	280	140	70	60	30	30	20	20	10	10
12.0												550	180	90	70	30	30	20	20	10	10
13.0												•	300	160	90	30	30	20	20	10	10
14.0													600	200	100	40	30	20	20	10	10
15.0													•	300	140	40	30	20	20	10	10
16.0														650	200	50	30	30	20	10	10
17.0														•	340	70	40	30	20	20	10
18.0															700	100	50	30	20	10	10
19.0															•	100	50	30	20	10	10
20.0																160	50	30	20	10	10
22.0																400	80	40	30	20	20
24.0																•	120	50	30	20	20
26.0																	260	80	30	30	20
28.0																	1000	100	50	30	20
30.0																	180	50	30	20	
33.0																	1000	100	50	30	
36.0																		280	80	40	
39.0																		•	160	60	
42.0																			500	90	
46.0																				300	

圖表 9.6　ARO 為 5%，各種 EPDR 及 TDR 組合下所需的樣本量

預期母體偏差率 (EPDR)	最大容忍偏差率 (TDR)																		
	1	2	3	4	5	6	7	8	9	10	12	14	16	18	20	25	30	35	40	45	50
0		150	100	74	59	49	42	36	32	29	14	10	10	10	10	10	10	10	10	10
.25	650	240	160	120	100	80	70	60	60	50	40	40	30	30	30	20	20	20	10	10
.5	*	320	160	120	100	80	70	60	60	50	40	40	30	30	30	20	20	20	10	10
1.0		600	350	160	100	80	70	60	60	50	40	40	30	30	30	20	20	20	10	10
1.5		*	400	200	160	120	90	60	60	50	40	40	30	30	30	20	20	20	10	10
2.0			900	300	200	140	90	80	70	50	40	40	30	30	30	20	20	20	10	10
2.5			*	550	240	160	120	80	70	70	40	40	30	30	30	20	20	20	10	10	10
3.0				*	400	200	160	100	90	80	60	50	30	30	30	20	20	20	10	10	10
3.5				*	650	280	200	140	100	80	70	50	40	40	30	20	20	20	10	10	10
4.0					*	500	240	180	100	90	70	50	40	40	30	20	20	20	10	10	10
4.5					*	800	360	200	160	120	80	60	40	40	30	20	20	20	10	10	10
5.0						*	500	240	160	120	80	60	40	40	30	20	20	20	10	10	10
5.5						*	900	360	200	160	90	70	50	50	30	30	20	20	10	10	10
6.0							*	550	280	180	100	80	50	50	30	20	20	20	10	10	10
6.5							*	1000	400	240	120	90	60	50	30	30	20	20	10	10	10
7.0								*	600	300	140	100	70	50	40	30	20	20	10	10	10
7.5								*	*	460	160	100	80	50	40	30	20	20	10	10	10
8.0									*	650	200	100	80	50	50	30	20	20	10	10	10
8.5									*	*	280	140	80	70	50	30	20	20	10	10	10
9.0										*	400	180	100	70	50	30	20	20	10	10	10
9.5										*	550	200	120	70	50	30	20	20	10	10	10
10.0											800	220	120	70	50	30	20	20	10	10	10
11.0											*	400	180	100	70	40	30	20	20	20	20
12.0											900	280	140	90	40	30	20	20	20	20
13.0											*	460	200	100	50	30	20	20	20	20
14.0												1000| 300	160	50	40	20	20	20	20
15.0												*	500	200	60	40	20	20	20	20
16.0													*	300	80	50	30	30	20	20
17.0													*	550	100	50	40	30	20	20
18.0														*	140	50	40	30	20	20
19.0														*	180	70	40	30	20	20
20.0															220	70	40	30	20	20
22.0															600	100	50	30	30	20
24.0															*	200	70	40	30	20
26.0																400	100	50	30	30
28.0																*	160	60	40	30
30.0																	280	80	40	30
33.0																	*	160	60	30
36.0																		460	100	50
39.0																		*	220	80
42.0																			880	140
46.0																				550

圖表 9.7　ARO 為 1%，各種 EPDR 及 TDR 組合下所需的樣本量

預期母體偏差率 (EPDR)	最大容忍偏差率 (TDR)

EPDR	1	2	3	4	5	6	7	8	9	10	12	14	16	18	20	25	30	35	40	45	50
.25	·	340	240	180	140	120	100	90	80	70	60	50	40	40	40	30	20	20	20	20	20
.5	·	300	280	180	140	120	100	90	80	70	60	50	40	40	40	30	20	20	20	20	20
1.0		·	400	260	180	140	100	90	80	70	60	50	40	40	40	30	20	20	20	20	20
1.5		·	800	360	200	180	120	120	100	90	60	50	40	40	40	30	20	20	20	20	20
2.0			·	300	300	200	140	140	100	90	70	50	40	40	40	30	20	20	20	20	20
2.5			·	1000	400	240	200	160	120	100	70	60	40	40	40	30	20	20	20	20	20
3.0				·	700	360	260	160	160	100	90	60	50	50	40	30	20	20	20	20	20
3.5				·	·	550	340	200	160	140	100	70	50	50	40	40	20	20	20	20	20
4.0					·	800	400	280	200	160	100	70	50	50	40	40	20	20	20	20	20
4.5					·	·	600	380	220	200	120	80	60	60	40	40	20	20	20	20	20
5.0						·	900	460	280	200	120	80	60	60	40	40	20	20	20	20	20
5.5						·	·	650	380	280	160	90	70	70	50	40	30	30	20	20	20
6.0							·	1000	500	300	180	100	80	70	50	40	30	30	20	20	20
6.5							·	·	800	400	200	120	90	70	60	40	30	30	20	20	20
7.0								·	·	600	240	140	100	70	70	40	30	30	20	20	20
7.5								·	800	280	160	120	80	70	40	30	30	20	20	20	
8.0									·	·	400	200	140	100	70	50	30	30	20	20	20
8.5									·	·	500	240	140	100	70	50	30	30	20	20	20
9.0										·	700	300	180	100	90	50	30	30	20	20	20
9.5										·	1000	360	200	140	90	50	30	30	20	20	20
10.0											·	420	220	140	90	50	30	30	20	20	20
11.0											·	800	300	180	140	60	40	30	30	20	20
12.0												·	500	240	160	70	40	30	30	20	20
13.0												·	600	360	200	90	50	30	30	20	20
14.0														500	280	100	50	40	30	20	20
15.0													·	900	360	120	60	40	30	20	20
16.0														·	550	160	80	40	30	30	20
17.0														·	1000	180	80	40	40	30	20
18.0															·	240	100	50	40	30	20
19.0															·	300	100	60	40	30	20
20.0																420	120	60	40	30	20
22.0																·	200	90	50	40	30
24.0																·	340	120	70	40	30
26.0																	800	180	80	50	30
28.0																	·	280	100	60	40
30.0																		550	140	70	40
33.0																		·	300	100	60
36.0																			900	180	80
39.0																			·	400	140
42.0																				·	240
46.0																					900

圖表 9.8　影響樣本量的決定因素

影響因素	與樣本量的相關性
1. 母體大小	正相關
2. 接受的過度信賴風險 (ARO)	負相關
3. 預期母體偏差率 (EPDR)	正相關
4. 最大可容忍偏差率 (TDR)	負相關

9.3.4　步驟 4：樣本之選取

由於統計抽樣要求選取樣本 (sample selection) 之過程須獨立 (independence) 及隨機 (random)，以確保較能抽出具有代表性的樣本，故對選取樣本的方法有較嚴格的規範。誠如前述，所謂的獨立係指，某屬性被抽到的機率，不受到其他樣本單位是否被抽到的影響。當母體較大時，樣本單位抽出是否放回，對獨立的影響幾可忽視，故實務上，被抽出之樣本單位通常不再放回。但當母體較小時，樣本單位抽出不放回，對獨立的影響較大，將違背二項分配的假設，因此，應將樣本單位抽出後放回，再進行下一個樣本單位的抽樣。而所謂的隨機，係指選樣的過程中，應確保母體中每一樣本單位皆有機會被抽到。

如查核人員使用統計抽樣時，為維持選取樣本過程之獨立及隨機，有兩種選樣的方法可供選擇，一為簡單隨機選樣 (simple random sampling; simple random sample selection)，另一則為系統選樣 (systematic sampling; systematic sample selection)。如果查核人員使用非統計抽樣時，選取樣本過程通常沒有像統計抽樣的要求那麼嚴謹，除了可使用簡單隨機選樣及系統選樣外，尚有隨意選樣 (haphazard sample selection)、區塊選樣 (block sample selection)、導向選樣 (directed sample selection)。茲將上述選樣的方法分述如下：

1. 簡單隨機選樣

簡單隨機選樣可確保母體中每一樣本單位被抽出的機率皆相同，常用於無須強調特殊母體特徵的情況。簡單隨機選樣並不意味由查核人員主觀地隨機決定那些樣本單位的代碼將會被抽出，而須使用客觀的亂數表 (random number table) 或電腦亂數產生器 (random number generator) 產生樣本單位的代碼，以避免人為有意或無意的偏頗干擾樣本的選取。由於簡單隨機選樣須先由亂數表或電腦亂數產生器產生一組樣本單位的代碼，故其使用的先決條件是，母體中每一樣本單位皆事先已有序號，才能知道每一代碼所對應的樣本單位。

亂數表係由一串無特定趨勢的隨機數字所構成，圖表 9.9 列示亂數表的一部分。查

圖表 9.9　亂數表

	A	B	C	D	E	F	G
1	835431	206253	467521	029822	700399	554652	450184
	512651	743206	118787	587401	921517	015407	206860
	336187	189133	154812	828785	667020	998697	579598
	092530	869028	483691	165063	847894	041617	762973
	238036	(016856)	290105	538530	079931	412195	838814
	308168	717698	919814	092230	215657	469994	805803
2	773429	915639	900911	276895	149505	540379	224349
	171626	601259	009905	572567	441960	299704	313987
	180570	665625	424048	713009	830314	664642	521021
	558715	965963	494210	875287	488595	898691	713010
	345067	361180	989224	138905	355519	045847	746266
	583819	310956	174728	099164	118461	758000	496302
3	615026	599459	722322	555090	572720	826685	456517
	812358	389535	166779	441968	105639	632418	340890
	784592	(003651)	279275	055646	341897	510689	026160
	094619	636747	934082	787345	772825	603866	565688
	450908	919891	157771	114333	710179	062848	615156
	593546	728768	984323	290410	970562	906724	315005
4	873778	491131	209695	604075	783895	862911	732026
	965705	317845	169619	921361	315606	990029	745251
	311163	943589	540958	556212	760508	129963	236556
	454554	284761	269019	924179	670780	389869	519229
	124330	319763	596075	064570	495169	030185	866211
	920765	122124	423205	596357	469969	072245	359269
5	183002	540547	312909	389818	464023	768381	377241
	600135	865974	929756	162716	415598	878513	994633
	235787	023117	895285	027055	943962	381112	530492
	953379	655834	283102	836259	437761	391976	940853
	009658	521970	537626	806052	715247	808585	252503
	176570	849057	387097	311529	893745	450267	182626
6	747456	304530	931013	678688	270736	355032	400713
	486876	634985	368395	154273	959983	672523	210456
	987193	268135	867829	025419	301168	409545	131960
	358155	950977	170562	245987	884126	785621	467942
	021394	182615	049084	942153	278313	872709	693590
	735047	428941	630704	893281	716045	267529	427605

核人員應先辨認母體中樣本單位序號的範圍(如1號至5,000號)，並建構樣本單位序號編號與亂數表中數字的關聯性(如只用亂數表中的右邊四位數代表樣本單位序號編號)，接著隨機的選取亂數表中的起始點，再按事先決定的方式，依序找出樣本中每一樣本單位的代碼，直到最後一筆樣本單位被選取方告結束。

由於電腦科技的發達，許多試算表軟體(如Excel等)、統計與計量軟體或審計軟體(如ACL)多內建亂數產生器的功能，由電腦自動產生使用者所需的亂數清單，由於使用方便又有效率，實務上多由電腦亂數產生器產生所需的亂數，使用亂數表的機會並不太多。

2. 系統選樣

系統選樣係指，查核人員利用母體中一個或數個隨機決定的起點，每隔固定之間隔[稱為選樣區間(sampling interval, *SI*)]選取一個樣本單位，直到抽足所需的樣本量。例如，母體有10,000個樣本單位，查核人員需要的樣本量為200，則選樣區間為50 (= 10,000/200)，即查核人員隨機選取一個樣本單位為起點後，每間隔50筆再抽出一筆，以此類推，直到抽足200筆為止。如果查核人員擔心母體中各樣本單位的順序有一定的週期性，間隔50筆的系統選樣可能抽出沒有代表性的樣本，亦可分次抽取。例如，查核人員欲分2次抽取，每次抽取100筆，則選樣區間則擴大到100 (= 10,000/100)，再隨機選取一個樣本單位為起點後，每間隔100筆抽出一筆，抽足100筆後，再重複一次，即可取得200筆的樣本。

於統計抽樣時，有時為降低母體變異數(variance)對樣本量的影響，查核人員會將母體先加以分層，再針對每一層利用簡單隨機選樣或系統選樣選取樣本單位，以提升抽樣的效率，此種選樣方法稱之為分層選樣(stratified sampling)。不過，由於屬性抽樣的重點在推估母體某一特定屬性發生的機率，而非數字性的資訊(例如某一會計科目不實表達的金額)，母體的變異數與樣本無關。故於屬性抽樣時，查核人員不會使用分層選樣。第十章將介紹用於推估某一會計科目不實表達的金額或查核數之變量抽樣(variables sampling)時，再進一步深入探討分層選樣。

3. 隨意選樣

隨意選樣(haphazard sample selection)，係指查核人員選取樣本時，並未基於任何標準(如金額大小或查核證據的來源)，而係任意的選取樣本單位的方式。由於人可能會有潛在的偏見而不自知，甚至故意選取特定樣本單位，這些「無意識」或「故意」之選樣偏差皆可能使得某些樣本單位比其他樣本單位更可能被選為樣本。故隨意選樣最大的缺失在於很難確保所選取的樣本具代表性，即具不偏性，進而造成推論母體上的偏差。

4. 區塊選樣

區塊選樣(block sample selection)亦稱為集群選樣(cluster sample selection)，此法先

將母體分為若干區塊，若某區塊的第一個資料被選取，則該區塊剩餘資料也自動地被選為樣本。例如，查核人員依月份將母體區分成十二個區塊，此時抽樣單位不再是個別交易的憑證，而是月份。然而，使用區塊選樣時應注意，每一區塊可能因某些因素，使得每一區塊具有之特性並不一樣，如果查核人員將母體區分的區塊過少，選取的區塊亦過少，很可能造成所選取之樣本不具代表性。因此，惟有查核人員將母體區分足夠多的區塊，以及抽取較多區塊的情況下，方可被接受。

不過，也正因為區塊選樣具有上述的特性，區塊選樣經常被運用於查核具有較高重大不實表達風險的特定期間或區塊，作為補充的證據。例如，由於某一銷貨控制作業之人員於 7 月的第三星期輪休，由其他職務代理人代行其職務，查核人員認為該職務代理人較無經驗，可能使該控制屬性失控的風險較高，故抽取 7 月份第三星期所有的交易進行查核。

5. 導向選樣

導向選樣 (directed sample selection) 係指，查核人員基於事先決定之標準，將母體中符合該標準之樣本單位納入樣本的方法。在此方法下，每一個樣本單位被抽中的機率不必然相等，而且該樣本所具有的特性，很可能與母體並不一樣，故不宜直接用樣本的結果推論母體。

一般而言，查核人員通常用以篩選樣本的標準通常有下列幾種：

(1) 最可能包含重大不實表達或失控的項目，例如，查核人員可以對已經過一段時日仍未能收現的應收帳款、與關係人之交易、異常鉅額或複雜的交易、當年新增前十大銷貨客戶之交易等進行調查。

(2) 包含特定母體特性之項目，查核人員可以藉由描述母體不同的特徵與類型，並藉由其特徵與類型來篩選其樣本。例如，對支出交易的查核可依月份、地點、帳戶別標準等決定查核的樣本。

(3) 大金額項目，例如，抽取金額超過一定金額之應收帳款明細帳、應付帳款明細帳、支出交易進行查核等，由於大金額項目或交易一旦出錯，更令人關切，故該標準在實務上經常被使用，尤其是對較小規模受查者的查核更是如此。

9.3.5 步驟 5、6、7：執行查核程序、評估樣本結果及推論母體

針對每一控制屬性抽取所需的樣本量後，接著查核人員就需針對每一樣本單位執行適當的查核程序，並根據之前所定義的「失控」，判斷每一個樣本單位是否屬於「控制中」或「失控」，最後計算出每一控制屬性的樣本偏差率 (sample deviation rate)。

延續圖表 9.4 的釋例，假設每一控制屬性樣本的查核結果如圖表 9.10 所示。以控制屬性 1 為例，樣本量為 240 筆，查核結果發現 1 筆失控，則樣本偏差率為 0.4%（即

圖表 9.10　各控制屬性樣本查核結果及推論

控制屬性	樣本量	發現失控	樣本偏差率	接受之過度信賴風險 (ARO)	母體偏差率上限 (AUPL)	可容忍偏差率 (TDR)	結論
1. 預先編號銷貨單。	240	1	0.4%	0.05	2%	5%	支持
2. 每筆銷貨單要經過信用部門的核准。	260	5	1.9%	0.01	5%	4%	拒絕
3. 事先編號的運送單必須以經核准的銷貨單為基準。	240	1	0.4%	0.05	2%	5%	支持
4. 從銷貨部門收到已核准的銷貨單才可開立支票。	240	2	0.8%	0.05	3%	5%	支持
5. 銷貨部門的監督人員應該對發票的金額和相關文件進行複核。	360	8	2.2%	0.01	5%	4%	拒絕
6. 運送部門應該收到核可運送文件副本才可授權運送貨物。	300	3	1%	0.01	4%	4%	支持
7. 在將發票送至客戶前，帳單部門應該檢查每個銷貨發票的正確金額、數量和延展期。	360	3	0.8%	0.01	3%	3%	支持
8. 應收帳款部門須每天編製應收帳款彙總表，以便控制是否與開出發票相符。	260*	0*	0%*	0.01	0%*	0%*	支持
9. 預先編號運送單和每筆交易的副本應該和所有商品一起運送給客戶。	160	1	0.6%	0.10	3%	5%	支持

註：支持，係指支持一開始設定的內部控制風險。拒絕，係指不支持一開始設定的內部控制風險。
* 在本例中，因預期母體偏差率為0%，只有在樣本沒有發現任何失控才能支持結論，故不用查表。

1/240)。就統計抽樣而言，我們可以透過二項分配的機率函數，計算出在原先查核人員可接受的過度信賴風險下，推論出母體該控制屬性的偏差率上限 (Achieved Upper Precision Limit, *AUPL*)，並將 *AUPL* 與 *TDR* 比較。如果 *AUPL* 小於 *TDR*，則代表樣本結果支持查核人員原先計劃信賴該控制屬性的程度 (即1-*TDR*)，即支持原先所規劃的控制風險。反之，如果 *AUPL* 大於 *TDR*，則代表抽樣的結果並不支持原先所規劃的控制風險，查核人員宜提高原先所規劃的控制風險 (即查核人員宜降低規劃之偵出風險)。

不過，誠如前述，二項分配的計算不易，故查核人員亦多藉由查表的方式，決定在特定 *ARO* 及樣本量下，發現幾筆失控時，所推論之 *AUPL*。圖表9.11至圖表9.13列示

ARO 分別為 10%、5% 及 1% 的情況下，各種樣本量及發現失控筆數所計算之 *AUPL*，讀者可利用圖表 9.11 至圖表 9.13 之資訊，自行驗證圖表 9.10 各控制屬性之 *AUPL*。

AUPL 係由點估計與抽樣誤差限額所構成。舉例而言，以圖表 9.10 控制屬性 1 為例，樣本量為 240 筆，查核結果發現 1 筆失控，則樣本偏差率為 0.4% (即 1/240)，但查表的結果 *AUPL* 卻為 2%，其中 0.4% 即為點估計，而 1.6% (= 2% – 0.4%) 則為抽樣誤差限額。當樣本偏差率為 0.4% 時，直覺上我們似乎可以直接推論母體真正的偏差率可能在 0.4%，但查核人員僅抽查部分的樣本單位，難以完全確定未被查核的樣本單位，其特性與已被查核的樣本單位完全一樣，故母體真正的偏差率可能在 0.4% 之上或之下。故邏輯上查核人員會以 0.4% 再加減因抽樣上的誤差，以推估母體偏差率的範圍。但在屬性抽樣時，查核人員較關心推估之母體偏差率上限是否超過 *TDR*，故 *AUPL* 等於點估計加抽樣誤差限額。如果查核人員使用非統計抽樣進行屬性抽樣，這樣的概念，對結論的判斷是非常重要的。例如，當樣本偏差率雖小於 *TDR*，但兩者非常接近時，查核人員應該意識到 *AUPL* 超過 *TDR* 的機率可能相當高，可能是查核人員無法接受的。

其實，讀者亦可從本章附錄中，有關屬性抽樣的統計特性發現，樣本量 (n) 係在查核人員事先給定的 *ARO* 及抽樣風險限額 (即 *TDR* – *EPDR*) 的情況下所決定的。在此情況下，查核人員預期 n 筆中應該會出現 $n \times EPDR = x$ 筆的失控。然而，實際執行查核後，發現 x' 筆的失控，如果 $x' > x$，即代表實際上的預期母體偏差率 (以 *EPDR'* 代表之，*EPDR'* = x'/n)，很可能超過事先查核人員預期的 *EPDR*。在給定 *ARO* 及抽樣風險限額的情況下，從樣本得出的樣本偏差率 (x'/n)(即 *EPDR'*) 加上抽樣風險限額 (兩者相加即為 *AUPL*)，亦將超過查核人員事先給定之 *TDR*。換言之，只要樣本偏差率大於 *EPDR*，*AUPL* 就會大於 *TDR*，即抽樣結果將拒絕查核人員原先所規劃的控制風險。反之，如果樣本偏差率小於 *EPDR*，*AUPL* 就會小於 *TDR*，即抽樣結果將支持查核人員原先所規劃的控制風險。茲將不利用查表的方式，僅利用樣本偏差率及 *EPDR* 之比較，判斷是否支持結論的結果彙整於圖表 9.14。比較圖表 9.10 及圖表 9.14 的結果，讀者可以發現兩種做法的結論是一樣的。

如果查核人員使用非統計抽樣，因其未將風險量化，故無法利用二項分配機率模式或查表的方式決定 *AUPL*，致必須主觀決定樣本的查核結果是否支持原先預期的控制風險。惟查核人員對前述統計抽樣的瞭解，應能提升其相關專業判斷的妥適性。

一旦每一控制屬性抽樣結論確定支持原先查核人員設定的控制風險後，其相關聲明可接受之偵出風險即可決定 (透過查核風險模式)，查核人員便可依據可接受之偵出風險設計證實程序的性質、時間及範圍，以取得足夠及適切的證據作為支持該個別目聲明是否有重大不實表達的依據。

圖表 9.11　過度信賴風險 (ARO) 10% 下之母體偏差率上限 (AUPL)

樣本量	1	2	3	4	5	6	7	8	9	10	12	14	16	18	20	25	30	35	40	45	50
10																0		1		2	
20										0					1	2		3	4	5	6
30								0				1		2		4	5	6	8	9	10
40						0				1		2	3		4	6	7	9	11	13	15
50					0			1				2	3	4	5	8	10	12	15	17	19
60				0			1		2		3	4	5	6	7	10	13	15	18	21	24
70				0		1		2		3	4	5	6	8	9	12	15	18	22	25	29
80			0		1		2		3	4	5	6	8	9	10	14	18	22	25	29	33
90			0		1	2		3	4		6	7	9	11	12	16	20	25	29	33	38
100			0	1		2	3	4		5	7	9	10	12	14	19	23	28	33	38	43
120		0		1	2	3	4	5	6	7	9	11	13	15	17	23	29	34	43	46	52
140		0	1	2	3	4	5	6	7	9	11	13	16	18	21	27	34	41	48	54	61
160		0	1	2	4	5	6	8	9	10	13	16	19	22	25	32	40	47	55	63	71
180		0	2	3	4	6	7	9	10	12	15	18	22	25	28	37	45	54	63	71	80
200		1	2	4	5	7	8	10	12	14	17	21	24	28	32	41	51	60	70	80	90
220		1	2	4	6	8	10	12	13	15	19	23	27	31	35	46	56	67	78	89	99
240	0	1	3	5	7	9	11	13	15	17	21	26	30	35	39	50	62	74	85	97	109
260	0	1	3	5	8	10	12	14	17	19	24	28	33	38	43	55	68	80	93	106	119
280	0	2	4	6	8	11	13	16	18	21	26	31	36	41	46	60	73	87	101	114	128
300	0	2	4	7	9	12	14	17	20	22	28	33	39	45	50	64	79	93	108	123	138
320	0	2	5	7	10	13	16	18	21	24	30	36	42	48	54	69	85	100	116	132	148
340	0	3	5	8	11	14	17	20	23	26	32	38	45	51	58	74	90	107	123	140	157
360	0	3	6	9	12	15	18	21	25	28	34	41	48	55	61	79	96	113	131	149	167
380	0	3	6	9	13	16	19	23	26	30	37	44	51	58	65	83	102	120	139	158	177
400	1	4	7	10	14	17	21	24	28	31	39	46	54	61	69	88	107	127	146	166	186
420	1	4	7	11	14	18	22	26	29	33	41	49	57	65	73	93	113	134	154	175	196
460	1	4	8	12	16	20	24	28	33	37	45	54	63	71	80	102	124	147	170	192	215
500	1	5	9	13	18	22	27	31	36	40	50	59	69	78	88	112	136	160	185	210	235
550	2	6	10	15	20	25	30	35	40	45	55	66	76	87	97	124	150	177	204	232	259
600	2	7	12	17	22	28	33	39	44	50	61	72	84	95	107	135	165	194	224	253	283
650	2	8	13	19	24	30	36	42	48	54	66	79	91	104	116	147	179	211	243	275	308
700	3	8	14	20	27	33	39	46	52	59	72	85	99	112	126	159	194	228	262	297	332
800	4	10	17	24	31	38	46	53	61	68	83	99	114	129	145	183	222	262	301	341	381
900	4	12	20	28	36	44	52	61	69	78	95	112	129	146	164	207	251	296	340	385	430
1000	5	13	22	31	40	49	59	68	77	87	106	125	144	164	183	232	280	330	379	429	479

圖表 9.12　過度信賴風險 (ARO) 5% 下之母體偏差率上限 (AUPL)

樣本量	\multicolumn{19}{c}{偏差率上限 (AUPL)}																	
	1	2	3	4	5	6	7	8	9	10	12	14	16	18	20	25	30	35	40	45	50
10																	0		1		
20										0					1	2	3		4		5
30										0		1		2	3	4	5	7	8		10
40								0			1		2		3	5	6	8	10	12	14
50						0				1		2	3	4	5	7	9	11	13	16	18
60					0			1			2	3	4	5	6	9	11	14	17	20	23
70					0		1		2		3	4	5	7	8	11	14	17	20	24	27
80				0		1		2		3	4	5	7	8	9	13	16	20	24	28	32
90				0		1	2		3	4	5	6	8	9	11	15	19	23	27	32	36
100			0		1		2	3	4		6	8	9	11	13	17	22	26	31	36	41
120			0	1		2	3	4	5	6	8	10	12	14	16	21	27	33	38	44	50
140			0	1	2	3	4	5	6	7	10	12	14	17	19	26	32	39	46	52	59
160		0	1	2	3	4	5	6	8	9	12	14	17	20	23	30	38	45	53	61	69
180		0	1	2	3	5	6	8	9	11	14	17	20	23	26	35	43	52	60	69	78
200		0	1	3	4	6	7	9	11	12	16	19	23	26	30	39	48	58	68	77	87
220		0	2	3	5	7	8	10	12	14	18	22	25	29	33	44	54	64	75	86	97
240		1	2	4	6	8	10	12	14	16	20	24	28	33	37	48	59	71	83	94	106
260		1	3	4	7	9	11	13	15	17	22	26	31	36	41	53	65	77	90	103	116
280		1	3	5	7	10	12	14	17	19	24	29	34	39	44	57	71	84	98	111	125
300	0	1	3	6	8	11	13	16	18	21	26	31	37	42	48	62	76	91	105	120	135
320	0	2	4	6	9	11	14	17	20	22	28	34	40	45	51	66	82	97	113	128	144
340	0	2	4	7	10	12	15	18	21	24	30	36	42	49	55	71	87	104	120	137	154
360	0	2	5	8	10	13	17	20	23	26	32	39	45	52	59	76	93	110	128	146	163
380	0	2	5	8	11	14	18	21	24	28	34	41	48	55	62	80	98	117	135	154	173
400	0	3	6	9	12	15	19	22	26	29	37	44	51	59	66	85	104	123	143	163	183
420	0	3	6	9	13	16	20	24	27	31	39	46	54	62	70	90	110	130	151	171	192
460	0	4	7	11	15	18	22	26	31	35	43	51	60	68	77	99	121	143	166	188	211
500	1	4	8	12	16	21	25	29	34	38	47	56	66	75	84	108	132	157	181	197	221
550	1	5	9	14	18	23	28	33	38	43	53	63	73	83	94	120	146	173	200	227	255
600	1	6	10	15	20	26	31	36	42	47	58	69	80	92	103	132	161	190	219	249	279
650	2	6	12	17	23	28	34	40	46	52	64	76	88	100	112	143	175	207	239	271	303
700	2	7	13	19	25	31	37	43	50	56	69	82	95	108	122	155	189	223	258	292	327
800	3	9	15	22	29	36	43	51	58	65	80	95	110	125	141	179	218	257	296	336	376
900	4	10	18	26	34	42	50	58	66	74	91	108	125	142	159	203	247	291	335	379	424
1000	4	12	20	29	38	47	56	65	74	84	102	121	140	159	178	227	275	324	374	423	473

圖表 9.13　過度信賴風險 (ARO) 1% 下之母體偏差率上限 (AUPL)

樣本量	\multicolumn{18}{c}{偏差率上限 (AUPL)}
	1	2	3	4	5	6	7	8	9	10	12	14	16	18	20	25	30	35	40	45	50
10																			0		
20																0	1		2	3	4
30														0		1	3	4	5	6	8
40												0		1		2	3	5	7	8	10	12
50									0			1		2		3	5	7	9	11	13	16
60								0			1	2	3		4	7	9	12	14	17	20
70							0			1	2	3	4	5	6	9	11	14	18	21	24
80						0			1		2	4	5	6	7	10	14	17	21	25	29
90					0			1		2	3	5	6	7	9	12	16	20	24	29	33
100					0		1		2	3	4	6	7	9	10	14	19	23	28	33	37
120				0		1	2		3	4	6	8	9	11	13	18	24	29	35	40	46
140				0	1	2	3		4	5	7	10	12	14	16	22	29	35	42	48	55
160			0		1	2	3	5	6	7	9	12	14	17	20	27	34	41	49	56	64
180			0	1	2	3	4	6	7	8	11	14	17	20	23	31	39	47	56	65	73
200			0	1	3	4	5	7	8	10	13	16	19	23	26	35	44	54	63	73	83
220			0	2	3	5	6	8	10	11	15	18	22	26	30	39	50	60	70	81	92
240		0	1	2	4	6	7	9	11	13	17	21	25	29	33	44	55	66	78	89	101
260		0	1	3	5	6	8	10	12	14	19	23	27	32	36	48	60	72	85	97	110
280		0	2	3	4	7	9	12	14	16	21	25	30	35	40	53	65	79	92	106	120
300		0	2	4	6	8	10	13	15	18	23	28	33	38	43	57	71	85	99	114	129
320		0	2	4	7	9	11	14	17	19	24	30	35	41	47	61	76	91	107	122	138
340		1	3	5	7	10	13	15	18	21	26	32	38	44	50	66	82	98	114	131	148
360		1	3	6	8	11	14	16	19	22	28	35	41	47	54	70	87	104	122	139	157
380		1	3	6	9	12	15	18	21	24	30	37	44	50	57	75	93	111	129	148	166
400		1	4	7	10	13	16	19	22	26	32	39	46	54	61	79	98	117	136	156	176
420		2	4	7	10	14	17	20	24	27	35	42	49	57	64	84	103	124	144	164	185
460	0	2	5	8	12	15	19	23	27	31	39	47	55	63	72	93	114	136	159	181	204
500	0	3	6	10	13	17	21	26	30	34	43	52	60	70	79	102	125	149	174	198	223
550	0	3	7	11	15	20	24	29	34	38	48	58	68	78	88	113	139	166	192	219	247
600	0	4	8	13	17	22	27	32	37	43	53	64	78	86	97	125	153	182	211	241	271
650	0	4	9	14	19	25	30	36	41	47	58	70	82	94	106	136	167	198	230	262	294
700	1	5	10	16	21	27	33	39	45	51	64	76	89	102	115	148	181	215	249	283	319
800	1	7	13	19	25	32	39	46	53	60	74	89	103	118	133	171	209	248	287	326	366
900	2	8	15	22	29	37	45	53	61	69	85	101	118	135	152	194	237	281	325	369	414
1000	2	9	17	25	34	42	51	60	69	78	96	114	133	151	170	218	266	314	363	412	462

圖表 9.14 利用樣本偏差率及 EPDR 之比較，判斷是否支持結論

控制屬性	樣本量	發現失控	樣本偏差率	EPDR	結論
1. 預先編號銷貨單。	240	1	0.4%	2.5%	支持
2. 每筆銷貨單要經過信用部門的核准。	260	5	1.9%	1.0%	拒絕
3. 事先編號的運送單必須以經核准之銷貨單為基準。	240	1	0.4%	2.5%	支持
4. 從銷貨部門收到已核准的銷貨單才可開立支票。	240	2	0.8%	2.5%	支持
5. 銷貨部門的監督人員應該對發票的金額和相關文件進行複核。	360	8	2.2%	1.5%	拒絕
6. 運送部門應該收到核可運送文件副本才可授權運送貨物。	300	3	1%	2.0%	支持
7. 在將發票送至客戶前，帳單部門應該檢查每個銷貨發票的正確金額、數量和延展期。	360	3	0.8%	1.5%	支持
8. 應收帳款部門須每天編製應收帳款彙總表，以便控制是否與開出發票相符。	260	0	0%	0%	支持
9. 預先編號運送單和每筆交易之副本應和所有商品一起運送給客戶。	160	1	0.6%	2.5%	支持

9.4 顯現抽樣

　　顯現抽樣 (discovery sampling) 其實是屬性抽樣的特殊個案 (special case)，與前述的屬性抽樣相較，其最大的特徵為：(1) 其 EPDR 為 0%。(2) TDR 較小 (即抽樣誤差限額較小，因抽樣誤差限額 = TDR – 0)。因此，於決定樣本量時，其決定因素只剩下兩個因素，即 ARO 與 TDR。而且，因為 EPDR 為 0%，所以樣本查核結果只要發現 1 筆或 1 筆以上的失控，樣本偏差率一定大於 EPDR，AUPL 就一定大於 TDR；換言之，除非樣本完全未發現失控，AUPL 才會等於 TDR，否則樣本的查核結果是不會支持原先預期的控制風險 (即 TDR)。也正因為如此，查核人員無須依賴類似圖表 9.11 至圖表 9.13 的表，協助其決定 AUPL。綜合上述的討論，顯現抽樣的重點在於決定樣本量的大小，而且其所需之樣本量較一般的屬性抽樣大很多。圖表 9.15 列示採用顯現抽樣時，特定 ARO 與 TDR 所決定之樣本量。

　　圖表 9.15 中的百分比為信心水準 (confidence level)，(1 – 信心水準) 即為 ARO。舉例而言，如果查核人員 ARO 及 TDR 願意接受的水準分別為 5% 及 1%，則查核人員透過查圖表 9.15，即可知道其所需的樣本量為 300 筆。根據附錄的二項分配機率模式，我們亦可解下列式子，求得所需之樣本量：

$$\frac{n!}{0! \times (n-0)!}(0.01)^0(1-0.01)^n = 0.05$$

$\Rightarrow \quad 0.99^n = 0.5$

$\Rightarrow \quad \ln(0.99^n) = \ln(0.05)$

$\Rightarrow \quad n \times \ln(0.99) = \ln(0.05)$

$\Rightarrow \quad n = \ln(0.05)/\ln(0.99) = 298$

查核人員查核 300 筆交易後，只要發現一筆交易失控，在 95% 的信心水準下，推估之 AUPL 即會超過 TDR (1%)。

圖表 9.15　顯現抽樣樣本量之決定

樣本量	最大可容忍偏差率 (TDR，亦可稱為精確度上限或抽樣風險限額)							
	0.1%	0.2%	0.3%	0.4%	0.5%	0.75%	1%	2%
50	5%	10%	14%	18%	22%	31%	40%	64%
60	6	11	17	21	26	36	45	70
70	7	13	19	25	30	41	51	76
80	8	15	22	28	33	45	56	80
90	9	17	24	31	37	49	60	84
100	10	18	26	33	40	53	64	87
120	11	21	30	39	45	60	70	91
140	13	25	35	43	51	65	76	94
160	15	28	38	48	55	70	80	96
200	18	33	45	56	64	74	87	98
240	22	39	52	62	70	84	91	99
300	26	46	60	70	78	90	95	99+
340	29	50	65	75	82	93	97	99+
400	34	56	71	81	87	95	98	99+
460	38	61	76	85	91	97	99	99+
500	40	64	79	87	92	98	99	99+
600	46	71	84	92	97	99	99+	99+
700	52	77	89	95	98	99+	99+	99+
800	57	81	92	96	99	99+	99+	99+
900	61	85	94	98	99	99+	99+	99+
1,000	65	88	96	99	99+	99+	99+	99+
1,500	80	96	99	99+	99+	99+	99+	99+
2,000	89	99	99+	99+	99+	99+	99+	99+

從上述有關顯現抽樣的討論可知,顯現抽樣的適用狀況為,查核人員認為特定控制屬性非常重要,即使只發生一次的失控,財務報表就可能產生重大不實表達,或查核人員懷疑某特定重要控制屬性已發生舞弊的情況。一般情況下是不會使用顯現抽樣的,因為其需要的樣本量會多很多,將導致抽樣較無效率。

附錄　屬性抽樣的統計特性

附錄 9.1　屬性抽樣及二項分配的關聯性

屬性抽樣的目的，即在推估母體具有某一屬性的百分比。因此每一筆交易的查核結果只有兩種結果，不是「控制中」就是「失控」，就像統計學常舉的例子，擲一個銅板，出現的結果不是「頭」就是「尾」，所以屬性抽樣的統計屬性是二項分配。

令 n 為樣本量(即實驗的次數)，p 為母體失控的機率，x 則為樣本中發現失控的筆數，則二項分配的機率密度函數 [以 $P_B\binom{n}{x}$] 如下：

機率密度函數：$P_B\binom{n}{x}=\binom{n}{x}p^x(1-p)^{n-x}=\dfrac{n!}{x!(n-x)!}p^x(1-p)^{n-x}$ 　　　式 (1)

如果樣本中，發現 x 筆失控，代表該母體所抽出之樣本可能發現 0 筆、或 1 筆、……或 x 筆，故樣本中發現 x 筆失控的累計機率函數如下：

累計機率函數：$\sum_{k=0}^{x}P_B\binom{n}{k}=\sum_{k=0}^{x}\{\binom{n}{k}p^k(1-p)^{n-k}\}$ 　　　式 (2)

舉例而言，某一控制屬性母體的失控機率為 5%，若查核人員抽出 50 筆交易進行查核，則發現 0 筆至 7 筆失控的機率及累計機率如圖表 9.16 所示。

圖表 9.16　母體偏差率為 5%，樣本量為 50 筆，發現各種失控筆數的機率

發現失控的筆數	樣本偏差率（%）	機率	累計機率
0	0	0.0769	0.0769
1	2	0.2025	0.2794
2	4	0.2611	0.5405
3	6	0.2199	0.7604
4	8	0.1360	0.8964
5	10	0.0658	0.9622
6	12	0.0260	0.9882
7	14	0.0086	0.9968

抽出 50 筆卻沒有出現失控的機率，計算如下：

$$P_B\binom{50}{0}=\dfrac{50!}{0!\times(50-0)!}0.05^0(0.95)^{50}=0.0769$$

抽出 50 筆只發現 1 筆的機率及累計機率，計算如下 (其餘的計算以此類推，不再贅述)：

$$P_B\binom{50}{1} = \frac{50!}{1! \times (50-1)!} 0.05^1 (0.95)^{49} = 0.2025$$

$$\sum_{k=0}^{1} P_B\binom{n}{k} = 0.0769 + 0.2025 = 0.2794$$

雖然，屬性抽樣的統計特性屬二項分配，但查核人員執行控制測試時，與圖表 9.16 所假設的問題並不一樣。查核人員其實是不知道母體實際上的偏差率，而是透過樣本的查核結果去推論母體可能的偏差率。這樣的問題比圖表 9.16 的計算複雜很多。為了方便說明相關的觀念，圖表 9.17 分別列示母體偏差率為 5%、10%、15% 及 20% 時，抽出 50 筆發現 0 筆至 7 筆的機率及累計機率。

圖表 9.17 母體偏差率為 5%、10% 15% 及 20% 下，抽出 50 筆發現 0 筆至 7 筆的機率及累計機率

失控筆數	樣本偏差率	5% 機率	5% 累計機率	10% 機率	10% 累計機率	15% 機率	15% 累計機率	20% 機率	20% 累計機率
0	0	0.0769	0.0769	0.0052	0.0052	0.0003	0.0003	0.0000	0.0000
1	0.02	0.2025	0.2794	0.0286	0.0338	0.0026	0.0029	0.0002	0.0002
2	0.04	0.2611	0.5405	0.0779	0.1117	0.0113	0.0142	0.0011	0.0013
3	0.06	0.2199	0.7604	0.1386	0.2503	0.0319	0.0460	0.0044	0.0057
4	0.08	0.1360	0.8964	0.1809	0.4312	0.0661	0.1121	0.0128	0.0185
5	0.1	0.0658	0.9622	0.1849	0.6161	0.1072	0.2194	0.0295	0.0480
6	0.12	0.0260	0.9882	0.1541	0.7702	0.1419	0.3613	0.0554	0.1034
7	0.14	0.0086	0.9968	0.1076	0.8779	0.1575	0.5188	0.0870	0.1904

以發現 0 筆失控為例，不論母體偏差率為何，從母體抽出 50 筆交易進行查核，都有可能未發現任何失控，其差別只在發生的機率。從圖表 9.17 可知，當母體偏差率為 5% 時，未發現任何失控的機率為 0.0769；當母體偏差率為 10% 時，未發現任何失控的機率為 0.0052；當母體偏差率為 15% 時，未發現任何失控的機率為 0.0003；當母體偏差率為 20% 時，未發現任何失控的機率為 0.0000；即當母體偏差率越高時，抽出 50 筆卻未發現失控的機率越低。

在查核人員不知道母體實際的偏差率下，從該母體抽出 50 筆卻未發現失控時，查核人員該如何推論母體的偏差率呢？其關鍵就在查核人員願意接受的過度信賴風險 (ARO)。誠如前述，當母體偏差率越高時，抽出 50 筆卻未發現失控的機率越低，因此，抽出 50 筆卻未發現失控的累計機率，其實就是查核人員推論母體為特定偏差率下的 ARO。例如，在抽出 50 筆卻未發現失控的情況下，如果查核人員推論母體偏差率為 5%，而實際上母體偏差率卻超

過 5%(即過度信賴)的機率為 7.69%；如果查核人員推論母體偏差率為 10%，而實際上母體偏差率卻超過 10%(即過度信賴)的機率為 0.52%；如果查核人員推論母體偏差率為 15%，而實際上母體偏差率卻超過 15% 的機率為 0.03%；如果查核人員推論母體偏差率為 20%，而實際上母體偏差率卻超過 20% 的機率則幾乎為 0。因此，如果查核人員願意接受 ARO 為 5% 的情況下，所推論的母體偏差率應介在 5% 至 10% 之間 (但比較靠近 5%)。根據式 (2)，查核人員可透過下列式子解 p 值求得。依本例之情況，ARO 為 5%，抽出 50 筆卻未發現失控的情況下，所推估的可能的母體偏差率計算如下。

$$P_B\binom{50}{0} = \frac{50!}{0! \times 50!} p^0(1-p)^{50} = 0.05$$

$$(1-p) = \sqrt[50]{0.05}$$

$$p = 5.8\%$$

依此類推，抽出 50 筆發現 1 筆失控，而查核人員願意接受 ARO 為 5% 的情況下，透過圖表 9.17 可知，推估母體可能的偏差率應該也是介在 5% 至 10% 之間 (但比較靠近 10%)，亦可透過下列式子解 p 求得：

$$\sum_{k=0}^{1} P_B\binom{50}{k} = 0.05$$

$$\Rightarrow \frac{50!}{0! \times 50!} p^0(1-p)^{50} + \frac{50!}{1! \times 49!} p^1(1-p)^{49} = 0.05$$

由上式可知，一旦樣本中發現一筆或一筆以上失控時，求 p 值的計算將變得很複雜而不易計算，故實務上多用查表的方式。

附錄 9.2　樣本量的決定

前節討論的重點係在既定的樣本量下 (50 筆)，如何根據樣本的結果推論母體可能的偏差率。然而，在實際執行抽樣時，查核人員卻首先必須決定樣本量，才能進行前節的討論。

有關二項分配樣本量的決定，其關鍵的式子仍為式 (2)，即二項分配的累計機率函數。從前節的討論可知，二項分配的累計機率即為特定母體偏差率下的 ARO，式 (2) 可以改寫成下列式子：

$$\sum_{k=0}^{x} P_B\binom{n}{k} = \sum_{k=0}^{x} \left\{ \binom{n}{k} p^k(1-p)^{n-k} \right\} = ARO \quad \text{式 (3)}$$

從式 (3) 可知，式中有四個變數，樣本量 (n)、母體的偏差率 (p)、失控的筆數 (x) 及過度信賴風險 (ARO)。如要決定 n，其他三個變數就必須由查核人員事先給定。查核人員可依其專業

判斷，決定特定控制屬性其願意接受的 ARO。但 p 與 x 如何決定呢？於第七章曾提及控制測試的性質、時間及範圍與查核人員規劃依賴特定控制屬性的程度相關，(1 − 控制風險) 即為查核人員打算依賴特定控制屬性的程度，依賴程度越高，控制風險即越低。就抽樣而言，控制風險即為可容忍偏差率 (TDR)。因此，式 (3) 的 p 可以 TDR 代入。至於 x，在 n 未知的情況下，怎麼決定呢？查核人員可預期，不論 n 為何，平均而言，n 筆中將出現 n × 預期母體偏差率 (EPDR) 筆的失控 (例如母體偏差率為 5% 的情況下，抽 100 筆交易查核，平均而言將發現 5 筆失控)。因此，式 (3) 可進一步改寫成下列式子：

$$\sum_{k=0}^{n \times EPDR} \left(\binom{n}{k} TDR^k (1-TDR)^{n-k} \right) = ARO \qquad \text{式 (4)}$$

由式 (4) 中可以發現，在二項分配下，影響樣本量 (n) 的因素有 ARO、TDR 及 EPDR。而且，因 $x = n \times EPDR$，所以除非 $EPDR = 0$，否則 x 將隨 n 的變化而變動，解式 (4) 將非常不容易。因此，實務上多用查表的方式決定樣本量。

本章最後一節所討論的顯現抽樣，其 EPDR 一定為 0，故在決定樣本量時相對容易，可透過下列式子解 n，即可算出所需的樣本量：

$$\sum_{k=0}^{n \times 0} \left(\binom{n}{k} TDR^k (1-TDR)^{n-k} \right) = ARO$$

$$\Rightarrow \frac{n!}{0! \times n!} TDR^0 (1-TDR)^n = ARO$$

$$\Rightarrow n = \frac{\ln(ARO)}{\ln(1-TDR)}$$

附錄 9.3　帕松分配與二項分配的關聯性

由於二項分配屬間斷 (discrete) 變數的機率分配，從前述兩節的討論可知，不論樣本的決定及從樣本結果推論母體偏差率的計算過程，皆有一定的複雜性。Poisson 發現如果母體很大 (如果母體不是很大，則可以採取抽出再放回的選樣方式)，且某一屬性發生的機率很低時，帕松分配 (Poisson distribution) 的機率密度函數 [以 $P_P\binom{n}{x}$ 代表之] 將趨近於二項分配的機率密度函數 (證明過程可參閱機率論的教材)。對內部控制測試而言，受查者內部控制發生失控的機率通常很低，如果特定控制屬性的母體不是很大的話，查核人員只要採取抽出再放回的選樣方式，母體即可成為無窮大。換言之，內部控制的屬性抽樣通常可以符合上述的條件。

帕松分配的機率模式如下，其中 λ 為出現失控的平均筆數，x 為失控的筆數，p 為特定控制屬性失控的機率，n 為樣本量，e 為自然數：

$$P_P \binom{n}{k} = \frac{e^{-\lambda} \lambda^x}{x!} = \frac{e^{-np} (np)^x}{x!}$$

當母體很大,且當某一屬性發生的機率很低時,二項分配的機率將可用帕松分配的機率趨近,即

$$p_B\binom{n}{x} = \frac{n!}{x! \times (n-x)!} p^x (1-p)^{n-x} \approx p_P\binom{n}{x} = \frac{e^{-\lambda}\lambda^x}{x!} = \frac{e^{-np}(np)^x}{x!} \qquad \text{式 (5)}$$

$$\sum_{k=0}^{x} p_B\binom{n}{k} \approx \sum_{0}^{x} p_P\binom{n}{k} = \sum_{0}^{x}\left(\frac{e^{-\lambda}\lambda^k}{k!}\right) = \sum_{0}^{x}\left(\frac{e^{-np}(np)^k}{k!}\right) \qquad \text{式 (6)}$$

與二項分配同理,於決定樣本量時,查核人員可以令式 (6) 等於 ARO,且式中的 p 以 TDR 代替,x 以 n×EPDR 代替的情況,求解 n,即為查核人員所需的樣本量。即將式 (6) 改寫成下列的式子,並求 n 解即是樣本量:

$$\sum_{0}^{n \times EPDR}\left(\frac{e^{-n(TDR)}(n(TDR))^k}{k!}\right) = ARO$$

與二項分配類似,當 EPDR 不是 0 時,求 n 解將非常不易,故實務上仍以查表的方式決定樣本量。樣本量的決定方式如下:

$$n = \frac{CF(x, \beta)}{TDR}$$

其中 $CF(x, \beta)$ 代表在過度信賴風險 β (即 ARO) 下,預期發現 x 筆交易失控的帕松分配之信心因子 (Poisson Confidence Factor),$CF(x, \beta)$ 可透過查表取得。不過,由於 $CF(x, \beta)$ 中的 $x=n \times EPDR$,除非 EPDR=0,否則 x 將隨 n 的變動而變動 (此時 n 尚未確定),造成查表上的困擾。因此,實務上會將 $CF(x, \beta)$ 轉換成 $CF(\frac{EPDR}{TDR}, \beta)$,AICPA 在其編製的審計抽樣查核指南 (AICPA Audit Sampling Audit Guide, 2012) 即提供此類的表格供查核人員使用,部分的表格列示如圖表 9.18。

當查核人員對樣本執行控制測試後,查核人員就可以根據樣本中所發現的失控筆數 (x),推估母體的偏差率上限 (AUPL),在帕松分配下其計算方式如下:

$$AUPL = \frac{CF(x, \beta)}{n}$$

AICPA 為了協助查核人員計算 AUPL,亦提供 $CF(x, \beta)$ 相關的表格供查核人員使用。部分 $CF(x, \beta)$ 的資訊列示於圖表 9.19。

也正因為在屬性抽樣時,可用帕松分配的機率趨近二項分配的機率。因此,有些審計的教科書會以帕松分配機率的方式介紹屬性抽樣。此外,在細項查核時,查核人員亦可能使用抽樣的方式 (第十章將介紹相關的抽樣方法),估計某一會計科目不實表達的金額 [即變量抽樣 (variable sampling)],其中有一種常見的抽樣方法稱為機率與樣本大小成比例抽

樣法 (Sampling with Probability Proportional to Size, PPS) 或稱為元額抽樣法 (monetary unit sampling)。PPS 即是利用屬性抽樣的邏輯去推估某一會計科目不實表達的金額。因此，在介紹 PPS 時，有些教科書會以二項分配的方式介紹 PPS，但有些教科書會以帕松分配的方式介紹 PPS。讀者如沒有本小節的觀念，將會感到非常的困惑。

圖表 9.18　決定樣本量時之信心因子

預期母體偏差率對最大可容忍偏差率之比率	過度信賴風險							
	5%	10%	15%	20%	25%	30%	35%	50%
0.00	3.00	2.31	1.90	1.61	1.39	1.21	1.05	0.70
0.05	3.31	2.52	2.06	1.74	1.49	1.29	1.12	0.73
0.10	3.68	2.77	2.25	1.89	1.61	1.39	1.20	0.77
0.15	4.11	3.07	2.47	2.06	1.74	1.49	1.28	0.82
0.20	4.63	3.41	2.73	2.26	1.90	1.62	1.38	0.87
0.25	5.24	3.83	3.04	2.46	2.09	1.76	1.50	0.92
0.30	6.00	4.33	3.41	2.77	2.30	1.93	1.63	0.99
0.35	6.92	4.95	3.86	3.12	2.57	2.14	1.79	1.06
0.40	8.09	5.72	4.42	3.54	2.89	2.39	1.99	1.14
0.45	9.59	6.71	5.13	4.07	3.29	2.70	2.22	1.25
0.50	11.54	7.99	6.04	4.75	3.80	3.08	2.51	1.37
0.55	14.18	9.70	7.26	5.64	4.47	3.58	2.89	1.52
0.60	17.85	12.07	8.93	6.86	5.37	4.25	3.38	1.70

圖表 9.19　推估母體偏差率上限時之信心因子

高估的筆數	過度信賴風險							
	5%	10%	15%	20%	25%	30%	35%	50%
0	3.00	2.31	1.90	1.61	1.39	1.21	1.05	0.70
1	4.75	3.89	3.38	3.00	2.70	2.44	2.22	1.68
2	6.30	5.33	4.73	4.28	3.93	3.62	3.35	2.68
3	7.76	6.69	6.02	5.52	5.11	4.77	4.46	3.68
4	9.16	8.00	7.27	6.73	6.28	5.90	5.55	4.68
5	10.52	9.28	8.50	7.91	7.43	7.014	6.64	5.68
6	11.85	10.54	9.71	9.08	8.56	8.12	7.72	6.67
7	13.15	11.78	10.90	10.24	9.69	9.21	8.79	7.67
8	14.44	13.00	12.08	11.38	10.81	10.31	9.85	8.67
9	15.71	14.21	13.25	12.52	11.92	11.39	10.92	9.67
10	16.97	15.41	14.42	13.66	13.02	12.47	11.91	10.67

本章習題

選擇題

1. 使用屬性抽樣決定樣本量的大小時，下列那一個因素的影響力通常最小？
   (A) 預期母體偏差率
   (B) 過度信賴風險
   (C) 可容忍偏差率
   (D) 母體的大小

2. 在採行屬性抽樣時，母體偏差率的最佳估計值為何？
   (A) 樣本偏差率 (sample exception rate)
   (B) 可容忍偏差率 (tolerable exception rate)
   (C) 以前年度的查核經驗
   (D) 推論之母體偏差率上限 (computed upper exception rate)

3. 會計師在 5% 的母體預期偏差率 (expected population exception rate, EPER)，2% 的抽樣風險 (sampling risk, SR) 以及 7 % 的可容忍偏差率 (tolerable exception rate, TER) 之下，選取 50 份單據作為樣本，查核後，發現其中 3 份單據有錯誤，則會計師在評估樣本結果之後，會採取下列何項程序？
   (A) 因為 TER 和 SR 的總和超過 EPER，所以會計師會修正控制風險 (control risk) 之規劃評估水準 (planned assessed level)
   (B) 因為樣本的偏差率和 SR 的總和超過 TER，所以會計師認為樣本結果可以支持控制風險之規劃評估水準
   (C) 因為 TER 減掉 SR 等於 EPER，所以會計師認為樣本結果可以支持控制風險之規劃評估水準
   (D) 因為樣本的偏差率大於 EPER，所以會計師大概會修正控制風險之規劃評估水準

4. 查核人員可以使用屬性抽樣查核存貨，以估計下列存貨的那一項資訊？
   (A) 存貨的平均單價
   (B) 滯銷存貨的比率
   (C) 存貨的總金額
   (D) 存貨的總數量

5. 下列那一種方式可以降低非抽樣風險？
   (A) 適當監督及指揮受查者之員工
   (B) 適當監督及指揮查核團隊
   (C) 實施適當的查核控制，以確保樣本具代表性
   (D) 儘量使用統計抽樣，避免使用非統計抽樣

6. 下列何者係屬抽樣風險 (sampling risk)？
   (A) 樣本 (sample) 未包含足以代表母體 (population) 的特質，以致於作出有關母體的錯誤推論
   (B) 母體未包含足以代表樣本的特質，以致於作出有關樣本的錯誤推論
   (C) 樣本太小，以致未能代表母體的特質
   (D) 樣本太大，以致查核成本過高

7. 以下有關審計抽樣之敘述，何者錯誤？
   (A) 審計抽樣係因抽樣取得證據，只會產生抽樣風險，不會有非抽樣風險
   (B) 採用抽樣方式執行內部控制制度之控制測試時，其產生之抽樣風險之一為信賴不足風險
   (C) 查核人員採用抽樣方式進行證實測試時，產生之抽樣風險包括不當拒絕風險
   (D) 信賴不足風險及不當拒絕風險與查核之效率有關，通常會導致查核人員執行額外之查核工作

8. 系統抽樣 (systematic sampling) 與隨機亂數抽樣 (random number sampling) 相較，下列那一項為系統抽樣之優點？
   (A) 在進行統計推論時，提供更堅強的基礎
   (B) 在抽出又放回的情況下，抽樣工作會更具效率
   (C) 更能抽出具代表性的樣本
   (D) 樣本單位無須事先按序編號

9. 關於審計抽樣之敘述，下列何者正確？
   (A) 統計抽樣可以提供足夠與適切之查核證據，非統計抽樣則否
   (B) 採統計抽樣的好處之一，是查核人員在設計樣本及選取樣本時，只須依據統計原理執行即可，毋須運用其專業判斷
   (C) 信賴不足風險及不當拒絕風險與查核之效率有關
   (D) 固有風險及控制風險之存在與審計抽樣程序有關

10. 有關統計抽樣、非統計抽樣與抽樣風險等的敘述，下列何者錯誤？
    (A) 統計抽樣與非統計抽樣均存有抽樣風險
    (B) 非統計抽樣的抽樣風險無法作成統計檢定推論
    (C) 查核人員要求之信賴水準越高，樣本量應越大
    (D) 執行審計抽樣時，只要樣本量越高，偵查風險即越小

11. 下列那一種方法可以降低系統抽樣 (systematic sampling) 可能產生的潛在偏誤？
    (A) 使用若干個起始點
    (B) 使用隨機亂數表
    (C) 儘量將金額大的項目納入樣本
    (D) 將母體進行分層

12. 下列那一項敘述為真？
    (A) 使用統計抽樣或非統計抽樣，會影響查核人員所使用之查核程序
    (B) 使用統計抽樣或非統計抽樣，不會影響查核人員所使用之查核程序，但執行方式並不一樣
    (C) 統計抽樣係依據機率論的方式進行，不需要查核人員的主觀判斷
    (D) 不論使用統計抽樣或非統計抽樣，查核人員所使用之查核程序皆一樣

13. 在評估屬性抽樣之結果時，如果樣本偏差率為 3%，而預期母體偏差率為 4%，則查核人員可以下何種結論？
    (A) 母體偏差率上限將超過最大可容忍偏差率
    (B) 母體偏差率上限將小於最大可容忍偏差率
    (C) 母體偏差率上限將等於最大可容忍偏差率
    (D) 資料不足，無法下結論

14. 下列何種抽樣方法不是機率抽樣？
    (A) 系統抽樣
    (B) 集群抽樣
    (C) 分層抽樣
    (D) 配額抽樣

15. 審計抽樣所發生之抽樣風險係指：
    (A) 統計抽樣獨有之特性，非統計性抽樣則無此特性
    (B) 審計人員無法找出受查者財務報表中錯誤之機率
    (C) 審計人員於樣本結果所做的推論與基於母體所做的推論不同之機率
    (D) 即使擴大樣本數量，仍無法降低抽樣風險

16. 有關「抽樣風險」，下列敘述何者錯誤？
    (A) 信賴不足風險及不當拒絕風險與查核之效率有關
    (B) 過度信賴風險及不當接受風險與查核之效果有關
    (C) 通常抽樣風險與樣本量呈反向關係，樣本量越小，抽樣風險越高
    (D) 過度信賴風險及不當接受風險通常會導致查核人員執行額外之查核工作

17. 執行屬性抽樣，下列何者非影響樣本量之因素？
    (A) 預期母體偏差率
    (B) 偏差上限
    (C) 抽樣風險
    (D) 容忍偏差率

18. 關於審計抽樣中使用之「分層」，下列敘述何者正確？
    (A) 「分層」係將樣本劃分為若干具相似特性之群體
    (B) 「分層」通常可以減少樣本量
    (C) 「分層」使每一分層內之所有項目以可事先計算之機會選取樣本
    (D) 「分層」使抽樣風險得以量化

19. 查核人員決定採用抽樣方式來進行控制測試時，應考量：
    (A) 初步判斷之重大性水準　　　　(B) 過度信賴風險
    (C) 信賴不足風險　　　　　　　　(D) 偵查風險水準

20. 隨機抽樣所選取之項目，其基本特徵為：
    (A) 母體每一項目應有機會被選取
    (B) 每一項目必須使用抽出再放回的方式抽樣
    (C) 母體的每層項目在樣本中有相同的機率被選取
    (D) 母體每一項目經隨機排列

21. 在評估屬性抽樣結果時，如果樣本偏差率為 2%，而預期母體偏差率為 3%，最大可容忍偏差率為 5%，則查核人員可下何種結論？
    (A) 母體偏差率上限將超過 5%　　　(B) 母體偏差率上限將小於 5%
    (C) 母體偏差率上限將超過 3%　　　(D) 資料不足而無法下結論

22. 當運用屬性抽樣法來規劃控制測試時，以下何者對決定樣本量之影響最小？
    (A) 母體大小　　　　　　　　　　(B) 可容忍偏差率
    (C) 預期母體偏差率　　　　　　　(D) 可接受過度信賴風險水準

23. 針對統計抽樣與非統計抽樣之敘述，下列何者錯誤？
    (A) 查核人員使用統計抽樣之成本較高，負擔成本包含訓練查核人員之成本以及設計樣本之成本
    (B) 非統計抽樣之抽樣風險無法數量化
    (C) 無論使用何種抽樣方式，兩者皆需要查核人員的專業判斷
    (D) 統計抽樣係針對證據之適切性所設計

24. 會計師執行屬性抽樣法時，若可容忍偏差率為 8%，預期母體偏差率為 6%，樣本偏差率為 3%，計算之偏差上限為 7%，欲達成的信賴水準為 95%，則抽樣風險誤差為：
    (A) 2%　　　　(B) 3%　　　　(C) 4%　　　　(D) 5%

25. 在評估屬性抽樣結果的過程中，如果樣本偏差率 2%，而預期母體偏差率為 4%，則推估的母體偏差率上限會：
    (A) 小於可容忍偏差率
    (B) 等於可容忍偏差率
    (C) 大於可容忍的偏差率
    (D) 無法決定

問答題

1. 請簡答下列有關審計抽樣的問題：(12%)
   (1) 何謂分層抽樣 (Stratified Sampling)？如此處理在審計上的作用為何？
   (2) 何謂屬性抽樣 (Attributes Sampling) 及變量抽樣 (Variables Sampling)？
   (3) 何謂統計抽樣及非統計抽樣？在審計實務上，使用統計抽樣時，最容易發生的困擾是什麼？

2. 回答下列有關審計抽樣相關的問題：
   (1) 何謂「抽樣風險」、「非抽樣風險」？
   (2) 查核人員在執行審計抽樣時，有那些抽樣風險？各類風險的意義為何？

3. 何謂過度信賴風險 (risk of overreliance) 或信賴不足風險 (risk of underreliance)？這兩種風險對查核工作有何影響？

4. 影響屬性抽樣樣本量的因素有那些？並說明每一因素與樣本量的關係。

5. 請回答下列有關屬性抽樣相關的問題：
   (1) 下列兩種情況為查核人員於規劃屬性抽樣時，決定樣本量時所設定的條件，試問那一種情況所需的樣本量較大？並請說明其理由。

	過度信賴風險	預期母體偏差率	最大可容忍偏差率
情況一	5%	4%	10%
情況二	5%	7%	12%

   (2) 查核人員對某一特定控制屬性採用統計抽樣方法進行控制測試，於規劃時，查核人員設定之過度信賴風險為 1%、預期母體偏差率為 1% 及最大可容忍偏差率為 4%，經查表得知所需之樣本量為 260 筆。於執行控制測試後，發現其中有 2 筆交易未依控制作業之規定執行。請問在此情況下，母體偏差率的上限 (Achieved Upper Precision Limit) 是否會超過最大可容忍偏差率？並請說明理由。此外，與該控制屬性相關之個別項目聲明的控制風險 (Control Risk) 將設定多少？

Chapter 10 科目餘額證實程序的抽樣方法——變量抽樣

10.1 前言

查核人員除了於執行控制測試時，會使用抽樣的方法 (屬性抽樣)，測試特定控制屬性是否支持查核人員預期要依賴該控制屬性的程度外，在執行證實程序測試某些會計科目餘額時，如存貨、應收帳款、應付帳款等，通常亦會使用抽樣方法推估該等會計科目可能之不實表達金額或查核值 (audited value)。用以推估會計科目餘額可能之不實表達金額或查核值的抽樣方法，即稱之為變量抽樣 (variable sampling)。

如同控制測試，查核人員執行變量抽樣時，可使用統計抽樣 (statistical sampling) 或非統計抽樣 (non-statistical sampling)，不論是統計抽樣或非統計抽樣，皆可能遭遇抽樣風險。統計抽樣及非統計抽樣執行的步驟及邏輯類似，且皆須依賴查核人員的專業判斷。然而，實務上，查核人員多用非統計抽樣執行變量抽樣，如果查核人員對統計抽樣的邏輯不瞭解，查核人員即不易具備執行非統計抽樣的專業判斷。此外，目前許多大型會計師事務所多已發展電腦化之審計軟體，該等審計軟體亦多以統計抽樣的方式建構證實程序的抽樣。因此，本書的說明將以統計抽樣為主，於討論抽樣的各步驟時，才適時補充非統計抽樣與統計抽樣的差異處。

在統計變量抽樣的方法上，可分為兩大類，一為機率與金額大小成比率抽樣法 (Probability Proportional to Size, *PPS*)，有時亦稱為元額抽樣法 (monetary unit sampling 或 dollar unit sampling)，本章一律稱為 *PPS*，*PPS* 是利用屬性抽樣的原理去推估會計科目餘額可能不實表達金額的抽樣方法。另一類則為傳統變量抽樣法 (classical variable sampling)，傳統變量法則是以常態分配為基礎，用以推估會計科目餘額可能不實表達金額或查核值的抽樣方法，在傳統變量法下又有三種推論的方法，分別為差額估計法 (difference estimation)、比率估計法 (ratio estimation) 及單位平均估計法 (mean per unit estimation)。綜合上述的討論，可將統計變量抽樣的方法分類如圖表 10.1 所示。

圖表 10.1　統計變量抽樣的方法

統計變量抽樣
- 屬性抽樣原理
  - 機率與金額大小成比率抽樣法 (PPS)
- 常態分配原理 (傳統變量法)
  - 差額估計法
  - 比率估計法
  - 單位平均估計法

　　從圖表 10.1 可知，查核人員用以推估會計科目餘額的抽樣方法共有四種：即 PPS、差額估計法、比率估計法及單位平均估計法。然而，每一種方法皆有其適用的情況，有時在特定情況下，雖然有兩種或兩種以上的方法可供選擇，但其中某一種方法可能是最有效率的方法，如查核人員選用該方法便能節省查核的時間及成本。所謂的最有效率的方法，係指在其他條件一樣的情況下 [如信心水準 (confidence level)]，其所需要的樣本量最小。因此，除非查核人員能瞭解各種方法的統計特性，否則難以培養判斷上述問題的專業判斷能力。

　　由於無論使用那一種方法，有關抽樣的步驟皆類似，故本章首先將於 10.2 節介紹變量抽樣的步驟。由於在第九章已介紹屬性抽樣的觀念，故在 10.3 節中將先介紹 PPS，再於 10.4 節中介紹傳統變量抽樣的方法。

10.2　變量抽樣的步驟

　　不論查核人員使用何種抽樣方法推估會計科目餘額，變量抽樣步驟可分為三個階段，依序為規劃抽樣階段、樣本選樣階段，及抽樣結果的評估階段。茲將各階段的主要事項說明如下：

1. **規劃抽樣階段**
   (1) 決定細項測試 (test of detail) 攸關之查核目標。
   (2) 決定該會計科目的可容忍不實表達 (Tolerable Misstatement, TM)，於第七章曾討論有關重大性如何影響查核的規劃，TM 金額大小的決定，主要係基於查核人員決定財務報表整體重大性後，分攤給該會計科目的重大性。
   (3) 決定查核人員願意接受的誤受險 (planned risk of incorrect acceptance)(即 β 風險) 及誤拒險 (planned risk of incorrect rejection)(即 α 風險)。
   (4) 瞭解母體之特性，並決定下列事項：
     ① 決定母體的某一部分是否要全查。
     ② 決定母體中將以抽樣方式進行查核的部分，並瞭解該部分母體的特徵 (characteristics)，如母體的大小 (population size)、變異數 (variance)、不實表達係

屬高估或低估、樣本單位發生錯誤的頻率等，再根據所瞭解的母體特徵，決定適當且有效率的抽樣方法。

2. **選樣階段**

(1) 依照規劃抽樣階段所考量之因素，決定樣本量。

(2) 選出具代表性樣本。

3. **查核樣本、評估樣本結果及推論母體不實表達階段**

(1) 使用適當之細項測試程序查核樣本。

(2) 評估從樣本所獲取之證據

①計算樣本結果。

②樣本結果預測母體的結果 (即統計學所稱之點估計)。

③將所預測的母體結果加上適當的抽樣風險限額 (allowance for sampling risk)，作成相關帳面餘額是否有重大不實表達的結論。

10.3 機率與金額大小成比率抽樣法

誠如 10.1 節所述，PPS 是利用屬性抽樣的原理去推估會計科目餘額可能不實表達金額的抽樣方法。但在第九章討論運用於控制測試時，屬性抽樣的目的旨在推估某特定控制屬性發生失控的比率，而非用來推估不實表達金額的抽樣方法。如何將屬性抽樣的邏輯運用在推估特定會計科目餘額的關鍵，則在於查核人員所假設的錯誤率 (misstatement rate, mr) [有些教科書稱為感染率 (tainting rate)]；換言之，「錯誤率」是將屬性抽樣轉變成 PPS 的橋樑。所謂的錯誤率係指某一會計科目帳上金額，平均每一元發生多少元的錯誤，舉例而言，查核人員函證某一應收帳款明細帳時，其帳面金額為 100 萬元，函證後真實的金額只有 90 萬元，代表該明細帳每一元的錯誤率為 10% [(100－90)/100]。

說明何以「錯誤率」是將屬性抽樣轉變成 PPS 的橋樑，必須提及 PPS 其中的一種特性，即在 PPS 法下，係將所欲測試之會計科目帳上的金額視為母體，亦即將帳上金額的每一「元」視為樣本單位。舉例而言，財務報表應收帳款的帳面金額為 $10,000,000，即代表母體的數量有 10,000,000 單位，每一元為構成該母體的樣本單位，這也是 PPS 有時亦被稱為元額抽樣法的原因。在這樣的特性下，當查核人員抽出一應收帳款明細帳進行查核時，如果發現有不實表達，不論不實表達的金額為何，對屬性抽樣而言，該明細帳的每一「元」皆有錯 (失控)，透過「錯誤率」即可將該明細帳的不實表達金額計算出來。接續前段的舉例說明，明細帳之帳面金額為 100 萬元，函證後真實的金額只有 90 萬元，錯誤率為 10%，就屬性抽樣而言，該明細帳的每一樣本單位 (即每一元)

皆失控，失控率 100%，但每一元的錯誤率僅有 10%，因此該明細帳錯誤的金額即為：$1,000,000×100%×10%=$100,000。

有了上述的觀念後，便可進一步討論有關 PPS 樣本量的決定、選樣及樣本結果的推論。以下三小節分別針對這三個議題進行討論。值得再提醒的是，誠如第九章的討論，屬性抽樣可以使用二項分配或帕松分配作為推論的依據，因此 PPS 也可以使用二項分配或帕松分配作為推論的依據。以下各小節仍以二項分配為主，帕松分配的做法則置於本章的附錄一，有興趣的讀者可自行參閱。

10.3.1　樣本量的決定

根據屬性抽樣的性質，決定樣本量的因素主要有四個：母體的大小 (population size, N)、可接受的過度信賴風險 (Acceptable Risk of Overreliance, ARO)、預期母體偏差率 (Expected Population Deviation Rate, EPDR) 及最大可容忍偏差率 (Tolerable Deviation Rate, TDR)。既然 PPS 係源自於屬性抽樣，依照前述的觀念，PPS 樣本量的決定因素自然是一樣的。誠如前述，「錯誤率」(mr) 是將屬性抽樣轉變成 PPS 的橋樑，因此可將屬性抽樣及 PPS 決定樣本量的因素對應如圖表 10.2。

圖表 10.2　屬性抽樣及 PPS 樣本量的決定

屬性抽樣	PPS
母體的大小 (N)	會計科目之帳面金額 (BV)
可接受的過度信賴風險 (ARO)	誤受險 (β)
最大可容忍偏差率 (TDR)	最大可容忍偏差率 =(可容忍不實表達金額 (TM) ÷mr)/ 會計科目之帳面金額
預期母體偏差率 (EPDR)	預期母體偏差率 =(預期不實表達金額 (EM) ÷mr)/ 會計科目之帳面金額

在屬性抽樣下，決定樣本量的第一個因素為母體的大小，誠如前述，在 PPS 法下，係將所欲測試之會計科目帳面金額中每一「元」視為樣本單位，因此母體量即為該會計科目的帳面金額 (以 BV 代表之)。在屬性抽樣下，決定樣本量的第二個因素為可接受的過度信賴風險，就變量抽樣的目的而言，其相對應的風險即為可接受的誤受險 (acceptable risk of incorrect acceptance, β)，所謂的 β 風險係指查核人員抽樣時，其願意接受發生下述情況的機率：根據樣本的查核結果推論測試的會計科目無重大不實表達，但實際上該會計科目卻有重大不實表達的情況。在屬性抽樣下，決定樣本量的第三個因素為最大可容忍偏差率 (TDR)，誠如前述，mr 是將屬性抽樣轉變成 PPS 的橋樑，根據先前對 mr 的說明，我們可以下列表達 BV、TDR、mr 與最大可容忍不實表達 (Tolerable Misstatement, TM) 間的關係：

$$BV \times TDR \times mr = TM$$
$$\Rightarrow TDR = (TM \div mr)/BV$$

TM 即為該會計科目從財務報表整體重大性水準 (materiality) 所分攤到重大性水準 (參見第七章有關重大性之討論)。

在屬性抽樣下，決定樣本量的第四個因素為預期母體偏差率 (*EPDR*)，同理，我們可以下列表達 *BV*、*EPDR*、*mr* 與預期不實表達 (Expected Misstatement, *EM*) 間的關係：

$$BV \times EPDR \times mr = EM$$
$$\Rightarrow EPDR = (EM \div mr)/BV$$

換言之，在 *PPS* 法下，$EPDR=(EM \div mr)/BV$。不過，須進一步提醒的是，*mr* 是由查核人員根據過去的查核經驗所假設的，在計算 *TDR* 及 *EPDR* 時，有些教科書會假設 *mr* 為 100% (但文中並沒有說明此一假設)，使得 $TDR=TM/BV$ 及 $EPDR=EM/BV$，甚至對 *TDR* 及 *EPDR* 的計算假設不同的 *mr*。查核人員宜注意的是，對 *TDR* 及 *EPDR* 的計算假設不同的 *mr*，會改變 *TDR* 與 *EPDR* 的距離 (即可接受抽樣風險限額)，進而改變樣本量 (相較於對 *TDR* 及 *EPDR* 計算假設相同的 *mr*)，查核人員宜考慮樣本量的改變對推論穩健性的影響。

茲舉一例說明在 *PPS* 下樣本量的決定，假設應收帳款帳上金額為 \$5,000,000，最大可容忍不實表達為 \$100,000，預期不實表達為 \$25,000，查核人員願意接受的誤受險為 5%，並假設錯誤率為 50%。將此例對照圖表 10.2 可計算出 *PPS* 決定樣本量的因素如下：

母體大小 ＝5,000,000

過度信賴風險 ＝5%

最大可容忍偏差率 ＝ (100,000/0.5)/5,000,000＝4%

預期母體偏差率 ＝ (25,000/0.5)/5,000,000＝1%

根據上述的資訊，即可透過查表的方式 (請參閱第九章圖表 9.6) 決定所需的樣本量為 160 筆。

10.3.2 選樣

誠如第九章所述，利用統計抽樣時，為確保抽到具代表性的樣本，必須做到隨機及獨立，故只能使用系統選樣及簡單隨機選樣。由於 *PPS* 的母體為帳面金額，樣本單位為每一元，因此於選樣前，必須先將欲測試會計科目的明細帳金額逐一累計，每一明細帳的金額即代表該明細帳所涵蓋的樣本單位編號的範圍，再利用系統選樣或簡單隨機選樣進行選樣。圖表 10.3 以應收帳款為例，例示各明細帳累計的情況。

圖表 10.3 應收帳款明細帳累計釋例

明細帳代號	帳面金額	帳面金額累計
1	$ 452	$ 452
2	564	1,016
3	18,600	19,616
4	23,000	42,616
5	700	43,316
6	7,956	51,272
7	65,000	116,272
:	:	:
:	:	4,999,350
1,600	650	5,000,000

在本例中，應收帳款總帳金額 $5,000,000 係由 1,600 個明細帳所構成，1 號明細帳金額為 $452，即代表該明細帳的每一元其編號為 1 至 452 號，2 號明細帳金額為 $564，即代表該明細帳的每一元其編號為 453 至 1,016 號，依此類推；換言之，母體的樣本單位編號將由 1 至 5,000,000 號。

如果查核人員以系統選樣的方式進行選樣，則必須先算出抽樣區間 (Sampling Interval, SI)，假設樣本量為 160 筆，則 SI = 5,000,000/160 = 31,250，查核人員隨機決定一個起始號碼後，每間隔 31,250 號，包含該編號之明細帳即被選出，依此類推直到 160 筆明細帳被選出。例如，查核人員隨機決定 800 號為起始號碼，則第一個被抽出的明細帳為 2 號明細帳，第二個被抽出的明細帳為 4 號明細帳，因為該明細帳包含編號 32,050 (=800+31,250) 的「元」，第三個被抽出的明細帳為 7 號明細帳，因為該明細帳包含編號 63,300 (=32,050+31,250) 的「元」，而且該明細帳會被抽兩次，因為該明細帳也包含編號 94,550 (=63,300+31,250) 的「元」，依此類推，直至 160 筆明細帳被選出才停止。

從上述的選樣過程可以瞭解，明細帳的金額越大，被抽出的機率就越大，而且只要金額超過 SI 的明細帳就一定會被抽出，這也是這種抽樣方法會被稱為機率與金額大小成比率抽樣法的原因。不過，正因為這種選樣的特性，造成 PPS 在運用上的限制，其最大的限制在於當查核人員預期所測試的會計科目，其不實表達係屬低估 (代表明細帳多屬低估) 時，便意味著錯越多的明細帳越不會被抽出，可能會造成誤受險的增加 (但從另一個角度看，當查核人員預期所測試的會計科目，其不實表達係屬高估時，PPS 的估計卻顯得很保守，即推估母體不實表達較大)。

此外，亦有人認為，如果在明細帳有許多 $0 及負餘額 (以本例而言，係指貸方餘額) 的情況下，PPS 亦不適用，因為餘額為 $0 的明細帳，不會被抽到，但餘額為 $0 的明細

帳並不一定代表沒有不實表達,而餘額為負的明細帳不但不會被抽到,還會降低前一個明細帳被抽出的機率。不過在此情況下,查核人員仍可考慮在選樣技巧上做一些調整,不一定要排除 PPS 的使用。例如,單獨對餘額為 $0 或負餘額的明細帳進行選樣。

除系統選樣以外,查核人員亦可採用簡單隨機選樣抽取樣本,利用亂數表或電腦軟體產生 160 筆介於 1 至 5,000,000 號的隨機號碼,再依這 160 個號碼,抽出包含該號碼的明細帳即可。簡單隨機選樣與系統選樣的效果類似,也是明細帳的金額越大,被抽出的機率就越大,其差異在於使用簡單隨機選樣金額超過 SI 的明細帳不一定會被抽出。

10.3.3 查核樣本、評估樣本結果及推論母體不實表達

樣本抽出後,查核人員即可依照原先之規劃,對樣本執行必要的細項測試程序 (如函證等),查核後即可發現樣本之不實表達,並進一步推論母體可能的不實表達。

誠如前述,使用 PPS 時,母體為該會計科目之帳面金額,且「錯誤率 (mr)」是將屬性抽樣轉變成 PPS 的橋樑。因此,推估母體可能的不實表達可透過下式計算 ($AUPL_{\beta,x}$ 為在過度信賴風險 β 及樣本發現 x 筆錯誤下推估之偏差率上限):

母體可能不實表達的上限 $= BV \times AUPL_{\beta,x} \times mr$ 式 (1)

然而,問題是如果樣本中發現有 x 筆錯誤,每筆錯誤的 mr 不一定會一樣,那麼也就只好按每一筆錯誤分別推估後再予以加總,因而將式 (1) 轉換成下列方式計算:

$$
\begin{array}{l}
BV \times (AUPL_{\beta,0}) \times mr_0 \\
BV \times (AUPL_{\beta,1} - AUPL_{\beta,0}) \times mr_1 \\
BV \times (AUPL_{\beta,2} - AUPL_{\beta,1}) \times mr_2 \\
\quad \vdots \\
+) \ BV \times (AUPL_{\beta,x} - AUPL_{\beta,x-1}) \times mr_x \\
\hline
\text{母體可能不實表達的上限}
\end{array}
$$

從上列的計算方式可知,如果每一筆之 mr 皆相等 (即 $mr_0 = mr_1 = mr_2 = \cdots = mr_x$),上列計算的加總數即等於式 (1) 的結果。接下來的問題是每一筆的 mr 如何決定?由於在特定的過度信賴風險 β 下,每增加一筆錯誤,所增加之 AUPL 遞減 [即 $(AUPL_{\beta,1} - AUPL_{\beta,0}) > (AUPL_{\beta,2} - AUPL_{\beta,1}) > \cdots > (AUPL_{\beta,x} - AUPL_{\beta,x-1})$],為保守起見 (即讓推估之母體可能不實表達較大),查核人員通常會將 mr 的大小排序,最大的 mr 作為 mr_1,依此類推,最小的 mr 作為 mr_x。至於 mr_0 則代表的是在樣本沒有發現任何一筆不實表達下的 mr,但沒有發現任何一筆錯誤,何來 mr 呢?同理,為保守起見,查核人員通常假設 $mr_0 = 100\%$,然而查核人員也可根據過去的查核經驗假設其他的比率 (例如,假設 $mr_0 = 50\%$)。

茲舉一例說明上述的計算方式，承 10.3.1 節的釋例，假設查核人員抽出 160 筆應收帳款明細帳進行函證，結果其中有三個明細帳證實有不實表達，其不實表達的情況如圖表 10.4 所示。

圖表 10.4　樣本中所發現不實表達的情況

明細帳帳號	帳面金額 (a)	查核值 (b)	不實表達 (c)=(b)−(a)	錯誤率 (mr) (d)=(c)/(a)
864	$ 6,200	$ 6,100	$ 100	0.016
7,621	12,910	12,000	910	0.070
1,245	8,947	2,947	6,000	0.671

參考第九章圖表 9.12 過度信賴風險 5% 下，發現 0 筆至 3 筆之母體偏差率上限 (AUPL) 分別為 2%、3%、4%、5% (由於圖表 9.12 精細度不足，無法呈現每增加一筆錯誤所增加之 AUPL 遞減的現象)。在此情況下，推估母體不實表達的計算過程彙整於圖表 10.5。

圖表 10.5　母體不實表達的推估

不實表達的筆次	帳面金額	增額母體偏差率上限 ($AUPL_{\beta,x} - AUPL_{\beta,x-1}$)	錯誤率 (mr) 假設	推估之不實表達
0	$5,000,000	0.02	1.000	$100,000
1	5,000,000	0.01	0.671	33,550
2	5,000,000	0.01	0.070	3,500
3	5,000,000	0.01	0.016	800
合計				$137,850

推估母體不實表達的金額後，如果該金額小於最大可容忍不實表達 (TM)，則查核人員通常會作成受測會計科目的帳面金額未存有重大不實表達的結論，並要求管理階層更正已發現之不實表達。但如果推估母體不實表達金額大於 TM，則查核人員通常會做出受測會計科目存有重大不實表達的結論，除了要求管理階層更正已發現之不實表達外，仍應執行額外查核程序，例如檢查其他樣本單位或要求管理階層研究已發現不實表達的原因，並檢視是否尚有其他未發現的不實表達存在，以查明是否仍存有不實表達。在本例中，依 10.3.1 節的釋例之資料，應收帳款最大可容忍不實表達為 $100,000，而推估之不實表達金額上限卻達 $137,850，故從樣本結果推估的結論為應收帳款存有重大不實表達。查核人員除了要求管理階層須更正所發現之實際不實表達外，仍應執行額外查核程序，以查明是否仍存有不實表達 (如有時，一併加以更正)。如管理階層不願更正，查核人員應考量對查核意見的影響。

10.4　傳統變量抽樣

誠如 10.1 節所述，傳統變量法是以常態分配為基礎，用以推估會計科目餘額可能不實表達金額或查核值 (audited value) 的抽樣方法，在傳統變量法下又有三種推論的方法，分別為差額估計法、比率估計法及單位平均估計法。

這三種方法推估的邏輯完全相同，都是以常態分配為基礎，本章附錄二將簡要介紹傳統變量法的統計特性，對常態分配要進一步瞭解的讀者可參考統計學相關的討論。上述三種方法主要差異乃在所估計的參數定義不同，茲將三種方法的所估計的參數說明如下，各方法的樣本單位參數為 x_i，BV_i 為樣本單位的帳面金額，AV_i 為樣本單位的查核值，n 為樣本量：

1. 差額估計法，其參數 $x_i = BV_i - AV_i$，x_i 即代表每一明細帳帳面金額與查核值的差額 (即不實表達)，故稱為差額估計法。該法主要是透過樣本查核計算出樣本平均的不實表達 (以 $\bar{x}$ 代表之) 作為預測母體不實表達的基礎。其中 $\bar{x} = \sum_{i=1}^{n}(BV_i - AV_i)/n$。
2. 比率估計法，其參數 $x_i = (BV_i - AV_i)/BV_i$，x_i 即代表每一明細帳帳面金額中每一元不實表達的比率 [即 PPS 中所計算之錯誤率 (mr)]。該法主要是透過樣本查核計算出樣本平均的不實表達的比率 (以 $\bar{x}$ 代表之) 作為預測母體不實表達的基礎。其中 $\bar{x} = \sum_{i=1}^{n}(BV_i - AV_i)/\sum_{i=1}^{n}BV_i$。
3. 單位平均估計法，其參數 $x_i = AV_i$，x_i 即代表每一明細帳或樣本單位經查核人員查核後確定的金額，即查核值。該法主要是透過樣本查核計算出樣本平均的查核值 (以 $\bar{x}$ 代表之) 作為預測母體查核值的基礎。其中 $\bar{x} = \sum_{i=1}^{n}AV_i/n$。此法不像前述兩種方法意在推估母體不實表達，而是在推估母體的查核值。在沒有明細帳帳面金額的情況下，此法是唯一可用的方法。

以下各小節將對上述三種方法之樣本量的決定、選樣及評估樣本結果與推論母體分別進行探討。

10.4.1　樣本量的決定

誠如前述，三種傳統變量法皆是以常態分配為基礎，其差異僅在於所估計的參數定義不同，故其樣本量的決定非常類似，詳細推導的過程可參閱附錄二。三種傳統變量法其樣本量的決定公式如下：

1. **差額估計法**

$$n = \left[\frac{N \times (Z_{\alpha/2} + Z_{\beta}) \times SD(x)}{TM - EM}\right]^2$$

2. 比率估計法

$$n = \left[\frac{BV \times (Z_{\alpha/2} + Z_\beta) \times SD(x)}{TM - EM} \right]^2$$

3. 單位平均估計法

$$n = \left[\frac{N \times (Z_{\alpha/2} + Z_\beta) \times SD(x)}{TM} \right]^2$$

上列樣本量決定公式中所使用之變數定義如下：

n	樣本量。
N	母體的項目總數，即特定會計科目明細帳數量的總數。
BV	特定會計科目的帳面金額。
TM	特定會計科目查核人員所規劃之最大可容忍不實表達 (tolerable misstatement)。
EM	查核人員對特定會計科目預期之不實表達 (expected misstatement)。($TM-EM$) 即查核人員預期的抽樣風險限額 (allowance for sampling risk)。
$SD(x)$	母體參數值 x 標準差之估計值。
$Z_{\alpha/2}$	在查核人員願意接受的誤拒險 (risk of incorrect rejection) α 下，所對應之常態分配之 Z 值。由於查核人員所面對的 α 風險屬雙尾，故 Z 值為 $\alpha/2$ 下之 Z 值。
Z_β	在查核人員願意接受的誤受險 (risk of incorrect acceptance) β 下，所對應之常態分配之 Z 值。由於查核人員所面對的 β 風險屬單尾，故 Z 值為 β 下之 Z 值 (無須除以 2)。

茲將常用之誤拒險與誤受險及其對應之常態分配 Z 值彙整於圖表 10.6，並以差額估計法列示樣本量的計算。假設應收帳款共有 5,000 個明細帳 (N)，查核人員願意接受的誤拒險 (α) 與誤受險 (β) 皆為 5% (請注意，誤受險為單尾，代表雙尾合計風險為 10%，其對應的 Z 值為 1.64。有關 α 及 β 單雙尾的討論請參考附錄二之討論)，最大可容忍不實表達為 \$30,000 (TM)，預期之不實表達為 \$10,000，且母體每個明細帳不實表達標準差之估計值為 \$12 ($SD(x)$)。則在差額估計法下，其所需之樣本量計算如下：

$$n = \left[\frac{5,000 \times (1.96 + 1.64) \times 12}{(30,000 - 10,000)} \right]^2 = 117 \text{ (取整數)}$$

從上述三種抽樣方法樣本量的決定公式可知，樣本量與母體規模 (N 或 BV)、參數標準差 ($SD(x)$) 呈正相關；而與誤拒險 (α)、誤受險 (β) (α 及 β 風險越小，其 Z 值就越大) 及抽樣風險限額 ($TM-EM$) 呈負相關。就統計抽樣而言，只要上述這些因素可以量化，即可利用機率論的方式客觀地決定所需的樣本量。但實務上，查核人員常無法將這些因素全部予以量化 (尤其是 α 及 β 風險)，查核人員通常會使用非統計抽樣的方式進行抽樣，故難以使用上列公式決定樣本量，但對上列公式的瞭解，應能協助查核人員提升其判斷所需樣本量之專業判斷能力。

圖表 10.6 誤拒險 (α) 及誤受險 (β) 及其對應之常態分配 Z 值

誤拒險及誤受險 (雙尾)	信賴水準 (confidence level)	Z 值
30%	70%	1.04
25	75	1.15
20	80	1.28
15	85	1.44
10	90	1.64
5	95	1.96
1	99	2.58

誠如 10.1 節中所述，每一種方法 (包括 PPS、差額估計法、比率估計法及單位平均估計法) 皆有其適用的情況，有時在特定情況下，只有一種方法適用，或雖然有兩種或兩種以上的方法可供選擇，但其中某一種方法可能是最有效率的方法，查核人員應培養在特定情況下，判斷應使用那一種方法較適當的專業能力，而上列公式的討論，可以得到回答此一問題的線索，茲將各種方法適用之原則彙整如下：

1. 當受測母體沒有明細帳 (即沒有 BV_i) 時

只能使用單位平均估計法，因為其他三種方法皆需要 BV_i 的資訊才能進行。如果母體有明細帳，使用單位平均估計法通常是較無效率的方法，因為在該法下其 $SD(x)$ 可能遠大於差額估計法及比率估計法的 $SD(x)$，導致所需的樣本量最大。

2. 當受測母體有明細帳 (即有 BV_i) 時

此時潛在較適當的方法有 PPS、差額估計法及比率估計法，但仍應進一步考慮各種方法其他的適用條件：

(1) PPS 之其他適用條件：誠如 10.3 節對 PPS 之討論，由於 PPS 選樣的特性，PPS 較適用於查核人員預期受測會計科目不實表達係屬高估，且預期發生不實表達的頻率較少的情況下，此乃因為 PPS 的估計的方法最為保守，如果預期發生不實表達的頻率較多時，所推估之母體不實表達金額可能太大。此外，有許多明細帳其餘額為 0 或為負數 (如應收帳款貸方餘額) 時，PPS 亦較不適合。

(2) 差額估計法及比率估計法之其他適用條件：差額估計法及比率估計法的適用條件相當類似，不論查核人員預期受測會計科目不實表達係屬高估或低估，且預期發生不實表達的頻率較高的情況下，則可選擇差額估計法及比率估計法較為適當。然而，當查核人員預期發生不實表達的頻率較低時，兩種估計方法之 $SD(x)$ 將為 0 或接近 0 (因絕大多變的 x_i 為 0)，使得樣本量幾乎為 0 而變得不切實際，故亦較不適合。至於如何從差額估計法及比率估計法中擇一採用，查核人員可考量那一種方

法所需的樣本量較小。從上述兩種方法樣本量決定公式可知，在其他影響因素都相同的情況下，比較的重點在於 $N \times SD(x)$ 及 $BV \times SD(x)$ 的大小 (請注意兩種方法的參數不同，前者為明細帳的不實表達，後者則為明細帳每一元的錯誤率)。如果 $N \times SD(x) < BV \times SD(x)$，代表差額估計法所需的樣本量較少，較有效率；反之，如果 $N \times SD(x) > BV \times SD(x)$，則代表比率估計法較差額估計法有效率。

10.4.2　選樣

誠如第九章所述，利用統計抽樣時，為確保抽到具代表性的樣本，必須做到隨機及獨立，故只能使用系統選樣及簡單隨機選樣。如果查核人員使用非統計抽樣時，選取樣本過程通常沒有像統計抽樣的要求那麼嚴謹，除了可使用隨機亂數選樣及系統選樣外，尚有隨意選樣 (haphazard sample selection)、區塊選樣 (block sample selection)、導向選樣 (directed sample selection)。由於這些方法在第九章皆已討論過，故在此不再贅述。

惟須額外加以說明的是，對傳統變量抽樣而言，從三種方法樣本量的決定公式可知，$SD(x)$ 越大，在其他條件不變下，所需的樣本量就越大。如果查核人員發現受測母體各樣本單位的參數 x 變異性很大 [即 $SD(x)$ 很大]，此一現象將使所需的樣本量較大，此時查核人員可考量先將母體分層 (stratification)，針對每一層決定樣本量後，再使用上述的選樣方法對每一層進行選樣，然後將各層樣本所推論的結果予以彙總作為母體結果的推估。分層的目的旨在降低每一層各樣本單位參數的 $SD(x)$，使各層所需樣本量的合計數比不分層所需的樣本量少很多，以提升抽樣的效率。為了達到分層的目的，查核人員必須依母體各樣本單位的參數 x 的大小排序，再進行分層，適當的分層數目端視母體的變異程度與執行每一層抽樣的成本 (包括設計、執行及評估的成本)。不過，由於三種傳統變量抽樣方法的參數定義並不相同，實務上並不是每一種方法皆可使用分層選樣的方式，在單位平均估計法下，其參數 x 為查核值，一般而言，明細帳的帳面金額越大，通常其查核值也會越大，透過帳面金額大小排序後，可以達到分層的目的。但在差額估計法及比率估計法下，其參數 x 為明細帳的不實表達及錯誤率，實務上，明細帳的帳面金額越大，並不代表其不實表達及錯誤率越大，透過帳面金額大小排序後，可能仍無法達到分層的目的。

10.4.3　查核樣本、評估樣本結果及推論母體不實表達

樣本抽出後，查核人員即可依照原先之規劃，對樣本執行必要的細項測試程序 (如函證等)，查核後即可發現樣本之不實表達，並進一步推論母體可能的不實表達。

誠如前述，推估母體可能不實表達金額或查核值時，該金額會包括兩部分，母體不實表達或查核值的預測值 (projected misstatement in the population，即統計學上所稱的點

Chapter 10　科目餘額證實程序的抽樣方法──變量抽樣

估計) 及其抽樣風險限額 (allowance for sampling risk)，以下分別針對三種方法之母體不實表達或查核值的預測值與其抽樣風險限額之計算說明如下：

1. 差額估計法

由於差額估計法的參數 x_i 係指明細帳的不實表達，因此查核人員查核樣本後可得到樣本的平均不實表達即 $\bar{x}$，其計算方式如下：

$$\bar{x} = \sum_{i=1}^{n} x_i / n$$

因此，直覺上查核人員對母體不實表達的預測值如下：

母體不實表達預測值 $= \bar{x} \times N$

由於抽樣僅查核母體部分的樣本單位，其他未查核的樣本單位存在的不實表達不見得與樣本中所發現之不實表達一樣，因此查核人員仍須推估抽樣風險限額，該限額的推估與查核人員願意接受的誤拒險 (α 風險) 有密切的相關，當查核人員願意接受的 α 風險越小時，推估的抽樣風險限額就要越大，才能符合查核人員所接受的 α 風險。根據常態分配，抽樣風險限額的計算如下：

抽樣風險限額 $= N(Z_{\alpha/2} \times SD(\bar{x})) = N\left(Z_{\alpha/2} \times \dfrac{SD(x)}{\sqrt{n}}\right)$，其中 $SD(x) = \sqrt{\dfrac{\sum_{i=1}^{n}(x_i - \bar{x})^2}{n-1}}$

由於母體未被查核的樣本單位存有不實表達的平均數可能大於或小於 $\bar{x}$，因此，在查核人員願意接受的 α 風險下，母體可能的不實表達金額區間將推估如下：

母體不實表達金額區間 $= (\bar{x} \times N) \pm N\left(Z_{\alpha/2} \times \dfrac{SD(x)}{\sqrt{n}}\right) = N\left(\bar{x} \pm Z_{\alpha/2} \times \dfrac{SD(x)}{\sqrt{n}}\right)$

換言之，母體不實表達金額區間將介於 $\left\{(\bar{x} \times N) + N\left(Z_{\alpha/2} \times \dfrac{SD(x)}{\sqrt{n}}\right)\right\}$ (簡稱為上限) 及 $\left\{(\bar{x} \times N) - N\left(Z_{\alpha/2} \times \dfrac{SD(x)}{\sqrt{n}}\right)\right\}$ (簡稱為下限) 之間。如果受測會計科目之可容忍不實表達 (TM) 大於上限，則查核人員可做出該會計科目未存有重大不實表達的結論。但如果 TM 介於上、下限之間或小於下限，則查核人員可做出該會計科目可能存有重大不實表達的結論，查核人員除了要求管理階層須更正所發現之實際不實表達外，仍應執行額外查核程序，以查明是否仍存有不實表達 (如有時，一併加以更正)。如管理階層不願更正，查核人員應考量對查核意見的影響。

2. 比率估計法

比率估計法推估母體不實表達金額區間的方式及作成結論的邏輯，與差額估計法幾乎一樣，只是比率估計法的參數 x_i 係指每一元中錯誤的比率，因此樣本平均值數 $\bar{x}$、母體不實表達預測值及抽樣風險限額的計算修正如下：

$$x = \sum_{i=1}^{n} x_i / \sum_{i=1}^{n} BV_i\text{，其中 } x_i = BV_i - AV_i$$

因此，母體不實表達預測值 $= \bar{x} \times BV$

$$\text{抽樣風險限額} = BV(Z_{\alpha/2} \times SD(\bar{x})) = BV\left(Z_{\alpha/2} \times \frac{SD(x)}{\sqrt{n}}\right)\text{，其中 } SD(x) = \sqrt{\frac{\sum_{i=1}^{n}(x_i - \bar{x})^2}{n-1}}$$

因此，在查核人員願意接受的 α 風險下，母體可能的不實表達金額區間將推估如下：

$$\begin{aligned}\text{母體不實表達金額區間} &= (\bar{x} \times BV) \pm BV\left(Z_{\alpha/2} \times \frac{SD(x)}{\sqrt{n}}\right) \\ &= BV\left(\bar{x} \pm Z_{\alpha/2} \times \frac{SD(x)}{\sqrt{n}}\right)\end{aligned}$$

3. 單位平均估計法

由於單位平均估計法估計的參數 x_i 係指明細帳的查核值，因此查核人員查核樣本後可得到樣本平均明細帳的查核值 $\bar{x}$，其計算方式如下：

$$\bar{x} = \sum_{i=1}^{n} x_i / n\text{，其中 } x_i = AV_i$$

因此，查核人員對母體查核值的預測值及抽樣風險限額計算如下：

母體查核值預測值 $= \bar{x} \times N$

$$\text{抽樣風險限額} = N(Z_{\alpha/2} \times SD(\bar{x})) = N\left(Z_{\alpha/2} \times \frac{SD(x)}{\sqrt{n}}\right)\text{，其中 } SD(x) = \sqrt{\frac{\sum_{i=1}^{n}(x_i - \bar{x})^2}{n-1}}$$

換言之，母體查核值將介於 $\left\{(\bar{x} \times N) + N\left(Z_{\alpha/2} \times \frac{SD(x)}{\sqrt{n}}\right)\right\}$（簡稱為上限）及 $\left\{(\bar{x} \times N) - N\left(Z_{\alpha/2} \times \frac{SD(x)}{\sqrt{n}}\right)\right\}$（簡稱為下限）之間。如果受測會計科目之帳面金額 (BV) 介於上下限之間，則查核人員可作出該會計科目未存有重大不實表達的結論。但如果 BV 落在上、下限之外，則查核人員可做出該會計科目可能存有重大不實表達的結論，查核人員除了要求管理階層須更正所發現之實際不實表達外，仍應執行額外查核程序，以查明是否仍存有不實表達 (如有時，一併加以更正)。如管理階層不願更正，查核人員應考量

對查核意見的影響。

為了更具體地說明上述方法推論母體的方法,茲舉例說明之。由於差額估計法及比率估計法推論的方式類似,故僅以差額估計法(圖表 10.7)及單位平均估計法的釋例(圖表 10.8)作說明。

圖表 10.7　差額估計法釋例

案例

應收帳款金額為 \$6,000,000,由 5,000 個明細帳所構成,查核人員願意接受最大可容忍重大不實表達 (TM)、預期母體不實表達 (EM)、誤拒險 (α 風險) 及誤受險 (β 風險) 分別為 \$30,000、\$10,000、5% 及 5%,根據過去的經驗應收帳款明細帳不實表達的標準差 [$SD(x)$] 為 \$12。

抽樣過程:

1. 樣本量的決定

$$n = \left[\frac{N \times (Z_{\alpha/2} + Z_{\beta}) \times SD(x)}{TM - EM}\right]^2 = \left[\frac{5,000 \times (1.96 + 1.64) \times 12}{30,000 - 10,000}\right]^2 = 117$$

(請注意 α 風險為雙尾風險,而 β 風險為單尾風險)

2. 選樣

查核人員可用系統選樣及簡單隨機選樣,由 5,000 個應收帳款明細帳中抽取 117 個明細帳作為樣本。

3. 查核樣本、評估樣本結果及推論母體

   (1) 針對樣本中 117 個明細帳發函詢證,並對回函數字與帳上金額不符之客戶,進一步檢查其銷貨及還款憑證,以確認回函數字的正確性,再計算每個明細帳之不實表達金額 (x_i)(帳上金額 − 查核值)。

   (2) 計算樣本平均不實表達金額 ($\bar{x}$)、不實表達金額標準誤 [$SD(x)$] 及平均不實表達金額標準誤 [$SD(\bar{x})$]

$$\bar{x} = \sum_{i=1}^{n} x_i / n = 271/117 = 2.32 \text{ , } SD(x) = \sqrt{\frac{\sum_{i=1}^{n}(x_i - \bar{x})^2}{n-1}} = 10.05 \text{ , } SD(\bar{x}) = \frac{SD(x)}{\sqrt{n}} = 0.93$$

   (3) 推論母體不實表達金額預測值、抽樣風險限額及母體不實表達金額上限與下限

   母體不實表達金額預測值 $= 2.32 \times 5,000 = \$11,600$

   抽樣風險限額 $= 5,000 \times 1.96 \times 0.93 = 9,114$

   母體不實表達金額上限與下限 $= (11,600 + 9,114 \text{ , } 11,600 - 9,114) = (20,714 \text{ , } 2,486)$

   (4) 結論

   由於查核人員願接受最大可容忍不實表達金額為 \$30,000,母體不實表達上限與下限 (20,714;2,486) 皆小於 \$30,000,故查核人員推論應收帳款並未有重大不實表達。

圖表 10.8　單位平均估計法釋例

案例

存貨帳面金額為 $6,000,000，由 5,000 項存貨所構成，查核人員願接受最大可容忍不實表達 (TM)、誤拒險 (α 風險) 及誤受險 (β 風險) 分別為 $300,000、5% 及 5%，根據過去的經驗存貨查核值的標準差 [$SD(x)$] 為 $200。

抽樣過程：

1. 樣本量的決定

$$n = \left[\frac{N \times (Z_{\alpha/2} + Z_\beta) \times SD(x)}{TM}\right]^2 = \left[\frac{5,000 \times (1.96 + 1.64) \times 200}{300,000}\right]^2 = 144$$

　　(請注意 α 風險為雙尾風險，而 β 風險為單尾風險)

2. 選樣

　　查核人員可用系統選樣及簡單隨機選樣，由存貨盤點表中 (5,000 項存貨) 抽取 144 項存貨作為樣本。

3. 查核樣本、評估樣本結果及推論母體

　　(1) 針對樣本中 144 項存貨執行盤點確認其數量，並檢查各存貨進貨憑證以確認每項存貨單價，再計算每項存貨之查核值 (x_i)(單價 × 數量)。

　　(2) 計算樣本每單位平均查核值 ($\bar{x}$)、查核值標準誤 [$SD(x)$] 及平均查核值標準誤 [$SD(\bar{x})$]

$$\bar{x} = \sum_{i=1}^{n} x_i / n = 1,180 \text{ , } SD(x) = \sqrt{\frac{\sum_{i=1}^{n}(x_i - \bar{x})^2}{n-1}} = 360 \text{ , } SD(\bar{x}) = \frac{SD(x)}{\sqrt{n}} = 30$$

　　(3) 推論母體查核值的預測值、抽樣風險限額及母體查核值上限與下限

　　　母體查核值的預測值 $= 1,180 \times 5,000 = \$5,900,000$

　　　抽樣風險限額 $= 5,000 \times (1.96 \times 30) = \$294,000$

　　　母體查核值上限與下限 $= (5,900,000 + 294,000 \text{ , } 5,900,000 - 294,000)$

　　　　　　　　　　　　　$= (6,194,000 \text{ , } 5,606,000)$

　　(4) 結論

　　　由於存貨帳上金額為 $6,000,000，介於母體查核值上限與下限 (6,194,000；5,606,000) 之間，故查核人員推論存貨並未有重大不實表達。

附錄一　以帕松分配作為推論依據之 PPS

以帕松分配或二項分配作為推論依據之 PPS，其邏輯完全一樣，在計算上最大的差異在於樣本量的決定及母體可能不實表達的推估，在選樣方法上則完全一樣。故本附錄僅就樣本量的決定及母體不實表達的推估進行說明。

附錄一 10.1　PPS 樣本量的決定

在第九章附錄 9.3 節中，曾探討帕松分配與二項分配的關聯性，其中提到在帕松分配下，屬性抽樣的樣本量決定如下：

$$n = \frac{CF(\frac{EPDR}{TDR}, \beta)}{TDR}$$

誠如在 10.3.1 節所述，「錯誤率」(mr) 是將屬性抽樣轉變成 PPS 的橋樑，因此，$EPDR=(EM/mr)/BV$，$TDR=(TM/mr)/BV$，而過度信賴風險則以誤受險代替。換言之，在 PPS 下樣本量的決定如下：

$$n = \frac{CF(\frac{EPDR}{TDR}, \beta)}{TDR} = \frac{CF(\frac{EM}{TM}, \beta)}{(TM \div mr)/BV}$$

然而，許多教科書直接假設 $mr=100\%$，假設 $mr=100\%$ 是為了保守起見，因為在此情況下所決定的樣本量最大。然而，查核人員仍可依過去的查核經驗假設 mr 小於 100%。如果假設 $mr=100\%$，則上式可簡化成下式：

$$n = \frac{CF(\frac{EM}{TM}, \beta)}{(TM \div mr)/BV} = \frac{CF(\frac{EM}{TM}, \beta)}{TM/BV}$$

圖表 10.9 列示 AICPA 所提供之部分 $CF(\frac{EM}{TM}, \beta)$ 表格供查核人員使用。使用與 10.3.1 節相同的例子說明樣本量的決定，假設應收帳款帳上金額為 \$5,000,000，最大可容忍不實表達為 \$100,000，預期不實表達為 \$25,000，查核人員願意接受的誤受險為 5%，並假設錯誤率為 50%。根據上述之資訊查圖表 10.9 可知 $CF(25,000/100,000，5\%) = 5.24$，故 $n=5.24/[(100,000 \div 0.5)/5,000,000]=131$。如果假設 $mr=100\%$，則 $n=5.24/[(100,000/5,000,000]=262$。

由於早期 AICPA 所提供查閱的表格並非如圖表 10.9，因此，仍有許多審計教科書於決定樣本量時，係以下列公式表示：

$$n = \frac{BV \times CF(0, \beta)}{TM - (EM \times EF)}$$

圖表 10.9 決定樣本量時之信心因子

預期母體偏差率對最大可容忍偏差率之比率	過度信賴風險							
	5%	10%	15%	20%	25%	30%	35%	50%
0.00	3.00	2.31	1.90	1.61	1.39	1.21	1.05	0.70
0.05	3.31	2.52	2.06	1.74	1.49	1.29	1.12	0.73
0.10	3.68	2.77	2.25	1.89	1.61	1.39	1.20	0.77
0.15	4.11	3.07	2.47	2.06	1.74	1.49	1.28	0.82
0.20	4.63	3.41	2.73	2.26	1.90	1.62	1.38	0.87
0.25	5.24	3.83	3.04	2.49	2.09	1.76	1.50	0.92
0.30	6.00	4.33	3.41	2.77	2.30	1.93	1.63	0.99
0.35	6.92	4.95	3.86	3.12	2.57	2.14	1.79	1.06
0.40	8.09	5.72	4.42	3.54	2.89	2.39	1.99	1.14
0.45	9.59	6.71	5.13	4.07	3.29	2.70	2.22	1.25
0.50	11.54	7.99	6.04	4.75	3.80	3.08	2.51	1.37
0.55	14.18	9.70	7.26	5.64	4.47	3.58	2.89	1.52
0.60	17.85	12.07	8.93	6.86	5.37	4.25	3.38	1.70

其中

$CF(0, \beta)$：為預期沒有錯誤下 (即 $EPDR=0\%$)，在過度信賴風險 β 下之信心因子。

EF　　：為在預期有不實表達情況下 (即 $EPDR>0\%$) 之擴張因子 (expansion factor)。

誠如在第九章附錄 9.3 節有關帕松分配的討論，在屬性抽樣下其樣本量的決定如下：

$$n = \frac{CF(x, \beta)}{TDR}$$

其中 $CF(x, \beta)$ 代表在過度信賴風險 β (即 ARO) 下，預期發現 x 筆交易失控的帕松分配之信心因子 (Poisson Confidence Factor)，$CF(x, \beta)$ 可透過查表取得。不過，由於 $CF(x, \beta)$ 中的 $x=n \times EPDR$，除非 $EPDR=0$，否則 x 將隨 n 的變動而變動 (此時 n 尚未確定)，造成查表上的困擾。因此，當初 AICPA 為方便查表，便把公式改為：

$$n = \frac{CF(0, \beta)}{TDR - (EPDR \times EF)}$$

假設錯誤率 $(mr)=100\%$，即可將上述公式轉換為 PPS 的樣本量公式如下：

$$n = \frac{CF(0, \beta)}{TDR - (EPDR \times EF)} = \frac{CF(0, \beta)}{\frac{TM}{BV} - (\frac{EM \times EF}{BV})} = \frac{BV \times CF(0, \beta)}{TM - (EM \times EF)}$$

從上述的說明,其實不難證明所謂的擴限因子為:

$$EF = \frac{TM(CF(x,\beta) - CF(0,\beta))}{CF(x,\beta) \times EM}$$

換言之,當 $EPDR=0\%$ 時,$x=n\times 0\%=0$,則 $EF=0$。

在使用上述公式時,查核人員必須查閱 $CF(0,\beta)$ 及 EF 兩種表才能計算出所需之樣本量,使用上還是不如圖表 10.9 來得方便。為了節省篇幅,本書不再列示 $CF(0,\beta)$ 及 EF 兩表。

附錄一 10.2　*PPS 母體不實表達上限之推估*

在第九章附錄 9.3 節曾說明,在帕松分配下,推估母體偏差率 (*AUPL*) 的計算如下:

$$AUPL = \frac{CF(x,\beta)}{n}$$

此外,10.3.3 節中亦介紹在 *PPS* 下,母體不實表達上限的推估可計算如下:

$$\begin{array}{r} BV \times (AUPL_{\beta,0}) \times mr_0 \\ BV \times (AUPL_{\beta,1} - AUPL_{\beta,0}) \times mr_1 \\ BV \times (AUPL_{\beta,2} - AUPL_{\beta,1}) \times mr_2 \\ \vdots \\ +)\ BV \times (AUPL_{\beta,x} - AUPL_{\beta,x-1}) \times mr_x \\ \hline \text{母體不實表達的上限} \end{array}$$

因此,如以帕松分配為依據,上式可改寫如下:

$$\begin{array}{r} BV \times (\frac{CF(0,\beta)}{n}) \times mr_0 \\ BV \times (\frac{CF(1,\beta)}{n} - \frac{CF(0,\beta)}{n}) \times mr_1 \\ BV \times (\frac{CF(2,\beta)}{n} - \frac{CF(1,\beta)}{n}) \times mr_2 \\ \vdots \\ +)\ BV \times (\frac{CF(x,\beta)}{n} - \frac{CF(x-1,\beta)}{n}) \times mr_x \\ \hline \text{母體不實表達的上限} \end{array}$$

因為 BV 為母體量,故 BV/n 即為抽樣區間 (Sampling Interval, *SI*),故上式可進一步改寫為下式:

$$SI \times (CF(0, \beta)) \times mr_0$$
$$SI \times (CF(1, \beta) - CF(0, \beta)) \times mr_1$$
$$SI \times (CF(2, \beta) - CF(1, \beta)) \times mr_2$$
$$\vdots$$
$$+)\ SI \times (CF(x, \beta) - CF(x-1, \beta)) \times mr_x$$

母體不實表達的上限

圖表 10.10 列示 AICPA 所提供之部分 $CF(x, \beta)$ 表格供查核人員使用。使用與 10.3.3 節圖表 10.4 相同的釋例，母體不實表達估算的過程彙整於圖表 10.11。由圖表 10.11 中可以發現，增額信賴因子隨著不實表達的筆次遞減，印證了 10.3.3 節所述，在特定的過度信賴風險 β 下，每增加一筆錯誤，所增加之 AUPL （即增額信賴因子 / n) 遞減。

圖表 10.10　推估母體偏差率上限時之信賴因子

高估的筆數	過度信賴風險							
	5%	10%	15%	20%	25%	30%	35%	50%
0	3.00	2.31	1.90	1.61	1.39	1.21	1.05	0.70
1	4.75	3.89	3.38	3.00	2.70	2.44	2.22	1.68
2	6.30	5.33	4.73	4.28	3.93	3.62	3.35	2.68
3	7.76	6.69	6.02	5.52	5.11	4.77	4.46	3.68
4	9.16	8.00	7.27	6.73	6.28	5.90	5.55	4.68
5	10.52	9.28	8.50	7.91	7.43	7.01	6.64	5.68
6	11.85	10.54	9.71	9.08	8.56	8.12	7.72	6.67
7	13.15	11.78	10.90	10.24	9.69	9.21	8.79	7.67
8	14.44	13.00	12.08	11.38	10.81	10.31	9.85	8.67
9	15.71	14.21	13.25	12.52	11.92	11.39	10.92	9.67
10	16.97	15.41	14.42	13.66	13.02	12.47	11.91	10.67

圖表 10.11　母體不實表達的推估：假設資料參見圖表 10.4

不實表達的筆次	抽樣區間 (5,000,000/160)	增額信賴因子 $(CF(x, \beta) - CF(x-1, \beta))$	錯誤率 (mr) 假設	推估之不實表達
0	$31,250	3.00	1.000	$93,750
1	31,250	1.75	0.671	36,695
2	31,250	1.55	0.070	3,391
3	31,250	1.16	0.016	730
合計				$134,566

由於許多教科書會將母體推估之不實表達上限區分成基本精確度 (Basic precision, BP)、預期母體不實表達 (Total Projected Misstatement in the Population, PM) 及增額抽樣風險限額 (Incremental Allowance Resulting from the Misstatement, IA)，其中 BP+IA 即為抽樣風險限額 (Allowance for Sampling Risk, ASR)。即：

母體不實表達的上限 =PM+ASR=PM+(BP+IA)

曾如前述，母體不實表達金額的推估，會包括兩部分，一為由樣本所發現的不實表達金額，直接對母體可能的不實表達金額做點估計 (即 PM)，另一部分來自抽樣風險限額 (即 ASR)。為了讓讀者瞭解 PM、BP、IA 與母體不實表達金額上限的關係，本小節進一步將前述母體不實表達金額上限的計算進一步改寫如下，為了表達方便，將每一筆錯誤的增額信賴因子以 $\Delta CF(k, \beta)$ 表示，$k=1,2,\cdots, x$：

$$
\left.\begin{array}{l}
SI \times (CF(0,\beta)) \times mr_0 \\
SI \times (\Delta CF(1,\beta)) \times mr_1 \\
SI \times (\Delta CF(2,\beta)) \times mr_2 \\
\vdots \\
+)\ SI \times (\Delta CF(x,\beta)) \times mr_x \\
\hline
\text{母體不實表達的上限}
\end{array}\right\} \Rightarrow \boxed{IA} \rightarrow
\begin{array}{l}
\boxed{\begin{array}{l} SI \times (CF(0,\beta)) \times mr_0 \\ SI \times (\Delta CF(1,\beta)-1) \times mr_1 \\ SI \times (\Delta CF(2,\beta)-1) \times mr_2 \\ \vdots \\ + SI \times (\Delta CF(x,\beta)-1) \times mr_x \end{array}} + \boxed{\begin{array}{l} \\ (SI \times 1 \times mr_1) \\ (SI \times 1 \times mr_1) \\ \vdots \\ (SI \times 1 \times mr_X) \end{array}} \\
\qquad\qquad \text{母體不實表達的上限}
\end{array}
\begin{array}{l}\leftarrow BP \\ \\ \leftarrow PM \\ \\ \\ \end{array}
$$

右邊經過改寫後的計算方式可以分為三個部分，第一個部分為 $SI \times CF(0,\beta) \times mr_0$，該部分為樣本不論有無發現不實表達皆會包括的部分 (像是最低消費額的概念)，故將它稱為基本精確度 (BP)。*BP 也代表在樣本沒有發現任何不實表達下，母體不實表達的估計數，該估計數也等於抽樣風險限額 [因為樣本沒有發現任何不實表達，對母體直接做的點估計 (即 PM) 為 0]。*當樣本有發現不實表達時，就會包括其他的兩個部分。第二個部分為 $[(SI \times 1 \times mr_1)+(SI \times 1 \times mr_2)+\cdots+(SI \times 1 \times mr_x)]$，此部分代表從樣本中所發現的不實表達，對母體直接做的點估計總額，故將其稱為 PM。第三部分則由 $[(SI \times (\Delta CF(1,\beta)-1) \times mr_1)+ (SI \times \Delta CF(1,\beta)-1) \times mr_2)+\cdots+ (SI \times (\Delta CF(x,\beta)-1) \times mr_x)]$ 所構成，此部分代表因樣本有發現不實表達，額外加上去的*抽樣風險限額*，故將其稱為 IA。由此可知，BP+IA 即代表當樣本有發現不實表達時的*抽樣風險限額*總額，即 ASR。

從上述的說明可知，在推估母體不實表達金額上限時，其實不需分別計算 PM、BP 及 IA 再予以加總，可直接利用本書的方法直接計算即可。*惟有些教科書認為，當某一明細帳戶的帳面金額大於抽樣區間 (SI) 時，該帳戶所發現之不實表達即是該區間之不實表達，不用以 $SI \times \Delta CF(x,\beta) \times mr_x$ 推估，直接以實際發現的不實表達代替即可。惟 PPS 之估計為較保守的估計方法，前述計算的影響通常不是很大。*

附錄二　傳統變量抽樣的統計特性

誠如 10.4 節所述，三種傳統變量方法都是以常態分配為基礎，為使讀者進一步瞭解該等方法的邏輯，本附錄將簡要說明常態分配的特性及該等方法樣本量的決定。

附錄二 10.1　常態分配的特性

常態分配又稱為 Gaussian 分配，若一連續變數 x，其分配具有下列機率密度函數，即可稱 x 屬常態分配 [通常以 $x \sim N(\mu,\sigma^2)$ 表達]：

$$f(x) = \frac{1}{\sqrt{2\pi}\sigma} e^{-1/2(\frac{x-\mu}{\sigma})^2}$$

其中 μ 及 σ 分別為母體的平均數及標準差，π 及 e 則為圓周率及自然數。

根據上述的機率密度函數可畫出變數 x 的分配圖如圖表 10.12：

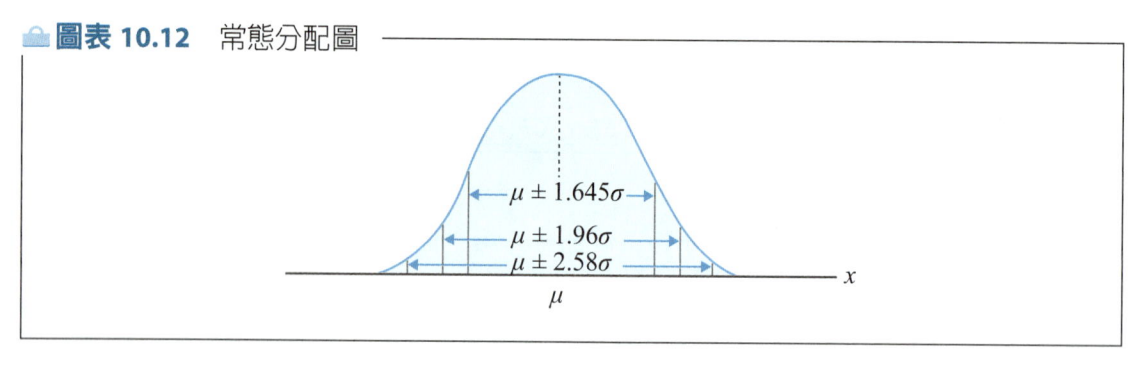

圖表 10.12　常態分配圖

就如多數人所知，常態分配圖係以 μ 為中心，兩邊對稱類似鐘形的分配圖，常態分配除了上述特徵外，更重要的特徵是可藉由 σ 的資料推論特定 x 在母體中的相對位置，例如在常態分配下，可以做出下列的結論 (其他的結論可查常態分配表)：

x 介於 $\mu \pm 1.645\sigma$ 間的樣本單位，將占母體全部樣本單位的 90%。

x 介於 $\mu \pm 1.96\sigma$ 間的樣本單位，將占母體全部樣本單位的 95%。

x 介於 $\mu \pm 2.58\sigma$ 間的樣本單位，將占母體全部樣本單位的 99%。

附錄二 10.2　樣本量的決定

對審計抽樣而言，受測母體的分配通常不會是常態分配，但這個問題並不會影響常態分配的運用，因為在中央極限定理 (central limit theorem)(相關證明請參閱統計學) 告訴我們，不論母體的分配為何，只要樣本量 (n) 大於 30 筆，其所形成之抽樣分配將會趨進於常態分配。

三種傳統變量抽樣方法都是以常態分配為基礎，茲以圖表 10.13 說明母體分配及其抽樣分配之間的關係，進而推導出樣本量的決定公式。

1. 差額估計法

圖表 10.13 為母體分配及其抽樣分配之間的關係，其變數 x 定義為應收帳款明細帳的不實表達 $(BV-AV)$，母體 A 是查核人員預期母體發生不實表達 μ（即 $EM=\mu$）的分配，顯然該母體並非常態分配。假設樣本量 n 大於 30 筆，如果從該母體重複抽出 n 筆進行查核，查核人員就可以得到許多 $\bar{x}$（因為每一抽出 n 筆查核，就可以得到一個 $\bar{x}$ 值），將這些 $\bar{x}$ 值的分配圖畫出，即可以得到母體 A 的抽樣分配 A'。雖然母體 A 的分配不是常態分配，但因中央極限定理，可確保其抽樣分配 A' 將趨近常態分配，而且 $\bar{x}$ 的平均值（即 $E(\bar{x})$）將會等於 μ，換言之，可以描述 $\bar{x}$ 的分配為 $\bar{x} \sim N(E(\bar{x}), var(\bar{x}))$（請注意是 $\bar{x}$ 的分配，不是 x 的分配）。值得再提醒的是，$\sqrt{var(\bar{x})}$ 即為 $SD(\bar{x})$，其中 $var(\bar{x})=var(x)/n$，而 $var(x) = \sum_{i=1}^{n}(x_i - \bar{x})^2 / (n-1)$。由這些提醒可以發現，當樣本量 n 越大時 $var(\bar{x})$ 就越小，代表抽樣分配 A' 的離散程度會越小。

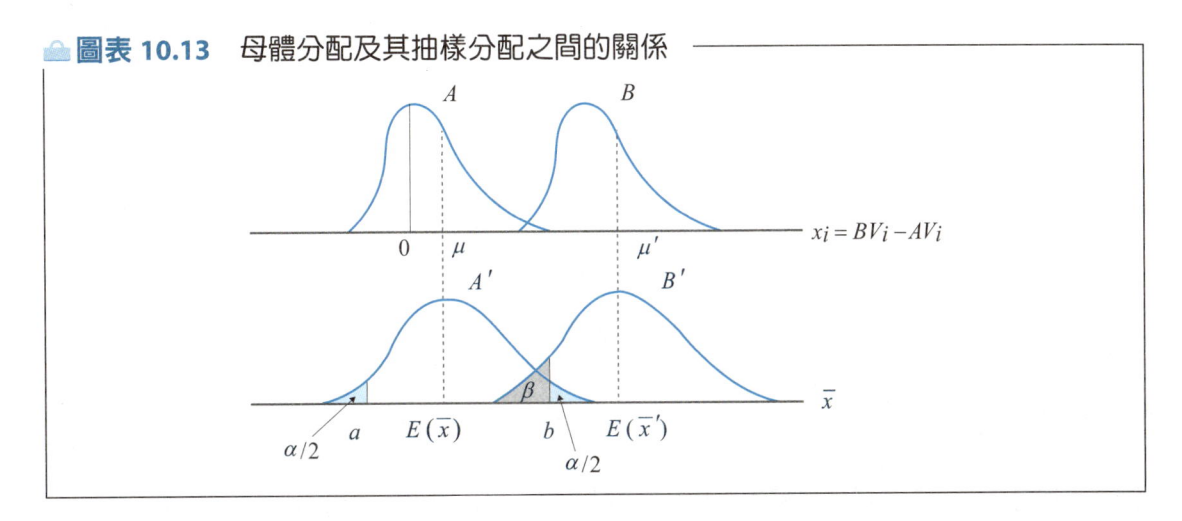

圖表 10.13　母體分配及其抽樣分配之間的關係

同理，母體 B（其平均值為 μ'）的抽樣分配為 B'（其平均值為 $E(\bar{x}')$），而且 $E(\bar{x}')$ 將會等於 μ'。母體 B 我們可以將它想成是存有查核人員可容忍不實表達（即 TM）的母體，圖中係假設受測會計科目的不實表達係屬高估，如假設不實表達係屬低估，則母體 B 則應畫在母體 A 的左邊。

然而，在實際抽樣時，不會如前述所稱會從母體重複抽出 n 筆進行查核，只會抽出一個樣本查核，故查核人員只會得到一個 $\bar{x}$。所以查核人員會先決定兩個值 a 及 b 作為決策的依據，如果 $\bar{x}$ 介於 a 與 b 之間，查核人員就會推論該樣本是來自母體 A，但如果 $\bar{x}$ 小於 a 或大於 b 時，則會推論該樣本不是來自母體 A，因母體 A 所抽出之樣本，其平均值 $\bar{x}$ 小於 a 或大於 b 的機率很低（但不是不可能）。換言之，就抽樣分配 A' 而言，其兩邊尾巴的面積之和即為誤拒險 α，因為此時該樣本是由母體 A 所抽出，但查核人員卻做出該樣本不是來自母體 A 的結論。此也說明了查核人員所面對的誤拒險 α 是屬於雙尾的。

但另一方面，如果 $\bar{x}$ 介於 a 與 b 之間，查核人員會做出該樣本是來自母體 A 的結論，但

該樣本仍有可能來自其他母體，即有誤受險 β。相對母體 B 而言，其產生樣本平均值小於 b 的機率為抽樣分配 B' 左尾上 β 的面積，因為此時查核人員做出該樣本來自母體 A 的結論，但事實上該樣本卻來自母體 B。也由此可知，查核人員所面對的誤受險 β 是屬於單尾的。

有了前述的瞭解後，接著說明差額估計法樣本量的決定，從前述的討論可以發現，有一個值的決定是非常關鍵的，那就是 b。b 一旦決定了 (因常態分配兩邊是對稱的，a 就同時被決定)，α 及 β 也就被決定了，我們將 b 稱之為關鍵值 (critical limit)。

從抽樣分配 A' 來看，$b = E(\bar{x}) + Z_{\alpha/2}SD(\bar{x})$；從抽樣分配 B' 來看，$b = E(\bar{x}') - Z_\beta SD(\bar{x}')$。一般而言，統計上都會假設兩個抽樣分配的標準差相等 (即變異數同質)。因此，可發展出下列等式，即：

$$b = E(\bar{x}) + Z_{\alpha/2}SD(\bar{x}) = E(\bar{x}') - Z_\beta SD(\bar{x}')$$
$$\Rightarrow (E(\bar{x}') - E(\bar{x})) = SD(\bar{x})(Z_{\alpha/2} + Z_\beta) \text{ (假設 } SD(\bar{x}) = SD(\bar{x}') \text{)}$$
$$\Rightarrow N(E(\bar{x}') - E(\bar{x})) = N\left[SD(x)/\sqrt{n}\right] \times (Z_{\alpha/2} + Z_\beta)$$
$$\Rightarrow TM - EM = N\left[SD(x)/\sqrt{n}\right] \times (Z_{\alpha/2} + Z_\beta)$$
$$\Rightarrow n = \left[\frac{N \times (Z_{\alpha/2} + Z_\beta) \times SD(x)}{TM - EM}\right]^2$$

有些教科書列示之公式與上式略有不同，但實質是一樣的，其公式為：

$$n = \left[\frac{N \times (Z_{\alpha/2}) \times SD(x)}{(TM - EM) \times R}\right]^2$$

其中 R 稱之為擴張因子或抽樣風險限額對可容忍不實表達之比率 (ratio of desired allowance for sampling risk to tolerable misstatement)，其實 R 就是 $[Z_{\alpha/2}/(Z_{\alpha/2} + Z_\beta)]$，其實這兩個公式是完全一樣，只是後列的表達方式似乎增加不必要的複雜性。

2. 比率估計法

誠如前述，三種傳統變量抽樣方法都是以常態分配為基礎，所以比率估計法樣本量決定的邏輯與差額估計法完全一樣，只要將圖表 10.13 的 x 定義改成錯誤率 $[x = (BV-AV)/BV]$ 即可。比率估計法樣本量決定公式的推導列示如下：

當 $x_i = (BV_i - AV_i)/BV_i$ 時，即為比率估計法。

$$b = E(\bar{x}) + Z_{\alpha/2} \times SD(\bar{x}) = E(\bar{x}') - Z_\beta \times SD(\bar{x}')$$
$$\Rightarrow (E(\bar{x}') - E(\bar{x})) = SD(\bar{x})(Z_{\alpha/2} + Z_\beta) \text{ (假設 } SD(\bar{x}) = SD(\bar{x}') \text{)}$$
$$\Rightarrow BV(E(\bar{x}') - E(\bar{x})) = BV\left[SD(x)/\sqrt{n}\right] \times (Z_{\alpha/2} + Z_\beta)$$

$$\Rightarrow TM - EM = BV\left[SD(x)/\sqrt{n}\right] \times (Z_{\alpha/2} + Z_{\beta})$$

$$\Rightarrow n = \left[\frac{BV \times (Z_{\alpha/2} + Z_{\beta}) \times SD(x)}{TM - EM}\right]^2 \text{ 或 } \left(n = \left[\frac{BV \times (Z_{\alpha/2}) \times SD(x)}{(TM - EM) \times R}\right]^2\right)$$

3. 單位平均估計法

單位平均估計法樣本量決定的邏輯亦與差額估計法完全一樣，只要將圖表 10.13 的 x 定義改成查核值 ($x=AV$) 即可。單位平均估計法樣本量決定公式的推導列示如下：

當 $x_i = AV_i$ 時，即為單位平均估計法。

$$b = E(\overline{x}) + Z_{\alpha/2} \times SD(\overline{x}) = E(\overline{x}') - Z_{\beta} \times SD(\overline{x}')$$

$$\Rightarrow (E(\overline{x}') - E(\overline{x})) = SD(\overline{x})(Z_{\alpha/2} + Z_{\beta}) \text{ (假設 } SD(\overline{x}) = SD(\overline{x}'))$$

$$\Rightarrow N(E(\overline{x}') - E(\overline{x})) = N\left[SD(x)/\sqrt{n}\right] \times (Z_{\alpha/2} + Z_{\beta})$$

$$\Rightarrow TM = N\left[SD(x)/\sqrt{n}\right] \times (Z_{\alpha/2} + Z_{\beta})$$

$$\Rightarrow n = \left[\frac{N \times (Z_{\alpha/2} + Z_{\beta}) \times SD(x)}{TM}\right]^2 \text{ 或 } \left(n = \left[\frac{N \times (Z_{\alpha/2}) \times SD(x)}{(TM) \times R}\right]^2\right)$$

本章習題

選擇題

1. 當查核人員於進行證實測試時，若使用非統計抽樣，則下列何者無法執行？
   (A) 抽出具有代表性的樣本
   (B) 對母體作出一個點估計的預測
   (C) 使用機率的方法，衡量點估計的精確度範圍
   (D) 使用分層抽樣的方式選取樣本

2. 下列有關「機率與金額大小成比例抽樣」(probability-proportional-to-size sampling, PPS) 的敘述，何者正確？
   (A) 樣本的分配必須趨近於常態分配 (normal distribution)
   (B) 高估的科目餘額被選取為樣本的機率，較低估的科目餘額為低
   (C) 會計師藉由抽樣計畫中明確定義「不當接受險 (risk of incorrect acceptance)」的大小來控制該風險
   (D) 抽樣區間 (sampling interval) 的計算方式，為母體 (population) 中的實體單位數 (the number of physical units) 除以樣本大小 (sample size)

3. 查核人員有時須估計金額。在下列何種情況，並不適合採用比率估計法 (ratio estimation)？
   (A) 總分類帳及其明細分類帳各科目之餘額皆已知
   (B) 母體中各樣本單位之帳面金額未知
   (C) 母體中有許多樣本單位之查核金額，與帳面金額間有差異
   (D) 樣本單位之查核金額，與其帳面金額約略呈比率之關係

4. 下列有關機率與金額大小成比例抽樣方法 (probability-proportional-to-size sampling, PPS) 之敘述，何者正確？
   (A) 母體之分配近於常態分配
   (B) 高估項目較易被發現
   (C) 低估項目較易被抽中
   (D) 誤差比例越大之項目，被抽中機率越大

5. 下列何者最能描述出「機率與金額大小成比例抽樣」(probability-proportional-to-size sampling, PPS) 的先天限制？
   (A) 只適用於資產類科目的證實測試，不適用於負債類科目
   (B) 程序複雜，且須使用電腦來計算，如無電腦，不可能採用

(C) 錯誤率須較大，且所有誤述都須是同向的錯誤，例如，全部高估或全部低估
(D) 錯誤率須較小

6. 正東會計師查核承德公司，該公司共有 5,000 戶應收帳款，帳列金額總數為 $9,375,000；會計師依其專業判斷抽查 200 戶，結果樣本查核數為 $475,000，帳列數為 $500,000。假設錯誤重大標準為 $500,000，試問依「比率推估法」(Ratio Estimation) 推估母體列帳錯誤數，下列敘述何者正確？
   (A) 母體列帳錯誤數 $468,750
   (B) 母體列帳錯誤數 $475,000
   (C) 母體列帳錯誤數 $500,000
   (D) 母體列帳錯誤數 $625,000

7. 分層抽樣通常可被應用於差額估計法、比率估計法及平均每單位估計法，但下列那一種抽樣方法，最常使用分層抽樣？
   (A) 比率估計法
   (B) 顯現抽樣
   (C) 平均每單位估計法
   (D) 差額估計法

8. 機率與大小成比例抽樣方法較適用在下列何種情況？
   (A) 資產帳戶餘額有零的情形
   (B) 抽樣單位的帳面價值未知
   (C) 資產帳戶餘額有高估的情形
   (D) 負債帳戶餘額有被低估的情形

9. 下列何項因素無法減少機率與大小成比例抽樣 (PPS) 樣本量？
   (A) 破產的可能性高
   (B) 交易證實測試中未發現例外情形
   (C) 內部控制有效
   (D) 執行分析性程序未發現可能的錯誤

10. 使用單位平均估計之統計抽樣，以驗證期末應付帳款餘額 $10,000,000 (4,100 個帳戶)，查核人員抽出 200 個帳戶，帳面總額為 $500,000，經查核結果為 $600,000，請問查核人員推估期末應付帳款餘額為何？
    (A) $12,300,000
    (B) $12,000,000
    (C) $10,250,000
    (D) $10,100,000

11. 根據過去的查核經驗，A 公司之控制不佳，使得應收帳款常有錯誤發生，高估或低估的錯誤型態均有，且錯誤型態係屬隨機性。試問查核人員適宜採用那一種統計抽樣方法？
    (A) 平均單位估計法
    (B) 差額估計法
    (C) 比率估計法
    (D) 機率比例大小抽樣

12. 元單位抽樣 (monetary unit sampling) 與傳統變量抽樣 (classical variable sampling) 之比較，下列敘述何者錯誤？
    (A) 樣本量之決定，變量抽樣須考量誤拒風險 (the acceptable risk of incorrect rejection) 而元單位抽樣不用

(B) 樣本分層之特性，元單位抽樣優於變量抽樣
(C) 微量高估錯誤之偵查，元單位抽樣優於變量抽樣
(D) 常態分配，均適用於元單位抽樣與變量抽樣

13. 受查公司共有 2,000 戶應收帳款，其帳列總數為 $3,500,000。會計師依其專業判斷抽查了其中的 100 戶，查核數為 $190,000，帳列數為 $200,000。應收帳款可容忍錯誤金額為 $200,000，若依比率推估法來推估母體列帳錯誤數，以下敘述何者正確？
    (A) 母體列帳錯誤推估數為 $175,000
    (B) 母體列帳錯誤推估數為 $200,000
    (C) 母體列帳錯誤推估數為 $250,000
    (D) 會計師應要求受查公司入帳調整所有錯誤，才可簽發無保留意見

14. 應收帳款帳載金額為 $4,000,000，查核人員採用機率與金額大小成比例抽樣 (PPS)，抽樣區間為 20,000，若抽查結果發現三項錯誤，分別為帳面金額 $25,000，查定金額為 $15,000；帳面金額 $10,000，查定金額為 $7,000 及帳面金額 $5,000，查定金額為 $4,000。則應收帳款的估計總錯誤金額為若干？
    (A) $14,000   (B) $15,000
    (C) $18,000   (D) $20,000

15. 機率與金額大小成比例抽樣法 (PPS) 最適合測試下列何種情況？
    (A) 應收帳款低估   (B) 應收帳款高估
    (C) 應付帳款低估   (D) 應付帳款為負數

16. 目前常用於證實測試的統計抽樣方法，有比率估計法 (ratio estimation) 等多種。查核人員查核正華公司，該公司共有 15,000 筆應收帳款，帳列金額總數為 $5,850,000；查核人員依其專業判斷抽查 1,500 筆，結果為：樣本查核數為 $570,000，帳列數為 $585,000。假設錯誤重大標準為 $300,000，請問以「比率推估法」推估母體列帳錯誤數，下列敘述何者正確？
    (A) 母體列帳錯誤數 $390   (B) 母體列帳錯誤數 $15,000
    (C) 母體列帳錯誤數 $150,000   (D) 母體列帳錯誤數 $300,000

17. 下列對於機率與金額大小成比例抽樣法之敘述，何者錯誤？
    (A) 主要在測試某帳載科目餘額高估的情形
    (B) 適用於母體帳戶餘額為負數或零的情形
    (C) 抽樣單位為母體的每一元，且每一元被抽選的機會相同
    (D) 運用屬性抽樣的原理

問答題

1. 運用在證實測試的統計抽樣可分為機率與金額大小成比率法 (sampling with probability proportional to size, *PPS*) 及傳統的變量抽樣 (classic variable sampling)，而傳統的變量抽樣常用的方法又可分為：單位平均估計法 (mean per unit estimate)、差額估計法 (difference estimate) 及比率估計法 (ratio estimate)。請回答下列關上述兩類抽樣方法之問題：(13%)
   (1) 查核人員決定選擇 *PPS*，而不選擇傳統的變量抽樣的考量因素為何？
   (2) 如果查核人員判斷 *PPS* 並不適合，決定使用傳統變量抽樣法進行抽樣，在使用單位平均估計法、差額估計法及比率估計法時，所需的資料查核人員皆可取得的情況下，那一種方法通常比較沒有效率？為什麼？

2. 請回答下列有關統計抽樣的問題：
   (1) 在證實測試所使用的統計抽樣方法中，大體上可以分為屬性抽樣之機率與金額大小成比率法 (sampling with probability proportional to size, *PPS*) 及傳統變量抽樣法 (包括單位平均估計法、差額估計法及比率估計法)。請說明影響查核人員決定使用 *PPS* 或傳統變量抽樣法的主要因素為何？請以條列方式回答，否則不予計分。
   (2) 由於控制的缺失，在函證應收帳款的過程中，發現許多應收帳款明細帳出現高估及低估的錯誤，而且有帳面金額越大，錯誤金額越大的現象。在可使用的統計抽樣方法中：*PPS*、單位平均估計法、差額估計法及比率估計法，你建議使用那一種方法最適當，其理由為何？
   (3) 選取樣本的方法有系統抽樣 (systematic sampling) 及亂數號碼隨機抽樣 (random number sampling) 兩種。請問影響查核人員選擇使用那一種選樣方式的決定因素為何？

3. 張三是會計師事務所合夥人，其負責之主要業務之一，為新進查核人員的職前訓練。當他在指導新進人員如何操作電腦進行證實測試的統計抽樣時，發現新進人員雖然在操作電腦上沒有太大的問題，但對於如何選擇適當的統計抽樣方法，常感困惑不已。於是張三便擬定下列四個個案，希望新進人員能夠瞭解在不同的情況下，如何選擇最適當的抽樣方法。

   個案 1：
   　　受查公司係以定期盤存制記錄存貨，根據過去的查核經驗，存貨項目常有錯誤發生，而錯誤的型態則多屬高估的錯誤。查核人員想要瞭解受查公司存貨是否有重大高估的情況。

   個案 2：
   　　受查公司會計資訊系統已電腦化，包括應收帳款明細帳的管理。查核人員想要瞭解受查者應收帳款是否有重大的錯誤，根據過去的查核經驗，由於控制的問題，使得顧客應收帳款常有錯誤發生，錯誤的型態則高估或低估的情況都有，而且高估或低估的金

額，與應收帳款的帳面金額有呈正比的傾向。而今年在評估受查公司之控制時，上述問題仍然存在。

個案 3：

受查公司會計資訊系統已電腦化，包括應收帳款明細帳的管理。查核人員想要瞭解受查者應收帳款是否有重大的錯誤，根據過去的查核經驗，由於內部控制相當健全，使得顧客應收帳款鮮少發生錯誤，如果有錯誤發生，錯誤的型態則多屬高估，但高估金額，與應收帳款的帳面金額並沒任何的關聯性。

個案 4：

受查公司由於控制銷貨交易的內部控制有若干的瑕疵，可能會造成銷貨收入的記錄常發生高估銷貨金額的錯誤，但高估金額，與每筆銷貨收入的帳面金額並沒任何的關聯性。查核人員想要瞭解受查公司銷貨收入是否有重大高估的情況。

目前常用於證實測試的統計抽樣方法有機率與金額大小成比例法 (sampling with probability proportional to size, PPS)、單位平均估計法 (mean per unit estimate)、差額估計法 (difference estimate) 及比率估計法 (ratio estimate)。請為上述四個個案選擇最適當的抽樣方法，並說明理由。作答時，請依照下列格式回答，否則不予計分。

個案	抽樣方法	理　　由
1		
2		
3		
4		

4. 請回答下列有關審計抽樣之問題：

(1) 根據我國審計準則之規範，查核人員運用專業判斷設計查核樣本時，須考慮之項目中，除了「可容忍誤差」之外，還有那幾項？並請針對「可容忍誤差」，說明其與查核樣本量之關係，以及在執行控制測試時與證實測試時的涵義為何？

(2) 甲審計員考慮採用機率與金額大小成比例 (probability-proportional-to-size, PPS) 進行審計抽樣，測試期末應收帳款是否高估，相關查核資訊如下，試問甲審計員應選取之樣本量、選樣區間 (sampling interval) 各為多少？

母體金額 (應收帳款期末帳面值)＝$3,200,000；

信賴因子 (reliability factor)＝3 (帳款高估次數為零、誤受險為 5%)；

可容忍誤差 (tolerable misstatement)＝$270,000；

預期誤差 (expected misstatement)＝$18,750；

擴張因子 (expansion factor)＝1.6 (誤受險為 5%)。

Chapter 11 資訊科技對查核工作的影響

11.1 前言

　　隨著資訊科技 (information technology, IT) 的發達，企業將 IT 運用在會計資訊的處理，甚至企業所有的營運流程 (包括內部控制制度的執行) 已相當普遍。第五章至第十章有關查核的規劃及執行之討論，基本上係假設受查者會計資訊的處理及內部控制制度的執行多由人工作業完成。但當受查者會計資訊的處理及內部控制制度之控制高度電腦化後，許多交易將由電腦自動執行，可觀察的交易軌跡可能只存續短暫的時間或只存在某一階段。在 IT 環境下，雖然查核工作的目的、規劃、範圍及查核方法的邏輯與人工作業環境下類似，但因受查者處理、儲存資訊之方式會因使用 IT 而改變，進而影響其會計資訊系統及內部控制制度，對查核人員的查核策略及所使用之查核程序卻有重大的影響。因此，本章將討論受查者於營運流程採用 IT 時，對查核工作所產生的影響及因應。

　　IT 對查核工作所產生的影響程度，端視受查者電腦化的程度。有些受查者僅利用 IT 從事部分的作業，如會計資訊的處理，並沒有將其運用到各個營運流程中 (包括內部控制制度)。在此情況下，IT 之運用可能對於查核軌跡並未產生重大影響，查核人員之查核過程與人工作業系統之查核過程並無太大的差異，查核人員可能採取繞過電腦審計 (auditing around the computer) 的方式進行查核。所謂繞過電腦審計係指，查核過程中查核人員透過比對輸入 (input) 及輸出 (output) 之資料以取得足夠及適切的查核證據，而不管電腦系統如何控制及處理資訊。但有些受查者則將其各個營運流程 (包括內部控制制度) 高度整合於 IT，由電腦自動控制 (automated control)，例如，受查者採用複雜的企業資源規劃系統[1] (Enterprise Resource Planning, ERP)。在此情況下，傳統人工作業系統所呈現之查核軌跡將大部分消失，查核人員幾乎無法僅藉由比對輸入及輸出資料即可取得足夠及適切的查核證據。因此，查核人員必須評估 IT 環境可靠度及正確性，方能確認 IT

---

[1] 企業資源規劃系統，是一個以會計為導向的資訊系統，利用模組化的方式，用來接收、製造、運送和結算客戶訂單所需的整個企業資源，將原本企業功能導向的組織部門轉化為流程導向的作業整合，進而將企業營運的資料，轉化為使經營決策能更加明快，並依據強調資料一致性、即時性及整體性的有效資訊。整個企業資源包含了生產、配銷、人力資源、研發、財務等企業各功能性部門的作業。

所產生之資訊的正確性、完整性及有效性，此即所謂的**透過電腦審計** (auditing through the computer)；換言之，當受查者將其營運流程以 IT 高度整合後，繞過電腦審計並不是一個適當的查核方式，透過電腦審計應是較為適當的查核方式。在透過電腦審計下，查核人員於規劃風險評估流程時，即須對受查者之 IT 環境進行額外的瞭解，以辨認並評估受查者使用 IT 之風險，並辨認因應該等風險之控制。此外，由於受查者資訊流程及資料的儲存多以電子方式進行，查核人員於瞭解受查者及其環境、適用之財務報導架構及內部控制制度，以及執行進一步查核程序 (包括控制測試及證實程序) 時，可使用自動化工具及技術，包括電腦輔助查核技術 (computer-assisted audit techniques, CAATs)，協助查核工作的執行，以提升查核的效率及效果。對受查者複雜 IT 系統的瞭解及評估涉及 IT 領域的專業技能，大型會計師事務所多聘任 IT 專業人員負責相關的瞭解及評估，經 IT 專業團隊評估後，再由查核人員根據其評估結果進行查核工作的規劃執行。惟查核人員仍應對 IT 及其對查核工作的影響有基本瞭解，否則將難以執行其查核工作。

　　由於受查者之營運流程如未高度整合於 IT，查核人員可採取繞過電腦審計方式進行查核，其查核過程與人工作業系統之查核過程並無太大的差異。因此，本章的重點將著重於探討當受查者之營運流程 (包括會資訊系統及內部控制制度) 高整合於 IT 中，查核人員將以透過電腦審計的方式進行查核的規劃及執行。惟須強調的是，儘管受查者高度採用 IT 對查核工作有重大影響，惟第五章至第十章有關查核的規劃及執行之討論仍是適用的。因此，本章除了在 11.2 節先簡要說明 IT 對查核工作的影響外，後續各節的架構將依序說明在風險評估程序及進一步查核 (包括控制測試及證實) 各階段因 IT 所作額外之考量及因應。

11.2　資訊科技環境及使用資訊科技對查核工作的影響

　　當受查者之營運模式整合 IT 的程度係屬高度且複雜時 (例如採用大型或複雜之 ERP)，查核人員即須對受查者的資訊科技環境取得瞭解，並評估資訊科技環境各層面使用資訊科技可能產生的重大不實表達風險 (即使用 IT 之風險)。**所謂資訊科技環境係指：企業用以支持營運及達成經營策略之資訊科技應用系統、資訊科技基礎架構、資訊科技流程及該等流程中所涉及之人員**。茲就上三述個層面說明如下 (與財務報表查核攸關)：

1. 資訊科技**應用系統** (簡稱應用系統) 係指一項程式或一組程式，用於交易或資訊之啟動、處理、記錄及報導。應用系統包括資料倉儲及報表編輯器。
2. 資訊科技**基礎架構**包含網路、作業系統及資料庫，以及與前述相關之硬體及軟體。
3. 資訊科技**流程**係企業管理資訊科技環境之存取、管理程式之修改或資訊科技環境之變動及管理資訊科技運作之流程。

受查者之內部控制制度包括人工作業及自動化作業(即受查者內部控制制度使用人工控制、自動化控制及其他資源),人工作業及自動化作業之組合運用的程度,依受查者使用 IT 環境之性質及複雜性而有所不同。受查者 IT 之使用影響與財務報表編製攸關之資訊處理、儲存及溝通之方式,因而影響受查者內部控制制度設計及付諸實行之方式。因此,對財務報表查核工作而言,受查者之營運模式高度整合 IT 首先即衝擊其內部控制制度,而受查者每一內部控制制度組成要素皆可能使用某些 IT。因此,本書將於下一節討論在複雜 IT 環境下,辨認並評估重大不實表達風險時,焦點將放在查核人員瞭解其內部控制制度額外須考量的層面(主要包括一般控制及資訊處理控制的討論)。內部控制制度採用 IT 通常有下列好處:

1. 一致採用預定之營運規則,並可於處理大量交易或資料時執行複雜計算。
2. 提升資訊之及時性、可取得性及正確性。
3. 進行更廣泛之資訊分析。
4. 提升其對作業、政策及程序執行之監督能力。
5. 減少控制被規避之風險。
6. 藉由執行應用系統、資料庫及作業系統之安全控制,提升受查者達成有效職能分工之能力。

因此,自動化控制較不易被略過、忽視或踰越,且較不易發生簡單之錯誤,相對於人工控制可能較為可靠。尤其下列情況下,自動化控制相較於人工控制可能更為有效:

1. 大量且經常發生之交易。
2. 能透過自動化預防或偵出並改正可預期錯誤之情況。
3. 當執行控制之具體方式能被適當設計並自動化執行。

然而,受查者之營運模式高度整合 IT 後,亦有可能產生使用 IT 之風險。所謂使用 IT 之風險係指資訊處理控制 (information processing controls,有關資訊處理控制之討論請詳 11.3.2.2 小節) 發生設計或執行無效之可能性,抑或因企業於資訊科技流程中控制(即一般控制,參見 11.3.2.1 小節)之設計或執行無效,而對資訊系統中交易及其他資訊之完整性、正確性及有效性 (integrity of information) 所產生之風險。該等使用 IT 之風險主要源自下列原因:

1. 硬體與軟體之風險。IT 主要是由硬體及軟體所構成,硬體很可能不當使用、維護不良、意外(火災、水災、停電)或人為蓄意破壞而無法運作,軟體的開發及維護可能因設計不良或人為蓄意的植入未被授權的程式而發生系統性的錯誤或舞弊。
2. 未經授權資料存取之風險。以 IT 為基礎之資訊系統,通常透過線上 (online) 存取主檔

中之電子資料及程式。未經授權存取(包括與內部或外部單位未經授權存取有關之風險)資料可能導致資料毀損或不適當更改,包括記錄未經授權或不存在之交易,或未正確記錄交易。如多位使用者皆可自同一資料庫存取資料,亦可能產生資料毀損或不適當更改之風險。未經授權存取可能。

3. 資訊人員之存取權限如超過其職務所需,可能破壞職能分工。職能分工不當可能造成未經授權更改主檔之資料、應用系統或資訊科技環境之其他層面。

4. 資料可能遺失或無法存取所需資料。隨著 IT 運用的提高,交易由 IT 自動執行的程度即越高,可觀察的查核軌跡就越少,資訊多以電子型式儲存,一旦資訊遺失或無法存取,對企業將造成重大的影響。

因此,在複雜的 IT 環境下,查核人員於規劃及執行風險評估程序時,除了應額外辨認受查者 IT 環境各層面使用 IT 之風險外,亦應進一步辨認因應該等風險之控制(包括一般控制及資訊處理控制)。

綜合上述的說明,受查者 IT 高度整合時,對查核工作可能產生的影響各有利弊。當受查者將 IT 高度運用於各營運流程時,且在可以確保 IT 環境的正確性及可靠性之下,通常具有下列幾項優點:

1. 資訊系統會一致地按預先規範之流程控制及處理,查核時較不必擔心隨機的錯誤或舞弊。
2. 增加資訊的及時性、可取得性與廣泛性,查核人員可利用自動化工具及技術(或 CAATs)處理大量交易的查核或執行複雜的計算,且可節省查核的時間及成本。
3. 提升管理階層監督其作業績效的能力,增加查核人員蒐集查核證據的來源及可靠性。
4. 減少控制被規避的風險,大幅提升查核證據的品質。

然而相反的,受查者可能面臨額外的使用 IT 的風險,使得查核人員於執行查核工作時面對更高的挑戰及困難,甚至導致財務報表是無法查核的情況。

從上述探討 IT 對查核工作的衝擊中不難理解,當受查者將其營運流程與 IT 高度整合後,除了對受查者的固有風險有重大影響外,對內部控制制度亦有重大的影響,而且在高度電腦化之下,對大量且經常發生之交易,查核人員幾乎無法僅依賴證實程序即可取得足夠及適切之查核證據,而必須併用控制測試及證實程序蒐集查核證據(即併用方式)的查核策略。換言之,在高度 IT 整合下,查核人員於執行風險評估程序對受查者及其環境、適用之財務報導架構及內部控制制度進行瞭解時,除了要辨認並評估第七章所討論之層面外,尚須瞭解就受查者之性質、規模及複雜性,評估其 IT 環境是否是適當,並須進一步辨認並評估 IT 環境各層面的風險及因應該等風險之控制。此外,由於可觀察的交易軌跡大多消失,且資訊及交易流皆儲存於記憶體中,查核人員於規劃及執行進一

步查核程序(包括控制測試及證實程序)的性質、時間及範圍亦產生若干的影響。因此，本章後續兩節，將進一步說明在受查者於較複雜的 IT 環境下，查核人員於辨認並評估重大不實表達風險時，額外須辨別及評估的層面及控制，以及對進一步查核程序的影響。

11.3 在複雜 IT 環境下辨認並評估重大不實表達風險時額外之考量

誠如第七章 7.3 節辨認並評估重大不實表達風險所述，查核人員應執行風險評估程序，對受查者及其環境、適用之財務報導架構及內部控制制度進行瞭解，以辨認並評估導因於舞弊或錯誤之整體財務報表及個別項目聲明之重大不實表達風險。惟該節僅約略提及受查者 IT 的使用對上述瞭解層面的影響，較著重於未使用 IT 情況下所進行的風險評估程序。本節將依 7.3 節的架構，討論在受查者營運流程高度整合於 IT 的環境下，查核人員在瞭解受查者及其環境、適用之財務報導架構及內部控制制度時，除了依 7.3 節規劃並執行風險評估程序瞭解相關層面外，尚須額外進行之瞭解及評估。

此外，在 IT 環境下，由於資訊流及資料多以電子形式在資訊系統中流動及儲存，查核人員於執行風險評估程序時，通常可使用自動化工具及技術，對大量資料(來自總帳、明細帳或其他營運資料)進行分析；或用以瞭解交易流及資訊處理，以作為瞭解資訊系統所執行程序之一部分。例如，查核人員於執行分析性程序時，可使用試算表執行實際帳載金額與預算金額之比較，或可自受查者之資訊系統擷取資料執行更進階之程序，並以視覺化技術分析該等資料，以辨認可能須進一步執行特定風險評估程序之交易類別、科目餘額或揭露事項。此外，自動化工具及技術亦可用於觀察或檢查特定資產，如透過使用遠端觀察工具(例如無人機等)。查核人員於瞭解受查者資訊系統時，亦可使用自動化技術，直接下載受查者儲存於資料庫中之交易紀錄，並對該等資訊使用自動化工具或技術，追蹤與特定交易或全部交易有關之會計分錄或其他數位紀錄(自會計紀錄之啟動至總帳之紀錄)，以確認其對交易如何於資訊系統中流動所取得之瞭解，亦可能因此辨認出該等交易之重大不實表達風險。

由於受查者的電腦作業系統的型態會影響使用 IT 風險的程度及控制的方式，故在進行相關說明之前，先簡要概述主要兩種電腦作業系統的特性。一般而言，電腦作業系統可分類為線上即時作業系統 (online-real-time operation system) 及批次處理作業系統 (batch operation system)。對查核工作而言，線上即時作業系統係指交易發生時，受查者必須立刻輸入該交易相關的資訊，而且電腦會立即更新主檔 (master files) 中的資訊。例如，銀行的存提款作業系統，當發生客戶存款或提款交易時，銀行人員必須立刻將存款或提款交易輸入電腦，且立刻更新該客戶的存款餘額。而所謂批次處理作業系統係指交易發生

時，受查者並未立刻輸入該交易相關的資訊，而是等到累計一定筆數(一個批次)後，再整批輸入電腦建立一個交易檔(transaction file)，俟確認該交易檔無誤後，再一併更新主檔中的資訊；或是交易發生時立刻輸入電腦建立一個交易檔，俟交易檔累計一定筆數並確認無誤後，再一併更新主檔中的資訊。例如，受查者將當日賒銷交易俟當日營業結束後，才一併輸入電腦，建立當日賒銷交易檔，俟檢查該交易檔無誤後，再一併更新前一日之銷貨及應收帳款主檔，以產生當日最新的銷貨及應收帳款資訊。

從上述兩種作業系統的特徵可知，由於線上即時作業系統於交易一發生須立即輸入電腦並更新主檔，因此交易未經授權、輸入錯誤造成主檔資訊不實表達的風險較高。而批次處理作業系統由於交易發生時不會立即輸入電腦，或即使立即輸入電腦，但不會立即更新主檔。因此，受查者有較充裕的時間檢查每一筆交易是否經適當的授權及核准、資訊是否正確輸入(包括重複輸入或遺漏)，經確認無誤後再更新主檔。因此，兩種作業系統在防止、偵測及更正錯誤及舞弊的控制機制不會完全一樣。此外，線上即時作業系統通常必須保持持續運作的狀態，且主檔資訊必須維持最即時的狀態。例如，因存款戶可透過提款機隨時存提款，因此銀行的存提款系統必須維持 24 小時運作，各存戶存款餘額維持最即時狀態是非常重要的。查核人員在測試該系統時，受查者不可能讓系統暫停運作，以便讓查核人員進行測試，更不允許查核人員將一些虛擬的測試資料(test data)輸入電腦而污染主檔的資料。然而，在批次處理作業系統下，受查者通常可暫停電腦系統讓查核人員進行測試，也可能願意讓查核人員以測試資料測試電腦系統，待測試後再清除測試資料。因此，讀者在閱讀後續各小節內容時，宜留意不同作業系統對各種控制機制及 CAATs 運用上的適用性。

11.3.1 在瞭解受查者及其環境方面額外須瞭解的事項

依 7.3 節的架構，首先說明在瞭解受查者及其環境方面，查核人員除了須瞭解 7.3.3 節之相關層面外，可能尚須瞭解下列事項：

1. 受查者 IT 部門在受查者整體組織架構的定位及職權。IT 部門在受查者整體組織中的定位，涉及 IT 職能之行政管理，可能因受查者之性質、規模及複雜性而異，當受查者已高度電腦化後，IT 職能之行政管理是非常重要的。受查者對於 IT 重要性之認知，通常會反映在 IT 部門於受查者整體組織中的定位，進而決定管理階層與治理單位之監督、資源分配及其對重要 IT 決策的參與程度。在較複雜且高度電腦化的受查者，管理階層往往會設立 IT 指導委員會(IT steering committee)，以協助監控組織對於資訊科技之需求。在較不複雜的組織中，董事會可能會設置資訊長(chief information officer, CIO)或高階經理人管理 IT 部門之業務。然而，如果受查者將 IT 部門隸屬於其他職能之下，或授權給位階較低之職員，或委由外部顧問公司代為執行，則可能反映 IT 職能

在受查者心目中之優先性不高，使得資源分配不足，進而導致負責 IT 職能之人員編制不足，進而產生較高的使用 IT 的風險。

2. IT 環境的架構及複雜性。IT 環境係包括企業用以支持營運及達成經營策略之資訊科技應用系統、資訊科技基礎架構、資訊科技流程及該等流程中所涉及之人員。查核人員應瞭解 IT 環境的架構及複雜性程度是否與受查者性質、規模及複雜性相稱，並評估 IT 環境的架構及複雜性程度而導致之使用 IT 風險。例如，受查者是否委由第三方管理其 IT 環境，或於集團內採行共用之服務中心以集中管理其 IT 流程；受查者是否於不同業務中存有多種舊有之 IT 系統，而該等系統未妥善整合而導致複雜之 IT 環境及較高之使用 IT 風險；受查者可能使用新興科技(例如區塊鏈、機器人技術或人工智慧)，因該等科技可能對增進營運效率或強化財務報導提供機會。當受查者使用新興科技於與財務報表編製攸關之資訊系統，查核人員於辨認受使用 IT 風險影響之應用系統及資訊科技環境之其他層面時，宜將該等科技納入考量。透過瞭解受查者資訊科技環境之性質及複雜性，包括資訊處理控制之性質及範圍，查核人員可確認受查者係依賴何種應用系統，以正確處理並維持財務資訊之完整性、正確性及有效性。辨認受查者所依賴之應用系統，可能影響查核人員是否測試該等應用系統中之自動化控制(假設該等自動化控制係因應所辨認之重大不實表達風險)。反之，如受查者未依賴某應用系統，查核人員對該應用系統中自動化控制執行有效性之測試，則可能不太適當或攸關。

3. 受查者營運模式依賴 IT 的現況。每一受查者的營運模式及依賴 IT 的程度不盡相同，進而產生之營運風險亦有所不同。例如，受查者之銷貨模式包括實體店面銷售及線上銷售兩種方式，此兩種銷貨模式所依賴之 IT 方式不同，前者可能使用先進之庫存及銷售點系統(point of sale, POS)，而後者可能透過網站啟動交易，致使所有線上銷售交易係於 IT 環境中處理，因而兩者所產生之營運風險亦有所不同，進而影響查核人員對重大不實表達風險的辨認及評估。

11.3.2 在瞭解受查者內部控制制度方面額外須瞭解的事項

不論在自動化作業系統或人工作業系統，查核人員瞭解內部控制制度時仍應涵蓋五大組成要素：控制環境、受查者之風險評估流程、受查者監督內部控制制度之流程、資訊系統及溝通、控制作業。在複雜的 IT 環境下，查核人員除了針對 7.3.4.2 對內部控制制度的組成要素取得瞭解外，尚須額外瞭解之事項亦相當廣泛。由於內部控制制度五大要素相互關聯，因受查者 IT 的採用，查核人員對各組成要素額外須瞭解的事項，亦具有高度的關聯性，故本書不針對各組成要素分別敘述查核人員須瞭解的事項。

一般而言，在複雜的 IT 環境下，查核人員藉由風險評估程序辨認並評估受查者使用 IT 之風險後，應進一步辨認其因應該等風險之控制。因應該等風險之控制可分為兩類：

IT 一般控制 (IT general controls，簡稱一般控制) 及資訊處理控制 (information processing control)(有些審計教科書將資訊處理控制稱為應用控制 (application control))。所謂的一般控制 (general controls) 係指，對企業 IT 流程之控制，該等控制支持企業 IT 環境之持續適當運作，包括企業資訊系統中資訊處理控制之持續有效執行及資訊之完整性、正確性及有效性。一般控制主要涉及的層面為 IT 部門之組織分工、軟體 (程式) 的開發及維護、確保電腦硬體運作正常 (如避免當機)、避免未經授權之人員使用軟硬體及資料 (使用控制)、資訊保存的安全性等。而所謂的資訊處理控制則係指，於企業資訊系統中，與應用系統或人工資訊流程之資訊處理有關之控制，該等控制直接因應與交易及其他資訊之完整性、正確性及有效性有關之風險。該等控制主要在確保應用於各別營運流程 (如銷貨、採購、薪工、生產、倉儲、現金收款及支付等流程) 之控制 (包括自動化控制及人工控制)，於交易資訊輸入 (input)、處理 (processing) 及輸出 (output) 階段能防止、偵出及更正錯誤或舞弊。由上述的說明可知，一般控制主要為間接控制，為資訊處理控制的有效性的基礎，而資訊處理控制主要為直接控制。

因此，一般而言，查核人員會先行瞭解受查者之一般控制，該瞭解可能影響查核人員下列決策：

1. 是否測試因應個別項目聲明重大不實表達風險之控制 (例如，應用系統中自動化控制) 執行有效性之決定。例如，當一般控制未能有效設計或適當執行以因應使用資訊科技之風險時 (如控制並未適當預防或偵出未經授權之程式修改或未經授權存取應用系統)，可能影響查核人員是否信賴受影響之應用系統中自動化控制 (即資訊處理控制中之自動化控制) 之決定。

2. 對個別項目聲明控制風險之評估。例如，資訊處理控制之執行是否持續有效，可能取決於特定一般控制，該等一般控制係用以預防或偵出未經授權對資訊處理控制進行程式修改 (亦即對相關應用系統之程式修改控制)。於此情況下，對一般控制是否有效執行之預期，可能影響查核人員對控制風險之評估 (當查核人員預期該一般控制無效或未規劃測試該一般控制時，控制風險可能較高)。

3. 對受查者應用系統所產生 (包括自該系統取得) 資訊之測試策略。當擬作為查核證據之資訊係由受查者之應用系統所產生時，查核人員可能決定對系統所產生報表之控制 (該等控制係因應不適當或未經授權之程式修改或對報表之資料直接修改之風險) 執行測試。

4. 對個別項目聲明固有風險之評估。例如，當受查者為因應適用之財務報導架構新發布或修訂之規定，而對應用系統進行重大或廣泛之程式修改時，此可能顯示新規定及其對財務報表之影響具複雜性。當發生此種廣泛之程式或資料修改，可能影響查核人員對個別項目聲明固有風險之評估。

5. 對進一步查核程序之設計。如資訊處理控制依賴一般控制，查核人員可能決定測試該等一般控制之執行有效性，因而須對該等一般控制設計控制測試。如於相同情況下，查核人員決定不測試一般控制執行之有效性或預期該等一般控制無效時，則可能須經由證實程序之設計，以因應使用 IT 所產生之相關風險。然而，當該等風險係屬僅執行證實程序無法取得足夠及適切查核證據之風險時，僅執行證實程序將無法因應使用資訊科技之風險，於此情況下，查核人員可能須考量此對查核意見之影響。

以下針對一般控制及資訊處理控制做進一步的說明。

11.3.2.1　一般控制

誠如前述，一般控制主要在確保電腦軟硬體的正常運作、使用控制 (access control) 及資訊保全，但要評估受查者一般控制是否能確保上述目的的達成，查核人員通常須瞭解受查者下列事項：IT 部門之職能分工、程式的開發及維護、硬體的維護、使用控制及資訊保全相關的政策及程序。茲分別說明如下：

1. IT 部門之職能分工

誠如 11.2 節所述，在複雜 IT 環境下，傳統人工作業系統的職能分工已不可能，因為相關作業及控制多由電腦自動執行。此時，查核人員瞭解及評估的事項(與控制環境有關)將著重於 IT 之管理組織架構及所配置之資源，以及對 IT 之治理是否與受查者之性質、複雜性及營運活動相稱。例如，受查者是否對適當之 IT 環境及必要之強化措施進行投資，或是否已聘僱足夠且具適當技能之人員，以及 IT 部門之職能分工是否適當以確保資訊系統發揮應有之職能。

由於受查者將多數之營運流程交由電腦系統自動執行，無法執行人工作業下之職能分工，如何確保資訊系統能發揮應有之職能，IT 部門內的職能分工的適當性是非常關鍵的。IT 部門的規模及職能分工的程度受到許多因素的影響，如受查者規模、整體組織結構的複雜度、營運模式、電腦化的程度等，不是每一受查者都會一樣的。只是 IT 某些職能分工不當，將可能造成使用 IT 之風險大為增加。圖表 11.1 列舉 IT 部門內通常會包括的職能及分工。

從圖表 11.1 的釋例中可知，IT 部門設置資訊長或 IT 經理一人掌管 IT 部門的行政管理工作。依 IT 的職能的性質，將其職能區分成三大類：系統發展 (system development)、作業 (operation) 及資料控制 (data control)。茲分別說明如下：

(1) 系統發展

其職能在於系統的開發及維護，主要是由系統分析師 (systems analysts) 及程式設計師 (programmers) 負責執行該項職能。系統分析師是資訊使用部門 (如行銷、

圖表 11.1　IT 部門之職能及分工

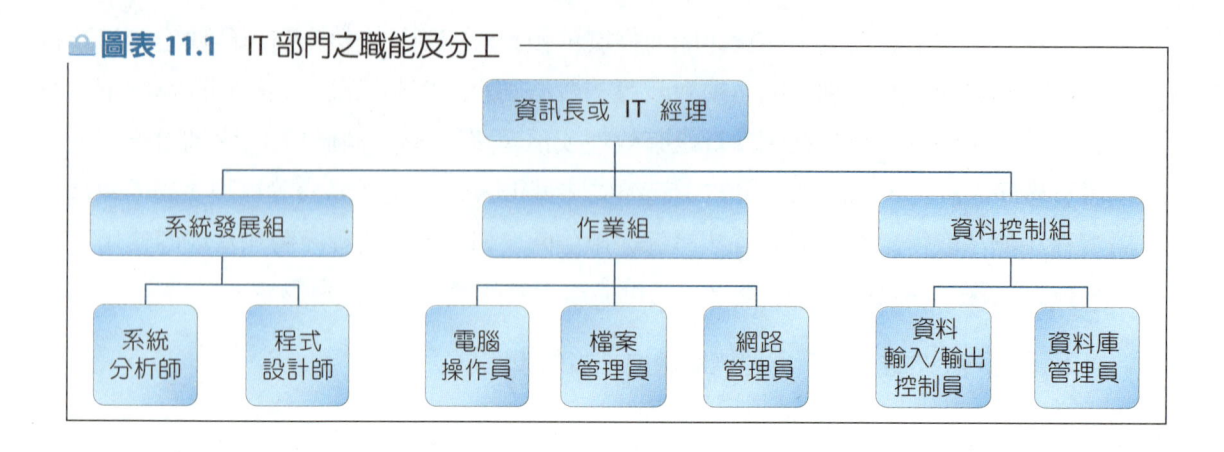

```
                       資訊長或 IT 經理
          ┌───────────────┼───────────────┐
      系統發展組          作業組          資料控制組
       ┌───┴───┐      ┌────┼────┐        ┌───┴───┐
      系統    程式   電腦   檔案   網路   資料      資料庫
      分析師  設計師 操作員 管理員 管理員 輸入/輸出  管理員
                                         控制員
```

生產、財務、會計、人事等部門)與程式設計師之間的橋樑。系統分析師首先會與資訊使用部門溝通，瞭解其對資訊之需求，並依其需求對每一個應用系統做整體之設計，並撰寫成系統說明書。程式設計師再依據系統分析師之系統說明書，就特定應用系統編寫電腦指令(電腦程式)，並撰寫程式說明書及操作手冊。系統分析師亦應負責監督程式設計師程式的撰寫及測試，以確保電腦程式的正確性，並在取得核准後，方得將應用系統上線使用。此外，系統實際上線運作後，尚可能需要做後續的修改或增添(即系統維護)，系統維護的程序與系統開發類似，即由系統分析師負責瞭解後續修改或增添的需求(仍應撰寫系統修改說明書，並更新系統說明書)，並取得系統變更核准後，監督程式設計師後續程式的修改及測試。系統的開發及維護屬高度專業的工作，如將系統分析及程式設計交由同一人執行，系統的開發及維護將缺乏監督的機制，系統發生錯誤或舞弊的風險將大為增加，故宜將系統分析及程式設計職能予以分工。

　　此外，撰寫程式的程式設計師因精通電腦的操作，因此程式設計師不宜被允許輸入資料或執行電腦操作，避免其利用對電腦及程式邏輯之瞭解，在未被授權的情況下修改程式，甚至植入惡意程式謀取個人利益，造成企業重大的損害。也正因為如此，程式設計師在撰寫或維護程式時，僅能在隔離的電腦系統中進行撰寫及測試。待程式測試完畢取得授權後才可裝載至正式的電腦系統中運作，以確保所有軟體均經適當授權。因此，程式設計師不宜同時兼任作業組及資料控制組的職能。

(2) 作業

　　該職能主要負責日常性之電腦操作(非指交易資料輸入之電腦操作)、程式與資料相關檔案的管理，以及網路的管理(若有時)。電腦操作員 (computer operator) 依照資訊長或 IT 經理建立之工作規範執行工作，例如，電腦之開機或關機、程式及檔案之上載 (up load) 或下載 (down load)、使用控制權限的設定及變更、監視電腦螢幕以注意是否出現異常與故障之訊息、障礙排除等工作。檔案管理員 (librarian)

則負責保管電腦程式、交易檔及其他重要的電腦紀錄與文件(如系統說明書、程式設計說明書、操作手冊等)。檔案管理員僅有在經過適當授權後，才能交付所需程式或檔案給電腦操作員或其他人員。例如，僅有在某項工作按排定時程處理時，檔案管理員才會將程式與交易檔交付給電腦操作員；又如僅有在經過高階經理人核准後，檔案管理員才會交付程式與資料給程式設計師進行程式的維護。如企業的電腦系統有提供對外網路的功能，宜增加網路管理的功能，網路管理員 (network administrators) 則負責網路規劃、執行與維護連結使用者至各種應用系統與資料檔案之伺服器網路 (network of servers)，以提升網路的效能，並降低網路所帶來的風險。

(3) 資料控制

該職能旨在確保資料輸入／輸出品質及資料存取的安全性。電腦系統固然帶來許多便利，即使軟體正確無誤，硬體亦相當穩定，亦不能保證電腦產生的資訊正確無誤。俗話稱「垃圾進，垃圾出 (garbage in, garbage out)」正是突顯資料輸入／輸出品質的關鍵性。交易的原始資料多由各資訊使用部門(如業務部、財務部、會計部、生產部、人事部等)輸入，雖然企業會利用各種資訊處理控制的機制(詳見後續有關資訊處理控制之討論)，防止輸入時各種可能的錯誤或舞弊，卻難以完全防止及偵出可能的資料輸入錯誤或舞弊。因此，資料輸入／輸出控制員即在負責獨立查驗資料輸入、處理之品質與輸出之合理性，如有發現錯誤將進一步追蹤加以更正。在高度電腦化後，資料皆儲存於記憶體的資料庫中，一旦因意外或人為而滅失而無備份，將造成重大的損失及影響。資料庫管理員 (database administrators) 即在負責資料庫之操作與存取之安全防護。

值得提醒的是，職能區分之程度取決於組織規模與複雜度，上述的職能分工係假設受查者 IT 職能較為複雜，在許多小型企業中，基於成本效益之考量，其職能分工的方式可能與上述之職能分工並不一樣。

就財務報導而言，受查者 IT 部門適當之職能分工旨在妥善管理 IT 之運作，該管理通常涉及下列流程之控制：
(1) 工作排程：對可能影響財務報導之工作或程式之排程及啟動之存取控制。
(2) 工作監督：監督財務報導之工作或程式成功執行之控制。
(3) 備份及復原：確保財務報導資料係按計畫進行備份之控制，於運作中斷或遭受攻擊時，此資料係可取得且能被存取以及時復原。
(4) 入侵偵測：監督 IT 環境之弱點或入侵之控制。

2. 程式的開發及維護

程式係電腦系統重要的組成要素之一，程式可向外購買軟體或由受查者自行開發軟

體以滿足受查者之需求。當受查者決定向外購買軟體時，查核人員瞭解的重點應著重於所採購的軟體，是否符合受查者之需求，以及啟用新軟體可能帶來的風險。例如，查核人員可能須瞭解採購決策是否由 IT 部門與資訊使用部門之人員共同參與，以提升軟體的實用性及降低實際運作上的困難。此外，新軟體的上線可能會帶來許多風險，如與硬體的相容性可能會造成系統不穩定、人員不熟悉所產生的錯誤、新程式須加以修改 (甚至要配合組織改造) 才能適用等，因此，查核人員應瞭解受查者如何因應該等風險。例如，有些企業一開始僅在組織中的某一部分施行新系統，其他部分則仍然採行舊系統，待系統穩定後，再逐步施行至其他部分〔即所謂的前導測試法或局部測試法 (pilot testing)〕；也有企業先採新、舊系統併行一段時間，俟新系統穩定後再廢棄舊系統〔即所謂的平行測試法 (parallel testing)〕。

　　如果受查者的程式是自行開發及維護，由於該項工作涉及到高度專業的知識，亦考量負責該等工作之人員未來的更替，查核人員瞭解的重點應在受查者授權程式開發及維護的程序控制，以及程式的開發、維護與測試的過程是否有足夠及完整的書面化 (documentation)。例如，查核人員應瞭解受查者如何核准新程式的開發及舊程式的修改；在系統開發及維護時，系統分析師是否撰寫完整及清楚的系統說明書，程式設計師撰寫程式指令時是否撰寫程式說明書及操作手冊；受查者如何進行程式的測試，以及測試後的程式如何管控等。

　　一般而言，管理程式的開發及維護通常涉及下列流程之控制：
(1) 系統之開發、取得或導入：對啟動應用系統開發或導入 (或與 IT 環境之其他層面有關) 之控制。
(2) 變動之管理流程：對變動進行設計、程式撰寫、測試及移轉至正式環境 (即終端使用者環境) 流程之控制。
(3) 變動移轉之職能分工：對進行變動之作業環境及移轉變動至正式環境，區分不同存取權限之控制。
(4) 資料轉換：於開發、導入或升級資訊科技環境時，對資料轉換之控制。

3. 硬體的維護

　　硬體 (hardware) 亦是 IT 重要的組成要素之一，即使軟體是可靠正確的，但硬體如果很容易因許多人為或意外因素而毀損或當機，仍可能會帶來許多使用 IT 的風險。因此，查核人員應瞭解受查者有關硬體的維修計畫及緊急應變措施，例如，非預期之停電、電腦主機房環境的控制 (防塵、恆溫恆濕控制)、減輕火災影響的措施、硬體損壞的因應措施。有時硬體的維護及控制，涉及偵測及顯示設備故障之控制，需要電腦硬體的專業知識，如有必要，查核人員可尋求相關專家之協助。

4. 使用控制

　　即使有良好的軟硬體控制，但如果讓未經授權的人員(包括內、外部人員)使用(接觸)軟硬體，仍可能造成重大的風險。因此，查核人員應瞭解受查者如何防止未經授權的人員使用軟硬體。電腦實體控制 (physical controls) 及線上存取控制 (或稱為邏輯控制) (online access controls or logical control)，是常見用以降低風險之控制。受查者通常會將該等控制形諸書面手冊，並持續監督及執行。所謂實體控制，係指利用一些實體設施阻止未經授權者使用硬體、軟體及儲存於資料庫之資料。例如，利用進出需刷卡之門禁系統、攝影監視器以及僱用保全人員等，阻止未經授權者進出電腦主機房、電腦室、檔案室等。甚至在更先進的保全系統中，透過指紋或視網膜的辨識，才允許其實體接觸軟硬體及檔案資料。所謂線上存取控制，係指以密碼或使用者辨識碼 (user identification code) 才能存取程式及相關資料檔案的控制。此外，加裝額外的安全防護套裝軟體，如防火牆與加密程式等，亦可加強系統之安全性。

　　一般而言，使用控制通常涉及下列管理存取權限之控制：

(1) 身分驗證：確保使用者存取應用系統或 IT 環境之其他層面時，係使用本身登入憑證(即該使用者未使用他人之用戶憑證登入)之控制。

(2) 授權：僅允許使用者能存取其工作職責所需資訊之控制，該控制有助於適當之職能分工。

(3) 新增權限：對授權新使用者及修改現有使用者存取權限之控制。

(4) 移除權限：於離職或調職時移除使用者存取權限之控制。

(5) 特權存取權限 (privileged access)：對具有管理員權限之使用者或具有特權之超級使用者存取權限之控制。

(6) 使用者存取權限之複核：對使用者存取權限之持續授權，定期重新認證或評估之控制。

(7) 資訊安全組態設定控制：每種科技通常具有關鍵組態設定，以協助限制對該環境之存取。

(8) 實體存取：對資料中心及硬體之實體存取控制，因該存取可能會被用以躐越其他控制。

5. 資訊保全

　　前面曾提及在高度電腦化後，資料皆儲存於記憶體中，一旦因意外或人為因素而滅失且無備份，將造成重大的損失及影響。因此，查核人員應瞭解受查者如何因應程式及資料檔案的損壞或遺失。將重要的軟體與資料檔案異地備份是企業最常用的因應措施，以避免人為或天災將軟體與資料檔案及其備份一併滅失。至於備份的頻率及份數，應視資料的重要性、風險及性質而定，查核人員應瞭解受查者之備份方式是否足以因應相關

的風險。近幾年來，雲端儲存技術的發展，可使備份更有效率，成本也更低。

11.3.2.2 資訊處理控制

除了瞭解上述受查者一般控制外，受查者亦可能因使用應用系統而產生使用 IT 之風險，故查核人員對受查者資訊系統之瞭解，將包括於資訊系統中與交易流及資訊處理攸關之 IT 環境。此外，查核人員辨認及評估控制作業中之控制時，應著重於資訊處理控制，該等控制係應用於受查者資訊系統之資訊處理作業中，以直接因應交易及其他資訊之完整性、正確性及有效性之風險。誠如前述，因一般控制主要為間接控制，係支持資訊處理控制之持續有效運作，因此查核人員除了先行瞭解前述一般控制攸關之事項外，亦應瞭解受查者應用於各交易流程之應用系統如何防止、偵測及更正可能的錯誤或舞弊，否則可能產生「垃圾進，垃圾出」的風險。

就與資訊系統攸關之應用系統而言，查核人員須先辨認受使用 IT 風險影響之應用系統，進而針對該等應用系統之資訊處理控制進行瞭解。查核人員藉由瞭解受查者特定資訊科技流程之性質與複雜性及已實行之一般控制，可能有助於查核人員確認何種應用系統可能受使用 IT 風險所影響，進而對資訊系統中資訊之完整性、正確性及有效性造成負面影響。

由於資訊流程可分為三個階段：輸入 (input)、處理 (processing) 及輸出 (output)。因此，資訊處理控制亦分為三大類：輸入控制、處理控制與輸出控制。茲分別說明如下：

1. 輸入控制

輸入控制之目的係為了確保輸入電腦之資訊均經過授權、正確且完整。輸入控制十分重要，因為不論一般控制之良窳，輸入之錯誤必將導致輸出之錯誤，實務上資訊系統中有一大部分錯誤亦多源於資料之輸入錯誤。由於藉以輸入資訊系統的憑證與人工作業系統類似，因此，人工作業系統中常見之控制在 IT 系統中依然重要。

在交易授權方面之控制，該等控制通常包括要求要有適當編製之輸入原始憑證、輸入前確認管理階層對於交易已授權之程序，及經授權輸入之人員方可執行輸入的工作。

在確認輸入正確及完整性方面之控制，通常可藉由程式的設計或硬體設備減少輸入的錯誤，常見的控制技巧列舉如下：

(1) 利用下拉式選單提供輸入者點選，避免讓其自行輸入，以降低錯誤的機率。
(2) 利用條碼 (或 QR Code) 讓機器直接讀取原始憑證上的資訊，避免人工輸入的錯誤。
(3) 輸入螢幕經過預先格式化之適當設計，藉以提示應輸入之交易資訊。
(4) 利用程式檢查人工輸入資料的正確性，常見的測試如下：

　①正確性測試 (validity tests)：輸入之資料之性質可能為文字、數字或有特定之屬性，正確性測試即在檢測輸入資料之屬性是否正確。例如，輸入的欄位為出生

年月日,如輸入資料含有文字字元或非年月日格式的數字,程式將自動提醒輸入者輸入錯誤的訊息,且不讓輸入者輸入後續的資料。

②完整性測試 (completeness checks):如電腦系統認為某特定資料是必要不可遺漏的,則可利用完整性測試檢測該資料是否已輸入,如未輸入,程式將不讓輸入者輸入後續的資料。

③邏輯測試 (logic checks):某些資料間如有特定邏輯關係,則可利用程式檢測該邏輯關係是否正確,如不正確,程式將自動提醒輸入者輸入錯誤的訊息,並停止下一步驟的作業。例如,輸入分錄資料時,可以檢測借方與貸方會計科目的加總金額是否相等。

④限額測試 (limit checks):某些資料有一特定的範圍,如薪資、工作時數等,則可利用程式檢測該資料是否在合理範圍內,如超出合理範圍之外,程式將自動提醒輸入者注意相關訊息。

⑤自我檢查碼測試 (self-checking digit checks):某數字性質之資料可能是非常重要的資料,為避免輸入錯誤,常會有自我檢查碼的設計。例如,身分證字號、銀行帳號、信用卡卡號等。在輸入該等資料時,可用程式檢測輸入者之資訊與檢查碼是否一致,以判定輸入之資料是否正確。

(5) 在批次處理作業系統下,由於係將交易批次輸入,故可利用總數控制 (total controls) 協助確認特定批次輸入的正確性及完整性。常見之總數控制有下列三種:

①批次金額總計 (batch amount totals),整批交易輸入後,由程式將該批次之各筆交易中某些特定數字性之資料予以加總,該總計數字係代表某種有意義之資訊,例如金額、商品數量等,再將程式總計數字與該批原始憑證的加總數比對是否一樣,如不一樣,即代表輸入有錯誤、遺漏或重複輸入的問題。

②批次雜項總計 (batch hash totals),整批交易輸入後,由程式將該批次之各筆交易中某些無實質意義之數字性資料予以加總,該總計數字並不代表某種有意義之資訊,例如,將員工代碼加總、應付帳款及應收帳款明細帳代碼加總等,再將程式總計數字與該批原始憑證的加總數比對是否一樣,如不一樣,即代表輸入有錯誤、遺漏或重複輸入的問題。

③批次紀錄筆數 (batch record count totals),整批交易輸入後,由程式統計輸入電腦之交易筆數,再比對該批交易原始憑證之筆數是否一樣,如不一樣,即代表有遺漏或重複輸入的問題。

2. 處理控制

處理控制旨在防止及偵測交易資料輸入後處理過程之錯誤。儘管受查者若干輸入控制在預防及偵測輸入過程中的錯誤,但仍可能無法完全防止及偵測輸入過程中可能的錯

誤。此外，在電腦處理的過程中仍有可能產生額外錯誤的風險，例如，昨天應收帳款主檔，應用今天賒銷交易檔加以更新，如果沒有良好的控制，就可能會產生以前天應收帳款的主檔來更新的錯誤；交易檔合併過程產生的錯誤；或輸入的各類交易檔應按特定順序處理，否則處理後的資料就會發生錯誤等。因此，查核人員仍應瞭解受查者如何在處理資料階段防止及偵測錯誤及舞弊。一般而言，處理控制通常會透過程式設計時，就嵌入預防、偵測及更正處理階段可能錯誤的程式。該等程式的做法與輸入階段用程式控制的做法類似，常見的類型說明如下：

(1) 完整性測試 (completeness test)：利用程式檢測每一筆紀錄中所有欄位之資料是否均已完成。例如，在處理員工薪資時，程式會去檢測每位員工之紀錄是否完整，均包括員工代號、姓名、正常工時、加班時數、部門代號、工資率、代扣稅率等資料是否完整。

(2) 合理性測試 (reasonableness test)：利用程式檢測資料是否超過合理的範圍。例如，計算員工薪資時，利用程式去檢測當月員工支薪之總額是否超過特定數字 (如 $100,000) 者，或給薪工時是否超過特定時數 (如 300 小時) 者。

(3) 順序正確性測試 (sequence test)：利用程式確定待處理資料之順序是否正確。例如，在進行成本分攤之處理前，利用程式確定是否各部門之成本資料已彙整完成。

(4) 計算正確性測試 (arithmetic accuracy test)：利用程式檢測處理後數字計算之正確性。例如，處理薪資時，程式會去檢測薪資檔案之薪資淨額加上各項代扣金額是否等於薪資總額。

(5) 有效性測試 (validity test)，利用程式確保資料處理時，係使用正確的主檔與程式。例如，利用程式去確認薪資主檔磁帶上之內部標記 (internal label) 是否與應用軟體指定之檔案標記相符。

3. 輸出控制

輸出控制旨在偵測資料處理完成後輸出資料的錯誤，而非在處理前錯誤之預防。前面在討論 IT 部門內職能分工時，曾提及資料輸入 / 輸出控制員之職能在負責獨立查驗輸入之品質與輸出之合理性。因此，輸出控制主要係由資料輸入 / 輸出控制員複核資料之合理性。由於輸入 / 輸出控制員瞭解正確數額之概略範圍，故往往能夠辨識出錯誤。常用來偵測輸出錯誤之控制包括：

(1) 將電腦輸出與人工控制總數相比較，確認是否一致。
(2) 比較已處理筆數與原先待處理筆數。
(3) 檢視處理日期及時間以確認可能的處理順序錯誤。
(4) 檢視輸出資料之合理性。

在輸出資料之分送時，對於具敏感性之電腦輸出，如由電腦自動列印之薪資支票，

可以在分發支票前要求職員出示員工證明，或將支票直接存入事先核准之員工銀行存款帳戶。此外，對於電子檔案或透過網路傳輸之敏感性輸出資料，可以經由密碼、使用者辨識碼及加密技術來限制資料之讀取。

輸入／輸出控制員如發現輸出資料有錯誤或異常現象，應記錄於錯誤日誌 (error log)，並將處理的結果亦記錄於錯誤日誌中。由於電腦係按程式一致地處理，任何一個錯誤或異常現象可能都是非常寶貴的線索，也許可以協助發現程式中不易發現的錯誤 (bugs)。

查核人員在瞭解受查者監督內部控制制度之流程時，通常會考量對資訊處理控制如何執行監督。該等監督可能包括：

1. 監督複雜資訊科技環境之控制：
   (1) 評估資訊處理控制之設計是否持續有效並因應狀況之變動而作適當修正。
   (2) 評估資訊處理控制之執行是否有效。
2. 監督自動化資訊處理控制中有關權限之控制 (該控制係用以落實職能分工)。
3. 監督與財務報導自動化作業有關之錯誤或控制缺失係如何被辨認及因應之控制。

11.4　在複雜 IT 環境下對執行進一步查核程序的影響

在複雜的 IT 環境下，查核人員除了在風險評估程序時可使用自動化工具及技術的協助外，在執行進一步查核程序時，更須使用 CATTs 或自動化工具及技術協助查核程序的執行，以提升查核效率及效果。被當受查者會計資訊的處理及內部控制制度之控制高度電腦化後，許多交易將由 IT 系統自動執行，可觀察的交易軌跡可能只存續短暫的時間或只存在某一階段。在複雜 IT 環境下，雖然查核工作的目的、規劃、範圍及查核方法的邏輯與人工作業環境下類似，但因受查者處理交易、儲存資訊之方式會因使用 IT 而改變，進而影響其會計資訊系統及內部控制制度，對查核人員的查核策略及所使用之查核程序卻有重大的影響。此外，在複雜 IT 環境下，查核人員對個別項目聲明的查核策略採取併用方式 (即同時採用控制測試及證實程序取得查核證據) 可能是較有效率及效果的查核方法，尤其對於大量且經常發生之交易的查核 (在此情況下，查核人員通常無法僅靠證實程序即可取得足夠適切的查核證據)。

進一步查核程序包括控制測試及證實程序，因此本節將分別探討在複雜 IT 環境下對執行控制測試及證實程序的影響。

11.4.1　對執行控制測試的影響

在複雜 IT 環境下，控制多由電腦程式自動執行，過程中多未留下可觀察之查核軌跡，

且資料多以電子形式儲存。人工作業系統常用的查核方法，如檢查、觀察、驗算、再執行等，受到相當大的限制。

在無明顯查核軌跡的情況下，如何測試電腦內部控制是否有效執行，就必須依賴 CAATs，此種查核方法通常即稱為透過電腦審計 (auditing through the computer)。查核人員必須具有電腦知識和技術始能運用 CAATs，鑑於許多受查者應用程式之複雜性，查核人員通常會取得電腦審計專家之協助，許多大型會計師事務所亦設有電腦審計專門知識人員，並發展 CAATs 或自動化技術協助測試受查者之內部控制制度。

查核人員通常可運用下列四種 CAATs 進行高度電腦化之內部控制測試：測試資料法 (test data approach)、平行模擬法 (parallel simulation approach)、整體測試措施法 (integrated test facility approach) 及嵌入查核模組法 (embedded audit module approach)。上述前兩種方法，查核人員使用受查者的 IT 設備、程式及檔案，通常會使受查者的資訊系統必須中斷，而第一種及第三種方法則可能會污染資料庫的主檔，這些情況對線上即時作業系統通常是不被允許的，因此，前三種方法較適用於批次處理系統的測試，第四種方法則適用於線上即時作業系統。茲分別說明如下：

1. 測試資料法

測試資料法乃是利用受查者之電腦系統與應用程式來處理查核人員所設計之測試資料 (test data)，以確定受查者之應用程式能否正確地處理測試資料。查核人員所設計之測試資料會同時包括應被受查者之系統接受與拒絕之虛擬交易，俟測試資料被受查者之應用程式處理後，查核人員將透過比較電腦處理後輸出結果與查核人員預期的輸出結果，藉以評估該電腦化內部控制的有效性。測試資料法之邏輯如圖表 11.2 所示。

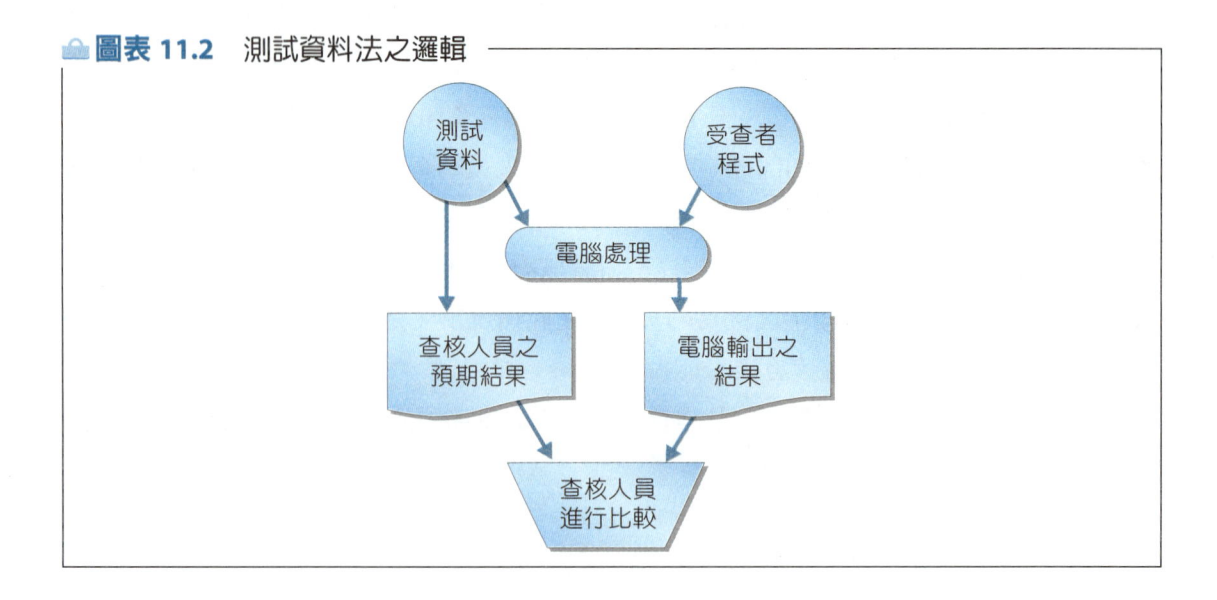

圖表 11.2　測試資料法之邏輯

查核人員採行測試資料法時，有下列三項重點必須注意：

(1) 測試資料應包括查核人員擬測試之所有攸關的情況：查核人員應審慎周詳地設計測試資料，測試資料應同時包括受查者正常處理之實況及異常之情況，藉以測試其擬信賴並據以降低控制風險之重要電腦控制屬性。例如，薪工測試資料可以包括一個有效及一個無效的加班給付情況。

(2) 查核人員應確認所測試之應用程式，必須與受查者實際所使用之應用程式相同：測試資料法須要求受查者停止電腦系統運作，以配合查核人員之測試，故有可能發生受查者給予查核人員測試的系統，與平時實際運作的系統並不一樣的風險。查核人員可以用突擊的方式，在整個年度中隨機選定時間進行測試，但此種做法通常成本高且耗時，也會對受查者造成許多的不便。一般而言，受查者良好的一般控制，尤其是檔案管理及系統發展有良好的控制，可有效降低此一風險。

(3) 測試資料必須在測試後自受查者檔案中清除：當查核人員利用受查者之軟體處理測試資料時，有可能測試資料會污染受查者之資料庫，則查核人員應在完成測試後，將測試資料自受查者主檔中消除。例如，查核人員可以發展與測試資料之影響相抵銷之資料，並透過受查者之軟體進行處理，藉以回轉測試資料之影響。

由上述測試資料的說明可知，該法著重於查核人員對測試資料的設計，其優點為比較簡便、迅速且便宜。但卻有下列的缺點：

(1) 僅能在某一特定時點而不能在整個查核期間測試受查者之程式。
(2) 未查核由系統實際處理的原始憑證或文件。
(3) 電腦操作員如知道測試的時間，可能更換正常的系統供查核人員測試，便會降低該法之有效性。
(4) 測試資料的設計受限於查核人員對資訊處理控制的想像力及知識。
(5) 測試資料通常係根據查核人員對受查者現有的內部控制去設計，即使受測系統能偵測出測試資料中所有的異常資料，亦不必然代表該內部控制是一完整的內部控制作業。

2. 平行模擬法

平行模擬法係使用查核人員所控制的軟體程式，重新處理公司的實際資料 (live data)，並與受查者之應用系統處理該相同實際資料後之輸出進行比較，藉以評估受查者之應用系統能否有效運作。平行模擬法之邏輯如圖表 11.3 所示。

圖表 11.3　平行模擬法之邏輯

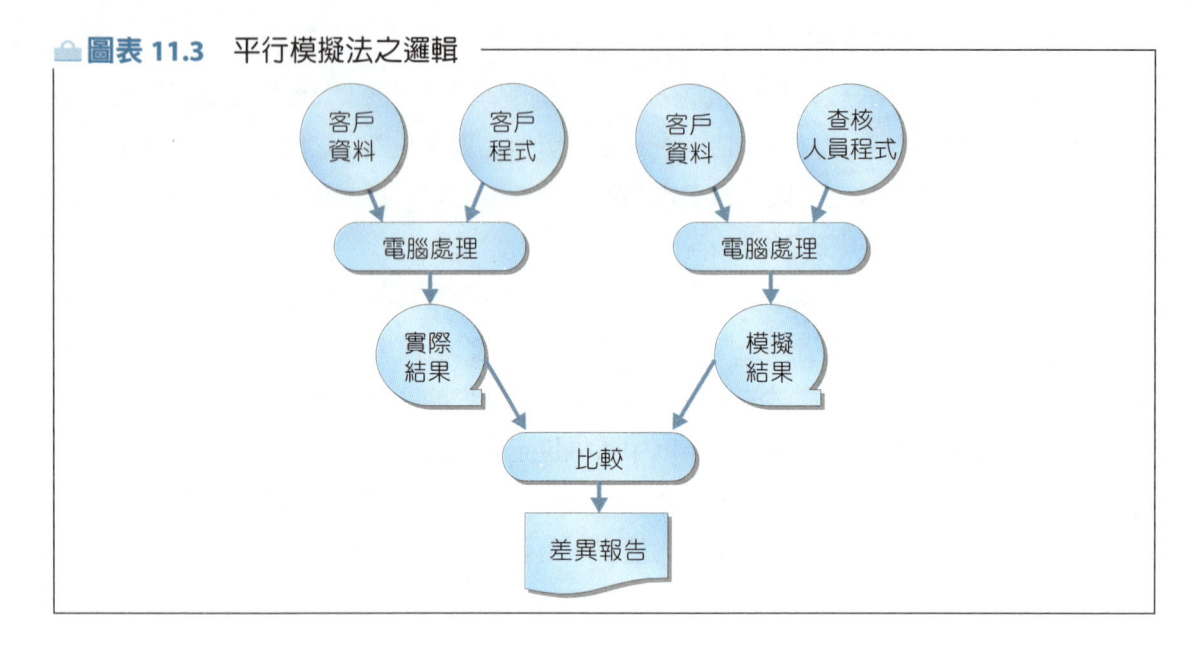

```
客戶資料   客戶程式        客戶資料   查核人員程式
    ↓        ↓                ↓        ↓
     電腦處理                   電腦處理
        ↓                         ↓
     實際結果                   模擬結果
         ↘                     ↙
                  比較
                   ↓
                差異報告
```

平行模擬法可在查核年度中不同的時點進行，而且亦可應用於歷史資料的再處理 [因此，此法又稱為控制下再處理法 (controlled reprocessing approach)]。因測試時未使用虛擬的測試資料，故此法並不會污染受查者的檔案，而且它可以在獨立的電腦設備中進行。此法有下列幾項優點：

(1) 由於使用實際資料，查核人員可藉由追查交易至原始文件及其有關的核准資料，而能驗證此交易。

(2) 由於使用實際資料，因在幾乎不增加成本下，大規模地擴大樣本量。

(3) 查核人員能夠獨立執行測試。

(4) 由於模擬時係使用查核人員所控制的軟體程式，查核人員可依受測控制作業應有之控制設計軟體程式，故測試的結果可用以評估受查者受測系統是否已做到應有之控制。

惟查核人員採用平行模擬法進行測試時，必須小心謹慎地確定其用以模擬的實際資料，確實是受查者的實際交易。此外，平行模擬法與測試資料法類似，都有可能發生所測試的程式，不一定是受查者平時實際使用之程式。

目前市面上有許多套裝審計軟體 (generalized audit software)，如 ACL、IDEA 及 Excel 等，可用以作為執行平行模擬的工作，該等套裝軟體可以執行控制測試或會計科目餘額的查核。查核人員可以取得受查者資料庫或主檔之備份，利用套裝軟體針對受查者之電子資料執行各種測試。此類套裝軟體的運用越來越普遍，主要原因有三：其一，即使查核人員缺乏 IT 之相關訓練，訓練其使用該類套裝軟體相當容易 (就如不懂 IT 的人學習 Excel，並不困難一樣)；其二，套裝審計軟體可以適用於多數受查者的 IT 環境及資料結構，而不需要大幅修改，符合成本效益；其三，相較於傳統的人工程序，套裝審計

軟體可以更迅速且更詳細地進行查核工作。

3. 整體測試措施法

整體測試措施法是為了彌補測試資料法及平行模擬法下共同的缺點，即無法完全確定所測試的程式是否為受查者平時實際使用之程式，所發展出來之CAATs。該法是在受查者電腦正常處理日常交易資訊(實際資料)時，併同測試資料由電腦系統進行處理，該測試資料與測試資料法中所使用之測試資料類似，會包括各種可能遭遇到的交易錯誤及例外。為了與實際交易資料有所區別，測試資料通常會予以特別的編號，也有相對應的虛擬主檔。換言之，測試時受查者的電腦系統類似同時處理兩家公司的資料一般，測試資料就如同在電腦系統中另外建立一個小型的公司(子系統)。因此，此法亦稱為迷你公司法(mini-company approach)。查核人員透過比較電腦輸出的結果與其預期的結果，藉以評估受測系統的有效性。整體測試措施法之邏輯如圖表 11.4 所示。

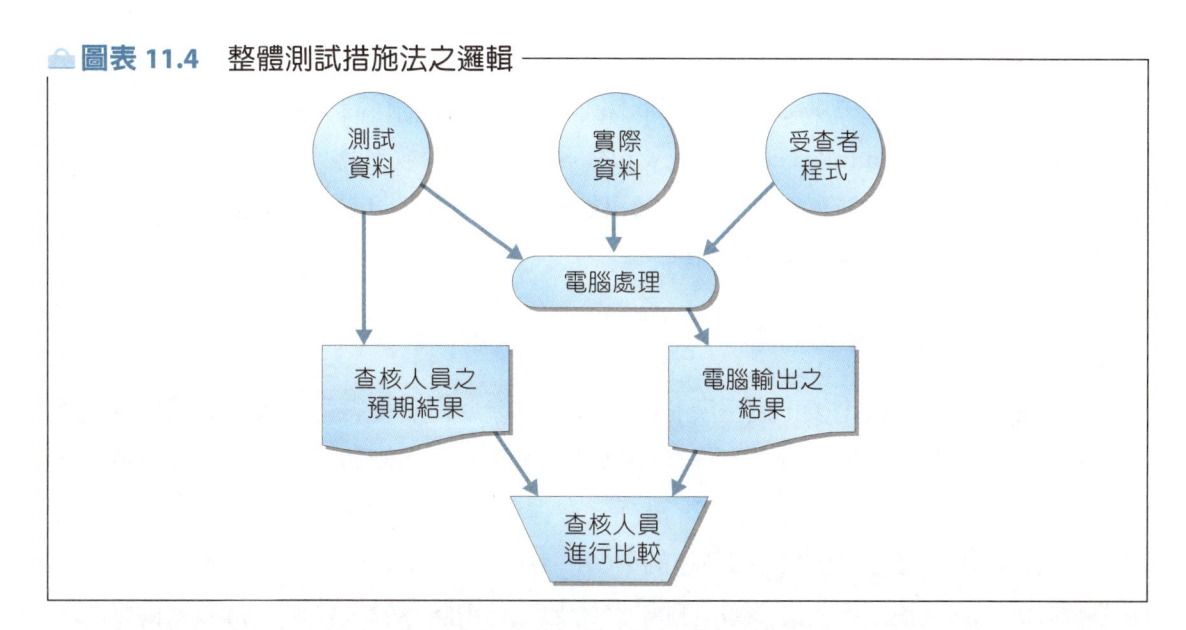

圖表 11.4　整體測試措施法之邏輯

```
   測試        實際       受查者
   資料        資料        程式
     \         |         /
      \        |        /
       →   電腦處理   ←
       /              \
      ↓                ↓
  查核人員之         電腦輸出之
   預期結果           結果
       \              /
        ↘            ↙
         查核人員
         進行比較
```

整體測試措施法的主要缺點是測試資料可能會污染受查者的資料，正因為如此，此法亦較不適合用在線上即時作業系統。此外，為了配合測試資料，受查者的程式也需要修正加以配合，執行時需小心謹慎。

4. 嵌入查核模組法

嵌入查核模組法亦稱為線上即時作業系統持續監督法(continuous monitoring approach of on-line real-time system)。所謂嵌入查核模組法係指，查核人員在受查者之應用系統中植入某種查核模組，藉以選取特定型態之交易進行查核的方法。我們可以想像，銀行存提款系統是須24小時持續運作，且對資訊安全要求非常高的線上即時作業系統，前述測試資料法、平行模擬法、整體測試措施法，於測試時不是要求電腦系統須暫停運作，就

是以虛擬的測試資料進行測試（污染資料庫之資料），對這樣的線上即時作業系統幾乎是不可行的。即使資訊安全要求不像銀行存提款系統般嚴格的線上即時作業系統，即使採用了前述三種方法之一，也常因測試資料可能污染檔案資料及難以回轉虛擬的測試資料（測試資料法及整體測試措施法），或因用來模擬線上即時作業系統的套裝軟體非常有限（平行模擬法），而未被廣泛的採用。因此，對線上即時作業系統而言，最好的方式便是將查核程式（通常亦會與內部稽核程式一併考慮）於線上即時作業系統開發時即植入，作為系統整體的一部分，持續監督日常的交易。

嵌入系統中的查核模組可提供查核人員選取其感興趣的交易的設定，例如，某特別種類的交易，或金額大於（或小於）特定值的交易。一旦特定交易被篩選出來後，該等交易將被標記並予以追蹤。標記的方法有數種，其中最常用的方法有二種，一為交易標籤法 (tagging transactions)，一為查核日誌 (audit logs) 法。所謂交易標籤法係在符合選取標準的交易，由系統標記一標籤，標籤的存在，會使系統追查處理此項交易的過程。追蹤的結果通常會產出交易全部路徑的書面報表，該報表也可呈現與標籤交易相互作用的資料。而所謂查核日誌是用以記錄符合選取標準的交易之電腦日誌，有時亦稱為系統控制查核複核檔 (system controlled audit review files, SCARF)。查核日誌只能由查核人員接觸，以取得檔案紀錄之交易或事件，查核人員可能會將其內容列印或運用其他技巧以分析這些交易或事件，並進一步作適當的測試。

11.4.2 對證實程序的影響

在受查者高度電腦化後，幾乎所有的財務資訊皆以電子型態儲存於記憶體中，是無法用眼睛直接閱讀的。如果受查者經控制測試後顯示相關控制運作良好，在此情況下，查核人員使用套裝軟體或自動化工具執行證實程序可能是一種既省成本又有效率的方法。查核人員可利用套裝軟體（如前述的 ACL、IDEA、Excel 等），執行傳統上由人工執行單調又沉悶的查核程序，許多會計師事務所甚至利用該等套裝軟體自行發展自動化工具或技術，例如，更細緻且視覺化的分析性程序工具，以提升查核程序的效率及效果。

該等套裝軟體可用以執行各種查核程序，其運用的範圍非常廣，茲舉數例如下：

1. 數字的驗算 (recomputing data)。例如折舊金額的驗算、銷貨、存貨、應收帳款、應付帳款、財產目錄金額的加總 (footing)。由於該等資料皆儲存於電子檔案中，電腦可快速擷取各項資料，並進行快速的 100% 驗算，通常比人工進行抽樣驗算的成本更低。
2. 資料的排序 (sorting data)。電子資料一旦由電腦讀取後，查核人員即可利用套裝軟體依其設定之條件，進行資料的排序，不但快速又省時。例如，按地區別，快速找出前幾大銷貨客戶或供應商。
3. 統計抽樣的運用。許多審計專用套裝軟體皆有內建統計抽樣的運用程式，以協助受查

者決定樣本量、選樣及推論，大幅降低使用抽樣的成本及效益。
4. 執行證實分析性程序。由於可快速讀取多年或一年之財報資料，因此可快速進行各種財務資訊（或比率）的趨勢分析或橫斷面的分析，甚至與會計師事務所之產業資料庫或非財務資訊進行比較分析，既快速又省時。
5. 執行帳齡分析、個別存貨周轉率的計算，以評估壞帳費用及存貨跌價損失。在人工系統下，以人工進行上述的查核程序相當耗時，多依賴受查者提供之資料，再進行額外的查核程序。但在電腦環境下，查核人員可靠電腦程式自行進行 100% 的驗證。
6. 列印外部函證文件，受查者可利用電腦程式直接讀取主檔資料，如應收帳款及應付帳款主檔，直接列印出詢證函，不但快速又準確。
7. 比較不同檔案中之資料，透過電腦程式可快速地確定在二個或二個以上資料檔中之資料比對是否一致。例如，利用交易檔中之銷貨及現金收入，比較當日應收帳款餘額之變動是否一致。
8. 掃描 (scanning) 異常項目，電腦程式可快速掃描或尋找出會計紀錄中異常的項目。例如，快速地搜尋出應收帳款貸方餘額之明細帳等。

　　查核專用的套裝軟體越來越普遍，運用的範圍也越來越廣。在現今 IT 環境下，利用查核專用的套裝軟體已無法避免，對查核人員而言，除了瞭解查核方法的邏輯外，學習套裝軟體將查核方法的邏輯轉化由電腦執行查核工作，亦是現代查核人員必須面對的挑戰。

本章習題

選擇題

1. 下列何項錯誤無法由批次控制 (batch control) 偵測出來？
   (A) 電腦操作員在每週的計時卡處理程序中加入假造的員工名單
   (B) 一星期僅工作 5 小時的員工，領到 50 小時的薪資
   (C) 因為某員工的計時卡在從薪資部門轉到資料輸入部門時遺失，所以該員工的計時卡未被處理
   (D) 以上的錯誤都會被偵測出來

2. 在電腦系統中，將各筆輸入資料的某一不具資訊意義之欄位數值予以加總，作為控制核對的統計數，稱為什麼？
   (A) 欄位測試 (field test)
   (B) 雜數總數控制 (hash total control)
   (C) 完整性測試 (completeness test)
   (D) 有效性測試 (validation test)

3. 下列電腦輔助查核技術 (computer-assisted audit techniques, CAAT) 於進行控制測試時，何者會在受查者的操作人員不知情之情況下，同時處理真實及測試的交易？
   A. 平行模擬 (parallel simulation) 法
   B. 測試資料 (test data) 法
   C. 整體測試設施 (integrated test facility) 法
   D. 嵌入式查核模組 (embedded audit module) 法

4. 查核人員對受查者電腦資訊系統的初步瞭解，主要來自以下那一程序？
   (A) 檢查
   (B) 觀察
   (C) 詢問
   (D) 評估

5. 會計師擬使用電腦審計工具來查核一家以電子商務為主的公司。下列敘述，何者正確？
   (A) 因通用審計軟體 (generalized audit software) 係為餘額測試而設計，故會計師不可能使用通用審計軟體來查核以電子商務為主的客戶
   (B) 會計師可以使用標註與追蹤法 (tagging and tracing)，但只能用來查核與受查客戶之處理程序的相關資訊
   (C) 整體測試設施 (integrated test facility) 非常適合於電子商務的查核工作上
   (D) 以電子商務為主的客戶，不宜用測試資料 (test data) 法來查核

6. 下列何者不是適當使用一般通用審計軟體 (generalized audit software) 的方式？
   (A) 編製應收帳款帳齡分析表
   (B) 讀取完整的主檔，以進行全面的完整性複核
   (C) 讀取檔案，並選取金額超過 $5,000 和逾期 30 天以上的應收帳款交易，以進行後續的查核分析

(D) 產生可以交由整體測試法 (integrated test facility) 繼續處理的交易

7. 電腦審計人員在測試受查者應收帳款帳齡報表的可靠性時，經常採用查核人員可以控制或自行設計之程式，再次處理實際交易資料，將處理結果與受查者的帳齡報表加以比較，此種電腦輔助查核技術為何？
   (A) 測試資料法 (test data)
   (B) 平行模擬 (parallel simulation)
   (C) 整體測試法 (integrated test facility)
   (D) 標記與追蹤 (tagging and tracing)

8. 以下有關電腦資訊系統的一般控制及應用控制之敘述，何者正確？
   ① 應用系統開發與維護控制屬應用控制
   ② 電腦系統處理錯誤可被偵測並更正屬應用控制
   ③ 未經授權不得使用電腦設備、資料檔及程式屬一般控制
   ④ 電腦系統中有檢查輸入位數的控制屬應用控制
   ⑤ 一般控制係有效應用控制不可或缺的基礎，查核人員先複核一般控制較為有效率
   (A) ②③⑤   (B) ③④⑤   (C) ②③④   (D) ①④⑤

9. 有關資料庫系統之控制，下列敘述何者錯誤？
   (A) 資料一致性之協調通常係資料庫管理者之責任
   (B) 資料庫系統若無適當控制，可能增加財務資訊不實表達之風險
   (C) 資料庫系統之應用控制對降低舞弊與錯誤之風險，相較於一般控制更為重要
   (D) 資料庫管理之控制如不適當，查核人員可能無法藉由證實測試彌補控制之不足

10. 大方公司採用批次處理 (batch processing) 來處理其銷貨交易，其銷貨交易之紀錄，係按客戶編號 (customer account number) 加以排序。在編製銷貨發票 (sales invoice) 以及記錄銷貨簿 (sales journal) 時，以應用程式進行資料輸入之編輯測試 (edit tests)，並更新客戶的帳款餘額。下列何者是此一銷貨交易紀錄的直接輸出 (direct output)？
    (A) 報導例外 (exceptions) 和控制總數 (control totals) 的報表
    (B) 更新過的存貨紀錄 (updated inventory records) 之報表輸出 (printout)
    (C) 報導過期應收帳款 (overdue accounts receivable) 的報表
    (D) 銷售價格主檔 (sales price master file) 的報表輸出

11. 查核人員面對資訊電腦化之受查客戶，為確認在資訊處理時使用正確的主檔、資料庫與程式，則應執行下列那一項測試？
    (A) 有效性測試 (validation test)
    (B) 順序測試 (sequence test)
    (C) 資料合理性測試 (data reasonableness test)
    (D) 完整性測試 (completeness test)

12. 在分散式電腦資料處理系統下，下列何項是查核人員最關心的控制？
    (A) 使用控制   (B) 硬體控制   (C) 系統文件控制   (D) 損害復原控制

13. 當受查公司使用電腦化系統進行會計處理時，會計師若採用通用審計軟體 (generalized audit software) 來查核其財務報表，大概會如何進行？
    (A) 考慮增加交易的證實測試 (substantive tests)，以取代分析性複核程序
    (B) 藉由自動檢核碼 (self-checking digits) 和雜項總計 (hash totals) 來驗證資料是否正確
    (C) 降低所需控制測試 (tests of controls) 的程度
    (D) 在對查核客戶的軟硬體特性瞭解有限的情況下，到客戶電腦系統中存取 (access) 所儲存的交易資訊

14. 下列何者不是處理控制 (processing control)？
    (A) 總數控制 (total controls)　　　　(B) 邏輯測試 (logic tests)
    (C) 輸入位數檢查 (check digits)　　(D) 計算測試 (computations tests)

15. 下列有關會計師以測試資料法 (test data) 來測試電腦化會計系統的敘述，何者正確？
    (A) 測試資料必須包括所有可能的狀況，有控制有效的狀況，也有控制無效的狀況
    (B) 用來測試的程式和受查客戶實際使用的程式是不同的
    (C) 測試資料必須包含各個交易循環，每個循環都各選數筆交易
    (D) 測試資料法必須在會計師的控制與監督之下，由受查客戶之資訊部門人員進行

16. 電腦資訊部門若因編制小，以至於人員必須兼任不相容的職務時，則下列何種措施有補強內部控制的效果？
    (A) 自動核對檢查號碼　　　　(B) 電腦產生雜數合計 (hash total)
    (C) 設置軟體圖書館　　　　　(D) 設置電腦日誌

17. 電腦資訊系統環境下的內部控制乃建置於電腦程式中，因此欲查核內部控制，即須測試程式是否可有效執行控制之功能，此時下列何者為適當之測試方法？
    (A) 測試資料法　　(B) 交易標示法　　(C) 嵌入稽核軟體法　　(D) 系統管理程式

18. 有關電腦審計的敘述，下列何者錯誤？
    (A) 電腦資訊系統的一般控制，通常包括組織及管理控制
    (B) 在電腦資訊系統環境下，查核工作之目的與範圍是不會改變的
    (C) 確保輸出結果及時提供給授權人員屬於電腦資訊系統的一般控制目的
    (D) 電腦資訊系統環境之內部控制可分為一般控制及應用控制，其相關控制均可包括人工及程式化之控制程序

19. 下列何者非屬資料處理控制 (或稱為應用控制)？
    (A) 處理經核准的銷貨訂單
    (B) 銷貨產品單價合理性的測試
    (C) 銷貨主管覆核每日已過帳的銷貨報表
    (D) 負責銷貨系統程式設計工程師應與銷貨交易處理人員不同

20. 在電腦化的薪資系統中,雖然製成品部門員工經核准之工資率是每小時 $7.15,但是每一個員工都領到每小時 $7.45 的工資。下列何項內部控制可以最有效地偵測出此項錯誤?
    (A) 限制可以接觸到人事部門薪資率檔案之人員的存取控制 (access control)
    (B) 由部門領班覆核所有已核准薪資率之變動
    (C) 使用部門之批次控制 (batch control)
    (D) 使用限額測試 (limit test),比較每一個部門的薪資率與所有員工的最高薪資率

21. 有關「電腦審計」,下列敘述何者錯誤?
    (A) 一筆錯誤之輸入,可能造成不同會計科目的錯誤
    (B) 交易輸入、程式設計及電腦操作應由不同人員執行
    (C) 若使用自動化程序處理總分類帳及編製財務報表,較易以電腦輔助查核技術辨認
    (D) 在電腦系統中,將各筆輸入資料的某一不具資訊意義之欄位數值予以加總,作為控制核對的統計數,即為完整性測試 (completeness test)

22. 有關「電腦輔助查核技術」,下列敘述何者錯誤?
    (A) 電腦輔助查核技術之適當規劃、設計及開發,通常有助於未來期間之查核
    (B) 電腦設備於執行電腦輔助查核技術時,查核人員之在場係屬必要的控制程序
    (C) 查核人員評估電腦輔助查核技術之效果及效率時,應考量電腦輔助查核技術之持續應用
    (D) 查核人員於使用電腦輔助查核技術前,應考量受查者電腦系統之內部控制制度是否適合執行電腦輔助查核技術

23. 使用電腦輔助查核技術 (computer-assisted audit techniques),下列何者最容易發覺舞弊事跡?
    (A) 從客戶之應收帳款明細帳選取帳戶並發詢證函
    (B) 重新計算存貨數量
    (C) 檢查應收帳款餘額是否有超過賒銷上限
    (D) 比較供應商的地址檔與員工地址檔

24. 有關資訊部門的組織,下列何者正確?
    (A) 系統分析師與程式設計師為不相容職務
    (B) 電腦操作員與資料輸入員為不相容職務
    (C) 系統分析師與資料輸入員為不相容職務
    (D) 資訊部門的主管負責決定是否修改公司的資料

25. 查核人員執行查核工作時,那些部分可能因受查者的電腦資訊系統環境而改變?
    (A) 查核之目標
    (B) 查核之定義
    (C) 蒐集足夠適切憑證及出具獨立查核報告

(D) 評估查核風險時對固有風險及控制風險之考量

26. 在電腦資訊系統環境下，會計師如何評估一般控制與應用控制？
    (A) 大部分會計師同時評估一般控制與應用控制
    (B) 大部分會計師在評估應用控制之前，先行評估一般控制的有效性
    (C) 大部分會計師在評估一般控制之前，先行評估應用控制的有效性
    (D) 僅當會計師不打算信賴系統控制時，大部分的會計師才會評估一般控制與資訊處理控制 (應用控制)

27. 資訊系統之二大控制作業類型包括一般控制及應用控制，下列何項屬於應用控制？
    (A) 程式修改控制　　　　　　　　　(B) 限制存取程式或資料
    (C) 檢查紀錄中計算之正確性　　　　(D) 新版本套裝軟體導入之控制

28. 下列何者不屬於電腦資訊系統的一般控制目的？
    (A) 確保修改系統軟體經授權及核准　(B) 建立電腦部門組織職能適當分工
    (C) 確保輸出結果及時提供給授權人員　(D) 確保電腦系統毀損時之復原及備援

29. 當查核人員使用測試資料法測試電腦化之薪資系統時，測試資料最可能包括下列那一種情況？
    (A) 含有錯誤工作單號碼之工時卡　　(B) 未經主管核准的加班
    (C) 未經員工授權之扣款　　　　　　(D) 薪資支票未經主管簽名

30. 下列那一項不屬於處理控制 (processing control)？
    (A) 總數控制 (control total)　　　　(B) 邏輯測試 (logic check)
    (C) 自動檢查碼測試 (check digits)　(D) 限度測試 (limitation check)

問答題

1. 於測試電腦化內部控制測試時，常用之方法為測試資料法及平行模擬法，請述這兩種方法之意義及其優、缺點。

2. 試列出電腦資訊系統之一般控制通常包括那些項目，並各舉一例說明之。

3. 當受查公司之內部控制制度高度電腦化後，許多審計軌跡只存續一短暫之時間，其特徵與人工制度下之內部控制制度有相當大的差異，此時如以傳統的方式進行控制測試，將難以評估高度電腦化下內部控制制度之風險及效果。如果受查者之資料處理系統屬批次處理系統 (batch processing system)，請詳加說明查核人員可以利用那些電腦輔助技術去執行控制測試，藉以評估受查者之內部控制風險；並請說明各種電腦輔助技術之優、缺點。

電腦輔助技術	說明	優點	缺點

Chapter 12 銷貨收入與收款循環的查核

12.1 前言

　　第五章至第十一章主要是介紹查核規劃及風險導向查核方法 (risk-based audit methodology) 的整體架構，為了讓讀者更具體地瞭解風險導向查核方法運用在查核工作上，本章及後續的四章 (第十二章至第十六章) 將介紹如何將風險導向查核的方法應用在各個交易循環的查核，並於第十七章及第十八章分別討論現金餘額及查核完成階段應執行之查核程序。

　　誠如第五章所述，雖然查核計畫係以個別聲明的重大不實表達風險為基礎進行規劃的，然而在雙式簿記下，一筆交易涉及二個或二個以上會計科目，且企業為避免交易發生錯誤或舞弊，通常會根據其交易循環建立相關之控制作業 (control activities)，以防止、發現及更正可能的錯誤或舞弊。每一交易循環都會涉及到許多相關的會計科目，故某一交易循環的控制作業的良窳，將會影響相關會計科目個別聲明的控制風險，進而影響各相關會計科目個別聲明重大不實表達的風險。因此，現代審計學較有效率的查核規劃及執行係採交易循環法 (transaction cycle approach)。接續 5.7 節的討論，本書將以銷貨與收款循環、採購與付款循環、生產與加工循環、人事及薪資循環、投資與融資循環為例，說明風險導向查核方法的應用。此外，由於現金與每一交易循環皆有相關 (參見圖表 5.11 主要交易循環與其相關之各會計科目)，故最後會對現金餘額之查核做一彙整性的介紹。惟值得提醒的是，各交易循環會隨受查者的規模、組織架構、營運的性質、法規環境等因素而有所不同，各章的介紹為舉例性質，目的旨在說明如何將風險導向查核方法應用在各交易循環的查核。

　　本章 12.2 節將首先介紹銷貨與收款循環相關的會計科目、主要風險及會計師最可能採取的查核策略。查核程序與查核目標 (即個別項目聲明) 息息相關，因此在討論查核規劃之前，12.3 節將先說明與銷貨與收款循環相關的查核目標。12.4 節則討論銷貨與收款循環相關的風險評估程序，藉由瞭解受查者及其環境、適用之財務報導架構及內部控制制度，以辨認及評估與該循環相關之財務報表整體及個別項目聲明層級之重大不實表達風險。12.5 節則討論銷貨與收款循環相關的控制測試，以決定個別項目聲明可接受之偵

查風險。最後，12.6 節則討論在個別項目聲明可接受之偵查風險下，查核人員如何適當地規劃證實程序的查核計畫。

12.2 銷貨與收款循環相關的會計科目、主要風險及查核策略

銷貨與收款循環係由銷售商品勞務及收入收現有關的活動所構成，收入與收款循環相關的交易種類主要有三類：(1) 賒銷；(2) 現銷及應收帳款收現之現金收入；以及 (3) 銷貨及應收帳款相關之調整，包括銷貨折扣、銷貨退回與折讓，以及壞帳提列與沖銷。茲將銷貨與收款循環相關會計科目之關係彙整如圖表 12.1。

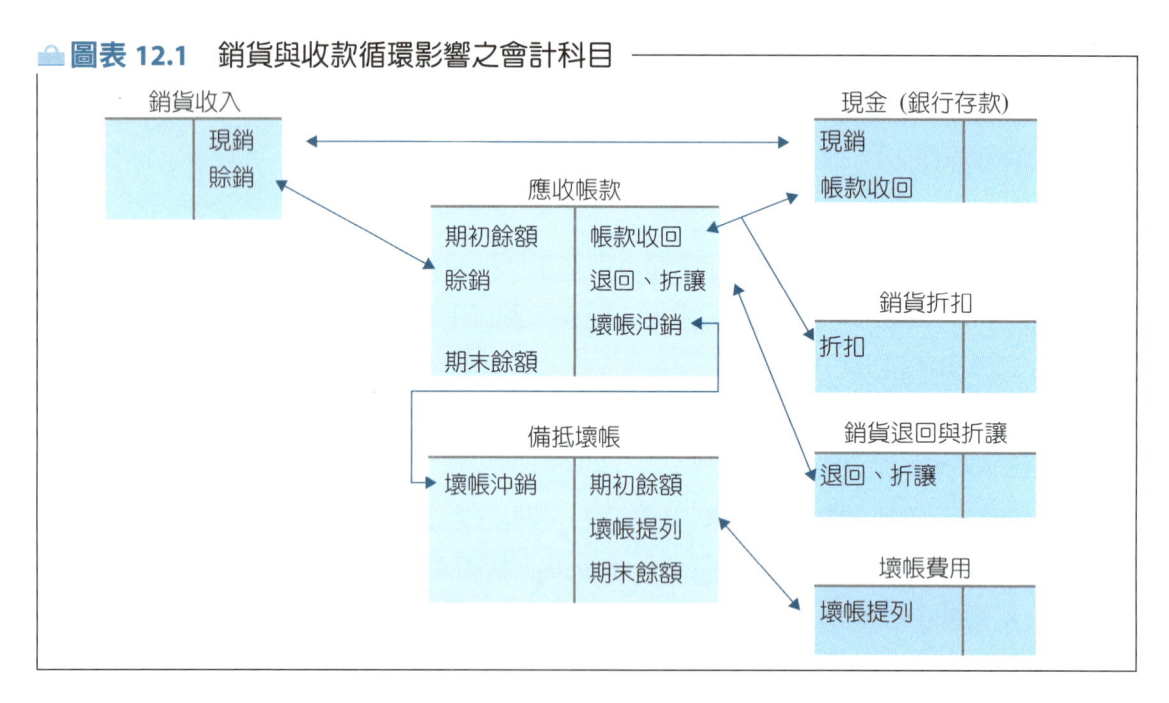

圖表 12.1　銷貨與收款循環影響之會計科目

銷貨收入		現金（銀行存款）	
現銷		現銷	
賒銷		帳款收回	

應收帳款	
期初餘額	帳款收回
賒銷	退回、折讓
	壞帳沖銷
期末餘額	

銷貨折扣	
折扣	

備抵壞帳	
壞帳沖銷	期初餘額
	壞帳提列
	期末餘額

銷貨退回與折讓	
退回、折讓	

壞帳費用	
壞帳提列	

企業是以營利為目的，因此，銷貨收入的產生及賒銷的現金回收，是企業最為關鍵的活動。然而，對財務報表查核工作而言，銷貨與收款循環相關的問題，尤其是銷貨收入認列，卻往往是造成財務報表發生重大不實表達的原因，甚至是舞弊最常見的類型。例如，根據美國會計總局對 1997 年至 2002 年 6 月 30 日間發生財務報表重編 (financial statements restatement) 的個案進行調查，得到下列幾項結論：

1. 每年財務報表重編的主要原因多與銷貨與收款循環有關。
2. 財務報表重編的原因有 38% 與收入認列議題相關。
3. 上市 (櫃) 公司的案例中約有 50% 與收入認列問題相關。
4. 2000 年造成資本市場重大損失的個案，前十名中就有八名與收入認列有關，其中前三名在宣布銷貨收入重編後三天，即損失超過 200 億美元的市值。

即使在台灣，幾宗著名的財務報表舞弊案，如博達、皇統、陞技等，亦多與虛增營業收入有關。常見的手法如下：

1. 安排假交易，或向特定人購買業績美化營業收入，並使帳列應收帳款與銷貨收入比率合理化。
2. 虛偽出售應收帳款：以應收帳款融資或出售應收帳款方式虛飾帳列銀行存款，通常在資產負債表日前出售，於資產負債表日後又買回，此種銀行存款的用途通常是受限制的。
3. 塞貨給關係人或經銷商(包括國外)，並與金融機構安排具追索權之融資。
4. 透過交易形態之安排虛增銷貨，例如三角貿易、包工包料等。

此外，某些產業因其產業特性，其收入的認列或壞帳認列涉及重大的會計估計，如營建業必須估計完工百分比以認列各年度之工程收入；銀行業必須估計當年度之壞帳費用等，皆使銷貨與收款循環的查核更具挑戰性。

上述這些情況均代表與銷貨與收款循環相關的會計科目，其發生重大不實表達的風險較高。也正因為如此，TWSA240「查核財務報表對舞弊之責任」第26條即特別規定：「查核人員於辨認並評估導因於舞弊之重大不實表達風險時，應預先假設收入認列存有舞弊風險，並評估何種收入、交易或聲明之類型可能產生舞弊風險。當查核人員作出前述假設不適用於該查核案件時，應將其理由記錄於查核工作底稿。」可見審計準則對銷貨及應收帳款的查核特別關注。

銷貨與收款循環相關的會計科目除了重大不實表達的風險較高外，一般而言，其相關交易相當頻繁，其相關會計科目的金額亦相當大。企業在政策上，較願意建立健全的控制以預防或偵查錯誤與舞弊。因此，不論受查者的資訊系統是否電腦化，除非交易量不大或銷貨收入集中於少數客戶，查核人員通常認為僅依賴證實程序以取得查核證據不是有效率的查核策略，甚至認為無法僅依賴證實程序即可取得足夠及適切的查核證據。換言之，大多數的情況下，查核人員對銷貨與收款循環的進一步查核程序所採取的查核策略通常為併用方式(combined approach)，即併用控制測試及證實程序以取得足夠及適切的查核證據，而非採用證實方式(substantive approach)。

12.3　銷貨與收款循環相關的查核目標

誠如5.3節所討論，為了更明確引導查核人員規劃及執行查核程序，以確認財務報表中每一會計科目聲明是否依照所適用之財務報導架構，AICPA審計準則委員會及國際審計與確信委員會共同合作發展出一套架構，該架構依五大管理階層聲明為基礎，將五

大管理階層聲明 [存在或發生 (以 EO 代表之)、完整性 (以 C 代表之)、權利與義務 (以 RO 代表之)、評價或分攤 (以 VA 代表之)、表達與揭露 (以 PD 代表之)] 進一步發展出二大類的查核目標 (audit objectives)：與交易類別、事件與揭露相關之查核目標及與帳戶餘額與揭露相關之查核目標 (參見圖表 5.2 管理階層聲明與查核目標聲明之關聯性)。因此，在規劃銷貨與收款循環相關之查核前，必須瞭解銷貨與收款循環相關的查核目標，再透過風險評估程序辨認及評估個別項目聲明 (查核目標) 之重大不實表達風險 (當然亦包括財務報表整體之重大不實表達風險)，再據以發展進一步查核程序。茲將銷貨與收款循環相關之查核目標列示於圖表 12.2。

圖表 12.2　銷貨與收款循環相關之查核目標

	交易類別、事件與揭露相關之查核目標
發生	帳列銷貨交易為該期間內所有已提供的商品與勞務 (EO)。 帳列現金收入交易代表本期收到的現金 (EO)。 本期帳列銷貨及應收帳款相關之調整均為核准的折扣、退回與折讓及壞帳之提列與沖銷 (EO)。
完整性	所有當期發生的銷貨 (C)、現金收入 (C) 及銷貨調整 (C) 之交易均已入帳。
正確性	所有銷貨 (VA)、現金收入 (VA)，以及銷貨及應收帳款調整 (VA) 之交易均正確地依適用之財務報導架構評價，並正確地入帳、彙總及過帳。
截止	所有銷貨 (EO 或 C)、現金收入 (即 EO 或 C)，以及銷貨及應收帳款調整銷貨 (即 EO 或 C) 之交易均在正確的會計期間入帳。
分類表達	所有銷貨、現金收入，以及銷貨及應收帳款調整之交易均記錄於適當的科目 (PD)。 屬該企業之收入與收款循環相關事件與交易均以使財務報表使用者可瞭解的方式揭露，且無遺漏 (PD)。
	科目餘額與揭露相關之查核目標
存在	應收帳款代表客戶在資產負債表日積欠的貨款 (EO)。
權利與義務	應收帳款代表在資產負債表日對客戶所有的請求權 (C)。
完整性	代表資產負債表日屬於受查者所有之應收帳款 (RO)。
評價與分攤	應收帳款代表在資產負債表日對顧客的總請求權，且與應收帳款明細分類帳的總額相符 (VA)。 備抵壞帳已依適用之財務報導架構合理的估計 (VA)。
分類與表達	所有與收入與收款循環相關金額之揭露之適當分類，且已完整及正確地揭露 (PD)。

12.4　銷貨與收款循環相關的風險評估程序

對銷貨與收款循環相關之個別項目聲明有一番瞭解後，接下來查核人員便必須執行風險評估程序，辨認及評估財務報表整體與個別項目聲明兩個層級的重大不實表達風險

(包括舞弊的風險)。誠如第七章所討論，財務報表整體不實表達風險查核人員將以整體查核策略予以因應，整體查核策略旨在協助會計師決定查核所需運用之資源、資源配置、查核時機及查核資源之管理、運用及監督。個別項目聲明之不實表達風險查核人員將以查核計畫予以因應，查核計畫主要涵蓋風險評估程序及進一步查核程序的規劃。因本章主要在探討進一步查核程序的規劃，因此後續的討論，主要著重於個別項目聲明之不實表達風險對查核規劃的影響。

風險評估程序，係指經由對受查者及其環境、適用之財務報導架構及內部控制制度之瞭解，以辨認並評估導因於舞弊或錯誤之整體財務報表及個別項目聲明之重大不實表達風險所執行之查核程序。不實表達風險係由固有風險及控制風險所構成，查核人員對受查者及其環境與適用之財務報導架構(不包括內部控制制度)進行瞭解，主要目的即在辨認及評估固有風險。對受查者內部控制制度的瞭解，主要目的則在為辨認及評估控制風險做準備。因此，以下分別針對與銷貨與收款循環相關之固有風險及控制風險之辨認及評估進行說明。

12.4.1 辨認及評估與銷貨與收款循環相關之固有風險

誠如 7.3 節所討論，查核人員藉由瞭解受查者及其環境與適用之財務報導架構(不包括內部控制)進行瞭解，以辨認及評估固有風險。然而，辨認及評估固有風險所涉及的層面卻相當廣泛，查核人員應瞭解的方向包括：相關產業、規範及其他外部考量因素；受查者之性質；適用之財務報導架構；受查者會計政策之選擇及應用；受查者之目標、策略及可能導致重大不實表達風險之相關營業風險；以及受查者財務績效之衡量及考核。但本小節主要著重於辨認及評估與銷貨與收款循環相關固有風險時，應特別注意的重點。

瞭解受查者所屬的產業特性，往往對辨認及評估與銷貨與收款循環相關之固有風險特別有助益。查核人員一般可藉由對受查者過去之查核經驗，閱讀各產業協會公開之資訊、商業性期刊和報紙，以及資訊媒介者出版品之資料(如聯合徵信中心、時報資訊、經濟新報社)，獲取相關的瞭解。對受查者及其所屬產業的瞭解，通常可協助查核人員做下列的評估：

1. 藉由瞭解受查者的產能，及其市場與評估受查者收入的合理性。
2. 藉由瞭解受查者的市場占有率及其競爭優勢來評估毛利的合理性。
3. 以受查者及產業的平均收現期間為基礎來評估應收帳款收現的合理性。

此外，查核人員尚必須考慮一些對財務報表整體及特定個別項目聲明重大不實表達風險影響的因素，包括可能誘發管理階層從事收入舞弊的因素，例如：

1. 虛列收入的誘因。查核人員應檢視受查者是否有強烈的誘因而虛增收入及獲利。例如，

管理階層可能有壓力虛增收入及獲利以符合預算、分析師的預測或獎酬計畫所定的標準。

2. 收入認列的時點和金額可能因會計準則不明確、會計處理上涉及許多估計和複雜的計算，以及顧客有退貨權等原因而導致爭議。例如，營建業工程收入使用完工百分比法；租賃業可能透過保證殘值的估計操縱收入；高退貨率產業(如報章雜誌業)可能利用低估銷貨退回虛增營收。
3. 高估現金和應收帳款毛額或低估備抵壞帳，以便報導較高的營運資金(working capital)，避免違反債務契約的條款。
4. 壞帳提列是否屬重大會計事項，如金融業，如屬重大會計事項，則其固有風險較高。
5. 銷貨、現金收入和銷貨與應收帳款調整交易越頻繁，發生錯誤的機會通常越大。此外，銷貨與應收帳款之調整交易可能被用來掩飾現金的盜用。
6. 受查者是否常從事應收帳款出售或質借的交易，當轉讓應收帳款附有追索權時，對此交易分類為出售交易或融資交易可能有爭議。

　　分析性程序是風險評估程序中常用的方法，而且相當符合成本效益，故常被查核人員用以搜尋財務報表中可能存有重大不實表達跡象的會計科目。圖表12.3彙整常應用於銷貨與收款循環的分析性程序，以及其計算方式與其查核意義。

圖表 12.3　銷貨與收款循環常用之分析性程序

比率	計算方式	查核意義
銷貨對產能比	銷貨數量／產能	用於評估總收入的合理性。
市場占有率	淨銷貨／產業淨銷貨	用於評估總收入與毛利的合理性，一般而言，高市占率通常毛利較高。
銷貨對總資產	銷貨／總資產	用於評估總收入的合理性。
應收帳款成長率對銷貨成長率	$\left(\dfrac{\text{本期應收帳款}}{\text{前期應收帳款}}\right) - 1$ $\left(\dfrac{\text{本期銷貨收入}}{\text{前期銷貨收入}}\right) - 1$	可用以評估應收帳款收現的合理性，及當期銷貨收入是否有虛增銷貨收入的跡象。
當年度新增客戶的銷貨	新增客戶是否成為前幾大客戶	可用以評估當年度是否有虛增銷貨收入的跡象。一般而言，新增客戶立即成為前幾大客戶，假銷貨的可能性較高，尤其是期末才新增的新客戶。
應收帳款週轉天數	平均應收帳款／銷貨 ×365	與產業平均數比較，可評估應收帳款的收現性。與前期比較，可評估應收帳款的收現性及假銷貨的可能性。
壞帳費用對應收帳款	壞帳費用／應收帳款總額	可用以評估壞帳提列的合理性。
壞帳費用對壞帳沖銷數	前期壞帳費用／本期壞帳沖銷數	可用以評估壞帳提列的合理性。
銷貨退回對銷貨	銷貨退回／銷貨	對高退貨率的受查者，可用以評估是否利用低估退貨，虛增收入的可能性。

除了圖表 12.3 常用的分析性程序外，常用之分析性程序尚包括下列幾項：

1. 銷貨週轉率，銷貨對總資產平均數的比率。
2. 毛利趨勢和市場占有率趨勢的比較。
3. 在已知公司的銷貨量、價格和歷史性收現期間前提下，對應收帳款的估計數。
4. 將應收帳款與公司預算中估計的應收款做比較。
5. 將壞帳費用對賒銷淨額做比較。

值得提醒的是，當查核人員使用分析性程序協助其評估重大不實表達風險時，對受查者本身、產品、產業的瞭解越深入，對分析性程序的結果的解讀將越敏銳。

12.4.2 銷貨與收款循環相關內部控制制度之瞭解

不論查核人員採用併用方式或證實方式，皆應對內部控制制度五大要素：控制環境、受查者之風險評估流程、受查者監督內部控制之流程、資訊系統與溝通、控制作業進行瞭解。惟控制作業與後續相關控制測試的討論密切相關，故有關銷貨與收款循環控制作業之瞭解，本小節僅簡要的概述，待討論其控制測試時，再進一步做詳細的說明。

1. 控制環境

管理階層的誠信和道德觀，管理階層嚴守高標準的誠信和道德觀，是降低「收入和應收帳款」重大不實表達風險 (包括舞弊風險) 最重要的控制環境因素。此外，管理階層對公司治理單位 (董事會和審計委員會) 的支持及尊重，不做不切實際的銷貨及利潤目標的預測或預算，消除不實報導的誘因，亦是降低相關風險的重要因素。

經營管理哲學，管理階層這方面特質可能會影響財務報導的態度與行為，例如，管理階層的經營管理哲學態度可能影響會計方法的選擇 (選擇保守或激進的會計方法)，或會計估計的謹慎程度 (如對壞帳費用和銷貨退回等會計估計是否謹慎與保守)。

管理階層對財務長和會計人員專業的尊重 (competence commitment)，如果管理階層對財務長和會計人員的適任性非常注重，並尊重其專業的判斷，不過度干涉會計政策及會計估計的問題，則銷貨與收款循環中涉及爭議的會計問題、複雜的計算及會計估計相關聲明，其重大不實表達風險將可獲得控制。

人力資源政策和實務的考量，有些受查者會特別採用一些特殊的人力資源政策和實務管理處理現金交易的員工，以防止監守自盜的行為。例如，為處理現金的員工投保忠誠險，以降低因員工盜用現金所造成的損失。其他有關實務可能包括：強迫經管現金之員工休假，以及定期輪調職務等。實施這些人力資源政策和實務旨在使員工明白無法永遠掩飾其不法行為，進而降低其舞弊行為的發生。因此，該等人力資源政策和實務可降低相關重大不實表達風險。

2. 受查者之風險評估流程

和銷貨與收款循環相關風險評估流程方面，查核人員應特別注意受查者對客戶有無建立信用調查的檔案與是否適時更新該檔案，並注意商品勞務的轉移是否及時。收款交易中，應注意客戶所給予的支票是否為拒絕往來戶、收款人有延壓入帳的可能、收到的款項是否全數存入銀行及客戶的支票抬頭是否為公司等。此外，查核人員應評估管理階層對收入交易之新會計準則的回應，以及因銷貨與收款循環相關活動之快速成長或人員變動對會計和財務報導所造成的影響。

3. 受查者監督內部控制之流程

監督內部控制制度流程乃在提供管理階層有關銷貨與收款循環的內部控制制度是否按預期方式運作的回饋 (feedback)。查核人員必須瞭解並觀察管理階層是否根據監督活動所收到的資訊，採取適當的修正行動。此種資訊可能來自：(1) 顧客 (關於帳單發生錯誤)；(2) 主管機關 (關於不同意收入認列的會計政策或相關控制事項)；和 (3) 外部查核人員 (關於在過去查核工作中所發現的相關內部控制顯著缺失)。此外，內部稽核人員 (或由管理階層指派人員)，定期或不定期的稽查銷貨及收款流程的有效性，並適時的予以糾正與獎懲，亦能提供部分的相關資訊。

4. 資訊系統與溝通

和銷貨與收款循環相關資訊系統及溝通方面，查核人員主要須瞭解的重點是資訊系統如何處理下列事項：(1) 銷貨是如何起始的；(2) 賒銷是如何授信的；(3) 商品勞務是如何運送的；(4) 銷貨及應收帳款是如何記錄的；(5) 現金是如何收回及記錄的；以及 (6) 銷貨調整是如何進行的。其中亦包括上項事項資料處理的方式，和所使用的關鍵文件與紀錄。有關銷貨與收款循環交易與餘額的適當處理及報導，相關規定應予以書面化。例如，相關交易的會計政策、交易流程、使用之會計科目、相關表單應詳細規範於會計手冊中。

5. 控制作業

和銷貨與收款循環相關之控制作業方面，查核人員主要須瞭解的重點如下：(1) 如何收取客戶的訂單；(2) 受查者如何報價；(3) 銷貨單如何經過信用核准；(4) 如何依經信用核准銷貨單之內容出貨；(5) 如何記錄銷貨交易；(6) 如何收款；(7) 如何記錄收款交易；(8) 如何核准銷貨及應收帳款調整交易；(9) 如何記錄銷貨及應收帳款調整；以及 (10) 如何確保相關紀錄的正確性及完整性。

12.5 銷貨與收款循環相關的進一步查核程序——內部控制測試之規劃

查核人員執行 12.4 節所討論之風險評估程序後，因能辨認及評估和銷貨與收款循環相關會計科目個別項目聲明的不實表達風險 (固有風險)。不過，誠如第七章所說，執行風險評估程序並不能確認受查者之內部控制是否確實執行，此時查核人員亦僅能將控制風險設定為最高水準 (100%)。對某一個別項目聲明而言，若查核人員進一步查核程序的查核策略 (查核程序之目的) 係採用併用方式，則須執行相關的控制測試，才能將控制風險設定至較低的水準。誠如前述，查核人員對銷貨與收款循環進一步查核程序的查核策略很可能採取併用方式，故查核人員很可能須對相關之控制進行控制測試。

進一步查核程序包括控制測試及證實程序，由於要說明的內容較多，本節將先說明銷貨與收款循環相關的控制作業 (control activities) 的瞭解及其控制測試，12.6 節再說明銷貨與收款循環相關之證實程序。

12.5.1 銷貨與收款循環相關的控制作業之瞭解

12.4 節並未對收入與收款循環相關的控制作業作詳細的說明，因此本小節將首先說明查核人員對收入與收款循環相關的控制作業應有之瞭解。

誠如前述，收入與收款循環相關的交易種類主要有三類：(1) 賒銷；(2) 現銷及應收帳款收現之現金收入；以及 (3) 銷貨及應收帳款相關之調整。因此，本小節將舉例說明賒銷、現銷及應收帳款收現、銷貨與應收帳款相關調整之控制作業，以及各控制作業可能產生之相關文書及表單。此外，為使讀者能較具體地感受相關的控制作業，本書的釋例多以人工控制作業流程為主。即使在高度電腦化的自動化控制，其流程的邏輯亦大同小異，只是多數的控制流程由電腦系統自動控制及執行。

誠如第七章所討論，查核人員於瞭解上述控制作業時，除了研讀受查者的流程圖外，通常亦會使用內部控制問卷與執行穿透測試 (walk-through test) 以確認其瞭解是否正確。有關銷貨與收款循環內部控制問卷之釋例，可參見圖表 7.8，在此不再贅述。惟應先提醒的是，控制作業會因受查者組織架構、規模、營業性質等因素的影響，每一受查者之控制作業不一定會完全一樣，本節各控制作業的說明皆屬舉例性質。

12.5.1.1 賒銷交易之控制作業及相關之文書憑證

賒銷交易涉及之基本的作業 (職能) 為：1. 處理客戶訂單；2. 客戶信用的核准；3. 出貨；4. 記帳，圖表 12.4 列示該等基本作業流程的關聯性及相關文書憑證，以下針對各作業及相關文書憑證說明如下：

1. 處理客戶訂單

一般而言，賒銷交易起始於收到客戶訂單 (customer order or purchase order)，企業再根據客戶訂單填寫銷貨單 (sales order) 一式數聯，企業通常對銷貨單會事先編號，以控制漏記銷貨的風險，確保交易的完整性。因此，與本作業相關之單據有客戶訂單及銷貨單，相關說明如下：

(1) 客戶訂單，係指客戶對商品的請購所出具之聲明。客戶訂單可以透過電話、信件、客戶回函、銷售業務人員、網際網路直接下訂單。

(2) 銷貨單，係指為完整描述與溝通客戶訂購之商品種類、數量與相關資訊的憑證，是串連後續授信與出貨核准，以及記帳的重要憑證。

在圖表 12.4 的釋例中，當業務部門收到客戶訂單後，會根據客戶訂單編製已事先編號之銷貨單一式 6 聯，除了第 6 聯存檔備查與第 5 聯通知訂貨客戶外，第 1 聯至第 4 聯一併送交授信部門進行該客戶的信用額度的核准。

2. 客戶信用的核准

對於賒銷的客戶而言，在出貨之前，必須依企業規定經授權者進行客戶的信用核准方可出貨。若此信用核准的功能不彰，易導致壞帳及應收帳款無法及時收回風險的提高。經信用核准後的銷貨單往往也代表該運送給顧客的貨品是經過核准的。某些自動化程度較高的企業，電腦會確認客戶的授信主檔中的相關資訊 (如授信額度、條件及應收帳款餘額) 自動審核其信用條件，只要該客戶之應收帳款餘額加該筆賒銷尚未超出其信用額度時，便會自動核可該銷貨單。

在圖表 12.4 的釋例中，當授信部門收到業務部門送交之銷貨單第 1 聯至第 4 聯後，被授權授信核准之人員將進行該客戶信用核准之作業。若經信用核准後，相關人員於銷貨單簽章，除將第 4 聯存檔備查與第 3 聯送交會計部門外，銷貨單第 1 聯及第 2 聯一併送交倉儲部門準備出貨。

雖然圖表 12.4 的釋例並未顯示授信部門授信的細節，惟查核人員仍應瞭解授信部門有關信用額度上限核准及修訂、信用額度的放行、超額信用核准相關的控制進行瞭解。

3. 出貨

對多數企業而言，出貨作業往往代表企業已經放棄該資產的所有權，故於出貨時點認列銷貨收入。當倉儲部門收到授信部門轉來之授信核可後之銷貨單之後即準備出貨。出貨時，倉儲部門通常會編製提貨單 (bills of lading) 或出貨單 (delivery order) 一式數聯，提貨單或出貨單會載明客戶名稱、出貨日期、商品名稱及數量等資訊，其中的一聯會隨商品一併送交客戶。高度電腦化下，許多企業電腦可以依訂單資訊自動產生提貨單或出貨單，同時自動產生銷貨發票及在銷貨日記簿產生分錄。很多企業使用條碼及掌上型電

Chapter 12　銷貨收入與收款循環的查核

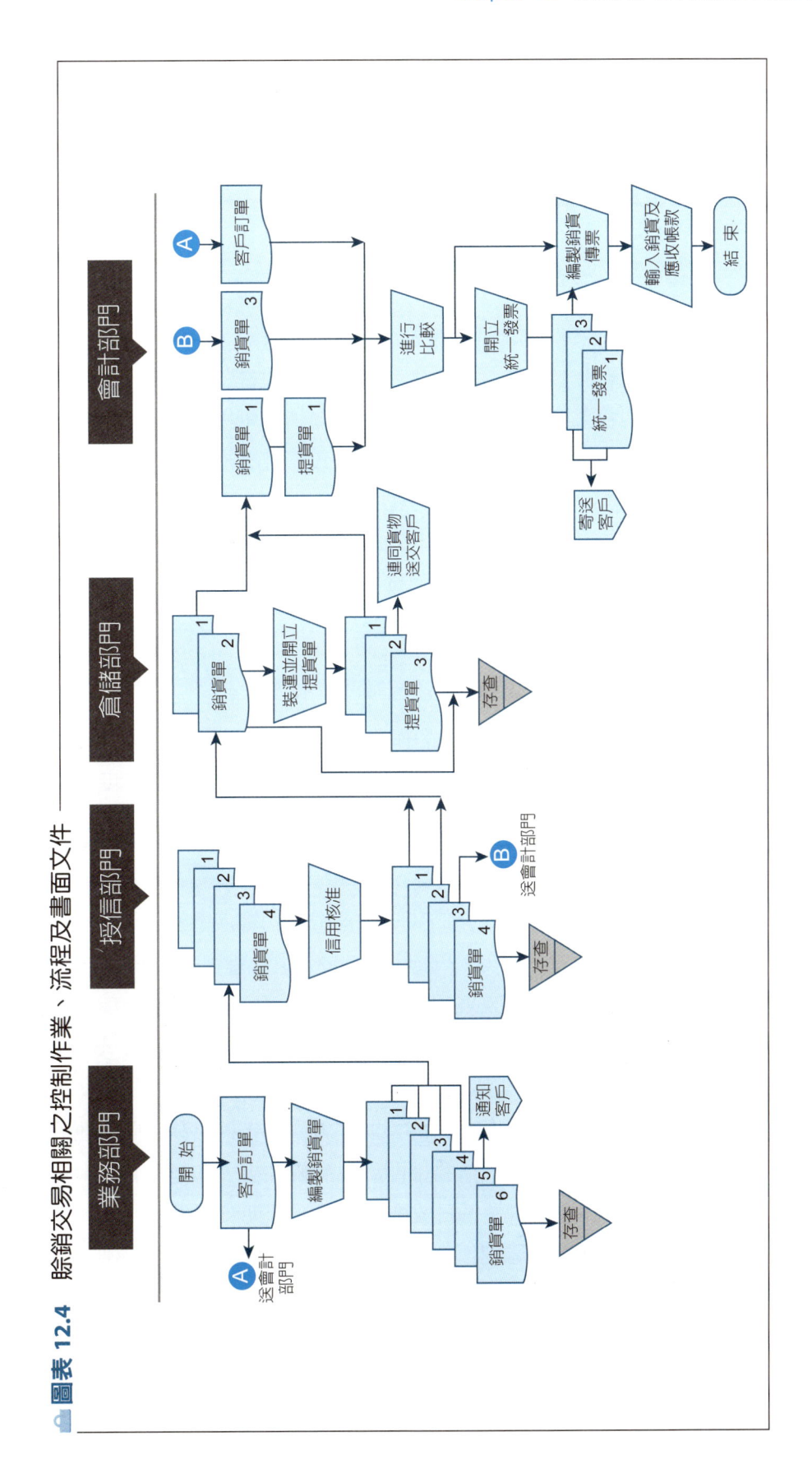

◆ 圖表 12.4　賒銷交易相關之控制作業、流程及書面文件

腦直接即時地記錄出貨,並由其所產生的資訊來更新存貨主檔中的紀錄。對於採用永續盤存制的企業而言,提貨單亦可以用以更新存貨資訊。

在圖表 12.4 的釋例中,倉儲部門收到授信部門轉來之授信核可後之銷貨單之第 1 聯及第 2 聯後即準備出貨,並編製提貨單或出貨單一式 3 聯,其中除第 3 聯存檔備查與第 2 聯隨貨送交客戶外,第 1 聯則送交會計部門準備入帳。

4. 記帳

出貨後,最後一道作業即將賒銷交易入帳,更新銷貨及應收帳款 (包括應收帳款明細帳及總帳) 資料。在圖表 12.4 的釋例中,會計部門總共會收到業務部門送來之客戶訂單、授信部門送來之銷貨單第 3 聯、倉儲部門送來之銷貨單第 1 聯及提貨單第 1 聯。會計部門之人員及主管必須核對上述單據資料是否一致,且經被授權人員簽章核可無誤。經核對無誤後,並開立統一發票一式 3 聯,其中第 1、2 聯寄送客戶,第 3 聯存檔備查。最後,將上述表單作為原始憑證據以編製賒銷傳票,並記錄該筆銷貨及應收帳款。

此外,會計部門應最少每月編製應收帳款對帳單予每一位客戶,列明期初餘額、本期賒銷、本期還款及期末餘額,俾便核對。

12.5.1.2 現銷及帳款收現交易之控制作業及相關之文書憑證

現銷及帳款收現交易主要涉及之基本的作業為,1. 收到現金;2. 存入銀行;3. 記帳,並將該等基本作業的流程列示於圖表 12.5,以下針對各項基本作業及相關之文書憑證說明如下:

1. 收到現金

在圖表 12.5 的釋例中,當客戶現銷時,業務部會收到客戶繳交之現金或即期支票,除了比照賒銷之控制作業開立銷貨單外 (參照圖表 12.4 之流程,不再贅述),每日應另編製現金彙總表一式 3 聯,載明每一筆現銷的詳細資料。每日收取的現金與即期支票併同現金彙總表第 1 聯送交出納部門,現金彙總表第 2 聯則送交會計部門,現金彙總表第 3 聯則由業務部門存檔備查。

此外,在圖表 12.5 的釋例中,如果是客戶賒銷後還款,則財務部門會收到客戶寄來之現金、即期支票或銀行匯款通知,財務部門於收到帳款後,亦應編製現金彙總表一式 3 聯,載明每一筆現銷的詳細資料。每日收取的現金與即期支票併同現金彙總表第 1 聯送交出納部門,現金彙總表第 2 聯則送交會計部門,現金彙總表第 3 聯則由財務部門存檔備查。

2. 存入銀行

在圖表 12.5 的釋例中,出納部門會分別收到從業務部門及財務部門送交之現金與即

Chapter 12 銷貨收入與收款循環的查核

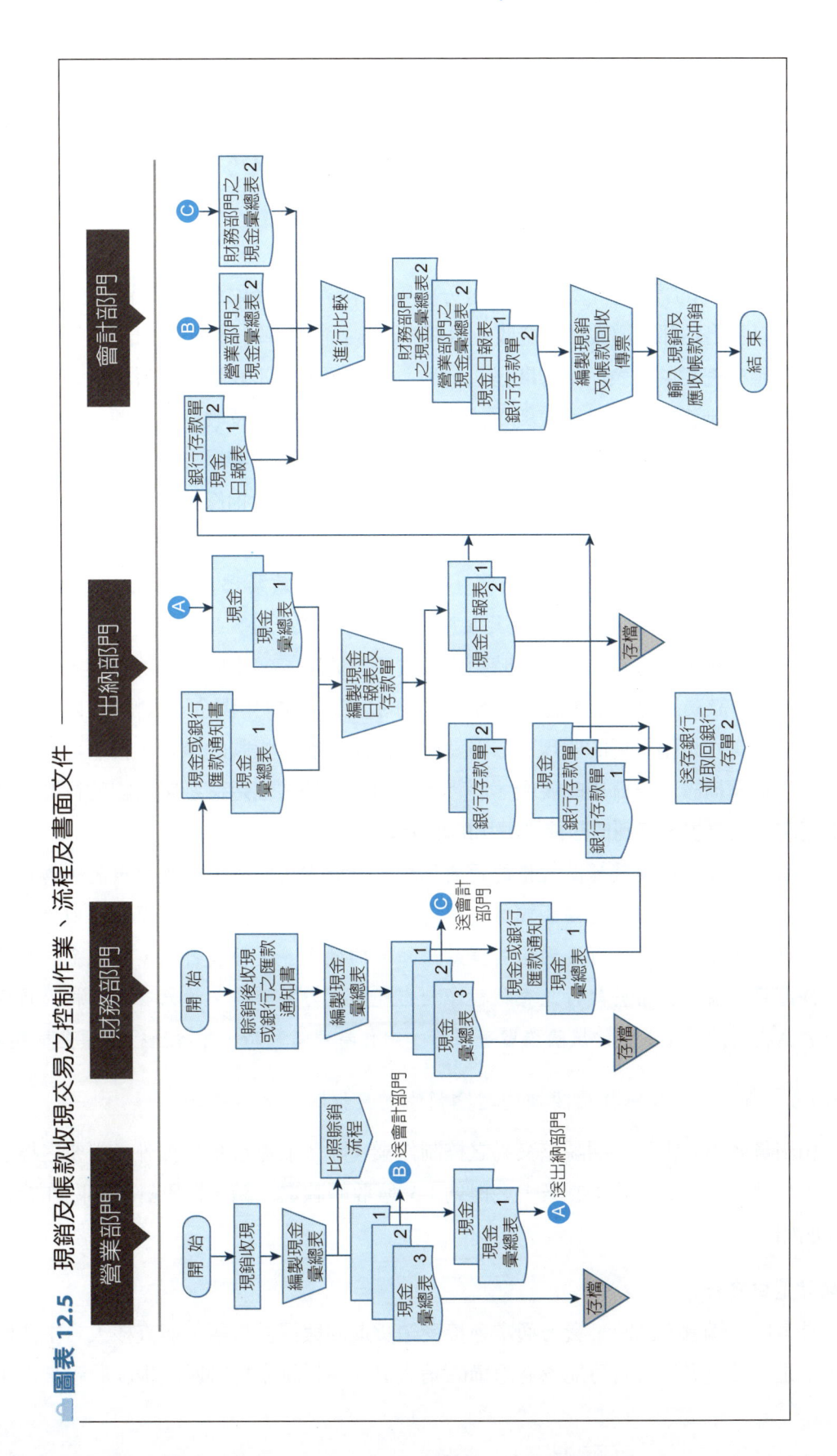

圖表 12.5 現銷及帳款收現交易之控制作業、流程及書面文件

期支票，以及其編製之現金彙總表第 2 聯。出納部門經核對無誤後，將當日所收取之現金與即期支票填寫銀行存款單一式 2 聯送存銀行 (由銀行簽章後取回第 2 聯)，並另編製現金收入日報表一式 2 聯。銀行存款單第 2 聯及現金收入日報表第 1 聯送交會計部門準備入帳。現金收入日報表第 2 聯則由出納部門存檔備查。

3. 記帳

在圖表 12.5 的釋例中，會計部門會分別收到業務部門及財務部門編製之現金彙總表第 1 聯，以及出納部門編製之現金收入日報表及銀行存款單 (經銀行簽章)。會計部門人員及主管應檢查相關報表與單據間是否一致，且確認上述報表皆經被授權人員簽章核可無誤。經核對無誤後，上述報表與單據將據以編製現金銷貨及收款之傳票，並記入帳冊之中。此外，客戶因提前還款而享有之現金折扣，通常係從客戶支付的款項扣除。折扣的條件通常列示銷貨單上或發票上，當客戶付款符合現金折扣條件時，會計部門應一併記錄銷貨折扣，並將應收帳款沖銷。

應收帳款收現有一種常見的舞弊，稱之為應收帳款延壓入帳 (lapping of accounts receivable)，應收帳款延壓入帳係指延後應收帳款收現的紀錄，用以隱藏盜用已收回現金之舞弊。這種舞弊的行為在員工同時負責收現及記錄時，發生應收帳款延壓入帳的風險將大為增加。該員工可能延遲記錄甲客戶收現的事實 (即挪用現金不入帳)，隨後再以乙客戶的收現當作是甲客戶的收現，以隱藏原先挪用甲客戶帳款的事實，接著再利用丙客戶的收現繼續掩護前筆挪用的現金。該員工必須不斷地重複這個延壓入帳的行為，隱藏此盜用現金的事實，直到他回補被挪用的現金為止。

要預防此種應收帳款延壓入帳的行為，較有效的方法即將現金收款與記錄的職能予以分工，或實施員工強制性輪調或休假即可降低該風險。對查核人員而言，如要偵測應收帳款延壓入帳的行為，可透過比對匯款通知單的姓名、金額及日期，與現金收入簿及存款條即可發現。但由於執行此查核程序相當耗費人力及時間，故只有在查核人員認為受查者應收帳款延壓入帳的風險為顯著風險，須作特殊考量時，才會進行此項查核程序。

12.5.1.3 銷貨與應收帳款相關調整之控制作業及相關之文書憑證

和銷貨與應收帳款相關調整交易之控制作業，除了前述現金折扣外，主要之控制作業有：1. 銷貨退回與折讓；2. 壞帳之提列；3. 應收帳款之沖銷。以下針對相關作業及憑證說明如下：

1. 銷貨退回與折讓

當客戶不滿意商品時，賣方通常會接受銷貨退回與提供折讓。而查核人員主要關注的重點是，受查者是否有可能透過虛構的銷貨退回與折讓來掩飾應收帳款收款被挪用的

舞弊。因此，有助於減少此類舞弊的控制作業主要著重於確認銷貨退回與折讓交易的存在或發生，可能的相關控制作業如下：

(1) 所有的銷貨退回與折讓應由業務部門主管的核准，並出具銷貨退回核准 (sales return authorization) 文件。

(2) 所退回商品應附有已核准之銷貨退回文件，並由倉儲部門清點，出具驗收單 (receiving report)，並將商品入倉。

(3) 會計部門應比對原銷貨單、已核准之銷貨退回文件及驗收單。如核對無誤，則開立貸項通知單 (credit memo) 通知客戶，並據以進行銷貨退回與折讓之紀錄，並沖銷應收帳款。

2. 壞帳之提列

由於企業無法確保所有的應收帳款均會收回，在應計基礎下，大多數企業皆須估計壞帳費用。如果壞帳費用的金額不重大，受查者一般不會對壞帳之提列建立正式的控制作業。但對特定產業或企業而言，如銀行業，壞帳之提列可能是非常重要的會計政策，受查者對壞帳之提列則應建立嚴謹的控制作業，查核人員就必須瞭解該等控制作業，並測試該等控制作業是否被落實。否則，查核人員僅靠證實程序，應難以取得足夠及適切之查核證據。例如：查核人員應瞭解管理階層如何作會計估計及所依據之資料，包括：(1) 會計估計之方法；(2) 攸關控制；(3) 管理階層是否採用專家工作；(4) 會計估計之假設、會計估計之方法與前期比較；(5) 是否已變動或應變動而未變動，及其理由；(6) 管理階層是否已評估及如何評估估計不確定性之影響。相關細部之規定，讀者可參閱 TESA540「會計估計與相關揭露之查核」。

3. 應收帳款之沖銷

查核人員對應收帳款沖銷關注的重點與銷貨退回及讓價類似，亦著重於受查者是否有可能透過虛構的應收帳款沖銷來掩飾應收帳款收款被挪用的舞弊。良好的控制作業應包括：

(1) 所有的壞帳沖銷應有適當的文件支持 (如客戶破產證明文件、債務人死亡證明文件等)，並由授信部門或財務部門主管核准。

(2) 普通日記簿分錄應適當複核，以確保交易的適當性。

12.5.2 銷貨與收款循環相關內部控制作業之控制測試

經查核人員執行完風險評估程序後 (即瞭解 12.4 節及 12.5.1 節所討論的事項)，應能辨認及評估財務報表層級及個別項目聲明層級之重大不實表達風險。其中個別項目聲明層級之重大不實表達風險將影響進一步查核程序的規劃。

執行完風險評估程序後，查核人員可能基於查核效率及成本考量，或認為僅依賴證實程序無法取得充分及適切的查核證據的原因，決定與特定個別項目聲明相關之控制屬性將被依賴，則查核人員則應對該控制屬性執行控制測試，以便取得將控制風險降低的查核證據。

誠如在第七章所討論，查核人員在決定將進行控制測試之控制屬性後，可再考量特定控制屬性是否可用以前年度執行控制測試的結果作為本期的查核證據，如果可以，則該特定控制屬性本期就可以不用執行控制測試。判斷是否可以使用以前年度執行控制測試的結果作為本期的查核證據，請參閱 7.4.3 節有關「採用以往查核所取得之查核證據」之討論，在此不再贅述。

經過前述的考量後，查核人員應決定那些特定個別項目聲明及其攸關之控制屬性將於本期執行控制測試。查核人員通常會於期中執行控制測試，而控制測試通常會以抽樣的方式進行。誠如第九章有關控制測試抽樣之討論，不論查核人員使用統計抽樣或非統計抽樣，屬性抽樣須執行如圖表 9.1 所示之七大步驟。決定那些特定個別項目聲明及其攸關之控制屬性將於本期執行控制測試是屬性抽樣的步驟 1，也將決定後續六個步驟具體的抽樣細節 (包括定義母體與樣本單位、定義失控的意義、樣本量、選樣方法、查核方法的種類、推論等)。以銷貨與收款循環相關控制作業之控制測試為例，圖表 12.6 再度以第九章的釋例說明步驟 1 的意義，至於步驟 2 至步驟 7 的說明，讀者請自行參閱第九章的討論，本小節不再贅述。

圖表 12.6　銷貨交易相關之控制作業屬性及相關的財務報表聲明

控制屬性	控制屬性之說明	財務報表聲明
1.	每筆銷貨的銷貨單須事先編號，並依序號控制。	完整性
2.	在銷貨交易完成前，每筆銷貨單須經過信用部門主管的核准。	評價
3.	運送單須事先編號，且必須要有經核准的銷貨單為依據。	存在 / 發生
4.	從銷貨部門收到已核准的銷貨單才可以開立發票。	存在 / 發生
5.	銷貨部門的監督人員應該對發票的金額和相關文件進行複核，以及確定單價及金額計算的正確性。	評價
6.	出貨部門應該收到已核可運送文件副本才可授權運送貨物。	存在 / 發生
7.	在將發票寄送至客戶前，帳單部門應該檢查每筆銷貨發票金額、數量和還款期限的正確。	完整性、評價、揭露
8.	應收帳款部門須每天編製應收帳款彙總表，並與每日開出的發票核對，以便控制每天入帳之應收帳款是否與開出發票相符。	完整性、揭露
9.	預先編號之運送單和每筆交易的副本應該和商品一起送交客戶。	完整性、存在 / 發生

12.6 銷貨與收款循環相關的進一步查核程序——證實程序之規劃

證實程序的規劃是查核規劃的最後階段，為了再提醒本章之前各節與本節之關聯性，12.6.1 節將首先再簡要彙整風險導向的查核方法論如何引導證實程序的規劃。證實程序主要係由證實分析性程序及細項測試所組成，實務上會先執行證實分析性程序，再配合執行適當的細項測試。故 12.6.2 節將先討論實務上在查核銷貨與收款循環時，通常會使用之證實分析性程序，12.6.3 節再說明在既定的偵測風險及以及證實分析性程序所發現的結果下，如何規劃適當之細項測試，最後設計出適當的證實程序查核計畫。

12.6.1 如何利用風險導向的查核方法規劃及設計銷貨與收款循環之證實程序

首先再回憶一下何謂證實程序，**證實程序 (substantive procedure)**（實務上亦稱為證實測試）係指設計用以偵出個別項目聲明重大不實表達之查核程序。證實程序包含：(1) **細項測試 (test of detail)**；(2) **證實分析性程序 (substantive analytical procedure)**。所謂細項測試係泛指運用檢查、觀察、查詢、函證、驗算、重新執行等查核方法的查核程序，其查核的程序通常較為詳細。而證實分析性程序係指經由分析財務資料間或與非財務資料間之可能關係，藉以評估個別項目聲明是否存有重大不實表達之查核程序。

誠如第五章對查核方法論的討論，當查核人員對特定會計科目的五大聲明皆取得足夠且適切的查核證據，且支持該會計科目無重大不實表達時，查核人員才能宣稱已取得足夠且適切的查核證據，支持該會計科目無重大不實表達，亦才能做出該會計科目無重大不實表達的結論。因此，查核規劃時，係以每一項聲明為基礎，根據每一聲明重大不實表達風險的程度，設計適當的證實程序。

當查核人員執行完風險評估程序及控制測試 (如有執行) 後，對於銷貨與收款循環相關各會計科目之個別項目聲明之固有風險及控制風險 (兩者合稱為重大不實表達風險) 的評估會做出結論。根據第七章的查核風險模型，某一聲明在既定的查核風險 (AR) 下，其重大不實表達風險 (MMR) 越高，可接受之偵查風險 (DR) 即越小。圖表 12.7 以應收帳款為例，以高、中、低描述各風險要素的情況下，說明如何利用查核風險模型來決定應收帳款五大聲明的偵查風險。

偵查風險的高低，將影響證實程序的性質 (nature)、時間 (timing) 及範圍 (extend)，其間的主要關聯性再次彙整如圖表 12.8，細節討論請參閱第七章。

◆ 圖表 12.7　應收帳款五大聲明偵查風險之決定

風險要素	存在或發生	完整性	權利與義務	評價與分攤	表達與揭露
查核風險	低	低	低	低	低
固有風險	低	中	高	高	中
控制風險	低	中	中	高	高
偵查風險	高	中	中	低	中

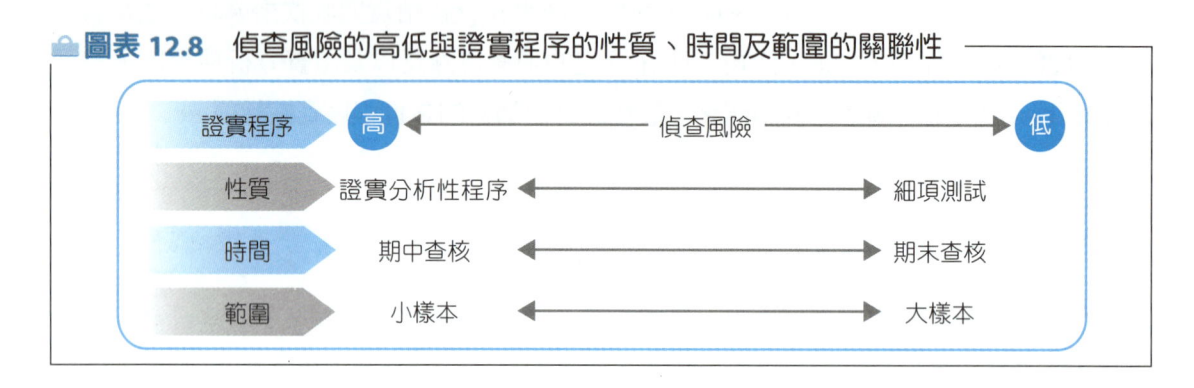

◆ 圖表 12.8　偵查風險的高低與證實程序的性質、時間及範圍的關聯性

```
證實程序    高 ←──── 偵查風險 ────→ 低
性質        證實分析性程序 ←──────→ 細項測試
時間        期中查核     ←──────→ 期末查核
範圍        小樣本       ←──────→ 大樣本
```

一般而言，查核人員多會將查核風險訂在較低的水準，再藉由風險評估程序及控制測試（如有執行），決定固有風險及控制風險的水準（即重大不實表達風險），最後決定可接受之偵查風險。偵查風險將用以規劃特定聲明之證實程序的性質、時間及範圍。就證實程序的性質而言，如果特定聲明可接受之偵查風險較高，如圖表12.7的存在或發生，查核人員規劃證實程序的種類可能會偏重證實分析性程序（如適用時），或較省成本及時間的細項測試（一般而言，此種方法所蒐集之證據，其說服力較低）；反之，如果特定聲明可接受之偵查風險較低，如圖表12.7的評價與分攤，則查核人員對該聲明規劃之證實程序的種類，應偏重細項測試的方法，如適用時，應考慮使用外部函證程序。就證實程序的時間而言，如果特定聲明可接受之偵查風險較高時，如期中查核是可行的，則查核人員應盡可能在期中執行所規劃之查核程序；反之，如果特定聲明可接受之偵查風險較低，則查核人員應盡可能在期末或期後執行所規劃之查核程序。就證實程序的範圍而言，如特定聲明的查核需要使用抽樣時，對可接受之偵查風險較高之聲明，則減少其樣本量；反之，對可接受之偵查風險較低之聲明，應增加其樣本量。

由於查核時間的決定較為單純（第七章已有討論），而查核範圍則於第十章科目餘額證實程序的抽樣方法中介紹，故本節探討的重點將著重於證實程序的性質，即證實程序所使用之查核方法的規劃。惟進一步說明銷貨與收款循環證實程序前，值得提醒的是，**雖然銷貨與收款循環涉及到許多會計科目，但由於是雙式簿記，且多數企業之銷貨多為賒銷的情況下，銷貨最可能發生的重大不實表達多為未收現的銷貨，即應收帳款**。此外，銷貨的調整交易、銷貨折扣、銷貨退回及讓價，亦與應收帳款相關。因此，在查核規劃

上，查核人員主要係藉由查核應收帳款來查核相關的銷貨。因此，本節探討銷貨與收款循環相關的證實程序的性質，主要係針對應收帳款之證實程序進行探討。然而，如果受查者的營業特性是在收入認列之前就先預收現金，則收入認列問題的查核則主要係針對預收收入進行查核。至於其他相關會計科目之證實程序，本節僅就查核人員應注意事項做簡要之說明。

　　在設計證實程序的性質方面，一般而言，查核人員會先規劃執行若干證實分析性程序，對特定個別聲明而言，如果證實分析性程序所獲取之證據，其說服力越高（即證實分析性程序風險越低），在既定的偵查風險下，則搭配之細項測試程序，其所獲取的證據說服力即可降低（即細項測試風險越高）。此外，誠如前述，查核規劃時，每一會計科目的五大聲明皆必須獲取足夠及適切之查核證據，因此，查核人員於設計證實程序時，應先以聲明為基礎，思考在其可接受的偵查風險下，每一聲明應該用那些證實程序去蒐集證據。最後，值得再提醒的是，查核人員除了設計蒐集支持五大聲明之證實程序外，誠如第七章所討論，查核人員尚須執行財務報表數字與帳冊數字是否一致的調節程序，例如，逆查財務報表應收帳款的金額是否與應收帳款總分類帳的金額一致、調節應收帳款總分類帳及明細分類帳是否一致等。此類之查核程序在TWSA330將之稱為「與結算及財務報表編製過程有關之證實程序」，亦屬證實程序的一部分。查核人員亦應一併考量。茲將上述的設計邏輯，以應收帳款為例，列示於圖表12.9。

　　以下兩小節，將對應收帳款之證實分析性程序及細項測試進一步說明。

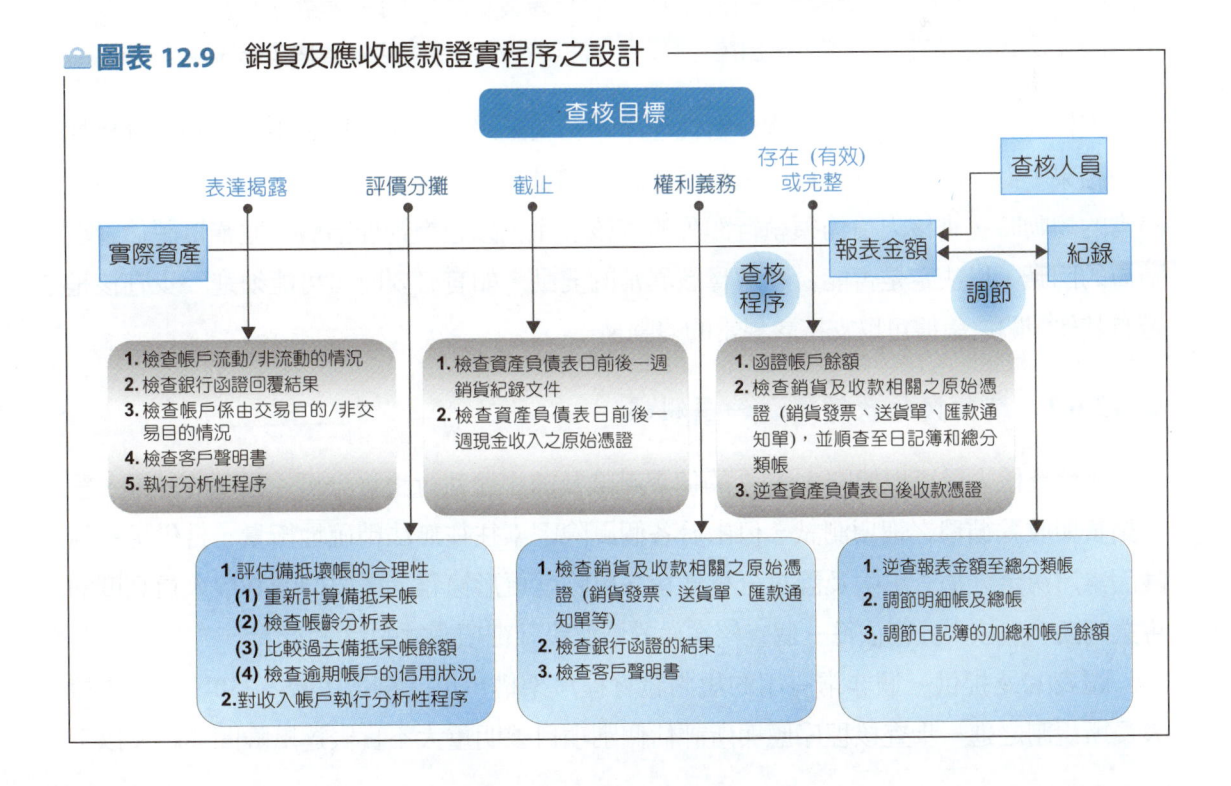

圖表 12.9　銷貨及應收帳款證實程序之設計

查核目標

表達揭露　　評價分攤　　截止　　權利義務　　存在（有效）或完整　　查核人員

實際資產 ←→ 報表金額 ←→ 紀錄

查核程序　　調節

1. 檢查帳戶流動/非流動的情況
2. 檢查銀行函證回覆結果
3. 檢查帳戶係由交易目的/非交易目的情況
4. 檢查客戶聲明書
5. 執行分析性程序

1. 檢查資產負債表日前後一週銷貨紀錄文件
2. 檢查資產負債表日前後一週現金收入之原始憑證

1. 函證帳戶餘額
2. 檢查銷貨及收款相關之原始憑證（銷貨發票、送貨單、匯款通知單），並順查至日記簿和總分類帳
3. 逆查資產負債表日後收款憑證

1. 評估備抵壞帳的合理性
   (1) 重新計算備抵呆帳
   (2) 檢查帳齡分析表
   (3) 比較過去備抵呆帳餘額
   (4) 檢查逾期帳戶的信用狀況
2. 對收入帳戶執行分析性程序

1. 檢查銷貨及收款相關之原始憑證（銷貨發票、送貨單、匯款通知單）
2. 檢查銀行函證的結果
3. 檢查客戶聲明書

1. 逆查報表金額至總分類帳
2. 調節明細帳及總帳
3. 調節日記簿的加總和帳戶餘額

12.6.2 銷貨與收款循環之證實分析性程序

大部分證實分析性程序多在資產負債表日之後,但在細項測試之前執行。因為在受查者所有交易完成及編製財務報表之前就執行詳細的證實分析性程序是沒有太大意義的。

圖表 12.10 列示一些查核人員於執行證實程序階段常用之證實分析性程序,及其可能指出之潛在不實表達。

圖表 12.10 常用之和銷貨與收款循環相關之證實分析性程序

證實分析性程序	可能指出之潛在不實表達
依產品別與前幾年之毛利率比較	銷貨或應收帳款之高估或低估
依產品別逐月比較銷貨	銷貨或應收帳款之高估或低估
依產品別與前幾年之銷貨退回與讓價占總銷貨百分比比較	銷貨退回與折讓或應收帳款高估或低估
個別客戶應收帳款的餘額與其授信額度比較	應收帳款與銷貨是否虛構,及其收現的可能性
與前年壞帳費用占總銷貨百分比比較	無法收回之帳款金額之高估或低估
與前幾年應收帳款流通在外天數及應收帳款週轉率比較	備抵壞帳(壞帳費用)之合理性,及銷貨虛構的可能性
與前幾年之應收帳款各帳齡占應收帳款總額百分比比較	備抵壞帳及壞帳費用之高估或低估
與前幾年之備抵壞帳占應收帳款百分比比較	備抵壞帳及壞帳費用之高估或低估
與前幾年之壞帳占應收帳款百分比比較	備抵壞帳及壞帳費用之高估或低估

查核人員應將所執行之證實分析性程序的結論記錄於工作底稿之中,有利的分析性程序結果,得以降低查核人員所須執行的細項測試。然而,當證實分析性程序發現有不尋常的變動時,查核人員仍須執行額外的查核程序,如查詢管理階層,並審慎評估管理階層的回應,以決定是否能合理解釋該異常的變動。如有必要時,可能須進一步查核是否有其他相關之證據可以支持該異常的變動。

12.6.3 銷貨與收款循環之細項測試

雖然查核人員可根據圖表 12.7 的偵查風險及前小節執行證實分析性程序的結果,設計銷貨與收款循環之細項測試。但由於各個風險因素往往無法精確地衡量,合併這些風險因素所決定之偵查風險及證實分析性程序風險就更形複雜,需要仰賴查核人員高度的專業判斷,查核人員應依每一個查核案件的情況設計細項測試的程序。

圖表 12.9 提供一個非常有用的規劃證實程序架構,也能符合 TWSA330,要求查核人員所規劃之進一步查核程序應與所評估個別項目聲明重大不實表達風險間連結。以下

就以圖表 12.9 為例進一步說明各聲明之細項測試：

1. 與結算及財務報表編製過程有關之證實程序

不論是那一個交易循環的查核，與結算及財務報表編製過程有關之證實程序通常是查核人員首先要執行之證實程序，因為在執行其他證實程序之前，查核人員應先確定財務報表上會計科目的餘額應與帳冊上的數字一致，且帳冊上的數字是正確的，而且查核人員會先對帳冊進行檢視，可使其先行瞭解工作的全貌，以利後續細項測試的執行。

對銷貨與收款循環之查核，查核人員首先就必須核對相關會計科目在財務報表上的數字與帳冊上的數字是否一致。其中又以應收帳款最為重要，主要相關程序包括：

(1) 逆查財務報表數字至應收帳款總帳。
(2) 調節應收帳款總帳與其明細帳是否一致。
(3) 取得應收帳款明細表（包括帳齡分析），驗算其數字的正確性。

2. 應收帳款存在性之查核

應收帳款存在性最主要之證實程序包括：

(1) 函證。
(2) 檢查銷貨及帳款收現相關之原始憑證（相關原始憑證視查核人員相關控制作業的設計而定，如圖表 12.4 及圖表 12.5)。

依審計準則之規範，在正常情況下，查核人員對應收帳款進行函證，除非有下列三個情況：

(1) 應收帳款不具重要性。
(2) 查核人員認為函證回覆率會過低或不可靠。
(3) 重大不實表達風險（固有風險與控制風險）相當低，其他證實程序即可取得足夠及適切的查核證據。

此外，查核人員實施應收帳款函證時，應以積極式為原則，惟在下列情況下，可兼採消極式函證：

(1) 餘額不大之帳戶眾多。
(2) 預期餘額發生錯誤之次數不多。
(3) 內容如有不符時，預期受函證者將會函覆。

惟實務上，常將消極式與積極式函證混合使用，最常見的做法通常是對大額應收帳款餘額的客戶進行積極式函證，而小額應收帳款餘額的客戶則輔以消極式函證。

採積極式函證之客戶，如未於期限回函，查核人員應繼續跟催，甚至寄發第二次（甚至第三次）函證追蹤。如最後仍未獲回函，查核人員仍應採用其他替代查核程序予以查明，例如，查核該客戶期後收款之情況，或詳細檢查該客戶賒銷原始憑證之真實性。

查核人員應將函證、回函結果、差異分析及推論的結果，詳細記載於工作底稿。其他有關函證的細節，讀者可參閱第五章有關函證的討論。

3. 應收帳款所有權的查核

應收帳款所有權的查核其查核程序與查核存在性的查核方式有一部分是類似的，主要的查核方法包括：

(1) 函證。
(2) 檢查銷貨及帳款收現相關之原始憑證 (客戶訂單、銷貨單、提貨單、發票等)。
(3) 檢視銀行函證，有關應收帳款出售及質借的事項。
(4) 取得相關客戶聲明書。

4. 應收帳款完整性 (包括截止) 的查核

一般而言，對完整性的查核通常具有較大的挑戰性，其原因為查核人員鮮少會對應收帳款餘額為零的客戶進行函證；被函證的客戶通常不會對其應付帳款餘額被低估的事實做出要求更正的回覆；此外，與新客戶之間的賒銷交易一旦漏記將很難去辨識，因為賒銷一旦未於帳冊上記載，即沒有留下交易軌跡，應收帳款漏列的事實幾乎無法用細項測試的方式發現。因此，應收帳款完整性的確保，相關的控制作業就顯得更為重要了。對於測試銷貨與應收帳款低估較有效的方法為，對已出貨但未記錄銷貨之交易進行交易證實測試以及分析性程序。

至於應收帳款 (包括銷貨) 截止的查核，同時涉及存在性及完整性的問題。不論相關交易被記錄在後續期間，或者後續期間交易被記錄在當期，都涉及到截止的不實表達。無論何種型態的不實表達，截止測試重點皆在於驗證財務報表結束日前後一段期間內相關交易是否均被記錄在適當的會計期間。實務上，許多銷貨舞弊的案件，係透過將相關交易於會計期間作不當的歸屬來達成，例如，蓄意或無意的將後續期間的鉅額銷貨計入當期、漏計當期應記錄之銷貨退出與折讓，或延遲認列壞帳費用等行為，均會使當期的損益高估。因此，截止測試是銷貨與收款循環查核中相當重要的一環。

查核人員於執行截止測試時，主要有下列三項主要的步驟：

(1) 決定適當銷貨截止 (認列) 的標準

銷貨截止的標準與受查者所適用之財務報導架構有關。然而銷貨認列的標準卻常因產業特性、產品特性、交貨條件等因素而顯得相當複雜。實務上，大部分買賣業與製造業的企業通常在出貨時即認列銷貨收入，同時移轉商品的所有權及風險 (此時方可認列為銷貨收入及應收帳款)。然而，有些產業因產業的特性卻可能於出貨前 (如特製訂單顧客)、出貨點或出貨後認列銷貨收入。因此，查核人員應瞭解受查者的產業特性、營業特性等因素，決定該受查者適當銷貨截止的標準，以判斷相關

交易應歸屬的期間。

(2) 評估受查者是否已建立適當的程序，以確保其合理性

有些受查者在收入認列、銷貨退回與折讓或壞帳的認列涉及高度的主觀判斷。例如，營建業使用完工百分比法認列收入、租賃業銷售型租賃相關收入的認列、銀行業壞帳的估計、出版業銷貨退回的估計等。在此情況下，受查者是否對相關交易建立適當的程序以確保其合理性，是非常關鍵的。否則查核人員幾乎無法確認受查者所認列的金額是否合理。

(3) 測試受查者截止是否合理

當受查者有良好的控制作業時，各控制流程中所產生的書面憑證如有事先序號，查核人員可善用此一機制進行截止測試。例如，執行銷貨收入截止測試時，查核人員可取得本期最後一筆交易提貨單的編號，再與當期及後續期間所記錄的銷貨相核對，如受查者銷貨收入已適當截止，則當期認列為收入的提貨單，其序號皆應小於最後一筆交易提貨單的編號；反之，後續期間認列為收入的提貨單，其序號皆應大於最後一筆交易提貨單的編號。同樣地，帳款收現及銷貨退回與折讓的截止測試亦可利用相同的方式。只是一般而言，因實務上銷貨退回與折讓金額通常並不重大，而帳款收現截止不當不會對損益造成重大的影響，因此，帳款收現及銷貨退回與折讓截止測試的重要性，不如銷貨收入截止測試。

5. 應收帳款評價與分攤的查核

應收帳款評價與分攤主要涉及應收帳款金額的正確性及其續後衡量的合理性。在應收帳款金額的正確性的查核上，其查核的方式與查核存在性的方式類似，主要係透過函證，以及檢查銷貨及帳款收現相關之原始憑證。

至於續後衡量的查核，主要的重點在備抵壞帳的評估。一般而言，多數的企業在正常情況下，備抵壞帳的重要性並不是很大，查核人員主要係透過檢視帳齡分析表並與管理階層討論，以及當年度的授信政策是否有重大變動，再透過證實分析性程序以評估當年度壞帳估列的合理性。然而，當受查者壞帳的提列對損益的影響相當重要，如銀行，因其金額不但重大，且其估計涉及到重大的不確定性，僅以前述的方式查核，實難取得足夠及適切的查核證據。此時，查核人員評估受查者是否已建立及落實壞帳估列的控制作業，作為評估壞帳估列合理性的基礎係關鍵的查核程序(屬控制測試)。此外，如果受查者的業務性質常允許客戶於銷貨後進行退貨，且其金額具重大性，則續後衡量的查核仍須考量備抵銷貨退回的評估。

6. 應收帳款表達與揭露的查核

前述對其他聲明所獲取的證據，大部分可同時作為支持表達與揭露的查核證據。惟

查核人員對表達與揭露的查核應特別著重於下列事項：
(1) 因營業及非營業活動所產生之應收帳款是否已正確的分類。
(2) 流動與非流動的應收帳款是否已正確分類。
(3) 關係人銷貨及應收款項是否已依適用之財務報導架構充分地表達及揭露。
(4) 用以融資及出售之應收帳款是否已依適用之財務報導架構充分地表達及揭露。

圖表 12.9 及前述的討論係以聲明為基礎，探討設計用以支持各聲明的證實程序。惟應再提醒的，圖表 12.9 及前述的討論皆屬舉例性質，無意也不可能列出各聲明所有可能的證實程序，查核人員仍應依個別案件的情況，量身規劃其證實程序。此外，實務上很少看到依聲明為基礎設計的查核計畫，這種格式的查核計畫只是用以協助查核人員在規劃查核程序時能確保其完整性，不要遺漏重要個別項目聲明之查核程序。因此，有些審計教科書將這種格式的查核計畫稱為「設計格式的查核計畫」(design format audit program)。在實務上，這種格式於實際執行查核工作時，有下列幾項缺點：
(1) 不同的聲明可能由相同的查核程序獲取查核證據，設計格式的查核計畫會呈現重複的查核程序。
(2) 有些查核程序相互關聯，若由同一查核人員執行較為方便且有效率，但設計格式的查核計畫無法協助查核人員達到此一目的。
(3) 查核程序執行的順序有助於提升查核的效率及效果，有些查核程序先執行可能對後續其他查核程序的執行效率及效果有幫助。例如，先執行與結算及財務報表編製過程有關之證實程序（調節總分類帳及明細分類帳、檢視日記簿與複核日記簿之異常事項），可使查核人員先行瞭解工作的全貌，以利後續其他細項測試的執行。但設計格式的查核計畫無法呈現查核程序執行的順序。

因此，實務上皆將設計格式的查核計畫轉換為方便查核人員分派及執行查核工作的格式，有些教科書將其稱為「執行格式的查核計畫」(performance format audit program)，此即實務上所稱之查核計畫。圖表 12.11 即列示銷貨與收款循環相關之執行格式的證實程序查核計畫。

值得提醒的是，圖表 12.11 的釋例亦屬舉例性質，無意列出相關所有的證實程序。在實務上，許多會計師事務所為避免查核人員於查核規劃時有所遺漏，及提升規劃的效率，多會事先提供一份可能會使用之證實程序清單 (checking list) [可能會依不同產業，如一般買賣（製造）業、營建業、金融保險業等，提供不同的清單]供查核人員參考，再由查核人員依查核個案的情況進行修改，以設計出適合該查核個案之查核計畫。該清單實務上稱為查核實務指引 (audit practices guideline, APG)，APG 可能以書面呈現，或在電子工作底稿中作為資料庫，供查核人員規劃時點選。

圖表 12.11 銷貨與收款循環相關之證實程序查核計畫（執行格式）

查核程序	EC	C	RO	VA	PD	底稿索引
一、科目餘額之核對與調節						
1. 取得應收帳款（應收票據）明細表，並調節財務報表與總、明細分類帳數字是否一致。				✓		
2. 複核應收帳款明細表中大額且異常之應收帳款。				✓		
二、執行證實分析性程序						
1. 分析應收帳款及應收票據成長率並與同期間營業收入成長率相比較，以視其變動趨勢是否合理，其有重大變動者，應查明並分析其原因。	✓	✓	✓	✓		
2. 執行應收票據及帳款分析性程序，屬關係人部分單獨分析，以確認與公司之銷貨狀況及授信政策是否有重大異常。				✓	✓	
3. 分析應收款項週轉率與週轉天數並與同期間營業收入成長率相比較，以視其變動趨勢是否合理，並應查明客戶收款與授信政策是否有所改變，並分析其原因。	✓	✓	✓	✓		
4. 取得帳齡分析表，分析帳款之帳齡並查明應收票據及帳款之期後收回情形，如有到期未收回者，應查明已否作適當處理。				✓		
5. 複核期末與期後貸項通知發出的張數與金額。兩期互相比較並與前期比較。解釋任何重大或非預期的變動。	✓		✓			
三、向管理階層詢問事項						
1. 詢問管理階層是否有任何應收關係人票據或長期應收帳款。					✓	
2. 檢閱董事會議事錄，並詢問管理階層是否有任何應收帳款質借或出售。		✓			✓	
3. 與信用部經理討論逾期較久之應收帳款收回的可能性。				✓		
4. 是否有寄銷交易。	✓		✓	✓	✓	
四、確認應收帳款期末餘額查核						
1. 向應收帳款客戶函證。	✓		✓			
2. 已提供擔保之應收票據，應向質權人發函詢證，並查明是否已於附註中說明。					✓	
3. 應收票據如有貼現情形，應檢視貼現時現金收入及利息支出數是否相符，並予以函證，查明其會計處理是否適當，其貼現利息是否依規定列帳，並將貼現金額附註。	✓	✓	✓	✓		

圖表 12.11　銷貨與收款循環相關之證實程序查核計畫（執行格式）（續）

查核程序	EC	C	RO	VA	PD	底稿索引
4. 應收帳款有出售或融資情形，應複核相關契約，核對相關文件，並予以函證，確定交易性質係屬出售或擔保借款，並查明其會計處理是否適當。			✓		✓	
5. 抽查銷貨交易，並追查每一筆交易至相關出貨憑證，檢查實際的出貨日期及金額是否正確的紀錄。	✓		✓	✓		
五、應收帳款減損查核：可回收金額、備抵壞帳及壞帳費用						
1. 取得或編製備抵壞帳變動明細表，列明期初餘額、本期提列、本期沖銷及期末餘額。將期末餘額及有關壞帳金額核對至總分類帳。				✓		
2. 查明壞帳之沖銷是否適當、是否取得合法憑證，如有列入損失後於本年度收回者，是否依規定列為收益處理。				✓		
3. 鉅額逾期應收票據仍繼續出貨提供服務時，須瞭解原因，且評估其合理性。				✓		
4. 與上期應收票據明細表相核對，查明是否有換票或延票情事，若有則評估其回收之可能性，提列相關備抵壞帳。				✓		
六、期後銷貨截止測試						
1. 就資產負債表日前後之銷貨，以透過核閱出貨單、銷貨退回單、交貨文件、貸項通知單及其他證明文件，以判定銷貨收入及銷貨退回係於適當期間入帳，已為適當之截止。		✓				
七、外幣評價						
1. 測試外幣應收票據及帳款是否已依會計準則之規定，按資產負債表日之即期匯率予以調整。				✓		
八、表達與揭露──關係人						
1. 檢視應收票據發生的原因，並對非營業行為之應收票據予以重分類。					✓	
2. 應收帳款之出售與融資情形是否已適當揭露。					✓	
3. 關係人應收款項是否已適當揭露。					✓	
4. 評估應收款項在資產負債表的表達與揭露之適當性。					✓	

本章習題

選擇題

1. 有關「銷售和收款交易循環」，下列敘述何者錯誤？
   (A) 銷貨及應收帳款是否少計，可經複核帳齡分析表之程序查核之
   (B) 收到現金應於當天全數存入銀行，此一控制程序之目標為保護資產
   (C) 可自運貨單據追查至日記帳之程序，查核銷貨及應收帳款是否少計
   (D) 企業將出貨通知單、銷貨發票與運送單據等預先連續編號，可以查出貨單、銷貨退證等是否遺漏

2. 收入循環一般會包含那些帳戶？
   (A) 存貨，應付帳款及行政管理費用
   (B) 存貨，推銷費用，薪資費用
   (C) 現金，應收帳款，銷貨
   (D) 現金，應付票據，股本

3. 在下列諸情況或帳款中，查核人員在函證應收帳款時，何者不應採用消極式函證？
   (A) 詢證函內容如有不符時，查核人員預期受函證者將會函覆的帳款
   (B) 有關的內部控制制度很好的應收帳款
   (C) 有很多小額帳戶的應收帳款
   (D) 對政府機構之應收帳款
   (E) 對小規模營利事業之應收帳款
   (F) 與關係人交易有關之應收帳款

4. 下列那種方法是最能預防員工以挪東補西法 (lapping) 盜用顧客貨款？
   (A) 總分類帳記帳員不得經手外界寄來之郵件
   (B) 應收帳款明細帳記帳員不得兼管出納工作
   (C) 經收顧客支票工作與門市現銷工作分由不同人員擔任
   (D) 請顧客將貨款直接匯入公司所指定的銀行帳戶
   (E) 請顧客開立以公司為抬頭的支票並寄給財務長
   (F) 公司收到客戶支票後，立即寄發收據給予顧客

5. 查核人員於複核顧客的銷貨截止時，最可能偵測出下列何者？
   (A) 當年度未入帳銷貨
   (B) 年底應收帳款的延壓
   (C) 過多的銷貨折扣
   (D) 未核准的銷貨退回

6. 審計人員核閱上市公司季報時，發現上期及本期應收帳款有重大變動，則最可能與受核閱者之財務主管討論者為下列何事？
   (A) 銷售策略之改變
   (B) 徵信政策之改變
   (C) 催收策略之改變
   (D) 銷貨退回與折讓政策之改變

7. 若應收帳款之積極式函證之回函中，有數份表示已於期後一週內付訖，則審計人員可能作成之結論或進一步採取的行動為：
   (A) 查核期後一週內應收帳款之所有變動情形
   (B) 確認該批客戶是否取得現金折扣
   (C) 針對期後一週內付款之客戶再度函證
   (D) 順查其收款紀錄及判斷帳款收現可能性

8. 為了降低賒銷交易借記現金而非借記應收帳款錯誤之控制目標為：
   (A) 分類正確性
   (B) 計算正確性
   (C) 有效性
   (D) 完整性

9. 當查核人員發現受查者之應收帳款餘額，因外在總體經濟環境出現資金吃緊狀況而增加時，其最有可能：
   (A) 增加備抵壞帳科目之餘額
   (B) 仔細評估受查者之繼續經營能力
   (C) 複核客戶之信用與收款政策
   (D) 增加應收帳款收現可能性之查核測試

10. 以下何種事件將在查核人員於資產負債表日前一週所進行有關銷貨截止測試，並檢查銷貨日記簿之查核工作中被發現？
    (A) 年底應收帳款被延壓入帳 (lapping)
    (B) 當年度虛列銷貨交易
    (C) 銀行帳戶餘額被騰挪 (kitting)
    (D) 存貨被偷

11. 查核人員於運用分析性複核程序時，若發現銷貨毛利率不尋常地降低，可能是：
    (A) 漏列存貨採購交易
    (B) 漏列銷貨交易
    (C) 虛列銷貨交易
    (D) 將存貨採購交易錯誤入帳至管銷費用科目中

12. 賒銷交易之收現有被不當挪用之狀況時，下列何種做法將最能隱匿此種狀況且又最不會被查核人員發現？
    (A) 在銷貨日記簿上漏列銷貨交易
    (B) 高估應收帳款總帳之科目餘額
    (C) 高估應收帳款明細帳之科目餘額
    (D) 在現金收現日記簿上漏列收現分錄

13. 查核人員對應收帳款餘額作證實抽查時，某大戶在二次函證後仍未回函，此時查核人員應如何處置？
    (A) 向管理當局查詢

(B) 查核期後收款情形及銷貨之相關文件，並以電話向對方查詢

(C) 放棄該樣本並以預先抽取之備份樣本取代

(D) 向往來銀行函證或查詢

14. 下列那一項查核程式之查核目標最可能是針對應收帳款評價之聲明？
    (A) 核對應收帳款明細分類帳是否與送貨單之紀錄相符
    (B) 函證
    (C) 採用帳齡分析，評估備抵壞帳帳戶餘額是否合理
    (D) 核對銷貨發票

15. 銷貨及應收帳款之少計，可經由下列那個程序查核？
    (A) 函證應收帳款
    (B) 複核帳齡分析表
    (C) 自運貨單據追查至日記帳
    (D) 核對應收帳款總帳及應收帳款明細分類帳

16. 依我國審計準則規定，查核人員進行函證工作時，下列何者宜加注意：
    (A) 詢證函雖經客戶簽章，但不得由客戶寄發
    (B) 只有在爭取時效時，函證才得以傳真機發出
    (C) 在函證係以傳真機發生時，才得使用受查者之傳真機接受回函
    (D) 函證在資產負債表日後適當期間內實施，不得在資產負債表日之前實施

17. 一家企業的內部控制若有效，其員工在收到客戶寄來的支票時，應：
    (A) 將支票之金額加到每日現金收入彙總表
    (B) 能對每張支票和銷貨發票進行勾稽
    (C) 登記支票託收紀錄，並於當日將支票存入銀行
    (D) 記錄現金收入帳

18. 如果無法利用受查者會計資訊系統核對某客戶應收帳款餘額時，則查核人員於抽選函證應收帳款時之樣本，以下何者較適宜？
    (A) 主要客戶之應收帳款餘額
    (B) 帳齡較久之應收帳款
    (C) 金額較大之應收帳款
    (D) 單筆銷貨交易

19. 下列何者不是銷貨交易循環內控重點？
    (A) 訂單應須序編號並列管
    (B) 業務單位核准賒銷但不宜兼管記錄應收帳款
    (C) 訂單、裝運文件、銷貨發票齊全才可認列銷貨並據以入帳
    (D) 門市銷售應採用收銀機

20. 在評估與銷貨交易有關的固有風險(inherent risk)時,下列何者不是會計師須考量的因素?
    (A) 在銷貨契約中指明顧客是否有退貨的權利
    (B) 帳單在貨品尚未運出之前,就已開立給顧客
    (C) 帳單係依照完工百分比法來開立
    (D) 核准顧客信用額度的過程

21. 會計師事務所的查核人員在查核受查公司之應收帳款時,發現其中編號 102 的客戶在其回函上註明:「我們的電腦系統無法提供這些細節;銷貨發票和送貨紀錄都已遺失。」如該客戶尚未付款,則查核人員應該:
    (A) 改查在同一母體中的另一個帳戶
    (B) 將編號 102 客戶的帳戶全數視為錯誤 (高估)
    (C) 調整應收帳款,將編號 102 客戶之餘額沖銷
    (D) 因為缺乏證明該筆交易為虛造的證據,故仍將編號 102 客戶之帳款視為正確

22. 會計師發現財務比率有以下的變動:存貨週轉率由前期的 4.2 增加為本期的 7.3;應收帳款週轉率由前期的 7.3 降為本期的 2.8;銷貨收入成長率由前期的 8% 增加為本期的 15%。下列何者不是會計師應該根據這些資訊所作的有關偵測風險(detection risk)之結論?
    (A) 可能是因為強調銷貨成長,所以庫存減少
    (B) 可能是銷貨量增加而導致應收帳款成長
    (C) 可能是應收帳款的帳齡變大,且收現之可能性降低
    (D) 應收帳款的帳齡變大,可能係因促銷所致,與其收現性無關

23. A 會計師正在研究 B 公司應收帳款成長率與銷貨成長率之關係,下列何種情況最可能顯示應收帳款收現性存有潛在的風險?
    (A) 銷貨成長 8%,應收帳款同步成長 10%   (B) 銷貨衰退 5%,應收帳款同步衰減 6%
    (C) 銷貨成長 15%,而應收帳款衰減 5%   (D) 銷貨成長 5%,應收帳款同步成長 15%

24. 下列那一項查核程序最能合理測試應收帳款評價聲明?
    (A) 逆查明細帳金額至銷貨相關文件   (B) 函證應收帳款客戶
    (C) 詢問管理階層應收帳款有無質押   (D) 評估帳齡分析表之合理性

25. 於確認受查者開立發票功能 (Billing Function) 是否符合完整性聲明時,下列何項查核程序最有效?
    (A) 確定所有送貨單均已開立發票
    (B) 確定沒有同一張送貨單被開立二次發票
    (C) 確定根據送貨單所開立的發票均為正確的存貨單價
    (D) 確定所有送貨單的發票均開立給正確客戶

問答題

1. 甲遊樂區的售票員坐在售票亭內，收取現金，交付遊覽券給遊客。遊客取券後，交予站在入口處的收票員，收票員撕下一角，投入票櫃中，再將截角之遊覽券還給遊客，讓他們入內遊覽。售票亭在入口處的右邊，二者相距約 10 公尺；入口處之票櫃業已加鎖；遊覽券上有連續編號。

   試問：

   (1) 當售票員和收票員兩人決定要串通竊取票款時，他們會採取那些行動？

   (2) 為防止上述舞弊，遊樂區的主管宜採取那些行動？

2. 甲公司是一個製造高科技消費性產品的股票上市公司，其經歷了數年榮景，盈餘每年持續成長，股票也穩定上升，但是這兩年來競爭者日增，營運結果不如預期。甲公司因為零售商客戶無儲存空間，為了配合大型零售商，而與客戶簽訂合約，採取由甲公司提供倉儲以及「先開發票暫不出貨」的實務，當客戶簽訂不可取消合約即表示有採購的事實與付款的義務，但是產品暫放甲公司倉庫，與甲公司未出售商品分開存放，待接到客戶指示再依其指定地點送貨到點。

   預期景氣持續看好，甲公司乃擴大了倉儲空間，以配合「先開發票暫不出貨」的做法，然後來適逢景氣不佳，有些客戶雖簽有不可取消書面合約，但附有但書表示，得於事後驗收決定是否接受該批貨或取得折讓。後來甲公司對已售及未售產品並未完全區分儲放地點，因此也造成配送員工送貨時無法區分那些是已出售，那些尚未出售。又甲公司不再生產的成品以折價售出，但發票卻以正常價格開立，而客戶之訂單上卻顯示折價後價格，而且還發現數個重複開立發票的情況，又發現在大部分情況下，客戶發票的收件人是特定的經理人員，而不是客戶付款部門。

   甲公司會計制度中記載以上所述制度，並且連同合約亦整理在文件檔案中，發票亦印有「先開發票暫不出貨」的戳記。又對要出清的成品另貼有「出清」標籤，註明正常價格在發票上。

   甲公司如此努力的結果使得 2001 年 12 月的銷貨比去年 12 月增加 35%。甲公司財務報表重大不實之表達使得 2001 年 12 月營業額共高估了 14 億，也使得淨利高 40%。對先開發票暫不出貨的商品，過去均有倉儲空間分開存放客戶已買貨品，但送貨單中貨運公司與貨運日期是空白未填，出貨員中則有甲公司員工簽名與日期，與貨運公司人員之簽名與日期。

   由於後來對客戶與甲公司存貨未加區分，甲公司乃於 2002 年初回轉了 14 億的「先開發票暫不出貨」營業額中的 7 億，使得 2002 年 1 月營業收入成為負數。

   就以上所述案例具體寫出應有之查核作為，包括：

   (1) 查核目標：依財務報表五大聲明列出查核目標；

(2) 控制：扼要列出應有但卻不存在的控制；
(3) 控制測試設計：具體扼要列出控制測試查核程序，以發現開發票暫不出貨交易，以及超開發票的交易；
(4) 餘額證實測試設計：針對查核目標具體扼要列出餘額證實查核程序以發現不符查核目標之證據。

3. 我國審計準則 505 號「外部函證」，規範函證金融機構往來、應收款項、應付款項等事項，試請回答下列問題：
   (1) 說明積極式函證及消極式函證之意義？
   (2) 查核人員實施函證，應以積極式函證為原則，試述具備那些條件得兼採消極式函證？
   (3) 以積極式函證應收帳款未收到回函，為獲得「存在」聲明之證據，可採取何種替代程序？
   (4) 以積極式函證應付帳款未收到回函，為獲得「存在」聲明之證據，可採取何種替代程序？
   (5) 受查者銀行存款餘額為零，查核人員是否仍須發出「金融機構往來詢證函」向金融機構函證，何故？
   (6) 為何查核人員為出具無保留查核意見報告書函證應收帳款是必要查核程序，而函證應付帳款並非必要查核程序？

4. 劍湖海遊樂區的售票員坐在售票亭內，收取現金，交付遊覽券給遊客。遊客取券後，交予站在入口處的收票員，收票員撕下一角，投入票櫃中，再將截角之遊覽券還給遊客，讓他們入內遊覽。售票亭在入口處的右邊，二者相距約 10 公尺；入口處之票櫃業已加鎖；遊覽券上有連續編號。

   試問：
   (1) 當售票員和收票員兩人決定要串通竊取票款時，他們會採取那些行動？
   (2) 為防止上述舞弊，遊樂區的主管宜採取那些行動？

Chapter 13 採購與付款循環的查核

13.1 前言

採購與付款循環涉及企業購置商品與勞務,以及支付款項相關之交易,包括存貨(成品、原物料)、設備、辦公用品及有關行銷、管理與製造所需之商品勞務(如,水電、維修及研究與發展支出等)。一般而言,是企業相當重要的交易循環,本質上採購與付款循環和銷貨與收款循環是一體兩面,因此,許多控制作業的流程類似,尤其是有關存貨採購及付款。本章將探討如何利用風險導向查核方法規劃採購與付款循環的查核計畫。

依循第十二章的架構,13.2 節將首先介紹採購與付款循環相關的會計科目、主要風險及會計師最可能採取的查核策略。查核程序與查核目標息息相關,因此在討論查核規劃之前,13.3 節將先說明和採購與付款循環相關的查核目標(個別項目聲明)。13.4 節則討論採購與付款循環相關的風險評估程序,藉由瞭解受查者及其環境、適用之財務報導架構及內部控制制度,以辨認及評估與該循環相關之財務報表整體及個別項目聲明層級之重大不實表達風險。13.5 節則討論採購與付款循環相關的控制測試,以決定各個別項目聲明可接受之偵查風險。最後,13.6 節則討論,在個別項目聲明可接受之偵查風險下,查核人員如何適當地規劃證實程序的查核計畫。

13.2 採購與付款循環相關的會計科目、主要風險及查核策略

採購與付款循環係由採購商品勞務及帳款付現有關的活動所構成,該循環的交易種類主要有三類:(1) 採購;(2) 應付帳款之現金支付;以及 (3) 採購及應付帳款相關之調整,包括進貨折扣、進貨退出與折讓。由於一般的採購交易多為賒購,因此本章主要係假設受查者的採購交易皆為賒購;也由於有關採購及應付帳款相關之調整通常並不重大,故本章對採購與應付帳款相關之調整交易僅做簡要之說明。惟採購與付款循環不僅涉及到存貨的採購及付款,亦涉及到不動產、廠房及設備,以及供行銷、管理與製造活動所需之商品勞務的採購及付款。因此,與該循環相關之會計科目相當廣泛。茲將可能和採購與付款循環相關之會計科目及其關係彙整如圖表 13.1。為便於表達,圖表中之若干會計

科目係以統制帳戶 (control account) 的方式呈現，如累計折舊、行銷費用、管理費用、製造費用等。由圖表 13.1 可知，和採購與付款循環相關的會計科目相當多，不過，由於雙式簿記的關係，該循環的查核主要還是著重於實帳戶的查核。

採購與付款循環相關風險方面，該循環之交易通常有下列特性：

1. 交易量大，如同銷貨與收款循環，採購存貨及營運所需之商品勞務、現金支出及各項費用的給付，均為企業經常性的活動，其交易次數多，存貨、不動產、廠房及設備及應付帳款金額鉅大。
2. 授權瑕疵的風險較大，採購與現金的支付，必須依授權之權限核准，常有化整為零以符合授權範圍的情事，以及未核准之採購與現金支付的舞弊發生。此外，受查者關係人複雜，採購交易也是較容易發生舞弊的交易。
3. 資產被挪用之風險較高，所購存貨、不動產、廠房及設備易被挪用或占用。因此，該循環所取得的資產具有較大的資產被挪用的風險。
4. 會計處理發生錯誤的風險較高，不動產、廠房及設備所發生之成本及某些支出，是否應予資本化或費用化常引起爭議。另外，資產之公允價值、淨變現價值、減損測試及折舊，常涉及重大的主觀判斷，且其認定程序複雜，實務上，常是管理階層用以操縱損益的管道。
5. 項目分類錯誤的可能性較高，如圖表 13.1 所示，該循環涉及的會計科目很多，一筆支出要歸屬到那一個或那些會計科目需要較多的判斷。因此，項目分類錯誤的風險較高。

由上述的說明可知，採購與付款循環相關的交易特性有較高的固有風險，企業為控制此一較高的固有風險，通常較願意建立相關之控制作業，以預防及偵出該固有風險所

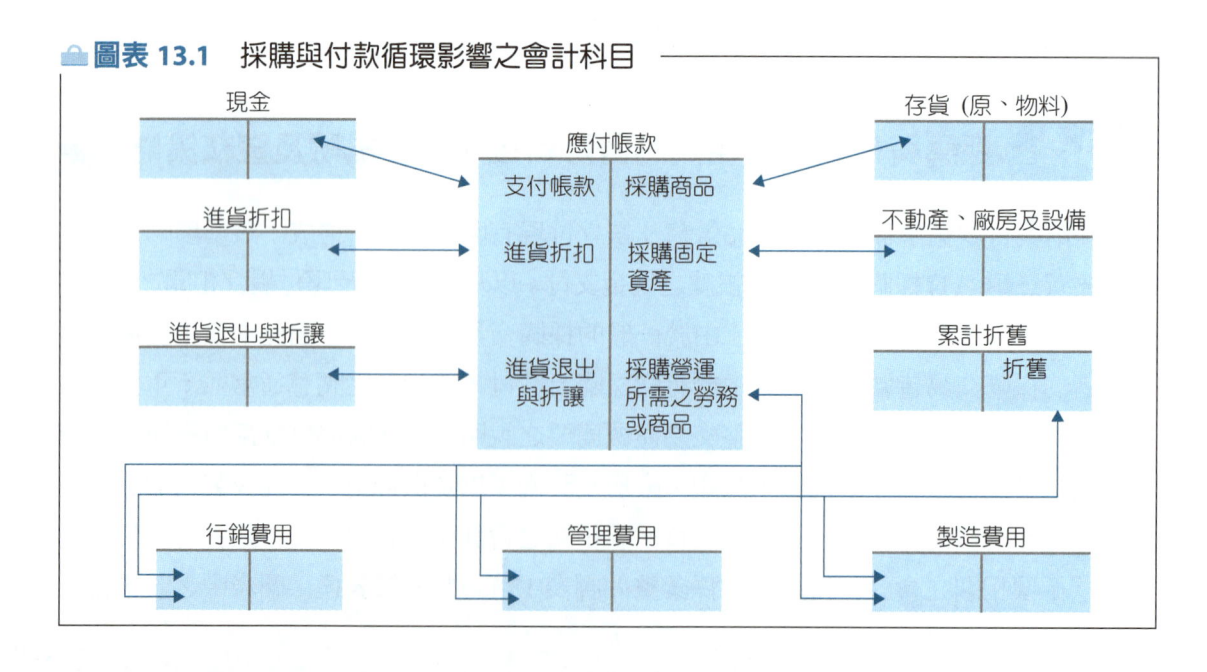

圖表 13.1　採購與付款循環影響之會計科目

產生的重大不實表達。也正因為如此，查核人員於規劃採購和付款循環之進一步查核程序時，原則上對交易量大之相關會計科目之查核，其策略通常會採用併用方式，即併用控制測試及證實程序以取得足夠及適切的查核證據。惟對若干交易量不大的會計科目，如不動產、廠房及設備，因其交易金額重大且交易頻率不高，若有錯誤或舞弊，則將導致重大不實表達。因此，其若干聲明之查核，如權利與義務，仍宜採用證實方式，即以證實程序取得足夠及適切之查核證據(且應以細項測試為主)。

13.3 採購與付款循環相關的查核目標

誠如 12.3 節所述，在規劃各交易循環相關之查核前，必須瞭解各交易循環相關的查核目標，再透過風險評估程序辨認及評估個別項目聲明(查核目標)之重大不實表達風險(當然亦包括財務報表整體之重大不實表達風險)，再據以發展進一步查核程序。因此，本節將先說明採購與付款循環相關之查核目標，圖表 13.2 列示採購與付款循環與交易類別相關之查核目標、與帳戶餘額相關之查核目標及與揭露相關之查核目標。圖表中之 EO 代表存在或發生，C 代表完整性，RO 代表權利與義務，VA 代表評價或分攤，PD 代表表達與揭露。

13.4 採購與付款循環相關的風險評估程序

對採購與付款循環相關之個別項目聲明有一番瞭解後，接下來查核人員便必須執行風險評估程序，辨認及評估財務報表整體與個別項目聲明兩個層級的重大不實表達風險(包括舞弊的風險)。財務報表整體不實表達風險查核人員將以整體查核策略予以因應，整體查核策略旨在協助會計師決定查核所需運用之資源、資源配置、查核時機，以及查核資源之管理、運用與監督。個別項目聲明之不實表達風險查核人員將以查核計畫予以因應，查核計畫主要涵蓋風險評估程序及進一步查核程序的規劃。因本章主要在探討進一步查核程序的規劃，因此後續的討論，主要著重於個別項目聲明之不實表達風險對查核規劃的影響。

重大不實表達風險係由固有風險及控制風險所構成，以下兩小節將針對採購與付款循環之固有風險及控制風險之辨認及評估加以說明。

13.4.1 辨認及評估和採購與付款循環相關之固有風險

查核人員藉由瞭解受查者及其環境與適用之財務報導架構(不包括內部控制制度)以辨認及評估固有風險。然而，誠如 7.3 節所討論，辨認及評估固有風險所涉及的層面卻

圖表 13.2　和採購與付款循環相關之查核目標

交易類別、事件與揭露相關之查核目標	
發生	已記錄之採購交易皆為當期內所收到之財貨及勞務 (EO)。 已記錄之現金支出交易皆為當期內的現金支出 (EO) 已記錄之應付帳款代表受查者在資產負債表日所應負擔之數額 (EO)。
完整性	所有屬於當期採購之存貨，不動產、廠房及設備，其他資產及費用，應付帳款，現金支出，進貨折扣及進貨退回皆已依所適用之財務報導架構於當期記錄，而沒有遺漏 (C)。
正確性	所有採購的資產或勞務、現金支出、進貨折扣、進貨退出皆以正確的數字加以記錄 (VA)。
截止	所有採購、現金支出，以及應付帳款調整之交易均記入正確的會計期間內 (EO 或 C)。
分類與表達	財務報表所揭露之採購與付款循環相關之事件和交易，係受查者確實已經發生之事件和交易 (PD)。 屬該企業之採購與付款循環相關事件與交易均以使財務報表使用者可瞭解的方式揭露，且無遺漏 (PD)。
科目餘額與揭露相關之查核目標	
存在	應付帳款代表在資產負債表日積欠供應商的款項，而不動產、廠房及設備亦為資產負債表日確實有實體存在的資產 (EO)。
權利與義務	財務報表因採購所產生之資產及應付帳款，係屬受查者權利及義務 (RO)。
完整性	屬當期之應付帳款及採購之資產皆包含在資產負債表 (C)。
評價與分攤	應付帳款、採購之存貨，不動產、廠房及設備，其他資產及費用係以正確的金額於財務報表中呈現 (VA)。
分類與表達	所有和採購與付款循環相關金額之揭露已適當分類，且已完整及正確地揭露 (PD)。

相當廣泛，查核人員應瞭解的方向包括：相關產業、規範及其他外部考量因素；受查者之性質；適用之財務報導架構；受查者會計政策之選擇及應用；受查者之目標、策略及可能導致重大不實表達風險之相關營業風險；以及受查者財務績效之衡量及考核。對採購與付款循環而言，查核人員於辨認及評估相關之固有風險時，應特別注意的重點說明如下。

　　瞭解受查者所屬的產業特性，查核人員應注意受查者所屬產業特性，其原物料的供給來源及價格是否穩定，因原料短缺，影響生產排程及不能準時交貨的風險的高低。有些行業，例如高科技產業，其關鍵零組件來源可能依賴少數的廠商，若國外廠商不提供零組件，則最後可能因生產遲延，無法準時交貨而影響財務營運績效。另外，查核人員亦應注意受查者是否有長期進貨的合約及外幣匯率變動對成本結構的影響。例如，台灣中油公司及台塑石化公司，其財務績效受世界原油、天然氣供應價格及美元匯率的變動影響甚鉅。因此，查核人員在查核採購與付款循環前，應確實評估受查者所屬行業特性

對財務報表發生重大不實表達之可能影響。最後，產業特性的瞭解，亦有助於查核人員對相關資產續後衡量合理性的評估，例如，高科技產業存貨及技術變動性大，其存貨及生產設備減損的機率及幅度比其他產業的風險高。

受查者的營運風險，拜資訊科技之賜，近十多年來許多公司致力於供應鏈管理的改善，如 JIT 與及時存貨購買系統，使得啟動及記錄購置或付款交易的系統與過去有很大的改變。利用電子商務處理相關交易並與供應商共享資訊，此一改變加深了採購與付款循環的複雜性。此一複雜性也使得受查者的營運風險提高，例如，在電子商務系統下，供應商可能有很大的權限去接觸應付帳款及存貨的紀錄，並持續地監控應付帳款及存貨的餘額，以便能進行詳細的交易安排，這樣的系統如未有適當的使用控制 (access control)，則重大不實表達將大幅增加。此外，此種資訊系統通常著重於存貨實體物流效率的提升，也提高了期末對應付帳款及存貨截止測試的難度，查核人員應該瞭解這些系統的特性，以辨認受查者營運風險。

組織結構中採購功能的授權，查核人員應瞭解受查者組織結構中，有關採購原物料及重大資產之授權情況。有些企業由總公司集中採購，以降低採購成本，有些企業則授權各子 (分) 公司自行就近採購，以求縮短時間快速反應實際需求。實務上，許多採購的舞弊多與採購及付款授權不當有關，因此查核人員應瞭解受查者採購原物料及其他資產之組織結構及授權情況，以評估相關財務報表科目產生重大不實表達之風險。

資產被盜用的可能性，有些受查者所採購的存貨，體積小價值高，且易於脫手，則發生盜用或挪用的風險通常較高。因此查核人員應評估受查者相關資產被盜用或侵占的風險。

受查者會計政策之選擇及應用，對擁有重大不動產、廠房及設備之受查者而言，上述資產所發生之支出，較易發生特定支出是否應予資本化或費用化的爭議。此外，上述資產於續後衡量上，除了須計提折舊外，還可能會使用公允價值、淨變現價值衡量，尚可能有重估價、減損測試等複雜的程序。相關會計政策之選擇及應用常涉及重大的主觀判斷，實務上，常是管理階層用以操縱損益的手法。

誠如第十二章所述，分析性程序是風險評估程序中常用的方法，查核人員常用以搜尋財務報表中可能存有重大不實表達跡象的會計科目。圖表 13.3 彙整常應用於採購與付款循環的分析性程序，以及其計算方式與其查核意義。

當查核人員使用分析性程序協助其評估重大不實表達風險時，對受查者本身、產品、產業的瞭解越深入，對分析性程序結果的解讀將越敏銳。

13.4.2　採購與付款循環相關內部控制制度之瞭解

風險評估程序另一部分即在為控制風險的辨認及評估做準備。不論查核人員採用併

圖表 13.3 採購與付款循環常用之分析性程序

比率	計算方式	查核意義
進貨對應付帳款比率	賒購淨額 ÷ 平均應付帳款	與前期比較，可評估是否有未入帳之應付帳款。
應付帳款對流動負債比率	應付帳款 ÷ 流動負債	與前期比較，可評估未入帳之應付帳款或不實表達。
應付帳款週轉天數	平均應付帳款 ÷ 進貨 ×365	以前應付帳款週轉天數的經驗，加上當期對進貨的瞭解，對估計現有應付帳款很有幫助。期間如有縮短，可能暗示應付帳款完整性(未入帳)問題。
銷貨成本對應付帳款	銷貨成本 ÷ 應付帳款	除非公司改變其付款政策，該比率每年應約略相等，故可以評估應付帳款的合理性。
應付款項占總資產百分比	應付帳款 ÷ 總資產	與前期或產業資料作比較，該比率的重大降低可能暗示應付帳款完整性問題。
複核應付帳款明細表中，異常、無供應商及附息帳款部分		可用以評估應付帳款可能之分類錯誤。
不動產、廠房及設備對資產總額比率	不動產、廠房及設備淨額 ÷ 資產總額	與以前年度比較，可評估當年度增減不動產、廠房及設備的合理性。
折舊對折舊性資產比率	折舊費用 ÷ 折舊性資產	與以前年度比較，可評估當年度折舊費用的合理性。
修繕費用對不動產、廠房及設備比率	修繕維持費 ÷(不動產、廠房及設備淨額－土地)	與以前年度比較，可評估當年度修繕費用的合理性。
修繕費用對銷貨淨額比率	修繕維持費 ÷ 銷貨淨額	與以前年度比較，可評估當年度修繕費用的合理性。
折舊費用對生產製造成本比率	生產用折舊性資產之折舊費用 ÷ 製造成本	與以前年度比較，可評估當年度折舊費用分類可能的錯誤。

用方式或證實方式，皆應對內部控制制度五大要素：控制環境、受查者之風險評估流程、受查者監督內部控制制度之流程、資訊系統與溝通、控制作業進行瞭解。惟控制作業與後續相關控制測試的討論密切相關，故有關採購與付款循環控制作業之瞭解，本小節僅簡要的概述，待討論其控制測試時，再進一步做詳細的說明。

1. 控制環境

管理階層及採購部門人員經常面臨許多的誘因，使其從事相關的舞弊，例如供應商提供回扣，以爭取更多或更優惠的訂單。此外，當管理階層從事虛增營收的同時，為掩蓋此一事實，往往亦必須虛增進貨(及銷貨成本)以作配合。因此，實務上採購與付款循

環也是經常發生舞弊的循環。為了降低此一風險，受查者管理階層的正直誠信及組織架構中的授權及職能分工是非常關鍵的。

在管理階層的正直誠信方面，有些企業的高階管理階層會以自己或借用他人名義另設立公司(非屬子公司)，並作為企業的供應商，此種做法將使採購與付款循環交易的舞弊大為增加，查核人員宜特別注意。查核人員觀察管理階層的道德觀，並檢視其言行是否一致，作為評估相關風險的基礎。

在授權及責任劃分方面，授權及責任的承擔是否明確及權責是否相符是非常重要的，課責(accountability)不明確及權責不相符，往往是內部控制制度失效主要因素之一。因此，查核人員應瞭解受查者組織結構中請購、採購、驗收、儲存、付款及記錄等職能的授權，並評估其適當性。

此外，誠如前述，採購與付款循環可能涉及相關資產續後衡量的問題，且其金額可能具重大性。管理階層選擇所適用之會計政策係保守或積極，或對會計估計是否嚴謹及保守，皆顯示其對財務報導之態度及作為。查核人員瞭解管理階層有關層面的態度，亦有助於掌握管理階層對於相關內部控制風險之評估。

2. 受查者之風險評估流程

查核人員應詢問管理階層是否有建立和採購與付款循環相關風險之評估程序，以及其評估的結果。一般而言，風險評估流程評量的重點至少包括下列幾項：

(1) 採購回扣的風險。
(2) 員工在採購及現金支出時舞弊的風險，包括採購不必要、過多的商品勞務；採購價值及品質不當；多付款及重複付款等風險。
(3) 因長期採購合約(承諾)可能所產生之偶發性損失。
(4) 喪失重要供應商的可能性。
(5) 因採購成本增加所造成的影響。
(6) 企業為採購交易，而造成現金流量不足的可能性。
(7) 相關會計估計不適當的可能性。

查核人員將管理階層對上述風險的評量及相關的控制作業一併考量，可使其評估上述風險對財務報表不實表達的可能性更為具體。

3. 受查者監督內部控制制度之流程

監督內部控制制度之流程乃在提供管理階層有關採購與付款循環的內部控制制度是否有按預期運作的回饋(feedback)，以降低採購與付款交易發生不實表達的風險。查核人員必須瞭解並觀察管理階層是否根據監督活動所收到的資訊，採取適當的修正行動。查核人員對於此種監督活動所應關注之資訊，包括：(1)對於供應商的付款問題或未來的交

貨情形，應有持續性的回饋；(2) 內部稽核人員對於採購與付款循環相關的內部控制的評估及因應措施；(3) 對於查核人員過去所提出之內部控制缺失，管理階層後續的改善情況。

4. 資訊系統與溝通

和採購與付款循環相關資訊系統及溝通方面，查核人員主要須瞭解的重點是資訊系統如何處理下列事項：(1) 採購是如何起始的；(2) 採購是如何被核准的；(3) 商品勞務是如何驗收及儲存的；(4) 應付帳款 (包括相關會計科目) 是如何記錄的；(5) 現金是如何支付及記錄的；(6) 採購調整是如何進行的；以及 (7) 相關會計估計是如何進行的。其中包括資料處理的方式，和所使用的關鍵文件與紀錄。一般而言，有關採購與付款循環交易與餘額的適當處理及報導，受查者多會將相關規定予以書面化。例如，相關交易的會計政策、交易流程、使用之會計科目、相關表單皆詳細規範於會計手冊中。查核人員可透過閱讀相關手冊或書面資料瞭解採購與付款循環相關之資訊系統及溝通。

5. 控制作業

和採購與付款循環相關之控制作業方面，查核人員主要須瞭解的重點如下：(1) 請購流程；(2) 採購流程；(3) 驗收及入倉流程；(4) 帳款支付的流程；(5) 記錄的流程，以及 (6) 採購調整 (如進貨折扣及退出與讓價)。此外，本循環亦涉及會計估計，如存貨的跌價損失與不動產、廠房及設備的折舊提列、減損等。有些企業可能對相關會計估計建立相關之控制，則查核人員亦應瞭解相關之控制。上述相關流程之細節，將於 13.5 節探討有關採購與付款循環相關之控制測試時，再進一步說明。

13.5 採購與付款循環相關的進一步查核程序──內部控制測試

查核人員執行風險評估程序後，應能辨認及評估和採購與付款循環相關會計科目個別項目聲明的不實表達風險 (固有風險)。不過，執行風險評估程序並不能確認受查者之控制是否確實執行，此時查核人員亦僅能將控制風險設定為最高水準 (100%)。對某一個別項目聲明而言，若查核人員進一步查核程序的查核策略係採用併用方式，則須執行相關的控制測試，才能將控制風險設定至較低的水準。誠如前述，查核人員對採購與付款循環大部分交易的進一步查核程序大多會採取併用方式，故查核人員很可能擬對與查核攸關之控制作業進行控制測試。

進一步查核程序包括控制測試及證實程序，由於要說明的內容較多，本節將先說明採購與付款循環相關的控制作業 (control activities) 的瞭解及其控制測試，13.6 節再說明採購與付款循環相關之證實程序。

13.5.1 採購與付款循環相關控制作業之瞭解

一般而言，查核人員於執行風險評估程序，對內部控制制度進行瞭解時，通常對控制作業僅會作初步的瞭解，但查核人員如果決定採用併用方式後，就須對與查核攸關之控制作業作更細部的瞭解，包括各流程所產生的文書憑證，以便規劃相關之控制測試。因此，本小節將進一步說明採購與付款循環相關之控制作業。

採購與付款循環係由採購商品勞務及帳款付現有關的活動所構成，該循環的交易種類主要有三類：(1) 採購；(2) 應付帳款之現金支出；以及 (3) 採購及應付帳款相關之調整。誠如前述，為說明方便，本章係假設受查者的採購皆先賒購再付現 (無現購及預付現金購買之交易)。以下針對三種交易類別之控制作業及其相關文書憑證進行說明。此外，為使讀者能較具體地感受相關的控制作業，釋例多以人工控制作業流程為主。即使在高度電腦化的自動化控制，其流程的邏輯亦大同小異，只是多數的控制流程由電腦系統自動控制及執行。

再次提醒，查核人員於瞭解相關控制作業時，除研讀受查者的控制作業流程圖外，通常亦會使用內部控制問卷與執行穿透測試以確認其瞭解是否正確。內部控制問卷的內容，應依受查者控制作業流程量身設計，惟實務上，多數會計師事務所多提供制式的內部控制問卷供查核人員參考。

13.5.1.1 採購交易之控制作業及相關之文書憑證

採購交易通常涉及之基本的作業 (職能) 為：1. 請購；2. 採購；3. 驗收及入倉；4. 記錄。圖表 13.4 列示該等基本作業流程的關聯性及相關文書憑證，以下針對相關作業及相關文書憑證說明如下：

1. 請購

請購為採購及付款交易的啟始點，一般而言，需求單位有採購需求時，需求單位會先填具請購單 (purchase acquisition)，並經單位主管核可後提出申請。請購單為經授權需求單位請購商品或勞務時所用的文件，其內容通常載明品名、數量、規格及品質之需求等資訊，核准後並送請採購部門，並據以進行採購作業。

一般而言，被授予請購權力的單位或方式，每一企業可能因其規模、組織架構、營業性質等因素，而有所不同。實務上，一般存貨 (原物料) 的請購，通常會授權給倉儲部門，然而倉儲部門的請購卻必須依據營業部門的銷售計畫 (買賣業) 或生產部門所提出之材料需求單 (bill of materials)(製造業)，以及實際庫存的資料，才能據以填具請購單。如為生產設備之採購，可能授權生產技術部門 (課) 出具請購單，並經由生產部門主管核准。如為生產設備修繕之請購，需求單位應提出修繕請購，並送生產技術部門 (課) 會簽，說

明同意請購的理由。如為非生產設備修繕之請購，應送管理部會簽，由管理部核准。該等請購的控制機制無非在避免企業購買過多或不必要之商品勞務。

在圖表 13.4 的釋例中，需求單位如有採購需求時，就會填具請購單（並附上相關附件，如銷貨計畫或材料需求單，以及實際庫存量資料等），並經需求單位主管核准。請購單一式 3 聯，其中第 1 聯送交採購部門，第 2 聯則送交會計部門，第 3 聯則由需求單位存檔備查。

2. 採購

當採購部門的員工收到需求單位所送來的請購單後，確認其是否經簽核且內容填寫完整。確認請購單（包括所附之相關表單或資料）無誤後，將用以編製**訂購單 (purchase order)**，訂購單會列明欲購置商品或勞務之名稱、規格、數量及供應商名稱等相關資訊。

實務上，採購與付款循環相關的舞弊多與此階段有關。因此，許多企業為降低相關舞弊，及減少錯誤所造成的影響，大多會事先對潛在供應商的商品或勞務進行品質認證，並確認價格、交貨及付款的相關條件。一般而言，採購部門須依請購單的內容，從合格的供應商中挑選最適當的供應商下訂購單（如價格未事先談定，則須先議價），並經採購部門主管確認核准。如果最適當的供應商不只一家，且訂購金額龐大時，可能尚須進行詢價或比價，甚至要透過招標程序，確認得標廠商後才下訂購單。至於供應商的評估與管理，企業通常會定期由品質確保部門會同相關部門對供應商及潛在供應商進行評估，包括其價格、品質、交期及配合度。評核成績不佳的供應商，經輔導卻無改善者，將從合格供應商名單中剔除。

此外，採購的商品勞務是否能按預定時間交貨（包括不得延遲及提前交貨），可能對企業的營業、生產及物流管理造成重大的影響。因此，**採購部門除了負責上述的訂購作業外，通常也被賦予控管採購進度的責任**。如有交期上的緊急事件，亦應儘速呈報處理，以便及早做出因應。

在圖表 13.4 的釋例中，當採購部門收到需求單位送來之請購單（第 1 聯），經審核確認無誤後，就據以編製訂購單一式 5 聯，除了第 5 聯連同請購單（第 1 聯）一併存檔備查外，第 1 聯則送交供應商，第 2 聯則送交會計部門，第 3 聯則送驗收及倉儲部門（實務上也有可能將驗收及倉儲分為兩個部門），第 4 聯則送回需求單位，以通知其所提出之請購已進行採購，及採購的相關資訊（如交期等）。

3. 驗收及入倉

採購部門將訂購單通知供應商後，供應商通常會按訂購單所訂購之商品勞務如期送交企業，包括隨貨送交之提貨單（或出貨單，通常有 2 聯）。驗收人員收到供應商送來之商品及提貨單（或出貨單），就會進行商品品名、數量、規格上的核對，確認與原訂購單

Chapter 13　採購與付款循環的查核

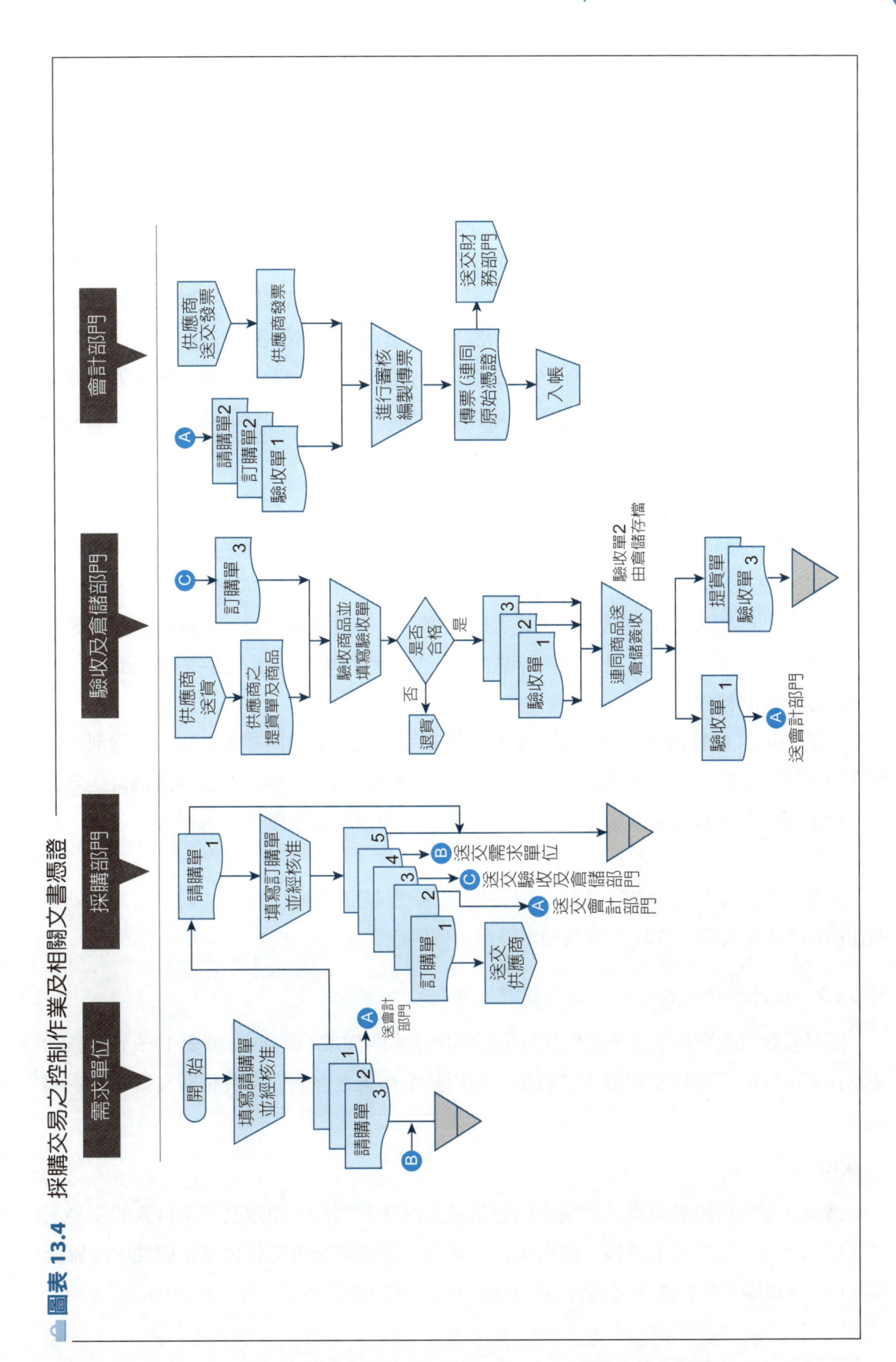

圖表 13.4　採購交易之控制作業及相關文書憑證

的內容是否一致,甚至對品質做檢驗,並出具驗收報告或驗收單 (receiving report)。驗收報告為收到商品時,所編製的文件(或電子證明),載明所收商品之品名、種類、數量、驗收日期及其他攸關資訊(如品質或狀態)。如果驗收報告確認供應商送來之商品與原訂購單一致,且與隨附之提貨單(或出貨單)一致,驗收人員即可在隨附之提貨單(或出貨單)簽收,並保留其中的一聯。如果驗收不符或品質不佳,則可直接退貨或做其他處理。

經驗收合格的商品,則應由倉管(儲)人員送入倉庫,進行分類及上架的工作。有些企業可能將驗收及倉儲的職能分開,此時,驗收部門轉送倉儲部門時,驗收部門可能須填具入倉單,載明入倉的品名、數量、規格,以便讓倉儲部門簽收。

在圖表13.4的釋例中,當驗收人員驗收無誤後,會填寫驗收單一式3聯,連同商品送交倉管人員並簽收,第2聯由倉管人員保留歸檔。第1聯送交會計部,第3聯連同供應商提貨單(或出貨單)一併由驗收人員存檔備查。

4. 記錄

經過請購、訂購及驗收與入倉的作業,過程中共產生了請購單、訂購單、驗收報告(單),這些文書憑證的其中一聯皆會送交會計部門,此外供應商亦會將發票寄至會計部門。會計部門便應審核上述文書憑證是否經授權的人員及主管核可,並確信其內容是否一致,如果審核無誤,即可據以編製賒購傳票,貸記應付帳款,借記存貨(原物料),或其他適當的會計科目。

在圖表13.4的釋例中,會計部門會收到需求單位送交之請購單第2聯、訂購部門送交之訂購單第2聯、驗收及倉儲部門送交之驗收單(報告)第1聯,以及供應商寄送之發票。會計部門即會以上述文書憑證作為原始憑證,據以編製傳票並記入帳冊。最後,將傳票及原始憑證送交財務部審核準備付款。

此外,會計部門可能也會定期(如每月)編製應付帳款對帳單予每一位供應商,列明期初餘額、本期賒購、本期付款及期末餘額,俾便核對。

13.5.1.2 應付帳款付款交易之控制作業及相關之文書憑證

應付帳款付款交易主要涉及付款及記錄兩項基本的作業(職能),圖表13.5列示該等基本作業流程的關聯性及相關文書憑證。兩項基本作業之控制作業及相關文書憑證說明如下:

1. 付款

當會計部門將賒購傳票及相關原始憑證送交財務部門後,便啟動準備付款的交易。財務部門收到上述文書憑證後,會再次審核該等文書憑證是否經授權及正確性,經確認無誤後,便會編製該供應商之應付憑單 (voucher),並將應付憑單記錄於應付憑單登記簿。

應付憑單主要是用以記錄該筆交易付款的對象、金額、預計付款的日期及其他相關的資訊(如折扣等)，應付憑單通常也會附上相關的文書憑證(請購單、訂購單、驗收單、供應商發票)以資證明，因此應付憑單其實是包含上述資訊的檔案(folder)。應付憑單通常會按照預計付款日期的先後排列，以方便日後的付款作業。

到了預計的付款日，財務部門即可依據應付憑單的資訊，開立支票(或匯款)付款。一般而言，如以支票付款，企業都會開立劃線(須入戶)、抬頭及禁止背書轉讓的支票，避免支票被他人盜領的風險。付款後，支付給供應商支票的影本(或匯款通知書)會置入應付憑單中，以示結案。**為了降低重複付款的錯誤或舞弊，付款後的原始憑證(附於傳票)及應付憑單應蓋付訖章，將其註銷避免重複使用及付款。** 付款後，財務部門會將賒購傳票(包括後附之已註銷原始憑證)、支票影本及應付憑單(通常僅為應付憑單彙整付款資訊的封面)影本送交會計部門。

財務部門員工從應付憑單的編製、支票的開立及應付憑單的註銷，皆會由其部門主管監督及核准，以降低錯誤或舞弊的風險。

在圖表13.5的釋例中，財務部門從會計部門收到賒購傳票(包括後附之請購單第2聯、訂購單第2聯、驗收單第1聯，及供應商發票)後，將審查該交易是否有完整的授權，擬支付的金額是否正確。如確認無誤，則據以編製應付憑單，並將原始憑證影本作為附件，記入應付憑單登記簿。俟付款日，財務部門(通常為出納人員)便依應付憑單的資訊開立支票(或準備匯款)，註銷原始憑證及應付憑單，並經主管核可後，進行支票寄送(或匯款)。最後，將賒購傳票(包括已註銷之請購單、訂購單、驗收單，及供應商發票)、支票影本及已註銷之應付憑單影本送交會計部門。

2. 記錄

會計部門收到財務部門送來之賒購傳票(包括已註銷之請購單、訂購單、驗收單，及供應商發票)、支票影本及已註銷之應付憑單影本後，會審核付款的正確性。確認無誤後，會將支票影本及已註銷之應付憑單影本〔有些企業亦會將賒購傳票影本(不包括原始憑證)〕作為原始憑證，據以編製付款傳票，貸記現金(或銀行存款)，借記應付帳款及其他會計科目(如進貨折扣)。

在圖表13.5的釋例中，會計部門收到財務部門送來之賒購傳票(包括已註銷之請購單第2聯、訂購單第2聯、驗收單第1聯，及供應商發票)、支票影本及已註銷之應付憑單影本後，審核無誤後，將依據支票影本及已註銷之應付憑單影本編製付款傳票，並記入帳冊。最後，將賒購傳票及付款傳票(包括其原始憑證)存檔備查。

圖表 13.5　應付帳款付款交易之控制作業及相關之文書憑證

財務部門

會計部門送來
- 請購單 2
- 訂購單 2
- 驗收單 1
- 供應商發票
- 賒購傳票

↓

進行審核並編製應付憑單

↓

記入應付憑單登記簿排定付款

↓

開立支票並註銷原始憑證

↓（分兩路）

支　票 → 寄送客戶

應付憑單及支票影本
- 請購單 2
- 訂購單 2
- 驗收單 1
- 供應商發票
- 賒購傳票

會計部門

- 支票影本
- 請購單 2
- 訂購單 2
- 驗收單 1
- 供應商發票
- 賒購傳票

↓

進行審核並編製付款傳票

↓

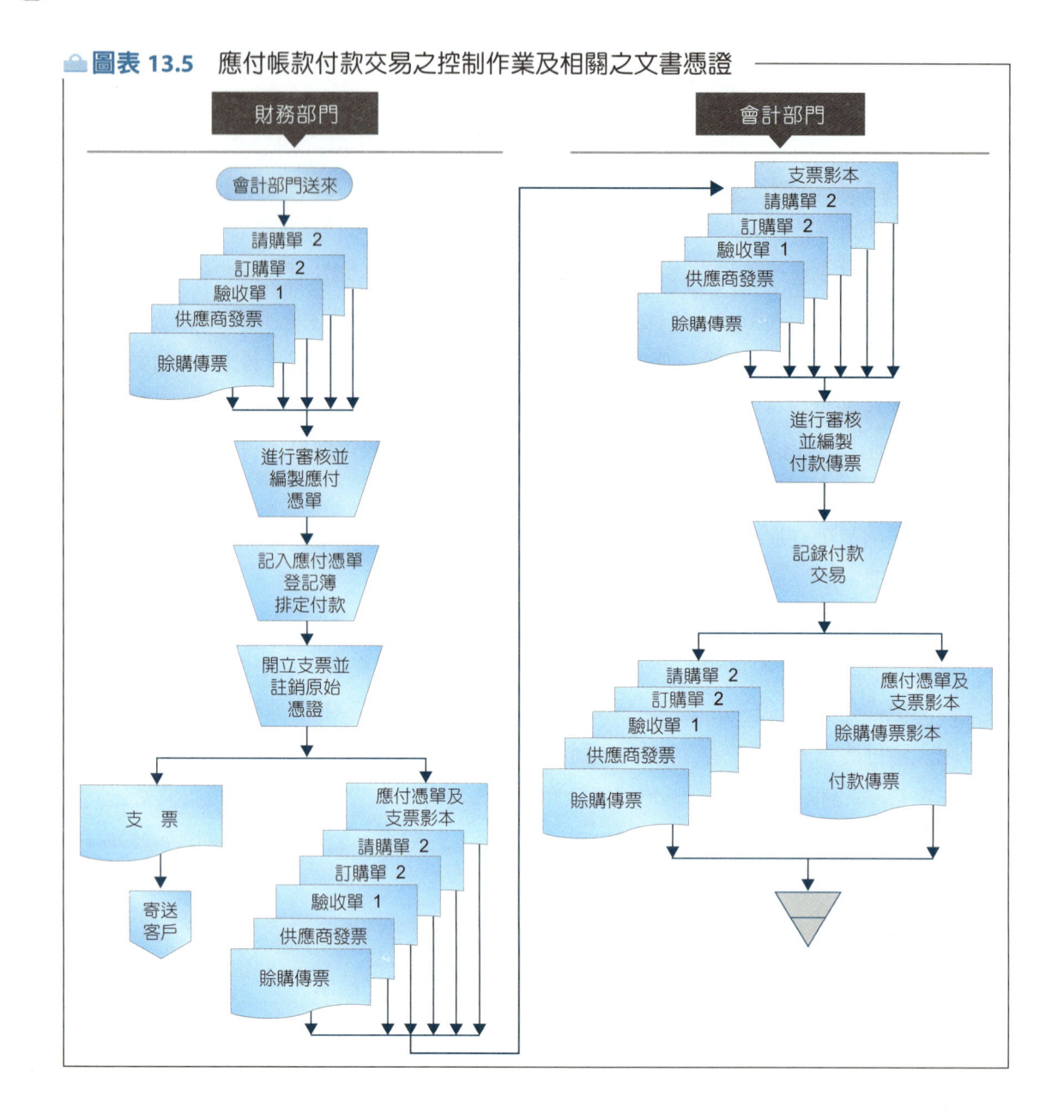

記錄付款交易

↓（分兩路）

- 請購單 2
- 訂購單 2
- 驗收單 1
- 供應商發票
- 賒購傳票

應付憑單及支票影本
- 賒購傳票影本
- 付款傳票

13.5.1.3　採購及應付帳款相關調整之控制作業及文書憑證

採購與付款循環相關之調整交易，主要為進貨折扣及進貨退回與折讓。因進貨折扣與應付帳款付款相關聯，會與付款時一併處理，故本小節所討論之調整交易為關於進貨退回與折讓的控制作業，只是對大多數企業而言，進貨退回與折讓的交易頻率及金額通常不具重要性。

當企業所採購之商品勞務因規格不符或品質不良等原因，企業即會依規定或合約辦理退貨或扣款 (甚至索賠) 之手續。當有進貨退回情況時，使用單位 (如生產部門) 應填具品質不良報告書，載明不良品的品名、數量、不良原因及處理方式 (退回或扣款)，並

填具退倉單連同不良品退回倉儲部門簽收，再由倉儲部門通知供應商運回 (或做其他處理)。品質不良報告書及退倉單中的一聯會送交會計部門憑以記錄進貨退回。如果商品不退回，企業要求折讓時，採購單位應依品質不良報告書的內容與供應商協商折讓金額，並要求其出具進貨折讓相關證明。會計部門根據品質不良報告書及進貨折讓相關證明記錄進貨折讓。

13.5.2 採購與付款循環相關控制作業之控制測試

13.4 節及 13.5.1 節所討論的事項屬風險評估程序的範疇。實務上，許多中小型企業財務報表的查核，由於該等企業常缺乏健全的內部控制制度或正式的控制作業，使得查核人員僅能依賴證實程序去蒐集相關的查核證據，以作為表示查核意見的基礎，故查核人員於執行風險評估程序後，規劃進一步查核程序時，通常不會執行控制測試 (但依 TWSA315 的規定，查核人員仍應執行風險評估程序)。但對較具規模或高度電腦化企業財務報表的查核，查核人員執行完風險評估程序後，可能基於查核效率及成本考量，或認為僅依賴證實程序無法取得足夠及適切的查核證據的原因，決定與特定個別項目聲明相關之控制屬性將被依賴，則查核人員則應對該控制屬性執行控制測試，以便取得將控制風險降低的查核證據。

查核人員在決定將進行控制測試之控制屬性後，可再考量特定控制屬性是否可用以前年度執行控制測試的結果作為本期的查核證據，如果可以，則該特定控制屬性本期就可以不用執行控制測試。判斷是否可以使用以前年度執行控制測試的結果作為本期的查核證據，請參閱 7.4.3 節有關「採用以往查核所取得之查核證據」之討論，在此不再贅述。

經過前述的考量後，查核人員應決定那些特定個別項目聲明及其攸關之控制屬性將於本期執行控制測試。查核人員通常會於期中執行控制測試，而控制測試通常會以抽樣的方式進行。誠如第九章有關控制測試抽樣之討論，不論查核人員使用統計抽樣或非統計抽樣，屬性抽樣須執行如圖表 9.1 所示之七大步驟。決定那些特定個別項目聲明及其攸關之控制屬性將於本期執行控制測試是屬性抽樣的步驟 1，也將決定後續六個步驟具體的抽樣細節 (包括定義母體與樣本單位、定義失控的意義、樣本量、選樣方法、查核方法的種類、推論等)。以採購與付款循環相關控制作業之控制測試為例，圖表 13.6 列示步驟 1 決定相關控制屬性的意義，至於步驟 2 至步驟 7 的說明，讀者請自行參閱第九章的討論，本小節不再贅述。

圖表 13.6　採購與付款循環控制作業屬性及相關的財務報表聲明

控制屬性	控制屬性之說明	財務報表聲明
1.	應付憑單皆附有經核准之請購單、訂購單、驗收報告，以及供應商發票。	發生 / 存在
2.	請購單、訂購單、驗收報告、供應商發票經內部驗證。	所有權 / 義務
3.	付款後，應付憑單及相關原始憑證已註銷，以防止被二度請款。	
4.	訂購單、驗收單及應付憑單是否有預先序號。	完整性
5.	每筆採購交易是否已於正確的日期入帳。	
6.	每筆交易各部門有驗證計算及金額的正確性。	評價
7.	每筆採購的價格及折扣業經核准。	
8.	會計部門定期寄送應付帳款明細予供應商供其核對。	
9.	是否定期調節相關會計科目總分類帳及明細分類帳。	
10.	採購交易是否有專人檢視會計科目採用的適當性	表達 / 揭露
11.	是否將營業活動及非營業活動所產生之應付帳款分開記錄。	

不過，值得提醒的是，執行採購與付款循環之屬性抽樣，相較於其他交易循環之屬性抽樣，主要有下列三項主要的差異，查核人員宜特別注意：

1. 會計科目分類錯誤的可能性較高，宜降低該聲明可容忍偏差率的水準。誠如 13.2 節所討論，本循環涉及的會計科目眾多，損益及資產負債項目都有，因此會計科目分類錯誤的可能性會增加，也可能會影響到損益數字。例如，將應費用化之支出，誤列為不動產、廠房及設備。查核人員宜降低該聲明之可容忍偏差率作為因應。
2. 誠如前述，本循環之交易常涉及重大會計估計，需要管理階層作主觀的判斷，金額正確性的聲明發生重大不實表達的風險較高，查核人員宜降低對正確性聲明之可容忍偏差率以為因應。
3. 本循環個別交易的金額大小差異很大，因此一般對交易金額大或異常的交易會採全查的方式進行，如不動產、廠房及設備的採購交易。

13.6 採購與付款循環相關的進一步查核程序──證實程序之規劃

證實程序的規劃是查核規劃的最後階段，如何利用風險導向的查核方法規劃採購與付款循環相關證實程序，和銷貨與收款循環相關證實程序之規劃是完全一樣的，故本章不再贅述。惟誠如 13.2 節所討論，採購與付款循環涉及的會計科目非常多，包括實帳戶及虛帳戶，不過由於雙式簿記的關係，查核人員執行證實程序的重點則在於實帳戶的查核。因此，本節的重點將著重於相關實帳戶的查核，包括應付帳款、不動產、廠房及設備、

預付費用、應付費用相關證實程序之規劃 (存貨在生產與加工循環再一併討論)，其中又以應付帳款、不動產、廠房及設備之查核最為重要。最後再簡要地討論相關虛帳戶之查核額外要注意的查核重點。

經過 13.3 節至 13.5 節的風險評估程序及控制測試 (如有實施時) 後，查核人員即可決定，在既定的查核風險及所評估之重大不實表達風險 (包括固有風險及控制風險) 下，本循環各相關會計科目個別項目聲明之可接受偵查風險為何。再根據其個別項目聲明可接受的偵查風險的程度，規劃每一個聲明證實程序的性質、時間及範圍，進而構成每一會計科目證實程序之查核計畫。由於查核時間的決定較為單純 (第七章已有討論)，而查核範圍則於第十章科目餘額證實程序的抽樣方法中介紹，故本節探討的重點將著重於證實程序的性質，即證實程序所使用之查核方法的規劃。

13.6.1 應付帳款之證實程序

查核人員於執行風險評估程序及控制測試 (如有實施時) 後，查核人員即可決定應付帳款每一個別項目聲明之可接受偵查風險為何。再根據其每一個別項目聲明可接受的偵查風險的程度，規劃每一個聲明證實程序的性質，即規劃查核每一個聲明時所使用之查核方法——使用證實分析性程序及各種細項測試的方法。

在進一步說明之前，查核人員應瞭解，實務上在查核負債與查核資產的重點並不完全相同。由於財務報表高估權益對會計師帶來的法律風險大於財務報表低估權益 (實證資料顯示，會計師因未發現受查者財務報表低估權益，而負有法律責任的案例極少。絕大多數會計師負有法律責任的案件，多因會計師未發現受查者財務報表高估權益。簡言之，受查者財務報表越穩健保守，會計師的法律風險越小)。而虛列資產或漏列負債，都有可能導致業主權益高估，因此查核人員於查核資產時，注意焦點會著重於帳戶餘額沒有虛列 (即注重存在性)。多數的訴訟案皆涉及對帳列資產存在性的質疑，故查核人員經常藉由函證、實體檢查，以及檢查佐證文件來驗證資產的存在性。雖然查核人員不可忽視資產漏列 (即完整性) 的可能性，但實務上查核人員仍較為關心資產虛列而非漏列的可能性。而查核人員於查核負債時，其注意的焦點則剛好相反，其主要焦點在於負債的低估或漏列 (完整性)，而非負債的高估或虛列 (存在性)。也正因為如此，查核應付帳款及應收帳款的主要差異為，應付帳款的查核較強調尋找漏列的應付帳款，而應收帳款的查核則較強調尋找虛列的應收帳款。此外，另一項差異為淨變現價值 (續後衡量，相關聲明為評價) 僅適用於資產，而負債不適用淨變現價值的衡量。

儘管如此，不論財務報表高估或低估權益，皆會使財務報表資訊之決策價值降低，就會計師專業而言，查核人員仍必須避免過度強調虛列資產或漏列負債，而輕忽漏列資產或虛列負債的態度。畢竟這二類形態的重大不實表達皆可能造成財務報表使用者的經

濟損失，會計師皆有責任去偵查。

證實程序主要由證實分析性程序及細項測試所構成，一般而言，查核人員通常會先執行若干證實分析性程序，再執行細項測試。圖表 13.7 列示有關應付帳款常用之證實分析性程序及目的。

圖表 13.7　常用之與應付帳款相關之證實分析性程序及目的

證實分析性程序	可能指出之潛在不實表達
計算應付帳款/進貨之比率	應付帳款低估或高估的可能性
計算應付帳款/流動負債之比率	應付帳款低估或高估的可能性
比較個別應付帳款明細帳當期與前期之餘額	是否有與應付帳款相關異常的交易
當期各項費用餘額及前期各項費用餘額進行比較	應付帳款及費用可能之不實表達
當期進貨折扣、退出與進貨之比率與前期比較	進貨折扣、退出可能之不實表達

在細項測試方面，依據前述的邏輯，圖表 13.8 列示應付帳款各聲明可能使用之證實程序。以下就以圖表 13.8 為例，進一步說明各聲明之細項測試。

1. 與結算及財務報表編製過程有關之證實程序

對應付帳款之查核，查核人員首先就必須核對應付帳款在財務報表上的數字與帳冊上的數字是否一致。其中主要相關程序包括：

(1) 逆查財務報表上應付帳款的數字與總分類帳的餘額是否一致。

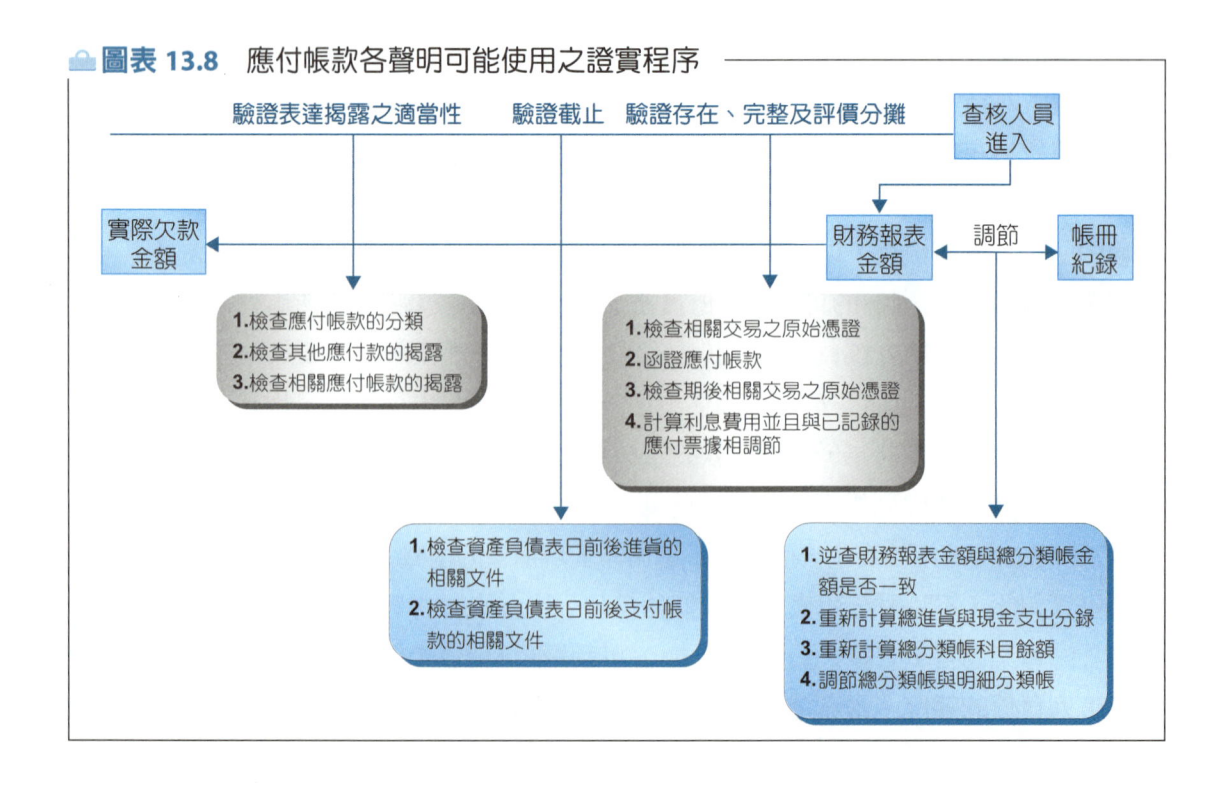

圖表 13.8　應付帳款各聲明可能使用之證實程序

驗證表達揭露之適當性　　驗證截止　　驗證存在、完整及評價分攤　　查核人員進入

實際欠款金額　　　　　　　　　　　　　　　　　　　　財務報表金額　　調節　　帳冊紀錄

1. 檢查應付帳款的分類
2. 檢查其他應付款的揭露
3. 檢查相關應付帳款的揭露

1. 檢查相關交易之原始憑證
2. 函證應付帳款
3. 檢查期後相關交易之原始憑證
4. 計算利息費用並且與已記錄的應付票據相調節

1. 檢查資產負債表日前後進貨的相關文件
2. 檢查資產負債表日前後支付帳款的相關文件

1. 逆查財務報表金額與總分類帳金額是否一致
2. 重新計算總進貨與現金支出分錄
3. 重新計算總分類帳科目餘額
4. 調節總分類帳與明細分類帳

(2) 調節應付帳款總分類帳與明細分類帳是否一致。

(3) 驗算相關帳簿金額的正確性。

(4) 取得應付帳款明細表，驗算其正確性，並複核是否與應付帳款總分類帳與明細分類帳一致。

(5) 核對供應商對帳單至應付帳款明細表，以確定已包含於應付帳款中。

2. 應付帳款存在性、完整性、義務及評價的查核

下列細項測試通常可以同時確認應付帳款存在性、完整性、義務及評價等聲明，茲分別說明如下：

(1) 檢查相關交易之原始憑證：查核人員應依照受查者採購與付款循環相關控制作業流程及相關之文書憑證，檢查採購、付款及相關調整交易是否皆附有完整之原始憑證作為依據，並驗算入帳之金額是否與原始憑證一致。由於進貨及相關付款交易頻繁，查核人員通常會以抽樣的方式進行查核。如屬不動產、廠房及設備採購及付款交易，由於金額大且交易不多，查核人員通常會採全查的方式進行。

(2) 函證應付帳款：查核人員亦可比照應收帳款函證的方式，對應付帳款進行函證，函證程序主要可驗證應付帳款餘額的存在性及義務。不過，審計準則並未要求應付帳款一定要執行函證程序，實務上，對應付帳款進行函證並不像對應收帳款進行函證普遍。其主要原因，除了查核人員查核應付帳款著重於漏列(函證較無法發現漏列的應付帳款)外，另一個原因為，應付帳款進行函證的查核目標，查核人員可藉由檢查相關交易之原始憑證及供應商的對帳單達成。雖然相關原始憑證及供應商的對帳單的可靠性不如函證，但皆由獨立第三人所提供，皆為相當可靠之證據。因此，通常在查核人員認為受查者內部控制制度較薄弱，或無法取得供應商對帳單，或者查核人員懷疑受查者有相關之舞弊時，才會考慮對供應商進行應付帳款函證。至於函證的格式(積極式或消極式)、實施的時間及流程控制、樣本量的決定、工作底稿應載事項等細節，讀者可參閱第五章有關函證及第十章變量抽樣的討論。

(3) 檢查期後相關交易之原始憑證：由於查核應付帳款較強調漏列的查核，故檢查財務報表結束日後與應付帳款相關的交易是很重要的。用於發現未入帳應付帳款(完整性)的查核程序通常也可獲取支持正確性的查核目標。一般而言，查核人員通常會檢查下列兩種期後交易相關之原始憑證：

① 現金支出交易的原始憑證。查核人員檢查資產負債表日後應付帳款付款之相關憑證(通常應檢查資產負債表日之後數週的付款文件)，以確定該現金支出是否係支付當期之義務。若係支付本期之義務，則查核人員應順查該筆應付帳款至應付帳款明細表，確定該負債已納入。在順查的過程中，查核人員宜注意驗收報告、供應商發票的日期，該等日期通常可明確的指出應付帳款是否屬當期之

應付帳款。

②尚未支付之應付帳款，查核方法及目的與前一程序相同，唯一的差異在於檢查的交易係財務報表結束日至接近外勤工作終了日尚未償還之應付帳款，而非已支付之應付帳款。

3. 應付帳款截止的查核

應付帳款的截止測試旨在確認應付帳款是否歸屬在適當的會計期間，因此查核的焦點會在於資產負債表日前後一段時間有關應付帳款交易：即賒購及付款交易的查核，主要係檢查上述交易的原始憑證。因此，截止測試的查核方式與檢查期後相關交易之原始憑證相同，只是查核的期間不只期後，也包括資產負債表日前一段時間有關的交易。

4. 應付帳款表達與揭露的查核

查核人員應檢查應付帳款明細表，檢視是否已將非營業活動、關係人交易、應付票據、長短期作適當的分類及是否提供擔保品等，並充分揭露相關資訊。

誠如第十二章所述，圖表 13.8 此種係依聲明為基礎，設計用以支持各聲明的證實程序的格式，有時又稱為「設計格式的查核計畫」。這種格式的查核計畫主要係用以協助查核人員在規劃查核程序時能確保其完整性，不要遺漏重要的查核程序。實務上會將設計格式的查核計畫轉換為方便查核人員分派及執行查核工作的「執行格式的查核計畫」。圖表 13.9 即列示應付帳款之證實程序查核計畫。

圖表 13.9　應付帳款之證實程序查核計畫

查核程序	EO	C	RO	VA	PD	底稿索引
一、科目餘額之核對與調節						
1. 取得應付款項明細表，表中應列明供應商姓名及餘額，驗算明細表之加總，並核對或調節至總分類帳。				✓		
2. 複核應付帳款明細表中大額且異常之應付帳款。				✓		
3. 複核應付款項明細表，查詢重要供應商是否均列於明細表內，金額是否異常。				✓		
二、執行證實分析性程序						
1. 與上期或去年同期比較應付票據及帳款之週轉率、付款天數，如有重大變動，應與管理階層訪談並解釋重大或非預期變化。	✓	✓	✓	✓		
2. 計算應付帳款/進貨之比率。		✓	✓	✓	✓	
3. 計算應付帳款/流動負債之比率。		✓	✓	✓	✓	
4. 比較個別應付帳款明細帳當期與前期之餘額。		✓	✓	✓	✓	

圖表 13.9　應付帳款之證實程序查核計畫（續）

查核程序	EO	C	RO	VA	PD	底稿索引
三、應付款項期末餘額查核						
1. 查明期後之付款情形或相關憑證，必要時，向主要供應商及債權人發函詢證。	✓		✓	✓		
2. 檢查未付款進貨承諾之紀錄並且考量函證之需要性。	✓		✓	✓	✓	
3. 查明應付票據是否附息，其本期應付之利息已否列帳。				✓		
4. 應付票據與帳款是否依流動及非流動分別列示，其屬非流動性質者，查明是否以現值入帳。				✓	✓	
四、主要供應商應付款項測試						
1. 檢視佐證文件，以確認付款金額、條款、擔保品、限制。	✓		✓	✓	✓	
2. 於必要時，應付票據及帳款中主要供應商發函詢證，包括餘額為零之供應商。將回函與進貨餘額核對或調整相符，並檢查相關文件以評估調整項目適當性。	✓		✓	✓		
3. 檢查其他重大借項(例如：進貨退出、折讓)之相關文件。			✓	✓		
五、應付款項截止測試						
1. 測試應付票據及帳款與存貨已做適當之截止。	✓	✓		✓		
2. 複核資產負債表日後收到之借項通知單，檢查其已於正確期間內入帳。		✓		✓		
六、應付款項續後衡量之查核						
1. 查明重大應付帳款沖轉之付款對象有無不相符之情形，如有，應瞭解其原因及合理性。				✓		
2. 截至查核日止，如應付票據之到期日已逾法定有效期間者，應查明原因及其有無展期情事或轉列其他適當科目。				✓	✓	
3. 查明有無與他人換票等情事，有則應予附註或轉列適當項目。				✓	✓	
4. 查明如有非因營業而發生之應付票據及帳款，已否轉列適當項目。					✓	
七、外幣評價						
1. 應付票據及帳款依約定須以外幣償還者，查明是否已依所適用之財務報導架構規定之匯率調整。				✓		
八、表達與揭露						
1. 是否已將非營業活動、關係人交易、應付票據及長短期作適當的分類，並充分揭露相關資訊。					✓	
2. 應付票據及帳款如有提供擔保品予債權人者，查明已否附註其性質與內容。					✓	

13.6.2 不動產、廠房及設備之證實程序

採購與付款循環中的許多交易很可能會影響到不動產、廠房及設備這些會計科目(也可能包括無形資產,因其查核的方式類似,本小節僅討論不動產、廠房及設備的查核)。不動產、廠房及設備係指使用年限超過一年,供營業使用,而非為了將其再出售的資產。一般而言,雖然不動產、廠房及設備的金額通常占總資產的比重相當大,但金額都是過去年度累計而來的,除非受查者初次委任會計師查核,通常查核人員不會對其期初餘額進行查核。再者,當年度不動產、廠房及設備的採購及處分交易通常也不會太頻繁,而且採購的交易金額都相當大。正因為其交易的特徵,其查核程序與查核流動資產的方式主要有下列的差異:

1. 其查核策略通常會採用證實方法,因為通常每年度不動產、廠房及設備的採購及處分的交易不多,採購的金額較大的交易,通常需要董事會特別的核准,一般而言,查核人員通常不會仰賴相關的控制作業(故不會執行相關之控制測試),而僅靠證實程序去取得相關之查核證據。
2. 查核的重心在於當期增添、處分及續後的衡量(包括折舊及減損)。

規劃及執行不動產、廠房及設備之證實程序時,查核人員通常會先執行若干證實分析性程序,再執行細項測試。圖表 13.10 列示常用於不動產、廠房及設備查核之證實分析性程序及目的。從圖表 13.10 可以發現有關不動產、廠房及設備常用之證實分析性程序主要多與續後衡量的問題有關,尤其是折舊的查核。

此外,在細項測試方面,誠如前述,其查核的重點在於當期不動產、廠房及設備的增添、處分及續後的衡量,因此,以下係針對上述的重點分別說明之。

圖表 13.10　常用之與不動產、廠房及設備相關之證實分析性程序

證實分析性程序	可能指出之潛在不實表達
比較當期與前期折舊費用占廠房及設備總成本之比率	折舊與累計折舊的不實表達
比較當期與前期累計折舊占廠房及設備總成本之比率	累計折舊之不實表達
比較當期與前期折舊費用對生產製造成本之比率	折舊與累計折舊的不實表達
比較當期與前期的每月或全年維修費用、用品費用等相關費用	應資本化之費用誤列為費用類會計科目
比較當期與前期的設備總成本占某些生產衡量值(如產量)率	辨認閒置設備、已被處分但未沖銷之設備、或須考量減損的資產
比較當期與前期不動產、廠房及設備處分報廢的比率	資產處分報廢可能的不實表達

13.6.2.1 不動產、廠房及設備增添的細項測試

適當記錄當期不動產、廠房及設備增添是查核重點中最重要的事項，因為這些資產不但金額鉅大，對財務報表亦具有長期效果。以不適當金額記錄不動產、廠房及設備，該不實表達將會一直影響到該資產被除列為止。以下係依聲明分別說明查核人員可能規劃之細項測試。

1. 與結算及財務報表編製過程有關之證實程序

首先查核人員仍應逆查財務報表上不動產、廠房及設備相關會計科目的餘額是否與帳冊上的金額一致，並取得當年度增添之不動產、廠房及設備明細表(須驗算其金額的正確性)，並追查增添之不動產、廠房及設備是否已包括在財產目錄中(即不動產、廠房及設備之明細分類帳)。最後，並調節不動產、廠房及設備總分類帳及其明細分類帳是否相符。

2. 不動產、廠房及設備存在性及所有權的查核

查核不動產、廠房及設備增添的查核，啟始於當年度增添之不動產、廠房及設備明細表，該表通常擷取自財產目錄，典型的明細表會列出各項增添之項目、購置成本、購買日、供應商、摘要、新或舊品、折舊年限及折舊方法等資訊。

最常見的查核方法即檢查交易相關的原始憑證，如請購單、訂購單、驗收單、供應商發票、契約等。有時，受查者會規定採購一定金額以上之不動產、廠房及設備須經董事會(或高階管理階層)特別的核准，查核人員亦應檢視該交易是否取得核准。此外，查核人員可能尚須對增添之重要不動產、廠房及設備進行實體的檢視，除了可確定資產確實存在外，亦能協助其判斷是否有異常的情況。

3. 不動產、廠房及設備完整性及截止的查核

完整性及截止之查核，主要是透過檢查資產負債表日前後一段時間增添交易相關之原始憑證，判斷是否有當期增添的不動產、廠房及設備誤列於次年度。此外，由於會計上須將符合特定條件的租賃合約，將其租賃的資產資本化，受查者可能無意或蓄意的漏列租賃資產及負債。故查核人員應檢視當年度所有新增或變更之租賃合約，以判斷是否有應認列而未認列之租賃資產及負債。

4. 不動產、廠房及設備評價的查核

評價／分攤的查核，對增添不動產、廠房及設備而言，係指不動產、廠房及設備的原始衡量，及後續的支出應費用化或資本化的金額是否正確。查核人員通常會執行下列程序：

(1) 檢查增添交易的原始憑證，包括融資租賃，應注意相關支出是否按照適用財務報導

架構的要求(如成本原則),予以資本化或費用化。許多情況下,如長期工程或租賃,判斷何項支出應資本化或費用化相當具挑戰性。

(2) 檢查和採購與付款循環相關之費用類會計科目(如維修、保養等費用)的交易憑證,以尋找是否有重大應資本化的支出,被誤列於費用。

5. 不動產、廠房及設備表達與揭露的查核

表達與揭露的查核,對增添不動產、廠房及設備而言,查核人員主要須注意增添的不動產、廠房及設備是否已適當的分類,並記入適當的會計科目(包括租賃),且已做充分揭露,如相關之抵押或質押。

13.6.2.2　不動產、廠房及設備處分的細項測試

查核人員查核不動產、廠房及設備之處分,包括出售、抵換或報廢的主要重點在於蒐集足夠證據以驗證所有處分均已記錄,且正確地記錄。一般而言,除處分不動產外,設備處分對財務報表影響的金額不大,而且交易筆數通常亦不多。故相對而言,查核工作較為單純。惟當處分交易涉及到大額的關係人交易,查核人員則宜多加注意。

查核人員查核不動產、廠房及設備之起點應在取得受查者當年度不動產、廠房及設備處分明細表,該表通常擷取自財產目錄。該明細表通常會包括資產名稱、處分日、資產買方姓名、售價、資產原始成本、原購置日及資產累計折舊等資訊。查核人員查核前應詳細勾稽資訊的正確性,包括加總、追查總數至總帳及明細帳。

查核人員除了檢查不動產、廠房及設備處分交易的原始憑證外,處分資產未記錄,尤其是不動產,將使財務報表虛增資產。因此,查核人員有需要尋找未入帳之資產處分交易,下列程序經常被用以驗證資產的處分:

1. 複核是否有增添資產係用以取代舊有的資產。
2. 分析資產處分的金額及其產生的損益。
3. 複核可能因裁撤舊設備所引起之廠房、生產線的修繕與調整支出,以及稅捐或保險金額的改變。
4. 查詢管理階層及相關人員有關資產處分的可能性。

當確定有資產處分交易時,查核人員應進一步確認入帳的金額是否正確,包括原始成本、累計折舊(截止至處分當日)、處分價格(如果涉及重大的關係人交易,最好能取得獨立公正第三者的鑑價報告)。

13.6.2.3　不動產、廠房及設備續後衡量的細項測試

不動產、廠房及設備續後衡量包括期末餘額(原始成本)、相關評價會計科目的衡量(如折舊、減損)。

期末餘額係由期初餘額，加計本期增添，並扣減本期處分而得。除非當年度受查者才進行了初次查核，通常查核人員並不會去測試期初不動產、廠房及設備的分類及正確性，因為查核人員在以前即加以驗證過了。因此，只要本期增添與處分無誤，基本上期末餘額即無誤。惟應注意的是，查核人員如發現受查者持有已不再供營業使用之不動產、廠房及設備，如果金額重大，查核人員仍應要求受查者將此種資產重新分類為「待處分資產」，或為其他適當之分類，並評估該等資產是否以淨變現價值衡量，及其金額的妥適性。

不過，在查核期末餘額上，儘管已執行本期增添與處分相關之查核程序，尚須執行驗證不動產、廠房及設備是否有「抵押」的情況(此與揭露及表達聲明相關)。一般而言，查核人員可透過下列的查核程序，查核不動產、廠房及設備是否有「抵押」的情況：

1. 閱讀不動產、廠房及設備購買合約及其他貸款合約。
2. 向金融機構函證，詢問有關抵押的情況。
3. 向委託人查詢，必要時亦可致函予律師，以取得與抵押資產有關的資訊。

在折舊的查核方面，由於帳列折舊金額係受查者內部的成本分攤，而非與外界交易的結果，因此缺乏較客觀的原始憑證，多仰賴管理階層的主觀判斷。若折舊費用金額重大，那麼其查核工作的挑戰性將增加。

一般而言，折舊費用的查核目標為正確性(屬評價/分攤聲明)。正確性目標涉及兩個主要的關鍵：確定受查者是否遵循前後期一致的折舊政策，以及受查者的計算是否正確。此外，在允當表達財務報導架構下，嚴格而言，查核人員仍應去評估管理階層所選用的折舊方法及耐用年限，是否能反映特定資產的經濟實質。惟實務上，查核人員鮮少去挑戰管理階層所用的折舊方法及耐用年限。

在確定委託人是否遵循前後期一致的折舊政策上，折舊政策包括折舊方法、耐用年限、估計殘值等，查核人員通常可藉由與受查者管理階層的討論，以及參考過去工作底稿之永久檔案而取得相關證據。在評估管理階層決定新購資產耐用年限之合理性時，查核人員應考慮的因素包括：資產實際上的使用年限(即物理耐用年限)、經濟耐用年限(考慮企業競爭策略、過時或設備升級的政策，企業可能使用的年限)，以及受查者因環境改變，可能導致須重新評估資產的可用年限等。此外，查核人員亦可透過複核過去受查者所選用之耐用年限與實際使用年限，是否有重大差異的歷史資料，評估管理階層所估計之耐用年限政策是否適當。

至於在折舊金額計算的查核方面，由於大多數的企業已將財產目錄電腦化，查核人員即可利用套裝軟體(如Excel或ACL)讀取相關資料，重新自行計算當年度的折舊金額，並與帳上金額比較即可確認。但如果受查者未將財產目錄電腦化，則查核人員通常會以

證實分析性程序，評估折舊金額整體的合理性，再配合抽樣的方式驗算財產目錄特定資產折舊計算的正確性。折舊金額整體合理性的測試，通常可利用當期折舊性資產之成本總額（未減累計折舊）乘以過去年度的折舊率（折舊／折舊性資產之成本總額），計算當年度預期的折舊金額，再與受查者當年度提列的金額比較，看是否有重大的差異。如有重大差異，查核人員就應擴大抽樣的範圍，並執行其他必要的細項測試，如與管理階層討論重大差異的原因，並評估其回應的合理性。當期折舊金額及處分資產沖銷之累計折舊確認後（於查核處分資產時確認），自然期末之累計折舊即可確認，故期末之累計折舊通常無須執行額外的證實程序。

有時不動產、廠房及設備續後衡量依所適用之財務報導架構，受查者尚可能需要進行資產減損的處理，查核人員主要係透過與管理階層的討論，瞭解其在減損測試的前提及假設，並評估其合理性，再進一步檢視受查者是否依所適用之財務報導架構處理及揭露。

最後，將 13.6.2.1 節至 13.6.2.3 節所討論之有關不動產、廠房及設備的證實程序，彙整成執行格式之查核計畫，列示如圖表 13.11。

圖表 13.11 不動產、廠房及設備之證實程序查核計畫

查核程序	EO	C	RO	VA	PD	底稿索引
一、科目餘額之核對與調節						
1. 核對財務報表的數字是否與總帳的餘額一致。				✓		
2. 調節不動產、廠房及設備總分類帳及明細分類帳是否一致。				✓		
二、執行證實分析性程序						
1. 比較當期與前期折舊費用／廠房及設備總成本之比率、累計折舊／廠房及設備總成本、折舊費用／生產製造成本。	✓	✓	✓	✓		
2. 比較當期與前期設備總成本／某些生產衡量值（如產量）率。	✓	✓	✓	✓		
3. 比較當期與前期的每月或全年維修費、用品費用等相關費用。	✓	✓	✓	✓		
4. 比較當期與前期不動產、廠房及設備處分報廢的比率。	✓	✓	✓	✓		
三、不動產、廠房及設備增添的查核						
1. 取得當年度增添之不動產、廠房及設備明細表（須驗算其金額的正確性），並追查增添之不動產、廠房及設備是否已包括在財產目錄中。	✓			✓		
2. 檢查交易相關的原始憑證，如請購單、訂購單、驗收單、供應商發票、契約等。	✓	✓				
3. 須特別核准的採購是否取得核准。	✓					

圖表 13.11　不動產、廠房及設備之證實程序查核計畫（續）

查核程序	EO	C	RO	VA	PD	底稿索引
4. 檢查資產負債表日前後一段時間之增添交易相關原始憑證，判斷是否有當期增添的不動產、廠房及設備誤列於次年度。		✓		✓	✓	
5. 檢視當年度所有新增或變更之租賃合約，以判斷是否有應認列而未認列之租賃資產。	✓	✓	✓	✓		
6. 檢查與採購及付款循環相關之費用類會計科目（如維修、保養等費用）的交易憑證，以尋找是否有重大應資本化的支出，被誤列於費用。				✓	✓	
四、不動產、廠房及設備處分的查核						
1. 取得受查者當年度不動產、廠房及設備處分明細表，並勾稽資訊的正確性，包括加總、追查總數至總帳及明細帳。				✓		
2. 檢查不動產、廠房及設備處分交易的原始憑證。	✓		✓	✓		
3. 透過下列程序，藉以發現漏列的處分交易： (1) 複核是否有增添資產係用以取代舊有的資產。 (2) 分析資產處分的金額及其產生的損益。 (3) 複核可能因裁撤舊設備所引起之廠房、生產線的修繕與調整支出，以及稅捐或保險金額的改變。 (4) 查詢管理階層及相關人員有關資產處分的可能性。				✓		
五、不動產、廠房及設備續後衡量的查核						
1. 受查者持有已不再供營業使用之不動產、廠房及設備，如果金額重大，查核人員仍應要求受查者將此種資產重新分類為「待處分資產」，或為其他適當之分類，並評估該等資產是否以淨變現價值衡量，及其金額的妥適性。				✓	✓	
2. 透過下列的查核程序，查核不動產、廠房及設備是否有「抵押」的情況： (1) 閱讀不動產、廠房及設備購買合約及其他貸款合約。 (2) 向金融機構函證，詢問有關抵押的情況。 (3) 向委託人查詢，必要時亦可致函予律師，以取得與抵押資產有關的資訊。					✓	
3. 與受查者管理階層討論，以及參考過去工作底稿之永久檔案，確認是否前後期遵循一致的折舊政策。				✓	✓	
4. 複核過去受查者所選用之耐用年限與實際使用年限，是否有重大差異的歷史資料，評估管理階層所估計耐用年限政策是否適當。				✓		
5. 重新自行計算當年度的折舊金額，並與帳上金額比較即可確認。				✓		
6. 如有資產減損時，應與管理階層討論，瞭解其在減損測試的前提及假設，並評估其合理性，再進一步檢視受查者是否依所適用之財務報導架構處理及揭露。				✓		

13.6.3 預付費用之證實程序

採購及付款循環也會涉及許多預付費用性質的交易,例如預付保險費、預付租金、預付所得稅等。一般而言,各項預付費用在財務報表中所占的比重通常不具重大性,查核人員經執行證實分析性程序後,如無重大差異,即可逕行做成結論。但如果預付費用占財務報表的比重具重大性時,查核人員就必須執行額外的細項測試了。

針對預付費用所執行之證實分析性程序通常有下列幾種:

1. 比較當期與以前年度預付費用的金額。
2. 比較當期與以前年度預付費用／總資產、預付費用／流動資產、預付費用／不動產、廠房及設備、預付費用／營業費用等比率。

至於金額重大的預付費用,查核人員主要的查核重點為當期支付的預付費用的適當性,以及預付費用轉列費用或其他會計科目的適當性。首先查核人員應取得各項預付費用的明細表,針對當期新增的預付費用,查核人員可逆查至原始憑證,確認其金額及付款的適當性。如為關係人之預付費用,查核人員須進一步確認該預付款是否屬融資性質,或不實之支付。此外,預付款如有相關合約,如保險單、租金契約、保固契約等,查核人員應取得相關合約,查明合約內容的性質與預付款是否相符、對方履約的義務及條件。金額重大或性質特殊者則可能考量執行函證程序。針對預付費用轉列費用或其他會計科目的適當性,查核人員則可檢視本期有關預付費用結轉至其他會計科目的適當性。最後,將預付費用可能執行之證實程序彙整成執行格式查核計畫,列示如圖表 13.12。

13.6.4 應付費用之證實程序

採購與付款循環交易通常也會涉及應付費用,應付費用通常起因於因時間經過而產生之費用,但至資產負債表日尚未償還之義務。常見之應付費用如應付薪資、應付薪工稅、應付財產稅、應付紅利、應付佣金、應付租金、應付利息等。此外,有些應付費用的金額並不確定,須由管理階層進行會計估計,如保證費用、確定給付制下的退休金負債等。上述該等應付費用的重大性與受查者的環境及營運性質有關。一般而言,對大多數之查核案件,應付費用的金額通常不大,查核人員通常以執行證實分析性程序為主。但在某些情況下,尤其是前述須管理階層進行重大會計估計的應付費用,如重大的售後服務保證,以及確定給付制下的應付退休金,查核人員就須執行額外的細項測試了。

有關應付費用的查核,主要著重於應付費用皆已認列於財務報表中(完整性),及認列的金額是否正確(評價)。一般而言,因時間經過而產生應付而未付之費用,通常筆數並不會太多,而且與特定指標的關係有一定的穩定度。因此,證實分析性程序就是一有效率且具效果的查核程序。例如,應付薪資及薪工稅的合理性,可以用前月份的薪資費

圖表 13.12　預付費用證實程序查核計畫

查核程序	相關之聲明					底稿索引
	EO	C	RO	VA	PD	
一、科目餘額之核對與調節						
1. 取得預付費用明細表，驗算其正確性。				✓		
2. 核對預付費用明細表、財務報表及總分類帳的金額是否一致。				✓		
二、執行證實分析性程序						
1. 比較當期與以前年度預付費用的金額。	✓	✓	✓	✓		
2. 比較當期與以前年度預付費用／總資產、預付費用／流動資產、預付費用／不動產、廠房及設備、預付費用／營業費用等比率。	✓	✓	✓	✓		
三、新增預付費用的查核						
1. 逆查至原始憑證，確認其金額及付款的適當性。	✓		✓	✓		
2. 預付款如有相關合約，應取得相關合約，查明合約內容的性質與預付款是否相符、對方履約的義務及條件。	✓		✓	✓	✓	
3. 如為關係人之預付費用，查核人員須進一步確認該預付款是否屬融資性質，或不實之支付。	✓		✓	✓	✓	
4. 查核期後預付款項結轉之情形，是否與支付目的相配合。		✓	✓	✓		
四、預付費用轉列其他會計科目的查核						
1. 檢視本期間有關預付款項結轉其他科目的適當性。	✓		✓	✓		
五、預付費用表達與揭露的查核						
1. 預付款項在財務報表分類與表達是否適當。					✓	

用及薪工稅，或以平均員工薪資加以評估。應付財產稅可以當年度繳納的金額，推算當年應繳而未繳的財產稅(仍應考量當年度財產的增減變化)。

　　至於，重大且需要管理階層進行主觀判斷的應付費用，如保證負債、應付退休金等，查核人員除了可執行適當的證實分析性程序評估其合理性外，可能尚須執行下列程序(應付費用之證實程序較為單純，故不再另列其查核計畫)：

1. 與管理階層討論該等會計估計的前提及假設。
2. 評估該等前提及假設的合理性。
3. 複核在該等前提及假設下，應付負債金額的正確性。
4. 該等估計如依據其他專家之報告(如退休金精算師)，查核人員應評估該專家的聲譽、專業能力、適任性，以評估該專家之報告的可靠性。

13.6.5　費用項目之證實程序

採購與付款循環相關費用項目的查核與其相關資產負債的查核是一體兩面的，費用項目之不實表達對資產負債表項目幾乎有相同金額之影響。因此，前述各小節對相關資產負債項目之查核，其實同時包括了相關費用項目的查核。例如：

1. 分析維修費用項目，通常是查核不動產、廠房及設備交易是否已包括所有應資本化支出的一部分 (檢視維修費用項目是否誤含應資本化之支出)。
2. 分析租金費用項目，以確定其是否需要資本化，也是驗證預付或應計租金的一部分。
3. 保險費用的分析則為查核預付保險費或應付保險費的一部分。
4. 折舊、折耗及版權成本之攤銷，是查核相關資產分攤的一部分。

正因為如此，查核人員對費用項目的查核通常僅執行適當的證實分析性程序 (前述各小節皆有關之討論，故不再贅述)。惟查核人員有時也常對特定費用項目執行費用項目分析 (expense account analysis)。所謂費用項目分析係指針對個別費用項目檢查個別交易的原始憑證及組成該項目的明細金額。此種檢查原始憑證的性質和查核採購與付款交易所執行的程序相同，包括供應商發票、驗收報告、訂購單及合約等。例如，透過法律費用項目的分析，可能可以發現先前執行相關資產負債的查核時，無法發現之潛在負債準備、或有負債、爭議、法律行動、或其他會影響到財務報表的法律問題。當然，並不是每一個費用項目都須執行費用項目分析，例如水電費、差旅費及廣告費等項目就很少做這樣的分析，除非風險評估程序指出該等項目有可能發生重大不實表達。因此，查核人員應考量個別委任案件的狀況，決定那些費用項目須執行額外的費用項目分析。

本章習題

選擇題

1. 某公司進貨記帳員多年來以虛列進貨手法盜取公款，下列那個方法在防止這種弊端中最為無效？
   (A) 出納不能兼任記帳
   (B) 每月底與供應商對帳
   (C) 付款支票不要回到記帳員手中
   (D) 不要只憑進貨發票付款

2. 查核人員發現受查者雖設有預編序號之設備報廢申請單，但生產部門人員並未重視使用此一表格，則查核人員較可能執行下列那種查核程序？
   (A) 依據財產目錄觀察盤點各項設備
   (B) 觀察生產現場較可疑之設備，並追查其報廢情形
   (C) 分析其他收入內容，俾發現有無報廢收入漏列情事
   (D) 依據其他資產明細盤點各項閒置設備

3. 如果查核人員想要確認受查者期末存貨實體存在性之聲明，下列何種程序是不適當？
   (A) 函證在公共倉庫中之存貨
   (B) 監督年度存貨盤點
   (C) 在期中執行存貨實體存在之程序
   (D) 自受查客戶取得有關存貨存在性、品質與金額之書面聲明

4. 為測試應付帳款科目餘額是否完整，查核人員驗證是否收到之貨品皆已入帳。此時，應測試的母體為：
   (A) 供應商發票
   (B) 採購訂單
   (C) 驗收單正本
   (D) 已付現支票影本

5. 要求僅能從已核准之供應商名單中的廠商採購貨品，屬於什麼控制？
   (A) 預防性控制
   (B) 偵察性控制
   (C) 矯正性控制
   (D) 監督性控制

6. 有關財產、廠房及設備之購置，以下何者為最重要之內部控制程序列
   (A) 欲使用之部門直接詢價採購
   (B) 使用預算以預測及控制其採購
   (C) 每月分析已核准的支出與實際成本之差異
   (D) 公司應建立一區分資本支出與收益支出之政策

7. 查核人員詢問倉庫人員關於存貨陳廢或滯銷的可能性，能提供那一項管理當局聲明的證據？
   (A) 完整性
   (B) 存在性
   (C) 表達及揭露
   (D) 評價

8. 查核人員檢測受查者所有已被請款之貨品採購是否皆已收到，其測試之憑證母體為：
   (A) 訂購單　　　　　　　　　　　(B) 供應商發票
   (C) 供應商的對帳單　　　　　　　(D) 驗收報告

9. 受查公司的存貨進出未留下書面紀錄，查核人員在執行控制測試時，最可能
   (A) 採用觀察與詢問　　　　　　　(B) 採用分析性複核
   (C) 採用函證，向對方函詢　　　　(D) 函證與分析性複核同時採行

10. 受查者於民國92年12月8日向美國出口商訂購商品一批，交易條件為起運點交貨。該批商品於民國92年12月15日由美國洛杉磯運出，民國93年1月5日運抵受查者，於民國93年1月20日受查者將貨款匯結美國出口商。若查核人員作進貨截止測試時，應如何認定比筆進貨之入帳日期？
    (A) 民國92年12月8日　　　　　(B) 民國92年12月1日
    (C) 民國93年1月5日　　　　　　(D) 民國93年1月20日

11. 查核人員查核長期負債的程式最可能包括下列何種步驟？
    (A) 檢查應付帳款細帳
    (B) 調查債券利息收入帳戶之貸方餘額
    (C) 比較本期已記錄的利息費用與流通在外的負債
    (D) 分析債券的到期值

12. 下列那項控制最能防範重複支付各項支出？
    (A) 使用支票支付各項支出
    (B) 使用預先編號之支票，且電腦針對任何不連號支票列印例外報告
    (C) 現金支出與原始還證核對後，原始憑證即核註銷
    (D) 把應付帳款之期初餘額減現金支出和期末應付帳款檔作比較

13. 就財產目錄中本期新增項目查驗其相關函證，與固定資產的那一項聲明最有關？
    (A) 完整性　　　(B) 表達與揭露　　(C) 存在或發生　　(D) 評價或分攤

14. 對於應付帳款的科目餘額查核目標而言，下列何者不重要？
    (A) 正確性　　　(B) 存在性　　　　(C) 完整性　　　　(D) 表達與揭露

15. 審計人員經查核後認為並無維修費用誤列為固定資產之情形，此項查核結論與固定資產的那一項聲明有關？
    (A) 完整性　　　(B) 存在或發生　　(C) 評價或分攤　　(D) 權利與義務

16. 下列何種兼職狀態較不理想？
    (A) 負責簽發支票者同時負責將相關憑證文件註記付訖

(B) 負責收受貨物之部門同時負責驗收
(C) 負責編製應付退單及相關憑證者同時負責簽發付款支票
(D) 由發起請購者參與驗收

17. 下列何者較能證明採購交易完整性的聲明？
    (A) 檢查總帳及明細帳是否相符　　　(B) 重新計算供應商發票金額正確性
    (C) 由驗收報告追查至供應商發票及傳票　(D) 評估採購作業的職能分工是否恰當

18. 在查核應付帳款時，查核人員特別關切的審計目標為：
    (A) 分類適當　　(B) 完整性　　(C) 存在性　　(D) 正確性

19. 年底執行存貨驗收報告單之截止測試，其編號為24986，下列何者編號將不會出現於存貨明細帳？
    (A) 19588　　(B) 23766　　(C) 24888　　(D) 24988

20. 若受查者財務報表中，應付帳款科目餘額中包括短期應付票據，則違反下列何項聲明？
    (A) 存在聲明　　　　　　　　(B) 分類及可瞭解性聲明
    (C) 完整性聲明　　　　　　　(D) 截止聲明

21. 買方接到賣方所出具貸項通知單時，就買方之立場而言代表：
    (A) 應付帳款減少　　　　　　(B) 應付帳款增加
    (C) 應收帳款減少　　　　　　(D) 應收帳款增加

22. 當查核人員擬執行採購流程之控制測試，發現並無任何書面化的審計軌跡，則查核人員最有可能執行之程序為何？
    (A) 函證及觀察　　　　　　　(B) 函證及分析性複核
    (C) 觀察及詢問　　　　　　　(D) 詢問及分析性複核

23. 下列那一項控制程序最能避免發生重複付款之錯誤？
    (A) 所有支出均開立「抬頭、劃線並禁止背書轉讓之支票」付款
    (B) 開立支票前，應謹慎審查請購單、訂購單、驗收單及進貨發票等相關憑證
    (C) 開立支票時，應立即於傳票及相關憑證上註記「付訖」
    (D) 定期編製銀行調節表

24. 一家郵購零售商透過商品目錄銷售複雜的電子設備。銷售員由電話接受訂單，再將訂單資料藉由電腦終端機傳送到電腦的總倉庫，進行訂單處理、送貨，以及開立發票。下列何者為確保揀選和運送正確存貨項目的最有效控制程序？
    (A) 在顧客的帳戶編號中使用自動核對碼 (self-checking digit)
    (B) 在電話中與顧客口頭核對有關零件的描述和價格

(C) 銷貨訂單的處理人員在處理訂單之前，先行驗證訂單上的項目是否有庫存
(D) 使用批次控制 (batch control) 來調節經由終端機訂購的總金額和同期間存貨檔案中所記錄的總金額

25. 會計師發現財務比率有以下的變動：存貨週轉率由前期的 4.2 增加為本期的 7.3；應收帳款週轉率由前期的 7.3 降為本期的 2.8；銷貨收入成長率由前期的 8% 增加為本期的 15%。下列何者不是會計師應該根據這些資訊所作的有關偵測風險 (detection risk) 之結論？
(A) 可能是因為強調銷貨成長，所以庫存減少
(B) 可能是銷貨量增加而導致應收帳款成長
(C) 可能是應收帳款的帳齡變大，且收現之可能性降低
(D) 應收帳款的帳齡變大，可能係因促銷所致，與其收現性無關

問答題

1. 下列為審計人員查核採購與付款循環時，常用的交易測試程序，而每項均採抽樣測試方式進行。
   (1) 追查採購日記簿上記錄之各項交易至相關憑證，並核對供應商姓名、交易總金額，及核准交易之程序。
   (2) 檢查連續編號之驗收報告，並追查抽選之樣本的賣方發票及採購日記簿上之分錄。
   (3) 覆核相關憑證文書作業的正確性，科目分類之適當性及支出之合理性等，與委託人營業項目性質之關係。
   (4) 查驗採購交易相關之憑證，以確定每項交易均附有經核可之賣方發票、驗收報告及訂購單。
   (5) 對現金支出日記簿上之數字進行加總；追查總帳上總金額之過帳情形，追查應附帳款主檔中清償事項的過帳情形。
   (6) 檢查現金支出日記簿中支票的編號順序，並查驗無效與破損之支票是否均已註銷。
   (7) 編製期中某一月份之現金支出證明。
   (8) 核對已註銷支票、現金支出日記簿及銀行調節表等上面之日期。
   試作：
   1. 說明上述各程序是否均為交易之控制測試或證實測試。
   2. 說明各項程序之目的為何？

2. 指出下列錯誤或舞弊：
   (1) 預防或偵測性之必要的控制措施。
   (2) 會計師可能作之控制測試。

   回答時請採下列格式：

題號	必要的控制措施	可能的控制測試
1.		

   (1) 倉庫中的貨物被竊。
   (2) 重複支付貨款。
   (3) 發生未經授權之採購。
   (4) 未經核准付款即開出支票。
   (5) 採購未計入憑單登記簿上。
   (6) 支票入帳的期間不正確。
   (7) 記錄假的採購交易。
   (8) 應收帳款收款員挪用貨款。

3. 某公司之固定資產管理規定經瞭解堪稱完備，其取得、保管、處分均有適當之內部控制措施，值得信賴，故擬作遵行查核以明究竟。

   請寫出可能採取之遵行查核程序，俾查明其固定資產之取得、保管、處分均依規定之控制。

4. 請比較當查核人員於查核應收帳款與應付帳款兩會計科目之科目餘額時，查核目標的相異處，並請寫出五個尋找期末未入帳應付帳款時最常運用的查核程序。

5. 高科技產業所擁有廠房及機械設備等長期營業用資產占資產總額高達三分之二以上，且其金額往往較現金餘額為大，試請簡要回答下列問題：
   (1) 為何查核人員查核廠房及機械設備等長期性營業用資產，就其金額比重而言，所花費時間相對少，其理由為何？
   (2) 敘述建立廠房及機械設備等長期性營業用資產之內部控制方法？

Chapter 14 生產與加工循環的查核

14.1 前言

　　生產與加工循環主要涉及從依生產計畫領取原物料、加工製造、至製成品完成製造與檢驗，並入倉待售為止所有相關的活動。對製造業而言，生產與加工循環是企業價值鏈中的核心活動之一，是非常重要的交易循環，該循環所涉及的主要會計科目為存貨(包括製成品、在製品及原物料)。當然，對服務業或零售業而言，生產與加工循環可能並不重要，前兩章採購與付款循環有關採購存貨交易(涉及存貨的增加及調整)，以及銷貨及收款循環有關銷貨交易(涉及存貨的減少)的討論，即可決定期末存貨的帳面金額，無須再考量生產與加工循環相關的交易。為讓讀者對存貨的加工製造與倉儲有基本的概念，本書係假設受查者係屬製造業，故於本章說明生產與加工循環的查核。

　　存貨不僅與生產與加工循環有關，與其他交易循環亦有密切關係。對製造業而言，原物料及生產用勞務之採購與付款和採購與付款循環相關，加工過程中所使用之直接人工及間接人工則與人事與薪工循環(personnel and payroll cycle)有關(將於第十五章介紹)，而存貨(製成品)的除列則與銷貨與收款循環中商品的出售有關。因此，本章的說明重點將著重於存貨加工過程中的查核，以及期末存貨餘額的查核。

　　本章14.2節將首先介紹生產與加工循環相關的會計科目、主要風險及會計師最可能採取的查核策略。查核程序與查核目標息息相關，因此在討論查核規劃之前，14.3節將先說明生產與加工循環相關的查核目標(個別項目聲明)。14.4節則討論生產與加工循環相關的風險評估程序，藉由瞭解受查者及其環境、適用之財務報導架構及內部控制制度，以辨認及評估與該循環相關之財務報表整體及個別項目聲明層級之重大不實表達風險。14.5節則討論生產與加工循環相關的控制測試，以決定各個別項目聲明可接受之偵查風險。最後，14.6節則討論，在個別項目聲明可接受之偵查風險下，查核人員如何適當地規劃證實程序的查核計畫。

14.2　生產與加工循環相關的會計科目、主要風險及查核策略

　　誠如前述，存貨的生產與加工循環與採購、薪資及銷貨相關交易有密切關係，故本節首先將生產與加工循環與其他循環之關聯性及其相關之會計科目彙整於圖表 14.1。企業的生產與加工的過程及成本會計制度，與其營運的方式、產品的特性及管理的方式有關。企業可能會採用分批成本制、分步成本制或作業成本制，在產品成本的計算上，又可能採用標準成本制或實際成本制。故企業實際採行之成本會計制度是多樣性的，圖表14.1 只是一概要性的說明生產與加工循環與其他循環之關聯性及其相關之會計科目。

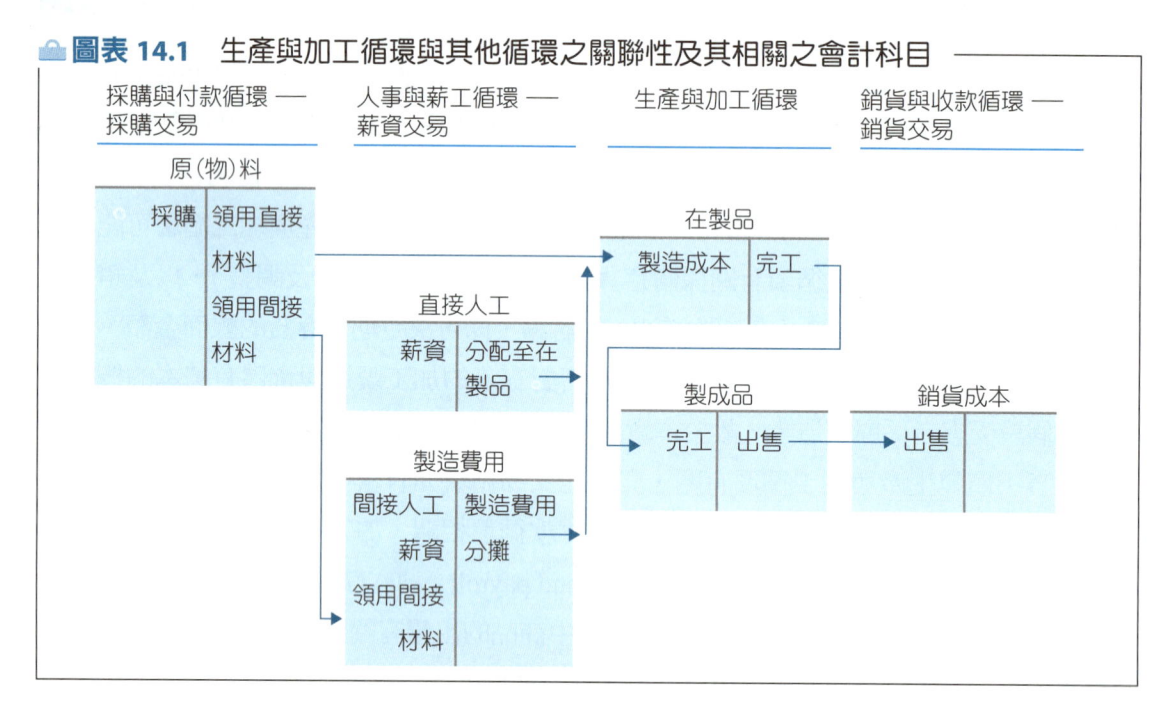

圖表 14.1　生產與加工循環與其他循環之關聯性及其相關之會計科目

採購與付款循環 — 採購交易	人事與薪工循環 — 薪資交易	生產與加工循環	銷貨與收款循環 — 銷貨交易
原(物)料 　採購 　領用直接材料 　領用間接材料	直接人工 　薪資　分配至在製品 製造費用 　間接人工薪資 　製造費用分攤 　領用間接材料	在製品 　製造成本　完工 製成品 　完工　出售	銷貨成本 　出售

　　生產與加工循環相關之基本作業有生產通知、領料、加工製造、檢測及記錄。一般而言，生產部門會依營業部門開立之生產通知書 (production order)，編製原 (物) 料請料單 (material issue slip)，備料完畢後即進行加工製造，為累計產品所耗費成本，企業必須使用計工單 (time ticket)，記錄產品所花費的工作時間。在分步成本制度下，某一生產部門移交在製品至下一生產部門時，則須編製移轉單 (move ticket) 記錄在製品在生產部門間的移轉。當產品完工後，製成品須再做最後的檢測，以確保製成品的品質，最後編製入倉單將製成品送交倉庫保管待售。相關作業及書面表單的細節將於討論該循環之控制作業時，再做詳細的說明。

　　存貨的查核常常是查核工作中最複雜和費時的部分，影響存貨查核複雜度的因素如下：

1. 存貨的進貨、製造及銷貨交易量通常很大，不實表達的風險較高。

2. 存貨通常是資產負債表上金額最大的項目之一。
3. 存貨存放於不同場所，造成實體控制及盤點的困難。
4. 存貨項目的多樣性及特殊性，如珠寶、化學品及電子零組件等，可能對查核人員造成觀察及評價的困難度增加，常須使用特別的程序進行查核，如採用其他專家之評估等。
5. 存貨的評價方法有好幾種(如先進先出法、加權平均法等)，且評價須依賴管理階層的裁量及估計，如間接材料、人工、製造費用、聯合成本、成本差異之處理、殘料之處理，以及跌價損失的認列等，其查核工作挑戰性較高。
6. 存貨的出售可能附有退回及再買回之約定。

此外，過去許多財務報表舞弊的案例，亦常與存貨相關。由於存貨與銷售相關，銷貨的舞弊常須配合存貨的舞弊以掩飾虛假的銷貨交易；對擁有大量體積小且單價高存貨的企業，存貨被侵占盜賣的案例亦時有所聞；有些案例則顯示，因存貨的複雜性，舞弊不易被發現，有時管理階層會將存貨當作「垃圾桶帳戶」(bucket account)，將企業的損失「倒到」存貨帳戶隱藏。因此，整體而言，存貨舞弊的風險亦較高。綜合上述的討論，一般而言，存貨的固有風險通常較高。

由於存貨的交易量大，存貨管理的良窳對企業的經營績效有密切關係，多數企業多願意投入資源建立相關的控制作業，以防止、偵測並因應相關錯誤或舞弊的風險。對查核人員而言，僅依賴證實程序蒐集存貨的查核證據，通常不是有效率的查核策略，甚至並不可行。因此，除非受查者存貨的相關交易單純或交易頻率不高，通常查核人員對存貨的查核策略會採取併用方式，換言之，查核人員通常會執行存貨相關的控制測試，以降低控制風險，並根據可接受之偵查風險，規劃證實程序。

14.3 生產與加工循環相關的查核目標

雖然存貨和採購與付款循環及銷貨與收款相關，有些與存貨相關之查核目標，已於前兩章提及，但前兩章對該等循環的討論，並未針對加工製造及銷貨成本之交易類別查核目標，以及期末存貨帳戶餘額查核目標進行說明。因此，未避免重複說明，本節僅針對下列查核目標進行說明：(1) 屬於加工製造交易和銷貨成本之交易類別查核目標；(2) 屬於存貨帳戶餘額及揭露相關之查核目標。

茲將存貨有關加工製造交易和銷貨成本之交易類別查核目標、帳戶餘額查核目標以及揭露相關之查核目標彙整於圖表 14.2。圖表中之 EO 代表存在或發生，C 代表完整性，RO 代表權利與義務，VA 代表評價或分攤，PD 代表表達與揭露。

圖表 14.2 存貨加工製造和銷貨成本之交易類別查核目標及存貨帳戶餘額與揭露相關查核目標

交易類別、事件與揭露相關之查核目標	
發生	已記錄之製造交易反映當期實際用於生產的原(物)料、人工及製造費用 (EO)。 已記錄之製成品反映當期實際已完工之產品已轉入製成品 (EO)。 已記錄之銷貨成本反映當期實際已出售商品之成本已轉入銷貨成本 (EO)。
完整性	所有在當期發生之製造交易業經記錄，沒有遺漏 (C)。 所有在當期發生之銷貨成本業經記錄，沒有遺漏 (C)。
正確性	製造交易已依照所適用之財務報導準則正確衡量，並且正確地記錄、彙總及過帳 (VA)。 銷貨成本已依照所適用之財務報導準則正確衡量，並且正確地記錄、彙總及過帳 (VA)。
截止	所有製造交易被記錄於正確的會計期間 (EO 或 C)。 所有銷貨成本被記錄於正確的會計期間 (EO 或 C)。
分類與表達	所有與存貨相關之揭露應已包括於財務報表中 (PD)。 生產與加工循環相關之資訊已適當的分類及說明，且所揭露資訊均已清楚表達，能使財務報表使用者瞭解 (PD)。
科目餘額與揭露相關之查核目標	
存在	資產負債表上之存貨確實存在 (EO)。
權利與義務	受查者於資產負債表日對所載存貨擁有所有權 (RO)。
完整性	資產負債表日之存貨包括所有原(物)料、在製品及製成品 (C)。
評價與分攤	存貨成本流動假設(如先進先出法)被適當使用，且存貨已依成本與淨變現價值孰低法進行續後衡量 (VA)。
分類與表達	存貨資訊被正確揭露，且以適當金額列示 (PD)。

14.4 生產與加工循環相關的風險評估程序

對存貨及製造交易相關之個別項目聲明有一番瞭解後，接下來查核人員便必須執行風險評估程序，辨認及評估財務報表整體與個別項目聲明兩個層級的重大不實表達風險(包括舞弊的風險制度)。財務報表整體不實表達風險查核人員將以整體查核策略予以因應，以協助會計師決定查核所需運用之資源、資源配置、查核時機，以及查核資源之管理、運用與監督。個別項目聲明之不實表達風險查核人員將以查核計畫予以因應，查核計畫主要涵蓋風險評估程序及進一步查核程序的規劃。因本章主要在探討進一步查核程序的規劃，因此後續的討論，主要著重於存貨個別項目聲明之不實表達風險對查核規劃的影響。

14.4.1　辨認及評估和生產與加工循環相關之固有風險

除了服務業外，對大多數的企業而言，存貨管理，包括加工製造的管理，是企業價值鏈中相當關鍵的部分。對查核人員而言，更應該藉由瞭解受查者及其環境、適用之財務報導架構(不包括內部控制制度)以辨認及評估受查者之固有風險。然而，誠如前述，存貨亦涉及和採購與付款循環及其他交易循環，13.4.1 節已從受查者所屬的產業特性、營運風險、組織結構中採購功能的授權、資產被盜用的可能性、會計政策之選擇及應用等層面探討採購及付款循環相關會計科目，包括存貨之固有風險，故為避免重複，本小節不再贅述。惟基於下列原因，查核人員通常會將存貨的固有風險評估為較高的水準，甚至接近最高水準的程度：

1. **交易量大**：存貨受進貨交易、製造交易及銷貨交易的影響，其交易頻率通常很高，增加了不實表達的風險。
2. **相關之會計處理較容易產生爭議**：存貨在辨認、衡量及分攤存貨成本(如：間接材料、人工、製造費用、聯合成本、成本差異之處理、殘料之處理及其他成本會計議題)及續後衡量的會計議題上，常須依賴管理階層的裁量及估計，增加存貨重大不實表達的風險。
3. **存貨被盜賣或侵占的風險較高**：有些受查者的存貨具有體積小價值高的特質，遭受侵占盜賣的風險較高。此外，許多受查者存貨常存放於好幾個地點，增加存貨免於遭竊及損壞有關實體控制的難度。
4. **存貨價格的不確定性**：存貨常因經濟景氣、技術改變、損壞、過時陳廢及其他因素而損及其價值，因而影響存貨的續後衡量。
5. **存貨的舞弊風險較高**：實務上，與存貨相關之會計科目，如應付帳款及銷貨，發生舞弊的風險較高，因此連帶的也使存貨發生舞弊的風險較高(例如，虛構的銷貨使得存貨的出售可能附有退回及再買回之約定)。

誠如前述，分析性程序是風險評估程序中常用的方法，查核人員常用以搜尋財務報表中可能存有重大不實表達跡象的會計科目。圖表 14.3 彙整常應用於存貨的分析性程序，以及其計算方式與其查核意義。

14.4.2　生產與加工循環相關內部控制制度之瞭解

風險評估程序另一部分即控制風險的辨認及評估做準備。不論查核人員採用併用方式或證實方式，皆應對內部控制五大要素：控制環境、受查者之風險評估流程、受查者監督內部控制制度之流程、資訊系統與溝通、控制作業進行瞭解。惟控制作業與後續相關控制測試的討論密切相關，故有關生產及製造循環控制作業之瞭解，本小節僅簡要的

圖表 14.3　常用於存貨之分析性程序

比率	計算方式	查核意義
存貨週轉天數	平均存貨 ÷ 銷貨成本 ×365（天）	與前期對存貨週轉天數的經驗和當期銷貨成本的知識相結合後，可用以評估存貨水準的合理性。週轉天數異常的增加，可能暗示存貨的存在性須特別注意。
存貨成長率對銷貨成本成長率	$\dfrac{\left(\dfrac{當期存貨}{前期存貨}-1\right)}{\left(\dfrac{當期銷貨成本}{前期銷貨成本}-1\right)}$	此比率若大於1，係指出存貨成長得比銷貨快。此比率異常的增加，可能暗示存貨有滯銷問題。
銷貨成本對存貨比率	銷貨成本 ÷ 期末存貨總成本	與前期比較，如有異常的減少，可能暗示存貨有滯銷問題。
各生產成本要素占產品成本之比率	$\dfrac{直接材料（人工、製造費用）}{製成品成本}$	按產品別比較，本比率可用於評估製造過程的效率，也可能有助於評估生產成本的合理性。
備抵存貨跌價損失對存貨成本之比率	備抵存貨跌價損失 ÷ 期末存貨總成本	與前期比較，並考量當期有關影響存貨價值的因素，可用以評估管理階層提列存貨跌價損失的合理性。
產品的瑕疵率	個別產品的瑕疵數量百分比	可用於評估製造過程的有效性，亦有助於評估生產成本及保證費用的合理性。

概述，待討論其控制測試時，再進一步做詳細的說明。

1. 控制環境

生產與加工循環主要著重於生產通知、領料、加工製造、檢測及記錄。在控制環境要素上，查核人員應特別注意管理階層對成本會計及成本管理的重視程度。一般而言，良好的控制環境，受查者管理階層通常會注重相關的預算編製，並實施標準成本制度及嚴謹的成本差異分析制度。此外，為了提升成本管理的效率及效果，亦會建立責任中心制度，清楚地劃分各責任中心的權責，並配合公平合理的員工績效評估及獎懲制度。

2. 受查者之風險評估流程

查核人員應與管理階層討論，是否有辨認及評估有關生產通知、領料、加工製造、檢測及記錄可能產生重大不實表達的程序，以及該等程序的具體做法。例如，生產通知是否被適當核准，並確實反映顧客的訂單或生產計畫。領料時，是否確實點交所需耗用的材料，並正確歸入正確的生產批次（包括各項材料代碼的正確性）。於加工製造過程中，如何將直接人工歸屬於正確的批次，以及如何將製造費用分攤至各生產批次。在記錄方面，當在製品在各製造部門移轉時，各製造部門是如何移轉至下一部門的；當製造完成

時,最後的品質管制制度是否適當,並正確記錄至製成品帳戶。

3. 受查者監督內部控制制度之流程

監督內部控制制度之流程乃在提供管理階層有關生產與加工循環的內部控制制度是否有按預期運作的回饋 (feedback),以降低生產與加工循環發生不實表達的風險。查核人員必須瞭解並觀察管理階層是否根據監督活動所收到的資訊,採取適當的修正行動。查核人員對於此種監督活動所應關注之資訊,包括:(1) 生產通知是否經適當授權,並確實反映銷售計畫或客戶的需求,以及是否發生生產過多或過少,甚至生產不必要產品的情況;(2) 管理階層是否定期檢視成本計算的合理性及正確性 (包括標準成本差異分析),以及其採取的因應措施;(3) 對於查核人員過去所提出相關之內部控制缺失,管理階層後續的改善情況。

4. 資訊系統與溝通

此一要素為受查者之成本會計制度,涵蓋了原料的取得與耗用、在製品成本的累計、製成品成本的計算等紀錄。查核人員通常藉由閱讀受查者的成本會計制度或成本會計處理手冊,再透過向管理階層詢問、觀察及檢視生產與加工過程中相關的文件等,瞭解受查者之成本會計制度。

5. 控制作業

生產與加工循環主要涉及生產通知、領料、加工製造、檢測及記錄等作業,企業為防止、偵測及改正該等作業可能發生的錯誤或舞弊,必須針對該等作業建立相關的控制作業。生產通知作業著重於生產貨品的授權,以免生產不必要或過多的產品;領料作業著重於發料的確實,並歸屬至正確的批次,及正確地記錄耗用的材料;加工製造作業則著重於直接人工成本歸屬及製造費用分攤至各批次或分步的正確性,以及在製品在各製造部門移轉的正確性;檢測及記錄作業則著重於產品製造完成後品質的檢測,以及製成品移交倉庫保管的紀錄。因此,查核人員須對上述控制作業流程 (包括接觸控制及獨立核對等流程)、相關之文件表單 (包括表單設計的妥適性) 及使用情形等加以瞭解。各作業詳細之控制作業流程及其相關之文件表單,將於 14.5 節說明相關控制測試時,再做更詳細的說明。

14.5 生產與加工循環相關的進一步查核程序——內部控制測試之規劃

查核人員執行風險評估程序後,應能辨認及評估與生產和加工循環相關會計科目個別項目聲明的不實表達風險 (固有風險)。不過,執行風險評估程序並不能確認受查者之

內部控制制度是否確實執行，此時查核人員僅能將控制風險設定為最高水準 (100%)。對某一個別項目聲明而言，若查核人員進一步查核程序的查核策略係採用併用方式，則須執行相關的控制測試，才能將控制風險設定至較低的水準。誠如前述，生產與加工循環的交易量通常相當龐大，而且由於產品成本累計的過程相當煩瑣，為了節省資料處理的成本及減少錯誤的發生，實務上企業都將成本會計系統高度電腦化。故查核人員對生產與加工循環的進一步查核程序大多會採取併用方式；換言之，查核人員通常會對生產與加工循環查核攸關之控制作業進行控制測試。

雖然在 14.4.2 節中曾概述生產與加工循環之控制作業主要涉及生產通知、領料、加工製造、檢測及記錄等作業，但為讓讀者執行控制測試時，對相關控制作業之細節及表單有進一步的瞭解，14.5.1 節將先詳細說明生產與加工循環之控制作業的流程及相關表單，14.5.2 節再說明生產與加工循環控制作業之控制測試。

14.5.1 生產與加工循環相關的控制作業之瞭解

一般而言，查核人員於執行風險評估程序，對內部控制制度進行瞭解時，通常對控制作業僅會作初步的瞭解，但查核人員如果決定採用併用方式後，就須對與查核攸關之控制作業作更細部的瞭解，包括各流程所產生的文書憑證，以便規劃相關之控制測試。因此，本小節將進一步說明生產與加工循環相關之控制作業流程及相關之文書憑證。

生產與加工循環主要涉及生產通知、領料、加工製造、檢測及記錄等作業，查核人員於瞭解相關控制作業時，除研讀受查者的控制作業流程圖外，通常亦會使用內部控制問卷與執行穿透測試以確認其瞭解是否正確。首先將生產通知、領料、加工製造、檢測及記錄相關之控制流程及文書憑證彙整於圖表 14.4。

生產與加工循環啟始於生產管理部門接到營業部門轉來的經核准之銷貨單或生產計畫。生產管理部門根據銷貨單或生產計畫編製生產通知單 (production order) 及原料耗用單 (material requirements report)。生產通知單係用以指示製造部門應生產之產品種類、規格及數量的單據，藉以啟動生產及加工的作業。而原料耗用單則列示每一生產通知單製造時所需耗用原料之種類及數量的單據。在圖表 14.4 的釋例中，生產管理部門根據經核准之銷貨單或生產計畫編製生產通知單一式 4 聯，以及原料耗用單一式 2 聯。除了將生產通知單第 4 聯及原料耗用單第 2 聯，連同經核准之銷貨單或生產計畫歸檔備查外，生產通知單第 1 聯及原料耗用單第 1 聯將送倉儲部通知其備料。生產通知單第 2 聯送交製造部門，通知其準備生產。生產通知單第 3 聯則送交成本會計部門。

倉儲部門在收到生產管理部門送交之生產通知單及原料耗用單後，即開始進行核發原料的作業，並編製領料單 (material issue slip) 及領料彙總表 (summary report of material issue)。領料單係依據原料耗用單填具之單據，經核准後，據以向倉儲部門領取所需之原

Chapter 14　生產與加工循環的查核　547

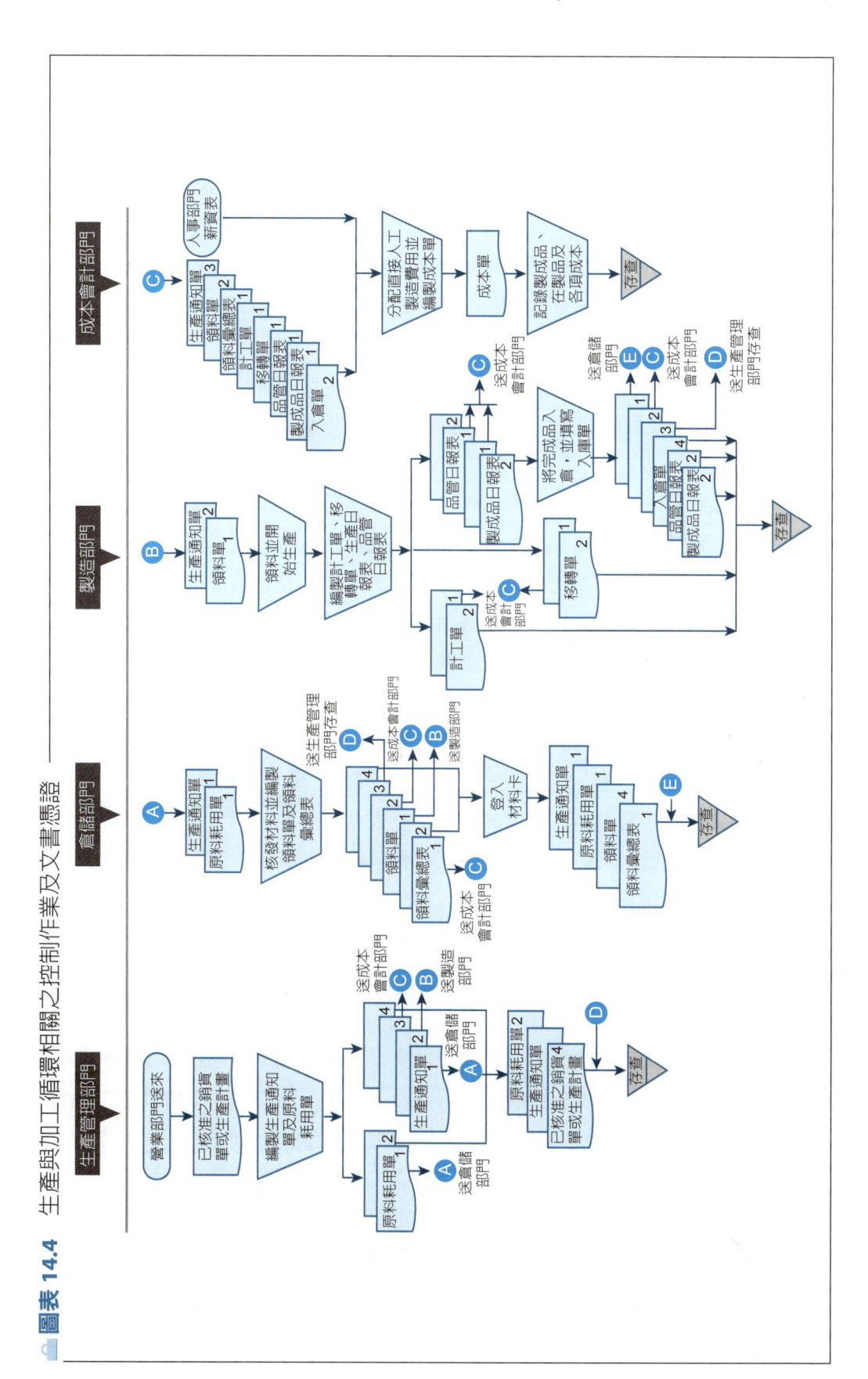

圖表 14.4　生產與加工循環相關之控制作業及文書憑證

料，領料單尚須記載相關之生產通知單或批次，以作為成本歸屬的依據。領料彙總表則彙總每一生產通知單或生產計畫所領取原料、數量及成本。在圖表14.4的釋例中，倉儲部門在收到生產管理部門送交之生產通知單第1聯及原料耗用單第1聯後，便依據前述的單據，編製領料單一式4聯及領料彙總表一式2聯，經核准後，進行撿料及備料作業。領料單第1聯送交製造部門；領料單第2聯連同領料彙總表第1聯送交成本會計部門；領料單第3聯則送交生產管理部門，使其瞭解生產的進度；領料單第4聯及領料彙總表第2聯，則交由原料管理人員登入材料卡後，連同生產通知單第1聯及原料耗用單第1聯存檔備查。

製造部門在收到生產管理部門送交之生產通知單，以及倉儲部門送交之領料單後，便開始進行領料作業及製造加工作業。製造加工過程中，依照實際情況，編製計工單(time ticket)、移轉單(move ticket)、品管日報表(daily quality control report)、製成品日報表(daily completed production report)及入倉單。計工單係用以記錄員工用於某特定工作所花費工作時間的書面紀錄，藉以計算特定生產通知單或批次所耗用之人工成本。移轉單係用以記錄在製品在製造部門間，以及在製品與製成品間的實際移轉的書面紀錄。品管日報表係記錄每日在製品及製成品品質驗測結果的書面紀錄。製成品日報表係用以記錄每一生產通知單或生產計畫，每日製成品的完工數量。入倉單係用以記錄製造部門將製成品移交給倉儲部門的書面憑證。在圖表14.4的釋例中，製造部門在收到生產管理部門送交之生產通知單第2聯，以及倉儲部門送交之領料單第1聯後，便開始進行領料作業及製造加工作業。製造過程中，製造部門將依實際情況編製計工單一式2聯、移轉單一式2聯、品管日報表一式2聯、製成品日報表一式2聯及入倉單一式4聯。其中計工單第2聯、移轉單第2聯、品管日報表第2聯、製成品日報表第2聯及入倉單第4聯由製造部門自行存檔備查外，計工單第1聯、移轉單第1聯、品管日報表第1聯、製成品日報表第1聯及入倉單第2聯則送交成本會計部門，進行相關產品成本記錄。此外，入倉單第1聯則送交倉儲部門，入倉單第3聯則送交生產管理部門通知特定生產通知單之製成品已部分或全部入倉，並存檔備查。

最後，成本會計部門會收到前述各部門送交之生產通知單、領料單、領料彙總表、計工單、移轉單、品管日報表、製成品日報表及入倉單。此外，成本會計部門也會收到人事部門之薪資表(相關細節將於第十五章人事與薪工循環的查核探討)。成本會計部門在取得上述相關之表單憑證後，審查各表單憑證的授權、一致性及正確性後，便可依其成本制度，分攤製造費用並編製成本單，據以進行原料、在製品及製成品的會計紀錄，並將前述所有的表單憑證作為會計紀錄之原始憑證。在圖表14.4的釋例中，成本會計部門將會收到生產管理部門送交之生產通知單第3聯；倉儲部門送交之領料單第2聯及領料彙總表第1聯；製造部門送交之計工單第1聯、移轉單第1聯、品管日報表第1聯、

製成品日報表第 1 聯與入倉單第 2 聯；及人事部門送交之薪酬表 (與製造加工相關之薪資)。成本會計部門即可根據領料單及領料彙總表記錄原料轉入在製品的分錄；根據計工單及人事部門之薪酬表，即可記錄將直接人工的薪資轉入在製品的分錄；根據耗用的原料及 (或) 直接人工 (或其他分攤基礎)，即可記錄製造費用分攤的分錄；根據移轉單，即可記錄在製品在各製造部門間的移轉 (若製造部門有許多生產步驟時)，以及在製品轉入製成品的分錄；最後，成本會計部門可將各生產通知單或批次耗用之直接材料、直接人工及分攤之製造費用編製成本單彙整其主要成本，據以記錄在製品轉入製成品應有金額的依據。

14.5.2　生產與加工循環相關控制作業之控制測試

查核人員在詳細瞭解生產與加工循環相關之控制作業流程及相關文書憑證後，尚須執行控制測試取得相關之證據，方能將相關聲明之控制風險降低至查核人員擬信賴的水準 (1 － 控制風險)。

因此，查核人員於執行控制測試前，應先決定與特定個別項目聲明相關之控制屬性將被依賴。接著可再考量特定控制屬性是否可用以前年度執行控制測試的結果作為本期的查核證據，如果可以，則該特定控制屬性本期就可以不用執行控制測試。判斷是否可以使用以前年度執行控制測試的結果作為本期的查核證據，請參閱 7.4.3 節有關「採用以往查核所取得之查核證據」之討論，在此不再贅述。

經過前述的考量後，查核人員應決定那些特定個別項目聲明及其攸關之控制屬性將於本期執行控制測試。查核人員通常會於期中執行控制測試，而控制測試通常會以抽樣的方式進行。誠如第九章有關控制測試抽樣之討論，不論查核人員使用統計抽樣或非統計抽樣，屬性抽樣須執行如圖表 9.1 所示之七大步驟。決定那些特定個別項目聲明及其攸關之控制屬性將於本期執行控制測試是屬性抽樣的第一步驟，也將決定後續六個步驟具體的抽樣細節 (包括定義母體與樣本單位、定義失控的意義、樣本量、選樣方法、查核方法的種類、推論等)。就生產與加工循環而言，涉及之會計科目為存貨 (包括原料、在製品及製成品)，圖表 14.5 列示步驟 1，決定和生產與加工循環相關控制屬性的意義，至於步驟 2 至步驟 7 的說明，讀者請自行參閱第九章的討論，本小節不再贅述。

從上述控制屬性的釋例中不難發現，生產與加工循環相關控制屬性多涉及存貨相關項目的評價聲明，即涉及成本累計的正確性。支持該聲明的證據除了諸多成本資料 (如領料單、領料彙總表、計工單、薪資表) 正確性的驗證外，亦涉及製造費用分攤率及標準成本 (如果受查者採用標準成本制時) 的適當性。如果受查者的成本會計系統能夠利用資訊科技，並有良好的控制作業，將可大幅降低人工核算成本的不實表達，存貨的評價聲明及其控制風險將會大幅下降。查核人員評估的重點，將更聚焦於製造費用分攤率及標準成本的適當性。

圖表 14.5　生產與加工循環控制作業屬性及相關的財務報表聲明

控制屬性	控制屬性之說明	與存貨相關之聲明
1.	生產管理部門是否依營業部門送交的經核准之銷貨單或生產計畫，編製生產通知單，且經主管核准。	發生
2.	生產管理部門是否依核准之生產通知單，編製原料耗用單，且經主管核准。	發生
3.	生產通知單是否有事先編號。	完整性
4.	倉儲部門是否依原料耗用單正確編製領料單及領料彙整表，並經主管核准。	評價
5.	領料單及領料彙整表是否正確地標示生產通知單或批號。	評價
6.	原料管理人員是否正確地將領料記入材料卡。	評價
7.	倉庫應有保全措施，訂定管理辦法，並指定專人負責，以避免失竊。	存在
8.	定期盤點存貨，並調整帳表載列數量。	存在、完整
9.	計工單的編製是否正確，且經主管核可。	評價
10.	移轉單及製成品日報表與實際情況是否相符。	評價及表達與揭露
11.	製成品入倉應有品質控制報告，證明為良品始可接受。	評價
10.	直接人工及製造費用的分配是否正確。	評價
11.	製造費用分攤率、產品的標準成本，是否定期檢討與修正，且經核准後始得採用。	評價
12.	成本單的計算是否正確，並有相關文書憑證相符。	評價及表達與揭露
13.	定期調節存貨相關會計科目總帳及明細帳餘額，並調整與實際存量的差異。	評價及表達與揭露

14.6　生產與加工循環相關的進一步查核程序——證實程序之規劃

　　誠如14.2節所述，存貨的生產與加工循環與採購、薪資及銷貨相關交易有密切關係，存貨同時受到採購及付款循環(涉及存貨的增加)、銷貨及收款循環(涉及存貨的減少)及人事及薪資循環(如為製造業，將涉及產生製造成本)的影響。在第十二章及第十三章探討銷貨與收款循環及採購與付款循環的查核時，雖然並沒有直接探討存貨的查核，然而在探討應收帳款及應付帳款查核時，對該等會計科目所實施證實程序中，其中部分程序其實亦涵蓋了存貨的部分查核。例如，查核應收帳款及應付帳款發生及所有權與義務，常須檢查銷貨及採購交易的原始憑證，當查核人員檢查銷貨及採購交易的原始憑證時，通常亦可確認存貨的發生及所有權。又如查核人員執行應收帳款及應付帳款的截止測試

時，通常也同時確認存貨的截止是否正確。因此，為了避免重複，本節有關生產與加工循環相關的證實程序的說明，將著重於存貨成本會計及存貨盤點與續後衡量的查核。儘管如此，本節還是將存貨各聲明可能實施之證實程序彙整於圖表 14.6，供讀者參考。

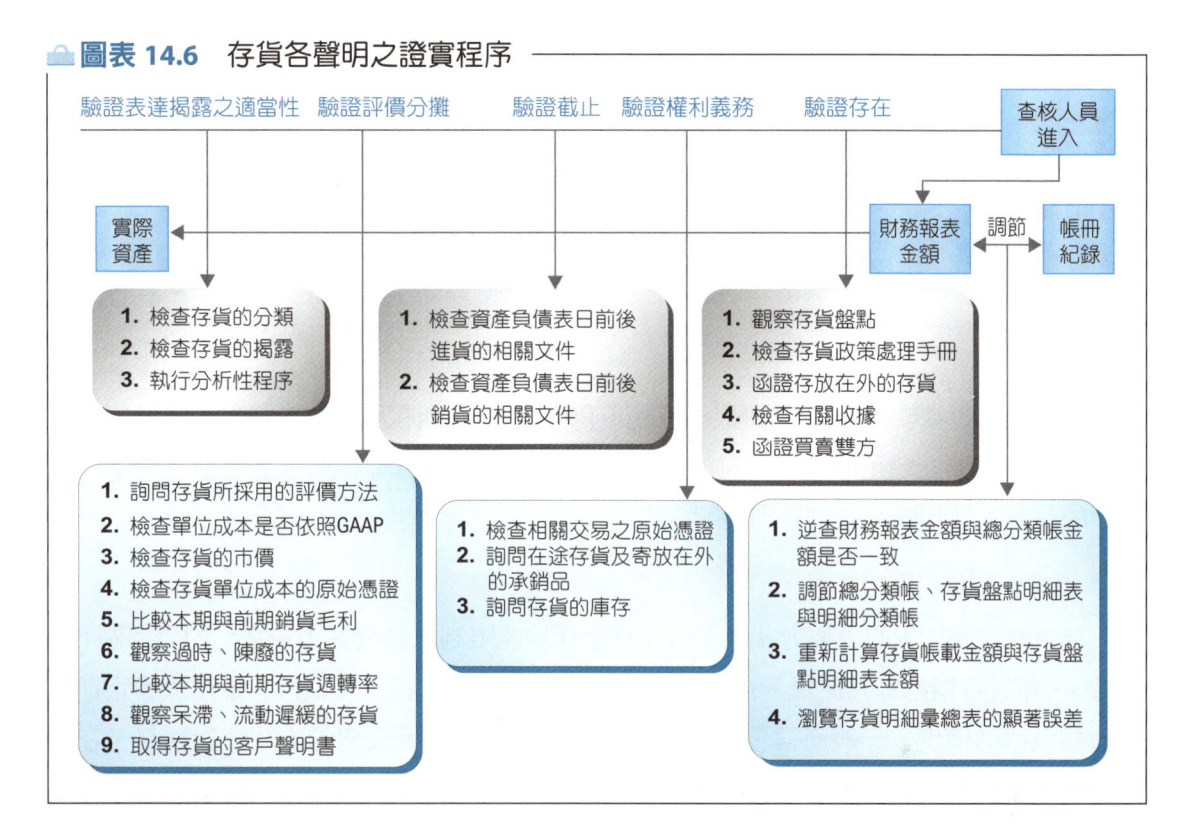

圖表 14.6　存貨各聲明之證實程序

```
驗證表達揭露之適當性　驗證評價分攤　驗證截止　驗證權利義務　驗證存在　　　　查核人員
                                                                          進入
                                                          ↓
實際                                              財務報表　調節　帳冊
資產                                              金額              紀錄

1. 檢查存貨的分類                      1. 檢查資產負債表日前後    1. 觀察存貨盤點
2. 檢查存貨的揭露                         進貨的相關文件         2. 檢查存貨政策處理手冊
3. 執行分析性程序                      2. 檢查資產負債表日前後    3. 函證存放在外的存貨
                                          銷貨的相關文件         4. 檢查有關收據
                                                              5. 函證買賣雙方

1. 詢問存貨所採用的評價方法
2. 檢查單位成本是否依照GAAP
3. 檢查存貨的市價                      1. 檢查相關交易之原始憑證   1. 逆查財務報表金額與總分類帳金
4. 檢查存貨單位成本的原始憑證          2. 詢問在途存貨及寄放在外      額是否一致
5. 比較本期與前期銷貨毛利                 的承銷品                2. 調節總分類帳、存貨盤點明細表
6. 觀察過時、陳廢的存貨                3. 詢問存貨的庫存              與明細分類帳
7. 比較本期與前期存貨週轉率                                      3. 重新計算存貨帳載金額與存貨盤
8. 觀察呆滯、流動遲緩的存貨                                         點明細表金額
9. 取得存貨的客戶聲明書                                          4. 瀏覽存貨明細彙總表的顯著誤差
```

依照風險導向查核方法，查核人員於執行風險評估程序及控制測試後，即可決定在原先預計的查核風險 (planned audit risk) 下，存貨各項聲明可接受的偵查風險 (accepted detection risk) 程度，並據以規劃證實程序的性質、時間及範圍。證實程序主要由證實分析性程序及細項測試所構成。首先，將存貨及相關會計科目常用之證實分析性程序彙整於圖表 14.7。存貨之成本會計及盤點與續後衡量相關之細項查核則分別於 14.6.1 節及 14.6.2 節分別說明之。最後，再於14.6.3節彙整整合其他交易循環與存貨相關之查核計畫。

14.6.1　成本會計之細項測試

從本章之前各節的討論可知，生產加工循環主要是涉及製造業存貨生產相關的交易，此等交易屬於成本會計的範疇，其查核議題在其他交易循環的查核並未加以探討，因此，本小節將進一步說明成本會計之查核。

成本會計之查核主要涵蓋二個議題：存貨的實體控制及存貨成本的正確性。存貨的實體控制與其他資產的實體控制類似，旨在防止原料、在製品及製成品因被竊取或誤用所造成的損失。存貨成本的正確性 (包括原料成本移轉至在製品、在製品移轉至製成品、

圖表 14.7 查核存貨常用之證實分析性程序

證實分析性程序	可能指出之潛在不實表達
存貨週轉率與前期 (或同業) 比較	存貨高估或低估的可能性
期末存貨銷售天數與前期 (或同業) 比較	存貨高估或低估的可能性
毛利率與前期 (或同業) 比較	存貨成本異常的可能性
存貨單位成本與前期比較	存貨成本異常的可能性
銷貨對存貨比率與前期 (或同業) 比較	存貨高估或低估的可能性
存貨占流動資產比率與前期 (或同業) 比較	存貨高估或低估的可能性
各成本構成要素 (原料、人工及製造費用) 對成本之比率與前期比較	存貨成本異常的可能性
備抵存貨跌價損失對存貨之比率與前期比較	存貨跌價損失提列的合理性

單位成本及存貨總帳與明細分類帳紀錄的正確性) 的重點則在整合生產過程與會計紀錄，確保產品成本累計的正確性，正確的成本紀錄可協助管理階層有關產品定價及成本控制相關的決策。其相關的測試分別說明如下：

1. 存貨的實體控制

存貨的實體控制的主要方式為：將存貨儲存於能限制未經授權人員進出的儲存區 (或倉庫)、存貨有指定專人保管、存貨的紀錄與保管由不同人員負責執行、定期或不定期追蹤考核執行的情況。一般而言，查核人員通常會使用觀察及查詢的方式，對原料、在製品及製成品實體控制的適當性進行測試。例如，查核人員可以觀察存貨的儲存區的保全措施 (如是否有上鎖、門禁管制或監視系統等) 是否足以確保存貨免於被偷竊或誤用。查核人員也可以查詢存貨是否有專人負責及存貨的紀錄是否已適當的職能分工。不當的實體控制，將使查核人員進行存貨盤點的偵查風險增加，如果查核人員認為受查者存貨的實體控制不當，查核人員即應對存貨的存在性擴充其原先規劃的查核程序。

2. 存貨成本的正確性

在查核存貨的移轉 (原料成本移轉至在製品、在製品移轉至製成品) 時，查核人員主要關心的重點在於存貨移轉過程中相關文書紀錄的存在、實際的移轉均已記錄，以及移轉紀錄上的數量、規格及日期均正確。如同 14.5 節有關內部控制測試的說明，查核人員於詳細瞭解生產及加工循環相關之控制作業後，應能瞭解存貨移轉過程中應有的移轉紀錄 (如領料單、移轉單、製成品日報表及入倉單等)。查核人員一旦瞭解相關之控制作業後，就可以透過檢查存貨移轉過程中應有的移轉紀錄進行測試。例如，測試原料由倉庫移轉至生產線的發生與正確性時，查核人員可以檢查領料單是否經適當核准、領料單序號是否連續，及比較領料的品名、數量、規格和日期與原料明細帳的資訊是否一致。同樣地，製成品完成時，查核人員可檢查製成品日報表的紀錄是否與製成品存貨明細帳及

入倉單的資訊一致，並確定所有製成品皆已入倉，交由倉儲部門保管。由於成本會計資訊處理相當龐雜，在實務上，許多製造業者為提高效率及資訊的正確性，多將資訊科技運用於成本會計資訊系統，甚至使用條碼(bar code)系統，將條碼貼在存貨上，藉以追蹤存貨移動之軌跡。如果查核人員評估該資訊系統後認為該系統係可靠的，即可大幅減少上述以人工檢查移轉紀錄的程序。

在查核存貨的單位成本方面，確保原料、直接人工及製造費用成本資料的正確性是成本會計的基本功能。和生產與加工循環相關的部分為驗證存貨生產成本的正確性，原料成本及人工成本的正確性，和採購與付款循環及人事與薪資循環攸關，故查核該等循環及存貨的移轉測試無誤，應可確認原料成本及人工成本的正確性。因此，生產與加工循環在單位成本查核工作最大的挑戰在於確定成本分攤的合理性。例如，將製造費用分攤至個別產品時，通常會涉及會計估計，管理階層所做的假設會重大地影響存貨的單位成本，進而影響存貨評價的允當性。在評估這些分攤時，查核人員必須考慮分攤率的合理性。舉例而言，如以直接人工成本作為製造費用分攤的基礎時，製造費用分攤率應接近於實際總製造費用除以實際總直接人工成本的比率，如受查者所用的製造費用分攤率與上述比率有重大差異時，查核人員應進一步瞭解其原因。此外，如果受查者使用標準成本作為製成品成本時，查核人員應查核標準成本的合理性。例如，檢視標準成本與實際成本的差異數及管理階層所做差異分析的合理性，並與管理階層討論相關的議題，以評估標準成本的妥適性。

在查核存貨永續盤存紀錄的正確性方面，製造業為了生產計畫及存貨管理，通常會使用永續盤存制記錄存貨的交易。因此，正確的存貨永續盤存紀錄對企業有下列幾項重要性：

(1) 即時的庫存紀錄，可用來起始生產作業或原料的購置。
(2) 原料及製成品的永續紀錄，可用來檢視存貨陳廢或流動緩慢的存貨項目。
(3) 原料及製成品的永續紀錄，可用來指出當實際盤點與帳面紀錄發生差異時的保管責任。

原料因用於生產而減少，製成品因完工而增加製成品存貨，查核人員於查核存貨的移轉及單位成本時，應能同時獲取與存貨永續盤存紀錄正確性攸關的查核證據。存貨永續盤存紀錄正確性對實體觀察存貨的時間及範圍上有重要影響，當有正確的永續存貨紀錄時，查核人員通常較有可能在資產負債表日前測試存貨的存在性，也可使得查核人員減少存貨實體的測試範圍，因而使得受查者及查核人員節省查核成本。實務上，企業多以資訊科技處理永續存貨系統，並與其他成本會計資訊系統整合。因此，查核人員會以電腦輔助技術進行電腦控制測試以支持較低的控制風險，進而減少證實測試之範圍，以提升其查核效率。

14.6.2　觀察存貨盤點及續後衡量 (評價) 之程序

除了 14.6.1 節有關成本會計的查核外，本小節將說明有關存貨盤點及續後衡量 (有關存貨跌價損失的提列) 的查核程序。除了服務業以外，不論是零售業或買賣業，存貨的查核相較於其他會計科目的查核，通常是較為重要的查核項目之一。誠如前述，由於存貨涉及到多個交易循環，對該等交易循環的查核，有時亦會同時涉及存貨的查核，為避免重複，本小節只針對存貨盤點及續後衡量的查核加以說明。

14.6.2.1　查核存貨盤點之程序

自從 1938 年，美國 McKesson & Robbins 公司被揭發虛構存貨的重大舞弊後，美國審計準則即要求查核人員必須對存貨執行觀察受查者存貨盤點的程序，我國 TWSA501「查核證據─對存貨、訴訟與索賠及營運部門資訊之特別考量」亦有相同的規定。該審計準則規定查核人員須對受查者存貨盤點方法的有效性，以及受查者對有關存貨數量及實體狀況之表達取得足夠及適切的查核證據。為符合上述的要求規定，查核人員必須做到下列幾點：

1. **評估受查者盤點計畫的有效性**，並詢問受查者相關人員攸關之盤點程序與控制。
2. 受查者盤點期末存貨時，查核人員應親臨現場觀察客戶存貨盤點程序。
3. 獨立測試存貨盤點的正確性。

查核人員對於第 2 點及第 3 點之查核程序時，通常會一併執行，故以下將分別針對評估受查者盤點計畫，以及觀察存貨盤點之查核程序兩部分加以說明。在進行相關說明之前，值得特別強調的是，依審計準則之規定，執行存貨盤點的責任在於管理階層，並非是查核人員的責任，查核人員的責任在於觀察受查者實體存貨盤點的進行。具體而言，受查者管理階層有責任訂定周延的存貨盤點計畫，並落實盤點計畫所規劃之存貨盤點程序，且正確地記錄盤點結果。而查核人員的責任在於評估受查者的存貨盤點計畫與觀察受查者所執行之實體盤點程序，並對存貨實體的適當性提出結論。此外，存放在公共倉庫或其他獨立第三人手中的存貨，查核人員通常不會執行觀察存貨的查核程序 (因受查者通常無法進行存貨盤點)，通常是藉由函證保管人員加以驗證。若因所涉及的金額占流動資產或總資產的比例重大，查核人員就應執行額外的程序，包括調查保管人員之績效、要求保管人員出具保管存貨攸關控制程序執行良好的獨立確信報告。若實務上可行時，仍宜執行觀察存貨的實際盤點。

1. 評估受查者盤點計畫的有效性

存貨盤點計畫決定了實地盤存程序的成敗，盤點存貨的程序，如要執行的既有效率、又有效果，就非得事前加以縝密的規劃不可。不過，查核人員在評估受查者盤點計畫的

有效性之前，查核人員應巡視受查者廠區，藉以熟悉受查者存貨驗收、儲存、生產的區域，方能具體地評估盤點計畫的有效性。該巡視應由可回答有關問題受查者人員帶領，以便能回答查核人員所提出之問題。

不管受查者的存貨會計處理方法為定期盤存制或永續盤存制，皆須定期進行庫存存貨實際的盤點。一般而言，受查者通常會在資產負債表日當天或前後進行存貨盤點。在永續盤存制下，受查者除了可能會在資產負債表日當天或前後進行存貨盤點外，亦可能在會計期間中或在年度中以循環方式實施多次的盤點存貨。

一般情況下，受查者通常會指定專人 (如會計長或財務長) 負責主持存貨盤存事宜，擬定存貨盤點計畫，與會計師討論後繕發。正本發給盤點工作小組各組長和執行人員，作為執行盤點工作的指南和盤點講習會中的教材。副本則抄送持有存貨的各部門主管，請他們在盤點前一日將所屬部門中一切存貨整理就緒，集中存放相同存貨編號的商品，且須與滯銷品、次級品或陳廢品分開。例如，驗收部門應將所送到的貨品驗收完畢，入倉儲存；送貨部應將顧客訂貨打包裝箱，送交客戶；製造部門應將製成品送往倉儲部門，同種類在製品依相同完工程度集中存放，並註記其完工百分比。

具體的存貨盤點計畫通常會包括下列事項：

(1) 規定盤點日期和開始時間。盤點該日通常須停止一切存貨的收發、買賣及生產作業。
(2) 劃分盤點區域，並指定每區域負責人員 (小組長)，指揮該區域清點人員盤點 (擔任經常性保管存貨人員不得參與盤點工作)，並清楚敘述小組長的職責及工作。
(3) 盤點流程的詳細說明，例如，使用預先序號的存貨盤點標籤，清點人員二人一組，一人唱讀品名、規格、數量等資訊，一人負責記錄於存貨盤點標籤，並在標籤簽章以示負責。
(4) 盤點資訊的內部驗證機制的說明，例如，規定每一項存貨須由第二組人員進行複盤確認，並在標籤簽章以示負責。如與初盤不符時，應會同小組長與第一組初盤人員，再次清點確認。
(5) 編製存貨盤點表流程的說明，例如，盤點確認無誤後，由小組長依序號蒐集各區域存貨盤點標籤，確認無遺漏後，交由特定人編製存貨盤點表。
(6) 存貨盤點表與存貨明細帳調節的流程說明。

值得提醒一點的是，當查核人員評估存貨盤點計畫有關實地盤點的控制時，須在實地盤點存貨前完全熟悉這些控制，此舉對評估受查者存貨盤點程序的有效性是非常必要的，而且可使查核人員事先提供一些建設性的建議以提升存貨盤點計畫的有效性。如果存貨盤點未有足夠的控制，事後查核人員就必須多花一些時間來確定實地盤點結果正確性，勢必影響查核的效率及效果。

2. 觀察存貨盤點之查核程序

依 TWSA501 之規定，查核人員觀察存貨盤點，為必要之存貨證實程序 (除存貨不具重大性)，其目的在於瞭解及驗證受查者存貨盤點過程及其結果之有效性，以獲取存貨數量及狀況之證據。為有效執行觀察存貨盤點，查核人員應於受查者盤點時親臨現場，並觀察盤點人員是否依照盤點計畫之指示進行盤點。若發現盤點人員未遵循盤點指示，查核人員必須立即聯繫監督人員更正問題或修正實體觀察程序。例如，如果程序要求由一組人盤點存貨，而由第二組人重新盤點以測試其正確性，則當查核人員發現這兩組人在一起盤點時就應通知監督人員更正問題。

查核人員於觀察存貨盤點時，可能會執行之細項測試及其相關之聲明彙整於圖表 14.8。

圖表 14.8　查核人員於觀察存貨盤點時可能執行之細項測試

觀察存貨盤點之細項測試	相關聲明
1. 查詢存放在受查者處所，但屬於寄銷人或顧客的存貨，並特別留意標記為沒有所有權的存貨。	權利
2. 檢視存貨以確定是否已貼上盤點標籤，並觀察盤點中存貨是否有移動。 3. 詢問是否有存放在別處的存貨。 4. 巡視所有存貨倉儲區，以確定所有存貨均被盤點，且貼上盤點標籤。 5. 計數所有用過及未用過的盤點標籤，以確定未遺失或故意遺漏。	完整性
6. 以抽樣方式重新盤點所選定之項目，以確定盤點人員記錄於盤點標籤上的紀錄是否正確，包括品名、數量、規格及分類 (為原料、在製品或製成品)。並記錄抽盤結果供後續測試使用。	正確性及表達與揭露 (分類)
7. 以抽樣方式選取盤點標籤，並核對盤點標籤的資訊是否正確地記錄於存貨盤點表中。	存在性
8. 評估存貨盤點表中在製品完工程度是否合理。 9. 查存貨盤點表中存貨分類 (原料、在製品及製成品) 與實際的情況是否相符。	表達與揭露 (分類)
10. 將當年度最後一張運送單及驗收單號碼記錄於工作底稿，供後續測試使用。 11. 複核運送區而未列入盤點之存貨。 12. 複核在驗收部門而應列入盤點之存貨。	存在性及完整性 (截止)
13. 查詢受查者適當人員有關陳廢、損壞及滯銷之存貨。 14. 觀察是否有布滿塵埃或放置於不當區域之存貨	評價

至於查核人員執行上述細項測試的時間，實務上，通常於受查者於接近期末或財務報表結束日實施完整的實際盤點時，查核人員於同時間進行測試。然而，當受查者有健全的永續盤存制以確保存貨紀錄的正確性時，查核人員也可在期中方便的時機，以抽樣方式比較實際存貨與永續存貨紀錄，於期末查核時，再測試盤點日至財務報表結束日存

貨的永續紀錄，以確認財務報表結束日存貨的盤點。此外，觀察盤點的細項測試中常須以抽樣的方式查核，例如，以抽樣方式重新盤點所選定之項目，選取測試樣本項目查核是相當重要的。一般而言，查核人員選取測試樣本項目中應包括最重要的項目及較具代表性的項目。

14.6.2.2　查核存貨續後衡量之程序

在觀察受查者存貨盤點後，查核人員另一個存貨查核重點則在於執行所有必要程序以確定實際盤點或永續存貨紀錄數量被正確地評價與編製。受查者於盤點後，會將實際存貨盤點的數量彙整於存貨盤點表中，受查者尚須對各項存貨填入其原始購買成本，並計算各項存貨的成本及存貨的總成本。因此，存貨續後衡量之查核程序主要分為存貨價格測試 (inventory price test) 及存貨盤點編製測試 (inventory compilation test)，所謂存貨價格測試係指對受查者存貨價格所執行之測試，包括對存貨單位成本的查核；所謂存貨盤點編製測試係指對存貨盤點實體數量、單位成本乘上數量、加總存貨彙總數及追查總數至總分類帳所執行之所有測試。

存貨價格測試往往是查核中最重要及最耗時的部分。在執行測試時，查核人員必須注意下列三項重點：

1. 決定單位成本的方法必須符合所適用之財務報導架構，如使用先進先出法、加權平均法或標準成本等方法。
2. 方法的應用必須前後期一致。
3. 依適用之財務報導架構，查核人員可能必須考慮成本與淨變現價值 (或市價) 比較，以評估受查者所提列存貨跌價損失的適當性。

在決定單位成本方法的查核方面，查核人員首先必須確認受查者所使用之成本流動假設 (如先進先出法、加權平均法、標準成本或其他方法)，並選取特定存貨項目進行測試。在選取特定存貨項目做測試時，為抽出具有代表性的樣本，查核人員選樣的項目通常會包括金額較大或波動較大的存貨項目 (如可採用分層選樣或 PPS 抽樣法)。查核人員列出其所欲測試的存貨項目後，應要求受查者提供測試存貨項目的全數發票並加以審查，尤其是當存貨用先進先出法評價時，審查全數的發票有助於發現受查者是否以最近的發票金額作為存貨的成本。此外，在某些情況下，審查全數的發票亦有助於發現陳廢的存貨。在實務上，為節省上述查核程序的成本 (包括追查單位成本至永續存貨明細帳的程序)，上述查核程序通常會作為測試採購及付款循環查核程序的一部分。

如果存貨包括在製品及製成品存貨時，查核人員就必須考慮原料、直接人工及製造費用等成本的適當性。由於必須個別驗證所選取之存貨項目，因而使得查核在製品及製

成品比購入存貨之查核更為複雜。14.6.1 節有關成本會計之細項測試的討論，已說明存貨成本正確性之查核，在此不另贅述。惟值得一提的是，當受查者採用標準成本制度時，一個有效且有用的查核方法為複核及分析受查者所做的標準成本及實際成本差異分析。如果原料、直接人工及製造費用的差異很小，則可作為標準成本係屬適當之可靠證據。

在評估受查者所提列存貨跌價損失的適當性方面，對購入之製成品及原料而言，檢視財務報表結束日後供應商發票所顯示的存貨最近成本，是測試其重置成本常用的方式。對自行製造的存貨而言，在製品及製成品之成本應包括所有的製造成本，並應同時考慮存貨的售價與可能的價格波動，以評估其淨變現價值的妥適性，並驗算受查者提列存貨跌價損失的正確性。

最後，茲將查核人員於存貨續後衡量查核時可能會執行之細項測試及其相關之聲明彙整於圖表 14.9。

圖表 14.9 查核人員於存貨續後衡量查核時可能執行之細項測試及其相關之聲明

存貨續後衡量之細項測試	相關聲明
1. 執行遵循測試，對選出項目做數量乘以單價之驗算，並對存貨盤點明細表內的原料、在製品及製成品加總金額的正確性進行驗算。 2. 追查存貨盤點明細表總數至總帳。	存在性、完整性及評價
3. 追查存貨盤點明細表內的存貨至盤點標籤及查核人員之盤點紀錄，以確定存在性及內容。 4. 計數及記錄未使用的盤點標籤號碼，以確定未虛增任何盤點標籤。	存在性及評價
5. 追查盤點標籤至存貨盤點明細表，且確定存貨盤點明細表內盤點標籤上的存貨均已列入。 6. 計數盤點標籤號碼以確定未有任何標籤號碼被刪除。	完整性
7. 執行存貨價格測試，包括執行成本與淨變現價值(市價)孰低及陳廢的測試。	評價
8. 比較存貨盤點明細表內的原料、在製品、製成品分類與盤點標籤紀錄是否一致。	表達與揭露(分類)

14.6.3 整合其他循環的存貨查核計畫

誠如 14.6 節一開始所述，存貨的生產與加工循環與採購、薪資及銷貨相關交易有密切關係，存貨同時受到採購及付款循環(涉及存貨的增加)、銷貨及收款循環(涉及存貨的減少)及人事及薪資循環(如為製造業，將涉及產生製造成本)的影響。14.6.1 節及 14.6.2 節只偏重成本會計及觀察存貨盤點與續後衡量方面查核程序的討論，以避免重複。雖然圖表 14.6 提供了設計格式的查核計畫，但為了讓讀者對存貨完整的查核程序有更詳細的瞭解，本節將整合其他循環與存貨查核相關之執行格式的查核計畫列示於圖表 14.10。

圖表 14.10　存貨之證實程序查核計畫

查核程序	相關之聲明					底稿索引
	EO	C	RO	VA	PD	
一、科目餘額之核對與調節						
1. 取得存貨盤點明細表，並計算其正確性，且與存貨總帳與明細分類帳相調節。				✓		
二、執行證實分析性程序						
1. 執行圖表 14.7 所例示適當之證實分析性程序	✓	✓	✓	✓		
三、存貨期末餘額查核						
1. 複查進貨、銷貨交易期末截止日期的正確性，並複核在途存貨的處理情形。 　(1) 抽查盤點存貨日前後七個營業日之進貨發票和驗收報告單。 　(2) 在存貨盤點日取得盤點前最後一張驗收報告單複本。 　(3) 抽取盤點日前後七個營業日帳載銷貨和銷貨發票、裝運單據，兩者副本相比較。 　(4) 核閱存貨盤點日後七個營業日的銷貨退回。 　(5) 在存貨盤點日取得盤點前最後一張裝運單複本。 　(6) 確認在途存貨之進(銷)貨條件及其會計處理是否適當。	✓	✓	✓	✓		
2. 評估存貨之計價基礎及方法，並注意其一致性。 　(1) 取得會計政策或上期財務簽證報告，查明公司的計價基礎及方法。 　(2) 從受查者存貨明細帳中選出部分進出頻繁之存貨，包括商品、製成品、在製品及原料等，依其會計政策所訂之計價原則，複核其計價是否正確，並與上期相一致。 　(3) 從受查者存貨明細帳中選出部分進出呆滯或未有進出之存貨，將其成本與淨變現價值比較，以決定其計價是否合理，以及備抵跌價損失之提列是否適切。 　(4) 向管理階層詢問滯銷、過時之存貨，並決定沖銷之必要性。				✓	✓	
3. 查明存貨之保險情形、保額及其防護措施。 　(1) 索取投保火險之保險契約書，檢視其保險標的物是否包括存貨。 　(2) 查明存貨保險金額及保險期間是否適當。 　(3) 倉庫有無僱用保全人員或防盜等防護措施。				✓	✓	

圖表 14.10　存貨之證實程序查核計畫（續）

查核程序	相關之聲明					底稿索引
	EO	C	RO	VA	PD	
4. 查明損壞、變質或滯銷等存貨的處理情形。 　(1) 存貨盤點時，應觀察存貨是否在保存期限內，於盤點表上設置「保存期限」或「損壞」或「變質」欄，若有上述情形應予以記錄。 　(2) 檢視存貨明細帳，注意該存貨是否已多年未有請購或領用情形；若有此情形，則應予以標明，並與管理階層討論該存貨是否有損壞、變質或滯銷等情形。 　(3) 對確定存貨為損壞、變質時，作成調整分錄，予以轉列為損失。 　(4) 歷久滯銷之存貨，應估列存貨跌價損失，作成調整分錄。 　(5) 損壞或變質轉銷之存貨，索取向國稅局報備之核准公函，作為稅務簽證之合法憑證。				✓	✓	
5. 查核他人寄銷或寄存之貨品。 　(1) 取得他人寄售或寄存的存貨明細表。 　(2) 對列入存貨內的寄存存貨加以處理。	✓		✓			
6. 觀察存貨之實地盤點，並予以抽點。 　(1) 觀察清點人員是否謹慎小心地按照書面指示行事。 　(2) 選取存貨項目加以抽點，並在工作底稿記下部門編號、存貨標籤序號、存貨編號、規格、數量、價目卡上售價。 　(3) 注意存貨情況並辨認滯銷品、陳廢品、承銷品。 　(4) 盤點完畢巡視各存貨儲存處所，注意盤點是否涵蓋所有存貨和有無存貨項目未附存貨標籤。 　(5) 取得最後驗收、運貨的截止資料。 　(6) 記錄最後一份移轉、減價、加價等通知單號碼。 　(7) 查明存貨標籤有無缺號、漏號，以及標籤上所註明的完工程度是否適切。 　(8) 抽查存貨標籤上所列資料是否正確地轉列盤點表。 　(9) 驗算存貨表中有無乘積、加總、單價等錯誤。 　(10) 註明觀察所花時間。 　(11) 評述實地盤點存貨是否妥善完成。	✓		✓	✓		
7. 查明有無寄存於公司以外的存貨，如有時應考慮是否執行函證程序。 　(1) 索取寄存於他處的存貨明細表。 　(2) 選取部分保管者，函證其數量、品質及寄存原因。 　(3) 對重大寄存存貨或未覆函之存貨，研究盤點的必要性及可行性。	✓		✓	✓		

圖表 14.10　存貨之證實程序查核計畫（續）

查核程序	EO	C	RO	VA	PD	底稿索引
四、表達與揭露						
1. 查明存貨有無提供質押保證或限制使用等情事。 　(1) 索取投保火險之保險契約書，觀察其保險標的物有無存貨，契約上是否註明有抵押權人。 　(2) 索取動產設定質權書。 　(3) 複核銀行函證以瞭解存貨有無提供質押或受有留置權之限制。 　(4) 向管理階層查詢存貨有否提供質押保證或債權人限制使用等情事。				✓	✓	
2. 評估存貨及銷貨成本在財務報表的表達與揭露的適當性。 　(1) 各類存貨，如製成品、在製品、原料、物料已分別列示。 　(2) 備抵存貨跌價損失應自相關存貨中減除。 　(3) 存貨跌價損失金額重大時，應於損益表中單獨列示。 　(4) 存貨應揭露成本計算方法及淨變現價值之選擇。 　(5) 對已充作借款擔保之存貨，應詳細揭示各項協議。 　(6) 揭露進貨承諾的存在和條件。 　(7) 未分類於流動資產的存貨，應於資產負債表之附註中列出明細項目。					✓	

本章習題

選擇題

1. 審計人員為查核製成品存貨之評價是否適當，通常不太可能執行下列那項程序？
   (A) 向存貨質押借款銀行發出標準詢證函
   (B) 複核直接人工之工時計算及工資率
   (C) 查核多分攤製造費用之會計處理情形
   (D) 評估在製品完工程度之估計是否適當

2. 如果查核人員想要確認受查者期末存貨實體存在性之聲明，下列何種程序是不適當？
   (A) 函證在公共倉庫中之存貨
   (B) 監督年度存貨盤點
   (C) 在期中執行存貨實體存在之程序
   (D) 自受查客戶取得有關存貨存在性、品質與金額之書面聲明

3. 若企業透過漏列銷貨交易之銷貨成本，以操縱其財務報表損益時，查核人員最可能於查核下列何項科目時查出此事？
   (A) 應收帳款　　(B) 銷貨成本　　(C) 存貨　　(D) 現金

4. 查核人員進行生產交易循環之查核，為測試歸入在製品的原料數量，必須追查下列何者？
   (A) 驗收報告
   (B) 進料單
   (C) 領料單
   (D) 生產紀錄簿與總分類帳

5. 某家中等規模製造廠商的生產部經理訂購超額的原料，並指定送至其目前經營副業的一家倉儲公司。該經理偽造驗收文件並且核准付款支票。下列何種查核程序最能偵察此項舞弊？
   (A) 從現金支付中抽樣並比對至訂購單、驗收報告、發票及支票副本
   (B) 從現金支付中抽樣並請供應商證實樣本中的購買數量、購買價格及運送日期
   (C) 觀察收料倉庫並盤點已驗收之原料；將盤點數量比對至收料人員完成的驗收報告
   (D) 執行分析性測試，比較生產量、原料購買量及原料庫存水準；並調查其差異

6. 查核人員詢問倉庫人員關於存貨陳廢或滯銷的可能性，能提供那一項管理當局聲明的證據？
   (A) 完整性　　(B) 存在性　　(C) 表達及揭露　　(D) 評價

7. 有關受查者之存貨盤點，以下那個程序對查核人員而言被認為是不適當的？
   (A) 函證存貨在公共倉庫的存貨
   (B) 自受查者取得有關存貨存在、品質及金額適當之聲明書
   (C) 對受查者之存貨盤點計畫參與意見
   (D) 督導 (supervising) 受查者之年度存貨盤點

8. 受查者存貨於資產負債表日(即存貨盤點日)已裝櫃代運,無法將貨品重新取出盤點時,查核人員可實施之下列替代存貨盤點之證實測試中,何者可能無效?
   (A) 查核進貨交易憑證或生產紀錄
   (B) 查核期後銷貨交易憑證
   (C) 必要時得對買賣雙方函證
   (D) 查閱董事會決議錄

9. 查核人員在瞭解製造業客戶有關存貨之內部控制時,最有可能:
   (A) 分析存貨之流動性和週轉率
   (B) 執行成本差異分析之分析性覆核
   (C) 覆核有關存貨內部控制之說明
   (D) 盤點存貨

10. 下列諸查核程序中,何者最能確定製造業受查者存貨之價值?
    (A) 測試標準之製造費用分攤率
    (B) 對抵押存貨進行函證
    (C) 進行存貨出貨與入庫驗收之截止測試
    (D) 將存貨盤點數量與帳載紀錄相核對

11. 依我國審計準則之規定,查核人員觀察存貨盤點,其目的在:
    (A) 瞭解存貨盤點過程及結果之有效性,來獲取存貨數量及狀況之證據
    (B) 確定存貨之價值
    (C) 確定存貨之評價無誤
    (D) 確定客戶係採用永續盤存制

12. 查核人員向受查者生產部門和銷售部門之人員詢問有關存貨呆滯和報廢之情形。此項詢問可用來支持管理階層對財務報表所作之何種聲明?
    (A) 評價與分攤
    (B) 權利和義務
    (C) 存在
    (D) 揭露

13. 查核人員在觀察客戶的年底實地盤點時,抽點幾項存貨後,發現幾項抽點的存貨數量低於受查者永續存貨帳上的數量。試問這個可能是因為受查者漏列下列那一項?
    (A) 銷貨
    (B) 銷貨退回
    (C) 銷貨折讓
    (D) 銷貨折扣

14. 關於審計人員觀察受查者存貨實地盤點之敘述,下列何者不正確?
    (A) 應由審計人員負責規劃及主持盤點計畫之進行
    (B) 受查者存貨的全面性盤點,應由受查者倉管以外之人員負責,而審計人員須親赴盤點現場觀察盤點活動之進行,適時抽點若干項目
    (C) 若受查者內控健全,平日採用循環式局部盤點,審計人員得不堅持期末進行全面性盤點
    (D) 若全面性盤點未於資產負債表日進行,審計人員應分析盤點日至資產負債表日之間存貨變動情形,並抽查該期間交易的相關憑證

15. 審計人員於資產負債表日之後才首次受託查核財務報表，因而無法觀察受查者期末存貨的實地盤點，則下列何者不能作為替代查核程序？
    (A) 查核進貨交易憑證或生產紀錄
    (B) 查核期後銷貨交易憑證
    (C) 必要時得對買賣雙方函證
    (D) 參閱前任會計師的查核工作底稿

16. 會計師在取得有關受查者存貨管理的職能分工是否有適當的證據時，下列何種方法較為有效？
    (A) 親自口頭詢問及觀察
    (B) 執行分析性程序
    (C) 重新計算存貨數量
    (D) 重新驗證出貨單及進貨單

17. 查核人員於資產負債表日後才首次受託查核財務報表，因無法觀察受查者期末存貨的實地盤點，查核人員可實施那些證實查核程序替代之？①查核期後銷貨交易憑證 ②查核進貨交易憑證 ③詢問前任會計師 ④必要時取得買方或賣方函證 ⑤查核生產紀錄
    (A) 僅①②③
    (B) 僅③④⑤
    (C) 僅①③⑤
    (D) 僅①②④⑤

18. 查核人員可進行存貨盤點觀察的時機為：
    (A) 僅資產負債表日
    (B) 僅資產負債表日前
    (C) 僅資產負債表日後
    (D) 資產負債表日、資產負債表日前、日後皆可

19. 查核人員執行原物料實體控制之最佳審計程序為何？
    (A) 函證與文件檢查
    (B) 文件檢查與觀察
    (C) 觀察與詢問
    (D) 詢問與函證

20. 下列何者不是查驗期末瑕疵及過時廢品存貨的程序？
    (A) 檢查倉儲之安全維護及出入管制
    (B) 巡迴觀察廠區
    (C) 諮詢銷售業務人員過時廢品等狀況
    (D) 複核產業之產銷趨勢

21. 有關「存貨盤點之觀察」，下列敘述何項錯誤？
    (A) 查核人員觀察受查者存貨之盤點乃必要之證實測試
    (B) 查核人員對存貨盤點觀察前之規劃及其觀察程序與結果，應作成工作底稿
    (C) 受查者之存貨於資產負債表日已裝櫃待運等，查核人員可實施查核進貨交易憑證或生產品紀錄替代之
    (D) 查核人員對存放在外之存貨，應向保管人發函詢證，如該項存貨金額占流動資產或總資產之比例甚高，可以抽查上期存貨交易紀錄替代之

問答題

1. 審計人員驗證存貨常面臨的一個問題是決算日庫存存貨中包含滯銷品或陳廢品的可能性。在實地盤點時如發現這些項目，則應將帳面金額沖銷至估計殘值或其可收回的數額。列出審計人員確定存貨中有無滯銷品或陳廢品時適用的各種審計程序。

2. 存貨盤點之觀察為會計師查核財務報表之一項重要工作，請回答下列問題：
   (1) 會計師觀察存貨盤點之一般目標為何？
   (2) 在觀察存貨盤點中，會計師為何要進行並記錄存貨數量清點的測試？並討論之。
   (3) 有些公司聘請外部專門人員來進行存貨之清點、計價、乘積及加總，並提出存貨評價之證明書，假設這些外部專家於會計師年度結束日進行存貨盤點，則：
   ①會計師對於專家所出其存貨證明書能有多大信賴度？專家所出具之存貨評價證明書，會計師須作何種查核工作？
   ②專家所出具之存貨評價證明書對會計師之查核報告是否有影響？
   ③會計師查核報告書內是否必須提及上述專家之評價證明書？

3. 財務報表之五大主要聲明為何？試以存貨為例，加以說明，並各設計二項查核程序。

4. 根據以下資訊，請執行分析性程序並說明你發現的結果：

	20×1	20×2	產業平均
存貨	$20,000	$32,000	$25,000
銷貨成本	$240,000	$320,000	$400,000

Chapter 15 人事與薪工循環的查核

15.1 前言

　　人事與薪工循環主要涉及企業員工需求的提出、聘僱、薪資酬勞的訂定及支付,直至員工離開企業(因離職、退休、傷亡或資遣)為止的相關活動。本循環所稱之薪資酬勞包括薪資、佣金、獎金、紅利、退休金、員工福利及企業為僱用員工依法應承擔之保險費,如勞保及健保費等。簡言之,人事與薪工循環涉及下列幾項主要作業:員工之聘僱、酬勞之決定、出缺勤紀錄、薪工會計的處理及薪工的給付。

　　一般而言,企業對人事與薪工循環相關之各項作業皆訂有嚴謹的人事規章以供遵循。從一開始員工需求的提出,各用人單位依規定提出人才聘僱要求後,通常由人事部門負責招募員工的行政作業,並會同各用人單位甄選適合的員工(為符合用人單位的需求,員工聘僱的決定權,多授權用人單位決定)。新進人員決定後,關於酬勞的決定,除特殊人才須由用人單位、管理階層及人事部門協商外,人事部門均會依企業的酬勞給付辦法敘薪。員工工作期間的出勤、請假、訓練、考績、獎懲及晉升等,亦皆有訂定相關之辦法與規定。最後至員工退休、離職、資遣及傷亡撫卹等亦可能訂有相關的規定,若企業無相關規定時,企業亦應遵循政府所頒布的勞動基準法(簡稱勞基法)辦理,勞基法為保障勞工權益的最低標準。

　　由上述的說明可知,人事與薪工循環和其他交易循環主要有下列幾項主要的差異:

1. **人事與薪工循環僅涉及一種交易類型**:大部分其他的交易循環多涉及至少兩種交易類型。例如,銷貨與收款循環包含銷貨交易、收現交易,以及銷貨退回與壞帳處理等交易。然而,人事與薪工循環僅涉及員工薪資酬勞相關的交易。

2. **員工薪資酬勞交易的金額遠比其相關資產負債表上的會計科目餘額重大**:由於當年度員工薪資酬勞多在短期內支付,與員工薪資酬勞相關之實帳戶,如應付薪資、代扣稅款、應付勞保費等,通常只占全年員工薪資酬勞交易的金額中很小比例。

3. **相關之內部控制制度通常是有效的**:由於政府對薪資相關扣繳之錯誤或舞弊常有嚴厲的處罰,因此為避免政府的處罰,幾乎所有的企業(即使是小公司),皆願意維持人事

與薪工循環相關控制的有效性。

正因為人事與薪工循環具有上述這三項特點，查核人員在查核人事與薪工循環時，通常會著重於控制測試及證實分析性程序，對相關實帳戶之餘額之細項測試通常不會花費太多的人力及時間。

依照前述各章說明其他交易循環的架構，15.2 節首先將說明人事與薪工循環相關的會計科目、主要風險及查核策略。查核程序與查核目標息息相關，因此在討論查核規劃之前，15.3 節將先說明人事與薪工循環相關的查核目標 (個別項目聲明)。15.4 節則討論藉由瞭解受查者及其環境、適用之財務報導架構及內部控制制度，以辨認及評估與該循環相關之財務報表整體及個別項目聲明層級之重大不實表達風險，即人事與薪工循環相關的風險評估程序。15.5 節則說明人事與薪工循環相關的控制測試，以決定各個別項目聲明可接受之偵查風險。最後，15.6 節則討論，在個別項目聲明可接受之偵查風險下，查核人員如何適當地規劃證實程序的查核計畫。

15.2 人事與薪工循環相關的會計科目、主要風險及查核策略

誠如前述，人事與薪工循環僅涉及與員工薪資酬勞相關的交易，因此與該循環相關之會計科目較為單純。為配合第十四章生產與加工循環的討論，本章仍假設受查者為製造業，且其會計制度係採月結制 (每月員工薪資酬勞於月底以應計入帳，次月支付時沖銷應計項目)。首先將人事與薪工循環相關之會計科目彙整於圖表 15.1。

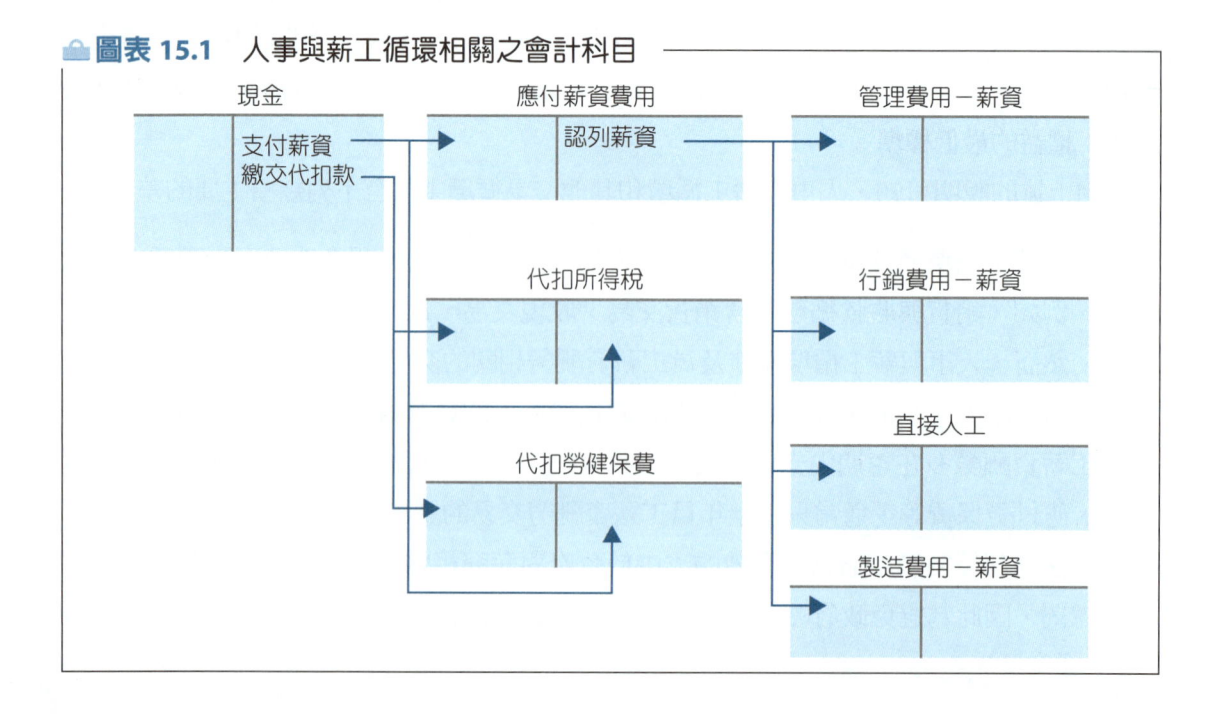

圖表 15.1　人事與薪工循環相關之會計科目

在圖表 15.1 的釋例中，受查者每月月底依員工的出缺勤狀況，認列當月之薪資費用 (為方便舉例，薪資費用包括薪資、佣金、獎金、紅利、退休金、員工福利及企業為僱用員工依法應承擔之勞保及健保費等) 並貸記應付薪資費用，再依員工之職能 (從事管理、行銷、生產及支援生產活動)，將其所賺得的薪資費用分別借記管理費用－薪資、行銷費用－薪資、直接人工及製造費用－薪資等會計科目。於次月支付員工薪資時，受查者依扣繳義務代扣員工應繳納之所得稅及勞健保費用後，將淨額支付予員工，受查者會借記應付薪資費用，貸記現金、代扣所得稅及代扣勞健保費。受查者於繳納代扣款及自身應負擔之勞健保費用時，則會借記代扣所得稅、代扣勞健保費及應付薪資費用 (屬受查者應負擔之勞健保費用)，並貸記現金。

人力資源往往是企業最有價值的資產，也是企業經營成敗的關鍵。人事與薪工循環中有關薪津的詐欺，如虛構員工及不適任員工，將使公司資源被侵占或造成浪費；而薪資費用分類的錯誤，將導致產品成本計算的錯誤，及 (或) 行銷及管理費用在財務報表表達上的錯誤，使財務報表使用者的決策受到影響。此外，員工的薪資每天必須詳細記錄其出缺勤情況，必要時還須每天記錄特定員工對特定工作所投入的時數 (如計工單)，且薪工必須定期 (如每週、每半個月或每個月) 計算與支付薪資，其交易量及資料量相當龐大。最後，誠如前述，政府對薪資相關扣繳之錯誤或舞弊常有嚴厲的處罰。因此，整體而言，人事與薪工循環相關交易對財務報表的影響，在質與量方面均存有一定程度的固有風險，亦因為如此，企業一般也較願意投入資源建置較健全的內部控制制度。

另一方面，由於當年度員工薪資酬勞多在短期內支付，儘管員工薪資費用金額龐大，但與員工薪資酬勞相關之實帳戶 (如應付薪資、代扣稅款、應付勞健保費等)，通常只占全年員工薪資費用很小的比例。透過查核實帳戶，同時確認虛帳戶的意義並不太大，然而對薪資費用直接執行證實程序加以驗證，又因相關交易量及資訊的繁瑣而顯得沒有效率，甚至不切實際。有鑑於此，除非受查者的員工人數較少，**查核人員對人事及薪工循環的查核策略，多會採取併用方式；換言之，查核人員通常會執行人事及薪工相關的控制測試以降低控制風險，並根據可接受之偵查風險規劃證實程序，以提升查核的效率及效果。**

15.3　人事與薪工循環相關的查核目標

為了引導查核人員對人事與薪工循環相關會計科目的查核規劃與執行，由五大聲明所衍生之交易類別、科目餘額及揭露事項相關之查核目標將提供更具體的指引。因此，在進一步說明人事與薪工循環相關之風險評估程序及進一步查核程序之前，本節將先彙整人事與薪工循環相關會計科目與上述三類的查核目標。茲將該循環之交易類別查核目

標，帳戶餘額查核目標以及揭露相關之查核目標彙整於圖表 15.2。圖表中之 EO 代表存在或發生，C 代表完整性，RO 代表權利與義務，VA 代表評價或分攤，PD 代表表達與揭露。

圖表 15.2　人事與薪工循環相關的查核目標

交易類別、事件與揭露相關之查核目標	
發生	記錄員工服務完成時的酬勞、福利和薪資稅費用 (EO)。
完整性	記錄屬於當期所有員工服務完成時所發生之酬勞、福利和薪資稅費用 (C)。
正確性	員工酬勞、福利和薪資稅費用正確計算和記錄 (VA)。
截止	員工酬勞、福利和薪資稅費用記錄於正確會計期間 (EO 或 C)。
分類與表達	所有與員工酬勞和福利相關之揭露皆已包含於財務報表中，且其描述的方式是財務報表使用者可以瞭解的 (PD)。 員工酬勞、福利和薪資稅費用正確地被分類於適當的會計科目中，包括綜合損益表及資產負債表中之適當會計科目 (PD)。
科目餘額與揭露相關之查核目標	
存在	應付薪資、福利及代扣稅款與勞健保餘額為資產負債表日所積欠的金額 (EO)。
權利與義務	應付薪資、福利及代扣稅款與勞健保餘額為受查者之義務 (RO)。
完整性	應付薪資、福利及代扣稅款與勞健保餘額已包含全部資產負債表日所積欠的金額 (C)。
評價與分攤	應付薪資、福利及代扣稅款與勞健保餘額被正確地計算，包括長期之相關負債以現值衡量 (VA)。
分類與表達	所有員工酬勞和福利資訊被正確地以適當金額揭露 (PD)。

15.4 人事與薪工循環相關的風險評估程序

對人事與薪工循環相關之個別項目聲明進行瞭解後，接下來查核人員便必須執行風險評估程序，以辨認及評估財務報表整體與個別項目聲明兩個層級的重大不實表達風險（包括舞弊的風險）。財務報表整體不實表達風險，查核人員將以整體查核策略予以因應，以協助會計師決定查核所需運用之資源、資源配置、查核時機，以及查核資源之管理、運用與監督。個別項目聲明之不實表達風險，查核人員將以查核計畫予以因應，查核計畫主要涵蓋風險評估程序及進一步查核程序的規劃。

人事與薪工循環對製造業、批發商、零售業的重要性不一，甚至同產業之企業，人事與薪工循環對不同企業的重要性亦不一定相同，例如，在製造業中一些企業可能因在製造過程中採取勞力密集或自動化程度不同，人事與薪工循環的重要性便會不同。此外，企業對員工退休辦法可能採用確定給付制，使得於衡量退休金費用、退休金負債或資產

及退休金相關揭露有較高之重大不實表達風險。其他的酬勞計畫，如企業有實施員工認股權計畫，則可能涉及衡量與揭露股票選擇權的風險。因此，查核人員應該瞭解下列事項，以判斷人事與薪工循環對受查者的重要性：

1. 人事與薪工循環對整體受查者的重要性，例如，受查者係屬勞力密集或是資本密集的企業？
2. 員工酬勞的性質，按件或按時（如按月）計酬，不同的計酬方式將影響受查者的控制作業。假使受查者的計酬方式係按件計酬，薪資費用常與員工的產出有明確的關係，則查核人員通常的查核方法便會強調證實分析性程序的使用。若受查者的計酬方式是按時計酬，並且在不同期間呈現較高變化性，則查核人員通常會採用併用方式，即會依賴人事與薪工循環相關的控制的有效性，以獲取相關之查核證據。
3. 受查者其他的獎酬計畫，例如，獎金紅利、員工認股權、員工股票增值權和退休金協議，受查者如有上述之獎酬計畫，則對財務報表的影響可能相當重要。

　　風險評估程序主要是藉由瞭解受查者及其環境、適用之財務報導架構及內部控制制度，辨認及評估重大不實表達風險（固有風險）。以下將針對辨認及評估與人事與薪工循環相關之固有風險及內部控制制度之瞭解加以說明。

15.4.1 辨認及評估人事與薪工循環相關之固有風險

　　在人事與薪工循環固有風險的評估上，查核人員通常較不擔心完整性之聲明，因為當員工未領到薪資時，均會有所反映，故較不會有完整性上的風險。而薪資的舞弊（主要涉及的聲明為存在或發生）則往往是查核人員較關心的焦點。一般而言，薪資舞弊的發生有兩個層級，一為管理階層可能為了某一目的（如與政府間的契約或為了逃稅）浮報人力成本或故意做不實的分類以詐取金錢。另一則為參與編製及支付薪資之員工可能輸入不實員工資料，並盜領薪資支票自用。當受查者有人事流動頻繁的現象時，亦將會增加已不在職之員工仍領薪資之風險。

　　受查者員工薪資可能是週付、半月付或月付，受查者員工人數眾多時，計算員工薪資的資訊量是非常龐大的，按件計酬或工作時數計酬更增添計算上的煩雜。對薪資的計算涉及評價與分攤，因此，員工薪資計算的龐雜，將使相關會計科目之評價與分攤有較高的固有風險。此外，對製造業而言，存貨通常會包括重大的人工成本，員工薪資分類為費用與存貨發生不實表達的風險也較高。

　　最後，當受查者有其他較複雜的員工福利及獎酬計畫時，如員工認股權、股票增值權、確定給付退休金計畫或員工退休醫療給付等，除了評價與分攤的固有風險較高外，存在與發生及表達與揭露聲明亦可能有較高的固有風險。

對人事與薪工循環執行風險評估程序之初期，查核人員使用分析性程序，通常是具有成本效益的程序。如果受查者薪資系統已電腦化，查核人員更可使用查核軟體，進行更細緻的分析性程序(例如，將員工之分類後再評估每類員工的平均薪資)，更能提升其分析的效果。圖表15.3彙整常應用於人事與薪工循環的分析性程序，以及其計算方式與其查核意義。

圖表 15.3　常用於人事與薪工循環之分析性程序

分析性程序	查核意義
將薪資費用帳戶餘額(調整薪資率及員工數量的變動數)與以前年度相比較。	薪資費用可能的不實表達。
當年平均每位員工薪資與去年比較(調整薪資率的變動數，如實務上可行，可依不同類別員工比較)。	薪資費用可能的不實表達。
將當年度直接人工占存貨的比例與去年度相比較。	薪資分類不當，造成直接人工及存貨不實表達的可能性。
將當年度佣金費用占銷貨的比例與以前年度相比較。	佣金費用及應付佣金的不實表達。
將當年度薪資相關費用占薪資總額的比例與去年度相比較(調整稅率變動)。	薪資相關費用及應付薪資相關費用的不實表達。
將應付薪資相關費用帳戶與去年度相比較。	應付薪資相關費用的不實表達。

15.4.2　人事與薪工循環相關內部控制制度之瞭解

風險評估程序另一部分為對內部控制制度進行瞭解。不論查核人員採用併用方式或證實方式，皆應對內部控制制度五大要素：控制環境、受查者之風險評估流程、受查者監督內部控制制度之流程、資訊系統與溝通、控制作業進行瞭解。惟控制作業與後續相關控制測試的討論密切相關，故有關人事與薪工循環控制作業之瞭解，本小節僅簡要的概述，待討論其控制測試時，再進一步做詳細的說明。

1. 控制環境

在控制環境要素的瞭解方面，查核人員瞭解的重點在於受查者人事與薪工交易在授權和職能區分。一般而言，企業通常會將人事與薪工的主要責任歸屬於人事(或人力資源)部門主管(經理)，人事部門通常負責一般員工人事之授權、薪工及分紅之授權，高階管理階層的人事與薪資則通常由董事會授權。涉及處理薪資交易之重要職能尚包括員工出缺勤的考核、工時紀錄、薪資核算和薪資的發放，查核人員亦應瞭解受查者是否有明確劃分各部門及其成員間權力、責任和職務的界限，以確立明確的責任。在管理控制方法上，查核人員應瞭解受查者是否訂定詳細的人事規章，以規範員工的聘僱、訓練、考績、

升遷、薪給及退撫等事項。最後，查核人員亦應瞭解受查者對敏感職務之員工，是否有訂定強制輪休與輪調的制度。

2. 受查者之風險評估流程

查核人員應瞭解受查者管理階層如何辨認及評估人事與薪工循環中相關的風險，以及其各項風險的因應之程序。例如，對一般員工人事之授權，以及薪工和分紅之授權發生錯誤及舞弊的風險；員工出缺勤紀錄發生錯誤及舞弊的風險；核算員工薪資及代扣款項發生舞弊或錯誤的風險；員工薪資分類至費用及直接人工(存貨)發生錯誤及舞弊的風險；相關交易違反法律規章的風險等。

3. 受查者監督內部控制制度之流程

查核人員應瞭解受查者內部稽核人員如何定期或不定期查核人事異動的原因、員工的出缺勤狀況、薪工核算的正確性、薪工支給是否直接撥入員工帳戶、代扣款項是否符合法規之規定，以及相關會計處理是否正確等。

4. 資訊系統及溝通

人事與薪工循環攸關之資訊系統及溝通方面，查核人員應著重於瞭解資訊系統中薪工核算及分類的正確性與合理性，以決定產品成本及行銷管理費用總額的正確性。由於薪工交易處理龐雜，通常為企業電腦化優先實施的交易循環，查核人員必須對人事與薪工循環攸關的交易流程充分瞭解外，仍須對資訊系統資料的處理方法熟悉，始能掌握人事與薪工循環整體會計系統的處理作業。

5. 控制作業

人事與薪工循環涉及的主要作業有員工之聘僱(升遷)及酬勞之決定、出缺勤紀錄、薪工的核算、薪工的給付及會計的處理。查核人員應瞭解上述作業的授權、職能分工、內部獨立驗證核對的控制流程及相關的書面憑證。相關之控制作業流程及書面憑證的細節，於15.5節討論其控制測試時，再進一步做詳細的說明。

15.5 人事與薪工循環相關的進一步查核程序——內部控制測試之規劃

查核人員執行風險評估程序後，應能辨認及評估人事與薪工循環相關會計科目個別項目聲明的不實表達風險(固有風險及控制風險)。誠如前述，人事與薪工循環的交易量通常相當龐大且煩雜，受查者多願意投入資源建置相關的控制作業，甚至運用資訊科技予以高度的電腦化，以節省資料處理的成本及降低錯誤與舞弊發生的風險。故查核人員

通常會採取併用方式的查核策略進行進一步查核程序的規劃。

在採取併用方式的查核策略下，查核人員必須針對擬予信賴與查核攸關之控制作業執行控制測試，以取得該等控制作業可予信賴的證據，才能將特定個別項目聲明之控制風險設定至較低的水準。

雖然在15.4.2節中曾概述人事與薪工循環相關控制作業主要涉及員工之聘僱(升遷)及酬勞之決定、出缺勤紀錄、薪工的核算、薪工的給付及會計處理等作業，但為讓讀者於執行控制測試時，對相關控制作業之細節及表單有進一步的瞭解，15.5.1節將先詳細說明人事與薪工循環之控制作業的流程及相關表單，15.5.2節再說明人事與薪工循環控制作業之控制測試。

15.5.1 人事與薪工循環相關控制作業之瞭解

查核人員於執行風險評估程序時，一般而言，通常對控制作業僅會作初步的瞭解，但查核人員如果決定採用併用方式後，就須對與查核攸關之控制作業作更細部的瞭解，包括各流程所產生的文書憑證，以便規劃相關之控制測試。因此，本小節將進一步說明人事與薪工循環相關之控制作業流程及相關之文書憑證。

誠如前述，人事與薪工循環相關交易的資訊相當龐雜，在討論其控制作業細節前，本節將先說明相關作業中控制的關鍵性控制。

1. 適當的職能區分

對人事與薪工循環而言，職能區分是非常重要的，對於防止多付或付給不存在員工的問題上尤其重要。人事部門應該獨立於記錄及支付薪資的職能，人事部門亦應負責核准員工薪資的開始支付、停止支付及各項調整。而薪資處理過程亦須與薪資支付的職能分開，以防止錯誤或舞弊的發生。

2. 適當的授權

人事部門應該負責員工人事資料檔的維護，檔案中有關工資率及代扣項目的更新皆須經過適當的授權。每一位員工的工時，特別是加班的部分，都要經過員工主管的核可，薪資支票的簽發或匯款皆須有嚴謹的授權，以避免錯誤或舞弊的發生。

3. 適當的文件與紀錄

適當的文件與紀錄與企業的薪資性質有關，例如計時員工需要工時卡，但按件論酬之員工或責任制員工可能就不需要工時卡。為留下可驗證的軌跡，與薪資相關人事與薪工的控制作業須留下適當的文件與紀錄。惟值得一提的是，相關文件與紀錄的預先編號並不重要，因為對薪資而言，完整性聲明通常不是查核人員的焦點，因為一旦漏給員工薪資，員工一定會即時反映。

4. 資產與紀錄的使用控制

員工人事資料檔中記錄員工的基本資料，如姓名、身分證字號、年齡、籍貫、家庭狀況、地址、電話等，以及與個人職務相關的資料，如到職日期、工資率(包括各項代扣繳款項)、考績、獎懲、晉升等資訊，和人事與薪工交易息息相關，是人事與薪工循環最重要的檔案，若無健全的使用控制，將非常容易發生錯誤或舞弊。此外，未使用的薪資支票及支票的簽章(如印章或簽名機)，皆應有專人負責，且須良好的使用控制，如存放於保險箱等實體控制，限制未經授權人員接觸，以避免舞弊的發生。因此，對人事及薪工循環而言，相關資產與紀錄的使用控制顯得格外重要。

5. 處理的獨立驗證

當企業員工較多時，薪資的計算就顯得相當的煩雜且瑣碎，而且多涉及現金之給付，易發生錯誤或舞弊。當企業為製造業時，薪資又會影響存貨評價，須將薪資分類為銷管費用、直接人工及製造費用，而直接人工又必須依批次或分步分配至在製品及製成品，資料的處理亦相當龐大。因此，企業必須建置內部獨立的驗證機制，以複核薪工相關報表中任何的錯誤或不尋常的金額。

介紹人事與薪工循環相關之關鍵性控制後，接著將更具體地說明人事與薪工循環之基本作業。該循環之基本作業主要有員工的聘僱(包括任用、升遷、職務異動等)與酬勞的決定、出勤與工作、薪工會計處理及薪工的給付等。其中有關員工的聘僱與酬勞的決定為非日常性的作業，其他作業則屬日常性的作業。以下茲就上述各項作業及相關之表單說明如下。

1. 員工的聘僱與酬勞的決定

此項作業多由企業的人事部門(或人力資源部門)執行，人事部門的主要工作為聘任合乎企業需要的人員，以及企業內部人員升遷、職務異動及離職的作業。人事部門同時也必須負責薪資資料的內部審核，包含薪資、代扣款項及薪資清冊的增刪變動。人事部門執行此項作業時，通常會編製下列文書憑證：

員工人事紀錄：該紀錄主要在記錄員工的基本資料，如姓名、身分證字號、年齡、籍貫、家庭狀況、地址、電話等，以及與個人職務相關的資料，如到職日期、工資率(包括各項代扣繳款項)、考績、獎懲、晉升等資訊。員工人事紀錄係人事及薪工循環最重要的檔案，非經授權不得變更。因此，該檔案應指派人事部門專人管理，並由人事部門主管監督。該檔案若以電子檔案形式維護，則應加強使用控制(access control)，避免未經授權之人員變更相關資訊。

人事異動通知單：列示有關員工任用、升遷、職級變動、離職、退休等文件，為人事部門修改員工人事紀錄的依據。工資率的變動應依據管理階層核可之勞動契約或由董

事會核可的經理人勞動契約決定。

薪資扣款授權書：該文件係記錄員工同意企業從其薪資中代為扣繳的款項，例如所得稅、勞健保費用及其他款項(如自提之退休金、工會會費等)。該文件之資料亦會用以更新員工人事紀錄有關之資訊。

2. 員工的出勤與工作

員工每日的出缺勤狀況與工作項目的紀錄，對員工薪工總額及薪工分類的決定非常重要。此項作業的主要目的即在詳細記錄員工每日的出缺勤狀況與工作的項目，此項作業通常會有下列相關之表單文件：

工時卡：一般員工上、下班多須打卡，工時卡即在記錄員工每日工作開始與結束時間，及工作時數的文件。許多企業的工時卡多由打卡鐘自動編製的，而工時卡通常人事部門定期(如按週、半月或月)蒐集並加以統計。由於資訊科技的發達，有些規模較大的企業，已將打卡作業電子化，由電腦自動統計相關資料，以提升效率及效果，亦可減少人為的錯誤。

計工單：用以記錄特定員工為某一特定工作所投入的時間數，以作為該特定工作直接人工成本計算之依據。當員工為不同批次或在不同部門工作時便需要填製本單。一般而言，計工單多由生產部門人員蒐集並加以彙整，因計工單的資訊可能相當龐雜，如能將其電子化，將可節省大量人力及物力，並可減少人為處理的錯誤。

3. 員工薪資的會計處理

企業必須定期支付員工薪資，在支付員工薪資之前，企業即必須進行當期員工薪資總額及各項代扣款項的統計，並做必要之會計處理。此項作業通常會有下列相關之表單文件：

薪資彙總表：係將全部員工特定期間之薪資、加班津貼、請假缺勤扣薪、各項代扣款項與應付薪資淨額等資料彙編在一起的報表，憑以記錄薪工分錄。該表通常係由人事部門根據特定期間之工時卡及員工人事紀錄彙整而成。

薪工分配彙總表：係將特定期間薪工總額分配至管理費用、行銷費用、直接人工及製造費用等的表單。會計人員可依人事部門編製之薪資彙總表員工職別的分類及計工單的資料編製該表，將該期間之薪工總額分配至管理費用、行銷費用、直接人工及製造費用。

4. 員工薪資的給付

企業編製薪資彙總表並經審查無誤後，便會在固定的發薪日支付員工的薪工。多數企業為增強相關的控制，會使用銀行薪資專用帳戶，與一般銀行存款帳戶分開。該專戶平時只維持少數的餘額，在支付薪工之前才將當期應支付予員工之薪工淨額，由一般銀

行存款帳戶轉存入銀行薪資專用帳戶。所有支付員工薪工的支票或匯款皆由此專戶開出或匯出。由於金融匯款的便利性，實務上許多較具規模的企業，皆與金融機構簽定合約透過轉帳方式，根據企業提供的資料(包括員工的銀行薪資帳戶及薪工淨額)，將專戶的金額逐一轉入員工個人的薪資帳戶，以節省開立薪工支票的作業，對員工而言亦有其便利性。當支付員工薪工時，不論是透過支票或匯款方式支付，企業通常會編製員工薪工表(實務上有時稱為薪水條)，該表主要在記錄每一位員工在當期薪工津貼的總金額、各項扣除款及本期應付淨額等資料，並於支付薪工時交予每一位員工，供其核對之用，該表單亦可以電子檔案的方式，透過電子郵件寄送給每位員工。

　　如果企業係以支票的方式支付員工薪工，企業則應注意下列的控制作業：
(1) 薪資支票應由未參與編製或記錄薪資的財務部門經授權人員之簽名和發放，如簽名係以蓋章或簽名機進行，則印章及簽名機應有良好的使用控制，僅有經授權人員才能接觸。
(2) 薪資支票應指名每位員工為受款人，並禁止背書轉讓。
(3) 薪資支票應只發放給經適當辨認的員工，並請其簽收。
(4) 尚未被員工領取之薪資支票應保存於財務部門，由專人保管於保險箱或儲藏櫃中。

　　茲將上述作業所涉及的部門、流程及表單之釋例彙整於圖表15.4。在此釋例中，人事部門負責員工的任用及升遷作業，並依照相關之勞動契約決定工資率，同時亦取得員工薪資扣款同意後，編製人事異動通知單一式2聯及薪資扣款授權書一式2聯。人事異動通知單用以更新員工人事紀錄檔後，人事異動通知單第1聯及薪資扣款授權書第1聯由人事部門存檔備查。人事異動通知單第2聯則送交會計部門。

　　在發放薪資作業方面，定期由人事部門蒐集所有員工之工時卡及生產部門之計工單，並依據員工人事紀錄檔之相關資訊，計算每位員工之薪工總額、各項代扣款項及薪工淨額，並編製薪資彙總表一式2聯。之後再依據計工單及員工工作性質的資料編製薪工分配彙總表一式2聯，將該期之薪工總額分配至管理費用、行銷費用、直接人工及製造費用。其中薪資彙總表及薪工分配彙總表的第1聯送交會計部門，而薪資彙總表及薪工分配彙總表的第2聯則由人事部門存檔備查。

　　會計部門收到人事部門送交之人事異動通知單第2聯及薪資彙總表與薪工分配彙總表的第1聯後，將進行審核薪資彙總表與薪工分配彙總表的正確性(會計部門可依據員工人事紀錄檔進行審核)，經審核無誤後據以記錄各項薪資相關分錄(借記：管理費用－薪資、行銷費用－薪資、直接人工及製造費用－薪資，貸記：應付薪資、代扣各項款項)。最後將人事異動通知單第1聯及薪工分配彙總表第1聯存檔備查，並將審核後之薪資彙總表第1聯送交財務部門準備薪工給付作業。

　　財務部門依據審核後之薪資彙總表第1聯，開始準備薪資支票或員工薪資專戶的匯

578 審計學

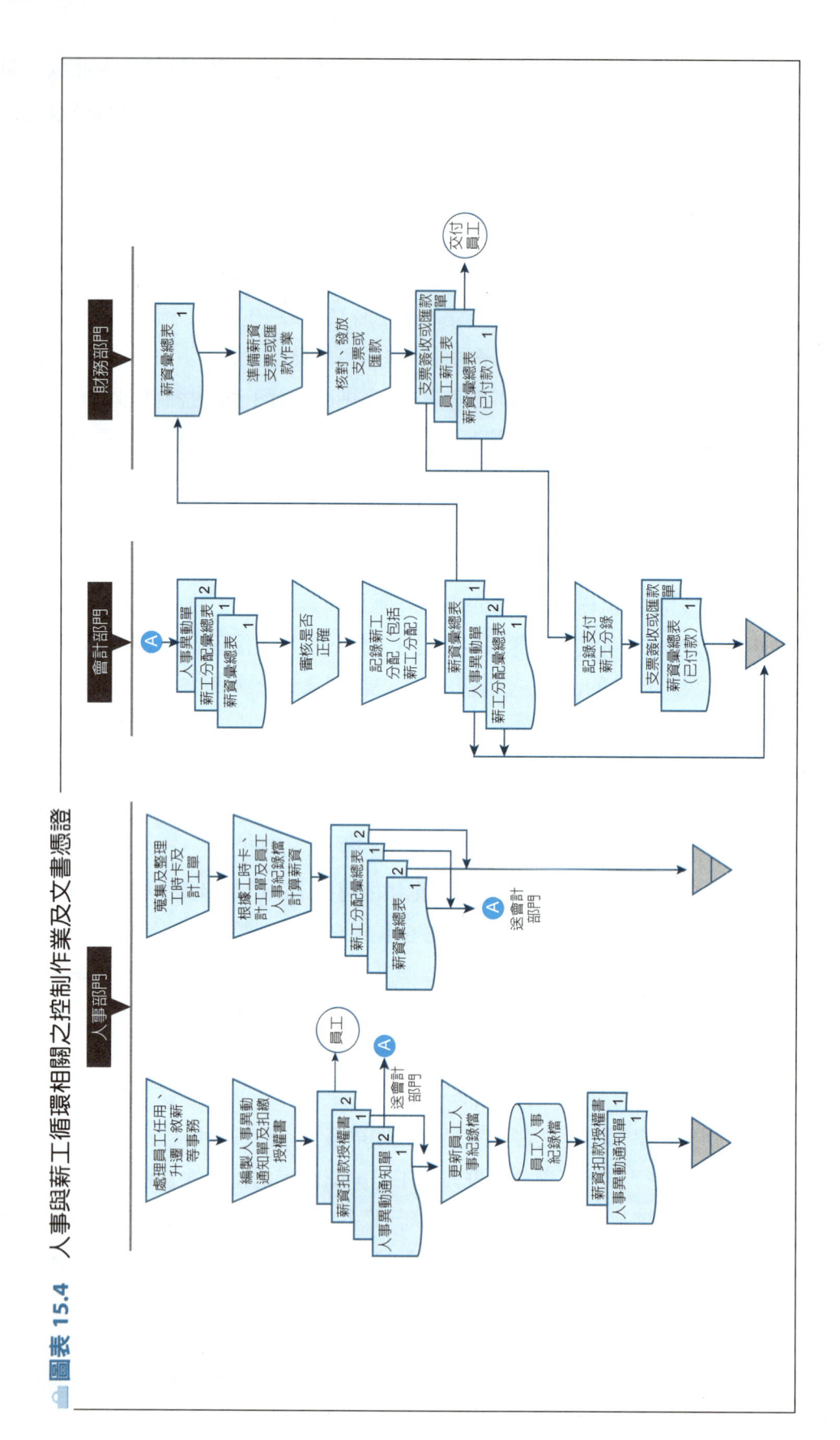

圖表 15.4　人事與薪工循環相關之控制作業及文書憑證

款資料，並經核對薪資支票或匯款資料無誤後，便可編製員工薪工表(薪水條)，進行支票發放或匯款，並將員工薪工表交予員工供其核對之用。財務部門將員工薪資支票簽收表(可設計在審核後之薪資彙總表第1聯簽收)或匯款資料，以及薪資彙總表第1聯送交會計部門。

會計部門收到財務部門送交之員工薪資支票簽收表或匯款資料，及薪資彙總表第1聯後，將據以記錄支付薪資的分錄(借記：應付薪資，貸記：銀行存款)。

15.5.2 人事與薪工循環相關控制作業之控制測試

查核人員在詳細瞭解人事與薪工循環相關之控制作業流程及相關文書憑證後，尚須執行控制測試取得相關之證據，方能將相關聲明之控制風險降低至查核人員擬信賴的水準(1－控制風險)。

與之前各章探討各交易循環查核的邏輯一樣，查核人員於執行控制測試前，應先決定與那些特定個別項目聲明相關之控制屬性將被依賴，接著可再考量特定控制屬性是否可用以前年度執行控制測試的結果作為本期的查核證據。如果可以，則該特定控制屬性本期就可以不用執行控制測試。判斷是否可以使用以前年度執行控制測試的結果作為本期的查核證據，請參閱7.4.3節有關「採用以往查核所取得之查核證據」之討論，在此不再贅述。經過前述的考量後，查核人員即可決定那些特定個別項目聲明及其攸關之控制屬性將於本期執行控制測試。查核人員通常會於期中執行控制測試，而控制測試通常會以抽樣的方式進行。

誠如第九章所討論，屬性抽樣的步驟1為決定控制屬性的定義，一旦定義了控制屬性後，自然也決定後續六個步驟具體的抽樣細節(包括定義母體與樣本單位、定義失控的意義、樣本量、選樣方法、查核方法的種類、推論等)，圖表15.5列示人事與薪工循環的步驟1，即人事與薪工循環相關的控制屬性及其相關的聲明。至於步驟2至步驟7的說明，讀者請自行參閱第九章的討論，本小節不再贅述。

查核人員於執行控制測試時，可能會認為受查者有重大薪資交易的舞弊(即屬顯著風險)，在此情況下，查核人員就必須擴大其查核程序。與薪資交易相關的舞弊通常可能與下列事項有關，以下針對該等事項查核人員可能的測試方法加以說明：

1. 薪資與存貨評價舞弊的測試

在製造業及營建業中，薪資成本通常占存貨價值相當大的比例，若薪資支出分類不當，將會嚴重影響許多會計科目的評價。例如，若將銷管人員的薪資有意或無意地列為間接製造費用時，則在分攤至存貨的製造費用將會被高估。同樣地，若直接人工成本分攤至錯誤的批次或分步時，亦會影響存貨的評價。尤其是當某些批次以成本加成作為訂價基礎時(若干與政府相關的契約，常有類似的訂價基礎)，受查者更有誘因從事相關的

圖表 15.5　人事與薪工循環控制作業屬性及相關的財務報表聲明

控制屬性	控制屬性之說明	與存貨相關之聲明
1.	檢查人事異動通知單是否經過授權及核准。	發生
2.	確認員工人事紀錄檔案依照核准之人事異動通知單更新。	發生
3.	評估員工人事紀錄檔案的使用控制，是否足以防止未經授權人員接觸。	發生
4.	檢視工時卡的相關控制是否足以確保工時紀錄的正確性，例如，如何防止員工代他人打卡、工時卡經主管核准的程序。	發生
5.	確認員工薪資彙整表的正確性，例如，比對員工薪資彙整表上的資訊是否與工時卡及員工人事紀錄檔案的資料是否一致，且驗算其正確性。	評價及存在
6.	檢視工時卡的相關控制是否足以確保工時紀錄的正確性(如適用時)。	表達與揭露
7.	確認薪工分配彙總表的正確性，例如，比對薪工分配彙總表的資訊是否與計工單、薪資彙整表及員工人事紀錄檔案的資料一致，且驗算其正確性(如適用時)。	表達與揭露
8.	檢視會計部門如何審核薪資彙整表及薪工分配彙總表的正確性。	評價
9.	檢視會計部門是否依薪資彙整表及薪工分配彙總表正確地記錄相關分錄。	評價及表達與揭露
10.	檢視財務部門確保開立支票的正確性。	評價
11.	檢查財務部門的薪資支票是否依序號開立，且編號完整。或檢查財務部門如何提供防止員工匯款資料錯誤的相關控制。	完整性
12.	受查者是否有定期調節薪資專用之銀行帳戶之獨立機制。	完整性、評價

舞弊。當人工成本是存貨評價的重要因素時，查核人員必須對薪資交易分類的適當性之控制程序加強測試。

查核人員測試的重點可著重於每期分類程序的一致性，並確認實際參與生產的員工，其薪資才能分類為製造成本(製造費用與直接人工)。分類程序的瞭解，查核人員可透過核閱會計科目表及會計手冊而得知，並追查批次工作單或其他文件以證明員工已實際參與該批次或分步工作。舉例而言，若員工必須每週將其所有工作時數分攤給各工作批次，一個有效的測試為抽查數位員工的工時紀錄至相關的分批成本紀錄，以確定每一筆都已正確地記錄。此外，亦應從分批成本紀錄逆查至員工薪資彙總表，以測試是否有不存在的員工薪資被分攤至存貨成本中。

2. 不存在員工薪資舞弊的測試

開立薪資支票或支付薪資給未實際服務的人員(不存在的員工)，通常是發生於員工解任後仍繼續發給薪資的情況。通常可能會犯下這類舞弊的人，包括人事部門員工、領班或離職員工。例如，某些企業的控制作業規定，領班有權記錄員工每日的工時，以及核准員工在每期間的工時卡，在此情況下，若領班也負責發放薪資支票，則發生支付薪資給不存在員工的舞弊風險即會增加。

查核人員測試受查者是否存有支付薪資予不存在員工薪資舞弊的程序，可能包括：

(1) 測試員工離職程序是否經適當處理，查核人員可以從當年度離職員工的人事紀錄中選取一些人事檔案，確定該員工是否已依照受查者的政策及規定領取離職給付。並追查該等離職員工後續期間是否有繼續支領薪資的情況，以確定該等員工不再支領薪資。

(2) 逆查薪資日記簿上的部分交易至人事部門的人事檔案，以判斷員工在支付薪資期間是否確實受僱，並比對已兌領薪資支票上受款員工具領或背書簽名，與員工同意被扣繳稅款文件上的簽名是否一致。

(3) 比對已兌領薪資支票上的姓名與工時卡及其他紀錄，並檢視簽名及具領人背書的合理性。另外，檢查已兌領支票上的背書是否有不尋常或有重複發生之背書轉讓，以及檢查作廢支票是否遭使用等現象，皆是查核人員常用以測試相關舞弊的程序。

(4) 觀察發放薪資作業，在某些情況下，查核人員可能要求無預警下觀察薪資發放作業。該程序係指在未事先通知受查者的情況下，查核人員在其主管的陪同下觀察每位員工簽名領取支票，或是處理薪資轉帳的工作流程。任何未被支領的支票必須加強查核，以決定未支領的支票是否係導因於舞弊。無預警地觀察薪資發放作業的查核程序成本昂貴，但卻是最可能偵測出支付薪資予不存在員工的查核方法。

3. 工時舞弊的測試

工時舞弊係指員工所申報的工作時數超過實際工作時數。此類的舞弊因查核人員證據取得不易，較難發現員工虛報時數，由受查者建置適當控制來預防這類的舞弊，要比由查核人員偵查容易得多。惟一個查核人員常用的程序是將薪資紀錄上總給付工時與另一獨立的工時紀錄 (例如生產流程中的計工單) 相調節，也可能藉此發現員工虛報工時的舞弊。

15.6 人事與薪工循環相關的進一步查核程序──證實程序之規劃

誠如 15.1 節所述，人事與薪工循環僅涉及一種交易類型，員工薪資酬勞交易金額的計算及分攤複雜且龐大，而且亦多與政府的法規相關，受查者皆願意維持人事與薪工循環相關控制的有效性，而且對員工薪資酬勞的計算及分攤，僅依據證實程序查核人員難以取得足夠及適切之查核證據，故員工薪資酬勞的計算及分攤多會依賴相關之控制。此外，雖然員工薪資酬勞交易的金額可能非常龐大，但由於當年度員工薪資酬勞多在短期內支付，多數與員工薪資酬勞相關之實帳戶，如應付薪資、代扣稅款、應付勞健保費等，通常只占全年員工薪資酬勞交易的金額很小比例。正因為人事與薪工循環具有這些特點，

查核人員在查核人事與薪工循環時，通常會著重於控制測試(交易證實測試)及證實分析性程序，對相關實帳戶餘額之細項測試通常不會花費太多的人力及時間。

15.4.1節與15.5節已分別討論人事與薪工循環相關常用之證實分析性程序，以及內部控制測試之規劃及執行。因此，本節的重點將針對與員工薪資酬勞相關負債帳戶可能實施證實程序之細項測試加以說明。執行相關負債之查核時，其主要的查核目標為：應計項目金額的正確性及相關交易已記入適當的期間(截止)。以下針對與員工薪資酬勞相關負債帳戶之細項測試加以說明。

1. 應付薪資

應付薪資是當期員工已經賺得但未支付，而到次期才支付的員工薪資。實務上，我國多數企業多採每月支薪一次的方式支付員工薪資，員工當月份的薪資通常在下個月月初領取，因此，通常在截止至財務報表結束日止，企業通常還有當月份員工薪資尚未支付。

一般而言，企業多可精確地計算當月份應付未付之薪資費用，一旦查核人員確定受查者之應付薪資政策，且與以前年度一致時，則確認應付薪資截止及正確性最適當的查核程序就是重新驗算當月份員工薪資的應付金額及相關之代扣款項，並與前月份與期後實際支付金額進行比較，以判斷其合理性。應付薪資餘額最可能發生的重大不實表達，就是沒有將已賺得但尚未支付的薪資列入期末應付餘額(完整性)。

2. 應付員工薪資的扣繳金額

企業支付員工薪資時，依法規常有代扣繳之義務，如代扣所得稅、勞健保及退休金(員工自行負擔的部分)、工會會費等。由於扣繳款項多有法規的規範，且有相關之罰則，企業通常不會違反相關規定，故發生重大不實表達的風險較低，查核人員可由比較薪資日記簿及財務報表餘額，是否與期後編製的薪工稅申報書、勞健保保費繳款書、退休金繳款書等及期後的現金支付是否一致，以測試其正確性及完整性。

3. 應付員工休假或其他福利支出

法規(如勞動基準法)常規定企業於員工滿足特定條件下，必須給予員工特定天數有薪休假的福利，或是企業於僱用員工契約中承諾員工符合特定條件時，將給予員工特定福利(如旅遊補助)。因此，當員工符合特定條件後，雖然於未來期間才須支付該等休假或其他福利支出，但企業當年已有義務支付該等福利支出，應認列為當年度之費用。

查核人員於評估該等負債金額的允當性時，首先應先瞭解相關法規及受查者的僱用契約中相關福利之規定，然後依相關規定重新計算入帳的金額，並依照所適用之財務報導準則架構處理，最後再與上期應付金額比較，以評估其合理性。

有時受查者有長期且較為複雜之福利制度，如確定給付之員工退休金或醫療福利制

度，其中涉及許多退休金精算假設及複雜的計算，受查者應請退休金精算師出具精算報告估計相關退休金費用及負債，查核人員則應評估精算師之獨立性、專業能力及精算報告之合理性，以判斷所估計之退休金費用及負債的適切性，如有必要時，可聘任具精算專長之查核人員專家(auditor's expert)協助其評估。

4. 應付獎酬紅利

　　許多企業為了降低股東與管理階層與員工間的代理問題，設有獎酬分紅計畫。當年度的獎酬紅利多以當年的淨利為計算的基準，並於次年度發放。有時獎酬紅利的金額非常重大，若當年度未入帳，通常會有重大不實表達。由於獎酬紅利通常會於公司章程中規定，且當年度之獎酬紅利須經董事會決議通過，因此查核人員除了檢視公司章程相關規定外，其查核的方法通常是將入帳金額與董事會議事錄中所核准的金額相比較，以確認其正確性及完整性。

　　此外，有些上市(櫃)公司有較長期且複雜的獎酬計畫，如員工認股權計畫(employees stock options plan)及股票增值權計畫(stock appreciation rights plan)，查核人員必須著重於：(1) 辨認用以獎勵員工和主管之獎勵薪酬計畫的種類；(2) 薪酬費用如何決定，及在多期會計期間內如何分攤；(3) 獎酬計畫的揭露是否適當。依目前國際財務報導準則之規定，管理階層必須以公允價值法評估員工認股權計畫及股票增值權計畫的金額，故查核人員首先即應該依員工認股權計畫及股票增值權計畫的規定，評估用以決定其公允價值的評價模型及其假設(包括無風險利率、認購價格、選擇權預期執行的時間、股價預期波動性)，以判斷管理階層所估計之員工認股權公允價值之合理性，並確認分攤至各期間之費用是否正確。在獎酬計畫相關揭露是否適當的查核方面，查核人員必須查核股票選擇權公允價值的評價模型及其假設是否已適當揭露。

　　一般而言，人事與薪工循環交易相關會計科目之必要揭露並不多，然而，當受查者有較複雜的員工福利政策，如員工認股權計畫或其他管理階層薪酬辦法及確定給付制之退休金計畫等較複雜交易時，管理階層則需要附註揭露相關交易。查核人員就必須針對四個與表達與揭露相關之查核目標，執行必要之查核程序。

本章習題

選擇題：

1. 在一電腦化薪資系統環境，查核人員最不可能使用測試資料及測試有關何者之控制？
   (A) 散失的員工號碼
   (B) 由管理人適當核准的加班時間
   (C) 無效工作號碼之計工單
   (D) 每張計時卡時數與計工單時數之一致

2. 有效薪資內部控制程序：
   (A) 由負責這些特定工作的人員調節計工單及工作報告的總數
   (B) 由一薪資部門人員驗證工作計工單及員工計時卡時數之一致
   (C) 由一向人事部門之管理人報告之人員編製薪資交易日記分錄
   (D) 由薪資部門管理人保管薪資率之授權紀錄

3. 某員工數千人之薪資支票係電腦自動列印，如何防止或及早偵知其繼續列印已經離職員工之薪資支票？
   (A) 以人事部門所列管之打卡單中之工作時數彙總作為總數控制，比對列印支票之總工時
   (B) 請財務部門將空白支票預先編號，俾針對支票開立張數彙總比較其序號是否正確
   (C) 針對員工身份編號號碼作檢查控制，確保其正確性，防止虛構號碼之可能性
   (D) 規定所有員工均須親自向所屬部門之發薪人員當面領取支票，並收回未親領之支票

4. 在薪工循環內，有效的內部控制程序包括：
   (A) 由指派特定工作的人員調節計工單及工作報告的總時數
   (B) 由薪資部門人員驗證工作計工單及員工計時卡是否一致
   (C) 由人事部門負責薪資發放工作
   (D) 利用電腦來統計加班時數

5. 有關薪工交易存在之控制測試的抽樣單位通常為：
   (A) 員工表格
   (B) 員工人事紀錄
   (C) 計時卡或計工單
   (D) 薪資登記簿分錄

6. 將薪資給付淨額存於資料儲存媒體，交由銀行轉入員工帳戶，是那個部門的職責？
   (A) 人事部門
   (B) 資訊部門
   (C) 會計部門
   (D) 出納部門

7. 當查核人員使用測試資料法測試電腦化之薪資系統時，測試資料最可能包括下列那一種情況？
   (A) 含有錯誤工作單號碼 (job numbers) 的工時卡 (time tickets)
   (B) 未經主管核准的加班

(C) 未經員工授權的扣款

(D) 薪資支票未經主管簽名

8. 查核期末應付薪資，下列查核程序何者最為適當？
   (A) 重新計算應付薪資金額
   (B) 核對薪資扣繳憑單
   (C) 對員工發出函證
   (D) 閱讀董事會議紀錄

9. 一般而言，查核薪工循環的交易細節證實測試時會採用：
   (A) 假設偏差率為零之變量抽樣法
   (B) 假設偏差率較大之變量抽樣法
   (C) 假設偏差率為零之屬性抽樣法
   (D) 假設偏差率較大之屬性抽樣法

10. 下列何項錯誤無法由批次控制 (batch control) 偵測出來？
    (A) 電腦操作員在每週的計時卡處理程序中加入假造的員工名單
    (B) 一星期僅工作 5 小時，領到 50 小時的薪資
    (C) 因為某員工的計時卡在從薪資部門轉到資料輸入部門時遺失，所以該員工的計時卡未被處理
    (D) 以上的錯誤都會被偵測出來

11. 於查核應付薪資負債科目時，最重要的兩項科目餘額查核目標為：
    (A) 金額正確性、調節相符 (detail tie-in)
    (B) 完整性、權利與義務
    (C) 完整性、評價
    (D) 正確性、截止

12. 假設以雜項總計確保薪工資料輸入之完整性，下列何者最適宜？
    (A) 薪資總額
    (B) 員工人數
    (C) 總工時
    (D) 借方總額

13. 欲確定員工薪資表上之員工確實係在受查者工作地點實際工作，其最佳的方法是：
    (A) 觀察受查者定期發放薪資支票之情形
    (B) 臨時至工作現場點名
    (C) 查閱人事單位之員工資料
    (D) 查閱會計部門之薪資扣繳申報書

14. 「人力派遣」已為廣泛認可之勞務提供模式。假設甲公司為要派企業 (用人單位)，則查核甲公司派遣員工薪資之合理性時，最應參考下列何項單據？
    (A) 計工單
    (B) 人事異動單
    (C) 人力派遣服務合約
    (D) 員工人事紀錄

15. 在電腦化的薪資系統中，雖然製成品部門員工經核准之工資率是每小時 $7.15，但是每一個員工都領到每小時 $7.45 的工資。下列何項內部控制可以最有效地偵測出此項錯誤？
    (A) 限制可以接觸到人事部門薪資率檔案之人員的存取控制 (access control)
    (B) 由部門領班覆核所有已核准薪資率之變動
    (C) 使用部門之批次控制 (batch control)
    (D) 使用限額測試 (limit test)，比較每一個部門的薪資率與所有員工的最高薪資率

16. 在電腦化的薪資系統中,雖然製成品部門員工經核准之工資率是每小時 $7.15,但是每一個員工都領到每小時 $7.45 的工資。下列何項控制可以最有效地偵測出此項錯誤?
    (A) 限制可以接觸到人事部門薪資率檔案之人員的存取控制 (access control)
    (B) 由部門領班覆核所有已核准薪資率之變動
    (C) 使用部門之批次控制 (batch control)
    (D) 使用限額測試 (limit test),比較每一個部門的薪資率與所有員工的最高薪資率

17. 建設公司以現金支付所僱用臨時工之日薪時,必須有下列何項管控程序?
    (A) 由工地主任保管未領取之薪資
    (B) 編製未領取者清冊
    (C) 開立額外薪資支票帳戶
    (D) 領取日薪之工人須填簽收據

18. 下列何種情況最可能被查核人員懷疑發生薪資作業舞弊?
    (A) 人事部門負責員工薪資之調整
    (B) 員工離職時,人事部門立即以書面方式通知薪工部門
    (C) 員工的計時卡經由直屬主管核准後,才進行發薪作業
    (D) 薪資費用帳列數與預算數之間存有無法合理解釋之重大差異

問答題:

1. 福氣公司是一家已營業了 18 年的製造事業。在這段時間內,這家公司由小型的家族企業成長為一家擁有多部門的中型製造事業。僅管有此成長,但福氣剛開始成立時即採用的程序,於今仍尚在運作。不久前,福氣將其薪工作業電腦化了。

   其薪工作業以如下方式運作。在星期一早上,每名員工會拿到本週的工作時間卡,拿到時填上姓名與編號。這些空白的時間卡就放在工廠入口附近。員工填入當日的到達與離開時間。在下一個星期一,工頭將上週已填寫的工作時間卡收集好送至資料處理部門。

   在資料處理部門,工作時間卡是用來編製每週的工作時間檔案。此檔案與薪工主檔一同處理。主檔是根據員工編製所維護的一個磁帶擋。支票是由電腦以常用的支票帳戶開立,並印有財務長之簽名。在更新完薪工檔案與編製了支票後,這些支票被送至工頭,由其分發給工人,或由其為缺席的工人代領,而等待日後向其補領。由工頭告知資料處理部門其新進離職的員工更動。任何的薪資率變動或其他任何會影響薪工的更動,通常由工頭與資料處理部門聯繫。

   工人每天也要填寫一張分批計工單以記載其從事的個別工作。分批計工單當日收齊送至成本會計部門,在那兒從事成本分配的分析。下列是薪工職能的更進一步分析:

   1. 一名工人每週的總薪資額不會超過 $300。
   2. 工人的加薪率不會超過每小時 $0.55。

3. 每週加班時數不會超過 20 小時。

4. 該工廠的 10 個部門僱用了 150 名工人。

有時該薪工職能無法完善運行，但是自從薪工電腦化後，出現了更多的問題。工頭們表示他們願意每週報告工人的遲到、缺席及閒置情形，以便能確定所損失的生產時數及其理由。下列是在過去幾個支付期間內所遭遇的錯誤與不一致情形：

1. 一名工人在填寫計時卡時將其編號顛倒了二個數字，以致其支票未適當處理。

2. 一名工人在其工資應是 $153.81 而其支票面額是 $1,531.80。

3. 直到工頭在分發支票時，才發現一名工人的支票完全沒有被處理。

4. 因為磁帶轉輪轉到錯誤的磁帶迴路上，將部分的薪工主檔當作供應隨意使用的磁帶使用，而使主檔受到破壞。資料處理部門嘗試從原始憑證與其它記錄重新建立起這部分的檔案。

5. 一名工人收到一張其金額顯然高於其應有薪資的支票。進一步的調查顯示，其工作時數 48 小時被打成 84 小時。

6. 許多個薪工主檔中的紀錄被跳過了，並且未包括在已更新的薪工主檔中。過了許多個支付期間尚未發現此項錯誤。

7. 在處理非常規則性的變動時，一名操作員將其一名工廠中的朋友的工資率加上去。此發現是另一名員工在無意中發現的。

試問：

請評論上述薪工作業的控制缺失，並請提出改進建議。

2. 下列「情況」摘錄自某公司人事部門的作業查核報告：

情況 1：	公司的薪資由人事部門編製。
情況 2：	公司的人事經理是業主的兒子，他具有人事業務一年的經驗。
情況 3：	薪資支票的分發由人事部門來做。
情況 4：	人事部門對所有的人事紀錄作每季測試以保證所有必須的文件皆已具備。
情況 5：	人員僱用僅當收到使用者部門的請求時，才由人事部門開始作業。此請求必須由使用者部門的經理或副理簽名。
情況 6：	當人事部門收到支援特定人事行動的文件時，某人事部職員會被指派對被影響檔案作改變的任務。沒有任何人於任何時間會被指派查證分錄已正確地謄錄。

內部稽核員工編製對該報告的「建議」時，下列控制將被使用：(1) 人員的能力及正直；(2) 不適當職能分工；(3) 活動的執行；(4) 事件的適當紀錄；(5) 對資產適當的接近限制；(6) 比較現存紀錄與所需紀錄。內部稽核員註釋這些控制是由所指出的六項狀況導出。

試問：

(1) 確認最直接導出的控制，每個情況用一項政策或程序並勿重覆。

(2) 說明控制是否被情況所違背。

(3) 若控制被違背，試述該違背的可能後果。

(4) 若控制被違背，為各該違背提出改正的行動。

3. 下列為涉及薪資及人事循環之二種舞弊事件：

(1) 編列薪資表的職員捏造虛假員工的薪資資料，並讓這些薪資直接撥入自己的銀行帳戶中。

(2) 員工每個月都在工時卡中虛增 10 個小時的加班時數。

試回答下列問題：(每一事件請單獨考慮)

(1) 上述舞弊各係違反何種交易相關之聲明。

(2) 對上述舞弊，各寫出一項可以預防或偵測的內部控制。

(3) 對您在 (2) 所回答的內部控制，各設計一項控制測試以評估該項控制措施是否有效運作。

(4) 對上述舞弊，各寫出一項可以測試該交易之證實程序。

Chapter 16 籌資與投資循環的查核

16.1 前言

　　第十二章至第十五章所討論之交易循環主要是與企業的營業活動 (operation activities) 有關，本章將對企業籌資活動 (finance activities) 及投資活動 (investment activities) 相關交易的查核進行討論。籌資和投資循環 (finance and investment cycle) 即涉及企業籌措資金的來源及資金運用的交易。從資產負債表的角度來看，籌資活動影響其右邊的狀態，如依企業籌措資金來源的不同，可分為自有資金 (權益) 及借入資金 (負債)(不包括因營業活動所產生不附息之負債，如應付帳款、應付費用等)；如依企業所籌措資金可運用時間之不同，可分為短期資金 (流動附息負債) 及長期資金 (長期負債加權益)。而投資活動則影響資產負債表左邊的狀態，顯示企業運用資金的方式，即企業將所取得資金分配到各項資源的情況 (但不包括營業活動所產生之資產)。多數的流動資產、不動產、廠房及設備 (包括營業活動所需之長期性資產) 及不附息之流動負債均為企業營業活動所必須投入之資源〔流動資產減流動負債為營運資金 (working capital)，故將不附息之流動負債視為營業活動所產生之義務〕。而其他部分之資產則是企業對非營業活動所投入之資源，如有價證券之投資、投資性不動產之投資等。營業活動所必須投入資源之查核，已於銷貨與收款循環、採購與付款循環中討論過，故本章不再贅述。**本章有關投資交易之查核將著重在非營業活動所作之投資，如金融資產之投資、長期股權投資等。**

　　依照前述各章說明其他交易循環查核的架構，16.2 節首先將說明籌資與投資循環相關的會計科目、主要風險及查核策略。查核程序與查核目標息息相關，因此在討論查核規劃之前，16.3 節將先說明籌資與投資循環相關的查核目標 (個別項目聲明)。16.4 節則討論藉由瞭解受查者及其環境、適用之財務報導架構及內部控制制度，以辨認及評估與該循環相關之財務報表整體及個別項目聲明層級之重大不實表達風險，即籌資與投資循環相關的風險評估程序。由於在一般情況下，籌資與投資交易金額雖然可能具重大性，惟交易的頻率通常不高，基於查核效率的考量，查核人員通常會採用證實方式的查核策略，故本章不擬探討籌資與投資循環相關控制測試的規劃，即直接探討籌資與投資循環相關證實程序的規劃，因此，本章最後於 16.5 節說明籌資與投資循環相關的進一步查核程序——證實程序之規劃。

16.2 籌資與投資循環相關的會計科目、主要風險及查核策略

誠如前述，本章籌資與投資循環之討論主要著重於企業籌措資金及非營業活動所作之投資，因此該等循環所涉及之會計科目主要與權益、附息負債及有價證券投資相關之會計科目。茲將籌資與投資循環相關的會計科目彙整於圖表 16.1。

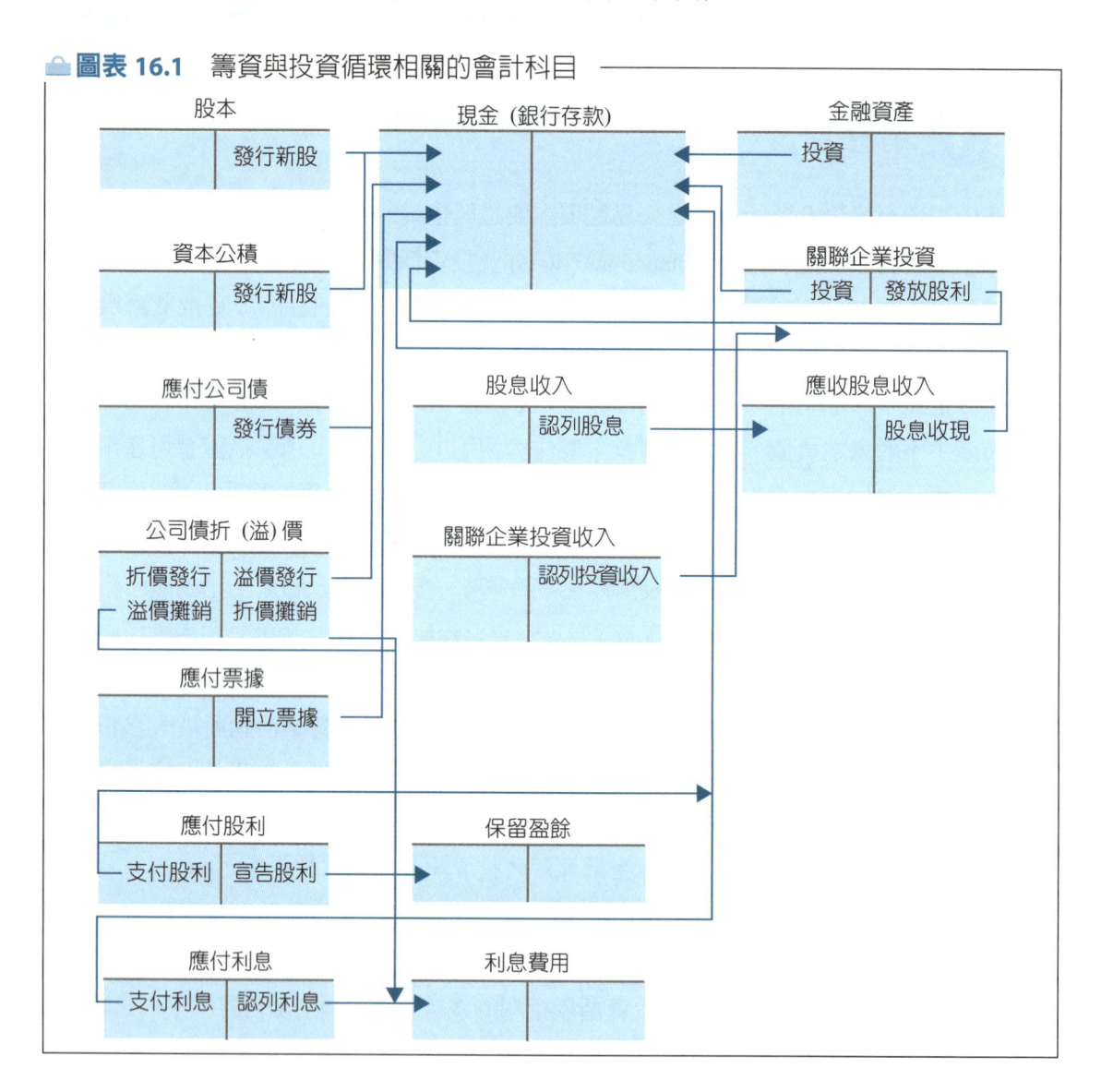

圖表 16.1 籌資與投資循環相關的會計科目

股本	現金（銀行存款）	金融資產
發行新股		投資

資本公積		關聯企業投資
發行新股		投資 ｜ 發放股利

應付公司債	股息收入	應收股息收入
發行債券	認列股息	股息收現

公司債折(溢)價	關聯企業投資收入	
折價發行 ｜ 溢價發行	認列投資收入	
溢價攤銷 ｜ 折價攤銷		

應付票據
開立票據

應付股利	保留盈餘
支付股利 ｜ 宣告股利	

應付利息	利息費用
支付利息 ｜ 認列利息	

籌資活動主要涉及企業發行股票、公司債及應付票據(如商業本票等)籌措其所需之資金。當企業發行股票時，股本、資本公積(有發行溢價時)及現金即會增加；當企業發行公司債時，應付公司債、公司債折溢價(有發行折、溢價時)及現金即會增加；當企業開立應付票據舉債時，應付票據及現金即會增加。然而，企業籌資後，必有其相關的成本，當企業宣布發放現金股利時，應付股利會增加，但保留盈餘會減少；當企業支付

現金股利時，則應付股利及現金皆會減少。當企業以債籌資(公司債及應付票據)時，即應按照應計基礎認列利息費用及應付利息，包括公司債折溢價的攤銷；當企業實際支付利息時，則應付利息及現金則皆會減少。股本及債務的退還及清償，與籌措時所影響的會計科目類似，故不再贅述。

本章所討論之投資活動主要著重於有價證券之投資，為了方便表達，圖表 16.1 將該等投資分類為關聯企業投資及金融資產投資。前者係指以權益法記錄之股票投資，後者則包括以成本或公允價值衡量之股票或債券的投資。當企業投資於關聯企業時，關聯企業投資會增加，但現金會減少；隨後企業於每一會計期間應根據關聯企業的獲利狀況，認列關聯企業投資收益份額，並調整關聯企業投資及關聯企業投資損益項目；如關聯企業有發放現金股利，則企業應依其可收取之現金股利份額，減少關聯企業投資項目，並增加現金。當企業投資金融資產時，金融資產會增加，但現金會減少；隨後所投資之有價證券若有發放股息或利息，則認列為股息收入或利息收入；期末續後衡量時，則依所適用之財務報導架構，按成本模式或公允價值模式認列評價利益或損失 (列入損益或綜合損益)，並調整相關之金融資產項目。

企業籌資活動與企業的資本結構息息相關，健全的資本結構使企業較可承擔營業、投資及籌資活動上的風險，並較能應付來自其他外界的衝擊。籌資活動所涉及的金額通常係屬重大，且涉及債權人及所有權人的利益，因此籌資活動的交易在質與量方面，對公司之資產負債表來說均屬重要。股票的發行與盈餘的保留，常因作業的適當性而產生重大的爭議；公司債的發行及長期貸款，在時機與利率上常因作業的疏忽而使企業付出慘重的代價，且債務契約常對借款人的財務資訊訂定約束之特定條件 (如流動比率或負債比率應維持在一定比率之上)，該等條件往往亦是誘發管理階層財務報表舞弊的因素。因此，一般而言，*籌資活動交易相關之固有風險較高*。

至於在投資活動方面，一般而言，金融資產之投資，其主要的目的乃在於閒置現金的運用，作為現金的預備，以賺取較高的報酬，通常此種類型的有價證券投資，對企業營運上並不具重要性。但對於關聯企業的股權投資，其目的乃希望長期持有該證券，以獲取長期性之利益，或強化與被投資公司間之關係 (如建立策略聯盟關係)，甚或藉以影響被投資公司之重要決策，此種類型之有價證券投資，通常其金額對綜合損益表及資產負債表的影響均屬重要。然而，企業與關聯企業之間的交易 (屬關係人交易的一種)，往往也是財務報表不實表達的來源之一。因此，此類*投資活動交易相關之固有風險亦較高*。

雖然籌資及投資 (尤其是關聯企業的股權投資) 的固有風險較高，但由於金額可能重大，又常與法規的遵循有關，企業多會對相關交易建立較完善的內部控制制度，以防止與偵查籌資與投資循環相關的錯誤及舞弊。*惟從查核人員的角度，一般而言，受查者籌資及投資循環相關的交易金額可能雖屬重大，但交易次數通常較少，致相關交易雖有較*

高的固有風險及健全的內部控制制度(即較低的控制風險)，惟在查核策略上，多會採用證實方式，而非併用方式；即查核人員通常僅對內部控制制度進行瞭解，但不執行控制測試(控制風險訂為 100%)，完全依賴證實程序取得足夠及適切之查核證據，以作為查核意見之基礎。

16.3 籌資與投資循環相關的查核目標

為了引導查核人員對籌資與投資循環相關會計科目的查核規劃與執行，由五大聲明所衍生之交易類別、科目餘額及揭露事項相關之查核目標將提供更具體的指引。因此，在進一步說明籌資與投資循環相關之風險評估程序及進一步查核程序之前，本節將先彙整籌資與投資循環相關會計科目與上述三類的查核目標。茲將該籌資與投資循環之交易類別、帳戶餘額，以及揭露相關之查核目標分別彙整於圖表 16.2 及圖表 16.3。圖表中之 EO 代表存在或發生，C 代表完整性，RO 代表權利與義務，VA 代表評價或分攤，PD 代表表達與揭露。

圖表 16.2　籌資循環相關的查核目標

交易類別、事件與揭露相關之查核目標	
發生	記錄的權益、負債、股利及利息費用代表當年實際發生的交易所產生 (EO)。
完整性	所有在當期發生的權益、負債及利息費用交易均被記錄 (C)。
正確性	權益、負債及利息費用交易，已依所適用之財務報導架構正確地衡量，並正確地記錄、彙整及過帳 (VA)。
截止	所有權益、負債及利息費用交易被記錄於正確的會計期間 (EO 及 C)。
分類與表達	所有權益、負債及利息費用交易已被分類至適當的會計科目，包括綜合損益表及資產負債表中之適當會計科目，並且揭露的資訊能被財務報表使用者所瞭解 (PD)。 所有應包括在財務報表內與權益及負債相關之揭露，已全部被納入財務報表中 (PD)。
科目餘額與揭露相關之查核目標	
存在	記錄的權益及負債於資產負債表日確實存在 (EO)。
權利與義務	權益餘額為資產負債表日股東對受查者淨資產之法定請求權 (RO)。所有帳列的長期債務餘額為受查者的義務 (RO)。
完整性	所有的權益及負債於資產負債表日已被記錄 (C)。
評價與分攤	債務和權益之餘額已依照所適用之財務報導架構適當地加以衡量 (VA)。
分類與表達	與權益及負債相關揭露之資訊，被正確地以適當金額揭露 (PD)。

圖表 16.3　投資循環相關的查核目標

交易類別、事件與揭露相關之查核目標	
發生	記錄購入及售出有價證券投資的交易事項，投資收益、記入損益及其他綜合損益之衡量損益，皆源自於當期實際所發生之交易與事件 (EO)。
完整性	該期間所有投資交易，如購入、售出及投資收益損失等相關交易事項的影響，皆已全部記錄於會計紀錄 (C)。
正確性	有價證券投資的購入及售出、投資收益損失等相關交易事項，已依照所適用之財務報導架構，並皆已正確地記錄、彙整、過帳及說明 (VA)。
截止	有價證券投資的購入及售出、投資收益損失等相關交易事項，皆已記錄於正確的會計期間 (EO 及 C)。
分類與表達	有價證券投資的購入及售出、投資收益損失等相關交易事項，皆已正確地記錄於適當會計科目 (PD)。 所有有價證券投資相關之資訊，均已適當分類及敘述，且相關說明能被財務報表使用者所瞭解 (PD)。
科目餘額與揭露相關之查核目標	
存在	帳載有價證券投資項目，於資產負債表日確實存在 (EO)。
權利與義務	受查者擁有帳載有價證券投資之所有權 (RO)。
完整性	所有有價證券投資及其相關之投資收益損失，皆已包含於資產負債表及綜合損益表內 (C)。
評價與分攤	有價證券投資於資產負債表上，已依照所適用之財務報導架構，正確的以成本模式或公允價值模式衡量相關之會計科目 (VA)。
分類與表達	有價證券投資相關之揭露，已依正確之金額揭露 (PD)。

16.4 籌資與投資循環相關的風險評估程序

對籌資與投資循環相關之個別項目聲明進行瞭解後，接下來查核人員便必須執行風險評估程序，以辨認及評估財務報表整體與個別項目聲明兩個層級的重大不實表達風險 (包括舞弊的風險)。財務報表整體不實表達風險，查核人員將以整體查核策略予以因應，以協助會計師決定查核所需運用之資源、資源配置、查核時機，以及查核資源之管理、運用與監督。個別項目聲明之不實表達風險，查核人員將以查核計畫予以因應，查核計畫主要涵蓋風險評估程序及進一步查核程序的規劃。

風險評估程序主要是藉由瞭解受查者及其環境、適用之財務報導架構及內部控制制度，辨認及評估相關之固有風險及為評估控制風險做準備。以下將針對辨認及評估籌資與投資循環相關之固有風險及對內部控制制度進行瞭解加以說明。

16.4.1 辨認及評估籌資與投資循環相關之固有風險

在辨認及評估與籌資活動相關之固有風險方面，一般而言，籌資交易並不頻繁，且多須董事會核准，管理階層亦多參與執行，如果受查者係以發行股票或公司債募集資金，更須依法規向證券主管機關核准發行，甚至將證券發行、股務、股利及本金利息的支付交由外部獨立第三者(如金融機構)代為處理。因此，此類交易的發生及存在、權利及義務、評價及分攤等聲明之固有風險並不高。然而，籌資活動相關之固有風險主要與完整性聲明有關，主要原因為受查者可能會蓄意或非故意地漏列若干的負債，例如，利用資產負債表外融資的方式(如，故意將融資租賃安排為營業租賃，或將應收帳款抵押融資以應收帳款出售處理)。此外，當受查者有發行混合負債及權益性質的籌資工具時，如可轉換公司債及可轉換特別股，由於此等混合型籌資工具，須透過估計將混合型籌資工具分類為負債及權益，故分類(屬表達與揭露聲明)不適當的固有風險即會增加。

誠如本書前幾章所述，查核人員於辨認及評估固有風險時，使用分析性程序，通常是具有成本效益的程序。圖表 16.4 彙整常應用於籌資活動的分析性程序，以及其計算方式與其查核意義。

圖表 16.4 常用於籌資活動之分析性程序

分析性程序	計算方式	查核意義
自由運用的現金流量	營運活動現金流量－資本支出	負的自由運用現金流量表示受查者對現金及約當現金的需求，也可用以評估股利政策的適當性。
附息債務對總資產比	附息債務／總資產	與前期或同產業比較，可提供受查者的財務槓桿之合理性資訊，亦可用以評估受查者財務風險的大小。
權益對總資產比	權益／總資產	同上。
資產報酬率和債務增額成本之比較	資產報酬率是否大於債務增額成本？資產報酬率＝{淨利＋[利息×(1－稅率)]}／平均總資產	可用以評估受查者舉債的效益及財務風險。如資產報酬率高於債務增額成本，則代表受查者可用債務融資以擴大其獲利能力，亦代表其財務風險較小。
普通股權益報酬率	(淨利－特別股股利)／平均普通股權益	提供受查者在目前的盈餘及財務結構下，權益報酬之合理性。
營運活動現金流量對流動負債及股利比	營運活動現金流量／(流動負債＋股利)	用以評估受查者滿足其短期融資義務之能力，小於 1 可能代表受查者有潛在流動性的問題。
利息保障倍數	稅前息前淨利／(利息費用＋資本化利息)	評估受查者獲利承擔債務成本之能力，小於 1 代表受查者所賺取之盈餘不足支應融資成本，亦代表其有較高的財務風險。
利息費用對附息債務	(利息費用＋資本化利息)／平均附息債務	與受查者平均債務資本成本比較，以評估帳列利息費用之合理性。

在辨認及評估與投資活動相關之固有風險方面，有價證券投資的固有風險受下列因素影響：

1. 對一般買賣業或製造業而言，有價證券投資交易的數量很少。
2. 有價證券遭竊或盜用的風險較高。
3. 會計處理可能相當複雜。例如，關聯企業投資在權益法下，有關投資成本超過帳面價值之處理；金融資產依其持有目的及是否有公允價值等條件，有不同的分類及會計處理〔如持有至到期日之金融資產、依成本衡量之金融資產、透過損益按公允價值衡量之金融資產、備供出售 (透過其他綜合損益按公允價值衡量) 之金融資產〕，尤其在公允價值無法客觀決定下，公允價值的決定往往具有爭議性。也因其會計處理的複雜性，往往給予管理階層操縱有價證券報導的機會。

由於上述各項因素，使得有價證券投資相關的評價與分攤，以及表達與揭露等聲明之固有風險相對較高。

圖表 16.5 彙整常應用於有關有價證券投資的分析性程序，以及其計算方式與其查核意義。

圖表 16.5　常用於有價證券投資之分析性程序

分析性程序	計算方式	查核意義
關聯企業投資對資產總額比率	關聯企業投資／資產總額	與前期相比較，以評估當期關聯企業投資是否有異常變動及其合理性。
關聯企業投資獲利率	關聯企業投資利益／平均關聯企業投資	與前期關聯企業投資損益比較，是否有異常變動及其合理性。
金融資產投資報酬率	各類金融資產投資損益／各類金融資產投資金額	各類金融資產投資報酬率與前期比較，或與其他適當的標杆比較，以評估認列之投資損益之合理性。

16.4.2　籌資與投資循環相關內部控制制度之瞭解

風險評估程序另一部分為對內部控制制度進行瞭解。不論查核人員採用併用方式或證實方式，皆應對內部控制制度五大要素：控制環境、受查者之風險評估流程、受查者監督內部控制制度之流程、資訊系統及溝通、控制作業進行瞭解。惟誠如 16.2 節所述，一般而言，受查者籌資及投資循環相關的交易金額可能雖屬重大，但交易次數通常較少，致相關交易雖有較高的固有風險及健全的內部控制制度 (即較低的控制風險)，惟在查核策略上，多會採用證實方式，而非併用方式；即查核人員僅對內部控制制度進行瞭解，但不執行控制測試 (控制風險訂為 100%)，可能對每一筆交易執行證實程序，尤其是細

項測試，以取得足夠及適切之查核證據，以作為查核意見之基礎。

因此，本節將針對內部控制制度五大要素中與籌資及投資循環相關之部分做簡要的說明。

1. 控制環境

因籌資及投資循環相關的交易多屬非例行性交易，且個別交易金額可能係屬重大，查核人員應特別注意相關交易董事會的授權、交易執行的職能分工及治理單位(如審計委員會或監察人)的監督是否良好。此外，管理階層的誠信及經營哲學會影響企業的財務風險及結構，查核人員亦應加以瞭解。最後，董事會及管理階層是否設置較獨立的專責單位或人員(如投資評鑑委員會)定期複核績效，檢討不良的投資績效，以及偵測與投資相關可能的重大不實表達，亦是查核人員瞭解控制環境時，可以注意的重要層面。

2. 受查者之風險評估流程

查核人員應瞭解受查者管理階層如何辨認及評估籌資及投資循環中可能產生與財務報表不實表達相關的風險，以及其各項風險的因應程序。例如，管理階層如何辨認、評估及因應漏列負債(包括資產負債表外的融資)的風險；管理階層如何辨認、評估及因應有價證券被盜賣的風險，以及金融資產分類及續後衡量發生不實表達的風險，尤其是採用公允價值模式衡量但卻無明確公允價值可供參考時。此外，如受查者有關聯企業投資時，投資成本超過帳面價值之處理所產生不實表達亦應加以瞭解。

3. 受查者監督內部控制制度之流程

查核人員宜注意受查者董事會及其管理階層是否有定期地檢討或評估籌資及投資活動的成本效益、相關控制缺失及會計處理的不當，並針對所發現的錯誤或舞弊做出適當的因應措施。

4. 資訊系統及溝通

在籌資交易的會計制度方面，查核人員瞭解的重點在於受查者設置應付公司債及股本持有者明細帳的情況，以及受查者是否將應付公司債及股務相關的業務委託獨立的機構處理。

在投資交易的會計制度方面，查核人員瞭解的重點在於受查者資訊及溝通系統如何掌握、保存及記錄有價證券取得，以及續後衡量所有必要的成本、公允價值與其他有關有價證券會計處理所必要之資訊，且是否為各類投資設置適當的明細帳。

5. 控制作業

誠如前述，一般企業的籌資交易筆數不多，但金額通常是重大的，查核人員在瞭解其相關之控制作業時，應特別瞭解下列相關之控制作業：

(1) 核准公司債及股票，重大的籌資交易(債務、債券或股票的核准與發行)，通常需要董事會依照企業策略規劃及投資計畫核准籌資交易。

(2) 發行公司債及股票，上市(櫃)公司發行公司債及股票籌資於董事會核准後，會委託金融機構依相關法規代為發行公司債及股票作業，將發行所募得之資金悉數存入銀行，並為投資人適當地保管相關的公司債及股票。如果是一般的借款，如向銀行貸款，查核人員則應瞭解受查者借款申請的流程，是否可有效地防止或偵出相關的錯誤或舞弊。

(3) 發放公司債利息及股利，公司債利息的發放應依公司債載明的金額及日期發放；股利的發放則由董事會決議，並授權管理階層發放。例行性的利息及股利的給付控制，一般而言，是依照付款循環中相關內部作業流程控管。如果受查者將公司債利息及股利的支付交由獨立的機構代為處理，查核人員應特別注意是否經董事會的授權。

(4) 買回公司債及股票，提前贖回公司債及庫藏股票的購回，與核准公司債及股票的發行一樣，皆為公司重大的籌資決策，查核人員應瞭解此種交易是否經董事會核准、是否依董事會的決議執行，以及購回庫藏股票如何保管。

(5) 記錄相關交易，交易應根據支持的文件及授權，按其金額、分類及會計期間正確記錄；執行和記錄籌資交易的職能應分開；定期獨立驗證明細帳是否與總分類帳餘額相符。如果有必要時，可向受查者委託代為處理相關交易之金融機構進行函證。

查核人員在瞭解其有價證券投資相關之控制作業時，則應特別瞭解下列相關之控制作業：

(1) 投資交易的授權，受查者應建立有價證券投資及處分的授權程序，以確保每一筆有價證券的投資及處分，皆經適當的管理階層核准後才進行交易。

(2) 有價證券的收受及保管，如果受查者所投資之有價證券為上市(櫃)公司所發行的有價證券，購買之有價證券通常係由受查者委託交易證券經紀商代為收受及保管，在此情況下，有價證券的收受及保管較不易發生錯誤及舞弊。在其他情況下，受查者仍可能自行收受及保管所購買之有價證券，此時受查者則必須有良好的實體控制，如存放於保險箱，並建立適當的存取控制(access control)程序，以確保唯有經授權之人員才能接觸有價證券。最後，亦應建立定期檢視及盤點有價證券，並與帳上紀錄做比較的控制程序。在收到股利與利息收入支票方面，若證券係由證券經紀商保管，股利與利息收入會由經紀商直接存入受查者之銀行帳戶(供證券交易專用之銀行帳戶)。若股利與利息收入支票直接寄予受查者，則應依收款循環之控制流程，儘快存入受查者之銀行帳戶。

(3) 交易的紀錄，受查者應設置專責單位或人員(如由具備投資專業及會計知識者組成

之投資評估委員會或內部稽核人員)複核下列有關有價證券交易紀錄的正確性：

① 購買、出售及收益，交易須依適當的證明文件紀錄，交易紀錄與保管證券之職務應予分開。以證券經紀商通知書上的資訊，比對帳上的交易紀錄，可達成查核目標中的「存在、正確性」及「截止」等目的。此外，有關購買、出售有價證券及相關收益之交易，亦同時涉及現金之支付及收款，受查者亦應檢視現金支出及收入循環中，有關會計紀錄相關的控制流程。

② 續後衡量與重分類。有價證券續後衡量須依有價證券的性質及持有目的做分類及續後衡量，當與投資分類有關之情況發生改變時，又必須進行重分類，有其複雜性。此外，當有價證券續後衡量係採公允價值模式，但卻無明確的公開市價可供參考時，公允價值的決定較易產生爭議，更增相關會計處理的複雜性。因此，受查者應建立相關程序定期地分析，並記錄相關之變動。

16.5 籌資與投資循環相關的進一步查核程序──證實程序之規劃

誠如前述，因籌資與投資循環相關交易的筆數通常並不頻繁，儘管其交易的金額可能具重大性，查核人員通常還是會採用證實方式，而非併用方式，規劃相關的查核計畫；即查核人員將依賴證實程序以獲取相關之查核證據，對內部控制制度僅進行瞭解，但不執行控制測試。因此，本章並不討論籌資與投資循環相關控制測試的規劃，僅就相關證實程序的規劃進行探討。

本節將分別針對籌資與投資活動主要會計科目證實程序之規劃進行說明，由於籌資與投資活動交易的性質仍有許多差異，故本節將分為兩小節分別說明籌資活動及投資活動主要會計科目證實程序之規劃。

16.5.1 籌資活動主要會計科目證實程序之規劃

本節所討論的主要籌資交易類別有兩類：一為債務交易，包括來自公司債、抵押借款及應付票據所取得之款項及相關本金及利息的償付。另一則為權益交易，包括普通股及特別股的發行與贖回、庫藏股票交易及股利的支付等。

在規劃籌資活動相關會計科目之證實程序時，因為在既定的查核風險且查核人員不依賴相關之內部控制制度(即假設不實表達風險較高)下，個別項目聲明所設定的可接受偵查風險會較低；又因為查核人員通常會百分之百查核相關的交易，故相關項目可容忍不實表達(tolerable misstatement)會設定在較低的水準。因此，查核的主要方法是依賴細項測試，而且對籌資活動的多數交易而言，該等交易是否經過適當的授權，將是查核人

員的查核重點。以下針對債務交易及權益交易的證實程序加以說明。

16.5.1.1 債務交易的證實程序

證實程序包括證實分析性程序及細項測試，儘管債務交易的查核主要係依賴細項測試，但證實分析性程序仍能提供查核人員於執行細項測試前應特別注意之處。至於細項測試，查核人員主要依賴：(1) 取得及複核原始文件 (即檢查)，如取得及複核長期負債的授權文件和合約；(2) 函證債務 (即函證)，如向債權人或獨立債券委辦機構發函詢證相關事項；(3) 重新計算利息 (即驗算)，以取得債務相關會計科目餘額及表達與揭露相關聲明之查核證據。

有關債務交易常用之證實分析性程序，與風險評估程序所使用之分析性程序相同，如圖表 16.4，故不再贅述。本小節的重點將著重於細項測試的說明，以下針對細項測試，查核人員主要依賴的查核方式加以說明。

1. 取得及複核原始文件

取得及複核原始文件之前，查核人員必須取得或編製各類負債帳戶的分析表，該表應列明每一筆負債期初餘額、本期的變動數、期末餘額，以及應付利息期初餘額、本期利息費用、已付利息，以及應付利息的期末餘額。以應付票據為例，將應付票據之分析表列示於圖表 16.6，其他負債帳戶的分析表亦可比照類似的格式加以修改後編製 (如果是公司債分析表，可能須加入折溢價攤銷的欄位)。

圖表 16.6　應付票據分析表

X2 年 12 月 31 日

	日期			本金金額				應付利息金額				
借款人	開票	到期	利率 %	期初	增加	償還	期末	期初	利息	支付	期末	抵押品
A 銀行	9/30/X1	9/30/X2	9.5	$10,000		$10,000	$0	$238	$712	$950	$0	存貨
B 銀行	9/30/X2	9/30/X3	10	0	$10,000		10,000	0	250	0	250	存貨
C 銀行	10/30/X2	10/30/X3	10	0	10,000		10,000	0	167	0	167	機器
				$10,000	$20,000	–	$20,000	$238	$1,129	$950	$417	

取得或編製各類負債帳戶的分析表後，查核人員即可得知當年度新增的每一筆債務，進而根據每一筆新增債務追查相關的授權及合約。新增債務授權的證據，一般而言，可從董事會議事錄中獲得，查核人員通常會將相關董事會議事錄及借款合約保存於永久性工作底稿檔案中，以備後續年度查核的參考。正因為如此，期初已存在的債務，查核人員不用再蒐集其債務的合約及授權的證據 (除非當年度有所變更)。

查核人員於核閱授權文件時，應包括該融資所適用之公司章程條款，以及公司法律

顧問對債務適法性的意見。對合約的複核，也應包括合約書的詳細內容、公司的遵循情況，以及資本租賃下，受查者所應承擔義務的細節。

查核人員於核閱授權文件及合約無誤後，針對新增債務，查核人員應追查至銀行存款(現金)帳戶是否增加新增債務的金額。針對減少之債務，查核人員亦應追查減少之債務是否確實從銀行存款(現金)帳戶支付，若是完全償還則可由檢查已註銷票據或公司債予以確認，若涉及分期付款償還時，則可追查至還款明細表以確認其適當性。當公司債券利息是委由獨立代理機構支付時，則查核人員須複核代理機構支付的報告。逆查上述交易分錄至相關債務項目，可提供存在或發生、完整性、權利和義務，以及評價或分攤四項聲明的證據。惟值得提醒的是，逆查分錄至相關債務項目，不能證明所有負債皆已入帳(即完整性)，該程序只有在逆查借記負債時，有證據顯示減少相關負債的分錄不正當時，方可取得支持完整性聲明的部分查核證據。

2. 函證債務

查核人員可經由直接與貸款人與債券信託人聯繫，以函證負債之存在及其條件。依審計準則公報之規定，查核人員應向受查者往來銀行函證存款、放款、保證及抵(質)押品等相關事項。因此，受查者與銀行間若有應付銀行票據或貸款，則可藉由銀行函證，獲得相關之查核證據。而其他與非金融機構的借款，如有必要時，查核人員亦可向票據持有人或貸款人發函詢證。應付公司債之存在通常可直接向信託機構函證。每封詢證函須包含對債務之現狀和當年度交易之詢問，並將所有詢證回函取得之資訊與帳上紀錄進行比較，並對其間的任何差異進行調查。惟值得提醒的是，詢證函應由受查者以詢問者的身分編製，而由查核人員核對後直接寄發，函證時應注意事項及範例，請參閱第五章有關函證之討論。

3. 重新計算利息

查核人員從各負債帳戶分析表，即可輕易取得利息費用和應付利息的證據。查核人員取得受查者編製之分析表後，即可重新驗算受查者利息費用計算的正確性，並追查每筆利息支付至佐證的憑單(如已付訖支票及函證回函)，即可驗證期末應付利息餘額的正確性(應付利息期末餘額＝應付利息期初餘額＋本期利息費用－本期利息支付)。涉及公司債利息費用和應付利息的查核時，查核人員應檢查已註銷的息票，並將其與已付款金額與公司債發行折(溢)價攤銷進行調節。當公司債發行有折(溢)價時，查核人員應複核受查者編製之折(溢)價攤銷表，並驗算其正確性，用以驗證帳載折(溢)價餘額及攤銷數的正確性。該等測試主要是針對利息費用和應付利息之存在或發生、評價或分攤及完整性聲明提供相關證據。此外，該測試亦為應付利息之權利和義務聲明提供證據。

為了讓讀者對負債的查核程序有更具體及詳細的瞭解，圖表16.7列示查核負債時執行格式的查核計畫，以及每一查核程序相關之聲明。

圖表 16.7　負債之證實程序查核計畫

查核程序	EO	C	RO	VA	PD	底稿索引
一、科目餘額之核對與調節						
(1) 取得或編製負債相關帳戶之分析表，並驗算其正確性。				✓		
(2) 追查負債相關帳戶之分析表之金額與帳載金額、財務報表的金額是否相符，並與明細分類帳相調節。				✓		
二、執行證實分析性程序						
(1) 執行圖表 16.4 所例示適當之證實分析性程序。	✓	✓	✓	✓		
三、負債期末餘額查核						
(1) 取得並檢查每一筆新增債務的授權文件及合約。審閱董事會議事錄有關籌資之決議。	✓		✓	✓	✓	
(2) 詳細檢視借款合約，查明借款性質、利率、償還期限、重要約定條件及擔保情形。	✓		✓	✓	✓	
(3) 檢查相關債務的憑證，如應付公司債存根和應付長期票據副本。	✓					
(4) 負債如係向股東、員工及關係人借入，應查明其性質、償還期限及有無支付利息。	✓		✓		✓	
(5) 查明新增債務是否已存入銀行帳戶。	✓			✓		
(6) 查明負債之應付利息是否已列帳，並查明本期支付之利息是否已支付。	✓	✓	✓	✓	✓	
(7) 負債是否已依現值衡量；負債須以外幣償還者，是否已依適當之匯率換算，並認列匯兌損益。				✓		
(8) 向債權人函證其借款餘額、付息及抵(質)押的情形。	✓		✓	✓		
(9) 複核財務報表結束日後償付或新增之債務。		✓				
(10) 查明負債是否有漏列之情事。例如，查核利息支出，並將本金與帳列數相核對，以瞭解有無僅支付利息，而無借款之情事；與銀行函證比較，檢查有無漏列金融機構借款之情形。		✓				
四、負債之表達與揭露						
(1) 是否依適用之財務報導架構將負債做適當的分類(流動及非流動負債之分類)。					✓	
(2) 負債須以外幣償還者，應列註其幣別及兌換率。					✓	
(3) 向股東、員工及關係人之借款，應查明其性質、償還期限、有無支付利息及其他相關資訊。					✓	
(4) 查明各項債務抵(質)押的資訊。					✓	
(5) 確認或有負債及保證負債已充分揭露。					✓	

16.5.1.2　權益交易的證實程序

對公開發行公司與非公開發行公司(多為家族企業)之業主權益的查核有很大的差別。對大多數非公開發行公司而言,每一年度權益相關會計科目的交易通常很少,由於只有少數幾位股東,權益相關的交易可能只有年度損益及宣告股利所造成的權益變動,對許多家族企業而言,甚至很少支付股利。因此,用來查核非公開發行公司權益所花費的時間通常很少,通常查核人員藉由檢查受查者會計紀錄即可達成。

對公開發行公司而言,由於股東人數眾多且持股經常發生變動,所以查核權益相對上就較為複雜。因此,本節的重點將以探討公開發行公司為主,主要涉及的會計科目包括:普通股、資本公積(發行溢價)及保留盈餘(特別股的查核與普通股的查核類似,故不再贅述)。

有關權益交易常用之證實分析性程序,除了圖表 16.4 之比率外,圖表 16.8 彙整其他常用之比率。該等比率的分析可能有助於評估權益餘額的合理性,提供存在或發生、完整性,及評價或分攤聲明相關的部分證據。

圖表 16.8 常用於權益交易之分析性程序

分析性程序	計算方式	查核意義
權益比率	權益／(權益＋總負債)	與過去年度或產業資料相比較,可提供受查者權益比率的合理性。
股利支付率	現金股利 ÷ 淨利	通常高成長公司會有低股利支付率,以便將盈餘再投入到營業活動。故查核人員可用以評估受查者股利發放的合理性。
每股盈餘	淨利 ÷ 加權平均流通在外股數	與過去年度或產業資料相比較,可用以評估受查者每股盈餘的合理性。
持續成長率	普通股權益報酬率 ×(1 － 股利支付率)	可用以評估當受查者獲利力或財務結構不變時,銷售成長率的估計。

在查核權益餘額所使用之細項測試上,查核人員主要依賴:(1) 檢查相關文件;(2) 與外部獨立機構直接溝通,以取得與權益有關聲明的查核證據。以下針對投入股本及保留盈餘的細項測試加以說明。

1. 檢查相關文件

任何權益會計科目的變動均應追查至其相關佐證文件。重要之佐證文件如下:

(1) 公司章程及其施行細則 (articles of incorporation and bylaws),公司章程對股本、保留盈餘及股利的發放會有詳細的規定。因此,對初次受查的案件,查核人員應對其公司章程及施行細則應進行廣泛且詳細的複核,於其工作底稿中記下重要事項,並將公司章程及施行細則保存在永久性工作底稿檔案中。在後續年度的委任案件,

查核人員應詢問管理階層及其法律顧問，以確認公司章程及其施行細則是否有變動(最好能取得兩方之書面答覆)。不同種類的股票在股利宣告和清算上會有不同的限制條款或轉換優先順序，查核人員應檢查每次發行時，是否符合相關條件，並在工作底稿上作適當註明。複核公司章程及其施行細則可用以確定股本發行是否合法，且董事會是否在其授權範圍內行使職權。因此，該測試對存在或發生及權利和義務聲明提供重要的證據。

(2) 董事會議事錄(授權文件)，所有的股票發行、股票購回及股利宣告均須由董事會核准。因此，複核公司的董事會議事錄應能獲得當年度權益交易已獲授權的證據。複核授權文件可取得與存在或發生，以及權利與義務聲明有關之查核證據。

(3) 股東登記帳(stock certificate book)，當受查者並未將股務委託外部獨立機構處理時，本身則必須設置股東登記帳，以記錄股東股票交易過戶的情形。因此，查核人員須檢查股東登記帳以確定：①發行和流通在外的股票存根已適當填寫；②已註銷的證明文件已附在原始存根上；③尚未發行的證明文件均無短缺；④個別股東帳戶當年度中的變動已正確記錄在明細帳中。

在投入股本的查核方面，複核上述佐證文件，除了瞭解該等交易是否經適當授權外，對於股票的新發行，查核人員尚應檢查發行之現金所得的匯款通知書，以確定發行之股本已匯入受查者銀行帳戶。對所發行的股票而言，公開市場報價可用以決定評價的適當性，但如果發行股票之對價並非現金，則查核人員應謹慎評估其評價基礎，必要時可委託評價專家協助。當受查者股票發行附有認股權、認股證、換股計畫或與股票分割時，查核人員則應審慎評估其會計處理的適當性。當受查者有庫藏股票交易發生時，查核人員可在董事會議事錄中的核准文件、支出憑單和已付款支票中取得庫藏股票成本的書面文件。

在保留盈餘的查核方面，除了淨利(損)的過帳外，每一個影響保留盈餘的分錄都應追查至其相關佐證文件。股利宣告和保留盈餘提撥之分錄，應逆查至董事會議事錄、公司章程及其施行細則。在確定發放之適當性時，查核人員應注意下列事項：

(1) 確定股東的發放優先權順序或其他權利，並瞭解股利發放的限制，如債務合約對股利發放的限制。
(2) 確定宣告日流通在外之股數，並經由重新計算以驗證已宣布股利總金額的正確性。
(3) 確定所宣布股利的紀錄分錄之適當性。
(4) 逆查股利的支付至已付款支票和其他文件。

此外，如受查者保留盈餘有前期損益調整的項目，則查核人員須瞭解其原因，並向受查者取得有關前期損益調整的佐證文件。

2. 與外部獨立機構直接溝通

公司股票的發行須獨立的證券商簽證，如果受查者又將股務委託予外部獨立股務處理機構處理時，查核人員則可向該等外部獨立機構函證已核准股數、已發行股數、資產負債表日流通在外的股數、每一個股東所持股份數的證據，以及庫藏股資訊，並將詢證回函與權益相關帳戶相比較。函證程序可取得支持存在或發生、完整性、權利與義務三項聲明有關之查核證據。

藉由檢查相關文件及與外部獨立機構直接溝通的查核程序，查核人員應能依受查者所適用之財務報導架構，評估權益相關會計科目的餘額及表達與揭露是否有重大不實表達。

在財務報表的揭露上，可能包括認股權計畫的細節、積欠股利、面值，及股利和清償優先權順序等，查核人員應注意財務報表是否已充分揭露。此外，當受查者發行同時兼具負債及權益特徵之財務工具時，查核人員須依財務報導架構仔細評估受查者對權益所用分類及揭露的適當性。

為了讓讀者對權益的查核程序有更具體及詳細的瞭解，圖表 16.9 列示查核權益時執行格式的查核計畫，以及每一查核程序相關之聲明。

16.5.2 投資活動主要會計科目證實程序之規劃

本節所討論之投資活動主要著重於有價證券之投資，並將該等投資分類分為關聯企業投資及金融資產，前者係指以權益法記錄之股票投資，後者則包括以成本或公允價值衡量之股票或債券的投資。

一般而言，除了以投資為主要業務的企業外，一般企業有關有價證券投資交易的頻率通常不多，畢竟股東的投資係希望管理階層能投入公司的主要營業活動，如果大量投入有價證券，股東可自行投資，無須透過公司去投資有價證券。因此，在規劃投資活動相關會計科目之證實程序時，查核人員通常會百分之百查核相關的交易，查核的主要方法是依賴細項測試。對投資活動的多數交易而言，該等交易是否經過適當的授權、有價證券的盤點、投資收益的計算及續後衡量，將是查核人員的查核重點。以下針對有價證券之投資的證實程序加以說明。

證實程序包括證實分析性程序及細項測試，儘管有價證券投資交易的查核主要係依賴細項測試，但證實分析性程序仍能提供查核人員於執行細項測試前應特別注意之處。尤其在評估有關投資收益的合理性時特別有用，例如，要評估受查者投資於政府債券、公司債和權益證券之投資收益的合理性時，查核人員可藉由比較同期間市場各類有價證券的績效，評估其帳上所認列各類投資收益之合理性。有關有價證券投資交易常用之證實分析性程序，與風險評估程序所使用之分析性程序相同，如圖表 16.5，故不再贅述。

圖表 16.9　權益之證實程序查核計畫

查核程序	EO	C	RO	VA	PD	底稿索引
一、科目餘額之核對與調節						
(1) 取得股東登記帳，驗算股份數和股本金額，且與分類帳及財務報表上的金額核對。				✓		
(2) 分析資本公積及保留盈餘本期變動情形，並核對帳冊。				✓		
二、執行證實分析性程序						
(1) 執行圖表 16.4 及圖表 16.8 所列示適當之證實分析性程序	✓	✓	✓	✓		
三、權益期末餘額查核						
(1) 複核公司章程及其施行細則，或詢問管理階層及受查者之法律顧問，以確定公司章程及其施行細則是否有變動。	✓		✓		✓	
(2) 複核董事會議事錄有關資本增減、股利發放之紀錄。	✓	✓	✓	✓	✓	
(3) 查明登記股本及實收股本，若採分次發行者應查核發行之情形，若發行特別股者應查明其發行條件，並查明新發行之股本已匯入受查者銀行帳戶。	✓	✓	✓	✓	✓	
(4) 向獨立簽證機構和股務代理商函證股票已核准股數、已發行股數、資產負債表日流通在外的股數、每一個股東所持股份數的證據，以及庫藏股資訊。	✓	✓	✓	✓	✓	
(5) 如有庫藏股票交易，應複核相關文件，執行盤點或函證，並查明其會計處理是否適當。	✓		✓	✓	✓	
(6) 保留盈餘如有前期損益調整的項目，則須瞭解其原因，並向受查者取得有關前期損益調整的佐證文件。	✓			✓		
(7) 查明法定公積有無依公司法規定提列。	✓				✓	
(8) 如有員工認股權，應查明其會計處理的適當性。	✓			✓		
四、權益之表達與揭露						
(1) 股本面值、發行變動之資訊是否已適當揭露。					✓	
(2) 限制股利分配的情形是否已適當揭露。					✓	
(3) 如有員工認股權，應確認是否適當於財務報表適當揭露。					✓	
(4) 特別股之發行條件是否已適當揭露。若經濟實質屬負債性質者，是否已歸類為負債，相關股利是否已列為費用。					✓	

至於細項測試，查核人員主要依賴：(1) 取得及複核原始文件，以證實交易的授權及發生；(2) 檢查並盤點有價證券，包括向外部獨立保管有價證券機構函證；(3) 重新計算投資收益；(4) 相關會計估計的查核，以取得有價證券相關會計科目相關聲明之查核證據。以下針對上述細項測試加以說明。

1. 取得及複核原始文件

首先查核人員應取得或編製受查者各類有價證券會計科目之分析表，加以驗算並與帳上金額相比較，以確定其正確性。該分析表通常會顯示該會計科目所包括的有價證券名稱(代碼)、取得日期、取得成本、持有股數、出售股數及售價、期末市價及股利(或利息收入)等資訊。以透過損益以公允價值衡量金融資產為例之分析表，列示於圖表16.10。

圖表 16.10　透過損益以公允價值衡量金融資產之分析表

證券及代碼	取得日期	持有股數	每股成本	期初餘額	購入	出售	期末餘額	期末市價	市價總額	衡量損益
A(1105)	4/21/X1	9,000	$22.0	$198,000			$198,000	$24.5	$220,500	$22,500
B(2330)	9/21/x1	5,000	33.2	166,000			166,000	35.0	192,500	26,500
C(2564)	2/14/x2	2,000	18.5	0	$37,000		37,000	17.0	34,000	−3,000
				$364,000	$37,000		$401,000		$447,000	$46,000

對金融資產之投資而言，查核人員應逆查各種投資帳戶的借方金額和貸方金額之佐證文件。例如，取得投資時借記金融資產應逆查至經紀商通知書和付款支票(或付款證明)；其他借方金額則應逆查至支持公允價值增加之證明文件。貸記金融資產項目則應逆查至經紀商之出售證券及銀行存款增加的證明文件；同樣地，其他貸方金額則應逆查至支持公允價值減少之證明文件。主要的購買(或出售)投資之分錄通常可追查到董事會會議紀錄中之核可。

對權益法處理之投資而言，取得日後之借項可逆查至投資者享有之投資收益證明文件，貸項則可逆查至投資者應承擔之投資損失或接獲股利的證明文件。一般而言，*被投資者業經查核的財務報表可被視為其經營成果和財務狀況之充分證據*，查核人員可依被投資者業經查核的財務報表及受查者編製之投資成本超過股權淨值部分的攤銷表(經查核人員評估係屬合理)，決定受查者認列之投資損益是否正確。若被投資者之財務報表尚未查核，則查核人員可視該投資相對於受查者財務報表的重要性，要求客戶與被投資者協商，請被投資者之查核人員對其財務報表執行適當之查核程序(例如，經由查核或核閱)。

查核人員逆查各種投資帳戶的借方金額和貸方金額之佐證文件，應可提供五大類聲明之證據。例如，經紀商通知書可提供有關交易之存在或發生、證券所有權之移轉以及交易日證券之評價方面的證據；文件也可能有助於判定借項及貸項是否已記入適當帳戶，提供表達及分類聲明的證據。

2. 檢查並盤點有價證券（包括函證）

對有公開市場有價證券的投資，具有高度的流動性，遭盜賣的風險較高，為確定在財務報導結束日所投資之有價證券確實存在，受查者於期末應執行有價證券的檢查與盤點。此項測試通常與現金及其他具高度流動性的資產的盤點同時進行，以避免有心人士先挪用現金及其他具高度流動性的資產，回補先前遭盜賣的有價證券供查核人員盤點。此外，在執行此項測試時，應注意下列程序：(1) 證券保管人員於整個盤點過程均須在場；(2) 退還證券時，須向保管人員取得收據；(3) 所有證券均由查核人員控制，直至盤點完畢。

查核人員於檢查有價證券時，應觀察證券上之辨識號碼、所有人姓名（直接或經背書而屬於受查者）、證券之說明，股數（或債券數）及發行者名稱，並將該等資料記錄於相關投資帳戶的分析表上。對於以前年度取得之證券，其資料須與上年度工作底稿中分析表所列的資訊相核對，當辨識號碼不相符時，表示這些證券可能有未經核准之交易發生。

當庫存有價證券存放在幾個不同的地點時，如無法同時檢查及盤點所有證券，則必須先封存尚未盤點之證券，直到盤點完畢。若盤點非在資產負債表日進行，則查核人員應核閱資產負債表日後所發生之證券交易，以編製盤點日至報表日之調節表。

投資在公開市場交易的有價證券，通常委由外部獨立的保管機構保管。在此情況下，查核人員須向獨立的保管機構發出函證，所函證的資料應與查核人員親自檢查證券的情形下所需的資訊相同。此項函證應以盤點客戶所有持有證券之日為準，證券函證程序與應收帳款函證步驟相同，故查核人員必須控制詢證函的寄發，並直接從保管人員處得到回覆。證券亦可能由債權人持有作貸款擔保，或經法院裁定由特定人員保管，遇此情況，函證應寄給指定的保管人員。

對有價證券進行盤點或對由第三者所保管之證券進行函證，可提供「存在或發生」及「權利與義務」聲明的證據。若盤點或回函顯示庫存證券較帳載為多時，其亦可提供有關「完整性」聲明的證據。

3. 重新計算投資收益

有價證券會計科目之分析表中，皆會顯示個別證券之投資收益的資訊，查核人員除了驗證金額的正確性，並與帳上金額比較是否一致外，亦應經由取得每一投資收益的佐證文件以驗證投資收益的正確性。對於在證券市場買賣的股票，在證券交易所和其他許

多公開的資訊，皆可輕易取得股價、股利金額、股利宣告日與發放日等資訊，故查核其投資損益並不困難。

公司債投資的利息及利息收取的查核，查核人員可經由檢查公司債券上的利率、給付日期表及複核客戶所編製之公司債折(溢)價攤銷表(如有公司發行債折溢價時，該表仍須經查核人員驗算其正確性)，加以驗證。

權益法下的關聯企業投資，投資者所享有之被投資者盈餘數，其驗證方式已於有關取得及複核原始文件追查「分錄」的佐證文件中作討論，在此不再贅述。惟值得提醒的是，初次取得投資關聯企業投資時，如何將購買成本分攤至各項資產負債科目是非常關鍵的部分。由於涉及管理階層的主觀判斷，對後續投資損益的認列可能有重大的影響，查核人員應謹慎評估受查者將購買成本分攤至各項資產負債科目的適當性。收益餘額之重新計算主要與「評價或分攤」、「存在或發生」及「權利與義務」聲明有關。

4. 相關會計估計的查核

查核人員查核金融資產投資時，經常會遭遇到下列兩項需要重大主觀判斷的查核：(1)評估管理階層投資分類之適當性；(2)投資公允價值的決定。

在評估管理階層投資分類之適當性方面，受查者依適用之財務報導準則之規定，須將所投資之有價證券作適當之分類，例如，根據IFRS或企業會計準則，有價證券投資可依管理階層之意圖分類為：按攤銷後成本衡置之金融資產、透過損益按公允價值衡量之金融資產(供經常交易之證券)及透過其他綜合損益按公允價值衡量之金融資產(備供銷售證券)。然而，上述的分類與管理階層持有該證券的意圖、能力或該證券有無明確的公允價值有關。

當查核人員在評估管理階層對證券投資分類之適當性時，查核人員應判斷管理階層的投資特定證券的意圖、能力或是否有明確的公允價值，與所分類的條件是否相符。例如，當受查者出售「按攤銷後成本衡置之金融資產」類之投資，查核人員即應注意管理階層投資分類別的適當性。在已知客戶之財務狀況、營運資金需求，及產生營業現金流量的能力之前提下，查核人員應考慮管理階層持有債務證券至到期日的能力。此外，查核人員對於沒有明確公允價值的有價證券，分類透過損益按公允價值衡量之金融資產(供經常交易之證券)或透過其他綜合損益按公允價值衡量之金融資產(備供銷售證券)，應取得更具說服力的查核證據。最後，因為對證券投資分類的適當性取決於管理階層的裁量，查核人員通常應取得管理階層確認證券已適當分類之書面聲明。

在投資公允價值的決定方面，透過損益按公允價值衡量之金融資產及透過其他綜合損益按公允價值衡量之金融資產(備供銷售證券)的續後衡量需以公允價值模式衡量，查核人員應取得有關其公允價值的證據。對在證券市場交易有公開明確的交易價格，其公允價值的佐證性來源為市場報價，或來自經紀商報價，查核時不會有太大的爭議。但在

沒有公開明確的報價，而係以評價模型來估計公允價值時，則易產生爭議，查核人員未必是評價專家，故無法取代管理階層作判斷，但查核人員仍須對該模型合理性(包括模型、前提及假設等)作評估，查核人員應盡可能取得有關支持或反駁模型合理性的查核證據。如果該投資金額重大，查核人員可能認為藉助評價專家是必要的。

為了讓讀者對有價證券投資的證實程序有更具體及詳細的瞭解，圖表 16.11 列示查核有價證券投資時執行格式的查核計畫，以及每一查核程序相關之聲明。

圖表 16.11　有價證券投資證實程序查核計畫

查核程序	EO	C	RO	VA	PD	底稿索引
一、科目餘額之核對與調節						
(1) 取得或編製各類有價證券會計科目之分析表，加以驗算並與帳上及財務報表上金額相比較，以確定其正確性。				✓		
二、執行證實分析性程序						
(1) 執行圖表 16.5 所列示適當之證實分析性程序	✓	✓	✓	✓		
三、有價證券投資期末餘額查核						
(1) 評估有價證券投資目的、分類、入帳基礎的適當性。				✓	✓	
(2) 逆查各種投資帳戶的借方金額和貸方金額之佐證文件，包括續後衡量的適當性。	✓	✓	✓	✓	✓	
(3) 查明投資之股利或利息是否已入帳，並驗算其正確性。	✓	✓	✓	✓		
(4) 盤點庫存證券及函證外部獨立證券保管機構。	✓		✓		✓	
(5) 評估權益法之關聯企業投資成本分攤至被投資者各項資產及負債的適當性。				✓		
(6) 查核關聯企業投資有關投資損益認列的適當性。	✓		✓	✓		
四、有價證券投資之表達與揭露						
(1) 已供擔保、質押或受有約束之有價證券投資是否已適當揭露。					✓	
(2) 與被投資公司相互融資或保證情事，是否已適當揭露。					✓	
(3) 有價證券投資分類改變及其原因，是否已適當揭露。					✓	
(4) 關聯企業投資如已停止營業，以及未認列之投資損失，是否已適當揭露。					✓	

本章習題

選擇題

1. 函證的審計程序，最不適用於：
   (A) 應付公司債的受託人
   (B) 普通股持有人
   (C) 應收票據持有人
   (D) 應付票據持有人

2. 在決算日前實施審計程序，對某些項目而言是有效率的審計方法，對其他項目則否。下列何項審計工作最適宜在結算日前實施？
   (A) 股本
   (B) 未入帳負債
   (C) 應付帳款
   (D) 廠房設備

3. 審計人員查核長期負債之程式，通常包括：
   (A) 驗證債券持有人的存在
   (B) 查核債務契約副本
   (C) 檢視應付帳款明細分類帳
   (D) 調查債券利益收入帳戶之貸記事項

4. 所有公司股本交易最終都可追查至：
   (A) 董事會議事紀錄
   (B) 現金收入簿
   (C) 現金支出簿
   (D) 已編號股票簿

5. 下列何者為非？
   (A) 審計人員驗證急速變動的負債，宜在決算日立即進行最有效
   (B) 處理股票委託獨立的機構辦理，可充分達成職權劃分的控制
   (C) 審核股本時通常不需要作遵行測試
   (D) 負債聲明書可減輕審計人員的責任

6. 會計師為查核受查者有價證券投資執行證實查核，下列那一個查核程序最不適用？
   (A) 檢查驗證留存公司證券的所有權
   (B) 確定投資帳戶紀錄的餘額等於債券取得日的公平市價
   (C) 檢查證券並確定其價值
   (D) 依據獨立資料來源決定股利收益的紀錄是適當的

7. 在查核過程中，會計師發現利息費用金額遠超過相關的長期借款餘額應有之利息，此現象將使會計師懷疑：
   (A) 長期負債多列
   (B) 債券折價多列
   (C) 債券溢價低列
   (D) 長期負債低列

8. 在查核資產負債表之股東權益部分時，查核人員最重要的查核考量為：
   (A) 股本科目餘額的變動是否有經獨立券商證實之證據

(B) 股票股利之發放是否經過股東之核准

(C) 股本科目交易是否均依董事會之決議辦理

(D) 股票股利之入帳金額是否依宣告日價格加以決定

9. 查核人員查核長期負債的程式最可能包括下列何種步驟？
(A) 檢查應付帳款明細帳
(B) 調查債券利息收入帳戶之貸方餘額
(C) 比較本期已記錄的利息費用與流通在外的負債
(D) 分析債券的到期值

10. 受查者在期初以自備款加抵押借款方式籌資，購入自用辦公大樓，試問下列那一項資料對查證銀行抵押借款金額最無證據力？
(A) 利息費用
(B) 簽發予貸款銀行之本票
(C) 支付房地款之已兌現支票
(D) 向地政事務所辦理過戶之公證契約

11. 查核人員對受查者衍生性金融商品交易進行查核，試問下列何者無法證實此項交易之存在？
(A) 向財務單位或人員查詢銀行往來、證券商及期貨商等開戶情形，並取得書面紀錄
(B) 核閱董事會或權責單位之會議紀錄
(C) 取得受查書面聲明
(D) 取得受查客戶委任書

12. 查核人員對於企業因購併而發生之商譽查核，下列何者是較攸關之證據？
(A) 購入資產之公正鑑價
(B) 購入資產之保險價值
(C) 購入資產之帳面價值
(D) 購入資產之課稅價值

13. 查核人員在驗證債券投資所獲得的利息收入，最可能採用下列那一項程序？
(A) 測試現金收入的控制
(B) 核對存入銀行的利息收入
(C) 向債券發行人函證債券之利率和利息
(D) 重新根據相關資料計算利息收入

14. 查核人員觀察到受查者之利息支出相對於長期負債有過量的嫌疑，故查核人員最有可能懷疑：
(A) 長期負債高估
(B) 長期負債低估
(C) 公司債折價高估
(D) 公司債溢價低估

15. 查核人員查核甲公司長期負債時，在下列諸查核步驟中，何者最可能出現？
(A) 檢查應付帳款明細分類帳，以查詢未入帳的負債
(B) 利用直接函證驗證負債持有者是否存在

(C) 比較債務帳面價值與期末市價

(D) 將本期利息費用的計算，與流通在外的負債相比較

16. 查核人員執行庫藏股交易之查核，應追查至下列何者？
    (A) 股票過戶代理機構之紀錄
    (B) 公司章程
    (C) 董事會議事錄
    (D) 編號的股權憑證存根

17. 查核人員於查核借款交易時，內部控制問卷中最可能詢問下列那一項問題？
    (A) 借入之款項是否用於購置固定資產
    (B) 擔保借款之擔保品是否為自有資產
    (C) 借款合約是否經由董事會決議通過
    (D) 清償借款之支票是否經適當人員核准

18. 會計師查核受查公司之短期投資，當其投資標的為上市(櫃)公司時，以下何者係較有效的查核方法？
    (A) 盤點上市公司之股票
    (B) 檢視台灣股票集中保管事業股份有限公司存摺上之紀錄
    (C) 函證被投資之上市(櫃)公司
    (D) 向被投資上市(櫃)公司之服務人員詢問

19. 受查者以閒置資金購買上市股票作為備供出售投資，依我國財務會計準則公報之規定，該項投資應依其公允價值作表達揭露。下列何者應承擔依公允價值表達揭露之責任？
    (A) 受查者之管理階層
    (B) 查核財務報表之會計師
    (C) 評估該項投資公允價值之財務專家
    (D) 以上三者共同分攤責任

20. 針對長期投資項目，查核人員常會計算下列何項比率，用以執行分析性複核程序？
    (A) 利息保障倍數
    (B) 總資產報酬率
    (C) 固定資產報酬率
    (D) 長期投資獲利率

21. 查核長期投資時，查核人員通常會以證實分析性程序測試下列那一項之合理性？
    (A) 帳上投資收益之完整性
    (B) 未實現損益之存在性
    (C) 長期投資之表達及揭露是否適當
    (D) 長期投資之評價

22. 於查核股東權益時，查核人員通常採用證實測試之策略以回應所評估之財務報表重大不實表達風險之主要原因為何？
    (A) 股東權益交易之次數通常較少
    (B) 股東權益之控制通常不佳
    (C) 仰賴控制測試為一個最有效率之策略
    (D) 向受查者管理階層取得未決法律案件清單

23. 有關「籌資與投資循環之查核」，下列敘述何項錯誤？
    (A) 查核人員執行庫藏股票交易之查核，應追查至董事會議事錄
    (B) 查核人員對長期投資，通常會用分析性複核以確認投資收益完整性之合理性
    (C) 查核人員查核債務契約副本，以確定債務存在、核對利息支付方式與其他的約定
    (D) 有價證券、不動產、衍生性商品及其他投資之決策、買賣、保管與記錄等之政策及程序屬籌資循環

24. 甲公司於 ×1 年 6 月將其轉投資公司之股票出售予乙公司，得款 10 億元，獲利 2 億元，同時將取得之 10 億元以定期存款之方式存放於新加坡 ABC 銀行。請問，會計師於查核甲公司 ×1 年度財務報表時，不須考慮下列何種情況？
    (A) 乙公司是否為關係人
    (B) 乙公司購買股票資金之來源
    (C) 甲公司是否於 ×1 年度內將股票過戶給乙公司
    (D) 存放於新加坡 ABC 銀行之定期存款在使用時是否受有限制

問答題

1. 現在你被委任去審核隆林公司顧 6 月 30 日會計年度結束的財務報表。5 月 1 日該公司為週轉其擴廠計劃而向第二國家銀行貸款 $500,000。此長期票據協議規定分五年支付本金及利息。現有之廠房作為貸款之抵押。

   由於廠地購買有了意外的困難，故該擴廠計劃直至 6 月 30 日尚未開始。為對這筆貸款運用，管理當局決定將之投資於股票及債券上。於 5 月 16 日，投資 $500,000 於有價證券上。
   試問：
   (1) 審核長期負債之目標？
   (2) 編製一份審核隆林公司與第二國家銀行間長期票據協議之查核程式。
   (3) 試問您將如何驗證隆林公司 6 月 30 日的有價證券情況？
   (4) 您在查核投資時，將如何：
       ①驗證所記錄之股利或利息收入？
       ②決定市價？
       ③確定有價證券購買之授權？

2. 你受聘初次審核台欣公司，該公司委託股票過戶代理人及獨立登記機構處理股務。股票過戶代理人保持股東紀錄，登記機構則負責查明無超額發行股票。股票必須有登記機構及過戶代理人共同簽署方生效。

   現擬向過戶代理人及登記機構函證取得決算日流通在外的股份總額。若此函證結果與會計

紀錄一致，便不再對股本實施額外審計工作。

若你認為此審計案件中，取得上述函證已足夠，請說明理由支持你的立場。若不同意，請列舉應採行的額外審計步驟，並說明採行之理由。

3. 經過幾年高利潤的經營之後，東西製造公司累積了相當多的有價證券投資。在查核 20×0 年 1 月 1 日至 12 月 31 日的財務報表時，該公司之會計師注意到：

1. 該公司的製造營運導致了該年度的損失。
2. 在 20×0 年，該公司組成投資組合之各種證券交由保管證書的財務機構保管。在過去這些證券是置於地方性銀行中的保管箱。
3. 在 20×0 年 12 月 22 日，該公司在同一天內售出又重新購進一批價格上漲幅度相當大的證券。管理當局說明此舉是為了造成該證券的高成本及高帳面價值，以免當年度出現損失。

試作：

(1) 請列出該會計師審查此投資帳戶之目標(聲明)。
(2) 在什麼情況下，該會計師會接受委託客戶證券之保管人員的函證代替其親自檢查並清點證券？
(3) 該會計師對於此證券出售後又重新購回行動在財務報表上之揭露是否有任何建議？

4. 請列出常見用以測試金融工具餘額相關淨變現價值聲明的細項測試。

5. 歐陽會計師受聘查核欣怡公司民國 79 年 12 月 31 日的財務報表，本年度中欣怡公司獲得台北銀行的一筆長期貸款，雙方協定的項目如下：

(1) 該筆貸款以欣怡公司的應收帳款及存貨來擔保。
(2) 欣怡公司的負債權益比不得超過 2：1。
(3) 沒有銀行的許可，欣怡公司不得發放現金股利。
(4) 民國 79 年 9 月 1 日起按月分期償還。

此外，欣怡公司在年度中亦曾向總經理取得短期融資，包括在年度結束前一筆金額不小的借款。

試問：

(1) 歐陽會計師應採用何種程序來查核上述之貸款？(不必討論內部控制問題)
(2) 關於向總經理的借款，欣怡公司之財務報表應做那些揭露？

Chapter 17 現金的查核

17.1 前言

雖然本書第十二章至第十六章已將企業主要交易循環，包括銷貨收入與收款循環、採購與付款循環、生產與加工循環、人事與薪工循環及投資與籌資循環的查核加以說明。然而，誠如第五章 5.7 節所述，現金項目的查核受到所有交易循環的影響。此乃因為企業無論如何劃分其交易循環，各交易循環還是有密切的關係。一家公司的成立，通常先從取得資金 (通常為現金) 開始 (籌資循環)。在製造業中，現金被用來購進原物料、不動產、廠房及設備，乃至於生產存貨及銷管的勞務 (採購與付款循環、投資循環)，而採購與付款循環又與生產與加工循環連接。隨後存貨出售產生應收帳款及帳款收現 (銷貨收入與收款循環) 所產生的現金，又被用來發放股利與利息及償還債務 (資金取得與籌資循環)，如此周而復始。因此，在介紹各交易循環的查核後，本章將接續介紹現金的查核作為交易循環查核的總結。

由於現金收支相關交易是否適當授權及記錄已於前幾章各交易循環探討，為避免重複，本章有關現金的查核將著重於資產負債表日的現金餘額及相關揭露的查核。

由於本章所稱的現金泛指庫存現金及銀行存款帳戶，因此本章首先將於 17.2 節說明現金的組成項目，並再簡要地說明現金與其他交易循環的關聯性，以便瞭解現金主要的查核風險及查核策略。查核程序與查核目標息息相關，因此在討論查核規劃之前，17.3 節將先說明與現金相關的查核目標 (個別項目聲明)。17.4 節則接續討論現金查核相關的風險評估程序，以辨認及評估現金個別項目聲明的重大不實表達風險。17.5 節則根據 17.4 節所辨認及評估現金個別項目聲明的重大不實表達風險設計進一步查核程序。此外，由於現金係屬容易發生舞弊的會計科目，當查核人員認為受查者現金舞弊可能性較高時，即應執行較嚴謹的查核程序，故本節最後亦將說明現金相關舞弊導向的證實程序。

17.2 現金的組成項目、與各交易循環間的關聯性、主要風險及查核策略

現金在資產負債表中是流動性最高的項目，現金大致上可分為兩大類：庫存現金及銀行存款。某些被限制用途的現金，雖然被分類在非流動資產，但從財務報表查核的角度，皆屬現金查核的範疇。此外，有時會將多餘的現金轉投資到孳息較高的金融資產（可能為約當現金或非約當現金），該等金融資產的查核已於第十六章有關投資交易的查核中討論，本章並不討論該等金融資產的查核。以下針對庫存現金及銀行存款做進一步的說明。

1. 庫存現金

庫存現金包括日常尚未存入銀行的貨幣及零用金 (imprest petty cash)。一般而言，企業為了降低現金被偷竊的風險，現金的收入及支出將儘可能使用支票及銀行帳戶，減少人員接觸貨幣的機會。惟有時企業仍難免會因交易活動或營運的性質而持有貨幣，在此情況下，企業通常會要求將持有之貨幣儘快存入指定的銀行存款帳戶。因此，在多數的情況下，受查者日常尚未存入銀行的貨幣通常不是很大。

零用金通常用以支付不方便以支票支付之小額現金支出。企業的付款交易不可能每一筆皆能使用支票或匯款的方式支付，如小額辦公用品、郵資、餐費等支出。定額零用金之設置十分簡單，企業通常將一筆小額的現金交予負責小額付款的人員保管，以便支付每日小額的付款。零用金保管人員被要求每隔一段時間（如每週或每月），將該期間支付之款項並檢具相關之憑證，透過採購及付款循環的流程，由企業開立支票或匯款予零用金保管人，以撥補該期間支付之款項，使零用金餘額恢復到原先設定的金額。故一般而言，受查者零用金的餘額通常亦不大。

2. 銀行存款

銀行存款包括活期存款、支票存款及定期存款(定期存款單)帳戶，由於定期存款(定期存款單)帳戶通常在存款期間變動不大，查核並不困難。查核人員查核的重點在於活期存款及支票存款。一般而言，每一家企業通常會開立數個銀行帳戶以便供營運上的需要，並與多家銀行建立業務關係。企業考量營運及內部控制制度等因素，該等銀行存款帳戶依其目的之不同，又可分類為兩類：**一般現金帳戶 (general cash accounts) 及定額特定用途現金帳戶 (specific imprest cash accounts)**。

一般現金帳戶為企業之主要現金帳戶，企業大多數交易活動，如銷貨及採購，所產生的現金收入及支付均透過此類的銀行帳戶。而所謂的定額特定用途現金帳戶通常係企業為了強化控制的效果，將特定銀行帳戶僅供特定目的之付款使用（例如，專為支付員

工薪資或公司債利息等)，平常該帳戶僅維持很小的餘額，特定期間須支付特定目的之總額，再由一般現金帳戶轉入該定額特定用途現金帳戶支付。例如，第十五章有關人事與薪工循環之查核，有時受查者為了強化員工薪資發放的控制，會開立專為發放員工薪資的「定額薪資專戶」的銀行帳戶，將每個月要支付給員工的薪資總額由一般現金帳戶轉帳至「定額薪資專戶」，再由「定額薪資專戶」開立每一位員工的薪資支票支付，或匯款至員工個人的銀行存款帳戶。

當企業同時有多個營業據點時，通常有必要在每個分支機構(如分公司)的所在地設置獨立的銀行帳戶。有些企業可能也會針對每一個分支機構設置一般現金帳戶及定額特定用途現金帳戶，甚至為存入與支出分別設置獨立的銀行帳戶，並定期將剩餘現金透過電子轉帳方式轉入總公司之一般銀行帳戶，此種分支機構帳戶性質猶如一般現金帳戶，只是其層級係屬於分支機構。

除了瞭解現金的種類外，*瞭解現金與各交易循環的關聯性，對查核人員如何規劃現金的查核是非常重要的*，首先將現金與各交易循環的關聯性彙整於圖表17.1，為方便表達，該圖表僅呈現各交易循環中主要會計科目與現金的關聯性。

瞭解現金與各交易循環的關聯性，其主要目的有二：(1)可以清楚顯示各交易循環之測試對於現金查核之重要性；(2)有助於進一步瞭解不同交易循環間之整合關係。

圖表17.1顯示本書所討論之銷貨收入與收款循環、採購與付款循環、生產與加工循環、人事與薪工循環及籌資與投資循環與現金的關係，該等循環的交易與現金帳戶的餘額有關。銷貨收入與收款循環會使現金增加，採購與付款循環會使現金減少，生產與加工循環及人事與薪工循環皆會使現金減少，籌資與投資循環同時會使現金增加和減少。*對受查者而言，資產負債表日的現金餘額不一定很大，但一般而言，現金收入及支出的交易筆數及金額通常很大，尤其是因銷貨收入與收款循環、採購與付款循環及人事與薪工循環(包括生產及加工循環的人工薪資)相關交易所產生的現金收入及支出(籌資與投資循環相關交易筆數及金額，也可能因受查者的性質，非常頻繁及重大)。*

上述的現象點出查核現金時的重要觀念，通常僅查核資產負債表日的現金餘額，並不足以取得足夠及適切的查核證據，而驗證現金收支相關交易是否適當授權及記錄，乃是整個查核工作中相當重要的一環。例如，下列每一項現金收支相關的錯誤或舞弊，皆無法僅藉由查核資產負債表日的現金餘額的正確性與否加以驗證：

1. 未寄發銷貨帳單給顧客，而未向顧客收款(和銷貨收入與收款循環有關)。
2. 應收帳款收回之現金遭員工挪用，並(或)以壞帳沖銷應收帳款加以掩飾(和銷貨收入與收款循環有關)。
3. 重複支付供應商的貨款(和採購與付款循環有關)。
4. 不當支付主管之私人支出(和採購與付款循環有關)。

圖表 17.1　現金與各交易循環的關聯性

銷貨收入與收款循環
- 銷貨
  - 現銷
  - 應收帳款
    - 收取應收帳款 ①

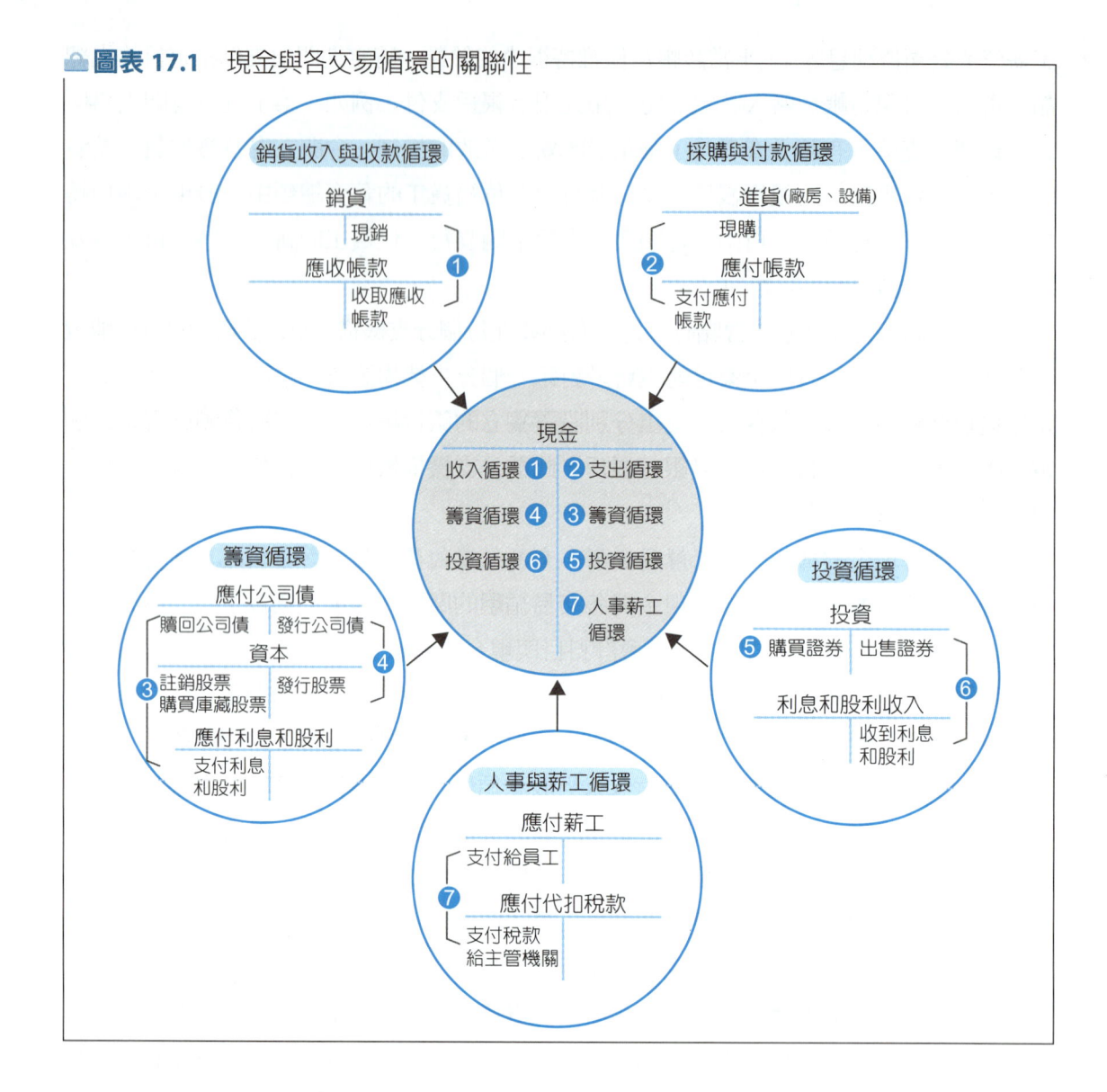

採購與付款循環
- 進貨(廠房、設備)
  - 現購
  - 應付帳款 ②
    - 支付應付帳款

現金
- 收入循環 ①　② 支出循環
- 籌資循環 ④　③ 籌資循環
- 投資循環 ⑥　⑤ 投資循環
- ⑦ 人事薪工循環

籌資循環
- 應付公司債
  - 購回公司債　發行公司債
- 資本
  - ③ 註銷股票　發行股票 ④
  - 購買庫藏股票
- 應付利息和股利
  - 支付利息和股利

投資循環
- 投資
  - ⑤ 購買證券　出售證券 ⑥
- 利息和股利收入
  - 收到利息和股利

人事與薪工循環
- 應付薪工
  - 支付給員工
- ⑦ 應付代扣稅款
  - 支付稅款給主管機關

5. 原料尚未收到即逕行付款 (和採購與付款循環有關)。
6. 支付員工超過其實際工時之薪資 (和人事與薪工循環有關)。
7. 支付關係人之利息金額超過市場利率 (和籌資循環有關)。

　　欲發現上列各項錯誤或舞弊，必須透過前幾章各交易循環所討論之控制測試與交易證實測試加以驗證。

　　由於驗證現金收支相關交易是否適當授權及記錄，已於前幾章各交易循環中探討，為避免重複，本章有關現金的查核將僅著重於資產負債表日現金餘額及相關揭露的查核。

　　從上述的討論不難發現及瞭解，現金除了容易發生被盜用外，其不實表達的風險與各交易循環相關之不實表達的風險難以切割。在此情況下，有關現金查核證據的蒐集通

常須依賴內部控制測試及證實程序方能取得足夠適切的查核證據;即查核人員對現金的查核通常會採取併用方式,而非證實方式。惟本章有關現金的查核將僅著重於資產負債表日的現金餘額及相關揭露的查核,其查核之證實程序主要為庫存現金的盤點、銀行帳戶的調節及函證,該等程序通常係採全查的方式進行,且現金的盤點及銀行帳戶的調節所花費的查核時間及成本通常不是很大,故查核人員通常不會執行相關的控制測試。

17.3 現金相關的查核目標

　　為了更明確引導查核人員規劃及執行現金之查核程序,茲將現金之三大類的查核目標 (audit objectives):與交易類別相關之查核目標 (transaction class related audit objectives)、與帳戶餘額相關之查核目標 (account balance related audit objectives) 及與揭露相關之查核目標 (disclosure related audit objectives) 列示於圖表 17.2,圖表中之 EO 代表存在或發生,C 代表完整性,RO 代表權利與義務,VA 代表評價或分攤,PD 代表表達與揭露。

圖表 17.2　現金相關的查核目標

交易類別、事件與揭露相關之查核目標	
發生	參閱本書第十二章至第十六章有關現金收支相關交易類別之查核目標。
完整性	
正確性	
截止	
分類與表達	
科目餘額與揭露相關之查核目標	
存在	帳載現金科目餘額,於資產負債表日確實存在 (EO)。
權利與義務	受查者擁有所有帳列現金餘額之所有權 (RO)。
完整性	帳載現金科目餘額,皆源自相關交易而發生,銀行帳戶間現金的轉帳皆記錄於適當的會計期間 (C)。
評價與分攤	帳載現金餘額皆以正確的數字衡量 (當持有外幣時) (VA)。
分類與表達	所有與現金餘額相關之資訊已適當地分類,且其描述的方式是財務報表使用者可以瞭解的 (PD)。

　　誠如 17.2 節所做之說明,由於驗證現金收支相關交易是否適當授權及記錄,已於前幾章各交易循環探討,為避免重複,本章有關現金的查核將僅著重於資產負債表日的現金餘額及相關揭露的查核。故圖表 17.2 僅列出與帳戶餘額相關及與揭露相關之查核目標。

17.4 現金餘額的風險評估程序

對現金相關之個別項目聲明進行瞭解後,接下來查核人員便必須執行風險評估程序,以辨認及評估與個別項目聲明有關的重大不實表達風險(包括舞弊的風險)。風險評估程序乃藉由瞭解受查者及其環境、適用之財務報導架構及內部控制制度,辨認及評估固有風險及對內部控制制度進行瞭解。

在固有風險的評估方面,大量現金收支交易本身即會使得現金的查核潛藏較高的固有風險,再加上現金因容易被盜用的特質,使其現金的固有風險特別高,尤其是在「存在及發生」與「完整性」兩項聲明。至於在「權利與義務」、「評價或分攤」及「表達與揭露」等聲明上的固有風險則較小,這是因為現金在權利、會計衡量、估計及揭露方面較不複雜的緣故。不過,誠如前述,現金收支交易相關的固有風險已於前幾章各交易循環中討論,故本章不再贅述。

在對內部控制制度的瞭解方面,從前述的討論可知,與現金帳戶有關之控制作業可以分成兩類:

1. 影響現金收支交易及紀錄之控制。
2. 獨立之銀行帳戶調節之控制。

有關現金收入及支出之控制,代表的是例行性交易之控制,已分別於第十二章至第十六章討論過,讀者可複習各章有關內部控制制度五大要素:控制環境、受查者之風險評估流程、受查者監督內部控制制度之流程、資訊系統及溝通、控制作業等方面的討論,包括對關鍵文件、紀錄、和交易流程控制作業的細節,在此不再贅述。由於現金易於遭竊,查核人員通常會特別仔細評估現金保全之控制,並確保任何內部控制缺失的狀況(尤其是與財務報導相關之內部控制缺失)皆清楚地傳達給管理階層及公司治理單位。

至於獨立之銀行帳戶調節之控制,主要係指銀行調節表(bank reconciliation),其相關之控制旨在確保現金餘額的正確性及完整性。由非負責現金保管與記錄之獨立人員,按月且及時地編製銀行帳戶之銀行調節表,是現金餘額重要的控制(尤其是一般現金帳戶的調節更為重要)。

銀行調節表可以確保帳列現金餘額在考量調節項目後,係反映銀行存款之實際現金餘額。但更重要的是,由獨立人員編製銀行調節表,亦提供了對於現金收支交易內部稽核之功能。惟值得提醒的是,銀行對帳單應由調節人員直接收取,不應由負責現金保管與記錄的人員收取再轉交予獨立調節的人員,以避免銀行對帳單遭受變造、刪改或虛增之虞。獨立調節人員應檢視對帳單隨附之註銷支票、存款單複本及其他憑證。由受查者適任的獨立人員所編製之銀行調節表,應包括下列各項:

1. 比較註銷(已兌現)支票與現金支出簿之日期、受款人與金額。
2. 檢查註銷支票之簽名、背書與註銷戳記。
3. 比較銀行存款單與現金收入簿之日期、客戶名稱與金額。
4. 清點支票之序號,並調查序號有缺漏的支票。
5. 調節造成帳列餘額與銀行餘額差異之所有項目,並驗證其是否適當。
6. 調節銀行對帳單上之借記總額與現金支出簿之現金支出總額。
7. 調節銀行對帳單上之貸記總額與現金收入簿之現金收入總額。
8. 複核月底跨行轉帳之適當性及其是否適當記錄。
9. 追查未兌現支票及止付通知。

此外,如果銀行調節表由獨立調節人員編製完成後,若能由另一位適任職員於每月銀行調節表編製完成後立即加以複核,亦有助於提升銀行調節表之控制功能。

因此,在獨立之銀行帳戶調節之控制方面,查核人員應瞭解:(1) 受查者是否有適任的獨立調節人員,定期且及時的編製銀行調節表;(2) 編製銀行調節表的過程中,是否有確保銀行調節表編製有效性的控制;(3) 銀行調節表編製完成後,是否有立即加以複核的機制。若查核人員發現受查者常有延遲多時才編製銀行調節表的現象、不是由獨立的人員編製、編製過程無法確保銀行調節表的正確性,或甚至並未有編製銀行調節表的控制,則現金餘額的控制風險將大為增加。

在零用金相關控制的瞭解方面,查核人員應瞭解受查者零用金是否採定額制?支付時是否取得核准及憑證?補足零用金時是否附有原始憑證並加蓋付訖章註銷,以防止重複撥補?內部稽核人員是否有突擊檢查的機制?零用金是否有良好的實體控制,防止他人偷竊?

最後,先前幾章於討論各交易循環相關會計科目風險評估程序時,皆提及先執行分析性程序是一項有效率又有效果的程序。**但對現金餘額的風險評估程序中執行分析性程序的重要性通常不如在各交易循環相關會計科目之風險評估程序**。其主要原因為:(1) 一般而言,現金餘額與其他資料(如財務資料及非財務資料)之間很難呈現穩定或可預期的關係,如果受查者有完善的預算制度,通常將現金餘額與預算數比較是較有效的做法,故執行分析性程序以辨認及評估重大不實表達風險的效果有限;(2) 查核人員對現金餘額的查核,主要是依賴銀行調節表,而且多採全查的方式進行,因此採用分析性程序評估現金餘額的合理性,其重要性並不大。

17.5 現金餘額相關的進一步查核程序──證實程序之規劃

有關現金收支交易的進一步查核程序 (包括控制測試及證實程序) 的規劃，已於前幾章中探討，本章旨在探討現金餘額相關的進一步查核程序的規劃。惟現金餘額的證實程序主要為庫存現金的盤點、銀行帳戶的調節及銀行函證，該等程序通常係採全查的方式進行，且現金的盤點及銀行帳戶的調節所花費的查核時間及成本通常不是很大，故查核人員通常不會執行控制測試。因此，本節主要的重點在探討現金餘額證實程序的規劃。此外，雖然證實程序可分為證實分析性程序及細項測試，但誠如前述，因現金餘額與其他財務資料及非財務資料之間很難呈現穩定或可預期的關係，且相關細項測試多採全查的方式進行，故查核人員鮮少採用證實分析性程序作為證實程序，多以細項測試為主。因此，本節的說明係以現金餘額的細項測試的規劃為主。

由於現金為容易發生舞弊的項目，因此，本章分別針對一般情況及查核人員認為受查者重大不實表達風險較高或舞弊風險較高 (甚至為顯著風險) 的情況下，說明有關查核現金餘額的細項測試 (包括舞弊導向的查核規劃)。最後，再將現金餘額之證實程序彙整於執行格式的查核計畫中，讓讀者有更具體及詳細的瞭解。

17.5.1 一般情況下現金餘額的細項測試

誠如前述，現金餘額的細項測試主要有庫存現金 (包括定期存單) 的盤點、銀行函證及銀行存款帳戶的調節。以下針對該等細項測試分別加以說明。

1. 盤點庫存現金 (包括定期存單)

庫存現金包括未解存銀行的貨幣及零用金等，惟實務上，盤點庫存現金的同時亦會一同盤點高流動性的有價證券或其他流動資產，如定期存單、股票及債券。盤點現金的主要目的，在取得證實資產負債表上所列現金是否確實存在的查核證據。對持有大量庫存現金的受查者，如銀行，盤點庫存現金的查核程序更顯得重要。

盤點庫存現金常於財務報表結束日前後，以突擊方式盤點 (surprise counts)。盤點完畢後，查核人員應編製庫存現金盤點表，並列入工作底稿中。盤點時，查核人員必須注意下列幾點：

(1) 同時盤點受查者各部門持有之庫存現金及所有容易變現的有價證券或其他流動資產。以避免庫存現金經管人員將現金由其他部門移往清點處，或先變賣有價證券或其他流動資產，彌補遭盜用的庫存現金，導致盤點失效。查核人員如無法同時盤點受查者各部門持有之庫存現金及所有容易變現的有價證券或其他流動資產，即應控管其他部門持有之庫存現金及所有容易變現的有價證券或其他流動資產，直到所有的庫存現金、高流動性的有價證券或其他流動資產盤點完畢為止。

(2) 查核人員應要求並堅持庫存現金保管人在盤點過程中要全程在場。

(3) 庫存現金盤點完畢，歸還給庫存現金保管人時，應取得保管人簽收之書面憑證，註明日期及金額，並聲明「上開庫存現金經會同本人在場清點，且已全數返還無誤」，當面送交查核人員收執。

2. 銀行函證

根據審計準則公報第三十八號「函證」第 23 條之規定：「對金融機構之函證應採積極式，凡所查核財務報表涵蓋之期間內，受查者與金融機構有往來者，無論期末是否仍有餘額，或雖已核閱該機構寄發之對帳單，查核人員仍應對受查者之往來金融機構發函詢證。」換言之，根據該公報之規定，查核人員應對每一家與受查者當年度有往來之銀行或其他金融機構進行函證 (無論其期末金額為何)，且必須以積極式的方式函證。當銀行未回覆查核人員所寄發之詢證函時，查核人員應發出第二次詢證函跟催，或要求受查公司與銀行聯繫催促其儘速回覆。雖然審計準則公報第三十八號已被 TWSA505「外部函證」所取代，且 TWSA505 並未有上述的要求，但實務上，查核人員仍會對與受查者當年度有往來之銀行或其他金融機構進行積極式函證。

審計準則公報第三十八號亦提供了向金融機構之函證的範例，該範例如圖表 17.3 所示。從圖表 17.3 的範例中可知，向銀行確認的資訊，不僅只是各項存款帳戶實際餘額的細節，也包括了各項貸款、其他授信 (如貼現、應收帳款承購、信用狀、承兌及保證)、衍生性金融商品交易及其他交易事項的細節，其內容可說包羅萬象，查核人員應仔細閱讀其中的內容。其中亦包括許多與財務報表相關附註揭露相關的資訊 (表達與揭露聲明相關)，例如，銀行存款可能因某種原因而限制用途、貸款相關抵 (質) 押品的資訊等，皆涉及財務報表分類及揭露的問題。此外，若干的內容亦有可能提醒，查核人員對相關查核證據是否已充分適切，例如，銀行存款遭受限制的原因，可能使查核人員警覺到受查者可能存有尚未被查出之義務。

3. 銀行存款帳戶的調節

銀行存款帳戶的調節主要重點係在於對一般現金帳戶進行銀行調節表的查核，定額特定用途現金帳戶的調節則相對單純許多。原則上，查核人員應對受查者每一個銀行存款帳戶之銀行調節表進行複核，於進行銀行調節表複核前，查核人員應先取得下列文件：

(1) 受查者所有銀行存款帳戶的明細，並確認沒有遺漏任何銀行帳戶。該明細表應包括往來銀行名稱、帳號、性質 (一般帳戶或特定用途帳戶、活期或支票帳戶)、地址、利率等資訊。

(2) 取得受查者獨立人員對每一銀行存款帳戶所編製之銀行調節表。

(3) 取得銀行截止對帳單 (cutoff bank statement)，所謂銀行截止對帳單，係指由銀行直

圖表 17.3　金融機構往來詢證函

金融機構往來詢證函

銀行　公鑒：　　　　　　　　　　　　　　　　　　　詢證函編號：
本公司民國　　年　月　日至　　年　月　　日之財務報表經委由　　　　　　會計師（事務所）查核，茲為核對往來事項，請就下列本公司截至　　年　月　日止在　貴行之各項往來餘額及事項詳予填列，並將正本套入所附回函信封，於　　年　月　　日前儘速函復該會計師（事務所）（地址：……）為荷。

　　　　　　　　　　　　　　　　　　　　　　　　　公司名稱：
　　　　　　　　　　　　　　　　　　　　　　　　　營利事業統一編號：
　　　　　　　　　　　　　　　　　　　　　　　　　原留印鑑：
　　　　　　　　　　　　　　　　　　　　　　　　　　　　　　　敬啟　年　月　日

填表說明：
1. 請確定　貴行與本公司之各項往來事項業已全部詳列（包括存款之受限制、債務之抵（質）押情形及衍生性金融商品交易等所有相關交易資訊）。
2. 若無下表所列事項者，請填「無」。
3. 本表須經授權主管複核並簽章。
4. 各欄如不敷填寫，請於本表相關欄位敘明，另附詳細資料，並請於該資料上簽章。
5. 本詢證函適用於銀行、郵局、農漁會、信用合作社等，但不適用於證券公司、證券投資信託公司及期貨公司。

依據本行紀錄，截至　　年　　月　　日止　　　　　公司與本行之各項往來餘額及事項如下：

1. 存款：

存款別	帳號	餘額	提款之限制（自　年　月　日至回函日止）	付息方式及其他必要說明事項	到期日	年利率（固定/機動）	利息付至（年、月、日）
支票存款			無□ 有□（限制情形：　）				
活期存款			無□ 有□（限制情形：　）				
定期存款			無□ 有□（限制情形：　）				
外幣存款			無□ 有□（限制情形：　）				
其他（請列明性質）			無□ 有□（限制情形：　）				

2. 貼現及放款（不含應收帳款承購）：

放款別	餘額	有無保證人	擔保品、還本付息方式及其他必要說明事項	放款日	到期日	年利率（固定/機動）	利息付至（年、月、日）
貼現		無□ 有□					
透支 擔保		無□ 有□					
無擔保		無□ 有□					
短期放款 擔保		無□ 有□					
無擔保		無□ 有□					
中、長期放款 擔保		無□ 有□					
無擔保		無□ 有□					
墊付國內票款		無□ 有□					

3. 應收帳款承購：

本行有無追索權	尚未收回餘額	原始轉讓金額	已付預支價金金額	尚未退回公司應收帳款餘額	有無簽發本票	預支價金有無收取利息	其他限制或必要說明事項
無□ 有□					無□ 有□，金額：	無□ 有□	

4. 已開立信用狀（未使用餘額）：

信用狀	幣別	餘額	保證金餘額	有無保證人	擔保品及其他必要說明事項
遠期信用狀				無□ 有□	
即期信用狀				無□ 有□	

5. 承兌及保證：

項目	餘額	發票日	到期日	必要說明事項
匯票承兌				
商業本票保證				
關稅、貨物稅記帳保證				
公司債保證				
保證函（L/G）及擔保信用狀				
其他（請列明性質）				

6. 衍生性金融商品：

項目	訂約日	到期日	名目本金	履約匯率/價格	公平價值	擔保品及其他必要說明事項
遠期外匯合約						
選擇權						
其他（請列明性質）						

7. 其他項目：

項目	名稱及數量/金額	必要說明事項
供副擔保而代保管之有價證券		
供副擔保而代保管之票據		
代收票據		
信託		
其他（請列明性質）		

依據本行紀錄，該公司截至民國　　年　月　　日止，與本行之各項往來事項（包括存款之受限制、債務之抵（質）押情徵及衍生性金融商品交易等所有相關交易資訊）業已全部詳列，敬請查照為荷。

此致
　　　會計師（事務所）

　　　　　　　　　　　　　　　　　　　　銀行名稱：
　　　　　　　　　　　　　　　　　　　　主管簽章：
　　　　　　　　　　　　　　　　　　　　　　　　　　年　月　日
　　　　　　　　　　　　　　　　　　　　（本行聯絡人及電話：　　　　）

接寄交委任會計師，有關資產負債表日後一段期間(通常為資產負債表日後五至十天)之對帳單(包括隨附之憑證)。取得銀行截止對帳單之目的，係為了取得藉以驗證期末銀行調節表上之若干調節項目，並測試受查者是否遺漏、增添或篡改對帳單，以掩飾銀行調節表上的錯誤或舞弊。若查核人員未能直接自銀行取得截止對帳單，查核人員通常會以下一期銀行對帳單代替，惟查核人員應驗證該期資訊的正確性(因非由會計師直接自銀行取得之對帳單)。例如，追查每一筆存款及提款至佐證文件(如註銷之支票及存款單等)、驗算數字的正確性、對帳單是否有被塗改的跡象等。

取得上述文件後，查核人員便可對每一銀行調節表執行測試，圖表 17.4 列示一般現金帳戶之銀行調節表。在測試銀行調節表時，查核人員會運用銀行詢證函及銀行截止對帳單上之資訊，驗證調節項目是否適當。測試銀行調節表之主要步驟如下：

圖表 17.4　銀行調節表釋例

××股份有限公司
銀行調節表
12/31/×1

帳戶：A 銀行 0001234552369

銀行對帳單餘額		$564,500
加：		
在途存款		
12/30	$105,000	
12/31	56,000	161,000
減：		
未兌現支票		
#2315　12/22	30,120	
2319　12/23	97,630	
2320　12/25	124,000	
2328　12/30	55,000	(306,750)
其他調整項目		
誤將他人存款記入本帳戶		(15,000)
調整後銀行餘額		$403,750
調整前帳上餘額		$453,500
減：		
銀行手續費	$ 200	
客戶支票退票	49,550	(49,750)
調整後帳上餘額		$403,750

(1) 驗算銀行調節表計算之正確性。

(2) 將銀行函證餘額及截止對帳單之期初餘額，核至銀行調節表上之銀行餘額，以確認其金額一致。

(3) 將資產負債表日前已簽發但未兌現之支票，與已列入截止銀行對帳單之支票比較，核至銀行調節表上之未兌現支票明細，以及資產負債表日當日或前數日之現金支出簿。所有在資產負債表日後才兌現，且已列入現金支出簿之支票，應列為未兌現支票。

(4) 調查所有列入未兌現支票清單中，卻在銀行截止對帳單上未顯示已兌現之大額支票。調查時，首先應追查至現金支出簿及其佐證文件，再與受查者討論支票遲未兌現之原因。若查核人員懷疑有舞弊之可能，應向持票人函證相關資訊。

(5) 將在途存款核至銀行截止對帳單。銀行調節上所列之在途存款應逐筆核至銀行截止對帳單，俾確定期末之在途存款，於下一年度一開始便已存入該銀行帳戶。

(6) 複核銀行對帳單、銀行截止對帳單與銀行調節表上之其他調節項目，例如，銀行手續費、代收票據、錯誤更正，以及其他受查者尚未入帳而由銀行直接借記或貸記之交易。最後，並確定受查者是否已做適當的調整或更正。

至於定額特定用途現金帳戶調節表的測試，相對就容易多了，查核人員通常只要花費少許時間即可完成。以薪工帳戶銀行調節表為例，其調節項目通常僅有未兌現支票而已，且絕大部分的支票會在支票簽發後短期內即會兌現。在測試薪工銀行帳戶調節表時，查核人員取得銀行調節表、銀行函證及銀行截止對帳單後，其執行的步驟與前述一般現金帳戶之測試方式相同，只是通常只有未兌現支票之調節項目而已。如果控制不足或該帳戶餘額與總帳餘額不符時，查核人員仍須執行額外之查核程序。

17.5.2 舞弊導向現金餘額的細項測試

17.5.1 節所討論之現金餘額的細項測試，係假設查核人員於執行風險評估程序及控制測試後，認為受查者現金發生舞弊的風險不大之情況下，一般所執行的現金餘額的細項測試。然而，當查核人員於執行風險評估程序及控制測試後，認為現金發生重大不實表達或舞弊的風險較高，甚至屬於顯著風險。例如，經由舞弊三角的評估，受查者內部控制制度欠佳，尤其是現金之保管與記錄職能未做適當區分，而且缺乏每個月獨立編製銀行調節表的機制。在此情況下，查核人員就必須擴大期末現金餘額之細項測試，以確定財務報表是否已發生重大舞弊。

在設計用以偵測財務報表舞弊為目的之查核程序時，查核人員應審慎考量內部控制缺失之性質、可能衍生之舞弊型態與重大性，以及可用以偵測舞弊最有效之查核程序。值得再次提醒的是，現金相關的舞弊可能發生在現金收入或支出交易時(例如，應收帳

款延壓入帳)，亦可能發生在期末餘額上。現金收入或支出交易相關舞弊之偵測，如對偵測延壓入帳所執行之測試，已於各交易循環之查核中討論，故本節只探討現金餘額之舞弊導向的細項測試。

然而，誠如先前所討論有關查核工作先天上的限制，即使查核人員精心設計舞弊導向之查核程序，企圖偵測涉及現金之財務報表舞弊，仍無法保證能偵出所有的舞弊，尤其是受查者蓄意漏列現金交易及餘額時(有關完整性聲明的舞弊)。例如，受查者在海外設立不法的現金帳戶，且將銷貨之現金收入存入該等帳戶(帳冊未入帳)，則查核人員即很難發現該項舞弊。不過，誠如第八章查核財務報表對舞弊之考量中所述，如果查核人員有理由相信舞弊可能存在，即有責任盡專業應有之懷疑態度及注意，盡力規劃適當之查核程序以偵測舞弊。

有關現金餘額舞弊導向之細項測試，查核人員通常可採用下列三種方法：擴大測試銀行調節表、現金驗證表及跨行轉帳測試。茲分別說明如下：

1. 擴大測試銀行調節表

當查核人員認為受查者所編製之期末銀行調節表可能存有舞弊時，即可考量執行擴大測試銀行調節表的程序，甚至由查核人員親自編製期末銀行調節表。此項擴大查核程序之目的，乃在驗證當年度最後一個月日記簿上之所有與現金交易是否均已正確地列入(或排除於)銀行調節表中，並驗證銀行調節表上所列之所有項目是否均屬正確。擴大測試銀行調節表前所須取得之文件，與 17.5.1 節中測試銀行調節表前應取得之文件相同。查核人員通常採行之擴大測試銀行調節表的查核程序如下(假設受查者之會計年度採曆年制)：

(1) 取得 11 月份之銀行調節表，將 11 月份銀行調節表之未兌現支票核至 12 月份銀行對帳單及其所附之註銷支票是否一致。

(2) 將 12 月份銀行對帳單中其他註銷支票(不是 11 月銀行調節表中有關之註銷支票)及存款單，與 12 月份現金簿(或現金支出簿及現金收入簿)相比較。

(3) 將 11 月份銀行調節表及 12 月份現金簿中截止至 12 月 31 日仍未由銀行處理之項目(如支票仍未兌現)核至 12 月份之銀行調節表，以確定這些所有項目均已列入 12 月份之銀行調節表。

(4) 驗證 12 月份銀行調節表上所有調節項目是否確實來自 11 月份銀行調節表(如 11 月底之未兌現支票)，以及 12 月份現金簿中(如 12 月底之未兌現支票及在途存款)尚未由銀行處理完成之項目。

2. 現金驗證表

現金驗證表 (proof of cash) 又稱為四欄式銀行調節表 (four-column bank reconciliation)，當受查公司現金之控制存在顯著缺失或舞弊風險較高時，查核人員可以要求受查者編製現金驗證表供其測試或自行編製現金驗證表，圖表 17.5 列示一現金驗證表。從圖表 17.5 釋例中可以看出，現金驗證表與一般銀行調節表最大的差異，在於一般銀行調節表僅對特定期間期末現金餘額加以調節，而現金驗證表則對特定期間現金之期初餘額、收入、支出及期末餘額進行調節。因此，查核人員可以利用現金驗證表的測試或自行編製現金驗證表，確定下列四項情況：

(1) 所有入帳之現金收入均已存入銀行。
(2) 所有已存入銀行之現金均已入帳。
(3) 所有入帳之現金支出均已由銀行支付或將由銀行支付。
(4) 由銀行所支付之所有金額均已入帳。

圖表 17.5　現金驗證表

××股份有限公司
現金驗證表
12/31/×1

帳戶：A 銀行 0001234552369

	11/30/×1 餘額	存入	提款	12/31/×1 餘額
銀行對帳單餘額	$125,700	$625,000	$650,000	$100,700
在途存款				
11/30	25,000	(25,000)		
12/31		45,000		45,000
未兌現支票				
#2315　11/22	(21,000)		(21,000)	
2319　12/23			35,000	(35,000)
客戶支票存款不足		(6,000)	(6,000)	
調整後銀行餘額	$129,700	$639,000	$658,000	$110,700
調整前帳上餘額	$129,700	$639,000	$681,800	$ 86,900
銀行手續費			1,200	(1,200)
其他帳戶支票誤記入本帳戶			(25,000)	25,000
調整後帳上餘額	$129,700	$639,000	$658,000	$110,700

現金驗證表除了可以針對每個月編製外，亦可依每幾個月或每年編一次皆可。從上述的討論可知，當查核人員測試現金驗證表時，其實是合併執行了現金收支交易及現金餘額的細項測試。例如，現金驗證表中現金收入之驗證乃在測試現金收入交易是否已入

帳。不過，查核人員仍應注意，現金驗證表關於現金支出之驗證，並無法有效發現支票簽發金額不當、偽造支票，或其他造成現金支出簿入帳金額錯誤之情事。同樣地，現金驗證表關於現金收入之驗證，亦無法發現現金收入遭竊、現金存入金額不當，或現金入帳金額錯誤等情事。

3. 跨行轉帳測試

受查者開立即期支票，將現金由特定銀行帳戶轉至另一個銀行帳戶 (這兩個銀行帳戶分屬不同的銀行) 時，由於票據須經過票據交換，會造成兩個銀行帳戶提款及存款的時間會有落差，尤其兩個銀行帳戶所屬的銀行在不同地區時，時間的落差會更長，有時長達三、四天。舉例而言，受查者 12 月 31 日從 A 銀行帳戶開立一張即期支票存入 B 銀行帳戶，該支票透過票據交換過程，可能須等到隔年 1 月 2 日才從 A 銀行帳戶扣款。在正常情況下，受查者於 12 月 31 日帳上應同時增加 B 銀行帳戶及減少 A 銀行帳戶金額。但如果受查者帳上故意只記錄 B 銀行帳戶的增加，帳上就會虛增該支票金額，然而，12 月 31 日 A 銀行並不會將受查者的帳戶予以減少，直到隔年 1 月 2 日才從 A 銀行帳戶扣款，受查者在編製銀行調節表時，只要 A 銀行的銀行調節表漏列該未兌現支票，即可掩飾侵占現金的行為。在資產負債表日前後進行此種舞弊的方式以掩飾侵占的現金，即稱為騰挪 (kiting)。

查核人員欲測試騰挪，可以將資產負債表日前後數天之所有跨行轉帳即期支票全部列出，編製跨行轉帳支票明細表，並逐筆核至現金收支簿以確定其是否適當記錄，圖表 17.6 列示跨行轉帳支票明細表。

以圖表 17.6 跨行轉帳支票明細表為例，在資產負債表日前後數日共有四筆跨行轉帳交易，查核人員應執行下列的測試：

(1) 跨行轉帳支票明細表上所列資訊之正確性應加以驗證，查核人員首先應檢視現金簿 (或現金支出簿與現金收入簿)，以確定在資產負債表日前後數日之所有轉帳即期支票均已列入跨行轉帳支票明細表。並將該表上之轉出帳戶與轉入帳戶中，公司入帳日期及金額核至現金簿 (或現金支出簿與現金收入簿)；銀行入帳日期及金額應核至銀行對帳單。

(2) 確認跨行轉帳支票在轉入帳戶與轉出帳戶必須在當期會計期間均已入帳，如果轉入帳戶與轉出帳戶均於當期會計期間記錄，即無騰挪之嫌，例如，表中支票 #12345 及 #12348。如果當期帳上僅記錄轉入帳戶現金增加，受查者即可能有利用騰挪方式企圖掩飾現金盜用之嫌。

(3) 將跨行轉帳支票明細表上轉出帳戶開出之支票，核至該銀行帳戶之期末銀行調節表，確認是否已正確列入或排除於未兌現支票項目。以圖表 17.6 為例，A 銀行帳戶的期末銀行調節表應將支票 #12348 及 #12355 列為未兌現支票，但不應列入其他

圖表 17.6　跨行轉帳支票明細表

××公司
跨行轉帳支票明細表
12/31/×1

支票號碼	金額	轉出帳戶 銀行	轉出帳戶 公司入帳日	轉出帳戶 銀行入帳日	轉入帳戶 銀行	轉入帳戶 公司入帳日	轉入帳戶 銀行入帳日
#12345	$50,000	A	12/28/×1	12/29/×1	B	12/29/×1	12/30/×1
12348	60,000	A	12/28/×1	01/02/×2	B	12/29/×1	12/30/×1
12355	56,000	A	12/30/×1	01/03/×2	B	12/30/×1	01/03/×2
12365	98,000	A	01/02/×2	01/04/×2	B	01/03/×2	01/04/×2

兩張支票(藉由比較轉出帳戶公司及銀行入帳日期即可知)。如果 A 銀行帳戶的期末銀行調節表漏列應列入之未兌現支票，則顯示有可能發生騰挪。

(4) 將跨行轉帳支票明細表上轉入帳戶存入之支票，核至該銀行帳戶之期末銀行調節表，確認是否已正確列入或排除於在途存款項目。以圖表 17.6 為例，B 銀行帳戶的期末銀行調節表應將支票 #12355 列為在途存款，但不應列入其他三張支票(藉由比較轉入帳戶公司及銀行入帳日期即可知)。如果 B 銀行帳戶的期末銀行調節表列入不該列人之在途存款，亦顯示有發生騰挪的可能。

17.5.3　現金餘額執行格式證實程序之查核計畫

經過前兩小節對現金餘額有關證實程序的討論，為了讓讀者對現金餘額的證實程序有更具體及詳細的瞭解，圖表 17.7 列示查核現金餘額時執行格式的查核計畫，以及每一查核程序相關之聲明。

圖表 17.7　現金餘額證實程序查核計畫

查核程序	EO	C	RO	VA	PD	底稿索引
一、科目餘額之核對與調節						
1. 取得現金構成項目明細表（包括銀行帳戶明細表），加以驗算並與帳上及財務報表上金額相比較，以確定其正確性。				✓		
二、執行證實分析性程序						
1. 如受查者有健全之預算制度，可執行與現金預算比較之分析性程序。	✓	✓	✓	✓		
三、現金期末餘額查核						
1. 盤點庫存現金及定期存款（須與高度流動性資產併同盤點）。	✓	✓	✓	✓		
2. 取得銀行函證及銀行截止對帳單。	✓	✓	✓	✓	✓	
3. 取得銀行調節表，並測試銀行調節表的正確性。	✓	✓	✓	✓		
4. 銀行函證中有關存款有特別約定者（如存款之使用受限），可追查至董事會議事錄及相關之合約。	✓		✓	✓	✓	
5. 如不實表達風險或舞弊風險較高時，得執行下列舞弊導向之查核程序： (1) 擴大測試銀行調節表測試。 (2) 現金驗證表測試。 (3) 跨行轉帳測試。	✓ ✓	✓ ✓	✓ ✓	✓ ✓ ✓		
6. 如持有外幣，取得資產負債表日之即期匯率，驗證是否已正確換算，並認列匯兌損益。	✓	✓	✓	✓		
四、現金之表達與揭露						
1. 檢視銀行函證、債務合約、董事會議事錄，以及詢問管理階層，確認與現金相關之分類與揭露，是否已依適用之財務報導架構分類與揭露。					✓ ✓	
2. 檢視各銀行帳戶是否有限制用途者，如償債基金、長期貸款之補償性存款等。					✓	
3. 銀行透支帳戶不得與其他帳戶抵銷，以淨額列示，除非已約定以其他帳戶抵償。				✓	✓	

本章習題

選擇題

1. 查核人員盤點受查客戶現金時，應與下列何者同時進行？
   (A) 研讀關於現金方面之控制
   (B) 在資產負債表日暫停營業
   (C) 盤點有價證券
   (D) 盤點存貨

2.、3. 題請依據下列工作底稿上之資訊回答：

<table>
<tr><td colspan="7" align="center">地通公司
銀行間轉移明細表
民國 X5 年 12 月 31 日</td></tr>
<tr><td colspan="2">銀　　行</td><td rowspan="2">金額</td><td colspan="2">轉 出 日 期</td><td colspan="2">轉 入 日 期</td></tr>
<tr><td>轉出</td><td>轉入</td><td>公司帳</td><td>銀行帳</td><td>公司帳</td><td>銀行帳</td></tr>
<tr><td>2020</td><td>第一城中</td><td>彰化總行</td><td>$ 32,000</td><td>12/31</td><td>1/5 △</td><td>12/31</td><td>1/3 ▽</td></tr>
<tr><td>2021</td><td>第一城中</td><td>華南東門</td><td>78,000</td><td>12/31</td><td>1/4 △</td><td>12/31</td><td>1/3 ▽</td></tr>
<tr><td>3217</td><td>寶島總行</td><td>彰化光復</td><td>4,000</td><td>01/03</td><td>1/5</td><td>01/03</td><td>1/6</td></tr>
<tr><td>0659</td><td>玉山總行</td><td>華信南門</td><td>125,000</td><td>12/30</td><td>1/5 △</td><td>12/30</td><td>1/3 ▽</td></tr>
</table>

2. 查核符號 (tickmark) △ 所代表的意義，最可能是：前述金額已對入
   (A) 十二月份的現金支出日記簿
   (B) 十二月份的現金收入日記簿
   (C) 十二月份銀行對帳單的未兌領支票 (outstanding checks)
   (D) 十二月份銀行對帳單中的在途存款 (deposits in transit)
   (E) 一月份銀行對帳單中的未兌領支票
   (F) 一月份銀行對帳單中的在途存款
   (G) 以上皆非

3. 查核符號 ▽ 所代表的意義，最可能是：前述金額已對入
   (A) 一月份的現金支出日記簿
   (B) 一月份的現金收入日記簿
   (C) 十二月份銀行對帳單中的未兌領支票
   (D) 十二月份銀行對帳單中的在途存款
   (E) 一月份銀行對帳單中的未兌領支票
   (F) 一月份銀行對帳單中的在途存款
   (G) 以上皆非

4. 以下何者為零用金最重要的控制程序？
   (A) 存放在保險櫃中
   (B) 定額且由專人負責
   (C) 金額控制在很低的水準
   (D) 定期撥補

5. 現金最容易被偷竊或挪用，這代表現金存在較高的：
   (A) 經管風險 (business risk)
   (B) 固有風險 (inherent risk)
   (C) 控制風險 (control risk)
   (D) 偵查風險 (detection risk)

6. 以下何者為零用金最重要的控制？
   (A) 存放在保險櫃中
   (B) 定額且由專人負責
   (C) 金額控制在很低的水準
   (D) 定期撥補

7. 查核人員通常會取得截止日銀行對帳單 (cutoff bank statement)，其主要目的為：
   (A) 驗證銀行存款之期末餘額
   (B) 驗證銀行調節表中之調節項目
   (C) 偵查是否有延壓入帳 (lapping) 的現象
   (D) 驗證現金盤點

8. 台灣甲公司在香港之 A 銀行開立活期存款帳戶。會計師在期末查核甲公司時，函證香港 A 銀行，A 銀行則通知甲公司，該行若回覆函證，則甲公司需要支付一筆手續費。因甲公司不願意支付該筆手續費，故會計師無法取得 A 銀行之函證回函。若會計師無法採用其他替代程式，則應出具那類型的查核報告？
   (A) 無保留意見或修正式無保留意見
   (B) 保留意見或否定意見
   (C) 否定意見或無法表非意見
   (D) 保留意見或無法表示意見

9. 一家企業的控制若有效，其員工在收到客戶寄來的支票時，應：
   (E) 將支票之金額加到每日現金收入彙總表
   (F) 能對每張支票和銷貨發票進行勾稽
   (G) 登記支票託收紀錄，並於當日將支票存入銀行
   (H) 記錄現金收入帳

10. 查核人員查核受查者每日現金收入是否確實於當日全數存入銀行，係屬於下列何者？
    (A) 分析性複核程序
    (B) 餘額驗證程序
    (C) 控制測試
    (D) 瞭解內部控制制度

11. 為了避免以沖銷壞帳方式來掩飾盜用現金，沖銷壞帳必須：
    (A) 經由出納人員批准
    (B) 經由會計人員批准
    (C) 以帳齡分析證明僅就逾期較久的帳款加以沖轉
    (D) 經由出納及會計以外之適當人員批准，但批准前應先審閱信用部門對該客戶信用狀況之調查資料

12. 測試客戶的銀行調節表是為了驗證客戶帳上的銀行存款餘額於排除在途存款、未兌現支票及其他應調整項目後，是否與存放在銀行之實際數一致。為了完成此一測試，調節的資訊由下列何項提供？
    (A) 客戶在查核當年的交易紀錄及分類帳
    (B) 截止日後銀行對帳單
    (C) 客戶在查核次年的交易紀錄及分類帳
    (D) 客戶在查核當年所兌現之支票

13. 挪用現金可藉分支機構間之互通有無或變賣資產而予以掩飾，查核人員應採取何種適當之查核措施以因應此種狀況？
    (A) 同時發函詢證
    (B) 同時編製銀行調節表
    (C) 同時驗證
    (D) 同時盤點現金

14. 「收到現金應於當天悉數存入銀行」，此一控制程序之目標為何？
    (A) 保護資產
    (B) 確保紀錄完整
    (C) 交易經適當批准
    (D) 交易按授權情形執行

15. 為偵出掩飾現金挪用舞弊，以下何者為會計師查核銷貨退回與折讓時之相關查核目標？
    (A) 發生
    (B) 完整
    (C) 分類
    (D) 截止

16. 有關現金之控制與現金餘額之查核目的，下列敘述何者錯誤？
    (A) 取得截止日之銀行對帳單，主要目的在於驗證銀行調節表中之調節項目
    (B) 由經管現金或記載現金帳冊以外人員編製銀行調節表，主要目的在確保既存的現金支出交易已經記錄
    (C) 查核年底前、後各五個工作天的銀行間調撥款項，目的在驗證現金餘額的所有權
    (D) 測試現金的截止，目的在驗證現金餘額的完整性

17. 查核人員執行下列何項程序可以達成查核現金之完整性目標？
    (A) 執行四欄式銀行調節表
    (B) 報表之現金餘額核對至總帳
    (C) 流通在外支票核對至銀行對帳單
    (D) 覆核財務報表以確認重大存款帳戶無誤

18. 對金融機構之函證實務上多採何種方式？
    (A) 積極式
    (B) 消極式
    (C) 積極式與消極式並用
    (D) 不一定要函證

19. 在查核現金餘額時，下列何項餘額相關的審計目標會被評估為有較高之固有風險？
    (A) 存在性
    (B) 期間歸屬
    (C) 明細帳與總帳相符
    (D) 表達與揭露

20. 下列對函證之敘述，何者較不恰當？
    (A) 對金融機構不得採消極式函證
    (B) 查核人員均須對受查者所有往來之金融機構函證，不論期末銀行往來餘額多寡
    (C) 函證受查者之應收帳款僅能有助於驗證管理階層對財務報表之存在聲明
    (D) 查核應付帳款完整性之聲明時，查核人員向帳列仍有應付款之主要供應商進行函證即可

21. 函證是查核人員獲取查核證據方法之一，惟在查核下列那一科目時，函證是必要之查核程序？
    (A) 銀行存款　　　(B) 應付帳款　　　(C) 應付票據　　　(D) 應收票據

22. 查核人員查核企業每日現金收入是否嚴守當日存入銀行之規定，是屬於：
    (A) 交易之驗證　　(B) 分析性程序　　(C) 控制測試　　(D) 偵查測試

23. 若銀行不回覆銀行函證，則查核人員最可能：

(A)

執行替代程序	再次寄發銀行函證	請客戶要求銀行儘速完成並寄回函證之事宜
否	是	是

(B)

執行替代程序	再次寄發銀行函證	請客戶要求銀行儘速完成並寄回函證之事宜
否	否	是

(C)

執行替代程序	再次寄發銀行函證	請客戶要求銀行儘速完成並寄回函證之事宜
是	否	是

(D)

執行替代程序	再次寄發銀行函證	請客戶要求銀行儘速完成並寄回函證之事宜
是	是	否

問答題

1. 甲企業之總公司位於台北，另於台中設有辦事處以利中部地區業務之進行。台中辦事處於台中銀行設有獨立的帳戶，並定期將此帳戶中之現金，開立支票寄給總公司存入其台北銀行帳戶。台北總公司記錄台中辦事處轉入現金時，所使用的會計科目為「現金」與「台中辦事處轉入」。乙會計師事務所受託查核甲企業民國×1年度之財務報表，在查過程中，表列出甲企業於民國×1年度終了前後期間內，台中辦事處與台北總公司間重大之現金移轉相關資料共有4筆(A~D)如下：

編號	金額	現金轉入之日期與相關之銀行調節表處理			現金轉出之日期與相關之銀行調節表處理		
		總公司	台北銀行	銀行調節表處理	辦事處	台中銀行	銀行調節表處理
A	$100	12-31	12-31	未列為在途存款	12-28	01-03	列為在途存款
B	$200	12-29	12-29	未列為在途存款	12-26	01-03	未列為在途存款
C	$300	12-28	12-28	未列為在途存款	01-03	12-29	未列為在途存款
D	$400	01-05	01-05	列為在途存款	01-03	01-03	未列為在途存款

上表中之「銀行調節表處理」資料，係指於甲企業為某台北銀行帳戶與台中銀行帳戶，各自編製的民國×1年12月31日銀行調節表中，就此項現金移轉之相關資料。

(1) 請逐筆就上述4筆現金移轉資料，說明是否存在有現金騰挪(kiting)舞弊疑慮？並簡述理由。

注意：請採橫書方式，依以下格式答題，否則不予計分

編號	是否存在金騰挪舞弊疑慮（是或否）	理由
A		
⋮		
⋮		

(2) 請就上述4筆現金移轉資料，寫出甲企業必要之調整分錄。

2. 現金舞弊及防制

(1) 說明現金可能舞弊的方式及其防制的方法。請至少列出三種方式，並以下列格式作答：

現金舞弊的方式	防制的方法
1.	
2.	
3.	

(2) 文山公司民國86年12月1日成立，籌資100萬元存入銀行，所有支出除定額零用(開立支票#1，$30,000成立零用金)外皆以支票為之。截至12月31日止，該公司計有在途存款兩筆(僅有的收入)，分別是$20,000及$30,000。另外，支票#2，$50,000；

#5，$70,000；及 #6，$50,000 經已兌現。而支票兼出納的威廉盜開支票 #4 兌現挪用公款 $100,000（未入帳），而試圖在編製銀行調節表時掩飾之。請問威廉可能會如何做？列示其可能編製之銀行調節表，指出其用以掩飾舞弊的方法。

(3) 就 (2) 之情況，文山公司應如何改進方可遏止此項舞弊發生？

(4) 就 (2) 之情況，文山公司的委任會計師應如何針對威廉用以掩飾舞弊的方法予以查核？請具體說明核對的方法。

3. 現金及約當現金是公司最具流動性之資產，也是會計師查核最風險的科目，請列舉現金及約當現金之可能舞弊型態？並說明審計人員應採行那些查核程序，以發現可能之舞弊。

4. 查核人員針對甲公司所編製之九月份銀行調節表的 (A)、(B)、……、及 (F) 等六個項目進行查核工作。以下共計列出 10 項查核程序：

(1) 追查 (trace) 至現金收入日記簿。
(2) 追查 (trace) 至現金支出日記簿。
(3) 比對至 2006/9/30 之分類帳。
(4) 直接向銀行進行函證。
(5) 檢視銀行對帳單上的貸項備註 (credit memo)。
(6) 檢視銀行對帳單上的借項備註 (debit memo)。
(7) 追查異常延遲的原因。
(8) 檢視未出現在截止日後銀行對帳單 (cutoff bank statement) 上之調整項目的相關佐證文件。
(9) 由銀行調節表追查至截止日後銀行對帳單。
(10) 由截止日後銀行對帳單追查至銀行調節表。

請針對項目 (A) 選出查核人員最應執行的二個查核程序；針對項目 (B)、(C) 各選出查核人員最應執行的五個查核程序；針對項目 (D)、(E)、(F) 分別選出查核人員最應執行的一個、二個及一個查核程序；將下列格式劃製於申論試卷上，並依格式作答。

項目	查核人員最應執行程序的數目	最應執行查核程序之代號
(A)	2	
(B)	5	
(C)	5	
(D)	1	
(E)	2	
(F)	1	

甲公司
銀行調節表
2006 年 9 月 30 日

(A) 銀行對帳單上金額			$28,375
(B) 在途存款			
2006/09/29		$4,500	
2006/09/30		1,525	6,025
			$34,400
(C) 未兌現支票			
998	2006/08/31	$2,200	
1281	2006/09/26	675	
1285	2006/09/27	850	
1289	2006/09/29	2,500	
1292	2006/09/30	7,225	(13,450)
			$20,950
(D) 託收票據			(3,000)
(E) 錯誤：公司於 2006/09/26 開立編號 1282 的支票，票面正確金額為 $270，銀行錯誤以 $720 記入公司帳戶，2006/10/02 才被通知此項錯誤。			450
(F) 公司帳上金額			$18,400

假設：

(1) 甲公司係於 2006/10/02 編製銀行調節表。

(2) 銀行調節表已經驗算過，並無計算上的錯誤。

(3) 查核人員於 2006/10/11 收到日期為 2006/10/7 的截止日期後銀行對帳單 (cutoff bank statement)。

(4) 截止日後銀行對帳單註明了 2006/09/30 之在途存款、四張未兌現支票 (編號分別為 1287、1285、1289 以及 1292)，以及有關編號為 1282 之支票的錯誤更正等資訊。

(5) 查核人員將現金科目餘額的控制風險設為最高水準。

Chapter 18 完成查核工作

18.1 前言

儘管第十二章至第十七章已針對各交易循環及現金餘額的查核進行討論，但在會計師出具查核報告之前，仍有許多不屬於特定交易循環之事項需要查核人員查核評估、執行查核程序或確認的事項，會計師才能針對所查核之財務報表出具查核報告。

此階段之查核工作通常有下列幾項特點：(1) 查核的事項通常不屬於特定交易循環或會計科目；(2) 查核工作主要是在財務報表結束日之後執行；(3) 該等事項的查核多涉及查核人員的主觀性判斷；(4) 這些工作通常由查核經驗豐富的查核人員執行，例如由查核工作小組中的主辦會計師、經理或高級查帳員 (senior auditor or in-charge auditor) 執行。本章在完成查核工作階段所要討論之查核事項，將涵蓋下列幾項議題：

1. 受查者繼續經營之評估。
2. 負債準備及或有負債之查核。
3. 期後事項之查核及相關責任。
4. 書面聲明之取得。
5. 最後階段分析性程序的執行。
6. 閱讀與財務報表併同表達之補充資訊及其他資訊。
7. 法律遵循之考量。
8. 最後查核結果的評估。

從上述所欲討論的議題不難發現，上述工作的執行，是會計師在出具查核報告之前，調整財務報表及檢視查核程序是否完整的最後機會，其重要性不言而喻。本章後續各節將依序針對上述議題逐一加以說明。

18.2 受查者繼續經營之評估

一般用途財務報表都是基於企業將**繼續經營** (going concern) 的基礎上編製——即繼

續經營會計基礎。所謂的繼續經營係指企業在可預見的未來不會進行清算解散，在這樣的基礎上，企業持有之資產可使用至其原先預定的計畫或目的完成為止，負債可等到債務到期日再行償還，收益及費損須按性質或功能別加以分類，以便財務報表使用者對企業未來的財務狀況及財務績效進行預測。然而，繼續經營的基礎不一定永遠都成立，當企業意圖或被迫清算解散，原先所適用之財務報導架構即已不再適用，企業應改用其他適當之會計基礎，如清算會計，進行交易的處理及財務報表的編製。因為企業已經沒有未來，所有的資產即將出售換成現金，負債不論長短期即須償還，收益及費損再分為營業及非營業的意義已不在。

企業常面臨許多事件或情況，使得企業的繼續經營可能存有重大不確定性，管理階層必須負起評估企業繼續經營的能力、繼續經營會計基礎之採用是否適當，以及必要時於財務報表揭露相關的事項。由於繼續經營的基礎是否適當，對受查者所適用之財務報導架構及財務報表的揭露皆有重大的影響。因此，查核人員於查核財務報表時，對受查者繼續經營之評估及其對查核報告的影響負有責任。此一議題之相關規定，主要訂於審計TWSA570「繼續經營」。以下分別針對管理階層及查核人員相關之責任、相關查核程序及對查核報告之影響進行說明。

18.2.1 管理階層與查核人員對繼續經營評估之責任

根據適用之財務報導架構，管理階層應負責評估企業繼續經營之能力、繼續經營會計基礎之採用是否適當，以及相關事項之揭露(如有繼續經營不確定性時)。一般而言，企業如有經營獲利之歷史且可輕易取得財務資源，管理階層通常不須詳細分析，即可能達成其採繼續經營基礎為適當之結論。除此之外，管理階層對企業繼續經營能力之評估，涉及對財務報導期間結束日後至少十二個月可能發生之事件或情況所造成之結果做出判斷，此一結果的判斷本身即具先天不確定性。一般而言，未來事件或情況確定其結果所需的時間越長，其不確定性即越高。此外，其不確定性亦與企業的規模、複雜程度、事業之性質及狀況、受外部因素影響之程度，以及評估時可取得資訊相關。管理階層於評估企業繼續經營能力之後，如認為企業意圖或被迫清算，即應改採清算會計基礎編製當年度財務報表，不能繼續採用繼續經營會計基礎。管理階層如認為採用繼續經營會計基礎是適當的，但企業繼續經營之能力存有重大不確定性，則有責任於財務報表揭露相關之事項，包括其因應措施。

查核人員之責任則是取得足夠及適切之查核證據，俾對管理階層採用繼續經營會計基礎編製財務報表是否適當，以及受查者繼續經營之能力是否存在重大不確定性，做出結論。惟值得強調的是，因查核人員無法完全預測可能導致受查者不再具有繼續經營能力之事件或情況之未來結果，致其偵出與繼續經營有關之重大不實表達之能力受先天限

制較大。因此，會計師於查核報告中未提及受查者繼續經營能力存在重大不確定性，並不能被視為會計師對受查者繼續經營能力之保證。

18.2.2 查核人員對繼續經營之評估

查核人員對受查者繼續經營之評估，應始於查核規劃階段，並依後續查核所取得之查核證據予以修正，俟管理階層將查核人員依查核證據所提出之調整及揭露均已列入財務報表後，再做最後之評估。由於本書先前討論查核規劃時，並未特別針對受查者繼續經營之評估加以討論，因此，本節將先介紹繼續經營相關之風險評估程序及作業，再說明相關之進一步查核程序。

1. 與繼續經營相關之風險評估程序及作業

查核人員依 TWSA315「辨認並評估重大不實表達風險」之規定執行風險評估程序時，須考量是否存在使受查者繼續經營之能力可能產生重大疑慮之事件或情況。此時，查核人員應判斷管理階層是否已對企業繼續經營之能力執行初步評估：

(1) 如管理階層已執行初步評估，則查核人員應與管理階層討論該等評估，並判斷管理階層是否已辨認出使企業繼續經營能力可能產生重大疑慮之事件或情況 (就個別或彙總而言)。如已辨認，查核人員應與管理階層討論其因應計畫。

(2) 如管理階層未執行初步評估，則查核人員應與管理階層討論採用繼續經營會計基礎之依據，並向管理階層查詢是否存在使企業繼續經營之能力可能產生重大疑慮之事件或情況 (就個別或彙總而言)。

可能使企業繼續經營能力產生重大疑慮之事件或情況例舉如下，惟應提醒的是，即使受查者存在下列一項或多項之事件或情況，並不表示受查者一定存有繼續經營重大不確定性，因為該等事件或情況通常可藉由採取適當措施予以因應 (例如，受查者無法償還借款時，管理階層可能採取處分資產、增資、延長債務之償還期限或舉新債還舊債予以因應；受查者喪失主要供應商時，管理階層可能藉由取得替代供應來源予以因應等)：

(1) 財務方面

① 淨負債或淨流動負債部位 (即負債總額大於資產總額或流動負債大於流動資產)。

② 即將到期之借款，預期可能無法清償或展期，或過度依賴短期借款作長期運用。

③ 存有債權人撤銷財務支援之跡象。

④ 歷史性或預測性財務報表顯示營業現金流量淨流出。

⑤ 重要財務比率惡化。

⑥ 發生重大營運損失或用以產生現金流量之資產價值顯著減損。

⑦ 積欠或停止發放股利。

⑧ 債務到期無法償還。

⑨無法遵循借款合約條款。
⑩與供應商之交易條件被要求由信用交易改為現金交易。
⑪無法獲得開發必要之新產品或其他必要投資所需之資金。

(2) 營運方面
①管理階層意圖清算或停止營業。
②主要管理階層離職而無人替補。
③喪失主要市場、客戶、特許權、許可權或供應商。
④重大勞資爭議。
⑤重要原料缺貨。
⑥出現具高度競爭力之對手。

(3) 其他方面
①未遵循有關法令之規定，例如金融機構之償債能力及流動性規定。
②未決訴訟或行政處分之不利結果，非受查者所能負擔。
③法令或政府政策之變動造成重大不利影響。
④未投保或未足額保險之重大資產發生損毀或滅失。

　　查核人員評估管理階層對企業繼續經營之能力所作之評估時，其評估所涵蓋之期間應與適用之財務報導架構要求所涵蓋之期間相同，即財務報導期間結束日後至少十二個月。管理階層作評估所涵蓋之期間如短於財務報導期間結束日後十二個月，查核人員應要求管理階層延伸其評估所涵蓋之期間至該日後至少十二個月(補足管理階層所作分析之不足並非查核人員之責任)。惟於某些情況下，管理階層未作詳細分析以佐證其評估，不必然使查核人員無法對管理階層採用繼續經營會計基礎編製財務報表之適當性作出結論。例如，企業如有持續獲利之歷史且可輕易取得財務資源，則管理階層作評估時可能無須作詳細分析。於此情況下，如查核人員所執行之其他查核程序可使其對管理階層採用繼續經營會計基礎編製財務報表之適當性作出結論，則無須執行詳細之評估程序。除此之外，查核人員所作之評估，可能包括對管理階層作評估時所遵循之程序、評估時所作之假設、因應計畫及該計畫於當時情況下是否可行之評估。

　　此外，查核人員對將於管理階層作評估所涵蓋之期間後發生，且使管理階層採用繼續經營會計基礎編製財務報表之適當性可能產生疑慮之已知事件或情況，仍應保持警覺。由於該等事件或情況之未來結果確定所需時間越長，則與該結果有關之不確定性程度越高，因此查核人員考量該等事件或情況時，僅於與繼續經營有關之跡象較為顯著之情況下方須考慮採取進一步行動(如要求管理階層評估其對管理階層就繼續經營之能力所作評估之潛在影響)，並執行其他額外查核程序。除此之外，查核人員除查詢管理階層外，並無義務執行其他查核程序。

值得再次提醒的是，不僅於風險評估階段，查核人員於查核過程中，仍應對上述使受查者繼續經營能力可能產生重大疑慮之事件或情況相關之查核證據保持警覺。如查核過程中所取得之查核證據顯示，對受查者繼續經營能力可能產生重大疑慮之事件或情況與風險評估階段的評估有顯著的差異，必要時應修正其風險評估，並據以修改擬執行之進一步查核程序。

2. 因應所評估與繼續經營相關風險之進一步查核程序

管理階層對企業繼續經營之能力所作之評估，係查核人員評估其採用繼續經營會計基礎編製財務報表是否適當之關鍵部分。查核人員評估管理階層對受查者繼續經營能力所作之評估 (即相關之風險評估) 後，如辨認出使受查者繼續經營能力可能產生重大疑慮之事件或情況，查核人員即應執行額外查核程序 (包括考量管理階層之因應計畫)，俾取得足夠及適切之查核證據，以判斷使受查者繼續經營能力可能產生重大疑慮之事件或情況是否存在重大不確定性。該等程序應包括：

(1) 如管理階層尚未對受查者繼續經營之能力執行評估，則要求管理階層作此評估。
(2) 評估管理階層之因應計畫，以判斷：
　①執行該因應計畫之結果是否可改善現狀。
　②該因應計畫於當時情況下是否可行。
(3) 如管理階層已編製現金流量預測，且該預測對於考量事件或情況之未來結果係屬重要，則：
　①評估據以編製預測之資料是否可靠。
　②判斷與預測相關之假設是否有足夠之佐證。
(4) 考量管理階層做出評估後，有無可取得之額外事實或資訊。
(5) 要求管理階層 (如適當時，亦包括治理單位) 對因應計畫及其可行性，出具書面聲明。

此外，除非所有公司治理單位的成員均參與受查者之管理 (即治理單位成員亦是管理階層)，查核人員亦應與治理單位溝通已辨認之使受查者繼續經營能力可能產生重大疑慮之事件或情況。與治理單位溝通之事項應包括：

(1) 該等事件或情況是否構成重大不確定性。
(2) 管理階層採用繼續經營會計基礎編製財務報表是否適當。
(3) 財務報表相關揭露是否適當。
(4) 該等事件或情況對查核報告之影響 (如適用時)。

18.2.3　查核人員對繼續經營評估之結論及對查核報告之影響

查核人員於執行前述之風險評估程序及進一步查核程序後，應依據所取得之查核證

據，對使受查者繼續經營能力可能產生重大疑慮之事件或情況(就個別或彙總而言)是否存在重大不確定性，作出結論。

如果查核人員認為該等事件或情況之潛在影響程度及發生之可能性較高，致其認為應將該不確定性之性質及影響，適當揭露於財務報表以達成允當表達或避免誤導之目的，則應視為受查者繼續經營能力存在重大不確定性(該等事項之查核，本質上即為關鍵查核事項)。在此情況下，查核人員應進一步判斷財務報表是否(財務報表應揭露之重點)：

1. 適當揭露使受查者繼續經營能力可能產生重大疑慮之主要事件或情況，以及管理階層之因應計畫。
2. 明確揭露使受查者繼續經營能力可能產生重大疑慮之事件或情況存在重大不確定性，因此受查者可能無法於正常營業中實現其資產，並清償其負債。

如果查核人員已辨認出使受查者繼續經營能力可能產生重大疑慮之事件或情況，惟依據所取得之查核證據推斷不存在重大不確定性時，應評估財務報表是否適當揭露該等事件或情況(在允當表達架構下，查核人員可能認為仍須作額外之揭露，以達到允當表達)。

會計師根據所取得之查核證據，考量對其查核意見之影響時，應依照下列規定：

1. 當會計師認為管理階層採用繼續經營會計基礎編製財務報表係屬不適當時，應表示否定意見。因為在此情況下，財務報表已無法符合即將停止營業企業財務報表使用者的需求，應視為廣泛且重大的違反所適用之財務報導架構(即財務報表存有廣泛且重大的不實表達)。
2. 當會計師認為管理階層採用繼續經營會計基礎係屬適當，惟存在重大不確定性，且管理階層於財務報表中已對重大不確定性作適當揭露。會計師應表示無保留意見[1]，並於查核報告中納入「繼續經營有關之重大不確定性」段，並說明下列事項：
   (1) 提醒財務報表使用者注意與繼續經營能力重大不確定性事件或情況有關之附註揭露(即索引至相關財務報表附註)。
   (2) 敘明該等事件或情況顯示受查者繼續經營之能力存在重大不確定性，且並未因此而修正查核意見(「繼續經營有關之重大不確定性」段相關釋例參見圖表18.1)。
3. 當會計師認為管理階層採用繼續經營會計基礎係屬適當，惟存在重大不確定性，但管理階層於財務報表中未對重大不確定性作適當揭露(視為存有重大或廣泛之不實表

---

[1] 惟依照TWSA705「修正式意見之查核報告」第9條，以及TWSA570「繼續經營」第48條之規定：「在極罕見情況下，儘管查核人員已對多項不確定性取得足夠及適切之查核證據，但會計師因該等不確定性之潛在相互影響與對財務報表之可能累積影響，而無法對財務報表形成查核意見時，應出具無法表示意見。」換言之，如果繼續經營能力存在多項重大不確定性事項或情況，而符合上述之情況，會計師可以出具無法表示意見，惟在實務上非常罕見。

達)，則會計師應：

(1) 依案件之情況 (依該事項影響或可能影響的程度判斷)，表示保留意見或否定意見。
(2) 於查核報告之保留 (或否定) 意見之基礎段，敘明受查者繼續經營之能力存在重大不確定性，惟財務報表未適當揭露此事實 (保留及否定意見之查核意見基礎段之釋例參見圖表 18.2 及 18.3)。

圖表 18.1　無保留意見查核報告「繼續經營有關之重大不確定性」段說明之釋例

繼續經營有關之重大不確定性

如合併財務報表附註 × 所述，甲集團民國 ×2 年 1 月 1 日至 12 月 31 日之淨損失為新台幣 ××× 元，且民國 ×2 年 12 月 31 日之負債總額超過資產總額計新台幣 ××× 元。該等情況顯示甲集團繼續經營之能力存在重大不確定性。本會計師未因此修正查核意見。

圖表 18.2　保留意見查核報告「保留意見基礎」段說明之釋例

保留意見之基礎

如財務報表附註 × 所述，甲公司之銀行借款新台幣 ××× 元已於民國 ×2 年 12 月 19 日到期，但甲公司尚未支付且未能對該借款取得再融資或其他替代融資。該等情況顯示甲公司繼續經營之能力存在重大不確定性，惟財務報表未揭露此重大不確定性。

本會計師係依照會計師查核簽證財務報表規則及審計準則執行查核工作。本會計師於該等準則下之責任將於會計師查核財務報表之責任段進一步說明。本會計師所隸屬事務所受獨立性規範之人員已依會計師職業道德規範，與甲公司保持超然獨立，並履行該規範之其他責任。本會計師相信已取得足夠及適切之查核證據，以作為表示保留意見之基礎。

圖表 18.3　否定意見查核報告「否定意見基礎」段說明之釋例

否定意見及無保留意見之基礎

甲公司之銀行借款新台幣 ××× 元已於民國 ×2 年 12 月 31 日到期，但甲公司尚未支付且未能對該借款取得再融資或其他替代融資，並正考慮聲請破產。該等情況顯示甲公司繼續經營之能力存在重大不確定性，惟財務報表未揭露此重大不確定性。

本會計師係依照會計師查核簽證財務報表規則及審計準則執行查核工作。本會計師於該等準則下之責任將於會計師查核財務報表之責任段進一步說明。本會計師所隸屬事務所受獨立性規範之人員已依會計師職業道德規範，與甲公司保持超然獨立，並履行該規範之其他責任。本會計師相信已取得足夠及適切之查核證據，以作為對甲公司民國 ×2 年度及 ×1 年度之財務報表分別表示否定意見及無保留意見之基礎。

18.3 負債準備及或有負債之查核

依照 IFRS 之定義，**負債準備 (provision) 係指，金額不確定 (但能可靠估計) 之負債**。負債準備提列之時點，是當企業因過去發生的事件而產生現時義務，且當該義務很有可能使企業造成具有經濟效益的資源流出，當該負債金額能可靠估計時，企業才應予以認列。而**所謂或有負債 (contingent liability) 係指，因過去發生的事件而產生可能的義務，且該義務是否存在，將取決於未來企業無法完全控制之不確定的事件發生與否**。依 IFRS 及企業會計準則之規定，企業於財務報表上無須認列或有負債，但必須於附註中揭露加以說明。未將或有負債予以認列的主要原因為：企業需要流出具經濟效益之資源以清償該義務的可能性並不是很有可能 (probable)，或該義務的金額無法充分可靠衡量。與或有負債密切相關者還有企業所做的承諾 (commitments)，包括按特定價格採購原料或承租設備之協議、按固定價格出售商品之協議、紅利計畫，以及權利金合約等。承諾最重要之特徵在於企業透過協議，承諾未來特定情況下，同意履行特定的義務。承諾可以於附註中單獨揭露，亦可併入或有事項相關之附註中一併揭露。

常見也是會計師最關注的負債準備及或有負債包括：

1. 因侵犯專利權、產品責任或其他侵權行為所造成之未決訴訟。
2. 租稅相關之未決行政訴訟。
3. 產品售後保證義務。
4. 應收票據貼現。
5. 對他人債務提供保證。
6. 採購及出售的承諾。

辨認及決定負債準備與或有負債之金額及會計處理方式乃屬管理階層之責任，並非查核人員之責任。由於辨認及決定負債準備及或有負債常依賴主觀判斷及相關資料的可取得性，在許多查核案件中，如果沒有管理階層之合作，查核人員欲查核特定負債準備及或有負債之金額有其困難，這也突顯了管理階層誠信正直對查核工作的重要性。查核特定負債準備及或有負債主要分成兩部分，茲分別說明如下：

1. 評估受查者已入帳之負債準備及已揭露之或有負債之分類、會計處理及金額是否適當

此一部分之查核程序，通常與查核各交易循環時所執行之查核程序併同執行。例如，未決所得稅爭訟可以在分析所得稅費用、複核一般函件檔案以及查閱稅務機關報告時，一併加以檢查；已開立未使用之信用狀餘額，可以在函證銀行餘額及貸款時一併測試。針對受查者已入帳之負債準備及已揭露之或有負債，查核人員則須進一步評估該負債準備及或有負債之重大性與財務報表所須揭露之性質，以取得「發生」、「權利與義務」、

「評價」及「表達與揭露」相關聲明之查核證據。

在某些情況下，查核人員可能會發現，受查者認列之負債準備金額不恰當，或被受查者分類為或有負債，但很有可能其金額是可以合理估計的，無意或故意的不認列於財務報表中。在某些其他情況下，查核人員可能會發現，受查者所揭露之或有負債之資訊並不適當，如所揭露之資訊不易瞭解，且無法允當表達該或有事項之情況。上述情況，於未決訴訟相關之負債準備及或有負債特別常見，查核人員可以仰賴會計師事務所本身的法律顧問評估相關事宜，尤其是對於金額相當重大之未決訴訟。受查者之委任律師是受查者之代理人，又與未決訴訟相關，在評估相關事宜(如敗訴之可能性與可能的損害賠償金額)時，其觀點可能會失之偏頗，故詢問受查者之委任律師所得之意見，查核人員宜更加謹慎評估。對於必須揭露之或有負債，會計師亦會複核受查公司草擬之揭露，以確保所揭露之資訊易於瞭解，且足以允當表達該或有事項之情況。

2. 辨認出受查者漏列之負債準備及或有負債

此一部分之查核程序，通常於接近資產負債表日或資產負債表日後執行。想要辨認出受查者漏列之負債準備及或有負債(與完整性聲明相關)，遠比測試已入帳或揭露之負債準備及或有負債困難，因為一旦知道存在的負債準備及或有負債，評估其金額及揭露相對容易許多。因此，查核人員僅會在可能的範圍內，盡可能設法辨認出受查者漏列之負債準備及或有負債。一般而言，查核人員可透過下列查核程序試圖辨認出受查者漏列之負債準備及或有負債：

(1) 向管理階層查詢漏列負債準備及或有負債之可能性。查核人員在查詢該等事項時，應明確說明可能必須認列或揭露之各種負債準備及或有負債，以提醒管理階層可能因忽略或未充分瞭解之負債準備及或有負債而漏列。若管理階層疏忽某些負債準備及或有負債，或未充分瞭解會計揭露之規定，則透過查詢往往有助於辨認出漏列之負債準備及或有負債；對於管理階層蓄意漏列既存之負債準備及或有負債，透過查詢管理階層並無濟於事。查核工作接近尾聲時，會計師通常亦會要求管理階層出具書面聲明(將於 18.5 節中討論)，聲明其確知並無漏列之負債準備及或有負債。

(2) 複核當年度及以前年度之稅務機關核定報告書。該等報告書中可能會指出尚未核定稅額之項目或年度。若某一項目或年度之稅額持續多年仍未核定，則發生租稅爭訟之可能性將增加。

(3) 複核董事會及股東會之會議紀錄，以查明是否有訴訟或其他或有事項。

(4) 分析查核年度之法律費用，並追查至律師所開具之帳單，以查明是否存有負債準備及或有負債，尤其是與未決法律訴訟及未決租稅爭訟相關。

(5) 向為受查者提供法律服務之每一位律師發函詢證。查核人員可以藉由律師之專業知識及其對受查者法律事務之瞭解，請其對既存訴訟之預期結果(包括可能之賠償金

額及訴訟成本)，以及管理階層可能漏列未決訴訟及損害賠償提供專業意見。因此，向受查者委任律師查詢，乃是會計師評估受查者已知訴訟及辨認可能漏列未決訴訟求償或未決稅務爭訟稅額之主要程序。標準的律師徵詢函應以受查公司之名義出具，並經受查者之管理階層簽名，由查核人員寄發，且回函應直接寄回會計師事務所。其內容通常會包括下列事項：

①列明該律師曾參與之受查者被控未決訴訟，以及已向受查者主張或尚未主張之損害求償或課徵事項。

②要求律師針對所列每一被控未決訴訟之進展提供資訊或評論。請律師提供之資訊，包括受查者擬採取之法律行動、敗訴之可能性，以及可能損失之金額或範圍。

③要求律師確認受查者所列被控未決訴訟係屬完整。

④提醒律師，告知管理階層在財務報表應揭露之法律事項，並向會計師直接回覆，乃屬律師之責任，若律師對於其回覆有所保留時，亦須於回函中說明其理由。

如果管理階層拒絕查核人員與律師進行溝通，或律師拒絕適當回應詢證函所詢問之事項，而查核人員又無法執行其他替代程序以取得足夠及適切之查核證據，則會計師將因查核範圍受限，而出具修正式查核意見(保留意見或無法表示意見)。

(6) 複核工作底稿，注意其中可能顯示存在或有事項之任何資訊。例如，銀行函證可能指出存在應收票據貼現或應收帳款已提供作為借款之保證，以及取得已使用及未使用信用狀餘額等。

18.4 期後事項之查核及相關責任

我國有關期後事項之查核及查核人員之責任，主要規範在TWSA560「期後事項」中。該審計準則第4條對期後事項所下的定義為：「財務報導期間結束日後至查核報告日間發生之事項及查核人員於查核報告日後始獲悉之事實」。從該定義可知，審計準則所稱之期後事項與財務會計準則所稱的期後事項略有不同。根據IFRS的定義，期後事項係指發生於財務報導期間終止日至財務報表被准予可發出日(即董事會通過財務報表日，我國實務上該日通常也是會計師查核報告日)間對財務報表有重大影響的事項。然而，從查核人員的角度，因為在特定情況下，查核人員對查核報告日後始獲悉之期後事項仍負有若干之責任，故審計準則所稱的期後事項，亦包括了查核報告日後始獲悉之事項。

以下首先針對期後事項的種類加以說明，後續再針對財務報導期間結束日後至查核報告日間、查核報告日至財務報表發布日間及財務報表發布日後三段期間所發生之期後事項，會計師所承擔之責任及因應加以說明。

18.4.1 期後事項的種類

期後事項依據編製財務報表準則可區分為下列二種類型：

1. 對財務報導期間結束日已存在之情況提供佐證之事項（調整事項）

此種類型之期後事項在財務報導期間結束日已經存在，只是仍有不確定性，俟財務報導期間結束日後才確定。依據編製財務報表準則之規定，此類型之期後事項應視同財務報導期間結束日即已確定，應將該事項調整入帳。例如，下列各類期後事項之金額若屬重大，即須調整當期財務報表之帳戶餘額：

(1) 某客戶在資產負債表日仍積欠之應收帳款，於財務報導期間結束日後因財務狀況惡化而宣告破產，但期末並未估列或低估該筆壞帳。
(2) 於財務報導期間結束日後訴訟最後裁定之賠償金額，與已入帳金額不同。
(3) 待處分設備之處分價格低於目前帳面價值，顯示期末提列之資產減損不足。
(4) 於財務報導期間結束日後出售過時存貨之價格，與期末提列該存貨之跌價損失所用之淨變現價值有差異。

當評估期後事項是否應調整財務報表會計科目之期末金額時，查核人員應審慎評估該期後事項在資產負債表日既存之情況，或在資產負債表日後才發生之情況。若導致評價變動之情況係於期末之後才發生，則不應將該期後資訊之影響數直接調整入財務報表。例如，由於在資產負債表日後發生技術變革，導致受查公司存貨突然過時，在此種情況下，不應將此存貨的跌價損失調整入資產負債表日之存貨的跌價損失。

2. 對財務報導期間結束日後所發生之情況提供佐證之事項（揭露事項）

此種類型之期後事項在財務報導期間結束日並不存在，而是發生在財務報導期間結束日後，因此並不影響財務報表金額的正確性，但如果不揭露於財務報表中，則可能會影響財務報表使用者之決策。此類型之期後事項須於財務報表的附註中揭露，例如，下列期後事項如屬重大，雖不須調整財務報表金額，但應於附註中揭露：

(1) 發行公司債或股票募集資金。
(2) 發生火災造成廠房及存貨毀損。
(3) 政府突然禁止繼續銷售某項產品，造成存貨市價下跌。
(4) 受查者發生企業合併或收購。

18.4.2 財務報導期間結束日後至查核報告日間之期後事項

查核報告日係查核人員於查核報告中載明之日期。就邏輯上而言，查核報告日係會計師對財務報表上的金額及相關揭露，取得足夠及適切查核證據的最後一天，即會計師蒐集截止至該日的查核證據，並據以表示查核意見之日。該日與會計師對該財務報表查

核的法律責任密切相關,會計師應謹慎決定查核報告日。

根據TWSA560第19條之規定:「查核報告日不得早於查核人員取得足夠及適切查核證據並據以表示查核意見之日期。足夠及適切之查核證據包括有權通過財務報表者(單位或個人)確認財務報表(包含相關附註)均已編製並聲明對財務報表負有責任。因此,查核報告日不得早於財務報表核准日。」由於依IFRS或企業會計準則規定,財務報表附註應揭露有權通過財務報表者(單位或個人,通常為董事會)確認財務報表(包含相關附註)均已編製,並聲明對財務報表負有責任的日期,此一揭露資訊係財務報表的一部分,查核人員取得足夠及適切查核證據並據以表示查核意見之日期,自不可能早於董事會核准該財務報表之日期。因此,查核報告日不會早於董事會核准該財務報表之日期。

然而,筆者認為上述對查核報告日的定義並不是很精確,其問題在於查核報告日不得「早於」查核人員取得足夠及適切查核證據並據以表示查核意見之日期。嚴格而言,查核報告日應為查核人員取得足夠及適切查核證據並據以表示查核意見之日期,原因為如果查核人員取得足夠及適切查核證據並據以表示查核意見之日期為2月25日(包括取得董事會核准該財務報表之日期),會計師也不宜將查核報告的日期寫在2月25日之後,因為2月25日之後,查核人員已經停止查核證據的蒐集。在台灣由於送交董事會核准財務報表時,會計師通常已執行完必要之查核程序,故審計實務上,絕大多數的會計師會以董事會核准該財務報表日作為查核報告日。除非查核人員於董事會核准該財務報表日後,又執行額外的查核程序,否則會計師實在不宜將查核報告日寫在董事會核准該財務報表日後(相信實務上會計師亦不願意這樣做)。

財務報導期間結束日後至查核報告日這段期間本來就是查核人員執行查核程序的期間,因此有一部分期後事項的查核程序已併同各交易循環查核所執行之查核程序一同執行,此部分本章不再贅述;另一部分則特別針對期後事項於期末執行之查核程序。整體而言,查核人員應執行適當之查核程序,俾對該期間所發生須於財務報表中調整或揭露之事項是否均已辨認,取得足夠及適切之查核證據。先前已執行之查核程序如能對某些事項提供令人滿意之結論,查核人員無須對該等事項執行額外之查核程序。

查核人員於決定有關期後事項於期末應執行查核程序的性質及範圍,應考量執行風險評估程序之結果。通常可能執行的程序包括:

1. 瞭解管理階層為確保期後事項均已辨認所建立之程序。
2. 向管理階層(如適當時,亦包括治理單位)查詢是否已發生影響財務報表之期後事項。查詢內容會因不同受查公司而異,但通常會包括公司資產或資本結構的重大變動、資產負債表日未決事項目前之進展、資產負債表日異常之調整等。其他事項還可能包括:是否已產生新承諾、借款或保證;是否已發生或擬進行資產之出售或取得;是否已達成或計劃進行併購或清算協議;是否有資產被政府徵收或發生毀損(例如因火災或水

災)；是否已發生或可能發生導致查核人員對財務報表所採用會計政策之適當性產生疑慮之事項(例如導致對繼續經營假設產生疑慮之事項)等等。在向管理階層查詢期後事項時，宜向受查者之適當職員詢問，以提高資訊的可靠性。

3. 閱讀財務報導期間結束日後所召開之股東會、管理階層及治理單位會議之會議紀錄(如有時)；若該等紀錄尚未編製完成，則應查詢會議中討論之事項，以確定是否有影響當期財務報表之重要期後事項。

4. 閱讀受查者期後之最近期期中財務報表(如有時)。查核人員應特別注意受查者營運或經營環境所發生之重大變動。複核期中報表時應與管理階層討論，以確定其編製基礎是否與當期財務報表相同，亦應向管理階層查詢經營結果之重大變動的原因。各項複核應強調相較於查核年度同期間之經營結果、公司營運所發生之變動，以及期末之後所發生的變動。會計師應特別注意受查公司業務或經營環境所發生之重大變動。

5. 複核資產負債表日後之會計紀錄。查核人員可複核資產負債表日後編製之日記簿與分類帳，以確定是否存有與當期有關之重大期後事項。若日記簿尚未登載，則應複核相關憑證。

6. 向律師函詢。在取得律師詢證回函時，會計師應注意其測試期後事項之責任係止於查核報告日，查核人員通常會要求律師確認查詢事項至預期外勤工作完成日為止，並於該日之後寄回。

7. 取得書面聲明。由管理階層所出具交付會計師之書面聲明(實務上稱為客戶聲明書)，乃是管理階層對於整個查核過程中對各種事項之正式聲明，其中包括關於期後事項之討論。此份書面聲明乃屬必要之查核證據，其中亦包括其他攸關事項(本章後續將對書面聲明做進一步說明)。

18.4.3 查核報告日至財務報表發布日間始獲悉之期後事項

原則上，查核人員於查核報告日後，並無對財務報表執行任何查核程序之義務。惟查核人員於查核報告日後至財務報表發布日前始獲悉某事實(如會計師接獲檢舉，被告知受查者財務報表存有虛增營收之舞弊)，而該事實若於查核報告日即獲悉，可能導致會計師修改查核報告時，查核人員則應做出下列因應：

1. 就該等事項與管理階層(如適當時，亦包括治理單位)討論。
2. 決定財務報表是否須作修改。若須修改，則向管理階層查詢其欲於財務報表中如何處理該事項。
3. 若管理階層修改財務報表，則查核人員應：
   (1) 對該修改事項執行必要之查核程序。
   (2) 除非法令或編製財務報表所依據之準則並未禁止管理階層僅就期後事項對財務報表

所產生之影響予以修改，且未禁止有權通過財務報表者僅就財務報表已修改之部分進行核准者外：

①對財務報表其他項目執行必要之查核程序(如18.4.2節所舉之程序)至更新之查核報告日。

②對修改後之財務報表出具更新之查核報告，更新之查核報告日不得早於修改後財務報表之核准日期。

4. 查核人員認為財務報表應修改，而管理階層未修改時，查核人員則應：

   (1) 若查核報告尚未交付予受查者，會計師應依 TWSA705「修正式查核意見」之規定，出具適當之修正式意見之查核報告。

   (2) 若查核報告已交付予受查者，查核人員應通知管理階層及治理單位(除非所有治理單位成員均參與受查者之管理)，於財務報表完成必要修改前不得對外發布。若財務報表未經必要之修改而仍對外發布，查核人員應採取適當行動，以避免財務報表使用者信賴該查核報告。必要時，查核人員可考慮尋求法律專家之意見。

有關上述第 3 點則須進一步說明，當法令或編製財務報表所依據之準則並未禁止管理階層，僅就期後事項對財務報表所產生之影響予以修改，且未禁止有權通過財務報表者，僅就財務報表已修改之部分進行核准時，如果有權通過財務報表者僅就財務報表已修改之部分進行核准，則查核人員得僅針對該修改事項執行必要之查核程序至更新之查核報告日。在此情況下，會計師應就下列方式擇一出具查核報告：

1. 修改查核報告以增列完成查核該修改事項之另一日期，俾表明查核人員對期後事項所執行之查核程序僅限於攸關附註中揭露之該修改事項(即雙重日期)。雙重日期的表達列示如下：〔原查核報告日〕(除附註 Y 所述事項之查核完成日期為民國××年××月××日)。

2. 出具更新或修改後之查核報告，並增列其他事項段(other matter paragraph)強調查核人員對期後事項所執行之查核程序僅限於攸關附註中揭露之該修改事項(惟實務上並不常用此方式表達)。

然而，TWSA560 第 26 條也規定，會計師查核採用國際財務報導準則編製之財務報表時，其查核報告日不得採用雙重日期。根據會計研究發展基金會的解釋，此乃因國際會計準則第十號「報導期後事項」(以下簡稱 IAS10) 第 17 及 18 段之規定，其意涵為財務報告應包含所有於通過發布財務報表之日前所有調整及非調整事項。若管理階層得僅針對期後事項之修改及影響部分進行核准，則企業將於財務報表揭露兩個(或以上)通過發布財務報表之日，此可能導致財務報表使用者無法明確釐清於那一日期以後所發生之事項不會反映於財務報表上，而有違 IAS10 第 18 段之精神。簡言之，會計師不可對公開

發行公司之財務報表出具雙重日期的查核報告。

為確保查核報告日後及財務報表發布日後能所獲悉可能影響財務報表之事實,查核委任書之條款應包括管理階層同意就於查核報告日後,以及財務報表發布日後,可能影響財務報表之事實,告知查核人員。

18.4.4　財務報表發布日後始獲悉之期後事項

誠如前述,原則上,查核人員於查核報告日後,並無對財務報表執行任何查核程序之義務。因此,查核人員於財務報表發布後,也無對該等財務報表執行任何查核程序之義務。惟查核人員於財務報表發布後始獲悉某事實,而該事實若於查核報告日即獲悉,可能導致會計師修改查核報告時,查核人員仍須做出因應。其因應的方式與 18.4.3 節類似,故簡要說明如下:

1. 就該等事項與管理階層 (如適當時,亦包括治理單位) 討論。
2. 決定財務報表是否須作修改。若須修改,則向管理階層查詢其欲於財務報表中如何處理該事項。
3. 若管理階層修改財務報表,查核人員應:
  (1) 對該修改事項執行必要之查核程序。
  (2) 評估管理階層所採取之步驟,是否足以確保所有接獲原發布財務報表及查核報告者已被及時告知此情況。
  (3) 除非法令或編製財務報表所依據之準則並未禁止管理階層僅就期後事項對財務報表所產生之影響予以修改,且未禁止有權通過財務報表者僅就財務報表已修改之部分進行核准者外:
    ① 對財務報表其他項目執行必要之查核程序 (如 18.4.2 節所舉之程序) 至更新之查核報告日。
    ② 對修改後之財務報表出具更新之查核報告,更新之查核報告日不得早於修改後財務報表之核准日期。
    ③ 查核人員應於更新或修改之查核報告中增加其他事項段及強調事項段分別說明,原出具之查核報告及查核報告更新之原因,以及概述財務報表之修改原因,並索引至財務報表相關之附註,說明對財務報表之修改原因有更詳細之說明。
4. 查核人員認為財務報表應修改,而管理階層未修改且未採取必要之步驟,以確保所有接獲原發布財務報表及查核報告者,已被及時告知財務報表須修改之事實時,查核人員應告知管理階層及治理單位 (除非所有治理單位成員均參與受查者之管理) 其將採取行動,以避免財務報表使用者信賴原查核報告。若管理階層及治理單位已被告知而仍未採取必要之步驟,查核人員應採取適當行動,以避免財務報表使用者信賴原查核

報告。查核人員須採取之行動取決於其法律權利及義務，必要時，查核人員可尋求法律專家之意見。

至於有關查核報告雙重日期的規範同 18.4.3 節的討論，不再贅述。

18.5 書面聲明之取得

書面聲明 (written representation) 實務上常稱為客戶聲明書 (letter of representation)，我國審計準則委員會參酌國際審計準則 580 (ISA580) 相關之規定，於民國 106 年 10 月 14 日發布 TWSA580「書面聲明」，取代民國 74 年 9 月 30 日即已發布之審計準則公報第七號「客戶聲明書」，作為查核人員取得書面聲明之依據。

本節首先將介紹書面聲明的定義及性質，接著再進一步說明取得書面聲明的目的、書面聲明的種類、書面聲明的內容 (包括其日期與涵蓋之期間)、書面聲明不可靠及未提供之因應等相關議題。

18.5.1 書面聲明的定義、性質及目的

依 TWSA580 之規定，查核人員應於查核工作即將結束前，要求對財務報表負適當責任且瞭解相關事項之管理階層 (適當時，亦可能包括治理單位)，提供書面聲明。所謂的書面聲明，係指管理階層提供予查核人員，以確認某些事項或支持其他查核證據之聲明。該書面聲明應以受查公司名義所出具之書函為之，受文者為會計師事務所，並由受查公司對財務報表負責之管理階層 (通常為董事長、總經理與會計主管) 簽名。惟實務上書面聲明之內容通常係由會計師草擬，經由受查者管理階層確認後，再由受查者以其公司信函繕打及簽名。

書面聲明係查核人員於查核財務報表時須取得之必要資訊，故亦為查核證據。惟書面聲明雖為必要之查核證據，但其自身無法對所涉及之事項提供足夠及適切之查核證據。此外，即使管理階層已提供可信賴之書面聲明，亦不影響查核人員就管理階層已履行其責任或特定聲明所取得其他查核證據之性質或範圍。對查核人員而言，書面聲明係查核證據重要來源之一，如管理階層修改書面聲明之內容或未依查核人員之要求提供書面聲明，常會使得查核人員警覺到存在一項或多項重大議題。此外，要求管理階層提供書面聲明而非口頭聲明，可能使其對所聲明之事項作更審慎之考量而提升聲明之品質。

查核人員取得書面聲明之主要目的有四：

1. 提醒受查者應對財務報表之允當表達及相關之內部控制制度負責，並提醒管理階層財務報表中是否可能仍存有重大不實表達或遺漏的事項。例如，書面聲明中羅列資產設

定擔保及或有負債之聲明，則可能提醒誠實的管理階層因疏忽而未適當揭露之資訊。為達成此一目的，書面聲明所羅列事項越詳盡，越有助於提醒管理階層。
2. 印證已查得之資料。
3. 表明受查者對於投資、理財等重大事項之意向。
4. 避免查核人員誤解受查者之口頭聲明。因為書面聲明要比口頭溝通更為正式，有助於減少管理階層與會計師雙方之誤解。此外，萬一未來會計師與受查者發生爭議或訴訟時，會計師可以客戶出具之書面聲明作為依據，避免雙方落於口舌之爭。

18.5.2 書面聲明的種類

一般而言，書面聲明通常會包括下列三類特定事項，分別說明如下：

1. 財務報表編製之責任

主要使管理階層認知並同意，使財務報表依適用之財務報導架構編製及維持相關之必要內部控制制度係其應負之責任。故查核人員應就管理階層已履行查核案件條款中所敘述之下列責任，要求提供書面聲明：
(1) 依照適用之財務報導架構編製財務報表，包括財務報表之允當表達(在允當表達架構下)。
(2) 維持與財務報表編製有關之必要內部控制制度，以確保財務報表未存有導因於舞弊或錯誤之重大不實表達。

2. 資訊之完整性

主要在提醒管理階層已履行查核案件條款中已完整提供資訊與交易予查核人員。故查核人員應就下列事項要求管理階層提供書面聲明：
(1) 已依協議之查核案件條款使查核人員得以：
  ① 接觸管理階層所知悉與財務報表編製攸關之所有資訊(例如紀錄、文件及其他事項)。
  ② 基於查核目的而向管理階層要求額外資訊。
  ③ 接觸適當人員以取得必要之查核證據，且該接觸未受限制。
(2) 所有交易均已記錄並反映於財務報表。

3. 其他書面聲明

除了前述兩類之書面聲明外，各審計準則或法令亦可能規定查核人員應取得某些書面聲明。此外，當查核人員認為除審計準則或法令規定應取得者外，有必要取得額外書面聲明，以支持與財務報表聲明攸關之其他查核證據時，亦應取得該等書面聲明。該等其他書面聲明依其性質可分類下列幾種：

(1) 有關財務報表之其他書面聲明

該等書面聲明可能包括對下列事項之聲明：

①會計政策之選擇與應用係屬適當。

②下列事項已依適用之財務報導架構認列、衡量、表達或揭露：

 a. 可能影響資產及負債帳面價值或分類之計畫或意圖。

 b. 負債及或有負債。

 c. 資產之所有權或控制權、資產之質押或抵押等。

 d. 可能影響財務報表之法令及合約協議，包括未遵循該等法令或協議時之可能影響。

(2) 提供查核人員資訊之其他聲明

查核人員可能認為須要求管理階層對已提供查核人員特定資訊出具其他書面聲明，例如，管理階層已與查核人員溝通所有已知內部控制缺失之書面聲明。

(3) 對特定聲明之其他書面聲明

查核人員可能認為須要求管理階層對財務報表之特定聲明提供書面聲明，特別是用以支持與管理階層對特定聲明之判斷或意圖有關之其他查核證據。例如，管理階層之意圖對投資之評價基礎係屬重要時，查核人員如無法自管理階層取得有關其意圖之書面聲明，則將無法取得足夠及適切之查核證據。此類的聲明可能考量下列事項：

①過去對所聲稱意圖之實際執行情形。

②選擇特定作為所持之理由。

③執行特定作為之能力。

④於查核過程中是否取得任何可能與管理階層之判斷或意圖不一致之資訊。

值得進一步說明的是，查核人員於查核過程中就管理階層是否已履行財務報表編製及完整提供資訊之責任取得查核證據時，須於取得與財務報表編製責任及資訊完整性有關之書面聲明方為完備，此乃因查核人員無法僅依據其他查核證據，即判定管理階層已依協議之查核案件條款履行編製與表達財務報表並提供攸關資訊予查核人員之責任。

最後，查核人員為取得所要求之書面聲明，可與管理階層溝通其所設定之顯然微小門檻，以避免管理階層自以為特定事項微不足道，而於書面聲明中自行予以忽略。此外，依 TWSA260「與受查者治理單位之溝通」之規定，查核人員應就所要求書面聲明之內容與治理單位溝通。

18.5.3 書面聲明的內容（包括其日期與涵蓋之期間）

書面聲明應以查核人員所隸屬之會計師事務所為收受者之書函為之。由於書面聲明係必要之查核證據，因此查核報告日不應早於書面聲明之日期。此外，TWSA560「期後

事項」要求查核人員查核財務報導期間結束日後至查核報告日間所發生須於財務報表中調整或揭露之事項。因此，書面聲明之日期應儘可能接近查核報告日，惟實務上，書面聲明上簽註之日期通常與查核報告日一致。

書面聲明應涵蓋查核報告中提及之所有期間，因此管理階層須再確認先前對前期所出具之書面聲明是否仍屬適當。查核人員可與管理階層就前期書面聲明之更新所出具書面聲明之形式達成協議。

最後，現任管理階層於查核報告中提及之所有期間可能並非均在職。於此情況下，該管理階層可能表示無法提供部分或全部書面聲明，惟此情況並不能減輕其對財務報表整體之責任。因此，查核人員仍須向現任管理階層取得涵蓋所有期間之書面聲明。有關書面聲明之架構及內容列示於圖表 18.4，會計師仍須依受查者之實際情況修改之。

18.5.4 書面聲明不可靠及未提供之因應

書面聲明取自管理階層，其可靠性與管理階層之專業能力、誠信正直、謹慎程度及履行書面聲明之能力有密切關係，不宜直接視為可靠之證據，也不能免除會計師執行必要查核程序的責任。因此，查核人員對管理階層之專業能力、誠信、道德觀、謹慎程度或履行書面聲明之能力存有疑慮，可能使查核人員認為管理階層於財務報表作不實聲明之風險過高，致無法執行查核。於此情況下，除非治理單位採取適當之改善措施，否則查核人員可能考量終止委任。惟該等改善措施可能不足以使會計師出具無保留意見之查核報告。此外，當查核人員對書面聲明之可靠性存有疑慮時，即應評估其對其他查核證據可靠性之可能影響。

如有書面聲明與其他查核證據不一致的情況，查核人員可能須考量先前作成之風險評估是否仍適當；如不適當，查核人員須修正風險評估及進一步查核程序之性質、時間及範圍，執行必要之查核程序予以釐清，並採取適當之因應措施(包括修正查核意見)。

如果管理階層未提供所要求之一項或多項書面聲明時，則查核人員應：

1. 與管理階層討論該事項。
2. 重新評估管理階層之誠信，並評估該事項對及其他查核證據可靠性之可能影響。
3. 採取適當措施，包括評估其對查核意見之可能影響。

根據 TWSA580 的規定，當查核人員對管理階層之誠信有重大懷疑，致其認為管理階層出具與財務報表編製責任及資訊完整性有關之書面聲明不可靠或未提供時，誠如前述，查核人員將無法取得足夠及適切之查核證據，且其影響係屬廣泛，而非僅侷限於財務報表之特定要素或項目，因此會計師應對財務報表出具無法表示意見之查核報告。至於查核人員如認為管理階層出具之其他書面聲明不可靠或未提供時，會計師可依其影響程度，對財務報表出具無法表示意見或保留意見之查核報告。

圖表 18.4　書面聲明之釋例

受文者：××會計師事務所　　　　　　　　　　　　　　日期：　年　月　日

　　本公司為應貴事務所對本公司民國一○六年十二月三十一日及民國一○五年十二月三十一日之資產負債表，暨民國一○六年一月一日至十二月三十一日及民國一○五年一月一日至十二月三十一日之綜合損益表、權益變動表、現金流量表，以及財務報表附註(包括重大會計政策彙總)之查核而提供本聲明。貴事務所查核之目的係對上開財務報表在所有重大方面是否依照[適用之財務報導架構]編製，足以允當表達本公司民國一○六年十二月三十一日及民國一○五年十二月三十一日之財務狀況，暨民國一○六年一月一日至十二月三十一日及民國一○五年一月一日至十二月三十一日之財務績效及現金流量表示意見。

財務報表
- 本公司業已履行民國一○六年×月×日委任書所載，依照[適用之財務報導架構]編製允當表達之財務報表之責任。
- 本公司認知維持與財務報表編製有關之必要內部控制制度，以確保財務報表未存有導因於舞弊或錯誤之重大不實表達之責任。
- 本公司用以作成會計估計之重大假設(包括公允價值衡量之假設)係屬合理。
- 本公司業已辨認所有關係人並對關係人交易作適當之會計處理與揭露。
- 除於財務報表中揭露者外，並無發生於財務報導期間結束日後至本聲明書日間，可能須於財務報表中調整或揭露之事項。
- 未更正不實表達(就個別或彙總而言)對財務報表整體之影響並不重大。該等未更正不實表達之彙總如附件一。
- [會計師認為適當之其他事項。]

所提供之資訊
- 本公司業使貴事務所人員得以：
  - 接觸管理階層所知悉與財務報表編製攸關之所有資訊(例如紀錄、文件及其他事項)。
  - 基於查核目的而向管理階層要求額外資訊。
  - 接觸適當人員以取得必要之查核證據，且該接觸未受限制。
- 本公司所有交易已記載於會計紀錄且反映於財務報表。
- 本公司業已告知對導因於舞弊之重大不實表達風險之評估結果。
- 本公司業已告知有關下列人員涉及舞弊或疑似舞弊之所有資訊：
  - 管理階層。
  - 內部控制制度中扮演重要角色之員工。
  - 其他人員，而其舞弊對財務報表有重大影響者。
- 本公司業已告知由現任員工、離職員工、分析師、主管機關或其他人員提供任何影響財務報表之疑似或傳聞舞弊之所有資訊。

- 本公司業已告知編製財務報表須考量之所有已知未遵循或可能未遵循法令之情事。
- 本公司業已告知所有關係人及已知之關係人交易。關係人交易之彙總如附件二。
- ［會計師認為必要之其他事項。］

公司名稱：	［蓋章］
董事長：	［簽章］
總經理：	［簽章］
會計主管：	［簽章］

18.6 最後階段分析性程序的執行

於第五章討論分析性程序時曾提及，分析性程序可於三個階段進行：風險評估程序、證實程序(此時所執行的分析性程序稱為證實分析性程序)及完成查核階段。在完成查核階段執行之分析性程序，有助於對先前執行之查核程序未能發現之重大不實表達進行最後複核，亦有助於會計師確認財務報表是否與其對受查者的瞭解一致，以便做出適當的查核意見。當會計師對受查者環境及其營運狀況通常具有充分瞭解後，輔以有效的分析性程序，有助於上述目標的達成。

因為此階段分析性程序的效果，受到查核人員對受查者與產業的瞭解程度所影響，因此此項工作通常是由會計師或查核經理執行。會計師或查核經理於執行分析性程序時，一般會先閱讀財務報表及其附註，並考量以下事項：

1. 對於在查核規劃及執行階段所確認之異常或未預期之帳戶餘額及關係，是否已取得足夠及適切之查核證據。
2. 是否仍有之前尚未發現之異常或未預期之帳戶餘額及關係。
3. 若分析性程序之結果發現尚有異常或未預期之帳戶餘額及關係，應進一步考量是否須執行必要的額外查核程序。

至於分析性程序的運用方式，其實與風險評估程序及證實程序的運用方式類似，只是此階段的分析性程序，比較偏向財務報表及其附註整體大方向的分析，比較不會像證實分析性程序著重於會計科目上。誠如第五章有關分析性程序的討論，實施證實分析性程序有四大步驟：(1) 設立預期值(可能是金額或比率)；(2) 定義可接受差異門檻金額；(3) 計算差異(預期值與帳載金額或比率)；(4) 調查重大差異原因(如查詢管理階層及其他必要查核程序)，並作出結論。計算差異時，查核人員可將受查者資料與下列資料相比

較：(1) 受查者之歷史性財務資料；(2) 產業資料；(3) 受查者所預期的結果 (如預算)；(4) 查核人員的預期結果；(5) 相關的非財務性資料 (如生產單位、銷售單位及員工人數等)。有關分析性程序細節的討論，請參閱第五章有關分析性程序的討論。

18.7 閱讀與財務報表併同表達之補充資訊及其他資訊

受查者管理階層於編製財務報表供財務報表使用者使用時，財務報表除了包括基本的四大報表及附註外，亦可能會包括其他與財務報表相關的額外資訊，例如，特定會計科目明細表、特定財務資訊的統計資料等，TWSA700「查核報告」將此類的資訊稱為與財務報表併同表達之補充資訊 (supplementary information in relation to the financial statements as a whole，以下簡稱補充資訊)。此外，受查者所提交之文件中 (如年報)，可能包含財務報表 (包括會計師的查核報告) 及與財務報表併列之其他資訊 (other information)。為了提升資訊的品質，審計準則對這兩類資訊會計師所應承擔之責任亦有所規範，本節將分別針對這兩類資訊進行討論。

18.7.1 與財務報表併同表達之補充資訊

依據受查者所適用之財務報導架構，若其編製之財務報表附有其適用之財務報導架構未規定之資訊，與經查核之財務報表併同表達，此類之資訊即稱為補充資訊。受查者提供此類之補充資訊，可能係基於法令的規定或出於自願，通常以補充附表或額外附註之方式表達。然而，這些補充資訊是否係屬財務報導架構未規定之資訊，有時並沒有明確的判斷標準。因此，會計師應依其專業判斷，評估該等補充資訊是否因其性質或表達方式而為財務報表之一部分。若該等補充資訊係屬財務報表之一部分，則查核人員應對該等資訊執行查核程序，查核意見亦將涵蓋該等資訊。

若依會計師之專業判斷，認為該等補充資訊非屬經查核財務報表之一部分，雖然會計師無需對該等補充資料執行查核程序，但會計師應評估該等補充資訊之表達方式是否能與經查核之財務報表明確區分，並閱讀該等補充資訊與財務報表之資訊是否一致，以避免誤導財務報表使用者。如補充資訊與財務報表之資訊不一致，應要求管理階層修正相關資訊，若管理階層拒絕修正 (惟實務上甚為罕見)，會計師則應於查核報告加入其他事項段說明相關資訊。

若會計師評估該等補充資訊之表達方式已能與經查核之財務報表明確區分，且與財務報表的資訊一致，認為於查核報告中提及財務報表附註即已足夠時，無須於查核報告中特別提及該等補充資訊。

若會計師評估該等補充資訊之表達方式未能與經查核財務報表明確區分，應要求管

理階層變更該等未經查核補充資訊之表達方式。管理階層若拒絕變更,會計師應於查核報告中說明該等補充資訊未經查核(不必修正查核意見)。

至於查核人員如何判斷補充資訊是否與經查核之財務報表已做明確區分,TWSA700 提供下列相關的指引:

1. 該等補充資訊與財務報表之相對位置,以及其是否明確標示為「未經查核」。管理階層應儘量將未經查核之補充資訊置於財務報表之外,避免將補充資訊混雜於財務報表附註中。若實務上不可行,至少應將未經查核之附註置於財務報表必要附註之後,並清楚標示該等附註「未經查核」。未經查核之附註若與經查核之附註相互交錯,則易被誤解為係經查核。
2. 刪除財務報表與未查核之補充附表(或未經查核之附註)間之索引。於財務報表上索引至未查核之補充附表(或未經查核之附註),易使財務報表使用者誤認為該等補充資訊係屬財務報表的一部分。

18.7.2 其他資訊

有關會計師對其他資訊之責任及相關規定,主要規範於 TWSA720「其他資訊之閱讀及考量」。受查者依法令提出之年報及公開說明書除包括經查核之財務報表外,仍會包括許多的其他資訊,如致股東報告書、公司概況、營運概況、資金運用計畫執行情形、財務概況、財務狀況及經營結果之檢討分析與風險管理、公司治理運作情形、其他依法令應記載之事項等(惟不包括各類專家出具之意見或報告)。該等其他資訊中常有與財務報表中直接相關的資訊,例如,致股東報告書可能會提及當年度的每股盈餘為 $5,較前年增加 $1,查核人員應比較該資訊與財務報表是否一致。不只年報及公開說明書,凡是受查者提出之其他文件如包括財務報表及其他資訊,會計師均應依本節所討論之規定處理。值得強調的是,其他資訊非屬財務報表之一部分,但與財務報表同時公布或提交。

其他資訊如與財務報表之資訊不一致,可能會損害財務報表之可信度,故會計師對財務報表出具查核報告前,應考量其他資訊,並辨認其是否與該財務報表之資訊有重大不一致,而存有損害財務報表可信度之情事。TWSA720 規定,查核人員應閱讀與考量該等資訊,以辨認其是否與財務報表之資訊有重大不一致之情事。故為使查核工作執行順暢,查核人員應與受查者作適當安排,儘可能於查核報告日前取得其他資訊,以利閱讀與考量。

查核人員於閱讀其他資訊時,如發現其與財務報表之資訊有重大不一致之情事,應考量何者須修正。會計師如認為財務報表之資訊須修正,而受查者拒絕修正時,應視其嚴重程度出具保留意見或否定意見之查核報告。會計師如認為其他資訊須修正,而受查者拒絕修正時,應視當時之情況及重大不一致情事之性質與嚴重程度,於查核報告中加

一其他事項段說明此一情事 (但不影響查核意見)；或採取其他措施，如拒絕出具查核報告或終止委任合約等 (如實務上可行的話)，必要時應徵詢法律專家之意見，以決定是否須採取進一步之措施。

此外，查核人員閱讀其他資訊時，也可能會發現與財務報表無關之其他資訊存有重大不實之陳述或表達。在此情況下，查核人員應與管理階層討論，經由前項討論，如無法評估其他資訊或管理階層之答覆是否屬實時，須考量與管理階層間是否係因判斷或意見不同而產生歧異。查核人員如確定該等資訊中存有明顯重大不實表達之情事，且管理階層拒絕修正時，應考慮採取進一步之適當措施。該等措施可能包括將查核人員對其他資訊之關切，以書面通知受查者之治理單位或適當負責人，必要時並徵詢法律專家之意見。

由於會計師已於財務報表查核報告中，明確指出查核財務報表之目的與範圍，以及其所擔負之責任，會計師並沒有對其他資訊執行查核程序，故無須擔負判定其內容是否適當之責。一般而言，除非法令或契約另有要求者外，會計師無須對其他資訊提出報告。

18.8 法令遵循之考量

於治理單位之監督下，確保企業之業務經營符合法令係管理階層之責任。法令可能以不同方式影響企業之財務報表，受查者須遵循之法令構成查核人員於查核財務報表時須考量之法令架構。然而，不同法令對財務報表之影響差異甚大，某些法令對受查者財務報表所報導之金額及揭露具直接影響，例如稅法及退休金法令可能規定企業於財務報表中須作之特定揭露，或規定所適用之財務報導架構。而其他法令則係管理階層於經營業務時須予以遵循者，但其對受查者之財務報表不具直接影響，例如，職業安全衛生法、洗錢防治法及性別工作平等法等，受查者如未遵循該等法令，可能導致罰款、訴訟或其他對財務報表可能具重大影響之後果。

對查核人員而言，其責任係對財務報表整體未存有導因於舞弊或錯誤之重大不實表達取得合理確信，就受查者法令遵循方面，其責任則在於考量受查者所適用之法令架構下，保持專業懷疑的態度辨認導因於受查者未遵循法令之財務報表重大不實表達。所謂未遵循法令係指，企業、管理階層、治理單位，抑或經企業聘僱或指示之其他個人故意或非故意從事違反現行法令之作為 (包括應作為而不作為及不應作為而作為)，但不包括與企業業務經營無關之個人不當作為。惟查核人員不負防止受查者未遵循法令之責任，且不應被預期能偵出所有未遵循法令事項，誠如第一章所述，由於查核之先天限制，即使查核人員已依照審計準則規劃及執行查核工作，仍可能存有無法偵出重大不實表達之風險。查核人員偵出導因於受查者未遵循法令之重大不實表達之能力受此先天限制之潛

在影響更大,其原因如下:

1. 許多法令主要與受查者之經營層面有關,該等法令通常對財務報表不具影響,且其影響(如有時)非受查者與財務報導攸關之資訊系統所能辨認及處理。
2. 受查者可能故意隱瞞未遵循法令事項,例如共謀、偽造、故意漏記交易、管理階層踰越控制或故意提供不實資訊予查核人員。
3. 某項作為是否構成未遵循法令事項最終仍須由司法機關判定。

一般而言,未遵循法令事項與財務報表所反映之事項及交易越不相關,查核人員越不易知悉或辨認。

有關查核人員於查核財務報表時對法令遵循之考量,主要規範於 TWSA250「查核財務報表對法令遵循之考量」。惟該準則不適用於查核人員經特別委任,對受查者是否遵循特定法令執行測試並出具報告之確信案件(此種案件應適用確信準則 3000 號)。

依 TWSA250 之規定,將查核人員之責任依下列兩類企業須遵循之法令予以區分:

1. 對財務報表之重大金額及揭露具直接影響之法令,例如租稅及退休金之法令。由於查核人員須對財務報表是否存有重大不實表達表示意見,故查核人員之責任應就該等法令之遵循取得足夠及適切之查核證據。
2. 對財務報表之金額及揭露不具直接影響之其他法令(以下簡稱其他法令),但遵循該等法令可能對企業之業務經營、繼續經營能力或避免重大裁罰(例如營運許可權條款、償債能力規定或環境保護法令之遵循)係屬重要,未遵循該等法令仍可能對財務報表具重大影響。查核人員對此類法令之責任限於執行特定查核程序,以辨認可能對財務報表具重大影響之未遵循法令事項。

以下各小節將分別針對查核人員相關之查核程序、所辨認未遵循或疑似未遵循法令事項之溝通及報告、對查核報告之影響及書面紀錄加以說明。

18.8.1 考量法令遵循之查核程序

一般情況下,查核人員應執行下列程序:

1. 查核人員依 TWSA315「辨認並評估重大不實表達風險」之規定,對受查者及其環境取得瞭解(即執行風險評估程序)時,應對下列事項取得一般性瞭解:
(1) 受查者及其所處產業所適用之法令架構。
(2) 受查者如何遵循該法令架構。
為取得一般性瞭解,查核人員可能會:運用對受查者產業、規範及其他外部因素之既有瞭解;就對財務報表所報導之金額及揭露具直接影響之法令更新其瞭解;向管理階

層查詢預期對受查者經營具重大影響之其他法令；向管理階層查詢與法令遵循有關之政策及程序。

2. 就受查者是否遵循對財務報表之重大金額及揭露**具直接影響之法令，取得足夠及適切之查核證據**。該等法令之某些條文可能對財務報表之特定聲明（例如，所得稅費用之完整性）或整體財務報表（例如，構成整份財務報表所需之報表）具直接影響，而該等法令之其他條文則對財務報表不具直接影響。**此處係要求查核人員就受查者是否遵循對財務報表之重大金額及揭露具直接影響之攸關條文，取得足夠及適切之查核證據。**

3. 就**其他法令**，查核人員應執行下列查核程序，以辨認可能對財務報表重大影響之未遵循法令事項：

    (1) 向管理階層（如適當時，亦包括治理單位）**查詢**受查者是否遵循該等法令。

    (2) 檢查與發證機關或主管機關之往來函件。

    其他法令對財務報表之影響，因受查者經營之不同而異，查核人員可能須特別注意對受查者之經營具重大影響之某些其他法令，如營運許可權條款、償債能力規定或環境保護法等。未遵循對受查者之經營具重大影響之法令，可能導致受查者受停業處分或其繼續經營能力受質疑。

4. 查核人員於查核過程中，對其於執行其他查核程序時可能察覺未遵循或疑似未遵循法令事項，應保持警覺。

    執行其他查核程序亦可能使查核人員察覺未遵循或疑似未遵循法令事項。例如，閱讀會議紀錄；向受查者之管理階層及內部法務人員或外部法律顧問查詢有關訴訟、索賠或裁定之情況；對交易類別、科目餘額或揭露事項執行細項測試。

5. 查核人員應要求管理階層（如適當時，亦包括治理單位），就其已告知查核人員編製財務報表時須考量之所有已知未遵循或疑似未遵循法令事項，提供書面聲明。就管理階層所辨認可能對財務報表具重大影響之未遵循或疑似未遵循法令事項，其所提供之書面聲明係必要之查核證據。惟該書面聲明無法提供足夠及適切之查核證據，因此不影響查核人員擬取得其他查核證據之性質及範圍。

    執行前述查核程序後，查核人員如知悉與未遵循或疑似未遵循法令事項有關之資訊（例如，受到主管機關之調查、支付罰款或受裁罰；支付不明性質之服務費或提供不明性質之貸款予顧問、關係人、員工或政府僱員；支付高於市場行情之銷售佣金或代理人酬金；採購價格明顯偏離市場價格等），則應執行下列額外程序：

1. 對未遵循或疑似未遵循法令事項之性質及其發生之情況取得瞭解。
2. 取得進一步之資訊，以評估其對財務報表之可能影響。
3. 除法令禁止外，應與適當層級之管理階層（如適當時，亦包括治理單位）討論。如管

理階層或治理單位未提供充分之資訊以佐證受查者對法令之遵循，且查核人員認為疑似未遵循法令事項可能對財務報表具重大影響，則查核人員應考量是否須取得法律專家之意見。

4. 查核人員應評估所辨認未遵循或疑似未遵循法令事項對查核其他層面 (例如，查核人員之風險評估及書面聲明之可靠性) 之影響，並採取適當行動。查核人員評估此等影響時宜考量攸關之控制作業，以及所涉及管理階層或經受查者聘僱或指示之個人之層級，尤其是涉及最高管理階層。

18.8.2　未遵循或疑似未遵循法令事項之溝通及報告

查核人員於查核過程中所辨認未遵循或疑似未遵循法令事項，誠如前述，於查核過程中除了已於管理階層討論外，查核人員亦應與治理單位溝通於查核過程中所辨認未遵循或疑似未遵循法令事項，但有下列情況之一者除外：

1. 所有治理單位成員均參與受查者之管理，且因此知悉查核人員已溝通之未遵循或疑似未遵循法令事項。
2. 法令禁止。
3. 所辨認未遵循或疑似未遵循法令事項顯然微不足道。

此外，查核人員如認為所辨認未遵循法令事項係故意且重大，應儘早與治理單位溝通。如管理階層或治理單位成員疑似涉及未遵循法令事項，查核人員應與受查者更高層級之權責單位溝通，例如審計委員會或監察人。如無更高權責單位，或查核人員不確定與何者溝通或認為受查者不會就所溝通事項採取行動，查核人員應考量是否須取得法律專家之意見。

最後，查核人員如辨認出未遵循或疑似未遵循法令事項，亦應確定法令 (如洗錢防治法) 或相關職業道德規範是否：

1. 規定查核人員應向適當之權責機關報告。
2. 規範查核人員於向適當之權責機關報告係屬適當時之責任。

18.8.3　未遵循或疑似未遵循法令事項對查核報告之影響

查核人員如認為所辨認未遵循或疑似未遵循法令事項對財務報表具重大影響，且未適當反映於財務報表，應依 TWSA705「修正式意見之查核報告」之規定，對財務報表表示保留意見或否定意見。

查核人員如因管理階層或治理單位之限制而無法取得足夠及適切之查核證據，以評估是否已存在或可能存在對財務報表具重大影響之未遵循法令事項，應依 TWSA705 之

規定，基於查核範圍受限制而出具保留意見或無法表示意見之查核報告。惟查核範圍受限制非導因於管理階層或治理單位之限制，且其致使查核人員無法確定受查者是否存在未遵循法令事項，則查核人員應依 TWSA705 之規定，評估其對查核意見之影響。

18.8.4　書面紀錄

在法令遵循之查核方面，查核人員之工作底稿除了應包括所辨認未遵循或疑似未遵循法令事項之說明外，亦應包括下列事項之說明：

1. 所執行之查核程序、所作之重大專業判斷及所達成之結論。
2. 與管理階層、治理單位及其他人員對重大之未遵循法令事項之討論，包括管理階層(如適當時，亦包括治理單位)對該等事項之回應。

18.9　最後查核結果的評估

在執行每一個交易循環、現金餘額及本章所討論完成階段之查核工作後，會計師必須將所有查核結果加以彙整及評估，以便對財務報表整體形成最後的結論。會計師最後必須確定是否已取得足夠及適切之查核證據，足以支持財務報表業已依照受查者所適用之財務報導架構編製，且與前一年度之基礎一致。會計師對財務報表整體形成最後的結論，出具查核報告之前，通常仍須進行下列工作：

1. 工作底稿之複核。
2. 評估財務報表附註揭露之適當性。
3. 管理階層與治理單位之溝通。
4. 會計師事務所品質管制之複核。

以下各小節將針對上述工作分別加以說明。

18.9.1　工作底稿之複核

本小節除了概述審計實務上有關工作底稿之複核及複核的理由外，亦將進一步說明主辦會計師於查核完成階段，對是否已取得足夠及適切之查核證據，以及未更正不實表達之彙總數是否支持會計師的意見所進行的評估。

工作底稿之複核應由瞭解受查者及查核案件情況之資深查核人員執行，該複核工作於查核工作進行過程中即已逐步進行，在查核完成階段，資深查核人員會徹底地完成複核工作底稿的工作。一般而言，初級查核人員所編製之工作底稿通常係由其直屬上司(通常係由高級查核人員複核)執行初次複核；高級查核人員之直屬上司(一般為副理或經理)

則複核高級查核人員及助理查核人員編製之工作底稿；最後，再由負責該查核案件之主辦會計師複核所有工作底稿，尤其對副理或經理所編之工作底稿會進行較詳細的複核。在進行複核時，複核者會與負責編製工作底稿之查核人員討論，以瞭解其如何因應重要的查核問題。

工作底稿之複核，其主要理由如下：

1. 矯正查核人員之查核工作之缺失：大部分查核工作係由查核年資較短的查核人員執行，由於對受查者的瞭解或查核經驗較不足，在專業判斷及查核工作的執行上較容易發生偏差，須由較資深之查核人員複核其工作，如發現有缺失時，便能及時加以矯正。
2. 確定查核過程符合會計師事務所之品質管理之標準：即使在同一家會計師事務所，不同查核小組人員之查核品質可能仍有相當大的差異，為維護會計師事務所的聲譽，會計師事務所通常會建立品質管理制度，維持整體會計師事務所查核品質之一致性。資深查核人員會依會計師事務所建立之品質管理制度複核工作底稿，故有助於維持整體會計師事務所查核品質之提升及一致性。
3. 評估查核人員之績效：會計師事務所與一般企業一樣，所有的人員皆須考評其工作績效，除了可確保工作之效率及效果外，亦可作為員工獎懲及升遷的依據，並作為員工在職教育的參考。

會計師對其所出具之查核報告要負最終的責任，因此，主辦會計師於查核完成階段複核整個查核案件之工作底稿時，對於是否業已取得足夠及適切之查核證據會進行最後評估，以確定在考量該委任查核案件之所有情況後，所有重要交易類別、科目餘額及揭露相關之個別項目聲明（查核目標）均已執行適當之程序，並取得足夠及適切之查核證據。

一般而言，會計師通常會採用完成查核檢查表(checklist of the audit completion)來協助其判斷查核證據是否足夠及適切，部分完成查核檢查表的釋例如圖表18.5。此項複核之重點乃是確定所有規劃之查核程式均已正確地被執行，並完整地記載於工作底稿，且所有查核目標均已達成。惟誠如第六章討論查核規劃時所述，查核規劃乃是持續且適時修正之過程，即實際執行查核工作所獲取之查核證據，可能顯示與先前規劃時假設的情況不同，查核人員即應考量其對查核規劃是否有重大的影響，如有重大的影響，查核人員即應修改原先之查核規劃。因此，主辦會計師在判斷查核程式是否適當時，必須考量於查核過程中所發現的查核證據，是否顯示先前所規劃查核程序已不足以取得足夠及適切的查核證據，而應修改原先規劃之查核程序。例如，在執行銷貨交易測試時，發現有不實表達之情事，且其金額重大，則可能導致原先所規劃之應收帳款餘額細項測試無法提供足夠的證據。

圖表 18.5　部分完成查核檢查表的釋例

完成查核檢查表		
項　　目	是	否
1. 檢視前一年度之工作底稿		
① 是否已就本年度查核之重要議題，檢視前一年度之工作底稿？	☐	☐
② 是否已複核永久檔案中對本年度具有影響之項目？	☐	☐
2. 風險評估程序		
① 對受查者及其環境是否已取得足夠的瞭解？	☐	☐
② 對於內部控制制度是否已取得足夠的瞭解？	☐	☐
③ 依據控制風險之評估水準，進一步查核程序之性質、時間及範圍的規劃是否適當？	☐	☐
④ 所有內部控制制度之重大缺失是否均以書面向公司治理權責單位報告？	☐	☐
3. 一般文件		
① 本年度所有議事錄及決議是否均已複核、摘要於工作底稿中，並加以追蹤？	☐	☐
② 永久檔案之內容是否已經更新？	☐	☐
③ 所有重要契約及協議是否均已複核、影印及摘要於工作底稿，並確定受查者遵循現行法律之規定？	☐	☐

若主辦會計師認為原先執行之查核程序，所取得之查核證據尚無法支持受查者財務報表是否允當表達或無誤導之情事，則應進一步執行額外之查核程序取得相關之證據。如無法進一步執行額外之查核程序取得相關之證據，則應考量其影響，出具保留意見或無法表示意見之查核報告。

主辦會計師除了評估是否已取得足夠及適切之查核證據外，仍應進一步評估該查核案件未更正不實表達之彙總數是否支持會計師對財務報表整體所出具的意見。

誠如 7.2.5 節所述，查核人員應累計查核過程中所辨認之不實表達(不論是否重大，除非該不實表達屬顯然微小者)，並應及時與適當層級之管理階層溝通查核過程中所累計之所有不實表達(除非法令禁止)，並要求管理階層更正該等不實表達。然而，查核人員於查核過程中所辨認之不實表達可分類為實際不實表達(factual misstatements)、判斷性不實表達(judgmental misstatements)及推估不實表達(projected misstatements)。實際不實表達是明確的不實表達，查核人員可明確要求管理階層更正，其他兩類的不實表達皆為查核人員的判斷或由樣本所推估出來的不實表達，查核人員要決定適當的調整金額，可能有其困難度。但是儘管如此，會計師仍須決定受查者應調整金額。此外，即使是明確的不實表達，有時管理階層也會基於某種原因而不願加以更正。因此，實務上查核過程中所辨認之不實表達，最後可能仍會留下一部分未更正之不實表達。查核人員應於工作底稿彙整所有未更正之不實表達，會計師應評估個別未更正之不實表達及其彙總數，是

否支持其所表示之查核意見。圖表 18.6 為未更正不實表達彙總表 (summary of unadjusted misstatements) 的釋例。

在圖表 18.6 中之應收帳款／銷貨漏列及存貨盤點與帳上不符兩項不實表達係由樣本查核所推估〔包括抽樣風險誤差 (sampling error or allowance for sampling risk)〕，屬推估不實表達。備抵壞帳低估則是查核人員認為管理階層所作相關估計不恰當，而主觀決定的不實表達，屬判斷性不實表達。而其他兩項則屬實際不實表達。在本例中，各項未更正不實表達及其彙總數，都未超過查核規劃時所決定之財務報表整體重大性及各組成要素之重大性。因此，會計師認為該等未更正不實表達即使未調整入帳，對財務報表使用者應不會影響其經濟決策，可作成財務報表未存有重大不實表達的意見。此份未更正不實表達彙總表之摘要通常亦會作為管理階層聲明該等未更正不實表達不具重大性之書面聲明的附件。

圖表 18.6　未更正不實表達彙總表釋例

底稿索引	項目	類型	金額	流動資產	非流動資產	流動負債	非流動負債	稅前淨利
B-4	備抵壞帳低估	判斷	$ 50,000	$50,000				$50,000
B-8	應收帳款／銷貨漏列	推估	80,000	(80,000)				(80,000)
C-2	存貨盤點與帳上不符	推估	75,000	75,000				75,000
J-3	租賃資產／負債漏列	實際	185,000		$(160,000)		$(185,000)	25,000
P-12	資本化支出誤列費用	實際	45,000		(45,000)			(45,000)
	合　　計			$45,000	$(205,000)	0	$(185,000)	$25,000

結論	未更正不實表達	重大性
流動資產	$ 45,000	$200,000
非流動資產	205,000	250,000
總資產	250,000	450,000
非流動負債	185,000	250,000
稅前淨利	25,000	1,000,000

由於上述個別項目之重大不實表達及其彙總數，皆未超過財務報表整體及組成要素之重大性，故財務報表整體無重大不實表達。

惟值得提醒的是，誠如本書 7.2 節有關規劃查核工作時重大性之決定所作之討論，實務上，各會計師事務所對未更正不實表達彙總方式及比較方式不完全一樣，有些會計師事務所只會彙總未更正之實際不實表達及其彙總數，並將其彙總數與執行重大性相比

較，只要彙總數不超過執行重大性，會計師就會推論未更正及未發現之不實表達彙總數（包括實際、判斷性及推估不實表達）未超過財務報表整體重大性。但此時，查核人員於查核規劃時所決定之執行重大性，可能比財務報表整體重大性小很多（例如，執行重大性只是財務報表整體重大性的 20% 或 30%)。有些會計師事務所則認為，查核時多採用非統計抽樣，很難明確算出抽樣風險誤差，故只以樣本結果推估的點估計作為母體的推估不實表達（正確母體的推估不實表達應為點估計加抽樣風險誤差）。此外，有些事務所則認為判斷性不實表達，是查核人員主觀判斷的，很難跟受查者主張此為未更正不實表達，因此在彙總未更正之不實表達時並未包括判斷性不實表達。換言之，實務上各會計師事務所的做法相當分歧，但值得注意的是，只要會計師彙總未更正之不實表達時，未包括所有不實表達的項目（判斷性不實表達、抽樣之點估計、抽樣風險誤差），會計師就僅能將未更正之不實表達的彙總數與執行重大性比較（不是與財務報表整體重大性比較），作為判斷財務報表是否存有重大不實表達的依據。而且未包括的項目越多與不實表達可能的金額越大時，執行重大性相對於財務報表整體重大性就要訂得越小（打折的百分比越小），以免使得未更正及未偵出不實表達之彙總數超過財務報表整體重大性之可能性太高，超過會計師原先決定的查核風險。因此，執行重大性的決定（決定從財務報表整體重大性打折的百分比），與不實表達的形態，以及會計師彙總不實表達時所包括的項目與可能的金額息息相關，其判斷高度仰賴查核人員的專業判斷。

最後，如果會計師認為雖業已獲取足夠且適切的查核證據，但未更正（包括未偵出）不實表達之彙總數仍未能佐證財務報表未存有重大不實表達，則會計師應要求受查者更正財務報表，直至會計師認為未更正（包括未偵出）不實表達之彙總數未超過財務報表整體重大性為止。否則會計師應出具保留或否定意見之查核報告。

18.9.2 評估財務報表附註揭露之適當性

財務報表附註揭露是財務報表的一部分（非財務報表的附件或補充資訊），而且其所占的篇幅比四大財務報表本身要多非常多，能提供許多四大財務報表額外的資訊，對財務報表使用者而言，是非常重要的會計資訊。因此，在完成查核之前，會計師必須對於財務報表中之揭露是否滿足所有表達與揭露目標進行最後的評估。

一般而言，依 IFRS 或企業會計準則編製財務報表之附註揭露通常包括下列各項：

1. 公司沿革。
2. 通過財務報表之日期及程序。
3. 重大會計政策之彙總說明。
4. 重大會計判斷、估計及假設不確定性之主要來源。
5. 重要會計科目之說明。

6. 關係人交易。
7. 重大或有負債及未認列之合約承諾。
8. 重大之期後事項。

實務上，許多會計師事務所會提供一份財務報表揭露事項檢查表 (financial statement disclosure checklist) 供查核人員或主辦會計師針對每一個查核案件填寫，以確認財務報表的揭露項目是否完整。然而，檢查表之設計其目的僅在提醒查核人員或主辦會計師財務報表中常見的揭露事項，至於揭露內容的適當性，會計師仍應依受查者所適用之財務報導架構及查核過程中所取得之查核證據，判斷管理階層所作的附註揭露是否完整，並允當表達相關資訊。

18.9.3 管理階層與治理單位之溝通

本書從討論查核規劃開始至本章為止，應可瞭解查核人員從查核規劃、查核過程及完成查核階段，皆必須與管理階層與治理單位進行及時的雙向溝通，對查核工作而言，查核人員與治理單位的溝通尤為重要。

TWSA260「與受查者治理單位之溝通」對查核人員與治理單位間溝通之事項、溝通的流程 (包括溝通的形式、時點與流程的適當性) 及相關書面紀錄，提供了整體架構的指引。以下針對須與治理單位溝通之事項、溝通的流程及相關書面紀錄加以說明。

1. 須與治理單位溝通之事項

TWSA260 將查核人員須與治理單位溝通之事項分為四類：

(1) 查核人員查核財務報表之責任

會計師於接受委任之初，通常會於委任書中說明查核人員查核財務報表之責任。將此事與治理單位溝通係讓治理單位更清楚地瞭解：

① 對管理階層於治理單位之監督下所編製之財務報表，會計師負有依照審計準則執行查核，並對財務報表表示查核意見之責任。

② 對財務報表所執行之查核並未解除管理階層或治理單位之責任。

(2) 查核規劃範圍及時間之概要

與查核規劃初期及後續變更查核規劃 (若有發生) 時，查核人員應與治理單位溝通所規劃查核範圍及時間之概要，包括所辨認之顯著風險。此項溝通可協助：

① 治理單位更加瞭解查核規劃相關事項、與查核人員討論風險議題及重大性觀念，以及辨認可能要求查核人員執行額外程序之領域。

② 查核人員更加瞭解受查者及其環境。

(3) 查核之重大發現

查核人員應與治理單位溝通下列於查核過程中所發現之重大事項：

①查核人員對受查者會計實務(包括會計政策、會計估計及財務報表揭露)重大質性層面之看法。由於其會計政策的選擇、會計估計及財務報表揭露的方式多涉及管理階層主觀的判斷，治理單位可能對查核人員對該等主觀層面的看法相當關心，故查核人員應就受查者會計實務重大質性層面之看法與治理單位溝通。如適用時，查核人員亦應向治理單位解釋，為何於適用之財務報導架構下可被接受之某一重大會計實務，就該受查者之特定情況而言非屬最適當。

②查核時所遭遇之重大困難(如有時)。

③已與管理階層討論或信件往來之重大事項，以及查核人員所要求書面聲明之內容。但治理單位之所有人員皆負有管理責任時不適用。

④內部控制之顯著缺失。

⑤與受查者關係人有關之重大事項。

⑥未遵循法令之重大事項。

⑦依查核人員之專業判斷，與監督財務報導流程攸關之任何其他重大事項。

(4) 查核人員之獨立性〔僅限於上市(櫃)公司財務報表查核委任案〕

當受查者為上市(櫃)公司時，查核人員除了須與治理單位溝通前述三類事項外，尚應就查核人員之獨立性與治理單位溝通下列事項：

①查核人員所隸屬事務所受獨立性規範之人員、事務所及聯盟事務所(如適用時)已遵循獨立性規範之聲明。

②依查核人員之專業判斷，事務所或聯盟事務所與受查者間，所有可能被認為會影響獨立性之關係及其他事項均已辨認，以協助治理單位評估該等關係及事項對查核人員獨立性之影響。該等關係及事項應包括事務所及聯盟事務所於財務報導期間，對受查者及其所控制之組成個體，提供審計及非審計服務之公費總額(包括該等公費已適當分類)。

③為消除已辨認對獨立性之威脅或將該等威脅降低至可接受之水準，已採取之相關防護措施。

2. 溝通的流程

查核人員與治理單位溝通方式，除了與治理單位溝通查核人員之獨立性，應以書面為之外，可用口頭或書面為之。一般而言，查核人員查核財務報表之責任及查核規劃範圍及時間概要之溝通，多以書面為之(因有現成之委任書及查核計畫)。至於查核重大發現之溝通，並非查核過程中發現之所有事項，均須以書面溝通，惟查核人員應依其專業判斷，認為以口頭與治理單位溝通並不適當時，應以書面為之。

至於溝通的時點，查核人員應視溝通之事項，及時與治理單位溝通。及時溝通有助於治理單位與查核人員間之雙向溝通，惟適當之溝通時點將依案件情況及溝通事項之性

質而異。考量之情況包括事項之重要性及性質,以及預期治理單位將採取之措施。例如:關於規劃事項之溝通,通常於查核案件初期進行;如治理單位能協助查核人員克服查核時所遭遇之重大困難,或該重大困難可能導致修正式意見時,應儘早與治理單位溝通該重大困難;查核人員得於書面溝通所辨認之內部控制顯著缺失前,儘早與治理單位口頭溝通;發生對獨立性之威脅及相關防護措施事件時(例如,於承接非審計服務之案件時),宜立即與治理單位就獨立性進行溝通等。

在溝通的有效性方面,查核人員應就其查核目的,評估與治理單位間之溝通是否適當,惟查核人員無須設計特定程序,以評估查核人員與治理單位間雙向溝通之有效性。治理單位之參與(包括其與內部稽核及外部查核人員之互動),係控制環境要素之一。不適當之溝通可能顯示控制環境不良,致影響查核人員對重大不實表達風險之評估,且可能增加其無法取得足夠及適切查核證據之風險。查核人員如認為與治理單位間之溝通不適當,則應考量其對重大不實表達風險之評估及查核人員取得足夠及適切查核證據能力之影響,採取適當行動,如因查核範圍受限制而表示修正式意見、終止委任(如法令允許)、諮詢法律專家之意見等。

3. 相關書面紀錄

當與治理單位溝通之事項係以口頭溝通時,查核人員應將溝通之事項、時間及對象記載於查核工作底稿。就口頭溝通所作成之書面紀錄,可能包括由受查者作成之紀錄,當該紀錄為適當時,亦可作為查核工作底稿之一部分。以書面溝通時,查核人員應保留一份溝通紀錄,以作為查核工作底稿之一部分。

前述的討論,主要是針對與查核人員與治理單位溝通之事項、時點及有效性做一般性的討論。由於本章的重點在完成查核階段,故以下針對完成查核階段(雖然不全然於完成查核後才溝通),會計師可能尚須針對特定事項與管理階層及治理單位(如審計委員會或監察人等)進行溝通。其中較重要的事項通常包括:查核人員於查核過程中所發現之舞弊(包括違法行為)、內部控制缺失與致管理階層函(management letter)等。前二項溝通係為審計準則所要求,旨在確定公司治理單位及管理階層知悉會計師之查核發現與建議。至於致管理階層函,通常係與管理階層溝通即可。以下針對上述三種事項之溝通加以說明。

1. 舞弊(包括違法行為)之溝通

防止及偵查舞弊主要係受查者治理單位與管理階層之責任,TWSA240「查核財務報表對舞弊之責任」規定,查核人員取得確實存有或可能存有舞弊之證據時,應儘速讓適當之管理階層注意該等情事,即使該等情事可能並不重大。一般而言,所謂的適當之管理階層係指比涉及或疑似舞弊者至少高一層級之人員。

此外,查核人員如發現舞弊涉及下列人員時,應儘速與受查者治理單位溝通該等情事:
(1) 管理階層。
(2) 內部控制制度中扮演重要角色之員工。
(3) 其舞弊對財務報表有重大影響之其他人員。

查核人員與治理單位溝通時,得以口頭或書面方式與受查者治理單位進行溝通。查核人員如懷疑舞弊可能涉及管理階層,溝通時應與治理單位溝通相關舞弊事項外,亦應與其討論必要查核程序之性質、時間及範圍。惟舞弊如涉及高階管理階層或導致財務報表重大不實表達,查核人員應儘可能使用書面方式進行溝通。

與治理單位溝通舞弊的事項時,其他可能溝通的事項可能包括下列事項:
(1) 管理階層對防止及偵查舞弊之控制,以及財務報表不實表達風險之評估,包括其性質、範圍及頻率。
(2) 管理階層未適當處理已確認舞弊相關之內部控制顯著缺失。
(3) 管理階層未適當回應已確認之舞弊。
(4) 查核人員對受查者控制環境之評估,包括對管理階層適任性與操守之質疑。
(5) 有跡象顯示存有管理階層作為之財務報導舞弊,例如,管理階層對某些會計政策之選用,可能顯示其欲藉由盈餘操縱,以誤導財務報表使用者。
(6) 有關非正常營運之交易,其授權之適當性與完整性。

要求會計師將所發現之所有舞弊(不論其重大性為何)與治理單位或適當之管理階層溝通,其目的乃在協助治理單位與管理階層履行執行及監督財務報導,免於因舞弊而導致財務報表存有重大不實表達之責任。

2. 內部控制缺失之溝通

誠如第七章 7.5 節所述,維護有效的內部控制制度係屬管理階層的職責,財務報表查核的目的雖不在對內部控制制度的有效性作合理確信。但不可否認的,對財務報導內部控制的瞭解及測試,卻與財務報表查核息息相關。查核人員經由風險評估程序及控制測試,可能會發現若干財務報導內部控制的缺失,若能將這些缺失與受查者之管理階層與治理單位溝通,並提供改善建議,應能對受查者與財務報導相關內部控制缺失的改進有所助益。目前 TWSA265「內部控制缺失之溝通」亦要求查核人員應針對其所發現之財務報導內部控制的顯著缺失,以書面的方式進行溝通。內部控制顯著缺失之書面溝通(實務上常稱為內部控制建議書)之釋例,請參見圖表 7.9,在此不再贅述。

3. 與致管理階層函相關之溝通

會計師除了對各產業知識、經營管理、投資理財、稅務、會計審計累計了豐富經驗,

並經由查核過程所取得資料，對受查者有較深入的瞭解外，會計師事務所亦集合具有各專業的人才，如管理專家、稅務專家、電腦專家、法律專家或證券顧問等。會計師於財務報表查核過程中，可能會發現與受查者營運效率或法律遵循方面的缺失，雖然該等缺失與財務報導無關，但如果會計師能提供相關的改善建議，對受查者可能會有莫大的幫助。這也是會計師提供受查者財務報表審計服務外，對受查者所提供的附加價值，此一附加價值可以提升會計師與管理階層之間的信賴度，並拓展其他的業務，如稅務與管理諮詢服務等。因此，許多會計師事務所在執行查核案件後，多會向管理階層提出相關的改善建議。

　　致管理階層函其目的即在向受查者管理階層提出會計師對其營運及法律遵循之改善建議，藉以協助受查者提升營運效率與效果及降低違反法令的機率。誠如第七章 7.5.2 節所述，致管理階層函與上述內部控制建議書不同，後者係針對財務報導內部控制缺失提出建議，審計準則規定會計師必須提出，具有強制性。至於致管理階層函乃由會計師自行決定是否提出，審計準則並未強制。致管理階層報告書之撰寫並無標準的格式，相關釋例請參見圖表 7.12，在此不再贅述。

18.9.4　會計師事務所品質管理之複核

　　會計師事務所為確保事務所及其人員已遵循專業準則及法令，以及主辦會計師出具之報告是適當的，通常會建立會計師事務所整體品質管理制度，相關規範訂於 TWSQM1「會計師事務所之品質管理」。其中第 2 條亦規定：「案件品質複核係構成事務所品質管理制度之一部分，且事務所有就須執行案件品質複核之案件訂定政策或程序之責任。……」，並於 33 條進一步規定，事務所應對下列案件執行案件品質複核：

1. 上市 (櫃) 公司財務報表之查核案件。
2. 法令要求須對某些查核案件或其他案件執行案件品質複核者。
3. 事務所為因應某些查核案件或其他案件之一項或多項品質風險，而決定執行案件品質複核為適當之因應對策者。例如，涉及法律訴訟之查核案件；事務所為因應熟悉度對主辦會計師獨立性影響之風險，主辦會計師已連續查核特定客戶一定年限 (如十年) 之案件。

　　因此，符合上述條件之查核案件，事務所即必須執行案件品質複核，對財務報表查核案件執行案件品質複核，不同於 18.9.1 小節所討論的由查核小組資深查核人員及主辦會計師對執行工作底稿所執行的複核。該項品質複核係由事務所內部指派未參與該查核案件 (確保其獨立及客觀性)，且具備適當之專業資格 (包括必要之經驗及權限) 之人員所進行之複核。一般而言，獨立的品質複核人員通常會採取批判性的立場，以確保執行

查核工作與出具查核報告的適當性。案件品質管制複核應包括：

1. 與主辦會計師討論。
2. 複核財務報表、其他主要資訊及擬出具之報告，尤其須考量查核報告是否適當。
3. 複核查核團隊所作重大判斷及所達成結論之工作底稿。

　　對於上市(櫃)公司財務報表之查核案件，案件品質管制複核人員，除應複核上述事項外，尚應考量下列事項：

1. 查核團隊對於事務所獨立性之評估。
2. 對存有歧見、困難或具爭議性事項，是否已作適當諮詢且達成適當結論。
3. 工作底稿是否能反映工作執行時所作之重大判斷及支持所達成之結論。

　　對於個別查核案件所應執行之品質複核(包括主辦會計師與獨立品質複核人員對查核案件之品質複核)細節，TWSA220「查核歷史性財務資訊之品質管制」提供進一步的指引。

本章習題

選擇題

1. 最有可能發現或有負債之查核程序為：
   (A) 複核年度終了後一個月內之付款憑單
   (B) 對於應付帳款之詢證函
   (C) 直接向受查者之法律顧問詢問
   (D) 閱讀董事會會議紀錄

2. 客戶送交股東的年報中，除了財務報表及查核報告之外，尚包括其他資訊。下列何者最能描述查核人員對「其他資訊」之責任？
   (A) 查核人員無義務閱讀「其他資訊」
   (B) 查核人員無義務查證「其他資訊」，但仍應閱讀「其他資訊」以確定其與財務報表是否有重大的不一致
   (C) 查核人員應擴大查核至必要程序，以驗證「其他資訊」
   (D) 查核人員應修改查核報告，以述明「其他資訊未經查核」或「查核報告未涵蓋其他資訊」

3. 若認為年報中未審核之公開資訊與財務報表之間有不一致之處，但管理當局不願修改時應如何處置？
   (A) 錯在報表則考慮修正意見
   (B) 錯在公開資訊則修正報表格式並增加附註揭露
   (C) 發函通知股東俾於股東會上糾正之
   (D) 辭去委任以求自保

4. 下列何者是查核人員在期後事件複核中，通常會執行之程序：
   (A) 複核年終以後至本期截止點之銀行報表
   (B) 向委託人律師查詢有關訴訟案件
   (C) 調查以前與委託人溝通過的可報導情況
   (D) 分析相關的關係人交易以發現可能的舞弊

5. 客戶在年底之後、查核人員完成外勤工作之前，取得自己公司25%流通在外股票，則查核人員應該：
   (A) 建議管理階層調整資產負債表以反映該項取得
   (B) 發出擬制性財務報表，顯示假若該項取得發生於年底之影響
   (C) 建議管理階層於報表附註中揭露該項取得
   (D) 於查核報告書意見段中揭露該項取得

6. 下列何項敘述通常包含於由查核人員取得之書面聲明？
   (A) 已獲得充分證據，足以允許發出無保留意見
   (B) 有關現金餘額之限制的補償性餘額及其他處理已揭露
   (C) 管理階層承認員工不法行為之責任
   (D) 管理當局承認內部控制無重大缺失

7. 今日公司有一客戶於民國 101 年 1 月 15 日遭受重大損失，經該公司於 2 月 15 日將該客戶所欠之鉅額應收帳款沖銷。其時，今日公司民國 100 年會計師之查帳報告尚未公布，此項期後應收帳款之沖銷，應：
   (A) 在民國 100 年之財務報表內揭露
   (B) 在民國 100 年之財務報表內調整
   (C) 以前期損益調整之方法在報表內表達
   (D) 在民國 100 年報表內不調整亦不揭露

8. 下列何項非為取得有關或有事項之有效查核程序？
   (A) 快速瀏覽費用科目之貸方分錄
   (B) 向受查者之委任律師取得聲明書
   (C) 閱讀董事會之會議紀錄
   (D) 檢查銷貨合約上之條款

9. 下列事項發生在資產負債表日後，查核報告日之前，何者應作調整 (adjustment)？
   (A) 增資發行新股
   (B) 廠房遭致火災損失
   (C) 訴訟的損害賠償案件達成和解
   (D) 併購上游供應商

10. 會計師應就治理事項與受查者治理單位溝通，試問下列何者為溝通事項？
    (A) 受查者之規模、組織與營運架構及報告體系
    (B) 與治理單位是否有定期會議或報告之安排
    (C) 對受查者財務報表可能具有重大影響之會計估計及會計原則之選擇或變動
    (D) 與治理單位持續聯繫與對話之多寡

11. 當受查者透過財務報表附註揭露重大或有事項時，附註應敘述或有事項性質以及包括：
    (A) 會計師對預期結果的意見
    (B) 受查者所採取的步驟已確保不再發生
    (C) 受查者法律顧問或管理當局對預期結果的意見
    (D) 外界獨立人士例如鑑定師對預期結果的意見

12. 下列何者不是在外勤工作即將結束前應有的查核工作？
    (A) 期後事項的查核
    (B) 取得客戶審計委任書
    (C) 分析性複核
    (D) 繼續經營的評估

13. 或有事項之查核程序不包含下列何者？
    (A) 查閱法律及其他專業服務費用之內容

(B) 取得包括或有事項之書面聲明

(C) 將受查者之財務報表與期後最近之財務報表比較分析

(D) 查閱至外勤工作完成日止之股東會及其他重要會議之議事錄

14. 在審計工作將結束時，查核人員編製「未調整(更正)不實表達彙整表」，其目的為何？

(A) 彙總錯誤，以便客戶作為改進會計處理及相關內控之依據

(B) 讓受查者知道查核人員認真盡責，以利調高公費

(C) 判斷其對財務報表之彙總影響是否重大

(D) 作為申報營利事業所得稅時調整之依據，並作為備忘紀錄

15. 關於完成審計工作，下列敘述何者錯誤？

(A) 查核人員查閱受查者律師之公費收據與附件，目的是為了確認可能漏列之未決訴訟案件

(B) 查核人員應在即將完成審計工作日時，對繼續經營假設做初步評估

(C) 書面聲明之日期應與查核報告日一致

(D) 函證銀行往來，有助於發現或有負債

16. 受查者所提出之文件中，可能含財務報表及與財務報表併列之其他資訊。會計師對該等其他資訊之責任為何？

(A) 閱讀及考量其他資訊，並於發現其他資訊與財務報表之資訊有重大不一致之情事時，修正財務報表

(B) 與受查者作適當安排，俾於查核報告日前取得其他資訊，以利閱讀與考量

(C) 閱讀其他資訊，並對其他資訊提出報告

(D) 考量其他資訊，並判斷其內容是否適當；如有不適當，即納入查核報告

17. 對於受查者仍未判決之訴訟案件，查核人員最可能執行下列那一項查核程序？

(A) 寄發詢證函給受查者律師確認所有未決訴訟是否均已入帳或作適當揭露

(B) 瞭解受查者對於未決訴訟所採用之會計政策

(C) 向受查者律師查閱未決訴訟之相關文件

(D) 寄發詢證函給受查者之訴訟對象諮詢未決訴訟之情形

18. 審計人員擬瞭解受查者之訴訟、賠償和租稅事宜，應取得何種文件？

(A) 律師信函　　　　　　　　　　(B) 審計委任書

(C) 銀行函證　　　　　　　　　　(D) 內部控制制度有效性報告

19. 下列關於公允價值衡量與揭露之敘述，何者最不適當？

(A) 查核人員評估公允價值衡量之假設，其目的在於評估該假設是否提供公允價值衡量之合理基礎

(B) 受查者之管理階層有責任進行公允價值衡量，而會計師應就衡量之假設表示意見
(C) 公允價值以活絡市場之公開報價為最佳衡量
(D) 查核人員需考量期後事項對公允價值衡量與揭露之影響

20. 會計師在簽發查核報告後，才獲悉查核年度中發生一筆特殊交易，且相信若於外勤工作終了日前及早發現該筆交易，必會深入追查並確認其影響。試問會計師對於此筆特殊交易是否尚有補救之必要或可行的作法？
    (A) 不必採取行動，因為查核人員對於簽發查核報告後所發生的事件無須負責
    (B) 與公司的管理階層聯繫，請求其協助調查此一事件
    (C) 要求公司的管理階層對該年度財務報表增加一未經查核的附註，俾揭露此新近發現之交易可能造成的影響
    (D) 與所有可能信賴該財務報表的使用者聯繫，通知他們財務報表可能有誤

21. 下列何者非或有事項之查核程序？
    (A) 向受查者管理階層取得未決法律案件清單
    (B) 向受查者查詢資產負債表日後，資產有無發生損毀或被政府徵收等情形
    (C) 查閱歷年稅捐核定及繳納情形
    (D) 查閱至外勤工作完成日止之股東會、董事會之議事錄

22. 甲會計師受託查核台北公司民國 102 年度 (102 年 1 月 1 日至 12 月 31 日) 財務報表，於 103 年 3 月 1 日結束外勤工作，返回事務所。在撰寫查核報告期間，台北公司之客戶高雄公司於 103 年 3 月 8 日發生倒閉，導致台北公司之應收帳款無法收回，因此，甲會計師乃重新評估台北公司 102 年 12 月 31 日之應收帳款備抵壞帳是否提列足額，並於 103 年 3 月 20 日完成查核程序，再於同月 25 日完成查核報告草稿，3 月 31 日台北公司財務報表經董事會通過。以下何日期最可能作為查核報告之日期？
    (A) 103 年 3 月 31 日　　　　　　　(B) 103 年 3 月 1 日
    (C) 103 年 3 月 20 日　　　　　　　(D) 103 年 3 月 2 日

23. 因估計常須在不確定情況下，以判斷作成，故發生錯誤之風險較高。有關「會計估計之查核」，下列敘述何項錯誤？
    (A) 會計估計係屬管理階層之責任
    (B) 查核人員應測試會計估計所使用之計算程序
    (C) 查核人員應審慎注意敏感成度較高、主觀及易於造成重大錯誤之假設
    (D) 受查者對會計估計之處理，如未能符合一般公認會計原則時，會計師應出具保留意見或無法表示意見之查核報告，並於查核報告中敘明其情由

問答題

1. 張會計師查核甲公司 ×1 年 12 月 31 日止之年度報表時，發現以下重要期後事項：

1. ×1 年 1 月 5 日，甲公司某生產部門發生火災，一批尚未投保之存貨被燒毀。
2. ×2 年 1 月 20 日，甲公司與乙公司達成銷售協定，甲公司在 ×2 年之銷售額將因而成長一倍。
3. ×2 年 2 月 3 日，甲公司發行可轉換公司債並獲得現金融資 $30,000,000。

試作：

(1) 查核人員對財務報導期間結束日後至查核報告日 (或儘可能接近查核報告日) 之期間執行查核程序為何？

(2) 對於上述事項在 ×1 年 12 月 31 日止之年度報表又應如何表達？並請說明理由。

2. 大大公司採曆年制會計年度，該公司民國 91 年度財務報表之查核，已於民國 92 年 4 月 5 日結束外勤工作，4 月 26 日發出財務報表。以下 (1)~(7) 為各項獨立之重大狀況：

(1) 民國 92 年 2 月 10 日，大大公司一名主要客戶因遭遇震災宣布倒閉，將無法償還其對大大公司之帳款；大大公司民國 91 年 12 月 31 日帳上原提列之備抵壞帳不足因應此事件。

(2) 民國 92 年 5 月 7 日，查核會計師獲悉大大公司當日宣布與其競爭對手合併生效。此合併案早自民國 91 年度中即開始研議，但因原評估合併成功之可能性極小，故大大公司民國 91 年度之財務報表與查核報告均未述及此事。

(3) 民國 92 年 4 月 28 日，查核會計師獲悉大大公司一國外倉庫，已於民國 92 年 4 月 24 日遭洪水全部淹毀。

(4) 民國 92 年 5 月 2 日，查核會計師獲悉大大公司一名債務人因 3 年來財務狀況持續惡化，已於民國 92 年 4 月 2 日潛逃大陸，預計大大公司對其所有借款 2,000,000 將無法收回。

(5) 民國 92 年 4 月 10 日，查核會計師獲悉大大公司一項已纏訟 7 年之官司於 4 月 2 日宣判定讞。大大公司被判須賠償 5,000,000，為民國 91 年度原財務報表估計認列或有負債之兩倍。

(6) 民國 92 年 5 月 22 日，查核會計師獲悉大大公司一項外銷產品，已於民國 92 年 3 月 10 日忽遭宣布禁售，且被迫銷毀所有剩餘存貨。

(7) 民國 92 年 4 月 1 日，查核會計師獲悉當日國供電電纜遭市政府美工處挖斷，大大公司被迫停工因而損失 $1,000,000。大大公司將對市政府提起損害賠償訴訟，但據該公司法律顧問評估，勝訴獲賠可能極小。

請針對以上 7 項狀況，於以下 5 個 (A~E) 選項中，選擇查核會計師應採行之作為，並簡述理由：

A. 將相關影響於大大公司民國 91 年之財務報表調整入帳。
B. 將相關影響於大大公司民國 91 年之財務報表附註揭露。
C. 要求大大公司修正並重發民國 91 年之財務報表,而此修正為將相關影響於大大公司民國 91 年之財務報表調整入帳。
D. 要求大大公司修正並重發民國 91 年之財務報表,而此修正為將相關影響於大大公司民國 91 年之財務報表附註揭露。
E. 無須採任何行動。

3. 甲公司 103 年財務報表發布後,會計師發現甲公司 103 年之財務報表中存有重大不實之虛假銷貨收入。會計師應如何處理?試就不同情況加以說明

4. 根據審計準則 260 號「與治理單位溝通」之規定,於查核上市(櫃)公司財務報表時,查核人員應與治理單位溝通的事項有那幾類?

5. 甲公司經員工舉報,非法販售可以製造武器的工具機予某支持恐怖主義國家,涉嫌違反聯合國大規模毀滅性武器擴散禁令與反洗錢法律。對此疑似未遵循法令事項,試回答下列問題:

(1) 查核人員偵查導因於受查者未遵循法令事項之重大不實表達之能力,受財務報表審計僅能提供合理確信之先天限制的潛在影響較大,其原因為何?
(2) 查核人員對此已辨認出之疑似未遵循法令事項,應採取之主要應對查核程序為何?
(3) 依會計師職業道德規範之保密要求,本題查核人員是否仍應對權責機關報告甲公司涉嫌違反資恐與反洗錢法令?

Chapter 19 其他確信服務及財務資訊代編服務

19.1 前言

　　本書前十八章討論的重點多集中於一般用途財務報表查核相關議題之討論，財務報表查核是會計師事務所最重要、也是歷史最悠久的確信服務。然而，財務報表查核只是會計師事務所提供的確信服務 (assurance services) 之一而已，並非全部。隨著經濟的發展，資訊的需求愈趨多樣化，基於會計師長期以來所建立之社會公信力，該等資訊對資訊使用者之資訊風險，發展出對會計師事務所各種不同確信服務的需求，本章的目的即在介紹會計師事務所所提供之其他確信服務及其他相關服務。

　　第二章曾介紹我國審計準則委員會於民國 110 年參考 IAASB 所發布之準則架構及編碼方式，重新對其所發布之準則進行重新分類及編碼。除了品質管制準則 (TWSQM) 外，依會計師所提供之服務案件類型共分為四大類：審計準則 (TWSA)、核閱準則 (TWSRE)、確信準則 (TWSAE) 及其他相關服務準則 (TWSRS)。審計準則及核閱準則分別適用於歷史性財務資訊的查核案件及核閱案件，確信準則則適用於非歷史性財務資訊 (如財務預測、內部控制制度的有效性、法規遵循、網路及系統的認證等) 的查核案件及核閱案件，而其他相關服務準則則適用於代編財務資訊案件、對資訊採用協議程序之案件及審計委員會明定之其他相關服務案件 (此類僅發布二號公報，分別為協議程序及財務資訊的代編[1])。由於先前各章主要在於探討一般目的財務報表的查核，因此，具體而言，本章的重點將著重於探討歷史性財務資訊的核閱、特殊目的財務報表查核、非歷史性財務資訊的查核及核閱、協議程序及財資訊的代編。

　　本章在介紹上各種服務案件之前，首先將於 19.2 節說明確信服務的定義及性質，並說明各類確信服務的差異。由於查核人員對於查核 (核閱) 歷史性財務資料及非歷史性財務資料的方法差異相當大，因此於 19.3 節及 19.4 節將分別針對歷史性財務資訊的其他確信服務及非歷史性財務資訊的確信服務加以說明。雖然代編財務資訊服務非屬確信服務，但與會計師的確信服務相關，故最後再於 19.5 節討論會計師的代編服務。

---

[1] 代編非屬確信服務。

19.2 確信服務的定義、性質及類型

所謂確信案件，係指執業人員之目的在於取得足夠及適切之證據以作成結論之案件，該結論係用以提升預期使用者對依基準衡量或評估標的之結果之信賴水準。亦即，凡是用以提升資訊使用者對受查資訊信賴水準之具有獨立性之專業服務，即為確信服務。當決策者使用資訊進行經濟決策，而該等資訊對決策者(資訊使用者)具有資訊風險時，資訊提供者便有藉由獨立第三者提升資訊之可靠性與攸關性的需求，以降低資訊風險所帶來的交易成本及代理成本，財務報表查核即是確信服務的一種。

誠如在第一章所述，確信服務依其所提供之確信程度，可分為查核或審計 (audit)[2]、核閱 (review) 與協議程序 (agreed upon procedure)，上述服務皆旨在提升資訊的可靠性及品質。理論上皆要求確信人員(依不同確信服務有不同的名稱，如查核人員、核閱人員、執業人員等，為方便說明，除非另有說明外，本章統稱為確信人員)須具有獨立性。惟考量協議程序僅涉及少數特定關係人，如關係人同意確信人員與受查者間可不具獨立性，並在所出具之報告中說明此一事實，則確信人員得不具獨立性。

核閱與查核間最大的差異，在於蒐集證據的深度及廣度。核閱僅執行若干特定的查核程序以蒐集證據，主要係以查詢及分析性程序所蒐集的證據作為出具結論的基礎。因為核閱程序所蒐集的證據不似查核般廣泛，故其提供的確信程度較低，僅能提供中度的確信 (或稱為有限確信)。正因為會計師執行核閱工作所取得之查核證據明顯少於執行查核工作，故其出具的確信報告係對標的資訊(如財務報表)以消極確信之文字表達(出具消極式意見)。

至於協議程序，會計師則依委任人及特定資訊使用者所約定之程序執行確信工作，並將所發現之事實於確信報告中陳述。不過，由於協議程序僅涉及參與協議的特定關係人，其報告須限定使用對象，以免誤導未參與協議的人士。協議程序所提供的確信程度是變動的，須視每個委任案件約定所執行之程序而定。

不像財務報表查核或核閱案件那麼典型，有些委任案件在特定層面上並不具備執行確信工作的要件。因此，會計師是否可以承接特定確信案件，首先應對擬承接之案件，確認該案件是否具備確信案件之要素。確信案件應包括下列要素：

1. 至少存有執業人員、負責方及預期使用者之三方關係。以財務報表查核為例，執業人員係指會計師、負責方係指為財務報表編製負責的受查者，而預期使用者則指外部各類財務報表使用者。
2. 適當之標的或標的資訊。以財務報表查核為例，標的係指財務狀況、財務績效及現金

---

[2] 實務上，常將對非屬歷史性財務資訊的查核案件稱為專案審查，因該等案件不像財務報表查核案件屬於持續性的案件，通常係因特定需求而執行，故將此類案件統稱為專案審查，例如內部控制專案審查。

流量。而標的資訊係指表達上述標的之資訊，即資產負債表、綜合損益表、權益變動表、現金流量表，以及財務報表附註。

3. 妥適之基準，且該基準係可取得。以財務報表查核為例，基準係指受查者編製財務報表所適用之財務報導架構。
4. 預期可取得足夠及適切之證據並據以作成結論。執業人員於規劃及執行確信案件時，應運用專業懷疑以取得足夠及適切之證據，惟是否已取得足夠及適切之證據，係屬專業判斷。
5. 書面確信報告，該報告應以適當之合理確信案件(即查核案件)或有限確信案件(即指核閱案件)之格式表達。以財務報表查核為例，書面確信報告係指書面之會計師查核報告。

由於，在非屬歷史性的財務資訊確信案件中，上述要素的判斷可能較為複雜，該等要素的進一步討論，將在19.4.1小節中再做進一步說明。

依「審計準則委員會所發布規範會計師服務案件準則總綱」之規定，確信案件可依下列兩種構面分類：

1. **依確信程度區分**
   (1) **合理確信案件** (reasonable assurance engagement)：係指執業人員執行必要程序將案件風險降低至當時情況下可接受水準，並作成結論之確信案件。執業人員依據前述結論對依基準衡量或評估標的之結果表示意見(積極式結論)。合理確信屬高度確信，惟基於案件執行之先天限制，其無法對標的依基準或評估之結果提供絕對之保證。由上述定義可知，合理確信案件即為查核案件。
   (2) **有限確信案件** (limited assurance engagement)：係指執業人員執行必要程序將案件風險降低至當時情況下可接受水準，並作成結論之確信案件，惟其可接受風險水準高於適用於合理確信案件者。該結論說明，執業人員依據其所執行之程序及所獲取之證據，是否未發現標的資訊存有重大不實表達之情事(消極式結論)。由上述定義可知，有限確信案件即為核閱案件。

2. **依是否由執業人員依基準衡量或評估標的區分**
   (1) **認證案件** (attestation engagement)：係指先由執業人員以外之人員依基準衡量或評估標的，再由執業人員就該衡量或評估結果予以認證之確信案件。財務報表查核及核閱即為認證案件。
   (2) **直接案件** (direct engagement)：係指由執業人員依基準衡量或評估標的之確信案件。執業人員於衡量或評估標的之同時(亦可於之前或之後)，應用確信技能及技術對依基準衡量或評估標的之結果取得足夠及適切之證據。

值得一提的是，由於 IAASB 及我國審計準則委員會將規範協議程序的準則歸類於其他相關服務準則，故在區分確信案件時，未將協議程序視為確信案件。惟就學理而言，協議程序亦為提升資訊使用者對受查資訊信賴水準之具有獨立性之專業服務，亦應屬確信案件的範疇。

除了財務報表審計為會計師所提供之傳統確信服務外，會計師為特定標的資訊所發展出來的其他確信服務，與各國的法規環境及經濟環境息息相關。例如，我國法令規定，公開發行公司的期中財務報表須經會計師核閱才能公布，但大多數的歐美國家，法令並未強制要求公開發行公司的期中財務報表須經會計師核閱，企業得自行決定期中財務報表是否要由會計師核閱後再行公布。因此，對我國會計師事務所而言，期中財務報表的核閱就顯得更加重要。一般而言，各國確信準則制定單位通常不會刻意去定義其他確信服務的界限，而僅做概括性的規範(例如，我國的 TWSAE3000「非屬歷史性財務資訊查核或核閱之確信案件」)。然而隨著經濟或法令的發展，可能隨時會有新型態的確信服務產生。舉例而言，政府開辦公益彩券，產生出會計師對開獎過程及結果的確信服務。美國電影奧斯卡獎評審及美國小姐選美比賽評審的確信服務由會計師事務所提供已有數十年的歷史。惟當特定標的資訊所發展出來的確信服務越來越重要時，確信準則制定單位才會針對特定標的資訊的確信服務訂定專屬的確信準則。以美國為例，鑑於近年來電子商務及資訊科技的發展快速，衍生出不少的資訊風險，AICPA 即與加拿大會計師公會 (CICA) 攜手合作制定有關網路認證 (WebTrust) 及系統認證 (SysTrust) 的確信準則。此外，AICPA 亦針對下列標的資訊制定確信準則公報：

1. 預測性財務報表 (prospective financial statements)。
2. 擬制性財務資訊 (pro forma financial statements)。
3. 未公開發行公司財務報導內部控制 (internal control over financial reporting)[3]。
4. 法令之遵循 (compliance attestation)。
5. 管理階層之討論與分析 (management discussion and analysis)。

在非屬歷史性財務資訊的確信服務方面，我國目前除了訂定 TWSAE3000「非屬歷史性財務資訊查核或核閱之確信案件」對其他確信服務提供概括性的規範外，只另訂 TWSAE3401A「財務預測核閱要點」對有關財務預測的核閱加以規範。

在歷史性財務資訊的確信服務方面，除審計準則外，則另對財務報表核閱及財務資訊協議程序分別訂定 TWSRE2410「財務報表之核閱」及 TWSRS4400「財務資訊協議程序之執行」加以規範。最後，我國審計準則委員會亦針對非屬確信案件之財務資訊代編

---

[3] 美國上市(櫃)公司財務報導內部控制的查核，則規範於 PCAOB 所訂定之 AS No.5「與財務報表審計合併執行的財務報告內部控制審計 (An Audit of Internal Control over Financial Reporting That Is Integrated with an Audit of Financial Statements)」中。

服務訂定 TWSRS4410「財務資訊之代編」作為會計師代編財務資訊時的工作依據。

誠如前述，標的資訊是否屬歷史性財務資訊，對查核的性質及方法皆有重大的影響，故 19.3 節及 19.4 節將分別針對歷史性財務資訊及非屬歷史性財務資訊其他較重要的確信服務加以說明。

19.3 歷史性財務資訊之其他確信服務

就我國而言，除了財務報表查核外，歷史性財務資訊之其他確信服務就屬財務報表的核閱最為重要，財務報表核閱的相關規範，於 TWSRE2410「財務報表之核閱」中規定。此外，TWSA801A「特殊目的查核報告」及 TWSRS4400「財務資訊協議程序之執行」則分別針對特殊目的財務資訊及財務資訊的協議程序進行規範。故本節將針對上述三種歷史性財務資訊之確信服務加以說明。

19.3.1 財務報表之核閱

對我國會計師確信服務的重要性而言，財務報表核閱應是僅次於財務報表查核。我國審計準則委員會參考國際核閱準則第 2410 號 (International Standards on Review Engagements, ISRE 2410) 修訂版之規定，於民國 106 年十月二十四日 (並自中華民國 107 年四月一日起實施) 發布 TWSRE2410「財務報表之核閱」，取代民國 90 年十一月二十七日發布之審計準則公報第三十六號「財務報表之核閱」。

會計師受託執行核閱之財務報表，通常包括：

1. 上市 (櫃) 公司財務季報表。根據證券交易法第 36 條的規定，公開發行公司的年度財務報表須經會計師查核外，其第一季、第二季及第三季財務報表於公告前，亦須經會計師核閱。
2. 興櫃及非上市 (櫃) 之公開發行公司半年度財務報表。依現行法規之規定，興櫃及非上市 (櫃) 之公開發行公司的年度財務報表須經會計師查核外，其半年報於公告之前，亦須經會計師核閱。興櫃及非上市 (櫃) 之公開發行公司，亦可自願性地委任會計師核閱其第一季及第三季財務報表。
3. 非公開發行公司各期財務報表。其他非公開發行公司之年度、半年度或季度財務報表亦可自願性地委任會計師核閱。

會計師核閱財務報表之目的，係藉由執行查詢 (主要向受核閱者負責財務與會計事務之人員查詢)、分析性程序及其他核閱程序，並依據核閱之結果，對財務報表在所有重大方面是否有發現未依照適用之財務報導架構編製之情事作成結論 (屬消極式意見)，對

所查核之財務報表僅提供中度的確信(或有限的確信)。相較於查核,核閱並非設計用以合理確信財務報表有無重大不實表達,核閱所執行之程序雖可能提醒核閱人員注意影響財務報表之重大事項,但無法提供查核所需之所有證據。因此,核閱財務報表之目的與查核財務報表之目的具重大差異,財務報表之核閱並無法對財務報表是否在所有重大方面,係依照適用之財務報導架構編製及允當表達提供表示意見之依據(除非另有說明,本章所指之財務報導架構係指一般用途允當表達架構)。

會計師承接及續任財務報表核閱案件時,與財務報表查核案件之承接及續任類似,仍應遵循會計師職業道德規範及會計師事務所品質政策及程序,並應與受核閱者就案件條款達成協議(通常記載於委任書中),於規劃及執行核閱時,應抱持專業懷疑之態度。故本小節對上述議題不再贅述。

至於核閱程序之規劃、執行及核閱結果之評估,其實與查核委任案件亦相當類似。惟畢竟核閱僅提供中度之確信(或有限的確信),其所執行之核閱程序主要著重於下列幾項:

1. 對受核閱者及其環境、適用之財務報導架構及內部控制制度之瞭解。
2. 執行查詢、分析及其他核閱程序。
3. 取得管理階層聲明書。

以下針對上述事項進一步說明。

1. **對受核閱者及其環境、適用之財務報導架構及內部控制制度之瞭解**

核閱人員應對與編製財務報表有關之受核閱者及其環境、適用之財務報導架構及內部控制制度取得足夠瞭解(即風險評估程序),使規劃及執行核閱工作得以:

(1) 辨認可能之重大不實表達類型,並考量其發生之可能性。
(2) 以查詢、分析性程序及其他核閱程序,作為提供核閱人員判斷是否發現財務報表在所有重大方面,未依照適用之財務報導架構編製之情事的基礎。

一般而言,如果受核閱者之年度財務報表亦經查核,通常核閱的會計師事務所與查核的會計師事務所是同一家(除非委託人更換會計師事務所),於查核前年度財務報表時,會計師已對受核閱者及其環境、適用之財務報導架構及內部控制制度進行瞭解。在此情況下,核閱人員於規劃期中財務報表核閱時,應更新此瞭解。核閱人員應對與編製期中財務報表有關之內部控制制度取得足夠之瞭解,因其可能與編製年度財務報表有關之內部控制有所不同。如果受委任之會計師尚未依審計準則之規定對最近期財務報表執行查核工作,即應依 TWSA315「辨認並評估重大不實表達風險」之規定,取得與編製財務報表有關之受核閱者及其環境、適用之財務報導架構及內部控制制度之瞭解。

核閱人員於瞭解受核閱者及其環境、適用之財務報導架構及內部控制制度所使用之

程序 (即風險評估程序) 主要為查詢、分析性程序及其他核閱程序，此等程序通常包括：
(1) 查閱前一年度之查核工作底稿、本年度前幾期之期中核閱工作底稿，以及前一年度相對應期間之期中核閱工作底稿，俾使核閱人員辨認可能影響本期期中財務報表之事項。
(2) 考量前一年度查核財務報表時所辨認之顯著風險，包括管理階層踰越控制之風險。
(3) 查閱最近一期年度之財務報表及前期可比較之期中財務報表。
(4) 考量編製財務報表所適用之財務報導架構之重大性，以協助判定執行程序之性質及範圍，並評估不實表達之影響。
(5) 考量前一年度財務報表之已更正及未更正重大不實表達之性質。
(6) 考量具延續性且重大之財務會計及報導事項，如內部控制制度存有顯著缺失。
(7) 考量對當年度財務報表已執行查核程序之結果。
(8) 考量已執行之內部稽核工作及管理階層後續採取之行動。
(9) 向管理階層查詢其對財務報表，可能因舞弊而導致重大不實表達風險之評估結果。
(10) 向管理階層查詢受核閱者營業活動變動之影響。
(11) 向管理階層查詢內部控制制度之任何重大變動，以及該變動對編製財務報表之潛在影響。

2. **執行查詢、分析及其他核閱程序**

　　核閱人員於瞭解受核閱者及其環境、適用之財務報導架構及內部控制制度後，核閱人員應以查詢 (主要向受核閱者負責財務與會計事務之人員查詢)、分析性程序及其他核閱程序 (即進一步核閱程序)，俾使會計師依據所執行之程序，對是否發現財務報表在所有重大方面未依照適用之財務報導架構編製之情事作成結論。核閱通常無須藉由檢查、觀察或函證對會計紀錄進行測試，例如，財務報表核閱通常無須驗證有關訴訟或索賠之詢問，因此無須函詢受核閱者之律師。惟若核閱人員認為相關事項對財務報表在重大方面可能有未依照適用之財務報導架構編製之疑慮，且核閱人員認為受核閱者之委任律師可能有相關資訊時，與受核閱者之委任律師直接溝通相關之事項可能是適當的。

　　核閱人員對受核閱者及其環境、適用之財務報導架構及內部控制制度之瞭解、與前期查核有關之風險評估結果及財務報表有關之重大性的考量，將影響其所作之查詢、分析性程序及其他核閱程序之性質與範圍。核閱人員通常執行下列程序：
(1) 查閱股東會、治理單位及其他適當委員會之會議紀錄，辨認可能影響財務報表之事項，若該等紀錄尚未編製完成，則應查詢會議中討論可能影響財務報表之事項。
(2) 考量前期查核或核閱時，導致查核或核閱報告修正之事項 (若有時)、已更正或未更正不實表達所產生之影響。
(3) 與對受核閱者之重要組成個體財務報表執行核閱之其他核閱人員溝通 (若適當時)。

(4) 向受核閱者負責財務與會計事務之管理階層成員(及適當之其他人員)查詢下列事項：

①財務報表是否已依適用之財務報導架構編製及表達。

②會計政策或適用之方法是否有改變。

③新交易是否須適用新會計政策。

④財務報表是否包含已知之未更正不實表達。

⑤可能影響財務報表之不尋常或複雜情況，例如企業合併或企業處分某部門。

⑥與公允價值衡量或揭露攸關之重大假設，以及管理階層採行特定作為之意圖及能力。

⑦關係人交易是否適當處理，並於財務報表中揭露。

⑧承諾及合約義務之重大變動。

⑨負債準備及或有負債(包括訴訟或索賠)之重大變動。

⑩債務條款之遵循。

⑪執行核閱程序所發現之問題。

⑫發生於期間最後幾天或發生於下一期間之前幾天的重大交易。

⑬下列人員涉及任何已知或疑似之舞弊：

　　a. 管理階層。

　　b. 內部控制制度中扮演重要角色之員工。

　　c. 其他人員，而其舞弊對財務報表有重大影響者。

⑭對由現任員工、離職員工、分析師、主管機關或其他人員提供任何影響財務報表表達之疑似或傳聞舞弊的認知。

⑮對財務報表產生重大影響之實際或可能未遵循法令之情況的認知。

(5) 對財務報表採用分析性程序，以辨認不尋常且可能反映財務報表重大不實表達之關係及個別項目。

(6) 查閱財務報表，並考量是否發現財務報表在所有重大方面未依照適用之財務報導架構編製之情事。

除上列程序以外，與查核工作之執行類似，核閱人員亦應：

(1) 將財務報表與相關會計紀錄核對或調節，取得兩者係一致之證據。

(2) 向管理階層查詢是否已辨認截至核閱報告日可能須對財務報表調整或揭露之期後事項(核閱人員無須執行其他程序以辨認核閱報告日後發生之事項)。

(3) 向管理階層查詢是否改變其對受核閱者繼續經營能力之評估。當受核閱者存有繼續經營能力可能產生重大疑慮之事件或情況時，核閱人員應進一步查詢管理階層之因應計畫、該等計畫之可行性及管理階層是否認為執行該因應計畫之結果將可改善現

狀。並考量財務報表中有關此種事項之揭露是否足夠。
(4) 當核閱人員發現某些事項可能須作重大調整，方可使其財務報表在所有重大方面係依照適用之財務報導架構編製時，則應執行額外查詢或其他程序，俾使會計師於核閱報告中表示結論。

至於核閱程序執行之時間，核閱人員可能於受核閱者編製財務報表前(或同時)執行若干核閱程序。例如，更新對受核閱者及其環境、適用之財務報導架構及內部控制制度之瞭解，並於期間結束日前開始查閱適當之會議紀錄。提前執行某些核閱程序亦能及早辨認與考量影響財務報表之重大會計事項。此外，會計師如同時受委任查核及核閱委任人之財務報表時，為方便及效率起見，會計師可能決定於財務報表核閱時，同時執行特定查核程序。例如，查閱董事會會議紀錄所取得與財務報表有關之資訊，亦可用於年度財務報表之查核中。會計師亦可能決定於期中財務報表核閱時，執行為年度財務報表查核所需執行之查核程序，例如，對期間內發生之重大或不尋常交易(例如企業合併、重整或重大收入交易)執行查核程序。

3. 取得管理階層書面聲明

比照財務報表查核，核閱人員於核閱工作完成階段，應向管理階層取得書面聲明(即客戶聲明書)，其聲明事項通常包括：
(1) 設計並執行內部控制制度以防止與偵查舞弊及錯誤，係管理階層之責任。
(2) 財務報表係依照適用之財務報導架構編製及表達。
(3) 認為核閱人員於核閱過程中所彙總之未更正不實表達(個別金額或彙總數)對財務報表整體之影響不重大。該等未更正不實表達之彙總表應包括或附加於書面聲明。
(4) 其知悉與任何已知或疑似之舞弊有關之所有重大事實，皆已告知。
(5) 財務報表可能因舞弊而導致重大不實表達風險之評估結果，皆已告知。
(6) 編製財務報表所考量之所有已知未遵循或可能未遵循法令規定之情事，皆已告知。
(7) 發生於資產負債表日後至核閱報告日間，可能須於財務報表調整或揭露之所有重大事項，皆已告知。

核閱人員根據執行上述核閱程序所取得之證據，應評估未更正不實表達(就個別及彙總而言)對財務報表是否重大。不實表達的加總與查核財務報表所發現不實表達的加總一樣，除顯然微小之不實表達外，核閱人員應累計核閱過程中所辨認之不實表達。核閱人員於評估任何未更正不實表達之重大性時，應運用專業判斷，考量不實表達之性質、原因及金額、不實表達是否源自於前一年度或當年度之期間，以及不實表達對未來期間可能造成之影響。

最後，會計師將根據前述評估的結果出具核閱報告。核閱報告的結論與查核報告的意見類似，可分為無保留結論、保留結論、否定結論及無法表示結論。在介紹核閱報告之前，值得進一步說明的是，過去核閱報告的架構及內容多仿照查核報告。但 IAASB 在推動新式查核報告後 (參見第三章)，核閱報告的架構及內容並未隨之修改。原因可能是許多歐美國家並未強制要求上市 (櫃) 公司之期中財務報表須經會計師核閱，考量財務報表核閱的重要性及其成本效益，故未將核閱報告的架構及內容依新式查核報告的架構及內容修改。故 ISRE2410 所規定之核閱報告的架構及內容，仍依循舊式查核報告的架構及內容 (三段式的架構)，未來是否修改仍不得而知。我國審計準則委員會參考 ISRE2410 制定 TWSRE2410 時，亦參考部分新式查核報告之架構及內容略加修改。修改的方向為，仍依照舊式查核報告的架構及內容，惟於核閱報告各段的說明文字之前，仿照新式查核報告，標記「段名」，如「前言」段、「範圍」段、「結論」段、「結論之基礎」段、「繼續經營有關之重大不確定性段」段、「強調事項」段及「其他事項」段等。根據該準則之規定，會計師出具之核閱報告應包括下列要素：

1. 報告名稱。
2. 報告收受者。
3. 所核閱財務報表之名稱，包括組成財務報表之各報表名稱，並提及附註 (包括重大會計政策彙總)。
4. 組成財務報表各報表之日期或所涵蓋之期間。
5. 敘明依適用之財務報導架構編製允當表達之財務報表係管理階層之責任。
6. 敘明會計師之責任係依據核閱結果對財務報表作成結論。
7. 敘明財務報表之核閱係依核閱準則 2410 號「財務報表之核閱」之規定執行，以及核閱時所執行之程序包括查詢 (主要向受核閱者負責財務與會計事務之人員查詢)、分析性程序及其他核閱程序。
8. 敘明核閱工作之範圍明顯小於查核工作之範圍。因此，核閱人員無法對其是否察覺於查核過程中可能辨認之所有重大事項取得確信，故無法表示查核意見。
9. 會計師對財務報表在所有重大方面是否有未依照適用之財務報導架構編製，致無法允當表達之情事作成之結論。
10. 報告日期。
11. 會計師事務所之名稱及地址。
12. 會計師之簽名與蓋章。

圖表 19.1 列示會計師對依照允當表達架構編製之整份一般用途財務報表，所出具無保留結論之核閱報告；圖表 19.2 則列示當受核閱者管理階層偏離適用之財務報導架構時，致會計師出具保留結論之核閱報告；圖表 19.3 則列示因受核閱者管理階層加諸之範圍限制，致會計師出具保留結論之核閱報告；最後，圖表 19.4 則列示當受核閱者管理階層偏離適用之財務報導架構時，致會計師出具否定結論之核閱報告。

圖表 19.1　會計師無保留結論之核閱報告

會計師核閱報告

甲公司 (或其他適當之報告收受者) 公鑒：

前言

　　甲公司民國 ×2 年三月三十一日及民國 ×1 年三月三十一日之資產負債表，暨民國 ×2 年一月一日至三月三十一日及民國 ×1 年一月一日至三月三十一日之綜合損益表、權益變動表、現金流量表，以及財務報表附註 (包括重大會計政策彙總)，業經本會計師核閱竣事。管理階層之責任係依照 [適用之財務報導架構] 編製允當表達之財務報表，本會計師之責任則為根據核閱結果作成結論。

範圍

　　本會計師係依照核閱準則 2410 號「財務報表之核閱」執行核閱工作。核閱財務報表時所執行之程序包括查詢 (主要向受核閱者負責財務與會計事務之人員查詢)、分析性程序及其他核閱程序。核閱工作之範圍明顯小於查核工作之範圍，因此本會計師可能無法察覺所有可藉由查核工作辨認之重大事項，故無法表示查核意見。

結論

　　依本會計師核閱結果，並未發現上開財務報表在所有重大方面未依照 [適用之財務報導架構] 編製，致無法允當表達甲公司民國 ×2 年三月三十一日及民國 ×1 年三月三十一日之財務狀況，暨民國 ×2 年一月一日至三月三十一日及民國 ×1 年一月一日至三月三十一日之財務績效及現金流量之情事。

　　　　　　　　　　　　　　　　　　　　××會計師事務所
　　　　　　　　　　　　　　　　　　　　會計師：(簽名及蓋章)
　　　　　　　　　　　　　　　　　　　　會計師：(簽名及蓋章)
　　　　　　　　　　　　　　　　　　　　××會計師事務所地址：
　　　　　　　　　　　　　　　　　　　　中華民國 ×2 年四月二十日

圖表 19.2　因偏離適用之財務報導架構時，會計師出具保留結論之核閱報告

會計師核閱報告

甲公司 (或其他適當之報告收受者) 公鑒：

前言

　　甲公司民國 ×2 年三月三十一日及民國 ×1 年三月三十一日之資產負債表，暨民國 ×2 年一月一日至三月三十一日及民國 ×1 年一月一日至三月三十一日之綜合損益表、權益變動表、現金流量表，以及財務報表附註 (包括重大會計政策彙總)，業經本會計師核閱竣事。管理階層之責任係依照 [適用之財務報導架構] 編製允當表達之財務報表，本會計師之責任則為根據核閱結果作成結論。

範圍

　　本會計師係依照核閱準則 2410 號「財務報表之核閱」執行核閱工作。核閱財務報表時所執行之程序包括查詢 (主要向受核閱者負責財務與會計事務之人員查詢)、分析性程序及其他核閱程序。核閱工作之範圍明顯小於查核工作之範圍，因此本會計師可能無法察覺所有可藉由查核工作辨認之重大事項，故無法表示查核意見。

保留結論之基礎

　　本會計師認為甲公司未依照 [適用之財務報導架構] 認列應資本化之不動產及特定租賃負債。如甲公司將該等租約按融資租賃處理，則民國 ×2 年三月三十一日及民國 ×1 年三月三十一日之不動產應分別增加新台幣 ××× 元及新台幣 ××× 元，長期負債應分別增加新台幣 ××× 元及新台幣 ××× 元，民國 ×2 年一月一日至三月三十一日及 ×1 年一月一日至三月三十一日之本期淨利應分別增加 (減少) 新台幣 ××× 元及新台幣 ××× 元。

保留結論

　　依本會計師核閱結果，除保留結論之基礎所述者外，並未發現上開財務報表在所有重大方面未依照 [適用之財務報導架構] 編製，致無法允當表達甲公司民國 ×2 年三月三十一日及民國 ×1 年三月三十一日之財務狀況，暨民國 ×2 年一月一日至三月三十一日及民國 ×1 年一月一日至三月三十一日之財務績效及現金流量之情事。

×× 會計師事務所
會計師：(簽名及蓋章)
會計師：(簽名及蓋章)
×× 會計師事務所地址：
中華民國 ×2 年四月二十日

圖表 19.3　因核閱範圍限制，會計師出具保留結論之核閱報告

會計師核閱報告

甲公司(或其他適當之報告收受者)公鑒：

前言

甲公司及其子公司(甲集團)民國×2年三月三十一日及民國×1年三月三十一日之合併資產負債表，暨民國×2年一月一日至三月三十一日及民國×1年一月一日至三月三十一日之合併綜合損益表、合併權益變動表、現金流量表，以及合併財務報表附註(包括重大會計政策彙總)，業經本會計師核閱竣事。依[適用之財務報導架構]編製允當表達之財務報表係管理階層之責任，本會計師之責任則為係依據核閱結果對合併財務報表作成結論。

範圍

除保留結論之基礎段所述者外，本會計師係依照核閱準則2410號「財務報表之核閱」執行核閱工作。核閱合併財務報表時所執行之程序包括查詢(主要向受核閱者負責財務與會計事務之人員查詢)、分析性程序及其他核閱程序。核閱工作之範圍明顯小於查核工作之範圍，因此本會計師可能無法察覺所有可藉由查核工作辨認之重大事項，故無法表示查核意見。

保留結論之基礎

如合併財務報表附註×所述，列入上開合併財務報表之部分非重要子公司之同期間財務報表未經會計師核閱，其民國×2年及×1年三月三十一日資產總額分別為新台幣×××元及新台幣×××元，分別占合併資產總額之××%及××%；負債總額分別為新台幣×××元及新台幣×××元，分別占合併負債總額之××%及××%；其民國×2年及×1年一月一日至三月三十一日之綜合損益總額分別為新台幣×××元及新台幣×××元，分別占合併綜合損益總額之××%及××%。

保留結論

依本會計師核閱結果，除保留結論之基礎所述部分非重要子公司之財務報表倘經會計師核閱，對合併財務報表可能有所調整之影響外，並未發現上開合併財務報表在所有重大方面有未依照[適用之財務報導架構]編製，致無法允當表達甲集團民國×2年三月三十一日及民國×1年三月三十一日之合併財務狀況，暨民國×2年一月一日至三月三十一日及民國×1年一月一日至三月三十一日之合併財務績效及合併現金流量之情事。

××會計師事務所
會計師：(簽名及蓋章)
會計師：(簽名及蓋章)
××會計師事務所地址：
中華民國×2年四月二十日

圖表 19.4　因偏離適用之財務報導架構時，會計師出具否定結論之核閱報告

會計師核閱報告

甲公司 (或其他適當之報告收受者) 公鑒：

前言

　　甲公司及其子公司 (甲集團) 民國 ×2 年三月三十一日及民國 ×1 年三月三十一日之合併資產負債表，暨民國 ×2 年一月一日至三月三十一日及民國 ×1 年一月一日至三月三十一日之合併綜合損益表、合併權益變動表、合併現金流量表，以及合併財務報表附註 (包括重大會計政策彙總)，業經本會計師核閱竣事。依 [適用之財務報導架構] 編製允當表達之合併財務報表係管理階層之責任，本會計師之責任係依據核閱結果對合併財務報表作成結論。

範圍

　　本會計師係依照核閱準則 2410 號「財務報表之核閱」執行核閱工作。核閱合併財務報表時所執行之程序包括查詢 (主要向受核閱者負責財務與會計事務之人員查詢)、分析性程序及其他核閱程序。核閱工作之範圍明顯小於查核工作之範圍，因此本會計師可能無法察覺所有可藉由查核工作辨認之重大事項，故無法表示查核意見。

民國 ×2 年度第一季合併財務報表否定結論之基礎

　　甲集團管理階層於民國 ×2 年一月一日起，停止將子公司 ×× 公司納入合併財務報表，致偏離 [適用之財務報導架構]。

否定結論及無保留結論

　　依本會計師核閱結果，如否定結論之基礎所述，由於 ×× 公司未依合併基礎處理，民國 ×2 年第一季合併財務報表在所有重大方面未依照 [適用之財務報導架構] 編製，致無法允當表達甲集團民國 ×2 年三月三十一日之合併財務狀況，暨民國 ×2 年一月一日至三月三十一日之合併財務績效及合併現金流量。惟依本會計師核閱結果，並未發現民國 ×1 年第一季合併財務報表在所有重大方面有未依照 [適用之財務報導架構] 編製，致無法允當表達甲集團民國 ×1 年三月三十一日之合併財務狀況，暨民國 ×1 年一月一日至三月三十一日之合併財務績效及合併現金流量之情事。

×× 會計師事務所
會計師：(簽名及蓋章)
會計師：(簽名及蓋章)
×× 會計師事務所地址：
中華民國 ×2 年四月二十日

　　從上述的釋例可知，當會計師出具保留結論及否定結論之核閱報告時，仍應於結論段之前加一「結論之基礎」段，敘明導致會計師修正結論事項的性質，及其對財務報表影響或可能影響之金額，其段名分別為「保留結論之基礎」及「否定結論之基礎」。(讀者可自行思考，無法表示結論核閱報告的內容應如何撰寫。)

此外，與新式查核報告類似，不論會計師出具何種核閱報告，有時在特定情況下，或會計師認為有必要於核閱報告中溝通額外的事項，以提醒財務報表使用者注意，並提升核閱報告的效益。會計師可能於核閱報告中溝通之額外的事項可分三類：

1. 繼續經營有關之重大不確定性

當受核閱者存有繼續經營有關之重大不確定性事項或情況，且於財務報表中已作適當之揭露時，會計師於核閱報告中應加入「繼續經營有關之重大不確定性」段，簡要敘明繼續經營有關之重大不確定性事項或情況，並索引至財務報表中相關之附註揭露，提醒使用者注意。此外，亦應敘明會計師未因此等事項或情況而修正核閱結論。

2. 強調事項

係指已於財務報表表達或揭露之事項，但會計師認為對財務報表使用者瞭解財務報表係屬重要者。會計師可於核閱報告中加入「強調事項」段，簡要敘明強調事項並索引至財務報表中相關之附註揭露，提醒使用者注意，亦應敘明會計師未因此等強調事項而修正核閱結論。

3. 其他事項

係指未於財務報表表達或揭露之事項(非屬管理階層應揭露之事項)，但會計師認為對財務報表使用者瞭解核閱工作、會計師核閱財務報表之責任或核閱報告係屬攸關者。會計師應於核閱報告中加入「其他事項」段敘明其他事項，以提醒使用者注意。

上述三類額外的說明段，按照舊式查核報告的架構，通常是置於意見段之後，故該等說明段宜置於結論段之後。此外，值得提醒的是，上述三類額外的事項，皆不得影響會計師所作出之查核結論，否則就不可寫在這三類額外的說明段。例如，當受核閱者存有繼續經營有關之重大不確定性事項或情況，但管理階層於財務報表所作之揭露並不適當或未揭露時，會計師會出具保留結論及否定結論之核閱報告，但會計師不可於核閱報告中，加入「繼續經營有關之重大不確定性」段，而應於結論段之前，加一「保留結論之基礎」段或「否定結論之基礎」段，敘明存有使受核閱者繼續經營之能力可能產生重大不確定性之事項或情況，惟財務報表未充分揭露等事實。

19.3.2 特殊目的財務報表之確信服務

相對於一般目的或一般用途財務報表 (general purpose financial statements)，所謂特殊目的財務報表或稱為特殊用途財務報表 (special purpose financial statements) 係指該等財務報表係為特定財務報表使用者之需求所編製。一般而言，該等報表所適用之財務報導架構，並非是一般用途之財務報導架構 (如 IFRS 或企業會計準則)。然而，該等財務報表或財務資訊雖然不是按一般用途之財務報導架構編製，但對其執行的查核、核閱或協議

程序，其實與按一般用途之財務報導架構所編製財務報表的查核、核閱或協議程序大同小異。目前對特殊目的財務報表所出具之查核報告之相關規定則規範於 TWSA801A「特殊目的查核報告」。

根據 TWSA801A 之規定，所謂特殊目的查核報告，係指查核下列各款所提出之查核報告：

1. 依據其他綜合會計基礎 (other comprehensive basis of accounting，簡稱為 OCBOA) 所編製之財務報表。
2. 財務報表內特定項目。
3. 法令規定或契約約定條款之遵循。
4. 依法令或契約約定方式之財務表達。
5. 按特定形式表達之財務資訊。
6. 簡明財務報表。

會計師於接受特殊目的查核工作之委任時，宜於委任書中訂明工作之性質、查核之依據，與報告之內容。規劃查核工作時，會計師應瞭解查核報告之用途及可能之使用者。會計師於撰寫特殊目的查核報告時，宜注意下列幾點原則：

1. 查核的財務報表或財務資訊的名稱，宜避免令使用者誤解該等財務報表或財務資訊係按照一般用途之財務報導架構編製，必要時其名稱宜加以修改。
2. 宜增加一說明段說明該等財務報表或財務資訊係按特殊目的財務報導架構編製，此說明段通常會置於意見段之前，俾使查核報告的說明更為順暢。
3. 為避免查核報告作為原定目的以外之用途，必要時，查核報告意見段後可另加一說明段，說明出具報告之目的及其使用之限制。

不過宜提醒的是，我國 TWSA801A 自民國 88 年十二月二十一日修訂迄今未曾修改，其查核報告的架構係照舊式一般目的查核報告 (原審計準則公報第三十三號三段式的架構，請參見第三章附錄之討論)。在可預見的未來，特殊目的查核報告的架構可能會按照新式一般目的查核報告撰寫 (規範於 TWSA700、TWSA701、TWSA705、TWSA706、TWSA720)，只是在相關審計準則修定之前，本節仍依照 TWSA801A 之規定加以說明。此外，值得提醒的是，特殊目的的財務報導架構多屬遵循架構，由於 TWSA801A 並未納入 TWSA700 所規定之「允當表達架構」及「遵循架構」的觀念，因此，當會計師認為已取得足夠及適切的查核證據，支持所查核的財務報表或財務資訊已依所適用之特殊目的財務報導架構編製，不論該財務報導架構編製係屬允當表達架構及遵循架構，會計師表示意見時皆會使用所查核之財務報表或財務資訊係「允當表達」的用詞。

以下針對上述六款之特殊目的查核報告加以說明，考量篇幅的限制，每一款特殊目

的查核報告之釋例，僅以無保留意見為例，其他修正式意見查核報告之撰寫，讀者可比照舊式一般目的查核報告架構撰寫。

1. **依據其他綜合會計基礎 (other comprehensive basis of accounting，簡稱 OCBOA) 所編製之財務報表**

   所謂 OCBOA，係指非一般常用之一般用途之財務報導準則架構 (過去常稱為一般公認會計原則，如 IFRS 及企業會計準則)，但具有明確規則，且普遍使用之基礎。例如，下列之會計基礎即為 OCBOA：

   (1) 現金基礎或修正現金基礎，許多以現金交易為主之行業通常會採行該種會計基礎，如醫師及律師。

   (2) 課稅基礎，歐美許多國家對於非上市 (櫃) 公司並沒有強制其財務報導應遵循一般目的之財務報導準則架構，許多中小型企業往往會採用與編製所得稅申報書相同的衡量基礎編製其財務報表。

   (3) 依政府法令規定所採用之基礎，有些受政府管制的行業，如鐵路業、公用事業與金融保險公司等，可能須依法令規定之會計基礎編製財務報表。

   依照舊式一般用途查核報告架構及上述撰寫特殊目的查核報告之原則，圖表 19.5 列

圖表 19.5　對現金基礎編製財務報表出具無保留意見之查核報告

會計師查核報告

甲公司公鑒：

　　甲公司民國 ×2 年十二月三十一日及民國 ×1 年十二月三十一日之資產負債表──現金基礎，暨民國 ×2 年一月一日至十二月三十一日及民國 ×1 年一月一日至十二月三十一日之損益表──現金基礎，業經本會計師查核竣事。上開財務報表之編製係管理階層之責任，本會計師之責任則為根據查核結果對上開財務報表表示意見。

　　本會計師係依照審計準則規劃並執行查核工作，以合理確信財務報表有無重大不實表達。此項查核工作包括以抽查方式獲取財務報表所列金額及所揭露事項之查核證據、評估管理階層編製財務報表所採用之會計原則及所作之重大會計估計，暨評估財務報表整體之表達。本會計師相信此項查核工作可對所表示之意見提供合理之依據。

　　如財務報表附註 × 所述，甲公司之財務報表係依現金基礎編製。現金基礎係一種其他綜合會計基礎，非一般公認會計原則。

　　依本會計師之意見，第一段所述財務報表在所有重大方面係依照附註 × 所述之基礎編製，足以允當表達甲公司民國 ×2 年十二月三十一日及民國 ×1 年十二月三十一日之資產與負債，暨民國 ×2 年一月一日至十二月三十一日及民國 ×1 年一月一日至十二月三十一日之收入及費用。

　　　　　　　　　　　　　　　　　　　　　　×× 會計師事務所
　　　　　　　　　　　　　　　　　　　　　　會計師：(簽名及蓋章)
　　　　　　　　　　　　　　　　　　　　　　中華民國 ×3 年 × 月 × 日

示對現金基礎編製財務報表所出具之無保留意見查核報告。從圖表 19.5 釋例可以發現，雖然是無保留意見，會計師會在意見段之前加一說明段，說明財務報表係依現金基礎編製。該說明段如比照舊式一般目的查核報告的架構，將該說明段加在意見段之後，會影響查核報告的順暢性。

此外，誠如前述，由於 TWSA801A 並未納入「允當表達架構」及「遵循架構」的觀念，儘管現金基礎係遵循架構之財務報導架構，會計師於意見段之說明還是使用「允當表達」的用語，如「依本會計師之意見，第一段所述財務報表在所有重大方面係依照附註 × 所述之基礎編製，足以允當表達甲公司民國 ×2 年十二月三十一日及民國 ×1 年十二月三十一日之資產與負債，暨民國 ×2 年一月一日至十二月三十一日及民國 ×1 年一月一日至十二月三十一日之收入及費用。」嚴格而言，這樣的表達用語與 TWSA700 的規定不符。後續所介紹之其他特殊目的查核報告，皆有類似的問題，本書不再贅述。

最後，必要時會計師如為避免查核報告作為原定目的以外之用途，可於意見段之後另加一說明段，說明出具報告之目的及其使用之限制。

2. 財務報表內特定項目

會計師除了受託查核整體財務報表並表示意見外，亦可能受託查核財務報表內特定項目並表示意見，如存貨、權利金或銷貨收入等。對特定項目進行查核的需求，通常肇因於特定資訊使用人之需求，例如，受查者與特定人簽訂專利權授權合約，受查者依約應依銷貨金額支付一定比率的授權金予授權人，授權合約可能會要求受查者其銷貨金額應請會計師查核並出具意見，以作為授權金計算的基礎。

查核人員受託查核特定項目時，應瞭解該特定項目與財務報表內其他項目間之關聯性，如權利金與銷貨、銷貨與應收帳款。於決定受託範圍時，應考量與該特定項目有關之其他項目。此外，查核人員於查核規劃考量特定項目之重大性時，應以特定項目使用者的角度考量，一般而言，特定項目之重大性金額會較查核整體財務報表所決定之整體重大性金額為低。故查核人員查核特定項目所規劃查核程序之範圍，與整體財務報表查核對該特定項目所規劃查核程序的範圍比較應較大。

會計師出具查核報告時，應敘明該特定項目所採用之基礎及依據之相關合約，並說明受查項目是否依據所敘明之基礎允當表達。為避免財務報表使用者可能誤解，會計師應要求受查者不得將整體財務報表隨附於特定項目之查核報告後。此外，如果會計師對整體財務報表已出具否定意見或無法表示意見之查核報告時，會計師仍可對財務報表內特定項目單獨提出查核報告，惟應考量該等特定項目占整體財務報表之比例不宜過大，以免特定項目之查核報告有取代整體財務報表查核報告之虞。如會計師認為財務報表內特定項目無法依據所敘明之基礎允當表達，或其查核範圍受限制，則應於意見段之前，另加一說明段揭露其事實及影響 (或可能影響)，並於意見段作適當之修正。圖表 19.6 列示針對權利金支出計算表所出具之無保留意見查核報告。

圖表 19.6　對權利金項目出具無保留意見之查核報告

會計師查核報告

甲公司公鑒：

　　甲公司民國×2年三月一日至十二月三十一日權利金支出計算表，業經本會計師查核竣事。上開權利金支出計算表之編製係管理階層之責任，本會計師之責任則為根據查核結果對上開權利金計算表表示意見。

　　本會計師係依照審計準則規劃並執行查核工作，以合理確信權利金支出計算表有無重大不實表達。此項查核工作包括以抽查方式獲取權利金支出計算表所列金額及所揭露事項之查核證據、評估管理階層編製權利金支出計算表所採用之會計政策及所作之重大會計估計，暨評估權利金支出計算表整體之表達。本會計師相信此項查核工作可對所表示之意見提供合理之依據。

　　如附註×所述，甲公司民國×2年三月一日至十二月三十一日之權利金支出計算表，係依甲公司與乙公司於民國×2年二月十日所簽定之技術合作契約所編製。

　　依本會計師之意見，第一段所述之權利金支出計算表在所有重大方面，係依照第三段所述之基礎編製，足以允當表達甲公司民國×2年三月一日至十二月三十一日之權利金支出。

　　本報告僅供甲公司與乙公司之董事會及管理階層使用，不得作為其他用途。

　　　　　　　　　　　　　　　　　　　　　　　××會計師事務所
　　　　　　　　　　　　　　　　　　　　　　　會計師：（簽名及蓋章）
　　　　　　　　　　　　　　　　　　　　　　　中華民國×3年×月×日

3. 法令規定或契約約定條款之遵循

　　此種確信服務很容易被誤解為遵循簽證 (compliance attestation)，此種確信服務所查核的法令規定或契約約定條款皆與財務報表上的資訊攸關，而遵循簽證所查核的標的資訊則屬非財務資訊，如特定法令遵循聲明。因此，會計師提供此種確信服務的前提是，該會計師亦受託查核受查者之財務報表。

　　會計師受託查核財務報表時，可能同時被委任對受查者是否遵循法令規定或契約約定之某些條款出具報告。此種確信服務的需求主要肇因於受查者與債權人所簽定之借款合約，債權人常為了保障其權益，於借款合約條款中要求受查者應維持特定與財務報表相關的財務條件，如維持最低流動比率、最高負債比率、最高股利分配率、提撥償債基金或償債準備等，並要求受查者提供會計師針對其是否遵循該條款所出具之消極式意見。因此，此種特殊目的之查核報告常被稱為債務契約遵循報告書 (debt compliance report)。

　　查核人員僅能於其專業能力之範圍內，就與會計及財務有關之事項，查核是否遵守法令規定或契約約定條款。查核人員執行此項查核工作時，若有部分事項超過其專業範疇，則可依 TWSA620「採用查核人員專家之工作」之規定辦理。

　　會計師出具此種查核報告時，應提及財務資訊內對法令規定或契約約定之重要說明，並作成消極確信之結論，敘明未發現受查者有違反法令規定或契約約定之情事。因此，

此種查核報告本質上係屬核閱報告。圖表 19.7 列示債務合約條款遵循報告。由於此種確信服務係以會計師已查核財務報表為前提，如會計師對受查者財務報表出具否定或無法表示意見之查核報告時，不得出具符合該法令規定或契約約定之特殊目的查核報告（理論上，此種確信報告為核閱報告）。

圖表 19.7　對債務合約條款遵循之查核報告

會計師查核報告

甲公司公鑒：

　　甲公司民國 ×2 年十二月三十一日之資產負債表，暨民國 ×2 年一月一日至十二月三十一日之綜合損益表、權益變動表及現金流量表，業經本會計師查核竣事，並於民國 ×3 年三月三十日出具無保留意見之查核報告。

　　本會計師於執行上述查核時，並未發現甲公司之會計事項有違反財務報表附註 × 所述其與乙銀行簽定之借款合約第 ×× 條約定之情事。惟第一段所述財務報表之查核，其主要目的不在查明甲公司是否遵循有關契約之約定。

　　本報告僅供甲公司董事會及管理階層與乙銀行使用，不得作為其他用途。

×× 會計師事務所
會計師：（簽名及蓋章）
中華民國 ×3 年 × 月 × 日

4. 依法令或契約約定方式之財務表達

　　會計師可能對特殊目的財務報表之編製，是否符合法令規定或契約約定出具查核報告。此類報表之使用者通常是政府機關、契約當事人或其他特定單位。依法令或契約約定方式之財務表達可能包括下列兩種情況：

(1) 財務報表係依法令規定或契約約定方式表達，該項表達除未列示所有資產、負債、收入、費用外，仍符合一般用途財務報導架構（如 IFRS 或企業會計準則）或 OCBOA 之規定。

(2) 財務報表係依法令規定或契約約定方式編製，不符合一般用途財務報導架構（如 IFRS 或企業會計準則）或 OCBOA 之規定。

　　會計師出具查核報告時，亦應敘明編製財務報表所依據之法令或契約之約定。若屬上述第一種之情況，則應說明此類財務報表並未包含受查者整體之資產、負債、收入及費用。若屬上述第二種之情況，則應說明財務報表並非依一般用途財務報導架構（如 IFRS 或企業會計準則）或 OCBOA 之規定編製。若會計師認為財務報表無法依據所敘明之基礎允當表達或其查核範圍受限制，則應於意見段之前另加一說明段揭露其事實及影

圖表 19.8 　對符合 IFRS，惟依契約表達未列示所有資產、負債、收入、費用之財務表達出具無保留意見查核報告

會計師查核報告

甲公司公鑒：

　　甲公司依購併契約所編製之民國 ×2 年十二月八日資產與負債讓受表，業經本會計師查核竣事。上開報表之編製係管理階層之責任，本會計師之責任則為根據查核結果對上開報表表示意見。

　　本會計師係依照審計準則規劃並執行查核工作，以合理確信上開報表有無重大不實表達。此項查核工作包括以抽查方式獲取報表所列金額及所揭露事項之查核證據、評估管理階層編製報表所採用之會計政策及所作之重大會計估計，暨評估報表整體之表達。本會計師相信此項查核工作可對所表示之意見提供合理之依據。

　　如附註 × 所述，上開資產與負債讓受表係依甲公司與乙公司所簽訂之購併契約編製，並非表達甲公司整體資產與負債。

　　依本會計師之意見，第一段依附註 × 所編製之資產與負債讓受表，在所有重大方面係依照證券發行人財務報告編製準則暨經金融監督管理委員會認可並發布生效之國際財務報導準則、國際會計準則、解釋及解釋公告編製，足以允當表達甲公司依購併契約約定之表達方式所應表達民國 ×2 年十二月八日之資產與負債。

　　本報告僅供甲、乙兩公司董事會及管理階層使用，不得作為其他用途。

××會計師事務所

會計師：(簽名及蓋章)

中華民國 ×3 年 × 月 × 日

響，並於意見段作適當之修正。上述二種情況之無保留意見查核報告，分別列示於圖表 19.8 及圖表 19.9。

5. 按特定形式表達之財務資訊

　　有時財務資訊及查核報告的使用者要求受查者財務資訊及查核報告須依既定格式、表格編製或撰寫，而該查核報告之格式、內容及用語可能不符審計準則之規定。如果會計師可就查核報告之格式、內容與用語依審計準則之規定作適當修正，會計師仍可接受該委任。但如果不允許會計師就查核報告之格式、內容與用語作適當之修正，則會計師應拒絕接受委任。

6. 簡明財務報表

　　將完整財務報表加以彙總和簡化，所編製之財務報表即為簡明財務報表 (condensed financial statement)。簡明財務報表相對於完整財務報表，已省略許多按適用之財務報導架構原先完整財務報表應表達及揭露之事項，故為避免誤解，簡明財務報表應標註「簡

圖表 19.9　對不符合 IFRS，依契約約定之財務表達出具無保留意見查核報告

會計師查核報告

甲公司公鑒：

　　甲公司依購併契約所編製之民國 ×2 年十二月三十一日資產負債表，業經本會計師查核竣事。上開財務報表之編製係管理階層之責任，本會計師之責任則為根據查核結果對上開財務報表表示意見。

　　本會計師係依照審計準則規劃並執行查核工作，以合理確信財務報表有無重大不實表達。此項查核工作包括以抽查方式獲取財務報表所列金額及所揭露事項之查核證據、評估管理階層編製財務報表所採用之會計原則及所作之重大會計估計，暨評估財務報表整體之表達。本會計師相信此項查核工作可對所表示之意見提供合理之依據。

　　如財務報表附註 × 所述，上開財務報表係依甲公司與乙公司簽訂之購併契約第 ×× 條之規定，將固定資產依市價重估後所編製，不符合證券發行人財務報告編製準則暨經金融監督管理委員會認可並發布生效之國際財務報導準則、國際會計準則、解釋及解釋公告或其他綜合會計基礎。

　　依本會計師之意見，第一段所述財務報表在所有重大方面係依第三段所述之基礎編製，足以允當表達甲公司依購併契約約定之表達方式所應表達民國 ×2 年十二月三十一日之財務狀況。

　　本報告僅供甲、乙公司兩公司董事會及管理階層使用，不得作為其他用途。

　　　　　　　　　　　　　　　　　　　　　　　×× 會計師事務所
　　　　　　　　　　　　　　　　　　　　　　　會計師：（簽名及蓋章）
　　　　　　　　　　　　　　　　　　　　　　　中華民國 ×3 年 × 月 × 日

明」文字及所依據之完整財務報表（例如，標註依民國 ×2 年度已查核之財務報表彙總編製）。

　　會計師對簡明財務報表出具查核報告之前提，必須對完整財務報表已完成查核程序並表示意見，方可對簡明財務報表出具查核報告。會計師如未就受查核之財務報表表示意見，則不得對其簡明財務報表出具查核報告。會計師對簡明財務報表所執行之查核工作僅單純地檢視簡明財務報表的彙編是否合理、彙總的數字是否與原先完整財務報表一致，並未執行其他查核程序。

　　在撰寫查核報告時，會計師應說明其對已查核完整財務報表之查核意見，及該簡明財務報表與其所依據之已查核完整財務報表是否一致。應避免使用「簡明財務報表係允當表達」的文字，以免使財務報表使用者誤解，因簡明財務報表已省略原先完整財務報表應表達及揭露之事項。此外，亦應於查核報告提醒財務報表使用者，如為更進一步瞭解受查者之財務狀況、財務績效及現金流量，宜將簡明財務報表及所依據之完整財務報表一併考慮。對簡明財務報表出具無保留意見之查核報告的釋例參見圖表 19.10。

圖表 19.10　對簡明財務報表所出具無保留意見之查核報告

會計師查核報告

甲公司公鑒：

　　甲公司民國×2年十二月三十一日及民國×1年十二月三十一日之資產負債表，暨民國×2年一月一日至十二月三十一日及民國×2年一月一日至十二月三十一日之綜合損益表、權益變動表及現金流量表業經本會計師查核竣事，並於民國×3年三月十五日出具無保留意見之查核報告，後附簡明財務報表係由管理階層依上開財務報表彙總編製。

　　依本會計師之意見，後附簡明財務報表依上開已查核之財務報表彙總編製，且在所有重大方面與其一致。

　　為更瞭解甲公司之財務狀況、財務績效與現金流量，應將後附簡明財務報表與已查核之財務報表一併參閱。

××會計師事務所
會計師：（簽名及蓋章）
中華民國×3年×月×日

19.3.3　財務資訊協議程序之執行

　　財務資訊協議程序之執行，其相關規定主要規範於 TWSRS4400「財務資訊協議程序之執行」。有時會計師受託對財務報表或財務資訊所執行之確信服務，可能不是查核或核閱，而是執行特定之查核程序──即協議程序。協議程序係由委任人作最後決定，該等程序是否足夠，並非由會計師來作判斷的。正因為如此，會計師不對受查財務資訊「整體」是否允當表達提供任何程度之確信，而係由報告收受者根據會計師之報告自行評估，並據以作成結論。會計師受託執行協議程序之範圍，可能包括下列財務資訊：

1. 特定財務資訊，如應付帳款、應收帳款、向關係人之進貨或特定部門之銷貨與銷貨毛利等。
2. 單一財務報表，如資產負債表。
3. 整套財務報表。

　　會計師受託執行協議程序之目的，在使會計師履行其與委任人及相關第三者所協議之程序，並報導所發現之事實。誠如第一章所述，協議程序係屬確信服務的範疇，旨在提升資訊的可靠性及品質，理論上皆要求查核人員須具有獨立性，惟考量協議程序僅涉及少數特定關係人（如委任人及特定資訊使用者），如關係人同意查核人員與受查者間可不具獨立性，並在所出具之報告中說明此一事實，則查核人員得不具獨立性（即會計師執行協議程序時，得不具獨立性，惟應於所出具之報告中說明此一事實）。會計師為確認委任人及其他報告收受者均明確瞭解委任目的、範圍、會計師責任及報告格式等，以避

免誤解，會計師於接受委任前，應先取得委任書。委任書之約定條款應至少包括下列各款：

1. 委任之性質，包括說明會計師並非依照審計準則查核，因此不對受查財務資訊整體是否允當表達提供任何程度之確信。
2. 委任之目的。
3. 確認須執行協議程序之財務資訊。
4. 執行協議程序之性質、時間及範圍。
5. 預定之報告格式。
6. 協議程序由委任人作最後決定，該等程序是否足夠，會計師不表示意見。
7. 報告使用之限制。

　　在某些情況下，會計師可能無法與所有報告收受者商討應執行之程序，例如協議程序已由政府機關協商同意。遇此情況，會計師可考慮與報告收受者所推派之代表商討應執行之程序，參閱報告收受者之往來函件或將預定之報告格式送交報告收受者。

　　查核人員接受委任後，仍應對擬執行之協議程序作適當規劃，俾有效執行受託工作。執行協議程序獲取證據之方法通常包括：檢查、觀察、查詢、函證、驗算及分析性程序。查核人員亦應將規劃之程序及執行的結果作成工作底稿，以佐證受託工作已依審計準則之規定與委任書之約定條款執行，以及報告所述之事實。

　　會計師執行協議程序所出具之報告應敘明僅供參與協議者使用，以免未參與協議者因不瞭解採用該等協議程序之緣由，而對報告產生誤解 (報告使用之限制)。如法令不允許會計師限制報告之使用，則應拒絕接受委任。會計師於撰寫協議程序報告時，應敘明委任之目的及所執行之協議程序，使報告收受者瞭解所執行工作之性質及範圍。報告之內容應包括：

1. 報告名稱。
2. 報告收受者 (通常指委任人)。
3. 受查之財務或非財務資訊。
4. 敘明業依報告收受者同意之程序執行。
5. 敘明所採用之協議程序係委任人作最後決定，該等程序是否足夠，會計師不表示意見。
6. 敘明受託工作係依照其他相關服務準則 4400 號「財務資訊協議程序之執行」之規定辦理。
7. 會計師不具獨立性時，報告中應敘明此一事實。
8. 敘明執行協議程序之目的。
9. 列出所執行之程序。
10. 敘明會計師所發現之事實，包括對於錯誤與例外事項之適當說明。

11. 敘明會計師並非依照審計準則查核，因此不對受查財務資訊整體是否允當表達提供任何程度之確信。
12. 敘明若會計師執行額外程序或依照審計準則查核，則可能發現其他應行報告之事實。
13. 敘明本報告僅提供同意協議程序者使用。
14. 必要時，敘明本報告僅與財務報表內之特定項目或特定財務及非財務資訊有關，因此不得擴大解釋為與受查者之財務報表整體有關。
15. 會計師事務所之名稱及地址。
16. 會計師之簽名及蓋章。
17. 報告日期。

有關協議程序執行報告之釋例，如圖表 19.11。

圖表 19.11　協議程序執行報告

會計師協議程序執行報告

甲公司公鑒：

　　乙公司民國 ×2 年十月三十一日之應收帳款明細表業經本會計師依協議程序執行完竣。該等程序之採用係由　貴公司作最後決定，因此對其是否足夠，本會計師不表示意見。

　　本次工作係依照相關服務準則 4400 號「財務資訊協議程序之執行」進行，其目的係為協助　貴公司評估乙公司應收帳款之正確性，茲將執行之程序及所發現之事實分別報告如下：

程序一：取得乙公司編製之民國 ×2 年十月三十一日應收帳款明細表，驗算其加總，並與總帳核對是否相符。
發現之事實：應收帳款明細表加總正確並與總帳核對相符。
程序二：向客戶函證確認民國 ×2 年十月三十一日之應收帳款餘額。
發現之事實：均已發函，有 ×× 封回函，×× 封未回函。
程序三：對未回函者，檢查其相關之銷貨憑證是否相符。
發現之事實：對未回函者，檢查相關銷貨憑證皆相符。
程序四：核對函證回函是否相符；對回函金額不符者，取得乙公司編製之差異調節表，並檢查其調節項目是否適當。
發現之事實：回函不符者，均檢查調節項目，除下列所述者外，均屬適當。
（說明例外項目）

　　由於本會計師並非依照審計準則查核，因此對上述應收帳款明細表整體是否允當表達不提供任何程度之確信。若本會計師執行額外程序或依照審計準則查核，則可能發現其他應行報告之事實。

　　本報告僅與前述特定項目有關，因此不得擴大解釋為與任何乙公司之財務報表整體有關。

　　本報告僅供　貴公司作為第一段所述目的之用，不可作為其他用途或分送予其他人士。

×× 會計師事務所
會計師：（簽名及蓋章）
中華民國 ×3 年十一月五日

19.4 非歷史性財務資訊之其他確信服務

本節將探討非歷史性財務資訊之其他確信服務，此類確信服務所確信的資訊可能係屬財務資料，但非屬歷史性的財務資料，如財務預測；亦可能是歷史性資訊，但非屬財務資訊，如企業社會責任報告、財務報導內部控制之效果、網路認證、法規遵循等。此類確信服務在規劃及執行證據蒐集的方法論上有根本上的差異，故 IAASB 及 AICPA 將執行該類確信服務應遵循之專業準則，與執行歷史性財務資訊確信服務應遵循之專業準則分別制訂。

目前我國會計師實務上雖然有執行若干非歷史性財務資訊之其他確信服務，但多在萌芽階段，業務規模皆不大。故我國審計準則委員會較少針對特定非歷史性財務資訊的確信服務制訂相關準則。民國 92 年之前，由於主管機關要求上市 (櫃) 公司在特定條件下，必須發布經由會計師核閱之財務預測或更新之財務預測 (現已取消該要求)，我國審計準則委員會特別針對財務預測訂定 TWSAE3401A「財務預測核閱要點」(發布於民國 79 年 10 月 16 日)，只是隨著強制財務預測或更新之財務預測的取消，該準則的重要性已大不如前了。

此外，自民國 102 年起我國發生一連串食品安全問題，其中不乏上市 (櫃) 公司涉及其中，證交所及櫃買中心在金管會的指示下，民國 103 年發布上市 (櫃) 公司「編製與申報企業社會責任報告書作業辦法」，規定食品業、金融業、化學工業、餐飲占營收 50% 以上及實收資本額 100 億元以上之上市 (櫃) 公司自民國 104 年度起[4]，應編製企業社會責任報告書 (Corporate Social Responsibility Report，簡稱 CSR)，以強化上市 (櫃) 公司對社會責任的重視及監管，並且強制食品類股的 CSR 要經由會計師或其他獨立性的第三方認證後才能公布。為了引導會計師或其他獨立第三方對 CSR 執行確信工作有所依循，金管會即要求我國審計準則委員會參考國際確信準則 3000 號修訂版 [ISAE 3000 (Revised)]，訂定 TWSAE3000「非屬歷史性財務資訊查核或核閱之確信案件」，並於民國 104 年六月九日發布，自民國 105 年一月一日起適用。該確信準則乃針對非屬歷史性財務資訊之查核或核閱提供概括性的指引，並非針對特定非歷史性財務資訊確信工作的執行及報導提供指引。雖然會計師可以對非屬歷史性財務資訊提供確信服務，但該等確信服務並非是會計師法定的專屬業務，惟會計師於執行此類確信服務時必須遵循 TWSAE3000 的規範。

本節以下將針對 TWSAE3000「非屬歷史性財務資訊查核或核閱之確信案件」及 TSSAE3401A「財務預測核閱要點」的內容作更進一步的說明。

---

[4] 目前最新之規定則是資本額之限制由 100 億元降至 50 億元，並於 2017 年起實施。

19.4.1　非屬歷史性財務資訊查核或核閱之確信案件

　　TWSAE3000「非屬歷史性財務資訊查核或核閱之確信案件」提供我國非屬歷史性財務資訊查核或核閱確信案件之概括性的指引，但並非針對特定非歷史性財務資訊的確信案件之執行提供指引。由於非屬歷史性財務資訊的確信案件 (尤其是非財務資訊的確信案件)，並非會計師之專屬業務，其他專門職業亦可提供相關服務，故將執行此類確信服務的人員，稱為執業人員 (practitioner)，不再稱為會計師、查核人員或核閱人員。不過，TWSAE3000 亦規定，其他專門職業如要執行此等確信服務，仍應受 TWSQM1「會計師事務所之品質管理」及其職業道德或法令 (其嚴謹程度不得低於會計師職業道德規範) 的規範。換言之，即使其他專門職業人員想要提供該等服務，案件服務團隊及案件品質複核人員應受其專門職業相關職業道德規範或法令 (其嚴謹程度不得低於會計師職業道德規範) 之規範，且案件執業人員所隸屬組織亦應建立及落實組織整體品質管理制度 (其嚴謹程度不得低於 TWSQM1 之規範)。由於本書皆在探討會計師相關的工作，故本節的討論仍著重於與會計師相關的部分 (就台灣現況而言，除了會計師專業外，符合上述兩項條件的其他專門職業恐怕不多，故其他專業人員執行此類確信服務時，鮮少遵循 TWSAE3000 的規範)，有關會計師事務所品質管理制度及會計師職業道德已於第一章及第四章中討論，故本節不再贅述。

　　由於非屬歷史性財務資訊之確信案件，可能包羅萬象，其性質與涉及之利害關係人，可能不像先前討論財務報表查核或核閱時那麼典型。故本節首先將介紹此類確信服務的種類，可能相關之利害關係人及其責任與角色。此一問題的釐清有助於執業人員判斷此類確信服務之先決條件是否成立 (是否可以成為一確信案件)。一旦確信服務之先決條件成立，與財務報表查核的架構類似，後續本節將依序說明此類案件之承接及續任、規劃及執行、證據之取得及評估，以及作成確信結論與出具確信報告。

19.4.1.1　確信案件的種類、可能相關之利害關係人及其責任與角色

　　確信案件係指，執業人員取得足夠及適切之證據以作成結論，該結論係用以提升預期使用者對標的資訊 (即依基準衡量或評估標的之結果) 之信賴水準的工作。確信案件可根據下列兩種構面分類：

1. **依確信程度區分：合理確信案件及有限確信案件**[5]
    (1) 合理確信案件 (reasonable assurance engagement) (即查核案件)：執業人員執行必要程序將案件風險 (相當於查核風險) 降低至當時情況下可接受水準，並作成結論之

---

[5] 由於 TWSAE3000「非屬歷史性財務資訊查核或核閱之確信案件」僅規範查核或核閱之確信案件，故僅將確信案件分類為合理確信案件及有限確信案件。嚴格而言，如果情況適當時，執行人員亦可依法公報之規定，執行協議程序而為協議案件。在此情況下，執業人員應於報告中指出此報告僅供特定者使用。

確信案件。執業人員依據前述結論對依基準衡量或評估標的之結果出具意見 (積極式意見)。

(2) 有限確信案件 (limited assurance engagement) (即核閱案件)：執業人員執行必要程序將案件風險 (相當於核閱風險) 降低至當時情況下可接受水準 (惟其可接受風險水準高於適用於合理確信案件者)，並作成結論之確信案件。該結論說明，執業人員依據其所執行之程序及所獲取之證據，是否未發現標的資訊存有重大不實表達之情事 (即消極式意見)。相較於合理確信案件，執業人員對有限確信案件所執行程序之性質、時間及範圍較為有限，但仍須取得依其專業判斷具有意義之確信程度。

2. 依是否由執業人員依基準衡量或評估標的：認證案件及直接案件

(1) 認證案件 (attestation engagement)：先由執業人員以外之人員依適用基準衡量或評估標的，再由執業人員就原衡量或評估結果 (即標的資訊) 予以認證之確信案件 (財務報表的查核或核閱，即屬認證案件)。執業人員以外之人員通常於其報告或聲明中表達其衡量或評估結果 (即標的資訊)。惟於某些情況下，該標的資訊可能由執業人員於確信報告中表達。認證案件中，執業人員於其結論中說明標的資訊是否存有重大不實表達。執業人員之結論可能針對下列事項表達：

① 標的及適用基準。

② 標的資訊及適用基準。

③ 適當方之聲明。

(2) 直接案件 (direct engagement)：由執業人員依適用基準衡量或評估標的，且以產出之標的資訊作為確信報告之一部分 (或隨附於確信報告) 之確信案件。於直接案件中，執業人員之結論係說明其依基準衡量或評估標的之結果。

有關認證案件及直接案件的定義中，出現「標的」、「標的資訊」、「適用基準」及「適當方」的用語。為讓讀者更瞭解其間的意義，有必要針對上述的用語進一步說明。以下分別針對該等用語逐一說明。

1. 標的 (subject matter)

標的係指依適用基準衡量或評估之項目。標的之形式可能會隨著確信服務的不同，而有不同的形式。以大家熟悉的財務報表查核 (係屬確信服務的一種) 為例，標的係指受查者之「財務狀況」、「財務績效」及「現金流量」。其他非屬歷史性財務資訊確信案件的標的，列舉如下：

(1) 未來財務狀況、財務績效及現金流量。

(2) 非財務性績效或狀況，如受查者之環境保護績效。

(3) 實體特性，如某設備之產能。

(4) 系統及流程的效果，如受查者之內部控制制度或資訊系統的效果。

(5) 企業行為，如公司治理、法令遵循、人力資源實務。

2. 標的資訊 (subject matter information)

標的資訊係指依基準衡量或評估標的之結果，於某些情況下，標的資訊可能係流程、績效或遵循之某一層面已依適用基準評估之聲明。以財務報表查核為例，標的資訊係指資產負債表 (表達財務狀況標的之聲明)、綜合損益表 (表達財務績效標的之聲明)、權益變動表 (表達財務狀況變動標的之聲明)、現金流量表 (表達現金流量標的之聲明)。其他非屬歷史性財務資訊確信案件的標的資訊，列舉如下：

(1) 未來財務狀況、財務績效及現金流量之標的資訊，可能係於財務預測中之未來資產負債表、綜合損益表、權益變動表、現金流量表。

(2) 非財務性績效或狀況之標的資訊，可能係與效率及效果有關之關鍵指標。

(3) 實體特性之標的資訊，可能係與設備規格有關之文件。

(4) 系統及流程的效果之標的資訊，可能係對其有效性所作之聲明。

(5) 企業行為之標的資訊，可能係對其遵循情形或有效性所作之聲明。

3. 適用基準 (suitable criteria)

基準係指用以衡量或評估標的之標準，適用基準係用於特定案件之基準。以財務報表查核為例，適用基準係指衡量或評估受查者財務狀況、財務績效及現金流量所適用之財務報導架構，如 IFRS 或企業會計準則。所有的確信服務皆須有適用基準，才能使確信人員根據所蒐集之證據，判斷標的資訊是否有不實表達。因為所謂的不實表達係指標的資訊與標的依基準衡量或評估所應有之結果，二者間之差異 (不實表達可能為故意或非故意、量化或質性因素，並包含遺漏)。

執業人員判斷特定確信案件是否可接受委任前之先決條件之一，便是預期編製標的資訊所採用之基準係屬妥適，且使用者可取得用以編製標的資訊之基準。妥適之基準應具備下列特性：

(1) 攸關性：具攸關性之基準有助於產出可協助預期使用者作成決策之標的資訊。

(2) 完整性：具完整性之基準可避免於依該基準編製標的資訊時，遺漏攸關因素 (其可合理預期將影響預期使用者依據標的資訊所作之決策)。

(3) 可靠性：具可靠性之基準縱使由不同衡量方或評估方使用，亦可使標的於類似情況下被一致衡量或評估，包括表達與揭露 (如攸關時)。

(4) 中立性：具中立性之基準有助於在案件情況下產出免於偏頗之標的資訊。

(5) 可瞭解性：具可瞭解性之基準有助於產出使預期使用者易於瞭解之標的資訊。

基準的妥適性除了須考量上述特性外，執業人員尚須考量建立基準的方式。不像財

務報表查核中所用的財務報導架構般明確,特定確信案件所適用的基準可能並不明確,因此執業人員尚須考量基準的選擇或建立是否適當。一般而言,基準得以下列不同方式選擇或建立:

(1) 於法令中明定。
(2) 經授權或認可之專業機構依透明之適當程序建立並發布。
(3) 由某團體之成員集體建立,但未依透明之適當程序。
(4) 發表於學術期刊或書籍。
(5) 為獨家銷售而建立。
(6) 於特定案件情況下,為編製標的資訊所特別設計。

於法令中明定,或經授權或認可之專業機構依透明之適當程序建立並發布之基準,可視為一般公認之基準,如預期與使用者之資訊需求攸關,可被視為妥適之基準。在其他基準的選擇或建立情況下,或儘管某一標的已存在適用之一般公認基準,特定使用者仍可能因特定目的而同意採用其他基準。於此情況下,執業人員應於確信報告中:

(1) 敘明該基準未於法令中明定,亦未由經授權或認可之專業機構依透明之適當程序建立並發布。
(2) 提醒閱讀者標的資訊係依特殊目的之基準所編製,因此該標的資訊就其他目的而言可能非屬妥適。

4. 適當方(各方利害關係人的角色及責任)

適當方係指在特定案件中適當的利害關係人。在確信案件中,可能涉及到不同的利害關係人,各方的角色及責任各不相同。執業人員判斷特定確信案件是否可接受委任前之先決條件之一,也必須評估該案件各方的角色及責任是否適當。與確信案件有關之利害關係人,除了執業人員以外,尚可能包括下列各方(利害關係人):

(1) 負責方 (responsible party):對標的負責之人員或單位。
(2) 委任方 (engaging party):委任執業人員執行確信案件之人員或單位。
(3) 衡量方或評估方 (measurer or evaluator):依基準衡量或評估標的之人員或單位。衡量方或評估方對於該標的具有專門知識,且具備衡量或評估該標的之技能與技術。
(4) 預期使用者 (intended users):執業人員預期將會使用確信報告之個人、機構或由其組成之團體。於某些情況下,預期使用者可能包括確信報告收受者以外之使用者。

參照 TWSAE3000「非屬歷史性財務資訊查核或核閱之確信案件」之附錄一,將上述各方利害關係人之責任及角色圖示於圖表 19.12。

◆ 圖表 19.12　確信案件各方利害關係人之責任及角色

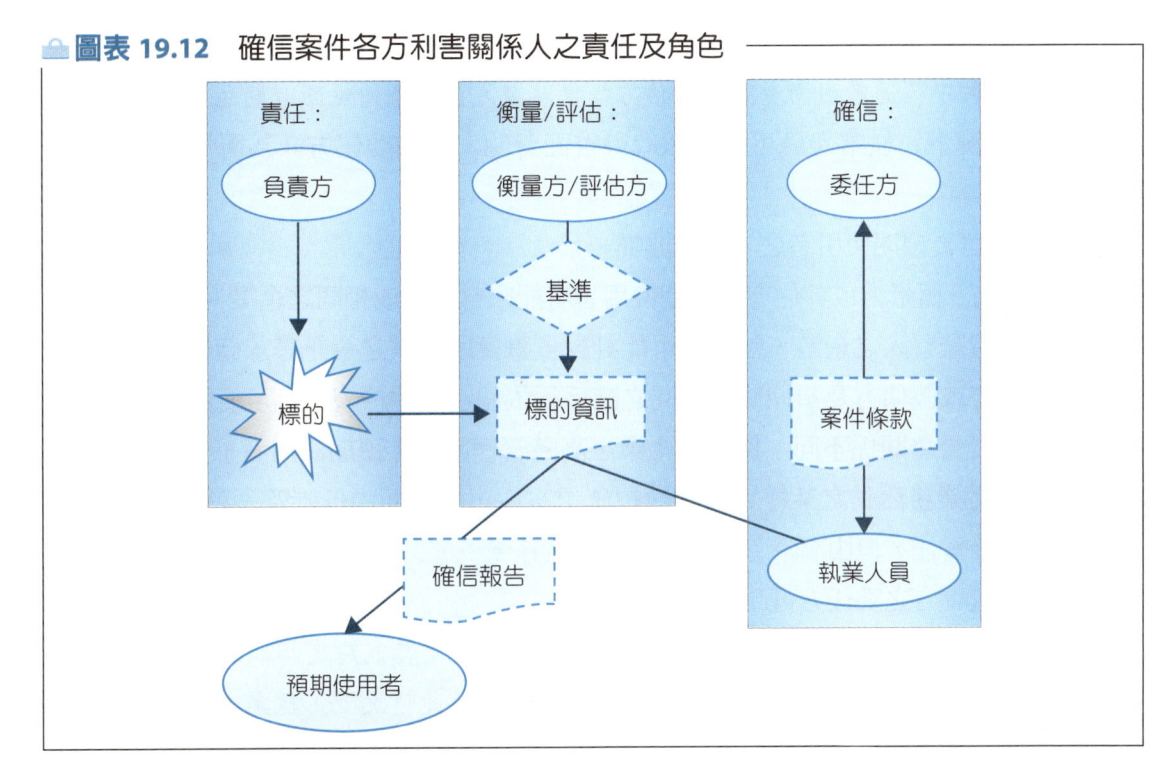

儘管確信案件可能涉及的利害關係人可能有上述 5 種 (包括執業人員)，但不是每一確信案件一定都會有上述 5 種利害關係人 (意指某些確信案件，某一利害關係人可能同時扮演兩種或兩種以上的角色)。惟每一案件至少會包括負責方、執業人員及預期使用者，依案件情況，衡量方或評估方，抑或委任方亦可能由其他方同時承擔。以財務報表查核為例，受查者同時扮演負責方、衡量方 (或評估方) 及委任方的角色，查核人員 (包括會計師) 則為執業人員，而預期使用者則為受查者一般用途之財務報表使用者。

執業人員於評估該案件各方的角色及責任是否適當時，可考量下列因素：

(1) 每一確信案件除執業人員外，至少有一負責方及預期使用者。
(2) 執業人員不應為負責方、委任方或預期使用者 (有損獨立性)。
(3) 直接案件中，執業人員亦為衡量方或評估方。
(4) 認證案件中，負責方或其他人員 (執業人員除外) 皆可作為衡量方或評估方。
(5) 由執業人員依基準衡量或評估標的之案件係屬直接案件。該等案件因具備此特性，無法透過由另一方對標的之衡量或評估承擔責任 (例如，由負責方對標的資訊出具聲明而承擔其責任)，而變更為認證案件。
(6) 負責方可為委任方。
(7) 許多認證案件中，負責方可能同時為衡量方或評估方及委任方。由企業委任執業人員對企業自行就永續發展績效所編製之報告執行之確信案件即屬此例。負責方亦可能與衡量方或評估方不同，執業人員接受委任對某組織 (衡量方或評估方) 代企業

編製永續發展績效報告(CSR)所執行之確信案件即屬此例。
(8) 認證案件中,通常由衡量方或評估方提供執業人員與標的資訊有關之書面聲明。於某些情況下,執業人員可能無法取得書面聲明,例如委任方非為衡量方或評估方時。
(9) 負責方可為預期使用者之一,但非唯一。
(10) 負責方、衡量方或評估方及預期使用者可能來自不同或相同之企業。以後者為例,在設置監察人之企業,監察人可能針對董事會所提供之資訊尋求確信。負責方、衡量方或評估方及預期使用者間之關係須依個別案件檢視,且可能與傳統上定義之職責督導關係不同。例如,企業之高階管理階層(預期使用者)可能委任執業人員對業務活動之某特定層面執行確信案件,該層面由低階管理階層(負責方)負直接責任,但由高階管理階層負最終責任。
(11) 非屬負責方之委任方可為預期使用者。
(12) 除負責方外無其他預期使用者,且TWSAE3000之其他規定均能遵循時,執業人員及負責方可協議依該準則之規定執行案件。於此情況下,執業人員應於報告中指出此報告僅供負責方使用。

19.4.1.2 判斷確信案件之先決條件是否成立

許多非屬歷史性財務資訊的確信案件不一定像財務報表查核案件般歷史悠久,且各利害關係人之責任與角色,以及適用之基準(IFRS或企業會計準則)都相當明確。有些情況下,擬執行之非屬歷史性財務資訊的確信案件,在各利害關係人之責任與角色及適用之基準不適當時,很可能無法成為一個確信案件。因此,執業人員在接受委任之前,應先判斷擬執行之確信案件,其成為確信案件之先決條件是否成立。

在瞭解確信案件的種類、可能相關之利害關係人及其責任與角色後,本小節將更進一步說明執業人員如何判斷確信案件之先決條件是否成立。執業人員應依據對案件情況之初步瞭解及與適當方討論之結果,確認下列確信案件之先決條件是否存在:

1. 適當方之角色及責任於當時情況下係屬妥適(依前小節有關適當方之討論)。
2. 案件具備下列所有特性:
 (1) 標的係屬適當。
 (2) 執業人員預期編製標的資訊所採用之基準係屬妥適(依前小節有關適用基準之討論)。
 (3) 預期使用者可取得用以編製標的資訊之基準。
 (4) 執業人員預期可取得支持其結論之證據。
 (5) 執業人員之結論可以適當之格式(合理確信案件或有限確信案件)呈現於書面報告

(6) 正當之目的，包括執業人員預期可對有限確信案件取得具有意義之確信程度。決定案件是否具正當之目的時，須考量之事項可能包括：
① 標的資訊及確信報告之預期使用者(尤其當基準係為特定目的而設計時)。此外，尚須考量標的資訊及確信報告被分送予預期使用者以外使用者之可能性。
② 標的資訊之部分層面是否預期自案件中排除；若是，其原因為何。
③ 負責方、衡量方或評估方及委任方間關係之性質，例如當衡量方或評估方非負責方時，負責方是否同意讓預期使用者使用標的資訊，引至相關法令(如適用時)。以及負責方是否可於預期使用者取得標的資訊前，複核標的資訊或於標的資訊加註意見。
④ 由何人選取用以衡量或評估標的之基準，以及應用基準時涉及判斷之程度及偏頗之範圍。由預期使用者選取或參與選取基準時，案件具正當目的之可能性較高。
⑤ 對執業人員工作範圍之任何重大限制。
⑥ 執業人員是否認為，委任方意圖以不適當之方式連結執業人員之姓名或其所隸屬組織之名稱至標的或標的資訊。

如確信案件之先決條件不存在，執業人員應與委任方討論該事項。如無法改變以符合先決條件，除非法令另有規定，執業人員不得承接該確信案件。在先決條件不存在之情況下，執行之案件不符合 TWSAE3000 之規定，因此，執業人員不得於確信報告中提及該案件係依該準則執行。

19.4.1.3 案件之承接及續任

如同財務報表查核，執業人員僅於符合下列所有條件時，方得承接或續任確信案件：

1. 執業人員確認尚無違反相關職業道德規範(包括獨立性)之情事。
2. 執業人員確認執行案件之人員具有適當之專業能力及適任能力。
3. 執行案件之基礎已藉由下列達成協議：
   (1) 確認確信案件之先決條件已成立(參見 19.4.1.2 節之討論)。
   (2) 確認執業人員及委任方已對案件條款(包括執業人員之報導責任)達成共識。

此外，案件主持人(即主辦會計師)應確認確信案件之承接及續任(包括客戶關係之評估)，已依會計師事務所品質管理制度有關案件之承接及續任之政策及程序執行，且所作成之結論係屬適當。案件主持人若於接受委任後，始獲悉先前未知之資訊，而該資訊如於接受委任前獲悉，將使其拒絕接受委任，則案件主持人應儘速與會計師事務所溝通，俾採取必要行動。

與財務報表查核一樣，如委任方擬於確信案件之條款中，對執業人員工作之範圍加以限制，致執業人員認為該限制將使其無法對標的資訊表示結論時，執業人員不得承接該確信案件(除非法令另有規定)。

　　有關執業人員及委任方對案件條款之協議，應注意下列事項：

1. 已達成協議之案件條款應於委任書或其他形式之書面協議中詳盡記載或索引至相關法令(如適用時)。
2. 就續任案件而言，執業人員應評估情況是否改變，致須修改該案件之原條款，以及是否須提醒委任方現行之案件條款。
3. 在無正當理由之情況下，執業人員不得接受案件條款之修改。例如，委任方原委託之案件為合理確信案件，但因執業人員無法取得足夠適切的證據作為出具意見之基礎，而要求變更該委任案為有限確信案件，致須修改案件條款，在此情況下，執業人員不得接受案件條款之修改。即使案件條款因正當理由而有所修改，執業人員亦不得忽略修改條款前已取得之證據。

　　最後，如果法令已明定確信報告之格式或用語(我國目前並無此一問題)，執業人員應評估預期使用者是否可能對確信結論產生誤解，以及於確信報告中增加額外說明是否可減少可能之誤解(如有時)。如執業人員認為縱使於確信報告中增加額外說明，亦無法減少可能之誤解，執業人員不得承接該案件(除非法令另有規定)。如執業人員仍承接該案件，該等依法令執行之案件並不符合TWSAE3000之規定，執業人員不得於確信報告中提及該案件係依該公報執行。

19.4.1.4　案件之規劃

　　執業人員為有效執行案件，應作適當之規劃。於規劃及執行確信案件時，應抱持專業懷疑並認知可能存在導致標的資訊存有重大不實表達之情況。規劃時應運用專業判斷，包括設定案件之範圍、時間及方向，以及決定為達成其目的須執行程序之性質、時間及範圍。

　　案件主持人、案件服務團隊之其他主要成員及執業人員專家(係指執業人員聘僱或委任之專家，其具有確信領域以外專門知識之個人或機構，執業人員採用其工作以取得足夠及適切之證據)應參與規劃，以建立整體策略(針對案件之範圍、重點、時間及執行)及案件計畫(包括擬執行程序之性質、時間及範圍之決定，以及作成該等決定之理由)。值得提醒的是，規劃工作係屬持續及適時修正之過程，執業人員可能須根據未預期之事項、情況之改變或所獲得之證據，修改整體策略、案件計畫及擬執行程序之性質、時間及範圍。

執業人員如於案件規劃時發現，該案件之一項或多項先決條件並不存在，應與適當方討論該事項，並確認：

1. 該事項能否獲得滿意之解決。
2. 繼續執行該案件是否適當。
3. 是否及如何於確信報告中溝通。

就該案件而言，執業人員如發現適用基準或標的之部分或全部不妥適，應考慮終止委任（如法令允許終止委任）。執業人員如繼續執行該案件，應視情況出具保留結論、否定結論或無法表示結論之確信報告。

如同財務報表查核，執業人員於規劃確信案件時，**應考量重大性及藉由瞭解標的及其他案件情況辨認及評估標的資訊重大不實表達的風險，並根據所辨認及評估標的資訊重大不實表達的風險，設計及執行程序**。以下針對重大性及瞭解標的及其他案件情況作進一步說明。

1. 重大性

與財務報表查核相同，**重大性係指如個別不實表達（包含遺漏）或其彙總可被合理預期將影響預期使用者依據標的資訊所作之決策，則被認為具有重大性**。執業人員於執行規劃及執行確信案件（包括決定程序之性質、時間及範圍）及評估標的資訊是否存有重大不實表達時，皆應考量重大性。

對於重大性所作之判斷，受執業人員所面對之情況影響，但不受確信程度影響。因重大性係依據預期使用者之資訊需求而定，對於相同預期使用者及目的，合理確信案件之重大性與有限確信案件之重大性相同。執業人員對重大性之決定係屬專業判斷，該判斷受執業人員對預期使用者整體之共同資訊需求之認知所影響，因此執業人員可合理假設預期使用者具備下列特性：

(1) 對標的具有合理認知，並願意用心研讀標的資訊。
(2) 瞭解標的資訊已依適當之重大性編製及取得確信，且瞭解適用基準所包含之重大性概念。
(3) 瞭解標的之衡量或估計存有先天之不確定性。
(4) 能以標的資訊整體作成適當之決策。

除非案件本身係為符合特定使用者之特定資訊需求而設計，對有多種資訊使用者之確信案件（其資訊需求可能非常不同），執業人員無須考量不實表達對特定預期使用者之可能影響。

執業人員對重大性之考量，涉及質性與量化因素。就特定案件考量重大性時，其質性因素與量化因素間之相對重要性係屬專業判斷。執業人員於考量質性因素時，可能包

括下列事項：
- (1) 受標的影響之個人或企業數量。
- (2) 如標的資訊由多個項目組成(例如包含多個績效指標之報告)，各項目間之交互影響及相對重要性。
- (3) 以敘述方式表達標的資訊時，所選擇之用語。
- (4) 當適用基準允許對標的資訊採取不同表達方式時，所採取方式之特性。
- (5) 不實表達之性質。例如，當標的資訊為控制有效性之聲明時，所發現控制偏差之性質。
- (6) 不實表達是否影響對法令之遵循。
- (7) 對於定期報導之標的，所作調整(其影響過去或當期標的資訊，或可能影響未來標的資訊)之影響。
- (8) 不實表達係故意或非故意行為之結果。
- (9) 併同考量執業人員先前與適當方與使用者之溝通(例如，關於衡量或評估標的之預期結果之溝通)所作之瞭解，該不實表達是否重大。
- (10) 不實表達是否導因於負責方、委任方、衡量方或評估方間之關係或其與其他方之關係。
- (11) 若已辨認某一門檻或基準值，所執行程序之結果是否偏離該門檻或基準值。
- (12) 標的為政府專案時，相對其性質、能見度及敏感性，該專案之某一特定層面是否重大。
- (13) 若標的資訊與法令遵循之結論有關，未遵循法令後果之嚴重性。

當量化因素適用時，案件之規劃如僅欲偵出個別重大不實表達，執業人員應忽略未更正及未偵出之個別不重大不實表達之彙總數可能導致標的資訊產生重大不實表達。因此，規劃欲偵出個別重大不實表達擬執行程序之性質、時間及範圍時，執業人員宜決定一低於標的資訊整體重大性之金額，以作為決定擬執行程序之性質、時間及範圍之基礎。

2. 瞭解標的及其他案件情況

於辨認及評估標的資訊重大不實表達風險時，執業人員應向適當方查詢下列有關標的及其他案件情況之事項：
- (1) 是否知悉任何已發生、疑似或傳聞且影響標的資訊之故意不實表達或未遵循法令情事。
- (2) 負責方是否設置內部稽核職能。若有，應進一步查詢以瞭解與標的資訊有關之內部稽核作業及主要發現。
- (3) 負責方於編製標的資訊時，是否採用專家之工作。

由於合理確信案件及有限確信案件所提供的確信程度不同，對瞭解標的及其他案件

情況的深度亦有所差異。對合理確信案件而言，執業人員應對標的及其他案件情況取得足夠瞭解，使其能夠：

(1) 辨認及評估標的資訊之重大不實表達風險。

(2) 針對前述重大不實表達風險設計及執行程序，以取得合理確信並作出執業人員之結論。

為達到上述的目的，執業人員對標的及其他案件情況取得瞭解時，應瞭解與編製標的資訊攸關之控制。該瞭解包括藉由查詢負責標的資訊之人員並執行其他程序，以評估攸關控制之設計及確認該等控制是否已付諸實行。

對有限確信案件，執業人員應對標的及其他案件情況取得足夠瞭解，使其能夠：

(1) 辨認標的資訊可能存有重大不實表達之領域。

(2) 針對前述領域設計及執行程序，以取得有限確信並作出執業人員之結論。

為達到上述的目的，執業人員對標的及其他案件情況取得瞭解時，僅須考量標的資訊之編製流程。

不論何種確信案件，執業人員對標的及其他案件情況取得瞭解，皆有助於其於下列時點運用專業判斷：

(1) 考量標的之特性。

(2) 評估基準之妥適性。

(3) 考量對指引案件服務團隊之工作方向係屬重要之因素，包括是否有應特別考量者（例如對專業技術或專家工作之需求）。

(4) 建立量化重大性並持續評估其是否仍屬適當，及考量質性重大性。

(5) 建立執行分析性程序時，使用之預期值。

(6) 設計及執行程序。

(7) 評估證據，包括執業人員所取得口頭及書面聲明之合理性。

與財務報表查核類似，執業人員可選擇結合不同程序，以取得合理確信或有限確信。規劃及執行案件時，可能採取之程序如下：(1) 檢查；(2) 觀察；(3) 函證；(4) 驗算；(5) 重新執行；(6) 分析性程序；(7) 查詢。

可能影響執業人員選擇程序之因素，包括標的之性質、擬取得之確信程度，以及預期使用者與委任方之資訊需求（包括攸關之時間及成本限制）。

對合理確信案件而言，有下列情況之一時，執業人員除對標的資訊執行於案件情況下適當之其他程序外，尚應對與標的資訊攸關控制之執行有效性取得足夠及適切之證據[類似財務報表查核時，查核人員所執行之控制測試，即執業人員應採併用方式 (combined approach)]：

(1) 執業人員對重大不實表達風險之評估，包含對控制係有效執行之預期。即執業人員

欲信賴控制執行之有效性，以決定後續其他確信程序之性質、時間及範圍。
(2) 僅執行控制測試以外之程序無法提供足夠及適切之證據。

19.4.1.5　案件之執行及證據取得

執業人員於設計及執行程序時，應考量擬作為證據之資訊的攸關性及可靠性。有下列情況時，執業人員應決定是否修改或增加程序，並考量該情況對其他案件層面之影響：

1. 自不同來源所取得之證據存有不一致。
2. 執業人員對擬作為證據資訊之可靠性存有懷疑。

執業人員對於執行程序過程中所發現之不實表達，應要求適當方加以更正，並累計案件過程中所辨認且未被更正之不實表達 (顯然微小者除外，顯然微小的意義，請參見第七章的討論)，以作為執業人員於作成結論時，評估未更正不實表達 (就個別及彙總而言) 是否重大的基礎。

在合理確信案件中，執業人員於案件規劃過程中對標的資訊重大不實表達風險之評估，可能因取得額外證據顯示與其原評估之重大不實表達風險之證據不一致。則執業人員應依其所取得之證據，修正其對標的資訊重大不實表達風險之評估，並依此修改所規劃之程序 (確信案件之規劃係一持續修正之過程)。

有限確信案件中，執業人員所執行之程序主要係以查詢及分析性程序為主，但執業人員如察覺標的資訊可能存有重大不實表達之情事，仍應設計及執行額外程序以取得進一步證據，直至執業人員能達成下列結論之一：

1. 該情事不太可能導致標的資訊存有重大不實表達。
2. 該情事導致標的資訊存有重大不實表達。

其他確信服務的標的資訊，不一定屬於財務資訊，執行確信程序中依賴其他專家工作之可能性較高。如執業人員擬採用執業人員專家所執行之工作時，執業人員應：

1. 評估該專家就執業人員之目的而言，是否具備必要之專業能力、適任能力及客觀性。如該專家為外部專家，則執業人員於評估其客觀性時，應包括查詢可能影響其客觀性之利益與關係。
2. 對該專家之專門知識領域取得足夠之瞭解。瞭解之範圍可能包括：該專家之特定專長是否與案件攸關、是否適用任何專門職業或其他準則及相關法令、該專家所採用之假設與方法 (包括適用之模型)、該等假設與方法於該專門知識領域內是否被普遍接受，以及對案件情況而言是否適當。
3. 該專家所使用之內部及外部資訊之性質。

4. 與該專家就工作之性質、範圍及目的達成共識。
5. 評估該專家之工作就執業人員之目的而言是否適當。評估時所考量的因素，如該專家之結論的攸關性、合理性及與其他證據之一致性；於當時情況下，所採用的假設及方法之攸關性及合理性。

　　如擬作為證據之資訊，係依據負責方、衡量方或評估方之專家的工作編製，執業人員應於考量該專家之工作，對達成其目的之重要程度後：

1. 評估該專家之專業能力、適任能力及客觀性。
2. 取得對該專家工作之瞭解。
3. 評估採用該專家工作以作為證據是否適切。

　　如執業人員擬採用內部稽核人員之工作作為證據之一部分時，應評估下列事項：

1. 內部稽核職能於機構中之定位，及相關政策及程序支持內部稽核職能客觀性之程度。
2. 內部稽核人員之專業能力。
3. 內部稽核人員是否應用系統化且嚴謹之方法(包含品質控制)。
4. 內部稽核人員之工作就案件之目的而言是否適切。

　　在執行工作接近完成階段，執業人員尚須針對下列事項執行必要程序或評估：

1. 期後事項，執業人員應考量截至確信報告日止與案件攸關之事項，對標的資訊及確信報告之影響。原則上執業人員於確信報告日後，並無對標的資訊執行任何程序之義務，惟執業人員如於確信報告日後始獲悉某些事實，而該等事實若執業人員於確信報告日即獲悉，可能導致其修改確信報告，則執業人員應對該等事項作適當因應。執業人員考量期後事項之程度，取決於該等事項對標的資訊及執業人員結論適當性之潛在影響。
2. 其他資訊，執業人員應閱讀適當方(其他利害關係人)提出之文件中與標的資訊及確信報告併列之其他資訊(無執行其他確信程序之義務)，以辨認其與標的資訊或確信報告間之重大不一致。執業人員於閱讀其他資訊時，若有下列情況，應與適當方討論並採取適當行動：
   (1) 辨認出其他資訊與標的資訊或確信報告間之重大不一致。
   (2) 發現與標的資訊或確信報告無關之其他資訊存有重大不實表達之情事。
3. 適用基準之說明，應評估適用基準是否已於標的資訊中適當說明或索引。

　　最後，與財務報表查核及核閱類似，確信程序的最後，執業人員應向適當方取得書面聲明。書面聲明之日期應儘量接近確信報告日，但不得晚於該日。聲明書之內容應包

括：

1. 已提供其已知且與案件攸關之所有資訊給執業人員。
2. 確認已依適用基準衡量或評估標的，且所有攸關事項均已反映於標的資訊。
3. 執業人員認為有必要取得額外書面聲明，以支持與標的資訊攸關之其他證據時，亦應取得該等書面聲明。

對於涉及對標的資訊係屬重大事項之書面聲明，執業人員取得書面聲明書後，仍應：

1. 評估其合理性及與其他證據(包括其他口頭或書面聲明)之一致性。
2. 考量出具書面聲明之人員對該等事項是否充分瞭解。

19.4.1.6 案件之確信結論與確信報告

執業人員應對標的資訊是否存有重大不實表達作成結論的邏輯，與財務報表查核決定查核意見的邏輯是完全一樣的，確信結論的類型取決於：

1. 與確信結論有關事項的性質，即標的資訊是否存有不實表達，或無法取得足夠及適切之查核證據(即範圍受限)。
2. 執業人員就上述事項對標的資訊影響或可能影響的程度(無、不重大、重大或廣泛)所作之判斷。

茲將確信結論的類型與上述事項及其影響或可能影響的程度之關係彙整於圖表 19.13。

圖表 19.13　確信結論的類型及其決定因素

與確信結論有關事項的性質	對標的資訊影響或可能影響的程度		
	無(不重大)	重大(但非廣泛)	廣泛
標的資訊是否存有不實表達	無保留結論	保留結論	否定結論
是否無法取得足夠及適切之查核證據(即範圍受限)	無保留結論	保留結論	無法表示結論

因此，於下列情況下，執業人員應出具無保留結論之確信報告：

1. 對於合理確信案件，有足夠及適切之證據支持標的資訊在所有重大方面係依適用基準編製(無重大不實表達)。
2. 對於有限確信案件，執業人員依據其所執行之程序及所獲取之證據，未發現標的資訊在所有重大方面有未依適用基準編製之情事。

而於下列情況下，執業人員應出具修正式結論(包括保留結論、否定結論及無法表

示結論) 之確信報告：

1. 依執業人員之專業判斷，範圍受限制且其影響係屬重大或廣泛，則執業人員應出具保留結論或無法表示結論之確信報告。
2. 依執業人員之專業判斷，標的資訊存有重大不實表達屬重大或廣泛，則執業人員應出具保留結論或否定結論之確信報告。

　　一旦執業人員決定確信結論後，便可以出具適當的確信報告。確信報告應為書面形式，且應明確表達係執業人員對標的資訊之結論。至於確信報告的內容，TWSAE3000 並未規定所有確信案件之報告皆須採標準化格式，因為確信報告應依案件情況適當編製，不易採標準化格式。執業人員可使用標題、段號、編排設計 (例如粗體文字) 或其他技巧以提升確信報告之清晰度及可閱讀性。僅規定確信報告的內容至少應包括下列基本要素：

1. 報告名稱 (應清楚標示為確信報告)。
2. 報告收受者。
3. 執業人員所取得確信程度、標的資訊及標的 (如適用時) 之辨認或說明。執業人員之結論係針對適當方之聲明表達時，該聲明應隨附於確信報告、於確信報告中重述，或索引至預期使用者能取得之來源。
4. 適用基準之辨認。
5. 與依適用基準對標的所作衡量或評估有關之重大先天限制 (如適用時) 之說明。
6. 當適用基準係為特定目的而設計時，提醒閱讀者標的資訊就其他目的而言，可能並非妥適之說明。
7. 負責方與衡量方或評估方 (如不同時) 之辨認，及其責任與執業人員責任之說明。
8. 案件係依照確信準則 3000 號「非屬歷史性財務資訊查核或核閱之確信案件」執行之聲明。
9. 執業人員所隸屬組織受：(1) 品質管理準則 1 號；或 (2) 其他專門職業規範或法令 (其嚴謹程度不得低於品質管理準則 1 號) 所規範之聲明。如執業人員非會計師，該聲明應敘明其他專門職業規範或法令 (其嚴謹程度不得低於品質管理準則 1 號)。
10. 執業人員遵循：(1) 與確信案件攸關之會計師職業道德規範；或 (2) 其他專門職業規範或法令 (其嚴謹程度不得低於會計師職業道德規範) 中有關獨立性及其他道德規範之聲明。如執業人員非會計師，該聲明應敘明其他專門職業規範或法令 (其嚴謹程度不得低於會計師職業道德規範)。
11. 執業人員為作成結論所執行工作之彙總說明。就有限確信案件而言，理解執業人員所執行程序之性質、時間及範圍對於瞭解執業人員之結論係屬重要。對有限確信案件，所執行工作之彙總說明應包括：

(1) 有限確信案件中執行程序之性質及時間與適用於合理確信案件者不同，其範圍亦較小。

(2) 有限確信案件中取得之確信程度明顯低於合理確信案件中取得者。

12. 執業人員之結論：

(1) 該結論應告知預期使用者可協助其閱讀執業人員結論之背景資訊（如適當時）。

(2) 合理確信案件之結論應以積極之文字表達。

(3) 有限確信案件之結論應說明，執業人員依據其所執行之程序及所獲取之證據，是否發現標的資訊存有重大不實表達之情事。

(4) 合理確信及有限確信案件之結論，應依案件情況以適當之文字說明標的及適用基準，並針對下列事項表達：

① 標的及適用基準。

② 標的資訊及適用基準。

③ 適當方之聲明。

(5) 執業人員如作成修正式結論，確信報告應包括下列段落：

① 導致修正式結論事項之說明。

② 執業人員所作成之修正式結論。

13. 案件主持人之簽名與蓋章。

14. 確信報告日。確信報告日不得早於執業人員取得足夠及適切之證據並據以作成結論之日期。足夠及適切之證據包括有權通過標的資訊者已聲明對標的資訊負有責任。

15. 執業人員所隸屬組織之名稱及地址。

此外，執業人員於撰寫確信報告時，尚應注意下列事項：

1. 執業人員可選擇以「短式」或「長式」報告與預期使用者溝通。「短式」報告通常僅包含上述確信報告內容之基本要素，「長式」報告則包含其他不影響執業人員結論之資訊及說明。除基本要素外，長式報告尚可能包含對案件條款與適用基準之詳細說明、與案件特定層面有關之發現、參與案件之執業人員及其他人員之資格及經歷、重大性之揭露及建議（如適用時）。執業人員於編製報告時，宜考量該等資訊之提供就預期使用者之資訊需求而言是否重要。該等額外資訊的說明應與執業人員之結論明確區分，且其用語應能使預期使用者瞭解該等資訊不影響執業人員之結論。

2. 強調事項及其他事項之說明。如執業人員認為有必要時，得於確信報告中加入強調事項之說明段及其他事項之說明段。強調事項係指已表達或揭露於標的資訊之某一事項，執業人員認為對預期使用者瞭解標的資訊係屬重要。而其他事項係指未表達或揭露於標的資訊之某一事項，該事項依執業人員之判斷，對預期使用者瞭解該案件、執

業人員之責任或確信報告係屬攸關。於此情況下，執業人員應於確信報告中，以附有適當標題之一個段落說明該事項，並明確指出執業人員之結論並未因該事項而修正。在強調某一重大事項之情況下，該段落僅可提及表達或揭露於標的資訊之事項 (比照 TWSA706「查核報告中之強調事項段及其他事項段」之規定)。

3. 執業人員如於確信報告中提及其專家之工作，其文字不得暗示執業人員對結論之責任因專家之參與而降低。
4. 執業人員如依法令出具特定格式或用語之確信報告，則僅於確信報告之內容包含上述確信報告之所有基本要素時，方得提及該確信案件係依確信準則執行。
5. 當執業人員出具保留結論之確信報告。保留結論應以「除……外」之方式表達導致保留結論之影響或可能影響。
6. 執業人員因範圍受限制而作成修正式結論，但又知悉導致標的資訊存有重大不實表達之情事時，應於確信報告中對於範圍受限制及標的資訊存有重大不實表達之情事明確說明。
7. 適當方已於其聲明中辨認並適當說明標的資訊存有重大不實表達時，執業人員應以下列方式之一作成結論：
   (1) 針對標的及適用基準作成保留結論或否定結論。
   (2) 如案件條款明確要求執業人員針對適當方之聲明作成結論，則執業人員應作成無保留結論，但須於確信報告中增加一強調重大事項之說明段，指出適當方已於其聲明中辨認並適當說明標的資訊存有重大不實表達。

圖表 19.14 列示執業人員對 CSR 執行有限確信案件所出具無保留結論之確信報告。

19.4.1.7　確信案件之其他溝通及書面紀錄

與財務報表查核案件類似，執業人員於確信程序規劃、執行及出具確信報告之前，應考量是否發現依案件條款及其他案件情況，應與負責方、衡量方或評估方、委任方或治理單位溝通之事項，並及時進行有效之雙向溝通。該等溝通之事項包括舞弊或可能之舞弊，以及編製標的資訊時存有之偏頗。

此外，執業人員應及時編製工作底稿以支持所出具之確信報告，且該等工作底稿須足夠及適切，使有經驗之執業人員縱未參與該案件，亦能瞭解下列事項：

1. 為符合確信準則及相關法令規定所執行程序之性質、時間及範圍。
2. 執行程序之結果及所獲取之證據。
3. 執行案件過程中所發現之重大事項及所達成之結論，暨達成該等結論所作之重大專業判斷。

圖表 19.14　對 CSR 執行有限確信案件所出具無保留結論之確信報告

會計師有限確信報告

甲公司公鑒：

有限確信結論

本會計師受甲公司之委任，就民國 ×2 年度企業社會責任報告 (以下稱「社會責任報告」) 所報導之永續績效資訊執行確信程序，並依據結果出具有限確信報告。

依據所執行之程序與所獲取之證據，本會計師並未發現甲公司民國 ×2 年度社會責任報告之永續績效資訊，在所有重大方面有未依報導基準評估而須作重大修正之情事。

標的資訊與報導基準

有關甲公司民國 ×2 年度社會責任報告所報導之永續績效資訊 (以下稱「確信標的資訊」) 及其報導基準，詳列於甲公司民國 ×2 年度社會責任報告第 ×× 頁之「確信項目彙總表」。

所執行確信程序彙總

本次確信工作做確信標的資訊，以甲公司為工作執行範圍，執行之程序包括：

1. 閱讀企業社會責任報告。
2. 對參與提供永續績效資訊的相關部門進行訪談，以瞭解並評估編製前述資訊之流程、控制與資訊系統。
3. 基於上述瞭解與評估，對永續績效資訊進行分析性程序，如必要時，則選取樣本進行測試，以取得有限確信之證據。

上述執行程序之選擇係基於本會計師之專業判斷，包括辨認確信標的資訊可能發生重大不實表達之領域，以及針對前述領域設計及執行程序，以取得有限確信並作出執業人員之結論。有限確信所執行程序之性質及時間與適用於合理確信案件者不同，其範圍亦較小。有限確信所取得之確信程度明顯低於合理案件所取得者。

適用品質管理規範

本會計師事務所適用品質管理準則 1 號「會計師事務所之品質管理」，因此維持完備之品質管理制度，包含與遵循攸關職業道德規範、專業準則及所適用法令相關之書面政策及程序。

遵循獨立性及其他道德規範

本會計師所隸屬事務所受獨立性規範之人員已依會計師職業道德規範，與甲公司保持超然獨立，並履行該規範之其他責任。該規範之基本原則為正直、公正客觀、專業能力與盡專業上應有之注意、保密及專業態度。

管理階層之責任

甲公司管理階層應依據適當報導基準編製及報導民國 ×2 年度社會責任報告及其永續績效資訊，並應建置相關流程、資訊系統及內部控制制度以防範民國 ×2 年度社會責任報告及永續績效資訊有重大不實表達之情事。

會計師之責任

　　本執業人員依據確信準則 3000 號「非屬歷史性財務資訊查核或核閱之確信案件」對確信標的資訊執行核閱程序，以發現前述資訊是否在所有重大方面有未依報導基準評估而須作重大修正之情事，並出具有限確信報告。此報告不對民國 ×2 年度社會責任報告整體，以及其相關內部控制制度設計或執行之有效性提供任何確信。另民國 ×2 年度社會責任報告中屬民國 ×1 年 12 月 31 日及更早期間之資訊未經本執業人員確信。

先天限制

　　本案諸多確信項目涉及非財務資訊，相較於財務資訊之確信受有更多先天性之限制。對於資料之相關性、重大性及正確性等之質性解釋，則更取決於個別之假設與判斷。

其他事項

　　甲公司網站之維護係甲公司管理階層之責任，對於確信報告於甲公司網站公告後，任何確信標的資訊或報導基準之變更，本會計師將不負就該等資訊重新執行確信程序之責任。

×× 會計師事務所
會計師：(簽名及蓋章)
中華民國 ×3 年十一月五日

　　此外，執業人員仍依會計師事務所品質管理制度之規定，於確信報告日後及時完成工作底稿之檔案彙整及歸檔，並確保於工作底稿保管期限屆滿前，不得予以增刪或銷毀。必要時，如須修改或新增原工作底稿，應記錄修改或新增之原因及執行及複核之人員及日期。工作底稿之規範可比照審計準則相關之規定，在此不再贅述。

19.4.2　財務預測核閱

　　財務預測 (financial forecast) 係指依管理階層對企業的瞭解及最可能發生的情況下，所編製表達企業未來財務狀況、財務績效及現金流量的財務報表。過去我國企業編製財務預測，係依據財務準則公報第十六號「財務預測編製要點」作為編製標準 (criteria)。自從我國與 IFRS 接軌，IFRS 及企業會計準則取代財務準則公報後，IFRS 及企業會計準則並未訂定有關財務預測編製之指引。

　　財務預測係依照管理階層所做之基本假設下，所編製之未來的財務資訊，本質上即具高度不確定性，無法像查核歷史性財務資訊般，依照審計準則查核，亦不能對財務預測是否達成表示意見。故實務上，我國會計師對企業財務預測所執行之確信服務主要以核閱為主，會計師執行財務預測核閱時，係依照 TWSAE3401A「財務預測核閱要點」相關規定。

　　會計師核閱企業財務預測之目的，在於提供會計師表達核閱結論之基礎，以判斷：

1. 財務預測之基本假設是否依據合理資料。
2. 財務預測是否依據「財務預測編製要點」編製。

會計師為了判斷財務預測之基本假設及編製是否合理，其所執行核閱程序的範圍受到下列四項因素的影響：

1. 會計師瞭解受核閱者所經營事業之程度

會計師應瞭解受核閱者所經營事業及影響其未來財務結果之關鍵因素，主要包括：
(1) 受核閱者所經營行業之特性，包括：市場競爭程度、對經濟變動之敏感性、生產技術之特性、有關法令及會計處理之特殊要求。
(2) 受核閱者之產品或勞務所屬市場之性質及情況，包括：市場占有率及行銷計畫等。如其產品為中間產品，則另須考慮最終消費市場之情況。
(3) 受核閱者營運所需原料、人工、資金、廠房及設備等資源之供應及成本。
(4) 受核閱者過去之營運績效，包括收入與成本之趨勢、資產週轉率、生產設備之產能與利用率及營運策略。

2. 管理階層編製財務預測之經驗

會計師就過去各期財務預測資料與實際結果比較分析，有助於瞭解企業管理階層編製財務預測之經驗。

3. 財務預測涵蓋期間之長短

財務預測涵蓋期間越長，預測結果之不確定性就越高。故會計師應考慮財務預測涵蓋期間之長短及財務預測所含實際資料之多寡，兩者均可能影響預測之可靠性。

4. 管理階層編製財務預測之過程

會計師瞭解受核閱者編製財務預測之過程，有助於核閱範圍之決定。會計師通常先與負責編製財務預測之人員討論，以獲得初步瞭解。進一步取得受核閱者編製財務預測過程之書面文件，以瞭解管理階層決定財務預測關鍵因素及建立基本假設之過程。

誠如前述，會計師核閱財務預測之重點在於評估財務預測基本假設的合理性及財務預測編製及表達的適當性。故以下分別針對上述評估，核閱人員可能執行之核閱程序說明如下：

1. 評估財務預測基本假設的合理性之程序

會計師核閱企業之財務預測時，應取得重要基本假設之彙總說明及其他有關財務預測之書面文件，以瞭解管理階層所用之基本假設。於評估基本假設的合理性時，核閱人員應：

(1) 根據對受核閱者所經營事業之瞭解，評估管理階層所建立之基本假設。評估時應考慮下列事項：基本假設與關鍵因素之相關性、企業經營之潛在風險、特定關鍵因素變動對財務預測之影響程度。
(2) 分析前期財務報表。分析前期財務報表有助於辨認對受核閱者未來營運有重大影響之關鍵因素。分析時應考慮下列事項：以前各期實際結果之趨勢、以前各期實際結果與各該期財務預測之比較、預測期間已過期間之實際結果與財務預測之比較。
(3) 於確認財務預測之關鍵因素及該等因素已全部納入基本假設後，應評估管理階層所做的基本假設是否有合理的資料加以支持。此時，核閱人員應考量下列事項：
① 對於重要假設，應取得管理階層作成該假設所依據之外部或內部資料。
② 各項假設是否與引用之資料相一致。
③ 各項假設之關係是否合理。
④ 建立假設所引用之資料是否合理可信。
⑤ 建立假設所引用之實際財務資訊及其他資料是否能與相關期間之有關資料相比較，並考慮不具可比較性之影響。
⑥ 支持假設之論證或理論是否合理。

核閱人員經採行必要之核閱程序後，若認為管理階層已指明重大影響企業未來營運之關鍵因素，並對此等因素建立適當假設，且此等假設有合理資料支持時，則可推論基本假設能提供合理之預測基礎。

2. 評估財務預測編製及表達的適當性之程序

核閱人員評估受核閱者財務預測編製及表達是否適當時，應實施必要之核閱程序，以判斷財務預測：
(1) 是否根據基本假設編製。
(2) 各項數字之計算是否正確。
(3) 各項假設間之關係是否合理。
(4) 所採用之會計政策是否與交易事項實際發生入帳時，所預期採用之會計處理相一致。
(5) 財務預測之表達是否符合「財務預測編製要點」之要求。
(6) 各項假設是否已作適當揭露。

除了執行前述必要之核閱程序外，於完成財務預測之核閱前，核閱人員尚應取得管理階層所出具有關財務預測之書面聲明，聲明之事項通常包括：
(1) 財務預測係依據管理階層之計畫，及對未來經營環境之評估所作最適切之估計，以表達受核閱者未來財務狀況、財務績效及現金流量。
(2) 財務預測所採用之會計政策與交易事項實際發生入帳時，所預期採用之會計處理相

一致。
(3) 已提供會計師所有與預測相關之重要資訊。
(4) 確認與預測相關之假設均合理適當。
(5) 確認所有支持假設之文件及紀錄均適當可靠。

會計師於完成財務預測之核閱工作後，應出具核閱報告。依 TWSAE3401A 第 20 條之規定，核閱報告之形態包括：

1. 標準式核閱報告 (即無保留結論核閱報告)。
2. 否定式核閱報告 (即否定結論核閱報告)。
3. 拒絕式核閱報告 (即無法表示結論核閱報告)。

由於財務預測資訊具有不確定性，且會計師僅針對財務預測基本假設的合理性及財務預測編製及表達的適當性執行核閱程序，為免閱讀報告者難以理解，會計師不得出具保留結論之核閱報告。

與先前討論之查核或核閱報告類似，有下列情況時，會計師不得出具標準式之核閱報告：

1. 未依照「財務預測編製要點」編製。
2. 重要假設不合理。
3. 核閱範圍受限制，致無法執行必要之核閱程序。

如有第 1 及 2 之情事者，應出具否定式之核閱報告；如有第 3 之情事者，應出具拒絕式之核閱報告。

財務預測核閱報告之架構及內容，與財務報表核閱報告之架構及內容類似，仍仿照舊式三段式查核報告的架構及內容加以修改。財務預測標準式核閱報告之內容，列示於圖表 19.15，其內容通常會包括下列要素：

1. 財務預測編製係管理階層之責任。
2. 核閱之性質。
3. 財務預測之核閱係依據確信準則 3401A 號「財務預測核閱要點」實施。
4. 會計師出具核閱報告後，如實際情況變更，非經受任重新核閱，不再更新其核閱報告。
5. 會計師認為財務預測係依據「財務預測編製要點」編製及所依據之基本假設合理。
6. 實際結果未必與預測相符。

嚴格而言，上述核閱報告的內容自民國 79 年十月十六日發布以來即未曾更新。讀者可參考新修訂 TWSRE2410「財務報表之核閱」之核閱報告的架構及內容，考量財務預測核閱之特點與上述範例加以修改，應更為妥適。由於自民國 92 年以後，我國會計師在財

務預測核閱的業務已不多見,其重要性已大不如前,其他結論的核閱報告更是少見,故不再例示其他結論之核閱報告。

圖表 19.15　財務預測標準式核閱報告

會計師財務預測核閱報告

甲公司公鑒:

前言段

　　甲公司民國 ×2 年十二月三十一日之預計資產負債表,暨民國 ×2 年一月一日至十二月三十一日之預計綜合損益表、預計權益變動表及預計現金流量表,係管理階層根據目前環境與將來最可能發生之情況,對預測期間之財務狀況、財務績效及現金流量所作之估計。

範圍段

　　上開預計財務報表,業經本會計師依照確信準則 3401A 號「財務預測核閱要點」,採用必要核閱程序,包括對基本假設及預測表達之評估,予以核閱竣事。

結論段

　　本會計師認為上開預計財務報表係依照「財務預測編製要點」及合理之基本假設編製。惟預測具不確定性,其實際結果未必與預測相符。核閱報告出具後,如實際情況變更,非經受任重新核閱,本會計師不再更新核閱報告。

×× 會計師事務所
會計師:(簽名及蓋章)
中華民國 ×2 年二月二十五日

19.5　財務資訊之代編

　　所謂財務資訊之代編係指會計師編製財務報表供委任人或第三人使用。其目的在利用會計師之會計專業知識蒐集、分類及彙總財務資訊,代編財務資訊所依據之財務報導架構,得為一般用途之財務報導架構(如 IFRS、企業會計準則)、特殊用途之財務報導架構(如其他綜合會計基礎)或其他與委託人協議之會計基礎。此類工作通常須將繁雜之資料歸納整理為較易掌握或瞭解之格式,但無須對資訊加以查核或核閱,因此會計師對代編之財務資訊不提供任何程度之確信(即財務資訊之代編非屬確信服務)。會計師受託代編財務資訊之案件,可能包含部分或整套財務報表之編製,但亦可能包含其他財務資訊之蒐集、分類及彙總。我國有關會計師財務資訊代編之相關規範,主要係依據 TWSRS4410「財務資訊之代編」之相關規定辦理。

　　因財務資訊之代編非屬確信服務,故會計師受託代編財務資訊時,得不具獨立性。

惟恐引起誤解，當會計師不具獨立性時，仍應於所出具之報告中說明此一事實。基於委任人與會計師雙方之權益，會計師應與委任人簽訂委任書，列明主要約定條款，以免雙方對委任內容產生誤解，並有助於代編工作之規劃。一般而言，委任書之約定條款至少包括下列各項：

1. 委任之性質，包括說明會計師並未執行查核或核閱程序，因此不對代編之財務資訊提供任何程度之確信。
2. 敘明無法藉由此項委任發現錯誤、舞弊或其他不法行為。
3. 委任人須提供之資訊。
4. 敘明管理階層提供會計師完整且正確資訊之責任。
5. 代編財務資訊所依據之財務報導架構(或其他編製基礎)，並敘明會計師如獲知有違反該等編製基礎之事項時，將予以揭露。此外，如財務資訊的編製基礎非屬一般用途之財務報導架構，亦將予以揭露。
6. 代編財務資訊之預定用途及分發對象。
7. 會計師代編財務資訊所出具報告之格式。

　　會計師代編財務資訊時，應作適當規劃，俾有效執行受託工作。一般而言，會計師於代編財務資訊時，會執行下列代編程序：

1. 應先瞭解委任人之業務與營運概況，進而熟悉委任人所屬行業適用之會計政策與實務，暨財務資訊之內容與格式。
2. 藉由與委任人往來之經驗或詢問委任人之員工，對委任人之交易性質、會計紀錄之內容與格式、會計基礎等做一般性之瞭解。
3. 檢視所代編之財務資訊，並考量其格式是否適當及有無明顯之重大不實表達。所稱不實表達係指會計處理不適當、應揭露之事而未予揭露。
4. 財務資訊採用之編製基礎如非屬一般用途之財務報導架構，及任何已知違反財務資訊採用之編製基礎時，均應於該財務資訊中加以揭露，惟其影響無須加以量化。
5. 會計師如獲悉任何重大不實表達之事項，應徵得委任人之同意修正財務資訊。委任人若拒絕修正，會計師應終止受任。惟委任人若同意適當揭露該事項時，會計師得繼續受任，並應於代編報告加一說明段強調此事項。
6. 取得管理階層書面聲明，聲明所提供之會計資料係正確而完整，且所有重大攸關之資訊均已充分揭露，以確信管理階層充分瞭解財務資訊之允當表達係管理階層之責任。
7. 會計師代編財務資訊時，通常無須執行其他程序。但會計師如獲悉管理階層所提供之資訊不正確或不完整，應考慮執行評估管理階層所提供資訊之可靠性及完整性、評估內部控制制度、驗證任何事項或任何解釋等程序，並要求管理階層提供補充資訊。管

理階層若拒絕提供，會計師應終止受任，並告知委任人終止受任之原因。

會計師雖僅代編財務資訊，惟會計師的名字與財務報表(或財務資訊)發生關連，即應出具報告，以表明其承辦工作之性質及所承擔之責任。因此，會計師仍應出具代編報告。代編報告之內容應包括下列要素：

1. 報告名稱。
2. 報告收受者。
3. 敘明受託工作係依照其他相關服務準則4410號「財務資訊之代編」之規定辦理。
4. 會計師不具獨立性時，報告中應敘明此一事實。
5. 敘明代編之財務資訊係依據管理階層提供之資訊編製。
6. 敘明管理階層對會計師所代編財務資訊應負之責任。
7. 敘明未執行查核或核閱，因而不對代編之財務資訊提供任何程度之確信。
8. 代編財務資訊所採用之財務報導架構非屬一般用途之財務報導架構時，報告中應敘明所依據之會計原則，並強調所採用之財務報導架構非屬一般用途財務報導架構之事實。
9. 必要時加一說明段，說明有關重大不實表達之事項。
10. 會計師事務所之名稱及地址。
11. 會計師之簽名及蓋章。
12. 報告日期。

此外，為避免財務資訊使用者誤解，代編報告所附之財務資訊，應於各表及附註首頁標明「僅代編，未經查核或核閱」之字樣。圖表19.16、圖表19.17及19.18分別列示無加說明段、有加說明段及依課稅基礎代編財務資訊之代編報告。

圖表 19.16　無加說明段之代編報告

代編報告

甲公司公鑒：

　　甲公司民國×1年十二月三十一日之資產負債表，暨民國×1年一月一日至十二月三十一日之綜合損益表，業經本會計師基於甲公司管理階層提供之資訊，並依據其他相關服務準則4410號「財務資訊之代編」予以代編竣事。惟管理階層對上開財務報表仍應負責。由於本會計師並未對上開財務報表予以查核或核閱，因此無法對其提供任何程度之確信。

　　　　　　　　　　　　　　　　　　　　　××會計師事務所
　　　　　　　　　　　　　　　　　　　　　會計師：(簽名及蓋章)
　　　　　　　　　　　　　　　　　　　　　中華民國×2年二月一日

圖表 19.17　有加說明段之代編報告

代編報告

甲公司公鑒：

　　甲公司民國 ×1 年十二月三十一日之資產負債表，暨民國 ×1 年一月一日至十二月三十一日之綜合損益表，業經本會計師基於甲公司管理階層提供之資訊，並依據其他相關服務準則 4410 號「財務資訊之代編」予以代編竣事。惟管理階層對上開財務報表仍應負責。由於本會計師並未對上開財務報表予以查核或核閱，因此無法對其提供任何程度之確信。

　　如財務報表附註 × 所述，甲公司管理階層對以資本租賃方式承租之廠房及設備未予資本化，有違企業會計準則之規定，請予注意。

　　　　　　　　　　　　　　　　　　　　　　　××會計師事務所
　　　　　　　　　　　　　　　　　　　　　　　會計師：（簽名及蓋章）
　　　　　　　　　　　　　　　　　　　　　　　中華民國 ×2 年二月一日

圖表 19.18　依課稅基礎代編財務資訊之代編報告

代編報告

甲公司公鑒：

　　甲公司民國 ×1 年十二月三十一日之資產負債表－課稅基礎，暨民國 ×1 年一月一日至十二月三十一日之損益表－課稅基礎，業經本會計師基於甲公司管理階層提供之資訊，並依據其他相關服務準則 4410 號「財務資訊之代編」予以代編竣事。惟管理階層對上開財務報表仍應負責。上開財務報表係依據課稅基礎編製，該課稅基礎係屬其他綜合會計基礎，並非一般用途財務報導架構。由於本會計師並未對上開財務報表予以查核或核閱，因此無法對其提供任何程度之確信。

　　　　　　　　　　　　　　　　　　　　　　　××會計師事務所
　　　　　　　　　　　　　　　　　　　　　　　會計師：（簽名及蓋章）
　　　　　　　　　　　　　　　　　　　　　　　中華民國 ×2 年二月一日

本章習題

選擇題

1. 會計師完成以下何種程序可出具消極確信 (negative assurance) 之報告？
   (A) 審核 (audit)
   (B) 核閱 (review)
   (C) 協議程序 (agreed-upon procedure)
   (D) 代編 (compilation)

2. 下列何種報告，會計師不應表示消極或有限度確信？
   (A) 對非公開發行公司財務報表簽發之標準代編報告
   (B) 對非公開發行公司財務報表簽發之標準複核報告
   (C) 對公開發行公司期中財務報表簽發之標準複核報告
   (D) 對公開發行公司登記書中之財務資訊所簽發之安撫信

3. 查核人員報告屬特殊報告，當其簽發有關的財務報表是：
   (A) 為了期中報告且為限制性複核
   (B) 未經查核，且由委託公司會計紀錄來編製
   (C) 依照會計的綜合基礎而非一般公認會計準則來編製
   (D) 意皆遵循一般公認會計原則，但不包括現金流量表的表達

4. 對於依綜合會計基礎，而非是一般公認會計原則，編製財務報表的查核報告應包括下列各項，除了：
   (A) 參考財務報表附註中之說明，編製的基礎和一般公認會計原則如何不同
   (B) 揭示財務報表並不意圖符合一般公認會計原則的事實
   (C) 參考財務報表附註中所描述使用的基礎
   (D) 對財務報表是否依照所描述的會計基礎，允當表達表示意見

5. 複核期中財務資訊的目的，是提供會計師報告的基礎，是否：
   (A) 存在一個合理基礎以對先前查核的財務報表表達及時的意見
   (B) 應作成重大的修正以符合一般公認會計原則
   (C) 財務報表依期中報告準則允當表達
   (D) 財務報表依 GAAP，允當表達

6. 複核非公開公司財務報表時通常執行詢問和分析性程序，其包括：
   (A) 設計分析性程序以指出內部控制的重大缺失
   (B) 詢問關於股東大會和董事會情況
   (C) 設計分析性程序以測試會計紀錄已獲取確實之證據
   (D) 詢問外界人士，如委託客戶的律師和銀行家

7. 當會計人員並不超然獨立於客戶，而被要求從事代編財務報表時，會計人員：
   (A) 除於接受委託之外
   (B) 接受委託但不需揭露未能超然獨立之事實
   (C) 接受委託且應揭露未能超然獨立之事實，但不需揭露未能獨立之理由
   (D) 接受委託且應揭露未能獨立之事實及理由

8. 負責作成未來財務報表中假設的，通常是：
   (A) 第三借款機構
   (B) 委託人的管理階層
   (C) 報告之會計人員
   (D) 委託人的獨立查核人員

9. 審計人員對依現金基礎所編製的財務報表之特殊報告應在意見段前增加解釋段：
   (A) 說明違反一般公認會計原則的原因
   (B) 說明財務報表是否依照其他綜合會計基礎允當表達
   (C) 提及財務報表附註及說明會計基礎
   (D) 說明經營成果和依一般公認會計原則編製的財務報表有何不同

10. 和下列何者相關連時，所簽的查核報告屬於特殊報告：
    (A) 限制核閱的公開發行公司之期中財務資訊
    (B) 與已查核財務報表有關的法規要求之遵行情形
    (C) 對特定交易的會計原則適用性
    (D) 例如財務計畫一類的限制使用的未來財務報表

11. 代編財務報表應有報告說明：
    (A) 依一般公認會計原則，代編範圍小於查核或核閱
    (B) 會計師不表示意見，但對代編的財務報表提供消極確信
    (C) 代編只是將管理階層聲明以財務報表格式表達
    (D) 會計師依據審計準則委員會制訂的準則代編財務報表

12. 我國審計準則 801(A) 號「特殊目的查核報告」所稱之特殊目的查核報告並未包括：
    (A) 對依據其他綜合會計基礎 (Other Comprehensive Basis of Accounting) 所編製財務報表所出具之查核報告
    (B) 查核財務報表內特定項目所出其之報告
    (C) 除對受查核之財務報表所出具之典型查核報告以外，再對簡明財務報表 (Condensed Financial Statements) 所出其之查核報告
    (D) 核閱財務報表內特定項目所出其之報告

13. 會計師接受客戶委託，依照客戶所提供之資料代編財務報表時，應如何與該財務報表發生關連？
    (A) 應在「製表」欄位上加蓋會計師印章

(B) 應在「製表」欄位上簽名或加蓋印章
(C) 應出其報告在所附財務資訊各表及附註首頁標明「僅代編，未經查核或核閱」字樣
(D) 會計師不得代編財務報表

14. 依我國其他相關服務準則之規定，在何種情況下會計師可以出具代編財務資訊之報告：
(A) 即使不具超然獨立身分時，只要在報告中敘明即可
(B) 必須對委託人所提供之資料執行核閱程序
(C) 報告中不必提及違反一般公認會計原則之事實
(D) 必須在報告中提及所實施的代編程序

15. 會計師執行協議程序，與其查核財務報表之差異，在於：
(A) 公費之高低不同：執行協議程序的公費較高，查核報表的公費較低
(B) 會計師擔負之法律責任不同；執行協議程序的責任較高，查核報表的責任較低
(C) 會計師提供擔保之程度不同；在執行協議程序時，不論對任何資訊，均不須提供積極擔保；在查核報表時，則須積極擔保財務報表是否沒有重大錯誤
(D) 決定會計師須蒐集多少證據的人不同：在執行協議程序時，大部分由報告使用者決定；在報表之查核，則由會計師全權決定

16. 會計師為雅方公司評估其應收帳款餘額之正確性後，提出報告。該報告中提及：「程序三、向顧客函證確認民國 97 年 12 月 31 日之應收帳款餘額。發現之事實；均已發函，有 10 封回函，1 封未回函，凡回函者均確認餘額為正確。」請問會計師為雅方公司提供何種服務？
(A) 財務報表之查核　　　　　　　　(B) 財務報表之核閱
(C) 協議程序之執行　　　　　　　　(D) 財務資訊之代編

17. 下列有關執行協議程序之敘述，何者有誤？
(A) 會計師執行協議程序時，得不具獨立性
(B) 執行協議程序之目的，在使會計師履行其與委任人及相關第三者所協議之程序
(C) 會計師應對受查者財務資訊整體是否允當表達提供確信服務
(D) 協議程序由委任人決定，該程序是否足夠，會計師不表示意見

18. 根據我國相關服務準則 4400 號「財務預測核閱要點」，下列有關會計師核閱企業財務預測之敘述，何項正確？
(A) 對企業編製之財務預測是否能達成，會計師提供積極之確信
(B) 對企業編製之財務預測是否能達成，會計師提供消極之確信
(C) 對企業編製之財務預測是否能達成，會計師不提供任何確信
(D) 對企業編製之財務預測是否能達成，會計師是否提供確信，視當時經濟環境的景氣程度

19. 下列有關財務資訊協議程序之敘述何者正確？
    (A) 會計師受託執行協議程序之目的，在使會計師履行其與委任人及相關第三者所協議之程序
    (B) 協議程序由委任人作最後決定，但該等程序是否足夠，會計師須依其專業表示意見
    (C) 執行協議程序時，不需要取得委任書
    (D) 會計師須對協議程序結果以消極確信之文字表達其意見

問答題

1. 回答下列有關會計師核閱財務報表之相關問題：
   (1) 說明會計師核閱財務報表之目的。
   (2) 核閱財務報表與查核財務報表，二者之目的有何不同？
   (3) 會計師核閱財務報表所執行之程序為何？

2. 近年來由於食安風暴與工安意外頻傳，金融監督管理委員會自民國103年起強力推動上市(櫃)公司履行企業社會責任，規定食品、餐飲占營收50%以上、化工、金融等特定行業，以及資本額達五十億元之企業必須編製企業社會責任報告，並於次年度六月底前對外公布。其中食品業公司的企業社會責任報告須經會計師等第三方認證查核後方可對外發布。依我國確信準則3000號「非屬歷史性財務資訊查核或核閱之確信案件」規定，會計師事務所執業人員除應確認確信案件之先決條件已成立外，尚須滿足那些條件，方得承接或續任此一企業社會責任報告確信案件？試說明之。

3. 許多會計師事務所接受委託，對財務報表的特定元素、科目及項目提出報告。
   試作：
   (1) 討論對於財務報表之特定元素、科目、及項目所可能提供的兩種型式之報告。
   (2) 為什麼對資訊之查核採用協議之程序所簽發之報告，須限制其分發之對象？

4. 會計師於出具查核報告時，須考量是否於查核報告中說明限制查核報告使用對象。請判斷下列個案，會計師應否於查核報告中說明限制查核報告使用對象，並請說明其理由：
   個案1：對依據現金基礎所編製之財務報告所出具之查核報告。
   個案2：委託人因使用國外合作廠商專利權，會計師針對依合作契約所提出之權利金計算表進行查核所出具之查核報告。
   個案3：公司發行公司債時，於契約載明公司負債比率(附息負債/股本)必須維持在1以下，否則公司債將視同到期，並要求財務報表查核會計師針對公司是否有遵循此一契約約定出其查核報告。
   個案4：甲公司欲併購乙公司，甲公司要求乙公司編製一份完全以公允價值衡量為基礎之財務狀況表，以作為併購價格之參考。會計師受託對該財務狀況表進行查核並出具查核報告。

索引

α 風險　α risk　381
β 風險　β risk　381
IT 指導委員會　IT steering committee　448

一劃

一般公認審計準則　General Accepted Auditing Standards　33
一般用途　general purpose　38, 53, 86
一般用途財務報表　general purpose financial statements　697
一般控制　general controls　450
一般現金帳戶　general cash accounts　616

二劃

二項分配　binominal distribution　381
人事與薪資循環　personnel and payroll cycle　539

三劃

大小成比率抽樣法　Probability Proportional to Size, PPS　413
工作試算表　working trial balance　233

四劃

不具權威性　non-authoritative　37
不偏不倚　impartiality　123
不實表達　misstatements　45, 244
中央極限定理　central limit theorem　434
允當表達　fair presentation　53
元額抽樣法　monetary unit sampling　407, 413
內部控制作業　internal control activities　205
內部控制其他缺失　other deficiency in internal control　297
內部控制制度　system of internal control　257, 263
內部控制顯著缺失　significant deficiency in internal control　297
內部會計　internal accounting　8
內部審計　internal audit　3
內部標記　internal label　458
公正客觀　objectivity　123
公共利益個體　public interest entity, PIE　48
公眾公司　public company　8
分層選樣　stratified sampling　392
反托拉斯法　Anti-trust Law　132
引導表　lead schedules　233
文書憑證　documentation　186
方法論　methodology　163, 164
比率估計法　ratio estimation　413
片斷意見　piecemeal opinion　77

五劃

代表性的樣本　representative sample　380
代理假說　agency hypothesis　11
出貨單　delivery order　480
可查性　auditablity　217
可容忍不實表達　Tolerable Misstatement, TM　414, 598
可容忍偏差率　tolerable deviation rate　191, 381
可接受過度信賴風險　Acceptable Risk of Overreliance, ARO　416
可接受誤受險　acceptable risk of incorrect acceptance, β　416

可接授的偵查風險　accepted detection risk　551
可靠性　reliability　193
可擴縮性　scalability　48
外部函證　external confirmation　174
外部會計　external accounting　7
外部審計　external audit　3
平行測試法　parallel testing　454
平行模擬法　parallel simulation approach　460
未更正不實表達彙總表　summary of unadjusted misstatements　669
未修正式意見　unmodified opinion　52
正確性測試　validity tests　456
母體　population　380
母體的大小　population size　414, 416
永久性檔案　permanent files　231
生產通知書　production order　540, 546
生產與加工循環　production and conversion cycle　204
主觀信念　belief　380

六劃

交易循環法　transaction cycle approach　163, 205, 471
交易標籤法　tagging transactions　464
交易檔　transaction file　448
交易類別相關之查核目標　transaction class related audit objectives　619
交易類型　classes of transactions　205
企業社會責任報告書　Corporate Social Responsibility Report, CSR　708
企業資源規劃系統　Enterprise Resource Planning, ERP　443
合併財務報表　combined financial statement　347
合理性測試　reasonableness test　458
合理的確信　reasonable assurance　264
合理確信案件　reasonable assurance engagement　685, 709
回饋　feedback　478, 509, 545
存在或發生　existence or occurrence　165
存在與發生　existence and occurrence　227
存取控制　access control　597

存貨及倉儲循環　inventory and warehousing cycles　205
存貨價格測試　inventory price test　557
存貨盤點編製測試　inventory compilation test　557
年度續用的表格　carry-forward schedules　183
有限確信案件　limited assurance engagement　685, 710
有效性　integrity of information　445
有效性測試　validity test　458
自我利益　self-interest　126
自我評估　self-review　126
自我檢查碼測試　self-checking digit checks　457
自動控制　automated control　443

七劃

伺服器網路　network of servers　453
佐證文件　corroborating documents　234
作業　operation　451
作業審計　operational audit　3
判斷性不實表達　judgmental misstatements　250, 668
判斷抽樣　judgmental sampling　380
利害關係人　interested users　2
利益上之衝突　conflicts of interest　123
否定意見　adverse opinion　52, 96
吹哨者　whistle-blowing　313
完整性　completeness　165, 227
完整性測試　completeness checks(test)　457, 456
局部測試法　pilot testing　454
形式上的獨立　independence in appearance　12, 124
批次金額總計　batch amount totals　457
批次紀錄筆數　batch record count totals　457
批次處理作業系統　batch operation system　447
批次雜項總計　batch hash totals　457
投資活動　investment activities　589
投資與籌資循環　investment and financing cycle　204
攸關性　relevance　193
攸關聲明　relevant assertions　273

材料需求單　bill of materials　511
私有公司　private company　8
系統分析師　systems analysts　451
系統控制查核複核檔　system controlled audit review files, SCARF　464
系統發展　system development　451
系統選樣　systematic sampling; systematic sample selection　390
足夠性　sufficiency　189

八劃

併用方式　combined approach　285, 334, 379, 473
使用者辨識碼　user identification code　455
使用控制　access control　451, 575
其他事項段　other matter paragraph　81, 652
其他缺失　other deficiency　296
其他資訊　other information　660
其他綜合會計基礎　other comprehensive basis of accounting, OCBOA　698
初級查帳員　staff auditor　26
協議程序　agreed-upon procedures　4, 684
受查者　auditee　2
固有風險　inherent risk　191, 253
固有風險光譜　spectrum of inherent risk　275
垃圾桶帳戶　bucket account　541
垃圾進，垃圾出　garbage in, garbage out　453
委任方　engaging party　712
定額特定用途現金帳戶　specific imprest cash accounts　616
帕松分配　Poisson distribution　405
帕松分配之信心因子　Poisson Confidence Factor　406, 430
或有負債　contingent liability　646
抽樣風險　sampling risk　380
抽樣風險限額　allowance for sampling risk　248, 415, 422, 425, 433
抽樣風險誤差　sampling error or allowance for sampling risk　669
抽樣區間　Sampling Interval, SI　392, 431,
明示　explicit　165

法令之遵循　compliance attestation　686
直接案件　direct engagement　685, 710
直接控制　direct control　266
股東登記帳　stock certificate book　603
股票增值權計畫　stock appreciation rights plan　583
表達與揭露　presentation and disclosure　166, 227
附表　supporting schedules　233
非抽樣風險　nonsampling risk　380
非統計抽樣　non-statistical sampling　379, 413

九劃

保險假說　insurance hypothesis　11
信心水準　confidence level　399, 414
信賴不足風險　risk of underreliance　380
品管日報表　daily quality control report　548
品質管理準則　Standards on Quality Management, TWSQM　16
型一錯誤　type I error　381
型二錯誤　type II error　381
客戶訂單　customer order or purchase order　480
客戶聲明書　letter of representation　654
客觀的亂數表　random number table　390
政府審計　governmental audit　3
既定標準（準則）　established criteria　2, 165
查核　audit　4, 5
查核人員　auditor　2
查核人員專家　auditor's expert　195, 583
查核小組　audit team　26
查核工作底稿　Audit Documentation　236
查核日誌　audit logs　464
查核目標　audit objectives　165, 474, 619
查核風險　audit risk　22, 191, 253
查核值　audited value　413, 421
查核效果　effectiveness　379
查核效率　efficiency　381
查核實務指引　audit practices guideline, APG　494
查核檢查表　checklist of the audit completion　667

查核證據工作底稿　audit evidence working papers　232
查詢　inquiry　179
穿透測試　walk-through test　179
美國會計學會　American Accounting Association　1
致管理階層函　management letter　673
訂購單　purchase order　511
計工單　time ticket　540, 548
計算正確性測試　arithmetic accuracy test　458
負責方　responsible party　712
負債準備　provision　646
重大不實表達風險　risk of material misstatement　253
重大性　materiality　191, 243
重大弱點　material weakness　296
重分類分錄　Reclassification Journal Entries, RJE　233
重要組成個體　significant component　348, 360
限額測試　limit checks　457
風險基礎(導向)查核方法　risk-based audit methodology　45, 164, 225, 469
風險基礎方法　risk-based approach　17
風險評估程序　risk assessment procedures　45

十劃

修正式無保留意見　modified unqualified opinion　96
修正式意見　modified opinion　52, 56
個體財務報表查核之審計準則　International Standard on Auditing for Audits of Financial Statements of Less Complex Entity, ISA for LCE　48
原始衡量　initial measurement　166
原料耗用單　material requirements report　546
員工舞弊　employee fraud　310
員工認股權計畫　employees stock options plan　583
套裝審計軟體　generalized audit software　462
差額估計法　difference estimation　413
恩隆　Enron　112
挪用資產　misappropriation of assets　310

書面化　documentation　454
書面聲明　written representation　189, 654
核閱　review　5, 684
消極式　negative　175
特性　characteristics　380
特殊(定)用途　special purpose　53, 86
特殊用途財務報表　special purpose financial statements　697
特殊個案　special case　399
特徵　characteristics　414
特權存取權限　privileged access　455
真實的　truthfulness　123
索引
脅迫　intimidation　127
財務計劃　financial projection　34
財務報表之查核　audit of financial statements　4
財務報表之核閱　review of financial statements　4
財務報表重大不實表達　misstatement of financial statements　11
財務報表重編　financial statements restatement　472
財務報表審計　financial statement audit　3
財務報導內部控制　internal control over financial reporting　263, 686
財務報導相關內部控制專案審查　Examination of internal control over financial reporing　24
財務報導舞弊　fraudulent financial reporting　310
財務資訊之代編　compilation of financial information　4
財務預測　financial forecast　34, 727
迷你公司法　mini-company approach　463
逆查　vouching　173
高度關注　significant auditor attention　63
高級查帳員　senior auditor or in-charge auditor　26, 639

十一劃

偏差率上限　Achieved Upper Precision Limit, AUPL　394
偵查風險　detection risk　254, 293

區塊選樣　block sample selection　390, 392, 424
國際品質管理準則　International Standards on Quality Management, ISQM　16
國際相關服務實務註記　International Related Services Practice Notes, IRSPNs　37
國際核閱實務註記　International Review Practice Notes, IRPNs　37
國際會計師聯盟　International Federation of Accountants, IFAC　28
國際會計師職業道德準則　International Code of Ethics for Professional Accountants　324
國際審計及確信準則委員會　International Auditing and Assurance Standards Board, IAASB　4, 28
國際審計準則　International Standards on Auditing, ISAs　28
國際審計實務委員會　International Auditing Practices Committee, IAPC　28
國際審計實務註記　International Auditing Practice Notes, IAPNs　37
國際審計與確信準則理事會　International Auditing and Assurance Standards Board, IAASB　28
國際確信實務註記　International Assurance Engagement Practice Notes，IAEPNs　37
執行重大性　performance materiality　246
執行格式的查核計畫　performance format audit program　494
執業人員　practitioner　709
基本精確度　Basic precision, BP　433
基準　benchmarks　246
專家　specialists　188
專案審查　examination　4
專業判斷　professional judgment　44
專業的尊重　competence commitment　477
專業能力　competency　12
專業能力　competency　12, 44
專業學識　knowledge　12
專業懷疑　professional skepticism　44
強調事項段　emphasis of matter paragraph　81
掃描　scanning　465
採購與付款循環　acquisition and payment cycle　204

接受的過度信賴風險　acceptable risk of overreliance, ARO　383
控制　control　266
控制下再處理法　controlled reprocessing approach　462
控制作業　control activities　266, 471, 510
控制風險　control risk　191, 253
控制問卷　internal control questionnaire　279, 281
控制測試　test of control　171, 285
控制環境　control environment　265, 266
推估不實表達　projected misstatements　250, 668
條碼　bar code　553
現金驗證表　proof of cash　627
移轉單　move ticket　540, 548
第二意見　second opinions　130
細項測試　test of detail　487
組成個體　component　347
組成個體查核人員　component auditor　347
組成個體重大性　component materiality　348
組成個體管理階層　component management　348
統制帳戶　control account　504
統計抽樣　statistical sampling　379, 413
處理　processing　450, 456
規劃的抽樣精確度　planned sampling precision　385
規劃的抽樣誤差限額　planned allowance for sampling error　385
設計格式的查核計畫　design format audit program　494
透過電腦審計　auditing through the computer　460
透過電腦審計　auditing through the computer　460

十二劃

單位平均估計法　mean per unit estimation　413
嵌入查核模組法　embedded audit module approach　460
提貨單　bills of lading　480

揭露事項檢查表　financial statement disclosure checklist　671
最大可容忍不實表達　Tolerable Misstatement, TM　414, 422
最大可容忍偏差率　Tolerable Deviation Rate, TDR　191, 381, 414
最大可容忍誤述　tolerable misstatement　191
測試資料　test data　448, 460
測試資料法　test data approach　460
無法表示意見　disclaimer　52, 96
無保留意見　unqualified opinion or unmodified opinion　52, 96
硬體　hardware　454
程式設計師　programmers　451
結合財務報表　combined financial statement　221
評價及分攤　valuation and allocation　227
貸項通知單　credit memo　485
費用項目分析　expense account analysis　532
進一步查核程序　further audit procedures　45, 168, 171
間接控制　indirect control　266
集群選樣　cluster sample selection　392
集團　group　347
集團主辦會計師　group engagement auditor　347
集團查核　group audit　347
集團查核意見　group audit opinion　347
集團查核團隊　group audit team　347
集團財務報表　group financial statement　347
集團管理階層　group management　347
集團層級控制　internal control of group level　348
順序正確性測試　sequence test　458
順查　tracing　173

十三劃

傳統變量抽樣法　classical variable sampling　413
債務契約遵循報告書　debt compliance report　701
意見段　opinion paragraph　96
感染率　tainting rate　415
暗示　implicit　165

會計帳務服務　accounting and bookkeeping services　25
當期檔案　current files　231
經驗　experience　12
資料的排序　sorting data　464
資料庫管理員　database administrators　453
資料控制　data control　451
資訊系統及溝通　information system and communication　265
資訊長　chief information officer, CIO　448
資訊科技　information technology, IT　266, 443
資訊風險　information risk　10
資訊假說　information hypothesis　11
資訊處理控制　information processing controls　272, 445, 450
較不複雜個體　less complexity entity　48
過度信賴風險　risk of overreliance　380
零用金　imprest petty cash　616
電腦亂數產生器　random number generator　390
電腦輔助查核技術　computer-assisted audit techniques, CAATs　288, 444
電腦操作員　computer operator　452
預期不實表達　Expected Misstatement, EM　417
預期母體不實表達　Total Projected Misstatement in the Population, PM　433
預期母體偏差率　Expected Population Deviation Rate, EPDR　383, 416
預期使用者　intended users　712
預測性財務報表　prospective financial statements　686

十四劃

實務註記　practice note　37
實際不實表達　factual misstatements　250, 668
實質上的獨立　independence in fact　12, 124
實體控制　physical controls　455
實體證據　physical evidence　187
對報表使用者有經濟後果　consequence of information to users　10
態度或行為合理化　attitudes/rationalization　311
管理性工作底稿　administrative working papers　232

管理階層之討論與分析　management discussion and analysis　686
管理階層函　management letter　673
管理階層專家　management's expert　195
管理舞弊　management fraud　310
管理諮詢服務　management consulting services　24
網路管理員　network administrators　453
舞弊　fraud　310
舞弊三角　fraud triangle　311
製成品日報表　daily completed production report　548
認證案件　attestation engagement　685, 710
誘因或壓力　incentives/pressures　311
誤受險　planned risk of incorrect acceptance　414
誤拒險　planned risk of incorrect rejection　414
銀行截止對帳單　cutoff bank statement　623
銀行調節表　bank reconciliation　620
領料單　material issue slip　546
領料彙總表　summary report of material issue　546

十五劃

增額抽樣風險限額　Incremental Allowance Resulting from the Misstatement, IA　433
審查　examination　4, 5
審計　auditing　1, 165, 684
審計準則公報的澄清專案　Clarity project of ISAs　46
審計準則編碼　codification of auditing standards　43
廣泛　pervasive　53
廣泛性　pervasive　54
數字的驗算　recomputing data　464
標的　subject matter　710
標的資訊　subject matter information　711
樣本大小成比例抽樣法　Sampling with Probability Proportional to Size, PPS　407
樣本偏差率　sample deviation rate　393
樣本選取　sample selection　380
熟悉度　familiarity　126

熱線通話　telephone hotline　313
盤點　surprise counts　622
確信服務　assurance services　1, 5, 23, 683
範圍受限　scope limitation　53
範圍段　scope paragraph　96
線上　online　445
線上存取控制　online access controls　455
線上即時作業系統　online-real-time operation system　445
線上即時作業系統持續監督法　continuous monitoring approach of on-line real-time system　463
課責性　accountability　17, 509
調整分錄　Adjusting Journal Entries, AJE　233
請料單　material issue slip　540
請購單　purchase acquisition　511
適切性　appropriateness　189
適用基準　suitable criteria　711
適任能力　capabilities　44
銷貨收入與收款循環　sales and collection cycle　204
銷貨退回核准　sales return authorization　485
銷貨單　sales order　480

十六劃

導出資料　derived data　327
導向選樣　directed sample selection　390, 393, 424
整體測試措施法　integrated test facility approach　460
獨立性　independence　12, 390
積極式　positive　175
衡量　measurement　166
衡量方或評估方　measurer or evaluator　712
輸入　input　443, 450, 456
輸出　output　443, 450, 456
遵循　compliance　53
遵循審計　compliance audit　3
遵循簽證　compliance attestation　701
選取樣本　sample selection　390
選樣區間　sampling interval, SI　392
錯誤　error (bugs)　310, 459

錯誤日誌　error log　459
錯誤率　misstatement rate, mr　415
隨意選樣　haphazard sample selection　390, 392, 424

十八劃

應付憑單　voucher　514
應用控制　application control　272, 450
擬制性財務資訊　pro forma financial statements　686
檔案管理員　librarian　452
檢查　inspection　173, 186
營業活動　operation activities　589
營運資金　working capital　476, 589
總數控制　total controls　457
績效審計　performance audit　3
聲明　assertions　1, 165, 227
薪工與人事循環　payroll and personnel cycle　205

十九劃

擴張因子　expansion factor　430
簡明財務報表　condensed financial statement　703
簡單隨機選樣　simple random sampling; simple random sample selection　390
繞過電腦審計　auditing around the computer　441
雙重目的測試　dual-purpose test　174, 289
證實分析性程序　substantive analytical procedure　171, 487

證實方式　substantive approach　285, 379, 385, 473
證實程序　substantive procedure　171, 487
關鍵查核事項　key audit matter　62

二十劃

籌資和投資循環　finance and investment cycle　589
籌資活動　finance activities　589
繼續經營　going concern　639
騰挪　kiting　629

二十一劃

屬性抽樣　attribute sampling　379
續後衡量　subsequent measurement　166
辯護　advocacy　126

二十二劃

權利與義務　rights and obligations　165, 227
鑑價師　appraisers　188
鑑識審計　forensic audit　5

二十三劃

變異數　variance　191, 392, 414
變量抽樣　variables sampling　392, 406, 413
邏輯控制　logical control　455
邏輯測試　logic checks　457
顯現抽樣　discovery sampling　379, 399
顯然微小　clearly trivial　246
顯著風險　significant risk　63, 192
顯著缺失　significant deficiency　296
驗收單（驗收報告）　receiving report　485, 514